Erwin Riedel (Herausgeber)
Moderne Anorganische Chemie
Verfasst von C. Janiak / T. M. Klapötke / H.-J. Meyer

Erwin Riedel (Herausgeber)

Moderne Anorganische Chemie

Verfasst von C. Janiak / T. M. Klapötke / H.-J. Meyer

2. Auflage

Walter de Gruyter · Berlin · New York

Herausgeber

Professor Dr.-Ing. Erwin Riedel
Institut für Anorganische und Analytische Chemie, Technische Universität Berlin
Straße des 17. Juni 135, D-10623 Berlin

Autoren

Professor Dr. Christoph Janiak
Institut für Anorganische und Analytische Chemie, Universität Freiburg
Albertstr. 21, D-79104 Freiburg
E-Mail: janiak@uni-freiburg.de

Professor Dr. Thomas M. Klapötke
Department Chemie, Universität München (LMU)
Butenandtstr. 5–13, Haus D, D-81377 München
E-Mail: tmk@cup.uni-muenchen.de

Professor Dr. Hans-Jürgen Meyer
Abt. für Festkörperchemie und Theoretische Anorganische Chemie
Institut für Anorganische Chemie
Eberhard-Karls-Universität Tübingen
Auf der Morgenstelle 18, D-72076 Tübingen
E-Mail: juergen.meyer@uni-tuebingen.de

Das Buch enthält 357 Abbildungen und 135 Tabellen.

ISBN 3-11-017838-9

Bibliografische Information Der Deutschen Bibliothek

Die Deutsche Bibliothek verzeichnet diese Publikation in der Deutschen
Nationalbibliografie; detaillierte bibliografische Daten sind im Internet
über <http://dnb.ddb.de> abrufbar.

⊝ Gedruckt auf säurefreiem Papier, das die US-ANSI-Norm über Haltbarkeit erfüllt.

Gesamtfertigung: Universitätsdruckerei H. Stürtz AG, D-97080 Würzburg. –
Einbandgestaltung: + malsy, Kommunikation und Gestaltung, Bremen.

Biographische Daten der Autoren

Christoph Janiak

Institut für Anorganische und Analytische Chemie, Universität Freiburg, Albert-
straße 21, D-79104 Freiburg
Email: janiak@uni-freiburg.de
http://www.chemie.uni-freiburg.de/aoanchem/cj/cj.html

1979–1982/84	Chemiestudium an der TU Berlin und an der Univ. of Oklahoma (OU), Norman, OK
1984	Diplom-Abschluß an der TU Berlin und Master of Science Degree der Univ. of Oklahoma
1987	Promotion, TU Berlin (Herbert Schumann)
1988–1990	Forschungsaufenthalt an der Cornell-Univ., Ithaca, NY (Roald Hoffmann)
1990–1991	Postdoktorand bei der BASF AG in Ludwigshafen (Zentralbereich Kunststofflabor, Abt. Polyolefine)
1991–1995	Habilitation an der TU Berlin
seit Okt. 1996	Wahrnehmung einer Professurvertretung (C3) für Anorganische und Analytische Chemie an der Univ. Freiburg/Breisgau
Juli 1998	Berufung auf diese Professur

Arbeitsgebiete

Supramolekulare anorganische Koordinationschemie, Crystal Engineering, Polynu-
kleare Komplexe, Koordinationspolymere, poröse Strukturen, H-Brücken, $\pi - \pi$-
Wechselwirkungen, Komplexe als Katalysatoren.
Poly- und Oligomerisation von Olefinen mit Metallocen- und anderen homogenen
Molekül-Katalysatoren, Ziegler-Natta-Katalyse.

Thomas Matthias Klapötke

Department Chemie, Universität München (LMU)
Butenandtstr. 5–13, Haus D, D-81377 München
Email: tmk@cup.uni-muenchen.de

1979–1984	Chemiestudium an der TU Berlin
1986	Promotion, TU Berlin (H. Köpf)

1987–1988	Humboldt-Stipendiat an der Univ. of New Brunswick, Canada (J. Passmore)
1990	Habilitation, TU Berlin
1990–1995	Privat-Dozent, TU Berlin
1995	Fellow of the Royal Society of Chemistry
1995–1997	Ramsay Professor of Chemistry, Univ. of Glasgow
1997	Professor für Anorganische Chemie, Ordinarius (Lehrstuhl) an der LMU München

Arbeitsgebiete

Halogen-Chemie, Chalkogen-Stickstoff-Chemie, Azid-Chemie Nitro-Chemie, Fluor-Chemie, Explosivstoffe, high-energy-density materials (HEDM), ab initio-Methoden (VB und MO) in der Nichtmetallchemie

Hans-Jürgen Meyer

Abt. für Festkörperchemie und Theoretische Anorganische Chemie
Institut für Anorganische Chemie, Universität Tübingen, Auf der Morgenstelle 18, D-72076 Tübingen
Email: Juergen.Meyer@uni-tuebingen.de

1978–1983	Chemiestudium an der TU Berlin
1987	Promotion, TU Berlin (J. Pickardt)
1988–1991	Forschungsaufenthalte am Ames Laboratory, Ames/Iowa (J. D. Corbett) und am Baker Laboratory, Ithaca/New York (R. Hoffmann)
1991–1996	Forschungstätigkeit an der Univ. Hannover (G. Meyer)
1993	Habilitation an der Univ. Hannover
1996	Professor für Anorganische Chemie an der Univ. Tübingen

Arbeitsgebiete

Metallhalogenide (Cluster), Verbindungen im System Metall-B-C-N, nicht metallische (B-)C-N-Systeme und Hochtemperatur-Supraleiter.
Feststoffsynthesen, Untersuchungen von Reaktionsabläufen, Kristallstrukturanalysen, elektrische und magnetische Eigenschaften von Feststoffen, Bandstrukturrechnungen.

Vorwort zur 2. Auflage

Auch die zweite Auflage des Lehrbuchs Moderne Anorganische Chemie enthält die wichtigen Gebiete Nichtmetallchemie, Komplex- und Koordinationschemie, Festkörperchemie und Organometallchemie in vier Kapiteln. Es gibt verbesserte und neue Abbildungen, neue Tabellen und die Literaturangaben wurden erweitert. Auch sprachliche Verbesserungen und Korrekturen wurden vorgenommen. Natürlich sind aktuelle Forschungsergebnisse berücksichtigt worden.

Dies sind die wesentlichen Änderungen:

Nichtmetallchemie. Neu bearbeitet wurde der Abschnitt VB-Beschreibung elektronenreicher Moleküle. Darin werden insbesondere die Bindungsverhältnisse in Hauptgruppen-Molekülverbindungen mit der VB-Theorie beschrieben.

Diskutiert wird die elektronische Struktur des Sauerstoff-Moleküls und am Beispiel des Ozon-Moleküls werden quantitative VB-Rechnungen vorgestellt.

Besprochen werden auch Neuheiten wie

– das homopolyatomare Stickstoffkation N_5^+
– das komplexe Gold-Xenon-Kation $(AuXe_4)^{2+}$
– das stabile Anion $[B(CF_3)_4]^-$.

Komplex- und Koordinationschemie. Erweitert wurde

– im Abschnitt Der Chelateffekt die Gadolinium-Kontrastmittel
– im Abschnitt Metall-Disauerstoff-Komplexe das Hämocyanin-Modell
– der Abschnitt Metall-Distickstoff-Komplexe.

Neu ist der Abschnitt Koordinationspolymere.

Festkörperchemie. Neu konzipiert wurden die Abschnitte Magnetismus und Supraleitfähigkeit. Im letzteren Abschnitt wurde der Hochtemperatursupraleiter - $(Bi,Pb)_2Sr_2Ca_2Cu_3O_{10+\delta}$ mit einbezogen.

Aktualisierungen sind außerdem

– die Supraleitfähigkeit von MgB_2
– die Hochdruckmodifikation Si_3N_4 mit Spinellstruktur
– die Modifikationen von CaC_2 und Ca_3N_2
– die Richtigstellung der früher als binäre Nitride identifizierten Verbindungen $Ca_4(CN_2)N_2$ und $Ca_{11}(CN_2)_2N_6$
– die Pernitride SrN_2 und BaN_2
– die Besprechung verwandter Verbindungen mit C_3-, BN_2- und B_2C-Anionen im Abschnitt Metallcarbide.

Organometallchemie. Neue Beispiele und Ergänzungen

– zur Bio-Organometallchemie im Abschnitt Einleitung und Allgemeines

– zu niederwertigen Hauptgruppenorganylen und Element-Element-Bindungen im Abschnitt Subvalente Hauptgruppen-σ-Organyle und Element-Element-Bindungen
– zu Metathese-Katalysatoren im Abschnitt Carben-(Alkyliden-)Komplexe
– zur Alkin-Metathese im Abschnitt Carbin-(Alkyliden-)Komplexe
– zu Titanocen im Abschnitt Komplexe mit cyclischen Π-Liganden
– zu den Metallocenkatalysatoren im Abschnitt Metallocenkatalysatoren für die Olefin-Polymerisation.

Ein neuer Abschnitt wurde zu Alkin-Komplexen, eine neue Textpassage zu Cycloheptatrienyl-Komplexen eingefügt.

Berlin, August 2003   Erwin Riedel

Inhaltsverzeichnis

2. Komplex- und Koordinationschemie 167

Christoph Janiak

3. Festkörperchemie 351

Hans-Jürgen Meyer

4. Organometallchemie 557

Christoph Janiak

1 Nichtmetallchemie

1.1 Arbeitstechniken und Analysenmethoden

1.1.1 Arbeitstechniken

Die moderne Nichtmetallchemie befasst sich mit vielen luft- und feuchtigkeitsempfindlichen und z.T. auch thermisch labilen Verbindungen. Daher müssen neben den altbekannten Arbeitsmethoden besondere Vorkehrungen getroffen und spezielle Arbeitstechniken entwickelt werden. Besonders bewährt haben sich hierbei die *Schlenk-Arbeitstechnik* [1–4] und das *Arbeiten im geschlossenen System unter dem Eigendampfdruck des betreffenden Lösungsmittels* [3] in Kombination mit der *Dry-Box-Technik* (Dry-Box = Trockenkasten, auch als Glove-Box = Handschuhkasten bezeichnet).

Bei der Schlenk-Technik handelt es sich um eine Schutzgastechnik, bei der Glasgeräte verwendet werden, die so konstruiert sind, dass sich in ihnen eine Stickstoff- oder Argonatmosphäre aufrechterhalten lässt. Während die Schlenk-Arbeitstechnik besonders große Anwendung im Bereich der Komplexchemie und der Metallorganik gefunden hat (s. Kap. 2 und 4), wird im Bereich der Nichtmetall-Molekülchemie oft das Arbeiten im geschlossenen System bevorzugt. Hierbei werden mit Teflon-Druckventilen abgedichtete, bis 7 bar einsetzbare Glas-Reaktionsgefäße verwendet, die häufig ein, zwei oder auch drei Reaktionskolben von 15 bis zu 100 mL Volumen und eine eingebaute Glassinterfritte enthalten (Abb. 1.1). Der Reaktionskolben wird in der Regel über eine evakuierbare Schleuse in eine unter N_2- oder Ar-Schutzgas stehende Dry-Box gebracht (Abb. 1.2), in der Box mit dem Reaktionsgut befüllt und mit Teflon-Ventilen verschlossen. Vor dem Einkondensieren des Lösungsmittels wird der Reaktionskolben dann außerhalb der Dry-Box in der Regel an eine Metall-Hochvakuumanlage über Edelstahlschraubverbindungen angeschlossen und, ggf. unter Kühlung, evakuiert. Jetzt kann das zuvor geeignet getrocknete Lösungsmittel unter Kühlung direkt in den Reaktionskolben einkondensiert werden, wobei sich nach Schließen der Teflon-Ventile im Reaktionskolben ein der jeweiligen Temperatur entsprechender Eigendampfdruck des Lösungsmittels aufbaut (Tab. 1.1). Es wird also nur unter dem Eigendampfdruck des Lösungsmittels und nicht in einer N_2- oder Ar-Atmosphäre gearbeitet. Nach erfolgter Reaktion kann das Lösungsmittel wieder abgepumpt und das evakuierte Reaktionsgefäß erneut in die Dry-Box gebracht werden, um die Reaktionsprodukte zu isolieren und für die sich anschließende analytische Charakterisierung vorzubereiten.

Reaktionen bei höheren Drücken und Temperaturen werden in aller Regel in Edelstahl-, Nickel- oder Monel-Hochdruckautoklaven durchgeführt (Monel ist eine Cu-Ni-Legierung mit ca. 33% Cu und 67% Ni).[4]

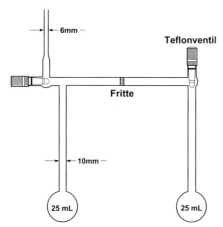

Abbildung 1.1 Typischer Zwei-Kugel-Reaktionskolben mit Teflon-in-Glas-Ventilen und eingebauter Glassinterfritte. [Reproduziert mit freundlicher Genehmigung von VCH Verlagsgesellschaft aus J. D. Woollins, Inorganic Experiments, VCH, Weinheim (1994) S. 218].

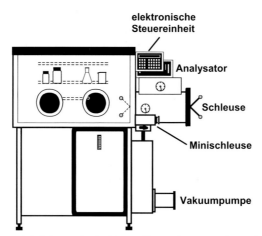

Abbildung 1.2 Schematische Darstellung einer Dry-Box. Im Kasten unter dem Tisch befinden sich noch eine Umwälzpumpe und Absorptionssäulen, um stets eine Schutzgasatmosphäre mit < 1 ppm O_2 und H_2O aufrechterhalten zu können. [Reproduziert mit freundlicher Genehmigung von Fa. M. Braun, Garching aus M. Braun Nr. 950908c1.GEM].

1.1.2 Analysenmethoden

Die am weitesten verbreiteten Analysenmethoden im Bereich der Nichtmetallchemie sind neben den Beugungsmethoden wie Röntgen-, Neutronen- und Elektronenbeugung [5,6] und der Massenspektrometrie [7] vor allem die Schwingungsspektroskopie (Infrarot- und Raman-Spektroskopie) und die magnetische Resonanzspektroskopie (Kernspinresonanz = NMR und Elektronenspinresonanz = ESR). Da die

Tabelle 1.1 Häufig im Bereich der Nichtmetall-Molekülchemie eingesetzte Lösungsmittel

Lösungsmittel	Trockenmittel	Fp. in °C	Kp. in °C (bei 1 bar)	p_D in bar (bei 20°C)
SO_2	CaH_2	−72.7	−10.0	3.30
NH_3	Na	−77.8	−33.3	8.57 [#]
HCN	P_4O_{10}	−14.0	25.7	0.82
SO_2ClF	CaH_2	−125.0	7.0	1.64
$CFCl_3$ (R-11, Freon-11)	P_4O_{10}	−111.0	23.6	0.89
HF *	BiF_5	−83.6	19.5	1.03

[#] Beim Arbeiten mit Ammoniak als Lösungsmittel in geschlossenen Glasapparaturen sollte aus Sicherheitsgründen (s. Dampfdruck) eine Reaktionstemperatur von 0° C nicht überschritten werden.
* Da Fluorwasserstoff Glas stark angreift, müssen beim Arbeiten in HF sämtliche Glasapparaturen durch PTFE- oder PFA-Apparaturen ersetzt werden (PTFE = Polytetrafluorethylen, PFA = Perfluoralkoxy; Apparaturen aus PTFE sind weiß, solche aus PFA durchscheinend transparent).

Schwingungs- (IR- und Raman-) sowie die NMR-Spektroskopie einige der am häufigsten eingesetzten instrumentellen Analysenmethoden in der Nichtmetall-Molekülchemie sind, wollen wir beide Methoden etwas näher betrachten, wobei sich jedoch die Anwendung gerade dieser Verfahren durch das gesamte erste Kapitel erstrecken wird.

1.1.2.1 NMR-Spektroskopie

Die kernmagnetische Resonanz-Spektroskopie (NMR, engl.: *nuclear magnetic resonance* spectroscopy) ist ein wichtiges Hilfsmittel, um Informationen über die chemische Umgebung eines Atomkerns und somit die Struktur einer Molekel zu erhalten.[8,9]

Ebenso wie Elektronen besitzen auch Atomkerne einen inneren Spindrehimpuls, der durch eine Kernspinquantenzahl I charakterisiert wird. Da Kerne aus vielen Protonen und Neutronen zusammengesetzt sind, unterscheiden sie sich von Elektronen dadurch, dass die Kernspinquantenzahl eine Vielzahl verschiedener Werte annehmen kann ($I = 0, \frac{1}{2}, 1, \dots 6$). Einige Regeln erleichtern es hier, die Kerne bezüglich ihrer Massenzahl A und ihrer Ladungszahl Z zu klassifizieren (Tab. 1.2).

Tabelle 1.2 Klassifizierung von Kernen verschiedener Kernspinquantenzahl I

Massenzahl A	Ladungszahl Z	Kernspinquantenzahl I
ungerade	beliebig	halbzahlig
gerade	gerade	Null
gerade	ungerade	ganzzahlig

Im Wesentlichen entsprechen die Eigenschaften des Kerndrehimpulses denen des Elektronendrehimpulses, und wir wollen im folgenden Kerne mit dem Spin $= \frac{1}{2}$ und allgemein mit beliebigem Spin I betrachten. (*Achtung:* Bei den meisten Kernen ist im Gegensatz zu Elektronen das magnetische Moment parallel zum Spinvektor, eine Ausnahme bildet ^{15}N.)

Für Kerne mit dem Spin $\frac{1}{2}$ gibt es zwei Funktionen α und β, von denen jede eine Eigenfunktion von $\mathbf{I}^2$ und auch $\mathbf{I}_z$ ist, wobei $\mathbf{I}$ der Operator des Kernspindrehimpulses ist und $\mathbf{I}_z$ der Operator für die z-Komponente des Kernspins. Es gilt

$$\mathbf{I}^2\alpha = \tfrac{1}{2}(\tfrac{1}{2} + 1)\hbar^2\, \alpha \text{ und } \mathbf{I}_z\alpha = \tfrac{1}{2}\, \hbar\, \alpha$$

sowie

$$\mathbf{I}^2\beta = \tfrac{1}{2}(\tfrac{1}{2} + 1)\, \hbar^2\, \beta \text{ und } \mathbf{I}_z\beta = -\tfrac{1}{2}\, \hbar\, \beta.$$

Allgemein können wir ganz analog zu den den meisten Lesern sicher mehr vertrauten Verhältnissen beim Elektronenspin für Kerne mit beliebigem I schreiben:

$$\mathbf{I}^2\, R(\rho) = I(I + 1)\hbar^2\, R(\rho) \text{ und } \mathbf{I}_z\, R(\rho) = m_I\, \hbar\, R(\rho)$$

wobei $R(\rho)$ die Eigenfunktion zu $\mathbf{I}^2$ sein möge mit den Eigenwerten $I(I+1)\, \hbar^2$ und m_I Werte von I bis –I annehmen kann (m_I = I, I–1, I–2, ... –I).

Der entsprechende Operator des magnetischen Moments μ ist

$$\mu = g_N\beta_N\mathbf{I}\,/\,\hbar$$

wobei g_N der für jeden Kern charakteristische g-Faktor und β_N das Kernmagneton ist (β_N = 5.0507866×10^{-27} J T^{-1}).

Wird ein Kern mit I $= \frac{1}{2}$ nun in ein statisches Magnetfeld gebracht, so haben die beiden Zustände α und β nicht mehr die gleiche Energie. Die klassische Wechselwirkungsenergie zwischen einem magnetischen Dipol μ und einem statischen Feld B_0 ist als

$$E = -\,\mu \cdot \vec{B}_0$$

gegeben, daher können wir auch den entsprechenden magnetischen Hamilton Operator für diese Wechselwirkung anschreiben

$$\mathbf{H} = -\,(g_N\,\beta_N\,\mathbf{I}\,/\,\hbar) \cdot \vec{B}_0 = -g_N\beta_N\sqrt{I(I+1)} \cdot \vec{B}_0$$

Da das Skalarprodukt zweier Vektoren ($\mathbf{I} \cdot \vec{B}_0$) gleich der Länge von B_0, multipliziert mit der Länge der Projektion von $\mathbf{I}$ auf B_0 ist und da die Richtung von B_0 die z-Achse definiert, ist $\mathbf{I}_z$ die Projektion von $\mathbf{I}$ auf B_0 (mit B_0 = Betrag des Magnetfeldes)

$$\mathbf{H} = -\,g_N\,\beta_N\,B_0\,\mathbf{I_z}\,/\,\hbar = -g_N\beta_NB_0m_I$$

Die Energien der Zustände α und β für Kerne mit I $= \frac{1}{2}$ ergeben sich aus den Eigenwertgleichungen

$$\mathbf{H}\alpha = \mathrm{E}_\alpha\, \alpha \text{ und } \mathbf{H}\beta = \mathrm{E}_\beta\, \beta$$

zu

$$\mathrm{E}_\alpha = -\tfrac{1}{2}\, g_N\, \beta_N\, B_0 \text{ und } \mathrm{E}_\beta = +\tfrac{1}{2}\, g_N\, \beta_N\, B_0$$

Die Energie der Zustände α und β divergiert also bei wachsendem B_0. Abbildung 1.3 zeigt die Energieniveauschemata für Kerne mit $I = \tfrac{1}{2}$ und zum Vergleich auch für $I = 1$ bei Anlegen eines äußeren Magnetfeldes $\vec{B}_0$. Für die Resonanzbedingung gilt

$$\Delta E = h\nu_0 = g_N\, \beta_N\, B_0$$

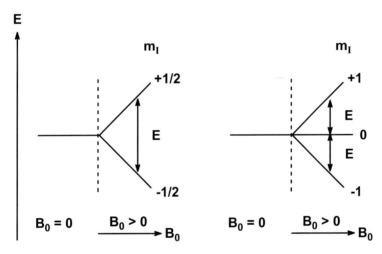

Abbildung 1.3 Energieniveauschemata für Kerne mit $I = \tfrac{1}{2}$ und zum Vergleich auch für $I = 1$ bei Anlegen eines äußeren Magnetfeldes $\vec{B}_0$.

oder auch, nach Einführung des oft verwendeten gyromagnetischen Verhältnisses γ anders geschrieben,

$$\Delta E = h\nu_0 = g_N\, \beta_N\, B_0 = \gamma\, \hbar B_0 \text{ mit } \gamma = (g_N\, \beta_N\, /\, \hbar)$$

Der Besetzungsunterschied zwischen den Zuständen unterschiedlicher Energie wird durch die Boltzmann-Verteilung beschrieben:

$$\frac{N^+}{N^-} = e^{-\frac{\Delta E}{RT}} \quad (N^+, N^- : \text{Besetzungszahlen im energiereicheren bzw. -tieferen Niveau})$$

Aufgrund der sehr kleinen Energiedifferenz ist die Besetzung der Energieniveaus annähernd gleich, wobei der energieärmere Zustand etwas stärker besetzt ist. Durch Energiezufuhr wird das Besetzungsverhältnis zugunsten des energiereicheren Zustandes verändert, bis Gleichbesetzung vorliegt. Da die Energiedifferenz bzw. der Besetzungsunterschied der Feldstärke proportional ist, wird in der Praxis bei möglichst hohen Magnetfeldstärken gearbeitet, da aus einer Absorption von mehr Quanten ein Anstieg des Absorptionssignals resultiert (Erhöhung der Empfindlichkeit).

Man unterscheidet zwei unterschiedliche Relaxationsvorgänge. Bei der longitudinalen Relaxation oder *Spin-Gitter-Relaxation* wird Energie vom Spinsystem an die Umgebung, das sogenannte Gitter, abgegeben. Die dazu notwendige Zeit wird longitudinale Relaxationszeit T_1 genannt. Die transversale Relaxation oder *Spin-Spin-Relaxation* basiert auf einem Energieaustausch innerhalb des Spinsystems, die dazu notwendige Zeit ist die transversale Relaxationszeit T_2. Lange T_1-Zeiten bewirken eine Reduktion der Signalintensität, d.h. es kommt zu einer Sättigung der Resonanzlinie. Bei sehr kurzen T_1-Zeiten erfolgt aufgrund der sehr kurzen Aufenthaltsdauer der Kerne in den einzelnen Energiezuständen eine Verbreiterung des Resonanzsignals.

Ferner gilt, dass alle Kerne mit $I > \frac{1}{2}$ ein Quadrupolmoment besitzen, welches durch die nicht kugelsymmetrische Ladungsverteilung der Kernladung hervorgerufen wird. In Tabelle 1.3 sind die Kerneigenschaften einiger für die NMR- Spektroskopie wichtiger Kerne aufgelistet.

Tabelle 1.3 Kerneigenschaften einiger für die NMR-Spektroskopie wichtiger Kerne

Kern	nat. Häufigkeit in %	Spin	rel. Empfänglichkeit, bezogen auf ^{13}C *	Quadrupolmoment in $e\ 10^{-28}\ m^2$
^1H	99.98	$\frac{1}{2}$	5656	–
^{11}B	80.42	$\frac{3}{2}$	754	3.55×10^{-2}
^{13}C	1.11	$\frac{1}{2}$	1	–
^{14}N	99.63	1	5.7	1.60×10^{-2}
^{15}N	0.37	$\frac{1}{2}$	2.2×10^{-2}	–
^{19}F	100.00	$\frac{1}{2}$	4713	–
^{29}Si	4.70	$\frac{1}{2}$	2.1	–
^{31}P	100.00	$\frac{1}{2}$	377	–
^{75}As	100.00	$\frac{3}{2}$	143	0.3
^{77}Se	7.58	$\frac{1}{2}$	3.0	–
^{123}Te	0.89	$\frac{1}{2}$	0.9	–
^{125}Te	7.00	$\frac{1}{2}$	12.5	–
^{129}Xe	26.44	$\frac{1}{2}$	31.8	–

* Die rel. Empfänglichkeit entspricht der rel. Empfindlichkeit, multipliziert mit der natürlichen Häufigkeit.

Zur Aufnahme eines NMR-Spektrums wird heute nur noch die *Fourier Transformations Technik (FT)* angewendet, bei der durch Erzeugung eines starken Pulses gleichzeitig alle Resonanzfrequenzen angeregt werden können. Das hierbei erhaltene Empfängersignal, der sogenannte freie Induktionsabfall (free induction decay, FID), wird durch computergesteuerte Fourier Analysen in ein „konventionelles" NMR-Signal umgewandelt. Der Vorteil dieser Methode liegt in der sehr viel kürzeren Messzeit und der Verbesserung des Signal/Rauschverhältnisses durch Aufnahme einer größeren Anzahl von Spektren.

Zur Erzeugung sehr starker (große Besetzungszahldifferenz) und möglichst homogener Magnetfelder (scharfe Signale) werden in den NMR-Spektrometern Elektromagnete (1–2 T) oder auch supraleitende Magnete (bis zu 17 T) eingesetzt.

Die natürliche Häufigkeit eines Isotops ist für die NMR-Spektroskopie ein entscheidender Faktor (Tabelle 1.3). Lange Zeit war es z.B. für ^{15}N und ^{13}C sehr schwierig, ein NMR-Spektrum aufzunehmen. Erst durch Einführung der FT-Technik konnte dieses Problem gelöst werden. Eine andere Möglichkeit zur Überwindung dieses Problems liegt in der Verwendung isotopen-angereicherter Proben.

Damit es zum Auftreten von Resonanz kommt, müssen die Sendefrequenz und die Magnetfeldstärke so aufeinander abgestimmt sein, dass sie die Resonanzbedingung erfüllen. Bedingt durch die Ab- bzw. Entschirmung durch die Elektronenhülle wirkt auf den Kern nicht das äußere Magnetfeld B_o, sondern ein geringfügig verändertes Feld B_{eff}.

$$B_{eff} = B_o (1 - \sigma)$$

Die Abschirmkonstante σ setzt sich aus einem diamagnetischen, einem paramagnetischen und dem Anisotropieanteil zusammen ($\sigma = \sigma^{dia} + \sigma^{para} + \sigma^{aniso}$). Der diamagnetische Anteil wird in erster Linie durch die Elektronen der chemischen Bindung, die von dem betreffenden Kern ausgeht, verursacht. Das äußere Magnetfeld B_o induziert hierbei ein magnetisches Moment μ, welches dem Erregerfeld entgegengesetzt ist. Hierbei bewirken hohe Elektronendichten eine Hochfeldverschiebung (Tieffrequenzverschiebung). Der paramagnetische Anteil von σ kann dadurch erklärt werden, dass in Molekülen die sphärische Symmetrie bezüglich der Elektronendichte um einen Kern durch andere (benachbarte) Kerne gestört wird, wodurch auch der Diamagnetismus des betreffenden Kerns herabgesetzt wird. Diese Verhältnisse lassen sich durch das Auftreten eines paramagnetischen Momentes, das im Gegensatz zum diamagnetischen Moment zu einer Verstärkung des äußeren Feldes B_o führt, beschreiben (σ^{para}). Magnetische Anisotropie (σ^{aniso}) tritt z.B. bei linearen Molekülen oder Molekülgruppen wie Ethin oder CO oder aromatischen Verbindungen wie Benzol auf, wenn durch die Elektronendichten der chemischen Bindung zusätzliche magnetische Dipole erzeugt werden, die dem äußeren Feld entgegenwirken oder dieses verstärken. Dadurch wird die Lage des Resonanzsignals zum Teil erheblich anders registriert als man aufgrund der Elektronendichten erwarten würde.

Die Signallage im Spektrum (*chemische Verschiebung*) gibt Auskunft über die elektronische Umgebung der Atome. Aus der Feinstruktur, bedingt durch *Spin, Spin-Kopplung*, erhält man Auskunft über die Nachbaratome.

Die chemische Verschiebung δ wird als dimensionslose Größe angegeben, die für Messungen in Frequenzeinheiten wie folgt definiert ist:

$$\delta = \frac{\nu_{Substanz} - \nu_{Standard}}{\nu_o} \quad (\nu_o = \text{Betriebsfrequenz des Spektrometers})$$

Als Maßeinheit für die δ-Skala erhält man 10^{-6} oder ppm (parts per million). Nach der IUPAC-Konvention gilt:

$\delta > 0$ Hochfrequenzverschiebung bzw. Tieffeldverschiebung, bezogen auf das Standardsignal ($\delta = 0$), d.h. Entschirmung.

$\delta < 0$ Tieffrequenzverschiebung bzw. Hochfeldverschiebung, bezogen auf das Standardsignal ($\delta = 0$), d.h. Abschirmung.

In Tabelle 1.4 sind die gebräuchlichsten Standards für die verschiedenen Atomkerne aufgeführt.

Tabelle 1.4 Gebräuchliche Standards für die NMR-Spektroskopie

zu untersuchende Kernsorte	Standard ($\delta \equiv 0$ ppm)
^1H, ^{13}C, ^{29}Si	$Si(CH_3)_4$ = TMS
^{19}F	$CFCl_3$
^{14}N, ^{15}N	CH_3NO_2
^{31}P	H_3PO_4 (85%) in H_2O
^{11}B	gesättigte $NaBH_4$-Lösung in H_2O
^{77}Se	$Se(CH_3)_2$
^{123}Te, ^{125}Te	$Te(CH_3)_2$
^{129}Xe	$XeOF_4$

Aufgrund von magnetischen Wechselwirkungen der untersuchten Atomkerne mit den Atomkernen der Nachbarschaft (Spin,Spin-Kopplung) zeigen die meisten Signale eine Feinstruktur. Jedes magnetische Moment eines Kernes verursacht durch seine Einstellung eine Veränderung der Feldstärke an den Kernen seiner Umgebung. Die koppelnden Kerne werden als Spinsystem betrachtet.

Diskutieren wir zunächst ein Spinsystem AB ($I_A = I_B = \frac{1}{2}$). Für den isolierten Kern A existieren im Magnetfeld zwei Energieniveaus mit einem Übergang dazwischen, d.h. im Spektrum wäre ein Singulett zu sehen. Durch Kopplung mit dem Kern B, für den ebenfalls zwei Spinzustände existieren, kommt es zu einer Aufspaltung der beiden Energieniveaus des Kernes A, da sich die Spins entweder parallel oder antiparallel zu den Spins des Kernes B einstellen können (Abbildung 1.4). Der Zustand a, in dem beide Kerne parallel zum äußeren Feld ausgerichtet sind, ist der energieärmste. Im Zustand b ist der Kern A mit B_0 ausgerichtet, aber Kern B ist antiparallel. Da jeweils nur ein Kern seinen Spin umkehrt (und nicht beide Kerne gleichzeitig), entsprechen die erlaubten Übergänge den zwei in Abbildung 1.4a gezeigten Pfeilen. Da a→c und b→d entartet sind, sollten wir nur eine singuläre Absorptionsfrequenz entsprechend der chemischen Verschiebung von A

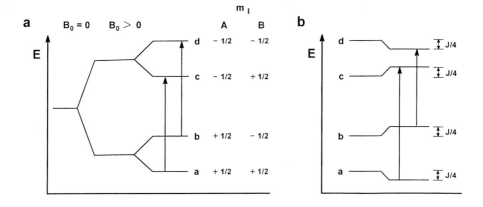

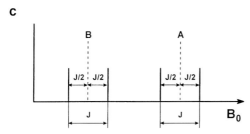

Abbildung 1.4 Spin-Spin-Kopplung. (a) Orientierung und Energie des Kernspins von A bei Kopplung mit B; (b) Energieniveaus von A bei Wechselwirkung mit B (J-Kopplung). Es resultiert ein Dublett, d.h. Spin-Spin-Wechselwirkung von zwei Spin-$\frac{1}{2}$-Kernen A und B; (c) Vier-Linien-Spektrum (zwei Dubletts), d.h. Spin-Spin-Wechselwirkung von zwei Spin-$\frac{1}{2}$-Kernen A und B.

erwarten. Wenn nun A und B nahe genug beieinander sind, um das magnetische Feld des jeweils anderen Kerns zu spüren, beobachten wir, dass die Zustände a und d etwas stabilisiert werden, während die Zustände b und c um den gleichen Betrag destabilisiert werden (Abbildung 1.4b). Die damit erlaubten Kernspin-Übergänge ergeben nun ein Zwei-Linien-Spektrum. Die Kopplungskonstanten J (s. Abb. 1.4) sind nicht immer positiv, wir wollen aber im Rahmen dieser Einführung nicht auf negative Werte von J eingehen. Wichtig ist zu betonen, dass die Kopplungskonstanten feldunabhängig sind, also immer einen konstanten Wert (J in Hz) aufweisen.

In unserem einfachen Beispiel gibt es nun zwei Übergänge unterschiedlicher Energie und im Spektrum erscheint ein Dublett. Beide Signale des Dubletts zeigen gleiche Intensität, da die Besetzung beider Niveaus annähernd gleich ist und die Schwächung oder Stärkung des Feldes am Kern A durch die Einstellmöglichkeiten der Kernspins von B annähernd gleich wahrscheinlich sind. In gleicher Weise wie das Signal von Kern A durch die Kopplung mit B symmetrisch aufspaltet, wird das Signal von B durch Kern A aufgespalten.

Der Einfluss der Spin,Spin-Kopplung nimmt mit der Entfernung zwischen den Atomen, d.h. der Zahl der Bindungen zwischen den koppelnden Kernen, ab. Der Linienabstand, die sogenannte Kopplungskonstante, ist unabhängig von der Feldstärke und wird in Hz angegeben. Die *Signalmultiplizität M* beträgt 2nI+1, wobei n die Anzahl der koppelnden Kerne der Nachbargruppe ist und I die Kernspinquantenzahl des koppelnden Isotops der Nachbargruppe. Bei koppelnden Kernen mit I = $\frac{1}{2}$ verhalten sich die relativen Linienintensitäten innerhalb der Signalgruppe wie Binomialkoeffizienten (1, 1:1, 1:2:1, 1:3:3:1, 1:4:6:4:1, ...). Bei Kernen mit I > $\frac{1}{2}$ treten abweichende relative Linienintensitäten auf. Spin-Spin-Kopplungen treten zwischen verschiedenen Isotopen auf, z.B. ^{1}H und ^{19}F, aber auch zwischen gleichen Isotopen, wenn diese unterschiedliche chemische Verschiebungen aufweisen.

Treten Kopplungen zwischen Kernen sehr unterschiedlicher natürlicher Häufigkeit auf, z.B. ^{1}H (99.98%) und ^{13}C (1.11%) oder ^{77}Se (7.58%), so werden die entsprechenden Resonanzlinien nur mit sehr geringer Intensität als sogenannte Satellitensignale registriert.

Im NMR-Spektrum eines Isotops sind die Intensitäten der Resonanzsignale (= Fläche unter den Signalen) der Zahl der anwesenden Kerne proportional. Daraus ergeben sich bei der Auswertung eines Spektrums wichtige Hinweise für die Strukturaufklärung einer Verbindung.

Bei manchen Substanzen werden temperaturabhängige Veränderungen der Signale im Spektrum beobachtet, die z.B. auf schnelle Austauschprozesse oder intramolekulare Umwandlungen zurückgeführt werden können.

In Dimethylformamid ($Me_2N-C(O)H \leftrightarrow Me_2N^+=CHO^-$) zeigen die cis- und trans-Methylgruppen unterschiedliche chemische Verschiebungen, die bei niedriger Temperatur, d.h. langsamer Umwandlungsgeschwindigkeit, als zwei Signale im Spektrum zu beobachten sind. Bei hoher Temperatur, d.h. schneller Umwandlungsgeschwindigkeit, fallen die beiden Signale zu einem Mittelwertsignal zusammen. Am Koaleszenzpunkt, an dem die Signale gerade zu einem Signal zusammenfallen, ist die Lebensdauer τ der einzelnen Komponenten durch folgenden Ausdruck gegeben:

$$\tau[s] = \frac{\sqrt{2}}{2\pi\Delta v[Hz]} \quad (\Delta v: \text{Abstand der Einzelsignale in Hz})$$

Eine Näherungslösung für die Geschwindigkeitskonstante am Koaleszenzpunkt liefert folgende Beziehung

$$k_{koal.}[s^{-1}] = \frac{\pi\Delta v[Hz]}{\sqrt{2}}$$

Über die Eyring-Gleichung kann die freie Aktivierungsenergie berechnet werden:

$$\Delta G^{\#}[Jmol^{-1}] = 19.13 T_c[K]\left(9.97 + \lg\frac{T_c[K]}{\Delta v[Hz]}\right)$$

1.1.2.2 IR- und Raman-Spektroskopie

Ein wichtiges Anwendungsgebiet schwingungsspektroskopischer Methoden ist neben der Identitäts- und Reinheitsprüfung bekannter Substanzen die Strukturaufklärung unbekannter Verbindungen. Aus der Zahl und Lage der registrierten Banden lassen sich Hinweise bezüglich der Bindungsverhältnisse und Molekülsymmetrie ableiten.[10,11]

Sowohl die IR- als auch die Raman-Spektroskopie sind schwingungsspektroskopische Methoden, die jedoch auf unterschiedlichen physikalischen Grundlagen beruhen. Da mit beiden Methoden verschiedene Schwingungstypen erfasst werden, ergänzen sich IR- und Raman-Spektren optimal zur Erfassung der Molekülschwingungen.

Bevor auf die charakteristischen Merkmale der IR- und Raman-Spektroskopie eingegangen wird, sollen erst einige Grundlagen zur Theorie von Molekülschwingungen erörtert werden.

Das einfachste schwingungsfähige System ist ein zweiatomiges Molekül, das sich als zwei Massepunkte, die über eine elastische Feder miteinander verbunden sind, beschreiben lässt. Wird der Gleichgewichtsabstand r_o dieser Massepunkte um Δr verändert, kommt es zu einer Schwingungsbewegung. Die rücktreibende Kraft F wird durch das *Hook'sche Gesetz* beschrieben.

$$F = - f\,\Delta r$$

Darin ist f die *Kraftkonstante*, die ein Maß für die Stärke einer Bindung ist. Für einen *harmonischen Oszillator* ist die potentielle Energie V als Funktion des Kernabstandes durch nachstehende Gleichung gegeben, die Potentialkurve hat die Form einer Parabel.

$$V = \frac{1}{2} f\,(\Delta r)^2$$

Die Schwingungsfrequenz v eines zweiatomigen Oszillators hängt von den Massen M_1 und M_2 sowie von der Kraftkonstanten ab.

$$v = \frac{1}{2\pi} \sqrt{f\,\frac{(M_1 + M_2)}{M_1 M_2}} = \frac{1}{2\pi} \sqrt{\frac{f}{\mu}} \quad (\mu\text{: reduzierte Masse})$$

Die Energieeigenwerte der unterschiedlichen Schwingungszustände sind gegeben durch

$$E_{n_s} = hv\left(n_s + \frac{1}{2}\right) \quad (n_s\text{: Schwingungsquantenzahl})$$

Die Energie des Überganges, entsprechend der Auswahlregel $\Delta_{n_s} = \pm 1$, ist gegeben durch

$$\Delta E = hv = \frac{hc}{\lambda}$$

und mit Einführung der Wellenzahl $\tilde{v} = \dfrac{1}{\lambda}$

$$\Delta E = h\,c\,\tilde{v}$$

Realistischer lässt sich ein zweiatomiges Molekül als *anharmonischer Oszillator* beschrieben, da das Auftreten von Kombinations- und Oberschwingungen sowie die Dissoziation eines Moleküls bei hinreichend großer Energiezufuhr mit dem harmonischen Ansatz nicht verständlich ist.

Die potentielle Energie des anharmonischen Oszillators kann durch das *Morsepotential* näherungsweise ausgedrückt werden.

$$V_{\text{anharmonisch}} = D\,(1 - e^{-a\Delta r})^2$$

Darin ist D die Bindungsenergie, d.h. die Summe aus Nullpunktsenergie und Dissoziationsenergie (D_o) und a eine für die Krümmung der Potentialkurve charakteristische, empirische Konstante.

Aus den Energieeigenwerten der unterschiedlichen Schwingungsniveaus, in die die Anharmonizitätskonstante x (x > 0) einfließt, ergibt sich, dass die Energieniveaus nicht mehr äquidistant sind, sondern mit steigender Schwingungsquantenzahl immer näher zusammenrücken, bis schließlich die Dissoziationsgrenze erreicht ist. Die Auswahlregel für den Schwingungsübergang wurde erweitert zu

$$\Delta n_s = \pm 1,\ \pm 2,\ \pm 3,\ \ldots$$

wobei Übergänge mit $\Delta n_s = \pm 1$ als Grundschwingungen und Übergänge mit $\Delta n_s > |1|$ als Oberschwingungen bezeichnet werden.

Aufgrund der Anharmonizität treten die Grundschwingungen bei niedrigerer Frequenz als nach dem harmonischen Ansatz erwartet auf.

$$v = \frac{1}{2\pi}\sqrt{\frac{f}{\mu}}(1 - 2x)$$

$$E_{n_s} = h v\left[\left(n_s + \frac{1}{2}\right) - \left(n_s + \frac{1}{2}\right)^2\right]$$

1.1.2.2.1 IR-Spektroskopie

Das entscheidende Kriterium für die *IR-Aktivität* einer Schwingung ist, dass sich das *Dipolmoment* während der Schwingung ändert.

$$\left(\frac{\partial \mu}{\partial \Delta r}\right) \neq 0$$

Je größer diese Änderung ist, desto intensiver erscheint die Bande dieser Molekülschwingung im Spektrum.

Der Übergang eines schwingungsfähigen Systems vom Schwingungsgrundzustand ($n_s = 0$) in einen höheren Zustand ($n_s > 0$) beruht in der IR-Spektroskopie auf der *Absorption von Lichtquanten*. Zur Aufnahme eines IR-Spektrums wird die Probe daher einer polychromatischen Strahlung ausgesetzt (Abbildung 1.5). Dabei wird zwischen drei Teilbereichen unterschieden: das nahe kurzwellige IR (λ = 800 nm – 2.5 m $\hat{=}$ $\tilde{v}$ = 12500 – 4000 cm^{-1}), das mittlere IR (λ = 2.5 – 50 m $\hat{=}$ $\tilde{v}$ = 4000 – 200 cm^{-1}) und das ferne IR (λ = 50 – 1000 m $\hat{=}$ $\tilde{v}$ = 200 – 10 cm^{-1}). Zur Identitätsprüfung und Strukturaufklärung wird hauptsächlich im Bereich des mittleren IR gearbeitet, in dem die meisten Fundamentalschwingungen beobachtet werden.

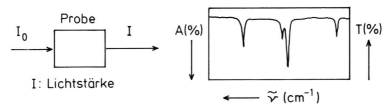

Abbildung 1.5 Schematische Darstellung der IR-Absorption

Im Spektrum werden die Transmission T, die Absorption A oder zur quantitativen Auswertung die Extinktion E als Funktion der Wellenzahl aufgetragen.

$$T = \frac{I}{I_o} \, 100 \; [\%] \quad A = 100 - T \; [\%]$$

$$E = \log \frac{I}{I_o} = \varepsilon_v \, c \, d$$

c: Konzentration, d: Schichtdicke, ε_v: Extinktionskoeffizient

Gleichzeitig mit dem Schwingungsübergang finden jedoch auch Rotationsübergänge statt. Die Auswahlregeln lauten:

$$\Delta n_s = \pm 1, \pm 2, \ldots \quad \Delta n_r = \pm 1 n_r: \text{Rotationsquantenzahl}$$

Daraus ergibt sich, dass der reine Schwingungsübergang ($\Delta n_r = 0$) verboten ist, im Spektrum erscheint eine Lücke (Q-Zweig) zwischen dem P-Zweig ($\Delta n_r = -1$) und dem R-Zweig ($\Delta n_r = +1$). Im Spektrum kann die Rotationsstruktur jedoch nur bei gasförmigen Proben beobachtet werden. In kondensierten Phasen ist die Rotation durch intermolekulare Wechselwirkungen unterdrückt, so dass nur unstrukturierte Banden beobachtet werden.

1.1.2.2.2 Raman-Spektroskopie

Eine Schwingung ist nur dann *Raman-aktiv*, wenn sich die *Polarisierbarkeit* α des Moleküls während der Schwingung ändert.[12]

$$\left(\frac{\partial \alpha}{\partial \Delta r}\right) \neq 0$$

Die Intensität der Raman-Linien nimmt mit zunehmender Polarität der Bindungen ab und steigt mit zunehmendem Bindungsgrad. Die Auswahlregeln für den Raman-Effekt lauten:

$$\Delta n_s = \pm 1, \pm 2, \dots \Delta n_r = 0, \pm 2, \dots$$

Die Anregung in einen höheren Schwingungszustand erfolgt nicht durch Absorption von Lichtquanten, sondern durch *inelastische Streuung von Photonen*. Generell kann man zwischen drei Arten von Streuung unterscheiden, wobei die Rayleigh-Streuung elastisch ist (Abbildung 1.6).

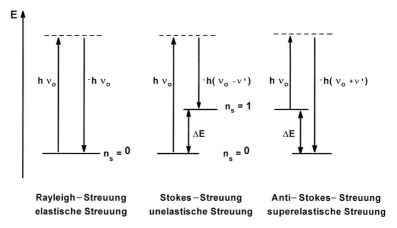

Abbildung 1.6 Schematische Darstellung der elastischen Rayleigh- und der unelastischen Stokes- bzw. Anti-Stokes-Streuung.

Bei der *Rayleigh-Streuung* bleibt der Oszillator energetisch unverändert. Die Energie der Rayleigh-Streuung hat die gleiche Frequenz wie das Erregerlicht. Bei der *Stokes-* und der *Anti-Stokes-Streuung* handelt es sich um unelastische Streuvorgänge, bei denen ein energetisch höherer bzw. niedrigerer Zustand erreicht wird. Das Streulicht hat eine niedrigere (Stokes) bzw. höhere (Anti-Stokes) Frequenz als das Erregerlicht. Die Differenz ΔE entspricht der Schwingungsenergie.

In der Praxis wird die Probe mit monochromatischem Licht (sichtbarer Bereich oder nahes IR) bestrahlt (Abbildung 1.7), welches nicht von der Probe absorbiert werden darf.

Nur ein sehr geringer Teil des Lichts wird von der Probe gestreut. Die Intensität der Rayleigh-Streuung ist ca. 10^{-4} mal kleiner und die der Stokes-Streuung ca. 10^{-8} mal kleiner als die des eingestrahlten Lichts. Aus diesem Grund wird monochromatisches Licht, welches mit Hilfe von Lasern (z.B. Kr-Laser: 647 nm, Ar-Laser: 488 und 514 nm, NdYAG-Laser 1064 nm) erzeugt wird, eingesetzt. Die Streustrahlung, welche in der Regel im rechten Winkel zur eingestrahlten Laserstrahlung analysiert

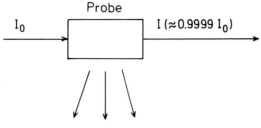

$$I_{Str.} = I_{Rayleigh} + I_{Stokes} + I_{Anti-Stokes}$$

Abbildung 1.7 Schematische Darstellung der Beobachtung von elastischer und unelastischer Streuung im rechten Winkel zur Erregerstrahlung.

wird, wird mit Hilfe eines Monochromators in die Rayleigh-Strahlung ($\nu = \nu_o$) und die Stokes- ($\nu < \nu_o$) bzw. Anti-Stokes-Strahlung ($\nu > \nu_o$) zerlegt. Die Linie der Rayleigh-Streuung wird als Bezugspunkt verwendet (= Erregerlinie) und der Abstand der Stokes-Linien von der Erregerlinie ($\hat{=} \Delta E$) relativ dazu registriert. Im Spektrum wird die Intensität der Molekülschwingung (d.h. die Zahl der gestreuten Photonen) als Funktion der Wellenzahl ($\hat{=} \Delta E$) aufgetragen.

Neben der Bandenlage und Intensität ist der Depolarisationsgrad ρ ein weiteres wichtiges Hilfsmittel zur eindeutigen Zuordnung der Banden.

$$\rho = \frac{I_\perp}{I_\parallel}$$

$I_\parallel$ ist die Intensität der Streustrahlung parallel zur Polarisationsrichtung des Erregerstrahls und $I_\perp$ diejenige, die senkrecht zur Polarisationsrichtung gemessen wird. Elektromagnetische Strahlung, welche in der yz-Ebene polarisiert ist, induziert in Molekülen einen in dieser Ebene schwingenden Dipol, der Strahlung in der x-Richtung abgibt ($I_\parallel$). Wird die Polarisationsebene des Erregerstrahls gedreht, ändert sich die Schwingungsrichtung des Dipols. Energie in Form von elektromagnetischer Strahlung kann nur parallel zur Schwingungsrichtung des Dipols abgegeben werden, so dass in diesem Fall in x-Richtung keine Strahlung auftritt, d.h. theoretisch ist $I_\perp$ und somit ρ gleich Null (Abbildung 1.8). Eine Bande, die in einer zweiten Messung mit polarisiertem Licht nach Drehung der Polarisationsebene des Erregerstrahls stark an Intensität verliert, bezeichnet man als polarisiert. Dies trifft auf Banden, die vollsymmetrischen Molekülschwingen entsprechen, zu. In Schwingungen, in deren Verlauf wenigstens ein Symmetrieelement des Moleküls aufgehoben wird, hat ρ den theoretischen Wert von $\frac{3}{4}$. Durch Bestimmung des Depolarisationsgrades lassen sich vollsymmetrische Schwingungen am leichtesten zuordnen, jedoch kann ρ auch größere Werte annehmen ($0 < \rho < \frac{3}{4}$), so dass die Zuordnung nicht in allen Fällen eindeutig ist.

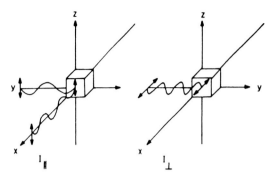

x   Beobachtungsrichtung

y   Einstrahlrichtung

Abbildung 1.8 Schematische Darstellung zu Polarisationsmessungen in der Raman-Spektroskopie.

1.1.2.2.3 Probenpräparation und Spektrenauswertung

Nach der Beschreibung der Voraussetzungen und der zugrunde liegenden physikalischen Vorgänge sollen im Folgenden noch einige Hinweise zur Spektrenauswertung und Probenpräparation gegeben werden.

In einem mehratomigen Molekül treten neben Valenz-Schwingungen (= Streckschwingungen) auch Deformationsschwingungen auf. Die Anzahl der Normalschwingungen entspricht der Zahl der Schwingungsfreiheitsgrade, d.h. für lineare Moleküle $3n-5$ und für gewinkelte Moleküle $3n-6$, wobei n die Anzahl der Atome im Molekül ist. Die Zahl der Valenzschwingungen entspricht immer der Zahl der Bindungen. Im Spektrum werden jedoch oftmals weniger Schwingungen beobachtet als man nach der Zahl der Schwingungsfreiheitsgrade erwarten würde. Das kann einerseits daran liegen, dass bestimmte Schwingungen IR- und Raman-inaktiv sind und andererseits treten bei bestimmten Molekülsymmetrien entartete, d.h. energiegleiche Schwingungen auf. Bei Molekülen, die ein Inversionszentrum besitzen, gilt das *Alternativverbot*, d.h. Schwingungen, die IR-aktiv sind, sind Raman-inaktiv und umgekehrt. Es gibt auch Fälle, z.B. Moleküle der Punktgruppe O_h, bei denen Schwingungen weder IR- noch Raman-aktiv sind (XY_6, δ-YXY, ν_6). Zusätzlich zu Normalschwingungen treten auch Kombinations- und Oberschwingungen auf, die sich im allgemeinen jedoch durch geringere Intensität auszeichnen.

In der Infrarot-Spektroskopie können Proben aller Aggregatzustände gemessen werden. Gasförmige Proben werden meist in 10 cm langen Glaszylindern mit strahlungsdurchlässigem Fenstermaterial gemessen, welches aus Einkristallen von NaCl, KBr, CaF_2, Si etc. besteht. Flüssige Proben werden als dünner Film zwischen Platten aus KBr, CsI, AgCl, Si etc. vermessen, für Lösungen verwendet man Flüssigkeitsküvetten mit einer Schichtdicke von ca. 0.3 cm aus den gleichen Materialien. Feststoffe werden entweder mit KBr, CsI etc. verrieben und zu einer Tablette gepresst, die dann direkt in den Strahlengang gebracht wird oder zwischen Platten (KBr, CsI, etc.) als Nujol®-(Paraffinöl) oder Fluorolube®(Polytrifluorchlorethylen)-Suspension vermessen.

In der Raman-Spektroskopie können prinzipiell ebenfalls Proben aller Aggregatzustände untersucht werden, die Messung gasförmiger Proben ist jedoch aufgrund der sehr geringen Dichte schwierig. Zur Messung wird das Probenmaterial in Glasgefäße (ggf. Kel-F® (Polychlortrifluorethylen) für HF-Lösungen) gefüllt und in den Strahlengang gebracht.

Aus der unterschiedlichen Probenpräparation ergeben sich zwangsläufig einige Vor- und Nachteile beider Methoden. Für Routinemessungen ist die IR-Spektroskopie aufgrund der leichteren Durchführbarkeit besser geeignet. Für temperatur- oder luftempfindliche Proben bietet die Raman-Spektroskopie den Vorteil, dass ein Umfüllen der Probe nicht unbedingt erforderlich ist und sie direkt im Reaktionsgefäß (Glas, Kel-F) vermessen werden kann.

Obwohl generell in der Raman-Spektroskopie temperaturempfindliche und auch farbige Substanzen durch den Einsatz der Tieftemperatur- und Lasertechnik sowie durch die Verwendung rotierender Proben (sample spinning) vermessen werden können, sind doch zwei Probleme noch immer von entscheidender Bedeutung. Einerseits bereiten tieffarbige Verbindungen aufgrund von Absorption Schwierigkeiten (geringe Intensität der Streustrahlung, Zersetzung der Probe durch Erwärmung etc.), andererseits kann Fluoreszenz zur teilweisen oder vollständigen Überlagerung eines Raman-Spektrums führen. Besonders stark und häufig tritt Fluoreszenz bei organischen (speziell aromatischen) und polymeren Proben auf, aber auch viele farbige anorganische Stoffe sowie Uran- und Thorium-Verbindungen zeigen diesen unerwünschten Effekt. Die erst in jüngerer Zeit erfolgte Einführung der Fourier-Transform-Technik (FT) in die Raman-Spektroskopie kann in Kombination mit der Verwendung von Erreger-(Laser)-Strahlung im Infrarot-Bereich die oben geschilderten Probleme umgehen. Speziell durch den Einsatz von Neodym-YAG-Lasern (yttrium aluminium garnet, Yttrium-Aluminium-Granat), die bei 1064 nm emittieren, werden Fluoreszenz- und Farbprobleme in der Regel vollständig ausgeschlossen.

Aus der Lage der Wellenzahl einer Schwingung kann auf charakteristische Gruppen im Molekül geschlossen werden. Es können jedoch in Abhängigkeit von Aggregatzustand und Temperatur geringfügige Verschiebungen auftreten ($\tilde{v}_{gas} >$ $\tilde{v}_{flüssig} > \tilde{v}_{fest}$). Die genaue Bandenlage einer charakteristischen Gruppe eines Moleküls hängt ebenfalls von Einflüssen durch benachbarte Molekülteile ab. Beispielsweise liegt die C=O-Valenzschwingung zwischen 1620 und 1830 cm^{-1}, d.h. in einem Bereich von 200 Wellenzahlen. Stark elektronegative Substituenten bewirken eine Verstärkung der Bindung und somit eine Verschiebung zu höherer Wellenzahl. Wie schon in den Grundlagen erwähnt, hängt die Frequenz bzw. Wellenzahl einer Schwingung von der Masse und der Kraftkonstanten ab. Je größer die Kraftkonstante, d.h. je stärker die Bindung, desto höher die Wellenzahl. Wird in einem Molekül ein bestimmtes Atom durch ein anderes Isotop (^{1}H durch ^{2}D) ersetzt, verschieben sich die Wellenzahlen der Schwingungen, an denen das Atom beteiligt ist. Durch Isotopenmarkierung kann der Einfluss der Atommasse zur Zuordnung einzelner Banden ausgenutzt werden.

1.2 Die Wasserstoffverbindungen der Nichtmetalle

Die Eigenschaften des Elements Wasserstoff und seiner binären Verbindungen sowie deren Labor- und technische Darstellungsverfahren sind in vielen einführenden Lehrbüchern umfassend dargestellt und sollen an dieser Stelle nicht wiederholt werden.[13-16] Ebenso sei bezüglich der Diskussion der Brønsted Azidität und Basizität auf die bereits zitierten Lehrbücher verwiesen.

1.2.1 Das H_2-Molekül

Um es gleich vorweg zu sagen, die Theorie der chemischen Bindung wollen wir an dieser Stelle nicht wiederholen. In den meisten einführenden Lehrbüchern werden das H_2^+-Molekülion und dann das H_2-Molekül exemplarisch behandelt, wenn die kovalente Bindung eingeführt wird. Eine hervorragende Darstellung findet sich bei Kutzelnigg.[17] Hierzu wird in der Regel nach Einführung der zeitunabhängigen Schrödinger-Gleichung mit dem der Energie korrespondierenden Hamilton-Operator $\mathbf{H}$

$$\mathbf{H}\,\psi = E\,\psi$$

mit Hilfe der LCAO-MO-Methode (linear combination of atomic orbitals, φ – molecular orbitals, ψ)

$$\psi_{MO} = c_1\varphi_1 + c_2\varphi_2 + ...$$

und unter Berücksichtigung der Born-Oppenheimer-Näherung ein Energieausdruck der Form

$$E = \int \psi^* \, \mathbf{H}\, \psi \, d\tau \, / \int |\psi|^2 \, d\tau$$

angeschrieben, wobei das nicht-relativistische Energieminimum nach dem Variationsprinzip gemäß

$$\left(\frac{\partial E}{\partial c_i}\right) = 0$$

gefunden wird. Für das H_2^+-Molekülion erhalten wir dann einen Energieausdruck der Art

$$E = \frac{\alpha \pm \beta}{1 \pm S}$$

wobei folgende Definitionen gelten

Coulomb-Integral: $\alpha = H_{11} = H_{22} = \int \varphi_1^* \, \mathbf{H} \, \varphi_1 \, d\tau$ (entspricht der Energie des Elektrons im AO)

Austausch-Integral: $\beta = H_{12} = \int \varphi_1{}^* \, \mathbf{H} \, \varphi_2 \, d\tau$ (entspricht der Wechselwirkungs-energie zwischen den beiden AOs)

Überlappungs-Integral: $S_{12} = S = \int \varphi_1{}^* \, \varphi_2 \, d\tau$

Für die beiden Molekülorbital-Wellenfunktionen ψ^b und ψ^a (b und a steht für bindend und antibindend) können wir schreiben

$$\psi^b = \frac{1}{\sqrt{2+2S}} (\varphi_1 + \varphi_2)$$

$$\psi^a = \frac{1}{\sqrt{2-2S}} (\varphi_1 - \varphi_2)$$

wobei die aus den allgemeinen Lehrbüchern bekanntere Darstellung die der Elektronendichte ist (Abbildung 1.9), welche proportional zum Betragsquadrat der Molekülorbital-Wellenfunktionen ψ^b und ψ^a ist.

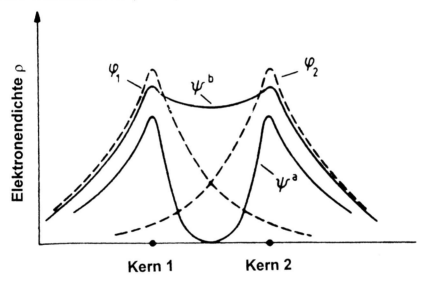

Abbildung 1.9 Elektronendichte der Atom- und Molekülorbitale für das $H_2{}^+$-Molekülion. [Reproduziert mit freundlicher Genehmigung von VCH Verlagsgesellschaft aus: T. M. Klapötke, I. C. Tornieporth-Oetting, *Nichtmetallchemie*. **1994**, Abb. 1–5.]

$$|\psi^b|^2 = \frac{1}{2+2S} (|\varphi_1|^2 + |\varphi_2|^2 + 2\varphi_1{}^*\varphi_2)$$

$$|\psi^a|^2 = \frac{1}{2-2S} (|\varphi_1|^2 + |\varphi_2|^2 - 2\varphi_1{}^*\varphi_2)$$

Wie bereits gesagt, diese kurze Zusammenfassung wird jedem Leser geläufig sein und es wird auch allgemein bekannt sein, dass die Interferenz zu einer Erniedrigung der Gesamtenergie, d.h. zu einem Minimum der Potentialkurve und damit zur chemischen Bindung führt (Abbildung 1.10).

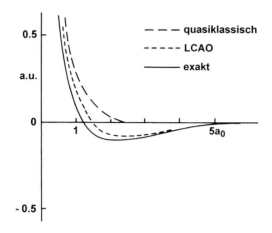

Abbildung 1.10 H_2^+-Potentialkurve (1 a.u. = 27.2114 eV $\hat{=}$ 2621 kJ mol^{-1}). [Reproduziert mit freundlicher Genehmigung von VCH Verlagsgesellschaft aus *Angew. Chem.* **1973**, *85*, 551.]

Nun aber wollen wir uns hier die entscheidende Frage stellen, die von manchen Studenten und immer noch in einigen Lehrbüchern falsch beantwortet wird:

Welcher physikalische Mechanismus ist dafür verantwortlich, dass die positive Interferenz der AOs zur Energieerniedrigung und somit zur Bindung führt?

Einige Leser mögen sich fragen, ob eine solche Thematik nicht eher in ein Buch der Physikalischen Chemie als in ein Lehrbuch der Anorganischen Chemie gehört. Aber seien wir einmal ehrlich, ist es wirklich seriös, moderne Nichtmetallverbindungen, komplizierte chemische Moleküle, Komplexverbindungen, Organometallverbindungen und Cluster zu diskutieren, wenn wir nicht einmal eine Ahnung davon haben, *warum* H_2 stabiler ist als zwei getrennte Wasserstoffatome? In diesem Zusammenhang seien dem Leser einige Originalarbeiten unbedingt empfohlen.[18–22] Es wird oft *fälschlicherweise* behauptet, dass die Anhäufung von Ladung in der Bindungsregion bei der H_2- (oder H_2^+-)Bindung zu einer Erniedrigung der potentiellen Energie führe, da sich die Elektronen (das Elektron) dann im Feld von beiden Kernen befinden. Das ist aber nur die halbe Wahrheit, denn diese Bindungselektronendichte (vgl. Abb. 1.9) steht nicht zusätzlich zur Verfügung, da die Gesamtelektronenzahl durch die Interferenz ja nicht verändert wird. Bei der Ausbildung der Bindung handelt es sich vielmehr um eine Verschiebung von Elektronendichte in die Bindungsregion aus Bereichen, die für die potentielle Energie viel günstiger sind, nämlich in unmittelbarer Nähe je eines Kerns. Insgesamt führt die Interferenz also zu einer *Erhöhung der potentiellen Energie*, d.h. die kinetische Energie muss für die Ausbildung der Bindung entscheidend sein. Diese Erkenntnis ist eng mit den Arbeiten von Hellmann und Ruedenberg verbunden und kann anschaulich wie folgt interpretiert werden. Beim Übergang von den getrennten Atomen zum Molekül vergrößert sich der den Elektronen (dem Elektron) zur Verfügung stehende Raum, d.h. nach Heisenberg nimmt die Ortsunschärfe zu und damit die Unschärfe des Impulses $\vec{p}$ ab (vgl. $p = mv$; $T = \frac{1}{2} mv^2$; $T = p^2 / 2m$).

$$\Delta p_x \cdot \Delta x \geq \tfrac{1}{2} \hbar$$

Da der mittlere Impuls null ist, werden insgesamt kleinere Impulse wahrscheinlicher, d.h. die kinetische Energie T wird kleiner.

Drei Gründe dafür, dass sich die falsche Erklärung bezüglich der physikalischen Natur der chemischen Bindung – sie beruhe auf einer Erniedrigung der potentiellen Energie, sei also elektrostatischer Natur (!) – so lange gehalten hat, sind

(a) die oft vorgenommene unzulässige Vernachlässigung der Überlappungsintegrale,

(b) die unter Chemikern weit verbreitete Vorliebe für elektrostatische Modelle (d.h. die falsche Anwendung des Hellmann-Feynman-Theorems),

(c) die falsche Anwendung des Virialsatzes, der nur für die exakte Lösung der Schrödinger-Gleichung Gültigkeit besitzt.

Und genau mit der exakten Wellenfunktion eines zweiatomigen Moleküls im Grundzustand wollen wir uns kurz beschäftigen (*Achtung*: die LCAO-MO-Methode liefert immer eine Näherungs-Wellenfunktion, nie die exakte). Nach dem Virial-Theorem gilt

$$2 \langle T \rangle = -2\,E = -\langle V \rangle$$

und wenn ein Molekül stabiler ist als die getrennten Atome, dann muss gelten

$$|E_{\text{Molekül}}| > |E_{\text{getrennte Atome}}|$$

Da ferner T immer positiv ist (es gibt keine negative kinetische Energie) muss weiterhin gelten

$$\langle T \rangle_{\text{Molekül}} > \langle T \rangle_{\text{getrennte Atome}}$$

Hiernach ist die kinetische Energie des H_2-Moleküls größer als die der getrennten Atome! Dass die Interferenz, die für die Bindungsbildung verantwortlich ist, zu einer Erniedrigung der kinetischen Energie führt (s.o.), insgesamt im stabilen Molekül die kinetische Energie aber größer ist als die der getrennten Atome, ist kein Trugschluss, sondern kann leicht verstanden werden, wenn wir die Bindungsbildung wie folgt in vier Einzelschritte „zerlegen" (Abbildung 1.11),
einen ersten quasiklassischen Schritt,
einen zweiten, bei dem die AOs der freien H-Atome zur Interferenz gebracht werden,
einen dritten, im dem wir die Orts- und Impulsunschärfe im Molekül neu optimieren (Promotion, s.u.) und
einen vierten, in dem wir berücksichtigen, dass die beiden Elektronen im H_2 das gleiche MO besetzen und sich einander „sehr nahe kommen" können (Elektronenkorrelation).

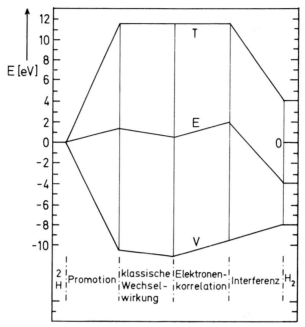

Abbildung 1.11 Beiträge der kinetischen (T) und potentiellen Energie (V) zur Bindungsbildung im H_2-Molekül. [Abbildung gezeichnet nach *Rev. of Modern Phys.* **1962**, *34*, 326.]

Der letzte Schritt entfällt natürlich bei der Diskussion des H_2^+; darüber hinaus muss man noch einen fünften Schritt einführen, wenn beide Bindungspartner unterschiedliche Elektronegativität besitzen (Ladungstransfer).

Fassen wir die Schritte (1) bis (4) nochmals zusammen:

1. Die *quasiklassische Wechselwirkung* der Kerne und der Elektronendichteverteilungen der „ungebundenen" Atome ist stets abstoßend (Eindringen in die Elektronenhülle), wird aber erst bei sehr kurzen Abständen wesentlich.

2. Die *Interferenz* kann additiv ($\varphi_1 + \varphi_2$) oder subtraktiv sein ($\varphi_1 - \varphi_2$). Bei additiver Interferenz erfolgt Ladungsverschiebung aus der Kernnähe in die Region der Bindung, d.h. in die Gegend zwischen den Kernen. Diese Ladungsverschiebung bewirkt eine Erniedrigung der kinetischen Energie, die die Bindung zur Folge hat.

3. Die *Promotion*, d.h. die Deformation der AOs ist im wesentlichen eine Kontraktion, wobei die dem Molekül angepassten AOs mehr in Kernnähe lokalisiert sind. Die Promotion führt im Fall des H_2 lediglich zu einer Änderung der Bilanz der intraatomaren potentiellen und kinetischen Energie (Abb. 1.11), sie hat auf die Bindungsenergie keinen wesentlichen Einfluss.

4. Die *Elektronenkorrelation* (auch: *sharing penetration*) beruht darauf, dass die beiden Elektronen mit unterschiedlichem Spin im H_2 das gleiche MO besetzen und sich einander „sehr nahe kommen" können, so dass sich die beiden Elektronen ebenso häufig in der Nähe des gleichen Atoms wie an verschiedenen Ato-

men befinden. Dieser Effekt, der der Bindung entgegenwirkt und der u.a. dafür verantwortlich ist, dass die Bindungsenergie im H_2 dem Betrage nach kleiner ist als zweimal diejenige des H_2^+, beruht also auf der Anwesenheit beider Elektronen am gleichen Atom infolge der Bindung; es besteht also eine gewisse Konkurrenz zwischen Interferenz und Elektronenkorrelation.

Die Berücksichtigung der Korrelation ist besonders bei großen Abständen wichtig, s. 1.2.3. Für das H_2-Molekül müssen wir demzufolge zusätzlich zu $(1\sigma_g)^2$ ($^1\Sigma_g^+$-Term) besonders für $R \rightarrow \infty$ auch die Konfiguration $(1\sigma_u)^2$ ($^1\Sigma_g^+$-Term) beimischen (*Anmerkung*: Zur Konfiguration $1\sigma_g 1\sigma_u$ gehören zwei Terme $^1\Sigma_u^+$ und $^3\Sigma_u^+$, beide sind insgesamt ungerade, so dass sie aus Symmetriegründen nicht mit dem Grundzustand mischen.)

Es mag den Leser vielleicht verwirren, dass die Elektronenkorrelation (*sharing penetration*) in Abbildung 1.11 einen positiven Wert zur Gesamtenergie E liefert, während wir später (vgl. Abschnitt 1.2.2.2, Tab. 1.9) feststellen werden, dass die Elektronenkorrelation immer einen negativen (stabilisierenden) Beitrag zur Bindung liefert. Dieser scheinbare Widerspruch lässt sich so erklären, dass wir bei der Diskussion des H_2-Moleküls (Abb. 1.11) im einfachen HF-Bild die Wellenfunktion nur durch eine antisymmetrische (Pauli-Prinzip) Slater-Determinante approximieren, so dass von vornherein die Wechselwirkung von Elektronen ungleichen Spins nicht berücksichtigt wird und daher die berechnete Totalenergie für ein quantenmechanisches System nicht mit der Energie aus der exakten Lösung der nicht-relativistischen Schrödinger-Gleichung innerhalb der Born-Oppenheimer-Näherung übereinstimmt. *Anmerkung*: Eine gewisse Elektronenkorrelation ist innerhalb des HF-Bildes bereits in dem Elektron-Elektron-Austauschterm (Korrelation zwischen Elektronen gleichen Spins, Fermi-Korrelation) enthalten. Der Anteil der von der HF-Näherung vernachlässigten Korrelationsenergie bezieht sich auf die Wechselwirkung zwischen gepaarten Elektronen (Korrelation zwischen Elektronen ungleichen Spins, Coulomb-Korrelation).

Es ist im einfachen HF-Bild nun so, dass die beiden Elektronen mit unterschiedlichem Spin im H_2 das gleiche MO besetzen und sich „sehr nahe kommen" können. Dieser Effekt wirkt der Bindung entgegen und führt somit zu einer Erhöhung der Gesamtenergie, d.h. einer Abnahme der Bindungsenergie im H_2 (Abb. 1.11). Wenn wir nun die (Coulomb-)Korrelation berücksichtigen, indem wir in der Wellenfunktion durch Erweiterung des Orbitalraumes auch höhere Anregungen berücksichtigen (d.h. dass sich Elektronen ungleichen Spins „ausweichen" können), führt dies zu einer zusätzlichen Stabilisierung und damit zu einer Erniedrigung der Gesamtenergie (s. Abschnitt 1.2.2.2, Tab. 1.9).

Die vorangegangene Diskussion hat ein interessantes „Paradoxon" aufgezeigt. Einerseits ist im Fall des H_2 die Energie des Moleküls niedriger als die der getrennten Atome, da die potentielle Energie im Molekül niedriger ist als die der getrennten Atome, und die molekulare kinetische Energie ist höher als die der getrennten Atome, was im Einklang mit dem Virial-Theorem ist. Andererseits ist es ebenso richtig zu behaupten, dass der Energiegewinn bei der Molekülbildung im wesentlichen aus der Abnahme der kinetischen Energie bei der Interferenz resultiert (Abb. 1.11), d.h. die Abnahme der kinetischen und nicht die der potentielle Energie führt zur Bindungsbildung. An dieser Stelle mag es vielleicht hilfreich sein, sich ein ähnliches „Paradoxon" aus der Weltraumfahrt vor Augen zu halten. Betrachten wir ein Raumschiff, das sich auf einer stabilen Umlaufbahn mit dem Radius r um die Erde befindet. Das klassisch-mechanische Virial-Theorem verlangt

$$2\,T = mv^2 = gmM/r = -V$$

wobei m und v die Masse und Geschwindigkeit, r der Radius der Umlaufbahn des Raumschiffes, M die Masse der Erde und g die Gravitationskonstante sind (g = 6.67×10^{-11} Nm^2kg^{-2}). Um die Umlaufzeit des Raumschiffes um die Erde zu verkürzen, muss das Raumschiff auf eine niedrigere (erdnähere) Umlaufbahn gebracht werden, auf der das Raumschiff dann eine höhere kinetische Energie besitzt. Dies kann durch das folgende Manöver erreicht werden: Um eine solche Beschleunigung zu erlangen, wird eine Bremsrakete gezündet, die das Raumschiff augenblicklich abbremst. Die kinetische Energie ist dann für die gegenwärtige Umlaufbahn unterhalb des nach dem Virial-Satz geforderten Wertes, und die Zentrifugalkraft ist zu schwach, um die Anziehung durch die Gravitationskraft zu kompensieren. Also fällt das Raumschiff in Richtung Erde, die potentielle Energie nimmt ab, während die kinetische Energie bei diesem Prozess wieder zunimmt. Das Raumschiff kann dann auf einer niedrigeren Umlaufbahn, wo das Virial-Theorem wieder erfüllt ist, erneut stabilisiert werden. Diese erdnähere Umlaufbahn hat eine niedrigere potentielle, eine höhere kinetische und eine niedrigere Gesamtenergie als die erste äußere Umlaufbahn. Dies bedeutet, dass der Gewinn an Gesamtenergie, der ursprünglich durch eine Abnahme an kinetischer Energie (Bremsrakete) induziert wurde, insgesamt einer Erniedrigung der potentiellen Energie und einem Anwachsen der kinetischen Energie entspricht. Die Situation unseres Bindungselektrons im H_2^+ (oder der Bindungselektronen im H_2) kann mit dem Raumschiff nach Abfeuern der Bremsrakete verglichen werden: Der Gewinn an Gesamtenergie (mehr negativ) ist erreicht worden durch eine Abnahme an kinetischer Energie, in diesem Fall dadurch, dass dem Elektron mehr Raum zur Verfügung steht. Die darauffolgende Neuoptimierung von kinetischer und potentieller Energie durch Orbitalkontraktion (Promotion) ist in beiden Systemen sehr verwandt.

1.2.2 Die Wasserstoffverbindungen der 14., 15. und 16. Gruppe

Für eine Reihe von Verbindungen von Elementen der zweiten Periode haben die analogen Verbindungen von Elementen der höheren Perioden deutlich verschiedene geometrische und physikalische Eigenschaften. Beispiele dafür sind die Paare CH_2/SiH_2, NH_3/PH_3 und H_2O/H_2S.[23]

Da wir im folgenden öfter die Begriffe *Hybridisierung* und *Valenzkonfiguration* verwenden werden, seien hierzu einige Anmerkungen vorangestellt. Beide Begriffe wurden ursprünglich für die Valence-Bond(VB)-Näherung eingeführt,[24] wobei die Molekülorbital(MO)-Näherung ohne den Begriff der Hybridisierung auskommt.[25] Oft ist es aber angebracht, im Anschluß an eine MO-Rechnung diese Begriffe – *Hybridisierung* und *Valenzkonfiguration* – zur Interpretation der Ergebnisse wieder einzuführen. Hierzu ist zunächst eine Populationsanalyse – etwa nach Mulliken oder nach Reed, Curtiss und Weinhold – erforderlich, wobei die daraus gewonnenen Besetzungszahlen $q_s(X)$ und $q_p(X)$ ein Maß für die Wahrscheinlichkeit sind, im Molekül ein atomares s- bzw. p-Orbital anzutreffen. Ergibt sich beispielsweise die Besetzungszahl für das 2s-AO am C-Atom in CH_4 zu $q_s = 1.1$ und die für die

2p-AOs insgesamt zu q_p = 3.1, so können wir sagen, dass die Valenzkonfiguration $2s^{1.1}2p^{3.1}$ ist und der „idealen" $2s^1p^3$-Hybridisierung sehr nahe kommt. Aus $q_s + q_p$ = 4.2 ergibt sich für das C-Atom formal eine Ladung von –0.2. Der Begriff der Hybridisierung kann dann zur Analyse der Bindungsverhältnisse herangezogen werden, wenn eine Beschreibung des Moleküls durch Zweizentren-MOs möglich ist.

Nehmen wir an, dass für die lokalisierten *Molekülorbitale (LMOs)* zweier äquivalenter X-H-Bindungen in einem Molekül XH_n (X z.B. = N, O) gilt

$$\psi_1 = \alpha\, hy_1 + \beta\, h_1$$

$$\psi_2 = \alpha\, hy_2 + \beta\, h_2$$

wobei hy_1 und hy_2 zwei Hybrid-AOs des X-Atoms und h_1 und h_2 zwei 1s-AOs von H-Atomen bedeuten und ψ_1 zu ψ_2 orthogonal ist. Die Ausgangs-AOs am Atom X (d.h. 2s und 2p) sind immer orthogonal zueinander. Konstruiert man nun durch eine orthogonale Transformation auch orthogonale Hybride hy_1 und hy_2, so kann ein Zusammenhang zwischen Hybridisierungsgrad und Valenzwinkel formuliert werden. Für den Winkel ϑ zwischen gleichartigen Hybriden gilt folgender Zusammenhang mit dem s-Anteil a^2 und dem p-Anteil $1-a^2$

$$\cos\vartheta = -a^2 / (1-a^2)$$

Achtung: Dieser einfache Zusammenhang gilt nur, wenn orthogonale Hybride vorliegen, was weiter unten verdeutlicht wird.

1.2.2.1 Hybridisierung bei den Hydriden BeH_2, BH_3 und CH_4 im Vergleich zu MgH_2, AlH_3 und SiH_4

Abbildung 1.12 zeigt die Populationen der s-, p- und d-Valenz-AOs am jeweiligen Zentralatom in den Molekülen BeH_2, BH_3, CH_4, MgH_2, AlH_3 und SiH_4. X(G.K.) bedeutet „Grundkonfiguration" (ohne Promotion und Hybridisierung), während $XH_{n\ ideal}$ für ideale sp^{n-1}-Hybridisierung steht. Abbildung 1.12 zeigt, dass die Zentralatome der zweiten Periode (Be, B und C) den Werten für eine ideale Hybridisierung recht nahe kommen, während dies bei den Vertretern der dritten Periode (Mg, Al und Si) nicht mehr der Fall ist.[23]

Betrachten wir zunächst die einfacher zu diskutierenden molekularen Metallhydride BeH_2 und MgH_2 und übertragen dann unsere Erkenntnisse auf die typischen Nichtmetallverbindungen BH_3 und CH_4.

Nach einer MO-Rechnung an BeH_2 und MgH_2 können wir für die kanonischen (d.h. delokalisierten) Valenz-MOs schreiben

$$\Psi_1 = c_1 s + c_2 h_1 + c_2 h_2$$

$$\Psi_2 = c_3 p + c_4 h_1 - c_4 h_2$$

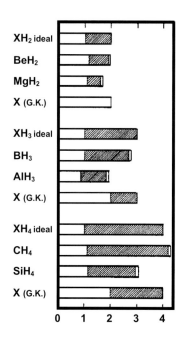

Abbildung 1.12 Mulliken'sche Besetzungszahlen für die Valenz-AOs von X in XH_n-Molekülen ohne freie Elektronenpaare (links s-, Mitte p- (schraffiert), rechts d-Orbital). [Reproduziert mit freundlicher Genehmigung von VCH Verlagsgesellschaft aus *Angew. Chem.* **1984**, *96*, 262.]

wobei s bzw. p Valenz-AOs von Be oder Mg des s- bzw. p_z-Typs (z = Kernverbindungsachse) und h_1, h_2 s-AOs der beiden H-Atome sind. Statt der beiden kanonischen MOs Ψ_1 und Ψ_2 können wir auch die äquivalenten MOs ψ_1 und ψ_2, die ebenfalls jeweils doppelt besetzt werden, anschreiben

$$\psi_1 = \frac{1}{\sqrt{2}}(\Psi_1 + \Psi_2) = \frac{c_1}{\sqrt{2}} s + \frac{c_3}{\sqrt{2}} p + \frac{(c_2 + c_4)}{\sqrt{2}} h_1 + \frac{(c_2 - c_4)}{\sqrt{2}} h_2$$

$$\psi_2 = \frac{1}{\sqrt{2}}(\Psi_1 - \Psi_2) = \frac{c_1}{\sqrt{2}} s - \frac{c_3}{\sqrt{2}} p + \frac{(c_2 - c_4)}{\sqrt{2}} h_1 + \frac{(c_2 + c_4)}{\sqrt{2}} h_2$$

Wenn nun s und p gleichermaßen mit h_1 und h_2 binden, d.h. wenn gilt $c_1 = c_3$ und $c_2 = c_4$, so werden die äquivalenten MOs zu echten Zweizentren-MOs.

$$\psi_1 = \frac{1}{\sqrt{2}}(\Psi_1 + \Psi_2) = \frac{c_1}{\sqrt{2}}(s + p) + c_2 \sqrt{2}\, h_1$$

$$\psi_2 = \frac{1}{\sqrt{2}}(\Psi_1 - \Psi_2) = \frac{c_1}{\sqrt{2}}(s - p) + c_2 \sqrt{2}\, h_2$$

Oft gilt nun nicht streng $c_1 = c_3$ und $c_2 = c_4$, sondern nur annähernd $c_1 \approx c_3$ und $c_2 \approx c_4$, und wir können den sogenannten *Lokalisierungsdefekt* d_l wie folgt definieren

$$d_l = \frac{c_2 - c_4}{c_2 + c_4}$$

Analog verstehen wir unter dem *Hybridisierungsdefekt* d_{hy}

$$d_{hy} = \frac{c_1 - c_3}{c_1 + c_3}$$

Ist der Hybridisierungsdefekt klein, so erweist sich die Formulierung mit zwei zueinander orthogonalen Hybriden als eine gute Näherung, anderenfalls sind die an je einer X-H-Bindung beteiligten Hybrid-AOs nicht orthogonal zueinander und ihr Überlappungsintegral kann beträchtlich werden. Für das von uns diskutierte Paar BeH_2 / MgH_2 ergeben sich die in Tabelle 1.5 aufgelisteten Werte.

Tabelle 1.5 Lokalisierungs- und Hybridisierungsdefekte für das Paar BeH_2 / MgH_2.

XH_2	d_l	d_{hy}	$\langle\, hy_1 \mid hy_2\,\rangle$	$\langle\, h_1 \mid h_2\,\rangle$
BeH_2	−0.065	0.055	0.109	0.084
MgH_2	−0.092	0.183	0.354	0.042

Tabelle 1.5 zeigt deutlich, dass weder BeH_2 noch MgH_2 an Lokalisierungsdefekten leiden, wohl aber zeigt MgH_2 im Gegensatz zu BeH_2 einen starken Hybridisierungsdefekt. Dieser Trend setzt sich auch in gleicher Weise bei den übrigen Paaren BH_3 / AlH_3 und CH_4 / SiH_4 fort, d.h. bei all diesen Hydriden sind die Lokalisierungsdefekte klein, und eine Beschreibung der Moleküle durch lokalisierte X-H-Bindungen ist zulässig. Da jedoch die Hybridisierungsdefekte nur bei BeH_2, BH_3 und CH_4 klein sind, nicht aber bei MgH_2, AlH_3 und SiH_4, ist die Annahme orthogonaler Hybride für die letztgenannten Moleküle nicht zulässig. Offenbar ist gute Hybridisierung nur dann möglich, wenn die s- und p-Valenz-AOs in etwa dem gleichen räumlichen Bereich lokalisiert sind, was nur möglich ist, wenn die Radialverteilung ungefähr gleich ist. Dies ist aber nur bei den Elementen der zweiten Periode der Fall, da in ihren Rümpfen nur s-AOs besetzt sind und deshalb auf die p-AOs keine Pauli-Abstoßung (Fermi-Abstoßung) des Rumpfes wirkt, anders als bei den Vertretern der dritten und der höheren Perioden.

1.2.2.2 Die Strukturen der Moleküle NH_3 und H_2O im Vergleich zu PH_3 und H_2S

Zu den spektakulärsten Unterschieden zwischen Verbindungen von Elementen der zweiten und der höheren Perioden gehören die der geometrischen Parameter von H_2O und H_2S, H_2Se etc. oder von NH_3 und PH_3, AsH_3 etc. (Tabelle 1.6). Während die Valenzwinkel in H_2O und NH_3 fast Tetraederwinkel sind, betragen sie in H_2S, H_2Se, PH_3 und AsH_3 ungefähr 90°.[23]

Oft wird *fälschlicherweise* angenommen, dass bei den Verbindungen mit Zentralatomen der dritten und der höheren Perioden fast reine p-AOs die Bindung ver-

Tabelle 1.6 Strukturparameter von Nichtmetall-Hydridverbindungen

XH$_n$	d(X-H) (in pm)	>(H-X-H) (in °)
NH$_3$	101.7	107.3
PH$_3$	142	93.8
AsH$_3$	152	91.8
SbH$_3$	171	91.7
H$_2$O	95.8	104.5
H$_2$S	134	92.1
H$_2$Se	146	90.6
H$_2$Te	169	90.3

mitteln. Richtig aber ist, dass die Mulliken-Populationsanalyse zeigt, dass alle binären Nichtmetallhydride von einer sogenannten *isovalenten Hybridisierung* Gebrauch machen (Abbildung 1.13). Unter einer isovalenten Hybridisierung verstehen wir eine Hybridisierung, die die Wertigkeit nicht erhöht. Für eine isovalente Hybridisierung gibt es im wesentlichen drei Gründe (Abbildung 1.14), von denen Argument (b) in unserer Diskussion wohl das stärkste Gewicht zu besitzen scheint:

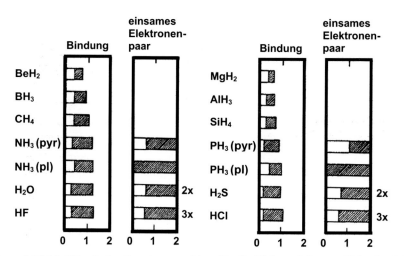

Abbildung 1.13 Mulliken'sche Besetzungszahlen für die Valenz-AOs von X in den lokalisierten MOs von XH$_n$-Molekülen (links s-, Mitte p-Orbital (schraffiert); pyr = pyramidal, pl = planar). [Reproduziert mit freundlicher Genehmigung von VCH Verlagsgesellschaft aus *Angew. Chem.* **1984**, *96*, 262.]

(a) Hybrid-AOs überlappen besser und machen festere Bindungen;
(b) durch p-Beimischung zu den einsamen Elektronenpaaren werden diese in Gegenrichtung zur X-H-Bindung verschoben, wodurch die Pauli-Abstoßung (Fermi-Abstoßung) zu den X-H-Bindungen verringert wird;

(c) Vergrößerung des Valenzwinkels durch Hybridisierung und damit Verringerung der Pauli-Abstoßung zwischen den X-H-Bindungen.

Für H_2O und NH_3 sind die s:p-Verhältnisse der Hybride in den X-H-Bindungen 1:3.81 bzw. 1:2.90. Nach

$$\cos\vartheta = -a^2 / (1-a^2)$$

würde man aus den tatsächlichen Valenzwinkeln (Tabelle 1.6) auf s:p-Verhältnisse von 1:3.99 bzw. 1:3.38 schließen, was mit der Vorstellung orthogonaler Hybride befriedigend in Einklang ist. In H_2O und NH_3 sind die s:p-Verhältnisse der freien Elektronenpaare 1:2.25 bzw. 1:2.37.

Für H_2S bzw. PH_3 findet man in den X-H-Bindungen s:p-Verhältnisse von 1:4.71 bzw. 1:3.83, von reinen p-Bindungen kann trotz der Valenzwinkel von nahe 90° hier also nicht ausgegangen werden. Ebensowenig besetzen die freien Elektronenpaare reine 3s-AOs; ihr s:p-Verhältnis beträgt 1:1.182 (H_2S) bzw. 1:0.95 (PH_3).

Offensichtlich machen also sowohl H_2O und NH_3 also auch – wenn auch in geringerem Maße – H_2S und PH_3 von der isovalenten Hybridisierung Gebrauch. Zu klären bleiben somit die folgenden beiden Fragen:

(1) Warum machen die Elemente der zweiten Periode stärker von der isovalenten Hybridisierung Gebrauch als die der dritten und höheren Perioden?

(2) Warum besitzen die Hydride der dritten und der höheren Perioden trotz teilweiser isovalenter Hybridisierung Valenzwinkel von nahe 90°?

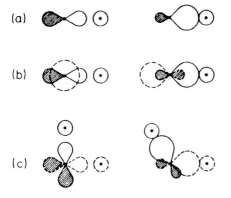

Abbildung 1.14 Die drei wesentlichen Gründe für eine isovalente Hybridisierung. [Reproduziert mit freundlicher Genehmigung von VCH Verlagsgesellschaft aus *Angew. Chem.* **1984**, *96*, 262.]

Eine Antwort auf die erste Frage ist, dass die drei in Abbildung 1.14 gegebenen Gründe für eine isovalente Hybridisierung bei den Elementen der höheren Perioden weniger wirksam sind. Die Ursache hierfür können wir darin sehen, dass die 3s-AOs deutlich weiter innen liegen als die 3p-AOs und somit die Pauli-Abstoßung zwischen den X-H-Bindungen ebenso wie zwischen den Bindungen und den freien Elektronenpaaren in H_2S und PH_3 schwächer als in H_2O und NH_3 ist. Darüber hinaus ist die Hybridisierung bei den Vertretern der höheren Perioden aufgrund der unterschiedlichen radialen Ausdehnung von s- und p-Orbitalen auch weniger effektiv.

Bezüglich der Größe der Valenzwinkel können wir argumentieren, dass nicht nur die Pauli-Abstoßung zwischen den H-Atomen (die elektrostatische Abstoßung ist vernachlässigbar klein!), sondern auch die Pauli-Abstoßung zwischen den H-Atomen und den einsamen Elektronenpaaren wichtig ist, wobei letztere kleinere Valenzwinkel begünstigt. Wenn diese Abstoßung dominiert, besitzen die freien Elektronenpaare größeren Platzbedarf als die X-H-Bindungen.

Dieses Ergebnis stimmt qualitativ mit dem VSEPR-Modell überein, wobei wir die Hybridisierung differenzierter betrachtet haben während das VSEPR-Modell immer ideale Hybridisierung voraussetzt.[26,27]

1.2.2.3 Die Stabilität von Fluoroplumbanen des Typs $PbH_{4-n}F_n$

Bei den meisten anorganischen Bleiverbindungen handelt es sich um Pb(II)-Verbindungen, die entsprechenden Pb(IV)-Vertreter (PbO_2, $PbCl_4$, PbF_4 etc.) stellen dagegen meist starke Oxidationsmittel dar, in denen Pb(IV) leicht zum stabileren Pb(II) reduziert wird. Im Gegensatz hierzu sind PbH_4 und die meisten organischen Pb(IV)-Verbindungen (vgl. die Gruppenelektronegativität einer CH_3-Gruppe entspricht mit 2.3 etwa der Elektronegativität von Wasserstoff mit 2.2; Pauling-Skala) in der Regel meist wesentlich stabiler als die entsprechenden divalenten Systeme. (*Anmerkung:* Bleitetraethyl, $(C_2H_5)_4Pb$, wurde lange Zeit im Tonnenmaßstab produziert und Ottokraftstoffen als Antiklopfmittel zugesetzt.) Interessant ist auch anzumerken, dass sowohl die Stabilität gemischt substituierter Blei(IV)-Verbindungen des Typs R_nPbX_{4-n} (R = H, org. Rest; X = elektronegativer, einbindiger Substituent, z.B. F, Cl) mit abnehmendem n ebenfalls abnimmt als auch gezeigt werden konnte, dass die Pb-H-Dissoziationsenergie in PbH_4 geringfügig größer ist als in PbH_2. Demzufolge ist die nachstehende Reaktion für X = H schwach exotherm und für X = F stark endotherm:[25a,d,e]

$$2\ PbX_2 \longrightarrow PbX_4 + Pb\ (X = H, F)$$

Die Tatsache, dass generell Verbindungen des Bleis in hohen Oxidationsstufen instabiler sind als solche der leichteren Homologen Kohlenstoff bis Zinn, ist lange bekannt und kann auf den *inert-pair-Effekt* zurückgeführt werden. Dieser Effekt bewirkt, dass Verbindungen von Elementen der 6. Periode häufig in einer Oxidationsstufe vorliegen, die um zwei Stufen niedriger ist als die entsprechende Wertigkeit der Gruppe (vgl. auch die analoge Chemie des Thalliums und Bismuts). Der inert-pair-Effekt selbst kann wiederum auf die Zunahme relativistischer Effekte beim Übergang von der 5. zur 6. Periode erklärt werden, darüber hinaus „leiden" Tl, Pb und Bi als Elemente der 6. Periode unter der Lanthanoiden-Kontraktion. Anders ausgedrückt bedeutet dies, dass der inert-pair-Effekt durch die viel größere s-p-Lücke in der 6. Periode und die damit verbundene höhere Promotionsenergie erklärt werden kann.

Wie aber können wir verstehen, dass der inert-pair-Effekt offensichtlich bei den Fluor-Verbindungen des Bleis viel stärker zum Tragen kommt als bei den Bleihydriden? Betrachten wir im folgenden die Reihe der Fluoroplumbane der allgemeinen Zusammensetzung H_nPbF_{4-n} (n = 0, 1, 2, 3, 4) und vergleichen die Strukturen und Stabilitäten mit den entsprechenden divalenten Spezies H_2Pb, HPbF und PbF_2. Auffällig hinsichtlich ihrer Molekülstruktur bei den gemischt-substituierten H_nPbF_{4-n}Verbindungen ist, dass

(a) die Bindungswinkel in diesen Molekülen stark von den idealen Tetraederwinkeln abweichen, wobei

(i) die F-Pb-F-Winkel kleiner als 109.5° sind, während

(ii) die H-Pb-H-Winkel über dem idealen Tetraederwinkel liegen und dass

(b) sowohl die Pb-H als auch die Pb-F-Abstände mit zunehmender Fluor-Substitution abnehmen.

In der Reihe der Pb(IV)-Verbindungen des Typs H_nPbF_{4-n} lassen sich sowohl die Winkeldeformation als auch die Bindungsverkürzung mit dem Konzept der Hybridisierung erklären. Mit zunehmender Fluor-Substitution steigt die positive Ladung am Zentralatom, und die p-Orbital-Beiträge zu den bei der Bindung verwendeten Blei-Hybridorbitalen nehmen ab. Es ist auch leicht einzusehen, dass die größeren s-Beiträge bei zunehmender F-Substitution zu der beobachteten Bindungsverkürzung führen. Da die auf die elektronegativen Fluor-Substituenten gerichteten Hybridorbitale viel höheren p-Charakter besitzen als die für die Pb-H-Bindung verwendeten Orbitale, sind die F-Pb-F-Winkel jeweils deutlich kleiner als die H-Pb-H Winkel.

Betrachten wir nun die Frage, warum PbH_4 in der Oxidationsstufe (IV) stabiler ist als PbF_4. Die Eliminierung von Fluor, HF oder H_2 aus der Reihe der Verbindungen des Typs H_nPbF_{4-n} (n = 0, 1, 2, 3, 4) führt zu Pb(II)-Derivaten, wie die nachstehenden Reaktionsgleichungen verdeutlichen.

$$H_nPbF_{4-n} \longrightarrow H_nPbF_{2-n} + F_2$$

$$H_nPbF_{4-n} \longrightarrow H_{n-1}PbF_{3-n} + HF$$

$$H_nPbF_{4-n} \longrightarrow H_{n-2}PbF_{4-n} + H_2$$

Allgemein kann man für obige Reaktionen feststellen, dass diese 1,1-Eliminierungsreaktionen mit zunehmender Zahl von Fluor-Substituenten im Edukt weniger endotherm beziehungsweise stärker exotherm werden. Ganz offensichtlich destabilisiert die Fluor-Substitution die tetravalenten Bleiverbindungen. Analog zur bereits oben besprochenen Stabilität von PbH_4 im Vergleich zum PbF_4 ist auch die Disproportionierung von PbH_2 exotherm, während die analoge Reaktion von PbF_2 dagegen deutlich endotherm ist.

$$2\,H_2Pb \longrightarrow Pb\,(^3P) + PbH_4$$

$$2\,PbF_2 \longrightarrow Pb\,(^3P) + PbF_4$$

Betrachten wir den eben diskutierten Sachverhalt noch etwas mehr im Detail. Die durchschnittliche Energie, um ein 6s-Elektron in ein 6p-Orbital anzuheben (zu promovieren), beträgt ca. 736 kJ mol^{-1} für den Grundzustand von Pb$^+$, ca. 861 kJmol^{-1} für Pb^{2+} und ca. 1078 kJ mol^{-1} für Pb^{3+}. Somit wird auch die s-p-Promotionslücke mit zunehmender positiver Ladung auf dem Blei größer, und die kugelsymmetrischen s-Orbitale werden stärker kontrahiert als die p-Orbitale (Tabelle 1.7). Dies bedeutet, dass mit zunehmender Substitution von Pb(IV)-Verbindungen mit elektronegativen Substituenten wie Fluor eine effektive Hybridisierung erschwert wird, in anderen Worten die Hybridisierungsdefekte zunehmen und die Bindungen somit schwächer werden. Andererseits nimmt mit abnehmender Hybridisierung (d.h. mit zunehmendem s-Charakter) der Pb-X-Bindung gleichzeitig auch der Pb-X-Abstand ab. Das deutlich höhere p/s-Verhältnis vom Blei-Beitrag zur σ(Pb-F)-Bindung in allen Blei(II)-Verbindungen im Vergleich zu den entsprechenden Blei(IV)-Spezies ist ebenfalls gut mit deutlich kürzeren Pb(II)-F-Bindungslängen im Vergleich zu Pb(IV)-F-Bindungslängen in Einklang.[25a,d,e]

Tabelle 1.7 Ergebnisse einer Populationsanalyse für Verbindungen des Typs H$_n$PbF$_{4-n}$.

	PbH$_4$	PbH$_3$F	PbH$_2$F$_2$	PbHF$_3$	PbF$_4$
Population des Pb(6s)-Orbitals	1.114	1.064	0.975	0.793	0.538
Population des Pb(6p)-Orbitals	2.007	1.410	0.983	0.723	0.574
Hybridisierung am Blei	sp$^{1.80}$	sp$^{1.33}$	sp$^{1.01}$	sp$^{0.91}$	sp$^{1.07}$
Ladung auf Blei (in e)	0.876	1.520	2.037	2.478	2.994
p/s-Verhältnis des Blei-Beitrags zur σ-(Pb-H)-Bindung	1.80	1.24	0.80	0.55	–
p/s-Verhältnis des Blei-Beitrags zur σ-(Pb-F)-Bindung	–	2.54	1.90	1.29	0.92
Dissoziationsenergie (in kJ mol^{-1})	178				266

Betrachten wir abschließend noch die eng verwandten Fluoromethylplumbane des Typs (CH$_3$)$_n$PbF$_{4-n}$, deren Strukturparameter in Tabelle 1.8 zusammengestellt sind. Ganz analog zu den Wasserstoff-Verbindungen zeigt sich auch hier der allgemeine Trend, dass

(a) die Bindungswinkel in diesen Molekülen stark von den idealen Tetraederwinkeln abweichen, wobei

(i) die F-Pb-F-Winkel kleiner als 109.5° sind, während

(ii) die C-Pb-C-Winkel über dem idealen Tetraederwinkel liegen und dass

(b) sowohl die Pb-C als auch die Pb-F-Abstände mit zunehmender Fluor-Substitution abnehmen.

Es ist interessant, sich noch einmal vor Augen zu halten, dass in der Reihe der Verbindungen H$_n$PbF$_{4-n}$ und (CH$_3$)$_n$PbF$_{4-n}$ mit zunehmender Fluor-Substitution die Bindungen kürzer und schwächer werden!

Tabelle 1.8 Strukturparameter von Fluoromethylplumbanen des Typs $(CH_3)_nPbF_{4-n}$ und ihrer Pb(II)-Analoga.

	d(Pb-C) (in pm)	d(Pb-F) (in pm)	<(C-Pb-C) (in °)	<(C-Pb-F) (in °)	<(F-Pb-F) (in °)
$(CH_3)_2Pb$	232.3		93.0		
$(CH_3)PbF$	230.0	206.2		92.9	
PbF_2		202.7			95.8
$(CH_3)_4Pb$	224.8		109.5		
$(CH_3)_3PbF$	222.7	204.5	116.4	101.1	
$(CH_3)_2PbF_2$	220.2	201.0	134.8	104.1	101.4
$(CH_3)PbF_3$	219.8	196.4		115.5	102.8
PbF_4		192.4			109.5

Zusammenfassend können wir sagen, dass der häufig verwendete Begriff des inert-pair-Effektes impliziert, dass die s-Orbitale energetisch zu niedrig liegen, um an einer Bindung teilzunehmen. Während diese Sichtweise zwar den Sachverhalt bei Blei(II)-Verbindungen richtig wiedergibt, kann die im vorangegangenen Abschnitt diskutierte Destabilisierung von Blei(IV)-Plumbanen hierdurch nicht erklärt werden. Um die Schwäche der Pb-F-Bindungen in PbF_4 gegenüber den Pb-F-Bindungen in PbF_2 zu erklären, ist es also sinnvoller, Hybridisierungsdefekte zu diskutieren, als die energetisch tiefe Lage der 6s-Orbitale am isolierten Atom anzuführen.

1.2.3 Die Dimerisierung von BH_3 zu B_2H_6

Im Rahmen der einfachen MO-Theorie kann von vornherein die *Wechselwirkung von Elektronen ungleichen Spins* nicht mit berücksichtigt werden. Diesen Fehler der Eindeterminanten-Näherung bezeichnet man als *Elektronenkorrelation*. Die Elektronenkorrelation wirkt sich in mehrfacher Hinsicht auf die chemische Bindung aus. Vor allem zwei Effekte sind wichtig. Der erste hat zu tun mit dem falschen asymptotischen Verhalten der MO-Wellenfunktion für große Kernabstände. Berücksichtigt man die Elektronenkorrelation, so gibt man den Elektronen ungleichen Spins die Möglichkeit, einander auszuweichen. Der Beitrag der Elektronenkorrelation wird verständlicherweise um so größer, je größer der Kernabstand ist. Dies bedeutet, die Elektronenkorrelation für R→∞ erlaubt den Elektronen, einander in der Weise auszuweichen, dass, wenn sich das eine Elektron beim Kern A aufhält, das andere bevorzugt beim Kern B ist. Dieser Korrelationseffekt bezieht sich jeweils auf ein einziges Bindungs-Elektronenpaar und man kann deshalb auch von Intra-Bindungs-Korrelation sprechen. Dieser Beitrag ist besonders dann wichtig, wenn in einer chemischen Reaktion ungepaarte Elektronen eine Bindung eingehen, wie man deutlich aus Tabelle 1.9 ersehen kann.

Tabelle 1.9 Beitrag der Elektronenkorrelation bei der X_2-Bindungsbildung

X_2	$\Delta E(MO)$ (in eV)	$\Delta E(Korr.)$ (in eV)
H_2	−3.64	−1.11
Li_2	−0.17	−0.88
N_2	−5.27	−4.63
F_2	+1.37	−3.05

Man kann annehmen, dass sich die Korrelationsenergie in einer chemischen Reaktion wenig ändert, wenn sich bei der Dissoziation (oder Bildung) eines Moleküls keine Elektronenpaare trennen, sondern die Zahl der Elektronenpaare konstant bleibt, wie dies beispielsweise bei Säure-Base-Reaktionen der Fall ist.

$$NH_3 + H^+ \longrightarrow NH_4^+$$

$$NH_3 + BH_3 \longrightarrow H_3N^+–BH_3^-$$

Allerdings genügt die Erhaltung der Zahl der Elektronenpaare nicht, um ungefähre Konstanz der Korrelationsenergie bei einer Bindungsbildung oder Dissoziation zu gewährleisten. Außer der oben diskutierten Intra-Bindungs-Korrelation muss auch oft die Korrelation zwischen verschiedenen Bindungen, die man als eine Art van-der-Waals-Anziehung zwischen diesen Bindungen interpretieren kann, berücksichtigt werden (Inter-Bindungs-Korrelation). Eines der eindrucksvollsten Beispiele für einen entscheidenden Beitrag der Inter-Bindungs-Korrelation zur Bindungsenergie ist die Dimerisierung von Boran zu Diboran.[20a]

$$2\,BH_3 \longrightarrow B_2H_6$$

Für die Dimerisierungsreaktion ergibt die MO-Rechnung ohne Berücksichtigung der Elektronenkorrelation einen Wert von etwa −40 kJ mol^{-1}. Da die Änderung der Inter-Bindungs-Korrelationsenergie ca. −105 kJ mol^{-1} beträgt, entspricht die gesamte Dimerisationsenergie etwa einem Wert von −145 kJ mol^{-1}. Als anschauliche Erklärung für dieses Phänomen können wir diskutieren, dass es in BH_3 nur drei mögliche Paare von Bindungen mit einem gemeinsamen B-Atom gibt, während es in B_2H_6 aber elf solcher Paare sind, fünf mehr als in zwei getrennten BH_3-Einheiten. Die mit der Änderung der Zahl von benachbarten Bindungen einhergehende Änderung der Korrelationsenergie ist für den größten Teil der Energie der Elektronenmangelbindung in B_2H_6 verantwortlich.

Interessant ist es, an dieser Stelle anzumerken, dass aufgrund der oben dargelegten Argumente, BH_3 in der kondensierten Phase nicht stabil ist (Dimerisierung zu B_2H_6), wohl aber BF_3, welches das Elektronenoktett am Bor-Atom formal durch die Ausbildung von F(p)→B(p)-π-Bindungen erreicht (1/3 π-Bindung je B-F-Bindung, Gesamtbindungsordnung 1.33). Eine solche Art der Stabilisierung durch

F(p)→B(p)-π-Bindungen ist im $B(CF_3)_3$ nicht möglich. Daher ist $B(CF_3)_3$ in der kondensierten Phase unbekannt, bei Versuchen zu seiner Darstellung erfolgt im ersten Schritt stets Zersetzung zu $B(CF_3)_3(CF_2)$ und $FB(CF_3)_2$.

$$B(CF_3)_3 \longrightarrow FB(CF_3)_2 + CF_2$$

$$B(CF_3)_3 + CF_2 \longrightarrow B(CF_3)_3(CF_2)$$

Das (hypothetische) $B(CF_3)_3$ ist aufgrund der fehlenden Stabilisierung durch die F→B-Rückbindung auch extrem Lewis-sauer mit einem berechneten pF^--Wert von 11.8 (Anmerkung: noch azider sind die fluorierten Carboran-Käfige $CB_{11}F_{11}$ und $CHB_{11}F_{10}$ mit pF^--Werten von 18.2 bzw. 17.8).

Obwohl $B(CF_3)_3$ in der kondensierten Phase unbekannt ist (s.o.) existiert das korrespondierende $[B(CF_3)_4]^-$-Anion, welches aus $K^+[B(CN)_4]^-$ zugänglich ist und sich in der präparativen Chemie durch viele hervorragende Eigenschaften auszeichnet:[20b]

(i)   hohe Red/Ox-Stabilität in aHF/F_2 und NH_3/Na;
(ii) sehr schwach koordinierendes, sehr wenig basisches Anion;
(iii) Cs-Salz ist bis 450 °C stabil.

$$K^+[BF_4]^- + 4\ KCN \longrightarrow K^+[B(CN)_4]^- + 4\ KF$$

$$K^+[B(CN)_4]^- + 4\ ClF_3 \longrightarrow K^+[B(CF_3)_4]^- + 2\ Cl_2 + 2\ N_2$$

1.3 Die VB-Beschreibung von elektronenreichen Molekülen: Hypervalenz und Hyperkoordination

In den letzten Jahren hat sich generell wieder ein verstärktes Interesse am Gebrauch von Valenzbindungs-Methoden (VB) zum Studium der elektronischen Strukturen von Molekülen gezeigt. Heute stehen neben der qualitativen Beschreibung auch leistungsfähige ab initio VB Programme zur Verfügung, um mit Hilfe von Computerrechnungen auch quantitative Aussagen machen zu können. Bezüglich des Verständnisses der chemischen Bindung hat die VB-Theorie mit ihren lokalisierten Zwei-Zentren-Bindungen zur Beschreibung triatomarer oder auch größerer Systeme konzeptionelle Vorteile gegenüber der qualitativen MO-Theorie, welche delokalisierte Bindungen mittels multizentren- MOs zur Diskussion heranzieht. Beispielsweise ist eine qualitative, delokalisierte MO-Beschreibung der elektronischen Reorganisation in der nachstehenden Gleichung sehr schwierig, während der VB-Formalismus einfach entwickelt werden kann:[28c]

$$NO + O_3 \longrightarrow NO_2 + O_2$$

Die Begriffe Hypervalenz und Hyperkoordination werden in der Literatur leider oft nur unsauber definiert und manchmal sogar gleichgesetzt, was falsch ist. Es gibt viele hyperkoordinierte Moleküle, besser hyperkoordinierte Atome in Molekülen, die nicht hypervalent sind und auch umgekehrt hypervalente Verbindungen, in denen keine Hyperkoordination vorliegt. Koordination ist die Anzahl nächster Nachbarn, Valenz dagegen die Anzahl von Elektronenpaaren, die von einem Atom ausgehen und an der Bindung beteiligt sind.[29]

Betrachten wir beispielsweise die bipyramidalen Spezies NF_5 (hypothetisch) und PF_5. In beiden Verbindungen liegen eindeutig hyperkoordinierte Zentralatome vor. Allerdings sind N und P nur dann auch als hypervalent anzusehen, wenn ihre Valenz (= Bindigkeit) in irgendeiner VB-Struktur, die zur elektronischen Struktur beiträgt, vier überschreitet. Falls nur Lewis-Oktett-Strukturen benutzt werden, beträgt die Valenz von N und P vier, so wie es in den Standard-Lewis-Strukturen **13** und **14** der Fall ist, es liegt also keine Hypervalenz vor (Abbildung 1.16). Die Valenzen für N und P würden dann denen in NH_4^+ und PH_4^+ entsprechen, und niemand würde das Ammonium- oder Phosphonium-Ion als hypervalente Spezies betrachten.

F —— $NF_3^{\oplus}$ $F^{\ominus}$ F —— $PF_3^{\oplus}$ $F^{\ominus}$

13    **14**

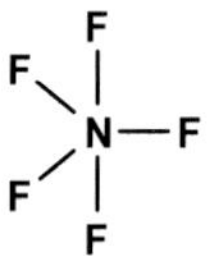

15 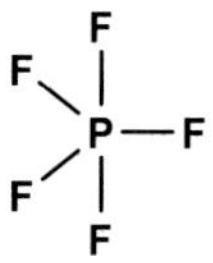   **16**

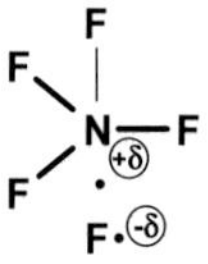

17 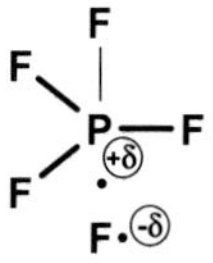   **18**

Abbildung 1.16 Standard-Lewis- und increased-valence-Strukturen für NF_5 und PF_5.

Hypervalenz wird dann bei NF_5 und PF_5 auftreten, wenn entweder die Atome N und P ihre Valenzschale aufweiten und fünf Elektronenpaarbindungen (**15** und **16**) oder Ein-Elektronen- und Elektronenpaar-Bindungen ausbilden, wozu nicht notwendigerweise zusätzliche Orbitale am N und P herangezogen werden müssen (**17** und **18**).[30] Letzterer Typ ist eine *increased-valence-Struktur* (s. Kap. 1.3.1).

1.3.1 Increased-Valence Strukturen

In letzter Zeit hat es immer wieder deutliches Interesse am Einsatz von VB-Methoden zum Studium der elektronischen Struktur von Molekülverbindungen gegeben [30, 31, 32a-j]. Die einfache VB-Theorie besitzt mit lokalisierten 2-Zentren-Bindungen viele konzeptionelle Vorteile gegenüber der qualitativen MO-Theorie, die mittels Multizentren-MOs delokalisierte Bindungen beschreibt. Die erst in jüngerer

Zeit eingeführte Miteinbeziehung von increased-valence Strukturen in die qualitative VB-Theorie stellt eine natürliche Erweiterung der jedem Chemiker vertrauten Lewis-Typ VB-Theorie dar.

Es konnte oft gezeigt werden, dass increased-valence Strukturen der Resonanz zwischen Standard-Lewis-Strukturen (Kekulé-Strukturen) und long-bond Strukturen (Dewar-Strukturen) equivalent sind und normalerweise eine oder mehrere Pauling'sche Drei-Elektronen-Bindungen als diatomare Komponente enthalten. Standard Lewis Strukturen besitzen eine maximale Anzahl von Elektronenpaar-Bindungen, die für einen gegebenen AO-Basis-Satz Paare von benachbarten Atomen verbinden. Falls es sich bei diesem Molekülen um Vertreter der 2. Periode (Li ... Ne) handelt, gehorchen diese VB-Strukturen der Lewis-Langmuir Oktett-Regel. Long-bond Lewis-Strukturen (Dewar-Type Strukturen), die z.T. auch der Oktettregel nicht gehorchen, beinhalten immer wenigstens eine Elektronenpaar-Bindung zwischen nicht benachbarten Atomen.

Viele elektronenreiche dreiatomige oder polyatomare Moleküle besitzen eine oder mehrere Vier-Elektronen-drei-Zentren-Bindungen. Die einfachste Beschreibung dieses Typs von Bindung beinhaltet vier Elektronen, die über drei überlappende Atomorbitale (AOs), die an den drei Atomzentren lokalisiert sind, verteilt sind. Ein typisches Beispiel einer symmetrischen Vier-Elektronen-drei-Zentren-Bindung sind die $p\sigma$-Elektronen im Anion F_3^-.

Allgemein können wir sagen, dass wenn Y, A und B die drei Atomzentren sind und y, a und b ihre überlappenden AOs repräsentieren, die Resonanz zwischen den VB-Strukturen **1** und **2** eine gewohnte VB-Beschreibung für eine Vier-Elektronen-drei-Zentren-Bindung liefert.

$$\ddot{Y} \quad A\text{—}B \qquad\qquad Y\text{—}A \quad \ddot{B}$$
$$\textbf{1} \qquad\qquad\qquad\qquad \textbf{2}$$

Die VB-Strukturen **1** und **2** sind Beispiele für Standard- oder Kekulé-VB-Strukturen einer Vier-Elektronen-drei-Zentren-Bindung, sie besitzen je ein freies Elektronenpaar und jeweils eine Zwei-Elektronen-zwei-Zentren-Bindung, die zwei benachbarte Atome verbindet. Die Maximale Valenz des Atoms A in beiden Strukturen ist 1. Allerdings kann eines der nicht bindenden Elektronen in ein bindendes lokalisiertes MO delokalisiert werden, wie es in **1** $\rightarrow$ **3** bzw. **2** $\rightarrow$ **4** gezeigt ist.

$$\dot{\ddot{Y}} \quad A\text{—}B \longrightarrow \dot{Y} \cdot A\text{—}B$$
$$\textbf{1} \qquad\qquad\qquad \textbf{3}$$

$$Y\text{—}A \quad \ddot{B} \longrightarrow Y\text{—}A \cdot \dot{B}$$
$$\textbf{2} \qquad\qquad\qquad \textbf{4}$$

In den VB-Strukturen **3** und **4** ist Atom A an einer zusätzlichen Einelektronenbindung beteiligt, so dass A in diesen VB-Strukturen elektronische Hypervalenz zeigt. Daher werden die letztgenannten Strukturen **3** und **4** auch als increased-valence Strukturen für eine Vier-Elektronen-drei-Zentren-Bindung bezeichnet.

Wenn man ein AO pro Atomzentrum zulässt, gibt es zwei wesentliche Typen von Wellenfunktionen, um Elektronenpaarbindungen zu beschreiben:

(i) Heitler-London (HL), bei denen die Elektronen AOs besetzen und

(ii) LMOs (lokalisierte MOs), bei denen sich die Elektronen in bindenden zwei-Zentren-MOs befinden.

Um die wesentlichen Aspekte der increased-valence Theorie darzustellen, genügt es an dieser Stelle, die einfachere Beschreibung mit Heitler-London Wellenfunktionen vorzunehmen. (Eine ausführlichere Diskussion mittels LMOs findet sich in der Literatur [32j]).

Die Singulet (S = 0 Spin) Wellenfunktionen des HL-Typs für die Standard- oder Kekulé-Lewis-Strukturen der Strukturen **1** und **2** mit einer A–B bzw. einer Y–A Elektronenpaar-Bindung sind in Gleichung (1) und (2) gezeigt, in denen α und β den Spinfunktionen $s_z = +1/2$ und $s_z = -1/2$ entsprechen möge. Die Slater-Determinanten des Typs $|y^\alpha y^\beta a^\alpha b^\beta|$ berücksichtigen ferner die Ununterscheidbarkeit der Elektronen und die Antisymmetrie der Vier-Elekrtonen-Wellenfunktionen.

$$\Psi_1(HL) = |y^\alpha y^\beta a^\alpha b^\beta| + |y^\alpha y^\beta b^\alpha a^\beta| \tag{1}$$

$$\Psi_2(HL) = |y^\alpha a^\beta b^\alpha b^\beta| + |a^\alpha y^\beta b^\alpha b^\beta| \tag{2}$$

Kanonische Lewis-VB-Strukturen repräsentieren die verschiedenen Möglichkeiten, mit denen vier Elektronen auf drei überlappende AOs aufgeteilt werden können. Für ein S = 0 Spinzustand gibt es sechs kanonische Strukturen, die in Schema 1.1 gezeigt sind und deren Wellenfunktionen in Gleichung (3) zusammengefasst sind.

$$\Psi_I = |y^\alpha y^\beta a^\alpha b^\beta| + |y^\alpha y^\beta b^\alpha a^\beta|,$$

$$\Psi_{II} = |y^\alpha y^\beta a^\alpha a^\beta|,$$

$$\Psi_{III} = |y^\alpha y^\beta b^\alpha b^\beta|,$$

$$\Psi_{IV} = |a^\alpha a^\beta b^\alpha b^\beta|,$$

$$\Psi_V = |y^\alpha a^\beta b^\alpha b^\beta| + |a^\alpha y^\beta b^\alpha b^\beta|,$$

$$\Psi_{VI} = |y^\alpha a^\beta a^\alpha b^\beta| + |a^\alpha y^\beta b^\alpha a^\beta| \tag{3}$$

Die Strukturen **I** und **V** gehören zum Kekulé-Typ und entsprechen den VB-Strukturen **1** und **2** mit den HL-Wellenfunktionen (1) und (2). Die Strukturen **II-IV** sind ionische Strukturen und die Struktur **VI** mit einer langen Bindung zwischen den nicht benachbarten Atomen Y und B gehört zum Dewar-Type (long-bond-, Dewar oder Singulet-Biradikal-Struktur). Oft werden solche long-bond Strukturen bei der qualitativen Beschreibung von VB-Strukturen außer Acht gelassen. Quantitative VB-Rechnungen haben aber gezeigt, dass diese oft sehr wesentliche Beiträge zum Resonanzschema des Grundzustandes liefern. Dies ist speziell dann der Fall, wenn die Kekulé-Strukturen formale Ladungen besitzen und die Dewar-Strukturen nicht.

Beispielsweise konnte durch quantitative VB-Rechnungen gezeigt werden, dass beim Ozon, O_3, die long-bond oder Dewar-Struktur die wichtigste einzelne kanonische VB-Struktur zur Beschreibung des Grundzustandes ist (s. Kap. 1.3.2).

Ÿ A̤ B	(I)	Kekulé
Ÿ Ä B	(II)	ionic
Ÿ A B̈	(III)	ionic
Y Ä B̈	(IV)	ionic
Ẏ A̤ B̈	(V)	Kekulé
Ẏ Ä Ḃ	(VI)	Dewar

Schema 1.1   S = 0 Spin kanonische Lewis-Strukturen für eine Vier-Elektronen-drei-Zen-tren-Bindung (ohne Formalladungen).

Die beste Beschreibung einer Vier-Elektronen-drei-Zentren-Bindung ist die Linearkombination der Wellenfunktionen $\Psi_I - \Psi_{VI}$, die die niedrigste Energie besitzt. Im folgenden nehmen wir an, dass die AOs y, a und b so orientiert sind, dass die Überlappungsintegrale $\langle y|a \rangle$ und $\langle a|b \rangle$ beide größer als Null sind. Die Y–A und A–B LMOs $\psi_{ya} = y + la$ and $\psi_{ab} = a + kb$ sind dann die bindenden MOs, wenn die Polaritäts-Koeffizienten l und k beide größer als Null sind. Die orthogonalen antibindenden MOs werden als ψ_{ya}^* und ψ_{ab}^* bezeichnet.

Um, wie bereits oben diskutiert, die increased-valence Strukturen **3** und **4** zu erzeugen, wollen wir nun die HL-Wellenfunktionen für diese Strukturen betrachten. Wenn ein Y-Elektron der VB-Struktur **1** in das Y–A-bindende MO der Form $\psi_{ya} = y + la$ delokalisiert wird, ist die S = 0 Spin HL-Wellenfunktion für die increased-valence Struktur **3** durch die Gleichung (4) definiert, die identisch ist mit der in Gleichung (5) gezeigten Linearkombination.

$$\Psi_3(HL) = |y^\alpha \psi_{ya}{}^\beta a^\alpha b^\beta| + |\psi_{ya}{}^\alpha y^\beta b^\alpha a^\beta| \tag{4}$$

$$\Psi_3(HL) = \Psi_I + l\Psi_{VI} \tag{5}$$

Daher ist die HL increased-valence Struktur **3** equivalent zur Resonanz zwischen den kanonischen Lewis-Strukturen **I** und **VI**. Analog kann die Delokalisierung eines B-Elektrons der HL-Kekulé-Struktur **2** in ein bindendes A–B MO des Typs $\psi_{ab} = a + kb$ erfolgen (Gleichung 6), wodurch die HL-Wellenfunktion der increased-valence Struktur **4** erzeugt wird. Daher ist die VB-Struktur **4** auch equivalent zur Resonanz zwischen der kanonischen Kekulé-Struktur **V** und der Dewar-Struktur **VI**.

$$\Psi_4(HL) = |y^{\alpha}a^{\beta}\psi_{ab}^{\alpha}b^{\beta}| + |a^{\alpha}\psi_{ab}^{\beta}b^{\alpha}y^{\beta}| = k\Psi_V + \Psi_{VI} \qquad (6)$$

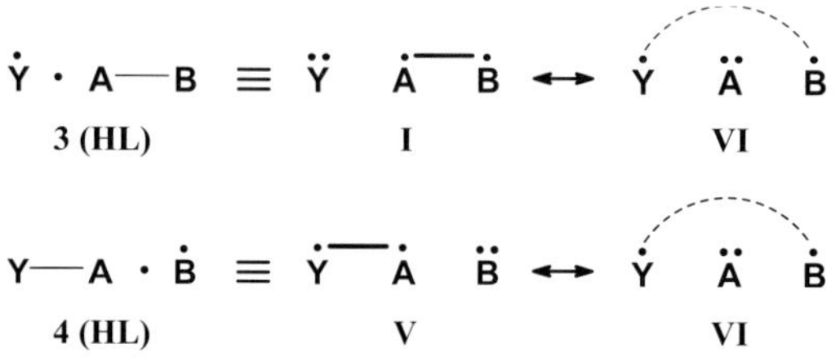

$$\dot{Y} \cdot A\!\!-\!\!B \equiv \ddot{Y} \quad \overline{A \quad B} \leftrightarrow \dot{Y} \quad \ddot{A} \quad \dot{B}$$

3 (HL)   I   VI

$$Y\!\!-\!\!A \cdot \dot{B} \equiv \dot{Y} \quad \overline{A \quad \ddot{B}} \leftrightarrow \dot{Y} \quad \ddot{A} \quad \dot{B}$$

4 (HL)   V   VI

Die Abwesenheit einer A–B-Bindung in der Dewar-Struktur **VI** bedeutet, dass die A–B-Bindungsordnung für die increased-valence Struktur **3** geringer ist als der Wert von eins, den man für die A–B-Bindung der HL-Kekulé-Struktur **1** erhält. Daher wird die A–B-Bindung in **3** auch als fraktionell bezeichnet. Ganz analog muss natürlich auch die Y–A-Bindung in der increased-valence Struktur **4** als fraktionell angesehen werden. Im Folgenden wollen wir dünne Bindungsstriche benützen, um solche fraktionellen Bindungen in den increased-valence Strukturen zu indizieren.

Da die HL increased-valence Strukturen **3** und **4** equivalent zur Resonanz zwischen **I** ↔ **VI** bzw. **V** ↔ **VI** sind, entspricht die Resonanz zwischen **3** und **4** (**3**↔**4**) auch der Resonanz zwischen den kanonischen Kekulé-Strukturen **I** und **V** und der kanonischen Dewar-Struktur **VI**. (Hinweis: Wenn LMOs, z.B. Coulsen-Fischer-Orbitale benützt werden, dann beinhaltet die Resonanz **3** ↔ **4** auch zusätzlich noch die ionischen Resonanzstrukturen **II** – **IV** [32j]).

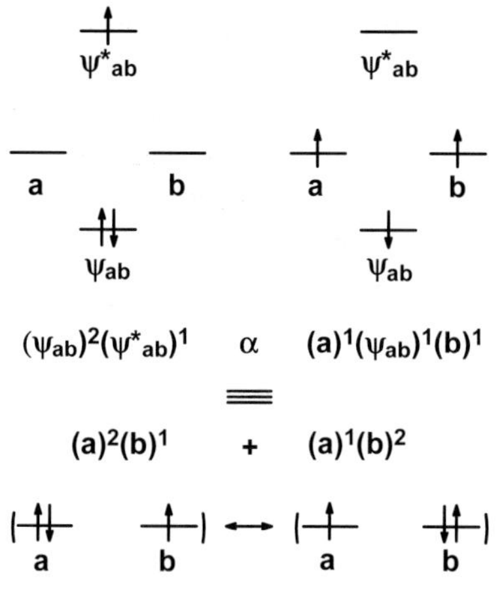

Abb. 1.17 Orbital-Diagramm für
$$|\psi_{ab}{}^{\alpha}\psi_{ab}{}^{\beta}\psi^{*}{}_{ab}{}^{\alpha}| \propto |a^{\alpha}\psi_{ab}{}^{\beta}b^{\alpha}| = |a^{\alpha}a^{\beta}b^{\alpha}| + k|a^{\alpha}b^{\beta}b^{\alpha}| \text{ (mit } k = 1).$$

In Gleichung (6) treten die Konfigurationen $a^\beta \psi_{ab}{}^\alpha b^\beta$ und $a^\alpha \psi_{ab}{}^\beta b^\alpha$ auf. Linnett konnte zeigen, dass $|\psi_{ab}{}^\beta \psi_{ab}{}^\alpha \psi_{ab}^*{}^\beta|$ und $|\psi_{ab}{}^\alpha \psi_{ab}{}^\beta \psi_{ab}^*{}^\alpha|$ den Ausdrücken $|a^\beta \psi_{ab}{}^\alpha b^\beta|$ und $|a^\alpha \psi_{ab}{}^\beta b^\alpha|$ entsprechen (Abb. 1.17, für $|\psi_{ab}{}^\alpha \psi_{ab}{}^\beta \psi_{ab}^*{}^\alpha|$).

Der Ausdruck $\psi_{ab}^* = k^*a - b$ ist das antibindende MO, welches orthogonal zum bindenden MO $\psi_{ab} = a + kb$ ist. (Die Orthogonalitätsbedingung ist: $k^* = (k + \langle a|b\rangle)/(1 + k\langle a|b\rangle)$). Daher kann Gleichung (6) für Ψ_4(HL) auch als Gleichung (7) formuliert werden.

$$\Psi_4(\text{HL}) \propto |y^\alpha \psi_{ab}^*{}^\beta \psi_{ab}{}^\alpha \psi_{ab}{}^\beta| + |\psi_{ab}^*{}^\alpha y^\beta \psi_{ab}{}^\alpha \psi_{ab}{}^\beta| = k\Psi_V + \Psi_{VI} \qquad (7)$$

Die Betrachtung von Gleichung (7) zeigt, dass die increased-VB-Struktur **4** der $S = 0$ Spin-Paarung des y-Elektrons mit dem antibindenden ψ_{ab}^*-Elektron der Drei-Elektronen-Bindung mit der Konfiguration $(\psi_{ab})^2 (\psi_{ab}^*)^1$ entspricht, wie dies in Abb. 1.18 dargestellt ist.

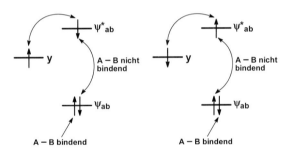

Abb. 1.18 Orbitalbesetzungen und bindende Eigenschaften für die H-L increased-valence Struktur **4** unter Vernachlässigung des AO Überlappungsintegrals $\langle a|b\rangle$ für die Normierungskonstanten für ψ_{ab} und ψ_{ab}^*. Wenn $\langle a|b\rangle$ berücksichtigt wird, sind die beiden A–B nicht bindenden Elektronen, mit parallelen Spins antibindend.

Dieses Ergebnis zeigt uns eine zweite Methode, um increased-valence Strukturen zu erzeugen, nämlich (für eine 4-Elektronen-3-Zentren-Bindung) durch y-ψ_{ab}^* Spin-Paarung für die $(\psi_{ab})^2 (\psi_{ab}^*)^1 (y)^1$ Konfiguration. Die maximale Bindungsordnung für eine 3-Elektronen-Bindungs-Konfiguration, mit essenziell nur einem bindenden Elektron, ist 0.5 wenn das Überlappungsintegral $\langle a|b\rangle$ bei den Normierungskonstanten für ψ_{ab} und ψ_{ab}^* vernachlässigt wird.

Die HL increased-valence Struktur **3** kann ähnlich konstruiert werden. Die Wellenfunktion (Gleichung 4) kann gemäß Gleichung (8) ausgedrückt werden, um zu zeigen, dass die increased-valence Struktur **3** die Spinpaarung eines b-Elektrons mit dem antibindenden ψ_{ya}^* Elektron der $(\psi_{ya})^2 (\psi_{ya}^*)^1$ 3-Elektronen-Bindung entspricht.

Um eine VB-Formulierung der y-ψ_{ab}^* Spin-Paarung zu erhalten, zeigen wir nur die Ausbildung einer fraktionellen Y–A-Bindung an und indizieren nicht die Spins des y-Elektrons und der Elektronen der $(\psi_{ab})^2(\psi_{ab}^*)^1 = (a)^1(\psi_{ab})^1(b)^1$ Konfiguration.

Wir können somit schreiben: **5 → 4**. Ganz analog können wir, um die increased-valence Struktur **3** mittels b-ψ_{ya}^* Spin-Paarung zu erhalten schreiben: **6 → 3**.

$$\Psi_3(\text{HL}) \propto |b^\alpha \psi_{ya}^{*\beta} \psi_{ya}^\alpha \psi_{ya}^\beta| + |\psi_{ya}^{*\alpha} b^\beta \psi_{ya}^\alpha \psi_{ya}^\beta| = l\Psi_I + \Psi_{VI} \qquad (8)$$

$$\dot{Y} \,^{\cap\cap}_{\|}\, \dot{A} \cdot \dot{B} \longrightarrow Y—A \cdot \dot{B}$$
$$\qquad 5 \qquad\qquad\qquad 4$$

$$\dot{Y} \cdot \dot{A} \,^{\cap\cap}_{\|}\, \dot{B} \longrightarrow \dot{Y} \cdot A—B$$
$$\qquad 6 \qquad\qquad\qquad 3$$

Zusammenfassend können wir sagen, dass zwei Techniken geeignet sind, um increased-valence Strukturen zu erzeugen (dies gilt sowohl für HL- als auch für LMO-Wellenfunktionen):

(a) Die Delokalisierung eines nicht bindenden Elektrons einer Kekulé-Typ-Lewis-Struktur in ein bindendes LMO, wie z.B. in den Fällen **1 → 3** und **2 → 4**.

(b) Die Spin-Paarung eines antibindenden Elektrons einer 3-Elektronen-Bindung mit einem ungepaarten Elektron an einem weiteren Atom, wie z.B. in den Fällen **5 → 4** und **6 → 3**.

1.3.2 Die Beschreibung der Moleküle O$_2$, O$_3$ und einiger hyperkoordinierter Moleküle

Die VB-Struktur des $^3\Sigma_g^-$ Grundzustandes von O$_2$ beinhaltet eine Elektronenpaar-σ-Bindung, und zwei 3-Elektronen-Bindungen (Abb. 1.19) mit $(\pi_x)^2(\pi_x^*)^1$ und $(\pi_y)^2(\pi_y^*)^1$ MO-Konfigurationen. Die gesamte O–O-Bindungsordnung ist daher $1+0.5+0.5=2$

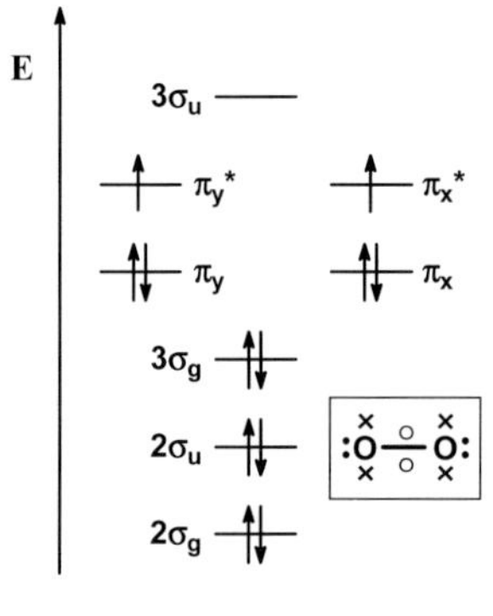

Abb. 1.19 MO-Schema und VB-Repräsentation für den $^3\Sigma_g^-$ Grundzustand von O$_2$.

Aus einer einzigen MO-Konfiguration für das O_2-Molekül können wir sechs unterschiedliche elektronische Zustände mit unterschiedlichen elektronischen Verteilungs-Mustern, Energien und magnetischen Eigenschaften erzeugen (Abb. 1.20) [32k-m]. Es gibt einen nicht entarteten $^1\Sigma_g^+$-Zustand, in nullter Näherung zwei entartete $^1\Delta_g$-Zustände und drei ebenfalls entartete $^3\Sigma_g^-$-Zustände. Wie man es für eine einzige MO-Konfiguration erwarten könnte (Abb. 1.20), zeigt die Potentialkurve für die Zustände $^1\Sigma_g^+$, $^1\Delta_g$ und $^3\Sigma_g^-$ nahezu identische Potentialminima (vgl. d(O–O) für $^3\Sigma_g^-$ = 1.207 Å; d(O–O) für $^1\Delta_g$ = 1.220 Å) , was die sehr ähnlichen Bindungsenergien anzeigt. Darüber hinaus dissoziieren die drei Zustände zu einem gemeinsamen ($^3P + ^3P$) Zustand.

In einer sehr primitiven MO-Betrachtung könnte man die Wellenfunktionen der drei energetisch niedrigsten elektronischen Zustände des O_2-Moleküls wie folgt angeben:

$$\Psi\,(^1\Sigma_g^+) = \pi_x(1)\alpha(1)\,\pi_y(2)\beta(2)$$

$$\Psi\,(^1\Delta_g) = \pi_x(1)\alpha(1)\,\pi_x(2)\beta(2)$$

$$\Psi\,(^3\Sigma_g^-) = \pi_x(1)\alpha(1)\,\pi_y(2)\alpha(2)$$

Allerdings sind diese Wellenfunktionnen ungeeignet, da sie weder die Ununterscheidbarkeit der Elektronen noch die Antisymmetrie (sie sind symmetrisch, Pauli-Verbot!) berücksichtigen. Unter Berücksichtigung nur einer MO-Konfiguration besitzt das O_2-Molekül die Konfiguration ... $(1\pi_g^*)^2$, welche zu sechs verschiedenen elektronischen Unter-Zuständen führt, die in Tabelle 1.9a zusammengefasst sind. Die Spin-Komponente mit $M_S = 0$ kann einem Singulett-Zustand entsprechen, oder aber einem Triplett-Zustand (0 Spin Komponente, vgl. Abb. 1.19a).

Tabelle 1.9a Konfigurations-Komponenten für das Disauerstoff-Molekül O_2.

| | Orbital | Eigenwerte (in $h/2\pi$) unter | | Komponenten |
		$\underline{L}_z$	$\underline{S}_z$	des Zustandes
Ψ_1'	$\pi_x(1)\alpha(1)\,\pi_x(2)\beta(2)$	2	0	$^1\Delta_g$
Ψ_2'	$\pi_x(1)\alpha(1)\,\pi_y(2)\alpha(2)$	0	1	$^3\Sigma_g^-$
Ψ_3'	$\pi_x(1)\alpha(1)\,\pi_y(2)\beta(2)$	0	0	$^3\Sigma_g^-$, $^1\Sigma_g^+$
Ψ_4'	$\pi_x(1)\beta(1)\,\pi_y(2)\alpha(2)$	0	0	$^3\Sigma_g^-$, $^1\Sigma_g^+$
Ψ_5'	$\pi_x(1)\beta(1)\,\pi_y(2)\beta(2)$	0	−1	$^3\Sigma_g^-$
Ψ_6'	$\pi_y(1)\alpha(1)\,\pi_y(2)\beta(2)$	−2	0	$^1\Delta_g$

$\Psi_1 = 1/2^{0.5}\,[x(1)\alpha(1)x(2)\beta(2) - x(1)\beta(1)x(2)\alpha(2)]$

...

$\Psi_4 = 1/2^{0.5}\,[x(1)\beta(1)y(2)\alpha(2) - y(1)\alpha(1)x(2)\beta(2)]$

...

$\Psi_7 = 1/2^{0.5}\,[\Psi_3 + \Psi_4]$

$\Psi_7 = 1/2\,\{[x(1)\alpha(1)y(2)\beta(2) - x(2)\alpha(2)y(1)\beta(1)] + [x(1)\beta(1)y(2)\alpha(2) - x(2)\beta(2)y(1)\alpha(1)]\}$

$\Psi_8 = 1/2^{0.5}\,[\Psi_3 - \Psi_4]$ etc.

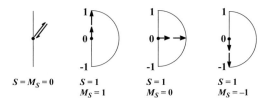

Abb. 1.19a Vektordiagramm für die Spinzusammensetzung. Antiparallele Kopplung ($S = 0$) ergibt nur einen Zustand (Singulett-Zustand). Bei der parallelen Kopplung mit ($S = 1$) nimmt durch Anlegen eines Magnetfeldes in vertikaler Richtung die quantisierte Komponente in Feldrichtung drei Werte an: $M_S = 1$, 0, -1 (Triplett-Zustand).

Die beiden $^1\Delta_g$-Zustände sind unzweifelhaft aus dem Konfigurations-Komponenten-Diagramm (Tab. 1.9a) zu erkennen. Die $M_S = +1$ und $M_S = -1$ Komponenten des $^3\Sigma_g^-$-Zustandes sind ebenfalls klar definiert (Tab. 1.9a). Die Konfigurationen für den $^1\Sigma_g^+$-Zustand und die $M_S = 0$ Komponente des $^3\Sigma_g^-$-Zustandes müssen hingegen durch eine Linearkombination der equivalenten Orbital-Zuordnungen $\pi_x(1)\alpha(1)\,\pi_y(2)\beta(2)$ und $\pi_x(1)\beta(1)\,\pi_y(2)\alpha(2)$ ermittelt werden. (Hinweis: Der Test, ob die eine oder andere Linearkombination dem $^1\Sigma_g^+$-Zustand oder der $M_S = 0$ Komponente des $^3\Sigma_g^-$-Zustandes entspricht, kann durch die Berechnung des Gesamtspin-Operators $\underline{S}^2$ erfolgen, um Singuletts von Tripletts zu unterscheiden.) Es lässt sich zeigen, dass die Linearkombination $\pi_x(1)\alpha(1)\,\pi_y(2)\beta(2) + \pi_x(1)\beta(1)\,\pi_y(2)\alpha(2)$ der $M_S = 0$ Komponente des $^3\Sigma_g^-$-Zustandes entspricht und die Linearkombination $\pi_x(1)\alpha(1)\,\pi_y(2)\beta(2) - \pi_x(1)\beta(1)\,\pi_y(2)\alpha(2)$ dem $^1\Sigma_g^+$-Zustand (Abb. 1.20).

Die häufig in der Literatur falsch verwendete VB-Struktur **B** für O_2 mit einer Doppelbindung (vgl. Gl. 9 und Abb. 1.19) entspricht dem angeregten $^1\Delta_g$-Singulett-Zustand. Singulett-Sauerstoff kann im Labor leicht durch einleiten von Chlor-Gas in alkalische Wasserstoffperoxid-Lösung (BHP = basic hydrogen peroxide) hergestellt werden (Gleichungen 9–11). Der Übergang von Singulett- in den stabileren Triplett-Sauerstoff erfolgt gemäß Gleichung 12 durch Zusammenstoß zweier $^1O_2$-Moleküle unter Abgabe von 2×23 kcal mol^{-1} (ca. 650 nm, rote Lichterscheinung).

$$:\!\overset{\times}{\underset{\times}{O}}\!-\!-\!-\!\overset{\circ}{\underset{\circ}{O}}\!: \qquad :\!\overset{\bullet\bullet}{O}\!=\!=\!\overset{\bullet\bullet}{O}\!:$$

$$\textbf{A}\ (^3\Sigma g^-) \qquad\qquad \textbf{B}\ (^1\Delta_g)$$

$$Cl_2 + 2\,OH^- \longrightarrow ClO^- + Cl^- + H_2O \tag{9}$$

$$ClO^- + H_2O_2 \longrightarrow ClOOH + OH^- \tag{10}$$

$$ClOOH \longrightarrow HCl + {}^1O_2 \tag{11}$$

$$2\,{}^1O_2\,(^1\Delta_g) \longrightarrow 2\,{}^3O_2(^3\Sigma_g^-) \tag{12}$$

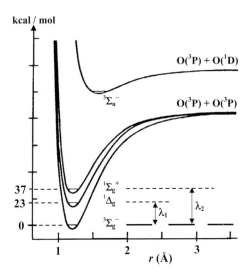

Abb. 1.20 Reelle Wellenfunktionen der niedrigsten elektronischen Zustände für das O_2-Molekül (oben) und Potential-Energie-Kurve für das O_2-Molekül in den niedrigsten elektronischen Zuständen.

Singulett-Sauerstoff spielt auch bei der Wirkungsweise des ersten rein chemischen Lasers, dem COIL-Laser (chemical oxygen iodine laser) eine wichtige Rolle (Gleichungen a–c). Der entscheidende Schritt ist die Kollision eines Singulett-Sauerstoff-Moleküle ($^1\Delta_g$, O_2^*) mit einem Iod-Atom, welches angeregt wird und anschließend Laser-Strahlung der Wellenlänge von 1.31 μm emittiert (Gleichung d):

$$O_2^* + I_2 \longrightarrow O_2 + I_2^* \tag{a}$$

$$O_2^* + I_2^* \longrightarrow O_2 + 2\,I \tag{b}$$

$$O_2^* + I \longrightarrow O_2 + I^* \tag{c}$$

$$I^* \longrightarrow I + 1.31\ \mu m \tag{d}$$

In diesem Zusammenhang gelang erst kürzlich die Synthese von Singulett-Sauerstoff in einer Gas-/Festphasen-Reaktion aus Natriumperoxid und Chlorwasserstoff-Gas: [32n]

$$Na_2O_2\ (s) + 2\ HCl\ (g) \longrightarrow \tfrac{1}{2}\ O_2\ (^1\Delta_g,\ O_2{}^*) + 2\ NaCl + H_2O$$

Gleichung (13) zeigt, wie man leicht durch geeignete Spinpaarung ausgehend von O_2 im Grundzustand (**A**, $^3\Sigma_g^-$) mit einem O-Atom im Grundzustand (^3P) eine increased-valence Struktur für Ozon (7), O_3, erzeugen kann. Wie im vorangegangenen Abschnitt (1.3.1) gezeigt, ist unter Verwendung von HL-Wellenfunktionen die Resonanz der increased-valence Strukturen **7** und **8** equivalent zur Resonanz zwischen den Standard-Kekulé-Strukturen **9** und **10** und der Dewar-Struktur **11**. Wenn LMOs, z.B. Coulsen-Fischer-Orbitale benützt werden, dann beinhaltet die Resonanz **7** ↔ **8** auch zusätzlich noch die ionischen Resonanzstrukturen **12–14** [32j]). Quantitative VB-Rechnungen haben gezeigt, dass unter Berücksichtigung nur der sechs kanonischen Lewis-Strukturen **9 – 14** die Singulet-Biradikal oder Dewar-Struktur **11** das bei weitem höchste Gewicht besitzt (Tab. 1.9 b).

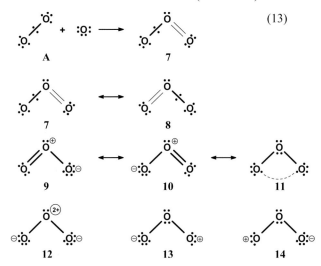

(13)

Tabelle 1.9 b Gewichtung der sechs kanonischen Lewis-Strukturen **9–14** für Ozon im Grundzustand.

VB-Resonanz-Struktur	Gewichtung für den O_3-Grundzustand (Lit. [32])	Gewichtung für den O_3-Grundzustand (Lit. [32o])
9	0.18	0.13
10	0.18	0.13
11	0.59	0.70
12	0.02	0.01
13	0.01	0.01
14	0.01	0.01

Standard Kekulé-, Dewar und increased-valence Strukturen sind besonders wichtig für elektronenreiche, hyperkoordinierte Moleküle wie z.B. ClF_3, ClF_4^+, SF_4, PF_5 und SF_6 [32p]. Diese können genau wie in Kapitel 1.3.1. ausführlich diskutiert erzeugt werden. Abb. 1.21 zeigt die Standard Lewis und die increased-valence Strukturen für ClF_3, ClF_4^+, SF_4, PF_5 und SF_6. Für das hyperkoordinierte ClF_3 sind drei Typen von increased-valence Strukturen (die miteinander in Resonanz stehen) dargestellt.

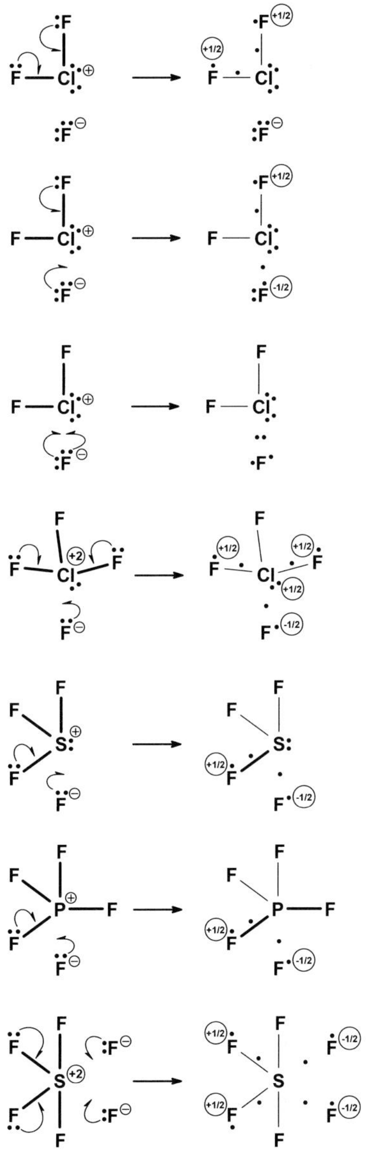

Abb. 1.21. Standard Lewis und die increased-valence Strukturen für ClF_3, ClF_4^+, SF_4, PF_5 und SF_6.

1.4 Die Chemie der Edelgase

1.4.1 Geschichtliches

Die Entdeckung der Edelgase ist eng mit dem Namen von Sir William Ramsay (1852–1916) verbunden, der an den Universitäten Glasgow, Bristol und London tätig war. Im Jahr 1904 erhielt er den Nobelpreis für Chemie in Anerkennung für die Entdeckung der Elemente Ar (1894), He (1895) sowie Ne, Kr und Xe (1898).[33] Direkt nach der Entdeckung des Argons stellte Ramsay 100 mL des Gases Moissan zur Umsetzung mit Fluor zur Verfügung, welches dieser 1886 erstmals dargestellt hatte. Moissan versuchte, die beiden Gase 1895 bei Raumtemperatur und durch Anregung mit einer Funkenentladung zur Reaktion zu bringen, jedoch ohne Erfolg. In einer hervorragenden Arbeit sagte dann Linus C. Pauling im Jahr 1933 u.a. die Existenz der Verbindungen H_4XeO_6 und XeF_6 voraus.[34] Andererseits haben sicher die anfänglichen Misserfolge bei der versuchten Synthese von Edelgasverbindungen sowie darauf folgende Aufstellung verschiedener Theorien, warum Edelgase keine stabilen Bindungen eingehen können, auch dazu beigetragen, den Fortschritt bei der experimentellen Erforschung der Chemie der Edelgase zu bremsen.[35] Aus heutiger Sicht wurde die Edelgaschemie 1962 von Neil Bartlett, seinerzeit an der University of British Columbia, entdeckt. Einen sehr lesenswerten Aufsatz über die Entdeckung der Edelgasverbindungen haben Laszlo und Schrobilgen verfasst.[36]

Der bahnbrechende Durchbruch gelang Bartlett basierend auf der Erkenntnis, dass Xe und O_2 nahezu die gleichen Werte für ihre erste Ionisierungsenergie I_A besitzen und, dass Disauerstoff mit PtF_6 leicht zum Dioxygenyl-Kation oxidiert werden kann.

$$I_A \text{ (in kJ mol}^{-1}\text{): } O_2 = 1180, \text{ Xe} = 1170$$

$$O_2\,(g) + PtF_6\,(g) \longrightarrow O_2^+PtF_6^-$$

Allerdings bildet sich bei der Umsetzung von Xenon mit PtF_6 nicht, wie ursprünglich angenommen wurde, $Xe^+PtF_6^-$, sondern ein Gemisch aus Fluoroxenyl-Verbindungen gemäß der nachstehenden, idealisierten Reaktionsgleichung.

$$Xe\,(g) + 2\,PtF_6\,(g) \longrightarrow XeF^+Pt_2F_{11}^-(s)$$

Noch im gleichen Jahr gelang R. Hoppe in Münster die Synthese und Charakterisierung von XeF_2 durch elektrische Entladung in einem Gemisch aus Xenon und Fluor (1:2). Wenig später glückte auch die Synthese von XeF_4 und XeF_6. Inzwischen sind auch KrF_2 sowie Verbindungen mit direkten Xenon-Sauerstoff-, -Stickstoff- und -Kohlenstoff-Bindungen bekannt (s. u.). Darüber hinaus wurde ebenfalls über den Nachweis sehr instabiler Argon-, Krypton- und Xenon-Beryllium-Verbindungen sowie über Komplexe zwischen Xe und $M(CO)_5$ berichtet (M = Mo, W).

1.4.2 Das Xe_2^+-Kation

Das Xe_2^+-Kation ist das bisher einzige gut charakterisierte Molekül mit einer direkten Xe-Xe-Bindung. Das Fluoroxenyl-Kation kann in SbF_5 als Lösungsmittel unter Anwesenheit katalytischer Mengen an HF unter Xe-Überdruck bei Raumtemperatur zum Xe_2^+-Kation reduziert werden.

$$1\ XeF^+Sb_2F_{11}^- + 3\ Xe + 6\ SbF_5 \xrightarrow{SbF_5/HF} 2\ Xe_2^+Sb_4F_{21}^-$$

Das Xe_2^+-Kation ist mit 15 Valenzelektronen isoelektronisch zum ebenfalls paramagnetischen I_2^--Anion und zeigt spektroskopisch wie erwartet starke Ähnlichkeit (Tab. 1.10). Erst 1997 gelang die strukturelle Aufklärung dieser Verbindung durch Röntgenbeugung. Abbildung 1.22 zeigt eine Formeleinheit von $Xe_2^+Sb_4F_{21}^-$ mit einem kurzen Kation-Anion-Kontakt von 322.6 pm.[37]

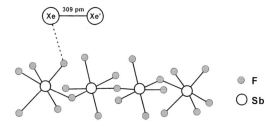

Abbildung 1.22 Formeleinheit von $Xe_2^+Sb_4F_{21}^-$ (ORTEP-Darstellung). [Reproduziert mit freundlicher Genehmigung von VCH Verlagsgesellschaft aus *Angew. Chem.* **1997**, *109*, 264.]

Tabelle 1.10 Strukturelle und spektroskopische Daten der isoelektronischen Ionen Xe_2^+ und I_2^-.

	I_2^-	Xe_2^+
Farbe	dunkelgrün	dunkelgrün
d(X-X) (in pm)		308.7
v(X-X) (in cm^{-1}, Raman-Daten)	115	123

1.4.3 Edelgashalogenide

1.4.3.1 Binäre Edelgashalogenide

Zur Gruppe der gut charakterisierten binären Edelgasverbindungen zählen die thermodynamisch stabilen Xenonfluoride XeF_n (n = 2, 4, 6) sowie das endotherme, nur unterhalb von 0° C metastabile KrF_2. Tabelle 1.11 gibt eine Zusammenstellung der wichtigsten Daten dieser durchweg farblosen Verbindungen.

Tabelle 1.11 Binäre Edelgasfluoride

	XeF$_2$	XeF$_4$	XeF$_6$	KrF$_2$
Molekülstruktur (Gas)	D$_{\infty h}$	D$_{4h}$	C$_{3v}$ (verzerrt oktaedrisch)	D$_{\infty h}$
Fp. (in °C)	129.0 120.0 Subl.	117.1	49.5	metastabil
Kp. (in °C)			75.6	
ΔH°$_f$ (in kJ mol^{-1})	–164	–278	–361	+60
Darstellung	Xe:F$_2$ =2:1, 2 bar, 400 °C	Xe:F$_2$ =1:5, 6 bar, 400 °C	Xe:F$_2$ =1:20, 60 bar, 300 °C	Kr+F$_2$, –183 °C, elektr. Entl.
BDE(Xe-F) (in kJ mol^{-1})	131	130	126	
relative Oxidationskraft	schwach	mittel	stark	sehr stark
relative Fluorierungsstärke	schwach	mittel	stark	sehr stark

Während die Molekülstrukturen der Verbindungen XeF$_2$, XeF$_4$ und KrF$_2$ genau den Erwartungen nach dem VSEPR-Modell entsprechen, ist das XeF$_6$-Molekül in der Gasphase überkappt oktaedrisch aufgebaut (C$_{3v}$-Symmetrie) und fluktuierend (Abbildung 1.23). Im kristallinen Zustand besteht XeF$_6$ aus quadratisch-pyramidal gebauten XeF$_5^+$-Einheiten, die über F$^-$-Brücken zu tetrameren und hexameren Ringen verknüpft sind (Abbildung 1.23).

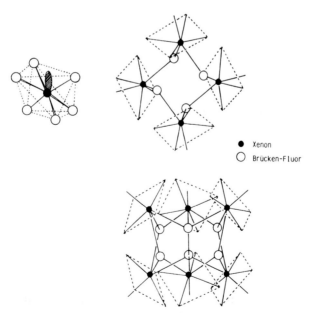

● Xenon
○ Brücken-Fluor

Abbildung 1.23 Struktur von XeF$_6$, links: Gasphasenstruktur (überkappt oktaedrisch, C$_{3v}$); rechts: Kristall, tetramere und hexamere Einheiten in der kubischen Modifikation von XeF$_6$.

XeF$_2$ ist ein einfach zu handhabendes und mildes Fluorierungsmittel, welches sogar in Wasser einige Zeit unzersetzt gehandhabt werden kann. Da XeF$_2$ im Gegensatz zu XeF$_4$ und XeF$_6$ (s.u.) bei seiner Hydrolyse auch keine explosiven Xenonoxide bildet und im Gegensatz zu XeF$_6$ auch Glas (SiO$_2$) nicht angreift, wird es gerne im Bereich der elementorganischen Chemie als schonendes Fluorierungsmittel eingesetzt. Die leichte kommerzielle Zugänglichkeit von XeF$_2$ erspart darüber hinaus das Arbeiten mit elementarem Fluor.

KrF$_2$ ist ein außerordentlich starkes Oxidations- und Fluorierungsmittel. Es vermag Gold zu AuF$_5$ zu oxidieren (mit F$_2$ gelingt nur die Darstellung von AuF$_3$). Durch Reaktion von Gold mit überschüssigem KrF$_2$ gelingt die Darstellung von KrF$^+$AuF$_6^-$, was oberhalb von 60°C in AuF$_5$ und die Elemente zerfällt.

$$5 \, KrF_2 + 2 \, Au \longrightarrow 2 \, AuF_5 + 5 \, Kr$$

$$7 \, KrF_2 + 2 \, Au \longrightarrow 2 \, KrF^+AuF_6^- + 5 \, Kr$$

$$KrF^+AuF_6^- \xrightarrow{T \geq 60°C} AuF_5 + Kr + F_2$$

Betrachten wir nun noch die Bindungsverhältnisse im XeF$_2$-Molekül, welches wir als ein lineares, dreiatomiges Molekül mit π-Wechselwirkung auffassen wollen.[25a] (*Anmerkung*: Analoges gilt natürlich auch für das isovalenzelektronische I$_3^-$, wobei dort die energetische Lage der zu kombinierenden p-Orbitale dichter beieinander ist.) In erster Näherung können die drei σ-p-Orbitale wie folgt miteinander kombiniert werden (Abbildung 1.24):

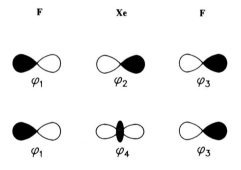

Abbildung 1.24 AOs, die für die Konstruktion des MO-Schemas von XeF$_2$ in erster und zweiter Näherung benötigt werden.

$$\Psi^b = c_1\varphi_2 + c_2(\varphi_1 - \varphi_3)$$

$$\Psi^a = c_1\varphi_2 - c_2(\varphi_1 - \varphi_3)$$

$$\Psi^n = c_2(\varphi_1 + \varphi_3).$$

Zusätzlich kann in zweiter Näherung eine weitere, schwache Stabilisierung dadurch erreicht werden, dass das gerade (bezüglich der Vorzeichen bei einer Spiegelung am Koordinatenursprung), mit Elektronen gefüllte nicht bindende σ-Orbital

(Ψ^n) mit dem leeren, ebenfalls geraden d_{z^2}-Orbital des Xe in eine schwache Wechselwirkung tritt ($\Rightarrow \Psi^{sb}_g$, sb: schwach bindend) (Abbildung 1.25):

$$\Psi_g^b = c_3(\varphi_1 + \varphi_3) + c_4\varphi_4$$

$$\Psi_g^a = c_3(\varphi_1 + \varphi_3) - c_4\varphi_4$$

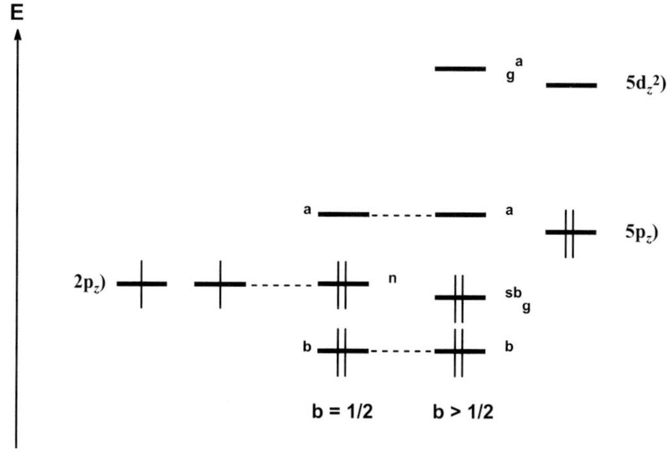

Abbildung 1.25 MO-Schema für XeF_2 in erster und zweiter Näherung (nach T. M. Klapötke, I. C. Tornieporth-Oetting, *Nichtmetallchemie*, VCH, Weinheim **1994**)

Somit erhalten wir für XeF_2 folgendes qualitatives MO-Schema (Abbildung 1.25) mit einem Bindungsgrad von $b = \frac{1}{2}$ (1. Näherung) und $b > \frac{1}{2}$ (2. Näherung).

Quantitative MO-theoretische Berechnungen zeigen, dass dieses sehr einfache Bild der ersten und zweiten Näherung in etwa den Sachverhalt richtig beschreibt. Besser lassen sich die Bindungsverhältnisse im XeF_2 durch ein Modell mit drei Näherungen beschreiben, was zusätzliche Wechselwirkungen mit den Xe($5d_{z^2}$)- und Xe(5s)-Orbitalen berücksichtigt. Die erste Näherung entspricht exakt dem oben angegebenen qualitativen Modell und führt zur Bildung von Ψ^b, Ψ^n und Ψ^a. In zweiter Näherung tritt Ψ^n mit dem gefüllten Xe(5s)-σ-Orbital in Wechselwirkung, was zu einer geringfügigen energetischen Stabilisierung von Xe(5s) ($\Rightarrow \Psi^{sb}_1$, sb: schwach bindend) und Destabilisierung von Ψ^n ($\Rightarrow \Psi^{sa}$, sa: schwach antibindend) führt. Im nun folgenden Schritt der dritten Näherung kann eine Wechselwirkung des leeren Xe($5d_{z^2}$)-Orbitals, das ebenfalls σ-Symmetrie besitzt, mit dem Ψ^{sa}-Orbital (erzeugt in der zweiten Näherung) formuliert werden, die dazu führt, dass das Xe($5d_{z^2}$)-Orbital energetisch angehoben wird, während das Ψ^{sa}-Orbital energetisch auf einen Wert unterhalb dessen, den es in der ersten Näherung angenommen hatte, abgesenkt wird, d.h. schwach bindenden Charakter erhält ($\Rightarrow \Psi^{sb}_2$). Somit liegen im XeF_2 drei (besetzte) 3-Zentren-Orbitale vor, von denen ein stark bindendes (Ψ^b) nahezu ausschließlich aus p-Orbitalen und die anderen, schwach bindenden Orbitale überwiegend aus p-Orbitalen, aber mit gewisser s- und d-Orbitalbeteiligung des Xenons, konstruiert wurden. Die Verhältnisse sind in Abbildung 1.26 dargestellt.

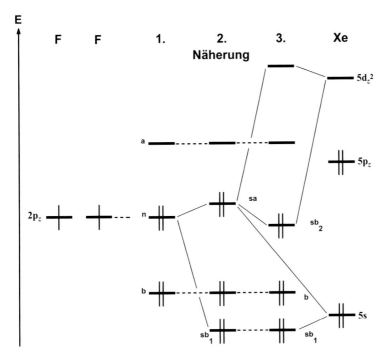

Abbildung 1.26 MO-Schema für XeF_2 unter $Xe(5d_{z^2})$- und $Xe(5s)$-Beteiligung (nach T. M. Klapötke, I. C. Tornieporth-Oetting, *Nichtmetallchemie*, VCH, Weinheim **1994**)

Es sollte nicht unerwähnt bleiben, dass die HOMOs durch die $Xe(p_x, p_y)$-Orbitale repräsentiert werden, während das LUMO dem Ψ^a entspricht. Ein ebenso interessanter, aber etwas anderer Ansatz zur qualitativen Beschreibung der Bindungsverhältnisse im XeF_2-Molekül findet sich in der Literatur.[25f]

1.4.3.2 Xenon- und Krypton-Fluor-Kationen

Sämtliche binären Xe- und Kr-F-Kationen können direkt aus den entsprechenden neutralen Edelgasfluoriden unter Einsatz starker Lewis-saurer Fluoridionen-Akzeptoren erhalten werden. Tabelle 1.12 zeigt eine Zusammenstellung der am besten charakterisierten Xe-F- und Kr-F-Kationen und Möglichkeiten zu deren Synthese.

1.4.3.3 Xenon-Fluor-Anionen

Die am besten charakterisierten binären Xenon-Fluor-Anionen sind XeF_7^-, XeF_8^{2-} und XeF_5^-. Analog zu den Xe-F-Kationen können sie aus den entsprechenden neutralen Xenonfluoriden durch Umsetzung mit Lewis-basischen Fluorid-Donatoren erhalten werden. XeF_6 fungiert in der Reaktion mit Alkalimetallfluoriden als Lewis-Säure und bildet Fluoroxenate(VI) des Typs XeF_7^- und XeF_8^{2-}. Cs_2XeF_8 ist bis 400 °C stabil und stellt somit die thermisch stabilste aller bekannten Edelgas-

Tabelle 1.12 Binäre Xe-F- und Kr-F-Kationen

	Punktgruppe	Struktur	Darstellung
XeF^+	$C_{\infty v}$	linear	$XeF_2 + MF_5$ (M = As, Sb, Bi, V, Nb, Ta, Ru, Os, Ir, Pd, Pt)
$Xe_2F_3^+$	C_{2v}	V-förmig	$2\,XeF_2 + MF_5$ (M = As, Sb, Bi, V, Nb, Ta, Ru, Os, Ir, Pd, Pt)
XeF_3^+	C_{2v}	T-förmig	$XeF_4 + 2\,MF_5$ (M = Sb, Bi)
XeF_5^+	C_{4v}	quadr. pyramidal	$XeF_6 + MF_5$ (M = As, Sb, Bi); $XeF_6 + MF_3$ (M = B)
$Xe_2F_{11}^+$		eckenverknüpfte Oktaeder	$2\,XeF_6 + MF_5$ (M = As, Sb)
KrF^+	$C_{\infty v}$	linear	$KrF_2 + MF_5$ (M = As, Sb, Ta, Pt); $7\,KrF_2 + 2\,Au \longrightarrow 2\,KrF^+AuF_6^- + 5\,Kr$
$Kr_2F_3^+$	C_{2v}	V-förmig	$2\,KrF_2 + MF_5$ (M = As, Sb, Ta, Pt)

verbindungen dar. Mit ONF reagiert XeF_6 analog unter Ausbildung von $[NO]^+_2$-$[XeF_8]^{2-}$. In beiden Verbindungen, $[Cs]^+_2[XeF_8]^{2-}$ und $[NO]^+_2[XeF_8]^{2-}$, besitzt das XeF_8^{2-}-Ion quadratisch-antiprismatische Struktur mit D_{4d}-Symmetrie, wobei die Struktur im Fall der Nitrosylverbindung aufgrund schwacher F$\cdots$NO-Wechselwirkungen leicht verzerrt ist. Das XeF_7^--Ion besitzt wahrscheinlich die Struktur eines einfach überkappten trigonalen Prismas mit annähernder C_{2v}-Symmetrie.

$$CsF + XeF_6 \xrightarrow{\ 20\,°C\ } Cs^+XeF_7^- \text{ (gelb)} \xrightarrow{\ >50\,°C\ } \tfrac{1}{2} XeF_6 + \tfrac{1}{2}\,[Cs]^+_2[XeF_8]^{2-}$$
$$\text{(farblos)}$$

$$2\,NOF + XeF_6 \xrightarrow{\ 20\,°C\ } [NO]^+_2[XeF_8]^{2-}$$

Wie wir oben gesehen haben, kann man oft als Quelle für stark basische F^--Ionen CsF einsetzen, um ein „nacktes" Fluorid-Ion zu approximieren. Der Caesiumeffekt ist hier eine Folge der (im Sinne der Ionengröße) inversen NaCl-Struktur, d.h. das F^--Ion hat das starke Bestreben, seine Koordination zu vergrößern. In aprotischen Lösungsmitteln finden die Reaktionen aber nur auf der Oberfläche von festem CsF statt, was sich für die Überführung schwacher Lewis-Säuren (wie XeF_4) als sehr nachteilig erweist. Dem „nackten" Fluorid noch näher kommt man, wenn man wasserfreies Tetramethylammoniumfluorid, $Me_4N^+F^-$, einsetzt, welches wie folgt erhalten werden kann.[38]

$$Me_4N^+OH^- + HF \xrightarrow{\ H_2O\ } Me_4N^+F^- \cdot x\,H_2O$$

$$\xrightarrow{\ \text{1. Umkristallisation aus Isopropanol; 2. 150°C, Vakuum}\ } Me_4N^+F^-$$

$Me_4N^+F^-$ ist überraschend stabil gegenüber oxidativem Angriff, was wahrscheinlich darauf beruht, dass die positive Ladung über die zwölf Wasserstoffatome verteilt ist, so dass diese gegenüber oxidativem Angriff weitgehend geschützt sind. Somit eignet sich $Me_4N^+F^-$ zur Umsetzung mit XeF_4, wodurch die Synthese des Pentafluoroxenat(IV)-Anions gelang.

$$Me_4N^+F^- + XeF_4 \longrightarrow Me_4N^+XeF_5^-$$

Das XeF_5^--Ion ist pentagonal planar gebaut und besitzt D_{5h}-Symmetrie.

1.4.4 Xenon-Oxide

1.4.4.1 Neutrale Xe-Oxide und binäre Oxoanionen

XeO_3 und XeO_4 sind die einzigen in Substanz isolierten binären Oxide eines Edelgases. Beide Verbindungen sind stark endotherm und explosiv. Wichtige thermodynamische und strukturelle Daten sind in Tabelle 1.13 zusammengestellt. Die Darstellung von XeO_3 erfolgt am besten durch schonende Hydrolyse von XeF_6, wobei die reine, kristalline Verbindung durch Eindampfen der wässrigen Lösung erhalten werden kann.

$$XeF_6 + H_2O \longrightarrow XeOF_4 + 2\,HF$$

$$XeOF_4 + H_2O \longrightarrow XeO_2F_2 + 2\,HF$$

$$XeO_2F_2 + H_2O \longrightarrow XeO_3 + 2\,HF$$

$$\overline{}$$

$$XeF_6 + 3\,H_2O \longrightarrow XeO_3 + 6\,HF$$

Bei Zusatz von Lauge zu wässrigen XeO_3-Lösungen erfolgt Bildung von Xenat(-VI), $HXeO_4^-$, welches zu Perxenat(VIII), XeO_6^{4-}, und elementarem Xenon disproportioniert.

$$XeO_3 + OH^- \longrightarrow HXeO_4^-$$

$$2\,HXeO_4^- + 2\,OH^- \longrightarrow XeO_6^{4-} + Xe + O_2 + 2\,H_2O$$

Tabelle 1.13 Eigenschaften von XeO_3 und XeO_4.

	XeO_3	XeO_4
Struktur	C_{3v}	T_d
d(Xe-O) (in pm)	176	173.6
<(O-Xe-O) (in °)	103	109.5
Farbe	farblos	farblos
ΔH°_f (in kJ mol^{-1}), für Gasphase	+402	+643
Fp. (in °C)	Explosion	−36
BE (Xe-O) (in kJ mol^{-1})	84	

Aus den aus Xe(VI)-Lösungen durch Disproportionierung von $HXeO_4^-$ gewinnbaren Perxenat(VIII)-Lösungen lässt sich mit konzentrierter Schwefelsäure das XeO_4 bei −5 °C als farbloses Gas freisetzen.

$$XeO_6^{4-} + 2\,Ba^{2+} \longrightarrow Ba_2XeO_6$$

$$Ba_2XeO_6 + 2\,H_2SO_4\;(konz.) \longrightarrow XeO_4 + 2\,BaSO_4 + 2\,H_2O$$

Im Gegensatz zu XeF_6 hydrolysiert XeF_2 in Wasser nur langsam und wird dabei zu elementarem Xenon reduziert.

$$2\,XeF_2 + 2\,H_2O \longrightarrow 2\,Xe + 4\,HF + O_2$$

XeF_4 hingegen hydrolysiert spontan unter Disproportionierung und unterliegt einem sehr komplexen Mechanismus, der in nachstehenden Reaktionsgleichungen nur näherungsweise wiedergegeben werden kann.

$$6\,XeF_4 + 12\,H_2O \longrightarrow 4\,XeO + 2\,XeO_4 + 24\,HF$$

$$2\,XeO_4 \longrightarrow 2\,XeO_3 + O_2$$

$$4\,XeO \longrightarrow 4\,Xe + 2\,O_2$$

$$6\,XeF_4 + 12\,H_2O \longrightarrow 24\,HF + 3\,O_2 + 4\,Xe + 2\,XeO_3$$

1.4.4.2 Xenon-Oxofluoride und Xe-O-Anionen und -Kationen

Wir haben bereits gelernt, dass die partielle Hydrolyse von XeF_6 zur Bildung von $XeOF_4$ und XeO_2F_2 führt. Beide Verbindungen entstehen ebenfalls neben SiF_4 bei der Reaktion von XeF_6 mit SiO_2 (Glas!). Präparativ allerdings wird $XeOF_4$ am besten durch Umsetzung von XeF_6 mit Caesiumnitrat oder mit Phosphoroxitrifluorid erhalten. Im ersten Fall kann das Nebenprodukt $CsXeF_7$ durch thermische Zersetzung wieder in CsF und XeF_6 überführt werden.

$$CsNO_3 + 2\,XeF_6 \longrightarrow CsXeF_7 + XeOF_4 + FNO_2$$

$$POF_3 + XeF_6 \longrightarrow XeOF_4 + PF_5$$

Das so gewonnene $XeOF_4$ lässt sich durch Reaktion mit N_2O_5 gezielt zu XeO_2F_2 umsetzen.

$$XeOF_4 + N_2O_5 \longrightarrow XeO_2F_2 + 2\,FNO_2$$

Analog zur Darstellung der binären Xe-F-Kationen und -Anionen können auch, ausgehend von Xenonoxidfluoriden durch Umsetzung mit starken Lewis-Säuren (Fluorid-Ionen-Akzeptoren) bzw. durch Umsetzung mit Fluorid-Ionen in wasserfreiem Fluorwasserstoff, sowohl kationische wie auch anionische Xe-O-F-Spezies erhalten werden.

$$XeOF_4 + SbF_5 \longrightarrow XeOF_3{}^+SbF_6{}^-$$

$$XeO_2F_2 + AsF_5 \longrightarrow XeO_2F^+AsF_6{}^-$$

$$2\ XeO_2F_2 + AsF_5 \longrightarrow FO_2XeFXeO_2F^+AsF_6{}^-$$

$$CsF + XeO_2F_2 \longrightarrow Cs^+XeO_2F_3{}^-$$

$$CsF + XeOF_4 \longrightarrow Cs^+XeOF_5{}^-$$

$$NMe_4{}^+F^- + XeOF_4 \longrightarrow NMe_4{}^+XeOF_5{}^-$$

Die Molekülstrukturen der ternären Xe-O-F-Spezies sind wie nach dem VSEPR-Modell erwartet: XeO_2F_2 (C_{2v}), $XeOF_4$ (C_{4v}), $XeOF_3{}^+$ (C_s), $XeO_2F_3{}^-$ (C_s). Die Frage nach der Struktur des $XeOF_5{}^-$-Anions ist noch immer nicht abschließend beantwortet, wahrscheinlich aber besitzt dieses Ion eine C_{5v}-Struktur, bei der das O-Atom und das stereochemisch aktive freie Elektronenpaar die axialen Positionen einer pentagonalen Bipyramide besetzen.[39]

1.4.5 Weitere Verbindungen mit Xe-O- und Kr-O-Bindungen

Neben den bereits diskutierten binären und ternären Xe,O,F-Verbindungen sind auch Derivate mit O-koordinierten Liganden, die eine hohe Gruppenelektronegativität besitzen, bekannt. Tabelle 1.14 zeigt eine Zusammenstellung typischer Vertreter dieser Verbindungsklasse. Die Darstellung erfolgt in der Regel in wasserfreiem Fluorwasserstoff (aHF = anhydrous HF), ausgehend von den binären Xenonfluoriden. Einige Xe(II)-Sauerstoffverbindungen können auch bequem durch Umsetzung von XeF_2 mit den entsprechenden Alkalimetallsulfonaten bzw. -carboxylaten in Gegenwart von $BF_3 \cdot OR_2$ erhalten werden.

$$XeF_2 + IO_2F_3 \xrightarrow{\text{aHF}} \text{F-Xe-}(trans\text{-OIOF}_4)$$

$$\text{F-Xe-}(trans\text{-OIOF}_4) + IO_2F_3 \xrightarrow{\text{aHF}} Xe(trans\text{-OIOF}_4)_2$$

$$XeF_2 + B(OTeF_5)_3 \xrightarrow{\text{aHF}} \text{F-Xe-O-TeF}_5 + \text{„FB(OTeF}_5)_2\text{“}$$

$$\text{F-Xe-O-TeF}_5 + B(OTeF_5)_3 \xrightarrow{\text{aHF}} Xe(OTeF_5)_2 + \text{„FB(OTeF}_5)_2\text{“}$$

$$3\ \text{„FB(OTeF}_5)_2\text{“} \xrightarrow{\text{aHF}} BF_3 + 2\ B(OTeF_5)_3$$

$$XeF_2 + M^+OR^- + BF_3 \xrightarrow{\text{CH}_2\text{Cl}_2/\text{CH}_3\text{CN}} FXeOR + M^+BF_4{}^-$$

$$FXeOR + M^+OR^- + BF_3 \xrightarrow{\text{CH}_2\text{Cl}_2/\text{CH}_3\text{CN}} Xe(OR)_2 + M^+BF_4{}^-$$

Kryptonbis(pentafluorooxotellurat(VI)), $Kr(OTeF_5)_2$, ist das erste Beispiel einer Verbindung, die eine Kr-O-Bindung enthält. $Kr(OTeF_5)_2$ kann durch Umsetzung von KrF_2 mit $B(OTeF_5)_3$ bei Temperaturen zwischen –90 °C und –112 °C in SO_2ClF als Lösungsmittel hergestellt werden.[40] Die ^{17}O-isotopenangereicherte Verbindung konnte durch ^{17}O- und ^{19}F-NMR-Spektroskopie charakterisiert werden. Wie es typisch für -OTeF_5-Verbindungen ist, so zeigt auch $Kr(OTeF_5)_2$ im

Tabelle 1.14 Xenon-Verbindungen mit O-koordinierten Liganden hoher Gruppenelektronegativität.

Derivat von	Typ	R
XeF$_2$	F-Xe-OR	SO$_2$F, POF$_2$, TeF$_5$, trans-IOF$_4$, SeF$_5$, ClO$_3$, SO$_2$CF$_3$, SO$_2$CH$_3$, COCF$_3$, SO$_2$C$_4$F$_9$,
	RO-Xe-OR	SO$_2$F, POF$_2$, TeF$_5$, trans-IOF$_4$, COCF$_3$, COC$_2$F$_5$
XeF$_4$	Xe(OR)$_4$	TeF$_5$

Tabelle 1.15 ^{17}O- und ^{19}F-NMR-Parameter von Kr(OTeF$_5$)$_2$ und verwandten Verbindungen.*

Verbindung	$\delta(^{17}\text{O})$ (in ppm)	$\delta(^{19}\text{F}_A)$ (in ppm)	$\delta(^{19}\text{F}_B)$ (in ppm)	$^2J(\text{F}_A\text{–F}_B)$ (in Hz)	T (in °C)
F$_5$TeOOTeF$_5$	314.6	–52.4	–53.1	200	30
F$_5$TeOTeF$_5$	140.7	–49.1	–39.2	182	–70
Xe(OTeF$_5$)$_2$	152.1	–42.6	–45.3	183	–16
FXe(OTeF$_5$)	128.8	–40.8	–46.7	180	–16
Kr(OTeF$_5$)$_2$	95.2	–42.1	–47.2	181	–90

* Lösungsmittel: SO$_2$ClF, Standard für ^{17}O-NMR = H$_2$^{17}O, Standard für ^{19}F-NMR = CFCl$_3$.

^{19}F-NMR-Spektrum ein AB$_4$-Muster mit einem zu A korrespondierenden Quintett der relativen Intensität 1 und einem den B-Fluor-Atomen entsprechenden Dublett der relativen Intensität 4 (Tabelle 1.15).

$$\text{KrF}_2 + \text{B(OTeF}_5)_3 \xrightarrow{\text{SO}_2\text{ClF},\,-110°\text{C}} \text{Kr(OTeF}_5)_2 + \text{„F}_2\text{B(OTeF}_5)\text{"}$$

Interessant ist, dass im Gegensatz zu der analogen Reaktion mit XeF$_2$ kein Hinweis auf die Bildung von FKr(OTeF$_5$) gefunden werden konnte. Dies kann wahrscheinlich darauf zurückgeführt werden, dass bei der tiefen Reaktionstemperatur KrF$_2$ nur schlecht in SO$_2$ClF löslich ist, während sich B(OTeF$_5$)$_3$ relativ gut löst. Somit herrscht immer ein „Überschuss" an B(OTeF$_5$)$_3$, was die bevorzugte Bildung des symmetrisch substituierten Kr(OTeF$_5$)$_2$ verständlich macht.

Auch aus dem Thermolyseverhalten von Kr(OTeF$_5$)$_2$ kann darauf geschlossen werden, dass intermediär kein FKr(OTeF$_5$) gebildet wird. Wie die analoge Xenon-Verbindung, so zersetzt sich Kr(OTeF$_5$)$_2$ auch glatt zum elementarem Edelgas und dem entsprechenden Tellurperoxid. Bei der Thermolyse des Xenon-Monosubstitutionsproduktes hingegen wird auch immer die Bildung von Xenondifluorid beobachtet.

$$\text{Kr(OTeF}_5)_2 \xrightarrow{T \geq -78\,°\text{C}} \text{Kr} + \text{F}_5\text{Te-O-O-TeF}_5$$

$$\text{Xe(OTeF}_5)_2 \xrightarrow{T \geq +160\,°\text{C}} \text{Xe} + \text{F}_5\text{Te-O-O-TeF}_5$$

$$2\ \text{FXe(OTeF}_5) \xrightarrow{T \geq +160\,°\text{C}} \text{XeF}_2 + \text{Xe} + \text{F}_5\text{Te-O-O-TeF}_5$$

1.4.6 Xenon- und Krypton-Stickstoff-Verbindungen

Während die Chemie der Xenon-Fluor- und Xenon-Sauerstoff-Verbindungen weit entwickelt ist, sind bis heute sehr viel weniger Verbindungen, die eine direkte Xe-N-Bindung enthalten, beschrieben worden. Das erste Beispiel einer Xenon-Stickstoff-Verbindung wurde 1974 von DesMarteau vorgestellt.[41] Hierbei handelt es sich um die Verbindung $FXeN(SO_2F)_2$, deren Molekülstruktur mittels Röntgenbeugung bei tiefer Temperatur aufgeklärt werden konnte (Abbildung 1.27). Charakteristisch ist die lineare N-Xe-F-Einheit mit einer relativ langen und schwachen Xe-N-Bindung (220 pm) und nahezu planar koordiniertem Stickstoff (Winkelsumme am $N = 360.7°$). Der Synthese liegt als treibende Kraft die thermodynamisch sehr begünstigte Bildung von HF zugrunde (BE, HF = 567 kJ mol^{-1}). Durch weitere Umsetzung mit AsF_5 kann das wenig stabile Addukt $FXeN(SO_2F)_2 \cdot AsF_5$ erhalten werden, welches sich leicht in das ebenfalls kristallographisch charakterisierte Hexafluoroarsenat-Salz $[F\{Xe-N(SO_2F)_2\}_2]^+[AsF_6]^-$ überführen lässt.

Abbildung 1.27 Molekülstruktur von F-Xe-N(SO$_2$F)$_2$ (C$_2$-Symmetrie).

$$2\ XeF_2 + 2\ HN(SO_2F)_2 \xrightarrow{CH_2Cl_2, 0°C, 4\,Tage} 2\ F\text{-}Xe\text{-}N(SO_2F)_2 + 2\ HF$$

$$2\ F\text{-}Xe\text{-}N(SO_2F)_2 + 2\ AsF_5 \xrightarrow{-10°C} 2\ FXeN(SO_2F)_2 \cdot AsF_5$$

$$2\ FXeN(SO_2F)_2 \cdot AsF_5 \xrightarrow{22°C,\ Vacuum} [F\{Xe\text{-}N(SO_2F)_2\}_2]^+[AsF_6]^- + AsF_5$$

Erst 1987 gelang G. Schrobilgen die Synthese des komplexen Kations [HCN-XeF]$^+$, welches ebenfalls eine direkte Xe-N-Bindung aufweist.[42] Schon ein Jahr später publizierte dann der gleiche Autor das erste Beispiel einer Krypton-Stickstoff-Verbindung: [HCN-KrF]$^+$[AsF$_6$]$^-$.[43] Wie bereits oben diskutiert liegt zumindest konzeptionell der Synthese von beiden Verbindungen wiederum die thermodynamisch begünstigte Eliminierung von HF zugrunde. Beispielsweise reagiert KrF$_2$ bei tiefer Temperatur mit der protonierten Form des Cyanwasserstoffs glatt unter HF-Eliminierung und Ausbildung einer Kr-N-Bindung.

$$HCN + AsF_5 + HF \xrightarrow{aHF} [HCNH]^+[AsF_6]^-$$

$$[HCNH]^+[AsF_6]^- + KrF_2 \xrightarrow{aHF,\ -60°C} [HCN\text{-}KrF]^+[AsF_6]^- + HF$$

Während $[HCN\text{-}XeF]^+[AsF_6]^-$ bei Raumtemperatur beständig ist, kann $[HCN\text{-}KrF]^+[AsF_6]^-$ nur bei Temperaturen unterhalb von -50 °C in Lösung gehandhabt werden. Beide Verbindungen eignen sich hervorragend zur NMR-spektroskopischen Charakterisierung, Tabelle 1.16 zeigt eine Zusammenstellung der wichtigsten NMR-Daten.

Tabelle 1.16 NMR-Daten von $[HCN\text{-}XeF]^+[AsF_6]^-$ und $[HCN\text{-}KrF]^+[AsF_6]^-$.*

	$[HCN\text{-}XeF]^+[AsF_6]^-$	$[HCN\text{-}KrF]^+[AsF_6]^-$	KrF_2	XeF_2
Lösungsmittel	BrF_5	BrF_5	BrF_5	BrF_5
Temperatur	$+24$°C	-57°C	-57°C	-52°C
$\delta(^{19}F, HCN\text{-}EF^+)$ (in ppm)	193.1	99.4	63.9	-184.3
$\delta(^{19}F, AsF_6^-)$ (in ppm)	-68.0	-63.0		
$\delta(^{13}C)$ (in ppm)	104.1	98.5		
$\delta(^{15}N)$ (in ppm)	230.2	-200.8		
$\delta(^1H)$ (in ppm)	6.01	6.09		
$\delta(^{129}Xe)$ (in ppm)	-1552	$-$		-1685

* Standard für: ^{19}F-NMR = $CFCl_3$, ^{13}C-NMR = TMS, ^{15}N-NMR = $MeNO_2$, ^{1}H-NMR = TMS, ^{129}Xe-NMR = $XeOF_4$.

Betrachten wir die Ionisierungsenergien der Radikalfragmente E-F (E = Ar, Kr, Xe) und vergleichen diese mit den Ionisierungsenergien potentieller N-Base-Liganden (B) für kationische Teilchen des Typs B→E-F$^+$, so ist leicht einzusehen, dass die Kationen nur dann stabil sein sollten, wenn I(E-F) < I(B) ist, da sonst unter Elektronentransfer die Ionisierung der N-Base zu erwarten wäre (Tabelle 1.17).

Demnach sollten die Xenon(II)-Kationen CF$_3$CN→Xe-F$^+$, HCN→Xe-F$^+$ und (FCN)$_3$ →Xe-F$^+$ stabil sein. Tatsächlich sind alle drei Kationen in Form stabiler Hexafluoroarsenat-Salze beschrieben worden. Dehnen wir nun unsere Betrachtungen auf das Kr-F-Fragment aus, so sollten auch die Kationen CF$_3$CN→Kr-F$^+$ und HCN→Kr-F$^+$ existent sein. Hiermit in Einklang gelang es, HCN→Kr-F$^+$AsF$_6^-$ als das erste Beispiel einer Verbindung mit direkter Kr-N-Bindung präparativ darzustellen.

Durch ab-initio-Rechnungen konnte darüber hinaus gezeigt werden, dass HCN→Kr-F$^+$ um 161 kJ mol^{-1} stabiler ist als die getrennten Teilchen HCN und KrF$^+$.[25] Die ab-initio-Ergebnisse stimmen auch gut mit der Formulierung einer ionischen und einer kovalenten Komponente in der HCN→Kr-F$^+$-Bindung überein. Im Sinne einer 3-Zentren-4-Elektronen-Bindung (F-Kr-N) können die zur Bindung im wesentlichen beitragenden p-Orbitale wie in Abbildung 1.28 gezeigt kombiniert werden. Somit erhalten wir im Bereich der F-Kr-N-Bindung formal einen mittleren Bindungsgrad von $b = 0.5$ (ab initio: b(Kr-F) > 0.5, b(Kr-N) < 0.5).

Tabelle 1.17 Ionisierungsenergien von E-F-Fragmenten und einiger Stickstoffbasen.

	I (in eV)	Reaktion
E-F		$E\text{-}F \rightarrow E\text{-}F^+ + e^-$
Ar-F	15.2	
Kr-F	13.2	
Xe-F	10.9	
B		$B \rightarrow B^+ + e^-$
CF_3CN	13.9	
HCN	13.6	
$(FCN)_3$	11.5	

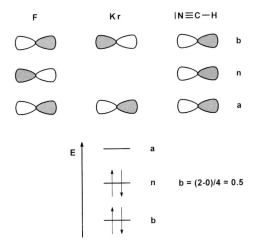

Abbildung 1.28 3-Zentren-4-Elektronen-Bindung in $[HCN\text{-}KrF]^+$

Durch weitere *high-level* ab-initio-Rechnungen unter Berücksichtigung der Elektronenkorrelation konnte darüber hinaus gezeigt werden, dass auch $HCN \rightarrow Ar\text{-}F^+$ um ca. 159 kJ mol^{-1} stabiler sein sollte als die dissoziierten Bestandteile HCN und Ar-F$^+$.[25] Dieser Befund steht nicht im Widerspruch zu den groben Abschätzungen bezüglich der Ionisierungsenergien, die wir oben durchgeführt haben (Tabelle 1.17), da in der ab-initio-Rechnung die Dissoziation zu HCN und Ar-F$^+$ zugrunde gelegt wurde. Weitergehende experimentelle Studien werden aber zeigen müssen, ob eine solche Argon-Verbindung auch tatsächlich synthetisiert werden kann. Es ist hierbei nicht auszuschließen, dass $HCN \rightarrow Ar\text{-}F^+$ kinetisch nicht genügend stabilisiert ist und unter Oxidation des Stickstoffbase-Liganden zerfällt.

1.4.7 Xenon-Kohlenstoff-Verbindungen

Die Entwicklung der Edelgas-Kohlenstoff-Chemie kann vereinfachend in vier wichtige Schritte unterteilt werden:

1979 berichteten Lagow et al. erstmals über den Nachweis einer Xe-C-Verbindung, wobei sich durch Plasmaentladung von XeF_2 und C_2F_6 (2 CF_3^--Radikale) das instabile $Xe(CF_3)_2$ ($t_{\frac{1}{2}}$ = 30 min) bilden soll.[44]

$$XeF_2 + C_2F_6 \xrightarrow{\text{Plasmaentladung}} Xe(CF_3)_2 + \{2\ F\}$$

1989 publizierten die Arbeitsgruppen von Naumann und Frohn unabhängig voneinander nahezu zeitgleich die Synthese der ersten kationischen Verbindung mit Xe-C-Bindung.[45,46]

$$XeF_2 + B(C_6F_5)_3 \xrightarrow{CH_2Cl_2, -40\,°C} [Xe\text{-}C_6F_5]^+[BF_2(C_6F_5)_2]^-$$

1992 gelang Schwarz in einem NRMS-Experiment (Neutralisations-Reionisations-Massenspektrometrie) der massenspektrometrische Nachweis der endohedralen Spezies $He@C_{60}$.[47]

1992 wurde darüber hinaus von Stang und Mitarbeitern über erste ^{19}F- und ^{129}Xe-NMR-spektroskopische Hinweise auf eine Acetylen-Kohlenstoff(sp)-Xe-Bindung berichtet. Das Alkinylxenon-Kation $^tBuC_2Xe^+$ kann den folgenden Gleichungen gemäß erhalten werden.[48] Die Triebkraft für die Reaktion, die unter Bildung von Me_3SiF abläuft, ist sicher die Stärke der Si-F-Bindung mit einer Si-F-Bindungsenergie von ca. 598 (!) kJ mol^{-1}.

$$^tBu\text{-}C{\equiv}CLi \xrightarrow{BF_3, -100°C, CH_2Cl_2} Li^+\ ^tBu\text{-}C{\equiv}C\text{-}BF_3^-$$

$$\xrightarrow{XeF_2}\ ^tBu\text{-}C{\equiv}C\text{-}Xe^+\ BF_4^- + LiF$$

$$^tBu\text{-}C{\equiv}C\text{-}SiMe_3 + XeF_2 \xrightarrow{BF_3, Et_2O}\ ^tBu\text{-}C{\equiv}C\text{-}Xe^+\ BF_4^- + Me_3SiF$$

Die im Xenon-Kohlenstoff-Bereich bisher sicher vielfältigste Chemie geht vom Pentafluorophenylxenon-Kation aus, welches aus XeF_2 und $B(C_6F_5)_3$ bei -40°C dargestellt werden kann. Das Kation selbst erwies sich als relativ starkes elektrophiles Alkylierungsmittel in der elementorganischen Chemie.

$$C_6F_5Xe^+ + Te(C_6F_5)_2 \longrightarrow Te(C_6F_5)_3^+ + Xe$$

$$C_6F_5Xe^+ + I(C_6F_5) \longrightarrow I(C_6F_5)_2^+ + Xe$$

Da die Lewis-Säure AsF_5 eine höhere Fluoridionen-Affinität besitzt als $BF(C_6F_5)_2$ kann das Hexafluoroarsenat-Salz leicht durch Verdrängungsreaktion hergestellt werden.

$$[Xe\text{-}C_6F_5]^+[BF_2(C_6F_5)_2]^- + AsF_5 \longrightarrow [Xe\text{-}C_6F_5]^+[AsF_6]^- + BF(C_6F_5)_2$$

Die Verbindung $[Xe\text{-}C_6F_5]^+[AsF_6]^-$ ist thermisch bis 125°C überraschend stabil und kann kurzzeitig in Wasser gehandhabt werden. Durch weitere Reaktion mit

Caesiumpentafluorobenzoat gelingt die Darstellung der bis 85°C stabilen, molekularen Acyl-Verbindung C_6F_5-Xe-$OCOC_6F_5$, deren Struktur durch Röntgenbeugung
ermittelt werden konnte. Wie erwartet ist das Xe-Atom mit einem <(C-Xe-O)-
Winkel von 178.1° nahezu linear koordiniert, der Xe-O-Abstand beträgt 237 pm,
der Xe-C-Abstand 212 pm. Auffällig ist, dass im Kristall jeweils zwei Moleküle
ein schwach gebundenes Dimer mit einer fast quadratischen Xe-O-Xe-O-Einheit
bilden (Abbildung 1.29).[49]

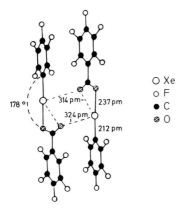

Abbildung 1.29 Molekülstruktur von zwei schwach gebundenen C_6F_5-Xe-$OCOC_6F_5$-Mole-
külen im Kristall. [Reproduziert mit freundlicher Genehmigung von VCH Verlagsgesellschaft aus *Angew. Chem.* **1993**, *105*, 114.]

1.4.8 Edelgas-Beryllium-Verbindungen

Quantenchemische ab-initio-Rechnungen auf hohem Niveau belegen, dass Helium
in der Lage sein sollte, in neutralen, thermodynamisch stabilen Molekülen im
Grundzustand Bindungen auszubilden.[25a] Ein Beispiel hierfür ist HeBeO, welches
wir im folgenden kurz diskutieren wollen. HeBeO repräsentiert ein echtes Minimum, wobei die Dissoziation von HeBeO zur Bildung von He und BeO führt, welches einen $^1\Sigma^+$-Grundzustand besitzt.

$$He\text{-}Be\text{-}O \longrightarrow He + BeO$$

Die Reaktionsenthalpie für die Dissoziation von He-Be-O wurde zu + 15 kJ mol^{-1}
berechnet.

Die Struktur von HeBeO ($C_{\infty v}$) wurde auf hohem Niveau berechnet und ist in
Abbildung 1.30 wiedergegeben.

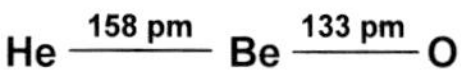

$$He \xrightarrow{\ 158\ pm\ } Be \xrightarrow{\ 133\ pm\ } O$$

Abbildung 1.30 Ab-initio-berechnete Bindungslängen (in pm) für HeBeO (CASSCF-Ni-
veau; CASSCF = complete active space SCF)

Abbildung 1.31 zeigt einen Vergleich der Kontur-Linien-Diagramme der Laplace-Verteilung ($-\nabla^2\rho(\vec{r})$) von BeO (a) und HeBeO (b). Die Laplace-Verteilung (s. Abschnitt 1.10.4) von BeO (Abbildung 1.31 a) zeigt, dass das Berylliumatom in dieser Verbindung offensichtlich seine Valenzelektronen an das Sauerstoffatom abgegeben hat, wodurch es effektiv zum ionischen Be^{2+} wird und somit gut als Elektronenacceptor gegenüber Helium fungieren kann. Jedoch kann keine semipolare Bindung zwischen Beryllium und Helium gefunden werden. Die He-Be-Wechselwirkung in HeBeO wird besser durch eine closed-shell-Wechselwirkung beschrieben, wobei die elektronische Struktur von Be-O und He nur äußerst schwach deformiert wird (Abbildung 1.31 b).

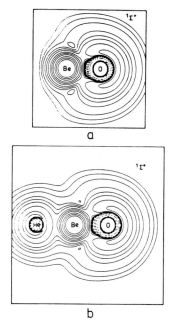

Abbildung 1.31 Kontur-Linien-Diagramme der Laplace-Verteilung $-\nabla^2\rho(\vec{r})$ (s. Abschnitt 1.10.4) von (a) Be-O und (b) He-Be-O. Das Termsymbol $^1\Sigma^+$ steht für „1" = Singulett-, „Σ" = sigma ($\sum L = 0$), „+" = symmetrischer (unter σ_v) Zustand. [Reproduziert mit freundlicher Genehmigung der American Chemical Society aus *J. Am. Chem. Soc.*, **1987**, *109*, 5917.]

Anschaulich können wir uns die Bindungsverhältnisse in HeBeO vorstellen, wenn wir das in Abbildung 1.32 dargestellte Orbital-Diagramm für den Grundzustand ($^1\Sigma^+$) von BeO betrachten. Das MO-Schema zeigt, dass eine Wechselwirkung des Heliumatoms ($1s^2$) mit dem leeren 5σ-LUMO des BeO möglich ist. Da das BeO-Fragment vier π-Elektronen besitzt, ist eine Abwinkelung des HeBeO-Moleküls energetisch ungünstig.

HeBeO ist das erste Beispiel eines neutralen Moleküls, welches auf hohem theoretischen Niveau als stabil vorausgesagt wurde. Solche ab-initio-Studien sollten Anlass und Ermutigung zu verstärkten Anstrengungen geben, eine solche Verbin-

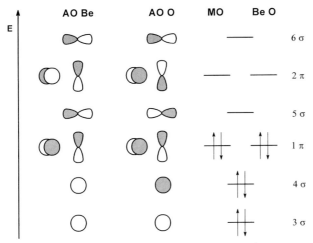

Abbildung 1.32 Orbital-Diagramm für den Grundzustand ($^1\Sigma^+$) von BeO. [Reproduziert mit freundlicher Genehmigung von Spektrum Verlag aus T. M. Klapötke, A. Schulz, Quantenmechanische Methoden in der Hauptgruppenchemie, **1996**, 229.]

dung auch experimentell (Matrix) zu verifizieren. Tatsächlich gelang es 1994 erstmals, nicht HeBeO sondern seine stabileren schwereren Homologen ArBeO, KrBeO und XeBeO in einer Argon-Matrix bei 10 K zu isolieren und mit Hilfe ihrer IR-Spektren eindeutig zu identifizieren (Tabelle 1.18).

Tabelle 1.18 IR-Daten von E-Be-O (E = Ar, Kr, Xe): v_{as}(E-Be-O) in cm^{-1}.*

	IR, Experiment	MP2-ab-initio-Rechnung[#]
Ar-Be-O	1526	1516
Kr-Be-O	1522	1510
Xe-Be-O	1517	1501

* Werte für ^{16}O
[#] MP2 Møller-Plesset störungstheoretische Rechnung zur 2. Ordnung

1.4.9 Edelgas-Gold-Verbindungen

Kationische Goldverbindungen der Edelgase des Typs AuE$^+$ und EAuE$^+$ (E = He, Ne, Ar, Kr, Xe) sind bislang experimentell noch nicht bekannt. Allerdings wurden solche Verbindungen speziell für die schwereren Edelgase erst kürzlich auf hohem theoretischen Niveau als existenzfähig vorausgesagt,[25b] so dass die Experimentalchemie nun aufgerufen ist, nach solchen Spezies zu suchen. Speziell die Matrix-Isolationstechnik in Kombination mit schwingungsspektroskopischer Charakterisierung sollte hier die erfolgversprechende Methode sein.

Quasirelativistische ab-initio-Rechnungen sagen für das Au-Xe$^+$-Kation eine Bindungsenergie von 0.9 eV und eine Bindungslänge von 276 pm voraus (Tabelle 1.19), was der Summe der Kovalenzradien nahe kommt. Bemerkenswert ist, dass im Au-Xe$^+$-Kation starker Elektronentransfer vom Xe-Atom zum Au$^+$ stattfinden muss und dass über die Hälfte der Au-Xe-Bindungsenergie auf relativistische Effekte zurückgeführt werden kann (vgl. Lit. [25a] S. 79ff). Ohne den Einfluss relativistischer Effekte würde die Au-Xe-Bindungsenergie ca. 0.38 eV betragen! Die Au-Kr- und Au-Ar-Bindungen sind bereits viel schwächer als die Au-Xe-Bindung und He und Ne bilden nur noch sehr schwache Komplexe.

Tabelle 1.19 ab initio-berechnete Daten für Edelgas-Gold-Verbindungen.*

	d(Au-E) (in pm)	BE (in eV)	v(Au-E) (in cm^{-1})
AuHe$^+$	275	0.03	93
AuNe$^+$	290	0.05	71
AuAr$^+$	274	0.27	118
AuKr$^+$	271	0.51	120
AuXe$^+$	276	0.91	129

* Ab-initio-Rechnung auf CCSD(T)-Niveau; CCSD(T) coupled cluster-Rechnung unter Berücksichtigung von einfachen (S = singles) und doppelten (D = doubles) Anregungen mit einem nichtiterativen Beitrag zur Abschätzung der Beiträge der Dreifachanregungen (T = triples).

Die erste präparative Isolierung einer Verbindung mit direkter Gold-Xenon-Bindung gelang K. Seppelt durch Reduktion von Gold(III)fluorid, AuF$_3$, mit elementarem Xenon [25 g, h, i]. Die planar-quadratische Struktur des gebildeten [AuXe$_4$]$^{2+}$-Dikations konnte durch Röntgenbeugung am Einkristall der Substanz [AuXe$_4$][Sb$_2$F$_{11}$]$_2$ aufgeklärt werden, wobei die Au-Xe-Bindungslänge 2.74 Å beträgt. Die Bindung zwischen Gold und Xenon entspricht einer σ-Donor-Bindung, wodurch die resultierende Ladung je Xe-Atom etwa +0.4 e beträgt.

$$AuF_3 + 6\,Xe + 3\,H^+ \longrightarrow [AuXe_4]^{2+} + Xe_2^+ + 3\,HF$$

Auch die Reaktion von Au^{2+} (in der Verbindung Au(SbF$_6$)$_2$) mit Xenon führt bei $-40\,°C$ zur in aHF-Lösung zur Ausbildung des [AuXe$_4$]$^{2+}$-Dikations, allerdings ist aufgrund der Reversibilität ein Xe-Überdruck von ca. 10 bar notwendig, um eine solche Lösung auch bei Raumtemperatur zu stabilisieren.

$$Au^{2+} + 4\,Xe \longrightarrow [AuXe_4]^{2+} \quad \Delta H = -200\ kcal\ mol^{-1}$$

1.5 Die Halogenverbindungen der Nichtmetalle

1.5.1 Sauerstofffluoride

Da nur Fluor elektronegativer ist als Sauerstoff, müssen die binären Fluor-Verbindungen des Sauerstoffs als Sauerstofffluoride bezeichnet werden, während die übrigen Halogenverbindungen (Cl, Br, I) des Sauerstoffs als Halogenoxide (s. Abschnitt 1.4.2) anzusehen sind.

Sauerstoff bildet eine Reihe binärer Fluoride, von denen OF_2 das bei weitem stabilste und am besten untersuchte ist, gefolgt vom deutlich instabileren FOOF. Sauerstoffdifluorid, OF_2, wird durch Reaktion von F_2-Gas mit 2%-iger wässriger NaOH-Lösung erhalten. Als unvermeidbare Nebenreaktion entsteht immer auch elementarer Sauerstoff durch Weiterreaktion des bereits gebildeten OF_2 mit OH^--Ionen.

$$2\,F_2 + 2\,NaOH \longrightarrow OF_2 + 2\,NaF + H_2O$$

$$OF_2 + 2\,OH^- \longrightarrow O_2 + 2\,F^- + H_2O$$

Einige physikalische Daten von OF_2 im Vergleich zu FOOF sind in Tabelle 1.20 zusammengestellt.

Tabelle 1.20 Physikalische Daten von OF_2 und FOOF.

	OF_2	H_2O	FOOF	HOOH
Farbe	gelblich	farblos	gelb	farblos
Struktur	C_{2v}	C_{2v}	C_2	C_2
d(O-X) (in pm)	140.5	95.7	157.5	95.0
d(OO) (in pm)	–	–	121.7	147.5
<(XOX) (in °)	103	104.5	–	–
<(XOO) (in °)	–	–	109.5	94.8
BE (O-X) (in kJ mol^{-1})	187		75	
ΔH°_f (in kJ mol^{-1})	–22		+20	
Fp. (in °C)	–224	0	–154	
Kp. (in °C)	–145	100	–57	

Disauerstoffdifluorid wird am besten durch Einwirkung stiller elektrischer Entladung auf eine F_2/O_2-Mischung bei Unterdruck erhalten. Während reines OF_2 bis ca. 200 °C stabil ist, zersetzt sich O_2F_2 bereits langsam bei –160 °C. Oberhalb von –100 °C erfolgt rasche Zersetzung in einem radikalischen Mechanismus unter intermediärer Bildung von F- und OOF-Radikalen.

Obwohl beide Verbindungen C_2-Symmetrie aufweisen, entspricht die Struktur von FOOF nur bei oberflächlicher Betrachtung der von HOOH (Tabelle 1.20). Vergleichen wir die O-O-Bindungslängen, so zeigt HOOH mit 147.5 pm einen Wert, der einer typischen O-O-Einfachbindung entspricht (142–145 pm). Hingegen ist die O-O-Bindung im FOOF nur um 1 pm länger als die der O=O-Bindung im Di-

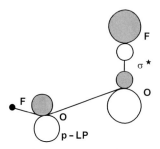

Abbildung 1.33 Negative Hyperkonjugation im FOOF; eines der freien Elektronenpaare am Sauerstoff (p-LP) doniert Elektronendichte in ein unbesetztes und antibindendes σ^*(O-F)-Orbital.

sauerstoffmolekül, wo etwa eine Doppelbindung vorliegt. Zur Erklärung dieses Phänomens wurden verschiedene Bindungsmodelle diskutiert und auch theoretische Rechnungen durchgeführt. Wesentlichen Anteil scheint hierbei eine starke negative Hyperkonjugation zu haben. Wenn Elektronendichte aus einem bindenden Orbital oder einem freien Elektronenpaar in ein antibindendes Orbital doniert wird, spricht man von (negativer) Hyperkonjugation. Es handelt sich also um eine intramolekulare Donor-Akzeptor-Wechselwirkung. Jeweils eines der beiden freien Elektronenpaare am Sauerstoff (p-LP) überträgt Elektronendichte in die unbesetzten σ^*-Orbitale der O-F-Bindung (p-LP,O$\rightarrow$ σ^*-OF) (Abb. 1.33). Im H_2O_2 dagegen ist die analoge Wechselwirkung nur sehr gering. Vergleicht man die relativen, aus der Hyperkonjugation resultierenden Stabilisierungen für O_2F_2 und H_2O_2, so liefern ab initio-Rechnungen Werte von 2 × 105 (O_2F_2) bzw. 2 × 8 kJ mol^{-1}

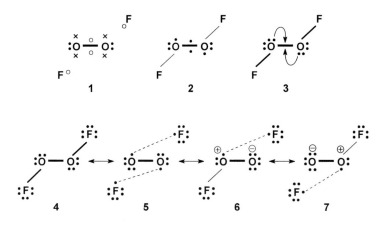

Abbildung 1.34 VB-Strukturen für das O_2F_2-Molekül. O_2 der Struktur **1** enthält zwei Paulingsche 3-Elektronen-Bindungen. „x" und „o" symbolisieren unterschiedlichen Spin. In Struktur **2** symbolisieren die dünnen F-O-Bindungsstriche schwache Bindungen.

(H_2O_2). Ursache für dies sehr unterschiedliche Bindungsverhalten von O_2F_2 und H_2O_2 ist sicher der höhere s-Charakter in den antibindenden σ^*-H-O-Orbitalen im Vergleich zu den σ^*-F-O-Orbitalen, was zu einer schlechteren hyperkonjugativen Überlappung mit dem freien p-Elektronenpaar am Sauerstoff im Fall des H_2O_2 führt. Somit erklärt die Hyperkonjugation in O_2F_2 sowohl die kurze O-O-Bindung (verringerte Abstoßung durch die nicht bindenden Elektronenpaare) als auch den langen O-F-Abstand (Elektronendichte in σ^*-F-O-Orbitalen; 158 pm; normale O-F-Einfachbindung: 141–144 pm).

Auch im Rahmen der VB-Theorie können wir die Bindungsverhältnisse im O_2F_2-Molekül verstehen. Wir haben oben bereits diskutiert, dass die O-O-Bindungslänge von 121.7 pm im O_2F_2-Molekül der einer typischen Doppelbindung vergleichbar ist, wie sie beispielsweise im Grundzustand des O_2-Moleküls gefunden wird (120.7 pm). Die O-F-Bindung dagegen ist mit 157.5 pm deutlich länger als die O-F-Einfachbindung im OF_2-Molekül (140.5 pm). Abbildung 1.34 zeigt die zu diskutierenden Strukturen.

Normalerweise können wir zwei einfache Regeln anwenden, um festzustellen, welche Strukturen den wichtigsten Beitrag für den Grundzustand liefern.

(a) Für ein kovalentes Molekül werden die Lewis-Strukturen für den Grundzustand am meisten beitragen, die eine maximale Zahl von kovalenten Bindungen zwischen Paaren benachbarter Atome in dem Molekül aufweisen.

(b) Für ein kovalentes Molekül werden die Lewis-Strukturen für den Grundzustand am meisten beitragen, deren Formalladungen am besten mit dem Elektroneutralitätsprinzip übereinstimmen. Dies bedeutet, dass für ein neutrales, kovalentes Molekül die formalen Ladungen auf den Atomen am besten *Null*, jedoch nicht größer als $+\frac{1}{2}$ oder $-\frac{1}{2}$ sein sollen. [24]

Die increased-valence-Struktur **2** ist äquivalent mit den Resonanzstrukturen **4–7**, die alle die Lewis-Langmuir-Oktett-Regel befolgen. Sie beschreibt die Bindungsverhältnisse von F_2O_2 befriedigend, sie behält die im O_2 vorliegende O-O-Doppelbindung bei und berücksichtigt auch lange Bindungen zwischen nicht benachbarten F-O-Atomen. Dies entspricht einer schwachen F-O-Bindung mit langem Abstand. Die increased-valence-Struktur **2** erhält man entweder durch Spinpaarung der beiden antibindenden π^*-Elektronen der O_2-Einheit mit den ungepaarten $2p(\sigma)$-Elektronen der beiden F-Atome wie in **1** gezeigt, oder durch Delokalisierung nicht bindender Sauerstoff-Elektronen der Standard-Lewis-Struktur **3** in bindende O-O MOs (Anmerkung: **3** ist identisch mit **4**).[25c]

1.5.2 Halogenoxide

Insgesamt sind etwa 27 binäre Halogenoxide (außer I_2O_5) als durchweg endotherme und teilweise explosionsfähige Verbindungen bekannt. Die Strukturen, physikalischen Eigenschaften und Herstellungsverfahren der wichtigsten Vertreter finden sich in umfassender Darstellung in vielen Lehrbüchern der Anorganischen Chemie.[13,50] Wir wollen an dieser Stelle vor allem auf neuere Erkenntnisse bezüg-

Tabelle 1.21 Binäre Halogenoxide.

Halogenoxid	in reiner Form bekannt	Molekülstruktur bekannt *	Punktgruppe *	Kristallstruktur bekannt
Cl-O-Cl	+	+	C_{2v}	–
Cl-Cl-O	–	–		–
Cl-O	–	+	$C_{\infty v}$	–
Cl-O-Cl-O	–	–		–
Cl-O-O-Cl	–	+	C_2	–
Cl-ClO$_2$	–	+	C_s	–
Cl$_2$O$_3$	–	–		–
O-Cl-O	+	+	C_{2v}	+
Cl-O-O	–	–		–
Cl-O-ClO$_3$	+	+	C_s **	–
ClO$_3$	–	+	C_{3v}	–
Cl$_2$O$_6$	+	–	C_2	+
Cl$_2$O$_7$	+	–		+
ClO$_4$	–	+	C_{3v}	–
Br-O-Br	+	+	C_{2v}	–
Br-Br-O	–	–		–
Br-O	–	+	$C_{\infty v}$	–
Br$_2$O$_2$	–	–		–
Br$_2$O$_3$	+	–		+
O-Br-O	–	+	C_{2v}	–
Br-O-O	–	–		–
Br$_2$O$_5$	–	+	C_s	+
I-O	–	+	$C_{\infty v}$	–
I$_2$O$_4$	+	–		+
I$_4$O$_9$	+	–		–
I$_2$O$_5$	+	–	C_1	+
I$_2$O$_6$	+	–	C_{2h}	+

* Gasphase
** Chlorperchlorat

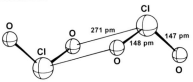

Abbildung 1.35 Struktur von ClO$_2$ im Kristall. [Reproduziert mit freundlicher Genehmigung von VCH, Weinheim aus *Chem. Ber.*, **1997**, *130*, 307.]

lich der strukturellen Charakterisierung von Chlordioxid sowie einiger Brom- und Iod-Oxide näher eingehen.[51] Speziell seit Ende der späten 70er Jahre hat dieses Arbeitsgebiet neuen Aufschwung erhalten, da viele binäre Chlor- und Bromoxide als umweltrelevante Spezies in der Ozondiskussion eine Rolle spielen. Tabelle 1.21 zeigt eine Zusammenstellung aller bekannten binären Halogenoxide.

1.5.2.1 ClO_2, Cl_2O_6 und Cl_2O_7

Chlordioxid, ClO_2 (Fp. = $-59°C$, Kp. = $+11°C$, $\Delta H°_f = 103$ kJ mol^{-1}) wird in reiner Form am besten durch Reaktion von Cl_2 mit $AgClO_3$ gewonnen.

$$2\ AgClO_3 + Cl_2 \longrightarrow 2\ ClO_2 + O_2 + 2\ AgCl$$

Wie O_3^- oder NF_2 gehört ClO_2 zur Gruppe der gewinkelten, paramagnetischen 19 Valenzelektronen-Moleküle. Die Struktur von ClO_2 im Kristall konnte bei tiefer Temperatur mittels Röntgenbeugung ermittelt werden. Auf den ersten Blick ist der Feststoff aus einzelnen ClO_2-Molekülen aufgebaut (Abbildung 1.35), die eine ähnliche Struktur wie in der Gasphase aufweisen. Allerdings zeigt die genauere Betrachtung, dass der Bindungswinkel im Kristall (115.6°) etwas kleiner als in der Gasphase ist und dass die beiden Sauerstoffatome unterschiedlich sind.

Es fällt auf, dass ClO_2 im Kristall einen recht kurzen intermolekularen Cl-O-Abstand von 271 pm aufweist, der signifikant kürzer als die Summe der van-der-Waals Radien (300–320 pm) ist. Dieser kurze intermolekulare Cl-O-Abstand ist vergleichbar mit der Dimerisierung von NO zu N_2O_2 im festen Zustand (s. Abschn. 1.5) und kann als eine Kopf-Schwanz-Verknüpfung zweier ClO_2-Moleküle interpretiert werden, die durch die Überlappung der senkrecht zur Molekülebene stehenden p-Orbitale zustande kommt. Diese Dimerisierung führt auch zu der beobachteten Spin-Paarung in festem ClO_2, wobei die Verbindung bei $-93°C$ vom paramagnetischen in den diamagnetischen Zustand übergeht.

Dichlorhexaoxid, Cl_2O_6 (Fp. = $+4°C$, Kp. = $+203°C$), wird am besten durch Reaktion von ClO_2 mit Ozon im Sauerstoffstrom erhalten. Im festen Zustand ist die Verbindung ionisch aufgebaut und besteht aus ClO_2^+-Kationen und ClO_4^--Anionen.

Dichlorheptaoxid, Cl_2O_7 (Fp. = $-92°C$, Kp. = $+81°C$, $\Delta H°_f = 272$ kJ mol^{-1}), besteht als Anhydrid der Perchlorsäure im Kristall aus isolierten $O_3Cl-O-ClO_3$ Molekülen (Abbildung 1.36). Die Symmetrie entspricht nahezu C_{2v} und ist leicht zu C_2 hin verzerrt. Im Vergleich zu den terminalen Cl-O-Bindungen (140 pm) sind die verbrückenden Cl-O-Cl-Bindungen sehr lang (172 pm). Daher ist auch alternativ eine polare Beschreibung der Form $(ClO_3^{\delta+})_2O^{2\delta-}$ für das Cl_2O_7-Molekül vorgeschlagen worden.

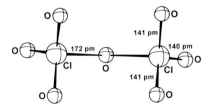

Abbildung 1.36 Struktur von Cl_2O_7 im Kristall. [Reproduziert mit freundlicher Genehmigung von VCH, Weinheim aus *Chem. Ber.*, **1997**, *130*, 307.]

1.5.2.2 Br_2O_3 und Br_2O_5

Während die Molekülstrukturen von BrO_2 (C_{2v}, 165 pm, 114°) und Br_2O (C_{2v}, 184 pm, 112°) in der Gasphase durch Mikrowellenspektroskopie aufgeklärt werden konnten,[52] sind Br_2O_3 und Br_2O_5 die einzigen Bromoxide, deren Kristallstruktur ermittelt werden konnte (Abbildung 1.37). Br_2O_3 kann durch Tieftemperaturozonolyse von elementarem Brom erhalten werden und ist nur unterhalb von -40°C stabil. Br_2O_5, formal das Anhydrid der Bromsäure, konnte durch Tieftemperatur-Umkristallisation von BrO_y aus C_2H_5CN hergestellt werden und existiert im Kristall als $Br_2O_5 \cdot C_2H_5CN$-Addukt.

$$Br_2 + O_3 \xrightarrow{\ CFCl_3, -60°C\ } Br_2O_3$$

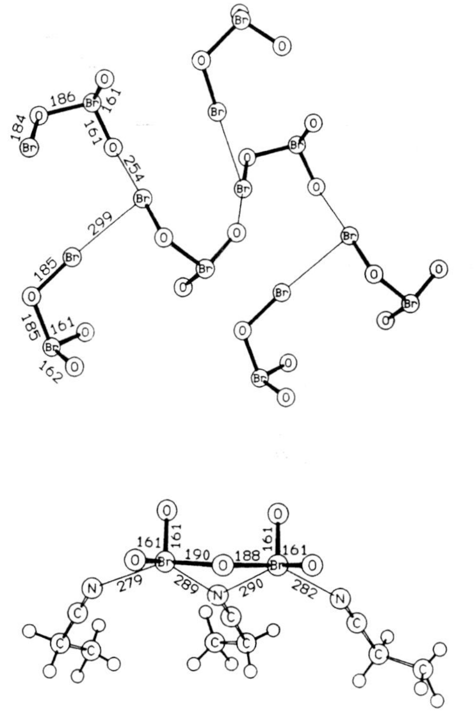

Abbildung 1.37 Strukturen von Br_2O_3 und $Br_2O_5 \cdot C_2H_5CN$ im Kristall. [Reproduziert mit freundlicher Genehmigung von VCH, Weinheim aus *Chem. Ber.*, **1997**, *130*, 307.]

1.5.2.3 I_2O_4, I_2O_5 und I_2O_6

Diiodtetraoxid, I_2O_4, kann durch kontrollierte Hydrolyse von $(IO)_2SO_4$ gewonnen werden Eine kombinierte Pulver-Röntgen- und Neutronenbeugungsstudie hat gezeigt, dass I_2O_4 monoklin kristallisiert und als eindimensionaler Feststoff beschrie-

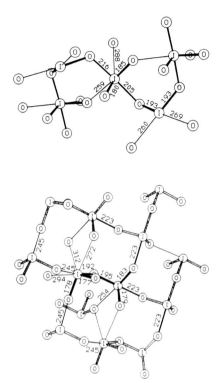

Abbildung 1.38 Strukturen von polymerem I_2O_4 und von I_2O_5 im Kristall. [Reproduziert mit freundlicher Genehmigung von VCH, Weinheim aus *Chem. Ber.*, **1997**, *130*, 307.]

ben werden kann, der aus -I-O-IO$_2$-O-Ketten mit tri- und pentavalentem Iod besteht (Abbildung 1.38).

Beim Erhitzen disproportioniert I_2O_4 zu elementarem Iod und zum thermodynamisch stabilen I_2O_5, dem Anhydrid der Iodsäure, aus der es auch durch Entwässerung erhalten werden kann. Im Kristall besteht I_2O_5 aus zwei über ein gemeinsames O-Atom verknüpften, pyramidalen IO$_3$-Einheiten, die so gegeneinander verdreht sind, dass das Molekül C_1- und nicht C_{2v}-Symmetrie besitzt (Abbildung 1.38).

$$5\ I_2O_4 \xrightarrow{135\,°C} 4\ I_2O_5 + I_2$$

$$2\ HIO_3 \xrightarrow{250\,°C} I_2O_5 + H_2O$$

Diiodhexaoxid, I_2O_6, kann in kristalliner Form durch langsame Zersetzung einer Lösung von H_5IO_6 in konzentrierter Schwefelsäure bei 70°C gewonnen werden. Entsprechend den Ergebnissen einer Kristallstrukturanalyse handelt es sich bei der Verbindung um ein gemischtvalentes I(V)/I(VII)-Oxid, welches aus I_4O_{12}-Einheiten aufgebaut ist, die nahezu C_{2h}-Symmetrie besitzen. Die einzelnen I_4O_{12}-Einheiten wiederum sind über starke intermolekulare I(VII)-O···I(V)-Kontakte (232 pm) miteinander verbunden.

1.5.3 Stickstoff-Halogen-Verbindungen

1.5.3.1 Stickstoff-Fluor-Verbindungen

Während sämtliche binären N-Cl-, N-Br- und N-I-Verbindungen thermodynamisch instabil sind ($\Delta H^\circ_f > 0$), stellen einige, aber bei weitem nicht alle der binären N-F-Verbindungen exotherme Spezies dar. Stickstofftrifluorid, NF_3, ist thermodynamisch die stabilste aller binären Stickstoff-Halogen-Verbindungen. In den 60er Jahren war die anwendungsbezogene Forschung in der N-F-Chemie stark in Richtung Raketentreibstoffe ausgerichtet, heute werden einige N-F-Verbindungen für den Einsatz im Bereich der chemischen Lasertechnik und als Energiespeichermaterialien (HEDM = high-energy-density materials) diskutiert. Bisher jedoch hat keine der Verbindungen eine breite Anwendung gefunden. Im Bereich der präparativen anorganischen Chemie werden viele N-F-Verbindungen allerdings gerne als kräftige Oxidationsmittel und starke Fluorierungsmittel eingesetzt. Darüber hinaus hat die Tatsache der sehr hohen Elektronendichte in solchen Verbindungen zwar theoretische Rechnungen erschwert, aber andererseits auch als besondere Herausforderung intensiviert.[53]

Tabelle 1.22 zeigt eine Zusammenstellung der wichtigsten N-F-Verbindungen.

Tabelle 1.22 Binäre N-F-Verbindungen

	Struktur	ΔH°_f (in kJ mol^{-1})	d(N-F) (in pm)
NF_3	C_{3v}	−125	137
NF_4^+	T_d	+211	130
N_2F_4	C_{2h} (staggered, trans)*	−7	137
$N_2F_3^+$	C_s		130–133 (berechnet)
cis-N_2F_2	C_{2v}	+70	141
trans-N_2F_2	C_{2h}	+82	140
N_2F^+	$C_{\infty v}$	+283	122
NF^{2+}	$C_{\infty v}$		110 (berechnet)
FN_3	C_s		144

* auch das gauche-Isomer (C_2) ist bekannt

1.5.3.1.1 Stickstofftrifluorid, NF_3

Stickstofftrifluorid, NF_3,[53] kann entweder durch Schmelzflusselektrolyse von NH_4F/HF oder durch kontrollierte Fluorierung von Ammoniak am Cu-Kontakt hergestellt werden.

$$4\ NH_3 + 3\ F_2 \xrightarrow{[Cu]} NF_3 + 3\ NH_4F$$

Verglichen mit anderen N-Fluoraminen ist die N-F-Bindung in NF_3 mit 137 pm relativ kurz und die Energie, die zur Spaltung der ersten N-F-Bindung benötigt wird, mit 239 kJ mol^{-1} relativ hoch. Neuere Studien haben gezeigt, dass die N-F-Bindungslänge in der Reihe H_nNF_{3-n} stark von 137 pm für NF_3 über 140 pm für HNF_2 auf 144 pm in H_2NF ansteigt. Diese Bindungsaufweitung kann einfach mit einem elektrostatischen Modell erklärt werden. Die berechneten Mulliken-Partialladungen für NF_3 deuten auf eine starke anziehende Wechselwirkung der Art $N^{\delta+}$-$F^{\delta-}$ hin. Während diese elektrostatische Anziehung in HNF_2 zwar noch vorhanden aber bereits deutlich schwächer ist, liegt im H_2NF bereits eine abstoßende Wechselwirkung der Art $N^{\delta-}$-$F^{\delta-}$ vor (hier sind die beiden H-Atome stark positiv polarisiert). In der Reihe der Methylfluoramine $MeNF_2$ und Me_2NF beobachtet man gegenüber NF_3 eine noch größere Variation der N-F-Bindungslängen: $MeNF_2$ (142 pm) und Me_2NF (145 pm). Dieser Effekt kann auf die starken Elektronendonoreigenschaften der Methylgruppen zurückgeführt werden, wodurch die negative Partialladung auf dem Stickstoff bei Me_2NF deutlich größer ist als bei H_2NF, was eine stärkere elektrostatische Abstoßung und eine längere N-F-Bindung im Methyl-Derivat zur Folge hat.

1.5.3.1.2 Das Tetrafluorammonium-Kation, NF_4^+
und das Nitrosyltrifluorid, NOF_3

Während NF_3 bereits seit 1928 bekannt ist, konnte das NF_4^+-Kation erst 1966 erstmals hergestellt werden.[53] Eine bequeme Laborsynthese stellt die Tieftemperatur-UV-Photolyse gemäß der folgenden Gleichung dar.

$$NF_3 + F_2 + BF_3 \xrightarrow{-196°C, UV} NF_4^+BF_4^-$$

Wie erwartet, besitzt $NF_4^+BF_4^-$ im Kristall eine Struktur, die aus NF_4^+- und BF_4^--Tetraedern aufgebaut ist. Anstelle von BF_3 können auch AsF_5, PF_5 oder GeF_4 bei der Tieftemperatur-UV-Photolyse als Lewis-Säuren und Fluoridionen-Akzeptoren eingesetzt werden. Mit BiF_5 oder SbF_5 gelingt die Synthese von $NF_4^+BiF_6^-$ und $NF_4^+SbF_6^-$ am besten in einer Hochtemperatur-Hochdruckreaktion.

$$NF_3 + F_2 + (n+1)\, BiF_5 \xrightarrow{250°C, 30h, 170bar} NF_4^+BiF_6^- \cdot nBiF_5$$
$$NF_4^+BiF_6^- \cdot nBiF_5 \xrightarrow{280°C, 15h, Vakuum} NF_4^+BiF_6^- + nBiF_5$$

Ausgehend von BiF_3 kann $NF_4^+BiF_6^-$ sehr bequem in einer Einstufensynthese erhalten werden.

$$NF_3 + BiF_3 + 2\, F_2 \xrightarrow{235°C, 9Tage, 200bar} NF_4^+BiF_6^-$$

Durch den Einsatz von Graphitsalzen ($C_8^+BF_4^-$, $C_8^+AsF_6^-$) als oxidations- und Supersäure-beständige stationäre Phase in Anionenaustauschern gelingt es leicht in einer Metathesereaktion in wasserfreiem Fluorwasserstoff (mobile Phase), die in thermischer Reaktion einfach zugänglichen SbF_6^--Salze in die entsprechenden BF_4^-- oder AsF_6^--Verbindungen zu überführen; letztere sind sonst nur durch Tieftemperatur-Photolyse zugänglich (s.o.).

Synthese der stationären Phase:

$$8\,C + \tfrac{1}{2}\,F_2 + BF_3 \longrightarrow C_8^+BF_4^- \text{ oder}$$

$$8\,C + O_2^+AsF_6^- \longrightarrow C_8^+AsF_6^- + O_2$$

Metathese-Reaktion in wasserfreiem Fluorwasserstoff (aHF = anhydrous HF) mit A = BF_3, AsF_5:

$$C_8^+AF^- + NF_4^+SbF_6^- \xrightarrow{\;aHF\;} C_8^+SbF_6^- + NF_4^+AF^-$$

Besonderes Interesse besitzt auch das Hexafluoronickelat-Salz des NF_4^+-Kations aufgrund seines außerordentlich hohen verfügbaren Fluor-Gehaltes (Tab. 1.22a).

Tabelle 1.22a Vergleich des Gehaltes an verfügbarem Fluor zwischen flüssigen Fluor und der Verbindung $[NF_4]_2^+[NiF_6]^{2-}$

	$d/g\;cm^{-3}$	verfügbares Fluor in Massenprozent	verfügbares Fluor in $g\;cm^{-3}$
F_2 (l), flüssiges Fluor	1.51	100	1.51
$[NF_4]^+_2[NiF_6]^{2-}$	2.71	64.6	1.75

In der Synthesechemie haben sich Salze des NF_4^+-Kations hervorragend als starke oxidative Fluorierungsmittel bewährt, wobei NF_4^+ ein stärkeres Fluorierungsmittel ist als IF_4^+, jedoch immer noch schwächer als XeF^+ und KrF^+.

Als Mechanismus für die Bildung von NF_4^+-Salzen wird heute allgemein der in den nachstehenden vier Gleichungen diskutierte Weg akzeptiert, wobei $NF_3^{+\cdot}$-Radikale als Intermediat mittels ESR-Spektroskopie nachgewiesen werden konnten, nicht aber $AsF_6^\cdot$-Radikale.

$$F_2 \longrightarrow 2\,F^\cdot$$

$$F^\cdot + AsF_5 \longrightarrow AsF_6^\cdot$$

$$AsF_6^\cdot + NF_3 \longrightarrow NF_3^{+\cdot} + AsF_6^-$$

$$NF_3^{+\cdot} + AsF_6^- + F^\cdot \longrightarrow NF_4^+ + AsF_6^-$$

Gut in Einklang mit dem oben diskutierten Reaktionsmechanismus ist das Ergebnis einer sehr ausgefeilten Studie, die das intermediäre Auftreten von fünffach-koordiniertem Stickstoff in NF_5 bei der thermischen Zersetzung von $NF_4^+HF_2^-$ als sehr unwahrscheinlich herausstellt.[54a] In dieser Studie wurde, wie gesagt, die Thermolyse von $NF_4^+HF_2^-$ untersucht, wobei ein radioaktiv markiertes $H^{18}F_2^-$-Anion eingesetzt wurde.

^{18}F ist aufgrund seiner geringen Halbwertszeit von 109.7 min und seiner leichten Detektion (0.51 MeV γ-Strahlung) sehr zu Isotopenmarkierungsexperimenten und mechanistischen Studien geeignet. ^{18}F kann direkt durch Beschuss von natürlichem Fluor in F_2 oder stabilen Verbindungen wie z.B. SF_6 mit schnellen Neutronen oder γ-Strahlung gewonnen werden: ^{19}F(n,2n)^{18}F, ^{19}F(γ,n)^{18}F. Eine andere Möglichkeit stellt die Kernumwandlung von Proben, die Neon oder Sauerstoff enthalten, dar: ^{20}Ne(d,α)^{18}F, ^{16}O(α,d)^{18}F. Besonders bewährt hat sich aber in der Praxis die Bestrahlung eines Li-O-Targets (z.B. Li_2CO_3) mit thermischen Neutronen in einem Reaktor. ^{18}F zerfällt als positronenaktiver Strahler (β^+) gemäß der folgenden Gleichung.[55]

$$^{18}_{9}F \longrightarrow {}^{18}_{8}O + {}^{0}_{+1}e$$

$$NF_4^+PF_6^- + Cs^+ H^{18}F_2^- \xrightarrow{aHF} Cs^+PF_6^- + NF_4^+ H^{18}F_2^-$$

$$NF_4^+ H^{18}F_2^- \xrightarrow{\Delta T, Vacuum} NF_3 + H^{18}F + F{-}^{18}F$$

Die experimentell beobachtete Produktverteilung von ^{18}F zeigt deutlich, dass der Angriff des H^{18}F$^-$-Anions am NF_4^+-Kation *ausschließlich* am Fluor und *nicht* am Stickstoff erfolgt, was überraschend ist, da die Polarität eher einen Angriff am N begünstigt hätte.

Somit muss die Frage nach der Existenzfähigkeit von kovalentem NF_5 oder ionischem $NF_4^+F^-$ nach wie vor unbeantwortet bleiben. Auf der Basis von ab-initio-Rechnungen wurden NF_5 und sogar NF_6^- als vibratorisch stabil vorausgesagt. Aus weiteren sicher noch nicht abgeschlossenen theoretischen und experimentellen Studien zur Frage nach der Stabilität von NF_5 im Vergleich zu ionischem $NF_4^+F^-$ können bisher die folgenden Ergebnisse zusammengefasst werden:
(a) kovalentes NF_5 und ionisches $NF_4^+F^-$ haben vergleichbare Energie;
(b) ionisches $NF_4^+F^-$ sollte experimentell leichter zugänglich sein als kovalentes NF_5, da letzteres an starker sterischer Überladung leidet;
(c) experimentell konnte gezeigt werden, dass ionisches $NF_4^+F^-$ bei Temperaturen oberhalb von $-142\ °C$ nicht existiert (tiefere Temperaturen konnten experimentell nicht realisiert werden);
(d) die beobachtete Zersetzungsreaktion $NF_4^+F^-(s) \to NF_3(g) + F_2(g)$ wurde ab initio als thermodynamisch begünstigt berechnet ($\Delta H° = -134\ kJ\ mol^{-1}$).

Das Nitrosyltrifluorid, NOF_3, ist eine thermodynamisch stabile Verbindung ($\Delta H°_f = -71\ kJ\ mol^{-1}$), die im präparativen Maßstab durch direkte Verbrennung von NO mit elementarem Fluor hergestellt werden kann.

$$2\ NO + 3\ F_2 \longrightarrow 2\ ONF_3$$

Kürzlich ist auch über eine einfache Synthese von NOF_3, ausgehend von N_2O, berichtet worden.[54b]

$$NF_3 + N_2O + 2\ SbF_5 \xrightarrow{150°C} ONF_2^+ Sb_2F_{11}^- + N_2$$

$$ONF_2^+ Sb_2F_{11}^- \xrightarrow{T>180°C} ONF_3 + 2\ SbF_5$$

Das zum oben diskutierten NF_4^+-Kation isoelektronische ONF_3-Molekül weist mit 143 pm allerdings deutlich längere N-F-Bindungen auf als das NF_4^+ (130 pm), während die NO-Bindung im NOF_3 mit 116 pm kürzer ist als die in H-N=O (121 pm) und somit auf einen Bindungsgrad von etwa 2 hinweist. Diese strukturellen Verhältnisse lassen sich qualitativ richtig bereits mit einer einfachen Lewis-Schreibweise wiedergeben (Abbildung 1.39). Bindungstheoretisch lässt sich das ONF_3-Molekül aber besser auf der Basis von starken intramolekularen Donor-Akzeptor-Wechselwirkungen erklären (negative Hyperkonjugation). Hierzu geht man von vier Einfachbindungen als wahrscheinlichster Lewis-Struktur aus (drei N-F- und eine N-O-Bindung), wobei jeweils drei freie Elektronenpaare am O- und den drei F-Atomen lokalisiert sind, von denen je zwei nahezu reinen p-Charakter besitzen. Man berücksichtigt nun die nicht kovalenten Effekte durch einen starken Elektronendichte-Transfer von den freien p-Elektronenpaaren am Sauerstoff jeweils in eines der leeren und antibindenden σ^*(N-F)-Orbitale (Abbildung 1.39). Hierdurch wird die N-F-Bindung gelockert und die N-O-Bindung gleichzeitig gestärkt. Diese

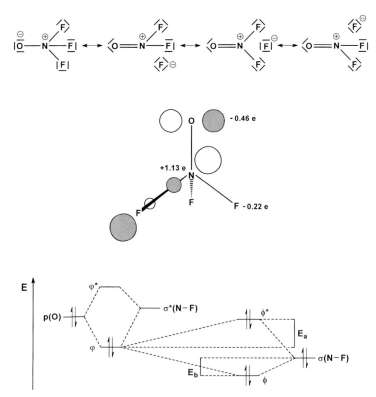

Abbildung 1.39 Bindungsverhältnisse im NOF_3; oben: Lewis-Strukturen, Mitte: Intramolekulare Donor-Akzeptor-Wechselwirkung, unten: Orbital-Energiediagramm. [Reproduziert mit freundlicher Genehmigung von Spektrum-Verlag, aus T. M. Klapötke, A. Schulz, *Quantenmechanische Methoden in der Hauptgruppenchemie*, Weinheim (1996).]

Donor-Akzeptor-Wechselwirkung bewirkt eine energetische Absenkung des besetzten φ-Orbitals, welches eine Kombination aus σ^*(N-F) und p-LP(O) ist, wodurch für das gesamte Molekül eine geringfügige Stabilisierung resultiert (Abbildung 1.39). Weitergehende Betrachtungen zeigen, dass nun das φ-Orbital auch mit dem ebenfalls besetzten bindenden (N-F)-MO in Wechselwirkung treten kann. Dieser Schritt hat jedoch weniger Einfluss auf die Struktur des Moleküls als vielmehr auf die energetische Lage der einzelnen MOs.

Die Umsetzung des aus NF_3, N_2O und SbF_5 (s.o.) zugänglichen Kations mit Stickstoffwasserstoffsäure, HN_3, liefert durch HF-Abspaltung das ungewöhnliche N_4OF^+-Kation.

$$[NOF_2] + [SbF_6]^- + HN_3 \longrightarrow [N{=}N{=}N{-}N({=}O){-}F] + [SbF_6]^- + HF$$

1.5.3.1.3 Distickstofftetrafluorid, N_2F_4, und das $N_2F_3^+$-Kation

Distickstofftetrafluorid, N_2F_4, existiert in zwei Konformationen: staggered (C_{2h}) und gauche (C_2). Aus ^{19}F-NMR-spektroskopischen Untersuchungen kann geschlossen werden, dass bei tiefer Temperatur ($-180°C$ bis $-130°C$) beide Konformere im Gleichgewicht miteinander vorliegen. N_2F_4 wird am besten durch quantitative Oxidation von Difluoramin mittels alkalischer Hypochlorit-Lösung gewonnen.

$$(NH_2)_2CO \xrightarrow{F_2/N_2} NH_2CONF_2 \xrightarrow{H_2SO_4} HNF_2 \xrightarrow{NaOCl/H_2O} \tfrac{1}{2}\,N_2F_4$$

Aufgrund der schwachen und langen N-N-Bindung (149 pm) steht N_2F_4 in der Gasphase mit NF_2 im Gleichgewicht.

$$N_2F_4 \longrightarrow 2\,NF_2$$

$$K(150°C) = 0.03 \text{ bar}; \quad \Delta H° = 83 \text{ kJ mol}^{-1}$$

Mit starken Lewis-Säuren und Fluoridionen-Akzeptoren wie SbF_5 oder AsF_5 reagiert N_2F_4 unter Ausbildung von $N_2F_3^+$-Salzen.

$$N_2F_4 + 2\,SbF_5 \xrightarrow{aHF} N_2F_3^+Sb_2F_{11}^-$$

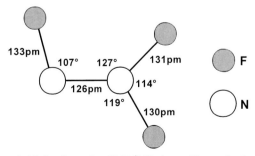

Abbildung 1.40 Struktur des $N_2F_3^+$-Kations. [Reproduziert mit freundlicher Genehmigung von Gordon and Breach, aus *Comments Inorg. Chem.*, **1994**, *15*, 137.]

Aus spektroskopischen Daten (IR, Raman, $^{14/15}$N-, ^{19}F-NMR) und auf der Basis von ab initio-Rechnungen kann für das $N_2F_3^+$-Kation auf die in Abbildung 1.40 dargestellte Struktur geschlossen werden.

1.5.3.1.4 Distickstoffdifluorid, N_2F_2, das N_2F^+-Kation und das N_5^+-Kation

Distickstoffdifluorid, N_2F_2,[48] wird am besten durch Überleiten von Difluoramin über KF dargestellt.

$$\text{HNF}_2 + \text{KF} \xrightarrow{25°C} \text{KHF}_2 + \tfrac{1}{2} N_2F_2$$

N_2F_2 existiert in Form von zwei planaren Isomeren in cis-(C_{2v}) und trans-Struktur (C_{2h}), wobei das cis-Isomer thermodynamisch um 13 kJ mol^{-1} gegenüber der trans-Form begünstigt ist; allerdings unterscheiden sich beide Formen deutlich in ihrer Reaktivität. Beispielsweise reagiert *nur* das cis-Isomer mit starken Lewis-Säuren unter Ausbildung von N_2F^+-Salzen, wobei die „Rückreaktion" mit NOF ebenfalls wieder ausschließlich das cis-Isomer liefert. Das trans-Isomer lagert sich bei 70°C langsam in die thermodynamisch stabilere cis-Form um.

$$\text{trans-}N_2F_2 \xrightarrow{70°C,\ langsam} \text{cis-}N_2F_2$$

$$\text{cis-}N_2F_2 + \text{AsF}_5 \xrightarrow{25°C, schnell} N_2F^+\text{AsF}_6^-$$

$$N_2F^+\text{AsF}_6^- + \text{NOF} \xrightarrow{25°C, schnell} \text{cis-}N_2F_2 + NO^+\text{AsF}_6^-$$

Die stark unterschiedliche Reaktivität von cis- und trans-N_2F_2 kann nicht auf thermodynamische, sondern nur auf kinetische Ursachen zurückgeführt werden. Die Bindung in N_2F_2 kann auf der Basis von zwei sp^2-hybridisierten N-Atomen beschrieben werden, wobei eine N-N-Bindung und zwei N-F-σ-Bindungen ausgebildet werden. Die beiden stereochemisch aktiven freien Elektronenpaare besetzen die restlichen beiden sp^2-Hybridorbitale. Das nicht mit in die Hybridisierung einbezogene p-Orbital bietet die Grundlage für die Ausbildung der p$_\pi$-p$_\pi$-Doppelbindung, die senkrecht zur Molekülebene steht (Abbildung 1.41). In linearem N_2F^+ sind nun die beiden N-Atome sp-hybridisiert, und zusätzlich zur N-N-σ-Bindung gibt es zwei zu ihr senkrecht stehende p$_\pi$- p$_\pi$-Bindungen. Wenn sich nun eine Lewis-Säure wie AsF$_5$ an das N_2F_2-Molekül annähert, wird ein Fluor-Atom und mit ihm entsprechend Elektronendichte vom N_2F_2 in Richtung AsF$_5$ verschoben. Diese Entfernung von Elektronendichte von einem der N-Atome führt zu einer Abnahme von Elektronendichte in den schwach antibindenden (oder nicht bindenden) Orbitalen der freien Elektronenpaare, wodurch eine partielle Dreifachbindung ausgebildet wird. Dies bedeutet, dass die Energie, die zur Elongation einer der N-F-Bindungen benötigt wird, teilweise durch die Ausbildung einer partiellen NN-Dreifachbindung kompensiert wird. Wie leicht einzusehen ist (Abbildung 1.41) ist die Ausbildung einer solchen Dreifachbindung aber nur möglich, wenn wir von der cis-Form des N_2F_2 ausgehen, bei der die beiden freien Elektronenpaare auf der gleichen Seite

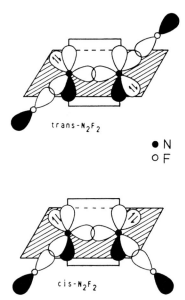

● N
○ F

Abbildung 1.41 MO-Modell für cis- und trans-N_2F_2.[48] [Reproduziert mit freundlicher Genehmigung von Gordon and Breach, aus *Comments Inorg. Chem.*, **1994**, *15*, 137.]

des N_2-Gerüstes lokalisiert sind. Da bereits im N_2F_2-Edukt eine NN-Doppelbindung vorliegt und somit keine freie Drehbarkeit um die N-N-Achse möglich ist, beinhaltet die Bildung von N_2F^+ ausgehend von der trans-Form des N_2F_2 eine sehr hohe Aktivierungsenergie.

Analog kann der basische Angriff von F^- (aus NOF) an das Lewis-acide N_2F^+-Kation verstanden werden. Da $F-N^+\equiv N$ die wichtigste Resonanzstruktur für N_2F^+ ist, wird das F^- am α-N-Atom angreifen, was zur intermediären Bildung von $F_2N=N$ führen sollte. Diese instabile Verbindung kann leicht einer α-F-Atom-Wanderung unterliegen, wobei ausschließlich cis-N_2F_2 gebildet wird, da während der α-F-Atom-Umlagerung die N=N-Doppelbindung stets erhalten bleibt, d.h. keine freie Drehbarkeit um die N-N-Achse vorliegt.

Im N_2F^+-Kation liegt nach den Ergebnissen einer Röntgenstrukturanalyse (monoklin, d (NN) = 1.089 (9) Å, d (N-F) = 1.257 (6) Å) mit 1.257 Å pm die kürzeste experimentell beobachtete N-F-Bindung vor.[56]

Christe und Mitarbeiter haben das N_2F^+-Kation eingesetzt [56 b–d], um in einer überraschend einfachen Synthese mit HN_3 die von Pyykkö [56 e] als stabil vorhergesagte ionische Verbindung $[N_5]^+[AsF_6]^-$ in wasserfreiem Fluorwasserstoff herzustellen.

$$[N_2F]^+ + [AsF_6]^- + HN_3 \longrightarrow [N_5]^+ + [AsF_6]^- + HF$$

Die Synthese des N_5^+-Kations kann als großer Durchbruch bei der Erforschung der homopolyatomaren Stickstoffverbindungen gesehen werden, da in diesem Salz das erst dritte (nach N_2 und N_3^-) stabile Mitglied der N_n-Familie gefunden wurde.

Die Standard- und increased-valence Strukturen des C_{2v}-symmetrischen N_5^+-Kations, das zu $C(N_2)_2$ und $C(CO)_2$ isoelektronisch ist, sind nachstehend dargestellt [56 f]. Die nähere Betrachtung der increased-valence Struktur verdeutlicht, warum die inneren Bindungen des N_5^+-Kations mit 1.30 Å kürzer als N-N-Einfachbindungen (1.45 Å) und die terminalen Bindungen mit 1.11 Å ähnlich der N-N-Dreifachbindung in N_2 (1.098 Å) sind.

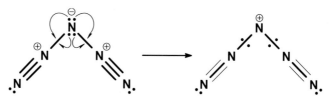

In einer Methathese-Reaktion gelang es, ausgehend von $[N_5]^+[SbF_6]^-$, das sogar bei Raumtemperatur stabile Salz $[N_5]^+[B(CF_3)_4]^-$ ($T_{dec.}$ = 60 °C) herzustellen.

$$[N_5]^+[SbF_6]^- + KB(CF_3)_4 \longrightarrow [N_5]^+[B(CF_3)_4]^- + KSbF_6$$

Das bislang einzig bekannte N_5^+-Salz mit einem Kationen : Anionen-Verhältnis von 2:1, d.h. mit zwei sich im Kristallgitter „sehr nahe kommenden" N_5^+-Kationen ist die Verbindung $[N_5]_2^+[SnF_6]^{2-}$, welche aber bereits oberhalb von -20 °C gemäß der nachstehenden Reaktionsgleichung zerfällt.

$$[N_5]_2^+[SnF_6]^{2-} \longrightarrow [N_5]^+[SnF_5]^- + 2\,N_2 + \tfrac{1}{2}\,\textit{trans-}N_2F_2$$

Die Synthese der folgenden energetischen Salze des N_5^+-Kations wurde versucht, war aber aufgrund der Instabilität der Zielverbindung nicht erfolgreich: Azid (N_3^-), Nitrat (NO_3^-) und Dinitramid ($N(NO_2)_2^-$).

Anmerkung: Eine einfache Labor-Synthese für *trans-*N_2F_2 wurde ebenfalls von Christe und Mitarbeitern durch die Umsetzung von billigen Natur-Graphit mit AsF_5 und Tetrafluorhydrazin vorgestellt. Die Isomerisierung des so erhaltenen *trans-*N_2F_2 zu thermodynamisch geringfügig stabilerem *cis-*N_2F_2 gelingt in einer einfachen durch AlF_3 katalysierten Reaktion in 99% Ausbeute.

$$C_x \text{ (Natur-Graphit)} + AsF_5 \longrightarrow C_xAsF_5$$

$$C_xAsF_5 + N_2F_4 \longrightarrow [C_x][AsF_6] + \textit{trans-}N_2F_2$$

$$X = 8 \dots 15$$

$$\textit{trans-}N_2F_2 \xrightarrow{\;[AlF_3],\ 35°C,\ 15\,h\;} \textit{cis-}N_2F_2$$

1.5.3.2 Stickstoff-Chlor, -Brom- und -Iod-Verbindungen

1.5.3.2.1 Trihalogenonitride

Alle binären NX_3-Verbindungen (X = Cl, Br, I) sind bekannt, endotherm und explosiv (Tabelle 1.23).[53a] Aufgrund der Bindungspolarität $N^{\delta-}-X^{\delta+}$ sollten sie besser als Trihalogenonitride und nicht als Stickstofftrihalogenide bezeichnet werden. Diese Bindungspolarität wird bereits deutlich, wenn man die (langsame) Hydrolyse von NCl_3 betrachtet.

$$NCl_3 + 3 H_2O \longrightarrow NH_3 + 3 HOCl$$

Tabelle 1.23 Trihalogenonitride (Daten von NF_3 zum Vergleich)

	NF_3 (g)	NCl_3 (l)	NBr_3 (g)	NI_3 (g)
ΔH°_f (in kJ mol^{-1})	−125	+229	ca. +280	+286
BE (N-X) (in kJ mol^{-1})	278	190	ca. 176	169
Kp. (in °C)	−129	+71		
Fp. (in °C)	−207	−40	>−100	Subl. −20, Vak.

NCl_3 kann leicht in H_2O/CCl_4-Lösung durch direkte Chlorierung von NH_4Cl oder $(NH_4)_2CO_3$ erhalten werden

$$NH_4Cl + 3 Cl_2 \xrightarrow{H_2O/CCl_4} NCl_3 + 4 HCl$$

NBr_3 kann entweder als tiefroter, sehr temperaturempfindlicher und flüchtiger Feststoff durch Tieftemperatur-Bromierung von Bis(trimethylsilyl)bromamin oder in der verdünnten Gasphase aus BrN_3 und Brom erhalten werden. Bisher ist es nicht gelungen, NBr_3 als reine Verbindung zu isolieren.

$$(Me_3Si)_2NBr + 2 BrCl \xrightarrow{-85°C, Pentan} NBr_3 + 2 Me_3SiCl$$

$$BrN_3 + Br_2 \xrightarrow{2 torr} NBr_3 + N_2$$

NI_3 wurde zuerst als polymeres Addukt mit einem, drei oder fünf Molekülen koordinierten Ammoniaks erhalten. Am einfachsten gelingt die Synthese aus elementarem Iod und wasserfreiem Ammoniak. Auch adduktfreies NI_3 ist als sehr instabile Verbindung beschrieben worden. Die Synthese von adduktfreiem NI_3 gelingt durch die Umsetzung von Bornitrid (BN) mit IF in $CFCl_3$-Lösung bei tiefer Temperatur.[53b] Reines NI_3 ist bei −78°C ein schwarz-roter Feststoff, der bereits bei dieser Temperatur langsam zerfällt.

$$BN + 3 IF \xrightarrow{CFCl_3} NI_3 + BF_3$$

Alle NX_3-Moleküle besitzen, wie nach den VSEPR-Regeln erwartet, trigonal pyramidale Strukturen. Die Struktur von polymerem $(NI_3 \cdot NH_3)_n$ besteht dagegen aus NI_4-Tetraedern, die über Ecken zu unendlichen Ketten verknüpft sind, wobei je eines der vier Iod-Atome eines NI_4-Tetraeders zusätzlich ein schwach koordiniertes NH_3-Molekül aufweist (Abbildung 1.42).

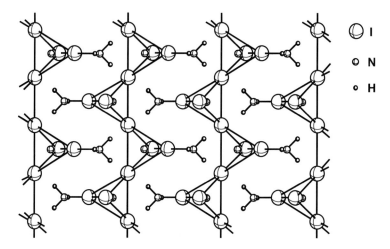

Abbildung 1.42 Struktur von polymerem $(NI_3 \cdot NH_3)_n$ im Kristall. [Reproduziert mit freundlicher Genehmigung von Gordon and Breach, aus *Comments Inorg. Chem.*, **1994**, *15*, 137.]

1.5.3.3 Die Halogenazide

Vermutlich gibt es keine Klasse kovalent gebauter Azide, die intensiver studiert worden ist als die der Azide X-N1-N2-N3 (X = H, F, Cl, Br, I).[57] Die Strukturen sämtlicher Vertreter konnten experimentell bestimmt werden. In der Gasphase existieren HN_3 und die Halogenazide als monomere Spezies in einer trans-C_s-Konfiguration mit einem NNN-Bindungswinkel von 172±3° und zwei signifikant unterschiedlichen N-N-Bindungslängen: d(N1-N2) = 124±2 pm, d(N2-N3) = 113±2 pm (Tabelle 1.24 und Abbildung 1.43). Diese auf den ersten Blick ungewöhnliche Struktur können wir anschaulich im Bild lokalisierter Orbitale erklären. Die Lewis-

Tabelle 1.24 Physikalische und Struktur-Daten der Azide XN_3 (X = H, F, Cl, Br, I).

	HN_3 (g)	FN_3 (g)	ClN_3 (g)	BrN_3 (g)	IN_3 (g)	IN_3 (s)
Farbe	farblos	grüngelb	farblos/gelblich	rotbraun	gelb	tiefgelb
Fp. (in °C)	−80	−154	ca. −100	−45	*	*
Kp. (in °C)	36	−82	ca. −15			
$\Delta H°_f$ (in kJ mol^{-1})	+270	+343	+389	+426	+435	
d(X-N1) (in pm)	101	144	175	190	212	228
d(N1-N2) (in pm)	124	125	125	123	126	123
d(N2-N3) (in pm)	113	113	113	113	115	107
<(XN1N2) (in °)	109	104	109	110	107	116
<(N1N2N3) (in °)	171	171	172	171	170	172

* Sublimation bei 4 °C und 0.25 bar

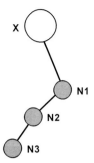

Abbildung 1.43 Molekülstruktur eines kovalent gebauten XN_3-Azids in C_s-Komformation (X = H, F, Cl, Br, I).

Struktur eines kovalent gebauten Azides XN_3, die das meiste Gewicht besitzt, ist in Abbildung 1.44 wiedergegeben. Ein Vergleich mit den oben diskutierten Bindungslängen zeigt allerdings, dass die N1-N2-Bindung eher einer (schwachen) Doppelbindung entspricht, während die terminale N2-N3-Bindung einer langen und damit schwachen Dreifachbindung zuzuordnen ist. Typische Werte für NN-Einfach-, Doppel- und Dreifach-Bindungslängen sind: d(N-N) = 144.9 pm, d(N=N) = 125.2 pm und d(N≡N) = 109.8 pm.[57] Auf der Basis von quantenmechanischen Rechnungen (Populationsanalysen) konte nun gezeigt werden, dass in typischen XN_3-Molekülen (X = H, F, Cl, Br, I) zwei Arten von starken intramolekularen Wechselwirkungen vorliegen:

(a) eine Delokalisierung der π-Elektronendichte über die gesamte Molekel in den senkrecht zur Molekülebene stehenden π-Orbitalen führt zu einem deutlichen Energiegewinn und erklärt die Planarität des XN_3-Moleküls (C_s-Symmetrie);

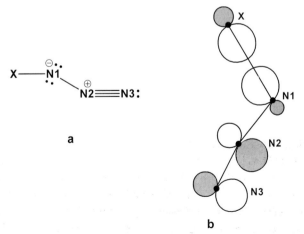

Abbildung 1.44 (a) Wahrscheinlichste Lewis-Struktur für ein kovalent gebautes XN_3-Azid (X = H, F, Cl, Br, I); (b) negative σ(X-N1) → π*(N2-N3)-Hyperkonjugation für ein kovalent gebautes XN_3-Azid (X = H, F, Cl, Br, I). [Reproduziert mit freundlicher Genehmigung von VCH, Weinheim, aus *Chem. Ber.*, **1997**, *130*, 443.]

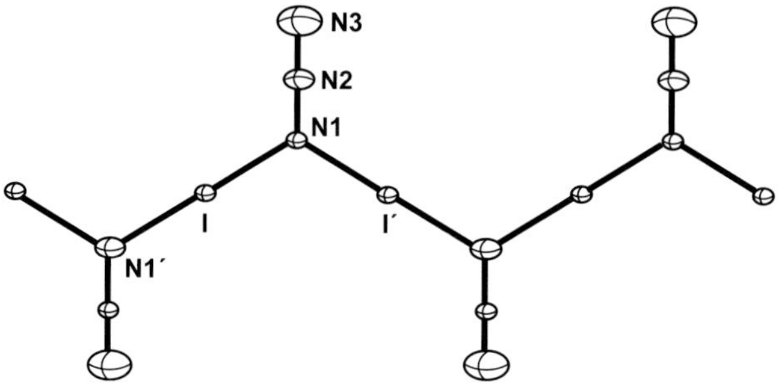

Abbildung 1.45 Struktur von festem, polymerem Iodazid. [Reproduziert mit freundlicher Genehmigung von VCH, Weinheim, aus *Angew. Chem.*, **1993**, *105*, 289.]

(b) eine starke Donor-Akzeptor-Wechselwirkung (negative Hyperkonjugation) der Art, dass Elektronendichte aus einem gefüllten und bindenden σ(X-N1)-Orbital in ein leeres und antibindendes π*(N2-N3)-Orbital doniert wird (Abb. 1.44), führt ebenfalls zu einem weiteren Energiegewinn und erklärt

   (i)   die lange und schwache X-N1-Bindung,

   (ii) die relativ kurze und starke N1-N2-Bindung,

   (iii) die schwache N2-N3-Dreifachbindung und

   (iv) die Abwinkelung der XN$_3$-Molekel am zentralen N2-Stickstoffatom.

Im Kristall konnte bisher lediglich die Struktur von Iodazid aufgeklärt werden (Abbildung 1.45). Festes Iodazid besitzt eine polymere Struktur, wobei der N-I-Abstand im Feststoff deutlich länger ist als in der Gasphase, da die IN$_3$-Einheiten über linear koordinierte Iod-Atome verbrückt sind, d.h. der N-I-Bindungsgrad deutlich kleiner als b = 1 ist.

1.6 Die Oxide des Stickstoffs und Nitroverbindungen

1.6.1 Die Oxide des Stickstoffs

Stickstoff besitzt die bemerkenswerte Fähigkeit, nicht weniger als neun binäre, molekulare Oxide zu bilden, darüber hinaus gibt es noch Hinweise auf das sehr instabile Nitrylazid, NO$_2$-N$_3$ (Tabelle 1.25). Sämtliche bekannten N-Oxide sind endotherme Molekülverbindungen, lediglich N$_2$O$_5$ besitzt im Feststoff eine negative Bildungswärme, liegt aber im Kristall auch nicht molekular sondern ionisch als NO$_2$$^+NO_3$$^-$ vor. Drei der bekannten N-Oxide sind paramagnetisch, die übrigen diamagnetisch. Die Laborsynthese und technische Darstellung der Stickstoffoxide sowie deren weitere Umsetzung zu den bekannten Sauerstoffsäuren des Stickstoffs soll an dieser Stelle nicht besprochen werden, da man umfassende Abhandlungen meist bereits in den einführenden Lehrbüchern zur Anorganischen Chemie findet.[13,15,16,50]

Tabelle 1.25 Binäre Oxide des Stickstoffs

	Farbe	Magnetismus	Struktur *	$\Delta H°_f$ * (in kJ mol^{-1})	Fp. (in °C)	Kp. (in °C)
N_4O	hellgelb	dm	C_s	+467	–59	Zersetzung
N_2O	farblos	dm	$C_{\infty v}$	+82	–91	–88.5
NO	farblos	pm	$C_{\infty v}$	+90	–164 [#]	–152 [#]
N_2O_2	farblos	dm	C_{2v}		[#]	[#]
N_2O_3	indigofarben	dm	C_s	+84	–101	Zersetzung zu NO und NO_2
NO_2	braun	pm	C_{2v}	+33	[+]	[+]
N_2O_4	farblos	dm	D_{2h}	+9	–11	+21
N_2O_5	farblos	dm	C_{2v}	+11	+33 Subl.	
NO_3		pm	D_{3h}			

* Gasphase
[#] NO steht im Gleichgewicht mit N_2O_2, in der flüssigen und festen Phase liegt immer auch das Dimere vor, ΔH_d = -15 kJ mol^{-1} (bezogen auf N_2O_2)
[+] NO_2 steht im Gleichgewicht mit N_2O_4, unterhalb des Schmelzpunktes liegt reines N_2O_4 vor, ΔH_d = –57 kJ mol^{-1} (bezogen auf N_2O_4)

1.6.1.1 Das Tetrastickstoffmonoxid, N_4O

Tetrastickstoffmonoxid, N_4O, ist bei Raumtemperatur instabil, kann aber kurzzeitig bei –95°C gehandhabt werden. Aus einer kombinierten schwingungsspektroskopischen und ab initio-Studie konnte die in Abbildung 1.46 dargestellte Struktur abgeleitet werden. Das Molekül besitzt demnach eine offenkettige C_s-Struktur mit einer trans-trans- Anordnung an den N1-N4- und N1-N2-Bindungen (<(O-N4-N1) = 110.5°, <(N4-N1-N2) = 107.1° und <(N1-N2-N3) = 174.3°, vgl. Abschnitt 1.4.3.3). Die N1-N4-Bindung ist mit 148 pm etwas länger als eine typische N-N-Einfachbindung (z.B. H_2N-NH_2, d(NN) = 145 pm), aber dennoch kürzer als die mit 178 pm sehr schwache N-N-Bindung im dimeren O_2N-NO_2 (s.u.) und entspricht hinsichtlich ihrer Länge etwa der schwachen N-N-Bindung im F_2N-NF_2 (149 pm,

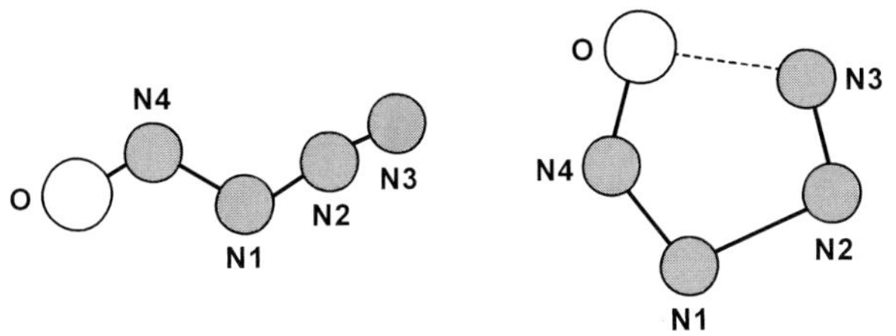

Abbildung 1.46 Strukturen von kettenförmigem N_4O (C_s, links) und cyclischem N_4O (C_{2v}, rechts). [Reproduziert mit freundlicher Genehmigung von VCH, Weinheim, aus *Chem. Ber.*, **1997**, *130*, 443.]

s. Abschnitt 1.4.3.1.3). Im Gegensatz hierzu ist die O-N4-Bindung mit 120 pm relativ lang und ähnelt der im N_2O (119 pm), wo formal eine O=N-Doppelbindung vorliegt. Beide strukturellen Besonderheiten können wiederum mit Hilfe einer Populationsanalyse erklärt werden, wobei N_4O eine starke Donor-Akzeptor-Wechselwirkung der Art aufweist, dass Elektronendichte von einem der freien p-Elektronenpaare am Sauerstoff (p-LP) in ein unbesetztes und antibindendes σ^*(N4-N1)-Orbital doniert wird (negative Hyperkonjugation, Abbildung 1.47). Diese intramolekulare Wechselwirkung stärkt gleichzeitig die O-N4-Bindung und schwächt die N1-N4-Bindung.

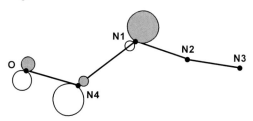

Abbildung 1.47 LP(O)$\rightarrow \sigma^*$(N4-N1)-Donor-Akzeptor-Wechselwirkung in N_4O. [Reproduziert mit freundlicher Genehmigung von VCH, Weinheim, aus *Chem. Ber.*, **1997**, *130*, 443.]

Interessanter vielleicht als die Struktur des N_4O ist eine Diskussion des Zersetzungsmechanismus, wobei N_4O zu N_2O und N_2 zerfällt. Prinzipiell gibt es zwei Wege für den unimolekularen Zerfall, von denen der erste der energetisch günstigere ist.[57,58]

(1) Nach Rotation um die N1-N4-Achse geht das kettenförmige trans-trans-N_4O (tt) zuerst in das ebenfalls noch offenkettige cis-cis-Isomer (cc) über (Abbildung 1.48), um dann auf der in Abbildung 1.49 gezeigten Energiehyperfläche (Punkt a repräsentiert hier das offenkettige cis-cis-Isomer) über das kinetisch nur äußerst schwach stabilisierte cyclische, aromatische N_4O (Punkt b, vgl. Abbildung 1.49) schließlich in lineares N_2O und N_2 (Punkt c) zu zerfallen.

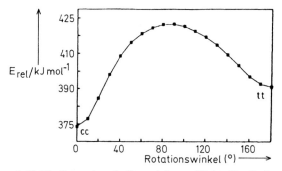

Abbildung 1.48 Eindimensionale Energiehyperfläche für die Isomerisierung von trans-trans-N_4O (tt) zum cis-cis- N_4O (cc) durch Rotation um die N1-N4-Bindung. [Reproduziert mit freundlicher Genehmigung von VCH, Weinheim, aus *Chem. Ber.*, **1997**, *130*, 443.]

(2) Ohne vorangegangene Isomerisierung in die cis-cis-Form kann das offenkettige trans-trans-N_4O (Punkt a, Abb. 1.50) auch direkt auf der in Abbildung 1.50 dargestellten Energiehyperfläche entweder gleich zu N_2O und N_2 zerfallen (Punkt c) oder über N_2 und cyclisches N_2O ebenfalls lineares N_2O und N_2 liefern.

Die experimentellen Befunde lassen den in den Abbildungen 1.48 und 1.49 dargestellten Weg a→b→c am wahrscheinlichsten erscheinen.

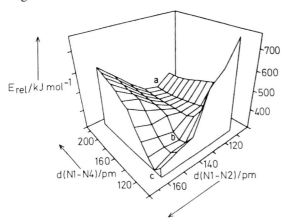

Abbildung 1.49 Zweidimensionale Energiehyperfläche für die Zersetzung von cis-cis-N_4O (a) über cyclisches, aromatisches N_4O (b) zu N_2O und N_2 (c). [Reproduziert mit freundlicher Genehmigung von VCH, Weinheim, aus *Chem. Ber.*, **1997**, *130*, 443.]

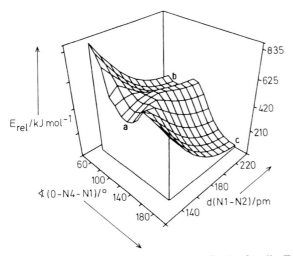

Abbildung 1.50 Zweidimensionale Energiehyperfläche für die Zersetzung von trans-trans-N_4O (a) über cyclisches N_2O und N_2 (b) zu linearem N_2O und N_2 (c). [Reproduziert mit freundlicher Genehmigung von VCH, Weinheim, aus *Chem. Ber.*, **1997**, *130*, 443.]

1.6.1.2 Das Distickstoffmonoxid, N_2O

Im vorangegangenen Abschnitt haben wir die Bindungsverhältnisse des N_4O-Moleküls auf der Basis von ab initio-MO-Rechnungen diskutiert und mit experimentellen Daten korreliert. Hierzu hat es sich als günstig erwiesen, die kanonischen, delokalisierten MOs mit Hilfe einer Lokalisierungsstrategie einer Populationsanalyse zu unterwerfen, um dann im Bild der lokalisierten Orbitale die nicht kovalenten Effekte beispielsweise auf der Basis von intramolekularen Donor-Akzeptor-Wechselwirkungen erklären zu können.

Obwohl eine umfassende Diskussion den Umfang dieses Buches sprengen würde, sei an dieser Stelle noch einmal ganz deutlich darauf hingewiesen, dass die VB-Methode nur ein anderes Verfahren zur Beschreibung der chemischen Bindung darstellt. Ursprünglich basierte das VB-Verfahren auf der Beschreibung von Zwei-Zentren-zwei-Elektronen-Bindungen. Eine natürliche Erweiterung dieses Ansatzes gelang der modernen VB-Theorie durch die Einführung von sogenannten „increased valence-Strukturen", die auch das Auftreten von „langen Bindungen" (*long bonds*, d.h. Bindungen zwischen nicht benachbarten Atomen) und Pauling'schen Drei-Elektronen-Bindungen berücksichtigt. Obwohl für quantitative quantenmechanische Berechnungen der mathematische Aufwand deutlich höher ist als bei MO-Rechnungen, scheint doch Einigkeit darüber zu bestehen, dass die *generalisierte VB-Methode* (GVB), bei der die AOs unabhängig voneinander variiert werden bis ein Energieminimum gefunden ist, sich im Ergebnis kaum von einer ab initio MO-Rechnung unterscheidet.[24,59]

Wir wollen an dieser Stelle nun kurz mit Hilfe der *qualitativen VB-Methode* die Bindungsverhältnisse in N_2O ($C_{\infty v}$) diskutieren.[60a,b,61] Die primären kanonischen Strukturen sind die Singulett-Diradikal- oder auch long bond-Strukturen **1** und **2** sowie die zwitterionischen Oktett-Strukturen **3–5** (Abbildung 1.51). Man kann ferner zeigen, dass Resonanz zwischen den ersten drei dieser Strukturen (**1–3**) und Struktur **6** äquivalent ist mit der *increased-valence-Struktur* **7**, die Ein-Elektron $\pi_x(NO)$- und $\pi_y(NO)$-Bindungen und darüber hinaus zwei partielle (engl.: *fractional*) $\pi_x(NN)$- und $\pi_y(NN)$-Bindungen aufweist. Die Bindungslängen N-N (113 pm) und N–O (119 pm) sind nur wenig größer als die einer N-N-Dreifachbindung und einer N–O-Doppelbindung, werden also durch die increased-valence-Struktur **7** richtig

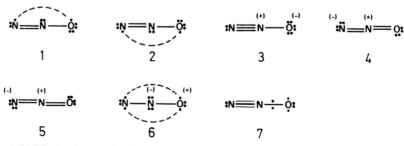

Abbildung 1.51 VB-Strukturen für N_2O.

beschrieben. Die increased-valence-Struktur **7** kann ebenfalls sehr gut zur Erklärung des Zersetzungsmechanismus von N_2O sowie zur Interpretation von Radikal-Transfer und zur Deutung des Auftretens von 1,3-dipolaren Cycloadditionen herangezogen werden, da dieser Struktur ein Singulett-Diradikalcharakter zugrunde liegt.

1.6.1.3 Die Moleküle NO und N_2O_2

Die MO-Beschreibung von NO (11 Valenzelektronen) ist ähnlich der des CO oder N_2 (beide 10 Valenzelektronen) mit der Ausnahme, dass sich im Fall des NO ein zusätzliches Elektron in einem antibindenden π^*-Orbital befindet. Dies führt zu einer Erniedrigung der formalen Bindungsordnung von b = 3.0 im CO und N_2 auf b = 2.5 beim NO, was auch mit dem experimentell gefundenen N-O-Abstand von 115 pm gut in Einklang ist, da dieser Wert zwischen dem von NO^+ (106 pm, 10 Valenzelektronen, b = 3.0) und den für typische N=O-Doppelbindungen (ca. 120 pm, b = 2.0) gefundenen Werten liegt. Hiermit in Einklang ist ebenfalls die niedrige Ionisierungsenergie des NO-Moleküls (9.25 eV) im Vergleich zu N_2 (15.6 eV) und CO (14.0 eV).

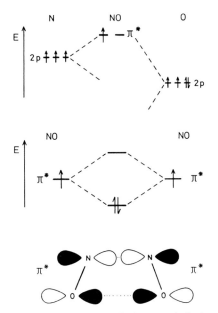

Abbildung 1.52 Struktur und Bindungsverhältnisse von N_2O_2

Von dimerem NO, d.h. von N_2O_2, sind heute mindestens drei Isomere bekannt, von denen das in Abbildung 1.52 gezeigte die niedrigste Energie aufweist. Diese auf den ersten Blick überraschende planare C_{2v}-Struktur kann aber leicht mit dem Vorliegen einer π^*-π^*-Bindung erklärt werden. Wie bereits oben erklärt, befindet sich das ungepaarte Elektron in einem antibindenden π^*-Orbital, welches wir somit als

SOMO bezeichnen können (SOMO = singly occupied MO). Durch die Wechselwirkung von zwei SOMOs zweier vorerst getrennter NO-Radikale kommt es nun
zu einer konstruktiven Überlappung der beiden π^*-Orbitale etwa senkrecht zu den
beiden N-O-Bindungsachsen (Abbildung 1.52). Dies wiederum führt zu einer energetischen Aufspaltung der beiden π^*-Niveaus in ein etwas stärker bindendes (weniger antibindendes) und ein leeres, stark antibindendes. Wenn nun, wie im Fall des
N_2O_2, diese energetische Aufspaltung hinreichend groß ist, werden sich die beiden
π^*-Elektronen im energetisch günstigeren Orbital paaren, und es resultiert ein diamagnetisches N_2O_2-Molekül. Dass nun N_2O_2 C_{2v}- und nicht D_{2h}-Struktur besitzt
(d.h. das Molekül ist nicht quadratisch gebaut), können wir ebenfalls aus dem MO-
Schema des monomeren NO ableiten. Da Sauerstoff elektronegativer ist als Stickstoff und da die 2p-Orbitale des O-Atoms energetisch unter denen des N-Atoms
liegen, werden im MO-Schema des NO die beiden antibindenden π^*-Orbitale energetisch näher an den 2p-Orbitalen des Stickstoffs und die beiden bindenden π-Orbi-
tale energetisch näher an den 2p-Orbitalen des Sauerstoffs liegen. Dies hat zur Folge, dass das π^*-Orbital, welches das eine ungepaarte π^*-Elektron in der NO-Ein-
heit enthält, etwas mehr N-Charakter als O-Charakter besitzt. Demnach wird auch
dieses π^*-Elektron näher am Stickstoff anzutreffen sein und bei der Überlappung der beiden SOMOs finden wir dann erwartungsgemäß eine resultierende kürzere N-N- (218 pm) und eine etwas längere O-O-Bindung (262 pm). Die Tatsache,
dass die NO-Bindungslänge im Dimer auf 112 pm abnimmt (im Monomer waren
es 115 pm), spiegelt gut die Verschiebung von Elektronendichte aus einem antibindenden π^*-MO im NO in ein schwach bindendes MO zwischen den beiden NO-
Einheiten wider. Ganz analoge Bindungsverhältnisse liegen übrigens auch im dimeren I_4^{2+} vor, in dem zwei I_2^+-Einheiten (13 Valenzelektronen) über eine schwache 4-Zentren-2-Elektronen-π^*-π^*-Bindung zusammengehalten werden.

1.6.1.4 NO_2, N_2O_4 und N_2O_3

Stickstoffdioxid ist unterhalb seines Schmelzpunktes ($-11°C$) vollständig aus
N_2O_4-Molekülen aufgebaut, während das Gas bei $+135°C$ bereits zu 99% aus monomeren NO_2-Molekülen besteht. Die Dimerisierung von NO_2 zu N_2O_4 können
wir analog der des Stickstoffmonoxids wieder als π^*-π^*-Wechselwirkung interpretieren. Die Konstruktion eines MO-Schemas einer gewinkelten, dreiatomigen Molekel mit π-Wechselwirkung ist nicht ganz trivial, findet sich aber in verschiedenen
einführenden Lehrbüchern (siehe z.B. Lit. 50 S. 28–33). Abbildung 1.53 zeigt die
Aufspaltung der antibindenden π^*-Orbitale bei gewinkelten AB_2-Molekülen. Dies
bedeutet, dass in unserem Fall des NO_2 mit 17 Valenzelektronen das energetisch
etwas niedrigere π^*_2-Orbital einfach besetzt ist (SOMO), während das π^*_1-Orbital
leer ist (LUMO). Durch die stabilisierende Wechselwirkung von zwei π^*-SOMOs
kommen wir nun zu einem planaren N_2O_4-Molekül mit einer sehr langen N-N-Bindung von 175 pm. In diesem Beispiel handelt es sich um eine 6-Zentren-2-Elektro-
nen-π^*-π^*-Wechselwirkung (Abbildung 1.53).

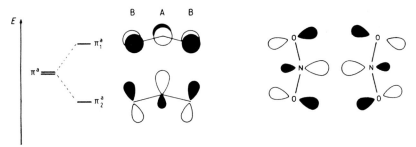

Abbildung 1.53 π^*-Orbitale bei gewinkelten AB_2-Molekülen (links) und π^*-π^*-Wechselwirkung in N_2O_4 (D_{2h}) (rechts). [Reproduziert mit freundlicher Genehmigung von VCH, Weinheim, aus T. M. Klapötke, I. C. Tornieporth-Oetting, *Nichtmetallchemie* (1994)].

Die sehr lange N-N-Bindung von 175 pm in N_2O_4 wird noch übertroffen von der N-N-Bindung, die im planaren N_2O_3 (C_s-Symmetrie, d(N-N) = 186 pm) vorliegt. Dieser strukturelle Befund stimmt gut mit den experimentellen Beobachtungen überein, dass sich N_2O_3 im Gleichgewicht mit NO und NO_2 befindet und in reiner Form nur im Feststoff existent ist (Fp. = −101°C). Bei 25°C enthält die Gasphase nur noch ca. 10% N_2O_3. Die extrem lange und schwache N-N-Bindung im N_2O_3 – der berechnete Bindungsgrad beträgt b = 0.2 – legt eine formale Beschreibung dieser Verbindung als Nitrosylnitrit nahe. Diese Interpretation wird zudem auch durch die übrigen Strukturparameter im Vergleich mit denen von NO^+ und NO_2^- gestützt (Tabelle 1.26).

Tabelle 1.26 Strukturparameter von N_2O_3 und von NO^+ und NO_2^-.

	O-N_a-N_bO$_2$ (s)	NO^+	NO	NO_2^-
d(N-N) (in pm)	189			
d(N_a-O) (in pm)	112	106.5	115	
d(N_b-O) (in pm)	121			124

1.6.2 Umweltrelevanz

1.6.2.1 Atmosphärisches NO_x

Die anthropogene Emission von NO_x liegt heute in vergleichbarer Größenordnung mit den natürlichen Mengen. In der Natur entsteht NO_x aus durch Bodenbakterien produziertem N_2O (Denitrifikation); insbesondere beträgt die N_2O-Produktion der Böden tropischer Regenwälder etwa das Zehnfache von Böden in gemäßigten Klimazonen.[56]

Die troposphärische Chemie des NO_x ist wesentlich komplizierter als die des SO_2. Aus NO entsteht in Gegenwart von Kohlenwasserstoffen NO_2, das zur Entstehung des photochemischen Smogs führt (verkehrsreiche Regionen in sonnenreichen Zeiten). Hierbei ist die Hauptreaktion die Photolyse von NO_2, bei der die Radikale NO und O entstehen. Aus O und O_2 bilden sich Ozon und andere Photooxidantien.

$$NO_2 \xrightarrow{h\nu} NO + O$$

$$O + O_2 \longrightarrow O_3$$

In der Stratosphäre reagiert NO mit Ozon zu $NO_2 + O_2$, wobei das so gebildete NO_2 gemäß der obigen Gleichung wieder zu NO zerfallen kann. Dies bedeutet, dass nicht nur – wie allgemein bekannt – aus FCKWs (FCKW = Fluor-Chlor-Kohlenwasserstoff) gebildete Chlor-Radikale, sondern auch NO_x-Verbindungen zur Verringerung der als UV-Filter dienenden Ozonschicht beitragen können.

$$NO + O_3 \longrightarrow NO_2 + O_2$$

1.6.2.2 Das Ozonloch

Der als *Ozonloch* bezeichnete Effekt beschreibt die Abnahme der für das Leben wichtigen Ozonschicht in der Stratosphäre. Harte, kurzwellige UV-Strahlung ($\lambda \leq 300$ nm) ist für das Leben auf der Erde schädlich (Hautkrebs, Verringerung der Sauerstoffproduktion von Meeresalgen etc.). In großen Höhen der Erdatmosphäre wird UV-Licht mit $\lambda < 200$ nm von N_2 und O_2 und in mittleren Höhen UV-Strahlung von 200 nm $\leq \lambda \leq 300$ nm durch Ozon absorbiert. Ozon wird in der Erdatmosphäre dort gebildet, wo kurzwelliges Licht ($\lambda < 240$ nm) auf Disauerstoff trifft.

$$O_2 + h\nu \longrightarrow 2\,O$$

$$O + O_2 \longrightarrow O_3.$$

Das gebildete Ozon kann durch Photolyse oder durch Reaktion mit weiteren O-Atomen wieder zerstört werden. Die natürliche Ozonkonzentration erreicht ein Maximum in der mittleren Stratosphäre (Gleichgewicht). Durch Ozon-Abbaureaktionen mit Radikalen (HO, NO, Cl) ist die tatsächlich vorhandene O_3-Konzentration jedoch geringer, als man nach dem Gleichgewicht der o.g. Bildungs- und Abbaureaktionen erwarten sollte. Die Radikale HO, NO und Cl entstehen in der Stratosphäre photochemisch aus Spurengasen natürlichen Ursprungs (HO aus H_2O und CH_4, NO aus N_2O, Cl aus CH_3Cl). Die Wirksamkeit der nur in geringsten Mengen auftretenden Spurengase beruht darauf, dass die aus ihnen photochemisch gebildeten Radikale innerhalb eines Radikalzyklus zurückgebildet werden und erneut O_3 abbauen können. Das Cl-Radikal durchläuft im Durchschnitt 10000 mal einen Reaktionszyklus, bevor es unter Bildung reaktionsträger Verbindungen wie HCl abgefangen wird. Neben den natürlich vorkommenden Spurengasen, die zum Ozonabbau beitragen, sind in den letzten Jahrzehnten aus anthropogenen Quellen Spurengase (d.h. Radikale) in vergleichbarer Größenordnung hinzugekommen, was zu einer Störung der in der Atmosphäre vorhandenen Gleichgewichtsreaktionen geführt hat. Über der Antarktis sinkt die Ozonmenge in jedem Frühjahr (September/Oktober) auf ein Minimum ab (starke Zunahme der Lichteinstrahlung) und steigt im November und Dezember wieder auf den Vorjahreswert an. Seit 1979 wurde beobachtet, dass die Maximalwerte im Frühjahr regelmäßig weiter absinken. Dabei werden als Hauptverursacher für das Ozonloch die Fluorchlorkohlenwasserstoffe ($\rightarrow$ Cl-Radikale) sowie NO_x-Verbindungen ($\rightarrow$NO-Radikale) diskutiert, die aufgrund ihrer Reaktionsträgheit mit einer Halbwertszeit von mehreren Jahren in die obere Stratosphäre gelangen, wo sie durch photolytische Spaltung Cl- und NO-Radikale freisetzen, die ihrerseits zu einem verstärkten O_3-Abbau beitragen. Um den Ozonabbau in der Zukunft einzudämmen, werden auf internationaler Ebene Maßnahmen ergriffen, um die Produktion, den Handel und den Verbrauch von FCKWs einzuschränken bzw. ganz zu unterlassen. Maßnahmen zur Verringerung der Luftverunreinigungen mit NO_x schließen die „Entstickung" von Rauch- und Verbrennungsgasen sowie die Einführung des Dreiwegekatalysators in Kraftfahrzeugen ein. Darüber hinaus wird derzeit an einer neuen Generation von hochfliegenden Überschallflugzeugen gearbeitet, die einen deutlich geringeren NO_x-Ausstoß verursachen. Die Entstickung von technischen Rauchgasen, vor allem in Kraftwerken und auch bei der Salpetersäureproduktion, erfolgt heute meist nach dem SCR-Verfahren (SCR = selective catalytic reduction) etwa nach folgender Bruttogleichung.

$$4\,NH_3 + 4\,NO + O_2 \xrightarrow{[TiO_2]} 4\,N_2 + 6\,H_2O$$

Es hat sich als günstig erwiesen, die *Entstickung* nach der *Entschwefelung* vorzunehmen, die im Wesentlichen auf der Wäsche des Rauchgases mit Wasser, welches die zur Neutralisation notwendigen Mengen an Calciumhydroxid oder Calciumcarbonat enthält, beruht. Endstoffe in diesem Verfahren sind Calciumsulfit-Calciumsulfat-Schlämme oder bei vollständiger Oxidation Gips.

$$SO_2 + Ca(OH)_2 \longrightarrow CaSO_3 \cdot \tfrac{1}{2}\,H_2O + \tfrac{1}{2}\,H_2O$$

$$SO_2 + Ca(OH)_2 + \tfrac{1}{2}\,O_2 + H_2O \longrightarrow CaSO_4 \cdot 2H_2O$$

1.6.3 Nitroverbindungen als hochenergetische Materialien

1.6.3.1 Explosivstoffe und Raketentreibstoffe

Der Begriff der hochenergetischen Materialien ist oft nicht einheitlich definiert. Wir wollen hier zwei Substanzklassen unter dem Begriff *hochenergetische Materialien* (engl.: *HEDM = high-energy-density materials*) zusammenfassen:
1. Explosivstoffe
2. Raketentreibstoffe
  Obwohl beide Verbindungsklassen verwandt sind, müssen sie doch aufgrund des unterschiedlichen Anwendungsprofils auch unterschiedliche Anforderungen erfüllen.
  Ein guter Explosivstoff zeichnet sich durch möglichst *hohe Detonationsgeschwindigkeit* v_D und einen *hohen Detonationsdruck* p_D aus. Eine Schlüsselstellung bei der Beschreibung beider Größen nimmt die Dichte des Explosivstoffs ρ ein,

wobei gilt, dass p_D direkt proportional zum Quadrat der Dichte ist. Darüber hinaus sind die Molzahl N der gebildeten gasförmigen Zersetzungsprodukte (je mol oder g Explosivstoff) und die pro Gramm freigesetzte Energie (entspricht der Reaktionsenthalpie $\Delta H°_D$) entscheidende Größen.

$$v_D \sim N^{\frac{1}{2}} \Delta H_D^{\frac{1}{4}}$$

$$p_D \sim \rho^2 \, N \, \Delta H_D^{\frac{1}{2}}$$

Demzufolge besitzen gute Sprengstoffe die folgenden Eigenschaften:
(a) große, negative Reaktionsenthalpie für die Zerfallsreaktion;
(b) hohe Dichte;
(c) Ausbildung einer großen Zahl gasförmiger Zerfallsprodukte mit möglichst niedrigem Molekulargewicht.

Bei Raketentreibstoffen ist dagegen der spezifische Impuls I_{sp} (kg Schub/kg Treibstoff·Sekunde^{-1}) die entscheidende Größe, wobei es sich hierbei um die theoretisch maximal mögliche Menge an mechanischer Arbeit handelt, die aus einer adiabatischen Zersetzung des Treibstoffs und Expansion der Zersetzungsprodukte in ein Vakuum (Weltraum) resultiert. Es lässt sich zeigen, dass der Wert für den spezifischen Impuls hoch wird, wenn folgende Bedingungen erfüllt sind (der Einfluss der Dichte ist hier indirekt aber viel geringer):
(a) die Brenntemperatur T_c soll möglichst hoch sein,
(b) das mittlere Molekulargewicht der Brenngase M soll möglichst klein sein.

$$I_{sp} = \frac{F \cdot t}{m} \quad (F = Schub, \; t = Zeit, \; m = Masse \; des \; Treibstoffs) \; [Einheit: s^{-1}]$$

$$I_{sp} \sim \sqrt{\frac{T_c}{M}}$$

Deutlich wird, dass sowohl für Explosivstoffe wie auch für Raketentreibstoffe die Verwendung von Verbindungen mit leichten Atomen bevorzugt ist. Darüber hinaus wird gerade beim Einsatz von Raketentreibstoffen der Ruf nach immer umweltfreundlicheren Materialien zunehmend lauter. Beispielsweise wird noch immer Ammoniumperchlorat als Oxidationsmittel in den Feststoffraketen der Space Shuttles eingesetzt, wodurch bei der Verbrennung HCl entsteht, das sich schließlich als salzsaurer Regen abregnet.

1.6.3.2 Synthese

Die zunehmende Erforschung und der Einsatz von hochenergetischen Nitroverbindungen deuten eine Lösung vieler der im vorangegangenen Abschnitt diskutierten Probleme an. Tabelle 1.27 zeigt eine Übersicht über die wichtigsten stickstoffhaltigen und heute bereits eingesetzten Explosivstoffe und Oxidationsmittel.

Tabelle 1.27 Herkömmliche Explosivstoffe und Oxidationsmittel (vgl. Abb. 1.54)

Substanz	Struktur	Name	Klasse	Dichte (in g cm^{-3})	Einsatz-gebiet
TNT	1	Trinitrotoluol	Explosivstoff	1.67	Munition
RDX	2	1,3,5-Trinitro-hexahydro-1,3,5-triazin	Explosivstoff, Treibstoff	1.8	Munition, Raketen-antrieb
HMX	3	Tetranitrotetra-azacyclooctan	Explosivstoff, Treibstoff	1.9	Munition
AN	$[NH_4]^+[NO_3]^-$	Ammonium-nitrat	Oxidations-mittel	1.72	zivile Sprengstoffe
AP	$[NH_4]^+[ClO_4]^-$	Ammonium-perchlorat	Oxidations-mittel	1.95	Raketen-antrieb
NG	4	Nitroglycerin	Oxidations-mittel	1.6	Dynamit
FOX-7	$(H_2N)_2 C = C(NO_2)_2$	Diamino-dinitro-ethen	Explosivstoff, Treibstoff	1.9	Munition, Rakten-antrieb

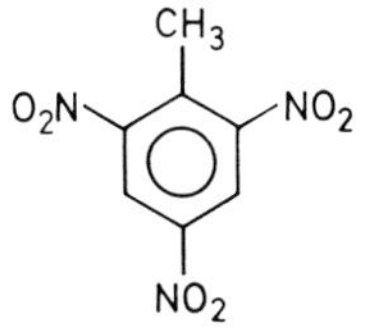

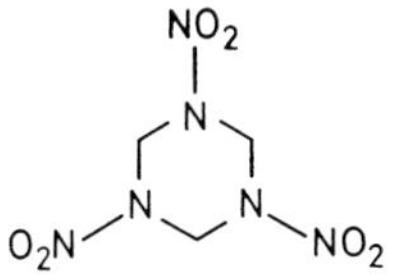

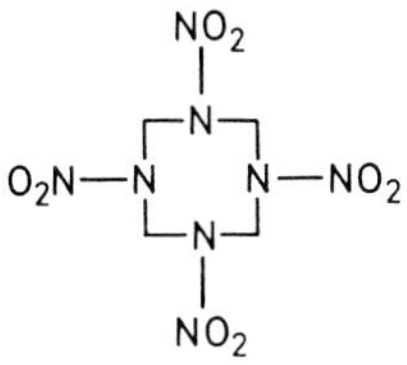

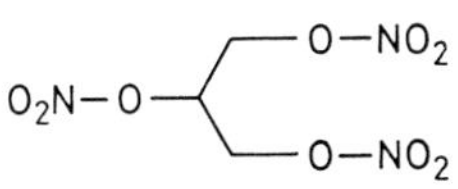

Abbildung 1.54 Strukturen der in Tabelle 1.27 angeführten Verbindungen

Die Nitrierung organischer oder elementorganischer Verbindungen erfolgte früher fast ausschließlich mit Hilfe von Nitriersäure. Nitriersäure ist eine Mischung aus konzentrierter Salpetersäure und konzentrierter Schwefelsäure, die durch die Anwesenheit von NO_2^+-Ionen stark nitrierend wirkt.

$$HNO_3 + H_2SO_4 \longrightarrow H_2ONO_2^+ + HSO_4^-$$

$$H_2ONO_2^+ + HSO_4^- + H_2SO_4 \longrightarrow NO_2^+ + H_3O^+ + 2\ HSO_4^-$$

Aromatische Kohlenwasserstoffe werden durch Umsetzung mit Nitriersäure in elektrophiler Substitution in Nitroverbindungen überführt. Beispielsweise wird Trinitrotoluol durch direkte Nitrierung von Toluol mittels Nitriersäure erhalten. Ebenfalls gute Nitrierungsmittel sind $NO_2^+BF_4^-$ und $NO_2^+OSO_2CF_3^-$ (Nitroniumtriflat) in CH_2Cl_2 unter gleichzeitiger Anwendung von Ultraschall.

In der modernen Synthesechemie scheint sich nun der Einsatz von N_2O_5 als Nitrierungsmittel gegenüber Nitriersäure deutlich durchzusetzen, speziell weil man im wasserfreien System arbeiten kann und bei der Verwendung von reinem N_2O_5 auch keine Säureverunreinigungen zu befürchten hat.

N_2O_5 wurde früher als Anhydrid der Salpetersäure technisch hauptsächlich aus dieser durch Wasserabspaltung als leicht flüchtiger Feststoff (Subl. 32 °C, 1 bar) gewonnen.

$$4\ HNO_3 + P_4O_{10} \xrightarrow{-10\ °C} 2\ N_2O_5 + 4\ HPO_3$$

Seit 1983 erfolgt die technische Synthese meist durch Elektrolyse von Salpetersäure in der Anwesenheit von N_2O_4 nach einem im Lawrence Livermore National Laboratory entwickelten Verfahren, wodurch eine ca. 15–20%ige Lösung von N_2O_5 in wasserfreier Salpetersäure erhalten wird.

$$2\ HNO_3 \xrightarrow{N_2O_4,\, -2e^-} N_2O_5 + H_2O$$

Wir wollen uns aber im Folgenden auf eine weitere Route konzentrieren, die reines und nahezu säurefreies N_2O_5 liefert und erst 1992 in den DRA-Laboratorien (Defence Research Agency) zur halbtechnischen Reife geführt wurde. Hierbei handelt es sich um die Gasphasen-Ozonisierung von N_2O_4 durch Einwirkung eines Ozon-Sauerstoff-Gemisches mit ca. 5-10% Ozongehalt.[62]

$$N_2O_4 + O_3 \longrightarrow N_2O_5 + O_2$$

Lösungen von reinem N_2O_5 in chlorierten organischen Lösungsmitteln (CH_2Cl_2, $CFCl_3$) stellen milde Nitrierungsmittel dar, die schon heute eine weite Anwendungspalette gefunden haben (Tabelle 1.28).

Im Folgenden betrachten wir ein Beispiel für eine Ringöffnungs-Reaktion.

$$cyclo\text{-}(CH_2)_nX \xrightarrow{N_2O_5,\, CH_2Cl_2,\, 0-10\ °C} O_2NO\text{-}(CH_2)_n\text{-}X\text{-}NO_2$$

(n = 2 oder 3; X = O oder NR (R = Alkyl))

Ist der Substituent am Stickstoff H und keine Alkylgruppe, so gelingt die Nitrierung unter Beibehaltung der cyclischen Vierringstruktur.

$$\text{cyclo-}(CH_2)_3NH \xrightarrow{\quad N_2O_5, CH_2Cl_2, 0-10\,°C \quad} \text{cyclo-}(CH_2)_3N(NO_2)$$

Tabelle 1.28 Anwendung von CH_2Cl_2/N_2O_5-Lösungen in der Synthese

Reaktionstyp	Produkt
aromatische Nitrierung	$C-NO_2$
Nitrolyse	$N-NO_2$
Ringspaltungs-Reaktion	$N-NO_2$ oder $O-NO$
selektive Nitrierung	$O-NO_2$ (seltener $N-NO_2$)

Auf ähnlichem Syntheseweg gelang nun auch die Darstellung des starken Oxidationsmittels TNAZ (Trinitroazetidin) und des Hochleistungssprengstoffs HNIW (Hexanitrohexaazaisowurtzitan) (Tabelle 1.29).

Tabelle 1.29 Moderne hochenergetische Materialien (vgl. Abb. 55).[63]

Substanz	Struktur	Name	Klasse	Dichte (in g cm^{-3})	Einsatzgebiet *
TNAZ	5	Trinitroazetidin	Oxidations-mittel	1.85	Munition und Raketenantrieb
HNIW oder CL-20	6	Hexanitrohexa-azaisowurtzitan	Explosivstoff, (Oxidations-mittel)	>1.9	Explosivstoff und Raketenantrieb
ADN	7	Ammonium-dinitramid	Treibstoff, Explosivstoff	1.8	Raketenantrieb

* Experimentierphase, noch nicht im allgemeinen Einsatz

Eine dritte in Tabelle 1.29 diskutierte Verbindung ist Ammoniumdinitramid (ADN). ADN ist einzigartig unter den hochenergetischen Materialien, da es weder Kohlenstoff noch Chlor oder Fluor enthält. ADN bildet farblose Kristalle und ist eine sehr sauerstoffreiche Stickstoffverbindung, die hervorragende Eigenschaften für den Einsatz in Explosivstoffen und (in Kombination mit starken Reduktionsmitteln wie Aluminium, Aluminiumhydrid oder organischen Verbindungen) Raketen-Feststoff-Treibstoffen besitzt. Die Abwesenheit von Halogenen macht ADN darüber hinaus zu einem umweltfreundlichen Feststoff-Raketentreibstoff und erschwert zugleich die Radar-Detektion der Abgasspur der Rakete. ADN wird derzeit als einer der erfolgversprechendsten Ersatzstoffe für Ammoniumperchlorat erprobt.[64]

TNAZ (5)

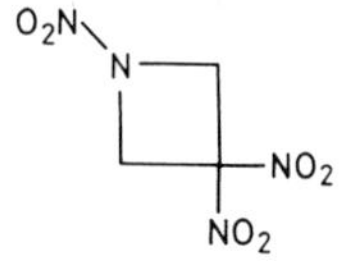

O_2N—N

—NO_2

NO_2

HNIW (6)

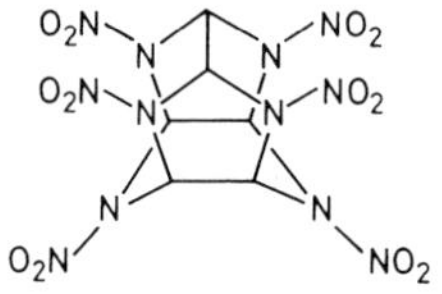

O_2N—N   N—NO_2

O_2N—N   N—NO_2

N   N

O_2N NO_2

ADN (7) $NH_4^{\oplus}$ $^{\ominus}N$—NO_2

NO_2

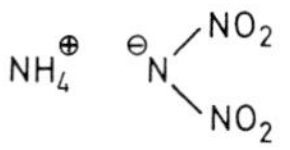

Abbildung 1.55 Strukturen der in Tabelle 1.29 angeführten Verbindungen.

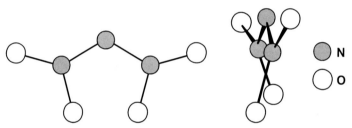

N

O

Abbildung 1.56 Zwei verschiedene Ansichten des Dinitramid-Ions in C_2-Symmetrie. [Reproduziert mit freundlicher Genehmigung der American Chemical Society aus *Inorg. Chem.*, **1996**, *35*, 5069].

Das freie Dinitramid-Ion, $N(NO_2)_2^-$, besitzt nach den Ergebnissen von ab initio-Rechnungen C_2-Symmetrie (Abbildung 1.56), während in Lösung und im Feststoff die lokale Symmetrie eher C_1 ist. Diese bereits durch schwache Kation-Anion-Wechselwirkungen oder Wechselwirkungen mit dem Lösungsmittel sehr leicht zu beobachtende Deformierbarkeit des $N(NO_2)_2^-$-Ions kann auf die sehr geringe N-NO_2-Rotationsbarriere (< 13 kJ mol^{-1}) zurückgeführt werden.[65]

1.7 Chemie in supersauren Lösungen

1.7.1 Supersäuren

Als Supersäure bezeichnet man ein System, dessen Protonendonorstärke gleich der von 100%iger Schwefelsäure oder größer ist. Beispiele für Supersäuren sind wasserfreier Fluorwasserstoff (aHF) und Fluorschwefelsäure (HSO$_3$F).[66–68]

Achtung: Während wasserfreier Fluorwasserstoff (aHF) eine sehr starke Säure ist, stellen wässrige Lösungen von HF, die als Flusssäure bezeichnet werden, nur schwache Säuren dar. Allgemein nimmt bei den wässrigen Lösungen der Halogenwasserstoffe (Flusssäure, Salzsäure etc.) die Säurestärke vom HF zum HI hin zu. Der Befund, dass Flusssäure eine schwache Säure ist (pK_s = 3.2), während wässrige HI-Lösungen (pK_s = –10) sehr starke Säuren sind, ist insofern auf den ersten Blick überraschend, da die Bindungspolarität vom H-F zum H-I hin stark abnimmt. Die geringe Azidität der Flusssäure kann am besten dadurch erklärt werden, dass die Aktivität der Protonen durch die Ausbildung starker Ionenpaare des Typs $H_3O^+ \cdot nF^-$ stark herabgesetzt wird (vergleiche auch die Aziditäten $H_2Te > H_2Se > H_2O$).

Noch stärkere Protonendonorstärke weisen Systeme auf, die aus einer sehr starken Brønsted-Säure (aHF, HSO_3F) und einer sehr starken Lewis-Säure (AsF_5, SbF_5, TaF_5, NbF_5 etc.) bestehen. Das System HSO_3F/SbF_5 wird nach G. Olah meist als *magic acid* (magische Säure) bezeichnet. Die überaus hohe Protonendonorstärke solcher Brønsted-Säure/Lewis-Säure-Mischungen beruht auf der hohen Fluoridionenaffinität der Lewis-Säure, wie es in folgender Gleichung vereinfachend dargestellt ist:

$$\text{Autoprotolyse der Brønsted-Säure aHF: } 3\,HF \longrightarrow H_2F^+ + HF_2^-$$

$$\text{Brønsted-Säure/Lewis-Säure-Mischung: } 2\,HF + SbF_5 \longrightarrow H_2F^+ + SbF_6^-$$

Gewisse Schwierigkeiten bietet natürlich die Bestimmung der Azidität eines solchen supersauren Systems, da weder der pH-Wert direkt gemessen werden kann, noch die Protonenkonzentration irgendeine Aussage über die wirkliche Aktivität beziehungsweise die Protonendonorstärke erlaubt. Man bedient sich hierzu, d.h. zur Beschreibung der Protonendonorstärke eines supersauren Systems, der sogenannten Hammett'schen-Aziditätsfunktion H_o, die bei sehr starker Verdünnung in den pH-Wert übergeht. Um die Azidität unserer Supersäure HX (HX = aHF, HSO_3F etc.) bestimmen zu können, setzen wir dem System eine geringe Menge einer *schwachen* (d.h. schwer zu protonierenden) Indikatorbase B zu. In der Praxis hat sich beispielsweise p-Nitroanilin als Indikatorbase B bewährt. Die starke Supersäure HX wird nun die schwache Indikatorbase B teilweise protonieren, und wir können die folgende Gleichgewichtsreaktion anschreiben.

$$HX + B \longrightarrow BH^+ + X^-$$

Für die Dissoziationskonstante K_D der Indikatorbase B gilt unabhängig von der verwandten Supersäure

$$BH^+ \longrightarrow H^+ + B$$

$$K_D = \frac{[H^+][B]}{[BH^+]}$$

Führen wir nun die Hammett'sche Aziditätsfunktion analog zum pH-Wert als $H_o = -\lg[H^+]$ ein, so erhalten wir nach Umformung die folgenden Beziehungen

$$[H^+] = K_D \frac{[BH^+]}{[B]}$$

$$H_o = -lg\,[H^+] = -lg\,K_D - lg\,\frac{[BH^+]}{[B]} = pK_D - lg\,\frac{[BH^+]}{[B]}$$

Wir sehen also, dass der Hammett'sche-Aziditätswert H_o, der vergleichbar dem pH-Wert im verdünnten System ist, gegeben ist durch die Dissoziationskonstante unserer Indikatorbase und das Verhältnis von protonierter zu unprotonierter Form der eingesetzten Indikatorbase. In der Praxis hat es sich nun bewährt, solche Indikatorbasen (wie z.B. p-Nitroanilin) einzusetzen, deren UV-VIS-Absorptionsspektrum in der protonierten und deprotonierten Form deutlich unterschiedlich ist, so dass das Verhältnis $[BH^+]/[B]$ leicht durch photometrische Untersuchungen bestimmt werden kann.

Tabelle 1.30 zeigt eine Zusammenstellung der $-H_o$-Werte einiger Supersäuren.

Tabelle 1.30 Zusammenstellung der $-H_o$-Werte einiger Supersäuren.

Brønsted-Säure	Lewis-Säure	Verhältnis	$-H_o$
H_2SO_4		100%	11.9
CF_3SO_3H		100%	13.8
HSO_3F		100%	15.1
aHF		100%	15.1
HSO_3F	SbF_5	4:1	20
aHF	SbF_5	200:1	21

Wie Tabelle 1.30 deutlich zeigt, erhöht die Zugabe von nur 0.5% SbF_5 zu reinem Fluorwasserstoff dessen Azidität von $-H_o = 15.1$ auf $-H_o = 21$, d.h. um sechs (!) Zehnerpotenzen. Umgekehrt setzt auch die Zugabe von nur geringen Spuren an Base zu einer Supersäure wie aHF die Azidität deutlich herab. Typische Basen in diesem Zusammenhang sind die Alkalimetallfluoride (da sie F^- enthalten), aber auch H_2O. Dies bedeutet, dass die Azidität von Fluorwasserstoff, der nur Spuren von Wasser enthält, deutlich geringer ist als die des reinen Fluorwasserstoffs (Abbildung 1.57). Diese Tatsache ist sicher auch dafür verantwortlich, dass in vielen Lehrbüchern auch heute immer noch für aHF ein $-H_o$-Wert von etwa 11 angegeben wird, der um vier Zehnerpotenzen zu niedrig ist. Die Autoren beziehen sich in diesem Fall nicht auf reinen Fluorwasserstoff, sondern unwissentlich und irrtümlich auf ein HF-System, das ca. 0.1 mol-% Wasser enthält (Abbildung 1.57). Um HF wirklich wasserfrei zu erhalten, eignet sich BiF_5 besonders gut als Trockenmittel, wobei HF stets über BiF_5 gelagert und dann vor Gebrauch frisch abdestilliert werden soll. Wasserspuren im HF reagieren mit BiF_5 unter Ausbildung von nicht flüchtigem $OBiF_3$ und zwei Äquivalenten HF.

$$H_2O + BiF_5\,(s) \longrightarrow 2\,HF + OBiF_3\,(s)$$

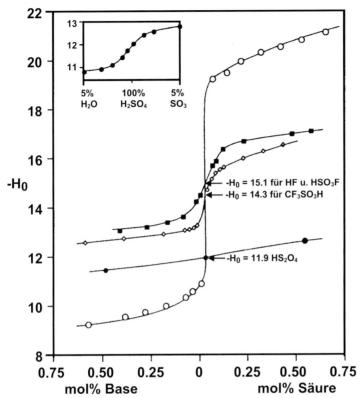

Abbildung 1.57 Abhängigkeit des H_0-Wertes von der Azidität und Basizität für die Super-säuren H_2SO_4 (•), CF_3SO_3H (◊), HSO_3F (■) und HF (○).[Reproduziert mit freundlicher Genehmigung von VCH, New York aus T. A. O'Donnell, *Super Acids and Acidic Melts* (1993)].

Zur experimentellen Handhabung von Supersäuren eignen sich natürlich weder Glas- noch Metallapparaturen. Am besten weicht man auf Fluorkunststoffe aus, die eine weitgehende Chemikalienresistenz und relativ geringe Gasdurchlässigkeit auf-weisen. PTFE (Polytetrafluorethylen, Teflon, Hostaflon) ist zwar sehr stabil, jedoch sind die daraus hergestellten Geräte weiß und nicht transparent. Daher werden oft Apparaturen aus PCTFE (Polychlortrifluorethylen, Kel-F) oder, aufgrund der bes-seren mechanischen Eigenschaften, aus PFA (Perfluoralkoxy-Copolymer) einge-setzt, die durchscheinend transparent und gegenüber HF und Supersäuren stabil sind.

Um den genauen H_0-Wert eines superaziden Systems zu ermitteln, erweist es sich als günstig, die „Titrationskurve" der reinen Brønsted-Supersäure (z.B. aHF) im Bereich von ± 1 mol-% gegen eine Base und eine Lewis-Säure (z.B. AsF_5, SbF_5 etc.) aufzunehmen und den H_0-Wert, wie in Abbildung 1.57 gezeigt, aus dem Wen-depunkt der Kurve zu ermitteln.[66a]

In der präparativen Nichtmetallchemie können Supersäuren hervorragend zur Darstellung stabiler Lösungen von Onium-Salzen der Elemente N, P, As, O, S, Se, F und Cl eingesetzt werden. Die folgenden Gleichungen sollen diese Verhältnisse verdeutlichen.

$$H_2E + HF + SbF_5 \xrightarrow{aHF} H_3E^+ + SbF_6^- \ (E = O, S, Se)$$

$$H_3E + HF + SbF_5 \xrightarrow{aHF} H_4E^+ + SbF_6^- \ (E = N, P, As)$$

$$HCl + HF + SbF_5 \xrightarrow{aHF} H_2F^+SbF_5Cl^-$$

In diesem Zusammenhang ist auch die Lewis-Azidität von starken Lewis-Säuren (wie z.B. BF_3, AsF_5, $SbCl_5$, AuF_5 etc.) von entscheidender Bedeutung. Erst kürzlich haben Christe und Dixon eine quantitative Skala für die Lewis-Aziditäten solcher Systeme vorgeschlagen. Der pF^--Wert ist hierbei ein Maß für die Lewis-Azidität einer Verbindung. Der pF^--Wert ist definiert als die „Fluoridionen-Affinität in der Gasphase (in kcal mol^{-1}) dividiert durch 10".[66b]

$$pF^- = FIA \ (kcal \ mol^{-1}) \ / \ 10$$

Tabelle 1.30a zeigt eine Zusammenstellung der pF^--Werte zahlreicher Lewis-azider Systeme.

Interessant ist anzumerken, dass grundsätzlich die di- und trimeren Systeme azider sind als ihre monomeren Bausteine. So ist auch zu verstehen, dass die Stabilität der Anionen $Sb_2F_{11}^-$ und $Sb_3F_{16}^-$ größer ist als die des einfachen SbF_6^--Ions.

Wie auch in der klassischen Chemie gilt auch hier (Lewis-Säuren) die Regel, dass „die stärkere Säure die schwächere aus ihren Salzen vertreibt". So ist SbF_5 eine stärkere Lewis-Säure als MnF_4 wodurch die nachstehende Reaktion (d) erklärbar wird. Da aber das gebildete MnF_4 nicht stabil ist und spontan zu MnF_3 und $\frac{1}{2} F_2$ zerfällt, bildet das nachstehende Reaktionsschema (Gleichungen a – e) die Grundlage für die erstmalige chemische (nicht elektrochemische) Synthese von Fluor.[66c]

$$CaF_2 + H_2SO_4 \longrightarrow CaSO_4 + 2 \ HF \tag{a}$$

$$SbCl_5 + 5 \ HF \longrightarrow SbF_5 + 5 \ HCl \tag{b}$$

$$2 \ KMnO_4 + 2 \ KF + 10 \ HF + 3 \ H_2O_2 \longrightarrow 2 \ K_2MnF_6 + 8 \ H_2O + 3 \ O_2 \tag{c}$$

$$2 \ SbF_5 + K_2MnF_6 \longrightarrow 2 \ KSbF_6 + MnF_4 \tag{d}$$

$$MnF_4 \longrightarrow MnF_3 + \tfrac{1}{2} F_2 \tag{e}$$

1.7.2 Carbokationen

Nirgendwo in der Chemie ist die Grenze zwischen Organischer und Anorganischer Chemie so fließend wie in der Nichtmetallchemie. So wie jeder Chemiker CH_4 und C_2H_6 problemlos als organische Verbindungen akzeptieren würde, so gäbe es sicher auch keinen Widerspruch NH_3, NH_4^+-Salze und N_2H_4 als typisch anorgani-

Tabelle 1.30a Lewis-Aziditäten (pF$^-$-Werte) einiger Lewis-azider Systeme.[66b]

F_2	4.28	IF_5	7.26	PFO_2	9.94
$ClFO_3$	4.30	BrF	7.29	$SbFCl_4$	10.10
HF	4.33	ClF_3	7.33	$SbCl_5$	10.22
SeF_6	4.48	TeF_2	7.33	NbF_5	10.23
SF_2O_2	4.61	XeF_2O	7.38	SbF_2Cl_3	10.28
PF_3	4.76	IF	7.40	TeF_4O	10.32
KF	4.82	IFO_2	7.44	TeO_3	10.40
ClF_3O_2	4.91	TeF_2O	7.48	TaF_5	10.42
SF_2O	4.92	TcO_2F_3	7.55	TaF_4Cl	10.49
SO_2	4.99	SiF_2	7.57	TaF_2Cl_3	10.51
CF_2O	4.99	WF_6	7.59	AsF_5	10.51
Cl_2	5.01	BFO	7.60	SbF_3Cl_2	10.54
OsO_4	5.05	MoF_6	7.63	SnF_4	10.56
SF_2	5.09	$TcOF_5$	7.64	TaF_3Cl_2	10.59
TeF_6	5.26	SO_3	7.69	$TaFCl_4$	10.68
$ClFO$	5.30	SrF_2	7.70	BiF_5	10.91
IF_5O	5.31	BF_3	7.76	SbF_4Cl	10.96
$ClFO_2$	5.38	$ReOF_5$	7.81	$AlFCl_2$	11.02
ClF	5.51	ReO_2F_3	7.97	AlF_3	11.04
Br_2	5.54	TiF_4	7.97	AlF_2Cl	11.12
XeF_4	5.61	OsO_3F_2	8.02	$AlCl_3$	11.19
XeO_2	5.73	SeO_3	8.20	$TaCl_5$	11.22
PF_3O	5.80	IF_3O	8.21	GaF_3	11.27
XeO	5.83	IFO_3	8.32	SbF_5	11.30
XeF_4O	5.87	IF_3	8.32	SiF_2O	11.31
$BrFO$	5.97	CaF_2	8.33	InF_3	11.41
IF_7	6.02	ClF_5	8.34	$B(CF_3)_3CF_2$	11.77
SeF_2	6.06	SbF_3	8.37	Nb_2F_{10}	11.80
SeF_2O	6.14	BeF_2	8.40	$TaNbF_{10}$	11.86
XeF_4O_2	6.21	PF_5	8.43	$BiNbF_{10}$	11.89
I_2	6.23	MgF_2	8.44	$BiTaF_{10}$	12.02
SF_4	6.26	AsF_3O	8.46	Ta_2F_{10}	12.06
TcO_3F	6.56	TeF_4	8.58	Bi_2F_{10}	12.13
SF_4O	6.60	IF_3O_2 [cis]	8.60	$SbNbF_{10}$	12.21
LiF	6.62	SeF_4	8.62	$SbTaF_{10}$	12.36
PFO	6.63	IF_3O_2 [trans]	8.66	$BiSbF_{10}$	12.44
XeF_2O_3	6.74	BrF_3O	8.71	Sb_2F_{10}	12.69
AsF_3	6.78	VF_5	8.71	AuF_5	12.88
XeF_2O_2	6.80	BI_3	8.83	Sb_3F_{15}	13.18
XeF_6	6.88	TeF_2O_2	8.88	Au_2F_{10}	14.41
SeF_2O_2	6.90	BCl_3	8.90		
$BrFO_3$	6.99	BrF_3	8.91		
ReO_3F	7.06	GeF_4	9.14		
BrF_3O_2	7.08	SeF_4O	9.19		
$BrFO_2$	7.18	$HfF4$	9.33		
SiF_4	7.19	ZrF_4	9.34		
BaF_2	7.24	BrF_5	9.61		
ClF_3O	7.24	SbF_3O	9.64		
BiF_3	7.24	BBr_3	9.87		

sche Verbindungen einzustufen. Was aber ist beispielsweise bindungstheoretisch
der wesentliche Unterschied zwischen Methan und einem Ammonium-Ion? Diese
Frage zu beantworten sollte keinem der Leser schwer fallen. Ebenso soll es uns im
folgenden Absatz erlaubt sein, eines der aufregendsten Grenzkapitel zwischen
Anorganischer und Organischer Chemie etwas näher zu betrachten: Die Chemie
der Carbokationen.

Im Jahre 1994 erhielt George Olah den Nobelpreis für Chemie in Anerkennung
seiner bahnbrechenden Arbeiten auf den Gebieten der synthetischen und mechanistischen organischen Chemie, der reaktiven Zwischenstufen (Carbokationen) sowie
der Supersäuren- und Kohlenwasserstoffchemie. Olah's Untersuchungen begannen
in den frühen fünfziger Jahren und führten zur ersten direkten Beobachtung von
Alkylkationen und in der Folge zur Untersuchung des gesamten Spektrums an langlebigen Spezies in supersauren Lösungen. Die niedrige Nucleophilie der Gegenionen SbF_6^- und $Sb_2F_{11}^-$ trug dabei erheblich zur Stabilität der carbokationischen
Salze bei, die in einigen Fällen sogar kristallin isoliert werden konnten.[69] Im Jahr
1962 gelang im supersauren System erstmals die NMR-spektroskopische Charakterisierung eines stabilen Alkylkationensalzes.

$$(CH_3)_3CCOF + SbF_5 \longrightarrow (CH_3)_3CCO^+SbF_6^- \longrightarrow (CH_3)_3C^+SbF_6^- + CO$$

In weiteren Arbeiten gelang es auch, die verwandten sec-Isopropyl- und tert-Amylkationen herzustellen und zu untersuchen.

$$(CH_3)_2CHF + SbF_5 \longrightarrow (CH_3)_2CH^+SbF_6^-$$

$$(CH_3)_2CFCH_2CH_3 + SbF_5 \longrightarrow (CH_3)_2C^+CH_2CH_3 \, SbF_6^-$$

Das ^{1}H-NMR-Spektrum des i-C_3H_7F-SbF_5-Systems zeigt für das CH-Proton ein
enorm entschirmtes Septett bei $\delta = 13.5$ ppm, was das Vorliegen eines polarisierten
Donor-Acceptor-Komplexes ausschließt und eindeutig für ein $(CH_3)_2CH^+$-Kation
spricht. Diese neuartigen Carbokationen konnten ebenfalls schwingungsspektroskopisch charakterisiert werden. Tabelle 1.31 zeigt einen Vergleich der E-H-Absorptionen, die für das $C(CH_3)_3^+$-Kation und die isoelektronische Verbindung
$B(CH_3)_3$ beobachtet werden konnten.

Tabelle 1.31 Raman- und IR-Frequenzen für das $C(CH_3)_3^+$-Kation und für $B(CH_3)_3$.

	v(C-H) (in cm^{-1})
$C(CH_3)_3^+$	2947, 2850
$C(CD_3)_3^+$	2187, 2090
$B(CH_3)_3$	2975, 2875
$B(CD_3)_3$	2230, 2185

Nach der erfolgreichen Herstellung von langlebigen, stabilen Carbokationen in Antimonpentafluoridlösungen wurden die Untersuchungen verständlicherweise auf eine Vielfalt anderer Supersäuren ausgedehnt. Protische Supersäuren wie FSO_3H und CF_3SO_3H sowie die bereits im vorangegangenen Abschnitt diskutierten Systeme HF/SbF_5 und FSO_3H/SbF_5 wurden ausgiebig genutzt, um darin Carbokationen zu studieren.

Prinzipiell kennt man heute zwei Extremfälle von Carbokationen mit einem Kontinuum von Spezies zwischen diesen beiden.

(a) Dreibindige („klassische") Carbeniumionen enthalten ein sp^2-hybridisiertes, elektronenarmes C-Atom, das in der Regel planar umgeben ist. Die Struktur dreibindiger Carbokationen kann immer adäquat mit Zweizentren-Zweielektronen-Bindungen beschrieben werden. *CH_3^+ ist das klassische Stamm-Carbeniumion.*

(b) Penta- oder höher-koordinierte (nicht klassische) Carboniumionen enthalten fünffach oder höher koordinierte Kohlenstoffatome. Diese Verbindungen können nicht durch Zweizentren-Zweielektronen-Bindungen beschrieben werden, sondern erfordern auch die Verwendung von Drei- oder Mehrzentren-Zweielektronen-Bindungen. Das Carbokationische Zentrum ist immer von acht Valenzelektronen umgeben, insgesamt jedoch sind diese Carboniumionen elektronenarm, da drei oder mehr Atome zwei Elektronen gemeinsam haben. *CH_5^+ ist das nicht klassische Stamm-Carboniumion.* Bindungstheoretisch kann man CH_5^+ als „Komplex" zwischen CH_3^+ und einem H_2-Molekül auffassen. Analoges gilt für die höheren, z.T. theoretisch bekannten Spezies CH_6^{2+} (Komplex zwischen CH_2^{2+} und zwei H_2-Molekülen), CH_7^{3+} (Komplex zwischen CH^{3+} und drei H_2-Molekülen) und CH_8^{4+} (Komplex zwischen C^{4+} und vier H_2-Molekülen).

Klassische Alkylkationen selbst (z.B. $(CH_3)_3C^+$), in denen das elektronenarme Zentrum nur durch hyperkonjugative Wechselwirkungen mit C-H- oder C-C-Einfachbindungen stabilisiert wird, werden durch Solvatation in Supersäuren nochmals aktiviert. Die Ergebnisse von Rechnungen und experimentellen Studien (H/D-Austauschreaktionen) an langlebigen Alkylkationen in deuterierten Supersäuren (unter Bedingungen, unter denen keine Deprotonierung-Reprotonierung stattfinden kann) sprechen für die Existenz von Protoalkyldikationen als reale Zwischenstufen.

$$(CH_3)_3C^+ \; \underset{-H^+}{\overset{H^+}{\rightleftharpoons}} \; (CH_3)_2C^+\text{-}CH_2 \cdots H_2^+$$

Größte Verdienste hat sich P. v. R. Schleyer um die bindungstheoretische Deutung von klassischen und vor allem nicht klassischen Carbokationen erworben. Der interessierte Leser sei an dieser Stelle auf die Originalliteratur verwiesen.[70]

1.8 Ketten, Ringe und Käfige

1.8.1 Klassifizierung

Es ist nicht einfach, eine umfassende aber dennoch übersichtliche Klassifizierung für Ketten, Ringe und Käfige, die Gegenstand der Diskussion dieses Abschnitts sein sollen, aufzustellen. Am einfachsten klassifizieren wir Ketten, vor allem aber Ringe und Käfige wahrscheinlich nach den folgenden Kriterien. Bezüglich der Valenzelektronenzahl existieren

a) elektronenarme Systeme,

b) elektronen-richtige Systeme, die auch als klassische Systeme bezeichnet werden, und

c) elektronenreiche Systeme.

Ein elektronen-richtiges oder auch klassisches System mit n Atomen besitzt wiederum die folgende Anzahl von Valenzelektronen:

(i)   Kette: $6n + 2$, Beispiel: $^-S-(S)_n-S^-$, P_nH_{n+2}

(ii) Ring: $6n$, Beispiel: S_8, P_5H_5

(iii) Käfig: $5n$ (einschließlich evtl. exocyclischer Substituenten). Ein klassischer (d.h. elektronenrichtiger) Käfig lässt sich wiederum durch die folgenden Regeln beschreiben:

    1. Es existieren lokalisierte 2-Zentren-2-Elektronen-Bindungen,

    2. Für jedes Atom gilt die Oktett-Regel,

    3. Jedes Käfig-Gerüstatom bildet drei Bindungen zu weiteren Käfig-Gerüstatomen aus und besitzt darüber hinaus entweder ein freies Elektronenpaar (z.B. P_4) oder eine σ-gebundene exocyclische Gruppe (z.B. $C_4(^t\text{-Bu})_4$).

Dementsprechend bezeichnen wir Systeme, die eine höhere Elektronenzahl aufweisen als elektronenreich und solche mit weniger Elektronen als elektronenarm. Beispiele hierfür sind die elektronenarmen Bor-Wasserstoff-Cluster (z.B. $B_{12}H_{12}^{2-}$) und die elektronenreichen Schwefel-Stickstoff-Ketten, -Ringe oder -Käfige.

Allgemein führt das Entfernen von Elektronen (d.h. eine Oxidation) zu einer geschlosseneren Struktur und umgekehrt das Hinzufügen von Elektronen (d.h. eine Reduktion) zu einer offeneren Struktur.

$$S_8 \text{ (Ring) } \xrightarrow{\text{Oxidation}} S_8^{2+} \text{ (Bizyklus)}$$

$$P_4 \text{ (Käfig) } \xrightarrow{\text{Reduktion}} P_4^{2-} \text{ (Bizyklus, „Butterfly"-Struktur)}$$

Ganz analog können wir natürlich auch durch das Zufügen oder Entfernen von Atomen oder Ionen, die eine höhere oder niedrigere Valenzelektronenzahl aufweisen, als es dem Durchschnitt der Ausgangsverbindung entspricht, zu offeneren oder geschlosseneren Strukturen gelangen.

$$P_4 \text{ (Käfig, 5 Elektronen/P-Atom) } + 3 \text{ S (Ring,6 Elektronen/S-Atom) } \longrightarrow$$
$$P_4S_3 \text{ (offene Käfigstruktur)}$$

Ein guter Einblick in diese Thematik findet sich bei J. D. Woollins [71] und in Kapitel 3 von Lit. [50].

Wir wollen uns in diesem Abschnitt aber weniger mit der systematischen Erarbeitung von Ketten-, Ring- und Käfig-Strukturen befassen, als vielmehr einige moderne Aspekte dieses Gebietes beleuchten.

1.8.2 Element-Modifikationen am Beispiel Schwefel und Stickstoff

Aufgrund der relativ hohen Stabilität von Einfachbindungen gegenüber Doppelbindungen bilden die Elemente der dritten und der höheren Perioden bevorzugt, aber keinesfalls ausschließlich (!) (s. Abschnitt 1.9 und 1.10) Einfachbindungen aus, während zwischen Vertretern der zweiten Periode oft stabile Doppel- und Dreifachbindungen existieren. Allgemein bekannte Beispiele hierfür sind die Elementmodifikationen O_2 und S_8 sowie N_2 und P_4. Natürlich ist die Strukturvielfalt bei der Ausbildung von Doppel- und Dreifachbindungen stark eingeschränkt. So kennt man bisher nur zwei Sauerstoffmodifikationen, Disauerstoff (O_2) und Ozon (O_3) – bezüglich der Stabilität von O_4 siehe Lit. [72] –, aber „unzählige" Schwefelmodifikationen. Noch drastischer sind die Verhältnisse in der 15. Gruppe. Stickstoff ist bislang lediglich als N_2 bekannt, während Phosphor in verschiedenen Modifikationen auftritt: weißer Phosphor (P_4, kubisch oder hexagonal), schwarzer Phosphor (P_n, orthorhombisch, rhomboedrisch oder kubisch), roter Phosphor (P_n, amorph) und violetter Phosphor (P_n, monoklin). Somit sind bis heute innerhalb der Elemente O, S, N und P von Schwefel die meisten und vom Stickstoff die wenigsten (nur eine) Modifikationen bekannt. Ob dies aber für immer so bleiben muss, wollen wir am Ende dieses Abschnitts diskutieren, schließlich galten Graphit und Diamant über Jahre als die beiden einzigen, strukturell gut charakterisierten Modifikationen des Kohlenstoffs. Im Jahr 1996 allerdings wurde der Nobelpreis für Chemie für die Erforschung neuer Kohlenstoff-Formen verliehen: C_{60} und verwandte Verbindungen, die *Buckminsterfullerene* (C_{60}, C_{70}, ... C_{266}).

1.8.2.1 Die Modifikationen des Schwefels

Die homocyclischen, n-gliedrigen Schwefelringe stellen mit insgesamt 6n Valenzelektronen eine wichtige Klasse elektronenrichtiger Ringverbindungen dar. Ringgrößen von n = 6 bis n = 30 konnten bisher beobachtet und auch häufig in reiner Form isoliert werden (n = 6, 7, 9, 10, 11, 12, 13, 15, 18, 20).

Durch die Einführung von Titanocenpentasulfid, Cp_2TiS_5, in die Synthesechemie zur Darstellung von S_n-Ringen durch M. Schmidt und die konsequente Weiterentwicklung durch R. Steudel gelang die gezielte Darstellung von S_n-Ringen verschiedener Größe. Da das Cp_2Ti-Fragment als isolobal zu CH_2 bzw. S angesehen werden kann, ist auch Cp_2TiS_5 isolobal zu S_6. Aufgrund der hohen Ti-Cl-Bindungsenergie ist auch leicht verständlich, dass Cp_2TiS_5 mit Schwefelchloriden unter Ausbildung von Titanocendichlorid und homocyclischen S-Ringen reagiert.

$$Cp_2TiS_5 + S_nCl_2 \longrightarrow Cp_2TiCl_2 + S_{5+n} \quad (n = 1, 2, 3, \ldots)$$

Alle Schwefel-Homocyclen wandeln sich innerhalb kurzer Zeit zum thermodynamisch stabilen S_8 um, wobei bei Raumtemperatur der in Abbildung 1.58 gezeigte Mechanismus der Dimerisierung, gefolgt von Dissoziation, am wahrscheinlichsten ist.

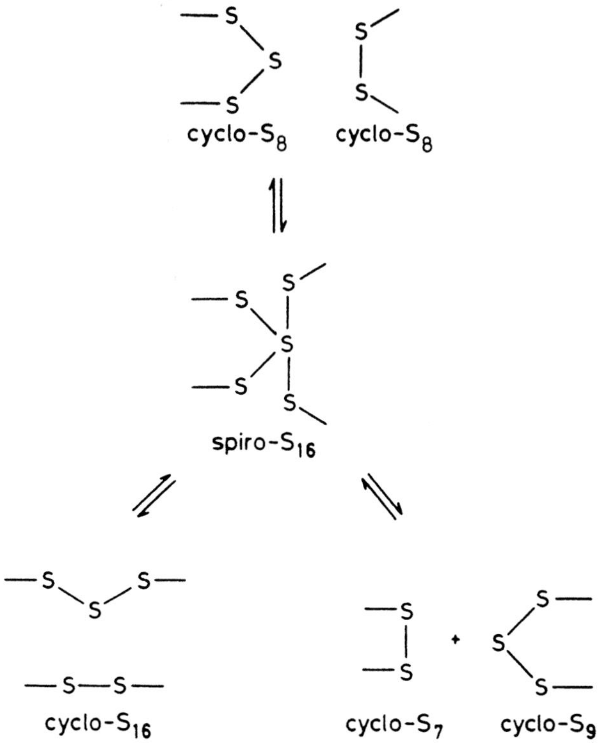

Abbildung 1.58 Mechanismus zur Isomerisierung von Schwefel-Homocyclen. [Reproduziert mit freundlicher Genehmigung von Wiley, Chichester aus J. D. Woollins, *Non-Metal Rings, Cages and Clusters* (1988)].

1.8.2.2 Die Modifikationen des Stickstoffs

Wie bereits oben diskutiert ist Distickstoff, N_2, die bisher einzige, experimentell gesicherte Modifikation dieses Elements. Allerdings gelang kürzlich mit Hilfe der Neutralisations-Reionisations-Massenspektrometrie (NRMS) der Nachweis und die Charakterisierung von N_4 (und auch O_4) als metastabile Spezies, deren Lebensdauer in der isolierten Gasphase über 1 µs (1 µs = 10^{-6} s) beträgt [73 a]. In den letzten Jahren ist die theoretische und auch experimentelle Suche nach weiteren, energiereicheren Formen des Stickstoffs intensiviert worden. Neben rein theoretischem Interesse besticht besonders die potentielle Möglichkeit des Einsatzes von instabilen N_x-Formen als hochenergetische Materialien, bei deren Zersetzung nichts weiter als heiße Luft (heißer Distickstoff) entstehen sollte. Allgemein zeigen Berechnungen, dass die Zersetzung hochenergetischer Formen des Stickstoffs zu N_2 Energien von über 10 kJ/g liefern sollte, was den derzeitigen Stand bezüglich der Energiefreisetzung pro Gramm kondensierter Materie eines Treibstoffes oder Explosivstoffes bei weitem übertrifft. Einige der Stickstoff-Formen, die wir im Folgenden betrachten möchten, wurden bereits als vibratorisch stabile, thermodynamisch metastabile N_x-Moleküle identifiziert. Besonderes Interesse verdient in diesem Zusammenhang das N_6-Molekül, welches bisher der Gegenstand der intensivsten theoretischen Untersuchungen war. Das Stickstofftriazid-Molekül, $N(N_3)_3$, ist ebenfalls theoretisch berechnet und seine Darstellung versucht worden, bei der allerdings lediglich die Freisetzung von fünf Äquivalenten N_2 und großen Energiemengen beobachtet werden konnte.

Die sechs wichtigsten denkbaren Strukturen von N_6 sind in Abbildung 1.59 zusammengestellt, Tabelle 1.32 zeigt eine Gegenüberstellung der N_6-Moleküle im Vergleich zu einigen bekannten, isoelektronischen organischen CH-Verbindungen.[73b,c]

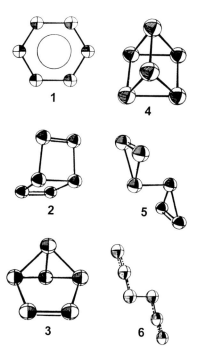

Abbildung 1.59 Strukturen sechs verschiedener N_6-Isomere (**1–6**). [Reproduziert mit freundlicher Genehmigung der American Chemical Society aus *J. Phys. Chem.* **1992**, *96*, 10789].

Von den verschiedenen N_6-Strukturen (**1-6**) haben fünf (**1-5**) klassische Analoga in der organischen Chemie, wobei aber nur die N_6-Analoga **2**, **3** und **4** stabile Minimumstrukturen repräsentieren. Die Diazid-Struktur **6** besitzt als einzige kein klassisches Analogon in der organischen Chemie und stellt einen Übergangszustand dar.

Da nur die Isomere **2**, **3** und **4** stabile Minima besitzen, wollen wir uns in der folgenden Diskussion auf sie beschränken. Struktur **3** besitzt eine bereits weitgehend vorgebildete N_2-Einheit (N1–N2) und tiefergehende Studien zeigen, dass diese Verbindung

Tabelle 1.32 Zusammenstellung von N_6-Isomeren und deren isoelektronischen organischen CH-Verbindungen.[#]

N_6-Form [*]	Punkt-gruppe	Stabilität	rel. Energie (in kJ mol^{-1})	CH-Analogon	Punktgruppe
1	D_{5h}	instabil	899	Benzol	D_{5h}
2	C_{2v}	stabil	1037	Dewar-Benzol	C_{2v}
3	C_{2v}	stabil	890	Benzvalene	C_{2v}
4	D_{3h}	stabil	1384	Prisman	D_{3h}
5a	C_{2h}	Übergangszustand	1020	Bicyclopropen	C_{2h}
5b	C_{2v}	Übergangszustand	1041	Bicyclopropen	C_{2v}
6a	C_1	Übergangszustand	769	–	–
6b	C_2	Übergangszustand	769	–	–
N_2	$D_{\infty h}$	stabil	0	Acetylen	$D_{\infty h}$

[#] Die N_6-Strukturen, Stabilitäten und rel. Energien basieren auf einer MP2 ab-initio-Rechnung (MP2 bedeutet Møller-Plesset-Störungsrechnung zur 2. Ordnung)
[*] Die Nummern beziehen sich auf die in Abbildung 1.59 gezeigten Strukturen.

daher kinetisch nicht genügend stabilisiert ist, um von praktischem Interesse zu sein. Die relativen Energien von **2** und **4** liegen 1037 und 1384 kJ mol^{-1} oberhalb der von N_2. Diese Werte entsprechen spezifischen Energien von 14 und 19 kJ/g. Solche Energien metastabiler Moleküle sind beachtenswert hoch, wenn man sich vor Augen führt, dass heute eingesetzte Hochleistungssprengstoffe typische Werte von 6 kJ/g besitzen.

Beide Moleküle, **2** und **4**, besitzen darüber hinaus relativ hohe Werte für die niedrigstfrequente Normalschwingung, die um etwa 450 cm^{-1} liegen. Dieser Wert deutet darauf hin, dass die Strukturen dieser beiden Isomere relativ starr sind und die thermodynamisch sehr begünstigte Zerfallsreaktion (s.o.) zu N_2 kinetisch (vibratorisch) eine signifikante Aktivierungsenergie besitzen sollte. Damit können wir zusammenfassen, dass die N_6-Analoga zum Dewar-Benzol (**2**) und zum Prisman (**4**) die geeignetsten Kandidaten aus dieser Familie für reale hochenergetische Materialien darstellen sollten. Struktur **4** erscheint präparativ am Erfolg versprechendsten, da die unimolekulare Dissoziation in drei N_2-Moleküle symmetrieverboten ist (4 + 4 + 4) und eine erhebliche Aktivierungsenergie aufweisen wird.

Ebenfalls auf der Basis von quantenmechanischen Rechnungen konnte kürzlich gezeigt werden, dass Azidopentazol (**9**, Abbildung 1.60) vermutlich das globale Minimum auf der N_8-Energiehyperfläche darstellt.[74] Azidopentazol besitzt eine signifikante Energiebarriere bezüglich der Ringschlussreaktion (**9** → **7**) und man kann erwarten, dass Azidopentazol stabil ist auch im Hinblick auf eine Cycloreversion. Damit repräsentiert Azidopentazol wahrscheinlich nicht nur das globale Minimum auf der N_8-Energiehyperfläche sondern sollte auch synthetisch ein realistisches Ziel sein. Wie könnte man also versuchen, Azidopentazol herzustellen? Der vermutlich Erfolg versprechendste Weg könnte der einer Umsetzung von Phenylpentazol (aus dem entsprechenden Diazonium-Salz und Azid-Ionen) mit einer kovalenten Azidverbindung sein.

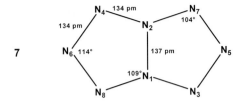

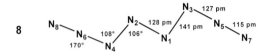

Abbildung 1.60 Strukturen von drei verschiedenen N_8-Isomeren (**7–9**). [Reproduziert mit freundlicher Genehmigung von VCH aus *Chem. Ber.*, **1996**, *129*, 1157].

$$C_6H_5\text{-}NH_2 \xrightarrow{\text{NaNO}_2,\ \text{HCl},\ 0\,^\circ\text{C}} C_6H_5\text{-}N_2{}^+Cl^-$$

$$C_6H_5\text{-}N_2{}^+\,Cl^- + AgPF_6 \longrightarrow C_6H_5\text{-}N_2{}^+\,PF_6{}^- + AgCl$$

$$C_6H_5\text{-}N_2{}^+\,PF_6{}^- + NaN_3 \longrightarrow C_6H_5\text{-}N_5 + NaPF_6$$

$$C_6H_5\text{-}N_5 + R\text{-}N_3 \longrightarrow N_5\text{-}N_3\ (\textbf{9}) + C_6H_5\text{-}R$$

Die Strukturen und relativen Energien der drei wahrscheinlichsten N_8-Isomere sind in Abbildung 1.60 und Tabelle 1.33 zusammengestellt.

Tabelle 1.33 Zusammenstellung von N_8-Isomeren.[#]

N_8-Isomer	Punktgruppe	Stabilität	rel. Energie (in kJ mol^{-1})
Pentalen-Bizyklus (**7**)	D_{2h}	stabil	245.1
N_8-Kette (**8**)	C_s	stabil	246.9
Azidopentazol (**9**)	C_s	stabil	229.7
N_2	$D_{\infty h}$	stabil	0.0

[#] Die N_8-Strukturen, Stabilitäten und rel. Energien basieren auf einer MP2 ab-initio-Rechnung.

Das homocyclische N_5^{2-}-Anion ist bislang experimentell nur aus massenspektrometrischen Untersuchungen bekannt. Es könnte beispielsweise als dem Cyclopentadienyl-Anion ($C_5H_5^-$) analoger Ligand fungieren und kationische Metallzentren, wie z.B. Fe^{2+}, stabilisieren, was zum bisher aus Experimenten unbekannten aber quantenchemisch vorhergesagten $Fe(N_5)_2$ führen sollte. Der Zerfall des N_5^--Anions zu N_2 und N_3^- (Azid) ist bei einer Aktivierungsbarriere von 28 kcal mol^{-1} mit nur -11 kcal mol^{-1} nur schwach begünstigt.

$$N_5^- \text{ (g)} \longrightarrow N_3^- \text{ (g)} + N_2 \text{ (g)} \quad \Delta H° = -11 \text{ kcal mol}^{-1}$$

1.8.3 Vom Käfig über einen pseudoaromatischen Ring zum Polymer: S_4N_4, S_2N_2, $(SN)_x$

1.8.3.1 Tetraschwefeltetranitrid, S_4N_4

Tetraschwefeltetranitrid, S_4N_4, ist eine der am längsten bekannten Käfigverbindungen und wurde bereits im Jahre 1835 erstmals beschrieben (Abbildung 1.61). Die stark endotherme Verbindung ist explosiv und thermochrom, wobei die Farbe von farblos (77 K) über leuchtend orange (298 K) bis rot (373 K) mit zunehmender Temperatur intensiver wird. Tabelle 1.34 zeigt eine Gegenüberstellung von Stickstoffmonoxid und den Chalkogennitriden S_4N_4 und Se_4N_4. Die Synthese von S_4N_4 erfolgt am besten ausgehend von einer SCl_2/S_2Cl_2-Mischung und Ammoniak in Methylenchlorid und anschließende Umkristalisation aus Toluol. Der Reaktionsmechanismus ist sehr komplex und bis heute nicht vollständig aufgeklärt, kann aber grob durch die folgenden Reaktionsgleichungen beschrieben werden:

$$12 \ S_2Cl_2 + 24 \ NH_3 \longrightarrow 6 \ NSCl + 18 \ NH_4Cl + \tfrac{9}{4} \ S_8$$

$$6 \ NSCl + 3 \ S_2Cl_2 \longrightarrow 3 \ [S_3N_2Cl]^+[Cl]^- + 3 \ SCl_2$$

$$3 \ [S_3N_2Cl]^+[Cl]^- + S_2Cl_2 \longrightarrow 2 \ [S_4N_3]^+[Cl]^- + 3 \ SCl_2$$

$$2 \ [S_4N_3]^+[Cl]^- + 4 \ SCl_2 + 8 \ NH_3 \longrightarrow 2 \ S_4N_4 + 6 \ NH_4Cl + 2 \ S_2Cl_2$$

$$\overline{14 \ S_2Cl_2 + 32 \ NH_3 \longrightarrow 2 \ S_4N_4 + 24 \ NH_4Cl + \tfrac{9}{4} \ S_8 + 2 \ SCl_2}$$

Abbildung 1.61 Molekülstruktur von S_4N_4 und vom [R-CSNSC-R]$^+$-Kation in [R-CSNSC-R][AsF$_6$] (R = perfluoroalkyl-Gruppe).

Tabelle 1.34 Gegenüberstellung von Stickstoffmonoxid und den Chalkogennitriden S_4N_4 und Se_4N_4.[75a]

	NO	S_4N_4	Se_4N_4
Punktgruppe	$C_{\infty v}$	D_{2d}	D_{2d}
Farbe (bei 25°C)	farblos	orange	rot-orange
ΔH°_f (in kJ mol^{-1})	328	460	> 460
	(bezogen auf <u>vier</u> Mol NO)		
d(X-N) (in pm)	115	163	178
d(X-X) (in pm)		259	276
d(X···X) (in pm)		271	297

Tetraschwefeltetranitrid ist einer der wichtigsten Ausgangsstoffe in der Schwefel-Stickstoff-Chemie. Beispielsweise kann S_4N_4 durch Chlorierung leicht in das cyclische Trimer des Thionitrosylchlorids, $(NSCl)_3$, überführt werden, welches selbst wichtiger Ausgangsstoff zur Darstellung von Thionitrosyl- (SN^+-) Salzen ist. Letztere eignen sich besonders zur Synthese kationischer S-N-Spezies, wie beispielsweise des planaren, 10-gliedrigen $S_5N_5^+$-Ringsystems.

$$6\,S_4N_4 + 6\,Cl_2 \longrightarrow 6\,\{S_4N_4Cl_2\} \longrightarrow 4\,(NSCl)_3 + 3\,S_4N_4$$

$$(NSCl)_3 + 3\,AgAsF_6 \longrightarrow 3\,[NS][AsF_6] + 3\,AgCl$$

$$S_4N_4 + [NS][AsF_6] \longrightarrow [S_5N_5][AsF_6]$$

Darüber hinaus gelingt durch die Oxidation von Tetraschwefeltetranitrid in Anwesenheit von elementarem Schwefel auch die Synthese des präparativ wichtigen S_2N^+-Kations, dessen Einsatz in Cycloadditionen bereits eine umfangreiche Synthesechemie eröffnet hat, wie exemplarisch die Reaktionen mit verschiedenen Perfluoralkinen zeigen.[75b]

$$S_4N_4 + \tfrac{1}{2}\,S_8 + 6\,AsF_5 \longrightarrow 4\,[S_2N][AsF_6] + 2\,AsF_3$$

$$[S_2N][AsF_6] + R\text{-}C{\equiv}C\text{-}R \longrightarrow [R\text{-}\overline{CSNSC}\text{-}R][AsF_6]$$
(R = perfluoroalkyl-Gruppe)

Besonders interessant sind die Bindungsverhältnisse im Tetraschwefeltetranitrid. Es sind hierzu viele MO-Rechnungen durchgeführt worden, wobei die von Gleiter vorgeschlagene Vorgehensweise zumindest didaktisch immer noch die einfachste zu sein scheint.[76] Wir gehen hierbei von einem planaren S_4N_4-Ring in D_{4h}-Symmetrie aus und betrachten den Einfluss einer Verzerrung dieser Struktur in Richtung C_{4v} (Krone) und D_{2d} (Käfig) auf die energetische Lage der MOs. Abbildung 1.62 zeigt das π-MO-Schema eines hypothetischen S_4N_4-Moleküls in D_{4h}-Symmetrie. Wie wir sehen, würde diese Konformation mit 12π-Elektronen einem Triplett-Grundzustand entsprechen. Für die C_{4v}-Kronenstruktur würden wir ebenfalls einen Triplett-Grundzustand erwarten (Abbildung 1.62). Eine Verzerrung in Richtung

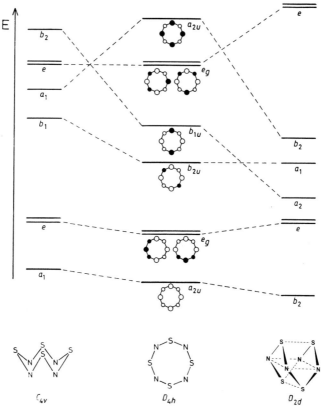

Abbildung 1.62 MO-Schemata für das S_4N_4-Molekül in C_{4v}- (Krone), D_{4h}- (planar) und D_{2d}-Struktur (Käfig). [Reproduziert mit freundlicher Genehmigung von Wiley, Chichester aus J. D. Woollins, *Non-Metal Rings, Cages and Clusters* (1988)].

der experimentell beobachteten D_{2d}-Symmetrie führt nun zu einer deutlichen Stabilisierung des a_{2u}-Niveaus aufgrund der starken Wechselwirkung der Schwefel-3p-Orbitale und zu einem Singulett-Zustand. Da bei Bindungslängen im Bereich von 250 bis zu 280 pm (Tabelle 1.34) eine Schwefel 3p-3p-Überlappung günstiger ist als eine Stickstoff 2p-2p-Überlappung, besetzen auch in der beobachteten D_{2d}-Struktur die Schwefel-Atome die Tetraederpositionen oberhalb und unterhalb der quadratischen N_4-Ebene (Abbildung 1.62). Wenn wir nun die Strukturen von S_4N_4 und Se_4N_4 mit denen der verwandten Moleküle P_4S_4 und As_4S_4 vergleichen, so stellen wir fest, dass auch P_4S_4 und As_4S_4 eine D_{2d}-Käfigstruktur besitzen, in diesen beiden Fällen aber besetzen die Phosphor- und die Arsen-Atome die tetraedrischen Positionen oberhalb einer quadratischen S_4-Ebene. Dieser auf den ersten Blick überraschende Befund steht aber mit quantenmechanischen Rechnungen in Einklang, nach denen die Überlappungsintegrale für eine P(3p-3p)- und eine As(4p-4p) Wechselwirkung größer sind als für eine S(3p-3p)-Wechselwirkung.

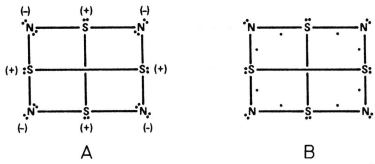

Abbildung 1.63 Standard-Lewis-Struktur und increased-valence-Struktur für S_4N_4.[24]

Die käfigartige D_{2d}-Struktur von S_4N_4 kann ebenso auf der Basis von VB-Überlegungen verstanden werden.[24] Es wurde hierzu vorgeschlagen, dass jeweils ein freies Elektronenpaar am Stickstoff der Standard-Lewis-Struktur **A** merklich in ein antibindendes S-S-σ^*-Orbital delokalisiert (Abbildung 1.63). Hierdurch wird die S-S-Bindungsordnung deutlich unter den Wert für eine Einfachbindung gesenkt, wie sie noch in der Standard-Struktur **A** vorliegt. Falls nun diese Elektronen in die benachbarten, bindenden S-N-Orbitale delokalisiert werden, erhalten wir die increased-valence-Struktur **B** mit einer S-S-Bindungsordnung von < 1. Diese Struktur (**B**) deutet an, dass die S-S-Bindungen deutlich länger und die S-N-Bindungen deutlich kürzer sein sollten, als man für typische Einfachbindungen erwarten sollte und genau dies konnte experimentell bestätigt werden (vg. Tabelle 1.34). Die beobachteten S-S- und S-N-Bindungslängen sind 259 und 163 pm, während die Summe der Kovalenzradien (typische Einfachbindung) für S-S 208 pm und für S-N 174 pm ergibt. Die in **B** gezeigte Struktur entspricht einer 12-Elektronen-8-Zentren increased-valence-Struktur, die acht Stickstoff-π-Elektronen und vier S-S-σ-Elektronen benützt.

1.8.3.2 Dischwefeldinitrid, S_2N_2

Dischwefeldinitrid, S_2N_2, ist das kleinste bisher isolierte binäre S-N-Ringsystem. Das planar gebaute Molekül besitzt formal 6π-Elektronen und zählt damit zu den pseudoaromatischen Verbindungen (s.u.).

Die Synthese von S_2N_2 erfordert die gezielte Thermolyse von S_4N_4 in einem Quarzrohr-Reaktionsgefäß. Hierzu wird S_4N_4 im Vakuum (0.005 torr) auf 80 °C erwärmt, wobei das verdampfende S_4N_4 dann durch auf 300 °C erhitzte Silberwolle geleitet wird. Das am Silberwolle-Kontakt gebildete S_2N_2-Thermolyseprodukt wird in zwei Kühlfallen bei tiefer Temperatur aufgefangen (–80 °C, –196 °C) und aus Diethylether umkristallisiert, wobei reines S_2N_2 in Form weißer Kristalle erhalten wird. Oberhalb von –30 °C kann die Verbindung spontan (z.T. explosionsartig) zu polymerem $(SN)_x$ polymerisieren. Aus den Ergebnissen einer Röntgenstrukturanalyse kann geschlossen werden, dass S_2N_2 eine planare D_{2h}-Molekülstruktur mit vier gleichlangen S-N-Bindungen von 165 pm besitzt.

Die Bindungsverhältnisse im (pseudo-)aromatischen S_2N_2-Vierring-System sind intensiv untersucht und z.T. kontrovers diskutiert worden. Am leichtesten, wenn auch theoretisch sicher nicht perfekt, ist es, von einem einfachen Hückel-Ansatz auszugehen (Simple Hückel Theory). Hierbei können wir, da das Ringsystem vollkommen planar gebaut ist, die σ- und π-MOs vollständig voneinander separieren und bezüglich der π-Bindungsverhältnisse lediglich die π-MOs betrachten, die aus den vier Orbitalen mit p_π-Symmetrie erhalten wurden. Ferner machen wir die Näherung, dass alle $S_{ij} = 0$ und ebenfalls alle $H_{ij} = 0$ sind, außer wenn das i-te und j-te π-Orbital an direkt benachbarten Atomen lokalisiert sind. Allgemein erhalten wir nach der einfachen Hückel-Theorie für n-gliedrige Ringsysteme mit n = 3 bis 8 die in Abbildung 1.64 gezeigten π-MO-Diagramme. Auf dieser *sehr vereinfachten* Vorgehensweise aufbauend können wir nun, wie aus der organischen Chemie allgemein bekannt ist, auf das Vorliegen eines aromatischen Systeme schließen, wenn die folgenden Anforderungen erfüllt sind:

(a) Das Ringsystem ist:
- homocyclisch,
- konjugiert und
- planar gebaut;
(b) Das Ringsystem besitzt (4n + 2) π-Elektronen (n = 0, 1, 2, ...)
(c) Das energieniedrigste, bindende MO besitzt keine Knotenebene, die der π-Elektronendelokalisierung entgegen wirkt (d.h. in der Ebene der π-Bindung).

Da sich die π-Elektronenzahl aus der Gesamtelektronenzahl (evtl. Ladung beachten!) abzüglich der Elektronen für das σ-Gerüst und je Ringatom einer exocyclischen Bindung (z.B. C-H im Fall des C_6H_6) oder eines exocyclischen freien Elektronenpaares (z.B. bei S_2N_2) ergibt, besitzt das S_2N_2-Molekül 6 π-Elektronen, und man sollte nach Abbildung 1.64 einen π-Bindungsgrad von ca. $\frac{1}{4}$ erwarten, da das Molekül zwei bindende und 4 nicht bindende π-Elektronen besitzt. Tatsächlich korrespondieren die gefundenen S-N-Bindungslängen mit 165 pm zu einem Gesamtbindungsgrad von größer als eins, denn die Summe der Kovalenzradien (174 pm) ist deutlich unterschritten. Da wir mit Hilfe der einfachen Hückel-Theorie die Kriterien für die Aromatizität an homonuclearen Ringsystemen abgeleitet haben (aromatische Kohlenwasserstoffe), wollen wir im Folgenden homonucleare Ringsysteme der höheren Perioden (z.B. P_6) und heteronucleare Ringsysteme (S_2N_2), die formal die Kriterien für das Vorliegen von Aromatizität erfüllen, als *pseudoaromatisch* bezeichnen.

Im Rahmen der qualitativen VB-Theorie können wir S_2N_2 als ein Molekül auffassen, bei dem die 6 π-Elektronen in einer 6-Elektronen-4-Zentren-Bindung über alle vier p_π-Orbitale delokalisiert sind.[24] Die Ergebnisse von ab initio VB-Berechnungen mit nicht polaren S-N-σ-Bindungen wie auch semiempirische VB-Rechnungen, die jeweils zehn Lewis-Strukturen im Resonanz-Schema berücksichtigten,

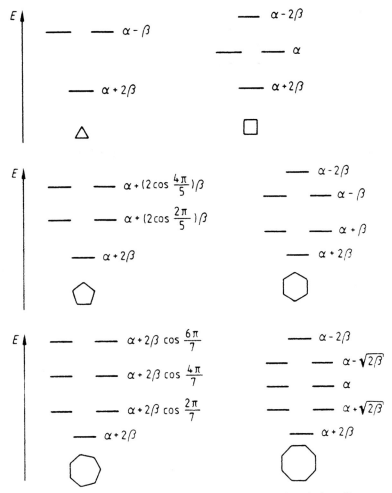

Abbildung 1.64 π-MO-Diagramme für n-gliedrige Ringsysteme (n = 3, 4, ... 8).

haben gezeigt, dass die in Abbildung 1.65 dargestellten increased-valence-Strukturen die beste Beschreibung des Grundzustandes von S_2N_2 liefern.[77c]

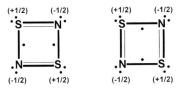

Abbildung 1.65 Increased-valence-Strukturen für S_2N_2.

Eine neuere spin-coupled VB-Studie kommt zu einem etwas überraschenden Ergebnis, nämlich, dass die Stickstoff-Atome eine volle negative und die Schwefel-

Atome eine volle positive Ladung tragen. Hiernach liegen ebenfalls vier N-S-σ-Bindungen vor und jedes Ringatom besitzt ein exocyclisches freies Elektronenpaar. Die verbleibenden 6 π-Elektronen teilen sich nun in zwei zusätzliche freie π-Elektronenpaare (eines an jedem Stickstoff-Atom) und zwei weitere einzelne π-Elektronen auf (je eines an jedem Schwefel-Atom). Die beiden π-Elektronen an den Schwefel-Atomen sind direkt durch den Ring gekoppelt, so dass das S_2N_2-Molekül insgesamt den Charakter polymeren Schwefelnitrids besitzt (s.u.).[77a]

Das S_2N_2-Molekül ist auch auf der Basis von Dichtefunktional-Rechnungen (DFT) studiert worden. In Übereinstimmung mit den experimentellen Befunden sagen die DFT-Ergebnisse hinsichtlich der energetischen Abfolge der Stabilitäten für das S_2N_2-System die folgende Reihenfolge voraus: Kette < Vierring mit SSNN-Anordnung < Vierring mit alternierender SNSN-Anordnung.[77b]

1.8.3.3 Pseudoaromatische anorganische Ringsysteme

Im vorangegangenen Abschnitt haben wir am Beispiel des Moleküls S_2N_2 einige Kriterien für das Vorliegen einer pseudoaromatischen Verbindung diskutiert. Tabelle 1.35 zeigt eine Zusammenstellung verschiedener neutraler anorganischer Moleküle sowie einiger Kationen und Anionen, die formal den Kriterien für das Vorliegen einer pseudoaromatischen Verbindung genügen.

Tabelle 1.35 Pseudoaromatische anorganische Ringsysteme.

π-Elektronenzahl	Ringgröße	neutrales Molekül	Kation	Anion
2	3	RB(NR)BR (R = tert.-Bu)		NS_2^-
6	4	S_2N_2	S_4^{2+}	
6	5		$S_3N_2^{2+}$, $Se_3N_2^{2+}$	
6	6	N_6, P_6		
10	6			$S_3N_3^-$
10	8		$S_4N_4^{2+}$	
14	10		$S_5N_5^+$	

Eine sehr wichtige strukturelle Eigenschaft von aromatischen und pseudoaromatischen Verbindungen ist neben der Planarität das Auftreten von stets gleichen Bindungslängen. Dieser „Bindungslängenausgleich" wird in vielen Lehrbüchern, zumindest für die Vertreter der zweiten Periode, häufig auf die π-Elektronendelokalisierung zurückgeführt. Neuere Studien haben allerdings gezeigt, dass man bei einer solchen Argumentation sehr vorsichtig sein muss.[28a–c] Im Fall der typischsten aller aromatischen Verbindungen, des Benzols, konnte gezeigt werden, dass die π-Elektronendelokalisierung lediglich die Folge einer durch das σ-Gerüst aufgezwungenen Struktur ist und selbst keine treibende Kraft darstellt. Anders ausgedrückt bedeutet dies, dass die resultierende Struktur immer das Ergebnis der relativen Stärke von σ- und π-Trends ist. Im Fall des Benzols wird die energetisch ungünstige π-Elektronendelokalisierung durch den Energiegewinn bei der Ausbildung eines σ-Gerüsts mit sechs gleich langen C-C-Bindungen erzwungen. Trotzdem können viele physikalische und chemische Eigenschaften des Benzols, die charakteristisch für seine Aromatizität sind, nur durch die π-Elektronendelokalisierung erklärt und verstanden werden. Allgemein scheint in der Chemie der zweiten Periode die Delokalisierung von π-Elektronen sehr selten die eigentliche treibende Kraft zu sein. Berücksichtigen wir darüber hinaus, dass bei σ- und π-Bindungen zwischen Vertretern der dritten und der höheren Perioden häufig die relative Stärke der σ-Bindungen und nicht die Schwäche von π-Bindungen für viele Trends verantwortlich ist, so erscheint es zumindest angezeigt, sich auch bei den pseudoaromatischen Verbindungen der höheren Perioden über den Einfluss von σ-Gerüst-Effekten und π-Elektronendelokalisierung Gedanken zu machen.

1.8.3.4 Polymeres Schwefelnitrid, $(SN)_x$

Polymeres Schwefelnitrid, $(SN)_x$, kann durch Vakuumpyrolyse von S_4N_4 an Silberwolle bei 300°C hergestellt werden (vgl. 1.7.3.2), wobei intermediär S_2N_2 gebildet wird, welches nur bei tiefer Temperatur stabil ist und über einen radikalischen Mechanismus zu $(SN)_x$ polymerisiert. Lässt man eine Probe von S_2N_2 langsam auf $-10°C$ erwärmen, so färbt sich der weiße Feststoff (S_2N_2) zuerst tiefblau (paramagnetisches Intermediat) und geht innerhalb von 2–3 Tagen schließlich in kristallines $(SN)_x$ über, welches einen metallisch-goldenen Glanz besitzt. Der Mechanismus dieser Polymerisationsreaktion ist mit Hilfe der ESR-Spektroskopie untersucht worden. Es ist anzunehmen, dass die zuerst gebildete blaue Radikal-Zwischenstufe einer freien, radikalischen SN-Einheit entspricht, die durch S-N-Bindungsspaltung entsteht und dann ein weiteres, benachbartes S_2N_2-Molekül im Feststoff angreift. Abbildung 1.66 zeigt schematisch den radikalischen Mechanismus der Polymerisation. Hierbei ist auffällig, dass nur geringe strukturelle Änderungen bezüglich der Bindungslängen und Bindungswinkel erfolgen, die Stabilität der Verbindung im Polymer aber ungleich viel höher ist als im monomeren S_2N_2-Molekül.

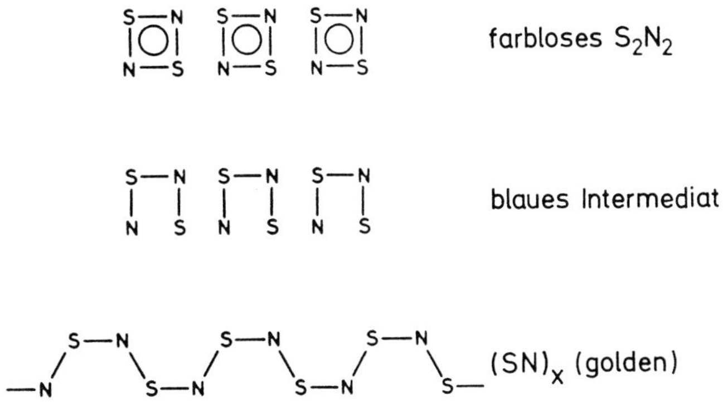

Abbildung 1.66 Mechanismus der radikalischen Polymerisierung von S_2N_2 zu $(SN)_x$.

Alternativ kann (SN)$_x$ auch unter Umgehung der explosiven Vorstufen S$_4$N$_4$ und S$_2$N$_2$ aus (NSCl)$_3$, darstellbar aus Ammoniumchlorid und S$_2$Cl$_2$ und Trimethylsilylazid, Me$_3$SiN$_3$, erhalten werden.

$$4 \, S_2Cl_2 + 2 \, NH_4Cl \longrightarrow [S_3N_2Cl]Cl + 8 \, HCl + \tfrac{5}{8} \, S_8$$

$$3 \, [S_3N_2Cl]Cl + 3 \, Cl_2 \longrightarrow 2 \, (NSCl)_3 + 3 \, SCl_2$$

$$\tfrac{1}{3} \, (NSCl)_3 + Me_3SiN_3 \longrightarrow \tfrac{1}{x} \, (SN)_x + \tfrac{3}{2} \, N_2 + Me_3SiCl$$

Polymeres Schwefelnitrid besitzt eine Reihe ungewöhnlicher Eigenschaften. Es ist ein faserartiges Material, welches elektrische Leitfähigkeit entlang der Fasern (SN-Ketten) besitzt, senkrecht dazu aber ein Isolator ist, Wir bezeichnen diese Eigenschaft als anisotrope Leitfähigkeit, (SN)$_x$ ist also ein anisotroper Leiter. Darüber hinaus war (SN)$_x$ die erste Nichtmetall-Verbindung, bei der Supraleitfähigkeit nachgewiesen werden konnte. Allerdings liegt die Sprungtemperatur mit T$_c$ $\approx$ 0.3 K sehr niedrig, so dass eine etwaige praktische Anwendung nicht sinnvoll ist. Interessant erscheint es aber, in diesem Zusammenhang die Suche nach weiteren Chalkogen-Nitrid-Polymeren zu erwähnen, wobei besonders die Einbeziehung des Elements Selen (evtl. auch Tellur) wichtig sein sollte.

Die Struktur von kristallinem (SN)$_x$ konnte mittels Röntgenbeugung aufgeklärt werden. Bemerkenswert ist das Auftreten starker S$\cdots$S-Kontakte zwischen benachbarten SN-Strängen sowie das Vorliegen relativ kurzer S-N-Bindungen mit Längen von 159 pm und 165 pm, die etwa denen im S$_2$N$_2$ entsprechen, was auf deutlichen π-Bindungscharakter hinweist.

Die eindimensionale Leitfähigkeit sowie die relativ kurzen S-N-Bindungen im (SN)$_x$ können auf der Basis qualitativer VB-Überlegungen verstanden werden (Abbildung 1.67). Das Polymer (SN)$_x$ besteht aus alternierenden Schwefel-Stickstoff-Ketten. Jedes S-Atom und jedes N-Atom liefert zwei π-Elektronen beziehungsweise ein π-Elektron, um damit eine 2-Zentren-3-π-Elektronen-Bindungseinheit innerhalb einer SN-Kette auszubilden. Für eine solche SN-Kette können wir Standard-Lewis-Strukturen wie beispielsweise Struktur **C** anschreiben, aus der wir dann mittels Elektronendelokalisierung (wie in **C** angedeutet) über **D** die increased-valence-Struktur **E** erzeugen können. Alternativ können wir Struktur **E** auch aus der long-bond-Struktur **F**, die keine formalen Ladungen besitzt, ableiten, indem wir über durch Delokalisierung nicht bindende Schwefel-Elektronen in benachbarte S-N-π-Bindungen bringen. Eine genauere Analyse zeigt, dass die increased-valence-Struktur **E** bezüglich der S-N-π-Elektronen aus polymerisierten Pauling'schen 3-Elektronen-Bindungen aufgebaut ist.[24]

Zusammenfassend können wir sagen, dass die increased-valence-Struktur **E** partiellen Doppelbindungscharakter für jede S-N-Bindung beinhaltet, was mit den experimentell gefundenen S-N-Bindungslängen von 159 pm und 163 pm gut in Einklang ist.

Ein Vergleich der Standard-Lewis-Struktur **C** mit der increased-valence-Struktur **E** zeigt, dass die π-Elektronendelokalisierung durch eine möglichst hohe Elek-

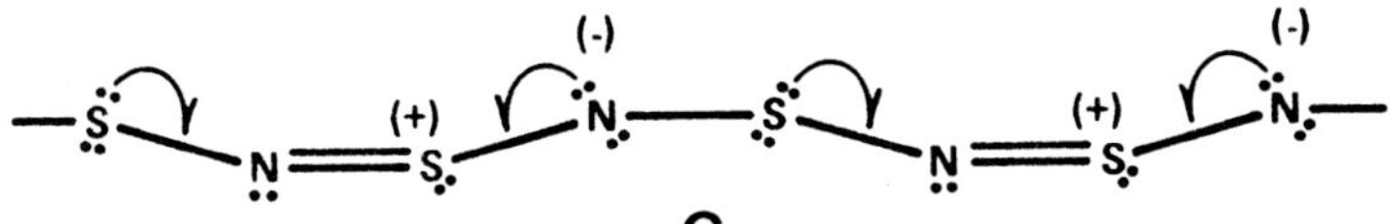

Abbildung 1.67 Standard-Lewis-Struktur von $(SN)_x$ (**C**) und durch π-Elektronendelokalisierung daraus erzeugte increased-valence-Struktur **E**.

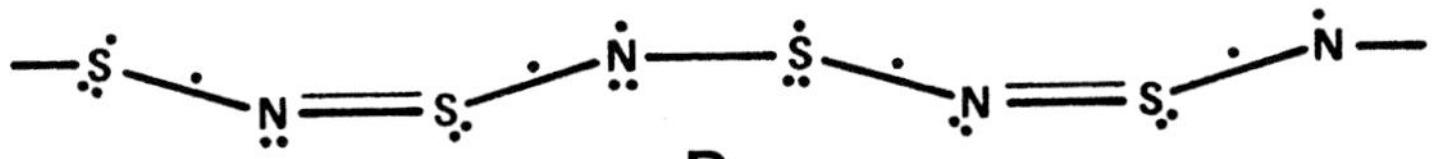

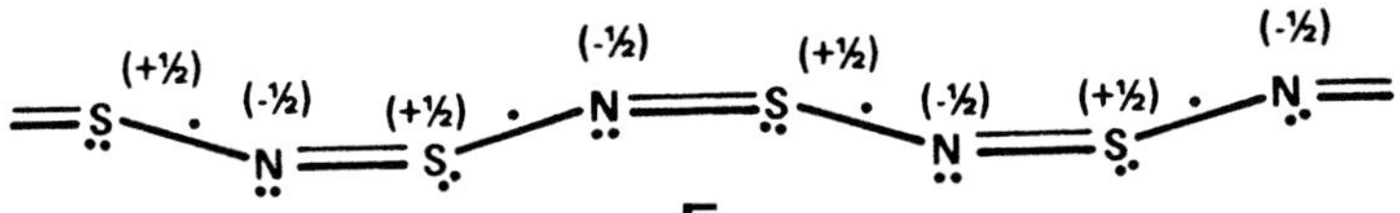

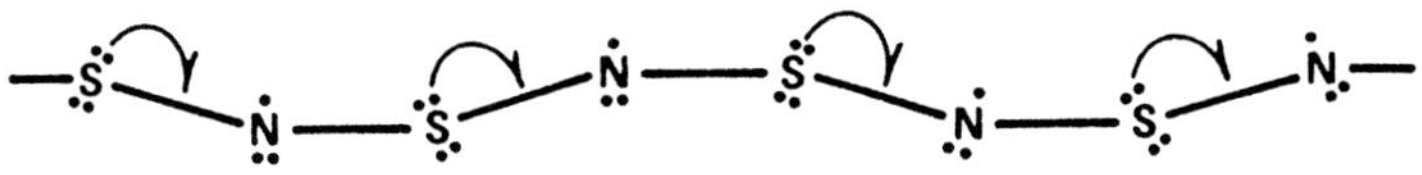

tronegativität des Elementes der 15. Gruppe und eine möglichst relativ geringe Elektronegativität des Elementes der 16. Gruppe begünstigt sein sollte. Daher darf erwartet werden, dass die derzeit noch hypothetischen Polymere $(SeN)_x$ und $(TeN)_x$ eine noch höhere Leitfähigkeit und interessantere Materialeigenschaften als $(SN)_x$ aufweisen würden.[75a]

1.9 Verbindungen mit Elementen in niedrigen Koordinationszahlen und Mehrfachbindungen

Allgemein kann man Verbindungen, in denen Elemente der dritten und der höheren Perioden an Doppelbindungen beteiligt sind, wie folgt klassifizieren:

(a) Verbindungen mit np_π- np_π-Bindungen der höheren Perioden (n > 2), die thermodynamisch instabil bezüglich einer Di-, Tri-, Oligo- oder Polymerisierung sind, die aber durch große, sperrige Reste kinetisch stabilisiert sind. Beispiele hierfür sind die Diphosphene und die Disilene des Typs RP=PR und $R_2Si=SiR_2$ (R = sperriger organischer Rest). Seit der Isolierung des ersten Diphosphens

Mes*P=PMes* (Mes* = Supermesityl) durch Yoshifuji et al. und des ersten Disilens $Mes_2Si=SiMes_2$ (Mes = Mesityl) durch West et al. im Jahr 1981 ist die Chemie der kinetisch stabilisierten Verbindungen mit np_π- np_π-Bindungen der höheren Perioden (n > 2) intensiv bearbeitet worden.[78a,b]

(b) Pseudoaromatische Ringverbindungen, die thermodynamisch (und kinetisch) stabil sind und formal einen π-Bindungsgrad von $0 < BO(\pi) < 1$ aufweisen und damit eine Gesamtbindungsordnung BO von größer eins besitzen ($BO = BO(\sigma) + BO(\pi)$). Beispiele hierfür sind die anorganischen Ringsysteme S_2N_2 und S_4^{2+} (vgl. Abschnitt 1.7.3.3). Es ist interessant, an dieser Stelle anzumerken, dass das pseudoaromatische Dikation S_4^{2+} (BO = 1.25) tatsächlich bezüglich einer Dimerisierung zum nur einfach gebundenen, hypothetischen S_8^{4+} (isovalenzelektronisch zum S_4N_4, vgl. Abschnitt 1.7.3.1) tatsächlich stabil ist, da sämtlich Versuche, ein S_8^{4+} herzustellen, statt dessen in der Synthese von zwei Äquivalenten S_4^{2+} endeten.

$$S_8 + 3\,AsF_5 \longrightarrow [S_8]^{2+}[AsF_6]^-_2 + AsF_3$$

$$[S_8]^{2+}[AsF_6]^-_2 + 3\,AsF_5 \longrightarrow 2\,[S_4]^{2+}[AsF_6]^-_2 + AsF_3$$

(c) Durch π^*-π^*-Wechselwirkung stabilisierte, thermodynamisch (und kinetisch) stabile Systeme, die einen π-Bindungsgrad von $0 < BO(\pi) < 1$ aufweisen und damit eine Gesamtbindungsordnung BO von größer eins besitzen ($BO = BO(\sigma) + BO(\pi)$). Beispiele hierfür sind die Kationen I_4^{2+} und $S_2I_4^{2+}$ (vgl. Abschnitt 1.5.1.3).

(d) Durch Koordination an Übergangsmetallfragmente stabilisierte Systeme wie beispielsweise $Cp(CO)_2Mn=Pb=Mn(CO)_2$ mit $Cp = \eta^5$-C_5H_5.

Wir wollen im Folgenden Verbindungen mit π-Bindungen innerhalb der höheren Perioden der 14. Gruppe etwas näher betrachten.[79] Die geringere Stabilität von Verbindungen mit Doppelbindungen zwischen Elementen der dritten und der höheren Perioden wird häufig auf der Basis einer geringeren p_π-p_π-Überlappung diskutiert, wobei das Überlappungsintegral S_{A-B} als Maß für die Überlappung angesehen werden kann.

$$S_{A-B} = \int \psi^*_A\,\psi_B\,d\tau$$

Bereits 1951 konnte Mulliken, allerdings durch ab initio-Rechnungen auf HF-Niveau (HF steht für Hartree-Fock), zeigen, dass die π-Überlappung für -E=E- (E = Element der zweiten Periode, z.B. C, N, O) relativ zu der für -X=X- (X = Element der dritten Periode, z.B. Si, P, S) berechneten überraschenderweise geringer ist. Damit wird das oben genannte Argument entkräftet. Weitere Studien konnten dagegen zeigen, dass die höhere relative σ-Bindungsstärke in der 3. Periode und damit die größere Differenz zwischen der Stärke einer σ- und einer π-Bindung für die bevorzugte Ausbildung von σ-Bindungen verantwortlich ist. Die im Wesentlichen auf der Basis von ab initio-Rechnungen ermittelte Reihenfolge bezüglich der Ausbildung stabiler π-Bindungen ergibt folgendes Bild:

$$O > N \approx C >> S > P > Si \approx Ge > Sn \qquad \text{[80a,b]}$$

Wir sehen, dass die Doppelbindungen zwischen den schwereren Elementen der 14. Gruppe besonders schwach sind, oder, anders ausgedrückt, dass diese Elemente relativ starke σ-Bindungen untereinander ausbilden.

Präparativ sind Disilene am einfachsten durch Photolyse oder Enthalogenierung zugänglich (Mes = Mesityl).

Photolyse: $\mathrm{Mes_2Si(SiMe_3)_2} \xrightarrow{\text{hv, 254 nm, }-196\,°C} \{\mathrm{Mes_2Si}\} + \mathrm{Me_3Si\text{-}SiMe_3}$

$2\,\{\mathrm{Mes_2Si}\} \longrightarrow \mathrm{Mes_2Si{=}SiMes_2}$

Enthalogenierung: $2\,\mathrm{Mes_2SiCl_2} + 4\,\mathrm{Li} \xrightarrow{\text{Ultraschall}} \mathrm{Mes_2Si{=}SiMes_2} + 4\,\mathrm{LiCl}$

Interessant ist, dass die Bindungsverkürzung beim Übergang von Disilanen (z.B. $\mathrm{Mes_2HSi\text{-}SiHMes_2}$, d(Si-Si) = 236 pm) zu Disilenen (z.B. $\mathrm{Mes_2Si{=}SiMes_2}$, d(Si=Si) = 216 pm) etwa der Abnahme der C-C-Bindungslänge beim Übergang von Alkanen zu Alkenen entspricht, wobei die Rotationsbarriere bei den Disilenen um die Si=Si-Doppelbindung nur etwa 70% des Wertes der vergleichbaren Alkene beträgt. Auf letzteren Effekt ist auch zurückzuführen, dass sich bei den Disilenen, im Gegensatz zu den Alkenen, die (Z)- und (E)-Stereoisomere langsam bei Raumtemperatur ineinander umwandeln. Anders als die Alkene sind die Disilene in der Regel farbige Verbindungen. Die Absorption ist auf einen bei den Disilenen im sichtbaren Bereich liegenden $3p\pi\text{-}3p\pi^*$-Übergang zurückzuführen, während die entsprechende $2p\pi\text{-}2p\pi^*$-Absorption bei den Olefinen im Vakuum-UV-Bereich liegt. Die energetische Lage von HOMO ($np\pi$) und LUMO ($np\pi^*$) (n = 2, C; n = 3, Si) ist in Abbildung 1.68 dargestellt. Aus dem MO-Diagramm wird deutlich, dass Disilene zugleich elektronenärmer (niedrigeres LUMO) und elektronenreicher (höheres HOMO) sind als Alkene. Daher reagieren Disilene sowohl mit nucleophil als auch mit elektrophil angreifenden Reagenzien und ebenso leicht mit Radikalen .

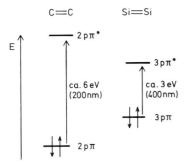

Abbildung 1.68 HOMO und LUMO in Alkenen und Disilenen und optische Übergänge.

In jüngerer Zeit sind auch viele theoretische Studien zu der Struktur und Energie von Verbindungen des Typs $\mathrm{H_2E{=}EH_2}$ (E = Si, Ge, Sn, Pb) publiziert worden. Darüber hinaus stehen neben den Disilenen auch viele weitere experimentell gut charakterisierte Verbindungen des Typs $R_2E=ER_2$ (E = Si, Ge, Sn, Pb; R = sperriger organischer Rest) zur Verfügung. Es konnte auf der Basis von experimentellen und theoretischen Studien gezeigt werden, dass innerhalb der 14. Gruppe von oben (C, Si) nach unten ein Trend zum Übergang von planaren $H_2E=EH_2$-Strukturen zu trans-bent $H_2E=EH_2$-Strukturen vorherrscht. Während doppelt gebundener Kohlenstoff (C=C) in der Regel immer planar koordiniert ist, sind beim Silicium (Si=Si) sowohl planare als auch trans-bent-Strukturen bekannt. Hieraus können wir schließen, dass beim Silicium die beiden Strukturen energetisch dicht beieinander liegen. Für Germanium und Zinn (Ge=Ge, Sn=Sn) sind bisher nur trans-bent-Strukturen theoretisch vorhergesagt und experimentell beobachtet worden, wobei der Winkel α für Zinn-Verbindungen in der Regel größer ist als für die Germanium-Analoga (Abbildung 1.69).[79]

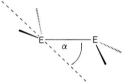

Abbildung 1.69 Der Faltungswinkel α in $R_2E=ER_2$-Verbindungen (E = Si, Ge, Sn, Pb).

Quantenmechanische Rechnungen bestätigen diesen experimentell beobachteten Trend. Während Ethylen auf jedem angewandten Niveau planar ist, hängt die berechnete Struktur von Disilenen stark vom theoretischen Niveau und der Berücksichtigung der Elektronenkorrelation ab (vgl. Abschnitt 1.2.3). High-level ab initio-Rechnungen sagen schließlich für Disilen eine trans-bent-Struktur voraus. Im Gegensatz zu Disilen werden für Digermen und Distannen auf jedem theoretischen Niveau trans-bent-Strukturen vorhergesagt. Digermen und Distannen repräsentieren im Grundzustand stabile Singulett-Moleküle, woraus wir schließen können, dass die manchmal für diese Verbindungsklasse vorgebrachte Erklärung der trans-bent-Struktur auf der Basis eines Diradikalcharakters nicht zutreffend ist (Tabelle 1.36).

Tabelle 1.36 Berechnete und experimentell beobachtete Strukturparameter für $R_2E=ER_2$-Verbindungen.

E, R	d(E=E) (in pm)	α (in °)	Methode
Ge, CH(SiMe$_3$)$_2$	235	32	Röntgenbeugung
Ge, H	233	39	ab initio CI-Rechnung *
Ge, H	231	38	ab initio HF-Rechnung
Sn, CH(SiMe$_3$)$_2$	277	41	Röntgenbeugung
Sn, H	270	41	ab initio HF-Rechnung

* CI bedeutet configuration interaction

Die Singulett-Energiehyperflächen (s. Abschnitt 1.5.1.1) für alle $H_2E=EH_2$-Vertreter der 14. Gruppe (E = C, Si, Ge, Sn, Pb) sind theoretisch untersucht worden, wobei für Zinn und Blei auch relativistische Effekte berücksichtigt wurden. Außer beim Kohlenstoff besitzen sämtliche Verbindungen stabile Minima in der verbrückten Struktur (Tabelle 1.37), wobei wiederum in allen Fällen das trans-Isomer gegenüber der cis-Form um ca. 9 kJ mol^{-1} begünstigt ist. Für Kohlenstoff stellt die trans-verbrückte Struktur einen Sattelpunkt dar. Die planaren oder trans-bent-konfigurierten doppelt gebundenen $H_2E=EH_2$-Strukturen repräsentieren für alle Vertreter außer der Bleiverbindung stabile Minima, im Fall des $H_2Pb=PbH_2$ handelt es sich um einen Sattelpunkt. Die stabilsten Minima, die als globale Minima bezeichnet werden, werden im Fall der Silicium- und Germanium-Verbindungen durch die trans-bent-Isomere definiert (Tabelle 1.37). Im Gegensatz hierzu besitzen die Verbindungen $H_2Sn=SnH_2$ und $H_2Pb=PbH_2$ ihr globales Minimum in der verbrückten trans-Struktur (Tabelle 1.37).

Tabelle 1.37 Berechnete relative Energien von $H_2E=EH_2$-Verbindungen (in kJ mol^{-1}).*

		C_2H_4	Si_2H_4	Ge_2H_4	Sn_2H_4	Pb_2H_4
2 EH$_2$ ($^1A_1$) [#]	C_{2v}	803	225	150	139	120
H$_3$E-EH	C_s	331, SP	41, M	10, M	29, M	73, M
verbrückte cis-Struktur, 1 (Abb. 1.71)	C_{2v}, cis	587	105, M	48, M	10, M	8, M
verbrückte trans-Struktur, 2 (Abb. 1.71)	C_{2h}, trans	688, SP	94, M	38, M	0, GM	0, GM
trans-bent (Abb. 1.70)	C_{2h}	–	0, GM	0, GM	38, M	100, TS
H$_2$E=EH$_2$, planar	D_{2h}	0, GM	ca. 0, TS	13, SP	77, SP	183, SP

* M = Minimumstruktur, GM = globales Minimum, SP = Sattelpunkt, TS = Übergangszustand (transition state).
[#] Tabelle 1.38 zeigt die Energiedifferenzen zwischen dem Singulett- und dem Triplett-Zustand von EH$_2$-Molekülen (E = C, Si, Ge, Sn, Pb).

Tabelle 1.38 Energiedifferenzen zwischen dem Singulett- und dem Triplett-Zustand von EH$_2$-Molekülen (E = C, Si, Ge, Sn, Pb).*

	CH_2	SiH_2	GeH_2	SnH_2	PbH_2
Grundzustand	$^3B_1$	$^1A_1$	$^1A_1$	$^1A_1$	$^1A_1$
ΔE_{ST} (in kJ mol^{-1})	–59	+70	+91	+104	+145

* Ein negatives Vorzeichen begünstigt den Triplett-Zustand, ein positives Vorzeichen den Singulett-Zustand.

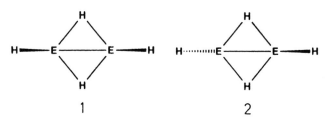

Abbildung 1.70 Verbrückte cis-(C_{2v}, **1**)- und trans-(C_{2h}, **2**)-$H_2E{=}EH_2$-Strukturen.

Überraschenderweise besitzt die Bleiverbindung in der trans-bent-Form weder ein globales noch ein lokales Minimum, sondern repräsentiert einen Übergangszustand. Dies bedeutet, dass ein Diplumben nicht existieren sollte und dass lediglich die verbrückte Form als stabil zu erwarten ist. Tatsächlich konnten experimentell die Komplexe [E (TeSi(SiMe$_3$)$_3$)$_3$]$_2$ (E = Sn, Pb) dargestellt und strukturell charakterisiert werden. Beide Verbindungen besitzen wie erwartet verbrückende Strukturen. Die energetisch sehr nahe erwarteten trans-Strukturen konnten bisher nicht beobachtet werden.

Allgemein kann man feststellen, dass die geometrische Koordination an der $H_2E{=}EH_2$-Doppelbindung durch den Grad an Orbital-Mischung in dem $H_2E{=}EH_2$-Molekül bestimmt wird. Zunehmendes Mischen der Orbitale führt zu stärkerer Pyramidalisierung am Zentrum E und damit zur Ausbildung einer trans-bent-konfigurierten Doppelbindung. Das Ausmaß des Orbitalmischens und damit die Größe des Faltungswinkels α (Abbildung 1.69) werden hierbei durch die im Folgenden genannten Parameter bestimmt

(a) Die intrinsische π-σ^*-Orbitallücke an der Doppelbindung. Man bezeichnet diese Energielücke als „intrinsisch", weil sie im Wesentlichen durch die σ- und π-Bindungsstärke bestimmt wird; stärkere Doppelbindungen haben größere π-σ^*-Energielücken.

(b) Die Substitution mit stark elektronegativen Substituenten, die das Mischen der Orbitale begünstigt. Für Ethen, $H_2C{=}CH_2$, ist die intrinsische π-σ^*-Energielücke so groß, dass kein Ligand in der Lage ist, ein starkes Mischen der Orbitale zu bewirken, wodurch eine trans-bent-C=C-Koordination begünstigt werden könnte. Andererseits sind die intrinsischen π-σ^*-Energielücken der Disilene, Distannene und Diplumbene deutlich kleiner, so dass ein Mischen der Orbitale ermöglicht wird. Demzufolge bewirken stark elektronegative Liganden ein stärkeres Mischen der Orbitale und begünstigen somit einen stärkeren Faltungswinkel α.

Im Fall der Germanium- und Zinn-Verbindungen wird die Destabilisierung der E-E-$\sigma(a_g)$-Bindung in der trans-bent-Form durch die Stabilisierung des höchsten besetzten $\pi(b_u)$-Orbitals, welches mit dem σ^*-Orbital der E-E-Bindung in Wechselwirkung steht, annähernd kompensiert.

Zusammenfassend können wir feststellen, dass das Ausmaß am Mischen der Orbitale und damit der Faltungswinkel α abhängig ist von der Energiedifferenz zwischen dem $\pi(b_u)$-Orbital und dem E-E-σ^*-Orbital, wobei dieser Abstand innerhalb der Gruppe vom Kohlenstoff zum Blei hin abnimmt. Dies bedeutet, dass die Stabilität der trans-bent-Form im Vergleich zur planaren $H_2E=EH_2$-Struktur und damit auch der Faltungswinkel α innerhalb der 14. Gruppe mit zunehmender Atommasse zunimmt. Dieser Effekt ist auch gut mit der zunehmenden Energiedifferenz zwischen der Singulett- und der Triplett-Form der EH_2-Monomere in Einklang (vgl. Tabelle 1.38). Lediglich Carben, CH_2, besitzt einen Triplett-Grundzustand ($^3B_1$), während SiH_2, GeH_2, SnH_2 und PbH_2 Singulett-Grundzustände mit $^1A_1$-Symmetrie besitzen, wobei die Energiedifferenz zwischen dem $^1A_1$- und dem $^3B_1$-Zustand innerhalb der Gruppe von oben nach unten hin zunimmt: Si < Ge < Sn < Pb.

Die berechneten Dissoziationsenergien für die Dissoziation von $H_2E=EH_2$ in zwei EH_2-Fragmente betragen etwa 220–240 kJ mol^{-1} für E = Si, 125–190 kJ mol^{-1} für E = Ge und 90–120 kJ mol^{-1} für E = Pb.

$$H_2E=EH_2 \longrightarrow 2\,EH_2$$

Eine der aufregendsten Entdeckungen im Bereich der Chemie niedrig-koordinierter Molekülverbindungen war sicher die der einfach-überbrückten Struktur des Silicium-Analogons von Ethin, des H_2Si_2 (Abbildung 1.71). Die in Abbildung 1.71 gezeigte einfach-überbrückte Gleichgewichtsstruktur **A** (lokales Minimum) liegt energetisch nur 45 kJ mol^{-1} oberhalb der zweifach-überbrückten Butterfly-Struktur **B**, die für dieses System das globale Minimum repräsentiert. Das H_2Si_2-Molekül ist auch deshalb von Bedeutung, weil es nicht nur theoretisch berechnet wurde, sondern auch experimentell intensiv mit Hilfe der Mikrowellenspektroskopie untersucht werden konnte.[79]

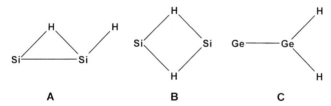

A   **B**   **C**

Abbildung 1.71 Einfach-verbrückte und zweifach-überbrückte-(Butterfly)-Strukturen von H_2Si_2 und Vinyliden-Struktur von H_2Ge_2.

Das höhere Germanium-Homologe H_2Ge_2 ist bisher ebenfalls eingehend theoretisch untersucht worden, allerdings liegen hier noch weniger experimentelle Befunde vor. Es kann angenommen werden, dass von H_2Ge_2 zwei dem in Abbildung 1.71 gezeigten Si-System analoge verbrückte Isomere existieren und zusätzlich noch eine weitere Vinyliden-Form, Ge-GeH_2 **C**, wobei die doppelt-überbrückte Struktur das globale Minimum darstellt, während die einfach-überbrückte Form 37 kJ mol^{-1} und die Vinyliden-Form 46 kJ mol^{-1} höhere Energie besitzen.

1.10 Elektronendomänen und das VSEPR-Modell

Seit vielen Jahren ist das VSEPR-Modell (Valence-Shell-Electron-Pair-Repulsion) eine nützliche Basis für das Verständnis und die Erklärung von Molekülstrukturen. Bereits in einführenden Lehrbüchern wie auch in spezialisierten Monographien ist dieses Thema ausführlich dargestellt.[13,26,50] Allerdings wurde das VSEPR-Modell häufig als rein empirisches Modell ohne physikalische Basis oder als klassische elektrostatische Theorie betrachtet. Wir wollen im Folgenden versuchen, eine physikalische Basis für das VSEPR-Modell zu erarbeiten und die Strukturen auch ungewöhnlicher Moleküle auf dessen Grundlage zu verstehen. Insbesondere wollen wir zeigen, dass das VSEPR-Modell eine physikalische Basis im Pauli-Prinzip besitzt und dass die Domänenversion des VSEPR-Modells, die durch die Analyse der Gesamtelektronendichte eines Moleküls mittels Elektronendichtedeformationskarten wie auch des Laplace-Operators der Elektronendichte gestützt wird, eine natürliche Erweiterung des ursprünglichen VSEPR-Modells darstellt.[27]

1.10.1 Das Pauli-Prinzip

Mit dem Auftreten der vier Quantenzahlen n, ℓ, m_ℓ und m_s allein können viele Phänomene nicht erklärt werden. Zur Erklärung beispielsweise der physikalischen Nicht-Unterscheidbarkeit der Elektronen, der Periodizität im Periodensystem der Elemente oder der Multiplettstruktur von Atomspektren musste ein fundamentales Prinzip aufgestellt werden, das *Pauli-Prinzip* (1924):

Es kann in einem Atom nicht zwei (oder mehrere) Elektronen geben, deren Zustand durch den gleichen Satz der vier Quantenzahlen n, ℓ, m_ℓ und m_s charakterisiert ist.

Diese historische Formulierung lässt sich verallgemeinern, was wir schrittweise tun wollen. Denken wir uns zunächst ein Zwei-Elektronensystem, z.B. Helium. Für ein solches elektronisches System muss die Wellenfunktion *antisymmetrisch* bezüglich der Vertauschung der Koordinaten beider Elektronen sein:

$$\Psi(x_1, x_2) = -\Psi(x_2, x_1).$$

Betrachten wir die beiden Elektronen näherungsweise als unabhängig, so lässt sich die Wellenfunktion als Produkt zweier Einelektronenfunktionen darstellen:

$$\Psi(x_1, x_2) = \varphi_a(x_1) \cdot \varphi_b(x_2).$$

Berücksichtigen wir, dass beide Elektronen ununterscheidbar sind, also sich das Elektron 2 auch in φ_a „aufhalten" kann bzw. Elektron 1 in φ_b, sowie dass die Wellenfunktion antisymmetrisch bezüglich der Vertauschung der Koordinaten zweier Elektronen sein muss, so können wir folgende Wellenfunktion konstruieren, die diese Bedingung erfüllt:

$$\Psi(x_1, x_2) = \varphi_a(x_1) \cdot \varphi_b(x_2) - \varphi_a(x_2) \cdot \varphi_b(x_1).$$

Würden beide Elektronen den gleichen Satz an den vier Quantenzahlen besitzen (das bedeutet a = b), dann verschwindet die Wellenfunktion, also ist $\Psi(x_1, x_2) = 0$. Damit wird die Übereinstimmung mit der historischen Formulierung des Pauli-Prinzips deutlich:

Ein solcher Zustand existiert nicht!

Wir können die Aussage über die Symmetrieeigenschaft der Wellenfunktion für Elektronen auch auf andere Teilchen erweitern, denn die Symmetrieeigenschaft der Wellenfunktion hängt ab vom Spin des zu beschreibenden Teilchens [$x = (r, \sigma)$]:

$$\Psi(x_1, x_2 ..., x_i, x_j ... x_k) = \pm \Psi(x_1, x_2 ..., x_j, x_i ... x_k).$$

Sämtliche Wellenfunktionen für Teilchen mit halbzahligem Spin (Fermi-Teilchen oder Fermionen) müssen antisymmetrisch bei Vertauschung der Koordinaten zweier beliebiger Teilchen sein. Für Teilchen mit ganzzahligem Spin (Bose-Einstein-Teilchen oder Bosonen) muss die Wellenfunktion symmetrisch bezüglich der Permutation der Koordinaten (Orts- und Spinkoordinaten) zweier Teilchen sein.

Will man ein elektronisches System adäquat beschreiben, so hat sich zur Konstruktion einer antisymmetrischen Wellenfunktion die **Determinantenschreibweise nach Slater** durchgesetzt.

Eine Slater-Determinante zur Beschreibung einer elektronischen Wellenfunktion ist eine formale Determinante, gebildet aus N (Anzahl der Elektronen) Spinorbitalen $\Psi_1 ... \Psi_N$ und multipliziert mit einem Normierungsfaktor:

$$\Psi^{SD} = \frac{1}{\sqrt{N!}} \begin{vmatrix} \Psi_1(x_1) & \cdots & \Psi_1(x_N) \\ \cdot & \cdot \cdot \cdot & \cdot \\ \cdot & \cdot \cdot \cdot & \cdot \\ \cdot & \cdot \cdot \cdot & \cdot \\ \Psi_N(x_1) & \cdots & \Psi_N(x_N) \end{vmatrix}$$

Hierbei hat es sich bewährt, die Einelektronenfunktion (Spinorbital) eines Elektrons als Produkt einer Ortsfunktion und einer Spinfunktion zu formulieren

$$\Psi_i(r, \sigma) = \Psi_i(x) = \varphi_i(r) \cdot \chi(\sigma).$$

[$\Psi_i(x)$ Spinorbital, $\varphi_i(r)$ Ortsfunktion, $\chi(\sigma)$ Spinfunktion mit α- oder β-Spin].

Das Pauli-Prinzip ist durch die mathematischen Eigenschaften einer Determinante vorgegeben:

(a) Das Vertauschen von zwei Elektronen – entspricht der Vertauschung von zwei Spalten – hat zur Folge, dass sich das Vorzeichen der Determinante ändert.

(b) Bei Doppelbesetzung eines Spinorbitals (– wenn also zwei Elektronen den gleichen Satz an vier Quantenzahlen besitzen –) hat die Determinante zwei gleiche Zeilen und ergibt den Wert Null.

1.10.2 Elektronenpaardomänen

Anschaulich wird die Bedeutung des Pauli-Prinzips für die Molekülgeometrie deutlich, wenn wir eine Valenzschale aus acht Elektronen (das Oktett) betrachten, wie sie bei vielen Atomen in ihren Molekülen vorliegt. In einer solchen Valenzschale sind vier Elektronen mit α-Spin und vier Elektronen mit β-Spin vorhanden. Als Konsequenz des Pauli-Prinzips besteht eine hohe Wahrscheinlichkeit dafür, dass die vier Elektronen mit α-Spin eine tetraedrische Anordnung einnehmen, sowie eine ebenso hohe Wahrscheinlichkeit, dass auch die vier Elektronen mit β-Spin tetraedrisch angeordnet sind (Abbildung 1.72). Aus dem Pauli-Prinzip leitet sich kein Zusammenhang zwischen diesen beiden tetraedrischen Anordnungen ab. Allerdings verstärkt die elektrostatische Abstoßung nicht nur die tetraedrische Anordnung der beiden Sätze von Elektronen, sondern sie trägt auch dazu bei, dass die Tetraeder auseinandergehalten werden. In einem einzelnen Atom wie dem Neonatom gibt es keine äußere Kraft, die die freie Beweglichkeit der beiden Tetraeder einschränken würde, so dass insgesamt eine kugelsymmetrische Elektronendichteverteilung resultiert. In Verbindungen dagegen ziehen die positiven Atomrümpfe von einem oder mehreren Ligandenatomen die Elektronen in der Valenzschale des Zentralatoms an. Im Einklang mit dem Pauli-Prinzip kann ein solcher Atomrumpf zwei Elektronen mit entgegengesetztem Spin in der gleichen Region zusammenführen, wobei eine Bindung gebildet wird. Bei einem Zentralatom A mit einer tetraedrischen Anordnung von Elektronen mit α-Spin und einer tetraedrischen Anordnung von Elektronen mit β-Spin in der Valenzschale gelangen bei der Bildung von zwei A-X-Bindungen (X = einfach gebundener Ligand) die Tetraeder der beiden Elektronensätze annähernd zur Deckung. Dadurch werden vier Elektronenpaare gebildet, zwei bindende und zwei freie Elektronenpaare (Abbildung 1.72). Da sich die beiden freien Elektronenpaare nur im Feld des Kerns A befinden, werden sie sich etwas mehr ausbreiten als die beiden bindenden Elektronenpaare (Abbildung 1.72).

Eine Valenzschale mit vier Elektronenpaaren kann somit in vier *Elektronenpaardomänen* eingeteilt werden, d.h. in Bereiche, in denen die Aufenthaltswahrscheinlichkeit für ein Elektronenpaar hoch ist. Liegen mehr oder weniger als vier Elektronenpaare vor, so ordnen sich die Elektronenpaardomänen so an, wie man es nach dem klassischen VSEPR-Modell erwarten würde:

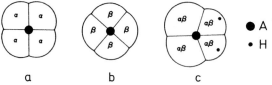

a   b   c

Abbildung 1.72 Wahrscheinlichste Anordnung für (a) α-Spin- und (b) β-Spin-Elektronen auf der (Oktett)-Valenzschale, (c) Anordnung der α-Spin- und β-Spin-Elektronen in einem AH_2-Molekül (z.B. H_2O). [Reproduziert mit freundlicher Genehmigung von VCH, Weinheim aus *Angew. Chem.*, **1996**, *108*, 539].

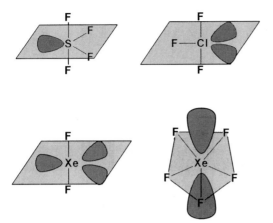

Abbildung 1.73 Molekülstrukturen von SF_4, ClF_3, XeF_2 und XeF_5^-.

(a) zwei Elektronenpaardomänen $\Rightarrow$ linear,

(b) drei Elektronenpaardomänen $\Rightarrow$ trigonal planar,

(c) vier Elektronenpaardomänen $\Rightarrow$ tetraedrisch,

(d) fünf Elektronenpaardomänen $\Rightarrow$ in der Regel trigonal-bipyramidal. Hier sind die beiden axialen und die drei äquatorialen Positionen nicht mehr äquivalent, und große Substituenten und freie Elektronenpaare (vgl. Abbildung 1.73) werden die äquatorialen Positionen bevorzugen (vgl. SF_4), während kleine (H) und stark elektronegative Substituenten (F) die axialen Positionen einnehmen (vgl. $(CH_3)_2PF_3$).

(e) sechs Elektronenpaardomänen $\Rightarrow$ oktaedrisch,

(f) sieben Elektronenpaardomänen $\Rightarrow$ in der Regel pentagonal-bipyramidal. Hier sind die beiden axialen und die fünf äquatorialen Positionen nicht mehr äquivalent, und große Substituenten und freie Elektronenpaare (vgl. Abbildung 1.73) werden die axialen Positionen bevorzugen (vgl. XeF_5^-), während kleine und stark elektronegative Substituenten (F) die äquatorialen Positionen einnehmen (vgl. $XeOF_5^-$).

Im nächsten Abschnitt werden wir sehen, dass es wichtig ist, auch die Form der Elektronenpaardomänen zu berücksichtigen. Das ursprüngliche VSEPR-Modell beruhte im wesentlichen darauf, dass die Valenzelektronenpaare, die als Punkte betrachtet wurden, so weit wie möglich voneinander entfernt angeordnet sind. Diese Formulierung führte manchmal zu dem Missverständnis, dass nur elektrostatische Abstoßung zwischen den Elektronen für den Abstand zwischen den Elektronenpaaren ursächlich ist. Die Formulierung des Modells mit Hilfe von Elektronenpaardomänen verdeutlicht aber, dass die Anordnung von Elektronenpaaren in größtmöglichem Abstand eine Konsequenz dreier wichtiger Prinzipien ist:

(a) des Pauli-Prinzips,

(b) der Elektron-Kern-Anziehung und

(c) der Elektron-Elektron-Abstoßung.

Wir haben bereits gelernt, dass Elektronenpaare mehr Raum benötigen als Einfachbindungen und somit würden wir innerhalb der Reihe CH_4, NH_3, H_2O mit einer kontinuierlichen Abnahme der H-A-H-Valenzwinkel (A = C, N, O) rechnen, was auch experimentell bestätigt werden konnte:

$$<(H\text{-}A\text{-}H): CH_4, 109.5°; NH_3, 107.3°; H_2O, 104.5°.$$

In der ursprünglichen Form des VSEPR-Modells wurde postuliert, dass die Stärke der Abstoßung zwischen den Elektronenpaaren in folgender Reihenfolge abnimmt: freies/freies Elektronenpaar > freies/Bindungselektronenpaar > Bindungs-/Bindungselektronenpaar.

Diese Annahme führt zu den gleichen Schlüssen bezüglich der Bindungswinkel wie das Domänenmodell, wenn sie auch nicht immer so einfach gezogen werden können. Wegen der geringeren Wahrscheinlichkeit, dass sich Elektronen mit gleichem Spin dicht beieinander aufhalten, vermeiden die Elektronenpaardomänen Überlappungen. In diesem Sinne kann man sagen, dass die Domänen sich gegenseitig abstoßen und dass größere Domänen andere Domänen stärker abstoßen als kleinere Domänen.

An dieser Stelle sei der Leser unbedingt aufgefordert, die Bindungswinkeldiskussion in Abschnitt 1.2.2 zu lesen.

Die Vorteile des Domänenkonzepts gegenüber dem rein elektrostatischen Punktladungsmodell werden besonders deutlich bei fünffach-koordinierten Molekülen des Typs AX_4E, AX_3E_2 und AX_2E_3. Es ist nun leichter zu verstehen, warum ein freies Elektronenpaar immer eine äquatoriale Position besetzen wird, da eine äquatoriale Position mehr Platz bietet als eine axiale Position, da sie zwei benachbarte axiale Positionen im Winkel von 90° und zwei benachbarte äquatoriale Positionen etwas weiter entfernt im Winkel von 120° hat, wohingegen eine axiale Position drei nächste Nachbarn im 90°-Winkel besitzt. Da die Domänen der freien Elektronenpaare größer sind als die der Bindungsdomänen, besetzen sie immer die äquatorialen Positionen in diesen Molekülen. Daher besitzen AX_4E-Moleküle wie SF_4 immer bisphenoidale (Wippe), AX_3E_2-Moleküle wie ClF_3 immer eine T-förmige und AX_2E_3-Moleküle wie XeF_2 immer eine lineare Struktur (Abbildung 1.73).

Tabelle 1.39 Strukturparameter von SF_4, ClF_3, XeF_2 und XeF_5^-.

Molekül oder Ion	d_{ax} (in pm)	$d_{äq}$ (in pm)	Winkel (XYX)	$<(XYX)$ (in °)
SF_4	164.6	154.5	F_{ax}-S-F_{ax}	173.1
			$F_{äq}$-S-$F_{äq}$	101.6
ClF_3	169.8	159.8	F_{ax}-Cl-F_{ax}	175
			F_{ax}-Cl-$F_{äq}$	87.5
XeF_2	197.7		F_{ax}-Xe-F_{ax}	180.0
XeF_5^-		198–203	$F_{äq}$-Xe-$F_{äq}$	72

Ein weiterer Vorteil des Domänenmodells liegt darin, dass es verständlich macht, wie die Domäne eines freien Elektronenpaars gerichtete, abstoßende Kräfte ausüben kann. Die Winkel zwischen den Domänen in der Äquatorebene von AX_4E-, AX_3E_2- und AX_2E_3-Molekülen sind größer als die Winkel zwischen den axialen und den äquatorialen Domänen. Folglich verteilt sich die Domäne eines freien Elektronenpaars in einer äquatorialen Position auch mehr in äquatorialer als in axialer Richtung, so dass sie eine nicht zylindersymmetrische Form annimmt und ein großer äquatorialer Bindungswinkel stärker verzerrt wird als ein kleinerer Winkel zwischen axialer und äquatorialer Position (Tabelle 1.39).

In analoger Weise können wir auch die Struktur des planaren XeF_5^--Ions verstehen (Abbildung 1.73). Obwohl die strukturell günstigste Anordnung von sieben Elektronendomänen nicht mit Sicherheit vorhergesagt werden kann, ist es dennoch sinnvoll anzunehmen, dass die Struktur des XeF_5^--Ions analog zu den Strukturen der eng verwandten Moleküle IF_7 und TeF_7^- ebenfalls von der pentagonalen Bipyramide abgeleitet werden kann. In der pentagonal-bipyramidalen Anordnung von sieben Elektronenpaardomänen in der Valenzschale ist bei den beiden axialen Positionen, die 90°-Winkel mit ihren Nachbarn bilden, mehr Platz vorhanden als bei den äquatorialen Positionen, die zwei Winkel mit 72° und zwei mit 90° mit benachbarten Positionen bilden. Daher kann angenommen werden, dass die großen Domänen freier Elektronenpaare in einer pentagonal-bipyramidalen Anordnung von sieben Elektronendomänen die axialen Positionen besetzen, was zu der beobachteten pentagonal-planaren Struktur des XeF_5^--Ions führt.

1.10.3 Mehrfachbindungsdomänen

Doppelbindungen entstehen im VSEPR-Bild dadurch, dass sich zwei Atome zwei Elektronenpaare teilen, Dreifachbindungen werden aus drei Elektronenpaardomänen gebildet, die sich zwischen zwei Atomen befinden. Oft erweist es sich als günstig, bei Doppelbindungen die beiden Elektronenpaardomänen als so überlappend zu betrachten, dass sie eine Doppelbindungsdomäne bilden, die vier Elektronen enthält, und in der die beiden Paare nicht unterscheidbar sind. Die Gesamtelektronendichteverteilung zeigt einen elliptischen Querschnitt mit einem Maximum auf der C-C-Achse. In Abbildung 1.74 ist die Anordnung der Einfach- (S) und Doppel-

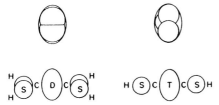

Abbildung 1.74 Einfach- (S) und Doppelbindungsdomänen (D) in einem planaren Ethenmolekül sowie Einfach- (S) und Dreifachbindungsdomänen (T) in einem linearen Ethinmolekül. [Reproduziert mit freundlicher Genehmigung von VCH, Weinheim aus *Angew. Chem.*, **1996**, *108*, 539].

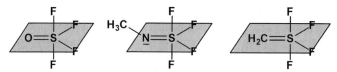

Abbildung 1.75 Molekülstrukturen von OSF_4, H_3CNSF_4 und H_2CSF_4.

bindungsdomänen (D) in einem planaren Ethenmolekül gezeigt. Analog können die drei Elektronendomänen einer Dreifachbindung als eine Sechs-Elektronen-Dreifachbindungsdomäne aufgefasst werden. Abbildung 1.74 zeigt ebenfalls die Anordnung der Einfach- (S) und Dreifachbindungsdomänen (T) in einem linearen Ethinmolekül.

Interessante Beispiele dafür, dass es notwendig ist, die Form einer Mehrfachbindungsdomäne zu berücksichtigen, liefern die Moleküle OSF_4 und H_2CSF_4 (Abbildung 1.75).[81a,b] Hier bewirkt der hohe Raumbedarf der S-O- und S-C-Doppelbindungsdomänen, verglichen mit dem Raumbedarf der S-F-Einfachbindungsdomänen, dass alle F-S-F-Winkel kleiner als die idealen Winkel von 120° bzw. 90° sind (Tabelle 1.40). Die C-S-Doppelbindungsdomäne wird durch die CH_2-Gruppe in eine gestreckte ellipsoide Form gezwungen, deren lange Achse senkrecht zu der Ebene steht, in der die CH_2-Gruppe liegt. Um ihre Wechselwirkung mit den axialen S-F-Bindungsdomänen zu minimieren, liegt die Doppelbindungsdomäne in der äquatorialen Ebene, während die CH_2-Gruppe senkrecht zu dieser Ebene steht, so dass der $F_{äq}$-S-$F_{äq}$-Winkel von 120° auf 96.4° abnimmt, während der F_{ax}-S-F_{ax}-Winkel nur von 180° auf 170° verringert wird. Im Gegensatz dazu wird die S-O-Doppelbindungsdomäne in OSF_4 nicht durch Bindungen am Sauerstoffatom in eine ellipsoide Form gedrängt. so dass sie nahezu zylindersymmetrische Gestalt besitzt. Aus diesem Grund beeinflusst die S-O-Doppelbindungsdomäne in OSF_4 den $F_{äq}$-S-$F_{äq}$-Winkel, der von 120° auf 114.1° verringert ist, weit weniger als dies die C-S-Doppelbindungsdomäne in H_2CSF_4 tut, während sie einen größeren Einfluss auf den F_{ax}-S-F_{ax}-Winkel hat, der auf 160.4° komprimiert ist. Strukturell befindet sich das H_3CNSF_4-Molekül mit einem freien Elektronenpaar am Stickstoffatom und einem einfach-gebundenen Substituenten genau zwischen den beiden Extremfällen OSF_4 und H_2CSF_4 (Abbildung 1.75). Die hinsichtlich der Formen der S-O- und der S-C-Doppelbindungsdomänen gewonnenen Erkenntnisse werden durch eine Analyse des Laplace-Operators der Elektronendichte dieser Moleküle eindrucksvoll bestätigt (s. Abschnitt 1.10.4).

Tabelle 1.40 Strukturparameter für Moleküle des Typs $X=SF_4$ (X = O, H_3C-N, H_2C).

Molekül oder Ion	<(F_{ax}-S-F_{ax}) (in °)	<($F_{äq}$-S-$F_{äq}$) (in °)	<(F_{ax}-S-X) (in °)
$O=SF_4$	160.4	114.1	99.8
$H_3CN=SF_4$	168.0	99.8	98.0 und 94.0
$H_2C=SF_4$	170.0	96.4	95.0

1.10.4 Die Elektronendichte und ihr Laplace-Operator

Das in den vorangegangenen Abschnitten diskutierte Elektronendomänenmodell ist natürlich eine grobe Näherung zur Beschreibung der Elektronendichteverteilung in einem Molekül. Durch ab initio-Rechnungen und zunehmend auch auf der Basis experimenteller Röntgenmethoden, die durch sehr präzise Messungen bei tiefer Temperatur erhalten wurden, können heute jedoch immer mehr und genauere quantitative Informationen über die Elektronenverteilung in Molekülen gewonnen werden. Leider liefert die Gesamtelektronendichteverteilung nur wenig Informationen, die für die Diskussion der chemischen Bindung von Interesse wären. Dies ist besonders bei schweren (elektronenreichen) Elementen der Fall, da ja vorwiegend die Valenzelektronen an der chemischen Bindung beteiligt sind. Im wesentlichen gibt es zwei Methoden, die Elektronendichteverteilung so zu analysieren, dass daraus auf lokalisierte bindende und nicht bindende Elektronenpaare geschlossen und somit das Konzept der lokalisierten Elektronenpaare gestützt werden kann:
(a) Die Berechnung von *Deformationsdichtekarten*.
(b) Die Analyse der Gesamtelektronendichte anhand des *Laplace-Operators*.

Im Folgenden wollen wir bezüglich der Berechnung von Deformationsdichtekarten nur erwähnen, dass man solche erhält, indem man von der experimentell ermittelten oder berechneten Gesamtelektronendichte eines Moleküls die Elektronendichte eines fiktiven „Prämoleküls" subtrahiert, welches die gleiche Struktur besitzt wie das zu betrachtende Molekül, aber aus kugelförmigen Atomen aufgebaut ist, die die atomare Elektronendichte besitzen. Eine solche Deformationselektronendichtekarte zeigt dann Konzentrationen von Elektronendichte in bindenden Bereichen und in Bereichen, die freien Elektronenpaaren zugeordnet werden können, und spiegelt somit die Domänen der bindenden und freien Elektronenpaare wider.

Bader und Mitarbeiter konnten zeigen, dass die Gesamtelektronendichte eines Moleküls anhand des Laplace-Operators $\nabla^2\rho$ der Elektronendichte ρ analysiert werden kann.[27, 82]

$$\nabla^2\rho = \frac{\partial^2\rho}{\partial x^2} + \frac{\partial^2\rho}{\partial y^2} + \frac{\partial^2\rho}{\partial z^2}$$

Die Laplace-Funktion hat gegenüber der Gesamtelektronendichte die Eigenschaft, dass sehr kleine Änderungen in der Elektronendichte deutlicher hervortreten und geringe lokale Konzentrationen, die nicht merklich in der Gesamtelektronendichteverteilung auffallen, „sichtbar" gemacht werden. Diesen Effekt können wir uns am besten an den mathematischen Eigenschaften einer allgemeinen Funktion $\nabla^2 f(x,y,z)$ veranschaulichen. Der Laplace-Operator einer beliebigen Funktion $f(x,y,z)$, $\nabla^2 f(x,y,z)$, ist die zweite Ableitung dieser Funktion nach x, y und z. Um anschaulich verstehen zu können, wie der Laplace-Operator der Elektronendichteverteilung eines Moleküls ($\nabla^2\rho$) Eigenschaften hervorhebt, die nicht schon in der Gesamtelektronendichte offensichtlich werden, betrachten wir die eindimensionale Funktion

$$f(x) = 8 \exp.\{-7x\} + \exp.\{-10(x-0.5)^2\}$$

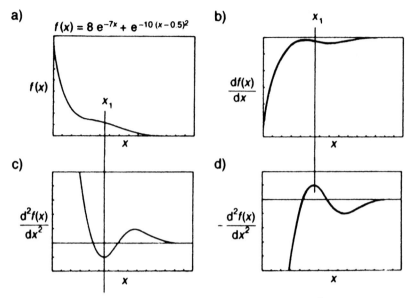

Abbildung 1.76 (a) die Funktion f(x) = 8 exp.{−7x} + exp.{−10(x−0.5)^2}, (b) ihre erste Ableitung f′(x), (c) ihre zweite Ableitung f″(x) sowie (d) den negativen Wert ihrer zweiten Ableitung −f″(x). [Reproduziert mit freundlicher Genehmigung von VCH, Weinheim aus *Angew. Chem.*, **1996**, *108*, 539].

Abbildung 1.76 zeigt (a) diese Funktion, (b) ihre erste Ableitung f′(x), (c) ihre zweite Ableitung f″(x) sowie (d) den negativen Wert ihrer zweiten Ableitung −f″(x). Diese Funktion f(x) könnte beispielsweise das Radialverhalten der Elektronendichte eines Atoms beschreiben. Die erste Ableitung der Funktion ist für alle Werte von x negativ, was das Fehlen von Maxima in der Funktion f(x) anzeigt, hat aber einen Wendepunkt bei x_1. An diesem Punkt weist die zweite Ableitung ein ausgeprägtes Minimum auf, daher zeigt −f″(x) an dieser Stelle ein Maximum. Somit tritt die Schulter in der Ausgangsfunktion f(x) bei x_1 viel deutlicher in der Funktion -f″(x) hervor. Falls diese Funktion das Radialverhalten der Elektronendichte beschreiben würde, könnten wir sagen, dass die Elektronendichte in radialer Richtung lokal konzentriert ist.

Gehen wir nun zum dreidimensionalen, realen Fall des Argon-Atoms über und betrachten in einem freien Ar-Atom die Gesamtelektronendichte mit zunehmendem Abstand vom Atomkern (Abbildung 1.77). Wie wir sehen, treten keine Minima und Maxima in der Gesamtelektronendichte auf, die auf eine Schalenstruktur bezüglich der Elektronendichte hinweisen könnten. In der graphischen Darstellung des Laplace-Operators hingegen (Abbildung 1.77) sind die Elektronenschalen deutlich als lokale Konzentration von Elektronendichte in Form kugelförmiger Schalen erkennbar, wobei diese Schalen jeweils von kugelförmigen Bereichen verminderter Elektronendichte umgeben sind (Abbildung 1.77).

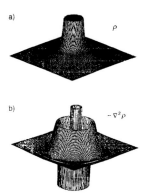

Abbildung 1.77 (a) Darstellung der Elektronendichte ρ in einer Ebene durch den Kern des Argonatoms; (b) Darstellung des Laplace-Operators der Elektronendichte als $-\nabla^2\rho$ in der gleichen Ebene wie unter (a). [Reproduziert mit freundlicher Genehmigung von VCH, Weinheim aus *Angew. Chem.*, **1996**, *108*, 539].

Betrachten wir nun abschließend noch die drei bereits in Abschnitt 1.10.3 diskutierten Moleküle mit Doppelbindungselektronenpaardomänen OSF_4, H_3CNSF_4 und H_2CSF_4. Aus Abbildung 1.78 können wir klar erkennen, dass der Laplace-Operator eine Bestätigung der zunehmend ellipsoid geformten Doppelbindungsdomänen in der Reihe der Moleküle OSF_4, $HNSF_4$ (der Einfachheit halber betrachten wir hier die N-H anstatt der N-CH$_3$-Verbindung) und H_2CSF_4 liefert, was wir bereits auf der Basis des qualitativen VSEPR-Modells diskutiert haben.

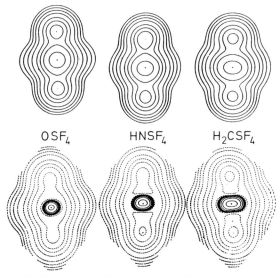

Abbildung 1.78 Konturliniendiagramme der Elektronendichte ρ (oben) und des Negativen ihres Laplace-Operators $-\nabla^2\rho$ (unten) in der Ebene senkrecht zur Bindungsachse und durch das Maximum von $-\nabla^2\rho$ für die Doppelbindungen in OSF_4, $HNSF_4$ und H_2CSF_4. [Reproduziert mit freundlicher Genehmigung von VCH, Weinheim aus *Angew. Chem.*, **1996**, *108*, 539].

Der Laplace-Operator der Elektronendichte liefert somit einen Beweis dafür, dass die Domänenversion des VSEPR-Modells auf einer realen physikalischen Basis beruht, die letzten Endes quantenmechanisch im Pauli-Prinzip zu verstehen ist (vgl. Abschnitt 1.10.1). Obwohl die Elektronen nicht so stark zu Paaren lokalisiert sind, wie man es sich nach dem Domänenmodell vorstellen würde, gibt es lokale Konzentrationen von Elektronendichte, die sowohl bindende als auch freie Elektronenpaardomänen repräsentieren und auch die gleichen Eigenschaften und relativen Größen wie diese Domänen haben.

1.10.5 Die Halogenide der Erdalkalimetalle

Generell zeigt sich bei den Erdalkalimetalldihalogeniden der allgemeine Trend, dass sowohl d-Orbital-Beteiligung als auch Rumpfpolarisation (*core*-Polarisation) wesentlich zur Abwinkelung dieser Moleküle beitragen.[83a–c,84]

Tabelle 1.41 stellt für die Dihalogenide von Calcium, Strontium und Barium die ab initio berechneten und experimentell gefundenen Bindungswinkel für diese Spezies zusammen.

Die Ergebnisse aus Tabelle 1.41 zeigen deutlich, dass BaF_2, $BaCl_2$, SrF_2 und auch $BaBr_2$ stark gewinkelt sind. Im Gegensatz hierzu sind BaI_2, $SrCl_2$, $SrBr_2$ und CaF_2 linear beziehungsweise nur schwach gewinkelt. Daher können für solche Moleküle, selbst auf hohem theoretischen Niveau die Bindungswinkel bisher nicht exakt vorhergesagt werden. $CaCl_2$, $CaBr_2$, CaI_2 und SrI_2 sind linear auf allen angewendeten theoretischen Niveaus.

Offensichtlich scheint in den oben betrachteten MX_2 Erdalkalimetalldihalogeniden sowohl die Polarisierbarkeit des Zentralatoms (Rumpfpolarisation und d-Orbitalbeteiligung) als auch die „Härte" des Liganden eine entscheidende Rolle bei der Ausbildung gewinkelter Strukturen zu spielen. Bei einer weitergehenden Quantifi-

Tabelle 1.41 X-M-X-Bindungswinkel (in °) für die Erdalkalimetalldihalogenide CaX_2, SrX_2 und BaX_2 (X = F, Cl, Br, I)

Methode [a]	X	X-Ca-X	X-Sr-X	X-Ba-X
ab initio-Rechnung *	F	157.5	138.8	123.0
	Cl	180.0	159.5	141.4
	Br	180.0	164.2	142.9
	I	180.0	180.0	152.0
Experiment [#]	F	142	108 (?)	95 (?)
	Cl	180	120(20)	100(20)
	Br	180	180	150(30)
	I	180	180	170 (?)

* ab initio-Rechnung auf SDCI+Q/5d1f-Niveau.
[#] (?): nicht gesicherte Werte; Standardabweichung in ( )

zierung können wir darüber hinaus von der engen Beziehung zwischen der Polarisierbarkeit und der „Weichheit" σ eines Atoms Gebrauch machen. Die *Weichheit* σ eines Atoms (σ: reziproke Härte, $\sigma = 1/\eta$) ist definiert als

$$\sigma = 2 / (I_v - A_v) \text{ [in eV]},$$

wobei I_v und A_v die Ionisierungsenergien und Elektronenaffinitäten des Valenzzustandes sind. Es konnte weiterhin gezeigt werden, dass für ABC-Doppeloktett-Moleküle eine Abwinkelung dann erfolgt, wenn das Zentralatom weich ist und die Liganden große Ladungsdichte nahe dem Zentralatom konzentrieren können.

Somit ist die Differenz zwischen der Weichheit des Zentralatoms und derjenigen der Liganden ein geeignetes Maß, die Struktur dreiatomiger AB_2-Doppeloktett-Moleküle in der Gasphase vorherzusagen. AB_2-Doppeloktett-Moleküle sind gewinkelt, wenn gilt:

$$\sigma_A - \sigma_B > 0.290 \text{ eV}^{-1}.$$

In Tabelle 1.42 sind die σ-Werte einiger Hauptgruppenatome zusammengestellt. Wir können somit vorhersagen, dass CaFCl, SrFCl, SrFBr, SrFI, SrFAt, SrClBr, $BaAt_2$, BaXX', RaX_2 und RaXX' in der Gasphase gewinkelte Strukturen aufweisen sollten. CaFBr und SrClAt stellen Grenzfälle dar, und SrClI und XSnN sollten linear sein.

Tabelle 1.42 Weichheit $\sigma = 2 / (I_v - A_v)$ (in eV^{-1}) (AB_2-Moleküle).

A	Be	Mg	Ca	Sr	Ba	Ra
σ	0.304	0.380	0.446	0.480	0.509	0.542
A	C	Si	Ge	Sn	Pb	N
σ	0.171	0.251	0.239	0.345	0.314	0.150

B	F	Cl	Br	I	At	
σ	0.114	0.175	0.196	0.216	0.20	
B	O	S	Se	Te	N	
σ	0.130	0.198	0.213	0.237	0.154	

Es hat sich generell herausgestellt, dass die Laplace-Verteilung (s. Abschnitt 1.10.3) für die Metall-Zentralatome in jedem der gewinkelten Moleküle zeigt, dass die äußere Schale der Elektronenhülle durch das polarisierende Feld der Liganden so stark verzerrt wird, dass vier etwa tetraedrisch ausgerichtete Bereiche lokalisierter Ladungskonzentration entstehen (Abbildung 1.79). Tabelle 1.43 enthält die berechneten Atomladungen sowie die Werte für die Elektronendichte ρ und den Laplace-Operator $\nabla^2\rho$ jeweils für die *bond critical point* zusammen mit den jeweiligen Abständen vom betreffenden Metallkern r (M). Unter dem *bond critical point*,

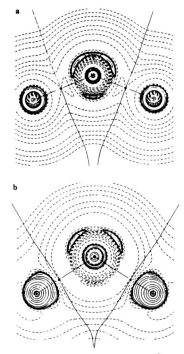

Abbildung 1.79 Laplace-Verteilung $\nabla^2\rho$ in der Ebene der Atomkerne für (a) SrF_2 und (b) BaH_2; Minimumstrukturen mit 138°- bzw. 116°-Bindungswinkel. [Reproduziert mit freundlicher Genehmigung der American Chemical Society aus *Inorg. Chem.* **1995**, *34*, 2407].

dem „bindungskritischen Punkt", versteht man den Schnittpunkt des Bindungspfades mit der *zero-flux-Hyperfläche*. Die niedrigen Werte von ρ sowie die positiven Werte von $\nabla^2\rho$ zusammen mit den „ionischen" Daten für die Radien stimmen alle damit überein, dass die Metall-Ligand-Wechselwirkung dominiert wird von einem

Tabelle 1.43 Metall(M)-Ligand(L)-Daten am *bond critical point* und atomare Ladungen q (in e)

Molekül	r(M-L) (in pm)	ρ	$\nabla^2\rho$	r (M)	q(M)	q(L)
MgF_2	333.3	0.0730	0.7381	1.826	+1.760	−0.880
CaF_2	385.7	0.0730	0.4728	1.982	+1.778	−0.889
CaH_2	383.6	0.0466	0.1202	2.215	+1.670	−0.835
SrF_2	407.3	0.0695	0.4000	2.162	+1.806	−0.903
SrH_2	410.8	0.0445	0.0896	2.446	+1.656	−0.828
BaF_2	430.5	0.0671	0.3214	2.358	+1.798	−0.899
BaH_2	431.1	0.0481	0.0669	2.652	+1.594	−0.797

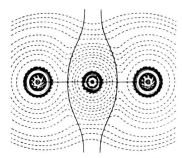

Abbildung 1.80 Laplace-Verteilung $\nabla^2\rho$ in der Ebene der Atomkerne für MgF_2; Minimum-struktur mit 180°-Bindungswinkel. [Reproduziert mit freundlicher Genehmigung der American Chemical Society aus *Inorg. Chem.* **1995**, *34*, 2407].

Ladungstransfer, der etwa mit der Übertragung von zwei Elementarladungen jeweils in einem der beiden atomaren Bereiche in Einklang ist. Dieses Verhalten entspricht entweder einer *closed-shell*-Spezies oder im anderen Bild einer *ionischen* Wechselwirkung. Somit kann auch in diesem Bild die gewinkelte Struktur solcher Moleküle auf der Basis einer Wechselwirkung zwischen einem verzerrten Elektronenrumpf und den Liganden verstanden werden. Im Gegensatz hierzu zeigt die Verzerrung der Elektronendichte im MgF_2 nur zwei Ladungskonzentrationen, wobei jeweils eine davon mit einer der beiden Mg-F-Bindungen assoziiert werden kann (Abbildung 1.80). Dies wiederum erklärt auch in diesem Fall die lineare Struktur von Magnesiumdifluorid.

Häufig wird der VSEPR-Theorie vorgeworfen, dass sie die Strukturen von vielen Verbindungen, die Metallatome enthalten (z.B. BaF_2), nicht richtig vorhersagt. Dies ist aber nur begrenzt richtig, weil man das einfachste elektrostatische Modell anwendet, in dem immer von einem sphärischen Potential der Rumpfelektronen ausgegangen wird. Neuere Arbeiten haben jedoch gezeigt, dass es wichtig ist, zwischen Molekülen, die nur Nichtmetallatome enthalten und solchen, die auch aus Metallatomen bestehen, zu unterscheiden. Der wesentliche Unterschied ist, dass die Rumpfelektronen von Metallatomen oft kein sphärisches Potential besitzen und somit auch nach dem erweiterten VSEPR-Konzept direkten Einfluss auf die Anordnung der das Metallatom umgebenden Liganden haben. Nichtmetallatome besitzen dagegen fast immer ein sphärisches Rumpfelektronenpotential.

1.11 Struktur und Energie

1.11.1 Was ist Struktur?

Chemiker, wie wir es in den vorangegangenen Kapiteln auch intensiv getan haben, beschäftigen sich häufig mit der Frage der Struktur bzw. Molekülstruktur. Häufig macht man sich darüber nur wenig Gedanken, dass dies ein sehr komplexes Problem ist, was bestenfalls näherungsweise beantwortet werden kann. Wir werden im Folgenden sehen, dass ohne die Gültigkeit der Born-Oppenheimer-Näherung der Begriff „Struktur" überhaupt nicht definiert ist, ja, keine Struktur existiert.[17,85,86]

Betrachten wir ein quantenmechanisches System aus N Elektronen und M Kernen, so lässt sich die Schrödinger-Gleichung wie folgt formulieren ($\vec{r}$ entspricht der Gesamtheit der Ortsvektoren für die Elektronen, $\vec{R}$ symbolisiert die Gesamtheit der Ortsvektoren für die Kerne):

$$\mathbf{H} \, \psi \, (\vec{r}, \vec{R}) = \mathrm{E} \, \psi \, (\vec{r}, \vec{R})$$

Die so aufgestellte Schrödinger-Gleichung ist für ein Mehrelektronensystem exakt nicht lösbar. Born und Oppenheimer haben in einer fundamentalen, auch heute noch gültigen Arbeit im Jahre 1927 versucht, dieses Problem auf der Basis von Überlegungen aus der klassischen Mechanik, welche sie durch einen störungstheoretischen Ansatz in die Quantenmechanik übertrugen, zu lösen. Sie gehen dabei davon aus, dass Atomkerne eine mehrere tausendfach höhere Masse besitzen als ein Elektron (vgl. m(Proton) $\approx$ m(Neutron) $\approx$ 1840 $\times$ m(Elektron)). Bei klassischer Betrachtung wird erwartet, dass sich ein Atomkern, der die k-fache Masse eines Elektrons besitzt, um den Faktor $\sqrt{k}$ langsamer bewegt als ein Elektron. Man kann daher annehmen, dass die Kerne bei der Beschreibung der Elektronenbewegung als ruhend angesehen werden dürfen. Die bedeutet, dass sich die Elektronen „augenblicklich" auf jede neue Kernkonfiguration einstellen und jederzeit den Kernen „folgen". Mathematisch betrachtet ist die Born-Oppenheimer-Näherung eine Störungsrechnung, die versucht, eine asymptotische Entwicklung um den wesentlichen Punkt $m_0/M = 0$ zu geben (m_0 = Elketronenmasse, M = Kernmasse). An diesem Punkt ändert sich jedoch das Verhalten der molekularen Systeme qualitativ, so dass die Born-Oppenheimer-Entwicklung bestenfalls eine divergente asymptotische Entwicklung sein kann.

Wir sehen also, dass der „klassische" Strukturbegriff erst durch die Born-Oppenheimer-Näherung möglich wurde. Unter dieser Voraussetzung lässt sich die Wellenfunktion als Produkt einer elektronischen Funktion $\psi^{\mathrm{el}}(\vec{r}, |\vec{R}|)$, in die die Kernkoordinaten als feste Parameter eingehen, und einer Funktion $\Theta \, (\vec{R})$, die die Kernbewegung beschreibt, formulieren:

$$\psi \, (\vec{r}, \vec{R}) = \psi^{\mathrm{el}}(\vec{r}, |\vec{R}|) \cdot \Theta \, (\vec{R}).$$

Mit diesem Ansatz gelangt man zur elektronischen Schrödingergleichung mit dem elektronischen Hamilton-Operator $\mathbf{H}^{\mathrm{el}}$

$$\mathbf{H}^{\mathrm{el}} \, \psi^{\mathrm{el}}(\vec{r}, |\vec{R}|) = \mathrm{E}^{\mathrm{el}} \, \psi^{\mathrm{el}}(\vec{r}, |\vec{R}|).$$

Löst man nun für alle denkbaren Kernkonfigurationen die elektronische Schrödingergleichung und berechnet die totalen Energien für alle Punkte gemäß

$$\mathrm{E}^{\mathrm{tot}}(\vec{R}) = \mathrm{E}^{\mathrm{el}}(\vec{R}) + \mathrm{V}^{\mathrm{K-K}}(\vec{R}) \quad (\mathrm{V} = \text{potentielle Energie der Kerne})$$

so erhält man die F-dimensionale Born-Oppenheimer-Hyperfläche in einem (F+1)-dimensionalen Raum. Es existieren F interne Koordinaten mit F = 3M – 6 (für gewinkelte Moleküle) bzw. F = 3M –5 (für lineare Moleküle) inneren Freiheitsgraden. Die lokalen oder globalen Minima auf der Born-Oppenheimer-Hyperfläche repräsentieren die *Gleichgewichtsstrukturen* unserer Moleküle. Treten mehrere lokale Minima auf, so definieren sie die verschiedenen Isomere eines Moleküls.

Wir können also zusammenfassen, dass das Konzept einer molekularen Struktur eng mit der Gültigkeit der Born-Oppenheimer-Näherung verknüpft ist. Auch wenn eine eingehende Diskussion den Umfang dieses Lehrbuches sprengen würde, soll zumindest nicht unerwähnt bleiben, dass es auch gegensätzliche Standpunkte gibt. Beispielsweise haben Woolley et al. die Zulässigkeit der Born-Oppenheimer-Näherung und somit die Molekülstruktur schlechthin in Frage gestellt, jedenfalls im Zusammenhang mit stationären vibronischen Zuständen isolierter Moleküle.[87a,b]

1.11.2 Molekülzustandsmodelle und Energie-Hyperflächen

Da Moleküle ihre Eigenschaften bei der Aufnahme und Abgabe von Energie ändern, lässt sich der jeweilige *Molekülzustand* durch seine Energiedifferenz zum vorausgegangenen bzw. nachfolgenden Zustand sowie durch die entsprechende Ladungsverteilung charakterisieren. Dies bedeutet, dass die eigentlichen chemischen „Bausteine" mit definierter Struktur und charakteristischen Eigenschaften Moleküle mit bestimmter Energie und Ladungsverteilung (Elektronenverteilung) sind. Ein sehr geeignetes Modell zur Beschreibung von Molekülzuständen stellen Molekülorbitale dar, die speziell einen Vergleich der Molekülzustände ähnlicher Verbindungen erlauben.[88a–d]

Strukturen von Molekülen oder Molekülionen können durch geeignete Korrelation experimenteller oder quantenmechanischer Molekülzustände zusammen mit Energiehyperflächen-Berechnungen abgeschätzt und häufig auch gut vorausgesagt werden. Das einfachste Molekülzustandsmodell berücksichtigt hierbei nur die Verknüpfung der Zentren der räumlichen Anordnung, die effektiven Kernpotentiale und die resultierenden Elektronenverteilungen (Abbildung 1.81)

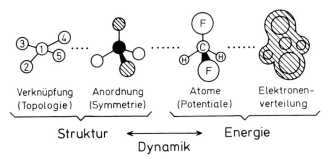

Abbildung 1.81 Qualitatives Molekülzustandsmodell. [Reproduziert mit freundlicher Genehmigung von VCH, Weinheim aus *Angew. Chem.*, **1992**, *104*, 564].

Die *Moleküldynamik* verknüpft somit die Strukturparameter (Topologie und Symmetrie) mit denen der Energie (Potentiale und Elektronenverteilung). Selbst dieses einfache Modell zeigt bereits, dass jeder so definierte Molekülzustand eine bestimmte Struktur haben muss und dass Änderungen seiner Energie und Ladungsverteilung Strukturänderungen bewirken müssen.

Ein Beispiel, das diesen Zusammenhang deutlich zeigt, sind die Strukturänderungen im System N_4O, die wir bereits in Abschnitt 1.6.1.1 diskutiert haben. Betrachten wir beispielsweise die in Abbildung 1.50 gezeigte Energie- oder Potentialhyperfläche des intrinsisch stabilen (s. nächster Abschnitt) trans-trans-N_4O-Moleküls (a), so sehen wir, dass der Punkt a (trans-trans-N_4O) zwar ein lokales, aber kein globales Minimum für das System N_4O darstellt. Variieren wir nun entweder den O-N4-N1-Bindungswinkel oder den N1-N2-Abstand, so ändert sich nicht nur die Struktur des Moleküls, sondern, bedingt durch die Moleküldynamik, auch seine Energie. Beispielsweise führt eine Elongation der N1-N2-Bindung zuerst zu einem deutlichen Anstieg der Gesamtenergie, wobei dann das Molekül nach Überschreiten des Übergangszustandes unter weiterer, drastischer N1-N2-Bindungsverlängerung und Aufweitung des O-N4-N1-Bindungswinkels energetisch „bergab" in Richtung zu Punkt (c) in das Tal, welches durch die getrennten Moleküle N_2O und N_2 gekennzeichnet ist, fällt.

1.11.3 Intrinsische Stabilität

Der Begriff der *intrinsischen Stabilität* (intrinsic stability) spielt in der Molekülchemie eine wichtige Rolle, wird aber oft nicht sauber definiert. Um es gleich vorweg zu sagen: Moleküle, die intrinsisch nicht stabil sind, existieren nicht!

Anschaulich können wir uns die Beantwortung der Frage nach der intrinsischen Stabilität eines Moleküls M wie folgt vorstellen. Ein Molekül M ist bei 0 K intrinsisch (wirklich, aus sich selbst heraus) stabil, wenn es im Vakuum, d.h. ohne jede Wechselwirkung zu benachbarten Teilchen, stabil ist, d.h. weder seine Struktur ändert noch in Fragmente (Atome, neue Moleküle) zerfällt. Analog können wir ein Molekül M als bei einer bestimmten Temperatur T intrinsisch stabil bezeichnen, wenn es den oben genannten Anforderungen bei dieser Temperatur T genügt.

Wir wollen nun versuchen, diesen Sachverhalt etwas genauer zu definieren. Ein isoliertes Molekül besitzt eine Minimum-Grundzustandsstruktur auf seiner Energie-Hyperfläche (Potential-Hyperfläche, PES), wenn jede auch noch so geringe Auslenkung eines der Atome (besser eines der Kerne) zu einem Anstieg an innerer Energie U führt. Dies bedeutet, es liegt ein stationärer Punkt auf der Born-Oppenheimer-Hyperfläche vor mit der notwendigen Bedingung:

$$\nabla U(\vec{R}) = 0, \text{ d.h. } \frac{\partial U(\vec{R})}{\partial x_i} = 0$$

und der hinreichenden Bedingung:

$$\frac{\partial^2 U(\vec{R})}{\partial x_i \partial x_j} > 0$$

Bei 0 K besitzt ein Molekül weder Rotations- noch Translations-Energie, vibriert aber gemäß dem Heisenberg-Unschärfe-Prinzip noch um seine Gleichgewichtsstruktur, besitzt also die Nullpunktsschwingungsenergie $\frac{1}{2} h\nu_0$ (zpe = *zero point energy*).

Wir können nun definieren, dass ein Molekül bei 0 K intrinsisch stabil ist, wenn

1. seine Struktur einer Minimum-Grundzustandsstruktur auf seiner Potential-Hyperfläche entspricht,

und wenn

2. die Nullpunktsschwingungsenergie ($\frac{1}{2} h\nu_0$) kleiner ist als die um die ebenfalls für den Übergangszustand Nullpunktsschwingungsenergie-korrigierte Aktivierungsbarriere (ε_A) für die Zerfallsreaktion.

Diese Verhältnisse sind graphisch anschaulich in Abbildung 1.82 dargestellt.

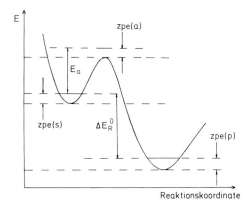

Abbildung 1.82 Eindimensionale Energie-Hyperfläche eines intrinsisch stabilen Moleküls. Die Indizes „s", „a" und „p" stehen für Startmolekül, aktivierter Komplex (Übergangszustand) und Produkt.

Wollen wir die intrinsische Stabilität eines Moleküls bei höherer Temperatur als 0 K diskutieren, so müssen zusätzlich zur Nullpunktsschwingungsenergie-Korrektur auch noch die Translations- und Rotations-Energien sowie angeregte Schwingungszustände berücksichtigt werden.

1.11.4 Hammond's Postulat

Wir haben uns in den vorangegangenen Abschnitten mit so wichtigen Begriffen wie der Molekülstruktur, Potential-Hyperflächen und intrinsischer Stabilität vertraut gemacht. Bei Molekülumwandlungen, Zersetzungsreaktionen etc. „bewegt" sich ein Molekül nun auf seiner Potential-Hyperfläche von einem Minimum zu einem anderen, wobei der energetisch höchste Punkt entlang der Reaktionskoordinate als Übergangszustand bezeichnet wird (vgl. Abbildung 1.82). Ein solcher Übergangs-

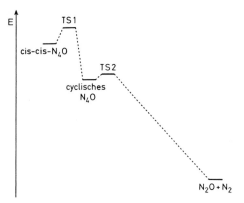

Abbildung 1.83 Relative energetische Lage von cis-cis-N_4O, Übergangszustand 1, cyclischem N_4O, Übergangszustand 2 und N_2O ($C_{\infty v}$) + N_2.

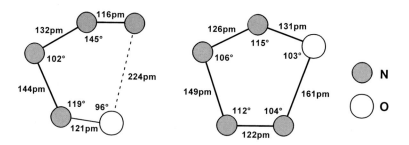

Abbildung 1.84 Strukturen von Übergangszustand 1 und Übergangszustand 2.

zustand (Engl.: *transition state*) stellt auf der Born-Oppenheimer-Energie-Hyperfläche einen Sattelpunkt erster Ordnung dar, d.h. es tritt nur eine imaginäre Frequenz auf.

Betrachten wir beispielsweise die bereits in Abschnitt 1.5.1.1 diskutierte Umwandlung von cis-cis-N_4O über cyclisches N_4O (Ring) zu N_2O und N_2 (Abbildung 1.49).

cis-cis-N_4O (lokales Minimum) $\longrightarrow$ {Übergangszustand 1} $\longrightarrow$
cyclisches N_4O (Ring) $\longrightarrow$ {Übergangszustand 2} $\longrightarrow$
N_2O ($C_{\infty v}$) + N_2 (globales Minimum)

Die relative energetische Lage dieser fünf Strukturen, die alle stationäre Punkte auf der Born-Oppenheimer-Energie-Hyperfläche darstellen, ist in Abbildung 1.83 wiedergegeben.

Betrachten wir nun die Strukturen der Übergangszustände 1 und 2 (Abbildung 1.84), so fällt auf, dass Übergangszustand 1 strukturell viel näher am Edukt cic-cis-N_4O als am Produkt Ring-N_4O liegt, während der Übergangszustand 2 ganz deutlich an ein cyclisches N_4O und nicht an die getrennten Moleküle N_2O und N_2 erinnert. Dies ist ein oft wenig beachtetes aber allgemeines Prinzip in der Chemie, das zuerst von Hammond erkannt und nach ihm benannt wurde: *Das Hammond'sche Postulat besagt, dass bei exothermen Reaktionen der Übergangszustand dichter bei der Seite der Edukte liegt und dass umgekehrt bei endothermen Reaktionen der Übergangszustand bereits strukturell die Seite der Produkte widerspiegelt.*[89a,b]

Wir können nun eine sogenannte Reaktionsfortschritts-Variable X^*_{AB} einführen, die wie folgt über die Bindungsordnungen BO_{AB} für die aneinander gebundenen Atome A und B definiert ist.[89a]

$$X^*_{AB} = \frac{BO^*_{AB} - B^i_{AB}}{BO^f_{AB} - B^i_{AB}}$$

Hierbei steht „i" für den Zustand zu Beginn der Reaktion, „f" für den Zustand nach beendigter Reaktion und „*" indiziert den durch die Reaktionsfortschritts-Variable zu charakterisierenden Punkt. In unseren beiden betrachteten Beispielen würden wir natürlich „*" durch „ÜZ" (oder „TS") für Übergangszustand (oder transition state) ersetzen. Ist allgemein $X^*_{AB} < 0.5$ so liegt der gerade vorliegende Punkt bei * dichter auf der Seite der Edukte, ist umgekehrt $X^*_{AB} > 0.5$ so liegt der gerade vorliegende Punkt bei * dichter auf der Seite der Produkte.

In unserem konkreten Beispiel der Zersetzung von cyclischem N_4O zu N_2 und N_2O betragen die Reaktionsfortschritts-Variablen $X^{\text{ÜZ}(2)}_{O\text{-}N4}$ und $X^{\text{ÜZ}(2)}_{N4\text{-}N1}$ genau 0.38 und 0.21, was gut mit Hammond's Postulat übereinstimmt.

$$\text{cyclisches } N_4O \text{ (Ring)} \longrightarrow \{\text{Übergangszustand 2}\} \longrightarrow N_2O \ (C_{\infty v}) + N_2$$

$$X^{\text{ÜZ}(2)}_{O\text{-}N4} = 0.38$$

$$X^{\text{ÜZ}(2)}_{N4\text{-}N1} = 0.21$$

1.11.5 Das Konzept der lokalisierten Bindungen: Die NBO-Analyse

Obwohl manchmal lokalisierte und ein anderes Mal delokalisierte Bindungsmodelle besser geeignet zur Beschreibung von chemischen Phänomenen erscheinen, sind sie doch letztendlich (wenn richtig angewendet) in der Aussage nahezu äquivalent. Sicher gibt es einerseits keinerlei Zweifel darüber, dass kanonische MOs zur Beschreibung von Ionisierungs-Vorgängen benötigt werden (z.B. bei der Photoelektronen-Spektroskopie), andererseits konnte Hund bereits 1931 die notwendigen Bedingungen für die Möglichkeit zur Lokalisierung von Bindungen aufstellen. In jüngerer Zeit haben sich besonders Weinhold sowie seine Kollegen und Mitarbeiter darum verdient gemacht, mit Hilfe der NBO-Analyse (natural bond orbital analysis) die delokalisierten kanonischen Molekülorbitale in das oft mehr vertraute Bild von lokalisierten Bindungen und freien Elektronenpaaren zu „übersetzen".[90] Hierbei transformiert die NBO-Analyse den Input-Basissatz sukzessive in lokalisierte Orbitale:

Input Basissatz $\Rightarrow$ NAOs $\Rightarrow$ NHOs $\Rightarrow$ NBOs $\Rightarrow$ NLMOs

NAO: natural atomic orbital,

NHO: natural hybrid orbital,
NBO: natural bond orbital,
NLMO: natural localized molecular orbital.

Wir wollen dies im Folgenden ein wenig näher betrachten. Das NBO (ϕ^{NBO}) für eine lokalisierte Bindung zwischen den Atomen A und B wird aus gerichteten, zueinander orthogonalen Hybridorbitalen h_A und h_B gebildet (s. Anmerkung am Ende des Abschnitts). Diese Beschreibung der chemischen Bindung entspricht dem vertrauten Lewis-Bild und repräsentiert die kovalenten Effekte innerhalb des Moleküls.

$$\phi^{NBO}_{AB} = c_A\, h_A + c_B\, h_B$$

Die antibindenden NBOs ($\phi*^{NBO}$), die im Lewis-Bild unbesetzt sind, können dann herangezogen werden, um nicht kovalente Effekte in der Bindung zu beschreiben.

$$\phi*^{NBO}_{AB} = c_A\, h_A - c_B\, h_B$$

Allgemein sind die energetischen Korrekturen, die sich aus der teilweisen Besetzung der antibindenden NBOs ergeben (nichtkovalente Effekte), so gering (typischerweise $< 1\%$ der Gesamtenergie), dass der Energiegewinn $\Delta E^{(2)}_{\phi\phi*}$ durch einen einfachen störungstheoretischen Ansatz zweiter Ordnung beschrieben werden kann, wobei h^F der Fock-Operator ist (Abbildung 1.85).

$$\Delta E^{(2)}_{\phi\phi*} = -2\, \frac{\left\langle \phi | h^F | \phi* \right\rangle^2}{E_{\phi*} - E_{\phi}}$$

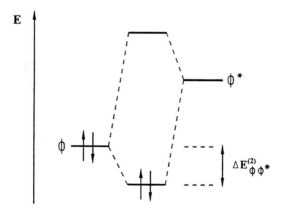

Abbildung 1.85 Störungstheoretischer Ansatz zweiter Ordnung zur Berücksichtigung nichtkovalenter Effekte im NBO-Bild.

Die Bedeutung der Besetzung der antibindenden Zustände kann auch gut anschaulich gemacht werden, wenn wir aus den (nur teilweise besetzten) NBOs nun lokalisierte Molekülorbitale (LMOs) erzeugen, die wiederum voll mit exakt zwei Elektronen besetzt sind.

$$\phi^{LMO}_{AB} = \phi^{NBO}_{AB} + \lambda\, \phi*^{NBO}_{CD} + \dots$$

In anderen Worten beschreiben nun die LMOs $\phi^{LMO}{}_{AB}$ die Delokalisierung eines Bindungsorbitals $\phi^{NBO}{}_{AB}$ und berücksichtigen nicht kovalente Wechselwirkungen, die wir in vielen Abschnitten als (negative) Hyperkonjugation kennengelernt haben.

Auf den ersten Blick mag es unverständlich erscheinen, dass wir oben orthogonale Hybrid-Orbitale h_A und h_B für die Bindungsbildung zwischen den Atomen A und B verwendet haben, da das Überlappungsintegral zwischen orthogonalen Funktionen definitionsgemäß Null ist. Andererseits können wir argumentieren, dass der Energiegewinn ΔE bei der Wechselwirkung zwischen den Hybridorbitalen h_A und h_B durch den folgenden Integral-Ausdruck beschrieben werden kann, der den Energie-Operator V enthält und nicht einfach ein Überlappungsintegral des Typs S_{AB} darstellt:

$$S_{AB} = \int h_A \, h_B \, d\tau = 0$$

$$\Delta E \sim \int h_A \, V \, h_B \, d\tau$$

Der Energie-Operator V selbst resultiert aus einer Separation des Hamilton-Operators H in zwei Operatoren, von denen der eine $H^{(0)}$ die intra- und der andere V die inter-atomaren Beiträge beschreibt.

$$H = H^{(0)} + V$$

Die Störungstheorie sagt uns nun, dass wir den aufgrund interatomarer Wechselwirkung resultierenden Energiegewinn ΔE mit den Eigenfunktionen h_A und h_B des ungestörten Hamilton-Operators bestimmen können, wobei für den hermiteschen Operator $H^{(0)}$ diese Eigenfunktionen (h_A und h_B) notwendigerweise orthogonal sind.

$$H^{(0)} = H_A{}^{(0)} + H_B{}^{(0)}$$

Es ist also ein „glücklicher Umstand", dass der Operator V gerade von den beiden Funktionen h_A und h_B eingeschlossen wird, da sonst die Wechselwirkung tatsächlich Null würde (was ja gerade Grund für unsere Besorgnis war).

Das wirklich Bemerkenswerte an unserer hier geführten Diskussion ist nicht, dass die Wechselwirkung der orthogonalen Hybride h_A und h_B zu einem Energiegewinn führt, sondern dass das physikalische Matrixelement

$$\int h_A \, V \, h_B \, d\tau$$

oft gut durch ein Überlappungsintegral der Form

$$\int h_A' \, h_B' \, d\tau$$

mit den nicht orthogonalen Hybrid-Orbitalen h_A' und h_B' abgeschätzt werden kann, wobei gilt:

$$\int h_A \, V \, h_B \, d\tau = k \int h_A' \, h_B' \, d\tau$$

Diese Näherungsgleichung bezeichnen wir als Mulliken-Näherung. Sie stellt die Grundlage für die Mulliken'sche Populationsanalyse dar. Der Gültigkeit dieser Mulliken-Näherung haben wir es auch zu verdanken, dass wir häufig in der bildlichen Darstellung der physikalischen Wechselwirkung von Orbitalen didaktisch sehr einleuchtend das Bild der überlappenden Orbitale benutzen können. Auch beim NBO Bild können wir diese vertraute Darstellung beibehalten, wenn wir die prä-orthogonalen NHOs betrachten,

$$\int h_A' \, h_B' \, d\tau$$

die in der Regel eine gute bildliche (qualitative) Wiedergabe des physikalischen Matrixelemets

$$\int h_A \, \mathbf{V} \, h_B \, d\tau$$

liefern.

Nun, wo wir uns über die Bedeutung der prä-orthogonalen NHOs und der orthogonalen NHOs im Klaren sind, wollen wir abschließend noch die Ermittlung von Bindungsordnungen diskutieren, die wir bisher zwar sehr oft im vorliegenden Kapitel in der Diskussion verwendet, aber noch nicht sauber definiert haben. Ausgangspunkt ist die Betrachtung der LMOs innerhalb der NBO-Analyse, wobei wir jedes LMO durch eine Linearkombination der NAO-Basis ausdrücken wollen, A ist hierbei die Anzahl der Basisfunktionen:

$$\phi^{LMO}_i = \sum_{j=1}^{A} c_{ij} \phi^{NAO}_j \text{ mit } \sum_{j=1}^{A} c_{kj}^2 = 1.$$

Für *closed-shell*-SCF-Wellenfunktionen ist jedes LMO doppelt besetzt. Die Anzahl der Elektronen n_{iA}, die zum Atom A „gehören" und im i-ten LMO sind, ergibt sich durch die Summation der Quadrate der entsprechenden LMO-Koeffizienten:

$$n_{iA} = 2 \sum_{j \varepsilon A} c_{ij}^2.$$

Die Anzahl der kovalenten Elektronenpaare zwischen den beiden Zentren A und B ist nun das Minimum von n_{iA} und n_{iB} und ergibt den Bindungsindex für das i-te LMO b_{iAB}:

$$b_{iAB} = \min(n_{iA}, n_{iB}).$$

Es ist nötig, zwischen bindenden und antibindenden Wechselwirkungen zu unterscheiden, weil sonst zu große Bindungsordnungen berechnet werden; dies wird durch die Untersuchung des Vorzeichens des Überlappungsintegrals S_{iAB} zwischen den entsprechenden Hybridorbitalen der Atome A und B für das betreffende LMO erreicht

$$S_{iAB} = \int h^{LMO}_{iA} h^{LMO}_{iB} d\tau$$

mit

$$h_{iA}^{LMO} = \left[\sum_{j\varepsilon A} c_{ij}^2\right]^{-\frac{1}{2}} \sum_{j\varepsilon A} c_{ij}\,\phi_j^{NONAO} \quad \text{(NONAO steht für nicht-orthogonales NAO).}$$

Die nicht orthogonalen NAOs (NONAO) unterscheiden sich von den NAOs derart, dass während der Lokalisationsprozedur keine Orthonormierung vorgenommen wird, weil sonst die Überlappungsintegrale null werden würden, für die Unterscheidung zwischen bindender und antibindender Wechselwirkung aber die Vorzeichen benötigt werden (die Größe des Überlappungsintegrals ist nicht von Interesse!). Unter Einbeziehung des Vorzeichens (sgn) ergibt sich nun der *Bindungsordnungsindex* ganz analog:

$$b_{iAB}^{\#} = \text{sgn}(S_{iAB})\min(n_{iA}, n_{iB}).$$

Der Bindungsordnungsindex $b_{iAB}^{\#}$ variiert linear mit der Anzahl der kovalent geteilten Elektronen zwischen zwei Zentren A und B sowie mit der Polarität der Bindung. Da die Dichtematrix in der LMO Basis diagonal ist, ergibt die Summe der Bindungsordnungsindizes über alle M besetzten LMOs die totale Bindungsordnung:

$$BO_{AB} = \sum_{i=1}^{M} b_{iAB}^{\#}.$$

Die Summe der Bindungsordnungen (elektronische Valenz) des Atoms A erhält man durch Summation über alle Atome:

$$V_A = \sum_{B \neq A} BO_{AB}.$$

In diesem Verfahren wurden „natürliche LMOs" (NLMOs) innerhalb der NPA/NBO-Analyse verwendet; ähnliche Ergebnisse würden erhalten werden, wenn man LMOs benutzen würde, die aus anderen Methoden hervorgehen.

1.12 Übungsaufgaben

1.12.1 Aufgaben

1.12.1.1 Aufgaben zu Abschnitt 1.1

1) Bei der Umsetzung von ^{77}Selen mit Iod und AsF_5 entsteht neben AsF_3 das Produkt **A**. Im ^{77}Se-NMR-Spektrum einer Lösung von **A** in SO_2 werden zwei Signale bei 484 ppm (t) und 1313 ppm (dd) im Intensitätsverhältnis 1:2 (rel. zu Me_2Se) registriert. Um welche Verbindung handelt es sich hier?

2) Wie viel Signale und welche Multiplizität erwarten Sie im ^{1}H-NMR-Spektrum von B_2H_6?

3) Wie würden Sie folgende Verbindungen charakterisieren? (a) $XeF^+PtF_6^-$, (b) $FXeNCH^+AsF_6^-$, (c) $W(CO)_5Kr$.

4) Mit welcher schwingungsspektroskopischen Methode würden Sie das (derzeit hypothetische) $Xe-I^+$-Molekülkation zu charakterisieren versuchen?

5) Nennen Sie einen der wesentlichen Unterschiede zwischen der Schlenk-Arbeitstechnik und dem Arbeiten in geschlossenen Apparaturen. Beschreiben Sie kurz die beiden Arbeitstechniken.

1.12.1.2 Aufgaben zu Abschnitt 1.2

1) Vergleichen Sie einige Eigenschaften von H_2O und H_2S und erklären Sie die Unterschiede.

2) In welche vier Einzelschritte lässt sich die Bindungsbildung beim H_2-Molekül aus zwei H-Atomen sinnvollerweise zerlegen?

3) Was versteht man unter „isovalenter Hybridisierung"?

4) Nennen Sie drei Gründe, die zur Ausbildung einer isovalenten Hybridisierung führen können.

1.12.1.3 Aufgaben zu Abschnitt 1.3

1) Definieren Sie die Begriffe *hypervalent* und *hyperkoordiniert*.

2) Schreiben Sie alle kanonischen Singulett-Lewis-Strukturen (S = 0) für eine 4-Elektronen-3-Zentren-Bindung in der Einheit YAB an.

3) Formulieren Sie die increased-valence-Strukturen für:
a) O_2F_2 b) S_2N_2

4) Formulieren Sie für SO_2 eine der beiden increased-valence-Strukturen und die damit identischen Lewis-Resonanzstrukturen.

1.12.1.4 Aufgaben zu Abschnitt 1.4

1) Beschreiben Sie eine experimentelle Technik, mit der man, ausgehend von einem geeigneten Buckminster-Fulleren, $He@C_{60}$ herstellen kann.

2) Ordnen Sie die Edelgase nach ihrer Häufigkeit in der Luft.

3) (a) Zählen Sie alle Ihnen bekannten binären, nicht radioaktiven Edelgashalogenide auf. (b) Welche dieser Verbindungen sind thermodynamisch stabil? (c) Geben Sie die Punktgruppen dieser Verbindungen an.

4) (a) Nennen Sie die thermisch stabilste Edelgasverbindung. (b) Geben Sie eine Synthese aus den Elementen an. (c) Welche Struktur besitzt das Anion dieser Verbindung?

5) Welche Edelgasverbindungen mit direkter Edelgas-Beryllium-Bindung sind experimentell eindeutig gesichert?

1.12.1.5 Aufgaben zu Abschnitt 1.5

1) Erklären Sie den wesentlichen Unterschied zwischen den Strukturen von H_2O_2 und O_2F_2.

2) (a) Geben Sie eine Laborsynthese für reines Chlordioxid an. (b) Beschreiben Sie die Struktur des festen Chlordioxids.

3) Beschreiben Sie einen sinnvollen Mechanismus für die Bildung von $NF_4^+AsF_6^-$ (Tieftemperaturphotolyse).

4) Welche der folgenden Reaktionen laufen aufgrund der Orbitalsymmetrie bereitwillig ab?

(a) cis-$N_2F_2 + AsF_5 \longrightarrow N_2F^+AsF_6^-$

(b) $trans$-$N_2F_2 + AsF_5 \longrightarrow N_2F^+AsF_6^-$

(c) $N_2 + O_2 \longrightarrow 2\,NO$

(d) $H_2 + I_2 \longrightarrow 2\,HI$

5) Welche Produkte entstehen bei nachstehender Reaktion?

$C_{Graphit} + O_2^+AsF_6^- \longrightarrow$

6) Diskutieren Sie die wesentlichen Unterschiede von ionischen und kovalenten Aziden. Geben Sie Beispiele an.

7) (a) Worauf ist die unterschiedliche Polarität von NF_3 und NCl_3 zurückzuführen. (b) Geben Sie die Produkte bei einer Hydrolyse beider Verbindungen an.

8) Geben Sie die Zerfallsgleichungen von ^{18}F und ^{131}I an; um was für Strahler handelt es sich?

9) Geben Sie zwei Regeln an, nach denen man meist beurteilen kann, welche Lewis-Strukturen die wichtigsten Beiträge zur elektronischen Struktur des Grundzustands liefern.

1.12.1.6 Aufgaben zu Abschnitt 1.6

1) Nennen Sie die eindeutig identifizierten binären Oxide des Stickstoffs.

2) Beschreiben Sie die Bindungsverhältnisse im N_2O_2 und im N_2O_4.

3) Welches ist die beste Synthese für reines, säurefreies N_2O_5?

4) Nennen Sie einige Anforderungen, denen ein guter Explosivstoff und ein guter Raketenfeststofftreibstoff genügen muss.

5) Beschreiben Sie die strukturelle Flexibilität des Dinitramid-Anions.

1.12.1.7 Aufgaben zu Abschnitt 1.7

1) (a) Was versteht man unter einer Supersäure? (b) Geben Sie drei Beispiele für Supersäuren. (c) Wie ist der H_0-Wert definiert?

2) Geben Sie für die nachstehend genannten Reaktionen ein geeignetes Reaktormaterial an.

(a) $H_2S + HF + AsF_5 \xrightarrow{AHF, RT} H_3S^+AsF_6^-$

(b) $BiF_3 + F_2 \xrightarrow{200°C, 100bar} BiF_5$

(c) $\frac{1}{8}S_8 + 2\,Na \xrightarrow{-40°C, NH_3(l)} Na_2S$

(d) $3\,I_2 + 3\,SbF_5 \xrightarrow{RT, SO_2(l)} 2\,I_3^+SbF_6^- + SbF_3$

3) Geben Sie für folgende Reaktionen geeignete Lösungsmittel an.

(a) $I_2 + F_2 \xrightarrow{-40°C} 2\,IF$

(b) $HCN + HF + SbF_5 \longrightarrow HCNH^+SbF_6^-$

(c) $As + F_2(\text{Überschuss}) \longrightarrow AsF_5$

(d) $S_8 + 3\,AsF_5 \longrightarrow S_8^{2+}(AsF_6)_2^- + AsF_3$

(e) $S_8 + S_2O_6F_2 \longrightarrow S_8^{2+}(SO_3F)_2^-$

(f) $\frac{1}{2}P_4 + 2\,I_2 \longrightarrow P_2I_4$

4) Perchlorsäure kann bei tiefer Temperatur als $HClO_4 \cdot 2H_2O$ auskristallisiert werden. Geben Sie die Struktur dieser Verbindung an; das Kation besitzt C_{2h}-Symmetrie.

5) Welche Extremfälle von Carbokationen kennt man? Diskutieren Sie kurz deren Charakterisitika.

1.12.1.8 Aufgaben zu Abschnitt 1.8

1) Schlagen Sie eine Synthese für (a) Se_5S_2 und (b) $S_5P(C_6H_5)$ vor.

2) Beschreiben Sie die Eigenschaften von $(SN)_x$.

3) Geben Sie eine allgemeine Synthesemethode für die Herstellung von Schwefelringen S_n ($n \geq 6$) an.

4) Geben Sie Reaktionsgleichungen für die Synthese des $S_5N_5^+$-Kations an und beschreiben Sie die Bindungsverhältnisse.

5) Geben Sie zwei Synthesewege zur Darstellung von $(NSCl)_3$ an.

1.12.1.9 Aufgaben zu Abschnitt 1.9

1) Geben Sie je zwei Beispiele für Molekeln mit Mehrfachbindungen zwischen Elementen höherer Perioden an: (a) mit kinetisch stabilisierter Mehrfachbindung, (b) mit thermodynamisch stabiler Mehrfachbindung.

2) (a) Worauf beruht die Farbigkeit vieler Disilene im Vergleich zu den analogen farblosen Alkenen? (b) Erklären Sie die im Vergleich zu den Alkenen gesteigerte Reaktivität von Disilenen.

3) Nennen Sie die Grundtypen, nach denen man Verbindungen mit Doppelbindungen von Elementen der dritten und der höheren Perioden einteilen kann.

4) Welche Punktgruppe besitzt das Vinyliden-Analogon des Germaniums, $GeGeH_2$?

1.12.1.10 Aufgaben zu Abschnitt 1.10

1) Geben Sie für die folgenden Moleküle und Ionen die Punktgruppe an: (a) α-P_4S_4, (b) HN_3, (c) BrF_3, (d) S_8^{2+}, (e) I_3^+, (f) I_3^-, (g) AsF_5, (h) BaF_2, (i) BeF_2, (j) IOF_5.

2) Sagen Sie mit Hilfe des VSEPR-Modells die Strukturen der folgenden Molekeln voraus: (a) $PF_3(CH_3)_2$, (b) $PCl_4(CF_3)$, (c) $IO_2F_2^-$, (d) IF_6^-, (e) SF_4O. Welche Strukturen weichen von der idealen Polyedergeometrie ab? Begründen Sie Ihre Aussagen.

3) Was besagt das Pauli-Prinzip?

4) (a) Wie ist der Laplace-Operator der Elektronendichte definiert?
(b) Warum ist es meist günstiger, den Laplace-Operator der Elektronendichte anstatt die Elektronendichte selbst zu betrachten?

5) Auf welche beiden Effekte ist die Abwinklung einiger Erdalkalimetalldifluoride wie z.B. BaF_2 zurückzuführen?

1.12.1.11 Aufgaben zu Abschnitt 1.11

1) Man sagt allgemein, dass man eine F-dimensionale Born-Oppenheimer-Hyperfläche in einem (F+1)-dimensionalen Raum betrachtet. Welches ist die „+1.“-Dimension?

2) Was besagt Hammond's Postulat?

3) Von welchen der folgenden Moleküle oder Ionen erwarten Sie, dass sie intrinsisch __nicht__ stabil sind: Ne^-, Ne^{3+}, ArF^+, O^{2-}, O_2^-, N_6 (Prisman-Struktur)?

1.12.2 Antworten

1.12.2.1 Antworten zu Abschnitt 1.1

1) $Se_6I_2^{2+}(AsF_6)^-_2$.

2) Das ^{1}H-NMR-Spektrum zeigt zwei Signale, die den terminalen und verbrückenden Protonen zugeordnet werden können, im Intensitätsverhältnis $2:1$. $H_{terminal}$: Quartett (Kopplung mit ^{11}B ($I = \frac{3}{2}$, 80%), $H_{verbrückend}$: Septett. Beide Signale besitzen Schultern, die auf die Kopplung mit ^{10}B ($I = 3$, 20%) zurückgeführt werden können.

3) (a) IR, Raman, Röntgen-Strukturanalyse. (b) NMR (^{13}C, $^{14/15}N$, ^{19}F, ^{129}Xe), IR, Raman, Röntgen-Strukturanalyse. (c) Matrix-IR.

4) Da das XeI^+-Molekülkation isoelektronisch zu I_2 ist, würde man bei der Valenzschwingung keine starke Änderung des Dipolmoments erwarten, wohl aber der Polarisierbarkeit. Daher sollte die Raman-Spektroskopie die deutlich bessere Methode zur schwingungsspektroskopischen Charakterisierung sein.

5) Bei der Schlenk-Technik handelt es sich um eine Schutzgastechnik, bei der Glasgeräte verwendet werden, die so konstruiert sind, dass sich in ihnen eine Stickstoff- oder Argonatmosphäre aufrechterhalten lässt. Beim Arbeiten im geschlossenen System werden mit Teflon-Druckventilen gedichtete, bis 7 bar einsetzbare Glas-Reaktionsgefäße verwendet, die häufig ein, zwei oder auch drei Reaktionskolben von 15 bis zu 100 mL Volumen und eine eingebaute Glassinterfritte enthalten. Es wird bei letzterer Technik nur unter dem Eigendampfdruck des Lösungsmittels und nicht, wie bei der Schlenk-Technik üblich, in einer N_2- oder Ar-Atmosphäre gearbeitet.

1.12.2.2 Antworten zu Abschnitt 1.2

1) H_2O: flüssig, Kp. = 100°C, Fp. = 0°C (aufgrund von starken Wasserstoffbrük-kenbindungen), <HOH = 104.5°, C_{2v}; H_2S: gasförmig, Kp. = –60.3°C, Fp. = –85.6°C, <HSH = 92° (aufgrund von Hybridisierungsdefekten; VSEPR: geringere Elektronegativität des S-Atoms, Größe des S-Atoms, geringere Polarität der S-H-Bindung führen zu stärkerer Ausdehnung des freien Elektronenpaars und geringerer Abstoßung der H-Atome), C_{2v}.

2) Die Bindungsbildung beim H_2 kann in die folgenden vier Schritte zerlegt werden: 1. Die *quasiklassische Wechselwirkung* der Kerne und der Elektronendichteverteilungen der „ungebundenen" Atome. 2. Die *Interferenz*, die additiv ($\varphi_1 + \varphi_2$) oder subtraktiv sein kann ($\varphi_1 - \varphi_2$). Bei additiver Interferenz erfolgt Ladungsverschiebung aus der Kernnähe in die Region der Bindung, d.h. in die Gegend zwischen den Kernen. Diese Ladungsverschiebung bewirkt eine Erniedrigung der kinetischen Energie, die die Bindung zur Folge hat. 3. Die *Promotion*, d.h. die Deformation der AOs ist im wesentlichen eine Kontraktion, wobei die dem Molekül angepassten AOs mehr in Kernnähe lokalisiert sind. 4. Die *Elektronenkorrelation* (auch: *sharing penetration*), die darauf beruht, dass die beiden Elektronen mit unterschiedlichem Spin im H_2 das gleiche MO besetzen und sich einander „sehr nahe kommen" können, so dass sich die beiden Elektronen ebenso häufig in der Nähe des gleichen Atoms wie an verschiedenen Atomen befinden.

3) Hybridisierung, die zu keiner Wertigkeitserhöhung führt.

4) Gründe für eine isovalente Hybridisierung:
(a) Hybrid-AOs überlappen besser und machen festere Bindungen;
(b) durch p-Beimischung zu den einsamen Elektronenpaaren werden diese in Gegenrichtung zur X-H-Bindung verschoben, wodurch die Pauli-Abstoßung (Fermi-Abstoßung) zu den X-H-Bindungen verringert wird;
(c) Vergrößerung des Valenzwinkels durch Hybridisierung und damit Verringerung der Pauli-Abstoßung zwischen den X-H-Bindungen.

1.12.2.3 Antworten zu Abschnitt 1.3

1) Koordination und damit auch Hyperkoordination bezieht sich auf die Anzahl nächster Nachbarn; Valenz und Hypervalenz dagegen auf die Anzahl von Elektronenpaaren, die von einem Atom ausgehen und an der Bindung beteiligt sind. Ein hyperkoordiniertes Atom besitzt mehr kovalent gebundene Bindungspartner, als ihm ohne Hybridisierung oder nach isovalenter Hybridisierung „zustehen"; Beispiel: PF_3 = normal koordiniert, PF_5 = hyperkoordiniert. Ein hypervalentes Atom überschreitet in der Regel die Oktettstruktur.

Hypervalenz für ein spezielles Atom kann aber auch unter Ausbildung einer in-creased-valence-Struktur unabhängig davon auftreten, ob das betreffende Atom seine Valenzschale erweitert (z.B. Valenz von höher als vier bei N oder P) und/oder ob ein Fall von Hyperkoordination vorliegt. Viele uns sehr vertraute Moleküle bilden 4-Elektronen-3-Zentren-Bindungen aus, ohne dass dabei Hyperkoordination vorliegt; Beispiele hierfür sind O_3 und CO_2 mit 4-Elektronen-3-Zentren-Bindungseinheiten für die π-Elektronen.

2)

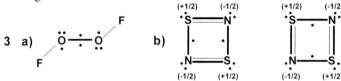

Abbildung 1.86 Kanonische Singulett-Lewis-Strukturen (S = 0) für eine 4-Elektronen-3-Zentren-Bindung in der Einheit YAB

3) s. Abbildung

4) s. Abbildung

1.12.2.4 Antworten zu Abschnitt 1.4

1) Erzeugung und Nachweis mittels Neutralisations-Reionisations-Massenspektrometrie (vgl. Lit. 42).
2) Ar > Ne > He > Kr > Xe > Rn.
3) (a) XeF_2, XeF_4, XeF_6, KrF_2, $XeCl_2$, $XeBr_2$. (b) XeF_2, XeF_4, XeF_6. (c) XeF_2: $D_{\infty h}$, XeF_4: D_{4h}, XeF_6: C_{3v}, KrF_2: $D_{\infty h}$, $XeCl_2$ und $XeBr_2$: nicht gesichert ($D_{\infty h}$, $C_{\infty v}$ oder C_{2v}).
4) (a) M_2XeF_8 (M = Rb, Cs).
(b) $Xe + 3\,F_2 \longrightarrow XeF_6$
$M + \frac{1}{2}F_2 \longrightarrow MF$
$XeF_6 + 2\,MF \longrightarrow M_2XeF_8$
(c) quadratisches Antiprisma, D_{4d}.
5) Ar-Be-O, Kr-Be-O, Xe-Be-O.

1.12.2.5 Antworten zu Abschnitt 1.5

1) Beide Moleküle besitzen C_2-Symmetrie. H_2O_2 besitzt mit 140 pm einen deutlich längeren O-O-Abstand als O_2F_2 mit 122 pm. Der partielle Doppelbindungscharakter in O_2F_2 kann durch eine starke Hyperkonjugation erklärt werden: p-LP(O)$\rightarrow\sigma^*$(OF).
2) (a) $2\,AgClO_3 + Cl_2 \longrightarrow 2\,ClO_2 + O_2 + 2\,AgCl$.
(b) siehe Abbildung 1.29.
3) Bildungsmechanismus für $NF_4^+\,AsF_6^-$

$F_2 \longrightarrow 2\,F^{\boldsymbol{\cdot}}$

$F^{\boldsymbol{\cdot}} + AsF_5 \longrightarrow AsF_6^{\boldsymbol{\cdot}}$

$AsF_6^{\boldsymbol{\cdot}} + NF_3 \longrightarrow NF_3^{+\boldsymbol{\cdot}} + AsF_6^{-}$

$NF_3^{+\boldsymbol{\cdot}} + AsF_6^{-} + F^{\boldsymbol{\cdot}} \longrightarrow NF_4^{+} + AsF_6^{-}$

4) a) ja, (b) nein, (c) nein, (d) nein

5) $C_8^{+}AsF_6^{-} + O_2$.

6) Ionische Azide, z.B. NaN_3: lineare N_3-Einheit ($D_{\infty h}$), thermisch stabil, nicht explosiv. Kovalente Azide, z.B. HN_3, ClN_3: schwach gewinkelte N_3-Einheit (C_s), unterschiedlich lange N-N-Abstände, thermisch instabil, explosiv.

7) (a) beide Verbindungen sind pseudo-tetraedrisch gebaut (C_{3v}). Bei NF_3 kompensieren sich die Dipolmomente teilweise, die durch das freie Elektronenpaar und die N-F-Bindungen hervorgerufen wurden, so dass insgesamt ein schwaches Dipolmoment resultiert (0.2D). Bei NCl_3 addieren sich die Dipolmomente (0.6D).

(b) NCl_3 ($N^{\delta-}$, $Cl^{\delta+}$): $NCl_3 + 3\,H_2O \longrightarrow NH_3 + 3\,HOCl$

NF_3 ($N^{\delta+}$, $F^{\delta-}$): unter Normalbedingungen hydrolysestabil; nach Zündung in der Gasphase:

$NF_3 + 3\,H_2O \longrightarrow 3\,HF + HNO_2 + H_2O$.

8) $^{18}_{9}F \longrightarrow {}^{18}_{8}O + {}^{0}_{+1}e^{+}$ β^{+}-Strahler

$^{131}_{53}I \longrightarrow {}^{131}_{54}Xe + {}^{0}_{-1}e^{-}$ β^{-}-Strahler

9) 1. Für ein kovalentes Molekül werden die Lewis-Struktur für den Grundzustand am meisten beitragen, die eine maximale Zahl von kovalenten Bindungen zwischen Paaren benachbarter Atome in dem Molekül aufweisen.

2. Für ein kovalentes Molekül werden die Lewis-Strukturen für den Grundzustand am meisten beitragen, deren Formalladungen am besten mit dem Elektroneutralitätsprinzip übereinstimmen. Dies bedeutet, dass für ein neutrales, kovalentes Molekül die formalen Ladungen auf den Atomen am besten *Null*, jedoch nicht größer als $+\frac{1}{2}$ oder $-\frac{1}{2}$ sein sollen.

1.12.2.6 Antworten zu Abschnitt 1.6

1) N_4O, N_2O, NO, N_2O_2, N_2O_3, NO_2, N_2O_4, N_2O_5, NO_3.

2) N_2O_2: 4-Zentren-2-Elektronen-π^*-π^*-Wechselwirkung

N_2O_4: 6-Zentren-2-Elektronen-π^*-π^*-Wechselwirkung

3) Reines, säurefreies N_2O_5 erhält man am besten durch Ozonisierung von N_2O_4 in der Gasphase.

4) Explosivstoffe: (a) große, negative Reaktionsenthalpie für die Zerfallsreaktion; (b) hohe Dichte; (c) Ausbildung einer großen Zahl gasförmiger Zerfallsprodukte mit möglichst niedrigen Molekulargewichten.

Raketentreibstoffe: (a) die Brenntemperatur T_c soll möglichst hoch sein; (b) die mittlere Molekülmasse der Brenngase M soll möglichst klein sein.

5) Das freie Dinitramid-Ion. $N(NO_2)_2^{-}$, besitzt nach den Ergebnissen von ab initio-Rechnungen C_2-Symmetrie (Gasphase), während in Lösung und im Feststoff die lokale Symmetrie eher C_1 ist. Diese bereits durch schwache Kation-Anion-Wech-

selwirkungen oder Wechselwirkungen mit dem Lösungsmittel sehr leicht zu beobachtende Deformierbarkeit des $N(NO_2)_2^-$-Ions kann auf die sehr geringe N-NO$_2$-Rotationsbarriere von weniger als 13 kJ mol^{-1} zurückgeführt werden.

1.12.2.7 Antworten zu Abschnitt 1.7

1) (a) Eine Supersäure ist ein Stoff, dessen Protonendonatorstärke gleich oder größer als von reiner, wasserfreier Schwefelsäure ist. In einer spezielleren Definition werden Mischungen aus einer starken Lewis-Säure und einer Brønsted-Säure als Supersäuren bezeichnet. (b) HSO$_3$F, SbF$_5$/HF, CF$_3$SO$_3$H. (c) $H_0 = pK_D(BH^+) - \lg \frac{[BH^+]}{[B]}$

2) (a) Teflon oder Kel-F, (b) Monel oder Nickel, (c) Glas, (d) Glas.

3) (a) CFCl$_3$, (b) HF oder BrF$_5$, (c) ohne Lösungsmittel, (d) SO$_2$, (e) HSO$_3$F/SbF$_5$, (f) CS$_2$.

4) Die Verbindung liegt als $H_5O_2^+ClO_4^-$ vor. ClO_4^-: T_d, $H_5O_2^+$: C_{2h}, enthält symmetrische Wasserstoffbrückenbindung.

5) Prinzipiell kennt man zwei Extremfälle von Carbokationen mit einem Kontinuum von Spezies zwischen diesen beiden.

(a) Dreibindige („klassische") Carbeniumionen enthalten ein sp^2-hybridisiertes, elektronenarmes C-Atom, das in der Regel planar umgeben ist. Die Struktur dreibindiger Carbokationen kann immer adäquat mit Zweizentren-Zweielektronen-Bindungen beschrieben werden. *CH$_3^+$ ist das klassische Stamm-Carbeniumion.*

(b) Penta- oder höher-koordinierte (nicht klassische) Carboniumionen enthalten fünffach oder höher koordinierte Kohlenstoffatome. Diese Verbindungen können nicht durch Zweizentren-Zweielektronen-Bindungen beschrieben werden, sondern erfordern auch die Verwendung von Drei- oder Mehrzentren-Zweielektronen-Bindungen. Das Carbokationische Zentrum ist immer von acht Valenzelektronen umgeben, insgesamt jedoch sind diese Carboniumionen elektronenarm, da drei oder mehr Atome zwei Elektronen gemeinsam haben. *CH$_5^+$ ist das nicht klassische Stamm-Carboniumion.* Bindungstheoretisch kann man CH$_5^+$ als „Komplex" zwischen CH$_3^+$ und einem H$_2$-Molekül auffassen.

1.12.2.8 Antworten zu Abschnitt 1.8

1) (a) Cp$_2$TiSe$_5$ + S$_2$Cl$_2$ $\longrightarrow$ Cp$_2$TiCl$_2$ + Se$_5$S$_2$
(b) Cp$_2$TiS$_5$ + Cl$_2$P(C$_6$H$_5$) $\longrightarrow$ Cp$_2$TiCl$_2$ + S$_5$P(C$_6$H$_5$)

2) (SN)$_x$ ist ein polymerer, metallisch glänzender, kettenförmiger Feststoff, der parallel zu den Ketten gute elektrische Leitfähigkeit zeigt (anisotroper Leiter). Unterhalb von ca. 0.3 K ist (SN)$_x$ supraleitend.

3) Cp$_2$TiS$_5$ + S$_n$Cl$_2$ $\longrightarrow$ *cyclo*-S$_{n+5}$ + Cp$_2$TiCl$_2$ (n = 1, 2, 4, 5, 6, 7, 8).

4) S$_4$N$_4$ + [NS][AsF$_6$] $\longrightarrow$ [S$_5$N$_5$][AsF$_6$]. 14 π-Elektronen, pseudoaromatisches System.

5) (a) 6 S$_4$N$_4$ + 6 Cl$_2$ $\longrightarrow$ 6 {S$_4$N$_4$Cl$_2$} $\longrightarrow$ 4 (NSCl)$_3$ + 3 S$_4$N$_4$
(b) 4 S$_2$Cl$_2$ + 2 NH$_4$Cl $\longrightarrow$ [S$_3$N$_2$Cl]Cl + 8 HCl + $\frac{5}{8}$ S$_8$

$$3 \, [S_3N_2Cl]Cl + 3 \, Cl_2 \longrightarrow 2 \, (NSCl)_3 + 3 \, SCl_2$$

Der Weg (b) umgeht den Einsatz von explosivem S_4N_4.

1.12.2.9 Antworten zu Abschnitt 1.9

1) (a) $R_2Si=SiR_2$, R-P=P-R, R-As=As-R (R = sperriger Rest, z.B. Mesityl, ^{t}Butyl, Supermesityl etc.), (b) I_2^+, S_4^{2+}, $S_2I_4^{2+}$.

2) (a) Die im Gegensatz zu den Alkenen beobachtete Farbigkeit der Disilene kann durch einen $3p_\pi \rightarrow 3p_\pi^*$-Übergang erklärt werden, wobei die Energie nur etwa die Hälfte des Wertes typischer Olefine, deren $2_\pi \rightarrow 2_\pi^*$-Absorptionen im Vakuum-UV-Bereich liegen, betragen.

(b) Disilene sind zugleich sowohl elektronenärmer (niedrigeres LUMO) als auch elektronenreicher (höheres HOMO) als Alkene. Daher reagieren Disilene sowohl mit nucleophil als auch mit elektrophil angreifenden Reagenzien und ebenso leicht mit Radikalen.

3) (a) Verbindungen mit np_π- np_π-Bindungen der höheren Perioden (n > 2), die thermodynamisch instabil bezüglich einer Di-, Tri-, Oligo- oder Polymerisierung sind, die aber durch große, sperrige Reste kinetisch stabilisiert sind. Beispiele hierfür sind die Diphosphene und die Disilene des Typs RP=PR und $R_2Si=SiR_2$ (R = sperriger organischer Rest).

(b) Pseudoaromatische Ringverbindungen, die thermodynamisch (und kinetisch) stabil sind und formal einen π-Bindungsgrad von 0 < BO(π) < 1 aufweisen und damit eine Gesamtbindungsordnung BO von größer eins besitzen (BO = BO(σ) + BO(π)). Beispiele hierfür sind die anorganischen Ringsysteme S_2N_2 und S_4^{2+}.

(c) Durch π^*-π^*-Wechselwirkung stabilisierte, thermodynamisch (und kinetisch) stabile Systeme, die einen π-Bindungsgrad von 0 < BO(π) < 1 aufweisen und damit eine Gesamtbindungsordnung BO von größer eins besitzen (BO = BO(σ) + BO(π)). Beispiele hierfür sind die Kationen I_4^{2+} und $S_2I_4^{2+}$.

(d) Durch Koordination an Übergangsmetallfragmente stabilisierte Systeme wie beispielsweise $Cp(CO)_2Mn=Pb=Mn(CO)_2$ mit $Cp = \eta^5\text{-}C_5H_5$.

4) C_{2v}.

1.12.2.10 Antworten zu Abschnitt 1.10

1) a) D_{2d}, (b) C_s, (c) C_{2v}, (d) C_{2h}, (e) C_{2v}, (f) $D_{\infty h}$, (g) D_{3h}, (h) C_{2v}, (i) $D_{\infty h}$, (j) C_{4v}.

2) (a) verzerrt trigonal-bipyramidal, F_{ax}-P-F_{ax} < 180°, CH_3-P-$F_{äq}$ < 120°. Die Methylgruppen besetzen aufgrund des größeren Platzbedarfs die äquatorialen Positionen. (b) verzerrt trigonal-bipyramidal, CF_3-P-$Cl_{äq}$ > 90°, $Cl_{äq}$-P-$Cl_{äq}$ < 120°. Die elektronegativere CF_3-Gruppe besetzt eine axiale Position. (c) AY_2X_2E-Typ, C_{2v}, pseudo-trigonal-bipyramidal, F_{ax}-I-F_{ax} ≈ 180°, $O_{äq}$-I-$O_{äq}$ < 120°. Das freie Elektronenpaar und die π-gebundenen Sauerstoffatome besetzen die äquatorialen Positionen. (d) AX_6E-Typ, verzerrt oktaedrisch (1:3:3-*monocaped*-Oktaeder) (e) verzerrte trigonale Bipyramide, F_{ax}-S-F_{ax} < 180°, $F_{äq}$-S-$F_{äq}$ < 120°. Das doppelt gebundene Sauerstoffatom besetzt eine äquatoriale Position.

3) Sämtliche Wellenfunktionen für Teilchen mit halbzahligem Spin (Fermi-Teilchen oder Fermionen) müssen antisymmetrisch bei Vertauschung der Koordinaten zweier beliebiger Teilchen sein. Für Teilchen mit ganzzahligem Spin (Bose-Einstein-Teilchen oder Bosonen) muss die Wellenfunktion symmetrisch bezüglich der Permutation der Koordinaten (Orts- und Spinkoordinaten) zweier Teilchen sein.

4) (a) $\nabla^2 \rho = \frac{\partial^2 \rho}{\partial x^2} + \frac{\partial^2 \rho}{\partial y^2} + \frac{\partial^2 \rho}{\partial z^2}$

(b) Der Laplace-Operator hat gegenüber der Gesamtelektronendichte die Eigenschaft, dass sehr kleine Änderungen in der Elektronendichte deutlicher hervortreten und geringe lokale Konzentrationen, die nicht merklich in der Gesamtelektronendichteverteilung auffallen, „sichtbar" gemacht werden.

5) 1. d-Orbitalbeteiligung und
2. Rumpfpolarisierung (core polarization).

1.12.2.11 Antworten zu Abschnitt 1.11

1) Die Energie.
2) Das Hammond'sche Postulat besagt, dass bei exothermen Reaktionen der Übergangszustand dichter bei der Seite der Edukte liegt und umgekehrt, dass bei endothermen Reaktionen der Übergangszustand bereits strukturell die Seite der Produkte widerspiegelt.
3) Ne^-, O^{2-}.

1.13 Literatur

1   J. J. Eisch, *Organometallic Synthesis*, Vol. 2, Academic Press, New York (1981).
2   D. F. Shriver, M. A. Drezdzon, *The Manipulation of Air-Sensitive Compounds*, Wiley, New York (1986).
3   J. D. Woollins, *Inorganic Experiments*, VCH, Weinheim (1994).
4   W. A. Herrmann, A. Salzer, *Synthetic Methods of Organometallic and Inorganic Chemistry*, Vol. 1, Thieme, Stuttgart (1996).
5   H. Krischner, *Einführung in die Röntgenfeinstrukturanalyse*, 4. Aufl., Vieweg, Braunschweig (1990).
6   W. Massa, *Kristallstrukturbestimmung*, Teubner, Stuttgart (1994)
7   H. Budzikiewicz, *Massenspektrometrie*, 3. Aufl., VCH, Weinheim (1992).
8   J. Mason, *Multinuclear NMR*, Plenum, New York (1987).
9   H. Günzler, H. Böck, IR-Spektroskopie, Verlag Chemie, Weinheim (1975).
10 J. Weidlein, U. Müller, K. Dehnicke, Schwingungsspektroskopie, Georg Thieme Verlag, Stuttgart, New York (1982).
11. K. Nakamoto, Infrared and Raman Spectra of Inorganic and Coordination Compounds, 4. Ausg., J. Wiley, New York (1986).
12. (a) Chemistry in Britain *1989*, 589.
    (b) P. Hendra, C. Jones, G. Warnes, Fourier Transform Raman Spectroscopy, Ellis Horwood, New York, London, 1991.
13. E. Riedel, *Anorganische Chemie*, 3. Aufl., Walter de Gruyter, Berlin, New York (1994).
14. D. F. Shriver, P. W. Atkins, C. H. Langford, *Anorganische Chemie*, VCH, Weinheim (1992).
15. N. N. Greenwood, A. Earnshaw, *Chemistry of the Elements*, Pergamon, Oxford (1984).
16. A. F. Holleman, E. Wiberg, N. Wiberg, *Lehrbuch der Anorganischen Chemie*, 101. Aufl., Walter de Gruyter, Berlin, New York (1995).

17. W. Kutzelnigg, *Einführung in die Theoretische Chemie*, Bd. 2, 2. Auflage, VCH, Weinheim (1994).
18. (a) K. Ruedenberg, *Rev. Mod. Phys.*, **1962**, *34*, 326.
    (b) G. B. Bacskay, J. R. Reimers, S. Nordholm, *J. Chem. Educ.*, **1997**, *74*, 1494.
19. M. J. Feinberg, K. Ruedenberg, *J. Chem. Phys.*, **1971**, *54*, 1495.
20. (a) W. Kutzelnigg, *Angew. Chem.*, **1973**, *85*, 551.
    (b) E. Bernhardt, G. Henkel, G. Pawelke, H. Bürger, Chem. Eur. J. **2001**, *7*, 4692.
21. R. D. Harcourt, *Am. J. Phys.*, **1982**, *50*, 557.
22. R. D. Harcourt, *Am. J. Phys.*, **1988**, *56*, 326.
23. W. Kutzelnigg, *Angew. Chem.*, **1984**, *96*, 262.
24. R. D. Harcourt, *Qualitative Valence-Bond Descriptions of Electron-Rich Molecules*, in *Lecture Notes in Chemistry*, Vol. 30, Springer, Berlin (1982).
25. (a) T. M. Klapötke, A. Schulz, *Quantenmechanische Methoden in der Hauptgruppenchemie*, Spektrum, Heidelberg (1996).
    (b) P. Pyykkö, *J. Am. Chem. Soc.*, **1995**, *117*, 2067.
    (c) R. D. Harcourt, *J. Chem. Educ.*, **1985**, *62*, 99.
    (d) M. Kaupp, P. v. R. Schleyer, *Angew. Chem.*, **1992**, *104*, 1240;
    (e) M. Kaupp, P. v. R. Schleyer, *J. Am. Chem. Soc.*, **1993**, *115*, 1061.
    (f) J. G. Verkade, *Molecular Bonding and Vibrations*, 2. Auflage, Springer, New York (1997).
    (g) Drews, Thomas; Seidel, Stefan; Seppelt, Konrad, Angewandte Chemie, International Edition (2002), 41(3), 454-456.
    (h) Seidel, Stefan; Seppelt, Konrad, Science (Washington, D. C.) (2000), 290(5489), 117-118.
    (i) K. O. Christe, *Angew. Chem.* **2001**, *113*, 1465.
26. R. J. Gillespie, I. Hargittai, *The VSEPR Model of Molecular Geometry*, Allyn and Bacon, Boston (1991).
27. R. J. Gillespie, E. A. Robinson, *Angew. Chem.*, **1996**, *108*, 539.
28. (a) S. S. Shaik, P. C. Hiberty, J.-M. Lefour, G. Ohanessian, *J. Am. Chem. Soc.*, **1987**, *109*, 363;
    (b) K. Jug, A. M. Köster, *J. Am. Chem. Soc.*, **1990**, *112*, 6772.
    (c) R. D. Harcourt, in T. M. Klapötke, A. Schulz, *Quantumchemical Methods in Main-Group Chemistry*, chapter C „Valence Bond Descriptions of Electron Rich Molecules Using Increased-Valence Structures" Wiley, Chichester (1998).
29. P. v. R. Schleyer, *Chem. Eng. News*, **1984**, *60 (May 28)*, 4.
30. R. D. Harcourt, *Chem. Eng. News*, **1985**, *61 (January 21)*, 3.
31. R. D. Harcourt, *Int. J. Quantum Chem.*, **1996**, *60*, 553.
32. (a) J.W. Linnett, The Electronic Structures of Molecules, Methuen, London, 1964.
    (b) R. D. Harcourt, Qualitative Valence Bond Descriptions of Electron-Rich Molecules, Lecture Notes in Chemistry, Springer, Berlin, vol. 30, 1982.
    (c) N. Epiotis, Unified Valence Bond Theory of Electronic Structure Lecture Notes in Chemistry, Springer, Berlin, 1982. (i) vol. 29, 1982; (ii) vol. 33, 1983.
    (d) D. J. Klein, N. Trinajstic (i) J. Chem. Educ. 67 (1990) 633.(ii) (eds.), Valence Bond Theory and Chemical Structure, Elsevier, Oxford, 1990.
    (e) J. Gerratt, W. J. Orville-Thomas (eds.), J. Mol. Struct. (THEOCHEM) 229 (1991).Z. Maksic and W.J. Orville-Thomas (eds.), Pauling's Legacy: Modern Modelling of the Chemical Bond. Elsevier, New York, 1999.
    (f) D. L. Cooper (ed.), Valence Bond Theory, Elsevier, New York, 2002.
    (g) R. D. Harcourt, J. Mol. Struct. THEOCHEM, 398-399 (1997) 93.
    (h) R. D. Harcourt, (i) Eur. J. Inorg. Chem. (2000) 1901.(ii) J. Phys. Chem. A, 103 (1999) 4293.
    (i) R. McWeeny, (i) Int. J. Quantum Chem. 34 (1988) 25. (ii) Int. J. Quantum Chem. S24 (1990) 733.
    (j) Qualitative valence bond descriptions of the electronic structures of electron-rich fluorine-containing molecules (review article), R. D. Harcourt, T. M. Klapötke, J. Fluorine Chem., 2003, 1-16.
    (k) M. Kasha, D. E. Brabham, in: Singlet Oxygen, chapter 1: Singlet Oxygen Electronic Structure and Photosensitization, Academic Press, 1979, pp 1 – 33.
    (l) L. Salem, Electrons in Chemical Reactions: First Principles, John Wiley, New York, 1982.
    (m) R. Janoschek, Chemie in unserer Zeit, 1991, 25, 59 – 66.
    (n) A. J. Alfano, K. O. Christe, *Angew. Chem. Int. Ed.* **2002**, *41*, 3252.
    (o) J. Li, R. McWeeny, VB2000, Version 1.6.
    (p) R. D. Harcourt, T. M. Klapötke, *J. Fluorine Chem.*, **2003** (Review, im Druck).

33. M. W. Travers, *Life of Sir William Ramsay*, E. Arnold, London (1956).
34. L. Pauling, *J. Am. Chem. Soc.*, **1933**, *55*, 1895.
35. L. Pauling, *College Chemistry*, 1., 2. und 3. Auflage, W. H. Freeman, San Francisco (1950, 1952, 1964).
36. P. Laszlo, G. J. Schrobilgen, *Angew. Chem.*, **1988**, *100*, 495.
37. T. Drews, K. Seppelt, *Angew. Chem.*, **1997**, *109*, 264.
38. K. Seppelt, *Angew. Chem.*, **1992**, *104*, 299.
39. K. O. Christe, D. D. Dixon, J. C. P. Sanders, G. J. Schrobilgen, S. S. Tsai, W. W. Wilson, *Inorg. Chem.*, **1995**, *34*, 1868.
40. J. C. P. Sanders, G. J. Schrobilgen, *J. Chem. Soc., Chem. Commun.*, **1989**, 1576.
41. R. D. LeBlond, D. D. DesMarteau, *J. Chem. Soc., Chem. Commun.*, **1974**, 555.
42. A. A. A. Emara, G. J. Schrobilgen, *Inorg. Chem.*, **1992**, *31*, 1323, und die dort zitierte Literatur.
43. G. J. Schrobilgen, *J. Chem. Soc., Chem. Commun.*, **1988**, 863.
44. L. J. Turbini, R. E. Aikman, R. J. Lagow, *J. Am. Chem. Soc.*, **1979**, *101*, 5833.
45. D. Naumann, W. Tyrra, *J. Chem. Soc., Chem. Commun.*, **1989**, 47.
46. H. J. Frohn, S. Jakobs, *J. Chem. Soc., Chem. Commun.*, **1989**, 625.
47. H. Schwarz, *Angew. Chem.*, **1992**, *104*, 301.
48. V. V. Zhdankin, P. J. Stang, N. S. Zefirov, *J. Chem. Soc., Chem. Commun.*, **1992**, 578.
49. H. J. Frohn, A. Klose, G. Henkel, *Angew. Chem.*, **1993**, *105*, 114.
50. T. M. Klapötke, I. C. Tornieporth-Oetting, Nichtmetallchemie, VCH, Weinheim (1994).
51. M. Janssen, T. Kraft, *Chem. Ber.*, **1997**, *130*, 307.
52. H. S. P. Müller, C. E. Miller, E. A. Cohen, *Angew. Chem. Int. Ed. Engl.*, **1996**, *35*, 2129.
53. (a) I. C. Tornieporth-Oetting, T. M. Klapötke, *Comments Inorg. Chem.*, **1994**, *15*, 137.
    (b) I. C. Tornieporth-Oetting, T. M. Klapötke, *Angew. Chem. Int. Ed. Engl.*, **1990**, *29*, 677.
54. (a) K. O. Christe, W. W. Wilson, G. J. Schrobilgen, R. V. Chirakal, *Inorg. Chem.*, **1988**, *27*, 789;
    (b) K. O. Christe, *J. Am. Chem. Soc.*, **1995**, *117*, 6136.
55. J. Winfield, *J. Fluorine Chem.*, **1980**, *16*, 1.
56. (a) K. O. Christe, R. D. Wilson, W. W. Wilson, R. Bau, S. Sukumar, D. A. Dixon, *J. Am. Chem. Soc.*, **1991**, *113*, 3795.
    (b) K. O. Christe, W. W. Wilson, J. A. Sheehy, J. A. Boatz, Angew. Chem. Int. Ed. 1999, 38, 2004–2010.
    (c) A. Vij, W. W. Wilson, V. Vij, F. S. Tham, J. A. Sheehy, K. O. Christe. J. Am. Chem. Soc. 2001, 123, 6308 - 6313
    (d) T. M. Klapötke, Angew. Chem. 1999, 111, 2694 – 2695.
    (e) P. Pyykkö. N. Runeberg, J. Mol. Struct. 1991, 234, 279.
    (f) R. D. Harcourt, T. M. Klapötke, *Z. Naturforsch. B*. **2002**, *57b*, 983-992.
57. T. M. Klapötke, *Chem. Ber.*, **1997**, *130*, 443.
58. J. M. Galbraith, H. F. Schaefer III, *J. Am. Chem. Soc.*, **1996**, *118*, 4860.
59. T. M. Klapötke, A. Schulz, R. D. Harcourt, *Quantumchemical Methods in Main Group Chemistry*, Wiley (1998).
60. (a) R. D. Harcourt, N. Hall, *J. Mol. Struct., Theochem.*, **1995**, *342*, 59.
    (b) R. D. Harcourt, F. L. Skrezenek, R. M. Wilson, R. H. Flegg, *J. Chem. Soc., Faraday Trans.*, **1986**, *82*, 495.
61. *Chem. Eng. News*, **1983**, *61 (47)*, 5.
62. (a) R. W. Millar, M. E. Colclough, P. Golding, P. J. Honey, N. C. Paul, A. J. Sanderson, M. J. Stewart, *Phil. Trans. R. Soc. Lond. A*, **1992**, *339*, 305.
    (b) A. D. Harris, J. C. Trebellas, H. B. Jonassen, *Inorg. Synth.*, **1967**, *9*, 83.
63. J. C. Bottaro, *Chem. & Ind.*, **1996**, *7*, 249.
64. S. Borman, *Chem. Eng. News*, **1994**, *Jan. 17*, 18.
65. K. O. Christe, W. W. Wilson, M. A. Petrie, H. H. Michels, J. C. Bottaro, R. Gilardi, *Inorg. Chem.*, **1996**, *35*, 5068.
66. (a) T. A. O'Donnell, *Super Acids and Acidic Melts*, VCH, New York (1993).
    (b) K. O. Christe, D. A. Dixon, D. McLemore, W. W. Wilson, J. A. Sheehy, J. A. Boatz, J. Fluorine Chem. **2000**, *101*, 151.
67. A. W. Jache, in *Fluorine Containing Molecules*, (Hrsg.: J. F. Liebman, A. Greenberg, W. R. Dolbier, Jr.), VCH, New York, **1988**, 165.
68. G. Mamantov, A. Popov, *Chemistry of Nonaqueous Solutions*, VCH, New York (1994).

69. G. A. Olah, *Angew. Chem.*, **1995**, *107*, 1519.
70. P. Buzek, P. v. R. Schleyer, S. Sieber, *Chemie in unserer Zeit*, **1992**, *26*, 116.
71. J. D. Woollins, *Non-Metal Rings, Cages and Clusters*, Wiley, Chichester (1988).
72. (a) R. D. Harcourt, *Int. J. Quantum. Chem.*, **1997**, *61*, 240.
    (b) R. D. Harcourt, N. Pyper, Int. J. Quantum. Chem., **1998**, *68*, 129.
73. (a) F. Gacace, Chem. Eur. J. 2002, 8(17) 3839 – 3847.
    (b) Engelke, *J. Phys. Chem.*, **1992**, *96*, 10789;
    (c) M. N. Glukhovtsev, P. v. R. Schleyer, *Chem. Phys. Lett.*, **1992**, *198*, 547.
74. M. T. Nguyen, T.-K. Ha, *Chem. Ber.*, **1996**, *129*, 1157.
75. (a) I. C. Tornieporth-Oetting, T. M. Klapötke, *Chemical Properties and Structures of Binary and Ternary Se-N and Te-N Species: Application of X-Ray and ab Initio Methods*, in: *Advances in Molecular Structure Research*, Volume 3, M. Hargittai, I. Hargittai (Eds.), JAI Press, Greenwich, Connecticut (1997);
    (b) J. Passmore, S. Parsons, *Acc. Chem. Res.*, **1994**, *27*, 101.
76. R. Gleiter, Angew. Chem. Int. Ed. Engl., **1981**, *20*, 445.
77. (a) J. Gerratt, S. J. McNicholas, P. B. Karadakov, M. Sironi, M. Raimondi, D. L. Cooper, *J. Am. Chem. Soc.*, **1996**, *118*, 6472;
    (b) K. Somasundram, N. C. Handy, *J. Chem. Phys.*, **1996**, *100*, 17485.
    (c) R. D. Harcourt, T. M. Klapötke, A. Schulz, P. Wolynec, J. Phys. Chem. A, **1998**, *102*, 1850.
78. (a) M. Drieß, H. Grützmacher, *Angew. Chem.*, **1996**, *108*, 900 und die dort zitierte Literatur;
    (b) M. Drieß, *Chemie in unserer Zeit*, **1993**, *27*, 141.
79. A. Schulz, T. M. Klapötke, *Acidity, complexing, basicity and H-Bonding of organic germanium, tin and lead compounds: experimental and computational results*, in *The chemistry of organic germanium, tin and lead compounds*, S. Patai (Hrsg.), J. Wiley, Sussex (1995), Chapter 12, p. 537.
80. (a) M. W. Schmidt, P. N. Truong, M. S. Gordon, *J. Am. Chem. Soc.*, **1987**, *109*, 5217;
    (b) T. L. Windus, M. S. Gordon, *J. Am. Chem. Soc.*, **1992**, *114*, 9559.
81. (a) A. Simon, E. M. Peters, D. Lentz, K. Seppelt, *Z. Anorg. Allg. Chem.*, **1980**, *468*, 7;
    (b) J. Buschmann, T. Koriatsanszky, R. Kuschel, P. Luger, K. Seppelt, *J. Am. Chem. Soc.*, **1991**, *113*, 233.
82. R. F. W. Bader, R. J. Gillespie, P. J. MacDougall, *A Physical Basis for the VSEPR Model: The Laplacian of the Charge Density*, in *From Atoms to Polymers*, J. F. Liebman, A. Greenberg (Hrsg.), VCH, New York (1989), S. 1.
83. (a) M. Kaupp, P. v. R. Schleyer, H. Stoll, H. Preuss, *J. Am. Chem. Soc.*, **1991**, *113*, 6012;
    (b) L. v. Szentpaly, P. Schwerdtfeger, *Chem. Phys. Lett.*, **1990**, *170*, 555;
    (c) P. K. Chattaraj, P. v. R. Schleyer, *J. Am. Chem. Soc.*, **1994**, *116*, 1067.
84. I. Bytheway, R. J. Gillespie, T.-H. Tang, R. F. W. Bader, *Inorg. Chem.*, **1995**, *34*, 2407.
85. M. Born, J. R. Oppenheimer, *Ann. Phys.*, **1927**, *84*, 457.
86. H. Primas, U. Müller-Herold, *Elementare Quantenchemie*, Teubner, Stuttgart (1984).
87. (a) R. G. Woolley, *J. Am. Chem. Soc.*, **1978**, *100*, 1073;
    (b) R. G. Woolley, B. T. Sutcliffe, *Chem. Phys. Lett.*, **1977**, *45*, 393.
88. (a) H. Bock, *Angew. Chem.*, **1977**, *89*, 631;
    (b) H. Bock, K. Ruppert, C. Näther, Z. Havlas, H.-F.Herrmann, C. Arad, I. Göbel, A. John, J. Meurer, S. Nick, A. Rauschenbach,, W. Seitz, T. Vaupel, B. Solouki, *Angew. Chem.*, **1992**, *104*, 564;
    (c) H. Bock, R. Dammel, *Angew. Chem.*, **1987**, *99*, 518;
    (d) H. Bock, *Angew. Chem.*, **1989**, *101*, 1659.
89. (a) G. Lendvay, *J. Phys. Chem.*, **1994**, *98*, 6098;
    (b) G. S. Hammond, *J. Am. Chem. Soc.*, **1955**, *77*, 334.
90. A. E. Reed, L. A. Curtiss, F. Weinhold, *Chem. Rev.*, **1988**, *88*, 899.

Kapitel 2: Komplex- und Koordinationschemie

2.1 Allgemeines

Unter den Begriffen Komplex- oder Koordinationsverbindungen versteht man stöchiometrische Verbindungen, die aus Molekülen oder Ionen aufgebaut sind, die auch selbständig und unabhängig voneinander existenzfähig sind. So ist das Hexacyanoferrat(II)-Ion, $[Fe(CN)_6]^{4-}$, eine solche Koordinationsverbindung, denn es ist aus der Verbindung Eisen(II)cyanid und dem Cyanid-Anion aufgebaut (Gleichung 2.1.1). Auch das Tetrafluoroborat-Anion ist demnach eine Komplexverbindung, da es sich aus dem eigenständig existierenden Molekül Bortrifluorid und dem Fluorid-Anion bildet (Gleichung 2.1.2). Der Komplex ist dann eine vollkommen neue Verbindung mit Eigenschaften, die sich von denen der Teilchen, die ihn aufbauen, unterscheiden. Die Komplexeinheit wird durch eckige Klammern gekennzeichnet. Innerhalb der Komplexeinheit unterscheidet man als Bausteine das oder die **Zentralatome** (Akzeptoratome) und die **Liganden** (Donoren). In den Koordinationsverbindungen der Gleichungen 2.1.1 und 2.1.2 ist Fe und B jeweils das Zentralatom, CN^- und F^- sind die Liganden.

$$Fe(CN)_2 + 4\ CN^- \rightarrow [Fe(CN)_6]^{4-} \qquad\qquad (2.1.1)$$

$$BF_3 + F^- \rightarrow [BF_4]^- \qquad\qquad (2.1.2)$$

Gegenstand dieses Kapitels sollen aber nur Metall- und darunter insbesondere Übergangsmetallkomplexe sein. Es werden hier typische Eigenschaften und Phänomene von Verbindungen der d-Elemente besprochen, sofern es sich nicht um die metallorganischen Derivate handelt; die metallorganischen Komplexe sind Gegenstand von Kapitel 4.

Die Erforschung der Koordinationsverbindungen begann Ende des 19. Jahrhunderts und ist eng mit den beiden Chemikern Alfred Werner und Sophus Jørgensen verknüpft. Werner erhielt für seine grundlegenden Erkenntnisse, dass Liganden in der inneren Koordinationssphäre eines Übergangsmetalls fest gebunden sein können und zusammen eine neue eigenständige Verbindung ergeben, 1913 als erster Anorganiker den Nobelpreis für Chemie und leitete den Beginn der modernen Komplexchemie ein. Einen wesentlichen Aspekt der Werner'schen Arbeiten bildeten Leitfähigkeitsuntersuchungen, aus denen die genaue Zahl der Ionen, die in Lösung vorlagen, bestimmt werden konnte. Die Problematik, die zu Zeiten Werners bestand, soll kurz anhand eines Beispiels in Tabelle 2.1.1 aufgezeigt werden. So kannte man die in der Tabelle aufgeführten vier Amminchlorocobalt-Komplexe, die sich in ihrer Farbe unterschieden und deshalb in der damaligen Literatur auch entsprechend benannt wurden. Ein Verständnis und eine Formulierung für die Konstitution der Komplexe wurden von Werner durch die Reaktion mit Silber-Ionen und die Bestimmung der gefällten Silberchlorid-Äquivalente entwickelt. Eine Erklärung für das Zustandekommen der unterschiedlichen Farben wird in Abschnitt 2.9 gegeben.

Tabelle 2.1.1. Problematik und Konstitutionsermittlung bei Amminchlorocobalt(III)-Komplexen durch Werner

Zusammensetzung	Farbe	Name	Reaktion mit Ag^+	Formulierung durch Werner
$CoCl_3 \cdot 6\,NH_3$	gelb	Luteo-Salz	$3\,AgCl \downarrow$	$[Co(NH_3)_6]Cl_3$
$CoCl_3 \cdot 5\,NH_3$	purpur	Purpureo-Salz	$2\,AgCl \downarrow$	$[CoCl(NH_3)_5]Cl_2$
$CoCl_2 \cdot 4\,NH_3$	grün	Praseo-Salz	$1\,AgCl \downarrow$	$[CoCl_2(NH_3)_4]Cl$
$CoCl_2 \cdot 4\,NH_3$	violett	Violeo-Salz	$1\,AgCl \downarrow$	"

Der Beitrag Werners zum Verständnis der Koordinationschemie ging jedoch noch weiter: Er postulierte räumlich gerichtete Metall-Ligand-Bindungen, bei sechs Liganden um ein Zentralatom also eine oktaedrische Anordnung. Diese Deduktion erfolgte aus der Zahl der möglichen und gefundenen Isomere bei Vorliegen zweier verschiedener Ligandenarten. So sind z.B. für Komplexe der allgemeinen Form $[MX_2Y_4]$ bei oktaedrischer Gestalt zwei Isomere möglich, nämlich cis und trans, während andere geometrische Ligandenanordnungen zu mehr Isomeren führen müssten. Über diese cis-trans-Isomere erklärt sich auch das Vorliegen zweier $[CoCl_2(NH_3)_4]Cl$-Komplexe in Tabelle 2.1.1.

2.2 Nomenklatur von Komplexverbindungen

An dieser Stelle soll aus Platzgründen nur ein kurzer Abriss der wichtigsten Punkte zur Benennung von Koordinationsverbindungen gegeben werden. Es wird ansonsten auf die ausführlichere Behandlung in entsprechenden Werken verwiesen. Bei der Nomenklatur ist zunächst zwischen der Formel und dem Namen einer Verbindung zu unterscheiden.

In der **Formel von Koordinationsverbindungen** wird in die eckigen Klammern, die die Komplexbestandteile umfassen, als erstes das Zentralatom geschrieben, gefolgt von den Liganden. Liegen verschiedene Liganden vor, wird zuerst nach der Ladung unterschieden, und es folgen die anionischen vor den neutralen Liganden. Innerhalb jeder Gruppe, d.h. bei mehreren jeweils anionischen oder neutralen Liganden, erfolgt dann eine alphabetische Reihung nach den ersten Ligandensymbolen. Eventuelle kationische und anionische Gegenionen können ein Komplexion zur Neutralformel ergänzen; sie werden wie bei Salzen in der Reihenfolge Kation-Anion geschrieben. Eine schematische Darstellung des vorstehenden Sachverhalts ist in **2.2.1** gegeben.

[Zentralatom - anionische - neutrale Liganden]
(jeweils alphabetische Reihenfolge)

kationische ... anionische
Gegenionen

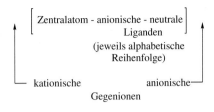

2.2.1

Im **Namen von Komplexverbindungen** werden die Liganden in alphabetischer Reihenfolge genannt, wobei anionische und neutrale Liganden eingereiht werden. Das Zahlwort (Präfix) für die Anzahl der jeweiligen Liganden wird bei der alphabetischen Reihung nicht berücksichtigt. Die **Anzahl der Liganden** wird normalerweise durch die multiplikativen Präfixe (Mono-) Di-, Tri-, Tetra- in speziellen Fällen aber durch Bis-, Tris-, Tetrakis- usw. angegeben. Letztere werden bei komplizierten Namen und zur Vermeidung von Mehrdeutigkeiten verwendet. So heißt es z.B. Triphosphan, $(PH_3)_3$, aber Tris(methylphosphan), $(PH_2Me)_3$ zur Unterscheidung von Trimethylphosphan, (PMe_3). Wird die zweite Art der multiplikativen Präfixe verwendet, dann setzt man den Ligandennamen zusätzlich in runde Klammern.

Nach den Liganden folgt dann das Zentralatom. Sein Name endet bei einem anionischen Komplex auf -at. Die Oxidationszahl des Zentralatoms wird in eingeklammerten römischen Ziffern noch nachgestellt. Die schematische Darstellung zur Benennung ist in **2.2.2** gegeben.

alphabetische Reihenfolge der Liganden - Zentralatom - (Oxidationszahl)
-at
↑
Endung im anionischen Komplex

2.2.2

Der **Name von Liganden** bleibt für neutrale Liganden unverändert, aber sie werden in runde Klammern gesetzt, mit Ausnahme der folgenden vier Donoren, die als Liganden einen anderen Namen bekommen und auch nicht in Klammern gesetzt werden:

H_2O – aqua (in der älteren Literatur aquo)
NH_3 – ammin
CO – carbonyl
NO – nitrosyl

Anionische Liganden enden auf -o.

Bsp.: F^- fluoro, Cl^- chloro, OH^- hydroxo, S^{2-} thio oder sulfido.

In mehrkernigen Komplexen werden verbrückende Liganden, die also zwei oder mehr Zentralatome verknüpfen, durch das Präfix μ- im Namen und in der Formel gekennzeichnet. Die Zahl der Zentralatome, die in einer einzelnen Koordinationseinheit durch einen jeweiligen Brückenliganden verknüpft sind, wird durch den Brückenindex *n* als μ_n- angegeben. Für n = 2 wird der Index allerdings weggelassen.

Bsp.: [{PtCl(PPh$_3$)$_2$}$_2$(μ-Cl)$_2$] Di-μ-chlorobis[chloro(triphenylphosphan)platin(II)]
[{Hg(CH$_3$)$_4$}$_4$(μ_4-S)]$^{2+}$ μ_4-Thio-tetrakis[methylquecksilber(II)]-Ion
Tabelle 2.2.1 gibt eine Aufstellung weiterer Liganden und ihrer Namen. Es sind auch Liganden aufgenommen, die über verschiedene Donoratome verfügen, so genannte ambidente Liganden (siehe Abschnitt 2.7), bei denen eine verschiedene Anbindung an das Zentralatom sich dann in der Benennung niederschlägt. Des Weiteren werden organische Liganden aufgelistet, für die sich spezielle Abkürzungen eingebürgert haben, die häufig dann auch in der Formelschreibweise der Komplexe verwendet werden.

Tabelle 2.2.1. Namen von Liganden in Koordinationsverbindungen

Formel	Ligandenname[a]
H$^-$	Hydrido
CN$^-$	Cyano
N^{3-}	Nitrido
N$_3^-$	Azido
NCS$^-$	Thiocyanato-*N*, Isothiocyanato
NCO$^-$	Cyanato-*N*
NO$_2^-$	Nitrito-*N* oder Nitro
CH$_3$NH$_2$, NH$_2$Me	Methylamin
H$_2$NCH$_2$CH$_2$NH$_2$, en	Ethylendiamin
NH$_2^-$	Amido
NH^{2-}	Imido
C$_5$H$_5$N, py	Pyridin
PH$_3$	Phosphan, Phosphin
O^{2-}	Oxido, Oxo
O$_2^-$	Hyperoxo
O$_2^{2-}$	Peroxo
CH$_3$O$^-$, OMe$^-$	Methanolato, Methoxo, Methoxy
CH$_3$S$^-$	Methanthiolato, Methylthio
C$_2$O$_4^{2-}$, ox	Ethandioato, Oxalato
NO$_3^-$	Nitrato
ONO$^-$, NO$_2^-$	Nitrito-*O*
{CH$_3$C(=O)CHC(=O)CH$_3$}$^-$, acac	Pentan-2,4-dionato, Acetylacetonato
SCN$^-$	Thiocyanato-*S*

[a] Bei den Ligandennamen sind in vielen Fällen nach IUPAC systematische und alternative Bezeichnungen zulässig. In einigen Fällen sind daher zwei Namen angegeben, ansonsten wurde die gebräuchlichere Bezeichnung gewählt

Im allgemeinen Sprachgebrauch, in der älteren und auch der heutigen Literatur werden Nomenklaturregeln oft nicht oder nur ungenau befolgt. Eine gewisse Flexibilität in der Schreibweise ist aber auch wünschenswert, um einen bestimmten Sachverhalt bei Reaktionen usw. besser zum Ausdruck bringen zu können.

Die folgenden Formeln und ihre Namen sollen als weitere Beispiele für die vorstehenden Kurzregeln dienen:

$[CoCl(NH_3)_5]Cl_2$	Pentaamminchlorocobalt(III)-chlorid
$Na[PtBrCl(NO_2)NH_3]$	Natrium-amminbromochloronitrito-N-platinat(II)
$[PtCl_2(C_5H_5N)NH_3]$	Ammindichloro(pyridin)platin(II)
$[Ni(H_2O)_2(NH_3)_4]SO_4$	Tetraammindiaquanickel(II)-sulfat
$[CrCl_2(en)_2]^+$	Dichlorobis(ethylendiamin)chrom(III)-Kation (zusätzlich ist eine Unterscheidung zwischen cis- und trans-Form möglich, s. unten)
$[Fe(CNMe)_6]Br_2$	Hexakis(methylisocyanid)eisen(II)-bromid
$[\{Fe(NO)_2\}_2(\mu\text{-}PPh_2)_2]$	Bis(μ-diphenylphosphido)bis(dinitrosyleisen) (zur Problematik der Zuordnung der Metall-Oxidationsstufe bei Nitrosylkomplexen, siehe Abschnitt 2.12.3)
$Na[Co(CO)_4]$	Natrium-tetracarbonylcobaltat(-I)

Die Regeln gelten im Übrigen genauso für die in Kapitel 4 behandelten metallorganischen Komplexverbindungen. Auf die Verwendung von Stereodeskriptoren (cis-, trans-, fac- und mer-) und Chiralitätssymbolen (Λ-, Δ-, λ-, δ-) wird in den Abschnitten 2.3 und 2.7 eingegangen.

2.3 Struktur und Geometrie von Komplexverbindungen

Wichtige Strukturmerkmale von Komplexen sind die Koordinationszahl und das Koordinationspolyeder, die eng miteinander verknüpft sind. Die **Koordinationszahl** ist die Zahl der vom Zentralatom gebundenen Ligandenatome und das **Koordinationspolyeder** die geometrische Figur, die die Ligandenatome um das Zentralatom bilden. Die niedrigste Koordinationszahl in typischen Komplexverbindungen ist 2, die höchste 12. Die wichtigste Koordinationszahl ist 6, mit Abstand gefolgt von 4. Die Koordinationszahl wird von der Größe des Zentralatoms, den sterischen Wechselwirkungen zwischen den Liganden, d.h. der Größe der Liganden, und den elektronischen Zentralatom-Ligand-Wechselwirkungen bedingt. Vergleiche dazu die sehr ähnliche Beziehung der Koordinationszahl von Ionen zu deren Radienverhältnis in Festkörperstrukturen (Abschnitt 3.2.1).

Im Folgenden sollen kurz Beispiele für einzelne Koordinationszahlen gegeben werden. Die **Koordinationszahl 2** ist selten; man kennt Beispiele für die Ionen Cu^+, Ag^+, Au^+ und Hg^{2+}, wie etwa $[CuCl_2]^-$, $[Ag(NH_3)_2]^+$, und $[Au(CN)_2]^-$. Die Komplexe sind weitgehend **linear** gebaut.

Allgemein gilt für die rechts im Periodensystem stehenden d-elektronenreichen Metalle, dass sie niedrige Koordinationszahlen aufweisen.

Die **Koordinationszahl 3** ist sehr selten. Beispiele sind die Komplexe Tris(trimethylthiophosphoran)kupfer(I), $[Cu(SPMe_3)_3]^+ClO_4^-$ und cyclo-Tris[(chloro-μ-

(trimethylthiophosphoran)kupfer(I)], [CuCl(μ-SPMe$_3$)]$_3$ (**2.3.1**). Die Geometrie der Zentralatome ist **trigonal-planar**. Eine denkbare trigonal-pyramidale Koordination, wie sie z.B. in NR$_3$ vorliegt, ist für Metallzentren sehr selten.

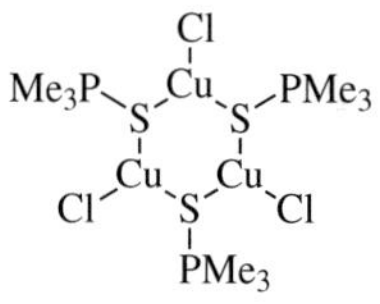

2.3.1

Die **Koordinationszahl 4** ist mit eine der wichtigsten Koordinationszahlen in der Komplexchemie. Die beiden möglichen Koordinationspolyeder sind das **Tetraeder und** das **Quadrat**. Die tetraedrische Form findet man allgemein bei der Kombination von großen Liganden und kleinen Metallen und in der Regel bei Metallzentren mit einer d^0- oder d^{10}-Elektronenkonfiguration. Konkrete Beispiele sind Tetrahydroxozinkat, [Zn(OH)$_4$]$^{2-}$ und Oxoanionen, [MO$_4$]$^{n-}$ (Bsp.: M = V, n = 3; M = Cr, n = 2; M = Mn, n = 1). In Abbildung 2.3.1 ist eine Übersicht der Metallzentren mit ihren Oxidationszahlen gegeben für die man häufiger eine tetraedrische Koordination antrifft.

		Gruppe								
	M:	4	5	6	7	8	9	10	11	12
Koordinationszahl 4 Tetraeder		Ti^{+4}	V: (+3) +4,+5	Cr: +4,+5 +6	Mn: (+2),+5, +6,+7	(Fe^{2+}) (Fe^{3+})	Co^{+2}	Ni^0 Ni$^+$	Cu$^+$ Cu^{+2}	Zn^{+2}
		Zr^{+4}		Mo^{+6}	Tc^{+7}	Ru^{+8} Ru^{+7}			Ag$^+$	
				W^{+6}	Re^{+7}	Os: +6,+7 +8				Hg^{+2}

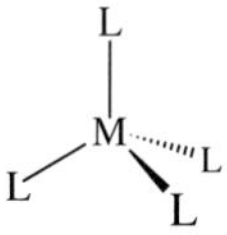

Abbildung 2.3.1. Metallionen mit tetraedrischen Koordinationspolyedern. Man beachte die häufige tetraedrische Koordination für d^0- und d^{10}-konfigurierte Metallzentren, diese sind durch Fettdruck hervorgehoben. Bei eingeklammerten Oxidationszahlen ist das Tetraeder bzw. die Koordinationszahl 4 gegenüber einem anderen Koordinationspolyeder, in der Regel dem Oktaeder, deutlich weniger bedeutend. Für viele der hier aufgeführten Ionen findet man in ähnlicher Häufigkeit auch oktaedrische Komplexe, vergleiche dazu Abbildung 2.3.4.

Beispiele für quadratisch-planare Komplexe findet man häufig bei den d^8-Ionen Rh$^+$, Ir$^+$, Ni^{2+} (mit starken Liganden), Pd^{2+}, Pt^{2+} und Au^{3+}, etwa das Tetrachloropalladat(II)-Ion, [PdCl$_4$]$^{2-}$ oder Diammindichloroplatin(II), [PtCl$_2$(NH$_3$)$_2$]. Abbildung 2.3.2 gibt eine graphische Übersicht der quadratisch-planar koordinierten Metallzentren.

Gruppe

	4	5	6	7	8	9	10	11	12
Koordinationszahl 4 Quadrat							Ni⁺²	Cu⁺² Cu⁺³	Zn⁺²
M:						Rh⁺¹	Pd⁺ Pd⁺²	Ag⁺² Ag⁺³	
						Ir⁺¹	Pt⁺²	Au⁺² Au⁺³	

Abbildung 2.3.2. Metallionen mit quadratisch-planarer Koordinationsgeometrie. Es überwiegen hier Metallzentren mit d^8-Elektronenkonfiguration (Hervorhebung durch Fettdruck). Für die Ionen Ni^{2+}, Cu^{2+}, Cu^{3+} findet man in ähnlicher Häufigkeit auch oktaedrische Komplexe, vergleiche dazu Abbildung 2.3.4.

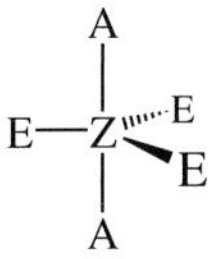

2.3.2 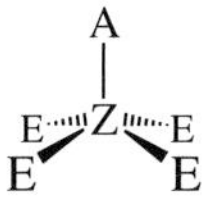   2.3.3 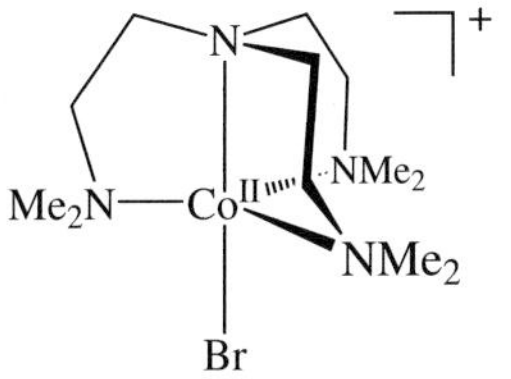   2.3.4 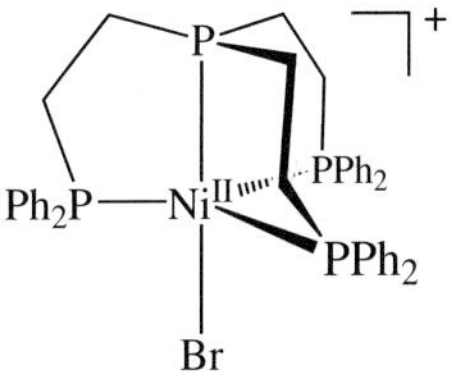   2.3.5

Die **Koordinationszahl 5** ist wieder weniger häufig als 4, aber doch bedeutend. Allgemein ist die Stabilität von fünffach koordinierten Komplexen nicht sehr groß. Sie dismutieren leicht in vier- und sechsfach koordinierte Komplexe. Für die geometrische Anordnung bei der Fünffachkoordination gibt es zwei Grenzfälle: die **trigonale Bipyramide** (2.3.2) und die **tetragonale** oder **quadratische Pyramide** (2.3.3). Beides sind Grenzstrukturen mit fast gleicher Energie, die sich über eine **Pseudorotation** (Berry-Mechanismus) in Lösung rasch ineinander umwandeln können (Abbildung 2.3.3).

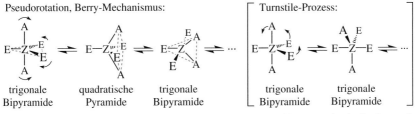

Pseudorotation, Berry-Mechanismus: Turnstile-Prozess:

trigonale   quadratische   trigonale   trigonale   trigonale
Bipyramide   Pyramide   Bipyramide   Bipyramide   Bipyramide

Abbildung 2.3.3. Darstellung der Umwandlung trigonale Bipyramide – quadratische Pyramide – trigonale Bipyramide (Pseudorotation, Berry-Mechanismus), die zu einem Platztausch von äquatorialen und axialen Liganden in den trigonal-bipyramidalen Anordnungen führt. Eine mechanistische Alternative zur Pseudorotation sind Turnstile- (engl. Drehkreuz-) Prozesse, die ebenfalls in Platzwechselvorgängen der Liganden bei der trigonalen Bipyramide (allerdings ohne quadratisch-pyramidale Zwischenstufe) resultieren. Theoretische Studien legen allerdings stets einen Berry-Mechanismus nahe. A – axialer, E – äquatorialer Ligand in der linken trigonal-bipyramidalen Ausgangsstruktur.

Mit der Umwandlung verbunden ist auch ein Platztausch der axialen und äquatorialen Liganden, so dass Moleküle mit der Koordinationszahl 5 in Lösung in der Regel fluktuierend sind. Für den Nachweis eignet sich bei geeigneten Liganden die temperaturvariable NMR-Spektroskopie, z.B. ^{13}C-NMR bei Fe(CO)$_5$ oder ^{19}F-NMR bei PF$_5$. Bei Zimmertemperatur wird jeweils nur ein Signal beobachtet; das ^{19}F-Signal in PF$_5$ ist höchstens durch die Kopplung mit dem ^{31}P-Kern aufgespalten. Generell erhält man mit physikalischen Methoden, die langsam in Bezug auf die Zeitskala des Austauschvorganges sind, ein zeitlich gemitteltes Signal für die verschiedenen Liganden. Erst bei genügend tiefer Temperatur, die zu einer starken Verlangsamung, einem „Einfrieren" der Platzwechselvorgänge führt, findet man dann zwei unterschiedliche Signale in den entsprechenden Intensitätsverhältnissen 2:3. Zwischen den beiden Grenzformen gibt es in Festkörperstrukturen auch fließende Übergänge, d.h. verzerrte fünffach-koordinierte Metallzentren, deren Zuordnung zu den beiden Grenzfällen sich oft schwierig gestaltet. Metallkomplexe mit einer trigonalen Bipyramide als Koordinationspolyeder erhält man für Re^{+1}, Co^{+1}, Ni^{+3}, Cu^{+2}; konkrete Beispiele sind [CuCl$_5$]$^{3-}$ mit dem [Cr(NH$_3$)$_6$]$^{3+}$-Kation, [Ni^{III}Br$_3$(PR$_3$)$_2$] und [Cr^{III}Cl$_3$(NMe$_3$)$_2$]. In Komplexen des Vanadylions VO^{2+} findet man quadratisch-pyramidale Ligandenanordnungen. Sowohl die trigonale Bipyramide als auch die tetragonale Pyramide existiert im gleichen Kristall für [Ni(CN)$_5$]$^{3-}$ mit dem Tris(ethylendiamin)chrom-Kation, [Cr(en)$_3$]$^{3+}$.

Mit vierzähnigen Chelatliganden (auf den Chelatbegriff wird in Abschnitt 2.6 näher eingegangen), bei denen die Donoratome die Koordinationsgeometrie vorgeben, lässt sich – Fünffachkoordination vorausgesetzt – die tetragonale Pyramide oder die trigonale Bipyramide gezielt stabilisieren. Chelatliganden, bei denen vier Donoratome in einer Ebene liegen und so mit einem fünften Liganden eine quadratisch-pyramidale Anordnung bedingen, werden in Abschnitt 2.4 vorgestellt (Textskizzen **2.4.12** bis **2.4.15**). Beispiele für so genannte *tripod*-Liganden, die zu einem trigonal-bipyramidalen Koordinationspolyeder führen, sind mit Tris(2-dimethylaminoethyl)amin (tren) und Tris(2-diphenylphosphinoethyl)phosphan (tetraphos-II) anhand von Komplexen in **2.3.4** und **2.3.5** gezeigt.

Die **Koordinationszahl 6** ist die wichtigste Koordinationszahl überhaupt und bei manchen Übergangsmetallen auch fast die einzige anzutreffende Koordinationszahl. Für das Koordinationspolyeder gäbe es mehrere denkbare Möglichkeiten. Neben dem **Oktaeder** in idealer oder tetragonal verzerrter Form (**2.3.6** und **2.3.7**) käme das trigonale Antiprisma (**2.3.8**) und das trigonale Prisma (**2.3.9**) in Betracht. Das trigonale Antiprisma ist dabei eine trigonale Verzerrung des Oktaeders, d.h. die Metall-Ligand-Abstände werden entlang einer der dreizähligen Achsen gestaucht oder gestreckt.

Von diesen möglichen höhersymmetrischen Anordnungen wird aber fast ausschließlich das Oktaeder inklusive seiner tetragonalen Verzerrungen ausgebildet. Aufgrund der großen Zahl oktaedrischer Komplexe, die im Verlaufe des Kapitels vorgestellt werden, wird an dieser Stelle auf ein spezielles Beispiel verzichtet. In

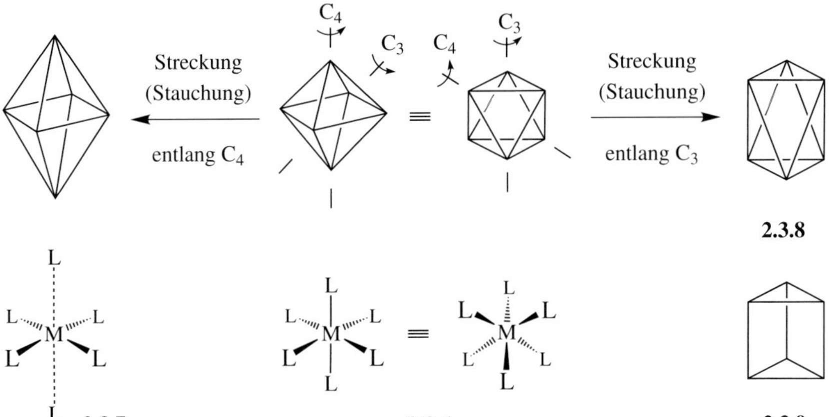

2.3.8

2.3.7   **2.3.6**   **2.3.9**

Abbildung 2.3.4 wird das sehr häufige Auftreten der oktaedrischen Koordination für fast alle Metallionen verdeutlicht.

		Gruppe							
	4	5	6	7	8	9	10	11	12
Koordinationszahl 6 Oktaeder	Ti: **+2,+3** +4	V: **+3** +4,+5	Cr: (JT) **0,+1,+2** +3,+4,+5	Mn: **+1,+2,** **+3,+4**	Fe^{+2} Fe^{+3}	Co^{+2} **Co^{+3}**	Ni^{+2} Ni^{+3}(JT)	Cu^{+2}(JT) Cu^{+3}	Zn^{+2}
M:	Zr^{+4}	Nb^{+4}	Mo: **0,+3** (+6)	Tc: **+3,+4** **+5,+6**	**Ru^{+2}** **Ru^{+3}**	**Rh^{+3}** **Rh^{+4}**	Pd^{+4}		**Cd^{2+}**
			W: **0,+3** +6	Re: **+1,+2,+3** **+4,+5,+6**	**Os^{+2}** **Os^{+3}**	**Ir^{+3}** **Ir^{+4}**	Pt^{+4}		

Abbildung 2.3.4. Metallionen mit oktaedrischer Koordinationsgeometrie. Durch Fettdruck hervorgehoben sind diesmal diejenigen Ionen für die die Koordinationszahl 6 und das oktaedrische Koordinationspolyeder fast ausschließlich gefunden wird. Für einige der hier aufgeführten Ionen findet man darüber hinaus die Koordinationszahl 4, vergleiche dazu die Abbildungen 2.3.1 und 2.3.2. Der Zusatz JT bei den Ionen Cr^{+2} (d^4-high-spin), Ni^{+3} (d^7-low-spin) und Cu^{+2} (d^9) soll andeuten, dass hier aus elektronischen Gründen stets (Jahn-Teller) verzerrte oktaedrische Strukturen gefunden werden (näheres siehe unter Jahn-Teller-Effekt im Abschnitt 2.9).

Trigonales Prisma und Antiprisma sind bei isolierten Molekülkomplexen sehr selten. Ein Beispiel für ersteres ist Tris(cis-1,2-diphenylethen-1,2-dithiolato)rhenium, [Re(S$_2$C$_2$Ph$_2$)$_3$] (**2.3.10**).

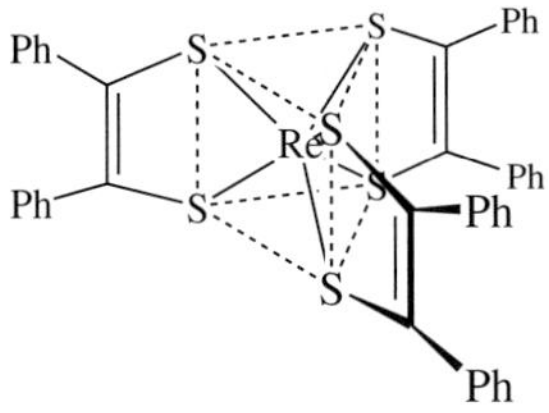

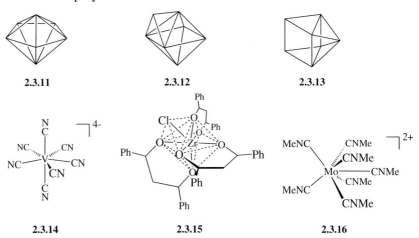

2.3.10

Die **Koordinationszahl 7** ist wiederum nicht sehr oft anzutreffen. Die drei wesentlichen Koordinationspolyeder sind die pentagonale Bipyramide, das Oktaeder mit einem siebenten Liganden über einer Fläche und das trigonale Prisma mit einem siebenten Liganden über einer Rechteckfläche (**2.3.11 – 13**). Wie schon bei der Koordinationszahl fünf ist hier auch der Energieinhalt der verschiedenen Formen recht ähnlich. Die Darstellungen **2.3.14 – 16** geben je ein konkretes Beispiel zu den Koordinationspolyedern.

2.3.11   **2.3.12**   **2.3.13**

2.3.14   **2.3.15**   **2.3.16**

Die Bedeutung der **Koordinationszahl 8** ist in den letzten Jahren stark gewachsen, bedingt durch zunehmende Untersuchungen der Koordinationschemie der Lanthanoide und Actinoide, bei deren großen Metallionen diese und höhere Koordinationszahlen möglich werden. Unter den d-Elementen findet man diese Koordinationszahl bevorzugt für Molybdän(V)- und Wolfram(V)-Verbindungen. Als symmetrische Koordinationspolyeder kommen das quadratische Antiprisma (Bsp. $[Mo(CN)_8]^{3-}$ als Natriumsalz) und das Dodekaeder (Bsp. $[Mo(CN)_8]^{3-}$ als Cäsiumsalz, $[Nb(CN)_8]^{4-}$, $[Nb(CN)_8]^{5-}$) in Frage (**2.3.17** und **2.3.18**). Der Würfel hingegen ist als Koordinationspolyeder bei molekularen Komplexionen sehr selten.

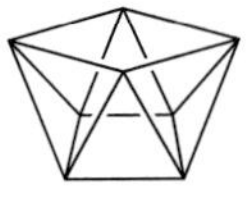

2.3.17    **2.3.18**

Zur **Koordinationszahl 9 und höher** wird die Zahl der bekannten Strukturen bei den d-Elementen immer kleiner, erst bei den Komplexverbindungen der Lanthanoide und Actinoide werden solche Koordinationszahlen sehr häufig ausgebildet (siehe auch Abschnitt 2.6). Als reguläres Koordinationspolyeder kennt man für die Koordinationszahl 9 noch das trigonale Prisma mit einem Liganden über jeder Rechteckfläche. Ein bekanntes Beispiel für diese Ligandenanordnung ist das Nonahydridorhenat(VII)-Anion, ReH_9^{2-} (**2.3.19**).

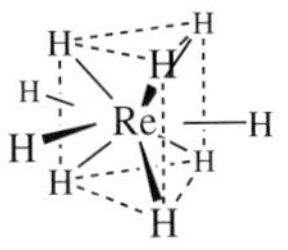

2.3.19

2.4 Liganden

Der Begriff „Ligand" ist in den vorangegangenen Abschnitten schon oft gebraucht worden. Die Liganden mit ihren Donoratomen sind ein wesentlicher strukturbestimmender Teil in der Koordinationsverbindung. Auch wenn im Folgenden an einigen Stellen manchmal nur einzelne Liganden in einem Komplex herausgestellt werden (z.B. Abschnitt 2.12), ist es wichtig festzuhalten, dass in einem Komplex das Zusammenwirken aller Liganden dessen charakteristische Eigenschaften bestimmt. Selbst bei Reaktionen anscheinend unbeteiligte, so genannte Zuschauer- oder inerte Liganden (vergleiche Abschnitt 2.11.1) haben ihre Funktion.

In diesem Abschnitt soll nun noch eine kurze Systematisierung der Liganden erfolgen. Als Liganden können neutrale oder geladene Atome oder Atomgruppen dienen. Es gibt mehrere Möglichkeiten, Liganden zu klassifizieren: Nach der Art der Donoratome, z.B. als Stickstoff-, Sauerstoff-, Schwefel-Liganden, oder nach der Anzahl der Donoratome, die sie enthalten, nach ihrer **Zähnigkeit**, als 1-, 2-, 3-, ..., n-zähnige Liganden. Einzähnige Liganden sind etwa die einatomigen Halogenid-Ionen, F^-, Cl^-, Br^- oder mehratomige Gruppen, mit nur einem Donoratom, z.B. RO^-, R_2O, R_2S, R_2N^-, R_3N, R_3P (R = H, organische Gruppe). Die Halogeno-, Hydroxo-, Alkoholato-, Amido-, Cyano- o. a. Liganden können dabei nicht nur endständig (terminal) gebunden sein, sondern sie können auch als Brückenliganden fungieren und damit zwei oder gar noch mehr Zentralionen in mehrkernigen Komplexen zugeordnet sein. Die Darstellungen in **2.4.1** und **2.4.2** geben zwei Beispiele. In der Nomenklatur werden die Brückenliganden durch das Präfix μ- gekennzeichnet. Einzähnige Liganden, denen mit ihren Metallkomplexen eine biologische oder medizinische Anwendung zukommt, werden in Abschnitt 2.12.6 behandelt.

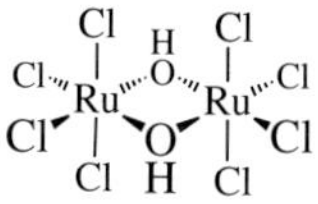

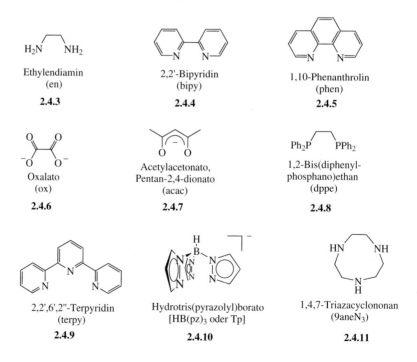

[RuCl$_4$(μ-OH)]$_2$

2.4.1

[Pd(μ-Cl)(PR$_3$)$_2$]$_2$

2.4.2

Zwei- und mehrzähnige Liganden sind vielfach **Chelatliganden** (Chelat, grch. Krebsschere). Die geometrische Anordnung der beiden Donoratome wird sinnvollerweise so gewählt, dass mit dem Zentralion thermodynamisch günstige fünf- oder sechsgliedrige Ringe, die so genannten Chelatringe erhalten werden. Drei- und mehrzähnige Liganden erzeugen dabei zwei und mehr Ringsysteme (für weitere Ausführungen zum Chelateffekt und dessen Anwendungen, siehe Abschnitt 2.6). Die Darstellungen in **2.4.3 – 19** zeigen aus einer mittlerweile kaum noch zu übersehenden Vielfalt einige häufiger anzutreffende Chelatliganden (weitere, anwendungsbezogene Chelatbildner sind in Kapitel 2.6 aufgeführt). Man erkennt, dass Stickstoff und Sauerstoff die Hauptzahl der Donoratome in mehrzähnigen Liganden stellen, gefolgt von Phosphor und Schwefel, für die hier nur wenige Beispiele gegeben werden. Für die organischen Ligandennamen haben sich in der Regel Abkürzungen in Kleinbuchstaben eingebürgert, die in Klammern mitangegeben sind. Zu den Ligandennamen ist noch zu sagen, dass die hier angegebenen Benennungen nicht die systematischen sondern die gebräuchlichen oder alternativen Ligandennamen darstellen, die aber noch zulässig sind.

Ethylendiamin
(en)

2.4.3

2,2'-Bipyridin
(bipy)

2.4.4

1,10-Phenanthrolin
(phen)

2.4.5

Oxalato
(ox)

2.4.6

Acetylacetonato,
Pentan-2,4-dionato
(acac)

2.4.7

1,2-Bis(diphenyl-
phosphano)ethan
(dppe)

2.4.8

2,2',6',2''-Terpyridin
(terpy)

2.4.9

Hydrotris(pyrazolyl)borato
[HB(pz)$_3$ oder Tp]

2.4.10

1,4,7-Triazacyclononan
(9aneN$_3$)

2.4.11

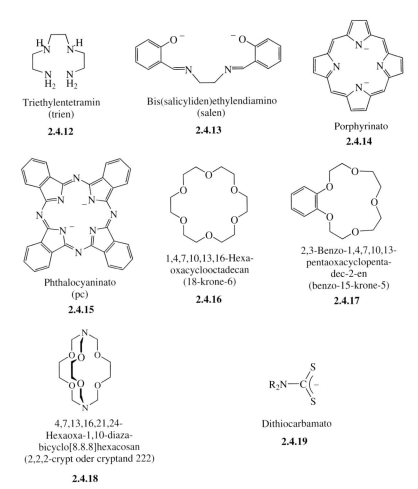

Triethylentetramin
(trien)

2.4.12

Bis(salicyliden)ethylendiamino
(salen)

2.4.13

Porphyrinato

2.4.14

Phthalocyaninato
(pc)

2.4.15

1,4,7,10,13,16-Hexa-
oxacyclooctadecan
(18-krone-6)

2.4.16

2,3-Benzo-1,4,7,10,13-
pentaoxacyclopenta-
dec-2-en
(benzo-15-krone-5)

2.4.17

4,7,13,16,21,24-
Hexaoxa-1,10-diaza-
bicyclo[8.8.8]hexacosan
(2,2,2-crypt oder cryptand 222)

2.4.18

Dithiocarbamato

2.4.19

Eine kleinere Gruppe mehrzähniger Liganden wird auch mit dem Ziel eingesetzt, als Brückenligand und Abstandshalter zwischen den Metallzentren zu fungieren und dabei Koordinationspolymere aufzubauen (s. Abschnitt 2.12.7). Beispiele
zeigen die Zeichnungen **2.4.20 – 22**.

4,4'-Bipyridin (4,4'-bipy)

2.4.20

Pyrazin

2.4.21

Benzol-1,3,5-tricarboxylato
(btc)

2.4.22a

Benzol-1,4-dicarboxylato
(terephthalato)

2.4.22b

Mehrzählige Liganden werden häufig mit dem Ziel maßgeschneidert oder ausgesucht, eine bestimmte Konformation der Donoratome und damit eine festgelegte Koordinationsgeometrie zu haben. So erzwingen etwa die Phthalocyanin- oder Porphyrin-Liganden eine planare Koordination. Die höchsten Zähnigkeiten erreicht man bei den **Kronenethern** oder **Kryptanden** (**2.4.16 – 18**). Als Kronenether werden makrocyclische Ether bezeichnet, bei denen die Sauerstoffatome meistens durch Ethylengruppen prinzipiell aber auch durch andere Kohlenwasserstoffreste verbunden sind. Oft sind noch ein oder mehrere Benzol- oder Cyclohexanringe ankondensiert. Die Bezeichnung Kronenether geht auf die räumliche Struktur zurück, die an eine Krone erinnert. Die Sauerstoffatome der Kronenether können teilweise oder vollständig durch Heteroatome (vor allem N, aber auch S und P) substituiert werden. In enger Beziehung zu den Kronenethern stehen makrocyclische Aminopolyether, die Kryptanden (z.B. **2.4.18**), bei denen sich zwischen Brückenkopf-Stickstoffatomen drei Brücken mit Polyetherfunktionen befinden. Die drei Brücken können dabei unterschiedlich aufgebaut sein. Mit einer großen Zahl an Kationen, insbesondere den Alkali- und Erdalkaliionen entstehen Komplexe. Das Kation kann im Hohlraum des Kronenethers oder Kryptanden oder zwischen zwei solcher Makrocyclen eingeschlossen werden. Die Metallkomplexe der Kronenether heißen **Koronate**, die der Kryptanden **Kryptate**. Die Selektivität der Kryptanden in Bezug auf das einzuschließende Kation und die Stabilität der gebildeten Metallkomplexe sind wegen der Hohlraumstruktur im Allgemeinen größer als die der Kronenetherverbindungen. Die Entwicklung der Kronenether und ihrer supramolekularen Wirt-Gast-Chemie wurde 1987 mit dem Nobelpreis für Chemie an J.-M. Lehn, D. J. Cram und C. J. Pedersen gewürdigt. Diese und eine Vielzahl anderer makrocyclischer Liganden oder Container-Moleküle, über die man mittlerweile verfügt, können größen-, form- und ladungsselektiv andere Teilchen in ihre Hohlräume einschließen. Für die Koordinationschemie ist dabei der größenselektive Einschluss von Metallionen unter Bildung sehr stabiler Komplexe von Bedeutung. Je nach Größe des Hohlraumes bzw. Länge der Polyetherbrücken kann man eine Selektivität innerhalb der Alkalimetallkationen Li^+, Na^+ oder K^+ einstellen. Für die Unterscheidung zwischen Na^+ und K^+ kennt man z.B. sphärische Makrocyclen (Sphäranden), die das erstere Ion bis zu einem Faktor von 10^{10} besser binden. Auch eine Präferenz von Sr^{2+} und Ba^{2+} über Ca^{2+} oder eine Kontrolle der M^{2+}/M^+-Selektivität von Erdalkali- gegenüber Alkalimetallkationen ist bekannt. Der anschaulichen Größenkomplementarität bei der strukturellen Erkennung und bevorzugten Einlagerung einzelner Kationen aus der Lösung in die Hohlräume liegen tatsächlich jedoch kompliziertere enthalpische und entropische Faktoren zugrunde. Die Stabilität der Koronate und Kryptate hängt vom Lösungsmittel ab und ist zum Beispiel in Methanol höher als in Wasser. Die Stabilität der Aminopolyetherkomplexe sinkt bei niedrigen pH-Werten, da es dann zu einer Protonierung der Brückenkopf-Stickstoffatome kommt.

Die Bildung von Koronaten oder Kryptaten wird bereits vielfältig genutzt. Reaktionen unter Beteiligung von Salzen können mit Hilfe von Kronenethern in unpolaren, aprotischen Lösungsmitteln in homogener Phase durchgeführt werden. So bewirkt eine Metallkomplexierung in Ionenpaaren die Aktivierung des Anions und beeinflusst daher stark dessen Basenstärke und Nucleophilie, etwa in Carbanionenreaktionen, Alkylierungen und Umlagerungen. Durch die alleinige Solvatisierung des Kations mit dem Kronenether werden sehr reaktive, nicht-solvatisierte Anionen freigesetzt, die unter milden Bedingungen und im neutralen Medium in der organischen Synthese als starke Nucleophile, Basen oder Oxidationsmittel fungieren können. Umgekehrt wird das Kation deaktiviert, und Reaktionswege, die unter Metallion-Beteiligung ablaufen, werden inhibiert. Durch Zusatz dieser Komplexbildner können auf diese Weise auch die Mechanismen von Ionenreaktionen, die Bedeutung der Anionenaktivierung und die Beteiligung von Kationen aufgeklärt werden. Die Phasentransferkatalyse ist ebenfalls ein Anwendungsgebiet. Die Kryptanden werden aufgrund ihrer hohen Metallionenselektivität bei der Trennung von Kationengemischen, der gezielten Extraktion bestimmter Elemente aus Lösungen oder sogar zur Entgiftung des Körpers von Schwermetallspuren eingesetzt. Weitere Anwendungen von Chelatliganden werden in Abschnitt 2.6 erwähnt.

2.5 Komplexbildungsgleichgewichte

Koordinationsverbindungen, bei denen alle Liganden von derselben Art sind, werden auch als **homoleptische Komplexe** bezeichnet. Sind die Liganden verschieden, spricht man von **heteroleptischen Komplexen**. Voraussetzung für die Isolierung von individuellen heteroleptischen Komplexen ist eine gewisse kinetische Stabilität (vergleiche Abschnitt 2.10), d.h. die Geschwindigkeiten für Ligandenaustauschprozesse müssen langsam sein. Einzelne Spezies gemischter Komplexe sind gerade bei einzähnigen Liganden häufig nicht durch die Umsetzung bestimmter stöchiometrischer Verhältnisse zugänglich, da in Lösung mehrere Derivate einer Serie $[MX_nY_{6-n}]$, n = 0–6, im Gleichgewicht nebeneinander vorliegen. Für die Beschreibung der schrittweisen Bildung solcher heteroleptischer Komplexe müssen sechs abhängige Gleichgewichte mit den zugehörigen Stufenkomplexbildungs- oder **Stufenstabilitätskonstanten K_i** berücksichtigt werden (Gleichungen 2.5.1 – 3). In einem System $[MX_nY_{6-n}]$, n = 0–6 ergibt sich damit das molare Verhältnis der sieben möglichen Spezies. Das Produkt der sechs K_i ist dann die **Bruttostabilitätskonstante β**, die die Gleichgewichtsreaktion der beiden homoleptischen Komplexe beschreibt (Gleichung 2.5.4). Solche **Komplexbildungskonstanten** sind wichtige Größen für die gezielte Auswahl und das Maßschneidern von Liganden und um Komplexgleichgewichte, wie sie auch in lebenden Systemen und in der Natur vorkommen, zu verstehen.

$$[MX_6] + Y \rightleftharpoons [MX_5Y] + X \qquad K_1 = \frac{[[MX_5Y]][X]}{[[MX_6]][Y]} \qquad (2.5.1)$$

$$[MX_5Y] + Y \rightleftharpoons [MX_4Y_2] + X \qquad K_2 = \frac{[[MX_4Y_2]][X]}{[[MX_5Y]][Y]} \qquad (2.5.2)$$

usw. bis

$$[MXY_5] + Y \rightleftharpoons [MY_6] + X \qquad K_6 = \frac{[[MY_6]][X]}{[[MXY_5]][Y]} \qquad (2.5.3)$$

$$[MX_6] + 6\,Y \rightleftharpoons [MY_6] + 6\,X \qquad \beta = \frac{[[MY_6]][X]^6}{[[MX_6]][Y]^6} = K_1 \cdot K_2 \cdot K_3 \cdot K_4 \cdot K_5 \cdot K_6 \quad (2.5.4)$$

Die Konzentrationen der individuellen Komplexspezies in einer Gleichgewichtsmischung können durch Auftrennung über Ionophorese, Ionenaustausch-, Dünnschicht- oder die Hochleistungsflüssigchromatographie (HPLC) bestimmt werden, solange die Lebensdauer der Spezies größer ist, als die zur Trennung notwendige Zeit. Ohne Trennung der Spezies lassen sich deren Anteile in einer potentiometrischen Titration ermitteln. Voraussetzung ist hier das Vorliegen eines in wässriger Lösung protonierbaren Liganden, dessen pK_a-Wert bestimmbar ist. Das Prinzip der Methode liegt dann in der Bestimmung des Gleichgewichtes, welches sich zwischen der protonierten und metallierten Form des Liganden einstellt und über eine Messung der Protonenaktivität erfasst werden kann.

$$[ML]^{m+} + n\,H_3O^+ \xrightleftharpoons[H_2O]{\log \beta,\ pK_a} [M(aq)]^{m+} + LH_n^{n+} \qquad (2.5.5)$$

In speziellen Fällen können weitere Bestimmungsmethoden eingesetzt werden, z.B. sind bei Rhodiumkomplexen wie $[RhBr_nCl_{6-n}]^{3-}$ quantitative ^{103}Rh-NMR-Messungen in-situ möglich. Zusammen mit den Konzentrationen der freien Liganden X und Y können dann auch die individuellen Stabilitätskonstanten K_i im Gleichgewichtsfall berechnet werden. Die Ergebnisse solcher quantitativer Bestimmungen lassen sich in Gleichgewichtsdiagrammen darstellen, für die in Abbildungen 2.5.1 und 2.5.2 Beispiele gezeigt sind.

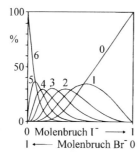

Abbildung 2.5.1. Gleichgewichtsdiagramm für die Reihe $[OsBr_nI_{6-n}]^{2-}$ (n = 0–6). Man erkennt anhand der Überlappung der Kurven, dass für weite Bereiche der Ligandenverhältnisse in einem solchen System zahlreiche Spezies nebeneinander vorliegen können. Durch die Voreinstellung eines bestimmten Ligandenverhältnisses lässt sich also hier kein individuelles Komplexspezies erhalten. Die starke Überlappung der Kurven findet ihre Entsprechung in der Ähnlichkeit der Stufenstabilitätskonstanten: $K_1 = 13.22$, $K_2 = 7.03$, $K_3 = 4.48$, $K_4 = 2.37$, $K_5 = 1.43$, $K_6 = 0.87$. Die Bruttokomplexbildungskonstante hat den Wert $\beta = 1228$ (aus W. Preetz, G. Peters, D. Bublitz, *Chem. Rev.* **1996**, *96*, 977).

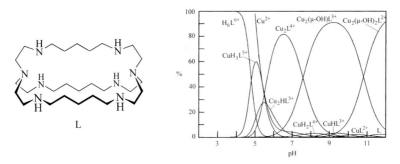

Abbildung 2.5.2. Gleichgewichtsdiagramm als Ergebnis einer potentiometrischen Titration des Kryptanden C-Bistren (L) in Gegenwart von zwei Äquivalenten Cu(II). In Abhängigkeit des pH-Wertes erkennt man die Bildung von verschiedenen Metall-Ligand-Spezies. Während um einen pH-Wert von 5 eine mononukleare Form $[CuH_3L]^{5+}$ als vorwiegende Cu-L-Spezies existiert, dominieren dann oberhalb eines pH-Wert von 6 die zweikernigen Komplexe $[Cu_2L]^{4+}$, $[Cu_2(\mu\text{-}OH)L]^{3+}$ und $[Cu_2(\mu\text{-}OH)_2L]^{2+}$. Die Hydroxidverbrückung erfolgt zwischen den Metallionen innerhalb des Hohlraums des C-Bistren-Moleküls. Zwischen pH 7 und 11 findet man allerdings auch immer noch einkernige Komplexe in niedriger Konzentration ($< 5\%$) (aus: A. E. Martell, R. J. Motekaitis, *Determination and Use of Stability Constants*, 2nd ed., VCH, Weinheim, 1992, Kapitel 6.3).

2.6 Der Chelateffekt

Der Begriff Chelatligand und Chelatring wurde bereits in den Abschnitten 2.3 und 2.4, u.a. bei der Vorstellung der mehrzähnigen Liganden verwendet. Experimentelle Befunde zeigen, dass wenn ein einzähniger und ein mehrzähniger Ligand bei gleichen Donoratomen in möglichst identischer chemischer Umgebung miteinander um ein Metallzentrum konkurrieren, der mehrzähnige Ligand die entsprechende Zahl an einzähnigen Liganden ersetzen wird. Voraussetzung ist dabei, dass die vom mehrzähnigen Liganden mit dem Metallion gebildeten Ringsysteme nicht zu sehr gespannt sind. In der allgemeinen Darstellung von Gleichung 2.6.1 wird das Gleichgewicht der Reaktion rechts liegen.

$$3 \left(\begin{smallmatrix} L \\ \\ L \end{smallmatrix}\right. + ML_6 \rightleftharpoons \left(\begin{smallmatrix} L \\ \\ L \end{smallmatrix}\right)_3 M + 6\,L \qquad (2.6.1)$$

Dieser Effekt wird als Chelateffekt bezeichnet und kann über die Komplexbildungskonstanten der beiden Metallkomplexe (β) oder der Gleichgewichtskonstanten für die Gesamtreaktion (K) auch quantitativ ausgedrückt werden, derart dass $\beta_{\text{L-L}} > \beta_{\text{L}}$ oder $K > 1$ ist. Stehen Enthalpiewerte für die Reaktion zur Verfügung, so kann man aus den thermodynamischen Beziehungen $\Delta G^\circ = -\,RT\,\ln\beta$ und $\Delta G^\circ = \Delta H^\circ - T\Delta S^\circ$ auch Werte für ΔG° und ΔS° berechnen. Vergleicht man die auf diese Weise erhaltenen ΔS-Werte miteinander, so scheint der Chelateffekt gewöhnlich den günstigeren Entropieveränderungen zuzuschreiben zu sein, die mit der Ringbildung einhergehen (siehe Tabelle 2.6.1). Denn bei der Bildung des Chelatkomplexes nimmt durch die freigesetzten einzähnigen Liganden die Entropie stärker zu. Anschaulich entstehen in Gleichung 2.6.1 aus vier Teilchen sieben Teilchen. Thermodynamisch sind Chelatkomplexe sehr viel stabiler als die vergleichbaren Nicht-Chelatkomplexe, so dass auf diesem Weg ansonsten instabilere Metall-Donoratom Kombinationen besser zugänglich sind. Den Chelateffekt kann man neben dem thermodynamischen auch über ein statistisches Entropieproblem deuten. Eine solche Wahrscheinlichkeitsproblematik liegt dem Modell von Schwarzenbach zugrunde (vgl. dazu Abbildung 2.6.1). Dieses Modell besagt, dass wenn ein einzähniger und ein zweizähniger Ligand L und L-L in ähnlichen Konzentrationen vorliegen und um die Koordinationsstellen am Metallion konkurrieren, so ist die Wahrscheinlichkeit der Koordination eines L-Donoratoms für beide Liganden zunächst gleich groß. Sobald jedoch das eine Ende von L-L koordiniert ist, ist es sehr viel wahrscheinlicher, dass die zweite Koordinationsstelle vom anderen L-L-Ende besetzt wird, anstatt von einem einzähnigen Liganden. Diese höhere Wahrscheinlichkeit resultiert einfach aus der Tatsache, dass das andere Ende von L-L nahe der zweiten Koordinationsstelle gehalten wird (Abbildung 2.6.1) und daher seine effektive Konzentration dort viel höher ist, als die von L. Dies gilt umso mehr, je verdünnter die Lösung ist, d.h. der Vorteil von Chelatliganden gegenüber einzähnigen Liganden ist umso größer, je geringer die Konzentration ist. In sehr konzentrierten Lösungen des einzähnigen Liganden wird man demnach eine Abnahme des Chelateffektes erwarten, die sich auch beobachten lässt.

Abbildung 2.6.1. Schematische Darstellung der Wahrscheinlichkeitsproblematik nach dem Modell von Schwarzenbach zur Deutung des Chelateffekts. Die höhere Stabilität von Chelatkomplexen kann man auch über die Dissoziation der M-L-Bindung erklären: In erster Näherung dürfte die Wahrscheinlichkeit der Dissoziation eines Donoratoms eines einzähnigen Liganden oder eines Arms eines Chelatliganden ähnlich groß sein, während die gleichzeitige Trennung aller M-L-Bindungen zu einem Chelatliganden deutlich weniger wahrscheinlich ist. Ein einzähniger Ligand wird aber nun durch Diffusion schnell vom Metallzentrum entfernt werden können, wohingegen der dissoziierte Arm eines Chelatliganden noch in der räumlichen Nähe verbleibt und dann auch schneller wieder koordinieren kann.

Korrekterweise verlangt eine Diskussion der Daten in Tabelle 2.6.1 aber noch einen zusätzlichen Hinweis, nämlich den, dass sich die β-Werte und damit auch die daraus abgeleiteten Entropien eigentlich gar nicht direkt vergleichen lassen, da die Komplexbildungskonstanten β unterschiedliche Einheiten aufweisen. Bei Verwendung von Konzentrationsangaben in mol/l hat β_y die Einheit l^y/mol^y und β_{2y} die Einheit l^{2y}/mol^{2y}. Es wurde daher von Adamson vorgeschlagen, die Konzentrationen als Molenbruch auszudrücken, womit dann dimensionslose vergleichbare Bil-

Tabelle 2.6.1. Komplexbildungskonstanten und thermodynamische Daten im Vergleich von Nickel(II)- und Kupfer(II)-Ammin- und Ethylendiaminkomplexen zur Quantifizierung des Chelateffekts.[a]

Komplex	$\log \beta$ [b]	ΔH° [b] [kJ/mol]	ΔS° [b] [J/mol K]	$\Delta \log \beta =$ $\log K$ [c]	$\Delta(\Delta H^\circ)$ [c] [kJ/mol]	$\Delta(\Delta S^\circ)$ [c] [J/mol K]
$[Cu(H_2O)_4(NH_3)_2]^{2+}$	7.83	−46.5	−4.2			
$[Cu(H_2O)_4(en)]^{2+}$	10.54	−54.8	25.1	2.71	−8.3	29.3
$[Cu(H_2O)_2(NH_3)_4]^{2+}$	13.00	−92.1	−58.6			
$[Cu(H_2O)_2(en)_2]^{2+}$	19.60	−106.8	29.3	6.60	−14.7	87.9
$[Ni(H_2O)_4(NH_3)_2]^{2+}$	5.08	−32.7	−12.6			
$[Ni(H_2O)_4(en)]^{2+}$	7.35	−37.7	16.7	2.27	−5.0	29.3
$[Ni(H_2O)_2(NH_3)_4]^{2+}$	8.12	−65.3	−62.8			
$[Ni(H_2O)_2(en)_2]^{2+}$	13.54	−76.6	12.6	5.38	−11.3	75.4
$[Ni(NH_3)_6]^{2+}$	9.08	−100.5	−163.3			
$[Ni(en)_3]^{2+}$	17.71	−117.2	−41.9	8.63	−16.7	121.4

[a] aus: A. E. Martell, R. D. Hancock, *Metal Complexes in Aqueous Solutions*, Plenum Press, New York, 1996, S. 66. Daten bei 25 °C und einer Ionenstärke von 1.0 mol/l.
[b] $\log \beta$, ΔH° und ΔS° sind der Logarithmus der Komplexbildungskonstante, die Enthalpie und Entropie für die Reaktionen $[M(aq)]^{2+} + 2y\ NH_3 \rightleftharpoons [M(aq)(NH_3)_{2y}]^{2+}$ mit $\beta = \frac{[[M(aq)(NH_3)_{2y}]^{2+}]}{[[M(aq)]^{2+}][NH_3]^{2y}}$ und $[M(aq)]^{2+} + y\ en \rightleftharpoons [M(aq)(en)_y]^{2+}$ mit $\beta = \frac{[[M(aq)(en)_y]^{2+}]}{[[M(aq)]^{2+}][en]^y}$.
[c] die jeweils aus Spalte 2, 3 und 4 berechneten Werte $\Delta \log \beta = \log K$, $\Delta(\Delta H^\circ)$ und $\Delta(\Delta S^\circ)$ sind der Logarithmus der Komplexbildungskonstante, die Enthalpie und Entropie für die formale Gleichgewichtsreaktion $[M(H_2O)_{6-2y}(NH_3)_{2y}]^{2+} + y\ en \rightleftharpoons [M(H_2O)_{6-2y}(en)_y]^{2+} + 2y\ NH_3$.

dungskonstanten erhalten werden. Bei hoher Verdünnung und niedrigen Ionenkonzentrationen ist die Gesamtmolzahl in Lösung fast gleich der Molarität von reinem Wasser mit 55.5 mol/l bei 25 °C. Der Molenbruch jedes Spezies wird dann durch Division des Zahlenwerts seiner Molarität mit 55.5 erhalten oder im Ergebnis müssen $y \cdot \log 55.5$ zu den β_y-Werten und entsprechend $y \cdot R \ln 55.5$ zu den ΔS°-Werten addiert werden. Gleiches gilt analog für die β_{2y}-Werte der Komplexe mit einzähnigen Liganden, also

Chelatliganden: einzähnige Liganden:

$\log \beta_y' = \log \beta_y + y \log 55.5$ $\log \beta_{2y}' = \log \beta_{2y} + 2y \log 55.5$

$\Delta S^{\circ\prime} = \Delta S^\circ + y \cdot R \cdot \ln 55.5$ $\Delta S^{\circ\prime} = \Delta S^\circ + 2y \cdot R \cdot \ln 55.5$

mit $y = 1–3$. Die $'$-Größen beziehen sich dann auf den Molenbruch als Vergleichszustand. Auf der Basis von Tabelle 2.6.1 wurden einige der dort gegebenen Bildungskonstanten und Entropien nach den vorstehenden Gleichungen umgerechnet und in Tabelle 2.6.2 zusammengestellt.

Tabelle 2.6.2. Komplexbildungskonstanten und Entropiewerte von Nickel(II)- und Kupfer(II)-Ammin- und Ethylendiaminkomplexen auf der Basis des Molenbruchs als Bezugssystem (vergleiche dazu Tabelle 2.6.1).

Komplex	$\log \beta'$	$\Delta S^{\circ\prime}$ [J/mol K]	$\Delta(\Delta S^{\circ})$ [J/mol K]
$[Cu(H_2O)_4(NH_3)_2]^{2+}$	11.32	62.6	
$[Cu(H_2O)_4(en)]^{2+}$	12.28	58.5	–4.1
$[Ni(H_2O)_4(NH_3)_2]^{2+}$	8.57	54.2	
$[Ni(H_2O)_4(en)]^{2+}$	9.09	50.1	–4.1
$[Ni(H_2O)_2(NH_3)_4]^{2+}$	15.10	70.9	
$[Ni(H_2O)_2(en)_2]^{2+}$	17.02	79.4	8.5

Auf der Basis Molenbruch scheint es, dass der Entropievorteil des Chelateffektes fast verschwindet oder sich bei Vorhandensein von nur einem Chelatliganden sogar ins Gegenteil verkehrt. Dementsprechend war der Vorschlag von Adamson die Basis einer lang anhaltenden Kontroverse über die Ursachen des Chelateffekts. Unabhängig von der Wahl des Standardzustandes bleibt aber hier zunächst festzuhalten, dass der eingangs beschriebene Chelateffekt als solcher unter normalen experimentellen Bedingungen existiert. Des Weiteren gilt, dass die Entropieänderung ΔS° eines Systems auch für ideale Lösungen von der Konzentration des Referenzzustandes abhängt und mit steigender Konzentration abnimmt. Hierin liegt auch der Schlüssel zum Verständnis der Unterschiede der in Tabelle 2.6.1 und 2.6.2 berechneten Entropiewerte. *Standard*enthalpien ΔG° oder ΔH° als Ausgangspunkt für die Standardentropie ΔS° beziehen sich immer auf eine Standardkonzentration der Edukte mit dem Zahlenwert 1. Beim Konzentrationsmaß Molarität in Tabelle 2.6.1 betrug diese Standardkonzentration 1 mol/l, was in der Praxis bereits eine recht hohe Konzentration ist. Im Rahmen der vorstehend durchgeführten Umrechnung nach Adamson wurde implizit auf einen Molenbruch von 1 als Standardkonzentration bezogen, was also fast reinem Liganden und damit einer extrem hohen und rein hypothetischen Konzentration entspricht und somit auch das merkwürdige Ergebnis erklärt.

Allgemein gilt für den Chelateffekt noch, dass er bei Fünf- und Sechsringen am ausgeprägtesten ist. Kleinere Ringe haben eine zu hohe Spannung und bei größeren Ringen nimmt der Vorteil bei der Konkurrenz um die zweite Koordinationsstelle im Allgemeinen rasch ab. Aus sterischen Gründen (vergleiche dazu Abbildung 2.6.2) bevorzugen große Metallionen fünfgliedrige Ringe, während für sechsgliedrige Ringe kleinere Metallionen günstiger sind. Je mehr Chelatringe in einem Komplex vorliegen, desto größer ist die gesamte Stabilitätszunahme (vergleiche Tabelle 2.6.1). Der Chelateffekt ist aber nicht nur ein Entropieeffekt, sondern Chelatkomplexe sind enthalpisch auch etwas günstiger als entsprechende einzähnige Komplexe, da die vorgebildeten Chelatringe eine geringere abstoßende Ligand-Ligand

Wechselwirkung bedingen (siehe $\Delta H°$-Werte in Tabelle 2.6.1). In konjugierten Systemen wie Acetylacetonat (**2.4.7**) kommt bei der Chelatbildung noch eine Resonanzstabilisierung hinzu.

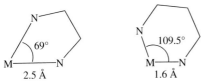

Abbildung 2.6.2. Darstellung der idealen geometrischen Bedingungen für einen fünf- und sechsgliedrigen Chelatring bei dem sich das Metallzentrum im Schnittpunkt der beiden freien Elektronenpaare des Diamin-Liganden befindet, der gleichzeitig im Zustand geringster Spannungsenergie vorliegt. In den Sechsring passen dabei Metalle mit kurzer M-N-Bindungslänge, während für den Fünfring lange M-N-Bindungen besser sind. Diese Tatsache kann für die Ligandenoptimierung in Bezug auf unterschiedliche Metallionen genutzt werden: Eine Vergrößerung des Chelatrings von fünf- auf sechsgliedrig wird danach die Komplexstabilität der kleineren gegenüber den größeren Metallionen erhöhen (aus R. D. Hancock, *Crown Compounds: Toward Future Applications* (S. R. Cooper, Hrsg.), VCH, Weinheim, 1992, S. 167–190).

In Abschnitt 2.5 wurde dargelegt, dass sich beim Austausch zwischen einzähnigen Liganden aus einer stöchiometrischen Ligandenzugabe keine einzelnen definierten Spezies ergeben. Die Stufenstabilitätskonstanten unterscheiden sich in diesem Fall nicht stark genug voneinander. Die Verfolgung eines solchen Reaktionsverlaufs mit spektroskopischen Methoden und mit Hilfe von Indikatoren ergibt nur geringe Übergänge an den jeweiligen Äquivalenzpunkten. Bei der Substitution einzähniger Liganden gegen Chelatliganden können die Stufen dagegen nebeneinander erfassbar sein, da die Komplexbildungskonstanten sich leicht um mehrere 10er-Potenzen unterscheiden können. An den Äquivalenzpunkten beobachtet man dann einen deutlichen und scharfen Sprung, insbesondere wenn der Chelatligand über vier oder sechs Donoratome in geeigneter Geometrie verfügt, die in einem Schritt die einzähnigen Liganden verdrängen können. Derartige Ligandenaustauschreaktionen lassen sich als Anwendung der Komplexbildung z.B. zur quantitativen Bestimmung von Metallionen einsetzen. Beim diesbezüglichen maßanalytischen Verfahren der **Komplexometrie** (Chelatometrie) wird die zu bestimmende Ionenart mit dem Komplexbildner (Komplexon) als Maßlösung in stabile wasserlösliche Chelate überführt. Als kommerziell verfügbare Chelatbildner werden z.B. Nitrilotriessigsäure (**2.6.1**, Titriplex I[®]), Ethylendiamintetraessigsäure (**2.6.2**, EDTA, Titriplex II[®]) und ihr Dinatriumsalz (Titriplex III[®]) eingesetzt.

HOOCCH$_2$—N(—CH$_2$COOH)(—CH$_2$COOH)

Nitrilotriessigsäure, NTA
2.6.1

(HOOCCH$_2$)(HOOCCH$_2$)N—CH$_2$—CH$_2$—N(CH$_2$COOH)(CH$_2$COOH)

Ethylendiamintetraessigsäure, EDTA
2.6.2

Die beiden vorstehend skizzierten Komplexbildner spielen u.a. weiterhin eine große Rolle in der **Wasserenthärtung**. Sie eignen sich prinzipiell gut als **Builder**, also als
funktionelle Inhaltsstoffe von Waschmitteln, die im Waschprozess der Enthärtung des
Wassers durch das Komplexieren von Calcium- und Magnesiumionen dienen und zugleich die Waschwirkung durch ihre Alkalität und durch das Dispergieren von Pig-
mentschmutz unterstützen. Lange Zeit wurde diese Aufgabe vom multifunktionellen
Pentanatriumtriphosphat wahrgenommen, bevor es wegen seiner eutrophierenden
Wirkung auf stehende oder langsam fließende Oberflächengewässer verboten wurde.
Zwischenzeitlich kam es dann zum Einsatz von mehrzähnigen Chelatliganden, wie
2.6.1 und **2.6.2**. Da die eingesetzten Komplexbildner jedoch zur Remobilisation von in
Sedimenten abgelagerte Schwermetallen führten, wurden in Deutschland Empfehlungen erlassen, ihre jährliche Einsatzmenge und maximale Konzentration in Gewässern
zu begrenzen. Mittlerweile wird der Markt für Builder von einem Dreikomponenten-
system aus Zeolith A, Soda und Polycarboxylaten beherrscht. Nitrilotriessigsäure ist in
einer Reihe von Ländern (z.B. Kanada, Niederlande) aber noch als Phosphat-Substitut
im Gebrauch, da es zu 95% biologisch abbaubar und mindergiftig ist. Auf der anderen
Seite können Komplexbildner natürlich gezielt zur Bindung von Schwermetallionen
durch Chelatisierung eingesetzt werden. Als Bestandteil von Waschmitteln bindet ED-
TA Schwermetall-Spuren, die sonst die Zersetzung der als Bleichmittel enthaltenen
Peroxo-Verbindungen katalysieren würden. Auch die in der Papier- und Zellstoffindu-
strie eingesetzten Peroxid-Bleichmittel werden durch Chelatbildner stabilisiert.

Chelatliganden werden weiterhin in der **Medizin** z.B. als **Antidota**, d.h. als Gegen-
mittel bei **Schwermetallvergiftungen** des Organismus eingesetzt. Das Calcium-dinat-
rium-Salz von EDTA (Natriumcalciumedetat, Calcium vitis®) dient ebenso wie das
verwandte Calcium-trinatrium-diethylentriamin-N,N,N′,N″,N‴-pentaacetat (DTPA,
2.6.3, Ditripentat-Heyl®) als Diagnostikum und zur Therapie von akuten, chronischen
und latenten Bleivergiftungen. Außerdem ermöglichen die oben genannten Substanzen die Eliminierung der Schwermetalle Cadmium, Cobalt, Kupfer, Nickel, Chrom,
Mangan, Quecksilber, Vanadium, Zink und von Radioisotopen des Urans. Eine weitere Applikation ist die Diagnose und Therapie der Eisenspeicherkrankheit (siehe unten).
Das Dinatriumsalz von EDTA findet Anwendung bei der Dekorporierung von Cal-
ciumdepots; über die Veränderung des Serum-Calcium-Spiegels lassen sich Wechselwirkungen mit Herzglykosiden, Antiarrhythmika und mit Mitteln zur Blutgerinnung
steuern. Bei Vergiftungen mit Quecksilber, aber auch chronischen Bleivergiftungen
und zur möglichen Steigerung der Elimination von Arsen, Kupfer, Antimon, Chrom
und Cobalt, wird 2,3-Dimercapto-1-propansulfonsäure in Form des Natriumsalzes
(**2.6.4**, Dimaval®, DMPS-Heyl®, Mercuval®) als effizienter Chelatbildner eingesetzt.

Diethylen-triamin-N,N,N′,N″,N‴-pentaacetat, DTPA

2.6.3

2,3-Dimercaptopropan-1-sulfonsäure, DMPS

2.6.4

Die Verbindung Deferoxamin (Desferrioxamin, Desferal®, **2.6.5**) wird in Form des Methansulfonats (Mesilat) als ein Eisen-komplex-bindendes Antidot therapeutisch bei akuter Eisenvergiftung und bei der Eisenspeicherkrankheit (Hämochromatose) verwendet. Die Substanz D-Penicillamin **2.6.6**, als Kurzbezeichnung für D-2-Amino-3-mercapto-3-methylbuttersäure oder 3-Mercapto-D-valin (*β,β*-Dimethylcystein), zeigt ein breites therapeutisches Wirkungsspektrum und wird u.a. bei chronischer Polyarthritis (Wirkungsmechanismus hier noch unbekannt) und als Komplexbildner bei Vergiftungen mit Schwefel-affinen Schwermetallen, wie Kupfer, Blei, Quecksilber, Arsen und Zink eingesetzt (Metalcaptase®, Trisorcin®, Trovolol®). Insbesondere ist seine Verwendung bei der Kupfer-Speicherkrankheit Morbus Wilson zu erwähnen. Die Aminosäure Penicillamin ist ein Abbauprodukt des Penicillins und durch Hydrolyse aus diesem zu gewinnen, daher der Name. Als therapeutisches Mittel kann nur die D-Form eingesetzt werden, die L-Form ist toxisch. Unter den **Metall-Speicherkrankheiten** versteht man Stoffwechselstörungen, die zu einer erhöhten und damit toxischen Aufnahme von ansonsten essentiellen Metallen wie Eisen und Kupfer führen. Bei der Wilsonschen Krankheit (Morbus Wilson) werden, genetisch bedingt durch das Fehlen von Caeruloplasmin, einem Kupfer-Transport-Protein, Kupferverbindungen vermehrt in Gehirn, Leber, Auge u.a. Geweben abgelagert. Die Krankheit führt unbehandelt zum Tode. Ebenfalls bei Morbus Wilson und als Antidot gegen Schwermetallvergiftungen, insbesondere mit Quecksilber, Eisen, Polonium, Zink und Cadmium, wird N-(2-Mercaptopropionyl)-glycin (Thiopronin, **2.6.7**, Captimer®) eingesetzt. (Bezüglich der medizinischen Anwendungen weiterer Metallkomplexe mit einzähnigen Liganden sei auch auf Abschnitt 2.12.6 verwiesen.)

$$H_2N - \left[(CH_2)_5 - \underset{OH}{N} - \overset{O}{\underset{\|}{C}} - (CH_2)_2 - \overset{O}{\underset{\|}{C}} - \underset{H}{N} \right]_2 - (CH_2)_5 - \underset{OH}{N} \overset{COCH_3}{\diagup}$$

Deferoxamin
2.6.5

$$H_3C - \underset{HS}{\overset{CH_3}{\underset{|}{C}}} - \overset{*}{\underset{NH_2}{\underset{|}{CH}}} - COOH$$

Penicillamin
2.6.6

$$H_3C - \overset{*}{\underset{HS}{\underset{|}{CH}}} - \overset{O}{\underset{\|}{C}} - \underset{H}{N} - CH_2 - COOH$$

Thiopronin
2.6.7

Als **Kontrastmittel** zur Magnetischen Resonanz- oder Kernspintomographie (MRI, I = imaging) werden paramagnetische Gadolinium(III)komplexe (Spin 7/2) mit Chelatliganden diagnostisch angewandt. Beispiele sind der Gadoliniumkomplex mit DTPA (**2.6.3**) (**2.6.8a**, Gadopentetsäure, Magnevist®) oder mit DTPA-Bismethylamid (**2.6.8b**, Gadodiamid, Omniscan®) und der Komplex mit dem 1,4,7,10-Tetraazacyclododecan-1,4,7,10-tetraacetat- (DOTA) Macrozyklus (**2.6.9a**,

Dotarem®) oder dem verwandten Hydroxypropyl-tetraazacyclododecan-triacetato-(HP-DO3A) Liganden (**2.6.9b**, Gadoteridol, ProHance®). Alle vier Liganden umgeben das Gadoliniumzentrum mit den vier oder drei Amin-Stickstoffatomen und den vier oder fünf Sauerstoffatomen der Carboxylat-, Amid-, oder Hydroxylfunktion. Ergänzt wird die Koordinationssphäre dann noch durch einen labilen Aqualiganden, so dass insgesamt eine Koordinationszahl von neun erreicht wird. Im freien ionischen Zustand ist Gadolinium toxisch. Die anionischen Komplexe Gd(DTPA)$^{3-}$ und Gd(DOTA)$^-$ waren die ersten klinisch angewandten MRI-Kontrastmittel und stellen Referenzsubstanzen für Neuentwicklungen dar. Sie werden für die Ganzkörper-NMR-Tomographie eingesetzt. Das nichtionische Gd-DTPA-BMA (**2.6.8b**) und Gd-HP-DO3A (**2.6.9b**) sind Kontrastmittel für das Zentralnervensystem.

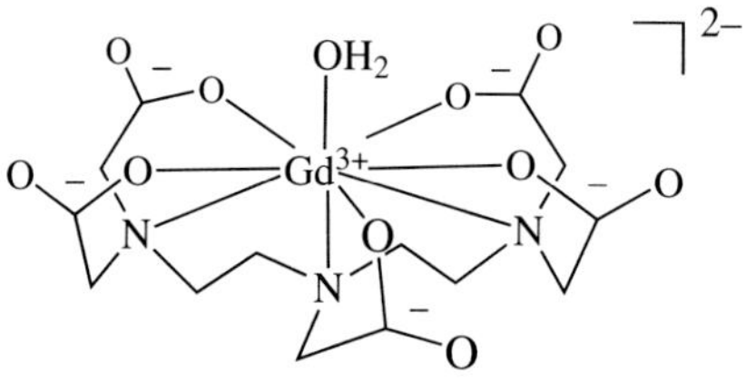

Gd-DTPA
2.6.8a

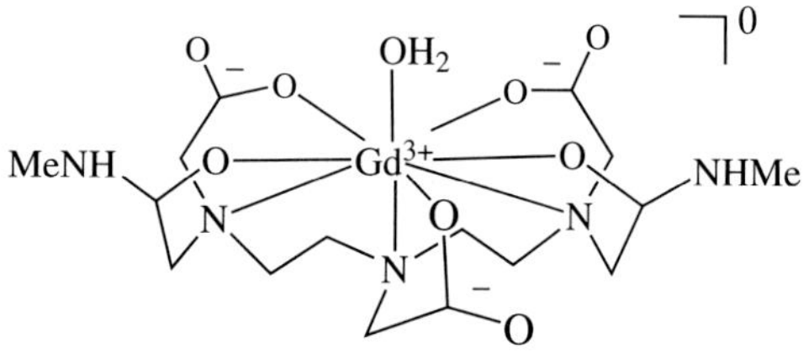

Gd-DTPA-BMA
2.6.8b

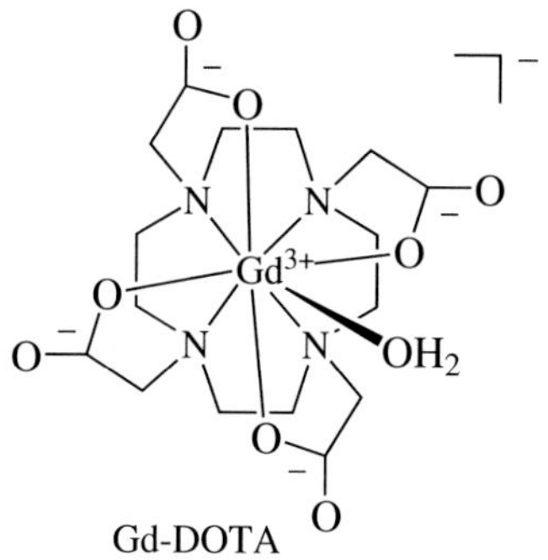

Gd-DOTA
2.6.9a

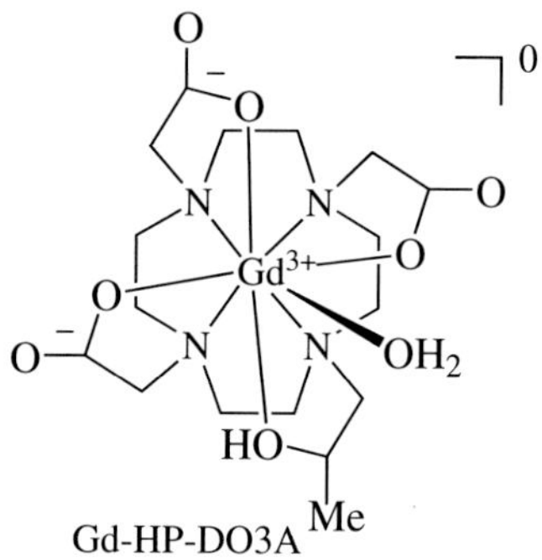

Gd-HP-DO3A
2.6.9b

MRI-Kontrastmittel werden im Gegensatz zu Röntgenkontrastmitteln oder Radiopharmaka nicht direkt abgebildet, sondern durch ihren Einfluss auf das Relaxationsverhalten der Wasserprotonen detektiert. Paramagnetische Substanzen haben durch die ungepaarten Elektronenspins ein lokales, fluktuierendes magnetisches Feld, das über dipolare Wechselwirkungen eine Verkürzung der Relaxationszeiten T_1 und T_2 der sie umgebenden Kerne (hier Protonen) bewirkt (T_1 = Spin-Gitter- oder longitudinale Relaxationszeit, T_2 = Spin-Spin- oder transversale Relaxationszeit). Dies führt im NMR-Tomogramm zu einer erhöhten Bildintensität und zu verkürzten Aufnahmezeiten. Das magnetische Feld des paramagnetischen Zentrums fällt schnell mit der Entfernung ab ($\sim 1/r^6$), so dass für die Übertragung des paramagnetischen Effektes eine räumliche Nähe (innerhalb 5 Å) der Wassermoleküle zum Metallion wichtig ist. Die Erhöhung der Protonen-Relaxationsgeschwindigkeiten setzt sich aus Beiträgen des Aqualiganden-Austausches in der inneren, ersten Koordinationssphäre und der Wassermolekül-Diffusion entlang des Gadoliniumkomplexes zusammen (Abb. 2.6.3). Der erste Beitrag wird auch als „inner-sphere Relaxation", der zweite als „outer-sphere Relaxationsmechanismus" bezeichnet. Wasserstoffbrücken-gebundene Wassermoleküle in der zweiten Koordinationssphäre werden dabei nicht von einer outer-sphere Relaxation unterschieden. Die gesamte paramagnetische Relaxationsbeschleunigung normiert auf die Konzentration des Gd^{III}-Chelatkomplexes wird Relaxivität genannt und ist abhängig von der Messfrequenz. Für Komplexe der Größe von Gd-DTPA und Gd-DOTA ist der outer-sphere Anteil etwa 40–50% der beobachteten Relaxivität. Für eine höhere inner-sphere Relaxivität wäre eine größere Zahl von freien Koordinationsstellen für schnell austauschende Aqualiganden am paramagnetischen Zentrum günstig. Dem steht die Notwendigkeit einer effektiven Chelatisierung des toxischen Gd^{3+}-Ions mit einem mehrzähnigen Liganden zu einem inerten, nichttoxischen Komplex entgegen.

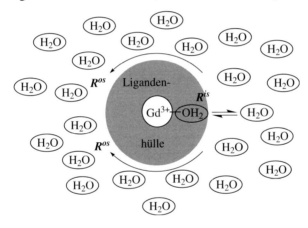

Abbildung 2.6.3. Schematische Darstellung der Relaxationsmechanismen in der wässrigen Lösung eines paramagnetischen Gd^{III}-Chelatkomplexes. R^{is} = inner-sphere Relaxation, R^{os} = outer-sphere Relaxationsmechanismus.

Kontrastmittel der nächsten Generation sollen als *in-vivo* Sensoren für pH-Werte, Konzentrationen von physiologisch relevanten Metallionen, krankheitsrelevante Enzyme oder den Sauerstoff-Partialdruck dienen. Neuentwicklungen basieren häufig auf funktionalisierten Derivaten der DTPA- oder DOTA-Liganden. Der zweikernige Gadoliniumkomplex **2.6.10a** wäre ein Kontrastmittel, dessen Effekt auf die Spinrelaxationzeiten der Wasserprotonen durch die Calcium-Ionenkonzentration moduliert wird. Das Calciumion schaltet den inner-sphere Relaxationsmechanismus an, indem es durch Komplexierung von Acetat-Gruppen diese aus der Gadolinium-Koordination löst (**2.6.10b**). Die innere Koordinationssphäre des paramagnetischen Gd^{3+} wird erst dann für Aqualiganden zugänglich.

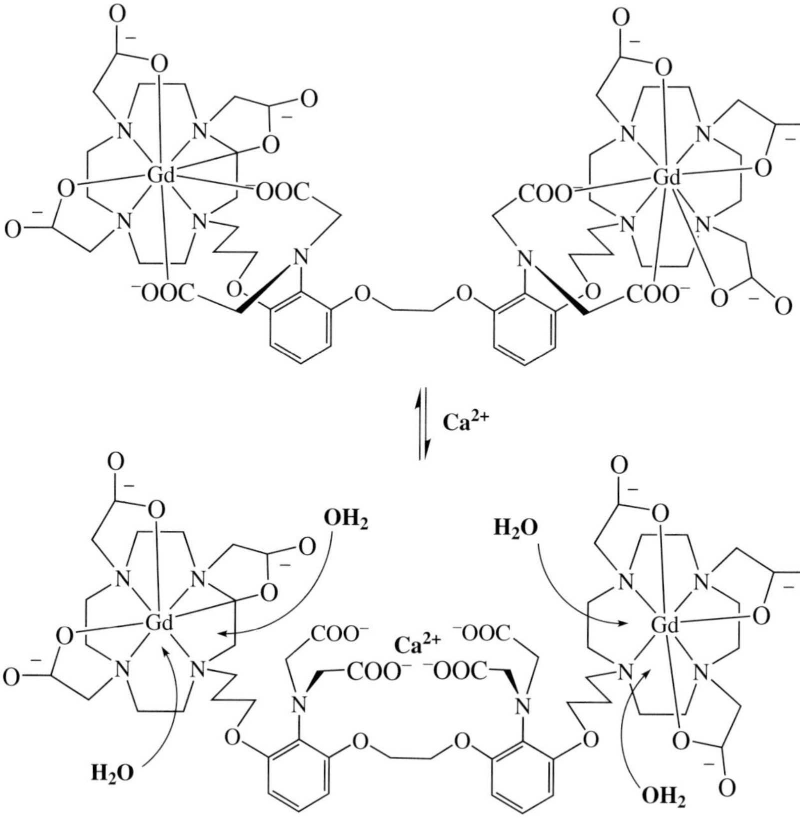

2.6.10a

Ca²⁺

2.6.10b

Einige Metalle, die zum Mineralstoffhaushalt menschlicher (und tierischer) Organismen gehören, werden als so genannte **Mineralstoffpräparate**, zur Steigerung der Metallzufuhr und zur Behebung von nachgewiesenen Mangelzuständen, angeboten. Dazu gehören Verbindungen des Eisens, Kupfers und Zinks, also Mikroelemente mit Spurenelement-Charakter, die hauptsächlich eine katalytische Funktion ausüben. Auch sind die Makroelemente Calcium, Natrium, Kalium und Magnesium als Baustoffe unentbehrlich. Viele dieser Präparate enthalten einfache anorganische Salze, wie etwa Eisen(II)sulfat, Zinksulfat, Natriumchlorid oder -fluorid, Kaliumchlorid oder -hydrogencarbonat, Magnesiumoxid, -hydrogenphosphat, -carbonat, -chlorid oder -sulfat und Calciumcarbonat oder -phosphat. Zahlreiche Präparate enthalten die Metalle aber als Salze oder Komplexe organischer Säuren, die chelatisierend koordinieren können. Häufig anzutreffen sind DL-Aspartate **2.6.11** (Zn, Mg, Ca), Citrate **2.6.12** (Na, Mg, Ca), Orotate **2.6.13** (Cu, Zn, Mg, Ca), Gluconate **2.6.14** (Fe, Zn, Ca) und Adipate **2.6.15** (K, Mg). Im Falle von Calciumcarbonat erfolgt häufig auch eine Formulierung mit einem Überschuss an Citronensäure.

Aspartat/Hydrogenaspartat
(Salz der Asparaginsäure)
2.6.11

Citrat
(Salze der Citronensäure)
2.6.12

Orotat
(Salze der Orotsäure)
2.6.13

Gluconat
(Salze der D-Gluconsäure)
2.6.14

Adipat
(Salze der Adipinsäure)
2.6.15

Als Schwermetallkomplex findet EDTA in der **Pflanzenernährung** Anwendung. Aus Düngemitteln lassen sich Spurenelemente als Metallchelate gelöst den Wurzeln von Kulturpflanzen z.B. zur Stimulierung des Wachstums und der Behebung des Eisen-, Kupfer-, Mangan- und Zink-Mangels zuführen. Die Metallchelate auf Basis von EDTA sind unter der Bezeichnung Sequestren® im Handel, z.B. als Sequestren®138Fe, Sequestren®Na$_2$Cu und -Na$_2$Mn mit den angegebenen Metallen. **In der Natur** spielen **Chelatkomplexe** in der Häm-Gruppe für den Sauerstofftransport im Blut (Hämoglobin), die Sauerstoffspeicherung in den Muskeln (Myoglobin) und die Sauerstoffumsetzung in den Zellen (Cytochrome-c) (siehe Abschnitt 2.12.1), im Blattgrün (Chlorophylle, **2.6.16**, Dihydroporphyrin- oder Chlorin-Ring als vierzähniger Chelatligand), in einigen Blütenfarbstoffen, den Anthocyanen (z.B. der Magnesiumkomplex des Malonylawobanins **2.6.17** in den blauen Blütenblättern der Lilienart *Commelina Communis*), im Vitamin B$_{12}$ (**2.6.18**) und Coenzym B$_{12}$ (**2.6.19**, Corrin-Ring als zugrunde liegender Chelatligand) eine Rolle, um nur einige Beispiele zu nennen, die zugleich die hohe Komplexität solcher biologischer Chelatliganden verdeutlichen.

Unter dem Aspekt der **Bioverfügbarkeit von Metallionen** soll am Beispiel der Solubilisierung und Mobilisierung von Eisen noch eine Anwendung von Chelatliganden bzw. des Chelateffektes in der Natur aufgezeigt werden. Die Pflanzenwurzeln scheiden Verbindungen aus, die z.B. mit Eisenionen des Bodens leicht resorbierbare Chelate bilden. Natürliche Eisen(III)-Vorkommen zeichnen sich bei neutralem pH-Wert durch eine weitgehende Unlöslichkeit aus, so dass selbst in eisenreichen Böden nur sehr geringe Konzentrationen des hydratisierten Ions in Lösung zur Verfügung stehen. Gleichzeitig ist Eisen ein biologisch essentielles Metall, es ist z.B. von Bedeutung in Oxidasen (Oxidationsenzymen), bei Sauerstofftransport

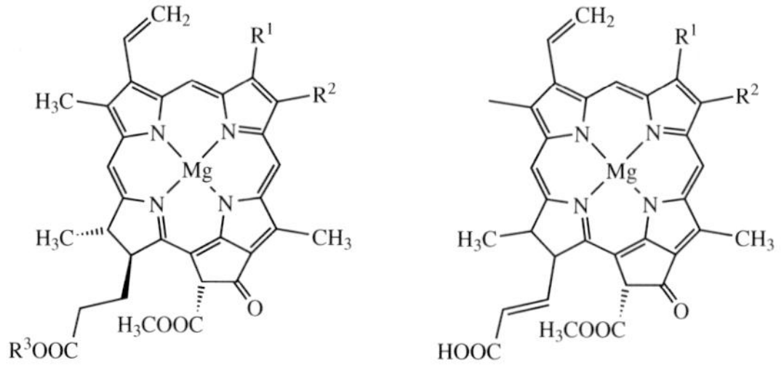

Chlorophyll a
R^1 = CH$_3$
R^2 = C$_2$H$_5$
R^3 = Phytyl

Chlorophyll b
R^1 = CHO
R^2 = C$_2$H$_5$
R^3 = Phytyl

Chlorophyll c
c$_1$ R^1 = CH$_3$, R^2 = C$_2$H$_5$
c$_2$ R^1 = CH$_3$, R^2 = CH=CH$_2$
c$_3$ R^1 = COOCH$_3$, R^2 = CH=CH$_2$

Phytyl:

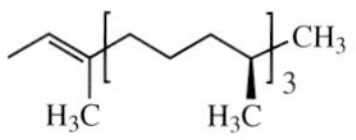

2.6.16

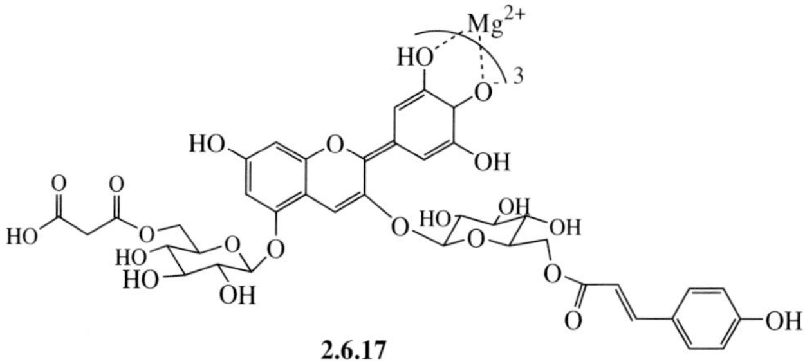

2.6.17

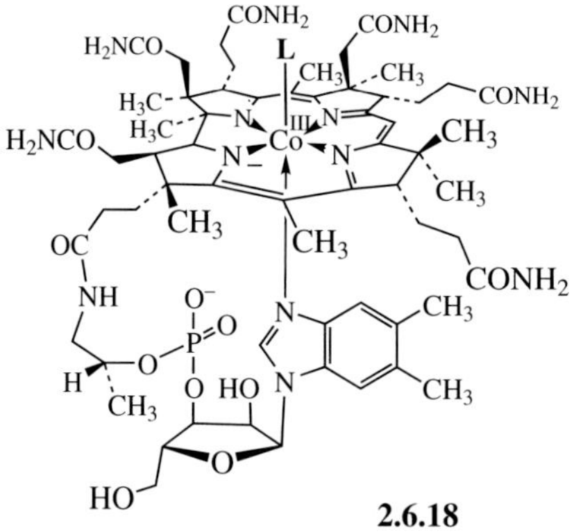

L = H$_2$O, Aquacobalamin,
evtl. native Form von Vitamin B$_{12}$

L = CN, Cyanocobalamin,
Artefakt der Isolierung von
Vitamin B$_{12}$ in Gegenwart von CN$^-$

L = CH$_3$, Methylcobalamin,
Reagenz für Biomethylierungen

2.6.18

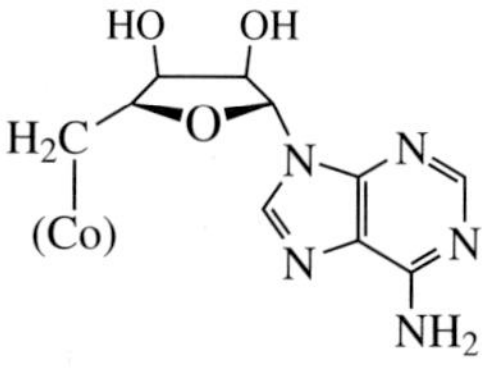

L = 5'-Desoxyadenosyl,
Adenosylcobalamin, Cobamamid,
Coenzym B$_{12}$

2.6.19

und -speicherung (Hämo- und Myoglobin, siehe Abschnitt 2.12.1), in Proteinen für die Elektronenübertragung (Cytochrome) oder bei der Stickstoff-Fixierung (siehe Abschnitt 2.12.2). In der Natur mussten deshalb spezielle Mechanismen für die Eisenaufnahme entwickelt werden. Diese sind am besten bei Bakterien verstanden, die dafür kleine Moleküle, die so genannten **Siderophore** synthetisieren, die unter Eisenmangel gebildet werden. Es handelt sich dabei um chelatisierende Verbindungen, die vom Bakterium an die Umgebung abgegeben werden, wo sie das Fe(III) mit hoher Affinität binden und so durch Komplexierung in eine lösliche Form bringen, in der es die Zelle aufnehmen kann. Dort erfolgt eine Reduktion zu Fe(II), zu dem die Siderophore dann nur noch eine geringe Affinität besitzen, so dass auf diese Weise das Eisenion leicht ausgetauscht werden kann. Die Textskizze **2.6.20** zeigt die Verbindung Enterobactin (ent) als eines der am besten untersuchten Siderophore. Die Anbindung des Metallions erfolgt über die Sauerstoffatome der dann deprotonierten Hydroxylgruppen der Brenzkatechin- oder Catecholeinheiten (**2.6.21**) als Tris(chelat)komplex, wie man aus der Ähnlichkeit des Absorptionsspektrums mit dem eines Tris(catecholato)metall(III)-Komplexes geschlossen hat und was auch die röntgenstrukturellen Untersuchungen als Koordinationsart zeigen.

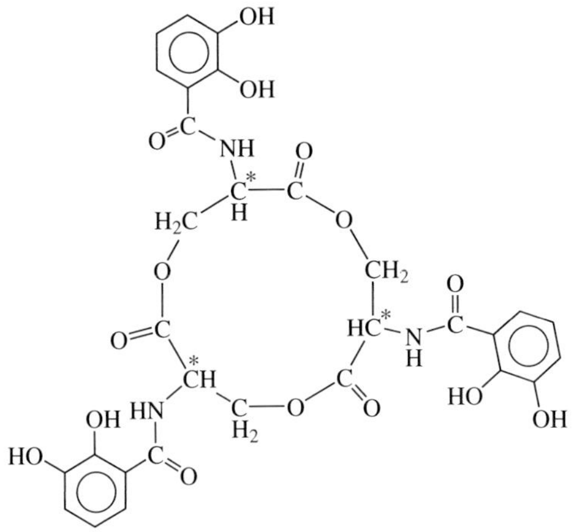

Enterobactin (ent)

2.6.20

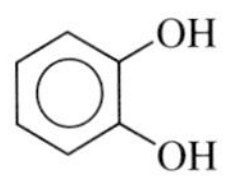

Catechol,
Brenzkatechin

2.6.21

Die Bruttokomplexbildungskonstante β für den Eisen(III)-Komplex des Enterobactins $[Fe(ent)]^{3-}$ beträgt 10^{49} l/mol. Die [M(ent)]-Metallverbindungen sind optisch aktiv, d.h. eines der beiden optischen Isomere (Λ oder Δ, siehe Abschnitt 2.7) eines Tris(chelat)komplexes überwiegt. Aus dem Vergleich der Circulardichroismus- (CD-) Spektren des Komplexes $[Cr(ent)]^{3-}$ mit den Spektren der beiden Λ- und Δ-Tris(catecholato)chrom(III)-Konfigurationen (siehe Abbildung 2.6.4) konnte für den Enterobactinkomplex auf ein Δ-Isomer geschlossen werden (der Effekt des Circulardichroismus wird in Abschnitt 2.8 näher erläutert). Die zusätzlichen chiralen Zentren (alle S-Konfiguration) im zwölfgliedrigen Trilactonring von Enterobactin bedingen, dass die Λ- und Δ-Konfiguration des [M(ent)]-Komplexes zueinander diastereomer und nicht enantiomer sind.

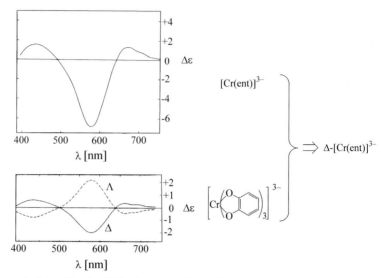

Abbildung 2.6.4. Circulardichroismus- (CD-) Spektren von Chrom(III)-enterobactin ([Cr(ent)]$^{3-}$, oben) und der enantiomeren Λ- und Δ-Konfiguration von Tris(catecholato)-chrom(III) (unten) für einen analogen elektronischen Übergang. Der Vergleich legt die Δ-Konfiguration für den [Cr(ent)]-Komplex nahe (aus S. S. Isied, G. Kuo, K. N. Raymond, *J. Am. Chem. Soc.* **1976**, *98*, 1763). (Zur Erläuterung des CD-Effektes siehe Abschnitt 2.8)

Es sei noch erwähnt, dass man insbesondere im Englischen bei der Maskierung von Substanzen, wie sie bei den in den vorstehenden Absätzen beschriebenen Anwendungen, z.B. in der Überführung der Schwermetalle in lösliche Komplexe, zum Ausdruck kommt, von Sequestrierung (engl. sequester = entfernen, beschlagnahmen) spricht. Die Maskierungsmittel, also z.B. die Chelatliganden sind dann auch die Sequestrierungsmittel (engl. sequestrants).

2.7 Isomerie bei Komplexverbindungen

Isomerie ist allgemein die Erscheinung, dass Verbindungen bei gleicher Summenformel unterschiedliche Atomanordnungen (Strukturen) aufweisen. Hier sollen die Isomerien etwas ausführlicher behandelt werden, die speziell in der Koordinationschemie wichtig sind, nämlich die geometrische Isomerie, die optische Isomerie und die Bindungsisomerie.

Die **geometrische Isomerie** beinhaltet die **cis-/trans-Isomerie** bei oktaedrischen und planar-quadratischen Komplexen. Die cis-/trans-Isomerie in der planar-quadratischen Anordnung ist für einen Komplex der allgemeinen Formel MA_2B_2 in **2.7.1** und **2.7.2** illustriert. Bei vier verschiedenen Liganden in dieser Geometrie, also bei einem Komplex MABCD, gibt es sogar drei Stereoisomere (**2.7.3 – 5**). Die Bedeutung der geometrischen Isomerie für die Reaktivität lässt sich am Beispiel von cis- und trans-$PtCl_2(NH_3)_2$ zeigen. Während „cis-Platin" ein potentes Cytostatikum ist (siehe Abschnitt 2.12.6), ist „trans-Platin" in dieser Hinsicht inaktiv.

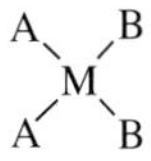

cis	trans			
2.7.1	**2.7.2**	**2.7.3**	**2.7.4**	**2.7.5**

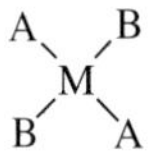

Für sechsfach koordinierte Komplexe mit den allgemeinen Formeln MA_4B_2 oder MA_4BC gibt es bei oktaedrischer Ligandenanordnung jeweils ein cis- und ein trans-Isomeres (siehe dazu **2.7.6 – 9**)

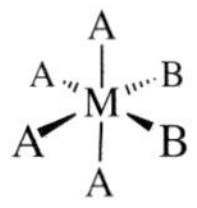

cis	trans	cis	trans
2.7.6	**2.7.7**	**2.7.8**	**2.7.9**

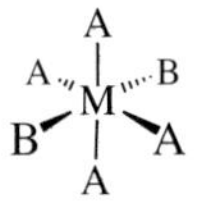

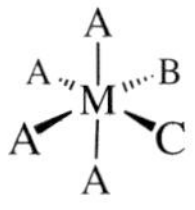

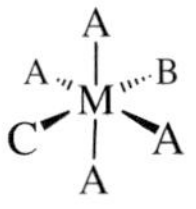

Auch bei oktaedrischen Komplexen mit der Formel MA_3B_3 sind zwei unterschiedlich geometrische Anordnungen möglich, die als **facial** und **meridional** bezeichnet werden (**2.7.10** und **11**). Im ersten Fall sitzen die gleichartigen Liganden jeweils an den Ecken einer Dreiecksfläche (Fläche, lat. facies), im zweiten Fall liegen sie gedanklich auf einem Teil eines Längskreises (Meridian). In Formeln wird diese Stereoisomerie durch die Vorsilben *fac-* und *mer-* gekennzeichnet.

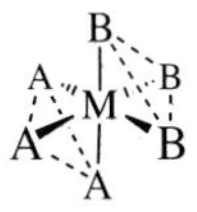

facial	meridional
2.7.10	**2.7.11**

Die unterschiedlichen Isomere lassen sich über das Dipolmoment, durch Absorptionsspektren oder die Anfertigung einer Röntgenstrukturanalyse leicht unterscheiden. Auch die Schwingungsspektroskopie erlaubt gegebenenfalls über die unterschiedliche Anzahl der IR- und Raman-aktiven Normalschwingungen für die MA_nB_{6-n}-Spezies (n = 0–6) und deren Isomere eine Aussage (in Analogie vergleiche dazu Tabelle 4.3.6 in Kapitel 4 mit den Normalschwingungen für die substituierten oktaedrischen Carbonylkomplexe). Aber bereits bevor diese Methoden zur Verfügung standen gelang in Einzelfällen eine Zuordnung. So konnte zum Beispiel eine illustrative chemische Zuordnung des Violeo- und des Praseo-Salzes zur cis- und trans-Form des Komplexes $[CoCl_2(NH_3)_4]Cl$ (siehe Tabelle 2.1.1) durch die in den Gleichungen 2.7.1 und 2.7.2 wiedergegebenen Reaktionsketten erfolgen.

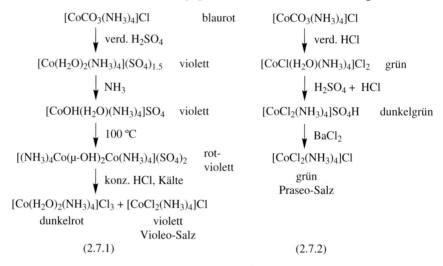

$[CoCO_3(NH_3)_4]Cl$ blaurot $[CoCO_3(NH_3)_4]Cl$

   ↓ verd. H_2SO_4 ↓ verd. HCl

$[Co(H_2O)_2(NH_3)_4](SO_4)_{1.5}$ violett $[CoCl(H_2O)(NH_3)_4]Cl_2$ grün

   ↓ NH_3 ↓ H_2SO_4 + HCl

$[CoOH(H_2O)(NH_3)_4]SO_4$ violett $[CoCl_2(NH_3)_4]SO_4H$ dunkelgrün

   ↓ 100 °C   ↓ $BaCl_2$

$[(NH_3)_4Co(\mu\text{-OH})_2Co(NH_3)_4](SO_4)_2$ rot-violett $[CoCl_2(NH_3)_4]Cl$

   ↓ konz. HCl, Kälte   grün
              Praseo-Salz

$[Co(H_2O)_2(NH_3)_4]Cl_3 + [CoCl_2(NH_3)_4]Cl$
dunkelrot   violett
       Violeo-Salz

   (2.7.1)   (2.7.2)

Danach kann das Violeo-Salz nur die cis-Verbindung sein, weil in der Reaktionsfolge von Gleichung 2.7.1 zwei Formen auftreten, die nur cis-Konfiguration haben können, nämlich der Carbonatkomplex (**2.7.12**) und der zweifach verbrückte Hydroxokomplex (vergleiche **2.4.1**). Das grüne Praseo-Salz muss dann die trans-Verbindung sein. Außerdem deutet der während der Reaktionsfolge beibehaltene rot-violette Farbton einen Konfigurationserhalt an, während die Farbänderung von blaurot nach grün in der Reaktionsfolge von Gleichung 2.7.2 auf einen Konfigurationswechsel hinweist. Zum Farbunterschied siehe auch Abbildung 2.9.11 und den zugehörigen Text.

$$\left[\begin{array}{c} NH_3 \\ | \\ H_3N\text{--}\underset{|}{\overset{\cdots}{Co}}\overset{O}{\underset{O}{\cdots}}C{=}O \\ H_3N \quad | \\ NH_3 \end{array}\right]^+$$

2.7.12

Die aus der organischen Chemie hinreichend bekannte **optische Isomerie** oder auch **Spiegelbildisomerie** findet sich ebenfalls bei anorganischen Komplexen. Voraussetzung für diese Art der Isomerie ist, dass das Molekül dissymmetrisch oder chiral ist. Ein Molekül ist dissymmetrisch, wenn es keine Drehspiegelachse S_n besitzt, worin auch die Spiegelebenen $\sigma = S_1$ und das Inversionszentrum $i = S_2$ eingeschlossen sind. Ein asymmetrisches Molekül, also ohne jedwede Symmetrie, wird nicht gefordert, denn Drehachsen C_n können vorliegen. Ist die Bedingung der Dissymmetrie erfüllt, so können zwei optische Antipoden oder Enantiomere auftreten, die optisch aktiv sind, d.h. die Ebene des polarisierten Lichts um den gleichen

Betrag, aber in die jeweils entgegengesetzte Richtung zu drehen vermögen. Die Mischung der beiden Enantiomere ist das Racemat. Beobachtbare optische Isomerie bei oktaedrischen Komplexen findet man vor allem bei Anwesenheit von Chelatliganden. Je nach Unterschiedlichkeit der übrigen Liganden können bereits bei einem Chelatring optische Isomere auftreten. Die Darstellungen in **2.7.13 – 19** illustrieren die enantiomeren Formen für Komplexe mit einem bis drei Chelatliganden. Für den Komplex der Formel $M(A\text{-}A)_2B_2$ mit zwei Chelatliganden ist die C_2-Achse angedeutet, für den Tris-Chelatkomplex eine der drei C_2-Achsen. Zusätzlich liegt bei $M(A\text{-}A)_3$ noch eine C_3-Achse vor. Der Bis-Chelatkomplex ist nur in der cis-Form optisch aktiv, die noch existente trans- oder meso-Form (**2.7.17**) ist optisch inaktiv.

$M(A\text{-}A)B_2C_2$:

2.7.13

2.7.14

$M(A\text{-}A)_2B_2$ oder $M(A\text{-}A)_2BC$:

2.7.15

2.7.16

cis-Form

trans-/meso-Form
2.7.17

$M(A\text{-}A)_3$:

Λ
2.7.18

Δ
2.7.19

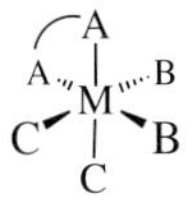

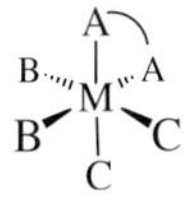

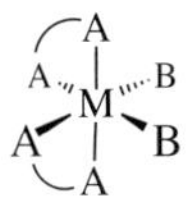

Die enantiomeren Konfigurationen werden wie angedeutet durch die griechischen Buchstaben Λ und Δ gekennzeichnet. Der Buchstabe Λ bezeichnet dabei eine Linkshelix, Δ eine Rechtshelix, die in den Tris-Chelatkomplexen $M(A\text{-}A)_3$ von den Chelatliganden um die dreizählige Achse gebildet wird. Aus den Orientierungen der Tris-Chelatkomplexe gehen entsprechend die chiralen Beziehungen für die Bis-Chelatkomplexe hervor, für die die gleiche Λ,Δ-Konvention zur Zuordnung der Konfigurationen gilt. In den Darstellungen **2.7.18** und **2.7.19** mag man die Links- und Rechtshelix eventuell bereits erkennen. Die schematischen Zeichnungen **2.7.20** und **2.7.21**, bei denen die dreizählige Achse direkt als Blickrichtung gewählt wurde, verdeutlichen noch mal die Helicität.

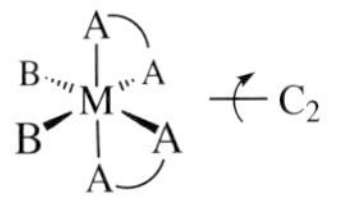

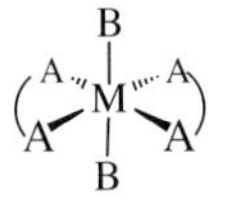

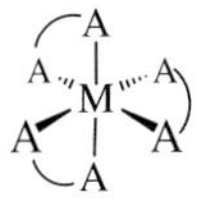

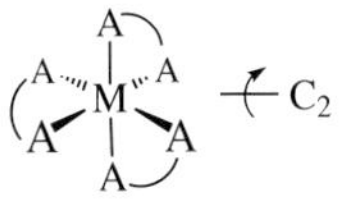

Zusätzlich zur Dissymmetrie, die durch die Chelatringe in oktaedrischen Verbindungen erzeugt wird, ist es auch möglich, eine Dissymmetrie im Chelatliganden zu haben. Als Trivialfall kann der Chelatigand zusätzlich noch ein chirales Zentrum enthalten. Dieser Aspekt soll aber hier nur der Vollständigkeit halber erwähnt werden, es soll stattdessen vor allem die Konformation betrachtet werden, die ein Chelatligand bei der Bindung in Komplexen annehmen kann. Konformationen, die z.B. ein fünfgliedriger Chelatring einnehmen kann sind dissymmetrisch, und es können prinzipiell jeweils zwei Isomere (λ und δ) erhalten werden, die in **2.7.22** und **2.7.23** skizziert sind. Mit dem Buchstaben λ wird wieder eine Links-, mit δ wieder eine Rechtshelix bezeichnet. Als Bezugsachse dient die Gerade, die die beiden Donoratome des Chelatrings miteinander verbindet. Da es sich bei dieser Dissymmetrie in den Chelatringen um Konformationen handelt, werden zur Kennzeichnung Kleinbuchstaben verwendet.

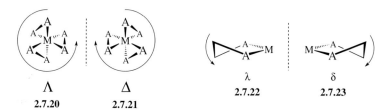

$$\Lambda \qquad\qquad \Delta$$
2.7.20   **2.7.21**

$$\lambda \qquad\qquad \delta$$
2.7.22   **2.7.23**

Je nach dem Substitutionsmuster an den Ringatomen des Chelatringes ist die Energiebarriere zwischen den λ- und δ-Isomeren mehr oder weniger groß. Bei unsubstituierten Liganden, wie Ethylendiamin ist die Energiebarriere zwischen den beiden Formen sehr klein, und die beiden Enantiomere können sich durch einen planaren Übergangszustand ineinander umwandeln, vergleichbar den Umwandlungen in organischen Ringsystemen. Obwohl prinzipiell also bereits bei einem Komplex, wie MA_4(en) Isomere auftreten können, ist eine Isolierung derselben praktisch oft nicht möglich. Erst wenn zwei oder drei Chelatringe in einem Komplex vorhanden sind, werden gewisse Konformationen als Ergebnis verminderter Abstoßungen stabilisiert. Auch bei Verwendung sterisch etwas anspruchsvollerer Chelatliganden lassen sich Enantiomere nachweisen. Bereits beim Liganden Propylendiamin, $H_2N\text{-}C^*HMe\text{-}CH_2\text{-}NH_2$, bewirkt die Methylgruppe, dass der Chelatring eine Konformation einnimmt, bei der sich der Methylsubstituent in einer äquatorialen Position befindet. In oktaedrischen Tris-Chelatkomplexen kann man aus der Dissymmetrie in den Chelatringen für die Λ- und Δ-Konfiguration prinzipiell jeweils die Konformere $\delta\delta\delta$, $\delta\delta\lambda$, $\delta\lambda\lambda$ und $\lambda\lambda\lambda$, also insgesamt acht verschiedene Isomere erwarten. Gewöhnlich werden aber weniger gefunden. Ist der Ligand, wie etwa das Propylendiamin optisch aktiv, dann kann jedes Isomer noch in die R- und S-Form des Liganden differenziert werden. Im Übrigen sind diese Dissymmetrieüberlegungen zu den Chelatringen nicht auf oktaedrische Komplexe beschränkt, sondern treten auch in z.B. planar-quadratischen und tetraedrischen Komplexen auf.

Für das Studium der optischen Aktivität von Übergangsmetallverbindungen ist es natürlich wichtig, dass kinetisch inerte Komplexe vorliegen (siehe Abschnitt 2.10), so dass die optischen Isomere getrennt werden können und die Racemisierungsgeschwindigkeit sehr langsam ist. Auf die spektroskopische Beobachtung der optischen Aktivität bei Komplexen wird in Abschnitt 2.8 eingegangen.

Bei Liganden, die mehrere verschiedene Donoratome besitzen, kann man das Phänomen der **Bindungsisomerie** finden. Ein erstes Beispiel für diese Art der Isomerie wurde bereits von Jørgensen Ende des letzten 19. Jahrhunderts beschrieben und schon damals korrekt zugeordnet. Bei Umsetzung des Komplexes $[CoCl(NH_3)_5]Cl_2$ mit Natriumnitrit ($NaNO_2$) erhält man eine Lösung, aus der beim Stehen lassen in der Kälte ein roter Komplex kristallisiert. Wird die Lösung dagegen mit konzentrierter Salzsäure versetzt, erhitzt und dann gekühlt, so wird ein gelber Komplex erhalten, der aber die gleiche Elementarzusammensetzung wie die des roten Komplexes besitzt, nämlich $[Co(NO_2)(NH_3)_5]Cl_2$. Außerdem kann der rote Komplex durch Erhitzen in konzentrierter Salzsäure in den gelben Komplex umgewandelt werden (Gl. 2.7.3).

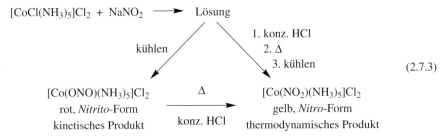

$$[CoCl(NH_3)_5]Cl_2 + NaNO_2 \longrightarrow \text{Lösung}$$

kühlen

1. konz. HCl
2. Δ
3. kühlen

(2.7.3)

$[Co(ONO)(NH_3)_5]Cl_2$ Δ $[Co(NO_2)(NH_3)_5]Cl_2$
rot, *Nitrito*-Form   gelb, *Nitro*-Form
kinetisches Produkt   konz. HCl   thermodynamisches Produkt

Es wurde früh erkannt, dass der Unterschied der beiden Komplexe auf der Anbindung der NO_2^--Gruppe an das Cobaltzentrum beruhen muss. Das Nitrition ist ein **ambidenter Ligand**, der über zwei unterschiedliche Donoratome verfügt. Es kann entweder über das N-Atom (Nitro- oder Nitrito-*N*-Form) oder über die Sauerstoffatome (Nitrito-*O*-Form) an ein Metallzentrum binden. Im Namen und in der Formel eines Komplexes muss die unterschiedliche Anbindung entsprechend kenntlich gemacht werden (siehe dazu Tabelle 2.7.1). Beim Cobaltkomplex $[Co(NO_2)(NH_3)_5]Cl_2$ wurde nun aber nicht nur früh das Vorliegen des Phänomens der Bindungsisomerie erkannt, sondern zugleich auch schon eine später als korrekte nachgewiesene Zuordnung der Nitro-Form ($Co-NO_2$) zur gelben Verbindungen und der Nitrito-Form ($Co-ONO$) zur roten Verbindung getroffen. Diese Zuordnung beruhte auf einem Farbvergleich mit ähnlichen Komplexen. So weisen z.B. die Komplexe $[Co(NH_3)_6]^{3+}$ und $[Co(en)_3]^{3+}$ nur N-gebundenen Liganden auf und sind gelb. Die Komplexe $[Co(H_2O)(NH_3)_5]^{3+}$ und $[CoNO_3(NH_3)_5]^{2+}$ dagegen besitzen neben fünf N-gebundenen auch einen O-gebundenen Liganden und sind rot. Für das Anion NO_2^- ist die Nitrito-*O* Form gewöhnlich weniger stabil und isomerisiert zur Nitro-Form. Neben der Nitrito-*N*- und -*O*-Form gibt es noch weitere Möglichkeiten der NO_2^--Koordination in Komplexen. Diese Möglichkeiten sind jeweils unter Angabe konkreter Beispiele in **2.7.24 – 26** gezeigt.

Insbesondere die Koordinationsarten in **2.7.25** und **2.7.26** sind jedoch vom Phänomen der Bindungsisomerie zu trennen, da dieses ja außer der Anbindung des ambidenten Liganden eine identische Summenformel der Komplexe voraussetzt. So zeigen nicht alle ambidenten Liganden eine Bindungsisomerie, da die Veränderung der Bindungsart oft an eine Änderung in den anderen Liganden am Metall gekoppelt ist. Aber das potentiell mögliche Vorliegen von Bindungsisomerie ist natürlich grundsätzlich an die Anwesenheit ambidenter Liganden geknüpft. Tabelle 2.7.1 gibt eine Zusammenstellung von ambidenten Liganden und ihren Namen.

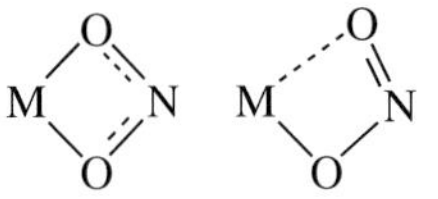

chelatisierend
2.7.24

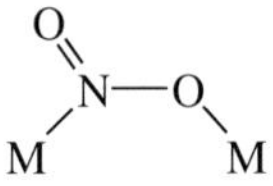

unsymmetrische
Brücke
2.7.25

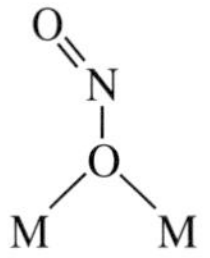

η^1-O-Brücke
2.7.26

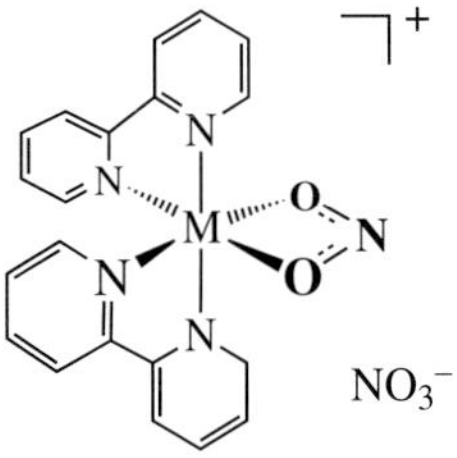

NO_3^-

M = Ni, Cu (T=296 K), Zn

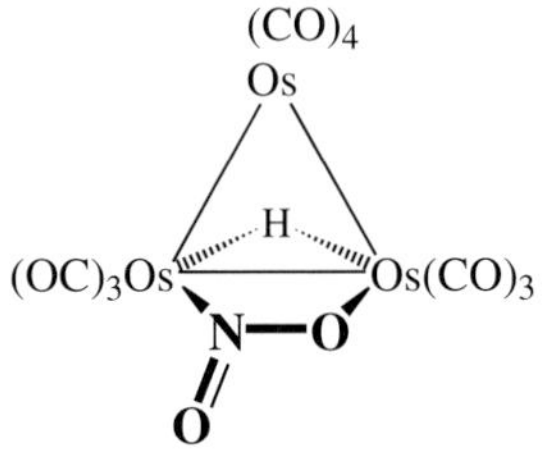

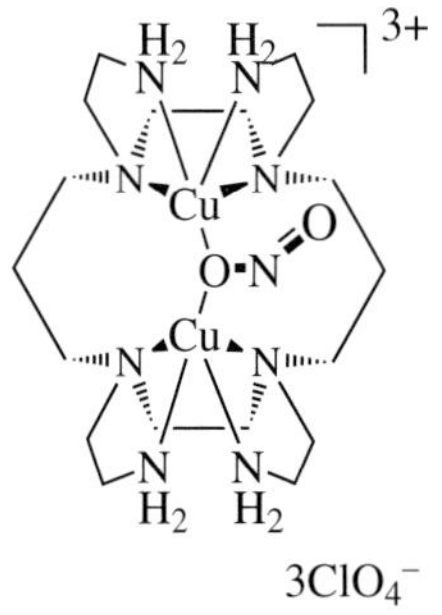

bei Cu und Zn häufig
auch unsymmetrisch
mit Δ(M-O1,2) = 0.3-0.5 Å:

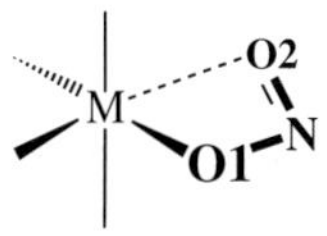

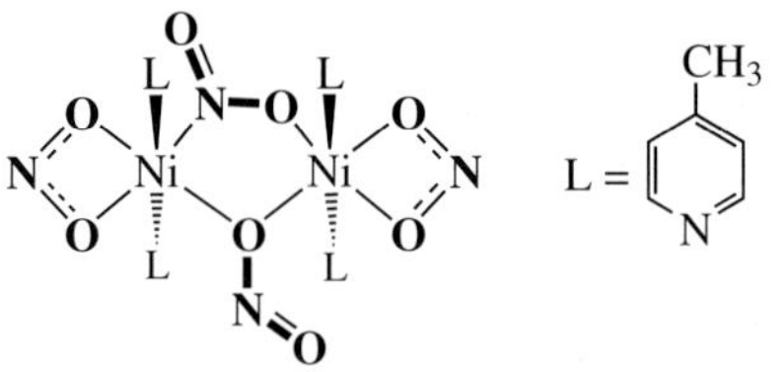

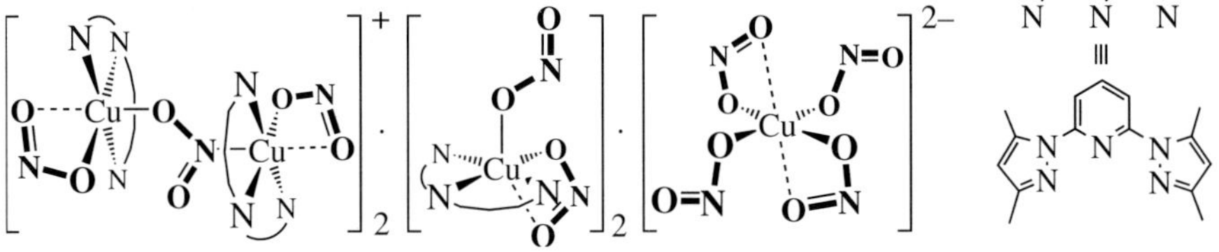

(CO)$_4$
Os

(OC)$_3$Os   Os(CO)$_3$

L =

Beispiele für Bindungsisomerie, also für das Vorliegen unterschiedlich angebundener ambidenter Liganden in Komplexen mit ansonsten gleicher Summenformel, sind in Tabelle 2.7.2 zusammengestellt. Die Zahl der jeweiligen Eintragungen zeigt klar die große Bedeutung von Nitrito- und Thiocyanato-Komplexen für das Phänomen der Bindungsisomerie.

Grundsätzlich hängt der Bindungsmodus eines ambidenten Liganden von der Natur des Metallzentrums, seinem weichen oder harten Pearson-Säurecharakter ab (siehe Abschnitt 2.10). Ein weiches Metallion wird bevorzugt das weichere Donoratom eines ambidenten Liganden binden, ein hartes Metallion umgekehrt ein här-

Tabelle 2.7.1. Ambidente Liganden und ihre unterschiedliche Benennung je nach Donoratom. Fettdruck kennzeichnet die jeweils stabilere Bindungsart, wenn eine solche Unterscheidung generell getroffen werden kann.

Formel	Ligandennamen
M-NO$_2$	Nitrito-N oder Nitro
M-ONO	Nitrito-O
M-NCO	Isocyanato
M-OCN	Cyanato
M-CN	Cyano
M-NC	Isocyano
M-SCN	Thiocyanato
M-NCS	Isothiocyanato
M-SO$_3$, M-OSO$_2$	Sulfito-S und -O

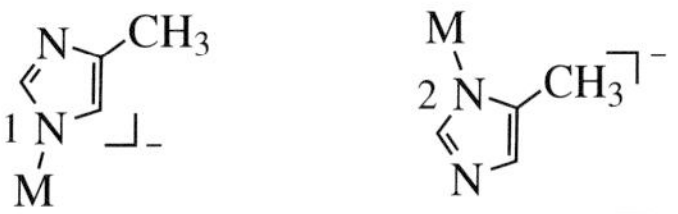

4-Methylimidazolato-N1 und -N2

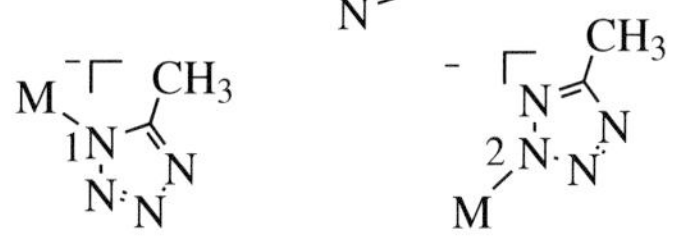

5-Methyltetrazolato-N1 und -N2

teres Donoratom bevorzugen. Diese Tendenz kann durch die Gegenwart anderer Liganden, die Synthesebedingungen oder die Matrix (Festkörper, Lösung) beeinflusst werden, insbesondere bei Metallionen, die in Pearsons Säure/Base-Klassifikation einen Grenzfall darstellen. Der gemischte Isothiocyanato-thiocyanatopalladium Komplex in **2.7.27** soll zusammen mit der schematischen Darstellung in **2.7.28** verdeutlichen, wie die trans zu ambidenten Liganden stehenden Donoratome über eine π-Bindungskontrolle die Koordinationsart steuern können.

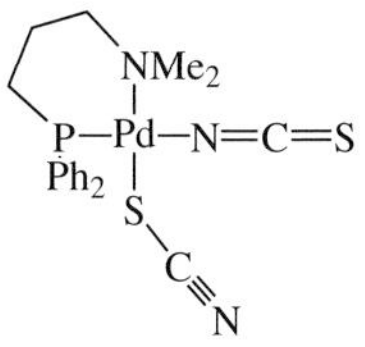

   2.7.27 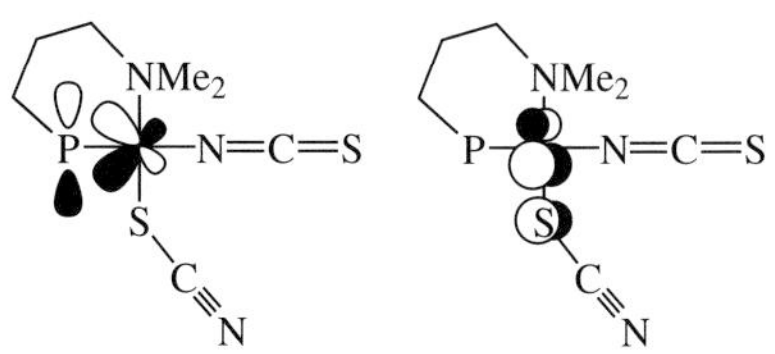   **2.7.28**

Bezüglich der π-Akzeptorstärke ist die Reihung der beteiligten Donoratome P > S > N; das Phosphoratom ist hier der stärkste π-Akzeptor und bildet die besten π-Bindungen, während N praktisch keine π-Bindungen eingeht. Im Wettbewerb um die π-bindenden d-Orbitale am Metallzentrum bedeutet dies für einen trans zum Phosphor stehenden Liganden eine stark verringerte Stabilität in seiner π-Bindung, so dass die N-gebundene Isothiocyanatogruppe trans zum Phosphor zu stehen kommt. In trans-

Tabelle 2.7.2. Beispiele für Bindungsisomere. Das zuerst genannte Isomer ist die stabilere Form.

M-NO_2 und M-ONO	**M-CN und M-NC**
$[Co(NO_2)(NH_3)_5]^{2+}$ und $[Co(ONO)(NH_3)_5]^{2+}$ (Gegenion z.B. SO_4^{2-})	trans-$[Co(CN)(dimethylglyoximato)_2(H_2O)]$ und -$[Co(NC)(dimethylglyoximato)_2(H_2O)]$
$[Co(NO_2)_2(en)_2]^+$, $[Co(NO_2)(ONO)(en)_2]^+$ und $[Co(ONO)_2(en)_2]^+$	dimethylglyoximato = diacetyldioximato = 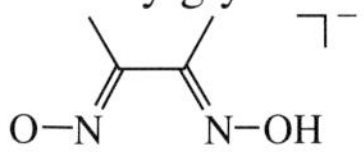O—N N—OH
$[Co(NO_2)_2(NH_3)_4]^+$, $[Co(NO_2)(ONO)(NH_3)_4]^+$ und $[Co(ONO)_2(NH_3)_4]^+$	cis-$(C_6F_5)_2Pd[(\mu$-NC)-trans-$Pd(C_6F_5)$- $(PPh_3)_2]_2$ und cis-$(C_6F_5)_2Pd[(\mu$-CN)-trans-$Pd(C_6F_5)$- $(PPh_3)_2]_2$
trans-$[Co(NCS)(NO_2)(en)_2]X$ und -$[Co(NCS)(ONO)(en)_2]X$, X = I, ClO_4	
cis/trans-$[Co(NO_2)X(en)_2]^{n+}$ und -$[Co(ONO)X(en)_2]^{n+}$, X = NH_3, NCS^-, CN^-	$K_2Fe^{II}[Cr^{III}(CN)_6]$ und $Fe^{II}_3[Mn^{III}(CN)_6]_2$ mit M^{II}-CN-M^{III} und M^{II}-NC-M^{III}
M-NCO und M-OCN	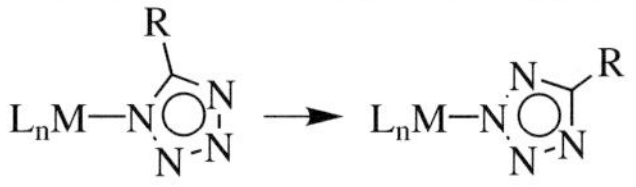R L_nM—N N N-N L_nM—N N R N-N
$[Rh(NCO)(PPh_3)_3]$ und $[Rh(OCN)(PPh_3)_3]$	$L_nM = Co(NH_3)_5^{3+}$, R = Me, Ph und substituiertes Phenyl
M-NCS und M-SCN	
$[Pd(NCS)_2(AsPh_3)_2]$ und $[Pd(SCN)_2(AsPh_3)_2]$	
$[Pd(NCS)_2(bipy)]$ und $[Pd(SCN)_2(bipy)]$	
$[Pd(NCS)(Et_4dien)]PF_6$ und $[Pd(SCN)$- $(Et_4dien)]PF_6$	$[Co(CN)_5(SCN)]^{3-}$ und $[Co(CN)_5(NCS)]^{3-}$
$[Pd(NCSe)(Et_4dien)]BPh_4$ und $[Pd(SeCN)(Et_4dien)]BPh_4$ Et_4dien = 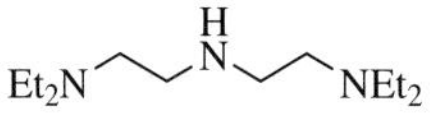H N Et_2N NEt_2	$[(C_5H_5)Fe(SCN)(CO)_2]$ und $[(C_5H_5)Fe(NCS)(CO)_2]$ $[Fe(CN)_5(SCN)]^{3-}$ und $[Fe(CN)_5(NCS)]^{3-}$

Stellung zum nicht π-bindenden Stickstoffatom des Diphenylphosphino-dimethylaminopropan-Liganden kann sich dagegen das Schwefelatom der SCN^--Gruppe mit seinen π-Bindungen zum Metall behaupten. Diese gegenseitige Beeinflussung von trans-zueinander stehenden Liganden, wie sie hier zum Ausdruck kommt, wird auch mit dem Begriff **trans-Einfluss** (*nicht* trans-*Effekt*) bezeichnet. Der Begriff trans-Einfluss beschreibt das thermodynamische Phänomen der trans-Wechselwirkung, welches zu Änderungen im elektronischen Grundzustand des Komplexes gegenüber Vergleichsverbindungen führt, die sich dann z.B. in Unterschieden in Absorptions- oder Schwingungsspektren, Redoxpotentialen und Bindungslängen ausdrücken (zum kinetischen Phänomen des trans-*Effektes* siehe dagegen Abschnitt 2.11.1).

2.8 Cotton-Effekt, Circulardichroismus und optische Rotationsdispersion

Der einfachste Weg, optische Aktivität zu verifizieren besteht in der Beobachtung, dass die Ebene von linear polarisiertem monochromatischem Licht bei Durchtritt durch eine Lösung der optisch aktiven Verbindung, in der ein Enantiomer allein vorliegt oder zumindestens überwiegt, gedreht wird. Für ein Verständnis der Ebenendrehung bei linear polarisiertem Licht mag es sinnvoll sein, sich einen solchen Lichtstrahl als eine Überlagerung eines rechts- und links-circular polarisierten Strahls mit gleicher Amplitude und gleicher Phase vorzustellen (**2.8.1**). Bei einem circular-polarisierten Lichtstrahl dreht sich der elektrische Feldvektor einmal um 360° innerhalb einer Wellenlänge. Rechts- und links-circular polarisiertes Licht sind wie Spiegelbilder, also enantiomorph zueinander. Dementsprechend sind auch die physikalischen Wechselwirkungen der beiden circular polarisierten Strahlen mit den enantiomeren Molekülen verschieden. Die wichtigsten Unterschiede sind ein veränderter Brechungsindex für das links- und rechts-drehende Molekül (n_l und n_r) und ein anderer molarer Extinktionskoeffizient (ε_l und ε_r). Aus den verschiedenen Brechungsindizes resultiert eine unterschiedliche Ausbreitungsgeschwindigkeit für den links- und rechts-circular polarisierten Strahl, und damit ergibt sich die optische Drehung mit dem Drehwinkel α. Durch die andersartigen Extinktionskoeffizienten werden die beiden Teilwellen unterschiedlich stark absorbiert und weisen nach Durchtritt durch die Probe eine andere Amplitude auf, so dass aus der Überlagerung der circularen Anteile kein linear, sondern ein elliptisch polarisiertes Licht resultiert Die Differenz der molaren Extinktionskoeffizienten $\Delta\varepsilon = \varepsilon_l - \varepsilon_r$, die gewöhnlich sehr klein, aber messbar ist, heißt **Circulardichroismus** (CD). Sowohl der Drehwinkel α als auch der Circulardichroismus sind dabei eine Funktion der Wellenlänge λ des polarisierten Lichts. Die Abhängigkeit der Drehwertänderung α von der Wellenlänge wird normale **optische Rotationsdispersion** (ORD) genannt.

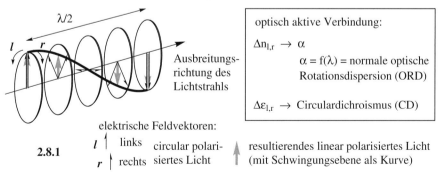

optisch aktive Verbindung:

$\Delta n_{l,r} \rightarrow \alpha$

$\alpha = f(\lambda)$ = normale optische Rotationsdispersion (ORD)

$\Delta\varepsilon_{l,r} \rightarrow$ Circulardichroismus (CD)

Ausbreitungsrichtung des Lichtstrahls

elektrische Feldvektoren:

2.8.1 l links circular polarisiertes Licht   resultierendes linear polarisiertes Licht
r rechts   (mit Schwingungsebene als Kurve)

Der Circulardichroismus wird vor allem bei elektronischen Übergängen im sichtbaren oder ultravioletten Bereich des Spektrums beobachtet. In diesem Bereich wird auch die ansonsten stetige Ab- oder Zunahme der Drehwertänderung gestört, d.h. die spezifische Drehung änderst sich stark, wenn man sich einer Absorptionsbande annähert, es treten ein lokales Minimum, Maximum und ein Nulldurchgang für den Drehwinkel im Bereich einer Absorptionsbande auf. Der Grund ist, dass sich in diesem Bereich die Brechungsindizes schnell mit der Wellenlänge ändern. Diese Anomalie in der Rotationsdispersions-Kurve bezeichnet man auch als **anomale ORD**; sie wurde von dem französischen Physiker Cotton erstmals beschrieben und nach ihm **Cotton-Effekt** genannt. Unter dem Begriff Cotton-Effekt werden teilweise CD und ORD zusammengefasst. Das Vorzeichen des Circulardichroismus im Bereich der Absorptionsbande und die Reihenfolge in der Minimum und Maximum der optischen Rotationsdispersion dabei in Richtung kürzerer Wellenlänge durchlaufen werden, erlauben im Vergleich von analogen Substanzen die Festlegung der Konfiguration von chiralen Zentren. Abbildung 2.8.1 verdeutlicht schematisch den unterschiedlichen Verlauf der CD- und der ORD-Kurve für den Bereich der Absorptionsbanden von zwei allgemeinen Chromophoren mit entgegengesetzter absoluter Konfiguration (Enantiomerenpaar).

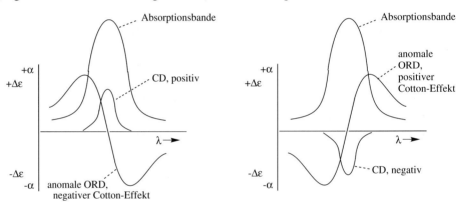

Abbildung 2.8.1. Idealisierte Kurven für den Circulardichroismus (CD) und die anomale optische Rotationsdispersion (ORD) im Bereich von gut separierten Absorptionsbanden für zwei Moleküle mit entgegengesetzter absoluter Konfiguration. CD ist die Abhängigkeit der Differenz der Extinktionskoeffizienten $\Delta\varepsilon$ und ORD die Funktion des Drehwertes α von der Wellenlänge λ. Die anomale ORD, d.h. das Auftreten von Maxima und Minima im Bereich der Absorptionsbande wird auch Cotton-Effekt genannt. Ein positiver Cotton-Effekt liegt vor, wenn von längeren zu kürzeren Wellenlängen zuerst ein lokales Maximum und dann ein Minimum durchschritten wird. Der Nulldurchgang der anomalen ORD, d.h. die Umkehrung der Drehrichtung des polarisierten Lichts erfolgt bei der Wellenlänge des Absorptionsmaximums. Für ein Enantiomerenpaar unterscheiden sich CD und anomale ORD natürlich nur im Vorzeichen und nicht im Betrag. Für den Fall, dass nah benachbarte Absorptionsbanden vorliegen, überlagern sich auch die ORD-Kurven.

Als Regel gilt, dass analoge Verbindungen die gleiche optische Konfiguration haben, wenn die entsprechenden elektronischen Übergänge Cotton-Effekte (ORD und CD) mit dem gleichen Vorzeichen zeigen (vergleiche dazu das Beispiel in Abbildung 2.6.4). Ein Hauptproblem ist aber die Voraussetzung der entsprechenden elektronischen Übergänge und Auflösung von Spektren mit überlappenden Cotton-Effekten.

2.9 Die Bindung in Komplexen

Eine erste Beschreibung der Bindung in Metallkomplexen wurde 1923 von Sidgwick gegeben. Er formulierte eine koordinative Donor-Akzeptor Bindung. Die Komplexe werden danach durch Anlagerung einer Lewis-Base, dem Donoratom des Liganden, an eine Lewis-Säure, das Metallatom, gebildet (**2.9.1**).

Ligand – Lewis-Base   L ⬤ ➤ ⬤M   Metall – Lewis-Säure   **2.9.1**

Pauling hat dann um 1930 zusammen mit Sidgwick diese Vorstellung zur **Valenzbindungstheorie (Valence-Bond-, VB-Theorie)** ausgebaut. Diese VB-Methode beinhaltet die 18-Elektronenregel und einen σ-Donator/π-Akzeptor-Synergismus. Sie setzt lokalisierte Metall-Ligand Bindungen voraus und basiert auf den magnetischen Eigenschaften oder der Komplexgestalt, so dass umgekehrt die sterische Anordnung oder die magnetischen Eigenschaften auch vorhergesagt werden konnten. Nachteile der VB-Methode waren, dass keine quantitativen Berechnungen und keine Interpretationen von Farbspektren der Komplexe möglich waren. Elektronisch angeregte Zustände können nicht berücksichtigt werden, außerdem war die vorhergesagte Zahl der ungepaarten Elektronen manchmal falsch. Im Rahmen der VB-Interpretation eines Komplexes werden die Orbitale üblicherweise als Kästchen symbolisiert. In **2.9.2** ist eine solche noch sinnvolle Darstellung für den diamagnetischen, oktaedrischen Komplex $[Co(NH_3)_6]^{3+}$ gezeigt.

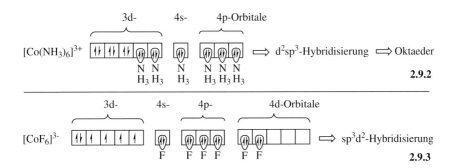

Die Grenzen der VB-Methode werden z.B. ersichtlich wollte man aber auf die gleiche Weise den oktaedrischen Komplex $[CoF_6]^{3-}$ behandeln. Es ist ein Problem, den dort auftretenden Paramagnetismus von vier ungepaarten Elektronen zu erklären. Die Einbeziehung von 4d-Orbitalen zu einer sp^3d^2-Hybridisierung würde dabei helfen (siehe **2.9.3**), erscheint aber wenig verständlich. Die Valenzbindungsmethode ist aber noch gut für Metallcarbonylkomplexe anwendbar, wo sie dann etwas ausführlicher vorgestellt wird (Abschnitt 4.3.1.1).

Parallel zur Valenzbindungstheorie wurde von Physikern in den dreißiger Jahren die **Kristallfeld-Theorie (Crystal-Field-, CF-Theorie)** entwickelt, die sich in der Chemie aber erst etwas später durchsetzen konnte. Die Kristallfeld-Theorie ist mit den Namen Bethe und van Vleck verknüpft. Sie erlaubt eine gute Interpretation von elektronischen Spektren bei Übergangsmetallkomplexen, ihrer Farben, magnetischen Eigenschaften und der Komplexgestalt. Außerdem sind quantitative Berechnungen möglich. Die reine Kristallfeld-Theorie geht von einer ausschließlich elektrostatischen Wechselwirkung zwischen den Liganden und dem Zentralatom aus, kovalente Überlappungen zwischen Metall- und Ligandenorbitalen werden als nicht existent angesehen. Die Liganden werden gleichsam als negative Punktladungen behandelt, und am Metallion werden nur die d- (oder f-) Orbitale betrachtet. Orbitalüberlappungen zwischen Metall und Ligand werden dann in der weiter unten besprochenen Ligandenfeld- oder MO-Theorie mit berücksichtigt.

Die Kristallfeld-Theorie kann in zwei Ausprägungen behandelt werden: (i) als Einelektronennäherung, bei der keine Kopplungen der Elektronen untereinander zugelassen werden, die d-Orbitale also unabhängig voneinander sind; (ii) als Mehrelektronennäherung mit gekoppelten Elektronen. Für die Behandlung der Kopplungen gibt es dann wieder verschiedene Näherungen. Wir werden hier als eine Möglichkeit das Russell-Saunders- (oder LS-) Kopplungsschema vorstellen, welches gut für 3d-Orbitale geeignet ist. Wir wollen aber mit der **Einelektronennäherung** beginnen.

In einem freien Ion in der Gasphase sind alle fünf d-Orbitale gleichwertig, d.h. entartet, und die Elektronen können gemäß der Hund'schen Regel die Orbitale mit maximaler Spinmultiplizität gleichverteilt besetzen. Abbildung 2.9.1 zeigt wie diese entarteten d-Orbitale in ihrer Energie unter dem Einfluss eines sphärischen Kristallfeldes, d.h. bei gedanklicher kugelsymmetrischer Annäherung der Liganden, zunächst angehoben werden. Kommen die Liganden nun auf speziellen Punkten um das Zentralion zu liegen, erfolgt eine Aufspaltung der Orbitale, entsprechend dem Ausmaß der repulsiven Wechselwirkung der potentiell darin enthaltenen Elektronen mit den Punktladungen. Orbitale mit Elektronen, die räumlich stärker auf die Liganden gerichtet sind, werden energetisch noch weiter angehoben. Je weiter entfernt Orbitale mit Elektronen von den Liganden dagegen sind, desto stärker werden sie energetisch abgesenkt, jeweils gegenüber dem gleichstarken sphärischen Kristallfeld. Der Orbitalschwerpunkt bleibt dabei erhalten, d.h. gegenüber dem sphärischen Kristallfeld ist der Energiebetrag, um den die einen Orbitale noch weiter angehoben werden, gleich groß dem Betrag, um den die übrigen Orbitale abgesenkt werden. Nach diesen zunächst sehr allgemeinen Darlegungen soll anhand von Abbildung 2.9.1 gezeigt werden, wie sich die Aufhebung der Gleichartigkeit der d-Orbitale in einem oktaedrischen Kristallfeld darstellt.

Für die Herleitung der **Aufspaltung** soll das **Oktaeder** wie in **2.9.4** gezeigt im kartesischen Koordinatensystem orientiert sein, die Liganden-Punktladungen liegen auf den Achsen.

Zwei der fünf d-Orbitale des Metallions zeigen nun direkt auf die negativen Punktladungen, nämlich das d_{z^2}- und das $d_{x^2-y^2}$-Orbital. Diese Orbitale würden also

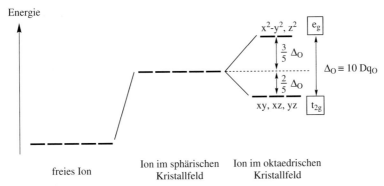

Abbildung 2.9.1. Anhebung der Orbitale ausgehend vom freien Ion und Aufhebung der Entartung im oktaedrischen Kristallfeld. Die Aufspaltung in die zwei e_g- und in die drei t_{2g}-Orbitale verläuft unter Erhaltung des Schwerpunktsatzes der Orbitalgruppe. Die Summe der Energieverschiebungen gegenüber dem sphärischen Kristallfeld ist gleich Null.

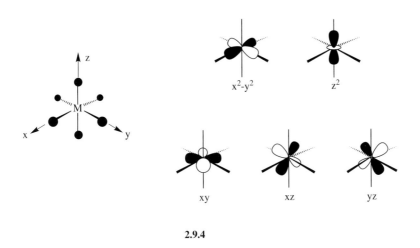

2.9.4

bei Elektronenbesetzung destabilisiert oder energetisch angehoben werden. Umgekehrt werden die zwischen den Achsen liegenden Orbitale d_{xy}, d_{xz} und d_{yz} energetisch begünstigt, d.h. stabilisiert, da ihre Wechselwirkung mit den orientierten Punktladungen nun geringer ist als bei einer sphärischen Ladungsverteilung. Energetisch sind das d_{z^2}- und das $d_{x^2-y^2}$- und auch die d_{xy}-, d_{xz}- und d_{yz}-Orbitale untereinander jeweils weiter entartet. Bezüglich der Symmetrieoperationen im Oktaeder lassen sich die Orbitalsätze einer irreduziblen Darstellung (siehe Abschnitt 2.16.1, Anhang) zuordnen. Wendet man also die Symmetrieoperationen auf das xy-, xz- und yz-Orbital an,* so verhalten sich diese in ihrer Gesamtheit wie die irreduzi-

---

* Aus Gründen der Einfachheit werden für die d-Orbitale im Folgenden häufig nur die Indizes geschrieben. Statt $d_{x^2-y^2}$ heißt es also nur x^2-y^2 oder statt d_{xz} xz. Gleiches gilt zum Teil auch für die p-Orbitale, wo also z für p_z geschrieben wird.

ble Darstellung t_{2g}, so dass man zur Beschreibung dieser drei energiegleichen Orbitale auch das Symbol t_{2g} verwendet. Das x^2–y^2- und das z^2-Orbital dagegen verhalten sich wie die Darstellung e_g. Aus den Charaktertafeln kann das Symmetrieverhalten von Orbitalen auch direkt entnommen werden, wie in Anhang 2.16.1 (Tabelle 2.16.2) dargelegt ist. Die Nützlichkeit der Symmetriebezeichnungen für die Orbitale wird im weiteren Verlauf des Buches sehr viel deutlicher werden. Es sei an dieser Stelle noch mal darauf hingewiesen, dass die Buchstaben A, B, E, T der irreduziblen Darstellungen eine Aussage über die Entartung treffen (vgl. dazu Tabelle 2.16.3 im Anhang 2.16.1). Ein einzelnes Orbital kann also immer nur mit dem Buchstaben a oder b gekennzeichnet sein, zwei energiegleiche Orbitale sind immer e-Orbitale und bei Dreifachentartung liegen immer t-Niveaus vor.

Die Größe der Aufspaltung Δ_O zwischen den t_{2g}- und e_g-Orbitalen in einem oktaedrischen Kristallfeld liegt zwischen 7000 und 40 000 cm^{-1} oder entsprechend zwischen 0.8 und 5 eV (1 cm^{-1} = 11.963 J/mol = 1.2398$\cdot$10^{-4} eV).

Die **Aufspaltung** der d-Orbitale **im tetraedrischen Kristallfeld** veranschaulicht Abbildung 2.9.2. Hier liegen jetzt die xy-, xz- und yz-Orbitale näher an den vier Punktladungen der Liganden als das x^2–y^2- und das z^2-Niveau. Erstere werden jetzt also energetisch angehoben, letztere energetisch abgesenkt, so dass sich im Vergleich zum Oktaeder eine umgekehrte Reihenfolge der Aufspaltung ergibt. Aus Symmetriegründen heißen die Orbitalsätze beim Tetraeder nur t_2 und e, da der Tetraeder kein Inversionszentrum besitzt, der erst den Index „g" oder „u" bedingen würde. Vergleicht man die Orientierung der Orbitale zu den Punktladungen zwischen Oktaeder und Tetraeder (**2.9.4** und Abbildung 2.9.2) so erkennt man, dass im Falle des Tetraeders die destabilisierten Orbitale xy, xz und yz nicht direkt auf die Liganden zeigen, im Unterschied zu den x^2–y^2- und z^2-Niveaus beim Oktaeder. Die Wechselwirkung zwischen den Punktladungen und den Orbitalen beim Tetraeder und damit auch die d-Orbitalaufspaltung im Kristallfeld ist also geringer als beim Oktaeder. Die Aufspaltungsenergie 10 Dq$_T$ ist dann kleiner als 10 Dq$_O$, und es lässt sich bei gleicher Ladung des Metalls und gleichen Metall-Ligand-Abständen abschätzen, dass $\Delta_T \approx \frac{4}{9}\Delta_O$ ist.

Betrachten wir als nächstes die Auswirkung einer **tetragonal verzerrten oktaedrischen Anordnung** von sechs Liganden. Dabei sollen die beiden Liganden entlang der z-Achse sich entweder weiter vom Zentralion entfernen als die auf der x- und y-Achse gelegenen Liganden oder näher heranrücken. Die Auswirkungen dieser Verzerrung auf die Orbitalaufspaltung werden in Abbildung 2.9.3 illustriert. In beiden Fällen wird die Entartung der e_g-Orbitale und auch teilweise die der t_{2g}-Orbitale aufgehoben. Lediglich das xz- und yz-Niveau bleiben entartet. Bei Streckung der Liganden entlang der z-Achse werden die Orbitale mit z-Komponente stabilisiert, umgekehrt werden bei einer Stauchung der z-Liganden diese Orbitale, also z^2, xz und yz destabilisiert. Relativ dazu erscheinen dann die Orbitale ohne z-Anteil destabilisiert oder stabilisiert, damit der Schwerpunkt der Aufspaltung erhalten bleibt. Die Aufspaltung der t_{2g}-Niveaus in das xy- und in das zweifach entartete (xz,yz)-Niveau ist dabei natürlich geringer als die Aufspaltung der e_g-Orbitale in

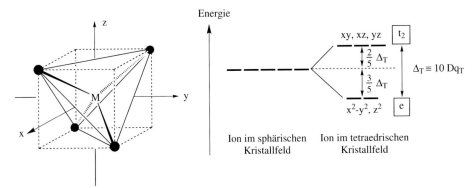

Abbildung 2.9.2. Aufhebung der Entartung im tetraedrischen Kristallfeld. Die Aufspaltung in die zwei e- und in die drei t_2-Niveaus verläuft unter Erhaltung des Schwerpunktsatzes der Orbitalgruppe. Die Summe der Energieverschiebungen gegenüber dem sphärischen Kristallfeld ist gleich Null. Der am linken Bildrand in einen Würfel eingezeichnete Tetraeder soll helfen, die Richtung der Aufspaltung zu verstehen. Die energetisch angehobenen t_2-Orbitale sind auf die Kantenmitten des Würfels gerichtet und liegen damit etwas näher an den Punktladungen als die e-Orbitale, die entlang der Koordinatenachsen auf die Seitenmitten des Würfels zeigen.

das x^2–y^2- und in das z^2-Orbital, da bei ersteren die Wechselwirkungen mit den Liganden-Punktladungen von vornherein geringer war. Es sei angemerkt, dass eine oktaedrische Verzerrung auch durch unterschiedliche Liganden gegeben sein kann, etwa in einem Komplex der Form *trans*-MA_4B_2.

Der Extremfall des tetragonal gestreckten Oktaeders ist bei unendlicher Entfernung der z-Liganden die **quadratisch-planare Anordnung** (ebenfalls Punktgruppe D_{4h}). Die energetische Absenkung der Orbitale mit z-Anteil wird entsprechend größer, wobei die genaue Lage des z^2-Orbitals dann von den Eigenschaften des Metalls und der Liganden abhängt. In quadratisch-planaren Komplexen mit Ni^{2+} oder Cu^{2+} als Zentralmetall liegt das z^2-Niveau knapp oberhalb der xz/yz-Orbitale. In den quadratischen Komplexen von Pd^{2+}, Pt^{2+} oder Au^{3+} wird das z^2-Niveau soweit abgesenkt, dass es das energetisch niedrigste d-Orbital darstellt.

Elektronenbesetzung der Orbitale beim Oktaeder: Wir haben bisher für häufig anzutreffende Komplexgeometrien lediglich die Aufspaltung der Orbitale betrachtet. Jetzt wollen wir uns vor allem für die wichtigen oktaedrischen Komplexe der Elektronenbesetzung der Orbitale zuwenden. Ein bis drei Elektronen werden dabei nach der Hund'schen Regel derart auf die t_{2g}-Zustände verteilt, dass jedes Orbital im Grundzustand einzeln besetzt ist, so dass sich die maximale Spinmultiplizität ergibt. Abbildung 2.9.4 veranschaulicht die Konfigurationen d^1, d^2 und d^3 im Oktaeder und verdeutlicht gleichzeitig, dass die Energie des Spinsystems im Ligandenfeld kleiner ist als im freien Ion mit sphärischem Kristallfeld. Dieser Energiegewinn wird als **Kristallfeldstabilisierungsenergie** (CFSE, C für crystal) bezeichnet. Wenn ε_0 die Energie der Elektronen vor der Aufspaltung ist, so ist z.B. für die Konfiguration t_{2g}^2 dann die Energie des Systems $\varepsilon_0 - 2 \times 4$ Dq. Der Wert

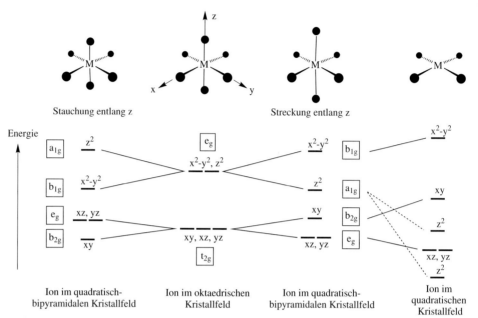

Abbildung 2.9.3. Aufspaltungsschema einer tetragonalen Verzerrung der oktaedrischen Anordnung (quadratische Bipyramide und quadratisch-planare Anordnung als Extremfall). In Abhängigkeit der Richtung der Verzerrung (Stauchung oder Streckung) ändert sich die Orbitalreihenfolge. Bei einer Streckung werden die Orbitale mit z-Anteil stabilisiert, umgekehrt bei einer Stauchung werden sie energetisch angehoben. Eine quadratische Bipyramide hat die Symmetrie der Punktgruppe D_{4h}, aus der dann die Symmetriebezeichnungen der Orbitale entnommen werden. Werden die z-Liganden vollständig entfernt, gelangt man zum Quadrat, dessen Orbitalaufspaltung als Extrem des gestreckten Oktaeders ganz rechts gezeigt ist. Die Symmetriebezeichnungen für die jeweiligen Orbitale bleiben dabei erhalten, da sich die Punktgruppe nicht ändert. Die Lage des z^2-Niveaus in der quadratisch-planaren Anordnung (oberhalb oder unterhalb von xz/yz) hängt vom Metall und den Liganden ab.

Die Orbitalbezeichnungen a_{1g}, b_{1g}, e_g, t_{2g} usw. treffen eine Aussage zur Entartung der Orbitale und ihrer Symmetrie. Mit a und b werden einfach, mit e zweifach und mit t dreifach entartete Orbitale gekennzeichnet. Der Unterschied zwischen a und b liegt im symmetrischen bzw. antisymmetrischen Verhalten des Orbitals bezüglich einer Drehung um die Hauptachse. Mit den tiefgestellten Indizes „1", „2", „g" und eventuell auch „u" wird das Verhalten in Bezug auf weitere Symmetrieoperationen bezeichnet, näheres dazu siehe Tabelle 2.16.3 im Anhang.

von -8 Dq ist dabei die Kristallfeldstabilisierungsenergie. Wir werden später noch einmal auf diesen Energiebeitrag zurückkommen, wollen aber zunächst die Orbitalbesetzungen der weiteren Konfigurationen betrachten.

Für Komplexe mit vier bis sieben Elektronen am Zentralmetall gibt es nämlich zwei Möglichkeiten der Orbitalbesetzungen, die in Abbildung 2.9.5 einander gegenüber gestellt sind. Am konkreten Beispiel der d^4-Konfiguration sollen die beiden Möglichkeiten etwas ausführlicher erläutert werden. Das vierte Elektron kann

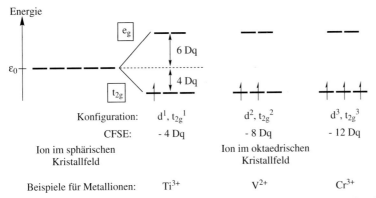

Abbildung 2.9.4. Veranschaulichung der Elektronenbesetzung der t_{2g}-Orbitale für die Konfigurationen d^1 bis d^3 im oktaedrischen Kristallfeld und der zugehörigen Kristallfeldstabilisierungsenergie (CFSE).

entweder in eines der leeren e_g-Orbitale eingebracht werden oder eines der t_{2g}-Niveaus wird mit zwei Elektronen besetzt. Im ersten Fall hat man die Konfiguration $t_{2g}^3 e_g^1$, im zweiten Fall eine t_{2g}^4-Konfiguration. Des weiteren liegen im ersten Fall vier ungepaarte Elektronen vor, mit gleichem Spin im Grundzustand, wohingegen bei der t_{2g}^4-Konfiguration gemäß dem Pauli-Prinzip die Spins der zwei Elektronen im doppelt besetzten Orbital gepaart sind und daher nur noch zwei ungepaarte Elektronen zur Verfügung stehen. Man spricht daher auch von $t_{2g}^3 e_g^1$ als der **high-spin** Konfiguration und von t_{2g}^4 als der **low-spin** Anordnung für ein d^4-Ion. Entsprechend wird die Metall-Ligand-Verbindung als high-spin oder als low-spin Komplex bezeichnet. Auch die Kristallfeldstabilisierungsenergie ist unterschiedlich. Im high-spin Fall wird sie (gegenüber der d^3-Konfiguration) durch die Besetzung der energetisch höher liegenden e_g-Orbitale um den Wert von 6 Dq vermindert, im low-spin Fall muss die Spinpaarungsenergie P aufgebracht werden. Die beiden prinzipiell unterschiedlichen Möglichkeiten der Orbitalbesetzungen finden sich in analoger Weise auch bei den d^5, d^6 und d^7-Metallionen. Die Konfiguration mit der maximalen Zahl an ungepaarten Elektronen wird jeweils high-spin Form genannt, die mit der minimalen Zahl an ungepaarten Elektronen low-spin Form. Die verschiedene Zahl der ungepaarten Elektronen für die high- und low-spin Form äußert sich in unterschiedlichen magnetischen Suszeptibilitäten (magnetischen Momenten), die über entsprechende Messungen ermittelt werden können.

Welche Konfiguration – high-spin oder low-spin – nun in einem 3d-Metallkomplex verwirklicht wird, hängt von der Größe der Oktaederaufspaltungsenergie 10 Dq relativ zur Spinpaarungsenergie P ab. Ist die Aufspaltung, d.h. der energetische Abstand zwischen den t_{2g}- und e_g-Niveaus klein gegenüber P, so wird die dann energetisch günstigere high-spin Konfiguration eingenommen. Bei einem großen Abstand zwischen den beiden Orbitalsätzen findet man die low-spin Form. Es ist dann günstiger, die Elektronen im t_{2g}-Niveau zu paaren, als sie das energetisch

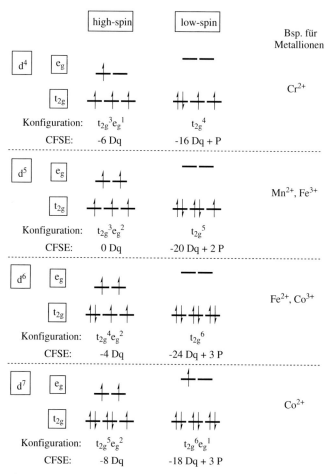

Abbildung 2.9.5. Gegenüberstellung der Orbitalbesetzungen und Kristallfeldstabilisierungsenergien (CFSE) im high-spin und low-spin Fall für die Konfigurationen d^4 bis d^7. Die jeweils verschiedene Größe der Orbitalaufspaltungsenergie für die beiden Fälle ist schematisch durch einen unterschiedlichen Abstand der t_{2g}- und e_g-Orbitale angedeutet.

hoch liegende e_g-Niveau besetzen zu lassen. Liganden, die nur eine kleine Aufspaltung bewirken, also ein schwaches Kristallfeld (**weak-field**) ausbilden und damit zu einem high-spin Komplex führen, werden als schwache Liganden bezeichnet. Umgekehrt nennt man Liganden, die über ein starkes Kristallfeld (**strong-field**) zu einer großen Aufspaltung und damit zu einem low-spin Komplex führen, starke Liganden. Die englischen Begriffe weak-field/high-spin und strong-field/low-spin sind also jeweils synonym und haben sich zur Beschreibung des Sachverhalts auch im Deutschen eingebürgert.

Für die Elektronenkonfigurationen d^8, d^9 und d^{10}, wie sie etwa bei den Ionen Ni^{2+}, Cu^{2+} und Zn^{2+} vorliegen, kann dann keine Unterscheidung zwischen low- und high-spin Anordnung mehr getroffen werden. In oktaedrischen Komplexen wäre die Orbitalbesetzung $t_{2g}^6 e_g^2$, $t_{2g}^6 e_g^3$ und $t_{2g}^6 e_g^4$. Beim d^9-Cu^{2+}-Ion findet sich aber dennoch eine weitere Besonderheit, auf die weiter unten eingegangen wird (siehe Jahn-Teller-Verzerrung).

Die Möglichkeit der Ausbildung von high-spin Komplexen ist nur bei der ersten Übergangsmetallreihe, den 3d-Metallen, von Bedeutung. Für die 4d- und 5d-Metallionen findet man fast nur low-spin Komplexe, da unabhängig von Liganden die Aufspaltungsenergie in der Gruppe von oben nach unten zunimmt. Aus experimentellen Untersuchungen zur energetischen Lage der Absorptionsbanden von Komplexen (siehe unten) und zum magnetischen Moment ist es möglich, die Liganden (unabhängig vom Metallion) in der so genannten **spektrochemischen Reihe** nach ansteigender Kristallfeldstärke zu ordnen:

schwache Liganden/high-spin Komplexe
$$I^- < Br^- < S^{2-} < SCN^- < Cl^- < NO_3^- < F^- < OH^- < C_2O_4^{2-}$$
starke Liganden/low-spin Komplexe
$$< H_2O < NCS^- < CH_3CN < NH_3 < en < bipy < phen < NO_2^- < CN^- < PR_3 < CO$$
$$Dq\ zunehmend \rightarrow$$

Umgekehrt lassen sich mit Kenntnis der spektrochemischen Reihe natürlich Unterschiede in den optischen Spektren oder im Magnetismus begründen und auch teilweise vorhersagen. Während es für die Randbereiche der spektrochemischen Reihe bei der Zuordnung von low- und high-spin Komplexen für die d^4- bis d^7-Ionen der ersten Übergangsreihe keine Probleme gibt, hängt es im mittleren Bereich, etwa für Aqua- oder Amminkomplexe vom Metallzentrum ab, welche Form ausgebildet wird. So nimmt z.B. die Aufspaltung und damit die Tendenz zur Bildung von low-spin Komplexen mit der Oxidationsstufe, aber auch mit der Periode zu:

Dq zunehmend $\rightarrow$
$$M^{II} < M^{III} < M^{IV}$$
und
$$M(3d) < M(4d) < M(5d)$$
$$Mn^{2+} < Ni^{2+} < Co^{2+} < V^{2+} < Fe^{3+} < Cr^{3+} < Co^{3+} < Ru^{3+} < Mn^{4+} < Mo^{3+} < Rh^{3+} < Ir^{3+} < Pt^{4+}$$

Tabelle 2.9.1 verdeutlicht die Änderung der Kristallfeldaufspaltung anhand der Δ-Werte für den Aqualiganden in Hexaaquakomplexen bei verschiedenen Zentralionen und unterschiedlichen Ladungen.

Tabelle 2.9.1. Dq-Werte oktaedrischer Hexaaquakomplexe $[M(H_2O)_6]^{n+}$.[a]

Zentralion	Konfiguration	Δ_O [cm^{-1}]	Zentralion	Konfiguration	Δ_O [cm^{-1}]
V^{2+}	d^3	11 800	Ti^{3+}	d^1	20 300
Cr^{2+}	d^4	13 900	V^{3+}	d^2	17 800
Mn^{2+}	d^5	7 500	Cr^{3+}	d^3	17 400
Fe^{2+}	d^6	10 400	Mn^{3+}	d^4	21 000
Co^{2+}	d^7	10 000	Fe^{3+}	d^5	12 600
Ni^{2+}	d^8	8 500	Co^{3+}	d^6	16 500
Cu^{2+}	d^9	12 600			

[a] aus Römpp Chemielexikon, 10. Auflage, Thieme 1998, Stichwort Ligandenfeldtheorie.

Die qualitativen spektrochemischen Reihungen von Liganden und Metallionen können auch empirisch quantifiziert werden. Dazu werden f- und g-Werte verwendet (siehe Tabelle 2.9.2), deren Produkt die Oktaederaufspaltung $\Delta_O = 10$ Dq ist (Gleichung 2.9.1). Der Wert f beschreibt die Stärke eines Liganden relativ zu Wasser, dem ein f-Wert von 1.00 zugeordnet wurde.

$$\Delta_O = f \times g \qquad (2.9.1)$$

Tabelle 2.9.2. f- und g-Werte von ausgewählten Liganden und Metallionen.

Ligand	f	Ligand	f	Metallion	g [cm^{-1}]	Metallion	g [cm^{-1}]
6 Br$^-$	0.72	6 NCS$^-$	1.02	V^{2+}	12 000	Fe^{3+}	14 000
6 SCN$^-$	0.73	6 py	1.23	Mn^{2+}	8 000	Co^{3+}	18 200
6 Cl$^-$	0.78	6 NH$_3$	1.25	Co^{2+}	9 300	Rh^{3+}	27 000
6 F$^-$	0.9	3 en	1.28	Ni^{2+}	8 700	Ir^{3+}	32 000
6 H$_2$O	1.00	3 bipy	1.33	Ru^{2+}	20 000	Mn^{4+}	23 000
		6 CN$^-$	1.7	Cr^{3+}	17 400	Pt^{4+}	36 000

Gleichung 2.9.1 kann zur Abschätzung von Ligandenfeldaufspaltungen verwendet werden. Neben den homoleptischen Komplexen können auch die Aufspaltungen für gemischte Komplexe über eine entsprechende Mittelung vorausberechnet werden. Zum Beispiel ist mit den Werten aus Tabelle 2.9.2 Δ_O für [Co(NH$_3$)$_6$]$^{3+}$ 22 750 cm^{-1} und für [Co(H$_2$O)$_6$]$^{3+}$ 18 200 cm^{-1}, gewichtet nach den Ligandenanteilen erhält man dann für [Co(H$_2$O)$_2$(NH$_3$)$_4$]$^{3+}$ $\Delta_O = 21\,230$ cm^{-1}. Bei dieser Abschätzung für gemischte Komplexe ist allerdings zu beachten, dass die Abweichung der Symmetrie vom Oktaeder nicht zu groß werden darf, da sich die Orbitalaufspaltung sonst nicht mehr durch einen einzelnen spektralen Übergang und damit nur einen Parameter Δ charakterisieren lässt. Bei nur geringer Abweichung von der O_h-Symmetrie kommt es nur zu einer Verbreiterung, aber noch nicht zu einer Aufspaltung der Bande.

Gleichzeitig gibt es aber auch Fälle, bei denen der energetische Unterschied zwischen high-spin und low-spin Form sehr klein ist und im Bereich der thermischen Anregungsenergie liegt. Ein besonders gut untersuchtes Beispiel sind sechsfach-koordinierte Eisen(II)-Komplexe mit Stickstoff-Donorliganden. In vielen Fällen kann man hier durch Variation der Temperatur einen thermisch induzierten **Spinübergang (Spincrossover)**, bzw. ein **Spingleichgewicht** zwischen dem energetisch stabileren, hier diamagnetischen low-spin Zustand und dem paramagnetischen high-spin Zustand mit vier ungepaarten Elektronen beobachten. Magnetische Suszeptibilitätsmessungen aber vor allem auch die [57]Fe-Mößbauer-Spektroskopie gestatten eine optimale Untersuchung dieses interessanten elektronischen Phänomens. (Für ein weiteres Beispiel zum Spincrossover, siehe die substituierten Manganocenverbindungen in Abschnitt 4.3.4.4.)

Ein Verständnis, warum man für die 4d- und 5d-Metalle nur low-spin Komplexe findet oder gar eine Begründung für die Anordnung der Liganden innerhalb der spektrochemischen Reihe, lässt sich mit der rein ionischen Kristallfeldtheorie allerdings nicht geben. Ja, die spektrochemische Reihe scheint gar im Widerspruch zu

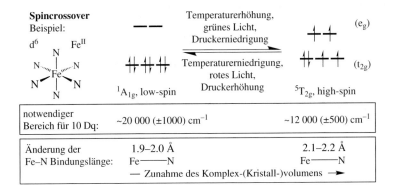

den Annahmen von Punktladungen für die Liganden zu stehen. Denn wenn die Aufspaltung der d-Orbitale einfach von Ladungen, in Form von Ionen oder Dipolen, herrühren würde, so sollten die anionischen Liganden und die neutralen Moleküle mit dem höchsten Dipolmoment den größten Effekt bewirken. Innerhalb der Reihung der Halogenide $I^- < Br^- < Cl^- < F^-$ (Dq zunehmend) entspricht die Reihe noch der Erwartung, aber insgesamt liegen diese anionischen Liganden, einschließlich des Fluoridions, auf der schwachen Kristallfeldseite. Das anionische Hydroxidion erzeugt außerdem ein schwächeres Feld als das neutrale Wassermolekül, und dieses ist trotz seines höheren Dipolmoments (1.85 Debye) wiederum ein schwächerer Ligand als das Ammoniakmolekül (1.47 Debye). Mit den stärksten Liganden stellt das neutrale und fast unpolare Kohlenmonoxidmolekül dar. Diese Tatsachen lassen die ursprüngliche Annahme einer rein elektrostatischen Wechselwirkung zwischen Liganden und Zentralion für die Kristallfeldtheorie natürlich zweifelhaft erscheinen und verlangen nach einer Erweiterung der Theorie. Bevor wir zu einer solchen Erweiterung im Rahmen der Molekülorbital-Theorie gelangen (siehe unten), sollen die Anwendungen der Kristallfeldtheorie aber noch weiter ausgeführt werden, denn das Modell der Orbitalaufspaltung und der Elektronenbesetzung kann beibehalten werden, und aufgrund seiner konzeptionellen Einfachheit ist das Kristallfeldmodell mit seiner Beschränkung auf die d-Niveaus für viele Erklärungen einfach besser geeignet.

Elektronenbesetzung der Orbitale beim Tetraeder: Beim Tetraeder erfolgt eine analoge Besetzung der e- und t_2-Orbitale nach der Hund'schen Regel wie beim Oktaeder. Prinzipiell gäbe es auch beim Tetraeder die Möglichkeit der Unterscheidung von high-spin und low-spin Formen für die Metallionen mit d^3-, d^4-, d^5- und d^6-Konfiguration. Da aber die Aufspaltung der Orbitale beim Tetraeder nur ungefähr halb so groß ist wie beim Oktaeder, wird die Forderung für einen low-spin Zustand, dass die Spinpaarungsenergie kleiner als die Aufspaltungsenergie sei, nicht erfüllt. Beim Tetraeder muss also nur der weak-field Fall oder high-spin Zustand für die relevanten Elektronenkonfigurationen betrachtet werden. Der Energiegewinn aus der Kristallfeldaufspaltung in Bezug auf stereochemische und thermodynamische Effekte ist beim Tetraeder entsprechend auch kleiner als beim Oktaeder (vergleiche Abbildung 2.9.7).

Stereochemische und thermodynamische Effekte der Kristallfeldaufspaltung: Bisher haben wir im Rahmen der Kristallfeldtheorie, die Auswirkungen von nicht kugelsymmetrischen Ladungsfeldern auf die d-Orbitale des Metallions betrachtet. Die Folge war eine Aufspaltung der d-Orbitale. Die unterschiedliche und in den meisten Fällen nicht kugelsymmetrische Besetzung der d-Orbitale mit Elektronen hat dann umgekehrt auch wieder Auswirkungen auf die Stereochemie und Thermodynamik der Metall-Ligand Wechselwirkungen. Abbildung 2.9.6 zeigt die Auftragung der Ionenradien für zweiwertige 3d-Ionen mit oktaedrischer Ligandenanordnung und high-spin Zustand.

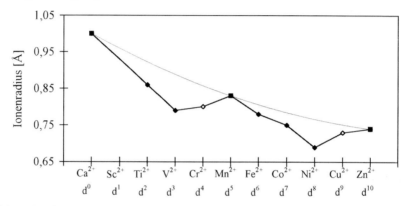

Abbildung 2.9.6. Radien zweiwertiger 3d-Ionen mit oktaedrischer Ligandenumgebung im high-spin Zustand. Die Werte für Cr^{2+} und Cu^{2+} sind mit einer gewissen Unsicherheit behaftet, da es aufgrund des Jahn-Teller-Effekts (siehe unten) von diesen Ionen keine symmetrischen sondern nur verzerrt-oktaedrische Komplexe gibt. Die dünne Linie verbindet die Ionen mit kugelsymmetrischer Ladungsverteilung und gibt so die erwartete Kurve ohne Kristallfeldaufspaltung wieder. Die Radien wurden dem Satz von X. Shannon, X. Prewitt, *Acta Crystallographica* **1976**, *A32*, 751 entnommen.

Generell erwartet man innerhalb einer Periode aufgrund der zunehmenden Kernladung eine kontinuierliche Kontraktion der Elektronenhülle und damit eine stetige Abnahme der Radien. Eine solche stetige Abnahme findet man für die Ionenradien beim Vergleich von Konfigurationen bei denen alle fünf d-Orbitale symmetrisch besetzt sind, also entweder alle leer (Ca^{2+}, $t_{2g}^0 e_g^0$), einfach (Mn^{2+}, $t_{2g}^3 e_g^2$) oder doppelt besetzt (Zn^{2+}, $t_{2g}^6 e_g^4$). Die gestrichelte Linie in Abbildung 2.9.6 veranschaulicht diese Abnahme. Die Werte der Ionenradien der übrigen 3d-Ionen sind nun aber kleiner als man erwarten würde, und es treten im **Vergleich der Radien** relative Minima auf, bei d^3-V^{2+} und bei d^8-Ni^{2+}. Eine Erklärung kann über die Orbitalaufspaltung und die damit unsymmetrische Ladungsverteilung der d-Elektronen gegeben werden. Entsprechend der in Abbildung 2.9.4 dargestellten Besetzung für die Konfiguration d^1 bis d^3 gelangen die Elektronen zunächst in die t_{2g}-Niveaus und damit in Orbitale, die zwischen den Liganden liegen (vergleiche **2.9.4**). Die Abschirmung des Metallions gegenüber den Liganden oder die Abstoßung der negativen Elektronenwolken zwischen Ligand und Metall ist dadurch etwas verringert, und die Liganden können sich dem Metallzentrum weiter nähern, als es bei einer symmetrischen Verteilung der Metall-Valenzelektronen der Fall wäre. Beim d^4-Cr^{2+}-Ion gelangt dann erstmals ein Elektron in die e_g-Orbitale, die entlang der Metall-Ligand Verbindungsachse liegen, woraus gegenüber dem d^3-V^{2+}-Ion eine Radienzunahme resultiert. Der Kurvenverlauf wiederholt sich noch mal bei den d^6 bis d^9-Ionen.

Eine weitere stereochemische Konsequenz der unsymmetrischen Orbitalbesetzung sind Verzerrungen der Ligandensphäre ausgehend von idealen Koordinationsgeometrien, die inhärent instabil sind. Betrachten wir dazu das Beispiel des d^9-Cu^{2+}-Ions mit seiner $t_{2g}^6 e_g^3$-Konfiguration. Für die Verteilung der drei e_g-Elektronen gibt es die beiden Möglichkeiten $(z^2)^2(x^2–y^2)^1$ und $(z^2)^1(x^2–y^2)^2$. Es liegt damit ein elektronisch zweifach entarteter Zustand vor. Nach dem **Jahn-Teller-Theorem** ist aber ein nichtlineares Molekül, welches sich in einem elektronisch entarteten Zustand befindet, instabil. Es wird eine Verzerrung auftreten, die zur Aufhebung der Entartung, Erniedrigung der Symmetrie und Energie des Systems führt. Die experimentell beobachtete Verzerrung ist dann der so genannte **Jahn-Teller-Effekt**. Das Theorem allein trifft aber keine Vorhersage, was für eine Verzerrung auftreten wird, außer dass das Symmetriezentrum un verändert bleibt. Im Fall eines oktaedrischen Cu^{2+}-Komplexes besteht z.B. die Möglichkeit einer tetragonalen Verzerrung (Stauchung oder Streckung), was zur Aufhebung der Entartung der e_g-Niveaus und damit zu einem elektronisch nicht mehr entarteten Zustand führt. Gleichzeitig wird die Symmetrie erniedrigt ($O_h \rightarrow D_{4h}$, vergleiche Abbildung 2.9.3) und aus der doppelten Besetzung der energetisch abgesenkten ursprünglichen e_g-Komponente (z^2 oder $x^2–y^2$) resultiert ein Energiegewinn. Dieser Energiegewinn ist die treibende Kraft der Verzerrung. Ob eine Stauchung oder Streckung auftreten wird, lässt sich aus dem Jahn-Teller-Theorem nicht herleiten, experimentell findet man aber in Cu^{2+}-Komplexen fast immer vier kurze und zwei längere Metall-Ligand-Abstände, d.h. die Ausbildung eines tetragonal gestreckten Oktaeders.

Für zahlreiche der in Abbildung 2.9.4 und 2.9.5 dargestellten Elektronenkonfigurationen, beginnend mit t_{2g}^1 und t_{2g}^2, sollte man nach dem Jahn-Teller-Theorem wegen der entarteten Zustände eine Verzerrung erwarten. Tatsächlich ist der Energiegewinn aus der Aufspaltung der t_{2g}-Orbitale oft zu klein, um eine merkliche Verzerrung hervorzurufen. Experimentell zeigt sich, dass eine große Verzerrung nur dann auftritt, wenn (e_g-) Orbitale beteiligt sind, die direkt auf die Liganden gerichtet sind, also bei e_g^1- und e_g^3-Konfigurationen. Diese liegen beim d^4-high-spin, d^7-low-spin-Fall und bei d^9 vor. Es soll auch erwähnt werden, dass Komplexe mit tetraedrischer oder trigonal-planarer Ligandenanordnung bekannt sind, die einen Jahn-Teller-Effekt zeigen. So konnte z.B. für MnF_3 in der Gasphase das Vorliegen einer C_{2v}-symmetrischen trigonal-planaren Struktur mit zwei längeren und einer kürzeren Mn-F-Bindung nachgewiesen werden, als deren Ursache der entartete Grundzustand eines D_{3h}-symmetrischen Moleküls gilt (siehe auch Aufgabe 9 in Abschnitt 2.13).

Oben wurde ausgeführt, dass die Kristallfeldstabilisierungsenergie einen zusätzlichen Energiegewinn darstellt, gegenüber den nicht aufgespalten d-Orbitalen im sphärischen Kristallfeld. Dieser Energiegewinn liegt mit 100 kJ/mol in einer Größenordnung der mit vielen chemischen Veränderungen verbundenen Energieumsätze und sollte deshalb auch eine Rolle bezüglich des thermodynamischen Verhaltens der Übergangsmetallkomplexe spielen. In Abbildung 2.9.7 ist eine Auftragung der Kristallfeldstabilisierungsenergien in Abhängigkeit von den Elektronenkonfigurationen gegeben.

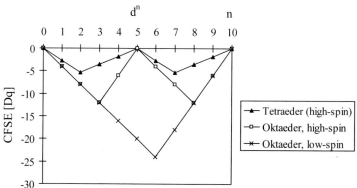

Abbildung 2.9.7. Kristallfeldstabilisierungsenergien (CFSE) in Abhängigkeit von der Elektronenkonfiguration, ohne Berücksichtigung der Spinpaarungsenergie P. Die CFSE-Werte für die high-spin und low-spin Konfigurationen in oktaedrischen Komplexen waren bereits weitgehend in Abbildung 2.9.4 und 2.9.5 hergeleitet worden. In das Diagramm wurden zum Vergleich auch die CFSE-Werte für die tetraedrische (high-spin) Konfiguration aufgenommen. Der Leser sei aufgefordert sich das Zustandekommen dieser Kurve anhand der Orbitalbesetzungen kurz herzuleiten. Für die Eintragung in ein gemeinsames Diagramm wurde $10Dq(T) = \frac{4}{9} 10Dq(O)$ angesetzt.

Eine Auftragung der **Reaktionsenthalpien** ΔH_H für die **Hydratationsreaktion** der ersten Übergangsreihe nach Gleichung 2.9.2 ist in Abbildung 2.9.8 gezeigt, ähnelt der in Abbildung 2.9.6 gegebenen Radienauftragung, und folgt dem in Abbildung 2.9.7 gegebenen Verlauf der Kristallfeldstabilisierungsenergien für die oktaedrischen high-spin Komplexe. Die experimentellen Hydratationsenthalpien liegen wieder auf Kurven mit relativen Minima. Eine Subtraktion der Energiebeiträge aus der Ligandenfeldstabilisierung ergibt dann Enthalpien, die entsprechend weniger negativ sind und auf einer stetig abnehmenden und nur leicht gekrümmten Kurve liegen, die Ca^{2+}, Mn^{2+} und Zn^{2+} miteinander verbindet, jene Ionen die keine Stabilisierung erfahren. Bei den Hexaaquakomplexen handelt es sich von d^4 bis d^7 um high-spin Komplexe. (Anmerkung: Im vorstehenden Satz wurde bereits der Begriff Liganden- statt Kristallfeld verwendet. Grund ist, dass bei der Berechnung eine über das einfache Kristallfeldmodell hinausgehende Parametrisierung mit den Racah-Werten verwendet wurde; siehe unten.)

$$M^{2+}(g) + 6\,H_2O \rightarrow [M(H_2O)_6]^{2+} \qquad\qquad \Delta H_H \qquad (2.9.2)$$

Die für die vorstehende Gleichung beschriebene Hydratationsenthalpie kann jedoch so nicht direkt gemessen werden. Experimentell zugänglich ist aber zum Beispiel die Reaktionsenthalpie ΔH_F eines festen Metalls mit einer Säure gemäß der Gleichung

$$M(s) + 6\,H_2O + 2\,H^+(aq) \rightarrow [M(H_2O)_6]^{2+}(aq) + H_2(g) \quad \Delta H_F$$

und die Verdampfungs- und Ionisationsenthalpie $\Delta H_{V,I}$

$$M(s) \rightarrow M^{2+}(g) + 2\,e^-(g) \qquad \qquad \Delta H_{V,I}$$

Mit der Null gesetzten Bildungsenthalpie für H^+ in wässriger Lösung erhält man die Hydratationsenthalpie dann gemäß Gleichung 2.9.3 zu $\Delta H_H = \Delta H_F - \Delta H_{V,I}$.

$$M^{2+}(g) + 6\,H_2O + 2\,H^+(aq) + 2\,e^-(g) \rightarrow [M(H_2O)_6]^{2+}(aq) + H_2(g) \quad (2.9.3)$$

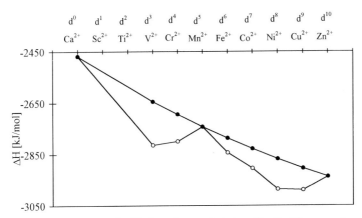

Abbildung 2.9.8. Experimentelle Hydratationsenthalpien für die Hexaaquaionen der ersten Übergangsreihe (offene Kreise) und durch Subtraktion der Energiebeiträge aus der Ligandenfeldstabilisierung erhaltene Werte (gefüllte Kreise). Zur Verwendung des Begriffes Liganden- statt Kristallfeld siehe Anmerkung im Text. Die Zahlenwerte für die Kurve wurden aus D. A. Johnson, P. G. Nelson, *Inorg. Chem.* **1995**, *34*, 5666 entnommen.

Ganz ähnliche Kurven wie in Abbildung 2.9.8 ergeben sich bei der Auftragung der **Gitterenergien** mit und ohne den Ligandenfeldstabilisierungsbeitrag **für die Metalldihalogenide**, bei denen im Festkörper das Metallion oktaedrisch von den Halogenidionen koordiniert wird. Abbildung 2.9.9 zeigt als Beispiel die Auftragung der Gitterenergie für die Metalldichloride. Die Verschiebung der beiden relativen Minima von d^3 und d^8 nach d^4 und d^9, die man je nach Quelle auch schon bei den Hydratationsenergien findet, ist auf die Jahn-Teller-Verzerrung bei d^4 (high-spin) und d^9 zurückzuführen. Daraus ergibt sich ein Maximum der Stabilität bei diesen Ionen, wie die nachfolgenden Ausführungen zur Irving-Williams Reihe zeigen.

Die Irving-Williams Reihe: Für die Stabilitätskonstanten von Komplexen mit jeweils gleichen Liganden wird bezogen auf das Metall folgende Reihe gefunden:

$$Mn^{2+} < Fe^{2+} < Co^{2+} < Ni^{2+} < Cu^{2+} > Zn^{2+}$$

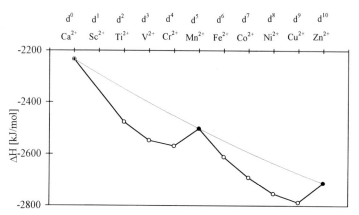

Abbildung 2.9.9. Gitterenergien für die Dichloride der 3d-Metalle. Die Zahlenwerte für die Kurve wurden aus B. N. Figgis, *Introduction to Ligand Fields*, Wiley, New York 1966 entnommen.

Die Zunahme der Stabilität vom Mangan bis zum Nickel und die Abnahme von Kupfer zum Zink kann mit dem zusätzlichen Energiebeitrag bzw. dem kleineren Metallionenradius bedingt durch die Kristallfeldaufspaltung für die zwischen Mangan und Zink liegenden Ionen erklärt werden. Die höhere Stabilität von Kupfer- gegenüber vergleichbaren Nickelkomplexen verwundert aber, denn das Maximum der Kristallfeldstabilisierungsenergie oder alternativ das Minimum des Ionenradius findet sich beim Ni^{2+}-Ion. Das Maximum beim Kupfer wird leichter verständlich, wenn man sich die Stabilitätskonstanten (K_i) für die Einzelreaktionen eines schrittweisen Ligandenaustausch betrachtet, etwa anhand der Bildung der Ethylendiamin- aus den Aquakomplexen gemäß den Gleichungen 2.9.4 bis 2.9.6.

$$K_1: [M(H_2O)_6]^{2+} + en \rightarrow [M(en)(H_2O)_4]^{2+} + 2 H_2O \qquad (2.9.4)$$

$$K_2: [M(en)(H_2O)_4]^{2+} + en \rightarrow [M(en)_2(H_2O)_2]^{2+} + 2 H_2O \qquad (2.9.5)$$

$$K_3: [M(en)_2(H_2O)_2]^{2+} + en \rightarrow [M(en)_3]^{2+} + 2 H_2O \qquad (2.9.6)$$

Abbildung 2.9.10 gibt eine graphische Auftragung des Logarithmus der Stabilitätskonstanten als Funktion des Metallions. Man erkennt, dass das Maximum beim Kupferion nur von den sehr hohen Werten für die ersten beiden Stabilitätskonstanten herrührt, wohingegen $\lg K_3$ dann sogar negativ ist, also der Austausch der letzten beiden Aqualiganden hier nicht mehr begünstigt ist. Die hohen Werte für K_1 und K_2 beim Kupfer sind auf die sehr kurzen Metall-Ligand-Bindungen bedingt durch die Jahn-Teller-Verzerrung zurückzuführen. Diese Kupfer-Ligand-Abstände sind kürzer und stärker als man es bei sechs gleichlangen Bindungen für Cu^{II} erwarten würde. Die Umkehrung des Stabilitätstrends für den Austausch der letzten beiden schwächeren Aqualiganden gegen den stärkeren Ethylendiamin-Liganden hängt mit der Tendenz zusammen, die langen Cu-Ligand Kontakte auch mit schwächeren Liganden zu besetzen. Da die Stabilitätskonstanten meistens in wässriger Lösung bestimmt werden, gilt streng genommen die oben angegebene Irving-Williams-Reihe nur für den Austausch von vier Aqualiganden. Eine weitere Besonderheit findet sich noch beim Zink. Es fällt auf, dass die Werte für die ersten beiden Stabilitätskonstanten noch relativ hoch sind, sie entsprechen in etwa den Werten für Cobalt, obwohl man für das d^{10}-Zn^{2+}-Ion eigentlich keine zusätzliche energetische Triebkraft aus der Kristallfeldstabilisierungsenergie erwarten sollte. Zink ist aber mehr als die anderen Metalle in dieser Reihe in tetraedrischer Umgebung stabil, womit die trotz d^{10}-Konfiguration relativen hohen Stabilitätskonstanten K_1 und K_2 erklärt werden. Als Amminkomplex ist insbesondere $[Zn(NH_3)_4]^{2+}$ stabil; $[Zn(NH_3)_6]^{2+}$ wird erst bei hoher Ammoniakkonzentration gebildet, entsprechend ist die Konstante für den oktaedrischen Komplex sehr viel kleiner.

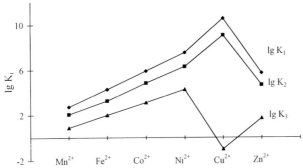

Abbildung 2.9.10. Graphische Auftragung des Logarithmus der Stabilitätskonstanten für die schrittweise Bildung der 1:1, 1:2 und 1:3-Komplexe mit Ethylendiamin nach den Gleichungen 2.9.4 – 2.9.6 . (Die Zahlenwerte wurden entnommen aus L. E. Orgel, *An Introduction to Transition-Metal Chemistry: Ligand Field Theory*, Methuen, London, 1960, Kap. 5, S. 82.)

Der Erfolg der Erklärung der obigen strukturchemischen und thermodynamischen Effekte nach dem Kristallfeldmodell zeigt, dass trotz der bereits erwähnten Defizite dieses Modell seine pädagogische Berechtigung hat. Die Kristallfeld-Theorie ermöglicht auch Voraussagen und **Berechnungen des magnetischen Moments μ von Komplexen**. Für einen spin-only Paramagnetismus, der für die meisten einkernigen Komplexe recht gut gilt (keine Beiträge durch Spin-Bahn-Wechselwirkungen, siehe Tabelle 2.9.3) werden die Gleichungen 2.9.7 oder 2.9.8 verwendet.

$$\mu = 2\{S(S+1)\}^{\frac{1}{2}}\mu_B \qquad\qquad (2.9.7)$$

$$\mu = \{n(n+2)\}^{\frac{1}{2}}\mu_B \qquad\qquad (2.9.8)$$

S = Gesamtspin, $S = \frac{1}{2}n$, n = Zahl der ungepaarten Elektronen,

μ_B = Bohrsches Magneton, $1\mu_B = \dfrac{e\hbar}{2m} = 9.274015(3)\cdot10^{-24}$ J/T

Bei den Ionen der ersten Hälfte der 3d-Elemente (bis d^5) stimmen die experimentell gefundenen magnetischen Momente gut mit den spin-only Werten überein. Bei den Ionen der zweiten Hälfte sind hingegen durch das Kristallfeld die Bahnmomente nicht voll unterdrückt (ausführlicher behandelt in Abschnitt 3.6.2).

Tabelle 2.9.3. Berechnete und experimentell beobachtete magnetische Momente für oktaedrische high-spin Komplexe der 3d-Metallionen.

Ion	Konfiguration	n	S	μ/μ_B berechnet	μ/μ_B gefunden
Ti^{3+}	t_{2g}^{1}	1	$\frac{1}{2}$	1.73	1.7-1.8
V^{3+}	t_{2g}^{2}	2	1	2.83	2.7-2.9
V^{2+}, Cr^{3+}	t_{2g}^{3}	3	$\frac{3}{2}$	3.87	3.7-3.9
Cr^{2+}, Mn^{3+}	$t_{2g}^{3}e_g^{1}$	4	2	4.90	4.8-4.9
Mn^{2+}, Fe^{3+}	$t_{2g}^{3}e_g^{2}$	5	$\frac{5}{2}$	5.92	5.7-6.0
Fe^{2+}, Co^{3+}	$t_{2g}^{4}e_g^{2}$	4	2	4.90	5.0-5.6
Co^{2+}	$t_{2g}^{5}e_g^{2}$	3	$\frac{3}{2}$	3.87	4.3-5.2
Ni^{2+}	$t_{2g}^{6}e_g^{2}$	2	1	2.83	2.9-3.9
Cu^{2+}	$t_{2g}^{6}e_g^{3}$	1	$\frac{1}{2}$	1.73	1.9-2.1
Zn^{2+}	$t_{2g}^{6}e_g^{4}$	0	0	0	0

Eine der größten Leistungen der Kristallfeldtheorie war eine erste erfolgreiche Interpretation von Spektren und Farben von Übergangsmetallkomplexen. Die Energiedifferenzen zwischen den aufgespaltenen d-Orbitalen, etwa den t_{2g}- und e_g-Niveaus beim Oktaeder, liegen im Bereich der Energie des sichtbaren Lichts. Natürlich gibt es verschiedene Arten von Elektronenübergängen und damit Ursachen der Lichtabsorption: (i) Metall-lokalisierte d→d (oder f→f) Übergänge, (ii) Ligandenlokalisierte σ→σ*, π→π* oder n→π* Übergänge oder (iii) Charge-transfer Metall-→Ligand oder Ligand→Metall Übergänge. Für die Anwendung der Kristallfeldtheorie interessieren uns natürlich nur die Metall-lokalisierten d→d Elektronenübergänge. Beim Vergleich der sichtbaren Farben von Verbindungen gilt es außerdem zu bedenken, dass die mittels des Elektronenübergangs absorbierte Farbe die dazugehörige Komplementärfarbe ist. Tabelle 2.9.4 gibt eine Gegenüberstellung und Zuordnung zur Wellenlänge.

Einige Beispiele sollen die Anwendungen des einfachen Kristallfeldmodells zur Spektreninterpretation im Rahmen der Einelektronennäherung (in der wir uns immer noch befinden) verdeutlichen. Der einfachste Fall ist eine d^1-Konfiguration, wie sie etwa beim Ti^{3+}-Ion gegeben ist. Dieses Ion besitzt in wässriger Lösung als Hexaaquakomplex eine rötlich-violette Farbe, die dadurch entsteht, dass der grüne Anteil des eingestrahlten weißen Lichts absorbiert wird. Das Absorptionsmaximum liegt bei etwa 500 nm oder ca. 20000 cm^{-1} (vgl. Tabelle 2.9.4). Der Elektronen-

Tabelle 2.9.4. Korrelation von absorbierter Wellenlänge und Farbe beim sichtbaren Spektrum.

Wellenlänge λ [nm]	absorbiertes Licht Wellenzahl $\tilde{\nu}$ [cm^{-1}] [a]	Lichtfarbe	sichtbare Komplexfarbe
350	28 600	ultraviolett	weiß
400	25 200	violett	gelbgrün
450	22 200	blau	gelb
500	20 000	blaugrün	rot
550	18 200	grün	purpur
600	16 700	gelb	blau
650	15 400	orangerot	blaugrün
700	14 300	rot	blaugrün
750	13 300	dunkelrot	blaugrün
800	12 500	infrarot	schwarz

[a] $\tilde{\nu} = 1/\lambda$

übergang $t_{2g}^1 e_g^0 \rightarrow t_{2g}^0 e_g^1$ (**2.9.5**) entspricht gerade der Oktaederaufspaltungsenergie, so dass dem Teilchen $[Ti(H_2O)_6]^{3+}$ ein Wert für 10 Dq von etwa 20000 cm^{-1} zugeordnet werden kann (vergleiche hierzu Tabelle 2.9.1). Ein weiterer einfacher Fall ist, abgesehen vom Jahn-Teller-Effekt, noch die d^9-Konfiguration, bei der ein Elektron in den e_g-Niveaus fehlt. Trotz einer anderen Elektronenzahl sind die d^1- und d^9-Konfiguration über die „Elektron-Loch"-Analogie verwandt: Bei d^9 kann man in Umkehrung der Anhebung eines Elektrons, die Absenkung eines „positiven Lochs" mit der Aufspaltungsenergie 10 Dq von e_g nach t_{2g} formulieren (**2.9.6**).

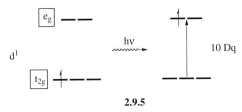

2.9.5

2.9.6

Die Fälle mit zwei bis acht Elektronen am Metallzentrum, also die d^2- bis d^8-Übergangsmetallionen sind dagegen komplizierter und oft nicht mehr im Rahmen einer Einelektronennäherung zu behandeln. Zusätzlich müssen hier die Kopplungen der d-Elektronen berücksichtigt werden. Das nächste Anwendungsbeispiel zeigt aber, dass für ein qualitatives Verständnis häufig die Einelektronennäherung noch ausreicht, wohingegen das zweite Beispiel schon die Grenzen verdeutlicht. Streng genommen haben die meisten Komplexe in diesen beiden Beispielen keine Oktaedersymmetrie mehr, aber der Einfachheit halber wird hier, wie auch an anderer Stelle, von der Oktaederaufspaltung gesprochen, und es werden die Orbitalsymbole t_{2g} und e_g verwendet. In solchen Fällen wird angenommen, dass die durch Symmetrieerniedrigung erfolgende Aufspaltung der entarteten Orbitale sehr gering ist, so dass man anhand der engen energetischen Orbitalabfolge noch den ursprünglichen „t_{2g}"- bzw. „e_g"-Satz erkennt.

Beispiel 1: Gegeben sind die folgenden drei Cobaltkomplexe mit ihren Farben:

	$[CoCl(NH_3)_5]Cl_2$	$[Co(H_2O)(NH_3)_5]Cl_3$	$[Co(NH_3)_6]Cl_3$
sichtbare Komplexfarbe:	purpur	rot	gelb-orange
$\Rightarrow$ absorbierte Farbe:	grün	blaugrün	blau

Energie der Lichtabsorption zunehmend $\rightarrow$
Ligandenfeldstärke: $Cl < H_2O < NH_3$
$\Rightarrow$ Oktaederaufspaltung zunehmend $\rightarrow$

Anhand von Tabelle 2.9.4 kann der sichtbaren Komplexfarbe die absorbierte Lichtfarbe zugeordnet werden. Das d^6-Co^{3+}-Ion hat in allen drei Fällen die low-spin Konfiguration, so dass die Absorption dem Elektronenübergang $t_{2g}^6 \rightarrow t_{2g}^5 e_g^1$ entspricht. Die energetisch zunehmende Lichtabsorption vom Chloro- über den Aqua- zum Amminkomplex kann man mit Hilfe der spektrochemischen Reihe über das stärkere Ligandenfeld und damit die höhere Oktaederaufspaltung $\Delta_O = 10$ Dq verstanden werden, die bei diesen Liganden in der Richtung anwächst. Alternativ kann auf diese Weise natürlich auch eine Anordnung der Liganden nach steigender Aufspaltungsenergie vorgenommen werden.

Beispiel 2: In der Einleitung dieses Kapitels wurden die Farbunterschiede des stereoisomeren Praseo- und Violeo-Salzes $[CoCl_2(NH_3)_4]^+$ erwähnt, die sich nur in der cis/trans-Stellung der Chloroliganden unterscheiden (siehe Abbildung 2.9.11). Wir wollen sehen, ob die Kristallfeldtheorie in ihrer Einelektronennäherung ausreicht, diese Unterschiede zu verstehen. Ammoniak ist ein stärkerer Ligand als Chlorid, so dass bei der trans-Form das x^2–y^2-Orbital (in der Ebene der Amminliganden) stärker destabilisiert wird, als das z^2-Orbital, welches auf die Chloroliganden zeigt. Bei der cis-Form sollte man hingegen nur eine geringe Aufspaltung des e_g-Niveaus erwarten. Abbildung 2.9.11 veranschaulicht diesen Sachverhalt und die bei dieser Aufspaltung erwartete Zahl der Absorptionsbanden. Für die trans-Form würde man nach dieser Deutung zwei Banden erwarten, für die cis-Form eine, allerdings unsymmetrische Absorptionsbande, die energetisch zwischen den beiden Banden der trans-Form liegen sollte. Experimentell wird dies auch beobachtet. Für den Farbunterschied ist allerdings eine zusätzliche dritte Bande verantwortlich, die bei beiden Komplexen auftritt, mit einem Absorptionsmaximum bei ca.

28000 cm^{-1} im violetten Bereich. Diese sehr energiereiche Bande kann einem 2-Elektronenübergang („t_{2g}^{6}"→„$t_{2g}^{4}e_{g}^{2}$") zugeordnet werden, der bei der trans-Form zugleich am intensivsten ist und damit dessen grüne Farbe bestimmt. Wohingegen die Farbe bei der cis-Form vom energieärmeren aber intensiveren 1-Elektronen-„t_{2g}^{6}"→„$t_{2g}^{5}e_{g}^{1}$"-Übergang hervorgerufen wird. Die generell höheren Intensitäten von Banden bei cis- im Vergleich zu trans-Komplexen sind durch das fehlende Symmetriezentrum bedingt (vgl. die Auswahlregeln für d-d Übergänge, Regel 2, Seite 245). Der Farbunterschied zwischen Praseo- und Violeo-Salz oder allgemein zwischen einem trans- und einem isomeren cis-Komplex kann also noch ansatzweise im Rahmen einer Einelektronennäherung erklärt werden. Allerdings ergibt sich ein Verständnis für das Auftreten von drei Banden sehr viel zwangloser, wenn wir eine Mehrelektronennäherung heranziehen. Bevor wir aber zu solchen Mehrelektronennäherungen kommen, wollen wir uns zunächst noch mit der MO-Theorie als Einelektronennäherung befassen, denn wir hatten ja oben schon auf die Mängel einer reinen elektrostatischen Metall-Ligand Wechselwirkung als Grundlage der Kristallfeldaufspaltung hingewiesen.

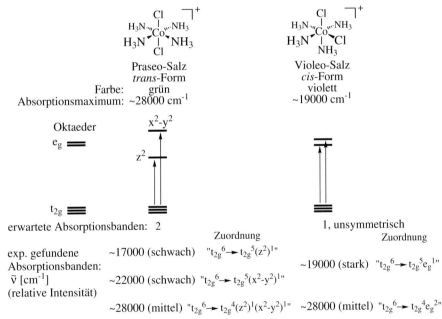

Abbildung 2.9.11. Schematische Darstellung der Interpretation der Farbunterschiede bei einem isomeren trans- und cis-Komplex am Beispiel des Praseo- und Violeo-Salzes im Rahmen der Einelektronennäherung des Kristallfeldmodells. Da keine exakt oktaedrischen Komplexe mehr vorliegen, wurden die Zuordnungen der Elektronenübergänge mit Verwendung der oktaedrischen Symmetriebezeichnungen in Anführungsstriche gesetzt.

Die **Molekülorbital- (MO-) Theorie** wurde ebenfalls bereits in den 30er Jahren des 20. Jahrhunderts entwickelt. Sie beinhaltet sowohl einen ionischen als auch kovalenten Bindungscharakter. Quantitative Berechnungen gestalten sich bei der MO-Theorie jedoch schwieriger und verlangen den Einsatz leistungsfähiger Computer. Auch ist eine Darstellung der Bindung in Komplexen nach der MO-Theorie bildlich nicht so leicht zu erfassen, wie etwa nach dem Kristallfeldmodell. Um den Leser aber gleich zu beruhigen: Wir werden hier keine mathematische Abhandlung vornehmen, sondern eine anschauliche Betrachtungsweise wählen. Wir werden auch sehen, dass die MO-Theorie die soeben behandelte Kristallfeldaufspaltung enthält und das Modell in gewisser Weise um den Bereich der kovalenten Bindung erweitert.

Wie bereits bekannt, werden die Molekülorbitale durch Linearkombination der Atomorbitale erhalten (LCAO-Beschreibung). Die Orbitalbasis des Metallzentrums wird gebildet aus den fünf nd-Orbitalen, dem einen (n+1)s- und den drei (n+1)p-Orbitalen. Diese Orbitale werden mit den Valenzorbitalen der Liganden kombiniert. Sofern es sich bei den Liganden bereits um mehratomige Ionen oder Moleküle handelt, ist es sinnvoll zunächst die Molekülorbitale solcher Liganden getrennt aufzubauen und erst dann die geeigneten besetzten und auch tiefliegende unbesetzte (z.B. π^*) Molekülorbitale der Ligandfragmente mit den Metallorbitalen zu kombinieren. Für die Kombination der Orbitale gelten die folgenden Regeln:

(i) Es ist nur eine Wechselwirkung solcher Orbitale möglich, die die gleiche Symmetrie haben.

(ii) Für eine gute Orbitalwechselwirkung dürfen die Energien der beteiligten Orbitale nicht zu unterschiedlich sein.

(iii) Orbitale kombinieren umso besser, je größer ihre Überlappung ist.

Für die Herleitung einer MO-Beschreibung wollen wir zunächst einen oktaedrischen Übergangsmetallkomplex betrachten bei dem sich an den sechs Liganden (L) nur σ-Orbitale (freie Elektronenpaare) befinden, d.h. L soll ein reiner σ-Donorligand sein. Diese sechs σ-Orbitale können reine s- oder p-Funktionen oder auch aus s und p zusammengesetzte Orbitale sein. Ein Komplex, bei dem die Bindung der Liganden an das Metall nur über zur Bindungsachse rotationssymmetrische σ-Orbitale erfolgt, wird auch als σ-Komplex bezeichnet. Abbildung 2.9.12 veranschaulicht die sechs geeigneten Linearkombinationen, die aus sechs solcher σ-Orbitale gebildet werden können, die an den Ecken eines Oktaeders liegen (ohne dass sich schon ein Metall im Zentrum befindet). Natürlich sind die Wechselwirkung und damit die energetische Aufspaltung dieser Orbitale aufgrund ihres großen Abstandes, der bereits vorgegeben sein soll, nur sehr gering. Aus der Darstellung dieser *Fragment*orbitale des L_6-Fragments wird bereits ersichtlich, mit welchen Metallorbitalen sie aufgrund ihrer Symmetrie nur überlappen können.

In Abbildung 2.9.13 ist dann das Wechselwirkungsdiagramm der Orbitale des L_6-Fragments mit den neun Metallorbitalen gezeigt. Die sechs untersten Molekülorbitale ($1a_{1g}$ bis $1e_g$) sind die bindenden Orbitale für die sechs M-L Bindungen; sie haben hauptsächlich Ligandencharakter oder sind, wie man sagt, an den Liganden zentriert. Ihnen entsprechen sechs M-L antibindende Niveaus, die am Metall lokalisiert sind. Es sind dies die sechs obersten oder energetisch am höchsten lie-

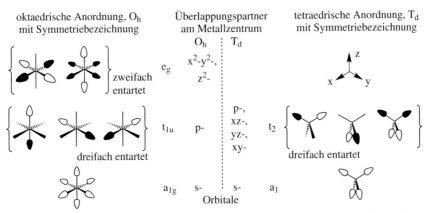

oktaedrische Anordnung, O_h
mit Symmetriebezeichnung

Überlappungspartner
am Metallzentrum

O_h | T_d

tetraedrische Anordnung, T_d
mit Symmetriebezeichnung

zweifach entartet — e_g — x^2-y^2-, z^2-

dreifach entartet — t_{1u} — p- | p-, xz-, yz-, xy- — t_2 — dreifach entartet

a_{1g} — s- | s- — a_1
Orbitale

Abbildung 2.9.12. Darstellung der sechs (vier) Linearkombinationen von sechs (vier) σ-Orbitalen in oktaedrischer (tetraedrischer) Anordnung, mit Angabe der Symmetrie und der möglichen Bindungspartner eines zentralen Metallions (quadratisch planar, s. Abb. 2.9.19).

genden Orbitale ($2e_g$ bis $2t_{1u}$). Diese unterschiedlichen Beiträge der beteiligten Fragmentorbitale werden für drei in Abbildung 2.9.13 beispielhaft skizzierte Molekülorbitale durch die unterschiedlich großen Orbitalhanteln zum Ausdruck gebracht. Als prinzipielle energetische Reihenfolge der Orbitale erkennt man Ligandenorbitale < Metall-d < Metall-s < Metall-p. Die drei entarteten d-Niveaus mit t_{2g}-Symmetrie verbleiben in einem reinen σ-Komplex als nichtbindende Orbitale. Sind neben den sechs M-L bindenden auch diese t_{2g}-Orbitale vollständig mit Elektronen gefüllt, dann liegt ein 18-Elektronenkomplex vor, so dass diese neun Orbitale als das Valenzbindungskonzept interpretiert werden können, was sich auch in der MO-Theorie auf diese Weise wieder findet. Im MO-Diagramm ist 18 die maximal mögliche Elektronenzahl bevor mit der Auffüllung der antibindenden Orbitale begonnen wird. In der MO-Theorie ist ein 19- oder 20-Elektronenkomplex zwanglos möglich, anders als im VB-Konzept wo die nächste d-Schale dann herangezogen werden muss.

Besonders wichtig ist der Metall-zentrierte d-Orbitalteil des Diagramms, bestehend aus den t_{2g}- und den e_g*-Orbitalen, der gleichzeitig den fünf d-Orbitalen des Kristallfeldmodells entspricht. Der energetische Abstand zwischen t_{2g} und e_g* ist die von dort vertraute Oktaederaufspaltungsenergie Δ_O oder 10 Dq. So findet sich auch die Kristallfeldaufspaltung in der MO-theoretischen Beschreibung eines Komplexes wieder. Zu beachten ist, dass in der weitergehenden MO-Theorie eine Aussage zum bindenden Charakter der Orbitale getroffen wird, was in der Kristallfeldtheorie noch überhaupt nicht der Fall war. Zwar waren dort auch die e_g-Orbitale gegenüber den t_{2g}-Niveaus destabilisiert, jetzt sind sie aber darüber hinaus noch M-L antibindend. Die Ursache der d-Orbitalaufspaltung ist jetzt auch eine andere, nämlich die Orbitalwechselwirkung. Weiterhin ist jetzt ein Verständnis der Ligandenanordnung in der spektrochemischen Reihe möglich.

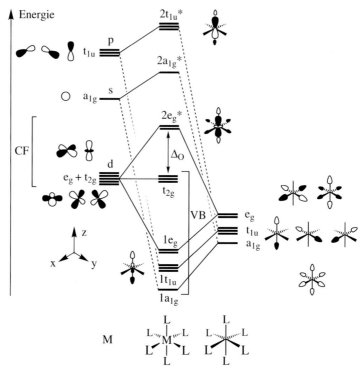

Abbildung 2.9.13. Molekülorbitaldiagramm eines oktaedrischen σ-Komplexes, entwickelt aus der Wechselwirkung der sechs Liganden-Fragmentorbitale mit den Metallorbitalen. Die energetische Aufspaltung der Liganden-Fragmentorbitale ist aus Gründen der Übersichtlichkeit etwas größer gezeichnet als es den Proportionen entsprechen würde. Die Verwendung gestrichelter statt durchgezogener Linien im Diagramm soll den unterschiedlichen Beitrag der jeweiligen Fragmentorbitale zum Molekülorbital andeuten. Von den Molekülorbitalen wurden aus Gründen der Übersichtlichkeit lediglich drei exemplarisch gezeichnet (je eines aus dem $1t_{1u}$-, $2e_g^*$- und dem $2t_{1u}^*$-Satz). Zur weiteren Erläuterung siehe den begleitenden Text.

Der energetische Abstand zwischen t_{2g} und e_g^* ist bei Abwesenheit von π-Effekten (siehe unten) eine Funktion der σ-Donorstärke des Liganden. Was bedingt aber nun eine „gute" oder im Vergleich „bessere" σ-Donorstärke? Nach der obigen Regel (ii) sollte für eine gute Orbitalwechselwirkung der energetische Abstand zwischen der e_g-Ligandenkombination und dem Metall-d-Orbitalsatz möglichst gering sein. Je besser diese M-L Orbitalwechselwirkung von daher ist, desto tiefer werden die M-L-bindenden e_g-Orbitale energetisch abgesenkt und desto stärker die e_g^*-Niveaus angehoben oder destabilisiert. Da in einem σ-Komplex die t_{2g}-Niveaus als nichtbindende Orbitale ihre Energie nicht ändern, resultiert nur aus einer stärkeren Destabilisierung von e_g^* ein größerer t_{2g}-e_g^*-Abstand und damit eine größere Oktaederaufspaltung. Die Darstellungen in Abbildung 2.9.14 veranschaulichen noch einmal den Einfluss des energetischen Abstands zwischen Metall- und Ligandenorbitalen.

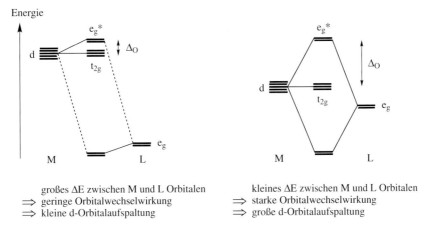

großes ΔE zwischen M und L Orbitalen
$\Rightarrow$ geringe Orbitalwechselwirkung
$\Rightarrow$ kleine d-Orbitalaufspaltung

kleines ΔE zwischen M und L Orbitalen
$\Rightarrow$ starke Orbitalwechselwirkung
$\Rightarrow$ große d-Orbitalaufspaltung

Abbildung 2.9.14. Schematische Darstellung der d-Orbitalaufspaltung am Metall in einem σ-Komplex in Abhängigkeit von der Güte der M-L-Orbitalwechselwirkung anhand des Energieunterschieds. Für die Richtung der Orbitalaufspaltung und die Symmetriebezeichnungen wurde ein oktaedrischer Komplex angenommen, aber die Aussagen gelten in gleicher Weise für die d-Orbitale aller anderen Koordinationsgeometrien. Die Verwendung gestrichelter statt durchgezogener Linien im linken Diagramm soll einen nur geringen Beitrag der jeweiligen Fragmentorbitale zum Molekülorbital andeuten.

Das freie Elektronenpaar z.B. eines Aminliganden liegt nun energetisch höher und damit näher an den Metall-d-Niveaus als etwa die freien Elektronenpaare von Liganden mit Sauerstoffdonoratomen. Die höhere Elektronegativität des Sauerstoffatoms im Vergleich zum Stickstoff führt dazu, dass bei ersterem die Orbitale energetisch tiefer liegen. Als Folge dessen werden Stickstoffdonorliganden bessere σ-Donoren sein und ein stärkeres Feld aufbauen als über Sauerstoff an das Metall koordinierende Liganden. Eine bessere σ-Donorstärke liegt auch bei besserer Überlappung zwischen den Ligand- und Metallorbitalen vor (Regel iii), etwa als Konsequenz einer kürzeren M-L Bindung oder einer passenderen Orbitalgröße. Aus diesem Grund sind etwa Liganden mit Schwefeldonoren schwächere Liganden als Sauerstoffsysteme. Die kontrahierten d-Orbitale am Metall können mit den diffuseren Orbitalen des weichen Schwefelatoms schlechter überlappen als mit den kleinen Orbitalen des harten Sauerstoffzentrums, obwohl die Orbitalenergien beim Schwefel natürlich noch günstiger liegen als beim Stickstoff. Diese kurzen Ausführungen zeigen bereits, wie man mit der MO-Theorie eine gute Erklärungsmöglichkeit für die Ligandenanordnung in der spektrochemischen Reihe erhält. Für ein vollständiges Verständnis müssen wir aber noch die π-Effekte betrachten.

Was ändert sich im obigen σ-Wechselwirkungsdiagramm eines Oktaeders (Abbildung 2.9.13), wenn π-Funktionen zu den Liganden hinzugefügt werden? Zur grundsätzlichen Veranschaulichung ersetzen wir zunächst nur einen σ-Liganden in einem ML_6-σ-Komplex durch einen Liganden mit einer zusätzlichen π-Funktion (L^{π}) neben seinem weiterhin vorhandenen σ-Orbital und beschränken uns in Abbildung 2.9.15 auf die Betrachtung der neuen π-Wechselwirkung.

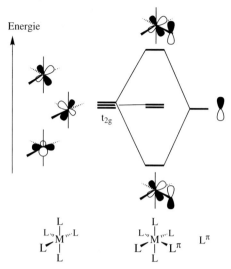

Abbildung 2.9.15. Darstellung der π-Wechselwirkung in einem oktaedrischen Komplex mit nur einem π-Liganden (L^π) und fünf σ-Liganden, $ML_5(L^\pi)$. Grundsätzlich liegen die π-Funktionen näher an den d-Orbitalen als die σ-Funktionen der Liganden.

Die π-Funktion des Liganden wechselwirkt ausschließlich mit den im σ-Komplex an der Bindung noch unbeteiligten t_{2g}-Orbitalen. Der nichtbindende Charakter eines oder bei mehreren π-Liganden aller t_{2g}-Orbitale wird aufgehoben. Für eine weitergehende Betrachtung gilt es aber nun eine Fallunterscheidung nach Art der π-Funktion zu treffen: (i) Es handelt sich um ein leeres π-Orbital, also eine π-Akzeptorfunktion, wie sie z.B. in einem Carben oder bei dem π^*-Orbital des CO-Liganden vorliegt. (ii) Es liegt eine π-Donorfunktion, also ein besetztes π-Orbital vor, wie es z.B. bei einer Amidogruppe oder in Halogenidionen anzutreffen ist (letztere verfügen sogar über zwei π-Donorfunktionen). Die Wechselwirkungsdiagramme in Abbildung 2.9.16 stellen den unterschiedlichen Charakter der π-Funktionen in ihrer Auswirkung auf die d-Orbitalaufspaltung vergleichend gegenüber.

Ursache der unterschiedlichen Wechselwirkung von π-Akzeptor- und -Donorfunktion mit den Metall-t_{2g}-Orbitalen und die sich daraus ergebende Konsequenz für die d-Orbitalaufspaltung ist die verschiedene relative Lage der Orbitale zueinander. Eine π-Akzeptorfunktion liegt in der Regel energetisch oberhalb der Metall-t_{2g}-Niveaus, so dass die Orbitalwechselwirkung zu einer energetischen Absenkung, einer Stabilisierung der t_{2g}-Niveaus gegenüber dem σ-Komplex und damit zu einer größeren t_{2g}-e_g^*-Aufspaltung führt. Anders eine π-Donorfunktion, die normalerweise etwas tiefer als die Metall-t_{2g}-Niveaus liegt, so dass die stärker Metall-lokalisierten Molekülorbitale aus dieser Wechselwirkung destabilisiert werden. Gegenüber dem σ-Komplex führt eine π-Donorfunktion so zu einer kleineren d-Orbitalaufspaltung. Gleichzeitig wird bei einer π-Akzeptorfunktion Elektronendichte vom

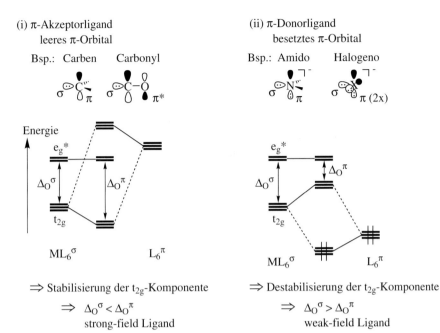

Abbildung 2.9.16. Vergleichende Darstellung der d-Orbitalaufspaltung aus der Wechselwirkung einer π-Akzeptorfunktion (links) und einer π-Donorfunktion (rechts) am Liganden mit den Metall-t_{2g}-Orbitalen in einem oktaedrischen Komplex. Die Folgerungen gelten in gleicher Weise für die d-Orbitale in anderen Koordinationsgeometrien. Anders als in Abbildung 2.9.15 soll jetzt an jedem Liganden eine π-Funktion vorliegen, so dass eine Wechselwirkung mit dem kompletten t_{2g}-Niveau erfolgt. Die beiden senkrechten Striche beim π-Satz im rechten Diagramm sollen eine vollständige Elektronenbesetzung andeuten.

wenigstens teilweise gefüllten Metall-t_{2g}-Niveau in das leere π^*-Orbital übertragen. Umgekehrt fließt bei einer π-Donorfunktion Elektronendichte vom Liganden zum Metall.

Angesichts dieser σ- und π-Effekte lässt sich die Ligandenanordnung der spektrochemischen Reihe demnach wie folgt deuten:

schwache Liganden/high-spin Komplexe   starke Liganden/low-spin Komplexe

starke π-Donoren < schwache π-Donoren < reine σ-Liganden < schwache π-Akzeptoren < starke π-Akzeptoren

Dq zunehmend →

Als dritten Fall kann man nun noch Liganden betrachten, bei denen sowohl eine π-Akzeptor- als auch eine π-Donorfunktion also ein leeres und ein besetztes π-Orbital im Molekül vorliegen. Beispiele dafür sind die Liganden CO, N_2, NO und RNC (Isocyanid). Anhand der Carbonylgruppe soll eine solche Situation kurz näher betrachtet werden (die M-CO Bindung wird in Abschnitt 4.3.1.1 noch einmal gesondert besprochen). Hier kommt es darauf an, welche π-Funktion stärker ausgeprägt ist, d.h. eine bessere Wechselwirkung mit den t_{2g}-Metallorbitalen eingeht. Im Fall des CO-Liganden, dessen π-Wechselwirkungsdiagramm in Abbildung 2.9.17

gezeigt ist, ist die π-Donorfunktion nur relativ schwach, da dieses π-Orbital hauptsächlich am Sauerstoffatom lokalisiert ist. Aufgrund des größeren Atomorbitalkoeffizienten am Kohlenstoffatom im π*-Niveau, hat dieses Orbital eine bessere Überlappung mit den Metall-d-Orbitalen als das π-Niveau. Die sich daraus ergebende bessere Metall-d-CO-π*-Wechselwirkung führt dazu, dass der CO-Ligand insgesamt ein π-Akzeptor ist, mit einem Elektronenfluss vom Metall-t_{2g}-Niveau zur Carbonylgruppe.

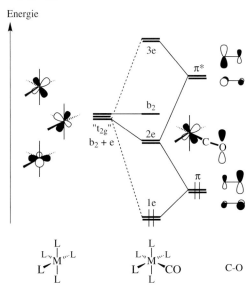

Abbildung 2.9.17. Orbitaldiagramm für die π-Komponenten in einem $ML_5(CO)$-Komplex, in dem L ein reiner σ-Donorligand ist. Vom Metall-„t_{2g}"-Niveau wechselwirken zwei Komponenten mit den jeweils zwei π- und π*-Orbitalen am CO. In der verringerten Symmetrie des Komplexes werden daraus Orbitalsätze mit e-Symmetrie. In das 2e-Niveau mischen π und π* ein, so dass sich ein Orbital mit fast ausgelöschter Elektronendichte am Kohlenstoffatom und erhöhter Elektronendichte am Sauerstoffzentrum ergibt. Die beiden senkrechten Striche beim π-Satz sollen eine vollständige Elektronenbesetzung andeuten.

Die Leser mögen vielleicht überlegt haben, warum sich in Abbildung 2.9.16 sechs π-Liganden mit natürlich auch zusammen sechs π-Fragmentorbitalen um das Metall herum befunden haben, aber nur drei π-Orbitale als Energieniveaus gezeichnet worden waren. Der Grund liegt darin, dass die übrigen drei π-Kombinationen keine t_{2g}- sondern t_{1u}-Symmetrie aufweisen (vergleiche **2.9.7** und **2.9.8**) und daher nur für Wechselwirkungen mit den Metall-p-Orbitalen geeignet wären.

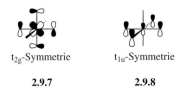

t_{2g}-Symmetrie t_{1u}-Symmetrie

2.9.7   **2.9.8**

Liegen an jedem Liganden zwei π-Funktionen vor, wie es z.B. bei Halogenidliganden der Fall ist, gelangt man zu insgesamt zwölf π-Fragmentorbitalen für ein L_6^{π}-
Fragment. Von diesen zwölf π-Kombinationen verbleiben sechs als nichtbindend, da
sie aus Symmetriegründen (t_{1g} und t_{2u}) auf der Metallseite keinen geeigneten Partner
finden. Die Textskizze **2.9.9** zeigt ein Beispiel für ein solches Orbital. In Abbildung
2.9.18 ist dann noch einmal ein vollständiges Orbitalschema für einen oktaedrischen
ML_6-Komplex mit einer σ- und zwei π-Funktionen an jedem Liganden gezeigt.

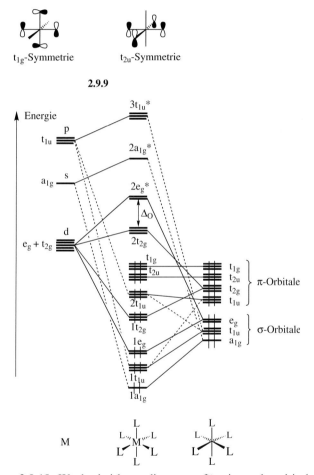

Abbildung 2.9.18. Wechselwirkungsdiagramm für einen oktaedrischen ML_6-Komplex mit
einem σ- und zwei π-Orbitalen an jedem Liganden. Bei den beiden π-Orbitalen handelt es
sich hier um π-Donorfunktionen. Die beiden senkrechten Striche bei den π-Sätzen sollen
eine vollständige Elektronenbesetzung andeuten.

Zur Vertiefung soll noch die Herleitung des MO-Schemas für einen quadratisch-
planaren ML_4-σ-Komplex betrachtet werden. Die Entwicklung erfolgt wieder ausgehend von den neun Metall- und den vier σ-Fragmentorbitalen der Liganden über

eine Wechselwirkung der symmetrieäquivalenten Orbitale. Das Ergebnis ist in Abbildung 2.9.19 skizziert. Im Unterschied zur Kristallfeldtheorie findet man bei der MO-Theorie in einem σ-Komplex keine deutliche Aufspaltung der xz-, yz- und xy-Niveaus (vergleiche dazu Abb. 2.9.20 und zugehörigen Text). Symmetriebedingt erfolgt nämlich von vornherein keine Wechselwirkung der Ligandenorbitale mit diesen Metallorbitalen. Deutlich ist aber in der MO-Theorie die erwartete Aufspaltung des z^2- und des x^2-y^2-Niveaus. Das wichtige z^2-Orbital ist dabei Bestandteil eines 3-Orbital-Musters aus der Wechselwirkung der drei a_{1g}-symmetrischen Fragmentorbitale. Das $1a_{1g}$-Molekülorbital entspricht hauptsächlich dem Ligand-a_{1g}-Niveau mit einer bindenden Wechselwirkung zum z^2- und s-Orbital des Metalls. Das $3a_{1g}$-Molekülorbital ist das dazu antibindende Pendant, mit im wesentlichen Metall-s-Charakter. Das mittlere Niveau $2a_{1g}$ kann man zunächst als hauptsächlich z^2-antibindend zum Liganden-a_{1g}-Orbital auffassen (**2.9.10**). Des Weiteren mischt aber das Metall-s-Niveau bindend gegenüber dem Liganden ein und wirkt der antibindenden z^2-L_4-Wechselwirkung entgegen. Das $2a_{1g}$-Molekülorbital wird damit mehr nichtbindend (**2.9.11**) und seine Energie wird so erniedrigt.

Das MO-Schema in Abbildung 2.9.19 macht verständlich, warum für quadratisch-planare Komplexe 16 anstelle von 18 Valenzelektronen eine günstige Zahl darstellen. Zu den acht Elektronen von den vier Liganden können am Metall noch weitere acht Elektronen vorliegen, die das b_{2g} und das e_g-Niveau sowie das weitgehend nicht bindende $2a_{1g}$-Orbital besetzen. Die Auffüllung des M-L-antibindenden $2b_{1g}*$-Niveaus ist dagegen ungünstig.

2.9.10   **2.9.11**

In den vorstehenden Abschnitten wurde vielfach der Begriff **Fragmentorbitale** gebraucht. Der **Fragment-Molekülorbital-Ansatz** (kurz **FMO**-Ansatz) ist eine wichtige Methode zum qualitativen Verständnis der elektronischen Situation von Verbindungen, gerade auch in Metallkomplexen. Die Idee des Fragment-MO-Ansatzes ist, dass die wichtigen Valenzorbitale eines Moleküls aus den Valenzorbitalen der es aufbauenden Fragmente gebildet werden können. So können z.B. die Molekülorbitale eines L_nM-CO Komplexes aus der Wechselwirkung der Valenzorbitale von ML_n mit den σ-, π- und $\pi*$-Niveaus von Kohlenmonoxid entwickelt werden (vergleiche Abbildung 2.9.17). Der FMO-Ansatz ist sehr vielseitig anwendbar und eine leicht verständliche Methode, um viele Probleme im Bereich der Komplexchemie und besonders auch der Organometallchemie (Kapitel 4) ohne die direkte Hilfe eines Computers qualitativ zu behandeln. Ein Schlüsselschritt in diesem Ansatz ist die Entwicklung eines Katalogs von wichtigen Valenzorbitalen für ML_n-Fragmente, in denen L allgemein ein 2-Elektronen-Donorligand sei. Man könnte dazu einen Satz von L_n-Funktionen mit M verknüpfen, wie am Beispiel des Oktaeders oder des Quadrats gerade gezeigt wurde. Eine alternative Methode geht von

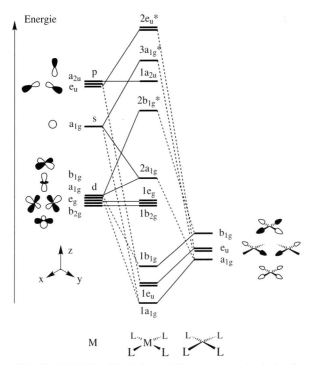

Abbildung 2.9.19. Molekülorbitalschema für einen quadratisch-planaren ML_4-σ-Komplex. Die Symmetriebezeichnungen entstammen der Punktgruppe D_{4h}. Durchgezogene und gestrichelte Linien deuten wieder einen unterschiedlichen Beitrag der beteiligten Fragmentorbitale an.

den Valenzorbitalen des Oktaeders oder des Quadrats aus, wenn die durch Entfernung eines oder mehrerer Liganden induzierten Störungen betrachtet werden, ähnlich wie es bereits bei der Kristallfeldtheorie für die Ableitung eines tetragonal verzerrten Oktaeders geschah. In der MO-Theorie soll hier als Beispiel die Herleitung der Valenzorbitale eines C_{4v}-symmetrischen, quadratisch-pyramidalen ML_5-Fragments vorgeführt werden. Abbildung 2.9.20 illustriert die nachstehenden Ausführungen. Als Valenzorbitale seien hier diejenigen Orbitale mit hauptsächlichem d-Charakter bezeichnet. Bei Entfernung eines σ-Liganden aus dem ML_6-Oktaeder bleibt der t_{2g}-Satz in guter erster Näherung unverändert. Er wird aufgrund der Symmetrieerniedrigung/änderung zu C_{4v} nur in $e+b_2$ umbenannt. Der Grund, weshalb entgegen dem Kristallfeldmodell keine Energieänderung im MO-Diagramm beim t_{2g}-Satz erfolgt, ist darin zu sehen, dass das σ-Elektronenpaar des fehlenden Liganden orthogonal zu den t_{2g}-Funktionen war und von vornherein keine Wechselwirkung mit ihnen hatte. Die Energie der x^2–y^2-Komponente des ursprünglichen e_g-Niveaus bleibt aus denselben Gründen ebenfalls konstant. In einem reinen σ-Komplex haben die t_{2g}-Orbitale nichtbindenden Charakter (siehe oben). Nur im Falle der Entfernung eines π-Liganden würde t_{2g} eine Veränderung erfahren. Die Hauptveränderung erfährt die z^2-Komponente des e_g-Niveaus. Dieses Orbital wird als a_1-

Niveau in C_{4v} stark stabilisiert, da eine antibindende Wechselwirkung zu einem Liganden wegfällt. Außerdem wird dieses a_1-Orbital durch Einmischen der s- und z-Metallniveaus in seinem Charakter noch verändert (hybridisiert), so dass die noch vorhandenen antibindenden Metall-Ligand-Wechselwirkungen weiter reduziert werden. Der Grund für eine derartige Hybridisierung ist in der Symmetrieerniedrigung von O_h (ML$_6$) zu C_{4v} (ML$_5$) zu sehen, womit das z^2-, s- und p_z-Orbital alle a_1-symmetrisch, gleichartig werden und daher mischen können.

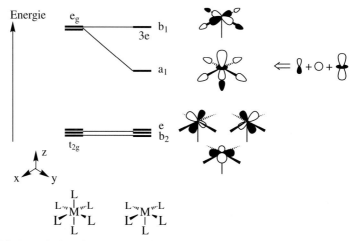

Abbildung 2.9.20. Korrelation der Valenzorbitale (hier Metall-d-Orbitale) für die Ableitung eines quadratisch-pyramidalen C_{4v}-symmetrischen ML$_5$-Fragments aus einem ML$_6$-Oktaeder. Durch Einmischung von dem ebenfalls a_1-symmetrischen Metall-s- und p_z-Orbital ändert sich der Charakter von z^2 zu einem eher nichtbindenden Orbital mit größerem Orbitallappen zur freien Koordinationsstelle. Wenn dieses a_1-Orbital besetzt ist, würde man hier von einem freien Elektronenpaar sprechen.

Mehrelektronennäherung: Bisher wurde im Rahmen der Kristallfeld- und MO-Theorie eine Einelektronennäherung verwendet, d.h. die Elektronen wurden als voneinander unabhängig, als ungekoppelt betrachtet. Man bezeichnet dies auch als „Methode des starken Feldes". Sobald aber mehr als ein Elektron oder im Rahmen der Elektron-Loch-Analogie mehr als ein positives Loch in einem System relevant ist, müssen für eine richtigere Darstellung, Kopplungen zwischen den Elektronen miteinbezogen werden. Dieser Ansatz wird auch als „Methode des schwachen Feldes" bezeichnet. Die Adjektive starkes und schwaches Feld werden in ähnlicher Weise wie oben schon für die Größe der Orbitalaufspaltung verwendet und drücken die Stärke des Kristallfeldeffektes im Vergleich zu den zwischenelektronischen Abstoßungsenergien aus. Im Anschluss an die folgende Behandlung der Mehrelektronennäherung wird dann noch gezeigt werden, wie sich die beiden Grenzfälle der Methode des starken und schwachen Feldes zusammenführen lassen.

Mehrelektronennäherungen können im Rahmen des Kristallfeld- oder des MO-Modells erfolgen. Wir wollen uns hier auf das Kristallfeldmodell beschränken. Eine Möglichkeit der Behandlung von Mehrelektronensystemen ist dort das **Russell-Saunders-Kopplungsschema**. Es geht davon aus, dass jeweils zuerst eine Kopplung der Quantenzahlen l und s, die den Zustand eines einzelnen Elektrons in einem Atom beschreiben, zu den Quantenzahlen L und S erfolgt, die eine entsprechende Beschreibung des Atoms mit seiner Gesamtheit an Valenzelektronen geben. Darüber hinaus kommt es dann noch zu einer Kopplung zwischen L und S. Das Russell-Saunders-Kopplungsschema wird daher auch als LS-Kopplung bezeichnet. Es ist insbesondere gut für die 3d-Elemente geeignet, weniger gut für die 4d- und 5d-Übergangsmetalle. Bei den schwereren Atomen hat man zunächst für jedes einzelne Elektron ein Kopplung von Bahn- und Spinmoment ($l + s = j$), erst dann wird eine Kopplung der resultierenden Momente betrachtet (jj-Kopplung). In Tabelle 2.9.5 werden die Begriffe aus der Ein- und Mehrelektronennäherung am Beispiel der LS-Kopplung einander gegenübergestellt.

Tabelle 2.9.5. Vergleich der Begriffe zur Beschreibung eines einzelnen Elektrons oder eines Mehrelektronensystems mit dem LS-Kopplungsschema.

einzelnes Elektron (einzelnes positives Loch)		Mehrelektronensystem
Einelektronennäherung		Mehrelektronennäherung, z.B. Russell-Saunders-Kopplungsschema (LS-Kopplungsschema)
Charakterisierung des einzelnen Elektrons durch Quantenzahlen:		Charakterisierung des Mehrelektronensystems durch Quantenzahlen:
$l = 0, 1, 2, 3, ...$ s, p, d, f, ... Orbitale	Bahndrehimpuls-quantenzahl	$L = 0, 1, 2, 3, 4...$ S, P, D, F, G... Zustände/Terme[a]
$m_l = 0, \pm 1, ..., \pm l$ ($2l+1$-Werte) für ein d-Elektron kann m_l die Werte +2, +1, 0, −1, −2 annehmen, entsprechend der Existenz von fünf d-Orbitalen	magnetische Quanten-zahl, z-Komponente der Drehimpuls-quantenzahl	$M_L = 0, \pm 1, ..., \pm L$ ($2L+1$-Werte) für einen D-Zustand kann M_L die Werte +2, +1, 0, −1, −2 annehmen, entsprechend einer fünffachen Entartung des D-Zustandes
$s = \frac{1}{2}$	Spinquantenzahl	$S = 0, 1, 2, ...$ oder $S = \frac{1}{2}, \frac{3}{2}, \frac{5}{2}, ...$
$m_s = s, s-1, ..., -s$ ($2s+1$-Werte) für ein einzelnes Elektron ist m_s $+\frac{1}{2}$ oder $-\frac{1}{2}$, entsprechend der Ausrichtung ↑ oder ↓	z-Komponente der Spinquantenzahl	$M_S = S, S-1, ..., -S$ ($2S+1$ Werte) für zwei Elektronen ist $S = 1$ und $M_S = 1, 0$ oder −1, entsprechend den Ausrichtungen ↑↑, ↑↓ oder ↓↓
Quantenzahlen beschreiben ein Orbital		Quantenzahlen beschreiben eine Mehrelektronenwellenfunktion, einen Zustand, Term
Kennzeichnung der Orbitale durch Kleinbuchstaben		Kennzeichnung eines Terms durch Großbuchstaben

[a] Nach dem Buchstaben G setzen sich die Terme alphabetisch fort, unter Auslassung von J

Aus der Gegenüberstellung in Tabelle 2.9.5 wird eine enge Analogie in der Charakterisierung von Ein- und Mehrelektronensystemen deutlich. Allerdings folgt aus einer d^n-Elektronenkonfiguration nicht unbedingt ein D-Atomzustand. Wichtig ist, dass im Rahmen der Mehrelektronennäherung keine für den Chemiker anschaulichen Orbitale mehr vorliegen, sondern dass mit abstrakteren Zuständen gearbeitet wird. Offen geblieben ist noch der Zusammenhang zwischen der jeweiligen Einelektronen- und Mehrelektronenquantenzahl, also l und L sowie s und S. Das Gesamtbahnmoment und der Gesamtspin eines Atoms werden durch die Vektorsumme der individuellen n Orbitalbahndrehimpulse und der Spins der n einzelnen Elektronen gegeben.

$$\vec{L} = \vec{l}_1 + \vec{l}_2 + \vec{l}_3 + \ldots + \vec{l}_n$$

$$\vec{S} = \vec{s}_1 + \vec{s}_2 + \vec{s}_3 + \ldots + \vec{s}_n$$

Die z-Komponenten des Bahndrehimpulses oder des Spins ergeben sich dann nach

$$M_L = m_{l1} + m_{l2} + m_{l3} + \ldots + m_{ln}$$

$$M_S = m_{s1} + m_{s2} + m_{s3} + \ldots + m_{sn}$$

Die zu einer Elektronenkonfiguration möglichen Kombinationen von M_L und M_S werden auch als Mikrozustände bezeichnet. Aus diesen Mikrozuständen leiten sich dann LS-Paare ab, die wiederum einem spektroskopischen Term entsprechen. Die Gesamtspinquantenzahl S eines Atoms wird normalerweise als Spinmultiplizität $2S+1$ zum Term angegeben.

$$S = \quad 0 \quad\quad \tfrac{1}{2} \quad\quad 1 \quad\quad \tfrac{3}{2} \quad\quad 2 \quad\quad \ldots$$

$$2S+1 = \quad 1 \quad\quad 2 \quad\quad 3 \quad\quad 4 \quad\quad 5 \quad\quad \ldots$$

Die Multiplizität wird als hochgesetzter Index vor den Buchstaben gesetzt, der dem Zahlenwert für L entspricht (siehe Tabelle 2.9.5). Ein Term wird gemäß der Konvention dann geschrieben als ^{2S+1}L, und diese vollständige Bezeichnung wird auch Termsymbol genannt (für Beispiele siehe Tabelle 2.9.6). Über die Orbitalmultiplizität, den Entartungsgrad $2L+1$ und die Spinmultiplizität ergibt sich die Gesamtentartung eines Terms zu $(2S+1)\times(2L+1)$.

Für die systematische Ermittlung aller Mikrozustände und darüber aller möglichen spektroskopischen Terme eines Atoms wird auf die ausführlichere Behandlung im Anhang verwiesen. An dieser Stelle soll nur gezeigt werden, wie der Grundzustand in einem freien Atom oder in einem freien Ion aufgefunden werden kann, also jener Term, der die Elektronenanordnung mit der niedrigsten Energie beschreibt.

Für den **Grundterm** gilt, dass er nach der ersten **Hund'schen Regel** die **maximale Spinmultiplizität (2S+1)**, d.h. den maximalen S-Wert haben muss. **Bei Spingleichheit** ist dann nach der zweiten Hund'schen Regel jener Zustand unter den maximalen Spintermen der Grundzustand, der den **höchsten L-Wert** aufweist. Für das Beispiel eines freien Atoms oder Ions mit d^3-Konfiguration bedeutet das, dass die Elektronen in den entarteten d-Orbitalen mit parallelem Spin angeordnet werden müssen (**2.9.12**), es ergibt sich ein Gesamtspin S von $\frac{3}{2}$ oder eine Spinmultiplizität $(2S+1)$ von 4. Die fünf Kästchen in **2.9.12** stellen die fünf d-Orbitale dar. Aus den hier noch mehreren möglichen Anordnungen in den Orbitalen mit den verschiedenen Quantenzahlen m_l, ist dann von niedrigster Energie jene, bei der der M_L-Wert maximal wird, wie in **2.9.12** gezeigt. Der maximale M_L-Wert entspricht dann dem höchsten L-Wert für einen maximalen Spinterm. $S = \frac{3}{2}$ und $L = 3$ beschreiben also den Grundterm für die d^3-Konfiguration, der konventionsgemäß als ^{4}F angegeben wird. Dieser Term enthält $(2S+1) \times (2L+1) = 4 \times 7$ Mikrozustände (M_L/M_S-Paare), ist also 28-fach entartet. In Tabelle 2.9.6 ist die Zuordnung der Grundterme zu den freien Atomen oder Ionen mit d^n-Konfiguration aufgelistet. Es sei ausdrücklich darauf hingewiesen, dass nur der Grundterm auf die oben skizzierte einfache Weise aus der Orbitalbesetzung abgeleitet werden kann. Die Ableitung aller Terme zur d^2-Konfiguration wird in Abschnitt 2.16.2 (Anhang) als Beispiel vorgeführt.

$$m_l \quad +2 \ +1 \ 0 \ -1 \ -2$$

$$[\uparrow|\uparrow|\uparrow|\ |\ ]$$

Gesamtspin   Spinmultiplizität $\Big\rbrace$ Grundterm

$S = 3/2 \rightarrow (2S+1) = 4$

maximaler Bahndrehimpuls: $\qquad ^4$F

$M_L = 3 \rightarrow L = 3$

2.9.12

Tabelle 2.9.6. Grundterme der d^n-Konfigurationen mit Andeutung der Herleitung.

d^n	Orbitalbesetzung für die Ableitung des Grundterms m_l +2 +1 0 -1 -2	Gesamtspin (S), Spinmultiplizität $(2S+1)$ M_L (max.) $\rightarrow L$ (max.)	Grundterm, ^{2S+1}L
d^1	$[\uparrow\,|\,|\,|\,|\,]$	$S = \frac{1}{2},\ (2S+1) = 2$ $M_L = +2 \rightarrow L = 2$	^{2}D
d^2	$[\uparrow|\uparrow\,|\,|\,|\,]$	$S = 1,\ (2S+1) = 3$ $M_L = +3 \rightarrow L = 3$	^{3}F
d^3	$[\uparrow|\uparrow|\uparrow\,|\,|\,]$	$S = \frac{3}{2},\ (2S+1) = 4$ $M_L = +3 \rightarrow L = 3$	^{4}F
d^4	$[\uparrow|\uparrow|\uparrow|\uparrow\,|\,]$	$S = 2,\ (2S+1) = 5$ $M_L = +2 \rightarrow L = 2$	^{5}D
d^5	$[\uparrow|\uparrow|\uparrow|\uparrow|\uparrow]$	$S = \frac{5}{2},\ (2S+1) = 6$ $M_L = 0 \rightarrow L = 0$	^{6}S
d^6	$[\uparrow\downarrow|\uparrow|\uparrow|\uparrow|\uparrow]$	$S = 2,\ (2S+1) = 5$ $M_L = +2 \rightarrow L = 2$	^{5}D
d^7	$[\uparrow\downarrow|\uparrow\downarrow|\uparrow|\uparrow|\uparrow]$	$S = \frac{3}{2},\ (2S+1) = 4$ $M_L = +3 \rightarrow L = 3$	^{4}F
d^8	$[\uparrow\downarrow|\uparrow\downarrow|\uparrow\downarrow|\uparrow|\uparrow]$	$S = 1,\ (2S+1) = 3$ $M_L = +3 \rightarrow L = 3$	^{3}F
d^9	$[\uparrow\downarrow|\uparrow\downarrow|\uparrow\downarrow|\uparrow\downarrow|\uparrow]$	$S = \frac{1}{2},\ (2S+1) = 2$ $M_L = +2 \rightarrow L = 2$	^{2}D

Man erkennt eine gewisse Sequenz in den Grundtermen, was die Zunahme der Spin-multiplizität von $^2D(d^1)$ bis $^6S(d^5)$ und dann wieder die Abnahme bis $^2D(d^9)$ betrifft und auch bezüglich der L-Reihenfolge. Ursache ist die schon erwähnte Elektron-Loch-Analogie nach der d^9 auf der Basis eines positiven Loches die Umkehrung von d^1 ist. Gleiches gilt für d^2/d^8, d^3/d^7 und d^4/d^6 (siehe auch unten).

Diese Mehrelektronennäherung auf Basis der LS-Kopplung soll nun in das Kristallfeldmodell eingebracht und später dann zur Ligandenfeldtheorie erweitert werden. So wie oben gezeigt wurde, dass das nicht-kugelsymmetrische Kristallfeld die Entartung der Orbitale aufhebt, so hebt es ebenso die Entartung der Zustände auf. Die grundsätzliche Aufspaltung der wichtigsten Terme eines freien Ions in einem kubischen Kristallfeld (Oktaeder oder Tetraeder) ist nachfolgend gegeben:

Grundterm des freien Ions		Termaufspaltung im kubischen Kristallfeld [a]	Vergleich der Orbitalmultiplizitäten
S	$\rightarrow$	A_1	$1 \rightarrow 1$
P	$\rightarrow$	T_1	$3 \rightarrow 3$
D	$\rightarrow$	$E + T_2$	$5 \rightarrow 2 + 3$
F	$\rightarrow$	$A_2 + T_2 + T_1$	$7 \rightarrow 1 + 3 + 3$

[a] Im oktaedrischen Kristallfeld muss noch der Index g (gerade) beim Termsymbol ergänzt werden.

Das Termsymbol im Kristallfeld kennzeichnet in gleicher Weise wie die Orbitalbezeichnung eine Entartung: Ein A-Zustand ist einfach, E zweifach und T dreifach entartet (vergleiche Seite 210). Bei der Aufspaltung der Grundterme des freien Ions wird, wie oben angedeutet, die Orbitalmultiplizität beibehalten. Das gleiche gilt für die Spinmultiplizität, so dass sich am Gesamtentartungsgrad des Grundzustandes bei der Aufspaltung in die einzelnen Terme nichts ändert. Für die Spaltterme gilt unter Berücksichtigung ihrer Entartung der Schwerpunktsatz, was Abbildung 2.9.21 illustriert.

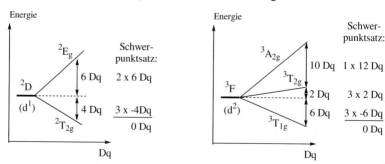

Abbildung 2.9.21. Termaufspaltung im oktaedrischen Kristallfeld unter Beibehaltung des Schwerpunktes für einen $^2D(d^1)$ und einen $^3F(d^2)$ Grundterm. Mit Umkehrung der Aufspaltungsreihenfolge bei ^4F, ^5D usw. wird der energetische Abstand beibehalten (vergleiche Abbildung 2.9.22 a). Der relative energetische Abstand der Spaltterme, insbesondere aus dem F-Grundterm, kann sich bedingt durch Wechselwirkungen von Termen gleicher Symmetrie jedoch mit der Feldstärke stark ändern (vergleiche dazu **2.9.13** und die Orgeldiagramme in den Abbildungen 2.9.27 und 2.9.28, außerdem Abbildung 2.9.24).

Die Reihenfolge der **Termaufspaltung** für die jeweiligen Elektronenkonfigurationen in einem oktaedrischen Kristallfeld ist in Abbildung 2.9.22 a zusammengestellt. In einem tetraedrischen Kristallfeld ist die Reihenfolge der Termaufspaltung genau umgekehrt der beim Oktaeder (vergleiche die Orbitalaufspaltung und Abbildung 2.9.26), so dass die gleiche Anzahl möglicher Übergänge resultiert. Wie schon erwähnt ist allgemein die Aufspaltung beim Tetraeder kleiner als beim Oktaeder, so dass die Absorptionsbanden bei niedrigerer Energie liegen. In der Reihenfolge der Termaufspaltung lassen sich Periodizitäten beim Vergleich der Elektronenkonfigurationen erkennen, etwa die Umkehrung zwischen den über die Elektron-Loch-Analogie verbundenen Konfigurationen d^n/d^{10-n}. Man findet die gleiche Reihenfolge bei d^n und d^{5+n}, so dass sich das Aufspaltungsmuster von d^1-d^4 bei d^6-d^9 genau wiederholt (nur die Spinmultiplizität ist anders). Der T_2-Term aus der Aufspaltung des F-Grundzustandes befindet sich übrigens energetisch immer zwischen dem A_2- und dem T_1-Term.

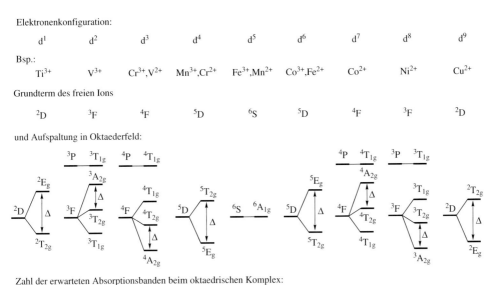

Abbildung 2.9.22 a. Aufspaltungsmuster der Grundterme in einem oktaedrischen Kristallfeld (schwaches Feld, high-spin Komplex!). Im tetraedrischen Kristallfeld kehrt sich die Richtung der Aufspaltung einfach um; der Symmetrieindex g entfällt beim Tetraeder. Beachte die Beibehaltung der Spinmultiplizität bei der Kristallfeldaufspaltung und die Änderung der Termreihenfolge bei d^1/d^9, d^2/d^8 usw. aufgrund des Elektron-Loch-Formalismus. Auch von d^2 nach d^3, d^4 nach d^6 und d^7 nach d^8 ändert sich die Reihenfolge oder anders ausgedrückt, das Aufspaltungsmuster von d^1 bis d^4 wiederholt sich bei d^6 bis d^9.

Die F-Grundterme werden noch von einem angeregten P-Term mit gleicher Spinmultiplizität begleitet. Dieser P-Term hat mit der Aufspaltung der Grundterme nicht direkt etwas zu tun, ist aber für Zahl der elektronischen Übergänge (Absorptionsbanden) von Bedeutung. Aus Gründen der Übersichtlichkeit wurde eine eventuelle Wechselwirkung der T_{1g}(F)- und T_{1g}(P)-Terme nicht extra skizziert (vgl. **2.9.13**). Δ kennzeichnet den Übergang der von der Energie her der Kristallfeldaufspaltung Δ_O = 10 Dq entspricht bzw. Δ_T im Tetraederfall.

Abbildung 2.9.22 b illustriert in Ergänzung zu Abb. 2.9.22 a die elektronischen Spektren für die (high-spin) Hexaaqua-Komplexe der 3 d-Ionen.

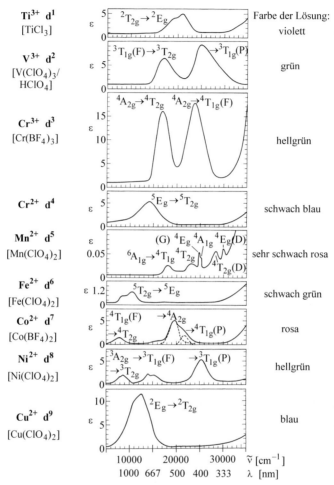

Abb. 2.9.22 b. Elektronische Spektren der (high-spin) Hexaaquametall-Ionen, $[M(H_2O)_6]^{n+}$, der 3 d-Reihe in wässriger Lösung mit Zuordnung der Banden zu den Termübergängen in Abb. 2.9.22 a. Die Übergänge gehen immer vom Grundterm aus. Bei mehreren gleichnamigen Termen ist der Ursprungsterm des freien Ions in Klammern angegeben. Dublett-Strukturen der Banden für Ti^{3+} und Fe^{2+} werden auf die (Jahn-Teller-)Aufspaltung des angeregten E_g-Zustandes (e_g^1 bzw. e_g^3) zurückgeführt, die Asymmetrie für Cu^{2+} auf die Jahn-Teller-Aufspaltung des Grundzustandes. Für V^{3+} liegt der $^3T_{1g}(P)$-Zustand energetisch unter dem $^3A_{2g}(F)$-Niveau. Eine schwache dritte Bande für $^3T_{1g} \longrightarrow {}^3A_{2g}$ wird bei 36 000 cm^{-1} im Charge-Transfer-Bereich erwartet. Bei Cr^{3+} ist die erwartete dritte Bande für $^4A_{2g} \longrightarrow {}^4T_{2g}(P)$ bei etwa 37 000 cm^{-1} nur eine Schulter des Charge-Transfer-Übergangs. Die schwachen Banden für $[Mn(H_2O)_6]^{2+}$ (vgl. die Extinktionskoeffizienten ε) werden Spin-verbotenen Übergängen zugeordnet. Die Banden für Spin-verbotene Übergänge der anderen Ionen sind auf der Extinktionsskala zu klein. (adaptiert aus B. N. Figgis, *Introduction to Ligand Fields*, Wiley, New York, 1966).

Bei den in Abbildung 2.9.22 a aufgelisteten Termen handelt es sich in allen Fällen, in denen eine solche Unterscheidung getroffen werden kann, um high-spin Zustände, da die Grundterme der freien Ionen, von denen diese Aufspaltung ausging, aufgrund der ersten Hund'schen Regel ja ebenfalls den high-spin Zuständen entsprachen. Oben war aber schon erwähnt worden, dass natürlich zu jeder Konfiguration eine Reihe höherenergetischer oder angeregter Terme existieren. Einige dieser Terme werden wir später bei der Betrachtung von low-spin Zuständen kennen lernen, aber für die F-Grundterme ist einer der angeregten Terme bereits im high-spin Fall von Bedeutung, nämlich ein P-Term mit gleicher Spinmultiplizität. Die Zeichnung in **2.9.13** zeigt wie sich z.B. der ^{4}F-Grundterm für die d^3-Konfiguration mit seinem begleitenden P-Term bei der Aufspaltung im Oktaederfeld darstellt.

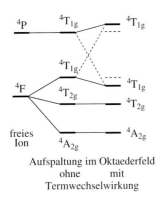

Aufspaltung im Oktaederfeld
ohne   mit
Termwechselwirkung

2.9.13

Aus dem P-Term wird im oktaedrischen Kristallfeld ein T_{1g}-Term. Je nach energetischem Abstand zum T_{1g}-Term aus dem F-Grundterm, kommt es zu einer mehr oder weniger starken Termwechselwirkung zwischen den symmetriegleichen Zuständen. Diese Wechselwirkung ist besonders stark im Falle des ^{4}F(d^3)- und des ^{3}F(d^8)-Zustandes, da bei der Aufspaltung der T_{1g}(F)-Term energetisch am weitesten oben zu liegen und damit dem T_{1g}(P)-Term relativ nahe kommt. Das Ausmaß der Wechselwirkung ist eine Funktion des energetischen Abstandes. Je näher sich die Terme kommen, desto mehr Mischung tritt auf, mit der Folge, dass die Energie des oberen Terms erhöht, die des unteren erniedrigt wird.

Für die Zahl der erwarteten elektronischen Übergänge sollen kurz die **Auswahlregeln** behandelt werden:

Regel 1: Der Spinzustand oder die Spinmultiplizität muss gleich bleiben ($\Delta S = 0$). Es sind also nur Übergänge zwischen Termen mit gleicher Spinmultiplizität erlaubt.

Regel 2: Die Parität (gerade/ungerade) muss sich bei einem Übergang ändern, wenn in einem Komplex ein Symmetriezentrum existiert, so dass eine solche Zuordnung getroffen werden kann. Es sind nur Übergänge von ungeraden nach geraden Zuständen (und umgekehrt) erlaubt. Übergänge zwischen Termen gleicher

Parität (g→g oder u→u) sind verboten. Diese so genannte Regel von Laporte kann zurückgeführt werden auf

Regel 3: Bei elektronischen Übergängen muss $\Delta l = \pm 1$ sein. Erlaubt sind also z.B. Übergänge s→p und p→d. Verboten sind Übergänge zwischen Orbitalen mit gleicher Nebenquantenzahl, also s→s, p→p und d→d.

In Abbildung 2.9.22 a sind alle Terme berücksichtigt und enthalten, die für die Spin-erlaubten d-d-Übergänge von Bedeutung sind. Aus diesem Grunde wurden auch die angeregten P-Terme zu den F-Grundtermen in das Diagramm mit aufgenommen. Die Zahl der erwarteten d-d-Banden nach der Spinauswahlregel ist angegeben. Allerdings sind nach der gerade erwähnten 3. Auswahlregel d-d-Übergänge verboten und insbesondere in Komplexgeometrien mit Symmetriezentrum wie dem Oktaeder kommt noch die Beibehaltung der Parität erschwerend hinzu, denn alle d-Orbitale und d-Terme sind gerade (E_g, T_{2g} usw.). Nach den vorstehenden Ausführungen ist ein Zustandekommen von Spektren der Übergangsmetallkomplexe mit d-d-Absorptionsbanden nur über eine Aufweichung der Auswahlregeln 2 und 3 möglich. Für die Ermöglichung von Übergängen nach der 2. Regel kann das Symmetriezentrum eines oktaedrischen Komplexes durch unsymmetrische Schwingungen (z.B. **2.9.14**) zerstört werden.

2.9.14

Es gibt dann keine g/u-Klassifizierung der Zustände (Orbitale) mehr und so genannte vibrations/elektronische = vibronische Übergänge werden möglich. Diese sind aber in der Praxis nur von schwacher Intensität. Nach der 3. Regel werden Übergänge möglich, wenn d-Zustände mit anderen Zuständen gleicher Symmetrie aus s- und p-Orbitalen mischen. Im Rahmen des Kristallfeldmodells ist dieses Mischen allerdings nicht zu berücksichtigen, da per Definition nur d-Zustände/Orbitale betrachtet werden. Bei der MO-Theorie war dieses Mischen der d- mit s- und p-Orbitalen aber schon gezeigt worden (vergleiche Abbildung 2.9.19 und 2.9.20). Eine Erniedrigung der scheinbar hohen Symmetrie am Metallzentrum, die oft aus dem Koordinationspolyeder der gleichartigen Donoratome abgeleitet wird, ergibt sich prinzipiell auch, wenn diese Liganden bestimmte Symmetrieelemente eigentlich gar nicht zulassen. So kann z.B. bei Amin- (NH_2R) oder Phosphanliganden ($PRR'R''$) entlang der M-Ligand-Bindungsachse streng genommen keine Drehachse vorliegen.

Zur **Bandenbreite** in den Spektren von Komplexen ist anzumerken, dass eigentlich die Absorptionsbanden in den Elektronenspektren scharf sein sollten, tatsächlich aber breite Banden beobachtet werden, die wegen einer nichtaufgelösten Schwingungsstruktur zustande kommen. Mit den Elektronenübergängen werden gleichzeitig Schwingungen angeregt. In Gasen und einigen flüssigen Proben kann die Schwingungsstruktur auch aufgelöst werden. Die Anregung von Schwingungen bei Elektronenübergängen kann mit dem **Franck-Condon-Prinzip** erklärt werden. Die Atomkerne sind sehr viel schwerer als die Elektronen und verharren während der Veränderung der Elektronenverteilung (bei Anregung) beim ursprünglichen Abstand (daher die senkrechten Übergänge in Abbildung 2.9.23). Die Veränderung der Elektronen- oder Ladungsdichte übt aber natürlich eine veränderte Kraft auf die Atomkerne aus und versetzt diese in Schwingungen aus ihrer Ruhelage, so dass im Rahmen der Elektronenanregung Übergänge zwischen verschiedenen Schwingungszuständen erfolgen, z.B. vom Grundzustand in verfügbare angeregte Zustände. Abbildung 2.9.23 veranschaulicht diesen Sachverhalt.

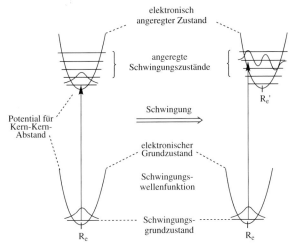

Abbildung 2.9.23. Beispielhafte Übergänge vom Schwingungsgrundzustand des elektronischen Grundzustandes in Schwingungsgrund- und angeregten Zustand des elektronisch angeregten Zustandes zur Verdeutlichung der Schwingungsstruktur/Bandenbreite von elektronischen Absorptionsbanden. Zusätzlich treten auch Übergänge von angeregten Schwingungszuständen des elektronischen Grundzustandes aus auf. Die Pfeile kennzeichnen den wahrscheinlichsten Übergang (mit maximaler Amplitude der Schwingungswellenfunktion), R_e ist der Gleichgewichtsabstand der Kerne.

Die breiten Banden kann man etwas anders auch dadurch erklären, dass die Metall-Ligand-Schwingungen dazu führen, dass die Termaufspaltungsenergien oszillieren, sich also ständig etwas ändern. Zusätzlich beobachtet man bei manchen Banden eine Feinstruktur, etwa eine Aufspaltung. Diese beruht auf der hier nicht besprochenen Spin-Bahn-Kopplung, d.h. der Wechselwirkung zwischen dem Bahnmoment L und dem Spinmoment S des Atoms, die zu einer neuen Quantenzahl J führen (J-Kopplung).

An dieser Stelle scheint es geeignet, wie angekündigt, noch einmal auf den Zusammenhang zwischen der Einelektronen- und der Mehrelektronennäherung oder der Methode des starken und schwachen Feldes einzugehen. Am Beispiel des d^2-Ions soll gezeigt werden, wie sich auch ausgehend von der Orbitaldarstellung die Termaufspaltung ergibt. In Abbildung 2.9.24 ist im linken Teil noch einmal die Termaufspaltung für ein freies d^2-Ion mit seinem ^3F-Grundterm im Oktaederfeld gezeigt. Wenn die Energiedifferenz zwischen den Termen des freien Ions groß im Vergleich zu den Termaufspaltungen im Kristallfeld ist, so liegt ein schwaches Feld vor. Rechts findet sich dagegen die Kristallfeldaufspaltung der Orbitale. Wenn diese Orbitalaufspaltung groß gegenüber dem energetischen Abstand der aufgespaltenen Terme ist, dann hat man es mit einem starken Feld zu tun. Zusätzlich zur Orbitalaufspaltung sind rechts die Energieniveaus für die verschiedenen Grund- und angeregten Ein-Elektronenkonfigurationen gezeigt (t_{2g}^2, $t_{2g}^1 e_g^1$ und e_g^2). Diesen Elektronenkonfigurationen lassen sich natürlich ebenfalls Terme zuordnen, die ihre Entsprechung in Termen aus der Aufspaltung des freien Ions finden. Eine Verbindung der Terme gleicher Symmetrie unter Beachtung der Nichtkreuzungsregel, zeigt dann qualitativ, wie sich die Termenergie mit steigender Feldstärke ändert und deutet den Zustand einer mittleren Feldstärke an, wie er in vielen realen Komplexen vorliegt.

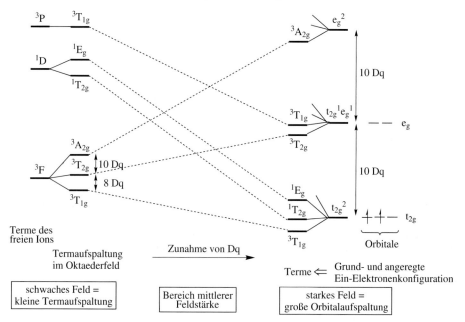

Abbildung 2.9.24. Ausschnitt aus einem Korrelationsdiagramm für die Termaufspaltung eines d^2-Ions im Oktaederfeld nach der Methode des schwachen und des starken Feldes. Aus Gründen der Übersicht sind hauptsächlich die Triplett-Terme enthalten, und die Singulett-Terme sind nur angedeutet. Es ist zu beachten, dass sich als Folge der Wechselwirkung der ^3T_g-Terme der energetische Abstand zwischen dem $^3T_{1g}$- und dem $^3T_{2g}$-Term von 8 Dq (links) auf 10 Dq (rechts) mit steigender Feldstärke ändert. (Das Diagramm gilt auch für d^8 im Tetraederfeld, der Index g entfällt dann.)

Um den Übergang vom schwachen zum starken Feld und damit, wie von der Eineelektronennäherung der Kristallfeldtheorie her gewohnt, den Übergang von der high-spin zur low-spin Konfiguration noch stärker herauszustellen, ist in Abbildung

2.9.25 noch ein weiteres Korrelationsdiagramm skizziert, nämlich für ein d^6-Ion, bei dem für die Orbitalbesetzung tatsächlich zwischen high- und low-spin unterschieden werden kann, was für eine d^2-Konfiguration ja noch nicht der Fall war. Aus dem Diagramm wird die Änderung des Spinzustandes sehr viel deutlicher. Dieses qualitative Korrelationsdiagramm wird uns später in Abbildung 2.9.32 und 2.9.33 in quantitativer Form als Tanabe-Sugano-Diagramm wiederbegegnen.

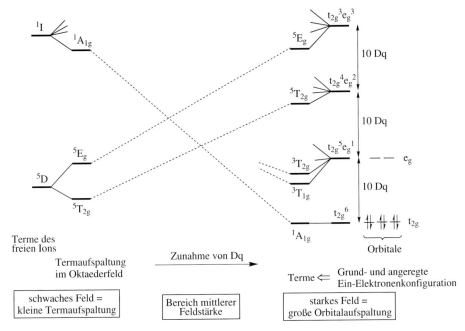

Abbildung 2.9.25. Ausschnitt aus einem Korrelationsdiagramm für die Termaufspaltung eines d^6-Ions im Oktaederfeld nach der Methode des schwachen und des starken Feldes. Aus Gründen der Übersichtlichkeit sind fast nur die wesentlichen Quintett- und Singulett-Terme enthalten. Das Korrelationsdiagramm kann mit dem Tanabe-Sugano-Diagramm in Abbildung 2.9.32 und 2.9.33 verglichen werden. (Das Diagramm gilt unter Weglassung des Index g dann auch für ein d^4-Ion im Tetraederfeld.)

Bei der Einelektronennäherung des Kristallfeldmodells wurde bereits ausführlich auf die Änderung der Orbitalaufspaltung als Funktion der Liganden hingewiesen. Für das Termsystem eines Komplexions lassen sich nun quantitative Berechnungen durchführen. Die Ergebnisse werden in Energieniveau-Diagrammen dargestellt, in denen die Termenergien als Funktion der Aufspaltungsenergie und eventuell weiterer das Ligandenfeld charakterisierender Parameter angegeben sind. Solche Darstellungen sind z.B. die **Orgel-Diagramme**. Hier werden die relativen Energien der verschiedenen elektronischen Zustände für ein konkretes Metallion in Abhängigkeit von dem Kristallfeldstärkeparameter Δ in Dq oder 10 Dq aufgetragen. Die einfachsten Orgel-Diagramme sind jene für Ionen mit einem D-Grundterm, also zu einer d^1, d^4, d^6 oder d^9-Konfiguration. Das Diagramm für solche

Ionen im oktaedrischen oder tetraedrischen Feld ist qualitativ in Abbildung 2.9.26 skizziert. Man erkennt die Aufspaltung des D-Grundterms in einen $T_{2(g)}$- und einen $E_{(g)}$-Term sowie die abnehmende bzw. ansteigende Termenergie mit zunehmender Feldstärke.

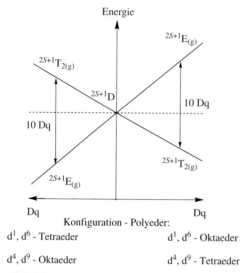

Abbildung 2.9.26. Qualitatives Energieniveau- (Orgel-) Diagramm für Ionen mit einem D-Grundterm (d^1, d^4, d^6 und d^9) im schwachen oktaedrischen (high-spin Komplex) und tetraedrischen Feld. Die Werte für die Spinmultiplizität $2S+1$ können 2 oder 5 betragen. Man beachte die Umkehrung der Aufspaltung zwischen d^1 und d^9 sowie d^4 und d^6 und vom oktaedrischen zum tetraedrischen Feld. Im oktaedrischen Feld gilt der Symmetrieindex g.

Bei den anderen Elektronenkonfigurationen werden die Orgel-Diagramme komplizierter. Abbildung 2.9.27 zeigt die Aufspaltung und den Verlauf der Quartett-Terme der d^3-Konfiguration des Cr^{3+}-Ions mit steigender Feldstärke. Während sich die Termenergien in Abwesenheit von zusätzlichen Wechselwirkungen in guter Näherung linear mit der Feldstärke ändern, zeigen die beiden T_{1g}-Termenergien hier einen Kurvenverlauf. Dieser nichtlineare Verlauf ist eine Folge der Termwechselwirkung zwischen dem $^4T_{1g}(F)$- und dem $^4T_{1g}(P)$-Zustand, die in **2.9.13** bereits punktuell dargestellt worden war. Die gestrichelten Linien in Abbildung 2.9.27 stellen die Energien der T_{1g}-Terme vor ihrem „Mischen" dar. Man erkennt, dass die Linien sich schneiden würden. Es gilt aber allgemein, dass Terme gleicher Symmetrie sich nicht kreuzen dürfen. Je näher sich die Energien symmetriegleicher Zustände im Prinzip kommen, desto mehr Mischung tritt auf, mit der Folge einer Energieerhöhung des oberen Terms und einer Energieerniedrigung des unteren Terms.

Ein drittes Orgel-Diagramm in Abbildung 2.9.28 illustriert die Entwicklung der Termenergien für die d^7-Konfiguration von Co^{2+} im tetraedrischen und oktaedrischen Feld. Lässt man einmal das Mischen der T_1-Terme beiseite, so erkennt man,

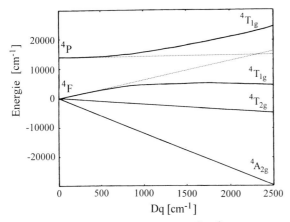

Abbildung 2.9.27. Orgel-Diagramm für ein Cr^{3+}-d^3-Ion im schwachen oktaedrischen Feld. Die gestrichelten Linien stellen die Energien der T_{1g}-Terme vor dem Mischen dar (vergleiche dazu **2.9.13**) (nach L. E. Orgel, *J. Chem. Phys.* **1955**, *23*, 1004).

wie erwartet, dass die tetraedrische Aufspaltung die Umkehrung der Oktaederaufspaltung ist. Aus der doppelten Umkehrung der Termaufspaltung von d^3 nach d^7 (beide Oktaeder, Elektron-Loch-Analogie) und weiter nach d^7(Tetraeder) ergibt sich ein fast gleichartiges Diagramm für d^3(Oktaeder) und d^7(Tetraeder) (vergleiche Abbildung 2.9.27 und 2.9.28). Man bemerkt aber auch bei d^7 wieder ein Mischen der T_1-Terme und zwar stärker beim tetraedrischen als beim oktaedrischen Feld. Grund des Unterschiedes ist ihr verschiedener energetischer Abstand. Aus der Umkehrung der Orbitalaufspaltung ist der $T_1(F)$-Term beim Tetraeder energetisch der oberste und nähert sich mit ansteigendem Feld dem $T_1(P)$-Term weiter an, während $T_{1g}(F)$ im Oktaederfeld von vorneherein energetisch am tiefsten liegt und sich mit steigender Feld von $T_{1g}(P)$ noch weiter entfernt.

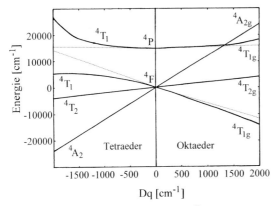

Abbildung 2.9.28. Orgel-Diagramm für die d^7-Konfiguration des Co^{2+}-Ions im tetraedrischen und schwachen oktaedrischen Feld (high-spin). Die gestrichelten Linien stellen die Energien der T_1-Terme vor ihrer Wechselwirkung dar (nach L. E. Orgel, *J. Chem. Phys.* **1955**, *23*, 1004).

Aus den drei vorstehenden Beispielen ist deutlich geworden, dass Orgel-Diagramme eigentlich nur den weak-field oder high-spin Fall behandeln, daher waren die energiereicheren low-spin Zustände nicht enthalten. Obwohl es natürlich möglich ist, low-spin Zustände in Orgel-Diagrammen zu berücksichtigen und zu zeigen, dass mit ansteigender Feldstärke sich die Konfigurationen d^4, d^5, d^6 und d^7 im Oktaederfeld von high- nach low-spin verändern, indem low-spin Terme bei starkem Feld unter das Energieniveau der high-spin Zustände sinken. Ein Beispiel für den Fall einer d^6-Konfiguration illustriert Abbildung 2.9.29.

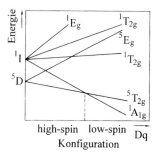

Abbildung 2.9.29. Qualitatives Orgel-Diagramm für ein Ion mit d^6-Konfiguration im oktaedrischen Feld unter Einbeziehung des low-spin Terms ^1I, dessen $^1A_{1g}$-Spaltterm mit steigender Feldstärke ab einem bestimmten Punkt zum Grundzustand wird.

Aber die Orgel-Diagramme sind zu einer Konfiguration quantitativ nur für ein bestimmtes Ion auszuwerten. Um das Problem der Interpretation von Spektren vollständig zu behandeln, benutzt man daher allgemein **Tanabe-Sugano-Diagramme**. Diese sind mit den Orgel-Diagrammen verwandt, aber leistungsfähiger. Im Unterschied zu den Orgel-Diagrammen enthalten die Termschemata nach Tanabe und Sugano die low-spin Terme, erlauben also eine zusammenfassende Beschreibung der Termenergien verschiedener elektronischer Zustände in Übergangsmetallkomplexen. Die Verwendung der zusätzlichen Parameter B und C führt zu einer Allgemeingültigkeit des Diagramme einer d^x-Konfiguration für verschiedene M^{n+}-Ionen. Die so genannten **Racah-Parameter B und C** drücken die zwischenelektronische Abstoßung aus, die zu den Energieunterschieden zwischen den verschiedenen Termen führt. Quantenmechanisch handelt es sich dabei um Linearkombinationen von Coulomb- und Austauschintegralen. Sie könnten zwar berechnet werden, aber im Allgemeinen behandelt man sie als empirische Parameter, die aus den Spektren der freien Ionen erhalten werden. Bei einer solchen oder ähnlichen freien Parametrisierung des Kristallfeldmodells spricht man dann von der **Ligandenfeldtheorie**. Es sei an dieser Stelle angemerkt, dass der Begriff Ligandenfeldtheorie fälschlicherweise oft als Anwendung der MO-Theorie für Metallkomplexe verwendet wird. Tatsächlich ist die semiempirische Ligandenfeldtheorie eine Erweiterung der Kristallfeldtheorie bei der eine näherungsweise Berücksichtigung der elektronischen Struktur der Liganden erfolgt, über Parameter, die an experimentelle Daten, z.B. aus elektronischen Absorptionsspektren angepasst werden. Der Parameter B ist gewöhnlich ausreichend, um die Energiedifferenz zwischen Zuständen mit gleicher Spinmultiplizität zu berechnen. So beträgt z.B. die Differenz zwischen einem F- und dem begleitenden P-Term im freien Ion 15B. Das folgende Beispiel soll zeigen, wie man aus den Spektren der Komplexe Werte für B erhalten kann. Die für Metallkomplexe ermittelten B-Werte sind jedoch immer kleiner als die des zugehörigen freien Ions und werden zur Unterscheidung deshalb mit B' bezeichnet. Die Ermittlung von B' gestaltet sich einfach, wenn alle drei Übergänge im Spektrum beobachtet werden. Es gilt dann die Beziehung

$$15\,B' = \tilde{v}_3 + \tilde{v}_2 - 3\,\tilde{v}_1 \text{ wobei } \tilde{v}_3 > \tilde{v}_2 > \tilde{v}_1. \tag{2.9.9}$$

Zur Ableitung dieser Beziehung betrachten wir z.B. anhand von Abbildung 2.9.30 die Aufspaltung eines ^{3}F Terms für eine d^8-Konfiguration im Oktaederfeld mit der Termwechselwirkung (vergleiche dazu auch **2.9.13**). Die energetischen Abstände der Spaltterme wurden in Abbildung 2.9.21 gegeben, so dass sich mit den drei Übergängen dann drei Gleichungen mit drei Unbekannten (Dq, B und x) ergeben, deren Auflösung nach B' dann auf die Gleichung 2.9.9 führt. Auch wenn statt drei nur zwei Übergänge beobachtet werden, weil die energiereichste Absorption z.B. bereits durch Charge-Transfer-Banden verdeckt wird, ist es möglich, B' auf graphischem Wege aus Tanabe-Sugano-Diagrammen zu ermitteln (siehe unten).

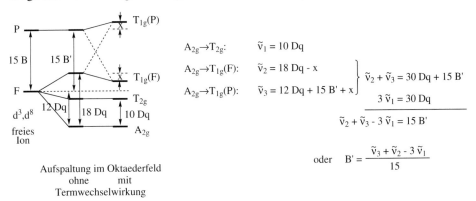

Aufspaltung im Oktaederfeld
ohne   mit
Termwechselwirkung

$A_{2g} \rightarrow T_{2g}$: $\tilde{v}_1 = 10\,Dq$

$A_{2g} \rightarrow T_{1g}(F)$: $\tilde{v}_2 = 18\,Dq - x$

$A_{2g} \rightarrow T_{1g}(P)$: $\tilde{v}_3 = 12\,Dq + 15\,B' + x$

$\left.\phantom{\begin{matrix}a\\b\end{matrix}}\right\}$ $\tilde{v}_2 + \tilde{v}_3 = 30\,Dq + 15\,B'$

$3\,\tilde{v}_1 = 30\,Dq$

$\overline{\tilde{v}_2 + \tilde{v}_3 - 3\,\tilde{v}_1 = 15\,B'}$

oder $B' = \dfrac{\tilde{v}_3 + \tilde{v}_2 - 3\,\tilde{v}_1}{15}$

Abbildung 2.9.30. Aufspaltung und Wechselwirkung der Terme F und P zu einer d^3- oder d^8-Konfiguration im Oktaederfeld mit Gleichungssystem zur Bestimmung von B' aus den Absorptionsbanden.

Im Nickelkomplex $[Ni(H_2O)_6]^{2+}$ findet man die drei Übergänge $\tilde{v}_1 \approx 8500\ cm^{-1}$, $\tilde{v}_2 \approx 14000\ cm^{-1}$ und $\tilde{v}_3 \approx 25300\ cm^{-1}$ (vgl. Abb. 2.9.22b), womit sich nach Gleichung 2.9.9 ein Wert B' von 920 cm^{-1} ergibt. Für den Komplex $[Ni(NH_3)_6]^{2+}$ findet man $\tilde{v}_1 \approx 10750\ cm^{-1}$, $\tilde{v}_2 \approx 17500\ cm^{-1}$ und $\tilde{v}_3 \approx 28200\ cm^{-1}$, B' errechnet sich daher zu 897 cm^{-1}. Der B-Wert im freien Ni^{2+}-Ion beträgt demgegenüber 1041 cm^{-1}. (An dieser Stelle soll darauf hingewiesen werden, dass die Berechnung der unterschiedlichen B'-Werte und ihre Ordnung gemäß der nephelauxetischen Reihe aus den Angaben von spektroskopischen Absorptionsbanden in Lehrbüchern oft nicht nachvollziehbar ist.) In Tabelle 2.9.7 sind die B'-Werte für verschiedene Metallkomplexe sowie die B-Werte der freien Ionen zusammengestellt.

Tabelle 2.9.7. Beispiele für Racah-Parameter B und B' für die freien Ionen und Komplexe von ausgewählten d-Metallen (aus: C. K. Jørgensen, *Helv. Chim. Acta* **1967**, S. 142 Sonderausgabe).

Ligand \ B' [cm^{-1}]	Cr^{3+}	Mn^{2+}	Ni^{2+}	Rh^{3+}
– freies Ion, B	918	960	1041	720
F_6^{6-}	820	845	960	
$(H_2O)_6$	725	835	940	510
$(NH_3)_6$	650		890	430
en_3	620	785	850	420
Cl_6^{6-}	560	785	760	350
Br_6^{6-}				280

Es gilt allgemein, dass die zwischenelektronischen Abstoßungsparameter, B'-Werte für Metallkomplexe kleiner sind, als die B-Werte der zugehörigen freien Ionen, d.h.

$$B'/B = \beta < 1.$$

Der Quotient β heißt auch nephelauxetisches Verhältnis. Mit dem **nephelauxetischen** oder wolkenausdehnenden **Effekt** (nephéle = grch. Nebel, Wolke, Auxésis = grch. Ausdehnung) wird die geringere Abstoßung zwischen den d-Elektronen im Komplex im Vergleich zu dem freien Ion bezeichnet. Grund für die verminderte repulsive Wechselwirkung ist die Delokalisierung der Metall-d-Elektronen über Molekülorbitale, die sich auch über die Liganden erstrecken, was zu einer effektiven Vergrößerung der Orbitalwolken führt (daher der Name). Daneben gelangt über die Metall-Ligand-Bindung Elektronendichte in die (n+1)s- und (n+1)p-Orbitale (vergleiche dazu das MO-Diagramm in Abbildung 2.9.13). Diese Orbitale haben mehrere relative Aufenthaltsmaxima, von denen einige recht nahe am Kern liegen. Eine zunehmende Elektronendichte in diesen Orbitalen führt zu etwas stärkerer Abschirmung der d-Elektronen von der Kernladung im Komplex gegenüber dem freien Ion. Eine stärkere Abschirmung hat dann wiederum eine etwas größere Ausdehnung des Orbitals zur Folge. Der Vergleich der B'-Werte für die Liganden in Tabelle 2.9.7 zeigt, dass sich diese relativ zueinander unabhängig vom Metallzentrum anordnen lassen. Für die Liganden aber auch für die Metallionen lässt sich eine so genannte **nephelauxetische Reihe** aufstellen, die die Stärke der Delokalisierung angibt:

nephelauxetischer Effekt/d-Elektronendelokalisierung $(1-\beta)$ nimmt zu $\rightarrow$
$F^- < H_2O < dmf < OC(NH_2)_2 < NH_3 < en < C_2O_4^{2-} < NCS^- < Cl^- < CN^- < Br^- < N_3^- < I^-$
$Mn^{2+} < V^{2+} < Ni^{2+} \approx Co^{2+} < Mo^{2+} < Cr^{3+} < Fe^{3+} < Rh^{3+} \approx Ir^{3+} < Co^{3+} < Mn^{4+} < Pt^{4+} < Pd^{4+}$
(B' oder $\beta = B'/B$ nimmt ab $\rightarrow$)

Die Ordnung der Liganden untereinander ist weitgehend unabhängig von den Metallzentren und gleiches gilt entsprechend für die Ordnung der Metallionen. Es drängt sich ein Vergleich mit der spektrochemischen Reihe auf (S. 215). Die nephelauxetische Reihe für die Liganden entspricht dabei aber von links nach rechts mehr der Reihung, die man intuitiv für eine zunehmende Kovalenz in der Metall-Ligand-Bindung erwarten würde. Es ist auch möglich, die nephelauxetischen Reihen von Liganden und Metallionen zu quantifizieren. Dazu werden h- und k-Werte verwendet (siehe Tabelle 2.9.8), deren ungefährer Zusammenhang mit den B-Werten in Gleichung 2.9.10 gegeben ist.

$$(B-B')/B = (1-\beta) \approx h(\text{Ligand}) \times k(\text{Metall}) \qquad (2.9.10)$$

Je größer die Werte für h oder k sind, desto stärker wirken die Liganden oder Metallionen delokalisierend. In einem Komplex ML_n ist der nephelauxetische Gesamteffekt dann das Produkt $h(\text{Ligand}) \times k(\text{Metall})$.

Tabelle 2.9.8. Quantifizierte nephelauxetische Reihen für Liganden und Metallionen.

Ligand	h	Metallion	k
$6\,F^-$	0.8	Mn^{2+}	0.07
$6\,H_2O$	1.0	V^{2+}	0.1
$6\,NH_3$	1.4	Ni^{2+}	0.12
3 en	1.5	Cr^{3+}	0.20
$6\,Cl^-$	2.0	Fe^{3+}	0.24
$6\,CN^-$	2.1	Rh^{3+}, Ir^{3+}	0.28
$6\,Br^-$	2.3	Co^{3+}	0.33
$6\,N_3^-$	2.4	Mn^{4+}	0.5
$6\,I^-$	2.7	Pt^{4+}	0.6
		Ni^{4+}	0.8

Für den Energieunterschied von Zuständen verschiedener Spinmultiplizität sind beide Racah-Parameter (B und C) notwendig. So ergibt sich etwa die Differenz zwischen dem ^4F-Grundterm und dem niedrigsten Dublettzustand ^2G zu 4B+3C. Für die meisten Übergangsmetalle kann B mit ungefähr 1000 cm^{-1} und C $\approx$ 4B angenommen werden. Eine Aufstellung für ausgewählte Übergangsmetalle ist in Tabelle 2.9.9 gegeben.

Bei der Auftragung der Tanabe-Sugano-Diagramme wird der jeweilige Grundzustand als Abszisse genommen, und die Energien der anderen Terme werden relativ dazu dargestellt. Wie bei den Orgel-Diagrammen wird die Energie als Funktion des Kristallfeldstärkeparameters Δ aufgetragen. Für die Allgemeingültigkeit in Bezug auf verschiedene Metallionen mit einer d^x-Konfiguration werden die Skalen der beiden Achsen auf B normiert, die Einheiten sind also E/B und Dq/B. Gleichzeitig sind zur genauen Energieniveaudarstellung Annahmen über den relativen Wert C/B enthalten. Diese notwendige Annahme eines zweiten Parameters zur Be-

Tabelle 2.9.9. Racah-Parameter B und C für freie Übergangsmetallionen.

Ion	B [cm^{-1}]	C [cm^{-1}]	C/B
Ti^{2+}	718	2629	3.66
V^{2+}	766	2855	3.73
Cr^{3+}	918	3850	4.19
Mn^{2+}	960	3325	3.46
Fe^{2+}	1058	3901	3.69
Co^{2+}	971	4366	4.50
Co^{3+}	1100		
Ni^{2+}	1041	4831	4.64
Rh^{3+}	720		
Ir^{3+}	660		
Pt^{4+}	720		

schreibung der zwischenelektronischen Abstoßung ist zugleich ein Nachteil der Tanabe-Sugano-Diagramme, der ihre Allgemeingültigkeit etwas einschränkt. Die Diagramme wurden für Verhältnisse berechnet, die als am wahrscheinlichsten für die Ionen der ersten Übergangsreihe erachtet wurden (vergleiche dazu Tabelle 2.9.9). Anscheinend sind aber die Kurvenverläufe in den Diagrammen gegenüber Änderungen des C/B-Verhältnisses nicht sehr empfindlich. Überhaupt ist das C/B-Verhältnis auch nur für die Abstände von Termen mit verschiedener Multiplizität von Bedeutung. Sofern für d-d-Absorptionsbanden nur Terme mit der Multiplizität des Grundterms betrachtet werden, ist deren Energie nur eine Funktion von B, und das Diagramm gilt dann für jedes Ion mit der entsprechenden Konfiguration. Abbildung 2.9.31 zeigt das Tanabe-Sugano-Diagramm für das d^3-Ion. Die für die spinerlaubten Übergänge wesentlichen Energieniveaus sind hervorgehoben. Die scheinbare Andersartigkeit der Energieverläufe im Vergleich zum entsprechenden Orgel-Diagramm für d^3 (vergleiche Abbildung 2.9.27) ist auf die Verwendung des $^4A_{2g}$-Grundterms als Abszisse zurückzuführen.

Anhand des Tanabe-Sugano-Diagramms für das d^3-Ion soll demonstriert werden, wie es möglich ist, aus der Beobachtung von nur zwei Banden eine graphische Abschätzung für B$'$ zu erhalten. So zeigt der [Cr(en)$_3$]$^{3+}$-Komplex nur zwei Absorptionsbanden, nämlich bei 21800 cm^{-1} und bei 28500 cm^{-1}, die d-d-Übergängen zugeordnet werden können: $^4A_{2g} \rightarrow {}^4T_{2g}$ und $^4A_{2g} \rightarrow {}^4T_{1g}(F)$. Ein dritter Übergang [$^4A_{2g} \rightarrow {}^4T_{1g}(P)$] ist durch zusätzliche energiereichere Charge-Transfer-Banden verdeckt (vgl. auch Abb. 2.9.22b). Das Verhältnis der beiden Energien der beobachteten Banden ist

$$\frac{{}^4A_{2g} \rightarrow {}^4T_{1g}(F)}{{}^4A_{2g} \rightarrow {}^4T_{2g}} = \frac{28500 \text{cm}^{-1}}{21800 \text{cm}^{-1}} = 1.31$$

Im Tanabe-Sugano-Diagramm in Abbildung 2.9.31 kann man nun solange die Ordinaten (E/B-Werte) der beiden Übergänge mit einem Lineal ausmessen, bis deren Quotient ebenfalls 1.31 wird. Ein solches Verhältnis wird für Dq/B $\approx$ 3.5 erreicht. An dieser Stelle hat E/B (tatsächlich E/B$'$) für den Übergang $^4A_{2g} \rightarrow {}^4T_{2g}$ den Wert von ungefähr 35, also

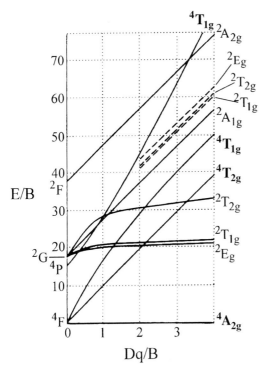

Abbildung 2.9.31. Tanabe-Sugano-Diagramm für ein d³-Ion im oktaedrischen Ligandenfeld (C/B = 4.50). (Vergleiche dazu das Orgel-Diagramm in Abbildung 2.9.27). (aus B. N. Figgis, *Introduction to Ligand Fields*, Wiley, New York, 1966)

$$\frac{E}{B'} = \frac{^4A_{2g} \rightarrow {^4T_{2g}}}{B'} = \frac{21800\,\text{cm}^{-1}}{B'} \approx 35$$

Auflösung der Beziehung nach B′ ergibt einen Wert von 623 cm⁻¹. Zur Kontrolle kann zusätzlich der Übergang $^4A_{2g} \rightarrow {^4T_{1g}}(F)$ verwendet werden. Für Dq/B ≈ 3.5 findet man hier E/B′ ≈ 46, womit man nach

$$\frac{E}{B'} = \frac{^4A_{2g} \rightarrow {^4T_{1g}}(F)}{B'} = \frac{28500\,\text{cm}^{-1}}{B'} \approx 46$$

für B′ etwa 620 cm⁻¹ erhält. Diese Werte für B′ können mit der Eintragung in Tabelle 2.9.7 verglichen werden. Natürlich ist die Genauigkeit einer solchen graphischen Auswertung durch die Größe und Qualität des Tanabe-Sugano-Diagramms begrenzt. Ist B′ aber erstmal bestimmt, kann man anhand von Gleichung 2.9.9 dann die Energie des Überganges $\tilde{v}_3$ berechnen. Mit B′ = 620 cm⁻¹ ergibt sich

$$\tilde{v}_3 = 15B' + 3\tilde{v}_1 - \tilde{v}_2 = (9300 + 3 \times 21800 - 28500)\,\text{cm}^{-1} = 46200\,\text{cm}^{-1}.$$

Interessanter ist natürlich eine Konfiguration, bei der high- und low-spin Anordnungen als Grundzustand möglich sind, z.B. d⁶. Abbildung 2.9.32 zeigt zur einführenden Erläuterung eine vereinfachte Version des Tanabe-Sugano-Diagramms für d⁶ im Oktaederfeld. Es werden hier nur der freie-Ion Grundzustand ⁵D und der Singulett-

Zustand ^1I betrachtet. Der freie-Ion Grundzustand spaltet im oktaedrischen Feld in den $^5T_{2g}$-Grundzustand und den angeregten ^5E_g-Zustand auf, ihr energetischer Abstand nimmt mit steigender Feldstärke zu. Der ^1I-Term ($L = 6$, Orbitalmultiplizität 13) liegt im freien Ion bei sehr hoher Energie und spaltet unter dem Einfluss des Ligandenfeldes in $^1A_{1g}$, $^1A_{2g}$, ^1E_g, $^1T_{1g}$, $^1T_{2g}$ (2x) auf. Insbesondere der low-spin $^1A_{1g}$-Term wird durch das Ligandenfeld stark stabilisiert und seine Energie fällt steil ab, bis er bei Dq/B = 2 mit seiner Energie unter den $^5T_{2g}$-Zustand sinkt. An diesem Punkt wird der low-spin $^1A_{1g}$-Term der Grundzustand, und es erfolgt Spinpaarung. Mit der Änderung des Grundterms tritt eine scheinbare Diskontinuität im Diagramm auf, denn die Energien der anderen Terme werden jetzt auf den neuen Grundzustand bezogen. Die ^5E_g- und $^5T_{2g}$-Terme divergieren weiter mit ansteigender Feldstärke.

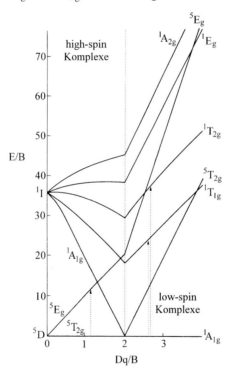

Abbildung 2.9.32. Ausschnitt aus dem Tanabe-Sugano-Diagramm für ein d^6-Ion im oktaedrischen Ligandenfeld, es werden nur die hier relevanten Quintett-und Singulettzustände angegeben (C/B = 4.8). Die Diskontinuität bei Dq/B = 2 (vertikale gestrichelte Linie) ist scheinbar und hängt mit dem Wechsel des Grundzustandes von $^5T_{2g}$ nach $^1A_{1g}$ beim Wechsel von high-spin nach low-spin zusammen. Ebenfalls in das Diagramm eingezeichnet sind die von der Energie her im sichtbaren und nahen UV beobachtbaren spinerlaubten Übergänge.

Die elektronischen Absorptionsspektren von Komplexen mit einem d^6-Metallion können anhand des Tanabe-Sugano-Diagramms nun verstanden und auch vorhergesagt werden. Voraussetzung ist dabei allerdings, dass bei den beobachteten Übergängen kein Wechsel der Spinmultiplizität auftritt. Für high-spin Komplexe werden dann nur die Quintettzustände wichtig sein, und es sollte nur ein Übergang $^5T_{2g} \rightarrow {}^5E_g$ beobachtet werden. Für das Beispiel $[CoF_6]^{3-}$ rührt die blaue Farbe des Komplexes von *einem* Peak bei 13000 cm^{-1} her, wenn man außer Acht lässt, dass der angeregte ^5E_g-Zustand durch den Jahn-Teller-Effekt aufgespalten ist und von daher eigentlich zwei Peaks auftreten. Für low-spin d^6-Komplexe sollte man die Übergänge $^1A_{1g} \rightarrow {}^1T_{1g}$ und $^1A_{1g} \rightarrow {}^1T_{2g}$ im sichtbaren und nahen UV erwarten; die weiteren potentiellen Übergänge liegen energetisch zu hoch. Für diese beiden Übergänge muss die Energie mit steigendem Feld zunehmen, die des $^1T_{2g}$-Überganges dabei etwas stärker als die des $^1T_{1g}$-Überganges wegen der unterschiedlichen Steigungen der zugehörigen Termenergien. Die Spektren von d^6-low-spin Komplexen sollten daher zwei d-d-Absorptionsbanden zeigen, und diese Peaks sollten bei größeren Werten von Dq weiter auseinander liegen. In Ergänzung zur Abbildung 2.9.32 ist in Abbildung 2.9.33 ein vollständigeres Tanabe-Sugano-Diagramm für die d^6-Konfiguration gezeigt. Rückblickend auf Abbildung 2.9.32 soll der Vergleich auch deutlich machen, dass man sich vom durchaus komplexen Charakter solcher Diagramme nicht abschrecken lassen sollte und die für Spin-erlaubte Übergänge wesentlichen Informationen relativ einfach zu entnehmen sind.

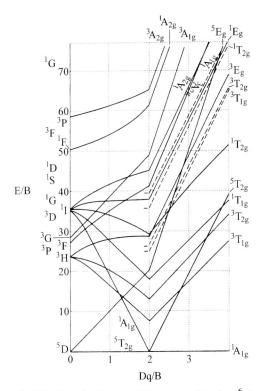

Abbildung 2.9.33. Tanabe-Sugano-Diagramm für ein d^6-Ion im oktaedrischen Ligandenfeld (C/B = 4.8). Gegenüber Abbildung 2.9.32 liegt hier ein vollständigeres Energiediagramm mit Einbeziehung der Triplett- und weiterer Singulett-Terme vor.

2.10 Stabilität von Metallkomplexen

Bei der Vorstellung des Chelateffekts wurde bereits kurz die Stabilität von Komplexen angesprochen. Beim Begriff Stabilität ist zunächst eine notwendige Unterscheidung zwischen **thermodynamischer und kinetischer Stabilität** bzw. Instabilität hervorzuheben. Im eigentlichen Sinne sind *stabil/instabil* die thermodynamischen Begriffe, während kinetisch stabil/instabil besser als *inert/labil* bezeichnet wird. Die beiden Darstellungen in Abbildung 2.10.1 veranschaulichen den Unterschied zwischen einem thermodynamischen und einem kinetischen Stabilitätsbegriff.

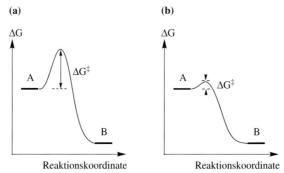

Abbildung 2.10.1. Energie-Reaktions-Diagramme zur Erläuterung des Unterschiedes von thermodynamischer und kinetischer Stabilität/Instabilität. In den beiden Diagrammen sei A thermodynamisch instabil gegenüber B, d.h. B sei unter den gegebenen Bedingungen das stabile System mit einer stark negativen freien Enthalpie ΔG. In (a) ist der Stoff A inert betreffs der Reaktion zum stabileren Produkt B, da die Reaktionsbarriere in Gestalt der Aktivierungsenergie $\Delta G^{\ddagger}$ hoch ist und daher die Geschwindigkeit für den Übergang in den thermodynamisch stabileren, energieärmeren Zustand zu gering ist. A wird dann auch als metastabil bezeichnet. In (b) hingegen ist A labil bezüglich der Reaktion zu B, da die Aktivierungsenergie nur klein sei.

Das folgende Beispiel soll die Stabilitätsbegriffe in Bezug auf Metallkomplexe erläutern. Die drei Cyanokomplexe $[Ni(CN)_4]^{2-}$, $[Mn(CN)_6]^{3-}$ und $[Cr(CN)_6]^{3-}$ besitzen sehr große Bruttokomplexbildungskonstanten β. Diese Brutto-Konstante ergibt sich als Produkt der n Stufenkomplexbildungskonstanten K_1 bis K_n für den schrittweisen Austausch der Aqualiganden am Zentralmetall durch die Cyanidliganden in wässriger Lösung (vergleiche Abschnitt 2.5). Für den Hexacyanochromatkomplex ergeben sich so sechs Stufenstabilitätskonstanten K_i (Gleichungen 2.10.1 und 2.10.2):

$$[Cr(H_2O)_6]^{3+} + CN^- \rightarrow [Cr(CN)(H_2O)_5]^{2+} + H_2O \quad K_1 = \frac{[[CrCN(H_2O)_5]^{2+}]}{[[Cr(H_2O)_6]^{3+}][CN^-]} \quad (2.10.1)$$

usw. bis

$$[Cr(CN)_5H_2O]^{2-} + CN^- \rightarrow [Cr(CN)_6]^{3-} + H_2O \quad K_6 = \frac{[[Cr(CN)_6]^{3-}]}{[[Cr(CN)_5H_2O]^{2-}][CN^-]} \quad (2.10.2)$$

$$\beta\{[Cr(CN)_6]^{3-}\} = K_1 \cdot K_2 \cdot K_3 \cdot K_4 \cdot K_5 \cdot K_6$$

(Die Konzentration des Wassers taucht im Quotienten der Komplexbildungskonstanten nicht auf, da es als Lösungsmittel dient, seine Konzentration daher als konstant angesehen und in K_i miteinbezogen werden kann.) Die thermodynamische Konstante β steht über $\Delta G = -RT\ln\beta$ in Beziehung zur freien Enthalpie. Eine große Komplexbildungskonstante bedingt eine stark negative freie Enthalpie. Für den $[Ni(CN)_4]^{2-}$-Komplex beträgt die Gleichgewichtskonstante β bei 25 °C mehr als $7.1 \cdot 10^{21}$ l^3/mol^3 für eine Lösung, die als Ausgangskonzentration 0.01 mol/l Ni^{2+} und 1 mol/l NaCN enthielt. Im Gleichgewicht liegt somit weniger als ein freies Nikkelion pro Liter Lösung vor, und die freie Enthalpie berechnet sich zu $\Delta G = -124.7$ kJ/mol. Die Hexacyanomanganat(III)- und -chromat(III)-Komplexe sind thermodynamisch noch stabiler. Bezüglich der kinetischen Stabilität verhalten sich diese drei Cyanokomplexe jedoch recht unterschiedlich. Misst man die Austauschgeschwindigkeit mit radioaktiv markierten Cyanidionen, $^{14}CN^-$, so findet man, dass der Nickelkomplex extrem labil ist, der Mangankomplex ist etwas labil, und nur der Chromkomplex kann als inert betrachtet werden. Labil oder kinetisch instabil bedeutet, dass ein Austausch der Cyanidliganden sehr schnell erfolgt. So beträgt die Halbwertszeit für die Austauschreaktion am Nickelkomplex (Gleichung 2.10.3) ca. 30 Sekunden.

$$[Ni(CN)_4]^{2-} + 4\ ^{14}CN^- \rightarrow [Ni(^{14}CN)_4]^{2-} + 4\ CN^- \qquad t_{\frac{1}{2}} \approx 30\ s \qquad (2.10.3)$$

Für den Mangankomplex findet man eine Halbwertszeit von etwa einer Stunde und für den Hexacyanochromat(III)-Komplex von ca. 24 Tagen. Damit wird deutlich, dass die Begriffe labil und inert relativ sind. Von H. Taube wurde vorgeschlagen, Komplexe, die innerhalb einer Minute bei 25 °C vollständig reagieren als labil anzusehen, die übrigen entsprechend als inert.

Das Tetracyanonickelat-Ion ist ein Beispiel für einen thermodynamisch stabilen Komplex, der kinetisch labil ist. Die Labilität des planar-quadratischen $[Ni(CN)_4]^{2-}$-Komplexes kann man mit der relativ leichten Ausbildung von fünf- oder sechsfach koordinierten Komplexen durch Anlagerung an die freien Koordinationsstellen des d^8-Ions erklären. Auch umgekehrte Fälle von Komplexen, die kinetisch inert aber thermodynamisch instabil sind, sind bekannt. Hierfür ist das Hexaammincobalt(III)-Kation in saurer Lösung ein klassisches Beispiel. Das $[Co(NH_3)_6]^{3+}$-Ion sollte in saurer Lösung gemäß Gleichung 2.10.4 zersetzt werden, da die thermodynamische Triebkraft der Säure-Base-Reaktion von sechs Ammoniakmolekülen mit den Hydroniumionen sehr hoch ist und der Reaktion eine Gleichgewichtskonstante von ca. 10^{25} verleiht.

$$[Co(NH_3)_6]^{3+} + 6\ H_3O^+ \rightarrow [Co(H_2O)_6]^{3+} + 6\ NH_4^+ \qquad (2.10.4)$$

Tatsächlich ist bei Ansäuerung einer Hexaammincobaltlösung aber keine merkliche Änderung zu beobachten. Für den Abbau des Amminkomplexes werden bei Raumtemperatur mehrere Tage benötigt. Der inerte Charakter der Verbindung erklärt sich aus dem Fehlen eines günstigen energieniedrigen Reaktionsweges für die Acidolyse.

Diese Reaktion muss entweder ein instabiles siebenfach koordiniertes Spezies enthalten oder sie läuft über einen fünffach koordinierten Übergangszustand, mit Verlust eines Liganden, was aber gleichfalls ein energetisch ungünstiger Prozess ist.

Inertes Verhalten wird häufig für Elektronenkonfigurationen von d^3 bis d^6 beobachtet, herausragende Beispiele sind Cr(III)- und Co(III)-Komplexe.

Im Folgenden sollen einige Gesetzmäßigkeiten oder **Trends zur thermodynamischen Stabilität von Komplexen** aufgezeigt werden. **Ladung:** Bei gegebenem Metall und gleichen Liganden ist die Stabilität des Komplexes mit dem dreiwertigen Metallion (M^{3+}) in vielen Fällen größer als die mit dem zweiwertigen Ion (M^{2+}). **Metall:** Außerdem können bei wiederum gleichen Liganden, die Stabilitäten der zweiwertigen Komplexionen der ersten Übergangsreihe nach Irving und Williams wie folgt angeordnet werden:

$$Mn^{2+} < Fe^{2+} < Co^{2+} < Ni^{2+} < Cu^{2+} > Zn^{2+}$$

Für eine Deutung dieses Trends und Einschränkung des Maximums beim Kupfer siehe Abbildung 2.9.10 und den zugehörigen Text in Abschnitt 2.9.

Zwischen dem Zentralatom und dem Donoratom des Liganden lässt sich ebenfalls eine Beziehung zur Komplexstabilität finden. Es ist das so genannte **Prinzip der harten und weichen Säuren und Basen** (HSAB-Prinzip, engl. hard and soft acids and bases). Die (Lewis-)Säure ist in einem Komplex das Zentralmetallatom oder -ion, die (Lewis-)Base der Ligand. Kleine, hochgeladene und schwer polarisierbare Kationen, die also eine hohe lokalisierte Ladungskonzentration und wenige Elektronen in der Valenzschale haben, sind hart. Große Kationen, mit leicht verschiebbaren Elektronenwolken, die also in niedrigeren Oxidationsstufen vorliegen und eine große Zahl von Elektronen in der Valenzschale aufweisen sind weich. Analog sind kleine, schwer polarisierbare Liganden hart und große, leicht polarisierbare Liganden sind weich. Eine konkrete Einordnung von Metallionen und Liganden als hart oder weich ist in Tabelle 2.10.1 gegeben. Die Auflistung in Tabelle 2.10.1 soll außerdem andeuten, dass das HSAB-Prinzip über Metallkomplexe hinausgeht, indem auch metallfreie Säuren aufgeführt wurden. Zusätzlich zu Tabelle 2.10.1 gibt Abbildung 2.10.2 eine graphische Darstellung der Hart- und Weich-Einteilung, nebst Grenzfällen, für die Metallionen im Periodensystem.

Li	Be														B		
Na	Mg														Al	hart	
K	Ca	Sc	Ti	V	Cr	Mn	Fe^{3+}	Fe^{2+}	Co^{3+}	Co^{2+}	Ni	Cu^{2+}	Cu^+	Zn	Ga	Ge	
Rb	Sr	Y	Zr	Nb	Mo	Tc	Ru		Rh		Pd	Ag		Cd	In	Sn	
Cs	Ba	La	Hf	Ta	W	Re	Os		Ir		Pt	Au		Hg	Tl	Pb	Bi
	hart						Grenzfälle					weich					

Abbildung 2.10.2. Ungefähre Zuordnung der Metallionen zu den harten oder weichen Säuren und den Grenzfällen nach dem HSAB-Konzept von Pearson (adaptiert aus A. E. Martell, R. D. Hancock, *Metal Complexes in Aqueous Solutions*, Plenum Press, New York, 1996).

Tabelle 2.10.1. Zuordnung von Beispielen für harte und weiche Säuren und Basen.

Säuren	Harte Basen
H^+, Li^+, Na^+, K^+	F^-, Cl^-
Be^{2+}, Mg^{2+}, Ca^{2+}, Sr^{2+}	H_2O, OH^-, O^{2-}, ROH, RO^-, R_2O
Al^{3+}, Ga^{3+}, In^{3+}	ClO_4^-, SO_4^{2-}, NO_3^-, PO_4^{3-}, CO_3^{2-}
Sc^{3+}, Cr^{3+}, Fe^{3+}, Co^{3+}	NH_3, RNH_2
Ti^{4+}, Zr^{4+}, Hf^{4+}	
Ce^{4+}	
$R\text{-}C^+{=}O$, $\text{-}C^+{=}NR$	
CO_2, SO_3, BF_3, BR_3, AlR_3	

Säuren	Grenzfälle Basen
Sn^{2+}, Pb^{2+}	Br^-
Fe^{2+}, Co^{2+}, Ni^{2+}, Cu^{2+}, Zn^{2+}	NO_2^-, SO_3^{2-}
Ru^{3+}, Rh^{3+}	N_2, N_3^-, NH_2Ph
Os^{2+}, Ir^{3+}	
SO_2	

Säuren	Weiche Basen
Pd^{2+}, Pt^{2+}	I^-
Cu^+, Ag^+, Au^+	R_2S, RS^-, SCN^-, $S_2O_3^{2-}$
Cd^{2+}, Hg^{2+}, Hg_2^{2+}	R_3P, R_3As
CH_3^+, R_2C (Carben)	CO, CN^-, RNC, C_2H_4, C_6H_6
Br_2, I_2	H^-, R^-

Nach dem von Pearson eingeführten empirischen HSAB-Konzept entstehen stabile Komplexe aus harten Säuren (Kationen) und harten Basen (Liganden) oder aus weichen Säuren und weichen Basen. Die Kombinationen hart-weich oder weich-hart führen danach zu weniger stabilen Komplexen. Das ursprünglich qualitative Konzept von Pearson wurde von Pearson und Parr 1983 derart erweitert, dass die Lewis-Säuren und -Basen nach ihrer Härte quantitativ geordnet wurden. Die chemische Härte η gibt an, wie leicht oder schwer die Anzahl der Elektronen innerhalb eines Teilchens S verändert werden kann. Als Maß für die Härte wurde die halbe Energieänderung des Elektronenübergangs $S + S \rightarrow S^+ + S^-$ gewählt, die sich jeweils durch die Ionisierungsenergie I und die Elektronenaffinität E_a ausdrücken lässt.

$$\eta = \frac{I + E_a}{2}$$

Eine anschauliche Begründung kann auch über die MO-Theorie gegeben werden: Harte Säuren und Basen zeichnen sich energetisch durch ein höher liegendes LUMO bzw. ein tieferes HOMO aus, als weiche Säuren und Basen (**2.10.1**). Dementsprechend laufen die elektrostatischen, d.h. ionischen Reaktionen harter Säuren mit harten Basen ladungskontrolliert ab, während eine kovalente weich-weich Wechselwirkung orbitalkontrolliert ist.

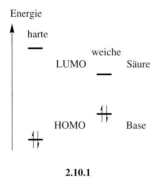

2.10.1

2.11 Reaktivität von Metallkomplexen, Kinetik und Mechanismen

2.11.1 Substitutionsreaktionen

Viele Reaktionsmechanismen sind grundsätzlich in der anorganischen Chemie (noch) nicht in der gleichen Weise verstanden wie in der organischen Chemie, da in der anorganischen Chemie sich die Voraussagen von Reaktionen für eine Vielzahl von Zentralatomen und unterschiedlichen Liganden prinzipiell sehr viel schwieriger gestalten und nur in wenigen Fällen möglich sind. Ein nicht gering zu schätzendes Verständnis und eine Vorhersage einer größeren Zahl von Reaktionen ermöglicht das **HSAB-Prinzip** (siehe oben). Ein weiteres Beispiel für Voraussagen sind Substitutionsreaktionen an quadratisch-planaren Komplexen, in denen der **trans-Effekt** eine Systematisierung ermöglicht. Der trans-Effekt kann definiert werden als Labilisierung von Liganden in trans-Stellung zu anderen trans-dirigierenden Liganden. Die Textskizze **2.11.1** zeigt eine allgemeine Darstellung des trans-Effektes. Der Ligand A, mit der stärksten trans-dirigierenden Fähigkeit, labilisiert die Bindung des ihm gegenüber (trans-) stehenden C-Liganden und bringt damit im Rahmen einer Substitutionsreaktion den neuen Liganden D in diese Stellung. Es handelt sich dabei um einen kinetischen Effekt, der hauptsächlich bei planar-quadratischen Komplexen ausgeprägt ist, untersucht und angewendet wird, sich aber prinzipiell auch bei oktaedrischen Komplexen findet (siehe unten). Der kinetische trans-*Effekt* sollte nicht mit dem trans-*Einfluss* aus Abschnitt 2.7 verwechselt werden. Aus dem Vergleich einer Vielzahl von Reaktionen lassen die Liganden nach der Stärke ihres trans-Effektes in der **trans-dirigierenden Reihe** anordnen:

$H_2O < OH^- < NH_2R < Pyridin < NH_3 < Cl^- < Br^- < I^- < SCN^- < NO_2^- < S=C(NH_2)_2 < R_2S < R_3P < NO \approx C_2H_4 < CO < CN^-$

Zunahme des trans-dirigierenden Einflusses →

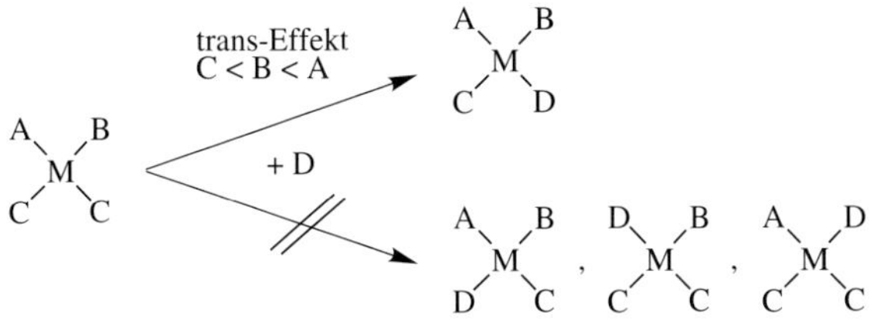

2.11.1

Die Beispielreaktionen in Abbildung 2.11.1 verdeutlichen wie der trans-Effekt für die gezielte Darstellung von isomeren Platinkomplexen eingesetzt werden kann. Gleichzeitig zeigen die aufgeführten Reaktionsschritte, dass der trans-Effekt nicht absolut und isoliert von individuellen Bindungslabilitäten gesehen werden darf. So muss etwa die höhere Labilität einer Pt-Cl gegenüber einer Pt-N Bindung ebenfalls berücksichtigt werden. Das Interesse am trans-Effekt in Platinkomplexen hängt auch mit der Bedeutung von cis-Diammindichloroplatin (Cisplatin) als Cytostatika zusammen (siehe Abschnitt 2.12.6).

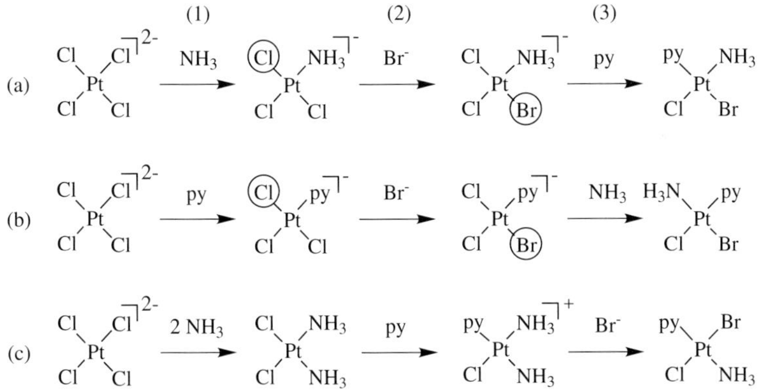

Abbildung 2.11.1. Anwendungen des trans-Effektes bei der Darstellung der drei isomeren Komplexe der Platinverbindung $[PtBrCl(C_6H_5N)(NH_3)]$ (C_6H_5N = Pyridin, py). Der jeweils am stärksten trans-dirigierende Ligand ist zum Verständnis der Reaktionssequenz mit einem Kreis gekennzeichnet. Bei einigen Teilschritten ist das Produkt über die höhere Labilität von Pt-Cl im Vergleich zu Pt-N zu erklären, z.B. bei c2. Für die Schritte a2 und b2 bedingt der trans-Effekt von Cl und die Labilität der Pt-Cl-Bindung, dass eines der trans zueinander stehenden Chloratome substituiert wird. Im Schritt c3 ist die Substitution des Amminliganden trans zu Chlor wegen der umgekehrten Labilität eigentlich unerwartet und muss als empirischer Befund gewertet werden.

Die Reaktionen in Abbildung 2.11.2 beschreiben den Kurnakov-Test zur Unterscheidung von cis- und trans-Komplexen des Typs $[PtX_2A_2]$ (X = Halogenid, A = Amin).

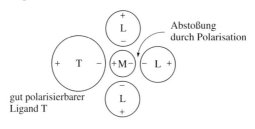

Abbildung 2.11.2. Kurnakov-Test zur Unterscheidung von cis- und trans-[PtX$_2$A$_2$]-Komplexen (X = Halogenid, A = Amin) mit Thioharnstoff, S=C(NH$_2$)$_2$=th, als Reagenz am Beispiel von [PtCl$_2$(NH$_3$)$_2$]. Im Komplex trans-[Pt(NH$_3$)$_2$th$_2$]$^{2+}$ labilisieren sich die beiden NH$_3$-Gruppen nicht, so dass kein weiterer Einbau von Thioharnstoff erfolgt; die Reaktion ist nach Umsetzung von zwei th-Äquivalenten zu Ende. Der jeweils am stärksten trans-dirigierende Ligand ist zum Verständnis der Reaktionssequenz mit einem Kreis gekennzeichnet.

Zur Deutung des trans-Effektes kann ein Modell nach Grinberg oder nach Chatt und Orgel verwendet werden. Nach Grinberg führen unterschiedlich gut polarisierbare Liganden um ein Zentralion zu einer unsymmetrischen Ladungsverteilung im Zentralion selbst. Dadurch wird die M-L Bindung trans zu einem besonders gut polarisierbaren und damit trans-dirigierenden Liganden T gelockert, wie **2.11.2** verdeutlicht. Dieses Modell erklärt für viele Liganden deren Stellung in der trans-dirigierenden Reihe ganz gut, versagt bei einigen aber auch. Es erklärt z.B. nicht, weshalb der neutrale CO-Ligand stärker trans-dirigierend ist, als etwa die negativ geladenen Halogenidionen.

2.11.2

Das Modell nach Chatt und Orgel verwendet einen MO-theoretischen Ansatz. Die trans-zueinander stehenden unterschiedlichen Liganden konkurrieren dabei um die σ- und π-Bindungen. Das aus Symmetriegründen mögliche Einmischen von p-Funktionen in die d-Orbitale verstärkt dabei die Bindung zu dem Liganden, der mit seinen Orbitalen aufgrund ihrer energetischen Lage und Größe eine bessere Orbitalwechselwirkung aufbaut. Gleichzeitig wird durch die Hybridisierung am Zentralmetall die Bindung zu dem trans dazu stehenden Liganden geschwächt. Die Skizzen **2.11.3** und **2.11.4** veranschaulichen den Wettbewerb um eine bessere Orbitalüberlappung und die Bindungsverstärkung bzw. -schwächung durch Einmischen von Metall-p-Funktionen. Aufgrund der besseren Orbitalüberlappung erhält der Ligand T auf diese Weise trans-dirigierende Eigenschaften. Unabhängig vom verwendeten Modell ist es wichtig zu betonen, dass die Beeinflussung der trans zueinander stehenden Bindungen auf Gegenseitigkeit beruht: Während die eine Bindung geschwächt wird, wird die gegenüberliegende gestärkt.

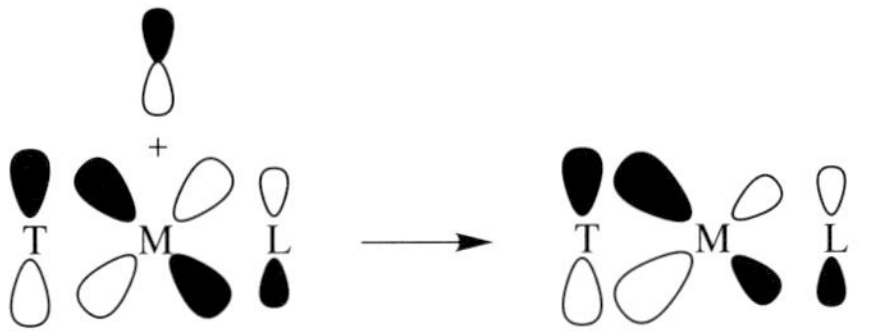

2.11.3

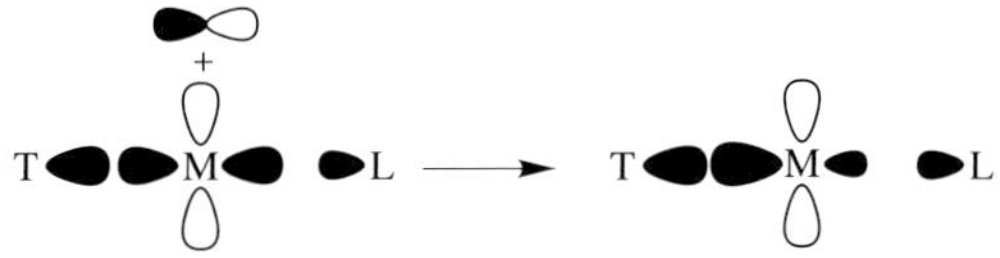

2.11.4

Man kennt den trans-Effekt auch in oktaedrischen Komplexen, die Zahl der Beispiele ist dort aber etwas begrenzter. In Abbildung 2.11.3 ist anhand eines Beispiels gezeigt wie der in der Reihe $Cl^- < Br^- < I^-$ zunehmende trans-Effekt genutzt werden kann.

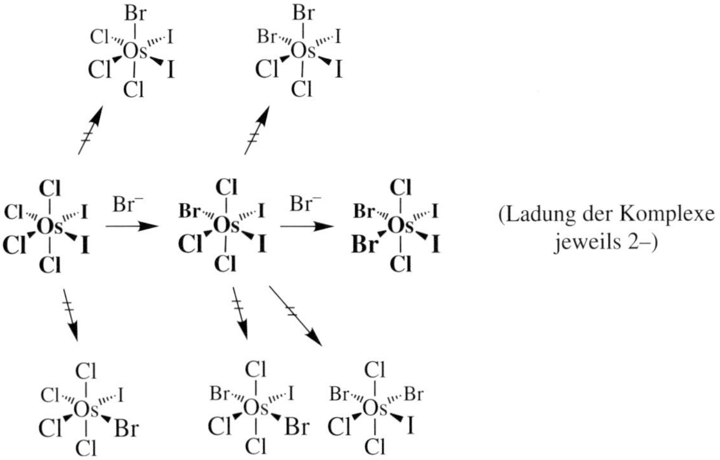

(Ladung der Komplexe jeweils 2–)

Abbildung 2.11.3. Zweistufige Reaktionsfolge von cis-$[OsCl_4I_2]^{2-}$ mit Br^-. Es sind sowohl die durch den trans-Effekt erhaltenen als auch die nicht gebildeten Isomere gezeigt (aus W. Preetz, G. Peters, D. Bublitz, *Chem. Rev.* **1996**, *96*, 977). Eine weitere Umsetzung von $[OsCl_2Br_2I_2]^{2-}$ mit Br^- führt dann unter Verzweigung (Ersatz von Cl^- oder I^-) und über alle möglichen Zwischenstufen zu $[OsBr_6]^{2-}$.

Mechanistisch verläuft die **Substitutionsreaktion in quadratisch-planaren Komplexen** nach einem **Assoziations-Mechanismus** (A ≡ S_N^2-Reaktion), der allgemein in **2.11.5** skizziert ist. Die eintretende Gruppe, das Nucleophil (E) kann senkrecht zur Fläche des Quadrates in Richtung des (bei d^8-Konfiguration) besetzten z^2- und des leeren p_z-Orbitals an das Metallzentrum anbinden. Die zunächst quadratisch-pyramidale Ligandenanordnung kann sich über eine Pseudorotation in eine trigonal-bipyramidale Geometrie umlagern (siehe Abbildung 2.3.3). Durch das Verlassen der trigonalen Ebene seitens des Nucleofugs (L) geht dann die ungünstigere Fünffachkoordination in ein quadratisch-planares Produkt über. Eine experimentelle Bestätigung für einen solchen Assoziationsmechanismus erhält man über die Abhängigkeit der Reaktionsgeschwindigkeit von den Konzentrationen der beiden Edukte MTA$_2$L und E sowie über eine Änderung der Geschwindigkeit mit der Art des eintretenden Nucleophils E oder auch über bei einer Änderung des sterischen Anspruchs der inerten Liganden, wie die Daten in Tabelle 2.11.1 in Kombination mit **2.11.9** zeigen.

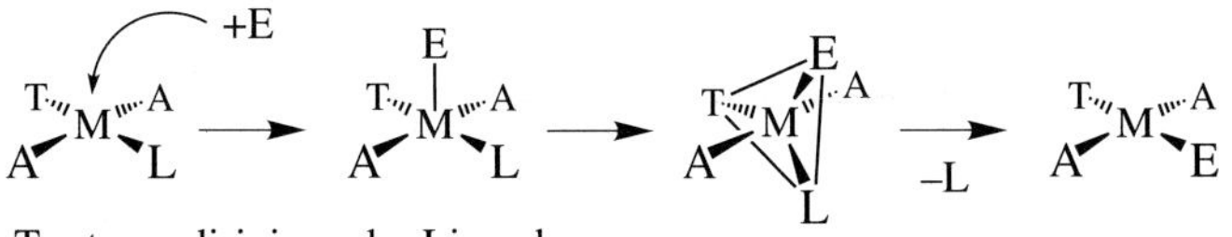

T = trans-dirigierender Ligand
E = eintretende Gruppe, Nuclophil
L = "leaving group", Nucleofug
A = unbeteiligte Liganden   **2.11.5**

Tabelle 2.11.1. Geschwindigkeitskonstanten für die Chlorid-Substitutionsreaktion [PtCl(R)(PEt$_3$)$_2$] + py → [Pt(R)(PEt$_3$)$_2$(py)]$^+$ + Cl$^-$ (in Ethanol, py = Pyridin).

	k [l mol^{-1} s^{-1}]	
R	trans-Komplex (25 °C)	cis-Komplex (0 °C)
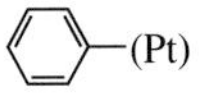 ⬡—(Pt)	$1.2 \cdot 10^{-4}$	$8 \cdot 10^{-2}$
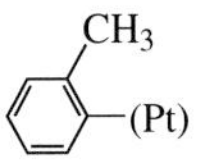 H$_3$C—⬡(CH$_3$)(CH$_3$)—(Pt)	$1.7 \cdot 10^{-5}$	$2 \cdot 10^{-4}$
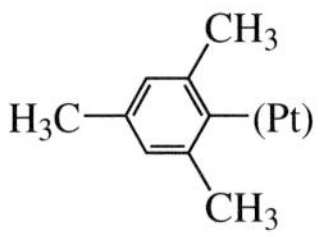 ⬡(CH$_3$)—(Pt)	$3.4 \cdot 10^{-6}$	$1 \cdot 10^{-6}$ (25 °C)

Bei beiden Isomeren ist der Trend in Übereinstimmung mit einem assoziativen Austausch. Die zunehmende repulsive sterische Wechselwirkung vom Phenyl über ortho-Tolyl zum Mesityl mit einem eintretenden Liganden behindert die Anlagerung des Pyridinliganden. Falls die Reaktion nach einem dissoziativen Mechanismus abliefe, wäre der Trend gerade umgekehrt, da ein größerer Raumbedarf die Abspaltung des Chloridliganden fördern sollte. Die stärkere Variation in den Geschwindigkeitskonstanten beim cis-Isomer stützt zudem die Formulierung eines trigonal-bipyramidalen Zwischenprodukts in dem das Nucleophil und die Abgangsgruppe sowie der ursprünglich trans zu ihr stehende Ligand die drei äquatorialen Positionen besetzen. Ausgehend vom cis-Isomer muss die R-Gruppe dann die sterisch ungünstigere axiale Position einnehmen (drei 90°-Winkel zu den nächsten Liganden), während sie beim trans-Isomer auch in der äquatorialen Ebene zu liegen kommt (nur zwei im 90°-Winkel dazu stehende Liganden) (**2.11.6**). Die für das Phenylderivat noch um über eine Größenordnung höhere Reaktionsgeschwindigkeit im cis-Komplex wird zum Mesitylderivat deshalb relativ viel stärker vermindert.

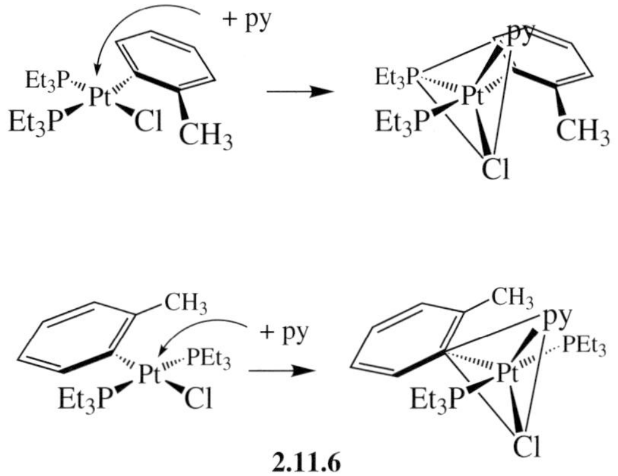

2.11.6

Für **Substitutionsreaktionen in oktaedrischen Komplexen** kennt man verschiedene Mechanismen: Die Grenzfälle des Assoziationsmechanismus (A oder S_N^2) und des Dissoziationsmechanismus (D oder S_N^1) sowie die dazwischenliegenden Mechanismen mit wechselseitigem Austausch (I_a und I_d). Beim dissoziativen Mechanismus (**2.11.7**) erfolgt im ersten Schritt die Abspaltung eines Liganden (L) unter Erniedrigung der Koordinationszahl; es tritt eine fünffach koordinierte Zwischenstufe auf. Die Koordinationslücke wird dann von dem neu eintretenden Liganden E gefüllt. Die Reaktionsgeschwindigkeit hängt nur von der Konzentration des oktaedrischen Komplexes MA_5L ab, der Verlust von L ist der geschwindigkeitsbestimmende Schritt.

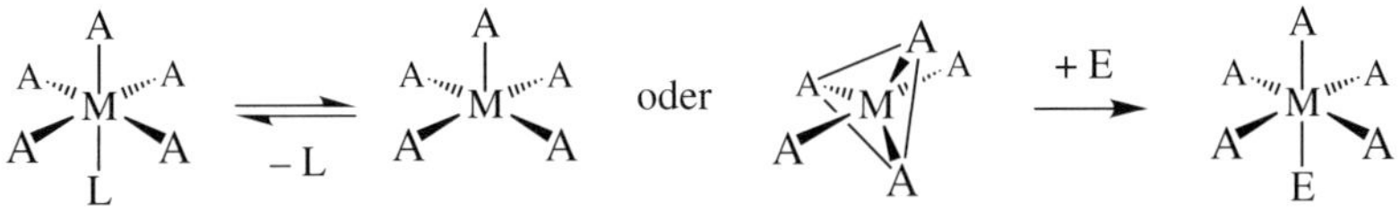

2.11.7

Der assoziative Mechanismus beinhaltet nach der Anlagerung des neu eintretenden Liganden E, als erstem Schritt, eine heptakoordinierte Zwischenstufe, z.B. als pentagonale Bipyramide (**2.11.8**). Die Koordinationszahl des Metallions wird also zunächst erhöht, und erst dann wird die Abgangsgruppe L abgespalten. Die Reaktionsgeschwindigkeit hängt von beiden Eduktkonzentrationen (MA_5L und E) ab sowie von der Art der eintretenden Gruppe E.

Der assoziative und dissoziative Mechanismus ($A \equiv S_N^2$ und $D \equiv S_N^1$) sind Grenzfälle, nach denen nur wenige Reaktionen eindeutig abzulaufen scheinen. Häufig wird der tatsächliche Mechanismus irgendwo dazwischen liegen, und es

2.11.8

werden konzertierte Prozesse mit einer gleichzeitigen Handlung der ein- und aus-tretenden Gruppe diskutiert. Solche Prozesse werden assoziative (I_a) oder dissozia-tive (I_d) Austausch- (*Interchange*) Mechanismen genannt. Die Unterscheidung zwi-schen einem A- oder D-Grenzfall-Mechanismus auf der einen Seite und einem as-soziativen oder dissoziativen Austausch auf der anderen Seite wird nach dem Vor-liegen von Zwischenprodukten getroffen. Als Zwischenprodukt wird eine nach-weisbare Spezies in einer Energiemulde, mit einer möglicherweise sehr kurzen aber doch endlichen Lebensdauer betrachtet, im Unterschied zu einem Übergangszu-stand oder aktiviertem Komplex als dem Maximum des Energieprofils. Kann nun eindeutig ein Zwischenprodukt mit höherer oder niedrigerer Koordinationszahl als das Edukt nachgewiesen werden, so liegt der assoziative oder dissoziative Grenz-fall-Mechanismus vor. Die Bindungen werden nacheinander gebildet und gelöst bzw. umgekehrt. Bei den Austausch-Mechanismen fehlt dagegen ein solcher ein-deutiger Hinweis auf ein Zwischenprodukt (Abbildung 2.11.4). Je nachdem, ob im Übergangszustand die Bindungsaufnahme oder der Bindungsbruch eine größere Bedeutung hat, liegt dann ein assoziativer oder dissoziativer Austausch vor. Beim I_a-Mechanismus hängt die Reaktionsgeschwindigkeit stärker von der Art der eintre-tenden Gruppe ab, beim I_d-Mechanismus stärker von der Art der austretenden Gruppe.

Obwohl für die Grenzfälle des assoziativen und dissoziativen Mechanismus oben auf die prinzipielle Unterscheidungsmöglichkeit durch das Geschwindigkeits-gesetz hingewiesen wurde, hat das ableitbare Geschwindigkeitsgesetz bedingt durch die Bildung eines vorgelagerten Ionenpaares oder Präassoziationskomplexes für D häufig eine Form, die keine sichere Differenzierung zulässt. Man versucht daher eine Klassifizierung der Substitutionsreaktionen nicht nur über die Konzen-trationsabhängigkeit der Reaktionsgeschwindigkeit zu erreichen, sondern in einer Trendanalyse werden Eigenschaften der Reaktanden systematisch verändert und die Änderung der Reaktionsgeschwindigkeit in Abhängigkeit davon untersucht. Aus dieser Abhängigkeit wird, insbesondere bei den Austauschmechanismen, dann auf den wahrscheinlichen Reaktionsablauf geschlossen; es bleibt natürlich das Pro-blem, den Grad der Veränderung zu beurteilen. Die Darstellungen in **2.11.9** illus-trieren zwei Einflussgrößen und vergleichen deren Effekt auf die Reaktionsge-schwindigkeit für die unterschiedlichen Mechanismen.

Mit das erfolgversprechendste Unterscheidungskriterium ist die Größe der iner-ten Liganden. Ein höherer sterischer Anspruch dieser Zuschauerliganden sollte die Wechselwirkung mit der eintretenden Gruppe und damit einen I_a-Mechanismus er-schweren. Die Loslösung der Abgangsgruppe bei größer werdenden Inertliganden

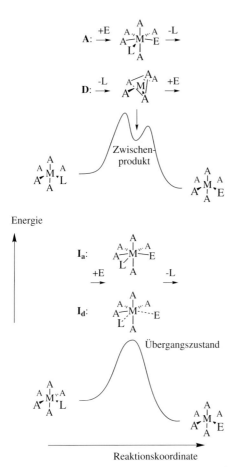

Abbildung 2.11.4. Unterschiedliche Energieprofile für den assoziativen oder dissoziativen Mechanismus (Grenzfall A oder D), mit nachweisbarem sieben- bzw. fünffach-koordiniertem Zwischenprodukt, und den assoziativen oder dissoziativen Austausch-Mechanismus (I_a oder I_d), ohne eindeutigem Zwischenprodukt. Die Unterschiede zwischen I_a und I_d liegen in der Stärke der Bindung zur eintretenden und austretenden Gruppe (E und L), was mit durchgezogenen oder gestrichelten Linien symbolisiert wird.

verringert dagegen die sterischen Spannungen und erhöht die Reaktionsgeschwindigkeit bei einem I_d-Mechanismus.

Die folgenden Beispiele sollen die Anwendung von **2.11.9** für die Ableitung der Reaktionsmechanismen verdeutlichen. Die Geschwindigkeitskonstanten für einen Chlorid→Wasser-Ligandenaustausch in Ammin- und Methylamin-Komplexen von Cobalt(III) und Chrom(III) in Tabelle 2.11.2 zeigen bei Zunahme der Größe der inerten Liganden eine Zunahme für die Substitutionsgeschwindigkeit am Cobalt und eine Abnahme für die Substitutionsrate am Chrom. Es lag daher nahe, diesen Trend mit einem dissoziativen Mechanismus (I_d) beim Cobalt zu erklären und einen assoziativen Mechanismus (I_a) beim Chrom anzunehmen.

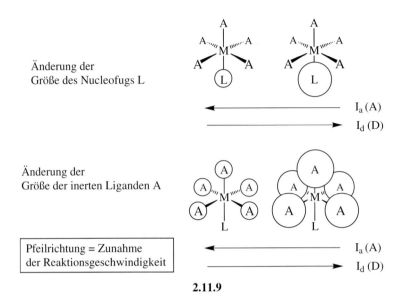

Änderung der
Größe des Nucleofugs L

Änderung der
Größe der inerten Liganden A

Pfeilrichtung = Zunahme
der Reaktionsgeschwindigkeit

2.11.9

Tabelle 2.11.2. Geschwindigkeitskonstanten für die Substitutionsreaktion $[MCl(A)_5]^{2+}$ + $H_2O \rightarrow [M(H_2O)(A)_5]^{3+} + Cl^-$ (M = Co, Cr; A = NH$_3$, NH$_2$Me)

Komplex	k [10^{-6} s^{-1}] (bei 25 °C)	Komplex	k [10^{-6} s^{-1}] (bei 25 °C)
$[CoCl(NH_3)_5]^{2+}$	1.72	$[CrCl(NH_3)_5]^{2+}$	8.7
$[CoCl(NH_2Me)_5]^{2+}$	39.6	$[CrCl(NH_2Me)_5]^{2+}$	0.26

Anhand dieses Beispiels soll aber auch aufgezeigt werden, wie problematisch die Interpretation solcher Daten sein kann und wie kontrovers die mechanistischen Details vieler Substitutionsreaktionen an oktaedrischen Komplexen häufig diskutiert werden. Bei einer Neuinterpretation der Daten in Tabelle 2.11.2 wurde die Länge der Cr-Cl-Bindung berücksichtigt, die im Methylaminkomplex entgegen der Erwartung um 0.03 Å kürzer ist als im Amminkomplex. Der Chrom-Methylaminkomplex reagiert danach lediglich infolge der kürzeren und wahrscheinlich stärkeren Cr-Cl-Bindung langsamer, so dass auch für die Chromkomplexe ein dissoziativer I$_d$-Mechanismus vorgeschlagen wurde.

Neben der Reaktionsgeschwindigkeit hat sich deren Druckabhängigkeit als wichtiges Werkzeug für die mechanistische Deutung erwiesen. Die **Druckabhängigkeit der Geschwindigkeitskonstanten** der Hinreaktion (k$_1$) ist durch das van't Hoff'sche Gesetz gegeben nach

$$\left(\frac{\partial \ln k_1}{\partial P}\right)_T = -\frac{\Delta V_1{}^*}{RT} \qquad \Delta V_1{}^* = V_{Edukt} - V_{Übergangszustand}$$

Assoziation, A oder I_a

$V_{Edukt} < V_{Übergangszustand}$

$$\Delta V_1^* < 0$$

2.11.10

Dissoziation, D oder I_d

oder

$V_{Edukt} > V_{Übergangszustand}$

$$\Delta V_1^* > 0$$

2.11.11

Dabei ist ΔV_1^* als das **Aktivierungsvolumen** des Vorwärtsschrittes definiert, was gleich der Differenz der partiellen molaren Volumina zwischen Edukt und Übergangszustand ist. Für einen assoziativen Mechanismus (I_a oder A) wird man ein negatives Aktivierungsvolumen erwarten, da der Komplex zunächst um die eintretende Gruppe vergrößert wird, während die Abgangsgruppe noch gebunden ist (**2.11.10**). Bei einem dissoziativen Mechanismus (I_d oder D) wird das Aktivierungsvolumen positiv sein, da die Abgangsgruppe bereits weitgehend gelöst ist, während die Koordination des Nucleophils noch gering ist (**2.11.11**). Für die weitergehende Unterscheidung zwischen I_a und A bzw. I_d und D kann dann die Größe der Werte in einer vergleichenden Betrachtung herangezogen werden, wie nachstehendes Beispiel zeigt.

Eine der am häufigsten untersuchten Reaktionen von Übergangsmetallkomplexen ist der Lösungsmittel-Ligandenaustausch, darunter vor allem der Wasseraustausch an Hexaaqua-Metallionen. In Tabelle 2.11.3 sind die Geschwindigkeitskonstanten und Aktivierungsvolumina dieser Studien für einige Übergangsmetallionen zusammengestellt. Man erkennt zunächst einen weiten Bereich der Reaktionsgeschwindigkeitskonstanten aus dem sich eine labil/inert-Einstufung der Komplexe ergibt. Die Geschwindigkeitskonstanten lassen hier aber keine Aussage in Bezug auf den Substitutionsmechanismus zu, eine solche kann erst aus dem Vergleich der Aktivierungsvolumina erhalten werden. Man erkennt jeweils recht eindeutige Trends sowohl in der Reihe der dreiwertigen als auch der zweiwertigen Ionen. Das experimentelle Aktivierungsvolumen für den H_2O-Austausch an $[Ti(H_2O)_6]^{3+}$ liegt nahe dem Grenzwert für den assoziativen Mechanismus (A). Die kleineren negativen Werte für V^{3+}, Cr^{3+} und Fe^{3+} legen dann die Zuordnung zu einem assoziativen Austauschmechanismus (I_a) nahe. Für die aufgeführten zweiwertigen Ionen kann man den graduellen Wechsel von einem assoziativen zu einem dissoziativen Austauschmechanismus zwischen Mn^{2+} und Fe^{2+} annehmen. Der dissoziative Grenzfall D wird bei den Beispielen hier nicht erreicht.

Die graduelle Abstufung und den Wechsel im Mechanismus kann man hier nicht allein mit der Größenänderung im Kation erklären, sondern eine wichtige Rolle wird auch der Valenzelektronenkonfiguration zugeschrieben. Eine zunehmende

Tabelle 2.11.3. Geschwindigkeitskonstanten und Aktivierungsvolumina für den H_2O-Austausch $[M(H_2O)_6]^{n+} + H_2O^* \rightarrow [M(H_2O)_5(H_2O^*)]^{n+} + H_2O$ an drei- und zweiwertigen Übergangsmetallionen ($O^* = {}^{18}O$ oder ${}^{17}O$).

M^{n+}	Ionenradius [Å]	Elektronen-konfiguration	k [s^{-1}]	ΔV^* [a,b] [cm^3/mol]
Ti^{3+}	0.67	t_{2g}^1	$1.8 \cdot 10^5$	-12.1
V^{3+}	0.64	t_{2g}^2	$5.0 \cdot 10^2$	-8.9
Cr^{3+}	0.61	t_{2g}^3	$2.4 \cdot 10^{-6}$	-9.6
Fe^{3+}	0.64	$t_{2g}^3 e_g^2$	$1.6 \cdot 10^2$	-5.4
V^{2+}	0.79	t_{2g}^3	$8.7 \cdot 10^1$	-4.1
Mn^{2+}	0.83	$t_{2g}^3 e_g^2$	$2.1 \cdot 10^7$	-5.4
Fe^{2+}	0.78	$t_{2g}^4 e_g^2$	$4.4 \cdot 10^6$	$+3.8$
Co^{2+}	0.74	$t_{2g}^5 e_g^2$	$3.2 \cdot 10^6$	$+6.1$
Ni^{2+}	0.69	$t_{2g}^6 e_g^2$	$3.2 \cdot 10^4$	$+7.2$

[a] Die Genauigkeit von ΔV^* ist etwa ± 1 cm^3/mol. – [b] Die Grenzwerte der Aktivierungsvolumina ΔV^*_{lim} wurden zu ± 13.5 cm^3/mol für dreiwertige und zu ± 13.1 cm^3/mol für zweiwertige Metallionen für die A- (negativer Wert) und D- (positiver Wert) Grenzfallmechanismen aus semiempirischen Rechnungen abgeschätzt.

Besetzung der in σ-Komplexen nichtbindenden t_{2g}-Orbitale (die zwischen den Liganden liegen) erschwert aus elektrostatischen Gründen die notwendige Annäherung und Koordination eines siebenten Liganden senkrecht zu den Oktaederflächen oder -kanten im Rahmen eines assoziativen Mechanismus. Entsprechend wird eine Auffüllung der antibindenden e_g-Niveaus, die Tendenz zu einer Bindungsspaltung für einen dissoziativen Mechanismus erhöhen.

2.11.2 Redoxreaktionen – Elektronentransfer zwischen Komplexen

Redoxreaktionen zwischen Metallkomplexen sind komplizierter als man zunächst denken sollte, da die reagierenden Metallzentren von Ligandenhüllen umgeben sind. Auch die Solvatmoleküle bei Aquakomplexen sind Ligandenhüllen. Gleichzeitig ist der Elektronentransfer unter Einbeziehung von Metallzentren ein sehr wichtiges Gebiet, da z.B. grundlegende Reaktionen des Lebens wie die Photosynthese und die Stickstoff-Fixierung Redoxreaktionen an Metallzentren sind (s. dazu Abschnitte 2.12.1. und 2.12.2). Arbeiten zu Elektronenübertragungen an Metallen wurden bisher mit zwei Nobel-Preisen geehrt: 1983 an Henry Taube für experimentelle Untersuchungen zur Elektronenübertragung zwischen Metallkomplexen und 1992 an Rudolf A. Marcus für theoretische Arbeiten zum Elektronentransfer (Marcus-Theorie).

Zum Problem, wie ein Elektron seinen Ort wechselt, wenn zwei Übergangsmetallkomplexe in wässriger Lösung ihre jeweilige Oxidationszahl um eine Einheit ändern, konnten Taube und Mitarbeiter zeigen, dass alle Redoxreaktionen von Metallkomplexen in zwei Kategorien eingeteilt werden können: in (a) „outer-sphere"- und in (b) „inner-sphere"-Reaktionen.

Der outer-sphere- (Außensphären-) Mechanismus: Hierbei bleiben die Koordinationssphären der beiden miteinander reagierenden Komplexe während des Elektronentransfers intakt. Es werden vor der Elektronenübertragung keine chemischen Bindungen gebildet und gelöst. Die reaktiven Teilchen müssen sich in der Lösung nur treffen und einen losen Begegnungskomplex bilden. Das Elektron gelangt dann durch zwei intakte Koordinationssphären vom Metallion A zum Metallion B. Nach dem Elektronentransfer trennen sich die individuellen Metallspezies wieder aus dem nun vorliegenden losen Folgekomplex. Abbildung 2.11.5 gibt eine schematische Darstellung einer outer-sphere-Elektronentransferreaktion. Dieser Mechanismus wird immer dann in Aktion treten, wenn die redoxaktiven Metalle keinen gemeinsamen Komplex bilden können, in dem über einen gemeinsamen Liganden beide Metalle verbrückt sind. Ein solcher Mechanismus wird allerdings auch vorliegen, wenn die Reaktionsgeschwindigkeit des Elektronentransfers sehr viel größer ist, als die Geschwindigkeit, mit der die Substitution eines Liganden an den miteinander reagierenden Komplexen ablaufen kann.

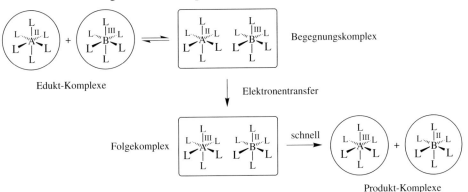

Abbildung 2.11.5. Schematische Darstellung eines outer-sphere-Elektronenübertragungsmechanismus zwischen zwei oktaedrischen Komplexen. Bei den beiden Reaktandenkomplexen ist nur die innere Koordinationssphäre detailliert gezeichnet, diese Liganden sind der Einfachheit halber alle gleichartig mit dem Buchstaben L bezeichnet. Die zweite Koordinations-Hülle aus Lösungsmittelmolekülen ist durch eine Umrandung angedeutet. In einer Gleichgewichtsreaktion wird zunächst der Begegnungskomplex gebildet, aus dem heraus der Elektronentransfer erfolgt. In einer schnellen Reaktion „dissoziiert" der entstandene Folgekomplex dann in die Produkt-Komplexe. Zur Verdeutlichung des Elektronentransfers sind den Metallzentren A und B willkürlich die Oxidationszahlen II und III zugeordnet.

Einen outer-sphere-Mechanismus findet man also bei **substitutionsträgen (inerten** oder kinetisch stabilen**) Komplexen**. So verläuft die Redoxreaktion zwischen $[Fe(CN)_6]^{4-}$ und $[IrCl_6]^{2-}$ (Gleichung 2.11.1) nach einem outer-sphere-Mechanismus, obwohl beide Metallzentren Liganden besitzen, die zur Brückenbildung geeignet sind (siehe unten). Beide Komplexe sind aber inert, und der Elektronentransfer ist mit einer Geschwindigkeitskonstante von $k = 1.2 \cdot 10^5 \, l \, mol^{-1} \, s^{-1}$ bei 25 °C außerordentlich schnell, verglichen mit einem Ligandenaustausch an diesen beiden Metallzentren, der wesentlich langsamer ist.

$$[Fe^{II}(CN)_6]^{4-} + [Ir^{IV}Cl_6]^{2-} \longrightarrow [Fe^{III}(CN)_6]^{3-} + [Ir^{III}Cl_6]^{3-} \tag{2.11.1}$$

Ein gemeinsamer zweikerniger Komplex kann ebenfalls nicht gebildet werden, wenn trotz Vorliegen wenigstens eines labilen Komplexes **keine Liganden** zur Verfügung stehen, die **für eine Brückenbildung** geeignet sind. So verläuft die Redoxreaktion zwischen dem substitutionsträgen $[Co(NH_3)_6]^{3+}$- und dem sehr labilen $[Cr(H_2O)_6]^{2+}$-Ion (Gleichung 2.11.2) über einen outer-sphere-Mechanismus, weil die Amminliganden nicht als Brückenliganden fungieren können, da sie kein zweites freies Elektronenpaar haben. Weitere Beispiele sind Liganden wie 2,2′-Bipyridin und o-Phenanthrolin. Bei den Chelatliganden muss allerdings sichergestellt sein, dass keine Ringöffnung erfolgt.

$$[Co^{III}(NH_3)_6]^{3+} + [Cr^{II}(H_2O)_6]^{2+} \xrightarrow{\text{H}_2\text{O/H}_3\text{O}^+} [Co^{II}(H_2O)_6]^{2+} + 6\,NH_4^+ + [Cr^{III}(H_2O)_6]^{3+} \tag{2.11.2}$$

Die Reaktion in Gleichung 2.11.2 zeigt gleichzeitig, dass als Folge der Redoxreaktion eine Veränderung in der Ligandenhülle eintreten kann, hier durch die Substitution der Ammin- gegen die Aqualiganden des Lösungsmittels im zunächst gebildeten labilen Hexaammincobalt(II)-Komplex.

Bevor es innerhalb des Begegnungskomplexes zu einer Elektronenübertragung kommen kann, muss eine Reorganisation der Bindungslängen der Liganden in der ersten Koordinationssphäre beider Reaktanden erfolgen. Diese Bindungslängenänderung macht einen ganz wesentlichen Beitrag der Aktivierungsenthalpie aus und hat damit Einfluss auf die Geschwindigkeitskonstante solcher Elektronenaustauschreaktionen. Nach dem **Franck-Condon-Prinzip** braucht nun ein (intra- oder intermolekularer) Elektronenübergang mit ca. 10^{-15} s sehr viel weniger Zeit als eine Bewegung der sehr viel schwereren Atomkerne mit etwa 10^{-13} s. Während des Elektronenübergangs bleiben deshalb die Lagen der Kerne und damit die Bindungslängen unverändert (vergleiche dazu auch Abbildung 2.9.23 und zugehörigen Text). Vor dem Elektronentransfer müssen sich deshalb bereits die Bindungslängen der aktivierten Edukte an die der aktivierten Produkte nach dem Transfer angeglichen haben. Mit der Bindungslänge hängen die Energien der beteiligten Orbitale zusammen, die dadurch ursächlich angenähert werden. Diese Angleichung kann durch Streckung oder Stauchung der Bindungslängen über die Valenzschwingungen erreicht werden. So beträgt z.B. in Hexaaquaeisen-Komplexen der Fe-O Bindungsabstand 2.21 Å für Fe^{II} und 2.05 Å für Fe^{III}. Erst wenn beide Ionen einen gleichen Fe-O Abstand von etwa 2.09 Å haben, kann der Elektronentransfer stattfinden. Die dafür notwendige Energie ist die Aktivierungsenergie für die Redoxreaktion und wird auch als **Franck-Condon-Barriere** bezeichnet. Eine graphische Darstellung der Barriere in Form der potentiellen Energie der Redoxreaktion bei einer Selbstaustauschreaktion zeigt Abbildung 2.11.6. Allgemeinere Potentialkurven für Redoxreaktionen zwischen verschiedenen Metallionen finden sich in Abbildung 2.11.7.

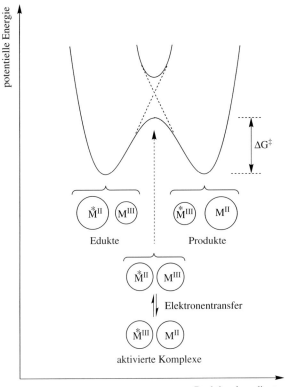

Abbildung 2.11.6. Potentielle Energie für eine Elektronenaustauschreaktion als Funktion der Reaktionskoordinate für einen M^{2+}/M^{3+}-Selbstaustausch, z.B. $[Fe^*(H_2O)_6]^{2+}/[Fe(H_2O)_6]^{3+}$ (M^*, Fe^* bezeichnet ein radioaktiv markiertes (Eisen)Isotop). Da es sich aus Gründen der Einfachheit um eine Reaktion zwischen verschiedenen Redoxzuständen des gleichen Metallkomplexes handeln soll, befinden sich die Minima der Potentialkurve auf gleicher Höhe. Nach dem Überkreuzungsverbot schneiden sich die Potentialkurve der Edukte und der Produkte nicht, sondern spalten auf. Am „Schnittpunkt" oder lokalen Maximum der Potentialkurven sind die M-L-Bindungslängen für das zwei- und dreiwertige Ion gleich. Die Unterschiedlichkeit und Gleichheit der Bindungslängen soll durch die Größe der Kreise illustriert werden. Die Aktivierungsenergie $\Delta G^{\ddagger}$ ist die Franck-Condon-Barriere. Weitere Potentialkurven finden sich in Abbildung 2.11.7.

Würde die Anpassung der Koordinationssphären zwischen Edukten und Produkten im aktivierten Zustand nicht erfolgen, so würde eine Verletzung des 1. Hauptsatzes der Thermodynamik vorliegen. Denn wenn im System M^{*II}/M^{III} das Elektron ohne vorherige Reorganisation der Koordinationssphären und entsprechende Zufuhr von Aktivierungsenergie transferiert würde, ergäbe sich ein M^{*III}-Zentrum mit den Bindungslängen von M^{*II} und umgekehrt. Beide Zentren könnten dann unter Energiegewinn relaxieren, weil sie sich in einem Zustand oberhalb des Minimums der Potentialkurve befänden.

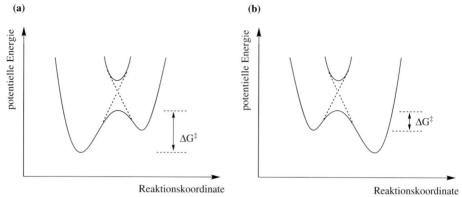

Abbildung 2.11.7. Potentialkurven für Elektronentransferreaktionen mit **(a)** hoher und **(b)** niedriger Aktivierungsenergie.

Zur Illustration der Bedeutung der Bindungslängenangleichung für die Reaktionsgeschwindigkeit sollen die beiden Selbstaustauschwechselwirkungen in den Gleichungen 2.11.3 und 2.11.4 verglichen werden.

$$[Co^{*III}(NH_3)_6]^{3+} + [Co^{II}(NH_3)_6]^{2+} \longrightarrow [Co^{*II}(NH_3)_6]^{2+} + [Co^{III}(NH_3)_6]^{3+}$$

Co-N: 1.94 Å   2.11 Å $\boxed{k = 10^{-6}\ 1\ mol^{-1}\ s^{-1}}$ (2.11.3)

$\quad\quad\quad\quad$ d^6 low-spin d^7 high-spin

$$[Ru^{*III}(NH_3)_6]^{3+} + [Ru^{II}(NH_3)_6]^{2+} \longrightarrow [Ru^{*II}(NH_3)_6]^{2+} + [Ru^{III}(NH_3)_6]^{3+}$$

Ru-N: 2.11 Å   2.15 Å $\boxed{k = 8.2 \cdot 10^2\ 1\ mol^{-1}\ s^{-1}}$ (2.11.4)

$\quad\quad\quad\quad$ d^5 low-spin d^6 low-spin

Im Falle der Cobalt-Ammin-Komplexe ist der Unterschied in den Bindungslängen mit 0.17 Å sehr viel größer als bei den Ruthenium-Ammin-Verbindungen mit nur 0.04 Å. Der Grund ist ein unterschiedlicher Spinzustand für die beiden Cobalt-Komplexe, das dreiwertige Kation liegt als low-spin Komplex, das zweiwertige Ion als high-spin Komplex vor. Für eine Angleichung der Co-N-Kontakte ist damit eine starke Verlängerung oder Kompression der Bindungsabstände notwendig, während die Ru-N-Bindungslängenangleichung nur eine kleine Veränderung erforderlich macht. Die Reaktionsgeschwindigkeit ausgedrückt über die Geschwindigkeitskonstante ist deshalb beim Cobalt-System viel langsamer als beim Ruthenium-Analog.

Es ist bemerkenswert, dass sich in biologischen Systemen Redoxpaare finden, wo bei einem Elektronenaustausch keine Änderung des Spinzustandes und damit nur eine geringe oder gar keine Ligandenbewegung einhergeht, so dass die Franck-Condon-Barriere niedrig ist. Beispiele für solche bioanorganischen Redoxsysteme sind tetraedrisch koordiniertes Fe^{II}/Fe^{III} (high-spin) mit Fe_4S_4-Cubanstruktur z.B. in Ferredoxinen, oktaedrisch koordiniertes Fe^{II}/Fe^{III} (low-spin) z.B. in Cytochromen und pseudotetraedrisch koordiniertes Cu^I/Cu^{II} in Cu-Proteinen (näheres siehe auch Abschnitte 2.12.1 und 2.12.2).

Des Weiteren hat auch die elektronische Struktur der Liganden einen direkten Einfluss auf die Elektronentransfer-Geschwindigkeitskonstante. Komplexe mit

„leitenden" Liganden, die in der Lage sind, das reduzierende Elektron in ein energetisch niedrig liegendes, antibindendes Molekülorbital aufzunehmen, werden schneller reduziert als Komplexe mit „nicht-leitenden" Liganden. Als „leitende" Liganden gelten Pyridin, 2,2'-Bipyridin und andere organische Liganden mit π-Systemen. „Nicht-leitend" sind NH_3, H_2O usw. Wird das Elektron zunächst auf den Brückenliganden und dann erst auf das Oxidationsmittel übertragen, so spricht man auch von einem Fernangriff (engl. remote attack).

Der inner-sphere- (Innensphären-) Mechanismus: Bei einer inner-sphere-Reaktion werden Oxidations- und Reduktionsmittel über einen Brückenliganden miteinander verknüpft, bevor der Elektronentransfer durch eben diesen Brückenliganden stattfindet. Der zweikernige Komplex vor dem Elektronenaustausch wird als Vorläufer oder Precursorkomplex bezeichnet, er ist das Äquivalent zum Begegnungskomplex beim outer-sphere-Mechanismus. Abbildung 2.11.8 skizziert den allgemeinen Verlauf einer inner-sphere-Reaktion.

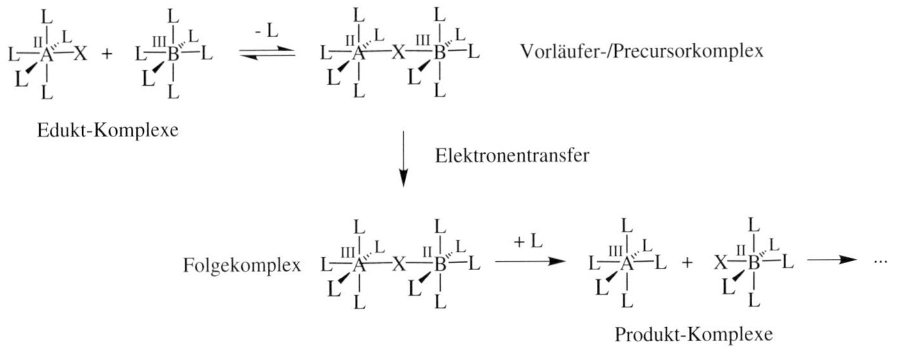

Abbildung 2.11.8. Reaktionsfolge bei einer inner-sphere-Redoxreaktion. Aus den Edukt-Komplexen bildet sich unter Ligandenabspaltung der verbrückte Vorläufer- oder Precursorkomplex. Innerhalb des Precursorkomplexes erfolgt der Elektronentransfer unter Bildung des Folgekomplexes, der dann zerfällt. Als Folge des Elektronentransfers kann es dann zu weiteren Ligandenaustauschreaktionen bei den Produkt-Komplexen kommen (nur angedeutet). Der Einfachheit halber ist außer dem Brückenliganden (X) nicht zwischen verschiedenen Liganden an den Metallzentren unterschieden worden. Der Brückenligand kann, muss aber nicht auf das andere Metallzentrum übertragen werden.

Die Bildungsreaktion des Precursorkomplexes ist dabei eine ganz gewöhnliche Substitutionsreaktion an einem der beiden Metallzentren. Nach dem Elektronentransfer zerfällt der Folgekomplex je nach der thermodynamischen Stabilität der Bindungen zum Brückenliganden mit oder ohne Ligandenübertragung zu den Endprodukten. Ein konkretes Beispiel für einen inner-sphere-Elektronentransfer ist in Gleichung 2.11.5 gezeigt. Wieder findet man eine Substitution der Ammin- durch Aqualiganden im gebildeten labilen Cobalt(II)-Komplex (vergleiche Gleichung 2.11.2).

Der sicherste Beweis für einen inner-sphere-Mechanismus ist der Nachweis, dass der Brückenligand, der vor der Reaktion an das Metallzentrum A gebunden war, nach der Reaktion an Metall B gebunden ist, dass also eine Ligandenübertra-

$[Co^{III}Cl(NH_3)_5]^{2+} + [Cr^{II}(H_2O)_6]^{2+} \xrightarrow[-\ H_2O]{} \quad [(NH_3)_5Co^{III}\text{-}Cl\text{-}Cr^{II}(H_2O)_5]^{4+} \qquad$ Precursorkomplex

$\downarrow$ Elektronentransfer

Folgekomplex $\ [(NH_3)_5Co^{II}\text{-}Cl\text{-}Cr^{III}(H_2O)_5]^{4+} \xrightarrow[+\ H_2O]{+\ 5\ H_3O^+} \quad [Co(H_2O)_6]^{2+}$

$+\ 5\ NH_4^+$

$+\ [CrCl(H_2O)_5]^{2+}$

$$(2.11.5)$$

gung stattfand. Hierfür muss natürlich sichergestellt sein, dass z.B. nicht das Chloridion in Gleichung 2.11.5 nach Zerfall des Cobalt(II)- vom Chrom(III)-Komplex aufgenommen wird. Aber die Redoxreaktion in Gleichung 2.11.5 verläuft relativ schnell ($k = 6 \cdot 10^5$ l mol^{-1} s^{-1}, bei 15 °C), viel schneller als die Bildung von $[CrCl(H_2O)_5]^{2+}$ aus $[Cr(H_2O)_6]^{3+}$, da letzterer Komplex reaktionsträge ist. Ein weiterer Beweis für die Formulierung von Gleichung 2.11.5 als inner-sphere-Reaktion lässt sich erhalten, wenn man die Reaktion in einem mit radioaktiven Chloridionen angereichertem Medium ablaufen lässt. Dabei ist der eingesetzte $[CoCl(NH_3)_5]^{2+}$-Komplex aber nicht markiert. Im isolierten $[CrCl(H_2O)_5]^{2+}$-Reaktionsprodukt findet sich ebenfalls keine Radioaktivität, so dass also kein Chloridion aus der Lösung eingebaut wurde.

Theorie des outer-sphere-Mechanismus (Marcus-Theorie): Von Marcus und anderen wurde unter Anwendungen eines elektrostatischen Ansatzes eine Theorie zur Berechnung der Reorganisationsenergie der Eduktkomplexe entwickelt. Grundlage war das oben erwähnte Franck-Condon-Prinzip, nach dem sich die Bindungslängen der Edukte schon auf dem Weg zum Übergangszustand verändern müssen. Der eigentliche Elektronentransfer wird dann als adiabatischer Prozess, d.h. ohne Zufuhr oder Entnahme von Energie angesehen. Als Konsequenz sollte dann aufgrund der Wechselwirkung zwischen den Edukten im Übergangszustand die Wahrscheinlichkeit für den Elektronentransfer gleich eins werden. Da diese Bedingung häufig nicht vollständig erfüllt ist, werden Unterschiede in Theorie und Experiment hinsichtlich der Geschwindigkeitskonstanten dann entsprechend einer „Nichtadiabatizität" des Elektronentransfers zugeschrieben.

Ein wichtiges Ergebnis der Marcus-Theorie ist die **Marcus-Kreuzbeziehung** nach der die Geschwindigkeitskonstante einer Reaktion zwischen Komplex A^- und B aus den Konstanten der Selbstaustauschreaktion A^{*-}/A und B^{*-}/B berechnet werden kann. Die Ableitung der Kreuzbeziehung soll kurz angedeutet werden. Es wird die Reaktion zwischen einem komplexen Reduktionsmittel A^- und einem Oxidationsmittel B betrachtet (Gleichung 2.11.6). Das Energieprofil soll demjenigen in Abbildung 2.11.7(b) entsprechen und ist noch einmal in Abbildung 2.11.9 mit den entsprechenden Eintragungen gezeigt.

$$A^- + B \xrightarrow{k_{AB}} A + B^- \qquad\qquad (2.11.6)$$

Der Reaktionsmechanismus einer outer-sphere-Reaktion mit Begegnungs- und Folgekomplex wurde bereits anhand von Abbildung 2.11.5 und 2.11.6 näher erläutert. Ausgehend von den freien Enthalpien der Reaktionsteilnehmer sind die freien Aktivierungsenthalpien für die Vor- und Rückreaktion dann gegeben durch die Beziehungen in Gleichungen 2.11.7 und 2.11.8.

$$\Delta G^{\ddagger}_{A^-B} = G^o(A^{-\ddagger}) + G^o(B^{\ddagger}) - G^o(A^-) - G^o(B) \tag{2.11.7}$$

$$\Delta G^{\ddagger}_{AB^-} = G^o(A^{\ddagger}) + G^o(B^{-\ddagger}) - G^o(A) - G^o(B^-) \tag{2.11.8}$$

Die freie Reaktionsenthalpie $\Delta G^o_{A^-B}$ ist durch Gleichung 2.11.9 als Summe und Differenz der freien Enthalpien oder als Differenz der freien Aktivierungsenthalpien gegeben.

$$\Delta G^o_{A^-B} = G^o(A) + G^o(B^-) - G^o(A^-) - G^o(B)$$
$$= \Delta G^{\ddagger}_{A^-B} - \Delta G^{\ddagger}_{AB^-} \tag{2.11.9}$$

Unter Hinzunahme der zugehörigen Selbstaustauschreaktionen (Gleichungen 2.11.10 und 2.11.11) und der Annahmen, dass die freien Enthalpien der Reaktionspartner in allen Reaktionen gleich sind, kommt man nach einigen Umformungen auf die Marcus-Kreuzbeziehung, ausgedrückt durch die freien Enthalpien (Gleichung 2.11.12). Wichtig für diese Kreuzbeziehung ist, dass der Aktivierungsprozess und die aktivierte Spezies selbst unabhängig vom jeweils anderen Reaktanden ist, dass also zwischen A^- und A, A^- und B, A und B^- sowie B und B^- die Wechselwirkungen alle ähnlich sind. Sobald zwischen den Reaktionspartnern (A^- und B, A^- und A usw.) unterschiedliche Kräfte wirken, wie es ganz offensichtlich der Fall ist, wenn im Extremfall die Reaktion zwischen A^- und B eine inner-sphere-Reaktion ist, dann gelten diese Annahmen nicht mehr.

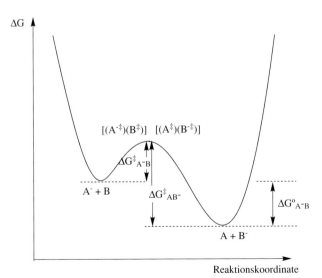

Abbildung 2.11.9. Energieprofil einer outer-sphere-Reaktion mit den Eintragungen der freien Aktivierungsenthalpien für die Hin- und Rückreaktion.

$$A^- + A \xrightarrow{\ k_{AA}\ } A + A^- \tag{2.11.10}$$

$$B + B^- \xrightarrow{\ k_{BB}\ } B^- + B \tag{2.11.11}$$

$$\Delta G^{\ddagger}{}_{A^-B} = 1/2 \,(\Delta G^{\ddagger}{}_{A^-A} + \Delta G^{\ddagger}{}_{BB^-} + \Delta G^{\circ}{}_{A^-B}) \tag{2.11.12}$$

Aus der Theorie des aktivierten Komplexes resultiert folgende Verknüpfung zwischen der freien Aktivierungsenthalpie und der Geschwindigkeitskonstanten der Reaktion (Gleichung 2.11.13).

$$\Delta G^{\ddagger}{}_{ij} = -RT \ln \frac{k_{ij}}{Z_{ij}} \tag{2.11.13}$$

Z_{ij} ist die Kollisionsfrequenz oder Stoßzahl. Setzt man Gleichung 2.11.13 zusammen mit der Beziehung $\Delta G^{\circ}{}_{A^-B} = -RT \ln K_{AB}$ in Gleichung 2.11.12 ein, so erhält man eine Verknüpfung des thermodynamischen Gleichgewichts der Reaktion zwischen A^- und B in Gestalt der Gleichgewichtskonstanten K_{AB} mit der Geschwindigkeitskonstanten der Reaktion und den Geschwindigkeitskonstanten für die beiden Selbstaustauschreaktionen. Gleichung 2.11.14 ist die Marcus-Kreuzbeziehung in Form der Geschwindigkeitskonstanten.

$$k_{AB} = \left(k_{AA} k_{BB} K_{AB} \ \frac{(Z_{AB})^2}{Z_{AA} Z_{BB}} \right)^{1/2} \tag{2.11.14}$$

Je größer der Wert der Gleichgewichtskonstanten, desto schneller sollte demnach auch die Reaktion ablaufen. Eine genauere theoretische Analyse sagte jedoch merkwürdigerweise voraus, dass die Zunahme der Reaktionsgeschwindigkeit nur bis zu einem gewissen Wert für K_{AB} beziehungsweise $\Delta G^{\circ}{}_{A^-B}$ voranschreiten sollte und dann mit weiterer Zunahme von K_{AB} beziehungsweise $\Delta G^{\circ}{}_{A^-B}$ wieder eine Abnahme der Reaktionsgeschwindigkeit eintreten sollte. Diese Vorhersage konnte 25 Jahre nachdem sie gemacht worden war auch experimentell bestätigt werden. Eine anschauliche Interpretation dieses Sachverhalts zeigt Abbildung 2.11.10.

Der Quotient aus den Stoßfaktoren in Gleichung 2.11.14 wird oft noch zu einem Faktor F_{AB} zusammengefasst, der in guter Näherung dann eins gesetzt werden kann, wenn die Reaktion eine Ladungssymmetrie zeigt, wie z.B. in $A^{2+} + B^{3+} \rightarrow A^{3+} + B^{2+}$, weil dann auch bei den Austauschreaktionen Spezies gleicher Ladung miteinander reagieren, so dass man sehr ähnliche Kollisionsfrequenzen annehmen kann. Gleichung 2.11.14 mit $F_{AB} = \frac{(Z_{AB})^2}{Z_{AA} \cdot Z_{BB}} = 1$ wird auch als vereinfachte Marcus-Kreuzbeziehung bezeichnet. Tabelle 2.11.4 vergleicht einige experimentelle Geschwindigkeitskonstanten mit den über die vereinfachte Marcus-Kreuzbeziehung berechneten Werten. Umgekehrt kann die Kreuzbeziehung auch zur Abschätzung von Selbstaustauschgeschwindigkeiten verwendet werden, falls diese nicht direkt gemessen werden können.

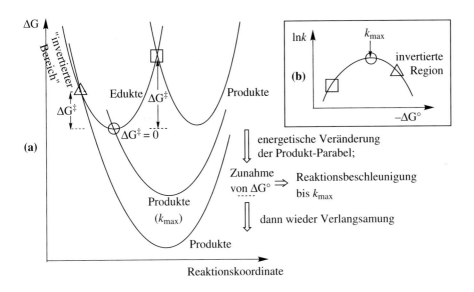

Abbildung 2.11.10. (a) Die Parabeln beschreiben die freie Energie der Edukt- und Produkt-systeme und „schneiden" sich im Übergangszustand (vergleiche dazu Abbildung 2.11.6). Die Differenz zwischen den Minima der Parabeln ist $\Delta G°$. Wenn der freie Energie-Unter-schied zwischen den Edukten und Produkten in der gezeigten Richtung zunimmt, wird die Reaktion schneller, da die Energiebarriere $\Delta G^{\ddagger}$ für den Übergangszustand kleiner wird. Wenn die Produktparabel dann die Eduktparabel im Minimum „schneidet" ist das Maximum der Reaktionsgeschwindigkeit erreicht. Dort ist die Aktivierungsenergie $\Delta G^{\ddagger}$ gleich Null, und die Reaktion ist diffusionskontrolliert. Eine weitere Zunahme des Energieunterschiedes führt dazu, dass sich die Edukt- und Produkt-Parabeln im „invertierten Bereich" „schnei-den", die Aktivierungsbarriere nimmt wieder zu, und die Reaktion wird langsamer. (b) Eine andere Darstellung des gleichen Sachverhalts ist durch die Auftragung des Logarithmus der Geschwindigkeitskonstanten gegen die freie Reaktionsenthalpie gegeben. Die Funktion ent-spricht einer umgekehrten Parabel, mit einem Maximum für die Reaktionsgeschwindigkeit.

Tabelle 2.11.4. Anwendung der vereinfachten Marcus-Kreuzbeziehung zur Berechnung der Geschwindigkeitskonstanten k_{AB} für eine outer-sphere-Reaktion aus bekannten Größen.

Reaktanden		K_{AB}	k_{AA} (1 mol^{-1} s^{-1}) (exp. Wert)	k_{BB} (1 mol^{-1} s^{-1}) (exp. Wert)	k_{AB} (1 mol^{-1} s^{-1}) (berechnet)	k_{AB} (1 mol^{-1} s^{-1}) (exp. Wert)
A	B					
$[V(H_2O)_6]^{2+}$+$[Ru(NH_3)_6]^{3+}$		$1.5 \cdot 10^5$	$1.0 \cdot 10^{-2}$	$6.7 \cdot 10^3$	$3.2 \cdot 10^3$	$1.3 \cdot 10^3$
$[Fe(CN)_6]^{4+}$+$[Mo(CN)_6]^{3+}$		$1.0 \cdot 10^2$	$7.4 \cdot 10^2$	$3.0 \cdot 10^4$	$4.7 \cdot 10^4$	$3.0 \cdot 10^4$
$[Ru(NH_3)_6]^{3+}$+$[Co(phen)_3]^{3+}$		$1.8 \cdot 10^6$	$6.7 \cdot 10^3$	40	$6.9 \cdot 10^5$	$1.5 \cdot 10^4$

Die Vorhersage der Geschwindigkeitskonstante für eine outer-sphere-Reaktion gelingt nur innerhalb einer gewissen Abweichung, ein Faktor von 25 gilt noch als akzeptabel. Oft wird eine Übereinstimmung zwischen beobachteter und nach der Marcus-Theorie berechneter Reaktionsgeschwindigkeit als Kriterium für eine outer-sphere-Reaktion gewertet. Dieses sollte allerdings mit Vorsicht gesehen werden, da es sich gezeigt hat, dass auch inner-sphere-Reaktionen mit der Differenz der freien Enthalpien korrelieren können.

Redoxreaktionen bei denen sich die Oxidationszahl am reduzierenden und oxidierenden Metallzentrum jeweils um den gleichen Betrag ändert, werden noch speziell als **komplementäre Redoxreaktionen bezeichnet**. Ändern dagegen die Metallionen im Oxidations- und Reduktionsmittel ihre Oxidationszahlen um unterschiedliche Einheiten, so spricht man auch von **nichtkomplementären Redoxreaktionen**, diese formale Unterscheidung besagt aber nichts über den Mechanismus des Elektronentransfers.

2.11.3 Ligandenreaktionen in der Koordinationssphäre von Metallen

Die Koordination eines Liganden an ein Metallzentrum beeinflusst nicht nur die elektronische Situation am Metall sondern hat natürlich auch Auswirkungen auf den Liganden selbst. Die Ausführung zur Bindung von O_2, NO oder auch CO an Metallzentren (Abschnitte 2.12.1 und 2.12.3 sowie Abschnitt 4.3.1.1) illustrieren deutlich die Veränderung der O-O, N-O oder C-O Bindung als Konsequenz der Metall-Ligand-Wechselwirkung. Die Neubildung und die Spaltung von kovalenten Bindungen innerhalb der Liganden ist ein eminent wichtiges Phänomen in der Koordinationschemie. Bedeutende derartige Reaktionen mit biologischem Bezug finden sich in den nächsten Abschnitten, so z.B. die Reduktion eines Disauerstoffliganden zu Wasser in den Cytochromen, die Oxidation von an Mangan gebundenen Aqualiganden zu Disauerstoff im Photosystem II und die Stickstoff-Fixierung in Nitrogenase-Enzymen.

Reaktionen von Nitrosyl-Liganden werden in Abschnitt 2.11.3 erwähnt und auch der nucleophile Angriff auf einen CO-Liganden in Carbonylkomplexen unter Bildung eines Carbens (Abschnitt 4.3.2, Kapitel 4) ist eine solche Ligandenreaktion. Bezüglich der umfangreichen Ligandenreaktionen bei den stöchiometrischen und vor allem katalytischen Anwendungen von metallorganischen Verbindungen wird auf die entsprechenden Abschnitte 4.3.8 und 4.4 in Kapitel 4 verwiesen.

Im Folgenden seien selektiv einige weitere Reaktionen an Liganden in der Koordinationssphäre von Metallen vorgestellt. Gleichung 2.11.15 zeigt die Hydrolyse eines Aminosäureesters. Die Koordination der Amingruppe an das Metallzentrum führt zu einer „long-range"-Polarisation der Carbonylfunktion, die den elektrophilen Charakter des Kohlenstoffatoms erhöht. Gegenüber der Esterhydrolyse in neutralem Wasser wird in der Koordinationssphäre des Metalls eine Erhöhung der Reaktionsgeschwindigkeit um den Faktor 10^4-10^6 beobachtet, wenn das Carbonylsauerstoffatom im Verlauf der Reaktion ebenfalls an das Metallzentrum koordinieren kann.

$$(2.11.15)$$

Ein weiteres Beispiel für einen erleichterten nucleophilen Angriff ist die Hydrolyse von Nitrilen (Alkyl- oder Arylcyanidgruppen) zu Amiden. Die Cyanide können direkt als Ligand gebunden sein, wie das Beispiel in Gleichung 2.11.16 zeigt, oder sich auch nur in Nachbarstellung zu einem Donoratom befinden. Im Falle des Pentaammin(alkylcyanid)cobalt-Komplexes erfolgt mit Hydroxidionen eine sofortige Reaktion zu einem N-gebundenen deprotonierten Amid, was als kinetisch inerter Komplex auch isoliert werden kann.

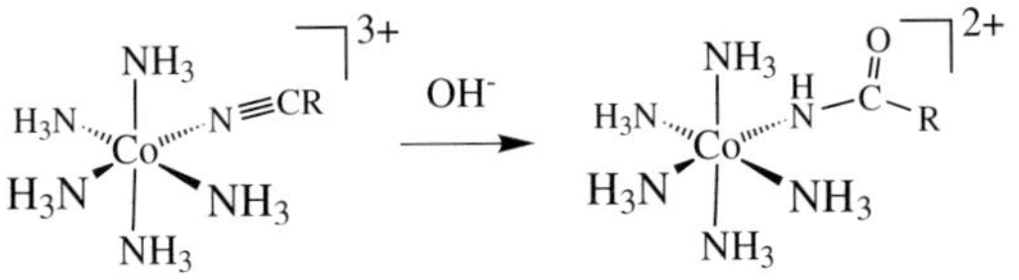

$$(2.11.16)$$

Der nucleophile Angriff von Hydridionen auf Nitrile führt in einer Reduktion zu Aminen. Die Koordination an ein Metallzentrum bedingt wieder eine Aktivierung der N≡C-Bindung durch Verringerung der Elektronendichte und Positivierung, so dass die Hydridübertragung etwa 10^3 mal schneller als auf den freien Liganden verläuft (Gleichung 2.11.17).

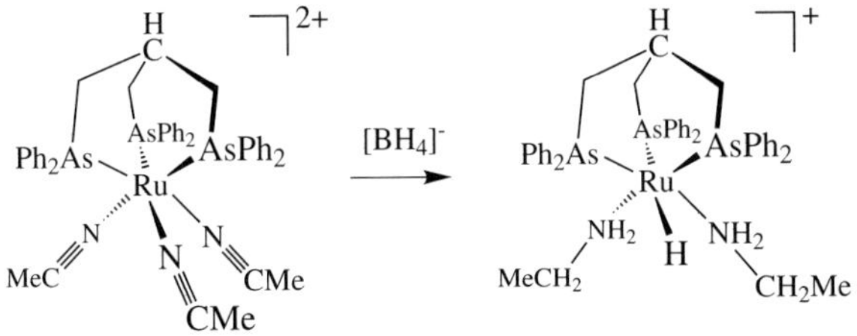

$$(2.11.17)$$

Während die Reaktion von freiem Acetylaceton oder anderen 1,3-Diketonen mit H_2S nur bis zur Thiocarbonylverbindung und nicht bis zum 1,3-Dithioketon führt (Gleichung 2.11.18), ist es möglich, die komplex gebundene Monothioverbindung mit H_2S in ein chelatisiertes 1,3-Dithioketonat umzuwandeln (Gleichung 2.11.19)

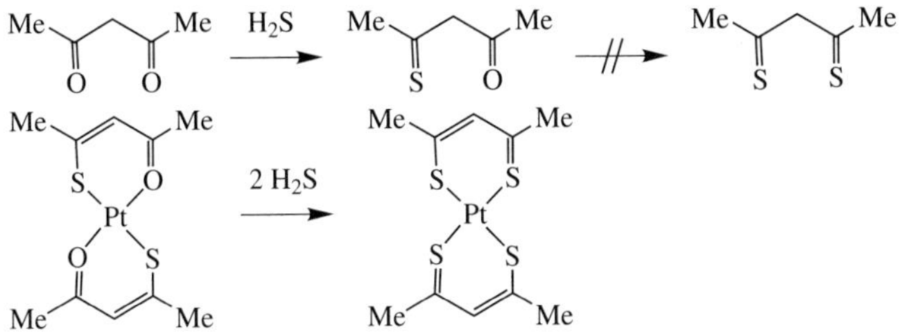

$$(2.11.18)$$

$$(2.11.19)$$

Die Anbindung ambidenter Liganden an ein Metallzentrum kann zur Kontrolle der Reaktivität der unterschiedlichen Donorzentren genutzt werden. Der nucleophile Angriff eines Aminothiolat-Liganden am Nickelzentrum auf die kohlenstoffzentrierten Elektrophile Methyliodid oder Biacetyl ergibt im ersten Fall eine selektive Methylierung am Schwefelatom, während im zweiten Fall ausschließlich eine N-C-Bindung geknüpft wird (Gleichung 2.11.20). Die derart erhaltene Diimin-Verbindung kann auch nur in Gegenwart des Metallzentrums synthetisiert werden.

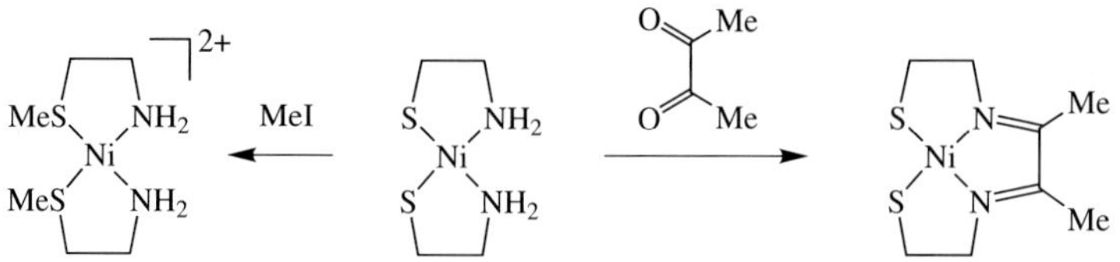

$$(2.11.20)$$

Eine starke Reaktionsbeschleunigung erfahren auch Umesterungsreaktionen in der Koordinationssphäre eines Metalls. Im Verlaufe der Reaktion erfolgt ein nucleophiler Angriff eines koordinierten Alkohol- oder Alkoxidliganden auf das elektrophile Kohlenstoffatom der Carbonylgruppe der ebenfalls koordinierten Estereinheit, wie es Gleichung 2.11.21 anhand eines Beispiels demonstriert.

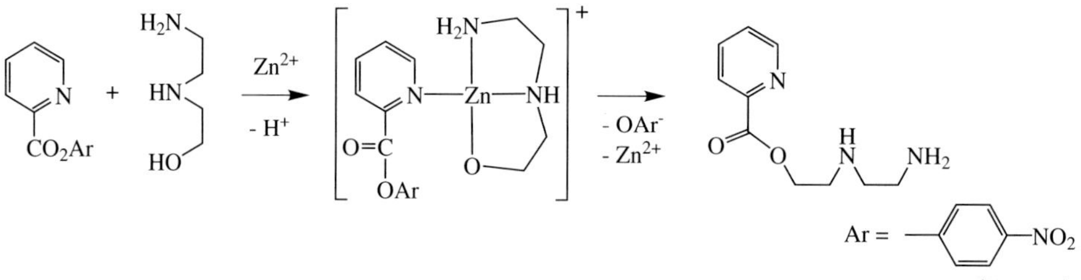

$$(2.11.21)$$

Metallzentrierte Reaktionen, wie die vorstehend beschriebenen, können gezielt in Ringschlussreaktionen zum Aufbau makrocyclischer Liganden genutzt werden. Dabei ist die oben vor allem hervorgehobene elektronische Veränderung der Reaktionszentren an den Liganden durch das Metall nur ein Aspekt, wesentlicher ist die Orientierung der Reaktionszentren durch das Metall, so dass es zu einer Ringschluss- anstelle einer Polymerisationsreaktion kommt. Die sterische Präkonformation durch eine zumindest vorübergehende Koordination an das Metallzentrum ist für den Reaktionsverlauf entscheidend. Das generelle Phänomen der Beeinflussung des Reaktionsverlaufs durch die Gegenwart eines Metallions, wird auch als **Template-Effekt** bezeichnet (engl. template = Schablone, Matrix). Der Template-Effekt ist besonders ausgeprägt bei der Synthese von makrocyclischen Verbindungen, darunter Kronenethern, Kryptanden und Catenanen. Catenane sind Verbindungen, bei denen die einzelnen Moleküle jeweils aus mindestens zwei ineinander greifenden Ringen bestehen ([2]-Catenane), ohne dass zwischen diesen Ringen aber kovalente Bindungen bestehen.

Gleichung 2.11.22 veranschaulicht anhand der Synthese von [18]-Krone-6 aus acyclischen Verbindungen den Template-Effekt des Kaliumions.

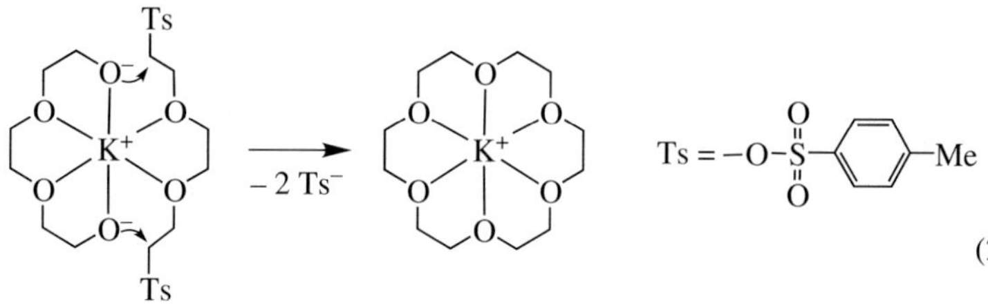

$$(2.11.22)$$

Gleichung 2.11.23 zeigt das Prinzip der koordinativen Catenansynthese; das freie Catenan kann dann durch Abspaltung des Metalls aus dem Catenatkomplex erhalten werden. Ein konkretes Beispiel für einen Catenanaufbau ist in Gleichung 2.11.24 gegeben.

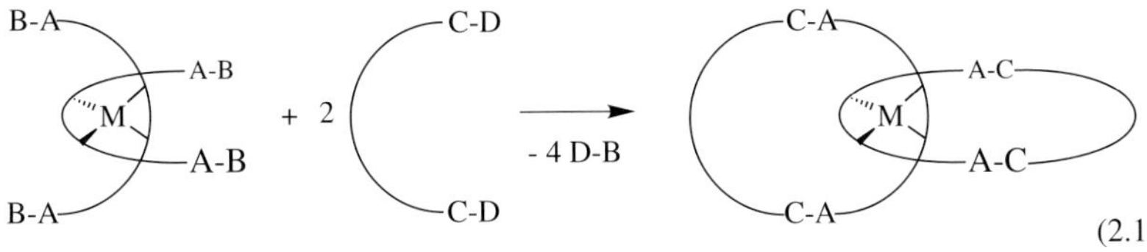

(2.11.23)

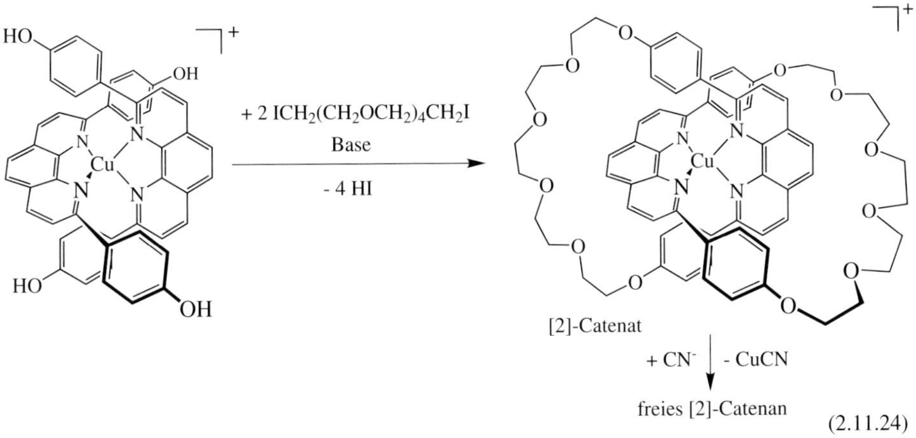

[2]-Catenat

$+ CN^-$ | $- CuCN$

freies [2]-Catenan

(2.11.24)

Zuletzt soll die Ruthenium-vermittelte Wasserstoffübertragung von Isopropanol auf Cyclohexanon (Gleichung 2.11.25) verdeutlichen, dass die Veränderung in den Liganden auch katalytisch verlaufen kann. Der Zyklus ist in Abbildung 2.11.11 skizziert. Die Startreaktion ist die Bildung eines Rutheniumalkoxid-Komplexes, wobei das Alkoxid-Edukt aus der Reaktion des Isopropanols mit einer Base erhalten wird. Aus dem Isopropoxidliganden wird dann durch β-Wasserstoffeliminierung (siehe Abschnitt 4.3.6) das Acetonprodukt abgespalten und gleichzeitig eine Ruthenium-Hydridverbindung erhalten. In einer Hydrometallierungsreaktion (siehe Abschnitt 4.3.6) kann sich die Ru-H-Bindung an die Carbonyl-Doppelbindung des Cyclohexanons addieren, wobei wieder ein Alkoxid erhalten wird. Im Austausch mit Isopropanol wird das Cyclohexanol-Produkt freigesetzt und mit der Ruthenium-Isopropoxid-Spezies beginnt der katalytische Zyklus von neuem.

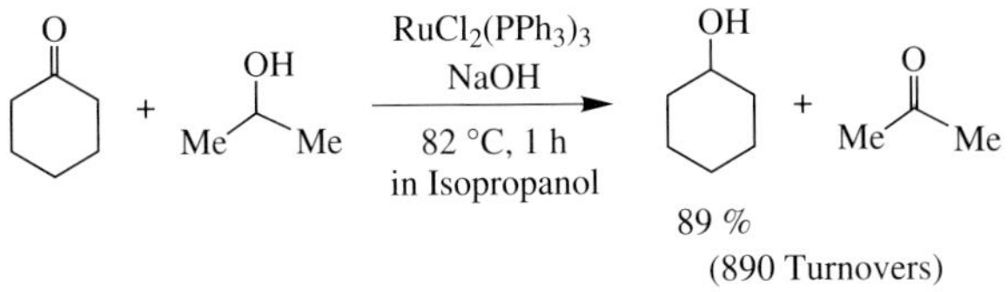

(2.11.25)

RuCl$_2$(PPh$_3$)$_3$

Me
\ |
+   O$^-$ | - Cl$^-$
Me/

Me
\
ORuCl(PPh$_3$)$_3$
Me/

OH

Me   Me (O)

β-H-Eliminierung

HRuCl(PPh$_3$)$_3$

OH

Me   Me

Hydro-
metallierung

H / ORuCl(PPh$_3$)$_3$

Abbildung 2.11.11. Darstellung des katalytischen Zyklus für die Ruthenium-vermittelte Wasserstoffübertragung von Isopropanol auf Cyclohexanon aus Gleichung 2.11.25 (adaptiert aus J.-E. Bäckvall, R. L. Chowdhury, U. Karlsson, G. Wang in *Perspectives in Coordination Chemistry* (Hrsg. A. F. Williams, C. Floriani, A. E. Merbach), Verlag Helvetica Chimica Acta, Basel, 1992, S. 463-486).

2.12 Spezielle Themen

2.12.1 Metall-Disauerstoff-Komplexe

Metall-O$_2$-Komplexe spielen in Schlüsselreaktionen des Lebens, wie der Atmung und der Photosynthese eine fundamentale Rolle. Bei der Atmung der Wirbeltiere wird das Disauerstoffmolekül von den Lungen durch das Hämoglobin (Hb) (Abbildung 2.12.1) in die Muskelzellen transportiert, wo es zur Verwendung und Speicherung auf das strukturell sehr ähnliche Myoglobin (Mb) übertragen wird, welches eine größere Affinität zum Sauerstoff besitzt. Von dort gelangt das O$_2$-Molekül dann weiter auf die Cytochrome-c, eine Gruppe weiterer Hämproteine, die als Redoxkatalysatoren die Endglieder der Atmungskette sind (**2.12.1**). Das Hämoglobin-Molekül als tetrameres Protein kann dabei bis zu vier Disauerstoffmoleküle binden,

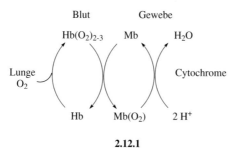

2.12.1

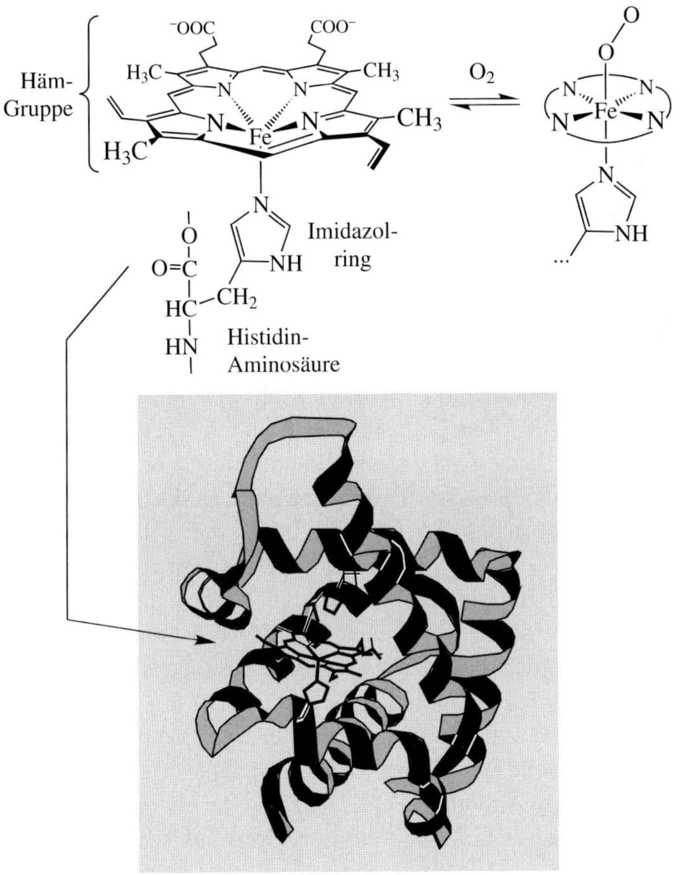

Abbildung 2.12.1. Schematische Darstellung eines Hämoglobin- (Hb-) Monomers, mit der α-Globin Kette als Band in der charakteristischen Faltung und der prosthetischen Häm-Gruppe in einer Tasche der Polypeptidkette. Das gesamte Hb-Protein enthält vier solcher Monomereinheiten, die durch zwischenmolekulare Kräfte zu einem globulären Makromolekül mit M = 64500 verbunden sind. (Die Abbildung des Hämoglobin-Monomers ist aus Römpp-Chemielexikon, Thieme Verlag 1997 entnommen.). Die Häm-Gruppe, ein Eisen(II)-Porphyrin-Komplex, wie er auch im strukturell ähnlichen aber monomeren Myoglobin vorliegt (M = 17000), ist der Deutlichkeit halber noch einmal herausgezeichnet. Diese Häm-Gruppe ist über das Eisenzentrum durch Koordination an einen Imidazolring eines Histidinrestes an der Globin-Kette befestigt. Die Zeichnung der Häm-Gruppe soll auch zeigen, dass im Sauerstoff-freien Zustand (der Desoxy-Form) das high-spin Eisen(II)zentrum außerhalb der Porphyrin-Ringebene liegt (0.36–0.40 Å). Bei Aufnahme von Disauerstoff mit einer end-on Anbindung des O_2-Moleküls erfolgt Spinpaarung und das wahrscheinlich jetzt low-spin Eisen(III)zentrum bewegt sich in einen Bereich innerhalb von ±0.12 Å in die Ringebene.

wobei nach Anbindung des ersten O_2-Liganden die Aufnahme der weiteren O_2-Moleküle über einen Rückkoppelungsmechanismus beschleunigt wird. Unter normalen physiologischen Bedingungen findet man im Schnitt die Anbindung von zwei bis drei O_2-Molekülen.

Das O_2-Molekül wird an der zentralen Einheit, der Häm-Gruppe, koordinativ an einem Fe^{2+}-Ion als Zentrum eines dianionischen Porphyrinringes gebunden. Anstelle der Fe^{2+}-Oxidationsstufe kann auch die Fe^{3+}-Form auftreten, letztere wird durch den Vorsatz *met* gekennzeichnet (metHb, metMb). Eine Oxidation des Eisenzentrums im Hämoglobin und Myoglobin führt zur Inaktivierung. Die Cytochrome hingegen können als Redoxproteine die Eisenzentren reversibel zwischen Fe^{2+} und Fe^{3+} bewegen. Die Cytochrom-c-Oxidasen übertragen die von reduziertem Cytochrom-c empfangenen vier Elektronen nebst vier Protonen auf ein Sauerstoffmolekül und tragen so zur Energiegewinnung und -erhaltung der Zelle bei. Die Giftwirkung von Molekülen, wie CN^- oder CO, die anstelle des Sauerstoffs an die Eisenzentren anbinden, erstreckt sich vor allem auch auf diesen Teil der Atmungskette. Cytochrom-c-Oxidase enthält im Molekül zwei Eisen- und zwei Kupferzentren, durch Herauslösen des Kupfers lässt sich das Enzym reversibel desaktivieren.

Bei der in grünen Pflanzen ablaufenden Photosynthese erfolgt die Wasserspaltung und die Freisetzung von Disauerstoff wahrscheinlich an einem vierkernigen Mangancluster im aktiven Zentrum des so genannten Photosystems II. Photosystem II verwendet Lichtenergie, um Wasser an einem solchen Metalloradikal-Cluster und einem Tyrosylradikal zu Sauerstoff zu oxidieren. Pro Sekunde können dabei bis zu 50 Sauerstoffmoleküle freigesetzt werden. Die Elementarreaktionen bei der Photosynthese, so auch die Abspaltung des für die Bildung der O_2-haltigen Atmosphäre verantwortlichen Disauerstoffmoleküls, werden auf molekularer Ebene heute erst langsam verstanden. Ein Problem ist unter anderem die noch nicht vollständig bekannte Struktur des Mangclusters. Eine schematische Darstellung für eine mögliche (!) räumliche Anordnung der vier Manganzentren ist in Abbildung 2.12.2 skizziert. In Abbildung 2.12.3 wird ein Modell für den Mechanismus der Sauerstoffentwicklung aus Wasser an einem vierkernigen Mangancluster vorgeschlagen.

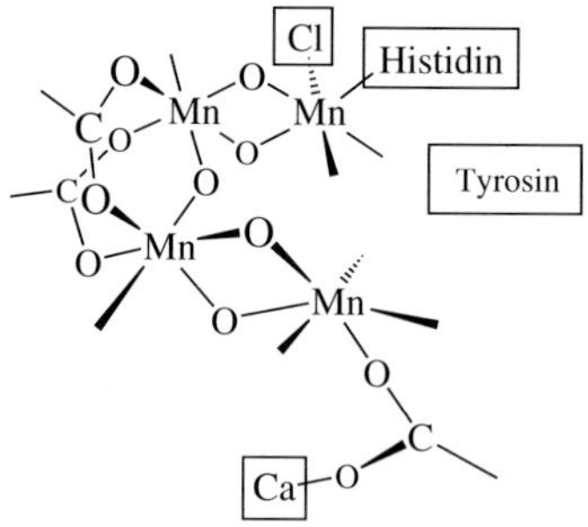

Abbildung 2.12.2. Schematische Darstellung einer möglichen räumlichen Anordnung der vier Manganzentren im Photosystem II. Der Strukturvorschlag wird auch als Berkeley-Modell bezeichnet. Die Zahl und Art der verbrückenden Carboxylatgruppen ist unbekannt; für die N-Koordination eines Histidinrestes und die räumliche Nähe eines Ca^{2+}- und Cl^--Cofaktors gibt es spektroskopische Hinweise, ihre relativen Positionen zueinander sind aber unbekannt. Die Strukturhypothese sollte also nicht überinterpretiert werden.

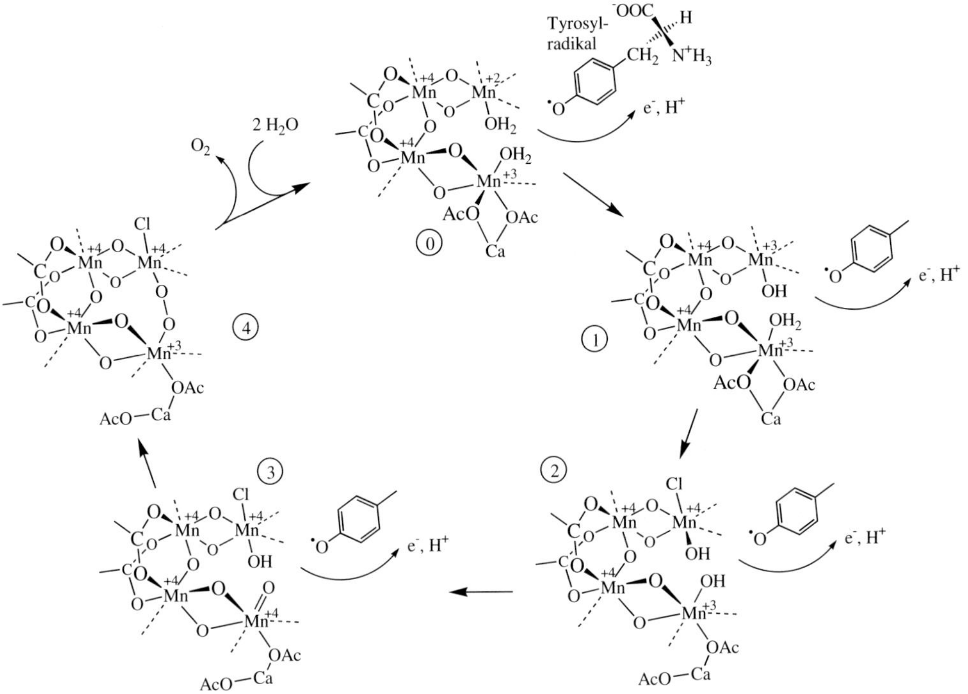

Abbildung 2.12.3. Modell für die Oxidation von Wasser zu Disauerstoff an einem vierkerni-gen Mangancluster im Photosystem II. Bei der Gesamtreaktion fungiert viermal ein stabiles Tyrosylradikal als Wasserstoffatom- (Protonen- und Elektronen-) akzeptor. Die gleichzeiti-ge Abgabe von Proton und Elektron erlaubt es dem Mangancluster während des ganzen Zy-klus weitgehend neutral zu bleiben. Die Oxidation von Tyrosyl zur Rückbildung des Radi-kals führt dann zur Abgabe eines Protons an die umgebende Wasserphase. Die letzte Was-serstoffabstraktion (Schritt 3 nach 4) erfolgt konzertiert mit der Bildung einer Sauerstoff-Sauerstoff-Bindung und der Reduktion eines Manganions von +4 nach +3. Am Ende eines Zyklus werden die Mn-Peroxo-Bindungen gespalten, das O_2-Molekül freigesetzt und zwei neue Wassermoleküle können an die wieder freigewordenen Koordinationsstellen anbinden. Der postulierte Zustand 4 konnte bis jetzt allerdings nicht beobachtet werden. (Adaptiert aus C. Tommos, G. T. Babcock, *Acc. Chem. Res.* **1998**, *31*, 18-25; siehe auch C. W. Hoganson, G. T. Babcock, *Science* **1997**, *277*, 1953-1956.)

Die Koordinationschemie des Disauerstoffmoleküls begann 1963 mit der Ent-deckung von Vaska, dass ein 16-Elektronen planar-quadratischer Iridiumkomplex als reversibler Sauerstoffträger fungieren konnte (Gleichung 2.12.1). Gleichung 2.12.2 illustriert das Beispiel eines Cobalt-O_2-Komplexes.

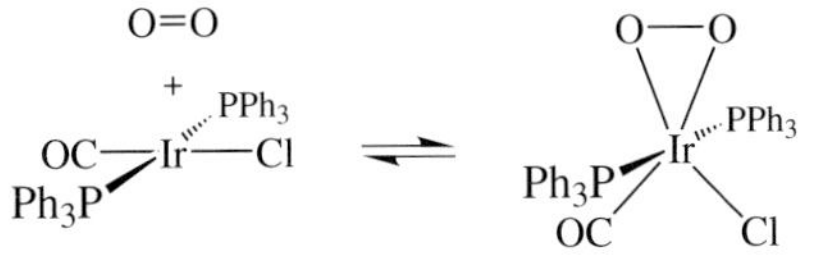

(2.12.1)

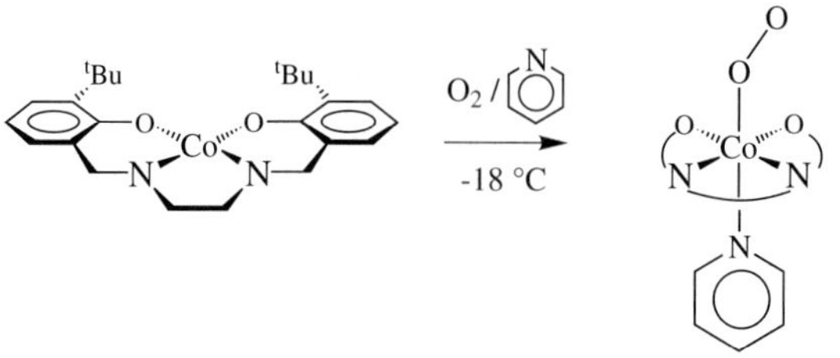

$$\text{(2.12.2)}$$

Disauerstoff kann auf verschiedene Arten an Metalle koordinieren: zunächst kann es als **Superoxo-** („O_2^-") und als **Peroxo-** („O_2^{2-}") **Ligand** unterschieden werden. Diese Differenzierung und auch die Namensgebung beruht auf der Beobachtung, dass das jeweilige O_2-Fragment O-O Abstände und Schwingungsfrequenzen aufweist, die sehr ähnlich den Werten im Superoxid- bzw. im Peroxidion sind (Tabelle 2.12.1).

Tabelle 2.12.1. Vergleich der Abstände und Schwingungsfrequenzen im Superoxid- und Peroxidion.

	O_2	Superoxid, O_2^- [KO_2]	Peroxid, O_2^{2-} [Na_2O_2]
d(O-O) [Å]	1.21	1.28 [a]	1.49
$\tilde{\nu}$(O-O) [cm^{-1}]	1580	1145	842

[a] Als besserer Wert für die Bindungslänge in O_2^- wurde 1.34 Å aus der Strukturuntersuchung an [$C_6H_4(NMe_3)_2$-1,3][O_2]$_2 \cdot 3\, NH_3$ vorgeschlagen. In dieser Struktur wird die O_2^--Gruppe nur von N-H$\cdots$O- und C-H$\cdots$O-Wasserstoffbrücken durch das Kation umgeben und fixiert (siehe H. Seyeda, M. Jansen, *J. Chem. Soc. Dalton Trans.* **1998**, 875-6).

Außerdem kann das O_2-Fragment mit einem oder beiden Sauerstoffatomen, auch verbrückend, an Metallzentren koordinieren (**2.12.2**). Bei Anbindung an ein Metallzentrum zeigt ein Superoxo-Ligand immer eine gewinkelte end-on Koordination, ein Peroxo-Ligand wird von der Seite (side-on) mit beiden Sauerstoffzentren gleichzeitig koordiniert. Die verbrückende Koordination zwischen zwei Metallzentren zeigt von der Sauerstoffkoordination her dann keine Unterschiede mehr. Neben der in **2.12.2** skizzierten η^1:η^1-Brücke kennt man auch η^2:η^2 side-on (z.B. **2.12.3**) u.a. Verbrückungen.

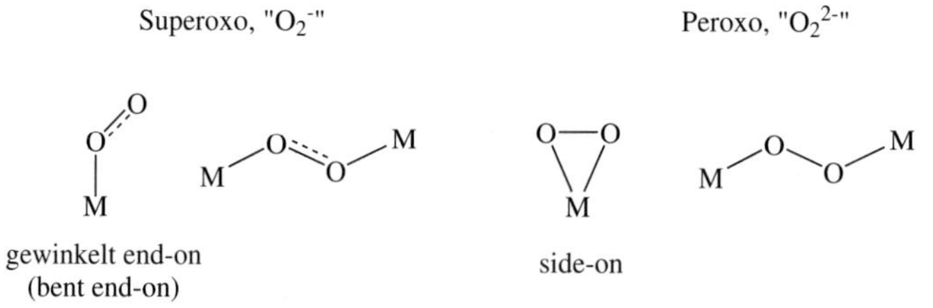

Superoxo, "O_2^-"   Peroxo, "O_2^{2-}"

gewinkelt end-on
(bent end-on)   side-on

2.12.2

Die Funktion des Hämoglobins als O_2-Träger wird in vielen niederen Tieren (z.B. Weichtieren wie Tintenfischen, Schnecken, Krebsen, Muscheln) von einem Kupfer(I)-Protein, dem farblosen Hämocyanin, übernommen. Das Sauerstoff-freie, farblose Desoxy-Hämocyanin enthält zwei einwertige Kupferzentren, die jeweils von drei Histidin-Resten (His) koordiniert sind, mit einem Metall-Metall Abstand von 3.7±0.3 Å. Der zweikernige Kupferkomplex mit substituierten Tris(pyrazo-lyl)borat-Liganden in **2.12.3 a** wird als sehr gutes strukturelles Modell für die O_2-Koordination an die beiden Kupferatome im Hämocyanin zum dann blauen Cu(II)-haltigen Oxy-Hämocyanin (**2.12.3 b**) angesehen. Aufgrund der im Gegensatz zu anderen Cu_2-O_2-Modellkomplexen sehr guten Übereinstimmung der spektroskopischen Daten mit **2.12.3 a** wurde für Oxy-Hämocyanin eine $\mu,\eta^2:\eta^2$-Peroxid-Koordination an die beiden Kupferatome postuliert.

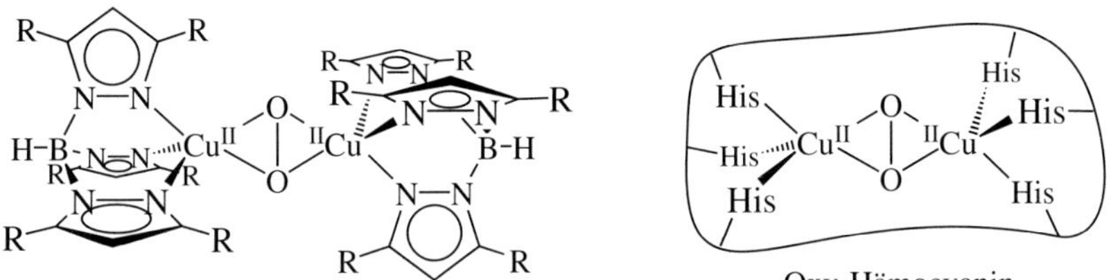

	2.12.3a *R = Me, Ph, ^{i}Pr	**2.12.3b**
UV-Vis [nm] (ε)	338-355* (~20 000)	340 (20 000)
	530-551* (~900)	580 (100)
ν(O-O) [cm^{-1}]	731-759*	744-752
d(Cu···Cu) [Å]	3.56 (R = ^{i}Pr)	3.5-3.7

Oxy-Hämocyanin

Eine reversible Spaltung der O-O-Bindung im Peroxidion konnte erstmals in einem zweikernigen Triazacyclononan-Kupferkomplex beobachtet werden (Gleichung 2.12.3). In Aceton als Lösungsmittel findet man bei tiefer Temperatur ein Gleichgewicht zwischen dem Disauerstoff-Addukt und seinem Isomer mit zwei Oxo-Brücken und fehlender O-O-Bindung.

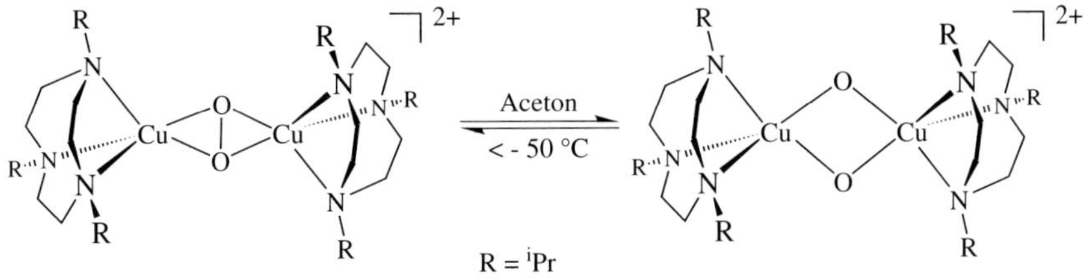

(2.12.3)

Auch zur Häm-Gruppe gibt es zahlreiche Fe(II)-Porphyrin Modellkomplexe mit einem axialen Imidazolring am Eisenzentrum, die die physikalischen und strukturellen Eigenschaften im Desoxy-Hämoglobin und -Myoglobin nachempfinden sollen. Die Eisen(II)-Zentren in diesen „freien" Häm-Gruppen werden aber von Sauerstoff sofort irreversibel zu Eisen(III) oxidiert unter Bildung einer µ-Oxodieisen(III)-Einheit (Porphyrin-Fe^{III}-O-Fe^{III}-Porphyrin). Erst wenn man durch geeignete sterisch anspruchsvolle Substituenten am Porphyrinring die Ausbildung einer solchen dimeren

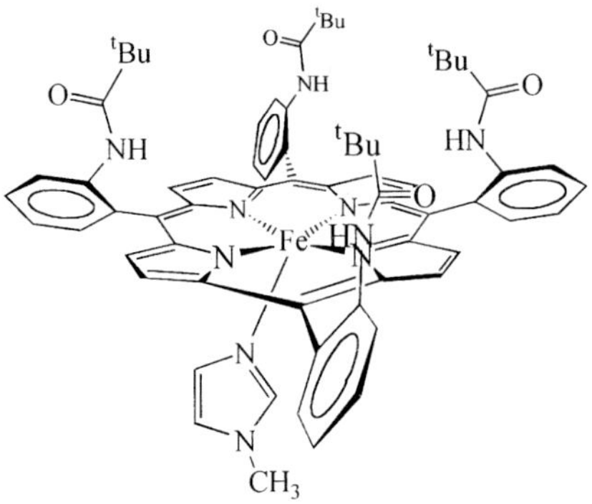

2.12.4

Eisenspezies verhindern kann, erhält man funktionelle Hämoglobin-Modellverbin-
dungen, die in der Lage sind reversibel Sauerstoff zu binden. In **2.12.4** ist ein solches
Beispiel skizziert. Für die Stabilität des Fe^{II} im Hämo- oder Myoglobin ist der Glo-
bin-Teil des Proteins wesentlich, der sich um die Häm-Gruppe faltet und in gleicher
Weise eine Dimerisierung und damit irreversible Desaktivierung verhindert.

Der bimetallische Cobalt-Kupfer-Komplex **2.12.5** ist ein funktionales Model für
Cytochrom-c Oxidase. Der Co^{II}-Cu^{I}-Komplex bindet O_2 in einer 1:1-Stöchiometrie
und katalysiert die 4-Elektronen-Reduktion von O_2 in wässriger Lösung bei pH 7.3.

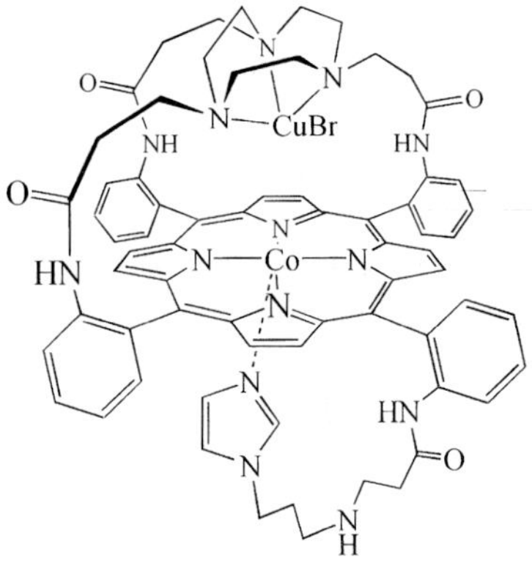

2.12.5

2.12.2 Metall-Distickstoff-Komplexe

Die Erforschung von Metall-N_2-Komplexen hat wieder einen sehr wichtigen technischen und biochemischen Hintergrund, nämlich die NH_3-Synthese nach dem Haber-
Bosch-Verfahren und die N_2-Fixierung in biologischen Systemen. Während man bei
der technischen Umsetzung von Distickstoff mit Wasserstoff zu Ammoniak drastische Bedingungen (500 °C, 200 bar) benötigt, gelingt es bestimmten Pflanzen mit
Hilfe von Nitrogenase-Enzymen, den Stickstoff unter „milden" physiologischen Bedingungen zu spalten (Gleichung 2.12.4).

Je nach den Metallen, die sie enthalten, unterscheidet man FeMo-, FeV- und FeFe-
Nitrogenasen. Die am besten untersuchten FeMo-Nitrogenase-Enzym-Komplexe be-

$$N_2 + 8H_3O^+ + 16MgATP + 8e^- \xrightleftharpoons[\substack{\text{Raumtemperatur} \\ \text{Normaldruck}}]{\text{Nitrogenase}} 2NH_3 + H_2 + 8H_2O + 16MgADP + 16PO_4^{3-} \tag{2.12.4}$$

ATP = Adenosintriphosphat   ADP = Adenosindiphosphat

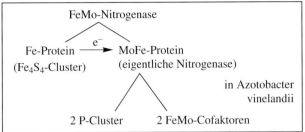

stehen aus zwei Metallprotein-Komponenten, einem Fe- und einem MoFe-Protein (Azoferredoxin und Molybdoferredoxin). Das dimere Fe-Protein ist eine Nitrogenasereduktase, besitzt einen Fe_4S_4-Cluster und fungiert als Einelektronen-Reduktionsmittel für das MoFe-Protein, die eigentliche Nitrogenase. Im Jahre 1992 wurde über die Röntgenstrukturanalyse mit 1.6 Å Auflösung des Fe- und des MoFe-Proteins von Azotobacter vinelandii berichtet, so dass eine relativ genaue Lage und die Proteinumgebung der Clusterzentren bekannt sind. In Kombination mit anderen experimentellen Ergebnissen wurde daraus auch ein gegenüber früheren Modellen sehr viel überzeugenderer Strukturvorschlag für die Metallfragmente entwickelt. Das MoFe-Protein enthält danach als metallhaltige Spezies, umgeben von den Proteinketten, zwei so genannte P-Cluster und zwei FeMo-Cofaktoren. Die Proteinketten können in zwei α- und zwei β-Untereinheiten unterschieden werden, so dass man auch von einem $\alpha_2\beta_2$-Tetramer spricht. Die P-Cluster befinden sich an der Schnittstelle zwischen den α- und β-Untereinheiten, die FeMo-Cofaktoren sind innerhalb der α-Untereinheiten lokalisiert. Die P-Cluster sind aus zwei Fe_4S_4-Cubaneinheiten aufgebaut, die über zwei Cystein-Thiolatbrücken verbunden sind. Eine dritte Brücke kann durch eine S-S-Bindung oder durch ein gemeinsames S-Atom ausgebildet werden (Abbildung 2.12.4). Die beiden etwa 70 Å voneinander entfernten FeMo-Cofaktoren stellen die aktiven Zentren des MoFe-Proteins dar, an denen die Bindung, Reduktion und Aktivierung des N_2-Moleküls erfolgt. Jeder Cofaktor besteht aus zwei Cubanfragmenten der Stöchiometrie Fe_4S_3 und $MoFe_3S_3$, die über drei Sulfidbrücken verknüpft sind. Das Molybdänatom sitzt am Ende dieses für ein Enzym ungewöhnlich großen und komplexen Clusters und ist über ein Hydroxid- und ein Carboxylat-Sauerstoffatom an Homocitrat koordiniert.

Es soll an dieser Stelle kurz darauf hingewiesen werden, dass sich Eisen-Schwefel-Cluster, hauptsächlich als Fe_2S_2, Fe_3S_4 und Fe_4S_4, in allen Formen des Lebens finden; sie können oxidiert und reduziert werden, in Proteine insertiert oder daraus entfernt werden und die Proteinstruktur beeinflussen. Neben ihrer vorwiegenden Elektronentransferfunktion dienen sie als katalytische Zentren und Sensoren für Eisen und Sauerstoff.

Die Darstellung der ersten N_2-Koordinationsverbindung gelang 1965 durch Umsetzung von $RuCl_3$ mit Hydrazin in wässriger Lösung (Gleichung 2.12.5). Die an-

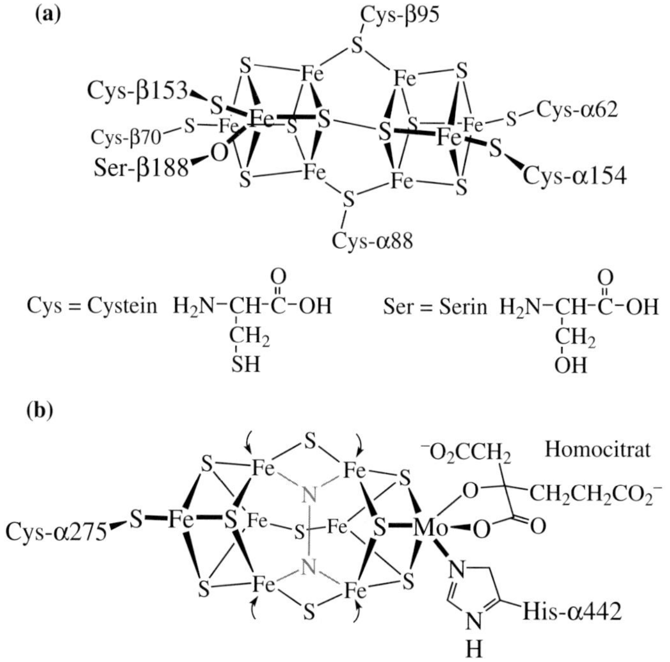

(a)

Cys-β95

Cys-β153

Cys-β70

Ser-β188

Cys-α62

Cys-α154

Cys-α88

Cys = Cystein $H_2N-CH-\overset{\overset{O}{\|}}{C}-OH$ Ser = Serin $H_2N-CH-\overset{\overset{O}{\|}}{C}-OH$
                      $\underset{SH}{\overset{|}{CH_2}}$ $\underset{OH}{\overset{|}{CH_2}}$

(b)

Cys-α275

$^-O_2CCH_2$ Homocitrat

$CH_2CH_2CO_2^-$

His-α442

Abbildung 2.12.4. Schematische Darstellung eines P-Clusters (a) und des FeMo-Cofactors (b) aus Azotobacter vinelandii. Die für die direkte Anbindung der Cluster an das Protein wichtigen Cystein-, Serin- und Histidin-Gruppen sind angedeutet. Die Bezeichnungen α und β kennzeichnen die Proteinuntereinheiten. Gebogene Pfeile markieren die niedrig (nur 3fach) koordinierten Eisenatome. Eine mögliche Einbindung des N_2-Moleküls in die Öffnung zwischen den beiden Cubanfragmenten ist grau angedeutet. Die doppelte end-on Koordination von N_2 sollte entsprechend der Lewis-Valenzstruktur zu einer Verringerung der N-N-Bindungsordnung und damit N_2-Aktivierung führen – vergleiche dazu auch die Beispiele im Text. Eine neue Röntgenstrukturanalyse von Azotobacter vinelandii mit 1.16 Å Auflösung zeigte ein hexakoordiniertes Atom im Fe_6-Käfig des FeMo-Cofactors. Aufgrund der Elektronendichte wäre eine Zuordnung als C, N oder O möglich. Ein N-Atom wurde aufgrund der enzymatischen Aktivität als Überbleibsel eines katalytischen Zyklus von N_2 zu NH_3 vorgeschlagen. Die hohe Oxophilie (Sauerstoffempfindlichkeit) der FeMo-Nitrogenase macht aber eher die Anbindung eines O-Atoms wahrscheinlich.

fangs mit dieser Entdeckung verbundene, fast euphorische, Erwartung, dass mit der Koordination der Stickstoff aktiviert wird und leicht zu reduzieren wäre, so dass man kurz vor einer energiesparenden Ammoniaksynthese stünde, hat sich bis heute nicht erfüllt. Die Entdeckung führte jedoch zu einer regen Forschungstätigkeit, so dass heute einige hundert N_2-Komplexe bekannt sind.

Distickstoffkomplexe lassen sich durch direkte Synthese aus Metallsalzen unter reduzierenden Bedingungen erhalten (Gleichung 2.12.6 a) oder durch die Oxidation von N_2H_4 oder NH_3 zu N_2 in der Koordinationssphäre eines Metalls (Gleichungen 2.12.6 b und c).

$$\text{RuCl}_3 + \text{N}_2\text{H}_4 \xrightarrow{\text{H}_2\text{O}} [\text{Ru(NH}_3)_5(\text{N}\equiv\text{N})]^{2+}$$

$$[\text{Ru(NH}_3)_5(\text{H}_2\text{O})]^{2+} + \text{N}_2 \nearrow \quad \bigg| \quad [\text{Ru(NH}_3)_5(\text{H}_2\text{O})]^{2+} \text{ Überschuß}$$

$$[(\text{H}_3\text{N})_5\text{Ru-N}\equiv\text{N-Ru(NH}_3)_5]^{4+}$$

(2.12.5)

$$[\text{MoCl}_4(\text{PR}_3)_2] \xrightarrow{\text{Na, N}_2} [\text{Mo(N}_2)_2(\text{PR}_3)_4] \tag{2.12.6a}$$

$$[\text{C}_5\text{H}_5\text{Mn(CO)}_2(\text{N}_2\text{H}_4)] + 2\,\text{H}_2\text{O}_2 \longrightarrow [\text{C}_5\text{H}_5\text{Mn(CO)}_2(\text{N}_2)] + 4\,\text{H}_2\text{O} \tag{2.12.6b}$$

$$[\text{Os(NH}_3)_5(\text{N}_2)]^{2+} + \text{HNO}_2 \longrightarrow [\text{Os(NH}_3)_4(\text{N}_2)_2]^{2+} + \text{H}_2\text{O} \tag{2.12.6c}$$

Die meisten N_2-Komplexe enthalten das Distickstoff-Fragment in einer σ- oder end-on Koordination mit annähernd linearer M-N≡N Anordnung. Einige Beispiele kennt man auch mit N_2 als Brückenligand zwischen zwei Metallzentren (vergleiche Gleichungen 2.12.5, 7 und 8). Eine side-on Koordination über die N_2-π-Bindung wurde für die Verbindung [{$(\text{C}_5\text{Me}_5)_2\text{Sm}$}$(\text{N}_2)$], für einige zweikernige Zirkonium-komplexe, z.B. {[$(^i\text{Pr}_2\text{PCH}_2\text{SiMe}_2)_2\text{N}$]ZrX}$_2(\mu\text{-}\eta^2:\eta^2\text{-N}_2)$ (X = Cl, O-2,6-Me$_2$C$_6$H$_3$) und für zweikernige Urankomplexe, z.B. **2.12.6a** nachgewiesen. Der zweikernige Tantalkomplex **2.12.6b** zeigt eine side-on/end-on Verbrückung.

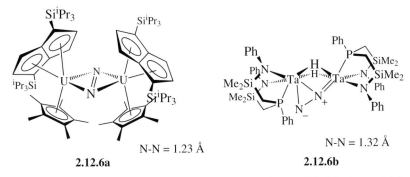

N-N = 1.23 Å   N-N = 1.32 Å

2.12.6a   **2.12.6b**

Die M-N_2-Bindung ist ähnlich aufgebaut wie die M-CO-Bindung (siehe Abschnitt 4.3.1.1) und setzt sich aus einer σ-Hinbindung und einer M(d) → $\text{N}_2(\pi^*)$ π-Rückbindung zusammen (**2.12.6c**).

2.12.6c

Verglichen mit dem isoelektronischen CO-Liganden ist aufgrund der andersartigen relativen Orbitalenergien N_2 ein schwächerer σ-Donor und auch ein schwächerer π-Akzeptor. Das entsprechende σ-Orbital liegt energetisch tiefer und das π*-Orbital energetisch höher als im CO-Liganden, so dass eine schlechtere Wechselwirkung mit den Metallorbitalen resultiert (s. **2.12.14b**).

Ähnlich dem CO-Liganden wird die N≡N-Bindungslänge von 1.099 Å im freien Molekül bei Koordination an *ein* Metallatom nur wenig auf etwa 1.12 Å verlängert. Erst eine wenigstens zweifache side-on oder end-on Metallanbindung führt in der Regel zu einer deutlichen Verlängerung der N-N-Bindung und damit zu einer zumindest geometrischen Aktivierung. Dies illustriert auch das folgende Beispiel in Gleichung 2.12.7, wo in Anlehnung an die Struktur des FeMo-Cofaktors von Azotobacter vinelandii eine Verbindung mit niedrig koordiniertem Eisenatom für die Anbindung von N_2 genutzt wurde. Die Reduktion der dreifach koordinierten Fe-Verbindung mit Naphthalenid unter N_2-Atmosphäre führt zu einem Dimetall-Distickstoff-Komplex mit zweifacher end-on Koordination. Dieser konnte mit Natrium- oder Kaliummetall unter weiterer N-N-Bindungsaufweitung nochmals reduziert werden.

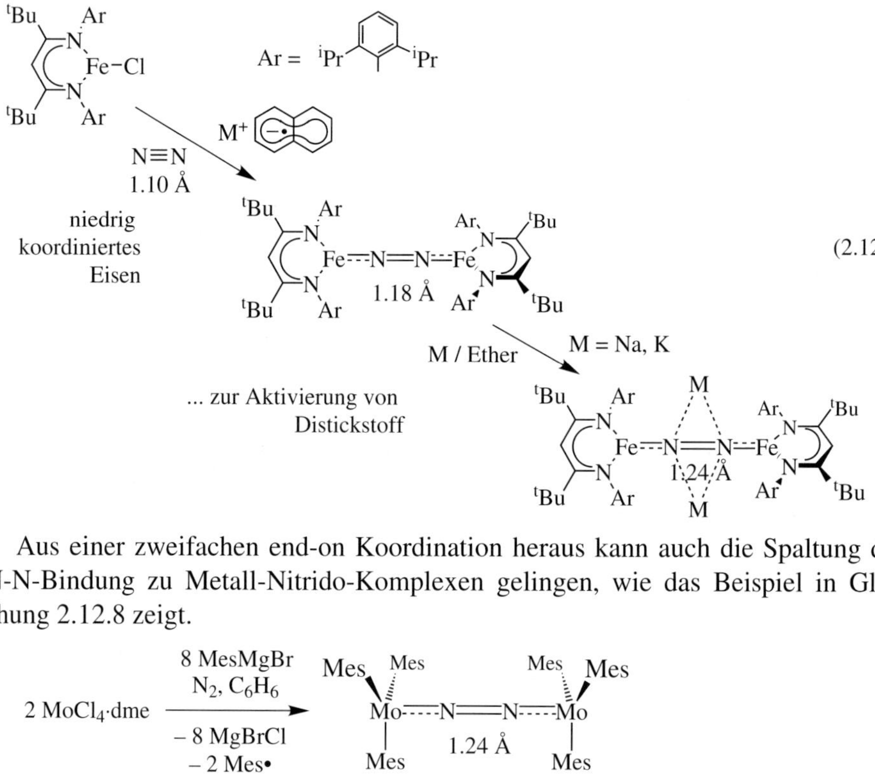

$$(2.12.7)$$

Aus einer zweifachen end-on Koordination heraus kann auch die Spaltung der N-N-Bindung zu Metall-Nitrido-Komplexen gelingen, wie das Beispiel in Gleichung 2.12.8 zeigt.

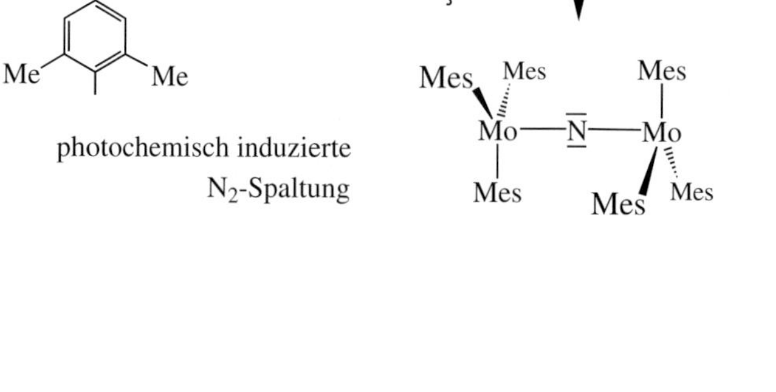

$$(2.12.8)$$

2.12.3 Metall-Nitrosyl-Komplexe

Mit dem Namen Nitrosyl wird die Atomgruppierung NO als neutraler oder kationischer (NO$^+$) Ligand in Komplexverbindungen bezeichnet. Das Nitrosyl-Ion, NO$^+$, ist isoelektronisch zu CO, N$_2$, CN$^-$ und in ähnlicher Weise ein Komplexligand zur Anbindung an Metalle. Auf die isoelektronische Beziehung zwischen NO$^+$ und CO und die elektronische und geometrische Ähnlichkeit von Nitrosyl und entsprechenden Carbonylkomplexen wird speziell noch einmal in Abschnitt 4.3.1.4 eingegangen. Im Vergleich mit CO ist NO elektronegativer, ein schwächerer σ-Donor, aber ein besserer π-Akzeptor (s. **2.12.14 b**) . Das NO-Radikal wird koordinationschemisch in einkernigen Komplexen hauptsächlich in einer linearen (**2.12.7**), manchmal aber auch in einer gewinkelten M-NO Anordnung (**2.12.8**) gebunden. Es ist dabei anzumerken, dass auch die so genannten linearen M-NO Bindungen leicht (bis zu 10°) gewinkelt sind. Daneben kann NO als Brückenligand fungieren, im einfachsten Fall zwischen zwei Metallzentren über das Stickstoffatom. Diese Brücken können symmetrisch oder asymmetrisch, mit oder ohne gleichzeitige Metall-Metall-Bindung zwischen gleichartigen oder verschiedenen Metallen aufgebaut sein (**2.12.9 – 2.12.11**). Der strukturelle Unterschied (**2.12.7** oder **2.12.8**) in den einkernigen Komplexen ist aus Röntgenstruktur- oder ^{15}N-NMR-Untersuchungen eindeutig bestimmbar. In Mononitrosylkomplexen liegt der typische ^{15}N-Verschiebungsbereich für lineare NO-Komplexe zwischen -100 und +100 ppm, für die gewinkelte Form zwischen +350 und +950 ppm (relativ zu flüssigem Nitromethan). Bei der Bestimmung und genauen Diskussion des M-NO-Bindungswinkels in den gewinkelten Strukturen ist allerdings wegen einer relativ großen thermischen Beweglichkeit und möglicher Fehlordnungen des Sauerstoffatoms häufig Vorsicht geboten. Entgegen der Erwartung und anders als in Carbonylkomplexen (vergleiche Abschnitt 4.3.1.1) gibt es in Nitrosylkomplexen keine einfache und eindeutige Korrelation zwischen der v_{NO}-Streckschwingung und den M-NO Bindungswinkeln oder -geometrien (end-on oder verbrückend). Die für lineare, gewinkelte und verbrückende M-NO Gruppen gefundenen Schwingungsbereiche überlappen über weite Strecken. Streckschwingungen für lineare M-NO Gruppen werden im Bereich von 1450 bis 1950 cm^{-1} gefunden, für gewinkelte M-NO Fragmente zwischen 1420 und 1710 cm^{-1}. Brücken-NO-Liganden zeigen einen typischen Bereich zwischen 1280 und 1650 cm^{-1}. Vergleiche dazu $\tilde{v}_{NO}$ = 1878 cm^{-1} für NO und 2220 cm^{-1} für NO$^+$.

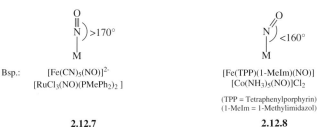

Bsp.:   [Fe(CN)$_5$(NO)]$^{2-}$
        [RuCl$_3$(NO)(PMePh$_2$)$_2$]

[Fe(TPP)(1-MeIm)(NO)]
[Co(NH$_3$)$_5$(NO)]Cl$_2$

(TPP = Tetraphenylporphyrin)
(1-MeIm = 1-Methylimidazol)

2.12.7   **2.12.8**

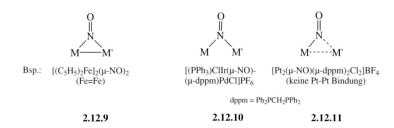

Bsp.:   [(C$_5$H$_5$)$_2$Fe]$_2$(μ-NO)$_2$ [(PPh$_3$)ClIr(μ-NO)-   [Pt$_2$(μ-NO)(μ-dppm)$_2$Cl$_2$]BF$_4$
        (Fe=Fe)   (μ-dppm)PdCl]PF$_6$ (keine Pt-Pt Bindung)

dppm = Ph$_2$PCH$_2$PPh$_2$

2.12.9   **2.12.10**   **2.12.11**

Mit der Unterscheidung zwischen einer linearen und gewinkelten **M-NO An-ordnung (2.12.7** oder **2.12.8**) wird in der weit verbreiteten Betrachtungsweise **nach dem Valenzbindungskonzept** auch eine Änderung im Bindungsformalismus des NO-Moleküls verbunden. In der linearen Struktur koordiniert die Nitrosylgruppe formal als NO$^+$-Ligand, in der gewinkelten Anordnung wird der Ligand als NO$^-$ behandelt. Während das häufigere |N≡O|$^+$-Fragment isoelektronisch zu |C≡O| usw. ist, ist die seltenere |N̲=O̲|$^-$-Gruppe isoelektronisch zu |O=O| (vgl. dessen ge-winkelte end-on Anbindung). Beide Gruppierungen, NO$^+$ und NO$^-$, sind dann 2-Elektronenliganden. Geht man bei der Bildung des Komplexes vom neutralen NO-Molekül aus, so ist aber zusätzlich eine Elektronenabgabe zum bzw. -aufnahme vom Metallzentrum mit formaler Änderung von dessen Oxidationsstufe zu berück-sichtigen. Das NO-Radikal gibt dabei sein ungepaartes Elektron ab, bzw. nimmt ein weiteres Elektron auf, mit entsprechender Änderung der N-O Bindungsord-nung. Nach dem VB-Konzept wird bei linearer Anbindung von NO also formal das Metallzentrum um eine Stufe reduziert und mit NO$^+$ als 2-Elektronendonor wird das NO-Molekül dann insgesamt auch als 3-Elektronendonor gesehen. Eine solche M-NO Verbindungsbildung wird manchmal auch als **reduktive Nitrosylierung** be-zeichnet. Umgekehrt wird bei der gewinkelten Koordination von Stickstoffmon-oxid das Metallzentrum um eine Stufe oxidiert und mit NO$^-$ als 2-Elektronendonor gibt das NO-Molekül netto nur ein Elektron an das Metall ab. Gleichung 2.12.9 fasst die VB-Elektronenzählweise und Festlegung der Oxidationsstufen noch ein-mal zusammen. Das VB-Konzept macht eine Abwinkelung der NO-Gruppe über die isoelektronische Beziehung zwischen |N̲=O̲|$^-$ und |O=O| anschaulich verständ-lich. Allerdings zeigt die Tatsache, dass die Schwingungsspektroskopie nicht als verlässliches Instrument zur Unterscheidung zwischen beiden Gruppenarten heran-gezogen werden kann, Defizite im VB-Bild. Auch ist die Zuordnung und Änderung von formalen Oxidationsstufen durch die M-NO Bindung zum Teil sehr unglück-lich, denn das Metallzentrum im Komplex [Cr(NO)$_4$] mit linearen Cr-NO Gruppen erhält damit einen Wert von –4. Außerdem lässt sich nach dem VB-Modell nicht immer sicher die Linearität oder Winkelung vorhersagen.

Die **MO-Theorie** umgeht die Probleme des VB-Modells. Abbildung 2.12.5 ver-anschaulicht am Beispiel eines oktaedrischen Komplexes, ausgehend von einem Wechselwirkungsdiagramm für eine lineare M-N-O Gruppe die Ursache der Ab-winkelung oder Verzerrung. Diese liegt in der Besetzung des M-N(O) antibinden-den σ^*-Orbitals 2a$_1$, unter anderem mit dem einen NO-Elektron aus dem π^*-Orbi-

Valenzbindungskonzept:

$$L_xM^{+m-1} \leftarrow |N\equiv O|^+ \xleftarrow{\quad} L_xM^{+m} \xrightarrow{\quad\overset{|\dot{N}=\underline{O}|}{}\quad} L_xM^{+m+1} \leftarrow \overset{-}{|\underline{N}}\underset{\underline{O}|}{\diagdown}$$

lineare M-N-O Struktur,   gewinkelte M-N-O Struktur,
Reduktion von M und   Oxidation von M und
Koordination von NO$^+$ als 2-El.ligand,   Koordination von NO$^-$ als 2-El.ligand,
NO netto als 3-Elektronenligand   NO netto als 1-Elektronenligand

(2.12.9)

tal, wenn die 1e- und b_2-Molekülorbitale bereits mit Metall-d-Elektronen gefüllt sind. Mit der Abwinkelung verringert sich diese antibindende Wechselwirkung zwischen dem a_1-Orbital am Metallzentrum und dem freien Elektronenpaar (n) am Stickstoffatom. Gleichzeitig wird bei Abwinkelung eine bindende Wechselwirkung des Metall-a_1-Orbitals zu einem Nitrosyl-π^*-Orbital angeschaltet, so dass dieses „$2a_1$"-Molekülorbital stärker M-N(O) nichtbindenden Charakter erlangt und in seiner Energie erniedrigt wird. Der gleichzeitige Verlust an π-Wechselwirkung in den 1e-Niveaus, die bei Abwinkelung dann auch energetisch aufspalten, ist weniger bedeutend, obwohl grundsätzlich natürlich die π-Wechselwirkung die Linearität begünstigt. Aus der Sicht des Metalls betrachtet, führt ein Abbau von vorhandenem Elektronenüberschuss über eine stärkere Metall-d$\rightarrow$NO-π^* Rückbindung zu einer Abwinklung der MNO-Gruppe. Die meisten gewinkelten MNO-Fragmente treten denn auch in elektronenreichen Metallkomplexen auf.

Bestimmend für die Ausbildung von linearer oder gewinkelter M-N-O Struktur nach der MO-Theorie ist also die Elektronenkonfiguration des Komplexes bei der gegebenen Koordinationsgeometrie. So wird sich bei einem oktaedrischen Komplex dann eine gewinkelte Struktur ausbilden, wenn die Zahl der Elektronen in den Metall-d-Orbitalen größer als sechs ist. Für bis zu sechs Elektronen einschließlich am Metallzentrum besteht die lineare Anordnung. Eine Änderung der Metall-Oxidationsstufe durch Koordination des NO-Liganden und eine Unterscheidung von

Tabelle 2.12.2. Vorhersage der M-N-O-Geometrien in Mononitrosyl-Metallkomplexen auf der Basis der d-Elektronenzahl [a] und des Koordinationspolyeders.

Koordinationszahl	Koordinationspolyeder	M-N-O Geometrievorhersage
6	Oktaeder	linear bis d^6
		gewinkelt ab d^7
5	quadratische Pyramide	linear bis d^6
		gewinkelt ab d^7
	trigonale Bipyramide	linear bis d^8
4	Tetraeder	linear bis d^{10}
	verzerrtes Tetraeder	leicht gewinkelt für d^{10}

[a] Konventionsgemäß wird die d-Elektronenzahl mit Anbindung des Nitrosylliganden als NO$^+$ berechnet.

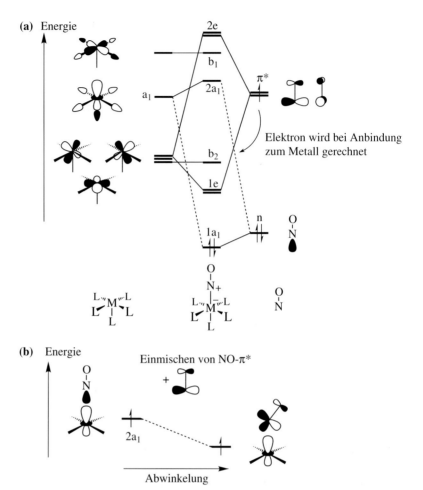

Abbildung 2.12.5. (a) Orbitaldiagramm für die Metall-Nitrosyl σ- und π-Wechselwirkung in einem oktaedrischen Komplex mit linearer M-N-O-Anordnung. Bei den fünf übrigen Liganden kann es sich um σ- oder π-Liganden handeln. Die Orbitale des C_{4v}-ML_5-Fragments wurden in Abbildung 2.9.20 entwickelt. Die Metall-d-Elektronen befinden sich in den Niveaus 1e, b_2, $2a_1$ und b_1. Wichtig für Linearität oder Winkelung ist das $2a_1$-Orbital als antibindende Kombination aus der Wechselwirkung des Metall-a_1-Niveaus mit dem freien Elektronenpaar (n) am Stickstoffatom. (b) Sobald mehr als sechs Elektronen (in der low-spin Konfiguration) zur Besetzung dieses M-N(O)-σ^*-Orbitals führen, wird eine gewinkelte Anordnung, in der die antibindende M-N-Wechselwirkung verringert ist, energetisch günstiger. Konventionsgemäß wird die d-Elektronenzahl mit Anbindung des Nitrosylliganden als NO^+ berechnet.

NO als 3- oder 1-Elektronenligand muss in diesem Bild für ein Verständnis der Linearität oder Abwinkelung nicht erfolgen. Konventionsgemäß wird aber die Elektronenzahl als die Zahl der Metall-d-Elektronen angegeben, wenn der Nitrosylligand als NO^+ gebunden betrachtet wird.

Analog zum Oktaeder lässt sich auch für andere Koordinationszahlen und -geometrien eine Vorhersage der M-NO-Struktur für Mononitrosylkomplexe treffen. Tabelle 2.12.2 gibt eine Zusammenstellung. In Aufgabe 21 kann die Anwendung der Tabelle 2.12.2 für die Vorhersage einer linearen oder gewinkelten M-NO Anordnung geübt werden.

In einigen Komplexen findet man in Lösung ein fluktuierendes Verhalten in Bezug auf die Anbindung des NO-Liganden als lineare oder gewinkelte Gruppe; im Festkörper können gegebenenfalls beide Formen isoliert werden. So zeigen etwa der Komplex $[RuCl(NO)_2(PPh_3)_2]BF_4$, sein Osmium-Analog und die Verbindung $[Ir(\eta^3-C_3H_5)(NO)(PPh_3)_2]^+$ ein solches Verhalten. Eine chemische oder photolytische Veränderung in einem Komplex kann ebenfalls zu einer Abwinkelung der NO-Gruppe führen. Gleichung 2.12.10 zeigt wie die Addition eines weiteren Liganden die NO-Konformation verändert. Eine Photolyse der Komplexe $[Co(NO)(CO)_3]$, $[Ni(C_5H_5)NO]$ oder $[V(C_5H_5)(NO)_2CO]$ führt auch zur Abwinklung des oder der NO-Liganden in den angeregten Komplexen.

$$\text{KoZ 5, trig. Bipyr., } d^8 \qquad\qquad (2.12.10) \qquad\qquad \text{KoZ 6, Oktaeder, } d^8$$

Bei der Synthese von Metall-Nitrosylkomplexen kann zwischen der Einführung der NO-Gruppe durch direkte Umsetzung mit gasförmigem NO oder einem NO-enthaltenden Reagenz (z.B. einem Nitrosonium-, NO^+-Salz) und der Derivatisierung eines geeigneten stickstoffhaltigen Liganden am Metall zum NO-Fragment unterschieden werden. Die Gleichungen 2.12.11 bis 2.12.17 umfassen Beispiele für die Einführung von NO aus externen Quellen, ohne und mit Ligandensubstitution am Metallzentrum. In Ligandensubstitutionsreaktionen ersetzt ein neutrales NO-Molekül das Äquivalent eines 3-Elektronen-Liganden (Gleichung 2.12.13). Geht man von dem formal 2-Elektronen Nitrosoniumkation (NO^+) als Edukt aus, so hat man es natürlich mit einer 1:1 Substitutionsreaktion von anderen labilen 2-Elektronenliganden zu tun (2.12.14). Bei der Verwendung von Salpetersäure wird deren Zersetzung zu NO_2, welches in HNO_3 wiederum zu NO^+ und NO_3^- ionisiert, ausgenutzt. In den Gleichungen 2.12.18 bis 2.12.20 sind dann Beispiele für Ligandenkonversionen zu NO-Gruppen aufgeführt. Die Transformationen von koordiniertem Amin zum Nitrosyl mit geeigneten Oxidationsmitteln sind dabei noch wenig verstandene Reaktionen. Die Synthesen wurden vorwiegend aus der klassischen Komplexchemie ausgewählt, zahlreiche weitere Beispiele kennt man mit metallorganischen Verbindungen, spezielle Substitutionsreaktionen in Metallcarbonyl-Komplexen finden sich unter dem Aspekt der Isosterie noch einmal in Abschnitt 4.3.1.4.

$$[MnCl_2(PR_3)_2] + NO \;\rightleftharpoons\; [MnCl_2(NO)(PR_3)_2] \qquad\qquad (2.12.11)$$

$$WCl_6 \xrightarrow[\text{MeCN}]{NO} [WCl_3(NO)(NCMe)_2] \qquad\qquad (2.12.12)$$

$$[Cr(CO)_6] + 4\,NO \longrightarrow [Cr(NO)_4] + 6\,CO \qquad\qquad (2.12.13)$$

$$[Fe(CO)_2(CS_2)(PPh_3)_2] + NO^+ \longrightarrow [Fe(CO)_2(NO)(PPh_3)_2]^+ + CS_2 \qquad (2.12.14)$$

$$[IrCl(CO)L_2] + NO^+ \longrightarrow [IrCl(CO)L_2(NO)]^+ \qquad\qquad (2.12.15)$$

$$[Fe(CN)_6]^{4-} \xrightarrow{HNO_3} [Fe(CN)_5(NO)]^{2-} \qquad\qquad (2.12.16)$$

$$[Ni(PPh_3)_4] + NOCl \longrightarrow [NiCl(NO)(PPh_3)_2] + 2\,PPh_3 \qquad (2.12.17)$$

Desoxygenierung von M-Nitrito oder M-Nitrato:

$$[Ni(NO_2)_2(PMe_3)_2] + CO \longrightarrow [Ni(NO_2)(NO)(PMe_3)_2] + CO_2 \qquad (2.12.18)$$

$$[Ni(NO_3)_2(PEt_2Ph)_2] \xrightarrow{\Delta} [Ni(NO_3)(NO)(PEt_2Ph)_2] \qquad\qquad (2.12.19)$$

Oxidation von koordinierten Am(m)inen:

$$[Ru(NH_3)_6]^{2+} \xrightarrow{Cl_2/NH_3\ (aq.)} [Ru(NO)(NH_3)_5]^{3+} \qquad\qquad (2.12.20)$$

Seit Beginn der 90er Jahre ist NO auch als biologisch relevantes Molekül verstärkt in das Bewusstsein gerückt. Es wird von so verschiedenen Lebewesen wie Muscheln, Fruchtfliegen, Hühnern, Forellen und Menschen synthetisiert und spielt eine Rolle als biologischer Botenstoff in einer erstaunlichen Vielfalt von physiologischen Prozessen. Der sich noch erweiternde Funktionsbereich beinhaltet Neurotransmission, Vasodilatation, d.h. die Relaxation von glatter Muskulatur (z.B. die Gefäßmuskulatur des Verdauungstrakts, der Blase, der Gebärmutter und der Blutgefäße), Blutgerinnung, Blutdruckkontrolle und eine Rolle bei der Aktivierung des Immunsystems zur Zerstörung von Tumorzellen und intrazellulären Parasiten. Als eine neue Art von Botenstoff kann NO unabhängig von spezifischen Transportkanälen frei in alle Richtungen von der Ursprungsstelle diffundieren. Von Bedeutung für die Rolle, die NO im menschlichen Körper spielt, ist dabei seine Wechselwirkung mit verschiedenen Häm-Gruppen, wie jenen im Hämoglobin, Myoglobin oder den Cytochromen. Von dem Eisenzentrum der Häm-Gruppe wird NO gewinkelt gebunden (**2.12.12**), da es sich formal um eine d^7-Spezies handelt (siehe oben). Zur Verringerung des arteriellen Blutdrucks z.B. bei Hochdruckkrisen, während Operationen und bei frischen Herzinfarkten wird unter anderem Nitroprussidnatrium (Nipruss®, Natriumnitroprussiat, Natriumpentacyanonitrosylferrat, $Na_2[Fe(CN)_5NO] \cdot 2\,H_2O$) als stark und schnell wirkender Vasodilatator eingesetzt. Das Medikament lässt durch die Freisetzung von NO die glatte Muskulatur, d.h. unter anderem die der Blutgefäße, erschlaffen und bewirkt dadurch eine kurzfristige Senkung des Blutdrucks. Das Mittel wird intravenös und zur Vermeidung einer Cyanidintoxikation gleichzeitig mit Natriumthiosulfat appliziert.

Über die Atmung gelangt NO als Bestandteil der durch Abgase belasteten Luft in das Blut wo es zur Bildung von HbNO führt; NO bindet dabei 3×10^5-fach besser an das Hämoglobin (Hb) als O_2. Eine NO-Vergiftung, die ansonsten schon bei 0.4 ppm NO eintreten würde, wird unter normalen physiologischen Bedingungen jedoch durch die schnelle Oxidation des NO im HbNO zu NO_2^- und NO_3^- verhindert. Das dabei gebildete metHb wird durch die metHb-Reduktase in den Erythrocyten rasch wieder zum Hb reduziert.

Porphyrinring

KoZ 6, Oktaeder, d^7

2.12.12

Die rote Farbe, die mit "frischem" Fleisch assoziiert wird, ist neben der roten Farbe von MbO_2 auf die Bildung von MbNO und metMbNO zurückzuführen (Mb = Myoglobin). Zur Konservierung von Fleischerzeugnissen gegen Botulismus und Salmonellen werden maximal 150 mg Nitritpökelsalz, ein Gemisch aus NaCl mit 0.4–0.5% $NaNO_2$, pro Kilogramm Fleisch zugesetzt. Durch Reduktion mit Myoglobin entsteht aus dem Nitrit NO, das Mb wird zum Metmyoglobin, metMb oxidiert. Als Reaktionspartner des NO bildet sich dann aus dem Mb und metMb das Nitrosomyoglobin und -metmyoglobin. Der Prozess wird auch als Umrötung bezeichnet, denn beide Nitrosoverbindungen zeigen eine leuchtend rote Farbe, wobei insbesondere das sichtbare Absorptionsspektrum von MbO_2 und MbNO ähnlich ist.

Die bioanorganische Koordinationschemie von Stickstoffmonoxid hat aber noch weitere Bezüge: Da der gewinkelt gebundene NO-Ligand nach dem VB-Modell traditionell als NO^--Gruppe interpretiert wurde und die NO^--Gruppe isoelektronisch zum O_2-Liganden ist, wurde eine Ähnlichkeit in den Bindungseigenschaften beider Liganden erwartet. Aus diesem Grund wurde NO in vielfältiger Weise zur Untersuchung der Struktur und Funktion von vielen Hämproteinen eingesetzt.

Reaktionen von NO-Liganden am Metallzentrum: Einige Metallnitrosylkomplexe reagieren mit Lewis-Säuren unter **Adduktbildung** über den Nitrosylliganden, die Verbindung $(C_5H_5)Re(NO{\rightarrow}BCl_3)(PPh_3)(SiMe_2Cl)$ ist dazu ein strukturell charakterisiertes Beispiel. In ähnlicher Weise können Protonen an den Nitrosylsauerstoff addiert werden (Gleichung 2.12.21).

$$[(C_5H_4Me)Mn(NO)]_3(\mu_3\text{-NO}) + H^+ \longrightarrow [(C_5H_4Me)Mn(NO)]_3(\mu_3\text{-NOH}) \qquad (2.12.21)$$

In gewinkelten MNO-Gruppen, in denen das Stickstoffatom elektronenreicher ist und nach dem VB-Konzept formal ein freies Elektronenpaar besitzt, kann der **elektrophile Angriff** eines Protons auch am N-Atom, unter Bildung eines HNO-Liganden, erfolgen (Gleichung 2.12.22). Eine mehrfache elektrophile Addition kann zum Hydroxylimin oder bis zum Hydroxylamin führen (Gleichungen 2.12.23 und 2.12.24).

$$[OsCl(CO)(NO)(PPh_3)_2] + HCl \longrightarrow [OsCl_2(CO)(HNO)(PPh_3)_2] \qquad (2.12.22)$$

$$[Os(NO)_2(PPh_3)_2] + 2\,HCl \longrightarrow [OsCl_2(NO)(HNOH)(PPh_3)_2] \qquad (2.12.23)$$

$$[Ir(NO)(PPh_3)_3] + 3\,HCl \longrightarrow [IrCl_3(H_2NOH)(PPh_3)_2] \qquad (2.12.24)$$

Ein allgemeines Merkmal von Metallnitrosylkomplexen ist ihre **Aktivierung der N-O-Bindung** was zum Verlust des Sauerstoffatoms an entsprechende Akzeptoren wie Phosphane führen kann (Gleichungen 2.12.25 und 2.12.26). Gleichzeitig vorliegende Carbonylliganden können mit der intermediären Nitridogruppe unter Bildung von Isocyanatspezies reagieren (Gleichung 2.12.26). Darüber hinaus führt der Bindungsbruch in einem koordinierten NO-Liganden aber auch zu stabilen, isolierbaren Nitridokomplexen (Gleichung 2.12.27).

$$[ReCl_3(NO)_2] + 2\,PPh_3 \longrightarrow [ReCl_3(NO)(NPPh_3)(OPPh_3)] \qquad (2.12.25)$$

$$[Ir(CO)(NO)(PPh_3)_2] + 2\,PPh_3 \xrightarrow{h\nu} [Ir(NCO)(PPh_3)_3] + OPPh_3 \qquad (2.12.26)$$

$$[FeRu_3(NO)(CO)_{12}]^- + CO \longrightarrow [FeRu_3(N)(CO)_{12}]^- + CO_2 \qquad (2.12.27)$$

Ein **nucleophiler Angriff** an das Stickstoffzentrum eines koordinierten NO-Liganden ist an lineare MNO-Gruppen möglich, in denen sich das NO-Fragment stark elektrophil, d.h. wie NO^+ verhält, also eine hohe positive Partialladung aufweist. Hierzu wurde auch eine Korrelation mit einer hohen Streckschwingungsfrequenz ($\tilde{\nu}_{NO} \geq 1885$ cm^{-1}) vorgeschlagen. Das Nitroprussidanion ($\tilde{\nu}_{NO} = 1939$ cm^{-1}) ist diesbezüglich das am besten untersuchte Beispiel, schon wegen seiner medizinischen Bedeutung als gefäßerweiterndes Mittel (siehe oben). In der Reaktion mit dem Hydroxidion zeigt sich eine interessante Parallele zur Reaktivität des freien Nitrosoniumions (Gleichungen 2.12.28 und 2.12.29). Ansonsten reagiert das Pentacyanonitrosylferrat in außergewöhnlicher Weise mit Nucleophilen (L) wie Aminen, Thiolen, Aminosäuren, Carbanionen und Aceton unter Angriff am Nitrosyl-Stickstoffatom (Gleichung 2.12.30). Von Bedeutung für die Anwendung des Nitroprussidions als Vasodilatator ist die nachfolgende mögliche Entfernung der N(=O)L Gruppe aus der Koordinationssphäre des Eisens.

$$[Fe(CN)_5(NO)]^{2-} + 2\,OH^- \rightleftharpoons [Fe(CN)_5(NO_2)]^{4-} + H_2O \qquad (2.12.28)$$

$$NO^+ + 2\,OH^- \rightleftharpoons NO_2^- + H_2O \qquad (2.12.29)$$

$$[Fe(CN)_5(NO)]^{2-} + L \longrightarrow [Fe(CN)_5\{N(=O)L\}]^{2-} \qquad (2.12.30)$$

Mit Kohlenstoffnucleophilen reagiert eine koordinierte NO-Gruppe in einer inter- oder intramolekularen Reaktion unter C-N Bindungsknüpfung. Aus dem Komplex $[(C_5H_5)Co(NO)]_2$ erhält man so mit NO in Gegenwart von vielfältigsten Alkenen Dinitrosoalkankomplexe (Gleichung 2.12.31). Eine intramolekulare Alkylgruppenwanderung auf einen NO-Liganden, respektive NO-Insertion in eine Metall-Alkylbindung ist ebenfalls möglich (vergleiche hierzu die entsprechende Reaktion eines Carbonylliganden, Abschnitt 4.3.1.4). Der neu gebildete Nitrosoalkankomplex kann dann durch Phosphanzusatz abgefangen werden (Gleichung 2.12.32). Zwei weitere Beispiele zu diesem Reaktionstyp finden sich in Kapitel 4 (Gleichung 4.3.51 und 4.3.52).

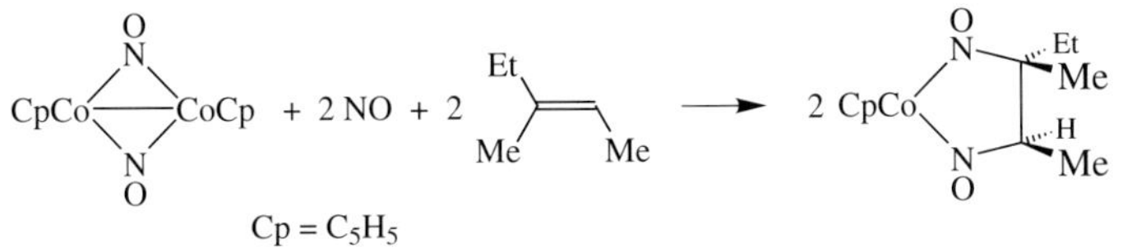

$$ (2.12.31) $$

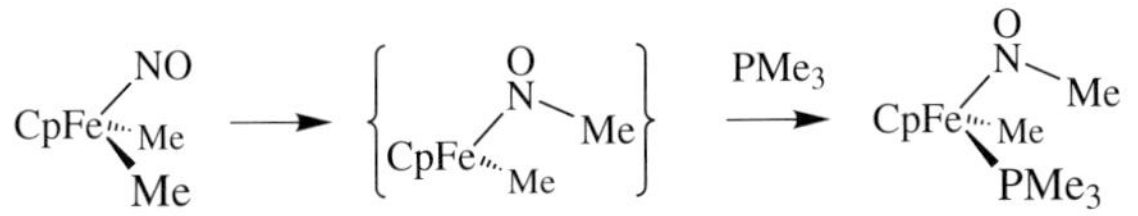

$$ Cp = C_5H_5 $$

$$ (2.12.32) $$

In den vorstehenden Beispielen wurden bereits vielfach metallorganische Verbindungen angeführt. Die NO-Komplexchemie findet sich daher zum Teil auch in diesbezüglichen Lehrbüchern. In Kapitel 4 wird auf einige stärker metallorganische Aspekte der NO-Koordinationschemie noch einmal kurz eingegangen, z.B. den Austausch von CO gegen NO und auch die vorstehend skizzierte intramolekulare C-N Bindungsknüpfung.

2.12.4 Cyano-Metallkomplexe

Mit dem Cyanid-Ion $|C\equiv N|^-$ liegt ein weiterer Ligand vor, der zu $|N\equiv N|$, $|N\equiv O|^+$ und dem in Abschnitt 4.3.1.1 besprochenen $|C\equiv O|$ isoelektronisch ist. Der Cyanidligand kann terminal ($M-C\equiv N$, **2.12.13**) und verbrückend an Metalle koordinieren, zu letzterem Modus ist die weitgehend lineare $M-C\equiv N-M$ Brücke (**2.12.13**) am häufigsten anzutreffen. Für den terminalen Liganden wurden bis jetzt keine signifikanten Abweichungen von einer linearen Anordnung gefunden. Das Cyanid-Ion ist ein hervorragender und oft nahezu reiner σ-Donorligand mit einem starken Ligandenfeld (siehe die spektrochemische Reihe in Abschnitt 2.9), so dass die oktaedrischen Metallkomplexe ausschließlich low-spin Zustände aufweisen. Anders als die Nitrosyl- oder Carbonylliganden sind die Cyanid-Ionen häufig ohne wesentliche d-π*-Rückbindungsanteile gebunden (**2.12.14a**). Die besseren σ-Donor- und schlechteren π-Akzeptoreigenschaften von CN^- gegenüber CO sind auf die negative Ladung und die damit höhere energetische Lage der σ- und π*-Orbitale zurückzuführen. Während erstere mit den dazwischen liegenden Metall-d-Orbitalen nun besser überlappen, wird die Überlappung der π^*-Akzeptorniveaus mit den Metall-d-Orbitalen weniger effektiv (**2.12.14b**). Die guten σ-Donoreigenschaften und die starke Metall-Ligand σ-Bindung bedingen auch den starken nephelauxetischen Effekt des Cyanid-Ions (siehe Abschnitt 2.9).

2.12.13   **2.12.14a**

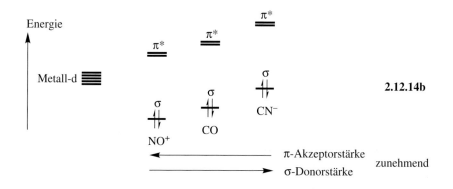

2.12.14b

Die Metallanbindung von CN^- lässt sich auch mit Hilfe der Infrarotspektroskopie gut untersuchen. Als Vergleich dient die Streckschwingung von freiem Cyanid in wässriger Lösung bei 2080 cm^{-1}. Terminale Cyanidkomplexe zeigen dann scharfe und intensive CN-Banden zwischen 2000 und 2200 cm^{-1}. Die Erhöhung der Schwingungsfrequenz und damit die Stärkung der C-N-Bindung bei Komplexierung eines Metallkations geht mit der fast ausschließlichen σ-Donor- und der nur geringfügigen π-Akzeptorfunktion konform. Die positive Ladung eines Metallzentrums am Kohlenstoffatom übt einen elektrostatischen Effekt auf das CN^--Teilchen aus, der durch Anziehung der Elektronendichte vom Stickstoff- zum Kohlenstoffatom die Polarisierung der C-N-bindenden σ- und π-Orbitale zum elektronegativeren Stickstoff-Ende verringert. Damit wird die Kovalenz der C-N-Bindung vergrößert, die Bindung gestärkt und die Schwingungsfrequenz erhöht (vergleiche Abschnitt 4.3.1.1 bezüglich der analogen Situation beim CO-Liganden). Eine merkliche π-Rückbindung aus besetzten d-Orbitalen am Metall in die leeren π^*-Niveaus am Liganden würde hingegen die C-N-Bindung schwächen und die Schwingungsfrequenz erniedrigen, wie es in der Regel beim Kohlenmonoxid-Liganden beobachtet wird (siehe Abschnitt 4.3.1.1). Dass insbesondere bei Metallen in niedriger Oxidationsstufe kleine Rückbindungsanteile vorliegen können, legen vergleichende Studien an $[Fe^{II}(CN)_6]^{4-}$ und $[Fe^{III}(CN)_6]^{3-}$ nahe (Tabelle 2.12.3).

Tabelle 2.12.3. Vergleich der Fe-C-Bindungslänge und der $\tilde{v}(C\equiv N)$ Schwingungsfrequenz im Hexacyanoferrat(II)- und -(III)-Komplex zur Bewertung der Fe-C-Rückbindung.

	$[Fe^{II}(CN)_6]^{4-}$	$[Fe^{III}(CN)_6]^{3-}$
Fe-C [Å]	1.90	1.93
$\tilde{v}\,(C\equiv N)\,[cm^{-1}]$	2098	2135

Die Verkürzung der Fe-C-Bindung beim zweiwertigen Metall bei gleichzeitiger niedrigerer Schwingungsfrequenz im Vergleich zum dreiwertigen Komplex wird als Argument für eine größere Rolle der π-Rückbindung in der niedrigeren Oxidationsstufe beim Eisen gesehen.

Die Veränderung der C-N-Schwingungsfrequenz bei Verbrückung ist etwas komplizierter. Die zusätzliche Koordination des Stickstoffatoms an eine Lewis-Säure in einer reinen σ-Donorbindung führt zu einer Erhöhung von $\tilde{v}(C\equiv N)$, wie der Vergleich zwischen $K_2[Ni(CN)_4]$ und $K_2[Ni(CN)_4] \cdot 4\,BF_3$ mit der Frequenzverschiebung von 2130 nach 2250 cm^{-1} durch Bildung der Ni-C$\equiv$N-BF$_3$ Brücke zeigt. Der Effekt wird wohl am besten über eine Kopplung der Schwingungen erklärt. Mit Metallen als Lewis-Säure kann es über die M-N-Bindung aber zu einer stärkeren π-Rückbindung kommen, so dass die C-N-Schwingungsfrequenz unter den Wert für die terminale Streckschwingung sinken kann.

Cyanid ist ein potentiell ambidenter Ligand, die Anbindung M-N$\equiv$C wird als Isocyano bezeichnet (siehe Abschnitt 2.7). Bis auf einzelne Ausnahmen ist terminales Cyanid immer Kohlenstoff-gebunden und normalerweise bleibt die ursprüngliche M-CN Bindung bei der Verbrückung auch intakt. Es gibt aber auch Beispiele für eine Isomerisierung, z.B. in der Verbindung $K_2Fe^{II}[Cr^{III}(CN)_6]$, die als grünes Isomer mit Fe^{II}-CN-Cr^{III}-Brücken und als rotes Isomer mit Cr^{III}-CN-Fe^{II}-Einheiten vorliegt. Wichtiger und problematischer ist daher die Festlegung bei Cyanidbrücken zwischen unterschiedlichen Metallzentren. Es sei darauf hingewiesen, dass die Röntgenbeugung wegen der nur leicht unterschiedlichen Streufaktoren für die benachbarten Elemente Kohlenstoff und Stickstoff kein gutes Unterscheidungskriterium ist. Es bedarf hierzu der Neutronenbeugung oder IR-spektroskopischer Untersuchungen.

Cyanid bildet mit vielen Metallen homoleptische und sehr stabile Cyanometallat-Komplexe (siehe dazu auch Abschnitt 2.11.1). Mit dem kleinen Liganden werden in zahlreichen Fällen koordinativ gesättigte und bis zu 18-Elektronen-Komplexe erhalten, dabei kann ein weiter Bereich von Oxidationsstufen am Metall stabilisiert werden. Beispiele sind die tetraedrischen d^{10}-Komplexe $[M(CN)_4]^{2-}$ (mit M = Zn^{II}, Cd^{II}, Hg^{II}), die analogen quadratisch-planaren d^8-Komplexe mit M = Ni^{II}, Pd^{II} und Pt^{II}, die oktaedrischen Komplexe $[M(CN)_6]^{z-}$ (M = V, Cr, Mn, Fe, Co), und die achtfach koordinierten Verbindungen $[M(CN)_8]^{z-}$ (M = Nb, Mo, W). Cyanoverbindungen gehören mit zu den stabilsten bekannten Übergangsmetallkomplexen. Cyanid vermag anders als das isoelektronische CO und NO$^+$ insbesondere auch

Metalle in hohen Oxidationsstufen zu stabilisieren. Neben der Zersetzung durch starke Säuren können nur wenige anderen Liganden, wie CO, NO^+, 2,2′-Bipyridin oder 1,10-Phenanthrolin, den Cyanidliganden verdrängen.

Der quadratisch-planare d^7-Komplex $[Co^{II}(CN)_4]^{2-}$ weist eine für diese Koordinationsgeometrie und Elektronenkonfiguration seltene low-spin Anordnung auf, was ein Beleg für das starke Ligandenfeld von CN^- ist. Im tetraedrischen $[Mn^{II}(CN)_4]^{2-}$ d^5-Komplex liegt wegen der gegenüber dem Oktaeder geringeren Kristallfeldaufspaltung beim Tetraeder (vergleiche Abschnitt 2.9) aber noch ein high-spin-Grundzustand vor.

Im Unterschied zu den salzartigen Cyaniden, wie KCN oder $Ca(CN)_2$, ist bei den komplexen Cyaniden die Giftigkeit stark herabgesetzt. Die Cyanidionen können häufig erst nach Zerstörung des Komplexes nachgewiesen werden. Kalium-hexacyanoferrat(II) ist als Antibackmittelzusatz bis zu 15 ppm für Kochsalz zugelassen. Außerdem wird es bei der Blauschönung als Teil des Klär- und Stabilisationsverfahrens (Weinschönung) bei der Weinherstellung verwendet. Bei der Blauschönung werden Metallionen, z.B. Eisen, Zink und Kupfer, die zu Nachtrübungen im Wein führen können, durch den Zusatz des gelben Blutlaugensalzes gefällt. Der Name Blauschönung ist auf die Blaufärbung des Niederschlags durch das gefällte Eisen (Berliner Blau) zurückzuführen. Anwendung finden Cyanokomplexe ferner bei der Gewinnung der Edelmetalle Gold und Silber durch Extraktion mit Alkalicyaniden und Solubilisierung als Cyanometallate (Cyanidlaugerei, Gleichung 2.12.33). Über die Anwendung von Berliner-Blau, $Fe^{III}_4[Fe^{II}(CN)_6]_3$ als Antidot bei Vergiftungen durch Thallium und radioaktives Cäsium, siehe Abschnitt 2.12.6.

$$Ag_2S + 4\,CN^- \rightarrow 2\,[Ag(CN)_2]^- + S^{2-} \qquad (2.12.33)$$

Ein Großteil des Interesses von Cyanometallverbindungen gilt ein-, zwei- und dreidimensionalen koordinationspolymeren Strukturen. Eine bekannte Verbindungsklasse sind die Hofmann'schen Clathrate, Wirt-Gast-Komplexe auf der Basis hauptsächlich zweidimensionaler Gitternetzwerkstrukturen, aufgebaut durch Cyanoverbrückung zwischen Metallzentren. Als Gäste können organische Moleküle, insbesondere Aromaten, eingelagert und zum Teil auch reversibel entfernt werden. Abbildung 2.12.6 gibt ein Beispiel. Mit tetraedrisch koordinierten Metallzentren, z.B. in $Cd(CN)_2$ oder $Zn(CN)_2$, werden adamantanartige, dreidimensionale Gitterstrukturen erhalten, die sich auch gegenseitig durchdringen können, wie Abbildung 2.12.7 zeigt.

Darüber hinaus können zwei- und dreidimensionale koordinationspolymere Cyanometallat-Verbindungen, in denen die Cyanid-Ionen als Brückenliganden zwischen Metallzentren mit ungepaarten Elektronen fungieren, bei relativ hohen Temperaturen ferro- und ferrimagnetische Ordnungsphänomene zeigen. Bedeutung kommt hier den komplexen Cyaniden aus der Berliner-Blau-Familie, mit dem allgemeinen Formeltyp $(M^I)A^{II}-[B^{III}(CN)_n]$ zu. Das $[B^{III}(CN)_n]^{3/4-}$-Ion wirkt als mehrzähniger, verbrückender Komplexligand gegenüber den A^{II}-Kationen und bildet mit diesen eine starre dreidimensionale Struktur in der zwei magnetische Zentren alternieren. Das CN^--Ion kann als einfacher magnetischer Mediator zwischen

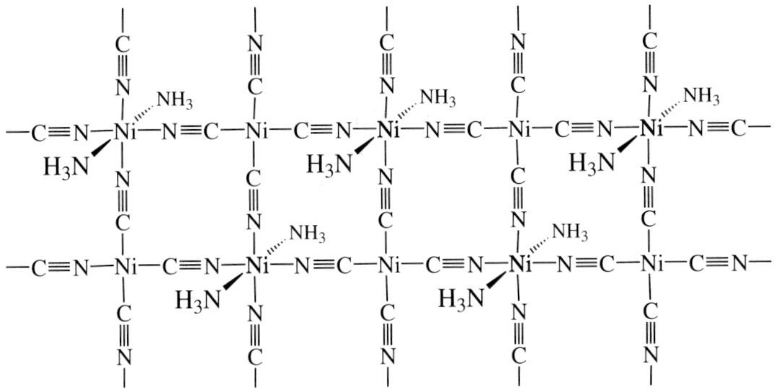

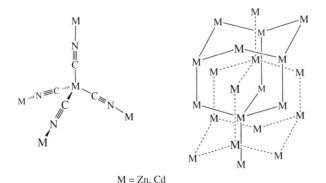

Abbildung 2.12.6. Teil des zweidimensionalen Metallcyanidnetzwerkes, das alternierend aus quadratisch-planaren $Ni^{II}(CN)_4$-Einheiten und oktaedrischen $Ni^{III}(NC)_4(NH_3)_2$-Gruppen aufgebaut ist. Gastmoleküle sind nicht gezeigt. Anstelle von Nickel in der oktaedrischen Position kann auch Cadmium eingesetzt werden. Werden anstelle der Ammingruppen zweizähnige verbrückende Aminliganden eingesetzt, kommt es zu einer vertikalen Verknüpfung der unendlichen Schichten.

Metallionen gesehen werden. Beispiele für polymere Metall-Cyanid Verbindungen mit höheren kritischen Temperaturen (T_c) für eine ferromagnetische Ordnung sind: $Mn^{II}_2(H_2O)_5[Mo^{III}(CN)_7]\cdot n\ H_2O$ ($T_c = 51$ K), $K_2Mn^{II}_3(H_2O)_6[Mo^{III}(CN)_7]_2\cdot n\ H_2O$ ($T_c = 39$ bis 72 K), $KV^{II}[Cr^{III}(CN)_6]\cdot 2\ H_2O$ ($T_c = 103$ K), gemischt-valente Cr(II)-Cr(III)-Cyanide $[Cr_{2.12}(CN)_6]$ ($T_c = 270$ K) und $[Cr_5(CN)_{12}]\cdot 10\ H_2O$ ($T_c = 240$ K).

M = Zn, Cd

Abbildung 2.12.7. Strukturprinzip in $Cd(CN)_2$ und $Zn(CN)_2$. Links sind die tetraedrischen Baueinheiten (Tectone) und rechts zwei unabhängige und sich durchdringende adamantoide Gitter gezeigt, die optisch mittels durchgezogener und gestrichelter Linien unterschieden wurden. Die Verbindungsstriche zwischen den Metallzentren stehen dabei jeweils für eine Cyanidbrücke (M = Zn, Cd).

2.12.5 Metall-Metall-Bindungen

Das Gebiet von Komplexen mit Metall-Metall-Bindungen hat mittlerweile einen kaum noch überschaubaren Umfang erreicht. Im Folgenden kann daher nur auf die wichtigsten Aspekte hingewiesen werden. Weitere Beispiele für derartige Komplexe finden sich dann noch bei den mehrkernigen Metallcarbonylclustern, die in Kapitel 4, Abschnitt 4.3.1.1 behandelt werden.

In Gestalt von Quecksilber(I)-Verbindungen, in denen das $[Hg-Hg]^{2+}$-Kation vorliegt, sind Beispiele für Einfachbindungen zwischen Metallen bereits seit dem anorganischen Grundpraktikum vertraut. Bezüglich der Metall-Metall-Bindung verhält sich das Quecksilber(I) allerdings noch eher wie ein Hauptgruppenelement. Hier soll lediglich auf Übergangsmetalle als Bindungspartner eingegangen werden, bei denen die Metall-Metall-Bindungen aus der Wechselwirkung der d-Orbitale gebildet werden. Neben σ- und π-Überlappungen (**2.12.15** und **2.12.16**) vermögen d-Orbitale auch noch eine δ-Bindung (**2.12.17**) zu bilden.

σ-Bindungen	π-Bindung	δ-Bindung
2.12.15	**2.12.16**	**2.12.17**

Zwei Beispiele für Metall-Metall-Einfachbindungen zeigen **2.12.18** und **2.12.19**.

	M	X	M–M
	Pd	Br	2.669 Å
	Pt	Cl	2.652 Å

2.12.18

Rh–Rh
2.385 Å

2.12.19

Für eine einfache elektronische Beschreibung der Metall-Metall-Bindungen in diesen beiden Beispielen können wir gut auf die in Abschnitt 2.9 erarbeiteten Molekül- und Fragmentorbitale zurückgreifen. In **2.12.18** liegt eine Wechselwirkung zweier C_{2v}-symmetrischer ML_3-Fragmente vor, deren relevante Orbitale sich leicht aus dem MO-Diagramm für die quadratisch-planare ML_4-Anordnung ergeben (vergleiche dazu Abbildung 2.9.19). Bei Entfernung eines σ-Liganden aus ML_4 wird von den d-Orbitalen lediglich das $2b_{1g}{}^{*}$-Niveau etwas abgesenkt. Die Orbitalwechselwirkung der beiden derart erhaltenen Fragmente ist in Abbildung 2.12.8 gezeigt. Mit neun Elektronen an jedem Metallzentrum resultiert aus der Wechselwirkung der fünf d-Orbitale miteinander eine d-d-Einfachbindung durch Überlappung der beiden x^2-y^2-Niveaus.

In Beispiel **2.12.19** kann direkt der in Abbildung 2.9.20 erarbeitete Fragmentorbitalsatz für das C_{4v}-symmetrische ML_5-Fragment verwendet werden. Auch hier ergibt sich bei diesmal sieben Elektronen an jedem Metallzentrum eine rotationssymmetri-

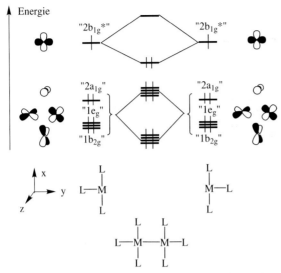

Abbildung 2.12.8. Orbitalwechselwirkung des d-Blocks zweier d^9-ML$_3$-Fragmente, wie sie z.B. in **2.12.18** vorliegt. Als Ergebnis resultiert eine Metall-Metall-σ-Einfachbindung zwischen den x^2–y^2-Orbitalen. Die doppelt besetzten d-Orbitale führen allerdings zu repulsiven 4-Elektronen-Wechselwirkungen, so dass für die Gesamtstabilität der Metall-Metall-Bindung zusätzlich Brückenliganden von Bedeutung sind. Die ML$_3$-Grenzorbitale ergeben sich aus dem d-Block der quadratisch-planaren ML$_4$-Anordnung (Abbildung 2.9.19) durch Entfernung eines Liganden (im Vergleich mit Abbildung 2.9.19 wurde hier aus Gründen der Einfachheit eine etwas andere Anordnung des Koordinatensystems gewählt). Der Übersichtlichkeit halber wurden aber die D$_{4h}$-Symmetriebezeichnungen für ML$_4$ beibehalten, allerdings in Anführungszeichen gesetzt, da diese Symmetrie ja nicht mehr vorliegt. Die zwei senkrechten Striche bei den Orbitalen sollen stets eine vollständige Elektronenbesetzung aller durchgezogenen Niveaus andeuten. Eine Einmischung der leeren s- und p-Orbitale wurde aus Gründen der Einfachheit nicht berücksichtigt.

sche M-M-Einfachbindung (Abbildung 2.12.9). Diese beiden Beispiele deuten bereits an, dass für die Ausbildung von Metall-Metall-Bindungen bei der gegebenen Ligandenanordnung die Elektronenzahl sehr wesentlich ist. Bei der Wechselwirkung der beiden Fragmente überlappen natürlich auch die mit zwei Elektronen doppelt besetzten d-Orbitale. Bei dieser Vier-Elektronenwechselwirkung sind dann die bindende und antibindende Kombination besetzt, so dass natürlich keine formalen Bindungen wohl aber leicht antibindende Beiträge resultieren. Zur Stabilisierung von Metall-Metall-Bindungen sind deshalb häufig zusätzliche Liganden-Brücken oder -Klammern notwendig, wie in **2.12.18** und einigen der noch folgenden Beispiele.

In **2.12.20** ist die Struktur eines dimeren Wolframkomplexes mit einer Metall-Metall-Doppelbindung gegeben; für die Darstellung der elektronischen Struktur der M-M-Orbitalwechselwirkung in dieser Verbindung und damit gleichzeitig dem Wechselwirkungsdiagramm eines kantenverknüpften Bi-Oktaeders, siehe Aufgabe 24 in Abschnitt 2.13.

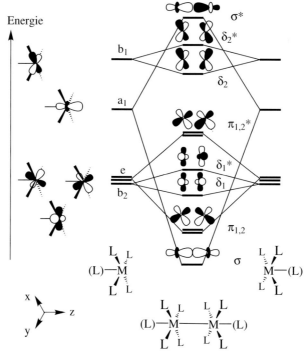

Abbildung 2.12.9. Orbitalwechselwirkung des d-Blocks zweier flächenverknüpfter ML_5- oder auch ML_4-Fragmente in der ekliptischen Anordnung, wie sie z.B. in **2.12.19**, **2.12.22** und **2.12.23** vorliegen. Die energetische Position des σ-Orbitals kann je nach Ligandenfeld, dem Vorhandensein und der Art der axialen Liganden und dem Metall-Metall-Abstand auch oberhalb des π-Niveaus sein. Aus Gründen der Übersichtlichkeit ist nur jeweils eine Kombination der beiden π-Orbitale gezeichnet. Eine Einmischung der leeren s- und p-Orbitale bleibt aus Gründen der Einfachheit unberücksichtigt. Für die hier eingezeichneten δ-Wechselwirkungen der xy- und x^2-y^2-Orbitale, die zu einer sehr kleinen aber vorhandenen Aufspaltung in bindende und antibindende δ-Molekülorbitale führen, ist die ekliptische Ligandenkonformation wichtig. In einer gestaffelten Konformation käme es bezüglich dieser beiden Orbitale zu keiner Wechselwirkung zwischen den Metallzentren, und man hätte jeweils zwei entartete δ-Niveaus vorliegen (vergleiche **2.12.24**).

Für zwei d^7-ML_5-Fragmente in $[Rh^{II}_2(O_2CMe)_4(H_2O)_2]$ (**2.12.19**) sind alle Orbitale von σ bis $\pi_{1,2}*$ gefüllt und als Ergebnis resultiert eine Metall-Metall-σ-Einfachbindung zwischen den $a_1(z^2)$-Orbitalen. Die übrigen doppelt besetzten d-Orbitale führen allerdings zu repulsiven 4-Elektronen-Wechselwirkungen, so dass für die Gesamtstabilität der Metall-Metall-Bindung zusätzlich Brückenliganden von Bedeutung sind.

Analog ergibt sich für zwei d^5-ML_4-Fragmente in $[Os^{III}_2Cl_8]^{2-}$ (**2.12.21**) eine Besetzung der Orbitale von σ bis δ_1* mit insgesamt 10 Elektronen. Man erhält eine Metall-Metall-Dreifachbindung, die sich aus einer σ- und zwei π-Bindungen zusammensetzt. Obwohl hier eine gestaffelte Konformation besteht, kann das Wechselwirkungsdiagramm verwendet werden, denn die gleichzeitige Besetzung der bindenden und antibindenden Komponente der δ-Überlappung oder richtiger von zwei entarteten δ-Niveaus führt ohnehin zu keinem Bindungsbeitrag. Erst eine Verringerung der Elektronenzahl um zwei ergibt dann eine zusätzliche δ-Bindung. Eine solche elektronische Situation besteht z.B. in $[Re^{II}_2Cl_8]^{2-}$ (zwei d^4-ML_4-Fragmente, **2.12.22**) oder in $[Cr_2(O_2CMe)_4L_2]$ (zwei d^4-ML_5-Fragmente, **2.12.23a**).

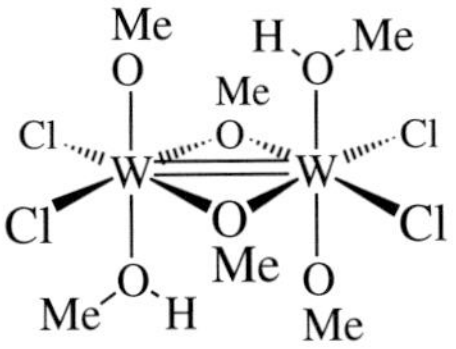

2.12.20

Ein Beispiel für eine Metall-Metall-Dreifachbindung ist der Komplex $[Os_2Cl_8]^{2-}$ in **2.12.21**, die Konformation ist gestaffelt (D_{4d}-Symmetrie). Anhand des Wechselwirkungsdiagramms in Abbildung 2.12.9 ergibt sich für die Kombination der beiden d^5-Os^{III}-Fragmente die Elektronenkonfiguration $\sigma^2\pi^4\delta^2\delta^{*2}$, d.h. es bestehen zwischen den Metallen eine σ- und zwei π-Bindungen.

Die höchste Bindungsordnung von vier wird dann in den Beispielkomplexen $[Re_2Cl_8]^{2-}$ (**2.12.22**), $[Cr_2(O_2CMe)_4(H_2O)_2]$ (**2.12.23a**) und $[W_2(hpp)_4]$ (**2.12.23b**) erreicht. In allen drei Fällen kombinieren zwei d^4-M-Fragmente (Re^{III}, Cr^{II}, W^{II}) zu zweikernigen Metallkomplexen mit der d-Elektronenkonfiguration $\sigma^2\pi^4\delta^2$. Der Komplex $[W_2(hpp)_4]$ hat als erste in wägbarer Menge hergestellte Verbindung eine niedrigere Ionisationsenergie (Beginn 3.51 eV, Maximum 3.76 eV) als das am leichtesten zu ionisierende Element Cäsium (3.89 eV).

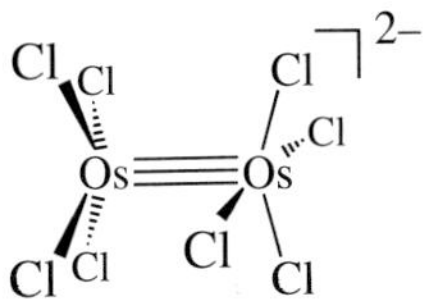

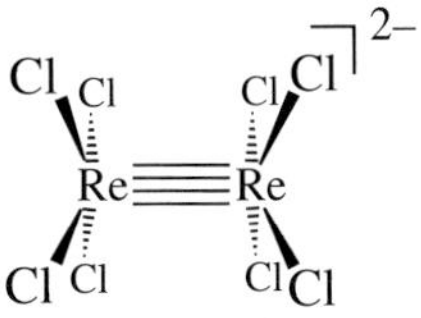

M–M 2.18–2.21* Å

2.23–2.25* Å

* abhängig vom Kation

2.12.21

2.12.22

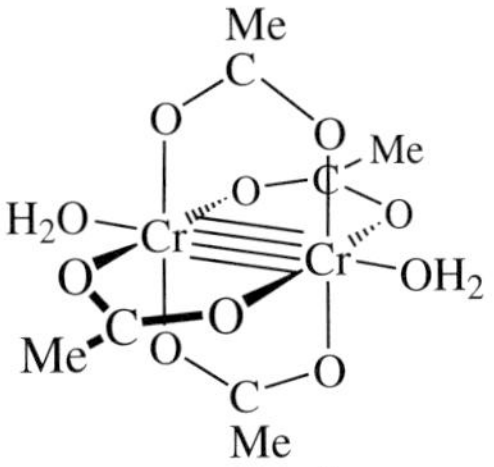

2.362 Å

2.162 Å

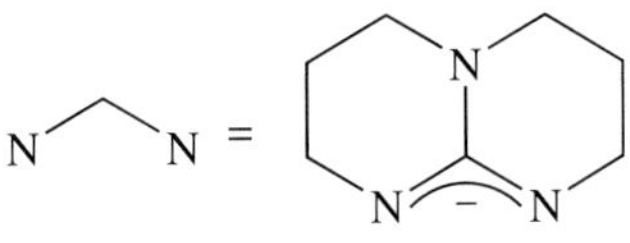

hpp

(hexahydropyrimidopyrimidinato)

2.12.23a

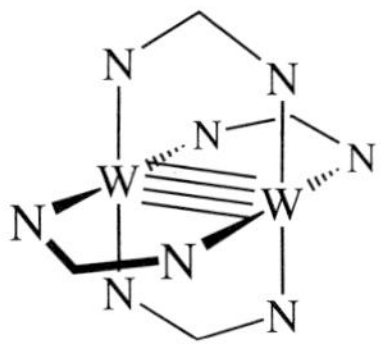

2.12.23b

Obwohl beim Rheniumkomplex keine Brückenliganden vorliegen, findet man hier eine ekliptische Konformation der Liganden mit D_{4h}-Symmetrie. Diese Beobachtung wird als ein Indiz für das Vorliegen einer Vierfachbindung in diesem klassischen Beispiel gewertet, denn in der gestaffelten Anordnung wäre aus Symmetriegründen keine Überlappung der δ-Orbitale möglich. Statt einer kleinen, aber vorhandenen Aufspaltung in bindende und antibindende δ-Molekülorbitale in der ekliptischen Konformation ergibt die D_{4d}-symmetrische gestaffelte Anordnung jeweils zwei entartete, nichtbindende d-Niveaus, die im Fall von acht Elektronen für die M_2L_8-Einheit dann nach der Hund'schen Regel einzeln besetzt wären (**2.12.24**)

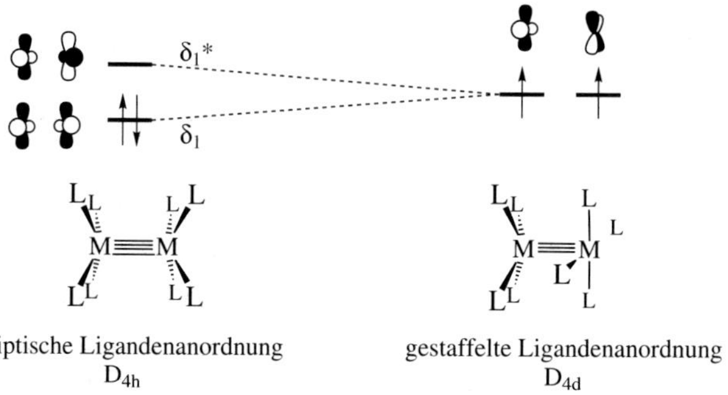

ekliptische Ligandenanordnung
D_{4h}

gestaffelte Ligandenanordnung
D_{4d}

2.12.24

2.12.6 Medizinische Anwendungen von Metallkomplexen

In Abschnitt 2.6 wurden bereits Beispiele für medizinische Anwendungen von Chelatliganden als Antidota gegen Schwermetallvergiftungen gegeben. An dieser Stelle sollen nun noch weitere Übergangsmetallkomplexe vor allem mit einzähnigen Liganden, die als Therapeutika oder Diagnostika in der Medizin Anwendung finden, vorgestellt werden.

Die Goldkomplexe Auranofin (**2.12.25**), Aurothioglucose (**2.12.27**) und Natriumaurothiomalat (**2.12.26**) werden als Wirkstoffe in den Medikamenten Ridaura®, Aureotan® und Tauredon® als Basistherapeutika (Antirheumatika) bei der Behandlung der chronischen Polyarthritis eingesetzt. Die vorstehend verwendeten Bezeichnungen sind internationale Freinamen für die Verbindungen, die mit vollen Namen (2,3,4,6-Tetra-O-acetyl-1-thio-β-D-glucopyranosato)(triethylphosphan)gold (**2.12.25**) oder auch (1-D-Glucosylthio)gold (**2.12.27**) heißen, bzw. die eine variable Mischung von Mono- und Dinatriumsalz der (Auriothio)-bernsteinsäure (**2.12.26**) sind.

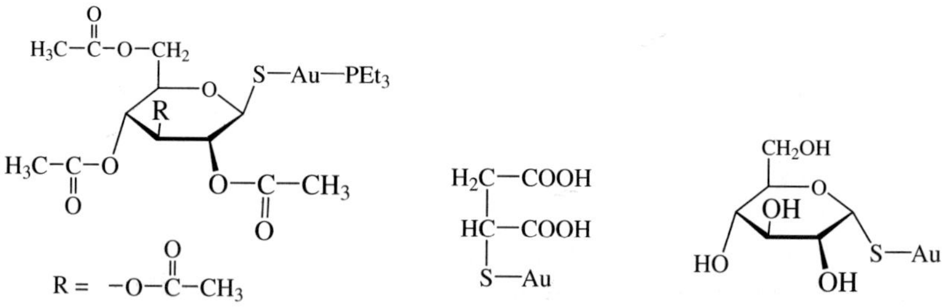

Auranofin

2.12.25

(Auriothio)-bernsteinsäure

2.12.26

Aurothioglucose

2.12.27

Kolloidales Eisen(III)-hexacyanoferrat(II), „Berliner Blau" (engl. Prussian Blue), wird in oralen Dosen von bis zu 20 g/Tag als Antidot gegen Thalliumvergiftungen und zur Dekorporation bzw. Verhinderung der Resorption von Radiocäsium (^{137}Cs) appliziert (Antidotum Thallii Heyl®, Radiogardase®-Cs). Eisen(III)-hexacyanoferrat(II) wird im Verdauungstrakt nicht resorbiert und ist auch nicht toxisch. Zahlreiche Anwendungen an Menschen und Tieren in klinischen Studien und nach Nuklearunfällen, auch in hohen Dosen von bis zu 10 g und längeren Zeiträumen bis zu einem Monat, ergaben keinerlei Nebeneffekte, führten aber zu einer ausgezeichneten Verringerung der Cäsiumwerte. Nach dem Reaktorunfall von Tschernobyl 1986 wurde Berliner Blau in vielen europäischen Ländern als Futterzusatz bei Tieren eingesetzt. Eine größere Anwendung bei Menschen erfolgte nach einem Unfall mit einer medizinischen Radiotherapie-Strahlenquelle in Goiânia (Brasilien, 1987), bei der 1400 Curie ^{137}Cs freigesetzt und 244 Menschen kontaminiert wurden. Die therapeutische Wirkung beruht wohl auf dem Austausch der noch im Kristallgitter vorhandenen K^+-Ionen gegen die im Darm im Rahmen der enterosystemischen Zirkulation ausgeschiedenen Tl^+- und Cs^+-Ionen. Der histologische Eisennachweis z.B. in Feinschnitten wird mit Kaliumhexacyanoferrat(II) ebenfalls als Berliner Blau geführt.

Auf die Verwendung von Natriumpentacyanonitrosylferrat, $Na_2[Fe(CN)_5NO]$ · 2 H_2O (Nipruss®) als schnell wirkendes Medikament zur Senkung des arteriellen Blutdrucks wurde bereits in Abschnitt 2.12.3 hingewiesen.

In Heilsalben zur Wundbehandlung kann basisches Bismutgallat als Bismutester der Gallussäure (**2.12.28**) (zusammen mit Zinkoxid) zum Einsatz kommen (Combustin® Heilsalbe, Siozwo® N). Zinkoxid allein ist ebenfalls vielfältiger Bestandteil in antiseptischen Wundbehandlungsmitteln. Das fungizid und bakterizid wirkende Pyrithion (**2.12.29**) wird als Zinkkomplex in Antischuppen-Präparaten verwendet.

Gallussäure

2.12.28

Pyrithion

2.12.29

Die Komplexe cis-Diammindichloroplatin(II) (Cisplatin, **2.12.30**, Platinex®) und cis-Diammin(1,1-cyclobutandicarboxylato)platin(II) (Carboplatin, **2.12.31**, Carboplat®) sind cytostatisch wirksam und werden zur Behandlung von Eierstock-, Gebärmutterhals-, Hoden-, Prostata-, Harnblasen- und kleinzelligen Bronchialkarzinomen sowie Tumoren im Kopf-Hals-Bereich eingesetzt. Der Vorteil von Carboplatin gegenüber Cisplatin liegt in einer geringen Nierentoxizität. Die Mittel werden intravenös verabreicht. Als intakte neutrale Moleküle diffundieren die Platinkomplexe durch die Zellmembranen in das Cytoplasma, wo dann als wichtiger und geschwindigkeitsbestimmender Reaktionsschritt eine Hydrolyse zu kationischen Spezies erfolgt. Das Diamminplatin-Fragment bleibt dabei unverändert. Wichtig ist die cis-Stellung der Amminliganden, die analoge trans-Verbindung ist inaktiv. Die in Gleichung 2.12.34 erhaltenen drei kationischen Komplexe sind alle antitumoraktiv und können zum Polyanion der Desoxyribonukleinsäure (DNA) diffundieren mit der sie dann cytotoxische Addukte bilden.

$$
\begin{array}{cc}
\underset{H_3N}{H_3N}\!\!\diagup\!\!\underset{Pt}{\diagdown}\!\!\diagup\!\!\underset{Cl}{Cl} & \underset{H_3N}{H_3N}\!\!\diagup\!\!\underset{Pt}{\diagdown}\!\!\diagup\!\!\underset{O}{O}
\end{array}
$$

$$
\begin{array}{cc}
\text{Cisplatin} & \text{Carboplatin} \\
\mathbf{2.12.30} & \mathbf{2.12.31}
\end{array}
$$

$$
\underset{H_3N}{H_3N}\diagup\!Pt\!\diagdown\underset{Cl}{Cl} \xrightarrow[-\,Cl^-]{+\,H_2O} \left[\underset{H_3N}{H_3N}\diagup\!Pt\!\diagdown\underset{Cl}{OH_2}\right]^{+} \xrightarrow[-\,Cl^-]{+\,H_2O} \left[\underset{H_3N}{H_3N}\diagup\!Pt\!\diagdown\underset{OH_2}{OH_2}\right]^{2+} \xrightarrow{-\,H^+} \left[\underset{H_3N}{H_3N}\diagup\!Pt\!\diagdown\underset{OH_2}{OH}\right]^{+}
$$

$$(2.12.34)$$

Über die Bildung von Pt-DNA-Addukten verhindern die Platin-Cytostatika die weitere Replikation und Transkription der DNA und damit die Zellvermehrung. Es handelt sich meistens um Quervernetzungen zwischen den Nucleobasen Guanin-Guanin (GG) oder Adenin-Guanin (AG) innerhalb eines Stranges des DNA-Doppelstranges, aber auch inter-Strang-Verknüpfungen scheinen möglich (Abbildung 2.12.10). Die Struktur eines Cisplatin-DNA-Hauptadduktes einer doppelsträngigen DNA wurde durch Röntgenstrukturanalyse und NMR-Untersuchungen aufgeklärt. Eine Skizze der Cisplatin-Bindungsstelle aus der Röntgenstrukturanalyse ist in Abbildung 2.12.11 wiedergegeben.

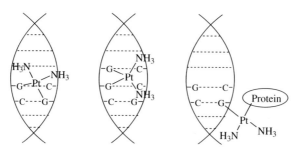

Abbildung 2.12.10. Schematische Darstellungen der bevorzugten Bindungsarten von cis-Diamminplatin(II)-Fragmenten an die DNA. Von links nach rechts: inter-Strang-, intra-Strang- und DNA-Protein-Verknüpfung (G = Guanin, C = Cytosin, gestrichelte Linien sollen die Wasserstoff-Verbrückung der Stränge andeuten).

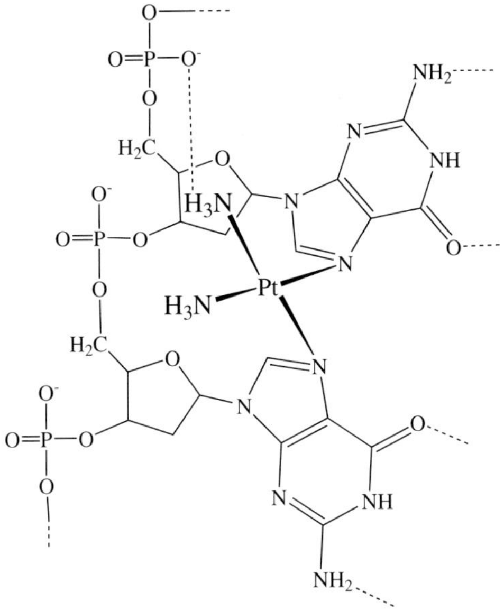

Abbildung 2.12.11. Skizze der cis-Diamminplatin-Bindungsstelle an die Guanin-Nucleobasen in einer doppelsträngigen DNA; aus Gründen der Einfachheit ist nur der Strang gezeigt, an den das Platin in der Art einer intra-Strang-Verknüpfung anbindet. Der Übersichtlichkeit halber wurde auch auf eine räumliche Darstellung verzichtet. Die Röntgenstrukturanalyse zeigt die Ausbildung einer Wasserstoffbrückenbindung von einem der Amminliganden zum terminalen Sauerstoffatom der dem einen Guaninrest benachbarten Phosphatgruppe. Die intra-Strang-Adduktbildung des cis-$Pt(NH_3)_2$-Fragments führt zu einer Krümmung des DNA-Doppelstranges, ohne jedoch die Watson-Crick-Wasserstoffbrückenbindungen zwischen den Basenpaaren (hier angedeutet durch die von den Guaninringen ausgehenden gestrichelten Linien) zu zerstören. Die Platin-modifizierten Guanin-Cytosin- aber auch die benachbarten Basenpaare werden um 8 bis 37° verdreht, bleiben aber H-Brücken gebunden (aus P. M. Takahara, A. C. Rosenzweig, C. A. Frederick, S. J. Lippard, *Nature* **1995**, *377*, 649-652; siehe auch S. E. Sherman, D. Gibson, A. H. Wang, S. J. Lippard, *J. Am. Chem. Soc.* **1988**, *110*, 7368-7381).

2.12.7 Koordinationspolymere

Koordinationspolymere, besser auch Metall-organische Koordinationsnetzwerke (MOCN) genannt, sind aus Metallatomen und organischen Brückenliganden aufgebaute Verbindungen, die sich „unendlich" in ein, zwei oder drei Dimensionen (1D, 2D, 3D) erstrecken (Abb. 2.12.12). Im Unterschied zu den in Abb. 2.12.6 und 7 gezeigten polymeren Metallcyanid-Netzwerken muss bei Koordinationspolymeren im engeren Sinne in wenigstens einer Dimension ein organischer Brückenligand vorliegen.

Häufig verwendete Brückenliganden für den Aufbau von Koordinationspolymeren, wie Oxalato, 4,4'-Bipyridin oder Benzol-1,4-dicarboxylato waren bereits in **2.4.6** und **2.4.20–22** illustriert worden. Das Interesse an MOCNs gründet sich auf

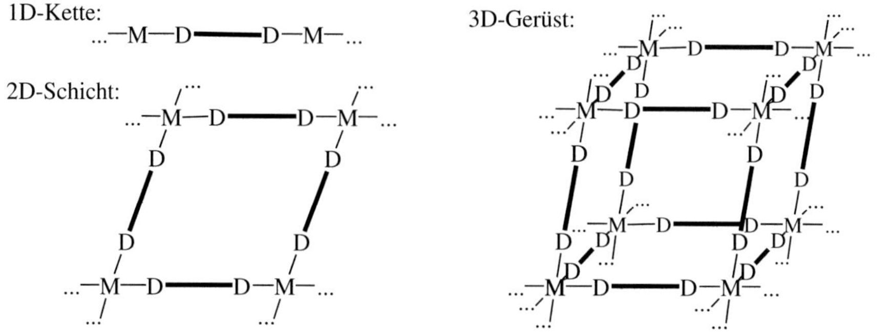

1D-Kette:

...—M—D———D—M—...

2D-Schicht:

3D-Gerüst:

D———D = organischer Brückenligand

D = Donoratome (O, N, S, P usw.)

Abb. 2.12.12. Schematische Darstellung von 1D, 2D oder 3D Metall-organischen Koordinationsnetzwerken (MOCN, Koordinationspolymere).

den spezifischen Eigenschaften der Netzwerkstrukturen. So können z.B. poröse Metall-Ligand-Netzwerke als organische Zeolith-Analoga synthetisiert werden. In den Poren lässt sich eine größenselektive Katalyse durchführen (Abb. 2.12.13).

Die Hohlräume lassen sich auch für eine ([enantio-]selektive) Absorption und Speicherung von kleinen Molekülen nutzen (s. Legende zu Abb. 2.12.13). Ein spezielles Interesse gilt der Speicherung von Methan und Wasserstoff (Abb. 2.12.14).

Mit dem Oxalat-Dianion (**2.4.6**) wurden heterometallische 2D und 3D magnetische Netzwerke aufgebaut, die (bei tiefer Temperatur) weitreichende ferro-, ferrioder verkantete antiferromagnetische Ordnungen zeigen (zu den magnetischen Eigenschaften siehe Abschnitt 3.6.3.). Im Allgemeinen werden 2D-Schichtstrukturen mit $[M^{II}M^{III}(ox)_3]^-$-Einheiten erhalten (Abb. 2.12.15), wenn das Gegenion $[ER_4]^+$ ist (E = N, P; R = Alkylgruppe). 3D-Gerüststrukturen ergeben sich mit Tris-Chelat-$[M(2,2'-bipy)_3]^{2/3+}$-Kationen. Verbindung mit $M^{II}Cr^{III}$ verhalten sich als Ferromagnete, während $M^{II}Fe^{III}$ antiferromagnetisch zu Ferrimagneten (M^{II} = Fe, Co) oder verkanteten Antiferromagneten (M^{II} = Mn) koppelt.

Eindimensionale Koordinationspolymere aus verbrückt-gestapelten Metallamakrocyclen (Abb. 2.12.16) zeigen eine elektrische Leitfähigkeit, die bei Dotierung mit Iod von 1×10^{-6} S cm^{-1} für ${}^1_\infty[Fe^{II}(pc)(\mu\text{-pyz})]$ auf 2×10^{-1} S cm^{-1} für ${}^1_\infty[Fe(pc)(\mu\text{-pyz})I_{2.54}]$ zunimmt. Die Leitfähigkeit dieser 1D-Koordinationspolymere hängt von der Wechselwirkung des Metall-d-Orbitals mit dem π^*-Niveau des Brückenliganden ab. Sie nimmt mit besser π-bindenden Metallen (Os > Ru > Fe) und mit der π-Acidität des Liganden (niedriger liegende π^*-Orbitale, pyz > 4,4'-bipy > dabco) zu.

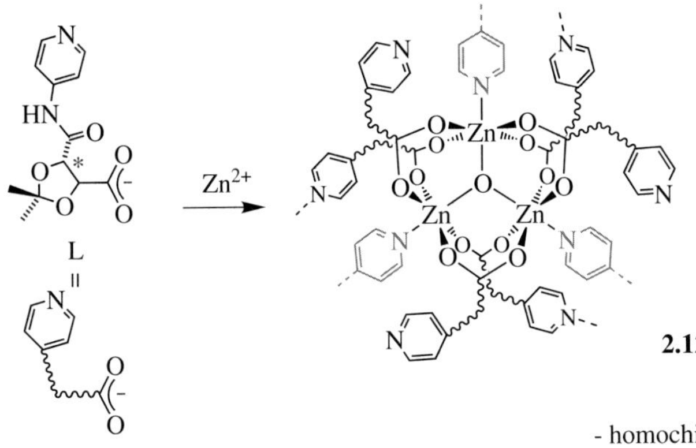

2.12.32

- homochiral
- chirale 1D Kanäle
- 47% freies Volumen

$\longrightarrow \; ^2_\infty\{(H_3O)_2[Zn_3(\mu_3\text{-}O)L_6]\cdot 12H_2O\} = Kat$

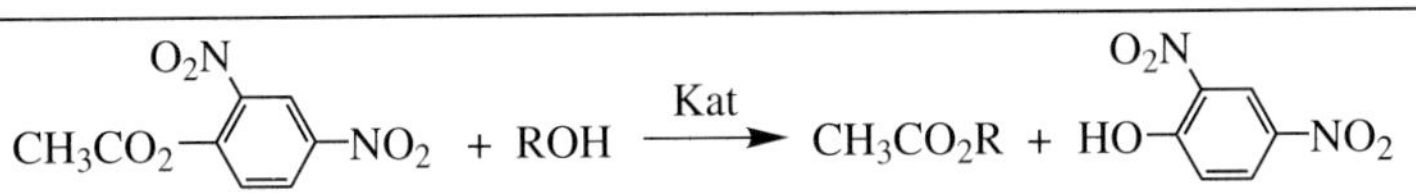

(2.12.35)

Reaktionsgeschwindigkeit für R = Et > ^{i}Bu > ^{t}BuCH$_2$ ≈ Ph$_3$CCH$_2$CH$_2$

keine Umesterung in Abwesenheit von Kat

für R = $Ph\diagdown\!\!\!\!\overset{\displaystyle\wedge}{\underset{*}{}}Me$ (racemische Mischung) 8% ee

Abb. 2.12.13. Der chirale Ligand L reagiert mit Zinkionen zu einem homochiralen, porösen 2D-Netzwerk der Formel (H$_3$O)$_2$[Zn$_3$(μ_3-O)L$_6$]·12H$_2$O, mit den in **2.12.32** gezeigten Bausteinen. Das Koordinationspolymer entsteht durch Vernetzung der Bausteine über die Pyridylgruppen des Liganden L. Es werden dazu allerdings nur drei der sechs Pyridylgruppen benötigt. Die übrigen drei Pyridylringe ragen in die chiralen 1D-Kanäle hinein und stehen dort als Ankergruppen für Substratmoleküle zur Verfügung. Die Kanäle haben die Form eines gleichseitigen Dreiecks mit ca. 13 Å Kantenlänge. Das Kanalvolumen beträgt etwa 47% des Gesamtvolumens. Die poröse Struktur ist in Gegenwart von Lösungsmittel stabil. Die H$_3$O$^+$-Kationen und die Kristallwassermoleküle können gegen andere Gastmoleküle ausgetauscht werden. Die in Gl. 2.12.35 gezeigte Umesterung kann in Gegenwart des porösen Netzwerks größenselektiv in Bezug auf den eingesetzten Alkohol durchgeführt werden, was nahe legt, dass die Reaktion hauptsächlich in den Kanälen abläuft. Bei Verwendung sterisch anspruchsvoller Alkohole sinkt die Raum-Zeit-Ausbeute. Bei Einsatz eines chiralen Alkohols als Racemat wurde ein geringfügiger Enantiomerenüberschuss beobachtet. Beim Kationenaustausch H$_3$O$^+$ gegen Δ/Λ-[Ru(2,2'-bipy)$_3$]$^{2+}$ aus einer racemischen Mischung lagert sich bevorzugt die Δ-Form (66% ee) ein.

Von koordinationspolymeren Eisen(II)- oder Eisen(III)-Verbindungen, wie z.B. [Fe(1,2,4-triazol)$_3$]$^{2/3+}$ (**2.12.33**), erhofft man sich eine erhöhte Kooperativität der Metallzentren in Bezug auf das Spinübergangsverhalten (vgl. Abschnitt 2.9, S. 216). Das Spincrossover-Phänomen bei den Eisen-organischen Koordinationspolymeren hängt häufig stark von der An- oder Abwesenheit von Kristall-Lösungsmittelmolekülen ab.

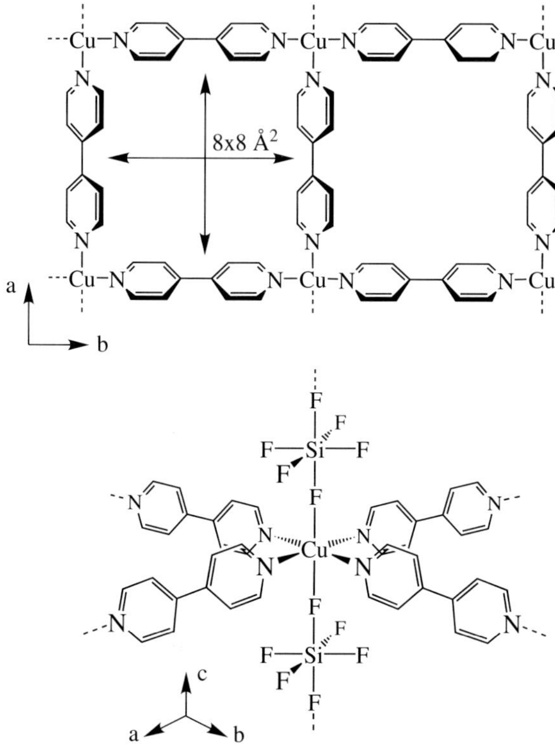

Abb. 2.12.14. Im dreidimensionalen Koordinationspolymer [CuSiF$_6$(4,4′-bipy)$_2$] (4,4′-bipy = 4,4′-Bipyridin) liegen quadratische, 8×8 Å^2 große Kanäle vor. Das mikroporöse 3D-Gerüst wird durch Verbrückung der 2D-Cu(4,4′-bipy)$_2$-Netze über die SiF$_6$-Dianionen aufgebaut. Das poröse Koordinationspolymer ist in Abwesenheit der zunächst eingelagerten Kristallwassermoleküle stabil. Absorptionsexperimente mit Methan ergaben, dass das Gitter ab einem Druck von 5 bar deutlich mehr Methan aufnehmen kann als Zeolith 5A, der die höchste Methan-Adsorptionskapazität aller Zeolithe hat.

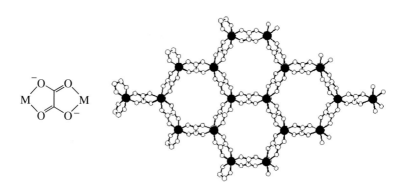

Abb. 2.12.15. Dimetall-Oxalat-Brücke und Schichtstruktur von magnetischen Oxalat-verbrückten, hexagonalen Dimetall-Netzwerken der Formel [M^{II}M^{III}(ox)$_3$]$^-$.

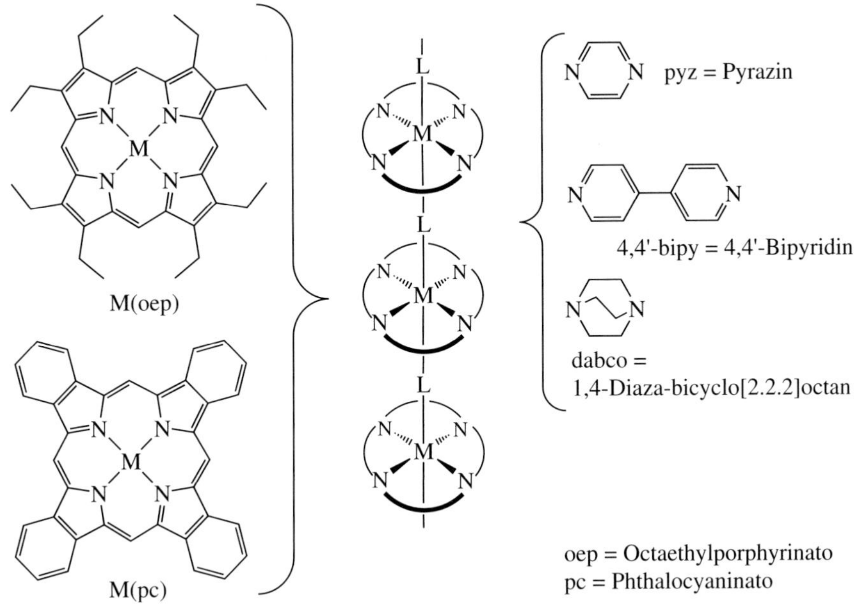

Abb. 2.12.16. Schematischer Aufbau von elektrisch leitfähigen 1D-Koordinationspolymeren. Die Leitfähigkeit lässt sich durch Dotierung noch erhöhen.

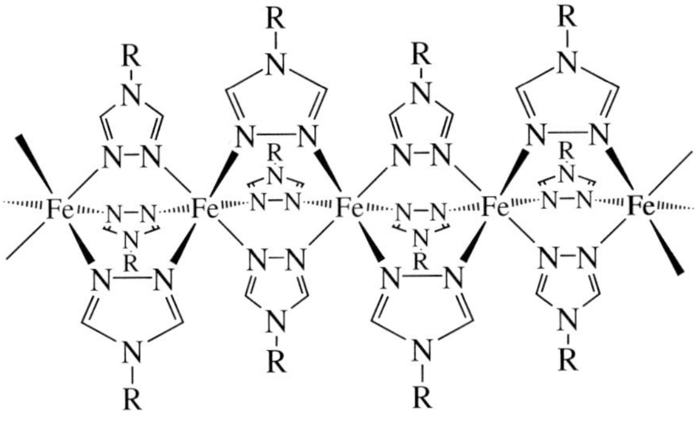

R = – (Anion), H, NH$_2$, n-Alkyl, -(CH$_2$)$_{2/3}$OH

Gegenionen: ClO$_4^-$, BF$_4^-$, Tosylat, 3-O$_2$NC$_6$H$_4$SO$_3^-$ u.a.

2.12.33

2.13 Aufgaben

Aufgabe 1: Benennen Sie die nachstehenden Komplexverbindungen.
(a) [CoCl(NO$_2$)(NH$_3$)$_4$]Cl,
(b) K[PtCl$_3$(C$_2$H$_4$)],
(c) [Co(NH$_3$)$_6$][Cr(CN)$_6$],
(d) [CoN$_3$(en)$_2$NH$_3$]SO$_4$,

(e) $K[SbCl_5C_6H_5]$,

(f) $[CuCl_2\{O{=}C(NH_2)_2\}_2]$,

(g) $K[CrF_4O]$,

(h) $[ReH_9]^{2-}$,

(i) $[\{Pd(PEt_3)_2\}_2(\mu\text{-}Cl)_2]$,

(j)

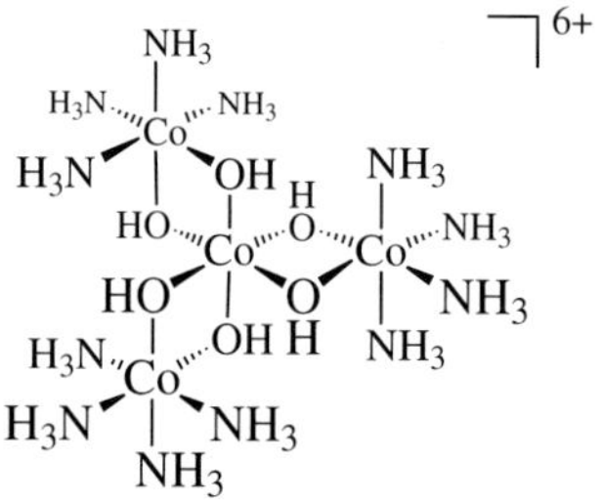

(k) $Na_3[Ag(S_2O_3)_2]$,

Aufgabe 2: Geben Sie zu folgenden Komplexnamen die Summenformel an.

(a) Diamidotetraammincobalt(III)-ethoxid,

(b) Ammonium-diammintetrakis(isothiocyanato)chromat(III),

(c) Bis(2,2′-biypyridin)bis(hydrogensulfito)ruthenium(II),

(d) Ammindichloro(pyridin)platin(II),

(e) Kalium-carbonylpentacyanoferrat(II),

(f) Tetra-μ_3-iodo-tetrakis[trimethylplatin(IV)],

(g) μ-Hydroxo-bis[pentaamminchrom(III)]-pentachlorid

Aufgabe 3: Zeichnen Sie die räumlichen Strukturen von folgenden Komplexen:

(a) cis-Dichlorotetracyanochromat(III),

(b) mer-Triammintrichlorocobalt(III),

(c) trans-Dichlorobis(trimethylphosphan)palladium(II),

(d) fac-Triaquatrinitrocobalt(III).

Aufgabe 4: Finden sie alle prinzipiell möglichen Isomere für den Komplex $[CoCl_2(en)(pn)]^+$ (pn = Propylendiamin, $H_2N\text{-}CHMe\text{-}CH_2\text{-}NH_2$).

Aufgabe 5: Leiten Sie die Aufspaltung der f-Orbitale im oktaedrischen Kristallfeld her. (Für eine Abbildung aller sieben f-Orbitale siehe C. Becker, *J. Chem. Ed.* **1964**, *41*, 358.)

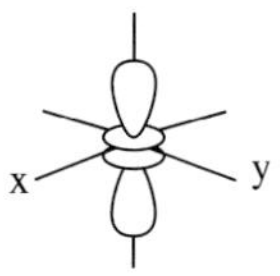

fz^3, in gleicher Weise liegen fx^3 und fy^3 entlang der jeweiligen Achsen

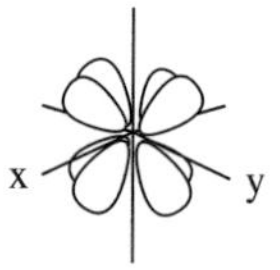

$f(x^2\text{-}y^2)z$, mit den 8 Orbitallappen entlang der 8 Winkelhalbierenden zwischen z- und x- sowie zwischen z- und y-Achse entsprechend liegen auch die 8 Orbitallappen von $f(z^2\text{-}y^2)x$ und $f(z^2\text{-}x^2)y$ entlang solcher Winkelhalbierenden

fxyz mit 8 Orbitallappen entlang der 8 Raumdiagonalen

Aufgabe 6: Wie stellt sich die Kristallfeldaufspaltung beim Würfel als Koordinationspolyeder dar?

Aufgabe 7: Skizzieren Sie den erwarteten Kurvenverlauf für die Radien von zweiwertigen 3d-Metallionen mit low-spin Konfiguration.

Aufgabe 8: Der in (a) gezeigte Ligand bildet mit Übergangsmetallen Komplexe, wobei die sechs Stickstoffatome N_i und N_{py} das Zentralion oktaedrisch umgeben, das siebente N-Atom (N_7) sitzt über dem Zentrum einer Dreiecksfläche des Oktaeders, wie in (b) illustriert. Das Diagramm (c) zeigt die Metall-Stickstoff Abstände in einer Serie von Komplexen. Erläutern Sie die Kurvenverläufe! (Die Abstandsdaten stammen aus R. M. Kirchner, C. Mealli, M. Bailey, N. Howe, L. P. Torre, L. J. Wilson, L. C. Andrews, N. J. Rose, E. C. Lingafelter, *Coord. Chem. Rev.* **1987**, *77*, 89.)

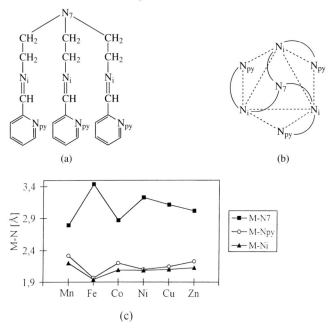

Aufgabe 9: Zeigen Sie, dass man für ein D_{3h}-symmetrisches MnF_3-Molekül eine Jahn-Teller-Verzerrung erwarten sollte.

Aufgabe 10: Berechnen Sie für die drei Cobaltkomplexe aus Beispiel 1 auf Seite 226 {$[CoCl(NH_3)_5]Cl_2$, $[Co(H_2O)(NH_3)_5]Cl_3$ und $[Co(NH_3)_6]Cl_3$} die Lage der Absorptionsbande und vergleichen Sie diese mit der absorbierten Farbe.

Aufgabe 11: In Abschnitt 2.7 wurde über einen roten und einen gelben Komplex mit der Formel $[Co(NO_2)(NH_3)_5]Cl_2$ als ein Beispiel für Bindungsisomerie berichtet. Der Farbunterschied hängt mit der Anbindung des ambidenten NO_2^--Liganden über das Stickstoff- oder das Sauerstoffdonoratom zusammen. Geben Sie mit Hilfe der Kristallfeldtheorie unter Zuhilfenahme der spektrochemischen Reihe eine Zuordnung der Nitrito-N und -O-Form zu den beiden Komplexen.

Aufgabe 12: Diamagnetische Komplexe von Cobalt(III), wie z.B. $[Co(NH_3)_6]^{3+}$, $[Co(en)_3]^{3+}$ und $[Co(NO_2)_6]^{3-}$ sind orange bis gelb. Im Gegensatz dazu sind die paramagnetischen Komplexe $[CoF_6]^{3-}$ und $[CoF_3(H_2O)_3]$ blau. (a) Erklären Sie qualitativ die Farbunterschiede! (b) Berechnen Sie die Lage der Absorptionsbande (soweit möglich) und vergleichen Sie diese mit der Komplexfarbe.

Aufgabe 13: Welcher Term beschreibt in jeder der gegebenen Termgruppen den Grundzustand?
(a) ^1G, ^3P, ^3F, ^1S, ^1D
(b) ^2H, ^2D, ^4P, ^2P, ^2G, ^2F, ^4F
(c) ^3H, ^1I, ^1F, ^3P, ^3G, ^1G, ^3F, ^5D, ^3D, ^1S, ^1D
(d) ^4F, ^2G, ^2D, ^4P, ^6S, ^4G, ^4D, ^2I, ^2H, ^2F, ^2P, ^2S

Aufgabe 14: Finden Sie zu folgenden Paaren von LS-Quantenzahlen die Russell-Saunders Termsymbole!
(a) (6;0), (b) $(3;\frac{1}{2})$, (c) $(1;\frac{3}{2})$, (d) (0;0), (e) (4;1), (f) (2;2)

Aufgabe 15: Skizzieren Sie in Analogie zu Abbildung 2.9.26 ein allgemeines Orgeldiagramm für alle Ionen mit einem F-Grundterm.

Aufgabe 16: Zeigen Sie, dass Gleichung 2.9.9 auch gilt, wenn sich die energetische Reihenfolge der Spaltterme ändert, also ein ^4F-Grundterm zu einer d^7-Konfiguration oder ein ^3F-Grundterm zu einer d^2-Konfiguration vorliegt.

Aufgabe 17: (a) Berechnen Sie den B′-Wert für den $[Co(NH_3)_6]^{3+}$-Komplex und vergleichen Sie ihn mit dem B-Wert des freien Co^{3+}-Ions von 1100 cm^{-1}. (b) Wie groß ist die nephelauxetische Reduktion des B-Wertes von freiem Fe^{3+} im Hexafluoroferrat-Komplex?

Aufgabe 18: Für den Komplex $[Cr(ox)_3]^{3-}$ beobachtet man eine Absorptionsbande bei 17500 cm^{-1} und eine zweite bei 23900 cm^{-1}. Eine erwartete dritte Bande ist durch Charge-Transfer-Übergänge verdeckt. Bestimmen Sie anhand der beiden beobachteten Übergänge den Racah-Parameter B′ und berechnen Sie die Wellenzahl des dritten Übergangs. Stellen Sie anhand der nephelauxetischen Reihe und der in Tabelle 2.9.7 gegebenen Racah-Parameter fest, ob ihre Berechnung von B′ zu einem sinnvollen Ergebnis geführt hat.

Aufgabe 19: (a) Geben Sie eine gezielte zweistufige Synthese für die Komplexe (2) und (3) ausgehend von (1) an.
(b) Wie kann man das Isomer (5) in einer zweistufigen Synthese aus dem Isomer (4) erhalten?

(b) $\underset{Cl}{\overset{MeNH_2}{\diagdown}}\underset{NO_2}{\overset{NH_3}{Pt}}$ $\longrightarrow$ $\underset{MeNH_2}{\overset{Cl}{\diagdown}}\underset{NO_2}{\overset{NH_3}{Pt}}$

(4)   (5)

Aufgabe 20: Abbildung 2.9.19 zeigt die Orbitale für einen quadratisch-planaren Komplex. Entnehmen Sie aus diesem Diagramm die relevanten Metall-d-Grenzorbitale, verwenden Sie diese als Fragmentorbitale und zeigen Sie durch die qualitative Konstruktion des Wechselwirkungsdiagramms, dass in einem quadratisch-pyramidalen Mononitrosyl-Metallkomplex mit der NO-Gruppe in der apicalen Position ebenfalls eine Abwinkelung eintreten sollte, wenn sechs oder mehr d-Elektronen am Metall vorliegen.

Aufgabe 21: Geben Sie an in welchen der nachfolgenden Metallkomplexe Sie eine gewinkelte und in welchen eine lineare M-N-O-Anordnung erwarten:
(a) $[CoCl(en)_2NO]^+$,
(b) $[Mn(TPP)(NO)]$, TPP = Tetraphenylporphyrin,
(c) $[(C_5H_5)W(CH_2SiMe_3)_2(NO)]$,
(d) $[Fe(NCS)(das)(NO)]BF_4$, das = o-$C_6H_4(AsMe_2)_2$,
(e) $[Co(S_2CNMe_2)_2(NO)]$,
(f) $[Cr(NO_2)(NO)(py)_3]$, py = Pyridin,
(g) $[Mn(CO)_4(NO)]$.

Aufgabe 22: Ordnen Sie die isoelektronischen Liganden CO, NO^+ und CN^- nach ihrer σ-Donor- und π-Akzeptorstärke und erklären Sie die Reihung.

Aufgabe 23: Deuten Sie die Zunahme der C-N-Schwingungsfrequenz von 1910 über 2065 nach 2977 cm^{-1} in der Reihe der Vanadiumkomplexe $[V(CN)_6]^{n-}$ von n = 5 über 4 nach 3.

Aufgabe 24: Zeichnen Sie in Anlehnung an die Abbildungen 2.12.8 und 2.12.9 ein Wechselwirkungsdiagramm zur Beschreibung der Metall-Metall-Bindungen im zweikernigen Wolframkomplex **2.12.20**, $[WCl_2(OMe)(\mu\text{-}OMe)H_2O]_2$.

Aufgabe 25: Ermitteln Sie auf der Basis des Wechselwirkungsdiagramms in Abbildung 2.12.9 die d-Elektronenkonfiguration und damit die Metall-Metall-Bindungsordnung für die folgenden Komplexe:
(Die Striche zwischen den Metallen sollen hier nur das Vorliegen einer Metall-Metall-Bindung andeuten, aber keine Aussage zur Bindungsordnung treffen.)

(a)   (b)

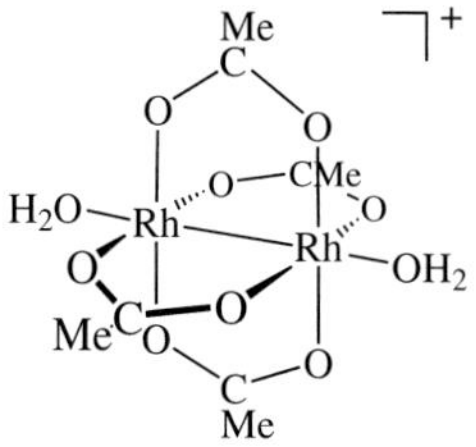

(c)

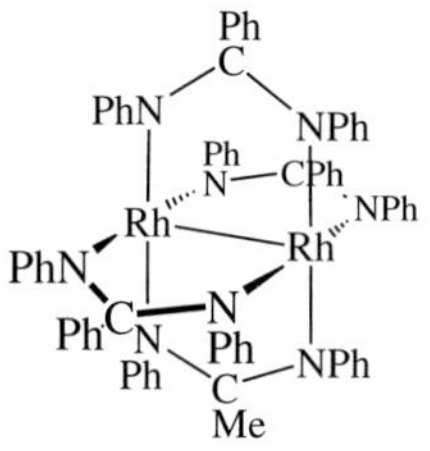

(d)

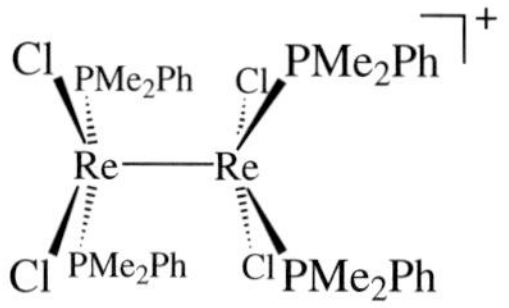

(e)

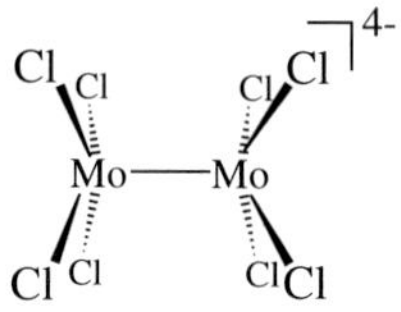

(f)

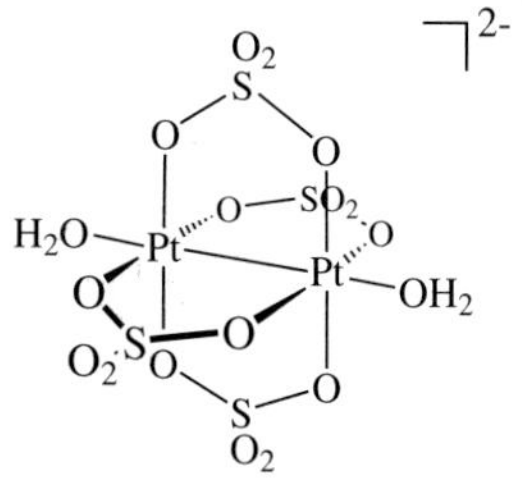

(g)

Aufgabe 26: Geben Sie die Symmetrieelemente und die verschiedenen Symmetrieoperationen für folgende Moleküle an und ordnen Sie die Moleküle ihren
Punktgruppen zu:

(a) NH_3, (b) Ferrocen in der ekliptischen Ringanordnung.

Aufgabe 27: Ordnen Sie die gegebenen Moleküle ihren Punktgruppen zu:

(a) $Fe(CO)_5$,

(b) $[PtCl_4]^{2-}$,

(c) $[Ni(CN)_5]^{3-}$,

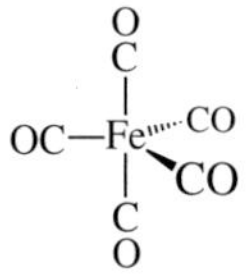

(a)

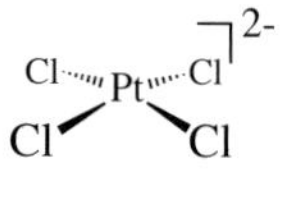

(b)

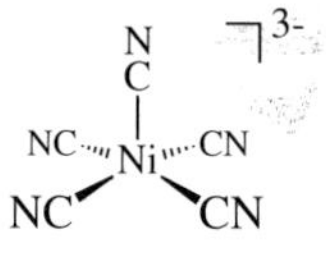

(c)

(d) fac-$[Co(NO_2)_3(H_2O)_3]$,

(e) mer-$[CoCl_3(NH_3)_3]$,

(f) Ethylen,

(g) trans-$C_2H_2Cl_2$.

Aufgabe 28: Geben Sie mit Hilfe der Charaktertafel für die Punktgruppe D_{4h}
folgendes an:

(a) die Zahl der Symmetrieelemente,

(b) die Gruppenordnung,

(c) die Zahl der Klassen,

(d) die Dimensionen der irreduziblen Darstellungen,

(e) die irreduzible Repräsentation zu der die Orbitale p_x und p_y eine Basis bilden,

(d) den Charakter der irreduziblen Repräsentation B_{1g} für die Symmetrieoperation S_4^3.

2.14 Lösungen

Lösung 1:

(a) Tetraamminchloronitrito-*N*-cobalt(III)-chlorid,

(b) Kalium-trichloro(ethylen)platinat(II),

(c) Hexaammincobalt(III)-hexacyanochromat(III),

(d) Amminazidobis(ethylendamin)cobalt(III)-sulfat,

(e) Kalium-pentachloro(phenyl)antimonat(V), phenyl wird hier in Klammern gesetzt, um insbesondere im englischen ein Missverständnis zu pentachlorophenyl – C_6Cl_5 zu vermeiden,

(f) Dichlorobis(harnstoff)kupfer(II),

(g) Kalium-tetrafluorooxochromat(V),

(h) Nonahydridorhenat(VII)-Ion,

(i) Di-μ-chlorobis[bis(triethylphosphan)palladium(I)],

(j) Tris[tetraammin di(μ-hydroxo)cobalt(III)]cobalt(III),

(k) Natrium-bis(thiosulfato)argentat(I)

Lösung 2:

(a) $[Co(NH_2)_2(NH_3)_4]OEt$,

(b) $NH_4[Cr(NCS)_4(NH_3)_2]$,

(c) $[Ru(HSO_3)_2(2,2'\text{-bipy})_2]$,

(d) $[PtCl_2(C_5H_5N)NH_3]$,

(e) $K_3[Fe(CN)_5CO]$,

(f) $[(PtMe_3)_4(\mu_3\text{-I})_4]$, Struktur:

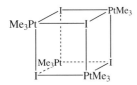

(g) $[\{Cr(NH_3)_5\}_2(\mu\text{-OH})]Cl_5$

Lösung 3: Siehe die schematischen Skizzen **2.7.6** für (a), **2.7.11** für (b), **2.7.2** für (c) und **2.7.10** für (d).

Lösung 4: Das Astdiagramm verdeutlicht, dass zunächst zwischen cis- und trans-Anordnung der Chloroliganden zu unterscheiden ist. Es folgt beim cis-Chlorokomplex dann die Unterscheidung in Λ und Δ, weiter in jeweils R- und S-pn (chiraler Ligand). Zusätzlich kann in der cis-Reihe die Stellung des unsymmetrischen pn-Liganden relativ zu den übrigen Liganden unterschiedlich sein, was hier mit α und β bezeichnet wird (siehe Skizze). Zuletzt können dann prinzipiell die λ- und δ-isomeren Formen der beiden verschiedenen Chelatringe differenziert werden. Die Unterscheidung R/S und λ/δ findet sich in gleicher Weise auch beim trans-Ast. Insgesamt ergeben sich theoretisch so 40 Isomere.

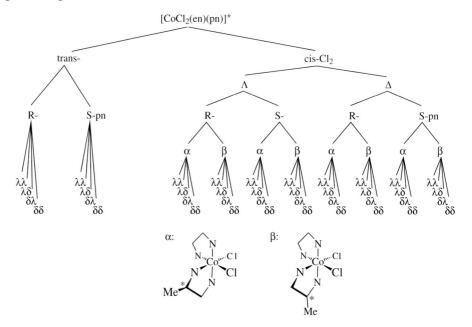

Lösung 5: Lässt man die sechs Liganden entlang der Achse zu liegen kommen, so ergibt sich bedingt aus dem Abstand und damit der repulsiven Wechselwirkung, den die Orbitallappen mit den Liganden haben, folgendes Aufspaltungsmuster:

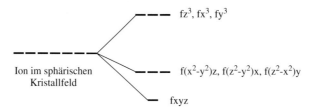

Der Satz von fz^3, fx^3 und fy^3 zeigt direkt auf die Liganden und wird damit energetisch abgehoben. Das fxyz-Orbital hat die größte Entfernung und wird daher am weitesten energetisch abgesenkt. Der Orbitalsatz $f(x^2–y^2)z$ usw. liegt energetisch dazwischen, mit leichter Absenkung gegenüber dem Ion im sphärischen Kristallfeld.

Lösung 6: Die Herleitung und die Richtung der Aufspaltung ist identisch der des Tetraeders, bei dem behelfsmäßig gezeichneten Würfel in Abbildung 2.9.2 sind lediglich noch vier Liganden zu ergänzen, um zu dem gefragten Koordinationspolyeder zu gelangen. Die beiden e-Niveaus werden also genauso energetisch abgesenkt, die drei t_2-Orbitale energetisch angehoben, nur dass sich im Vergleich zum Tetraeder aufgrund von acht statt vier Liganden die Größe der Aufspaltung beim Würfel erhöht. Außerdem hat der Würfel Oktaedersymmetrie (Punktgruppe O_h), weist also ein Inversionszentrum auf, so dass der Index g wieder hinzugefügt werden kann.

Lösung 7: Siehe die nachstehende Abbildung.

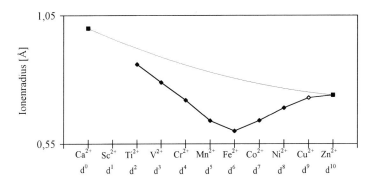

Man erwartet nur ein Minimum für die d^6-Konfiguration.

Lösung 8: In guter Näherung lässt sich in diesem siebenfach-koordinierten Komplex für die Interpretation der Bindungslängen eine Aufspaltung der d-Orbitale in t_{2g}- und e_g-Niveaus wie im Oktaeder zugrundelegen. Der Kurve für $d(M-N_i)$ und $d(M-N_{py})$ zeigt mit Ausnahme des Eisens den erwarteten Verlauf mit einem relativen Minimum bei Ni^{2+} (d^8) – vergleiche dazu die Radienveränderung für zweiwertige high-spin Ionen in Abbildung 2.9.6 und die zugehörige Diskussion. Die Lage des siebenten Liganden über einer Dreiecksfläche lässt erwarten, dass seine Abstandsvariation mit der Besetzung der t_{2g}-Orbitale korreliert, da er zu diesen den kleinsten Abstand hat. (Unter den möglichen, frei wählbaren Linearkombinationen der entarteten t_{2g}-Niveaus gibt es auch eine, bei der die Orbitallappen auf die Zentren der Dreiecksflächen statt auf die Oktaederkanten zeigen.) Bei der Kurve für $d(M-N_7)$ findet man, unter Auslassung des Wertes für Fe^{2+}, vom Mn^{2+} über Co^{2+} zum Ni^{2+} eine Zunahme des Abstandes, die auf die zunehmende Besetzung der t_{2g}-Orbitale von $t_{2g}^3 e_g^2$ (d^5) über $t_{2g}^5 e_g^2$ (d^7) zu $t_{2g}^6 e_g^2$ (d^8) in den high-spin Komplexen (für d^5 und d^7) zurückzuführen ist. Eine Zunahme der Elektronenzahl in den auf die Liganden gerichteten Orbitalen (e_g oder t_{2g}) hat eine Zunahme der Bindungslänge zur Folge. Bei einer gleich bleibenden Elektronenzahl in den wichtigen Orbitalen, wie man sie hier von Ni^{2+} zu Zn^{2+} (jeweils t_{2g}^6) für $d(M-N_7)$ findet und von Mn^{2+}-Co^{2+}-Ni^{2+} (jeweils e_g^2) für die anderen beiden Stickstoffkontakte, beobachtet man dagegen mit zunehmender Kernladungszahl wegen der Metall-Radienverkleinerung eine allmähliche Abnahme der Bindungslängen. Bleibt noch das Problem des Fe^{2+}-Komplexes: Hier muss eine low-spin Verbindung vorliegen. Die Elektronenkonfiguration $t_{2g}^6 e_g^0$ bedingt und erklärt dann die Abnahme der M-N_i-

und $M-N_{py}$-Abstände aus der Nichtbesetzung der auf diese Liganden gerichteten e-Niveaus. Die vollständige t_{2g}-Besetzung führt andererseits zu dem langen $M-N_7$-Kontakt, der sich im Übrigen gut in die nach vorne verlängerte allmähliche Abnahme von Ni^{2+} bis Zn^{2+} für diesen Abstand einfügt.

(Anmerkung: In einer etwas verfeinerten Diskussion werden die Abstände auf der Basis der Orbitalaufspaltung eines trigonalen Antiprismas mit überdachter Dreiecksfläche diskutiert, vergleiche dazu die in der Aufgabenstellung angegebene Literaturstelle.)

Lösung 9: Eine einfache Überlegung zur Kristallfeldaufspaltung der d-Orbitale (z-Achse senkrecht zur Molekülebene, Liganden in xy-Ebene) führt auf die energetische Reihenfolge: z^2 < xz,yz < x^2-y^2,xy. Die Charaktertafel für D_{3h} zeigt dazu, dass xz,yz und x^2-y^2,xy jeweils energiegleich (entartet) sind. Weiterhin ist Fluorid ein relativ schwacher Ligand, so dass ein high-spin-Komplex vorliegen wird. Für das d^4-Mn^{III}-Ion ergäbe sich in D_{3h} die Elektronenkonfiguration $(z^2)^1 (xz,yz)^2 (x^2-y^2,xy)^1$, also eine ganz analoge Situation wie für d^4-high-spin im Oktaederfeld mit $t_{2g}^3 e_g^1$, d.h. einem Elektron in einem zweifach entarteten Orbital. Da an dem entarteten Zustand Orbitale beteiligt sind, die auf die Liganden zeigen, sollte die Jahn-Teller-Verzerrung auch experimentell beobachtbar sein.

Lösung 10: Eine Berechnung der Absorptionsbande in oktaedrischen Komplexen kann mit den Daten aus Tabelle 2.9.2 nach $\Delta_O = f \times g$ (Gleichung 2.9.1) erfolgen. Für die zugrunde liegenden homoleptischen Komplexe $[CoCl_6]^{3-}$, $[Co(H_2O)_6]^{3+}$ und $[Co(NH_3)_6]^{3+}$ erhält man so zunächst 14 196, 18 200 und 22 750 cm^{-1}. Eine gewichtete Mittelung entsprechend der Ligandenanteile ergibt dann für die gemischten Komplexe, die in der folgenden Tabelle enthaltenen Daten:

Komplex	Δ_O berechnet [cm^{-1}]	absorbierte Farbe	zugehörige Wellenzahl aus Tabelle 2.9.4
$[Co(NH_3)_6]^{3+}$	22 750	blau	22 200
$[Co(H_2O)(NH_3)_5]^{3+}$	21 990	blaugrün	20 000
$[CoCl(NH_3)_5]^{2+}$	21 320	grün	18 200

Lösung 11: Nach Tabelle 2.9.4 absorbiert der gelbe Komplex etwas energiereicheres blaues Licht als die rot erscheinende Verbindung, es liegt also in ersterem eine etwas größere Kristallfeldaufspaltung vor, wenn man voraussetzt, dass die Farbe auf einen d-d-Übergang zurückzuführen ist. Gemäß der spektrochemische Reihe sind nun Liganden mit Stickstoffdonoratomen generell stärkere Liganden, d.h. bewirken eine größere Aufspaltung als solche mit Sauerstoffdonoren. Demzufolge muss der gelbe Komplex also der Nitrito-*N*- (Nitro-) Form und der rote der Nitrito-*O*-Form zugeordnet werden.

Lösung 12: (a) Diamagnetisch besagt beim d^6-Cobalt(III)-Ion, dass die low-spin t_{2g}^6-Konfiguration vorliegt, paramagnetisch, dass die high-spin $t_{2g}^4 e_g^2$-Anordnung besteht. Gleichzeitig setzt der low-spin Zustand ein größeres Kristallfeld und damit eine höhere Aufspaltungsenergie als die high-spin Anordnung voraus. Im Vergleich müssen also die low-spin Komplexe energiereichere Lichtstrahlung zur Elektronen- anregung eines d-d-Übergangs absorbieren als high-spin Komplexe. Die orange- gelb erscheinenden Komplexe absorbieren im blauen Bereich, die blauen Verbin- dungen die energieärmere rote Komplementärfarbe.

(b) Berechnung der Absorptionsbande nach $\Delta_O = f \times g$ mit den Daten aus Ta- belle 2.9.2; für den gemischten Komplex gewichtete Mittelung; zum Farbvergleich Angaben aus Tabelle 2.9.4:

Komplex	Δ_O berechnet [cm^{-1}]	Komplexfarbe	zugehörige Wellenzahl [cm^{-1}]
$[Co(NH_3)_6]^{3+}$	22 750	orange – gelb	22 200
$[Co(en)_3]^{3+}$	23 300	orange – gelb	22 200
$[CoF_3(H_2O)_3]$	17 290	blau	16 700
$[CoF_6]^{3-}$	16 380	blau	16 700

Lösung 13: (a) ^3F, (b) ^4F, (c) ^5D, (d) ^6S

Lösung 14: (a) ^1I, (b) ^2F, (c) ^4P, (d) ^1S, (e) ^3G, (f) ^5D

Lösung 15: Der qualitative Verlauf der Linien kann sich z.B. an die Aufspaltung für das Co^{2+}-d^7-Ion in Abbildung 2.9.28 anlehnen, so dass sich nachfolgende Skiz- ze ergäbe. Man hätte natürlich auch die Aufspaltung für d^3 und d^8 im Oktaederfeld nach rechts sowie d^2 und d^7 nach links zeichnen können. Die Werte für die Spin- multiplizität $2S+1$ können 3 oder 4 betragen. Im oktaedrischen Feld gilt der Sym- metrieindex g.

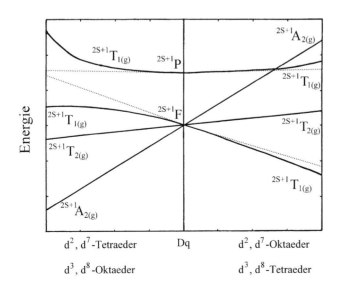

Lösung 16: Siehe die nachstehende Abbildung.

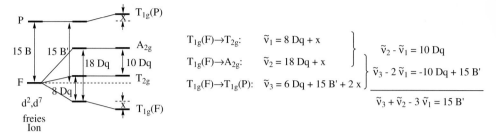

$$T_{1g}(F) \to T_{2g}: \quad \tilde{v}_1 = 8\,Dq + x$$
$$T_{1g}(F) \to A_{2g}: \quad \tilde{v}_2 = 18\,Dq + x$$
$$T_{1g}(F) \to T_{1g}(P): \quad \tilde{v}_3 = 6\,Dq + 15\,B' + 2x$$

$$\tilde{v}_2 - \tilde{v}_1 = 10\,Dq$$
$$\tilde{v}_3 - 2\tilde{v}_1 = -10\,Dq + 15\,B'$$

$$\overline{\tilde{v}_3 + \tilde{v}_2 - 3\tilde{v}_1 = 15\,B'}$$

Aufspaltung im Oktaederfeld
ohne   mit
Termwechselwirkung

Lösung 17: (a) $(1 - B'/B) = h(6\,NH_3) \times k(Co^{3+}) = 1.4 \times 0.33 = 0.46$. $B' = B(1 - 0.46) = (1100 \times 0.54)\ cm^{-1} = 594\ cm^{-1}$. Der nephelauxetische Effekt verringert durch Ladungstransfer vom Liganden auf das Metall den B-Wert des freien Ions auf 54%.

(b) $B'/B = 1 - h(6F^-) \times k(Fe^{3+}) = 1 - 0.8 \times 0.24 = 0.81$; die nephelauxetische Reduktion beträgt etwa 19%. Beachten Sie, dass Sie zur Beantwortung den B-Wert von freiem Fe^{3+} nicht kennen mussten.

Lösung 18: Für den oktaedrischen Komplex mit einem d^3-Ion kann man eine graphische Lösung anhand des Tanabe-Sugano-Diagramms in Abbildung 2.9.31 durchführen. Eine Zuordnung der beiden Banden zu den Übergängen $^4A_{2g} \to {}^4T_{2g}$ und $^4A_{2g} \to {}^4T_{1g}(F)$ und Bildung von deren Quotienten ergibt:

$$\frac{^4A_{2g} \to {}^4T_{1g}(F)}{^4A_{2g} \to {}^4T_{2g}} = \frac{23900\,cm^{-1}}{17500\,cm^{-1}} = 1.36$$

Ausmessen der Ordinaten (E/B-Werte) der beiden Übergänge mit einem Lineal im Tanabe-Sugano-Diagramm ergibt einen solchen Quotienten für Dq/B $\approx$ 3.0. An dieser Stelle hat E/B (tatsächlich E/B') für den Übergang $^4A_{2g} \to {}^4T_{2g}$ den Wert von ungefähr 29.5, also

$$\frac{E}{B'} = \frac{^4A_{2g} \to {}^4T_{2g}}{B'} = \frac{17500\,cm^{-1}}{B'} \approx 29.5$$

und somit ist $B' \approx 593\ cm^{-1}$. Eine Überprüfung anhand des Übergangs $^4A_{2g} \to {}^4T_{1g}(F)$ ergibt

$$\frac{E}{B'} = \frac{^4A_{2g} \to {}^4T_{1g}(F)}{B'} = \frac{23900\,cm^{-1}}{B'} \approx 40,$$ d.h. $B' \approx 598\ cm^{-1}$, was im Rahmen der

erreichbaren Genauigkeit eine sehr gute Übereinstimmung darstellt.

Mit $B' = 595\ cm^{-1}$ erhält man

$$\tilde{v}_3 = 15B' + 3\tilde{v}_1 - \tilde{v}_2 = (8925 + 3 \times 17500 - 23900)\ cm^{-1} = 37525\ cm^{-1}.$$

Der Oxalatligand, $C_2O_4^{2-}$, steht in der nephelauxetischen Reihe zwischen Ethylendiamin, en, und Chlorid bei abnehmendem B'-Wert von en über $C_2O_4^{2-}$ zu Cl^-. Im Falle der homoleptischen Chrom(III)-Komplexe findet sich in Tabelle 2.9.7 ein B'-Wert von $620\ cm^{-1}$ für 3en-Liganden und ein Wert von $560\ cm^{-1}$ für 6Cl$^-$-Liganden. Der graphisch hergeleitete Wert von $B' \approx 595\ cm^{-1}$ für $3C_2O_4^{2-}$-Liganden ist also sinnvoll.

Lösung 19:

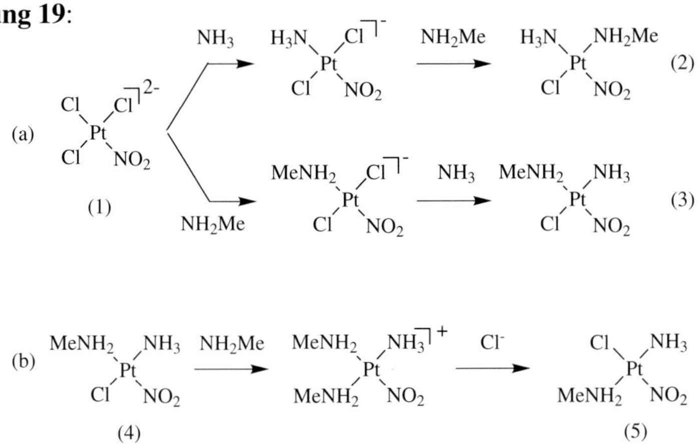

(a)

(b)

Lösung 20: Das folgende Wechselwirkungsdiagramm verdeutlicht, dass mehr als sechs Elektronen (in der low-spin Konfiguration) wieder zur Besetzung des M-N(O)-σ^*-Orbitals $2a_1$ führen. Eine gewinkelte Anordnung, in der die antibindende M-N-Wechselwirkung des Metall-a_1-Niveaus mit dem freien Elektronenpaar (n) am Stickstoffatom verringert ist, wird dann energetisch günstiger.

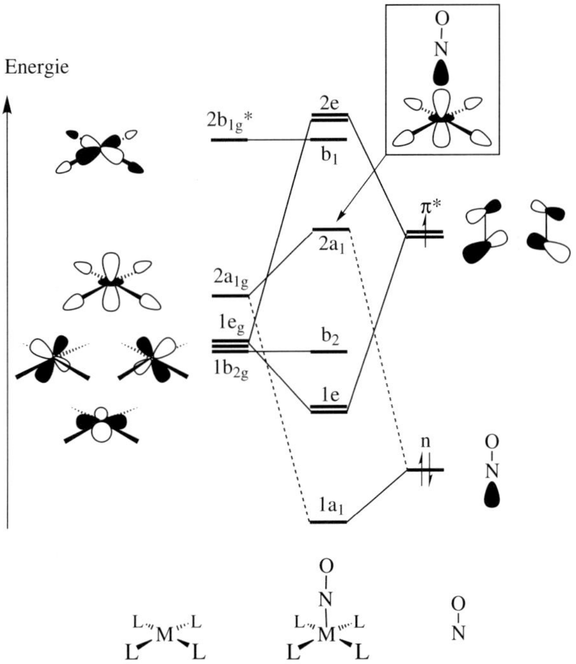

Lösung 21: (a) Oktaeder, d^8, gewinkelt, (b) quadratische oder tetragonale Pyramide, d^6, linear, (c) Oktaeder (C_5H_5 besetzt drei Koordinationsstellen), d^4, linear, (d) Oktaeder, d^7, gewinkelt, (e) quadratische Pyramide, d^8, gewinkelt, (f) Oktaeder, d^5, linear, (g) trigonale Bipyramide, da keine durch Chelatliganden erzwungene quadratisch-pyramidale Anordnung, d^8, linear

Lösung 22: Die σ-Donorstärke wächst von NO^+ über CO zu CN^-, die π-Akzeptorstärke von CN^- über CO zu NO^+. Die Reihung ist primär auf die unterschiedliche Ladung der Teilchen zurückzuführen und mit Hilfe der Molekülorbitaltheorie zu erklären: In einem kationischen Molekül liegen die entsprechenden Orbitale bei niedrigerer Energie als im zugehörigen Neutralteilchen und dort wiederum tiefer als im Anion. Die energetische Reihenfolge, der hier relevanten Orbitale ist Ligand-σ < Metall-d < Ligand-π^*. Je tiefer das freie σ-Elektronenpaar am Liganden gegenüber den Metallorbitalen liegt, desto schlechter ist die Wechselwirkung und damit die σ-Donorstärke des Liganden. Analog nimmt die Wechselwirkung und damit die π-Akzeptorstärke zu, je mehr sich die leeren π^*-Akzeptorniveaus den Metall-d-Orbitalen „von oben" annähern.

Lösung 23: In der Reihe n = 5–4–3 nimmt die Oxidationsstufe des Vanadiums von +I über +II nach +III zu. Das mit Zunahme der Oxidationsstufe elektropositiver werdende Metall übt einen stärker werdenden elektrostatischen Effekt auf das CN^--Teilchen aus: Durch Anziehung der Elektronendichte vom Stickstoff- zum Kohlenstoffatom wird die Polarisierung der C-N-σ- und π-Bindungen, deren Schwerpunkt zum elektronegativeren Stickstoff-Ende hin liegt, verringert. Damit wird die Kovalenz der C-N-Bindung vergrößert, die Bindung gestärkt und die Schwingungsfrequenz erhöht.

Lösung 24: Zur Beschreibung der Metall-Metall-Bindungen im zweikernigen Wolframkomplex 2.12.20, $[W^{IV}Cl_2(OMe)(\mu\text{-}OMe)H_2O]_2$ muss die Orbitalwechselwirkung zweier intakter Oktaeder über eine gemeinsame Kante betrachtet werden. Die Abbildung zeigt das schematische Wechselwirkungsdiagramm für den d-Block eines kantenverknüpften Bi-Oktaeders. Aus der jeweiligen Wechselwirkung der t_{2g}- und e_g-Niveaus ergibt sich ein 6-4-Muster aus t_{2g}-bindenden und -antibindenden sowie e_g-bindenden und -antibindenden Kombinationen. Eine Einmischung der leeren s- und p-Orbitale wurde aus Gründen der Einfachheit nicht berücksichtigt. Außerdem sei hier darauf hingewiesen, dass die energetische Position des σ-Orbitals je nach Ligandenfeld und Metall-Metall-Abstand auch oberhalb des π-Niveaus sein kann (entsprechend σ^* unterhalb von π^*). Wolfram(IV) besitzt noch zwei d-Elektronen, und die insgesamt vier Elektronen im Dimer besetzen gerade das σ- und π_1-Orbital, so dass sich eine Metall-Metall-Doppelbindung ergibt.

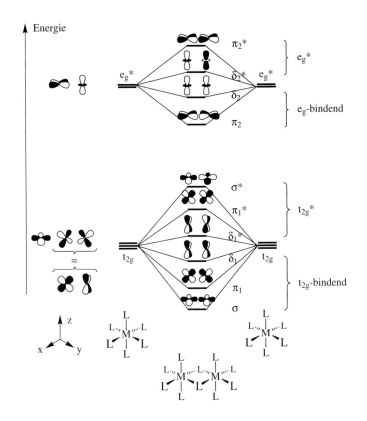

Abbildung zu Lösung 24

Lösung 25: (a) $[Ru_2Cl_2(O_2CMe)_4]^-$, $[Ru^{III}_2]^- = d^{11}$: $\sigma^2\pi^4\delta^2\delta^{*2}\pi^{*1}$, Bindungsordnung (BO) 2.5;

(b) $[Ru_2(O_2CMe)_4(OCMe_2)_2]$, $[Ru^{II}_2] = d^{12}$: $\sigma^2\pi^4\delta^2\delta^{*2}\pi^{*2}$, Bindungsordnung 2;

(c) $[Rh_2(O_2CMe)_4(H_2O)_2]^+$, $[Rh^{II}_2]^+ = d^{13}$: $\sigma^2\pi^4\delta^2\delta^{*2}\pi^{*3}$, Bindungsordnung 1.5;

(d) $[Rh_2(PhNCPhNPh)_4]$, $[Rh^{II}_2] = d^{14}$: $\sigma^2\pi^4\delta^2\delta^{*2}\pi^{*4}$, Bindungsordnung 1;

(e) $[Re_2Cl_4(PMe_2Ph)_4]^+$, $[Re^{II}_2]^+ = d^9$: $\sigma^2\pi^4\delta^2\delta^{*1}\pi^{*0}$, Bindungsordnung 3.5;

(f) $[Mo_2Cl_8]^{4-}$, $[Mo^{IV}_2]^{4-} = d^8$, $\sigma^2\pi^4\delta^2\delta^{*0}\pi^{*0}$, Bindungsordnung 4;

(g) $[Pt_2(SO_4)_4(H_2O)_2]^{2-}$, $[Pt^{III}_2] = d^{14}$: $\sigma^2\pi^4\delta^2\delta^{*2}\pi^{*4}$, Bindungsordnung 1.

Lösung 26:

(a) Symmetrieelemente: C_3, $3\sigma_v$; Symmetrieoperationen: E, C_3, C_3^2, σ_v', σ_v'', σ_v'''; Punktgruppe C_{3v}.

(b) Symmetrieelemente: C_5, S_5, σ_h, $5C_2$, $5\sigma_v$; Symmetrieoperationen: E, C_5, C_5^2, C_5^3, C_5^4, S_5, S_5^2, S_5^3, S_5^4, σ_h, $5C_2$, $5\sigma_v$; Punktgruppe D_{5h}.

Lösung 27: (a) D_{3h}, (b) D_{4h}, (c) C_{4v}, (d) C_{3v}, (e) C_{2v}, (f) D_{2h}, (g) C_{2h}.

Lösung 28: (a) 13, (b) 16, (c) 10, (d) 1,1,1,1 (A und B), 2 (E), 1,1,1,1,2, (e) E_u, (f) -1 (unter $2S_4$).

2.15 Literaturverzeichnis zu Kapitel 2

Allgemeine Lehrbücher:

F. A. Cotton, G. Wilkinson, *Advanced Inorganic Chemistry*, 5. Auflage, Wiley, New York, 1988.

N. N. Greenwood, A. Earnshaw, *Chemie der Elemente*, 2. Auflage, VCH, Weinheim 1990.

A. F. Hollemann, E. Wiberg, N. Wiberg, *Lehrbuch der Anorganischen Chemie*, 101. Auflage, de Gruyter, Berlin 1995.

J. Huheey, E. Keiter, R. Keiter, *Anorganische Chemie*, 2. Auflage, de Gruyter, Berlin 1995.

D. F. Shriver, P. W. Atkins, C. H. Langford, *Anorganische Chemie*, 2. Auflage, Wiley-VCH 1997.

speziellere Lehrbücher:

S. J. Lippard, J. M. Berg, *Bioanorganische Chemie*, Spektrum Verlag, Heidelberg, 1995.

A. E. Martell, R. D. Hancock, *Metal Complexes in Aqueous Solutions*, Plenum Press, New York, 1996.

F. Mathey, A. Sevin, *Molecular Chemistry of the Transition Elements*, Wiley, Chichester, 1996.

2.1 Allgemeines

Für eine Zusammenfassung zum Leben und Werk Alfred Werners, einschließlich des Abdrucks seines Nobelvortrags, siehe P. Karrer, *Helv. Chim. Acta* **1966**, S. 7–35 (Sonderausgabe).

2.2 Nomenklatur von Komplexverbindungen

International Union of Pure and Applied Chemistry (IUPAC), *Nomenklatur der Anorganischen Chemie*, Deutsche Ausgabe der Empfehlungen 1990, VCH, Weinheim, 1995.

2.3 Struktur und Geometrie von Komplexverbindungen

A. von Zelewsky, *Stereochemistry of Coordination Compounds*, Wiley, Chichester, 1996.

2.4 Liganden

Zur Chemie der Kronenether und Kryptanden, siehe:

J.-M. Lehn, *Supramolecular Chemistry*, VCH, Weinheim 1995.

S. R. Cooper (Hrsg.), *Crown Compounds: Toward Future Applications*, VCH, Weinheim 1992.

J.-M. Lehn, *Angew. Chem.* **1988**, *100*, 91.

D. J. Cram, *Angew. Chem.* **1988**, *100*, 1041.

C. J. Pedersen, *Angew. Chem.* **1988**, *100*, 1053.

2.5 Komplexbildungsgleichgewichte

Darstellung und spektroskopische Untersuchung gemischter oktaedrischer Komplexe siehe:
W. Preetz, G. Peters, D. Bublitz, *Chem. Rev.* **1996**, *96*, 977–1025.

A. E. Martell, R. J. Motekaitis, *Determination and Use of Stability Constants*, 2. Auflage, VCH Weinheim, 1992.

2.6 Der Chelateffekt

G. Schwarzenbach, *Helv. Chim. Acta* **1952**, *35*, 2344–2359.
A. W. Adamson, *J. Am. Chem. Soc.* **1954**, *76*, 1578–1579.
D. Munro, *Chemistry in Britain* **1977**, *13*, 100–105.
Medizinische Anwendungen von Chelatliganden: Rote Liste, Arzneimittelverzeichnis, Editio Cantor Verlag, Aulendorf, 1997.
Gadolinium-Kontrastmittel in der Kernspin-Tomographie: S. Aime et al., *Chem. Soc. Rev.* **1998**, *27*, 19. W.-H. Li et al., *J. Am. Chem. Soc.* **1999**, *121*, 1413. M. P. Lowe, *Aust. J. Chem.* **2002**, *55*, 551.
Metallchelatkomplexe in Blütenfarbstoffen: T. Kondo, K. Yoshida, A. Nakagawa, T. Kawai, H. Tamura, T. Goto, *Nature* **1992**, *358*, 515–518.
Zum Enterobactin-vermittelten Eisentransport in E. coli siehe: K. N. Raymond, M. E. Cass, S. L. Evans, *Pure Appl. Chem.* **1987**, *59*, 771–778.

2.7 Isomerie bei Komplexverbindungen

J. L. Burmeister, *Coord. Chem. Rev.* **1990**, *105*, 77–133 (Ambidentate ligands, the schizophrenics of coordination chemistry)
W. G. Jackson, S. Cortez, *Inorg. Chem.* **1994**, *33*, 1921–1927 (zur Bindungsisomerie von Tetrazolato- und Imidazolato-Liganden)

2.9 Bindung in Komplexen

M. Gerloch, E. C. Constable, *Transition Metal Chemistry*, VCH, Weinheim 1994.
B. N. Figgis, *Introduction to Ligand Fields*, Wiley, New York, 1966.
Bestimmung von Dq und B aus den elektronischen Spektren von Übergangsmetallkomplexen: A. B. P. Lever, *J. Chem. Educ.* **1968**, *45*, 711.
Spincrossover: P. Gütlich, A. Hauser, H. Spiering, *Angew. Chem.* **1994**, *106*, 2109 (Thermisch und optisch schaltbare Eisen(II)-Komplexe)
Thermodynamische Effekte der Kristallfeldaufspaltung:
D. A. Johnson, P. G. Nelson, *Inorg. Chem.* **1995**, *34*, 5666; *J. Chem. Soc. Dalton Trans.* **1995**, 3483.
Jahn-Teller-Effekt in MnF_3: M. Hargittai, B. Réffy, M. Kolonits, C. J. Marsden, J.-L. Heully, *J. Am. Chem. Soc.* **1997**, *119*, 9042–9048.
Molekülorbitaltheorie: T. A. Albright, J. K. Burdett, M. H. Whangbo, *Orbital Interactions in Chemistry*, Wiley, New York 1985.
Tabelle zu Bindungslängen von Organometall- und Koordinationsverbindungen der d- und f-Block Metalle: A. G. Orpen, L. Brammer, F. H. Allen, O. Kennard, D. G. Watson, R. Taylor, *J. Chem. Soc. Dalton Trans.* **1989**, S1.

2.11 Reaktivität von Metallkomplexen, Kinetik und Mechanismen

R. B. Jordan, *Mechanismen anorganischer und metallorganischer Reaktionen*, Teubner Studienbücher, Teubner, Stuttgart, 1994.
Hochdruck-Kinetik-Untersuchungen, Aktivierungsvolumen: R. van Eldik, C. D. Hubbard, *Chemie in unserer Zeit* **2000**, *34*, 240 und 306.

E. C. Constable, *Metals and Ligand Reactivity* (Eine Einführung in die organische Chemie von Metallkomplexen), VCH, Weinheim, 1996.

Template-Effekte und Catenane: J.-C. Chambron, C. O. Dietrich-Buchecker, V. Heitz, J.-F. Nierengarten, J.-P. Sauvage, C. Pascard, J. Guilhem, *Pure Appl. Chem.* **1995**, *67*, 233–240. J. P. Sauvage, *Acc. Chem. Res.* **1990**, *23*, 319–327.

Ru-katalysierte H-Übertragung: J.-E. Bäckvall, R. L. Chowdhury, U. Karlsson, G. Wang in *Perspectives in Coordination Chemistry* (Hrsg. A. F. Williams, C. Floriani, A. E. Merbach), Verlag Helvetica Chimica Acta, Basel, 1992, S. 463–486.

2.12 Spezielle Themen

O_2-Komplexe: J. A. Halfen et al., *Science* **1996**, *271*, 1397 (Reversible cleavage and formation of the dioxygen O-O bond within a dicopper complex). J. P. Collman, L. Fu, *Acc. Chem. Res.* **1999**, *32*, 455 (Synthetic models for Hemoglobin and Myoglobin).

Cytochrom-c-Oxidase: J. P. Collman et al., *Science* **1997**, *275*, 949–951 (A functional model related to Cytochrome-c-oxidase). T. Tsukihara et al., *Science* **1996**, *272*, 1136 (Struktur von Cytochrom-c-Oxidase).

Nitrogenase: D. Sellmann, *Angew. Chem.* **1993**, *105*, 67. R. R. Eady, G. J. Leigh, *J. Chem. Soc. Dalton Trans.* **1994**, 2739. Struktur mit 1.16 Å Auflösung: D. C. Rees, J. B. Howard, *Science* **2002**, *297*, 1696.

N_2-Komplexe: F. G. N. Cloke, P. B. Hitchcock, *J. Am. Chem. Soc.* **2002**, *214*, 9352. M. D. Fryzuk et al., *J. Am. Chem. Soc.* **1998**, *120*, 11024. J. M. Smith et al., *J. Am. Chem. Soc.* **2001**, *123*, 9222. E. Solari et al., *Angew. Chem.* **2001**, *113*, 4025.

Fe-S-Clusters (Nature's modular, multipurpose structures): H. Beinert et al., *Science* **1997**, *277*, 653.

NO-Komplexe: G. B. Richter-Addo, P. Legzdins, *Metal Nitrosyls*, Oxford University Press, New York 1992. S. Pfeiffer et al., *Angew. Chem.* **1999**, *111*, 1824 (NO: die rätselhafte Chemie eines biologischen Botenstoffes). W. R. Scheidt, M. K. Ellison, *Acc. Chem. Res.* **1999**, *32*, 350 (Synthetic and stuctural chemistry of heme derivatives with NO ligands).

CN-Komplexe, Übersichtsarbeiten: K. R. Dunbar, R. A. Heintz, *Prog. Inorg. Chem.* **1996**, *45*, 283. O. Kahn et al., *Chem. Commun.* **1999**, 945. J. Černák et al., *Coord. Chem. Rev.* **2002**, *224*, 51.

Hofmann-Clathrate: E. Ruiz et al., *J. Phys. Chem.* **1995**, *99*, 2296.

Metall-Metall-Bindungen: F. A. Cotton, R. A. Walton, *Multiple Bonds Between Metal Atoms*, 2. Aufl., Clarendon Press, Oxford, 1993. F. A. Cotton et al., *Science* **2002**, *298*, 1971. Zum Problem der δ-Bindung: F. A. Cotton in *Perspectives in Coordination Chemistry* (Hrsg. A. F. Williams, C. Floriani, A. E. Merbach), Verlag Helvetica Chimica Acta, Basel, 1992, S. 321ff.

Metalle in der Medizin: Rote Liste, Arzneimittelverzeichnis, Editio Cantor Verlag, Aulendorf, 1997. Z. Guo, P. J. Sadler, *Angew. Chem.* **1999**, *111*, 1611.

Goiânia-Nuklearunfall: L. Roberts, *Science* **1987**, *238*, 1028.

Wirkungsweise von Cisplatin und Strukturen von Cisplatin-DNA-Addukten: S. E. Sherman, S. J. Lippard, *Chem. Rev.* **1987**, *87*, 1153. J. Reedijk, *Pure Appl. Chem.* **1987**, *59*, 181. P. M. Takahara et al., *Nature* **1995**, *377*, 649. H. Huang et al., *Science* **1995**, *270*, 1842.

Koordinationspolymere: C. Janiak, *Dalton Trans.* **2003**, 2781.

2.16 Anhang

Molekülsymmetrie und Gruppentheorie:
F. A. Cotton, *Chemical Application of Group Theory*, 1.–3. Auflage, Wiley-Interscience, New York.
I. Hargittai, M. Hargittai, *Symmetry through the Eyes of a Chemist*, VCH, Weinheim, 1986.
Für eine stärker mathematisch ausgerichtete Behandlung der Gruppentheorie, siehe D. Wald, *Gruppentheorie für Chemiker*, VCH, Weinheim, 1985.

2.16 Anhang

2.16.1 Molekülsymmetrie und Gruppentheorie

An dieser Stelle kann nur eine kurze Einführung und Zusammenfassung in die Molekülsymmetrie und die Gruppentheorie gegeben werden. Für eine vertiefte ausführliche Behandlung wird auf die weiterführende Literatur verwiesen. Die Molekülsymmetrie ist eine **Punktsymmetrie**, anders als in Kristallen finden sich keine translatorischen Symmetrieelemente. Man unterscheidet bei der Punktsymmetrie zwischen den **Symmetrieelementen** und den sich daraus ergebenden **Symmetrieoperationen**. In Tabelle 2.16.1 sind die vier grundlegenden Symmetrieelemente aufgeführt und die sich daraus ableitenden Symmetrieoperationen gegenübergestellt.

Bei einer Drehachse oder auch Drehspiegelachse ergibt sich aus der Zähligkeit, d.h. dem Index n, der Drehwert bei der Symmetrieoperation gemäß der Formel $\frac{360°}{n} = Drehwert$. Eine zweizählige Drehachse (C_2) führt also zu einer Drehung um 180° und eine C_3-Achse zu einer Drehung um 120° für die Operation C_3 oder um 240° für die Operation C_3^2. Eine vierzählige Achse (C_4) entspricht einer Drehung um 90°, 180° oder 270° für die Symmetrieoperationen C_4, $C_4^2 (=C_2)$ oder C_4^3. Die Drehachse mit der höchsten Zähligkeit wird immer als Hauptachse gewählt. Die Beispiele in Reihe 2 und 4 in Tabelle 2.16.1 verdeutlichen, dass Symmetrieoperationen zu verschiedenen Symmetrieelementen identisch sein können. So ist die S_6-Achse kolinear mit einer C_3-Achse, die Symmetrieoperationen $S_6^2 = C_3$ und $S_6^4 = C_3^2$ sind damit identisch. Außerdem ist hier die Symmetrieoperation S_6^3 gleich der Punktspiegelung durch das Inversionszentrum i.

Die Summe aller Symmetrieoperationen für ein Molekül oder allgemein einen geometrischen Körper bildet dann eine **Punktgruppe**. Für eine Punktgruppe gilt die mathematische Gruppendefinition (Gültigkeit des Assoziativgesetzes, Abgeschlossenheit bezüglich der inneren Verknüpfung, neutrales Element, inverses Element zu jedem Element). Die Punktgruppen werden mit den so genannten **Schönflies-Symbolen** C_{2v}, D_{4h}, O_h, T_d usw. gekennzeichnet, und die in den Punktgruppen enthaltenen Symmetrieoperationen sind in **Charaktertafeln** tabelliert. Für die Zuordnung einer Punktgruppe zu einem Molekül oder allgemein einem geometrischen Gebilde kann das Schema in Abbildung 2.16.1 verwendet werden.

Tabelle 2.16.1. Symmetrieelemente und Symmetrieoperationen

Symmetrieelement - geometrisches Gebilde -	Beispiel	Symmetrieoperation – mathematischer Operator –	Beispiel
1) Linie → Drehachse, C_n	C_4	eine oder mehrere Drehungen um diese Achse $C_n^{(1)}$, C_n^2, ..., C_n^{n-1}	C_4, C_4^2 ($= C_2$) und C_4^3 sind die Symmetrieoperationen, die sich aus einer C_4-Achse ergeben. $C_4^2 = C_2$
2) Ebene → Spiegelebene, σ (σ_h, σ_v, σ_d) [a]		Spiegelung in der Ebene, σ	σ
3) Punkt → Symmetriezentrum, oder Inversionszentrum, i		Spiegelung aller Atome am Zentrum, Punktspiegelung, i	i
4) Drehachse gekoppelt mit senkrechter Spiegelebene [b] → Drehspiegelachse, S_n	S_6	eine oder mehrere Wiederholungen der Sequenz: Drehung gefolgt von Spiegelung in einer Ebene senkrecht zur Drehachse $S_n^{(1)}$, S_n^2, ..., S_n^{n-1}	S_6, S_6^2 ($= C_3$), S_6^3 ($= i$), S_6^4 ($= C_3^2$) und S_6^5 sind die Symmetrieoperationen, die sich aus einer S_6-Achse ergeben S_6 S_6 $S_6^2 = C_3$
–	–	Identität, E keine Veränderung des Moleküls	E

[a] Die Spiegelebenen werden üblicherweise noch mit einem kleinen Index versehen, der ihre Lage zur Hauptdrehachse anzeigt. Der Index *h* – horizontal (σ_h) bezeichnet eine Spiegelebene senkrecht zur Hauptachse, die Indizes *v* – vertical (σ_v) und *d* – dihedral (σ_d) Spiegelebenen, die die Hauptachse enthalten. Der Unterschied zwischen den letzten beiden besteht darin, dass es sich um zwei verschiedene Sätze von Spiegelebenen handelt. Vertikale Spiegelebenen können nicht durch Symmetrieoperationen in dihedrale überführt werden. So enthält die Punktgruppe D_{4h} (siehe nachfolgende Abbildungen) jeweils zwei vertikale und zwei dihedrale Spiegelebenen. Innerhalb des Satzes sind die Spiegelebenen dabei über die C_4-Operation ineinander überführbar [$\sigma_v(1) \to \sigma_v(2)$ usw.]. Bei der Punktgruppe D_{4h} ist es beliebig welcher der beiden Sätze als vertikale und welcher als dihedrale Spiegelebene bezeichnet wird. In anderen Punktgruppen, bei denen nur ein Satz von Spiegelebenen vorliegt, spricht

man in der Regel von vertikalen Spiegelebenen (σ_v), es sei denn die Spiegelebenen des <u>allei-nigen Satzes</u> sind gleichzeitig Winkelhalbierende von C_2-Achsen. Dann bezeichnet man sie als dihedrale Spiegelebenen (σ_d).

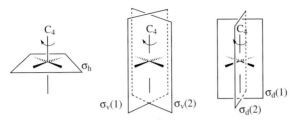

[b] Bei Vorliegen einer Drehspiegelachse S_n *können* gleichzeitig noch eine Drehachse gleicher Zähligkeit (C_n) und eine dazu senkrechte Spiegelebene (σ_h) als separate Symmetrieelemente vorliegen. Solches ist in den Punktgruppen C_{nh} und D_{nh} der Fall. Anders zum Beispiel in den Punktgruppen D_{nd} und S_n. Dort liegen Drehspiegelachsen vor, aber die gedankliche Drehachse und senkrechte Spiegelebene, aus denen sie sich aufbaut, sind keine eigenständigen Symmetrieelemente.

1) Das Molekül gehört zu einer speziellen Gruppe:
    a) Lineares Molekül: $C_{\infty v}$, $D_{\infty h}$
    b) Liegen mehrere Achsen höherer Ordnung vor: T, T_h, T_d, O, O_h, I, I_h

2) Existieren keine Dreh- oder Drehspiegelachsen: C_1, C_s, C_i

3) Es gibt es nur eine S_n-Achse (n gerade): S_4, S_6, S_8, ...

4) Es gibt eine C_n-Achse (unabhängig von evtl. vorliegender S_{2n}-Achse)

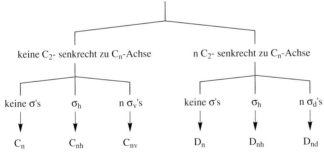

Abbildung 2.16.1. Schema zur Symmetrieeinordnung von Molekülen und geometrischen Körpern.

Die oberste Reihe jeder Charaktertafel enthält ganz links das Schönflies-Symbol für die Gruppe und dann die Symmetrieoperationen, die in Klassen zusammengefasst sind. So gehören z.B. die Symmetrieoperationen C_4 und C_4^3 in der Punktgruppe D_{4h} zu einer Klasse, und es ergibt sich so der Eintrag $2C_4$, d.h. 2 Elemente finden sich in der Klasse C_4. Wie oben dargelegt, gehören auch jeweils die beiden σ_v- oder σ_d-Spiegelebenen zu einer Klasse, so dass sich damit die Eintragungen $2\sigma_v$ oder $2\sigma_d$ erklären (die Charaktertafel für D_{4h} ist auf Seite 346 gegeben). Die Gesamtzahl der Symmetrieoperationen einer Gruppe ist die Gruppenordnung.

Tabelle 2.16.2. Allgemeine Darstellung zum Aufbau und der Bedeutung einer Charaktertafel

Punktgruppen-Schönflies-Symbol	Klassen der Symmetrieoperationen und Zahl der Operationen je Klasse (siehe dazu Tabelle 2.16.1)	Symmetrie der p-Orbitale; Infrarot-Aktivität der irreduziblen Darstellung	Symmetrie der d-Orbitale; Raman-Aktivität der irreduziblen Darstellung
Symmetriesymbol der irreduziblen Darstellung (A, B, E, T, siehe dazu Tabelle 2.16.3)	(Zahlenblock) Charaktere der irreduziblen Darstellungen Zahlenreihe = irreduzible Darstellung	p-Orbitale x, y, z; die p-Orbitale verhalten sich wie die IR-aktiven Translationskomponenten; Rotationskomponenten R_x, R_y, R_z	d-Orbitale xy, xz, yz, z^2, x^2-y^2; die d-Orbitale verhalten sich wie die Komponenten der Raman-aktiven Polarisierbarkeit

Neben der obersten Reihe besteht jede Charaktertafel dann aus vier Bereichen (siehe Tabelle 2.16.2). Im Hauptblock mit den Zahlen finden sich die Charaktere der **irreduziblen Darstellungen** (**Repräsentationen**) zu den jeweiligen Klassen. Jede Zahlenreihe ist eine irreduzible Darstellung. Die Zahl der Klassen ist dabei gleich der Zahl der irreduziblen Darstellungen, so dass das Zahlenschema immer quadratisch sein muss. Den irreduziblen Darstellungen und der Gruppentheorie kommt eine große Bedeutung in der Atom- und Molekülspektroskopie zur Klassifizierung von Zuständen und zur Aufstellung von Auswahlregeln zu. Die **Charaktere** leiten sich aus einer Matrixdarstellung der Symmetrieoperationen her. Anschaulich kann man sagen, dass der Charakter angibt, wie sich eine Schwingung oder ein Orbital des Moleküls in Bezug auf eine Symmetrieoperation verhält. Der Eintrag 1 drückt zum Beispiel ein symmetrisches Verhalten, −1 ein antisymmetrisches Verhalten aus (siehe unten). Jeder irreduziblen Darstellung in der Punktgruppe wird entsprechend ihrer Dimension und ihrem symmetrischen Verhalten (vergleiche Tabelle 2.16.3) ein Symmetriesymbol (A, B, E, T) zugeordnet, was sich in der ganz linken Spalte befindet. Bei der Symmetriebeschreibung von Schwingungen und Orbitalen werden häufig auch die entsprechenden Kleinbuchstaben verwendet (a, b, e, t). Diesen Buchstabensymbolen können noch tief- oder hochgestellte Indizes ($_1$, $_2$, $_g$, $_u$, $'$, $''$, $^+$, $^-$) hinzugefügt sein. Tabelle 2.16.3 fasst die Bedeutung der Symbole für die Beschreibung der Symmetrieeigenschaften der irreduziblen Darstellungen und damit von Schwingungen oder Orbitalen zusammen. Sodann gibt es noch zwei Bereiche rechts vom Zahlenschema. In diesen Bereichen sind Sätze von algebraischen Funktionen oder Vektoren also auch die Winkelfunktion von Orbitalen angegeben, die als Basis für eine irreduzible Darstellung dienen können. Im ersten Bereich findet man die sechs Symbole x, y, z, R_x, R_y, R_z. Die ersten drei stehen für die Koordination x, y, z oder auch für die p-Orbitale oder die IR-aktiven Translationskomponenten, während die R's für die Rotationen um die jeweiligen Achsen stehen. Im ganz rechten Bereich sind formal die Quadrate und binären Produkte der Koordinaten entsprechend ihrer Symmetrieeigenschaften zugeordnet. Die jeweiligen d-Orbitale mit diesen Indizes werden entsprechend transformiert. Hinweis: das s-Orbital am Zentralatom wird immer gemäß der total symmetrischen irreduziblen Darstellung (A, A_1, A' oder A_{1g}, je nach Punktgruppe) transformiert, da es keine Winkelabhängigkeit aufweist. Abbildung 2.16.2 verdeutlicht die Transformation von ausgewählten Orbitalen für die Punktgruppe C_{2v}.

Tabelle 2.16.3. Symmetriesymbolik der irreduziblen Darstellungen, der Schwingungen und Orbitale

		Bedeutung
Symbol	A, a	eindimensionale Darstellung, symmetrisch bezüglich der Drehung um die Hauptachse, rotationssymmetrisch
	B, b	eindimensionale Darstellung, antisymmetrisch bezüglich der Drehung um die Hauptachse
	E, e	zweidimensionale Darstellung, zweifache entartete Schwingungen oder Orbitale, Auftreten in Molekülen mit einer Drehachse C_n und $n \geq 3$
	T, t (F, f)	dreidimensionale Darstellung, dreifach entartete Schwingungen oder Orbitale, Auftreten in Molekülen mit mehr als einer C_3-Achse (z.B. Tetraeder, Oktaeder)
Index, unten	1	symmetrisch bezüglich σ_v oder einer C_2-Achse senkrecht zur Hauptachse
	2	antisymmetrisch bezüglich σ_v oder einer C_2-Achse senkrecht zur Hauptachse
	g	symmetrisch bezüglich eines Symmetriezentrums i
	u	antisymmetrisch bezüglich eines Symmetriezentrums i
Index, oben	$'$	symmetrisch bezüglich σ_h, wenn kein Symmetriezentrum vorliegt
	$''$	antisymmetrisch bezüglich σ_h, wenn kein Symmetriezentrum vorliegt
	+	symmetrisch bezüglich σ_v in linearen Molekülen
	−	antisymmetrisch bezüglich σ_v in linearen Molekülen

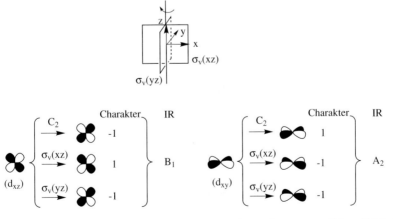

Abbildung 2.16.2. Schematische Darstellung der Transformation ausgewählter Orbitale in der Punktgruppe C_{2v} und ihre Zuordnung zu einer irreduziblen Darstellung (IR).

Die Charaktertafeln für die in der Koordinationschemie etwas wichtigeren Punktgruppen C_{2v}, D_{4h}, O_h, T_d sind im Folgenden beispielhaft wiedergegeben. Zur jeweiligen Punktgruppe sind dabei Beispiele für Komplexgestalten angegeben.

C_{2v}:

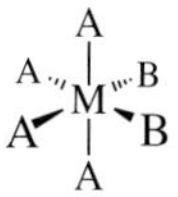

, cis-MA_4B_2 und cis-MA_2B_2

C_{2v}	E	C_2	$\sigma_v(xz)$	$\sigma_v'(yz)$		
A_1	1	1	1	1	z	x^2, y^2, z^2
A_2	1	1	–1	–1	R_z	xy
B_1	1	–1	1	–1	x, R_y	xz
B_2	1	–1	–1	1	y, R_x	yz

D_{4h}:

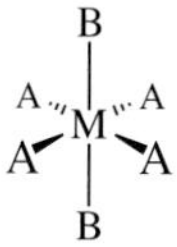

, tetragonal-verzerrtes Oktaeder MA_6, trans-MA_4B_2, quadratisch-planare Koordination MA_4

D_{4h}	E	$2C_4$	C_2	$2C_2'$	$2C_2''$	i	$2S_4$	σ_h	$2\sigma_v$	$2\sigma_d$		
A_{1g}	1	1	1	1	1	1	1	1	1	1		$x^2 + y^2, z^2$
A_{2g}	1	1	1	–1	–1	1	1	1	–1	–1	R_z	
B_{1g}	1	–1	1	1	–1	1	–1	1	1	–1		$x^2 - y^2$
B_{2g}	1	–1	1	–1	1	1	–1	1	–1	1		xy
E_g	2	0	–2	0	0	2	0	–2	0	0	(R_x, R_y)	(xz, yz)
A_{1u}	1	1	1	1	1	–1	–1	–1	–1	–1		
A_{2u}	1	1	1	–1	–1	–1	–1	–1	1	1	z	
B_{1u}	1	–1	1	1	–1	–1	1	–1	–1	1		
B_{2u}	1	–1	1	–1	1	–1	1	–1	1	–1		
E_u	2	0	–2	0	0	–2	0	2	0	0	(x, y)	

T_d:

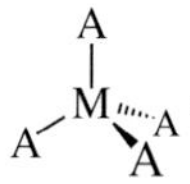

, reguläres Tetraeder

T_d	E	$8C_3$	$3C_2$	$6S_4$	$6\sigma_d$		
A_1	1	1	1	1	1		$x^2 + y^2 + z^2$
A_2	1	1	1	–1	–1		
E	2	–1	2	0	0	$(R_x, R_y, R_z); (x, y, z)$	$(2z^2 - x^2 - y^2, x^2 - y^2)$
T_1	3	0	–1	1	–1		
T_2	3	0	–1	–1	1		(xy, xz, yz)

O_h:

A—$\underset{A}{\overset{A}{M}}$—$A$, reguläres Oktaeder

(structure: A above M, A below M, and A's around M in octahedral arrangement)

O_h	E	$8C_3$	$6C_2$	$6C_4$	$3C_2$ $(=C_4{}^2)$	i	$6S_4$	$8S_6$	$3\sigma_h$	$6\sigma_d$		
A_{1g}	1	1	1	1	1	1	1	1	1	1		$x^2 + y^2 + z^2$
A_{2g}	1	1	-1	-1	1	1	-1	1	1	-1		
E_g	2	-1	0	0	2	2	0	-1	2	0		$(2z^2-x^2-y^2, x^2-y^2)$
T_{1g}	3	0	-1	1	-1	3	1	0	-1	-1	$(R_x, R_y R_z)$	
T_{2g}	3	0	1	-1	-1	3	-1	0	-1	1		(xz, yz, xy)
A_{1u}	1	1	1	1	1	-1	-1	-1	-1	-1		
A_{2u}	1	1	-1	-1	1	-1	1	-1	-1	1		
E_u	2	-1	0	0	2	-2	0	1	-2	0		
T_{1u}	3	0	-1	1	-1	-3	-1	0	1	1	(x, y, z)	
T_{2u}	3	0	1	-1	-1	-3	1	0	1	-1		

2.16.2 Systematische Ermittlung von Termsymbolen

Im Folgenden soll gezeigt werden, wie für die Elektronenzustände in freien Atomen und Ionen die Russell-Saunders-Terme ermittelt werden können.

1. Beispiel Kohlenstoffatom:

Es sind die möglichen Zustände (Terme) des Kohlenstoffatoms zu finden. Die Elektronenkonfiguration des C-Atoms ist $1s^2 2s^2 2p^2$. Vollständig gefüllte Schalen oder Unterschalen sind für das Auffinden der Terme unwichtig, da für sie immer $M_L = 0$ und $M_S = 0$ gilt. Zu berücksichtigen sind also nur die beiden p-Elektronen. Für die p-Unterschale ist $l = 1$ und jedes p-Elektron kann also die m_l-Werte +1, 0 und –1 annehmen. Die möglichen M_L-Werte liegen daher zwischen +2 und –2 ($M_L = \sum m_{li}$). Für jedes der beiden p-Elektronen ist außerdem $m_s = +\frac{1}{2}$ oder $-\frac{1}{2}$, so dass die möglichen M_S-Werte +1, 0 und –1 sind ($M_S = \sum m_{si}$). In der Tabelle 2.16.4 sind alle erlaubten Kombinationen von m_l- und m_s-Werten den M_L- und M_S-Kästchen zugeordnet. Die 15 möglichen Kombinationen ergeben sich anschaulich aus den Besetzungsvariationen der drei p-Orbitale mit zwei Elektronen, wie sie in **2.16.1** andeutungsweise skizziert sind. Dabei muss nur auf das Pauli-Prinzip geachtet werden, dass also nicht beide Elektronen ein Orbital mit gleichem Spin besetzen. Die derart erhaltenen Kombinationen führen zu den drei Zuständen ^3P, ^1D und ^1S. Die Gesamtentartung eines ^{2S+1}L-Terms ist $(2S+1) \times (2L+1)$. Ein ^3P-Term mit $S = 1$ und $L = 1$ ist also 9-fach entartet und zu ihm gehören neun M_L/M_S-Kombinationen (= Kästchen in der Tabelle mit dunkelgrauem Hintergrund). Der Term ^1D mit $S = 0$ und $L = 2$ ist 5-fach entartet und zu ihm gehören entsprechend fünf M_L/M_S-Kästchen (hellgrauer Hintergrund). Der ^1S-Term ($S = 0$, $L = 0$) ist nicht entartet und besitzt nur eine Anordnungsmöglichkeit der Elektronen, d.h. eine M_L/M_S-Kombination oder ein Kästchen (keine Schattierung).

m_l +1 0 -1	Kurz-notation	M_L	M_S
[↑↓ · ·]	$(1^+,1^-)$ ⇒	2	0
[↑ ↑ ·]	$(1^+,0^+)$ ⇒	1	1
[· ↑ ↑]	$(0^+,-1^-)$ ⇒	-1	0

usw.

2.16.1

Tabelle 2.16.4. M_L/M_S-Zustände für die Elektronenkonfiguration p^2. Als Eintragungen in die Tabelle sind noch die einzelnen m_l-Werte angegeben, die dann den M_L-Wert ergeben. Entsprechendes gilt für die m_s-Werte, von denen der Übersichtlichkeit halber $+\frac{1}{2}$ und $-\frac{1}{2}$ nur mit einem hochgesetzten + und − gekennzeichnet sind. Zur Schattierung siehe Text.

M_L	+1	0			−1
2				$(1^+,1^-)$	
1	$(1^+,0^+)$		$(1^+,0^-)$	$(1^-,0^+)$	$(1^-,0^-)$
0	$(1^+,-1^+)$	$(0^+,0^-)$	$(1^+,-1^-)$	$(1^-,-1^+)$	$(1^-,-1^-)$
−1	$(-1^+,0^+)$		$(-1^+,0^-)$	$(-1^-,0^+)$	$(-1^-,0^-)$
−2			$(-1^+,-1^-)$		

2. Beispiel Übergangsmetall mit einer d^2-Konfiguration:

Zu berücksichtigen sind zwei d-Elektronen. Für die d-Unterschale ist $l = 2$ und jedes d-Elektron kann also die m_l-Werte +2, +1, 0, −1 und −2 annehmen. Die möglichen M_L-Werte liegen daher zwischen +4 und −4 ($M_L = \sum m_{li}$). Für jedes der beiden d-Elektronen ist außerdem $m_s = +\frac{1}{2}$ oder $-\frac{1}{2}$, so dass die möglichen M_S-Werte wiederum +1, 0 und −1 sind ($M_S = \sum m_{si}$). In der Tabelle 2.16.5 sind alle erlaubten Kombinationen von m_l- und m_s-Werten den M_L- und M_S-Kästchen zugeordnet.

Tabelle 2.16.5. M_L/M_S-Zustände für die Elektronenkonfiguration d^2. Als Eintragungen in die Tabelle sind noch die einzelnen m_l-Werte angegeben, die dann den M_L-Wert ergeben. Entsprechendes gilt für die m_s-Werte, von denen der Übersichtlichkeit halber $+\frac{1}{2}$ und $-\frac{1}{2}$ nur mit einem hochgesetzten + und − gekennzeichnet sind. Zur Schattierung siehe Text.

M_L	+1		0					−1	
4				$(2^+,2^-)$					
3		$(2^+,1^+)$		$(2^+,1^-)$	$(2^-,1^+)$			$(2^-,1^-)$	
2		$(2^+,0^+)$		$(2^+,0^-)$	$(2^-,0^+)$	$(1^+,1^-)$		$(2^-,0^-)$	
1	$(1^+,0^+)$	$(2^+,-1^+)$		$(2^+,-1^-)$	$(2^-,-1^+)$	$(1^+,0^-)$	$(1^-,0^+)$	$(2^-,-1^-)$	$(1^-,0^-)$
0	$(1^+,-1^+)$	$(2^+,-2^+)$	$(0^+,0^-)$	$(2^+,-2^-)$	$(2^-,-2^+)$	$(1^+,-1^-)$	$(1^-,-1^+)$	$(2^-,-2^-)$	$(1^-,-1^-)$
−1	$(-1^+,0^+)$	$(-2^+,1^+)$		$(-2^+,1^-)$	$(-2^-,1^+)$	$(-1^+,0^-)$	$(-1^-,0^+)$	$(-2^-,1^-)$	$(-1^-,0^-)$
−2		$(-2^+,0^+)$		$(-2^+,0^-)$	$(-2^-,0^+)$	$(-1^+,-1^-)$		$(-2^-,0^-)$	
−3		$(-2^+,-1^+)$		$(-2^+,-1^-)$	$(-2^-,-1^+)$			$(-2^-,-1^-)$	
−4				$(-2^+,-2^-)$					

Aus der Tabelle mit den Mikrozuständen sollen jetzt die Terme aufgefunden werden. Aufgrund seiner Entartung von $(2S+1) \times (2L+1)$ bildet jeder ^{2S+1}L-Term in der Tabelle eine Anordnung von Mikrozuständen, die aus $(2S+1)$-Spalten und $(2L+1)$-Zeilen besteht. Ein ^{3}P-Term besteht zum Beispiel aus einer 3x3-Anordnung, ein ^{1}G-Term aus einer 1x9-Anordnung und ein ^{1}S-Term nur aus einer 1x1-Anordnung. Für die letzten beiden Fälle sind die Anordnungen sehr leicht im Diagramm zu erkennen (unterlegte Bereiche). Man würde die Auflösung der Mikrozustände auch immer mit der oder den längsten Spalten beginnen. Denkt man sich diese Zustände heraus, so verbleibt die nachstehende Tabelle. Als längste Spalten finden sich hier solche, die aus sieben Zeilen aufgebaut sind und zwar deren drei (hell schattierter Bereich).

M_L	M_S +1		M_S 0			M_S -1	
4							
3		$(2^+,1^+)$	$(2^+,1^-)$			$(2^-,1^-)$	
2		$(2^+,0^+)$	$(2^+,0^-)$	$(1^+,1^-)$		$(2^-,0^-)$	
1	$(1^+,0^+)$	$(2^+,-1^+)$	$(2^+,-1^-)$	$(1^+,0^-)$	$(1^-,0^+)$	$(2^-,-1^-)$	$(1^-,0^-)$
0	$(1^+,-1^+)$	$(2^+,-2^+)$	$(2^+,-2^-)$	$(1^+,-1^-)$	$(1^-,-1^+)$	$(2^-,-2^-)$	$(1^-,-1^-)$
-1	$(-1^+,0^+)$	$(-2^+,1^+)$	$(-2^+,1^-)$	$(-1^+,0^-)$	$(-1^-,0^+)$	$(-2^-,1^-)$	$(-1^-,0^-)$
-2		$(-2^+,0^+)$	$(-2^+,0^-)$	$(-1^+,-1^-)$		$(-2^-,0^-)$	
-3		$(-2^+,-1^+)$	$(-2^+,-1^-)$			$(-2^-,-1^-)$	
-4							

Diese 3x7-Anordnung aus 21 Mikrozuständen gehört zu einem ^{3}F-Term. Des Weiteren verbleiben dann noch eine 1x5-Anordnung (dunkle Schattierung) und eine 3x3-Anordnung (keine Unterlegung). Erstere entspricht einem ^{1}D-Term, letztere einem ^{3}P-Term. Zu einer d^2-Konfiguration gehören somit die Terme: ^{3}F, ^{3}P, ^{1}G, ^{1}D und ^{1}S. In Tabelle 2.16.6 sind die Russel-Saunders-Terme für die Elektronenkonfigurationen d^1–d^9 angegeben, der erste Term ist jeweils der Grundterm. Der Gleichartigkeit in den Termen für d^n und d^{10-n} liegt die Elektron-Loch-Analogie zugrunde.

Tabelle 2.16.6. Russell-Saunders-Terme für die Elektronenkonfigurationen d^1–d^9.

Konfiguration	^{2S+1}L-Terme
d^1, d^9	^{2}D
d^2, d^8	^{3}F, ^{3}P, ^{1}G, ^{1}D, ^{1}S
d^3, d^7	^{4}F, ^{4}P, ^{2}H, ^{2}G, ^{2}F, zweimal ^{2}D, ^{2}P
d^4, d^6	^{5}D, ^{3}H, ^{3}G, zweimal ^{3}F, ^{3}D, zweimal ^{3}P, ^{1}I, zweimal ^{1}G, ^{1}F, zweimal ^{1}D, zweimal ^{1}S
d^5	^{6}S, ^{4}G, ^{4}F, ^{4}D, ^{4}P, ^{2}I, ^{2}H, zweimal ^{2}G, zweimal ^{2}F, dreimal ^{2}D, ^{2}P, ^{2}S

Kapitel 3: Festkörperchemie

Einleitung

Die Festkörperchemie umfasst die Synthese, Struktur und die Eigenschaften fester Stoffe. Bei den Materialien, die für die Festkörperchemie von Interesse sind, handelt es sich um kristalline Stoffe mit Fernordnung, aber auch um Gläser oder amorphe Stoffe mit Nahordnung der Atome. Gewöhnlich sind die kristallinen Stoffe anorganische Verbindungen, Metalle oder intermetallische Verbindungen oder Phasen.

Die konventionelle Festkörpersynthese (fest-fest-Reaktion) ist der wichtigste Schlüssel zur Darstellung neuer Feststoffe. Konventionelle Festkörperreaktionen erfordern hohe Temperaturen, die aber unterhalb der Schmelzpunkte der Reaktanden liegen. Erhöhte Defektkonzentrationen und nicht periodische Bewegungen bilden die Basis für Transportprozesse. Neben fest-fest-Reaktionen erlauben Reaktionen in Schmelzen oder Reaktionen über die Gasphase, Precursormethoden oder elektrochemische Methoden eine breite Palette zusätzlicher Möglichkeiten. Entscheidend für die Wahl der Synthesemethode ist auch, in welcher Form ein Feststoff erhalten werden soll (Einkristalle, Pulver, dünne Schichten usw.). Da es für die Synthese einer bestimmten Verbindung nicht immer ein universell anwendbares Rezept gibt, ist die Festkörperchemie oft empirisch und manchmal auch voller Überraschungen.

Das Auftreten bestimmter Strukturtypen oder eine Verwandtschaft zu bestimmten Strukturtypen ist für viele kristalline (anorganische) Festkörperverbindungen typisch. Kristalline Stoffe besitzen stets Defekte, die ihre mechanischen, chemischen und elektrischen Eigenschaften beeinflussen. Defekte wie Gitterleerstellen ermöglichen nicht nur diffusive Teilchenbewegungen für fest-fest-Reaktionen oder Ionenleitung, sondern bewirken auch spezifische Eigenschaften der kristallinen Stoffe. Defekte höherer Konzentrationen werden unter Begriffen wie feste Lösungen oder nichtstöchiometrische Verbindungen, Scherstrukturen usw. klassifiziert.

Wenn in Festkörperstrukturen vernetzte Atomanordnungen vorliegen, dann wird anstelle des für Moleküle üblichen MO-Schemas eine Bandstruktur zur Beschreibung der so genannten elektronischen Struktur verwendet. Da die Elektronen für die meisten Eigenschaften von Stoffen verantwortlich sind, ist die Kenntnis der elektronischen Struktur ein wichtiger Schlüssel zum Verständnis von Materialeigenschaften. Das Verständnis um die vielfältigen Eigenschaften von Feststoffen spielt gerade im Hinblick auf verschiedenste Anwendungen eine immens wichtige Rolle. Kaum ein anderes Gebiet der Chemie hatte in den letzten Jahren einen stärkeren Einfluss auf die moderne Technik. Von den vielen Feststoffen, die Anwendungen in verschiedenen Bereichen der Technik gefunden haben, verdankt jedoch eine nicht zu vernachlässigende Anzahl ihre Entdeckung eher dem Zufall als einer gezielten Synthese. Will man die Entdeckung von neuen Verbindungen nicht dem Zufall überlassen und Materialien mit angereicherten oder neuen Eigenschaften gezielt herstellen, so ist ein tiefes Verständnis von Reaktivitäten, Reaktionsabläufen aber auch von Strukturen und korrespondierenden Eigenschaften erforderlich.

Zur Untersuchung von Feststoffen werden zahlreiche Techniken angewandt. Hierzu zählen Strukturbestimmungen an Einkristallen und Pulvern mittels Röntgen- oder Neutronenbeugungsmethoden, magnetische Messungen, elektrische/ionische Leitfähigkeitsmessungen, spektroskopische/spektrometrische Untersuchungen und viele andere mehr. Diese Techniken sollen hier nur wenig beleuchtet werden, um ausgewählten Kapiteln der Stoffchemie und der Strukturchemie den Vorzug zu geben.

3.1 Festkörperreaktionen

Ohne die Gegenwart einer Schmelze ist die geringe Diffusion von Atomen oder Ionen im Festkörper ein zentrales Problem bei der Synthese fester Stoffe. Bei einer fest-fest-Reaktion müssen Atome zunächst durch den Feststoff hindurch zu einem Partikel des Reaktionspartners diffundieren, um dann an dessen Oberfläche zu reagieren. Danach müssen sich alle Atome in der neuen Struktur ordnen.

Es ist im Allgemeinen schwer vorherzusagen, warum sich eine Verbindung bestimmter Zusammensetzung unter den gewählten Reaktionsbedingungen nicht bildet. Hierfür könnten thermodynamische (die Bildungsreaktion für die Verbindung erzeugt nicht den Zustand niedrigster Energie des Systems) oder kinetische (die Reaktionsbedingungen beinhalten nicht die notwendige Energie oder nicht die notwendigen lokalen Konzentrationen, um Atome in der gewünschten Formation zu ordnen) Probleme verantwortlich sein. Zweifellos hat die bevorzugte Anwendung hoher Temperaturen in der Vergangenheit viele thermodynamisch stabile Verbindungen hervorgebracht.[1]

Die Arbeitstechniken bei fest-fest-Reaktionen unterscheiden sich demnach grundsätzlich von denen der Molekül- oder Komplexchemie, die in flüssigen Medien stattfinden. Diffusionsstrecken sind bei Reaktionen in Lösungen nicht von vorrangiger Bedeutung, weil die Diffusionsgeschwindigkeiten relativ hoch sind. Bei der Reaktion pulverförmiger Reaktanden miteinander ist jedoch die Beweglichkeit der Teilchen im festen Körper geschwindigkeitsbestimmend. Unglücklicherweise sind die Diffusionsstrecken, selbst bei inniger Kompaktierung der Edukte, aus atomarer Sicht lang (Korndurchmesser z.B. 10 μm, Atomdurchmesser z.B. 200 pm) und die Diffusionskonstanten klein („schlechte Kinetik"). Dies erzwingt oft hohe Reaktionstemperaturen mit der Konsequenz thermodynamisch kontrollierter Produktbildung.

Mögliche Alternativen zur Anwendung hoher Temperaturen sind Reaktionen über eine Gasphase oder bestimmte Methoden bei tiefen Temperaturen („soft chemistry" oder „chimie douce"). Diese Methoden überwinden die intrinsischen Diffusionsprobleme in Festkörpern über die erheblich höheren Mobilitäten im gasförmigen oder im flüssigen Zustand oder über verkürzte Diffusionsstrecken.

Festkörperchemische Präparationen können zum Ziel haben, Einkristalle (hochrein, ohne Defekte), modifizierte Einkristalle (spezielle Defekte, Dotierungen), Pulver (kleinste Kristalle, Korngröße), Keramiken (gesinterte Pulver) oder dünne Schichten zu erzeugen.

Als gängige Technik zur Identifikation kristalliner Produkte dient die Röntgen-Pulverdiffraktometrie. Eine oder mehrere (bekannte!) Substanzen können anhand ihres „Fingerabdruckes" nebeneinander identifiziert werden. Eine Ergänzung hierzu ist die *in situ* Pulverdiffraktometrie, die die Verfolgung chemischer fest-fest- oder fest-gas-Reaktionen mittels spezieller Reaktionskammern erlaubt. Für unbekannte Strukturen wird in der Regel die Einkristallstrukturanalyse herangezogen.

3.1.1 Reaktionsbehälter

Bei der Auswahl eines geeigneten Reaktionsbehälters ist zunächst zu berücksichtigen, ob in einem offenen oder geschlossenen System mit oder ohne Schutzgas gearbeitet werden soll. Reaktionen bei hohen Temperaturen (z.B. 800–1200 °C) stellen hohe Anforderungen an das Reaktormaterial. Nebenreaktionen wie die Verdampfung oder die Reaktion mit der Gefäßwand stören, weil dadurch das angestrebte Verhältnis der Reaktionspartner verändert oder Verunreinigungen in die Reaktion eingebracht werden. *Ein Reaktionsbehälter ist so auszuwählen, dass er sich unter den jeweiligen Reaktionsbedingungen chemisch inert verhält.* Ebenso müssen Reaktoren absolut trocken, sauber und ohne Verunreinigung durch andere Elemente sein. Analoges gilt natürlich für die Reaktanden!

Für viele Reaktionen kommen unter Vakuum abgeschmolzene Glas- oder insbesondere Quarzglasampullen zum Einsatz. So können Verlauf und Beendigung einer Reaktion direkt beobachtet werden (z.B. im Glasofen). Allerdings verhält sich Quarzglas nicht immer inert (z.B. beim Schmelzen von Alkali- oder Erdalkalimetall) und bildet mit zahlreichen Metallen Oxide, Silicide oder Silicate:

$$11\ Nb + 3\ SiO_2 \xrightarrow{1000\ °C} Nb_5Si_3 + 6\ NbO$$

Störend ist manchmal auch die unerwünschte Bildung von Oxidchloriden bei Reaktionen von Metallchloriden in Quarzglasampullen:

$$2\ YCl_3 + SiO_2 \xrightarrow{900\ °C} 2\ YOCl + SiCl_4$$

Da viele dieser Nebenreaktionen langsam verlaufen, machen sie sich erst bei längeren Reaktionszeiten und hohen Temperaturen bemerkbar.

Reaktionstiegel aus Porzellan, Korund, ZrO_2 usw. sind für Reaktionen einsetzbar, bei denen Reaktanden und Produkt keinen signifikanten Dampfdruck entwickeln, weil sie sich ebenso wie Behälter aus Bornitrid oder Graphit nicht gasdicht verschließen lassen.

Verschweißbare Rohre aus höchstschmelzenden Metallen mit geringstem Dampfdruck wie Niob, Tantal, Molybdän oder Wolfram kommen als inerte Reaktoren in Betracht. Behälter aus Niob und Tantal sind duktil und lassen sich deshalb relativ leicht verarbeiten.[2] Reaktanden werden in einseitig verschlossene Metallrohre eingebracht und anschließend darin eingeschweißt. Verschlossene Metallrohre eignen sich zur Synthese von intermetallischen Verbindungen, von Verbindungen, in denen Metalle in niedrigen Oxidationsstufen vorliegen, für Alkali- und Erdalkalimetallschmelzen sowie für sauerstofffreies Arbeiten (können aber von Schwefel oder Selen angegriffen werden). Für Reaktionen mit Fluoriden eignen sich zugeschweißte Edelmetallrohre (Gold, Platin) oder Monelampullen (eine Cu-Ni-Legierung mit rund 70% Ni, $Cu_{32}Ni_{68}$). Allerdings sind Rohre aus Niob, Tantal und Edelmetallen teuer. Zur Vermeidung der Oxidation müssen die Metallreaktoren (außer Platin) bei Anwendung hoher Temperaturen unter Inertgas betrieben oder in evakuierte Quarzglasampullen eingeschlossen werden.

Tabelle 3.1 Beispiele für geeignete Reaktoren bei Reaktionen.

Edukte	Produkt	Reaktionsbehälter und Reaktionstemperatur
Li_2O, SiO_2	$Li_2Si_2O_5$	Pt-Tiegel (Luft), 1100 °C
Y_2O_3, $BaCO_3$, CuO	$YBa_2Cu_3O_7$	Al_2O_3-Tiegel (Luft), 1000 °C
Na_2MoO_4, MoO_3, Mo	$NaMo_4O_6$	Mo-Ampulle[a], 1100 °C
Ca, $CaCl_2$, C (Graphit)	$Ca_3Cl_2C_3$	Nb- oder Ta-Ampulle[a], 900 °C
Y, YCl_3	Y_2Cl_3	Nb- oder Ta-Ampulle[a], 800 °C (evtl. KCl-Flux)
Y, N_2	YN	Mo-Schiffchen, N_2-Gasstrom, 900 °C
KHF_2, NiF_2	K_2NiF_4	Pt-Tiegel, Schutzgas oder Vakuum, 700 °C
La, LaI_3	LaI	Nb- oder Ta-Ampulle[a], 750 °C
Mo, Pb, MoS_2	$PbMo_6S_8$	evakuierte Quarzglasampulle, 900 °C

[a] verschweißte Metallampulle, eingeschlossen in eine evakuierte Quarzglasampulle.

Besteht der Reaktor aus einem Element, das auch im Eduktgemenge vorliegt, können unerwünschte Nebenreaktionen weitgehend vermieden werden.

3.1.2 Fest-fest-Reaktionen

Eine der häufigsten Syntheserouten der präparativen Festkörperchemie ist die direkte Reaktion der Einzelkomponenten miteinander. Reaktionen zwischen festen Stoffen (Verbindungen oder Elemente) erfordern oft Temperaturen um 1000 °C, die in der Praxis durch Öfen mittels Widerstandsheizung realisiert werden. Zur Erzeugung wesentlich höherer Temperaturen (2000 °C und mehr) kommen die Induktionsheizung, der elektrische Lichtbogen und (CO_2-)Laser in Betracht.[3]

Bei fest-fest-Reaktionen werden die Ausgangsstoffe sorgfältig eingewogen, fein pulverisiert, vermengt (Mörser, Kugelmühle) und ggf. (heiß) tablettiert. Danach wird im einfachsten Fall hinreichend lange und hinreichend hoch erhitzt, bis die Reaktion zum Stillstand kommt und der stabile Endzustand erreicht wird. Oft ist dieser Zustand durch das Vorliegen eines möglichst reinen Reaktionsproduktes gekennzeichnet. Reinigungsprozesse, wie das Auswaschen des Produktes mit einem Lösungsmittel oder die Sublimation einer leichtflüchtigen Verbindung aus einem Produktgemisch, sind nicht immer anwendbar.

Bei der Reaktion zweier Feststoffe miteinander, sind diese zunächst durch Phasengrenzen ihrer Kristallite separiert. Es handelt sich um eine heterogene Festkörperreaktion, die am Beispiel der Spinellbildung betrachtet werden soll.[4]

Beispiel Spinellbildung: $MgO + Al_2O_3 \rightleftharpoons MgAl_2O_4$
Die Reaktion von Edukten unterschiedlicher Strukturtypen macht eine erhebliche Neuorganisation der Teilchen erforderlich. Mit hinreichender thermischer Energie können Ionen ihre Gitterplätze verlassen und durch die Kristalle diffundieren. An der Interphase zwischen MgO-(NaCl-Typ) und Al_2O_3-(Korund-Typ) Kristallen bildet sich $MgAl_2O_4$. Durch die Diffusion von Mg^{2+}-Ionen in Al_2O_3 und von Al^{3+}-Ionen in MgO vergrößert sich die $MgAl_2O_4$-Produktschicht in beide Richtungen (Abb. 3.1). Die gegenläufige Diffusion von Mg^{2+}- und Al^{3+}-Ionen erfolgt schließlich durch die wachsende Spinell-Produktschicht hindurch. Dabei wird die Ladungsbilanz, die Wanderung von drei Mg^{2+}-Ionen in die eine und zwei Al^{3+}-Ionen in die andere Richtung, stets eingehalten. Da bei der Wanderung von drei äquivalenten Mg^{2+} auch drei Äquivalente $MgAl_2O_4$ gebildet werden, aber durch die Wan-

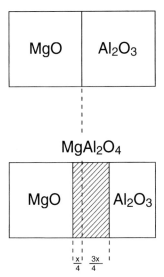

Abb. 3.1 Diffusion von Kationen zur Bildung von $MgAl_2O_4$ aus MgO- und Al_2O_3-Einkristallen. Auf der Seite von Al_2O_3 wächst die $MgAl_2O_4$-Produktschicht (schraffiert) dreimal so schnell an wie auf der Seite von MgO.

derung von zwei Äquivalenten Al^{3+} nur ein Äquivalent $MgAl_2O_4$, wächst die Produktschicht auf der Al_2O_3-Seite dreimal so schnell.

$$4\,MgO - 3\,Mg^{2+} + 2\,Al^{3+} \longrightarrow MgAl_2O_4$$

$$4\,Al_2O_3 + 3\,Mg^{2+} - 2\,Al^{3+} \longrightarrow 3\,MgAl_2O_4$$

Das Anwachsen der Schichtdicke (x) des Produktes hängt von der Bildungskonstante (k) und der Reaktionszeit (t) in Form eines parabolischen Wachstumsgesetzes ab: $x = (kt)^{\frac{1}{2}}$. Da sich die Diffusionsstrecken durch die Zunahme der Produktschicht verlängern, ist eine Unterbrechung der Reaktion zur erneuten Homogenisierung des Reaktionsgemenges für quantitative Umsetzungen vorteilhaft. Allerdings ist hervorzuheben, dass die Reaktionsgeschwindigkeit stark temperaturabhängig ist und die Reaktion bei Temperaturen $< 1000\,°C$ nahezu still steht.

Ohne die Gegenwart einer Gasphase oder einer Schmelze ist die Geschwindigkeit der fest-fest-Reaktion oft niedrig. Die Diffusionsstrecken der Atome verringern sich aber mit abnehmender Korngröße und zunehmender Homogenität des Ausgangsgemenges. Blockierende Schichten an den Oberflächen der Körner können Reaktionen nahezu zum Erliegen bringen (Passivierung). Reaktionszeiten können Tage bis Monate betragen.

3.1.3 Reaktionen in Schmelzen

Ein direktes Aufschmelzen von Reaktanden oder der Zusatz einer Fremdschmelze (Flux), in der sich die Reaktanden lösen, sind mit der Chemie in Lösung verwandt. Das Aufschmelzen fester Stoffe (Verbindungen oder Elemente) bewirkt erhöhte Diffusionen der Atome oder Ionen und schnelle Homogenisierungen. Für Reaktionen in Schmelzen wie für fest-fest-Reaktionen ist die Kenntnis des Phasendiagramms hilfreich, um die Reaktionsbedingungen (Temperatur, Zusammensetzung) richtig einzustellen und um die Kristallisation zu steuern. Im Allgemeinen sind Schmelzen gut für die Züchtung von Einkristallen geeignet.[5]

Geschmolzene Salze, in deren Kristallgitter bereits ein hoher Ionenbindungsanteil vorliegt, sind in Ionen oder Ionengruppen dissoziiert. Während im Kristall Fernordnung herrscht, bleibt in der „ionischen Flüssigkeit" lediglich Nahordnung erhalten. In der Schmelze sind die Ionenabstände um bis zu 9% verkleinert und die Koordinationszahlen sind verringert. Dennoch ist das Volumen der Schmelze im Vergleich zum kristallinen Zustand um bis zu 25% vergrößert, was auf ein erhebliches Leervolumen hindeutet.[6]

Eine klassische Anwendung von Schmelzen sind Aufschlüsse für schwerlösliche Oxide oder Silicate.

$$2\,SnO_2 + 2\,Na_2CO_3 + 9\,S \xrightarrow{\text{Aufschmelzen}} 2\,Na_2SnS_3 + 3\,SO_2 + 2\,CO_2$$
$$\text{(Freiberger Aufschluss)}$$

Salzschmelzen können als Solventien oder reaktive Medien für Elemente oder Verbindungen dienen. In Schmelzen aus Calciumchlorid lösen sich Calciummetall und

Graphit oder Calciumcarbid. Beim gleichzeitigen Auflösen von Calciummetall und Graphit in $CaCl_2$ entsteht jedoch $Ca_3Cl_2C_3$ (in $CaBr_2$ bildet sich nur CaC_2).

$$CaCl_2 + 2\,Ca + 3\,C \xrightarrow{\;900\,°C\;} Ca_3Cl_2C_3$$

Setzt man nur eine kleine Menge $CaCl_2$ ein (als Flux), dann eignet sich die Reaktion zur Kristallisation von CaC_2. Beim Auflösen von Metall in (seinen) Metallverbindungen tritt jedoch in einigen Fällen Synproportionierung auf:

$$La + 2\,LaI_3 \xrightarrow{\;850\,°C\;} 3\,LaI_2$$

Insofern fungieren Salzschmelzen nicht nur als Medium, sondern häufig auch als Reaktand. Für Nitride oder für Reaktionen mit Stickstoff besitzen geschmolzene Lithiumsalze oder Metallschmelzen (Alkali-, Erdalkalimetall) gute Löslichkeiten. Für Reaktionen mit Chalkogeniden oder Oxiden dienen Flussmittel wie z.B. Na_2S_x oder KOH, Bi_2O_3, PbO und PbF_2. Reaktionen in Oxid- oder Hydroxidschmelzen werden zur Darstellung von Oxiden, wie Perowskiten, Granaten, usw. verwendet, wobei die Beteiligung des Flussmittels an der Reaktion erwünscht oder unerwünscht sein mag.

Während die direkte Feststoffreaktion zur Darstellung der Supraleiter $EuBa_2Cu_3O_7$ oder $La_{2-x}M_xCuO_4$ Temperaturen von nicht weniger als 800–1000 °C erfordert, erhält man bei einer Umsetzung in einer NaOH-Schmelze bereits bei 320 °C Einkristalle.

$$La_2O_3 + CuO \xrightarrow{\;NaOH,\,320\,°C\;} La_{2-x}Na_xCuO_4$$

Die Darstellung von $NaCuO_2$ kann über eine Feststoffreaktion von Na_2O_2 und CuO unter Sauerstoff (bei etwa 300 °C) oder aus einer $NaOH/Na_2O_2$-Schmelze (bei 450 °C) vorgenommen werden.

$$2\,CuO + Na_2O_2 \xrightarrow{\;NaOH\;} 2\,NaCuO_2$$

Eine weitere Möglichkeit zur Synthese von $NaCuO_2$ ist die elektrolytische Abscheidung an Platinelektroden ausgehend von CuO in einer NaOH/KOH-Schmelze (< 300 °C). Obwohl die Möglichkeiten der Schmelzflusselektrolyse allgemein nicht gut untersucht sind, konnten nach dieser Methode zahlreiche Oxide, wie z.B. Wolframbronzen, dargestellt werden.

3.1.4 Chemische Transportreaktionen

Eine wichtige Alternative zu direkten fest-fest-Reaktionen (1) sind chemische Transportreaktionen (CVT = chemical vapor transport). Chemische Transportreaktionen werden zur Synthese, Kristallzucht und zur Reinigung von Verbindungen oder Elementen eingesetzt.[7] Für fest-fest- und für chemische Transportreaktionen kann dieselbe Reaktionsgleichung geschrieben werden.

$$A_{fest} + B_{fest} \longrightarrow AB_{fest} \quad (1)$$

Vor der Betrachtung einer Transportreaktion gemäß Reaktion (1) muss jedoch zunächst die Teilreaktion eines festen Stoffes (A) genauer beleuchtet werden. Denn bei der chemischen Transportreaktion muss zumindest eines der Edukte über die Gasphase transportierbar sein. Die Mobilisierung des zu transportierenden festen Stoffes (A) erfolgt durch ein Transportmittel (X), mit dem ein Gaskomplex gebildet wird (2).

$$A_{fest} + X_{gas} \rightleftharpoons AX_{gas} \quad (2)$$

Zur Gewährleistung der Rückreaktion erfordern chemische Transportreaktionen die Existenz eines reversiblen Gleichgewichtes (kleines $|\Delta H°|$, $\neq 0$) zwischen dem Edukt, Transportmittel und dem (gasförmigen) Produkt. *Bei der chemischen Transportreaktion reagiert ein Stoff A unter Bildung eines gasförmigen Stoffes, der anschließend an einer anderen Stelle der Apparatur unter Abscheidung von A rückreagiert.*

Der Transport des festen Stoffes über die Gasphase hin zu einem anderen Ort des Reaktionsgefäßes setzt eine Gasbewegung durch Strömung, Diffusion oder thermische Konvektion voraus. Häufig wird im Temperaturgefälle einer geschlossenen Quarzglasampulle gearbeitet. Da es sich um temperaturabhängige Gleichgewichtsreaktionen handelt, hängt die Transportrichtung vom Vorzeichen der Reaktionsenthalpie $\Delta H°$ ab.

Verläuft die Reaktion zur Bildung eines Produktes exotherm (negatives $\Delta H°$), so resultiert ein Transport von der kalten zur heißen Zone; bei der endothermen Reaktion (positives $\Delta H°$) erfolgt ein Transport von der heißen zur kalten Zone der Apparatur.

Beide Fälle, die exotherme und die endotherme Reaktion eines festen Stoffes mit einem Transportmittel, werden anhand von Beispielen betrachtet:

a) Bildung und Zerlegung exotherm gebildeter Verbindungen

Der Mond-Langer-Prozess nutzt die Reversibilität der Reaktion (2) zur Darstellung von reinem Nickel aus. Dabei entsteht gasförmiges $Ni(CO)_4$ in einer exothermen Reaktion aus Ni und CO ($AX_{gas} = Ni(CO)_4$). Rohnickel wird bei etwa 50 °C mit Kohlenmonoxid behandelt und das dabei entstandene $Ni(CO)_4$ wird bei rund 200 °C in reines Nickelmetall zersetzt. In einem geschlossenen Glasrohr (Ni-Pulver +1 bar CO_2) scheidet sich Nickel in der heißen Zone des Temperaturgefälles (80/200 °C) ab.

Nach dem gleichen Prinzip nutzt das van Arkel-de Boer-Verfahren die exotherme Reaktion zwischen Metallen (Ti, Hf, V, Nb, Ta, Cr, Fe, Th) und Iod, um ein gasförmiges Produkt zu bilden. Die Bildung von gasförmigem ZrI_4, welches für den chemischen Transport genutzt wird, erfolgt bei der niedrigeren Temperatur (Abb. 3.2).

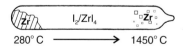

280° C $\xrightarrow{\hspace{2cm}}$ 1450° C

Abb. 3.2 Reinigung von Zirconium durch eine Transportreaktion in einer Quarzglasampulle. Bedingt durch die exotherme Reaktion zwischen Zr und I_2 erfolgt die Zerlegung von ZrI_4 an der heißen Stelle der Ampulle unter Abscheidung von Zirconium-Metall.

$$Zr_{fest} + 2\ I_{2gas} \xrightarrow[1450\,°C]{280\,°C} ZrI_{4\ gas}$$

An der heißen Stelle des Reaktors zersetzt sich ZrI_4 unter Abscheidung von reinem Zr-Metall, und I_2 wandert zurück in die kältere Zone. Eine praktische Anwendung findet der chemische Transport in Halogenlampen. Nachdem Metall (W) teilweise vom Glühfaden „verdampft" ist (tatsächlich wird W durch Sauerstoff transportiert) und sich am Glaskörper abgeschieden hat, erfolgt der Halogen-Rücktansport unter Abscheidung des Metalls an der heißesten (dünnsten) Stelle des Glühfadens.

Je nachdem ob die Reaktion zur Abscheidung von reinem Metall oder zur Synthese von ZrI_4 unter Transportbedingungen eingesetzt werden soll, ist Iod in geringer (z.B. wenige Masse % des Metalls) oder formelgemäßer Menge einzusetzen. Bei der Synthese von ZrI_4 entfällt die heiße Zone und damit die Rückreaktion.

b) Bildung und Zerlegung einer endotherm gebildeten Verbindung

Die bekannte Verflüchtigung von Platin in sauerstoffhaltiger Atmosphäre beruht auf einer Transportreaktion. Dabei wird glühendes Platin-Metall als PtO_2 mobilisiert und im Temperaturgefälle an der weniger heißen Wand als Metall abgeschieden.

$$Pt_{fest} + O_{2\ gas} \xrightleftharpoons{1500\,°C} PtO_{2\ gas}$$

c) Die Reaktion von zwei festen Stoffen miteinander

Sollen zwei feste Stoffe (A und B) miteinander reagieren (1) und einer davon (A) ist mit einem Transportmittel (X) über die Gasphase (als AX) transportierbar (2), so kann eine Reaktion über chemischen Transport stattfinden. Dabei wird gewissermaßen die „gasförmige Lösung" des einen Stoffes (AX) mit dem anderen Stoff (B) umgesetzt (3).

$$AX_{gas} + B_{fest} \longrightarrow AB_{fest} + X_{gas} \quad (3)$$

Selbst bei räumlicher Trennung der Ausgangsstoffe findet durch Wirkung des Transportmittels eine chemische Reaktion statt. Ist das Reaktionsprodukt (AB) dabei nicht chemisch transportierbar, so erfolgt die Zerlegung von gasförmigem AX an der Oberfläche von B. Für die Bildung von AB spielen die Diffusionsgeschwindigkeit (von gasförmigem AX im B-Pulver oder von A und B im festen AB) sowie mögliche Oberflächenblockaden (an B) die geschwindigkeitsbestimmende Rolle. Mit einem geeigneten Transportmittel können so Reaktionen beschleunigt werden, die anderenfalls zu langsam oder unvollständig ablaufen.

Beispiel: Bildung eines Nickel-Chrom-Spinells

Im Gegensatz zur Spinellbildung als fest-fest-Reaktion ist die Präsenz von Sauerstoff für die Bildung von $NiCr_2O_4$ von Bedeutung. Das Edukt Cr_2O_3 gelangt durch das Transportmittel Sauerstoff als CrO_3 in die Gasphase. Bei der Bildung von

$NiCr_2O_4$ wandert gasförmiges CrO_3 zum festen NiO und wird an dessen Oberfläche in Cr_2O_3 und O_2 zerlegt:

$$Cr_2O_{3\,fest} + \tfrac{3}{2}\,O_2 \rightleftharpoons 2\,CrO_{3\,gas}$$

$$NiO + Cr_2O_3 \xrightarrow{\;1100\,°C\;} NiCr_2O_4$$

Bei Reaktionen in Quarzglasampullen genügen geringe Mengen Wasser aus der nicht völlig trockenen Gefäßwand, um direkt als H_2O oder indirekt als O_2 oder H_2 chemischen Transport zu ermöglichen.

Beispiel: Bildung von Al_2S_3
Die direkte Umsetzung von Aluminium mit gasförmigem Schwefel läuft wegen der Ausbildung einer passivierenden Deckschicht aus Al_2S_3 selbst bei 800 °C nur langsam ab. Bei Zugabe von Iod als Transportmittel wird Al_2S_3 transportierbar und scheidet sich in der kälteren Zone kristallin ab.

$$Al_2S_3 + 3\,I_{2\,gas} \underset{700\,°C}{\overset{800\,°C}{\rightleftharpoons}} Al_2I_{6\,gas} + \tfrac{3}{2}\,S_{2\,gas}$$

Ausgehend von Al-Metall kann der Reaktionsverlauf durch zwei Teilreaktionen beschrieben werden:

$$2\,Al_{flüssig} + 3\,I_{2\,gas} \rightleftharpoons Al_2I_{6\,gas}$$

$$Al_2I_{6\,gas} + \tfrac{3}{2}\,S_{2\,gas} \rightleftharpoons Al_2S_{3\,gas} + 3\,I_{2\,gas}$$

Dabei wird Aluminium durch das Transportmittel Iod als gasförmiges AlI_3 transportiert, das dann mit Schwefeldampf Al_2S_3 bildet. Kristalle von Al_2S_3 scheiden sich in der Zone niedriger Temperatur ab.

Beispiel: Reinigung, Trennung und Kristallisation von Cu und Cu_2O
Wenn zusätzlich auch noch das Reaktionsprodukt mit einem Transportmittel in die Gasphase überführbar ist, werden Diffusionsgeschwindigkeiten und Oberflächenblockaden bedeutungslos. Wird ein Produkt durch ein exothermes und ein anderes Produkt durch ein endothermes Gleichgewicht transportiert, dann lassen sich heterogene Reaktionsprodukte durch chemischen Transport voneinander trennen. Zur Reinigung eines Cu/Cu_2O-Gemisches wird sehr wenig HCl als Transportmittel zugesetzt. Cu ist als Cu_3Cl_3 über die Gasphase transportierbar. Allerdings erfolgt die Zerlegung in Cu an der kälteren und in Cu_2O an der heißen Zone einer Quarzglasampulle (Abb. 3.3).

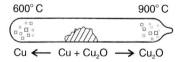

Abb. 3.3 Die Trennung von Cu und Cu_2O im Temperaturgefälle erfolgt über gasförmiges Cu_3Cl_3. Während die Zerlegung von Cu_3Cl_3 exotherm unter Bildung von Kupfer-Metall (am kälteren Ampullenende) erfolgt, verläuft die Abscheidung von Cu_2O aus der Cu_3Cl_3/H_2O-Gasphase in einer endothermen Reaktion (am heißeren Ampullenende).

$$3 \, Cu + 3 \, HCl_{gas} \rightleftharpoons Cu_3Cl_{3\,gas} + 1{,}5 \, H_{2\,gas} \qquad \Delta H° = 19 \text{ kJ/mol}$$
(endotherm)

$$1{,}5 \, Cu_2O + 3 \, HCl_{gas} \rightleftharpoons Cu_3Cl_{3\,gas} + 1{,}5 \, H_2O_{gas} \qquad \Delta H° = -92 \text{ kJ/mol}$$
(exotherm)

Chemischer Transport ist nicht mit dem physikalischen Prozess der Sublimation zu verwechseln. Bei der Sublimation erfolgt der Stofftransport stets von der heißen zur kalten Zone der Apparatur ($\Delta H_{Subl.}$ ist immer positiv). Der grundsätzliche Unterschied zur Sublimation ist die Tatsache, dass die Gasphase bei einer Transportreaktion nicht dieselbe Zusammensetzung besitzt wie die feste Phase.

3.1.5 Reaktionen bei „tiefen" Temperaturen

Mit Precursoren („Vorläufern") können Reaktionen im Vergleich zu direkten fest-fest-Reaktionen oder zur Kristallisation aus Schmelzen bei tieferen Temperaturen durchgeführt werden. Ein Vorteil von Precursorrouten ist außerdem, dass die Diffusionsstrecken der Atome oft nur atomare Größenordnungen einnehmen und (thermische) Konvertierungen in das gewünschte Produkt deshalb relativ schnell und vollständig erfolgen können. Allgemein sind derartige „Tieftemperaturmethoden" von besonderem Interesse, weil damit auch (thermodynamisch) metastabile Verbindungen hergestellt werden können, die unter Hochtemperaturbedingungen nicht stabil und daher nicht zugänglich sind. Bei Zerlegungsreaktionen von Precursoren entstehen oft polykristalline Pulver mit kleinen Korngrößen oder sogar amorphe Produkte, was je nach Zielsetzung als Vorteil oder Nachteil angesehen werden kann.

Als Precursor eignen sich unterschiedlichste Verbindungen, Mischfällungen oder feste Lösungen, die thermisch in das gewünschte Produkt zerlegbar sind.[8]

Die thermische Zerlegung einer Verbindung, die über geeignete „Abgangsgruppen" verfügt und dabei in ein gewünschtes Produkt transformiert, ist eine der einfachsten Möglichkeiten der Synthese:

$$(NH_4)_2Mg(CrO_4)_2 \cdot 6 \, H_2O \xrightarrow{\Delta} MgCr_2O_4 + 2 \, NH_3 + 7 \, H_2O + \tfrac{3}{2}O_2$$

Ist kein direkter Vorläufer für ein gewünschtes Produkt bekannt, so ist eine zweistufige Reaktion anzuwenden. Eisen- und Zinkoxalate scheiden sich aus übersättigter, wässriger Lösung als homogene Pulver (feste Lösungen) ab. Durch Erhitzen des festen Rückstandes entsteht das gewünschte Produkt.

$$Fe_2(C_2O_4)_3 + ZnC_2O_4 \xrightarrow{\Delta} ZnFe_2O_4 + 4 \, CO + 4 \, CO_2$$

Ein Precursor zur Darstellung des Minerals Spinell kann aus den Metallhydroxiden bei 100 °C als „co-Polymerisat" der Metallhydroxide aus wässriger Lösung gefällt werden (so genanntes Gel). Das gewünschte Produkt entsteht durch Erhitzen des Niederschlages auf 300–400 °C.

$$Mg(OH)_2 + 2 \, Al(OH)_3 \xrightarrow{\Delta} MgAl_2O_4 + 4 \, H_2O$$

Ein aus Lösung gefälltes Mehrkomponentenoxid ist natürlich ein besserer Precursor als ein aus Lösung gefälltes Gemisch aus Einzeloxiden, da in einem noch so homogenen Gemisch stets längere Diffusionswege resultieren.

Alternativ zu Oxalaten oder Hydroxiden können u.a. Acetate, Alkoholate, Carbonate und Citrate für ähnliche Reaktionen verwendet werden.

Auch wenn vielleicht zumeist Oxide mit Precursormethoden hergestellt werden, folgt daraus keine Einschränkung. Eine gängige Methode zur Darstellung wasserfreier Seltenerdmetalltrichloride ist die Zersetzung ihrer Ammoniumsalze im Vakuum.[9]

$$(NH_4)_3YbCl_6 \xrightarrow{\Delta} YbCl_3 + 3\ NH_4Cl$$

Der Vorteil dieser Methode gegenüber der Synthese aus den Elementen ist die Vermeidung von Oxidchlorid (MOCl) als Nebenprodukt, da das Oxidchlorid erst bei höheren Reaktionstemperaturen gebildet wird. Auf ähnliche Weise kann das metastabile ternäre Chlorid KYb_2Cl_7 entweder aus $(NH_4)_3YbCl_6$ in Gegenwart von KCl oder ausgehend von $K(NH_4)_2YbCl_6$ hergestellt werden. Chevrel-Phasen $A_xMo_6S_8$ (A = Cu, Pb usw.) lassen sich aus $A_x(NH_4)_2Mo_3S_9$ mittels thermischer Zerlegung im Wasserstoffstrom darstellen.

Eine weitere Anwendung von Precursoren ist die Darstellung moderner Hochleistungskeramiken wie z.B. die Zersetzung von CH_3SiCl_3 zu SiC.

3.1.6 Modifizierung von Feststoffen

Bereits bestehende Strukturen können durch Interkalation oder Ionenaustausch modifiziert werden. Bei der Interkalation werden zusätzliche Atome in eine Wirtsstruktur eingebracht; beim Ionenaustausch werden Ionen in einer Struktur durch andere Ionen substituiert. Beide Prozesse können in Schmelzen oder in Lösungen erfolgen, wobei eine strukturelle Orientierungsrelation zur Ausgangsverbindung (Topotaxie) meistens erhalten bleibt.

Eine strukturelle Klassifizierung von Interkalationsverbindungen (und Ionenaustauschern) ist anhand der vorliegenden Dimensionalität eines Wirtsgitters möglich. So kann eine Interkalation in eine Netzwerkstruktur (3-dimensional, z.B. Zeolith), Schichtstruktur (2-d., z.B. TiS_2), Kettenstruktur (1-d., z.B. NbS_3) oder in eine molekulare Struktur (0-d., z.B. C_{60}) erfolgen.

3.1.6.1 Interkalation

Typisch sind Einlagerungen in Schichtstrukturen, in denen starke Bindungen innerhalb der Schichten und schwache (oft van der Waals-) Kräfte zwischen benachbarten Schichten wirken. Mit der Interkalation findet eine Aufweitung der Schichten statt. Die Ladung des Wirtsgitters kann durch Elektronen- oder Ionentransfer verändert werden. Graphit ist ein bekanntes Beispiel für ein Redox-System, in das Kationen (z.B. C_8K) oder Anionen (z.B. $C_{24}HSO_4 \cdot 2,4\ H_2SO_4$) interkaliert werden können. Allgemein können aber auch neutrale Moleküle eingelagert werden.

Die Schichtstrukturen von Metalldisulfiden mit Metallen der Gruppen 4 und 5 sind für kationische Interkalationen gut geeignet. Die Interkalation – vorzugsweise von Alkalimetallionen – erfolgt in Zwischenräume der Chalkogendoppelschichten.

$$x\,Li + TiS_2 \;\rightleftharpoons\; Li_xTiS_2 \quad (0 < x < 1)$$

Metallatome wirken bei der Interkalation als Elektronendonatoren, da sie ihre Elektronen an die Wirtsstruktur abgeben. Die lokalisierte Betrachtung dieses Vorgangs entspricht einer Änderung des Oxidationszustandes in der Wirtsstruktur:

$$x\,Li^+ + x\,e^- + Ti^{4+}(S^{2-})_2 \;\rightleftharpoons\; (Li^+)_x(Ti^{4+})_{1-x}(Ti^{3+})_x(S^{2-})_2$$

Auch die relativ offene WO_3-Struktur (ReO_3-Typ) erlaubt eine breite Palette topotaktischer Redoxchemie (Wolframbronzen). Die reduktive Interkalation bewirkt dramatische Änderungen von Farbe und Eigenschaften:

$$x\,Li + WO_3 \;\rightleftharpoons\; Li_xWO_3 \quad (0 < x < 1)$$

gelblich, transparent	blauschwarz
Isolator	Metall

Die Farbänderung beruht auf der Einlagerung von Lithium, dessen Elektron in das Leitungsband der Wirtsstruktur übernommen wird. Durch die elektrochemisch reversibel steuerbare Einlagerung von unterschiedlichen Mengen (x) Lithium in die Strukturen von WO_3 oder MoO_3 können die Lichttransmissions- und Lichtemissionseigenschaften dieser Materialien gezielt moduliert werden. Daraus resultieren mögliche Anwendungen in optischen Displays oder in selbstabblendenden Fahrzeugrückspiegeln.[10] Die Interkalation von Protonen in die Struktur von MoO_3 kann in verdünnten Säuren durchgeführt werden. Eine andere Möglichkeit ist die elektrochemische Reduktion mit Wasserstoff und einem Pt-Katalysator.

Beispiele für metastabile Interkalationsverbindungen sind ZrClH und $CsFBr_{2/x}$ (x = 1, 2). ZrClH wird durch Einlagerung von Wasserstoff in Metalldoppelschichten der Struktur von ZrCl (Abb. 3.98) gebildet. $CsFBr_{2/x}$ entsteht durch Einwirkung von gasförmigem Br_2 auf CsF bei 70 °C. Die Interkalation in eine dichtest gepackte Struktur, wie CsF (NaCl-Typ), erscheint überraschend, da eine erhebliche Umorganisation der Struktur notwendig ist. In den Strukturen von $CsF\cdot Br_2$ und $(CsF)_2\cdot Br_2$ liegen deckungsgleiche quadratisch-planare CsF-Schichten vor (Cs^+ über Cs^+ und F^- über F^-), die durch Brommolekülschichten voneinander getrennt sind. $CsF\cdot Br_2$ und $(CsF)_2\cdot Br_2$ bilden Einlagerungsverbindungen der 1. und der 2. Stufe.

Interkalationen von organischen Molekülen (Amine, Amide, Phosphine, Isocyanate, N-Heterocyclen) in Metalldichalkogenide können unter striktem Wasserausschluss bei bis zu 200 °C erfolgen. Dabei werden die Gastmoleküle in die Chalkogendoppelschichten interkaliert. Öfter als vermutlich erwartet, spielt die Redoxchemie des Gastmoleküles dabei eine wichtige Rolle. Die direkte Reaktion von Pyridin mit $2H$-TaS_2 führt zu einem Produkt mit der Grenzzusammensetzung $TaS_2(Pyridin)_{\frac{1}{2}}$. Genauere Untersuchungen zeigen jedoch, dass eine partielle Oxidation des Pyridins zu Bipyridin durch TaS_2 stattfindet. Außerdem erfolgt eine Änderung in der Schichtfolge von BaBCaC für (2H-)TaS$_2$ (vgl. Abb. 3.9) nach CbCCaC für die interkalierte Verbindung TaS$_2$(Pyridin)$_{\frac{1}{2}}$ mit deckungsgleich gestapelten Sulfid-schichten.

3.1.6.2 Ionenaustausch

Beim Ionenaustausch wird die Gesamtladung des Wirtsgitters nicht verändert. Typisch ist eine anionische Wirtsmatrix mit mobilen Gegenionen, die durch andere Ionen ausgetauscht werden können. Austauschreaktionen können wie bei der Inter-kalation in Lösungen oder in Salzschmelzen durchgeführt werden. Hinsichtlich der Anwendungsmöglichkeiten und kommerziellen Bedeutung von Ionenaustauschern sind die Zeolithe gegenwärtig die wichtigsten Ionenaustauschermaterialien. Zeo-lithe sind kristalline Alumosilicate mit innerkristallinen Kanalsystemen. Die La-dung der Al/Si/O-Matrix wird durch die mobilen und austauschbaren Kationen in den Kanälen der Struktur ausgeglichen. Ionenaustauscher der Silicat-Hydrate (SiO$_2$·xH$_2$O) oder der Zeolithe (Na$_x$(AlO$_2$)$_x$(SiO$_2$)$_y$· m H$_2$O) besitzen weitreichen-de Anwendungen in Lösungen (Wasserenthärter, Katalysatoren usw.). Andere Me-tallsilicate wie z.B. Na$_2$Si$_2$O$_5$ sind für präparative Zwecke von Interesse. Im Ver-gleich zu der Festkörpersynthese von Li$_2$Si$_2$O$_5$ (Tab. 3.1) entsteht Ag$_2$Si$_2$O$_5$ durch Ionenaustausch bei relativ tiefen Temperaturen.

$$Na_2Si_2O_5 \xrightarrow{AgNO_3,\ 280\,°C} Ag_2Si_2O_5$$

In Salzschmelzen können Natriumionen in „schnellen" Ionenleitern, wie z.B. in Na-β-Aluminiumoxid gegen andere einwertige Ionen (Li$^+$, K$^+$, Rb$^+$, Ag$^+$, Cu$^+$, NH$_4^+$) ausgetauscht werden. Die Struktur von Na-β-Aluminiumoxid (Na$_{1+x}$Al$_{11}$O$_{17+x/2}$) besteht aus Al$_{11}$O$_{16}$-Spinellblöcken, die durch Schichten, in de-nen Natrium- und Sauerstoffionen liegen, voneinander getrennt sind. Natrium-Io-nenaustausch erfolgt daher in den Leitungsschichten.

Feste Lösungen der Zusammensetzung Na$_{1-x}$Zr$_2$(P$_{1-x}$Si$_x$O$_4$)$_3$ bilden für die Phase mit Grenzzusammensetzung x = 0 Netzwerke aus [Zr$_2$(PO$_4$)$_3$]$^-$-Ionen aus. Sie sind ein Beispiel für die große Familie von Phosphat-Ionenaustauschern.[11]

Sogar in dichtest gepackten Strukturen können Kationen ausgetauscht werden. β-NaAlO$_2$ kristallisiert in einer Strukturvariante des Wurtzit-Typs. Darin besetzen die Kationen beider Sorten Tetraederlückenschichten. In Salzschmelzen, die Ag$^+$-, Cu$^+$- oder Tl$^+$-Ionen enthalten, werden die Natriumionen quantitativ substituiert.

$$\beta\text{-NaAlO}_2 \xrightarrow{Cu^+,\ Schmelze} \beta\text{-CuAlO}_2$$

In technischer Hinsicht sind Ionenaustauschreaktionen an ternären Niob- und Tantaloxiden interessant. Dabei wandelt sich die rhomboedrische LiMO$_3$-Struk-tur (M = Nb, Ta) in wässrigem Medium in die kubische Perowskit-Struktur HMO$_3$ um.

$$LiNbO_3 \xrightarrow{H^+,\ 100\,°C} HNbO_3$$

Verbindungen vom Typ HMO_3 und die unvollständig ausgetauschten Verbindungen $Li_{1-x}H_xMO_3$ sind wegen ihrer ferroelektrischen Eigenschaften und des nicht linearen optischen Verhaltens von Interesse.

3.1.7 Reaktionen bei hohen Drücken

Hochdruckreaktionen können mit einem reaktiven Gas, einer Flüssigkeit oder mit einem Feststoff durchgeführt werden.

3.1.7.1 Reaktive Gase

Für Reaktionen mit Gasen dienen Autoklaven, in denen das reaktive Gas vor der Reaktion einkondensiert oder durch Zersetzung einer anderen Verbindung freigesetzt wird. Als besonders reaktives Gas lässt sich Wasserstoff in Metalle einlagern. Hydrierte Legierungen wie MNi_5H_6 (M = La, Ce) oder $FeTiH_2$ kommen als Wasserstoffspeicher in Betracht. Die Einlagerung von H_2 in $LaNi_5$ erfolgt bereits bei 25 °C und 2 bar mit merklicher Geschwindigkeit.

$$LaNi_5 \xrightarrow{H_2} LaNi_5H_6$$

Dagegen entstehen andere Hydride erst bei hohen Wasserstoff-Drücken (3000 bar H_2, T = 700 °C) in Autoklaven, in denen Wasserstoff einkondensiert worden ist.[12]

$$2\,NaH + Pd \xrightarrow{3\,bar\,H_2,\,370\,°C} Na_2PdH_2$$

Die Erfahrung zeigt, dass höhere Oxidationszustände der Metalle mit höherem Wasserstoffdruck erreicht werden können.

$$2\,NaH + Pd \xrightarrow{2000\,bar\,H_2,\,500\,°C} Na_2PdH_4$$

Die Hochdruckfluorierung (im Monel-Autoklav, bis 4500 bar F_2, T = 600 °C) setzt viel Erfahrung voraus. Weicht man nur wenig von den günstigen Bedingungen (Fluordruck, Zeit, Temperatur) ab, so sind die Präparate entweder nicht durchfluoriert oder haben bereits mit dem Reaktionsbehälter reagiert. Besonders interessant oder ungewöhnlich erscheinen Metallfluoride mit hohen Oxidationszahlen der Metallatome. Hierzu zählen Ni^{4+}, $Cu^{3+,4+}$, Fe^{4+}, $Cr^{4+,5+}$ in Hexafluoroniccolaten(IV) wie $SrNiF_6$ oder Hexafluorocupraten(IV) wie Cs_2CuF_6.[13] Das Hexafluoroniccolat (IV) K_2NiF_6 entsteht bei der Reaktion von KF und NiF_2 mit XeF_2 als Fluorgenerator bei 600 °C und einigen Kilobar Druck.

3.1.7.2 Solvothermalsynthesen

Solvothermalsynthesen sind heterogene Reaktionen im flüssigen Medium oberhalb des Siedepunktes und 1 bar. Neben Wasser (Hydrothermalsynthese) ist Ammoniak (Ammonothermalsynthese) das bis heute wichtigste solvothermale Reaktionsmedium.[14]

Als einfachste Reaktoren werden dickwandige Glasampullen oder Metallautoklaven verwendet. Zur Vermeidung der Korrosion in den Metallautoklaven dienen Tefloneinsätze (bis zu 250 °C) oder Glasampullen, die in Autoklaven eingebracht werden. Der Druck in den Glasampullen wird durch Gegendruck im Autoklaven kompensiert (Abb. 3.4).

Abb. 3.4 Versuchsanordnung für Solvothermalverfahren (bis 500 °C und 1–2 kbar Innendruck). Die mit Edukten und Solvens gefüllte, abgeschmolzene Quarzglasampulle (1) befindet sich in einem Stahlautoklaven. Der Gegendruck (2) verhindert das Zerplatzen der Ampulle. Überwurfmutter (3) mit Verschlusskegel (4).

Unter hydrothermalen Bedingungen gehen sonst schwer lösliche Stoffe als Komplexe in Lösung. Wasser dient dabei als Lösungsmittel und als druckübertragendes Medium. Wird bei den gewählten Bedingungen eine Mindestlöslichkeit der schwerlöslichen Komponenten von 2–5 % nicht erreicht, so können Mineralisatoren wie Säuren, Basen oder leichtlösliche komplexbildende Stoffe zugesetzt werden.

Lithiumtetraborat (LBO), auch Berlinit genannt, ist ein piezoelektrisches Material, das unter hydrothermalen Bedingungen in einem Autoklav mit Tefloneinsatz aus wässriger Lösung kristallisiert.

$$2\,LiBO_2 + B_2O_3 \longrightarrow Li_2B_4O_7 \quad \text{(60 % Füllungsgrad, Ameisensäure als Mineralisator, 250 °C, 100 bar, 8 Tage)}$$

Hydrothermalreaktionen dienen zur Synthese und zur Einkristallzüchtung. Dabei gelten die Gesetzmäßigkeiten der chemischen Transportreaktionen, als deren Spezialfall die Hydrothermalsynthese angesehen werden kann. Bei der Hydrothermalsynthese reagieren die festen Edukte über das fluide Medium Wasser. Durch die Wirkung eines Temperaturgradienten werden die Reaktionsprodukte durch Konvektion von Bereichen hoher Löslichkeit zu solchen niedriger Löslichkeit transportiert und dort kristallin abgeschieden. Auf ähnliche Weise haben sich in der Natur die Mineralien gebildet. Seltener als der Transport von heiß nach kalt ist die umgekehrte Transportrichtung im Falle retrograder Löslichkeit (z.B. bei Metallen).

Die in Abb. 3.4 gezeigte Anordnung eignet sich zur Herstellung von Chalkogeniden oder Chalkogenid-Halogeniden. $AuTe_2$ bildet sich in einer Quarzglasampulle aus den Elementen in 10 molarer HI beim Abkühlen von 450 auf 150 °C innerhalb von 10 Tagen.

$$Au + 2\,Te \xrightarrow{\text{HI}} AuTe_2$$

Die bedeutendste Anwendung der Hydrothermalsynthese in der Technik ist die Fertigung von Quarzkristallen für piezoelektrische Anwendungen (Oszillatoren). Ihre Kristallisation erfolgt bei 380 °C aus alkalischer Lösung. Eine gewisse Rolle spielt auch die Kristallzüchtung künstlicher Edelsteine, wie Quarzvarianten (Amethyst, Citrin, Rauchquarz) oder Saphir, Rubin und Smaragd. Synthetische Smaragde stammen aus hydrothermaler Züchtung bei 500–600 °C und 1 kbar Druck.

Magnetische Oxide für Informationsspeicher werden ebenfalls hydrothermal hergestellt. Ausgangsverbindungen zur Darstellung von ferromagnetischem Chrom(IV)oxid (für Magnetbänder) werden in hydrothermalen Druckprozessen bei 300–400 °C und 50–800 bar zu nadelförmigen CrO_2-Kristallen umgesetzt:

$$Cr_2O_3 + CrO_3 \longrightarrow 3\,CrO_2$$

$$CrO_3 \longrightarrow CrO_2 + \tfrac{1}{2}O_2$$

Die Zersetzung von überschüssigem CrO_3 liefert den Sauerstoffdruck, der in der geschlossenen Ampulle den hohen Druck aufbaut und CrO_2 gegenüber Wasser stabilisiert.

Eine große Gruppe weiterer Oxide für magnetische Aufzeichnungen, wie γ-Fe_2O_3, Ferrite und Granate kann hydrothermal hergestellt werden.

3.1.7.3 Fest-fest-Reaktionen bei hohen Drücken

Der Phasenübergang von einer Normaldruckphase in eine Hochdruckphase wird durch hohen mechanischen Druck und hohe Temperatur (bis zu etwa 100 kbar und 1800 °C) mittels spezieller Hochdruckapparaturen (Zylinder-Stempel-, Squeezer-, Belt-, Tetraeder- oder Würfelapparatur) induziert. Das p,T-Phasendiagramm in Abb. 3.5 zeigt den Normalfall des mit der Temperatur ansteigenden Umwandlungsdruckes. Druckerhöhung bei konstanter Temperatur führt (reversibel) von der Normal- zur Hochdruckphase – Temperaturerhöhung bei konstantem Druck von der Hochdruck- zur Normaldruckphase.[15]

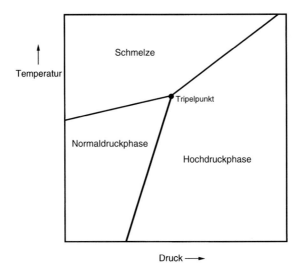

Abb. 3.5 Typisches Temperatur-Druck-Phasendiagramm mit Stabilitätsgebieten der Normal-druckphase, Hochdruckphase und Schmelze.

Entscheidend für die Isolierung einer Hochdruckphase ist die Reaktionsge-schwindigkeit. Verläuft eine Reaktion „ungehemmt", d.h. mit hoher Geschwindig-keit in beide Richtungen, so ist die Hochdruckphase nicht isolierbar und muss *in situ* untersucht werden (unter Hochdruckbedingungen). Nur wenn die Druckum-wandlung „gehemmt" verläuft (d.h. nur bei hohen Temperaturen mit merklicher Geschwindigkeit), kann die Hochdruckphase stabilisiert werden. Praktisch versucht man die Hochdruckphase durch rasches Abkühlen auf tiefe Temperaturen („quen-chen") vor der Druckentlastung zu stabilisieren.

Beim druckinduzierten Phasenübergang resultiert für den Feststoff in der Hoch-druckphase eine dichtere Packung der Atome (Volumenkontraktion), die im Allge-meinen zur Erhöhung der Koordinationszahl führt. Mit zunehmender Koordina-tionszahl werden Bindungen zunehmend ungerichtet – die Delokalisierung von Elektronen und metallische Eigenschaften nehmen zu.

In einer einfachen Vorstellung sind die häufig größeren, weicheren Anionen stärker komprimierbar als die Kationen. Die Drucksteigerung bewirkt daher eine Vergrößerung des Radienquotienten $r(K^+)/r(A^-)$. Da die Koordinationszahl der Kationen mit steigendem Radienquotienten zunimmt (vgl. Abschnitt 3.2.2), sind für binäre Verbindungen Übergänge in der Abfolge der Strukturtypen Zinkblende $(4:4) \rightarrow$ NaCl $(6:6) \rightarrow$ CsCl $(8:8)$ zu erwarten. Tasächlich sind viele strukturelle Umwandlungen vom Zinkblende-Typ in den NaCl-Typ und vom NaCl-Typ in den CsCl-Typ durch Beispiele belegt.

$$\text{KCl (NaCl-Typ)} \xrightarrow{20\,°C,\ 20\ kbar} \text{KCl (CsCl-Typ)}$$

Die technisch wohl bedeutendste Anwendung von Hochdruckreaktionen ist die Darstellung von Diamant aus Graphit.

$$C_{Graphit} \xrightarrow{3000\,°C,\,>100\,kbar} C_{Diamant}$$

In der Technik arbeitet man in Gegenwart von Metallen bei etwa 1600 °C und 70 kbar.

Ein ebenso klassisches Beispiel sind Quarzmodifikationen. Die Normaldruck-modifikation des Siliciumdioxids wandelt sich bei 30 kbar in die Hochdruck-modifikation Coesit (KZ unverändert 4, Dichtezunahme 20%) und oberhalb von 120 kbar in Stishovit (Rutil-Typ, KZ 6, Dichtezunahme um weitere 45%) um.

Eine Besonderheit von Hochdruckphasen sind ungewöhnliche Strukturen, Koordinationszahlen und elektrische Eigenschaften. Halbleitendes SmS geht bei 6,5 kbar unter Erhalt des NaCl-Strukturtyps in eine metallische Phase über. Bei der Umwandlung findet ein f→d-Konfigurationsübergang ($f^n d^0 \rightarrow f^{n-1} d^1$) eines 4f-Elektrons pro Formeleinheit SmS in die 5d-Zustände statt. Wegen der Elektronendelokalisierung in diesen Zuständen besitzt SmS metallische Eigenschaften. Der gegenüber $Sm^{2+}(4f^6 5d^0)$ kleinere Radius von $Sm^{3+}(e^-)$ $(4f^5 5d^1)$ ist für die Volumenkontraktion in $Sm^{3+} S^{2-}(e^-)$ verantwortlich.

Analoges elektronisches Verhalten (Übergang $Nd^{2+} \rightarrow Nd^{3+}$), jedoch gekoppelt mit einer Strukturumwandlung, findet man für NdI_2. In einer Belt-Apparatur unterläuft NdI_2 eine Phasenumwandlung vom $SrBr_2$-Typ in den für intermetallische Verbindungen typischen $MoSi_2$- oder Ti_2Cu-Typ.

$$NdI_2\;(SrBr_2\text{-Typ}) \xrightarrow{450\,°C,\,20-40\,kbar} NdI_2(e^-)\;(MoSi_2\text{-Typ})$$

Der $MoSi_2$-Strukturtyp wird für LaI_2, CeI_2 und PrI_2 bereits unter Normalbedingungen gefunden. Dihalogenide dieses Strukturtyps, mit dreiwertigen Seltenerdmetallen sind metallisch. Die Kristallstruktur und die Bandstruktur von $LaI_2(e^-)$ sind in Abschnitt 3.5.4.4 gezeigt.

3.2 Beschreibung von Kristallstrukturen

Kristallstrukturen können anhand von verschiedenen Modellen beschrieben werden, die nicht miteinander konkurrieren, sondern nach ihrer Zweckmäßigkeit herangezogen werden.

Die kristallographische Beschreibung orientiert sich an internationalen Konventionen.[16] Danach werden Kristallstrukturen durch Gitterkonstanten (a, b, c) und Winkel (α, β, γ), die Anzahl der Formeleinheiten in der Elementarzelle (Z), ein Raumgruppensymbol und die fraktionalen Atomkoordinaten (x/a, y/b, z/c) aller Atome in der kleinsten Einheit der Elementarzelle angegeben. Die Größe der asymmetrischen Einheit richtet sich nach der Kristallsymmetrie. In der Raumgruppe $P\bar{1}$ ist die asymmetrische Einheit bedingt durch Inversionssymmetrie genau halb so groß wie die Elementarzelle, für drei senkrecht zueinander stehende Spiegelebenen in der Raumgruppe Pmmm nimmt die asymmetrische Einheit ein Achtel der Elementarzelle ein.

Da kristallographische Daten für die Anschaulichkeit einer Struktur nicht immer hilfreich sind, werden oft charakteristische Fragmente einer Struktur anhand von Koordinationspolyedern und ihren Verknüpfungen diskutiert. Eine häufig verwendete Beschreibung basiert auf dem Konzept dichtester Packungen von Atomen oder Ionen, wonach diese als harte Kugeln betrachtet werden.

3.2.1 Dichteste Packungen von Atomen

Bei der Diskussion von Kristallstrukturen bedient man sich in der Festkörperchemie oft der Analogie zu bekannten oder typischen Kristallstrukturen. Die Strukturen vieler Festkörper können als dichteste Kugelpackungen von Atomen oder Ionen beschrieben werden. In einer dichtest gepackten Schicht sind die Atome an den Ecken gleichseitiger Dreiecke angeordnet. Packt man auf eine solche Schicht von Kugeln eine zweite dichtest gepackte Schicht, so wird die Packung am dichtesten, wenn die Kugeln der zweiten Schicht in den Senken der ersten liegen (Stapelfolge AB). Für die dritte Schicht ergeben sich zwei Möglichkeiten:

a) Die Schichtfolge AB, AB, ... wobei die Kugeln der dritten Schicht in Senken der zweiten Schicht liegen, die deckungsgleich zur ersten Schicht sind.

b) Die Schichtfolge ABC, ABC, ... wobei die Kugeln der dritten Schicht in Senken der zweiten Schicht liegen, die nicht deckungsgleich zur ersten Schicht sind.

Für die Schichtfolge AB, AB, ... liegt eine hexagonal dichteste Packung (hdP) und für die Schichtfolge ABC, ABC, ... liegt eine kubisch dichteste Packung (kdP) vor (kub. flächenzentriert) (Abb. 3.6). Da Schichten natürlich auch in komplexer Weise übereinander liegen können, sind die hdP und kdP zwei häufig auftretende (kurzperiodische) Polytypen von (unendlich) vielen. Die dritte häufige, aber weniger dichte Struktur ist die kubisch raumzentrierte Struktur (krz), beschreibbar durch einen Kubus mit Atomen an den acht Ecken und im Zentrum des Kubus.

Die meisten Metalle kristallisieren in einer der drei genannten Strukturen.

Tab. 3.2 Elementstrukturen, Raumerfüllung (RE) und Koordinationszahl (KZ) bei Normalbedingungen.

	RE[a]	KZ	Beispiele
kdP	0,74	12	Ca, Sr, Al, Ni, Cu, Rh, Pd, Ag
hdP	0,74	12	Be, Mg, Sc, Ti, Co, Zn, Y, Zr
krz	0,68	8+6	Alkalimetalle, V, Cr, Fe, Nb, Mo, Ta, W
kub. primitiv	0,52	6	Po
Diamant	0,34	4	C, Si, Ge

[a] $RE = \frac{4}{3}\pi r^3 \frac{Z}{V}$, mit r = Radius der Kugeln, $\frac{Z}{V}$ = Anzahl der Kugeln pro Volumenelement.

Strukturen aus mehr als einer Atomsorte kann man sich aus Anordnungen vorstellen, in denen die größeren Packungsteilchen (meistens die Anionen) dichteste Kugelpackungen bilden und die Gegenionen oktaedrische oder/und tetraedrische Lücken besetzen. *Für N Kugeln der dichtesten Packung gibt es N Oktaederlücken und 2N Tetraederlücken.*

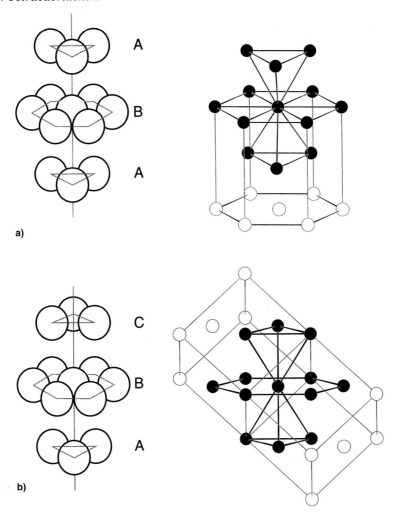

Abb. 3.6 a) Die hexagonal dichteste Packung (Packungsfolge AB, AB, ...) und b) die kubisch dichteste Packung (Packungsfolge ABC, ABC, ...). Gezeigt sind jeweils die einfache Abfolge von Kugelschichten und der Bezug zur korrespondierenden hexagonalen und kubischen Elementarzelle.

Oktaederlücken werden durch kleine griechische Buchstaben bezeichnet, die ihre relative Position in Schichten bezüglich der Packungsteilchen angeben. So liegt eine Oktaederlücke des Typs γ in Stapelrichtung deckungsgleich zur Lage der

Packungsteilchen C der dichtest gepackten Schicht (Analoges gilt für den Bezug der Positionen der Lagen α, A und β, B).

Zwischen den Schichten A und B liegen Oktaederlücken der Position γ und zwischen Schichten A und C oder B und C liegen die Oktaederlücken der Position β oder α. Beispiele hierfür sind die einfachen Abfolgen:

AγBγ, AγBγ, ... (in der hdP) und AγBαCβ, AγBαCβ, ... (in der kdP).

Tetraederlücken werden durch kleine lateinische Buchstaben gekennzeichnet. Zwischen den Schichten A und B liegen zwei Schichten von Tetraederlücken mit den Positionen b und a:

AbaBab, AbaBab, ... (in der hdP) und AbaBcbCac, AbaBcbCac, ... (in der kdP).

Da sich die Tetraederlücken in der hdP (...aBa...) räumlich zu nahe kommen, ist ein Strukturtyp, in dem all diese Lücken besetzt wären, unbekannt.

Für eine beliebige Abfolge von dichtest gepackten Schichten erhält eine Schicht A die Bezeichnung h (= hexagonal) wenn sie von zwei gleichartigen (...BAB...) und c (= kubisch), wenn sie von zwei ungleichen (...CAB...) Nachbarschichten umgeben ist. Danach ergibt die Schichtfolge ABAC die Schreibweise chch oder (ch)$_2$ (Jagodzinski-Symbolik).

3.2.2 Lückenbesetzungen in dichtest gepackten Strukturen

Für Lückenbesetzungen dichtest gepackter Strukturen werden für ionische Verbindungen die sterischen Kriterien der *Radienquotienten* angewendet (Radius des Lückenteilchens / Radius des Packungsteilchens). Bei der Bestimmung der „idealen" Radienquotienten geht man von den Berührungsradien der Packungsteilchen in einer Struktur aus. Daraus lässt sich der Wert für den Radius des Lückenteilchens als Berührungsradius mit den Packungsteilchen berechnen. Demnach beträgt der „ideale" Radienquotient (alle Kugeln berühren sich) für die Besetzung einer tetraedrischen Lücke 0,22, für eine oktaedrische Lücke 0,41 und für eine kubische Umgebung (KZ = 8) 0,73. Allerdings ist eine Unterschreitung des „idealen" Radienquotienten kritisch, da die Lückenteilchen zu klein werden und Abstoßungen zwischen den Packungsteilchen erfolgen. Daher werden im Fall ionischer Bindung für Radienquotienten < 0,73 Oktaederlücken und < 0,41 Tetraederlücken besetzt. Abweichungen von der Radienquotientenregel ergeben sich u.a. durch den Einfluss der Polarisation (= Verzerrung der Ladungsdichte eines Ions). Während bei der ionischen Bindung ungerichtete Kräfte zwischen Ionen wirken, resultieren mit zunehmender Polarisation kovalente Bindungen. Ein Beispiel für das Auftreten von Polarisationseffekten ist die CdI$_2$-Struktur.

3.2.3 Beschreibung wichtiger Strukturtypen

Natriumchlorid-Struktur
Die Struktur von Natriumchlorid (Abb. 3.7a) besteht aus einer kubisch dichtesten Packung von Anionen, in der die Kationen oktaedrische Lücken besetzen. Der Radienquotient liegt mit 0,56 (r(Na$^+$) : r(Cl$^-$) = 102 : 181 pm) über dem „idealen"

Wert einer Oktaederlückenbesetzung.[17] Als Folge der „zu großen" Natriumionen werden die Chloridionen auseinandergedrückt. Die Stapelfolge lautet $A\gamma B\alpha C\beta$, $A\gamma B\alpha C\beta$, ... Diese Schreibweise soll zum Ausdruck bringen, dass Kationen der Position γ, in der Projektion senkrecht zu den Schichten, deckungsgleich zu Anionen der Position C liegen. In einer anderen Betrachtungsweise kann man sich die NaCl-Struktur als zwei ineinandergestellte kubisch flächenzentrierte Gitter aus Na^+ und Cl^- vorstellen (Raumgruppe $Fm\overline{3}m$). Im Natriumchlorid-Typ kristallisieren z. B. folgende Verbindungen:

LiCl, KBr, RbI, Ag(F, Cl, Br), (Mg, Ca, Sr, Ba)(O, S), TiO, FeO, NiO, SnAs, UC, ScN, alle Alkalimetallhydride

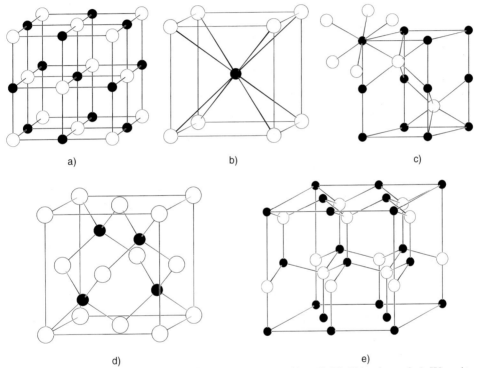

Abb. 3.7 Kristallstrukturen von a) NaCl b) CsCl, c) NiAs, d) Zinkblende und e) Wurtzit. Metallatome sind als schwarze Kugeln gezeichnet. Zur besseren Übersicht sind alle Atome verkleinert dargestellt.

Caesiumchlorid-Struktur

In der Caesiumchlorid-Struktur (Abb. 3.7b) ist die Koordinationszahl für beide Ionensorten acht, denn sie besitzen ähnliche Ionenradien (Radienquotient $\approx 0{,}97$). Ionen einer Sorte besetzen die acht Ecken eines Würfels und ein Gegenion das Zentrum (Raumgruppe $Pm\overline{3}m$). Hier wie in der Struktur von NaCl liegen kommutative (austauschbare) Teilgitter aus Kationen und Anionen vor. In einer Variation dieses Strukturtyps kristallisieren auch intermetallische Verbindungen wie β-Messing

(CuZn), wobei Gitterplätze beider Sorten gleichmäßig von Kupfer und Zink besetzt werden.

Im Caesiumchlorid-Typ kristallisieren z. B. folgende Verbindungen: CsBr, CsI, CaS, TlSb, CuZn (CsCN, NH_4Cl, vgl. Abschn. 3.3.1).

Nioboxid-Struktur

Als eine geordnete Defektstruktur des NaCl-Typs kann die Struktur von NbO (Abb. 3.68 a) angesehen werden. Niob liegt in allen Flächenmitten und Sauerstoff auf allen Kantenmitten der kubischen Elementarzelle (Raumgruppe $Fm\overline{3}m$). Die Koordinationsgeometrie für beide, Nb durch O und O durch Nb, ist quadratisch-planar und die Abstände ($d_{Nb-Nb} = d_{O-O}$) betragen 298 pm ($d_{Nb-Nb} = 286$ pm in Niob-Metall).

Nickelarsenid-Struktur

Die Nickelarsenid-Struktur (Abb. 3.7c) kann als hexagonal dichteste Packung von As-Atomen aufgefasst werden, in der entsprechend AγBγ, AγBγ, ... alle oktaedrischen Lücken (γ) durch Nickel besetzt sind (Raumgruppe $P6_3/mmc$). Darin hat Arsen eine trigonal-prismatische Umgebung von sechs Nickelatomen. Da die Nickelatome in allen Oktaederlückenschichten deckungsgleich liegen (Ni bildet ein primitives hexagonales Teilgitter), besitzt jedes zwei zusätzliche Ni-Nachbarn aus benachbarten Schichten ($d_{Ni-Ni} = c/2$). Außer kovalenten Bindungen zwischen beiden Atomsorten treten daher Metall–Metall-Bindungen auf. Verbindungen des NiAs-Strukturtyps sind:

Ti(S, Se, Te), V(S, Se, Te, P), Cr(S, Se, Te, Sb)
Mn(Te, As, Sb, Bi), Fe(S, Se, Te, Sb, Sn), Co(S, Se, Te, Sb)
Ni(S, Se, Te, As, Sb, Sn), Pd(Te, Sb, Sn), Pt(Sb, Bi, Sn)

Wolframcarbid-Struktur

In der WC-Struktur (Abb. 3.56) sind alternierende Schichten von Nichtmetall und Metall entsprechend Aβ, Aβ, ... gestapelt (Raumgruppe $P\overline{6}m2$). Es handelt sich um zwei ineinandergestellte primitive hexagonale Untergitter von Anionen und Kationen. Daher besitzen beide Atomsorten trigonal-prismatische Umgebungen. Wichtige Vertreter dieses Typs sind ZrS und ScS.

Kubische Zinksulfid-Struktur (Zinkblende)

Die Besetzung von Tetraederlücken in der kubischen Zinkblende-Struktur (Abb. 3.7d) kann formal als Gegenstück zur Besetzung von Oktaederlücken in der NaCl-Struktur angesehen werden. In der kubisch dichtesten Packung besetzen die kleineren Packungsteilchen die Hälfte der Tetraederlücken (Ab☐Bc☐Ca☐, Ab☐Bc☐ Ca☐, ...). Kovalente Bindungen bewirken hier eine Abweichung von der Radienquotientenregel. Alle Atome sind – wie in der Diamant-Struktur – tetraedrisch koordiniert. Die kubische ZnS-Struktur ist als struktureller Vertreter der III–V-Halbleiter (Gruppe 13–15) bekannt. Wichtige Vertreter des Zinkblende-Typs sind: SiC, Be(S, Se, Te), B(N, P, As), AlSb, Ga(P, As, Sb), In(P, As, Sb), Zn(S, Se, Te), Cd(S, Te), Hg(S, Se, Te), Cu(Cl, Br, I), Mn(S, Se), γ-AgI

Hexagonale Zinksulfid-Struktur (Wurtzit)

Das Mineral Wurtzit ist eine andere polymorphe Modifikation des Zinksulfids. Die größeren Packungsteilchen bilden in der Wurtzit-Struktur (Abb. 3.7e) eine hdP und die kleineren Packungsteilchen besetzen die Hälfte der tetraedrischen Lücken (Ab-❏Ba❏, Ab❏Ba❏, ...). Manche Verbindungen existieren sowohl in der hexagonalen (Raumgruppe $P6_3mc$) als auch in der kubischen ZnS-Struktur (Raumgruppe $F\bar{4}3m$). Außerdem existieren für einige Modifikationen von SiC und ZnS komplizierte Strukturen von Stapelvarianten (Polytypen) aus beiden dichtesten Kugelpackungen. Wichtige Vertreter des Wurtzit-Typs sind:

Be(O, S, Se, Te) MgTe, SiC, Zn(O, S, Se, Te), Cu(F, Cl) Cd(S, Se), Mn(S, Se, Te), (Al, Ga, In)N, β-AgI

Calciumfluorid-Struktur (Fluorit)

Die Calciumfluorid-Struktur (Abb. 3.8a) ist die aufgefüllte Variante der Zinkblende-Struktur. Calciumionen bilden darin eine kdP, deren Tetraederlücken (8 : 4 Koordination) entsprechend AbaBcbCac, AbaBcbCac, ... von Fluoridionen besetzt sind (Raumgruppe $Fm\bar{3}m$). Eine Struktur, in der umgekehrt wie im Fluorit, Anionen eine kdP und Kationen tetraedrische Lücken besetzen, wird Antifluorit-Struktur genannt. Verbindungen des CaF_2-Strukturtyps und des Antityps sind häufig Fluoride oder Oxide:

(Ca, Sr, Ba, Cd, Hg, Pb)F_2, Be_2(B, C), (Zr, Hf)O_2 und (Li, Na, K, Rb)$_2$(O, S); intermetallische Verbindungen: (Ge, Sn)Mg_2, $PtAl_2$ oder Metallhydride (MH_{2-x}) von Ti, Zr und Hf

Titandioxid-Struktur (Rutil)

Die Rutil-Struktur (Abb. 3.8b) beruht nicht auf einer dichtesten Packung. Die Anionen bilden gewellte „hexagonale" Schichten, zwischen denen Kationen jede zweite Oktaederlücke besetzen (Raumgruppe $P4_2/mmm$). In der Struktur sind [TiO_6]-Oktaeder durch gemeinsame Kanten zu Strängen verbunden (Abb. 3.63), die ihrerseits über alle Spitzen verknüpft sind. Die Anionen haben drei Kationen in leicht verzerrter trigonaler Anordnung als nächste Nachbarn (6 : 3 Koordination). Verbindungen mit nicht polarisierbaren Anionen wie Fluorid und Oxid kristallieren im Rutil-Typ:

(Cr, Mn, Fe, Co, Ni, Cu, Zn, Pd)F_2, (Ti, Nb, Ta, Cr, Mo, W, Mn, Ru, Os, Ir, Ge, Sn, Pb, Te)O_2

Wegen der Ligandenfeldeffekte bei der d^4- und d^9-Konfiguration sind die Strukturen von CrF_2 und CuF_2 verzerrt. Verzerrte Strukturen dieses Typs treten auch bei den Übergangsmetalldioxiden auf.

β-Cristobalit-Struktur

Die Struktur von β-Cristobalit (Abb. 3.8c) enthält wie andere Quarzmodifikationen eckenverknüpfte [SiO_4]-Tetraeder. In der kubischen Struktur ($Fd\bar{3}m$) nehmen Siliciumatome die Lagen der Kohlenstoffatome in der Struktur des Diamants ein. Zwischen jedem Paar von Siliciumatomen sitzt ein Sauerstoffatom. Es resultiert eine 4 : 2 Koordination. Beispiele sind β-SiO_2 und BeF_2.

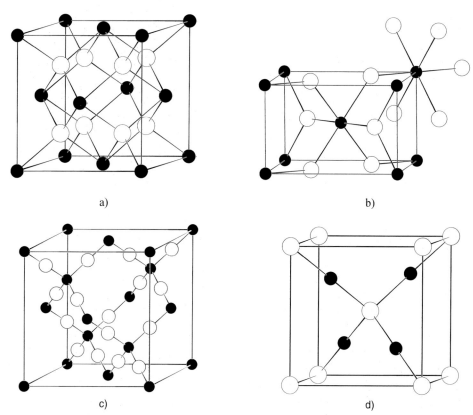

a)   b)

c)   d)

Abb. 3.8 Kristallstrukturen von a) CaF_2, b) TiO_2 (Rutil), c) SiO_2 (β-Cristobalit), d) Cu_2O. Metallatome sind als schwarze Kugeln gezeichnet. Zur besseren Übersicht sind alle Atome verkleinert gezeichnet.

Cuprit-Struktur

Die Struktur von Cu_2O (Abb. 3.8d) besteht aus einer kdP von Kupferionen, in der die Sauerstoffatome tetraedrische Lücken besetzen. Die Kupferionen sind linear von zwei Sauerstoffatomen umgeben (2 : 4 Koordination). Der Cuprit-Typ kann als zwei sich gegenseitig durchdringende Netzwerke des anti β-Cristobalit-Typs betrachtet werden. Beispiele sind Cu_2O, Ag_2O.

Eine Übersicht über Lückenbesetzungen in dichtesten Kugelpackungen gibt Tab. 3.3.

Die Besetzung von nur jeder zweiten Oktaederlückenschicht einer dichtesten Kugelpackung führt zu Schichtstrukturen.

Cadmiumiodid-Struktur

Die Cadmiumiodid-Struktur entspricht einer im Kationenteilgitter ausgedünnten Nickelarsenid-Struktur (Abb. 3.84). In der hdP der Anionen (AγB☐, AγB☐, ...)

Tabelle 3.3 Strukturen aus kubisch und hexagonal dichtesten oder dichten Kugelpackungen mit besetzten Lücken.

kdP O_h	T_d	Strukturtyp	hdP O_h	$T_d^{a)}$	Strukturtyp
alle	alle	Li_3Bi	–	–	–
alle	–	NaCl	alle	–	NiAs
–	alle	CaF_2	–	–	–
–	–	–	$\frac{2}{3}$	–	Korund Al_2O_3
$\frac{1}{2}$	–	$CdCl_2$	$\frac{1}{2}$	–	CdI_2
$\frac{1}{2}$	–	Anatas TiO_2	$\frac{1}{2}$	–	$CaCl_2$, Rutil$^{b)}$ TiO_2
–	$\frac{1}{2}$	Zinkblende ZnS	–	$\frac{1}{2}$	Wurtzit ZnO, ZnS
–	–	–	$\frac{3}{8}$	–	Nb_3Cl_8
$\frac{1}{3}$	–	$CrCl_3$	$\frac{1}{3}$	–	ZrI_3
–	$\frac{1}{3}$	γ-Ga_2S_3	–	$\frac{1}{3}$	β-Ga_2S_3
$\frac{1}{4}$	–	NbF_4	$\frac{1}{4}$	–	$NbCl_4$
–	$\frac{1}{4}$	HgI_2	–	$\frac{1}{4}$	β-$ZnCl_2$
$\frac{1}{5}$	–	UCl_5	$\frac{1}{5}$	–	$MoCl_5$
–	–	–	$\frac{1}{6}$	–	WCl_6
–	$\frac{1}{6}$	In_2I_6	–	$\frac{1}{6}$	Al_2Br_6
$\frac{1}{2}$	$\frac{1}{8}$	Spinell $MgAl_2O_4$	$\frac{1}{2}$	$\frac{1}{8}$	Olivin Mg_2SiO_4

$^{a)}$ In der hdP kann maximal nur die Hälfte der Tetraederlücken besetzt werden, da sich die Lückenteilchen (z.B. b) in der Packungsfolge ...bAb... räumlich zu nahe kommen.
$^{b)}$ verzerrt dichteste Packung.

besetzen die Kationen nur jede zweite Oktaederlückenschicht (Raumgruppe $P\bar{3}m1$). Es resultiert eine Schichtstruktur mit 6 : 3 Koordination. Beispiele für diesen Strukturtyp sind Verbindungen mit Polarisationseffekten:

(Ca, Cd, Ge, Pb, Th, Tm, Yb)I_2, Mg(Br_2, I_2), Co(Br_2, I_2), Ti(Cl_2, Br_2, I_2), V(Cl_2, Br_2, I_2), (Ti, Zr, Pt)(S_2, Se_2, Te_2), TaS_2, (Co, Ni, Pd, Rh, Ir, Si)Te_2 oder Antitypen wie Ag_2F

Cadmiumchlorid-Struktur
In der Cadmiumchlorid-Struktur bilden die Anionen eine kdP, in der jede zweite Oktaederlückenschicht durch Kationen besetzt ist. Eine Identitätsperiode beinhaltet jedoch sechs dichtest gepackte Anionenschichten (vgl. 3R-Typ in Abb. 3.9): $A\gamma B\square C\beta A\square B\alpha C\square$, $A\gamma B\square C\beta A\square B\alpha C\square$, ... (Raumgruppe $R\bar{3}m$).

Bei den typischen Vertretern des $CdCl_2$-Typs sind Polarisationseffekte weniger ausgeprägt als im CdI_2-Typ:

(Mg, Mn, Fe, Co)Cl_2, Ni(Cl_2, Br_2, I_2), Zn(Br_2, I_2), Cd(Cl_2, Br_2), PbI_2

Beschreibung von Schichtstrukturen
Kristalline Feststoffe treten oft in mehr als nur einer Modifikation auf. Tritt dieses Phänomen der Polymorphie in nur einer Dimension auf, spricht man von Polyty-

pen. Polytypen mit trigonal-antiprismatischer oder trigonal-prismatischer Koordination der Metallatome werden durch unterschiedliche Abfolgen von Atomschichten repräsentiert. Als Projektionsebene wird für trigonale, rhomboedrische und hexagonale Strukturen die hexagonale (110)-Fläche verwendet (auch $(11\overline{2}0)$-Fläche genannt). Dies ist die Fläche, die die hexagonal aufgestellte Elementarzelle bei x = a und y = b schneidet und parallel zur z-Achse verläuft. In dieser Fläche liegen sowohl Packungs- als auch Lückenteilchen.[18] Die Atomlagen in der (110)-Fläche sind durch A (0, 0), B $(\frac{1}{3}, \frac{2}{3})$, C $(\frac{2}{3}, \frac{1}{3})$ in Bezug auf die Positionen in der hexagonalen ab-Fläche festgelegt (vgl. Abb. 3.9 oben). Für die Lagen von Anionen werden Großbuchstaben, für Kationen werden Kleinbuchstaben (a, b, c) verwendet. Diese für Polytypen verwendete Nomenklatur darf nicht mit der Lückenbesetzung dichtester Kugelpackungen verwechselt werden, in denen die Tetraederlücken mit Kleinbuchstaben a, b, c bezeichnet werden!

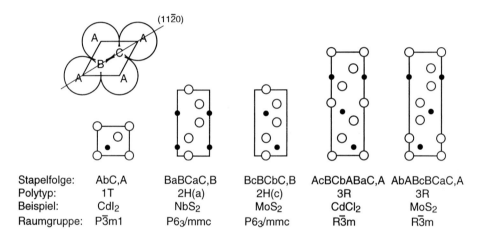

Stapelfolge:	AbC,A	BaBCaC,B	BcBCbC,B	AcBCbABaC,A	AbABcBCaC,A
Polytyp:	1T	2H(a)	2H(c)	3R	3R
Beispiel:	CdI$_2$	NbS$_2$	MoS$_2$	CdCl$_2$	MoS$_2$
Raumgruppe:	P$\overline{3}$m1	P6$_3$/mmc	P6$_3$/mmc	R$\overline{3}$m	R$\overline{3}$m

Abb. 3.9 Projektionen der (110)-Flächen von fünf Schichtstrukturen. Die Positionen A, B, C, A in der (110)-Fläche einer hexagonal aufgestellten Elementarzelle ($\alpha = \beta = 90°$ und $\gamma = 120°$) sind in der Abbildung oben links gezeigt. In den einzelnen Darstellungen von (110)-Flächen sind Anionen als große leere Kugeln und Kationen als kleine schwarze Kugeln dargestellt. Die Stapelfolge der Anionen und Kationen entlang c ist gemäß ihrer Lage in der Abfolge von unten nach oben angegeben. Beispiel 1T-CdI$_2$: Von unten nach oben gelesen besitzen Anionen die Orientierung A̲, danach folgt ein Kation der Orientierung b̲ und ein Anion der Orientierung C̲. Für die Kationen können oktaedrische (z.B ...AbC...) oder trigonal-prismatische (z.B ...CaC...) Koordinationen auftreten. Für die Struktur von MoS$_2$ sind zwei Polytypen gezeigt.

Im einfachsten Polytyp der CdI$_2$-Struktur bilden zwei Anionenschichten zusammen mit einer Kationenschicht der Abfolge AbC, AbC, ... den 1T-Typ (T steht für trigonal). Metallatome können wie in der Struktur von CdI$_2$ oktaedrisch (...AbC...) oder wie in der Struktur von MoS$_2$ trigonal-prismatisch (...AcA... oder ...CaC...) koordiniert sein. Die Projektion wichtiger Polytypen zeigt Abb. 3.9.

Polytypen können mit wesentlich komplizierteren Schichtfolgen (größeren Perioden) auftreten, die über den 2H-Typ (H steht für hexagonal) oder 3R-Typ (R steht für rhomboedrisch) hinausgehen. Zahlreiche Übergangsmetallchalkogenide kristallisieren in trigonalen, hexagonalen oder rhomboedrischen Schichtstrukturen aus X–M–X-Schichtpaketen (vgl. Abschnitt 3.8.6.3).

3.3 Kristalldefekte

Die geordnete Besetzung aller Atomlagen in einer Struktur findet man nur in idealen Kristallen. Da ein Idealkristall jedoch nur am absoluten Nullpunkt existieren könnte, besitzen alle Realkristalle Defekte. Es mag überraschen, dass alle Kristalle im thermodynamischen Gleichgewicht derartigen Störungen unterliegen.

Im Auftreten von Defekten äußert sich das Bestreben von Systemen ihre Entropie (Unordnung der Gitterbausteine) zu erhöhen. Vereinfacht betrachtet bewirken hohe Entropien und Temperaturen und niedrige Enthalpien die Minimierung der freien Enthalpie ($\Delta G = \Delta H - T\Delta S$). Demnach sind hohe Defektkonzentrationen durch hohe Entropien und Temperaturen begünstigt. Deshalb nimmt die Anzahl der Defekte mit der Temperatur zu, und bei jeder Temperatur stellt sich ein bestimmtes Gleichgewicht von Defekten ein, bei der die freie Enthalpie möglichst klein wird.

Auch wenn Defektkonzentrationen nur gering sind, z.B. $\ll 1\,\%$, wird damit strenggenommen die Kristallsymmetrie durchbrochen und die Elementarzelle gibt nur noch ein statistisch repräsentatives Bild wieder. In der Praxis bleiben kleine Defektkonzentrationen bei Strukturbestimmungen unbemerkt und ohne Konsequenzen. In der Struktur von NaCl ist bei Raumtemperatur ungefähr eine von 10^{15} Kationen- und Anionenlagen unbesetzt, während in der Nähe des Schmelzpunktes bereits eine von 10^5 Kationen- und Anionenlagen unbesetzt bleibt. Die größere Zahl von Leerstellen bei hohen Temperaturen begünstigt die Beweglichkeit von Atomen, wodurch Diffusionen (Reaktionen) und ionischer Ladungstransport im Festkörper begünstigt werden.

Für die Gestalt von Defekten gibt es scheinbar keine Einschränkungen, jedoch sind manche theoretisch vorstellbaren Defekte energetisch ungünstig. Häufige Defekte sind Punktdefekte, verursacht durch fehlende Ionen (Gitterleerstellen), überschüssige Ionen (interstitielle Atome) oder „falsche" Ionensorten (Verunreinigung, Dotierung) in Kristallen.

3.3.1 Rotationen

Moleküle oder unsymmetrisch gebaute Anionen können im Festkörper um eine oder mehrere Achsen rotieren. Die Rotation kann als Extremfall der thermischen Schwingung aufgefasst werden. Mit steigender Temperatur resultiert aus der freien Rotation von nicht kugelsymmetrischen Teilchen (CN^-, NH_4^+, NO_3^-) eine Symmetrieerhöhung mit einfachen dicht gepackten Strukturen (vgl. CsCl-Typ von CsCN und NH_4Cl).

3.3.2 Versetzungen

Versetzungen sind für die mechanischen Eigenschaften von Verbindungen von Bedeutung. Bei der Stufenversetzung endet eine Netzebene im Inneren eines Kristalls. Die Wanderung einer Versetzungslinie ist für das Verständnis der plastischen Verformbarkeit eines Feststoffes wichtig. Bei der Schraubenversetzung sind Netzebenen nicht übereinander gestapelt. Eine Atomschicht windet sich wie eine Wendeltreppe um eine senkrechte Linie (Versetzungslinie). Schraubenversetzungen führen zu einem spiralförmigen Wachstum.

Versetzungen haben nicht nur für mechanische Eigenschaften Bedeutung. Versetzungslinien sind auch schnelle Diffusionswege im Kristall, dort erfolgt die Einstellung von Punktfehlstellengleichgewichten, und es sind Stellen bevorzugter Keimbildung bei Phasenneubildungen. Mit der Erhöhung der Versetzungsdichte ist eine Erhöhung der katalytischen Aktivität gekoppelt. Mit der Elektronenmikroskopie können Versetzungen sichtbar gemacht werden.

3.3.3 Punktdefekte nach Schottky und Frenkel

Die häufigsten Defekte in ionischen Festkörpern sind thermodynamisch bedingte Defekte nach Schottky und Frenkel (Abb. 3.10). Eine Schottky-Fehlstelle besteht aus einer Kationenleerstelle und einer Anionenleerstelle. Man kann sich vorstellen, dass Kation und Anion ihren Gitterplatz verlassen und sich an der Kristalloberfläche angelagert haben. Für die Zusammensetzung KA_2 kommen zur Erhaltung der Elektroneutralität auf eine Kationenleerstelle zwei Anionenleerstellen. Typische Beispiele für das Auftreten von Schottky-Defekten sind Alkalimetallhalogenide und Erdalkalimetalloxide vom NaCl-Typ. Die Bildung von Schottky-Defekten führt zu einer Volumenvergrößerung, was bei Frenkel-Defekten nicht der Fall ist.

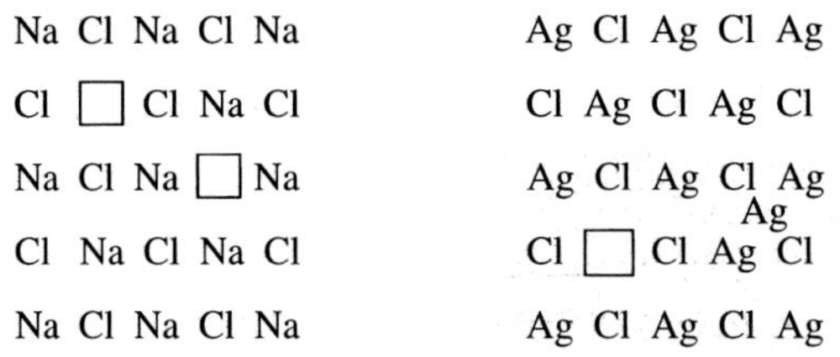

Na	Cl	Na	Cl	Na		Ag	Cl	Ag	Cl	Ag
Cl	☐	Cl	Na	Cl		Cl	Ag	Cl	Ag	Cl
Na	Cl	Na	☐	Na		Ag	Cl	Ag	Cl	Ag
Cl	Na	Cl	Na	Cl		Cl	☐	Cl	Ag	Cl
Na	Cl	Na	Cl	Na		Ag	Cl	Ag	Cl	Ag

Abb. 3.10 Zweidimensionale Darstellung eines Schottky-Defekts am Beispiel von NaCl und eines Frenkel-Defekts am Beispiel von AgCl. Im ersten Fall wandern Na^+ und Cl^- an die Oberfläche des NaCl-Kristalls und hinterlassen zwei Leerstellen.

Frenkel-Fehlstellen entstehen, wenn Atome ihre normalen Gitterplätze verlassen und Zwischengitterplätze besetzen. Da die Ionengröße hierfür eine wichtige Rolle spielt, ist hiervon das Teilgitter des kleineren Ions energetisch bevorzugt. Im Allgemeinen ist dies das Kation. Silberchlorid, welches ebenfalls im NaCl-Typ kristallisiert, zeigt Frenkel-Defekte mit Leerstellen und Besetzungen von Zwischengitterplätzen durch Silberionen. Die fehlgeordneten Silberionen besetzen Tetraederlücken mit jeweils vier nächsten Ag^+- und Cl^--Nachbarn. Bei Frenkel-Defekten des Anionengitters („Anti-Frenkel-Defekte") besetzen die Anionen Zwischengitterplätze und hinterlassen Anionenleerstellen. Defekte dieser Art treten bei Verbindungen mit Fluorit-Struktur auf. In der Struktur von CaF_2 besetzen die Anionen alle tetraedrischen Lücken der kubisch dichtesten Metallpackung. Beim Anionen-Frenkel-Defekt besetzen einige Anionen oktaedrisch koordinierte Zwischengitterplätze.

3.3.4 Farbzentren

Ein Elektron, das in einer Anionenleerstelle lokalisiert ist, bezeichnet man als Farbzentrum, weil es die Ursache einer optischen Absorption und damit für die Farbe eines Stoffes ist. Das Elektron besitzt einen ungepaarten Spin und daher ein magnetisches Moment. Die Erzeugung von Farbzentren in Alkalimetallhalogeniden erfolgt durch Erhitzen im Metalldampf (oder durch Bestrahlungen mit Röntgen- oder Gammastrahlung). Beim Erhitzen eines NaCl-Kristalls im Na-Dampf werden einige aus dem Dampf kommende Natriumatome an der Oberfläche des Kristalls ionisiert. Gleichzeitig bilden sich so viele Anionenleerstellen wie Natriumionen aufgenommen werden. Die Anionenleerstellen fangen das bei der Ionisierung freigewordene Elektron ein. Farbzentren von NaCl sind gelb und von KCl violett. Wird ein F-Zentrum bestrahlt, so wird ein Emissionsspektrum emittiert, wobei die Verschiebung der Absorptions- zur Emissionsbande, verglichen mit typischen Werten in der Molekülspektroskopie, abnormal groß ist.

Das F-Zentrum ist jedoch nicht die einzige bekannte Variante, durch Elektronen und Leerstellen farbige Alkalimetallhalogenide zu erzeugen. Andere sind M- oder R-Zentren, die zwei oder drei Elektronen in benachbarte Anionenleerstellen einfangen. Sogenannte V- und H-Zentren enthalten Halogenidmoleküle, X_2^-. Im V-Zentrum besetzen die Halogenidmoleküle jeweils zwei Chloridlagen und im H-Zentrum eine Chloridlage. Die Substitution eines Kations mit einem Fremdatom gleicher Ladung nennt man F_A-Zentrum.

3.3.5 Platztausch von Atomen (Ordnungs-Unordnungs-Vorgänge)

In bestimmten Verbindungen können Atome des einen Teilgitters ihre Plätze mit Atomen des anderen Teilgitters tauschen. Es resultiert eine Fehlordnung von Atomen, die auch als Ordnungs-Unordnung-Umwandlung bezeichnet wird. Platztauschvorgänge lassen sich bei Abwesenheit Coulombscher Abstoßungskräfte zwischen den Atomen realisieren. Intermetallische Systeme mit chemisch ähnlichen Atomen und Atomgrößen bieten hierfür gute Voraussetzungen. In Legierungen können Atome in geordneter Weise kristallographisch unterschiedliche Plätze besetzen oder über alle verfügbaren Positionen fehlgeordnet sein. Die Umwandlungen zwischen beiden Phasen verlaufen jedoch oft sehr langsam.

Beispiel: β-CuZn

β-Messing besitzt für die stöchiometrische β-CuZn-Phase bei Raumtemperatur eine geordnete Struktur vom CsCl-Typ. Oberhalb 470 °C liegt jedoch vollständige Unordnung der Atome vor. Atome beider Sorten sind gleichmäßig über die Positionen auf den Ecken und im Zentrum der Elementarzelle verteilt (α-Fe-Typ). Beim Abkühlen dieser ungeordneten Phase erfolgt bei langsamer Abkühlung ein Übergang von der innenzentrierten Struktur in die primitive Überstruktur vom CsCl-Typ (Abb. 3.11). Strukturen in denen die Atompositionen im Gegensatz zu ihren ungeordneten Phasen regelmäßig besetzt sind, werden Überstrukturen genannt. Den Beweis für eine Überstruktur liefern so genannte Überstrukturlinien im Röntgenpulverdiagramm. Ein möglichst vollständiger Ordnungsvorgang der Atome kann nur durch sehr langsames Abkühlen oder Tempern unterhalb der Umwandlungstemperatur erreicht werden.

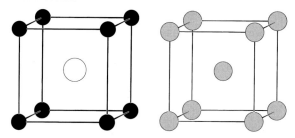

Abb. 3.11 Geordnete Überstruktur von β-CuZn (CsCl-Typ) mit der kubisch primitiven Elementarzelle (links) und die ungeordnete Struktur mit der kubisch innenzentrierten Elementarzelle (rechts).

Der Übergang von der geordneten zur ungeordneten Struktur kann durch die Temperaturabhängigkeit der spezifischen Wärme verfolgt werden. *Die spezifische Wärmekapazität ist diejenige Wärmemenge, die benötigt wird, um die Temperatur von einem Gramm eines Stoffes um ein Grad zu erhöhen.* Messungen der spezifischen Wärme werden im Zusammenhang mit Phasenübergängen von Feststoffen angewandt. Wird eine geordnete Phase erhitzt, muss nicht nur Energie für die zunehmenden Schwingungen der Atome aufgebracht werden, sondern im Falle auftretender Unordnung zusätzlich noch Energie, um einigen Atomen den Platzwechsel zu ermöglichen. Für den Temperaturbereich, in dem dieser Platzwechsel stattfindet (oft über mehrere hundert Grad), resultiert eine Anomalie der Temperaturabhängigkeit der spezifischen Wärmekapazität. Thermodynamisch gehören diese Phasenumwandlungen häufig zu denen zweiter Ordnung (kontinuierliche Änderung von Entropie und Volumen).

Beispiel: Das System Cu-Au

Beim Einbau von Kupfer in reines Gold werden Goldatome der kubisch dichtesten Packung durch Kupfer ersetzt. Durch Abschrecken von Kupfer-Gold-Schmelzen entsprechender Zusammensetzungen kann eine lückenlose Mischkristallreihe (feste

Lösung) erhalten werden. Für die Zusammensetzungen CuAu und Cu₃Au existieren jedoch zusätzlich geordnete Strukturen, die durch sehr langsames Abkühlen oder Tempern genau dieser Zusammensetzungen erhalten werden können (Abb. 3.12).

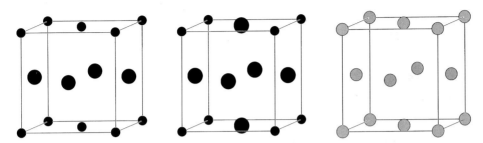

Abb. 3.12 Die geordneten Strukturen von CuAu (tetragonal) und Cu₃Au (kubisch primitiv), sowie die ungeordnete Legierung Cu$_x$Au (kubisch flächenzentriert) von links nach rechts.

Entscheidend für den Übergang von einer gleichmäßigen Atomverteilung in eine geordnete Struktur ist die thermische Energie der Atome und die Energiedifferenz zwischen beiden Zuständen. Ist die Energiedifferenz, wie für den Kation-Anion-Platztausch in ionischen Verbindungen sehr groß, so kommt ein Platztausch nicht in Betracht. Ist die Energiedifferenz sehr klein, so tritt niemals vollständige Ordnung auf, wie in Silber-Gold-Legierungen. Das Ausbleiben eines Ordnungszustandes im System Ag-Au und das Auftreten geordneter Strukturen im System Cu-Au, steht mit der größeren chemischen Ähnlichkeit der Elemente (z.B. Elektronegativität, Atomgröße) im System Ag-Au gegenüber Cu-Au im Einklang. Wie schon erwähnt, lassen starke elektrostatische Abstoßungen keinen Kation-Anion-Platztausch in ionischen Strukturen zu. Aber der Platztausch von Kationen untereinander, z.B. in ternären Oxiden und in festen Lösungen (solid solutions), ist hinreichend belegt.

Beispiel: LiFeO₂
$LiFeO_2$ ist bei hohen Temperaturen (> 700 °C) mit der Struktur von NaCl kristallchemisch isotyp. Die Kationen beider Sorten (Li + Fe) nehmen in gleichmäßiger Verteilung diejenigen Lagen ein, die den Natriumionen in der NaCl-Struktur entsprechen. Bei tieferen Temperaturen erfolgt der Übergang in eine tetragonale Überstruktur (gegenüber der kubischen Zelle ist eine Gitterachse verdoppelt) mit unveränderter Anordnung der Sauerstoffionen und geordneter Kationenverteilung (Abb. 3.13).

3.3.6 Fehlordnung über Leerstellen

Atompositionen können in Kristallstrukturen besetzt oder unbesetzt – manchmal auch partiell (geordnet oder ungeordnet) besetzt sein. Atome oder Ionen werden

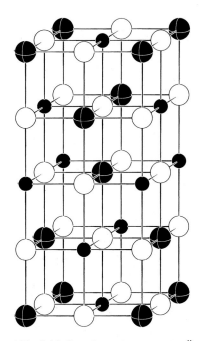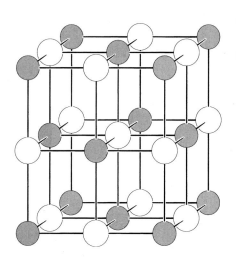

Abb. 3.13 Geordnete (tetragonale) Überstruktur von α-LiFeO$_2$ (kleine schwarze Kugeln: Li, große schwarze Kugeln: Fe) und die ungeordnete (kubische) Struktur von β-LiFeO$_2$ (graue Kugeln repräsentieren die Lagen von Li und Fe).

sich in einer Struktur auf diejenigen Gitterplätze verteilen, deren Besetzung ein Energieminimum ergibt. Gegebenenfalls können jedoch die Energien für die Besetzung alternativer Positionen ähnlich oder sogar gleich sein. Sind nämlich zwei Atomlagen kristallographisch äquivalent (z.B. durch eine Spiegelebene), dann resultiert für die alternative Besetzung der einen oder der anderen Lage dieselbe Energie.

Die Verteilung der Teilchen auf Gitterplätzen kann in Abhängigkeit von der Temperatur statisch oder dynamisch sein. Die Fehlordnung von Teilchen über Leerstellen, zumindest eines Teilgitters (fehlgeordnetes Untergitter), ist eine Voraussetzung für gute ionische Leitfähigkeit.

Beispiel: Ag$_2$HgI$_4$

Bei der Umwandlung von gelbem β-Ag$_2$HgI$_4$ in rotes α-Ag$_2$HgI$_4$ (oberhalb 51 °C) entstehen Leerstellen, die Platzwechselvorgänge der Kationen erlauben. In der Hochtemperaturform liegt eine ternäre, ungeordnete Leerstellenvariante der Zinkblende-Struktur vor, in der drei Kationen (2Ag + Hg) statistisch über vier äquivalente Gitterplätze verteilt sind. In der Tieftemperaturform ordnen sich Leerstellen und Kationen beider Sorten zu einer tetragonalen Überstruktur (geordnete Leerstellenvariante der Zinkblende-Struktur) (Abb. 3.14).

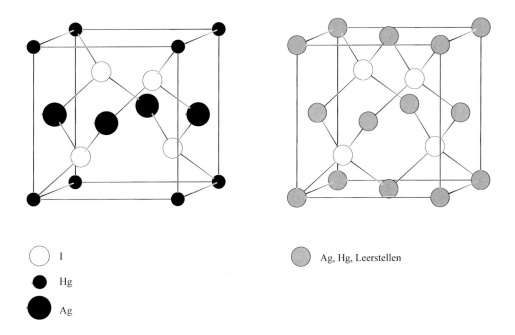

I
Hg
Ag

Ag, Hg, Leerstellen

Abb. 3.14 Geordnete (links) und ungeordnete (rechts) Struktur von Ag_2HgI_4.

Beispiel: AgI
Hohe Ionenbeweglichkeiten resultieren für Strukturen mit großen Hohlräumen und kleinen Kationen. Klassische Beispiele sind $RbAg_4I_5$ (spezifische Leitfähigkeit: $\sigma = 0{,}25$ S/cm bei Raumtemperatur) und die Hochtemperaturmodifikation von AgI, die oberhalb 145 °C stabil ist. Die Tieftemperaturmodifikation β-AgI kristallisiert im Wurtzit-Typ.* In der Hochtemperaturmodifikation α-AgI bilden die Iodatome eine innenzentrierte Anordnung (Raumgruppe Im$\bar{3}$m). Zwei Silberionen verteilen sich in der Elementarzelle über 12 kristallographisch äquivalente Positionen und sind tetraedrisch von Iod koordiniert.

Die Entropiezunahme des $\beta \rightarrow \alpha$-Phasenübergangs ist größer als die Entropiezunahme beim Schmelzen von α-AgI (bei 557 °C). Der $\beta \rightarrow \alpha$-Phasenübergang wird als „Schmelzen" des Silberionenteilgitters betrachtet, da die Silberionen mobil und ungeordnet sind. α-AgI gilt als ein nahezu idealer Elektrolyt. Da alle Silberionen mobil sind, besitzt α-AgI eine hohe Konzentration mobiler Ladungsträger („carrier concentration"). Zudem ist die Energiebarriere zur Erzeugung von Silberionenbeweglichkeit gering (Aktivierungsenergie) und daher ist die Silberionenleitfähigkeit der α-Phase relativ hoch (etwa 1 S/cm bei 147 °C).

---

* Im Gegensatz zu der oft verwendeten Bezeichnung für Hoch- und Tieftemperaturphasen mit β und α, wurden für AgI und Ag_2HgI_4 umgekehrte Zuordnungen getroffen!

3.3.7 Nicht stöchiometrische Phasen

Stöchiometrie ist die Lehre von der mengenmäßigen Zusammensetzung chemischer Verbindungen und von den Gewichtsverhältnissen, in denen sich chemische Reaktionen vollziehen. Die Gesetze der (konstanten und multiplen) Proportionen sind jedoch für Feststoffe nicht immer gültig – Abweichungen treten sogar häufig auf. Daher existieren Verbindungen mit scheinbar nicht rationalen Zusammensetzungen wie z.B. $Fe_{1-x}O$ mit $0 < x < 0{,}1$ oder Na_xWO_3 mit $0 < x \leq 0{,}9$. Verbindungen, die über einen bestimmten Bereich (x) variable Zusammensetzungen besitzen, zählen zu den nicht stöchiometrischen Verbindungen. In nicht stöchiometrischen Verbindungen ist die Anzahl der Atome in der Elementarzelle nicht mit der Zahl der äquivalenten Gitterplätze identisch, und es resultiert Mangel oder Überschuss einer Atomsorte. Die Abweichung von der idealen Zusammensetzung wird formal durch eine veränderte Ionenladung kompensiert (gemischtvalente Verbindungen). Für viele Verbindungen lässt sich die Richtung der Änderung vermuten: Beim Übergang von Fe_2O_3 in die kationenreichere Phase $Fe_{2+x}O_3$ werden einige Fe^{3+}-Ionen zu Fe^{2+} reduziert; die Abweichung erfolgt in Richtung Magnetit (Fe_3O_4). Dagegen erfolgt der Übergang von Cu_2O in die kationenärmere Phase $Cu_{2-x}O$, unter Oxidation von Cu^+-Ionen zu Cu^{2+}. Die mit diesen Zusammensetzungen assoziierten Defekte sind unvollständig besetzte Kationen- ($Cu_{2-x}O$) oder Anionengitterplätze (CdO_{1-x}), oder Kationen, die Zwischengitterplätze besetzen ($Fe_{2+x}O_3$). Da die veränderten Ionenladungen aber nicht lokalisiert sind, bedeutet Metallüberschuss die Gegenwart zusätzlicher Elektronen (n-Leitung) und Metallunterschuss das Auftreten von Defektelektronen (p-Leitung).

3.3.8 Dotierung und feste Lösungen

Feste Lösungen sind kristalline Phasen, deren Komponenten vollständige Mischbarkeit im flüssigen und im festen Zustand zeigen. Die meisten festen Lösungen sind jedoch nur über einen bestimmten Bereich der theoretisch möglichen Zusammensetzung mischbar (Abb. 3.15).

Die Dotierung von NaCl mit $CaCl_2$ ergibt $Na_{1-2x}Ca_xV_xCl$. Der Einbau von einem Ca^{2+} erzeugt eine Leerstelle (V_x) im Kationenteilgitter. Die kdP der Chloridionen bleibt erhalten, und Natrium, Calcium und Kationenleerstellen sind über die Oktaederlücken verteilt. Damit sind dotierte Verbindungen oder auch Interkalationsverbindungen (PdH_x, $0 \leq x \leq 1$) den festen Lösungen zuzuordnen, soweit sie eine signifikante Phasenbreite aufweisen. Die Dotierung mit einem Kation höherer Wertigkeit erzeugt Kationenleerstellen oder Anionen auf Zwischengitterplätzen. Bei der Dotierung von Li_4SiO_4 mit Al^{3+} entstehen Kationenleerstellen (V) in $Li_{4-3x}Al_xV_{2x}SiO_4$ ($0 \leq x \leq 0{,}5$), wodurch die Lithiumionenleitung zunimmt und durch x einstellbar wird. Die Dotierung mit einem Kation niedrigerer Wertigkeit erzeugt Anionenleerstellen ($(Zr_{1-x}Ca_x)O_{2-x}V_x$) oder Kationen auf Zwischengitterplätzen.

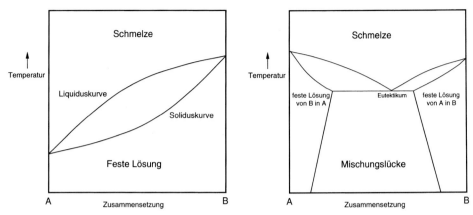

Abb. 3.15 Phasendiagramm für ein binäres System A-B mit unbegrenzter (links) und begrenzter (rechts) Mischkristallbildung.

Beispiel: Defekte in ZrO₂

Beispiel: Defekte in ZrO_2

Dotiert man ZrO_2 mit einigen Prozenten der Oxide CaO oder Y_2O_3, dann wird das zahlenmäßige Verhältnis von Kationen und Anionen auf die Seite der Kationen verschoben. Da die Kationen nicht auf Zwischengitterplätze eingebaut werden, resultiert pro eingebautes Ca^{2+}-Ion eine Sauerstoffleerstelle im Anionengitter: $(Zr_{1-x}Ca_x)O_{2-x}V_x$ $(0,1 \leq x \leq 0,2)$. Bedingt durch die vorhandenen Sauerstoffleerstellen zeigt dotiertes Zirconiumdioxid über einen weiten Bereich des Sauerstoffpartialdruckes Ionenleitung für Sauerstoffionen. Dotiertes Zirconiumdioxid kann als Sauerstoffsensor verwendet werden (Abschnitt 3.4).

Beispiel: Vollständige Mischbarkeit im System Al_2O_3/Cr_2O_3

Eine vollständige feste Lösung bilden die Sesquioxide Al_2O_3 und Cr_2O_3, die beide im Korund-Typ kristallisieren (hdP, Kationen besetzen $\frac{2}{3}$ der oktaedrischen Lücken). Die allgemeine Schreibweise lautet $(Al_{2-x}Cr_x)O_3$ mit $0 \leq x \leq 2$. Wird die farblose Substanz Al_2O_3 mit Cr_2O_3 dotiert, dann verändert sich die Farbe der festen Lösung mit zunehmender Dotierung zuerst nach rot, dann nach grün. Der rote Edelstein Rubin enthält knapp 1 Masse % Cr^{3+}. Die wichtigste Komponente eines Rubin-Lasers ist ein Al_2O_3-Einkristall, der 0,05 Masse % Cr^{3+} enthält.

3.3.9 Scherstrukturen

Punktdefekte haben Einfluss auf ihre lokale Umgebung. So bewirken Gitterleerstellen oder besetzte Zwischengitterplätze Verschiebungen benachbarter Atome, z.B. die Bildung von Aggregaten (Clustern). Es gibt viele mögliche und bekannte leerstelleninduzierte lokale Verzerrungsmuster. Die einfachsten sind lokale Entspannungen von Atomen in Richtung einer Leerstelle (bei Metallen), oder umgekehrt, von der Leerstelle weg (bei ionischen Verbindungen). Bei geeigneter Anordnung von Gitterleerstellen sind kooperative Konsequenzen im Gitter möglich. Die Ausbildung einer Scherstruktur basiert auf einer Versetzung entlang einer Ebene im Kristall, die besonders viele Anionenleerstellen aufweist. Bei der Bildung von Scherstrukturen ändern sich lokale Koordinationen, und es werden Anionenleerstellen vernichtet (Abb. 3.16). Im Kristall resultieren somit Bereiche unterschiedlicher Struktur und Zusammensetzung.

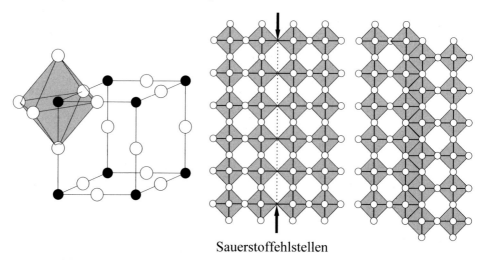

Sauerstofffehlstellen

Abb. 3.16 Kristallstruktur von ReO_3 mit einem hervorgehobenen $[ReO_6]$-Oktaeder und Projektion von zwei Strukturausschnitten der ReO_{3-x}-Struktur mit (rechts) und ohne Scherebene.

Werden MoO_3 oder WO_3 unter Sauerstoffausschluss mit ihren Metallpulvern erhitzt, so kann Reduktion zu MO_2 (M = Mo, W) stattfinden. Zwischen den Zusammensetzungen MO_3 und MO_2 liegt eine Palette farbiger Verbindungen.* Solche Metalloxide mit Sauerstoffleerstellen (WO_{3-x}, MoO_{3-x}, TiO_{2-x}, VO_{2-x}) können bedingt durch Scherstrukturen weitreichende Zusammensetzungen aufweisen. Es handelt sich jedoch hierbei nicht um feste Lösungen mit bestimmten Phasenbreiten, sondern um stöchiometrisch zusammengesetzte Verbindungen mit eng benachbarten Zusammensetzungen. Im System Titan-Sauerstoff gibt es im Bereich $TiO_{1,9}$-$TiO_{1,75}$ eine Serie stöchiometrisch zusammengesetzter Phasen Ti_nO_{2n-1} mit $4 \leq n \leq 9$. Das Sauerstoffdefizit wird in den Rutilstrukturen von TiO_{2-x} und VO_{2-x} durch vermehrte Verknüpfungen von Rutilblöcken über Kanten und Flächen der $[MO_6]$-Oktaeder in der Scherebene ausgeglichen. In der gezeigten Struktur von ReO_3 (Abb. 3.16) sind alle $[ReO_6]$-Oktaeder über Ecken mit ihresgleichen zu $[ReO_{\frac{6}{2}}]$ verknüpft. Beim Auftreten von Scherstrukturen resultiert in der Scherebene systematisch Kantenverknüpfung der $[ReO_6]$-Oktaeder.

Durch fortschreitende Reduktion wird die Zusammensetzung eines solchen Oxids dahingehend verändert, dass die Zahl der Scherebenen steigt. Dabei werden zunehmend Elektronen an das Leitungsband abgegeben, und außer der Farbe än-

---

* Nach dem schwedischen Chemiker A. Magnéli als Magnéli-Phasen bekannt geworden.

dern sich auch die elektrischen und magnetischen Eigenschaften der Verbindungen. Scherebenen können nicht nur parallel sondern auch senkrecht zueinander, in so genannten Blockstrukturen, angeordnet sein.

3.4 Galvanische Ketten für technische Anwendungen

Galvanische Elemente können als Energieumwandler fungieren, indem sie die Energie einer chemischen Reaktion direkt in elektrische Energie umwandeln. Wie in einer Batterie, die aus den drei Komponenten Kathode, Anode und Elektrolyt besteht, verläuft eine chemische Reaktion über einen flüssigen oder festen Elektrolyten.

3.4.1 Messung von Sauerstoffpartialdrücken

Dotiertes ZrO_2 wird als Festelektrolyt zur Messung von Sauerstoffpartialdrücken eingesetzt. Ist der zu messende Partialdruck p_{O_2} kleiner als der Referenzdruck (z.B. Luft) p_{O_2}', so erfolgt eine Wanderung von O^{2-}-Ionen im Druckgefälle (Abb. 3.17).

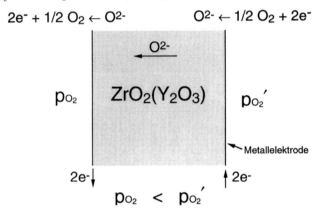

$$2e^- + 1/2\, O_2 \leftarrow O^{2-} \qquad\qquad O^{2-} \leftarrow 1/2\, O_2 + 2e^-$$

O^{2-}

p_{O_2} $ZrO_2(Y_2O_3)$ p_{O_2}'

Metallelektrode

$2e^-$ $2e^-$

$$p_{O_2} < p_{O_2}'$$

Abb. 3.17 Schema der Sauerstoffpartialdruckmessung mit dotiertem ZrO_2. Die Sauerstoffpartialdruckdifferenz zwischen beiden Seiten des $ZrO_2(Y_2O_3)$-Sensors wird durch Diffusion von Sauerstoffionen in Richtung des niedigeren Partialdruckes kompensiert. Sauerstoffmoleküle nehmen beim Eintritt in eine poröse Metallelektrode Elektronen auf und können als O^{2-} durch den Sensor wandern, um an der Metallelektrode der gegenüberliegenden Seite Elektronen abzugeben. Die Spannung ist proportional zur Partialdruckdifferenz.

Mittels poröser Metallelektroden wird ein Stromfluss gemessen, der der O^{2-}-Ionenwanderung entgegengerichtet ist. Die Zelle arbeitet im Temperaturbereich zwischen 500 und 1000 °C und kann kleinste p_{O_2} messen (bis etwa 10^{-16} bar). Die Zellspannung für die Zelle

$$Pt, p_{O_2} \,|\, ZrO_2(Y_2O_3) \,|\, p_{O_2}', Pt$$

ergibt sich aus der Partialdruckdifferenz nach der Gleichung von Nernst:

$$E = E^\circ - \frac{RT}{4F} \cdot \ln\left(\frac{p_{O_2}'}{p_{O_2}}\right)$$

Das Standardpotential E° der Konzentrationszelle ist gleich Null, da der Sauerstoffpartialdruck bei Standardbedingungen auf beiden Seiten der Zelle gleich ist und daher keine Potentialdifferenz besteht. Ist ein Partialdruck bekannt (z.B. $p_{O_2\,Luft}$), so kann ein unbekannter Partialdruck durch die Messung von E bestimmt werden. Auf dieser Basis arbeiten die meisten Sauerstoffsensoren, die zur Analyse von Verbrennungsgasen sowohl industriell als auch in Fahrzeugen (λ-Sonde) eingesetzt werden. Das Luft-Treibstoff-Verhältnis kann optimiert und der Wirkungsgrad eines Katalysators unter Verminderung von Abgasen (CO, NO_x) verbessert werden. Sogar der Sauerstoffgehalt von flüssigem Stahl kann auf diese Weise kontrolliert werden.

3.4.2 Brennstoffzellen und Wasserdampfelektrolyse

Brennstoffzellen sind eine Art von Batterien, denen die Reaktanden extern zugeführt werden. Dabei wird chemische Energie in elektrische Energie umgewandelt. Hochtemperatur-Brennstoffzellen auf ZrO_2-Basis sind potentielle umweltfreundliche Energieumwandler. In einem ähnlichen Aufbau wie in Abb. 3.17 kann dotiertes ZrO_2 als Separator (Elektrolyt) für die Umsetzung von Brenngasen, wie H_2 oder CO mit Sauerstoff dienen. Bei der Reaktion $H_2 + \frac{1}{2}\,O_2 \rightarrow H_2O$ wandert O^{2-} durch die dotierte ZrO_2-Schicht und verbrennt mit H_2 zu Wasser. Dabei können hohe Stromdichten erzeugt werden (σ = 45 S/cm bei 800 °C mit $(ZrO_2)_{0,9}(Y_2O_3)_{0,1}$).

$$H_2 \,|\, ZrO_2(Y_2O_3) \,|\, O_2$$

Hochtemperatur-Brennstoffzellen bestehen oft aus zylinderförmigen ZrO_2-Körpern (dotiert), an deren Außen- und Innenseite poröse Metallelektroden aufgebracht sind. Sauerstoff und Luft werden von außen (Kathode), H_2 oder CO von innen zugeführt. Die Differenz der Sauerstoffaktivitäten auf beiden Seiten erzeugt ein elektrisches Potential (Zellspannung). Dabei nimmt Sauerstoff an der „Luftelektrode" zwei Elektronen auf und wandert durch den Elektrolyten, um an der „Brennstoffelektrode" mit H_2 zu reagieren. Zuvor werden jedoch an der Anode Elektronen abgegeben, die durch den elektrischen Kreislauf (über einen elektrischen Verbraucher) zurückgeführt werden.

Bei der Hochtemperatur-Wasser-Elektrolyse wird Wasserdampf durch Einsatz elektrischer Energie an der ZrO_2-Oberfläche zerlegt. Dabei werden H^+-Ionen an der Wasserdampfelektrode kathodisch zu H_2 reduziert, und Sauerstoffionen wandern durch die ZrO_2-Schicht hindurch und werden beim Austritt anodisch zu O_2 oxidiert.

3.4.3 Batterien und Festelektrolyte

Als Festelektrolyte oder schnelle Ionenleiter bezeichnet man Feststoffe, die Ionen mit hohen Beweglichkeiten enthalten. Für Anwendungen in Batterien müssen Festelektrolyte elektrische Isolatoren sein (damit kein innerer Kurzschluss erfolgt) und einer Ionensorte den Durchtritt erlauben. Das Schema einer Batterie ist exemplarisch für die Zellreaktion $A + X \rightleftharpoons AX$, mit dem Redoxpaar $A \rightleftharpoons A^+ + e^-$ und $X + e^- \rightleftharpoons X^-$, in Abb. 3.18 gezeigt.

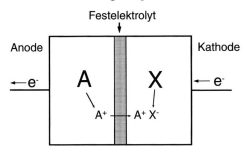

Abb. 3.18 Schema einer Batterie mit zwei reaktionsfähigen Substanzen A und X, die durch einen Festelektrolyten getrennt sind.

Anoden bestehen oft aus Metall, aber auch die Kathode muss ein guter Leiter sein. Es wird zwischen Primär- und Sekundärbatterien unterschieden: Bei Sekundärbatterien (Akkumulatoren) ist die ablaufende chemische Reaktion durch Zufuhr elektrischer Energie (Laden) reversibel, bei Primärbatterien nicht.

Beispiel: Natrium-Schwefel-Akkumulator
Im Natrium-Schwefel-Akkumulator wird Natrium-β-Aluminiumoxid als Na^+-durchlässige Festelektrolytmembran (üblicherweise in Form eines einseitig geschlossenen Rohrabschnittes) zur Trennung der flüssigen Elektroden an dessen Innen- und Außenseite verwendet.

$$Na_{flüssig} \,|\, Na\text{-}\beta\text{-}Al_2O_3 \,|\, S_{flüssig}$$

Der Akkumulator enthält Schmelzen aus Natrium und Schwefel, weshalb die Betriebstemperatur bei 300–350 °C liegen muss. Die an der Anode gebildeten Natriumionen wandern bei der Entladereaktion durch den Festelektrolyten in die Schwefelschmelze. Bei der Reaktion $2\,Na + x/8\,S_8 = Na_2S_x$ entsteht zunächst Na_2S_5, das sich in der Schwefelschmelze anreichert. Die offene Batteriespannung einer geladenen Batterie beträgt etwa 2 V (bei 300 °C). Lade-Entlade-Zyklen können viele hundert mal durchgeführt werden.

Beispiele: Lithiumbatterien
In Lithiumbatterien werden häufig Flüssigelektrolyte aus organischen Lösemitteln mit $LiClO_4$ oder $LiPF_6$ als Leitsalz verwendet. Die Schwachstellen solcher Elektrolyte sind ihre leichten Entflammbarkeiten und ihre Toxizitäten. Unter den Festelektrolyten zählt (dotiertes) Li_3N als der beste Lithiumionenleiter (Abschnitt 3.8.4.2). Für Anwendungen als Festelektrolyt in Batterien kommt aber Li_3N wegen seines geringen Zersetzungspotentials (0,44 V) nicht in Betracht. Daher wird als Festelek-

trolyt oft Lithiumiodid eingesetzt. Für die Zellreaktion $Li + \frac{1}{2} I_2 \rightarrow LiI$ wird Iod in der Festkörperkette

$$Li \,|\, LiI \,|\, I_2\text{-PVP}$$

als Iodpoly(2vinylpyridin) (= PVP) bereitgestellt. Die offene Batteriespannung der geladenen Batterie beträgt 2,8 V (25 °C). Da sich dieser Batterietyp durch hohe Zuverlässigkeit und lange Lebensdauer (> 10 Jahre) auszeichnet, erfolgen Anwendungen u.a. in Herzschrittmachern.

Das reversible Einbringen einer Gastspezies in ein Wirtsgitter wurde schon am Beispiel von $Li_x TiS_2$ erwähnt (Abschnitt 3.1.6). Nach dem Prinzip einer reversiblen Einlagerung arbeiten Interkalationselektroden, die aus ein-, zwei- oder dreidimensionalen Wirtsstrukturen bestehen können. Sie stellen attraktive Elektroden für wiederaufladbare Batterien dar. Insbesondere Lithium interkalierte Systeme spielen eine wichtige Rolle, da Lithiumionen klein und von relativ hoher Mobilität in Festkörpern sind. Als Elektrolyt kann LiI, oder ein Flüssigelektrolyt wie in der Kette

$$Li \,|\, Propylencarbonat\text{-}LiPF_6 \,|\, TiS_2$$

eingesetzt werden. Bei der reversiblen Reaktion $x\, Li + TiS_2 \rightarrow Li_x TiS_2$ $(0 < x < 1)$ wird Lithium in die Schichten der TiS_2-Struktur eingelagert (vgl. Abschnitt 3.1.6). Der Akku ist entladen, wenn Lithium weitgehend umgesetzt ist. Das Wiederaufladen des Akkumulators erfolgt, wenn eine Spannung an die Elektroden angelegt wird, die die Rückreaktion erzwingt. Dabei wird interkaliertes Li^+ an der Kathode zum Metall reduziert. Batterien dieser Art besitzen offene Zellspannungen um 2,5 V. Lade-Entlade-Zyklen können viele hundert mal vollzogen werden, bevor die Batterieleistung abfällt.

Beispiel: Nickel-Metallhydrid-Batterie
Nickel-Metallhydrid-Akkumulatoren sind seit den 80-er Jahren kommerziell erhältlich. Als negatives Elektrodenmaterial (Anode) werden intermetallische Verbindungen verwendet, die große Mengen Wasserstoff als Metallhydrid (MH) speichern können. Die am häufigsten verwendete Verbindung $LaNi_5$ kann maximal sechs H^+-Ionen reversibel ein- und auslagern. In der Praxis verwendet man ein modifiziertes $LaNi_5 H_{6-x}$, in dem Nickel partiell durch andere Metalle und Lanthan durch das billigere Mischmetall* ersetzt ist.

Beim Entladevorgang wandern die an der Anode freigesetzten Protonen durch eine konzentrierte wässrige KOH-Elektrolytlösung zur Kathode.

$$MH \,|\, KOH_{aq} \,|\, NiO(OH)$$

$$MH + NiO(OH) \xrightarrow{\ Entladen\ } M + Ni(OH)_2$$

---

* Mischmetall besteht aus Mischungen von Lanthaniod-Metallen gemäß ihres Vorkommens in den Mineralien (z.B. Monazit, Bastnäsit).

Die offenen Zellspannungen für den Nickel-Metallhydrid-Akkumulator liegen mit etwa 1,3 V am oberen Grenzwert für wässrige Elektrolyte, der durch das (pH-Wert abhängige) Zersetzungspotential von Wasser gegeben ist. Ni-Metallhydrid-Batterien werden in Funktelefonen und Hybridautos verwendet.

3.5 Elektronische Strukturen fester Stoffe

Für das Verständnis von Eigenschaften fester Stoffe ist die Kenntnis der elektronischen Struktur von Interesse, da die meisten Eigenschaften fester Stoffe direkt vom Verhalten ihrer Elektronen abhängen. Zu den Eigenschaften zählen:

Elektrische Eigenschaften: Isolatoren, Halbleiter und Metalle
Optische Eigenschaften: Absorption und Emission von Licht
Magnetische Eigenschaften: Dia-, Para-, Ferri-, Ferro- und Antiferromagnetismus
Strukturelle Organisationsformen: Verzerrung der Koordinationsgeometrie, Phasenübergänge

Diese Eigenschaften können zwar durch Messungen untersucht und charakterisiert, aber für eine neue Struktur oder Verbindung oft nicht ohne weiteres vorhergesagt werden.

Eine elektronische Struktur wird basierend auf der Kristallstruktur und den sie konstituierenden Atomen berechnet. Hierzu dienen mehr oder weniger aufwendige – aber auch in ihrer Kapazität begrenzte – Algorithmen, je nachdem, ob ein qualitatives oder quantitatives Ergebnis erwünscht ist.

Für einfache Betrachtungen einer elektronischen Struktur können die Ansätze der Molekülorbitaltheorie herangezogen werden. Ausgehend von einem einzigen Atom oder Molekül werden die Verhältnisse bei einem großen Molekül oder einem unendlich großen Molekül (Festkörper) zunehmend kompliziert, da sich die Anzahl der zu berücksichtigenden Orbitale vervielfacht (Abb. 3.19).

Wenn sich die intramolekularen Bindungsstärken den intermolekularen Bindungsstärken annähern, erfolgt ein Übergang von einer Molekülstruktur in eine Netzwerkstruktur. In diesem Fall muss zur Beschreibung der elektronischen Struktur anstatt einer Rechnung für ein Molekül (MO-Rechnung) eine Bandstrukturrechnung herangezogen werden, aus der sich die Zustandsdichte ableitet.

Die Zustandsdichte N(E) beschreibt die Anzahl der Energiezustände in einem Energieintervall E und E+dE. Ist $N(E) = 0$, so liegt eine Bandlücke vor. Je nach der Größe der Bandlücke zwischen dem Valenz- und Leitungsband (in der MO-Theorie HOMO und LUMO) werden Stoffe in elektrische Isolatoren, Halbleiter und Leiter eingeteilt. Zur Ableitung einer einfachen Bandstruktur kann von der LCAO-MO-Methode ausgegangen werden (vgl. Abschn. 1.2.1), die jedoch für (vernetzte) Feststoffe nur unter Einbindung in die Bloch-Funktion anwendbar ist.

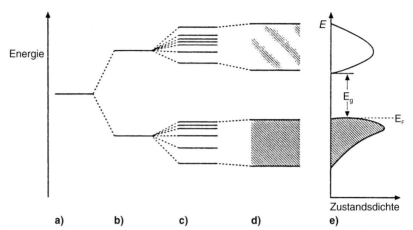

a)   b)   c)   d)   e)

Abb. 3.19 Orbitalenergien a) eines Atoms, b) eines Moleküls, c) eines großen Moleküls, d) eines Festkörpers, e) Zustandsdichte eines Festkörpers. E_F kennzeichnet die Fermi-Energie und E_g die Bandlücke.

3.5.1 Die lineare Anordnung von Wasserstoffatomen

Eine lineare Anordnung von Wasserstoffatomen soll als Modellstruktur für den wohl einfachsten wie eindrucksvollsten Fall einer Bandstruktur dienen. Die fiktive lineare $_\infty^1[H]$-Kette besteht aus unendlich vielen Atomen (n = 0, 1, 2, ...) oder 1s-Orbitalen (φ_0, φ_1, φ_2 ...) mit der Translationsperiode a (Abb. 3.20).

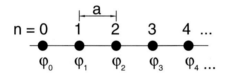

Abb. 3.20 Modell einer linearen Wasserstoffkette aus n Atomen mit der Gitterkonstante a.

Mit einem H-Atom (ein Orbital) in der Elementarzelle der $_\infty^1[H]$-Kette resultiert nur ein Energieband, dessen Verlauf in Einheiten des Wellenvektors parallel zur Kettenrichtung angegeben wird. Der Wellenvektor oder reziproke Raumvektor ist für eine Bandstruktur als $\vec{k} = 2\pi/a\ \vec{s}$ (a = Translationsperiode, $\vec{s}$ = Einheitsvektor) definiert. Eine Translationsperiode a entspricht dem Intervall $-\pi/a \leq k \leq \pi/a$ im reziproken Raum. Für die Betrachtung einer Bandstruktur ist es aber sinnvoll, die so genannte reduzierte erste Brillouin-Zone darzustellen. Dieser Ausschnitt reicht von k = 0 bis k = π/a (vgl. Abschnitt 3.5.3). In diesem Bereich müssen Energiewerte an möglichst vielen k-Punkten berechnet werden. *Die graphische Darstellung der Bandstruktur erfolgt als Auftragung der Funktion von E(k) über k.* Zur Berechnung von Kristallorbitalen unendlich vernetzter Strukturen dient die Bloch-Funktion. Aus der Lösung der Bloch-Funktion (1) an verschiedenen k-Punkten wird der Verlauf von Energiebändern deutlich.

$$\Psi_k = \sum_n e^{ikna}\ \varphi_n\ (1)$$

Aus den Lösungen für k = 0 und π/a resultieren die Kombinationen

$$\Psi^b_{k=0} = \sum_n e^0 \, \varphi_n = \varphi_0 + \varphi_1 + \varphi_2 + \varphi_3 + \dots$$

und

$$\Psi^a_{k=\pi/a} = \sum_n e^{\pi i n} \, \varphi_n = \sum_n (-1)^n \, \varphi_n = \varphi_0 - \varphi_1 + \varphi_2 - \varphi_3 + \dots \,,$$

die als bindende und antibindende Kombinationen der eindimensionalen Wasserstoffkette angesehen werden können. Wie nicht anders zu erwarten ist, liegt dazwischen eine nicht bindende Kombination. Obwohl zwischen diesen Grenzkombinationen viele weitere Mischungen von 1s-Orbitalen liegen, wird der mit k ansteigende Energieverlauf des Bandes der $^1_\infty$[H]-Kette bereits deutlich (Abb. 3.21). Auch der Verlauf eines beliebigen anderen Orbitaltyps in dieser Anordnung wird vorhersehbar. Eine Kette von p_x-Orbitalen würde demnach einen umgekehrten, mit k abfallenden Verlauf zeigen.

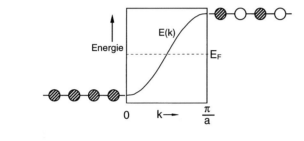

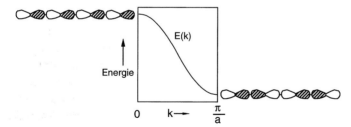

Abb. 3.21 Bandstruktur für eine lineare Kette von Wasserstoffatomen (oben) mit eingezeichneten bindenden und antibindenden Orbitalkombinationen und für eine lineare Kette von p-Orbitalen (unten). Das Fermi-Niveau E_F kennzeichnet den Besetzungszustand mit einem Elektron pro Atom im Energieband der $^1_\infty$[H]-Kette.

Das Fermi-Niveau (E_F) gibt den höchsten besetzten Energiezustand bei 0 K an. Im Prinzip erscheint eine Mobilität eines Elektrons pro Wasserstoffatom im Energiebereich der Bandbreite $\left| E(k=0) - E(k=\tfrac{\pi}{a}) \right|$ möglich. Tatsächlich nimmt die Delokalisierung von Elektronen mit zunehmender Bandbreite und mit abnehmendem Abstand der Atome zu. Ist ein Energieband mit einem einzigen Elektron besetzt, dann resultieren aus der Steigung eines Energiebandes die Grenzfälle der isolierenden (halbleitenden) oder metallischen Eigenschaften (Abb. 3.22).

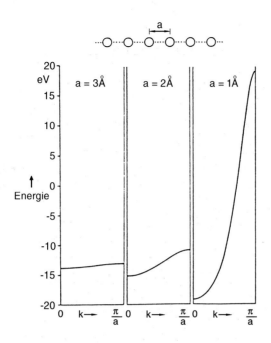

Abb. 3.22 Energiebänder zur Beschreibung lokalisierter, semilokalisierter und delokalisierter Elektronenzustände für zunehmende H–H-Abstände einer linearen H-Kette.

Allerdings sind Bandkreuzungen von Energiebändern in der Nähe der Fermi-Energie für diese Eigenschaften von zusätzlicher Bedeutung.

Die Ableitung der Zustandsdichte oder DOS (density of states) aus der Bandstruktur ist ein einfacher Schritt, der den Vorteil der spektroskopischen Überprüfbarkeit (IR/UV, Photoelektronenspektroskopie, Röntgenabsorption, Röntgenemission) mit sich bringt. Zusätzlich erbringt ein Übergang von der Bandstruktur in die Zustandsdichte die Rückkehr vom reziproken in den realen Raum.

Bei der Konstruktion einer Zustandsdichte aus einer Bandstruktur resultiert eine hohe Zustandsdichte aus Bereichen horizontal verlaufender Energiebänder – eine niedrige Zustandsdichte aus Bereichen großer Steigungen von Bändern. Die bindenden oder antibindenden Bereiche einer Bandstruktur können aus der Darstellung einer hinsichtlich bindender und antibindender Kombinationen gewichteten Zustandsdichte, der Überlappungspopulation, erhalten werden (Abb. 3.23). Die bindenden und antibindenden Bereiche der projizierten Überlappungspopulation werden für den Fall der H-Kette aus den Lösungen der Bloch-Funktion deutlich. Liegt das Fermi-Niveau nicht (wie hier) am Wendepunkt zwischen bindenden und antibindenden Zuständen, dann sind antibindende Zustände besetzt oder nicht alle bindenden Zustände gefüllt, und man kann eine chemische Modifizierbarkeit einer Verbindung (Oxidation oder Reduktion) erwarten (siehe Abschnitt 3.5.4.1).

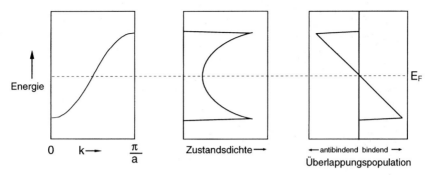

Abb. 3.23 Bandstruktur, Zustandsdichte und Überlappungspopulation einer unverzerrten linearen H-Kette (von links nach rechts).

Die Analyse der Bandstruktur einer hypothetischen Wasserstoffkette erklärt, weshalb H_2-Moleküle stabiler sind als metallischer Wasserstoff (siehe Abschnitt 3.5.2). Die Frage nach der Existenz einer metallischen Wasserstoffmodifikation ist jedoch noch ungeklärt.

3.5.2 Peierls-Verzerrung der linearen H-Kette

Tatsächlich erwartet man für die eindimensionale Anordnung von Atomen mit einem halbbesetzten Energieband (mit großer Bandbreite) eine so genannte Peierls-Verzerrung – ein Festkörperanalogon zur Jahn-Teller-Verzerrung. Der Energiegewinn, der aus dieser Verzerrung resultiert, wird deutlich, wenn man zunächst formal die Translationsperiode a der Wasserstoffkette auf 2a verdoppelt. Die Anzahl der Bänder einer Bandstruktur ist gleich der Anzahl der Orbitale in der Elementarzelle. Für eine Wasserstoffkette mit der Translationsperiode 2a existieren zwei Energiebänder. Die Konstruktion des neuen Bandstrukturdiagramms erfolgt durch Rückfaltung bei π/2a mit dem Resultat zweier Energiebänder und einer Entartung dieser Bänder bei π/2a (Abb. 3.24).[19]

Das Fermi-Niveau liegt genau an der Stelle der entarteten Energiebänder, die durch die Rückfaltung der Bandstruktur in Abb. 3.24 entstanden ist. Entscheidend für das Auftreten einer Verzerrung ist der Energiegewinn, der durch das Aufbrechen der Entartung, d.h. durch Absenkung des unteren besetzen Energiebandes (I) unter gleichzeitiger Anhebung des oberen Energiebandes (II), resultiert (Abb. 3.25). Das Aufbrechen der Entartung erfolgt gleichzeitig mit der paarweisen Annäherung von H-Atomen zu H_2-Molekülen (Symmetriereduktion). Durch Absenkung des höchsten besetzten Energiebandes (I) bei π/2a = π/a′ erfolgt eine Absenkung der Fermi-Energie. Es ist somit energetisch günstiger, wenn die Atome in der Kette abwechselnd kurze und lange Abstände voneinander haben. Diese Stabilisierung durch Verzerrung, die durch viele Beispiele belegt ist, kann anhand eines einfachen Blockschemas als Metall–Halbleiter-Übergang verdeutlicht werden.

Dieser einfachste Fall einer Peierls-Verzerrung zeigt den Effekt, dem bei einer komplizierteren Struktur alle Energiebänder folgen würden.

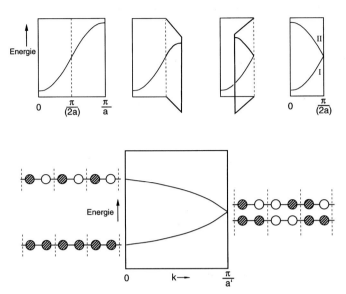

Abb. 3.24 Faltung einer Bandstruktur zur Verdoppelung der Translationsperiode. Die Anzahl der Energiebänder und Atome wird durch die Faltung verdoppelt. Die gefaltete Bandstruktur der linearen H-Kette enthält die gezeigten Grenzfälle einer bindenden, einer antibindenden und zweier nicht bindender Orbitalkombinationen (bei k = 0 und bei $k = \frac{\pi}{(2a)} = \frac{\pi}{a}$).

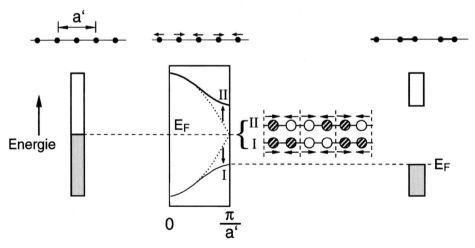

Abb. 3.25 Peierls-Verzerrung der eindimensionalen H-Kette, die zur Bildung von H_2-Molekülen führt und ein Blockschema des Metall–Halbleiter-Übergangs. Das Blockschema links repäsentiert den metallischen unverzerrten Zustand der Wasserstoffkette (entsprechend Abb. 3.24). Bei der Verzerrung spalten die entarteten Energiebänder der Bandstruktur auf, wobei eine der zwei nicht bindenden Orbitalkombinationen energetisch abgesenkt (I, bindend), die andere angehoben (II, antibindendend) wird. Das aus der Verzerrung resultierende Blockschema (rechts) repräsentiert einen Halbleiter.

3.5.3 Bandstrukturen in drei Dimensionen – Brillouin-Zonen

Zur Berechnung einer Bandstruktur stellt sich die Frage, entlang welcher Richtungen diese projiziert werden soll. Einer vollständigen Darstellung entspräche eine Darstellung von Energieflächen, von der jede mit maximal zwei Elektronen besetzt werden könnte. Üblich sind jedoch eindimensionale Projektionen von Energiebändern entlang bestimmter Richtungen der ersten Brillouin-Zone. Die erste Brillouin-Zone stellt die kleinste Einheit der Kristallstruktur im reziproken Raum dar. Die Festlegung der ersten Brillouin-Zone sei anhand eines zweidimensionalen reziproken Gitters veranschaulicht.[20] Errichtet man von einem reziproken Gitterpunkt (Γ) ausgehend Normalen auf der halben Strecke der gedachten Verbindungslinien zwischen benachbarten reziproken Gitterpunkten, so ergibt die eingeschlossene Fläche, die erste Brillouin-Zone (vgl. Abb. 3.26). In Einheiten des reziproken Raumvektors ausgedrückt, hat die erste Brillouin-Zone entlang einer Richtung die Größe $-\frac{\pi}{a} \leq k \leq \frac{\pi}{a}$. Punkte spezieller Symmetrie werden mit Großbuchstaben gekennzeichnet, und entlang ihrer Verbindungslinien werden k-Punkte gewählt, die zur Berechnung der Bandstruktur dienen.[21] Werden Energien an hinreichend vielen k-Punkten berechnet, so wachsen diese in der Auftragung von E(k) über k zu Bändern zusammen. Ausgehend vom Ursprung des reziproken Gitters (des sog. Γ-Punkts mit k = 0, 0, 0) entsprechen die speziellen Punkte X, Y und S in Abb. 3.26 den Eckpunkten der asymmetrischen Einheit einer zweidimensionalen orthorhombischen Brillouin-Zone.

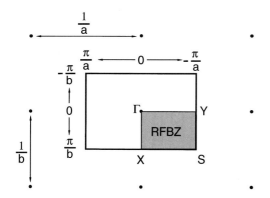

Abb. 3.26 Konstruktion der ersten Brillouin-Zone (großes Rechteck) anhand einer Ebene von zweidimensional angeordneten reziproken Gitterpunkten (schwarze Punkte) mit den Gitterkonstanten a und b. Die speziellen Punkte Γ = 0, 0, 0; X = 0, 1/2, 0; Y = –1/2, 0, 0; S = –1/2, 1/2 , 0 (in Einheiten von $2\pi/a$, $2\pi/b$, $2\pi/c$) markieren Punkte mit bestimmten Symmetrien des Gitters. Die asymmetrische Einheit der orthorhombischen Brillouin-Zone, die reduced first BZ (RFBZ) ist als graues Feld eingezeichnet.

Bei der Berechnung von Bandstrukturen entlang der verschiedenen Raumrichtungen verwendet man einen Satz von k-Punkten auf den direkten Verbindunglinien zwischen speziellen Punkten. Typisch wäre hier der Verlauf Γ–X–S–Y–Γ.

3.5.4 Bandstrukturen anhand von Beispielen

Die elektrischen Leitfähigkeitseigenschaften von Feststoffen sind auf der Basis von Bandstrukturen vorhersagbar. Für quantitative Aussagen besteht jedoch oftmals keine hinreichend genaue Kenntnis über die Bandstrukturen oder Zustandsdichten. Für einen guten metallischen Leiter müssen zwei Bedingungen erfüllt sein:

1. In unmittelbarer Nähe um das Fermi-Niveau muss eine möglichst große Anzahl von Energiebändern für möglichst viele Ladungsträger zur Verfügung stehen (hohe Zustandsdichte).

2. Einige Energiebänder müssen am Fermi-Niveau möglichst große Steigungen aufweisen, damit die Ladungsträger hohe Beweglichkeiten (Geschwindigkeiten) haben.

Treffen beide Bedingungen zu, so kreuzen „flache" und „steile" Energiebänder einander. Ist nur die erste Bedingung erfüllt, so sind die Ladungsträger lokalisiert, und es resultiert möglicherweise ein Halbleiter (z.B. Mott-Isolator). Gilt nur die zweite Bedingung, so ist die elektrische Leitfähigkeit womöglich durch eine geringe Anzahl von Ladungsträgern begrenzt.

Viele Bandstrukturen können durch einfache Überlegungen qualitativ konstruiert werden. Die Grundlage hierfür und für das Verständnis von Bandstrukturen ist die Ligandenfeldtheorie, mit der zunächst ein Ausschnitt aus einer Festkörperstruktur betrachtet werden kann.

Aus der Ligandenfeldtheorie ist wohlbekannt, dass d-Orbitale von Übergangsmetallkomplexen durch Wirkung der umgebenden Liganden aufspalten (vgl. Abschn. 2.9). Auch in einem vernetzten Festkörper ist die Aufspaltung der d-Zustände eines ML_x-Fragmentes für das Verständnis von Bandstrukturen hilfreich. So können lokale Koordinationsgeometrien von Metallatomen im Festkörper zum Ausgangspunkt zur Entwicklung von Bandstrukturen werden. Beispielsweise liegt Pt^{2+} der Struktur von $K_2[Pt(CN)_4] \cdot 3H_2O$ in quadratisch-planarer Koordination vor. Varianten des NaCl-Strukturtyps enthalten oktaedrisch koordinierte Metallatome (z.B. ReO_3), MoS_2- und WC-Strukturen sind als Beispiele trigonal-prismatischer Koordinationen der Metallatome bekannt, und in der Struktur von LaI_2 ist Lanthan quadratisch-prismatisch koordiniert.

3.5.4.1 Die Bandstruktur der [Pt(CN)₄]-Säulen in der Struktur von $K_2[Pt(CN)_4] \cdot 3H_2O$

In der Kolumnarstruktur von $K_2[Pt(CN)_4] \cdot 3H_2O$ (Krogmannsches Salz) sind die quadratisch planaren PtL_4-Einheiten ekliptisch gestapelt. Die Pt–Pt-Abstände betragen rund 330 pm. Durch Oxidation mit Cl_2 oder Br_2 verringern sich diese Abstände für $K_2[Pt(CN)_4]Cl_{0,3} \cdot 3H_2O$ auf rund 290 pm. Demnach wird die partielle Oxidation von Pt^{2+} von einer Schrumpfung der Pt–Pt-Abstände begleitet. Für $K_2[Pt(CN)_4]Cl_{0,3} \cdot 3H_2O$ resultiert metallische Leitfähigkeit parallel zur Stapelrichtung der PtL_4-Einheiten (die Leitfähigkeit fällt mit steigender Temperatur ab,

$\sigma = 10^3$ S/cm bei Raumtemperatur) und metallischer Glanz der Kristalle. Zum Verständnis der elektronischen Struktur genügt die Betrachtung eines unendlichen PtL_4-Stranges, da zwischen den benachbarten Strängen nur schwächere Bindungskräfte wirken.

Für eine isolierte PtL_4-Einheit resultiert eine Aufspaltung der 5d-Zustände entsprechend einer quadratisch-planaren Ligandenumgebung, wobei hauptsächlich die x^2-y^2-Orbitale mit den Ligandenorbitalen wechselwirken (Abb. 3.27). Für Pt^{2+} sind daher die Orbitale xy, xz, yz und z^2 mit Elektronen gefüllt, und die Metall-Ligand antibindenden x^2-y^2-Orbitale sind leer. Mit der Stapelung der quadratisch-planaren PtL_4-Einheiten übereinander resultieren für die bisher diskreten Energiezustände Verbreiterungen zu Energiebändern. Diese beruhen auf Wechselwirkungen zwischen Orbitalen benachbarter PtL_4-Einheiten, senkrecht zur quadratischen PtL_4-Ebene. Betroffen sind die Bänder z^2, 6z (p_z) und in geringerem Maße die entarteten Bänder xz und yz.

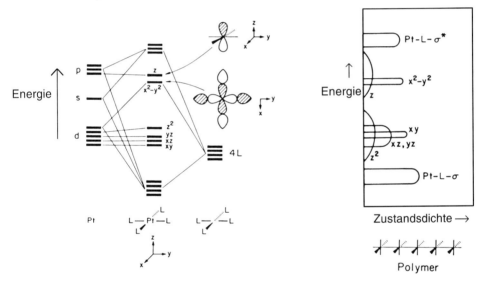

Abb. 3.27 MO-Schema einer PtL_4-Einheit und die daraus entwickelte Zustandsdichte durch die Kombination quadratisch-planarer PtL_4-Einheiten zu einem eindimensionalen Polymer.

Die für die $[Pt(CN)_4]$-Kette entwickelte Zustandsdichte ist in Abb. 3.27 (rechts) gezeigt. Der qualitative Verlauf der Energiebänder kann aus der Bloch-Funktion über die Orbitalkombinationen konstruiert werden. Daraus folgt für k = 0, dass alle Orbitale mit dem gleichen Vorzeichen ($\varphi_0 + \varphi_1 + \varphi_2 + \varphi_3 + \ldots$) und für k = π/a, dass alle Orbitale mit alternierenden Vorzeichen ($\varphi_0 - \varphi_1 + \varphi_2 - \varphi_3 + \ldots$) angeordnet sind. Aus diesen Anordnungen werden bindende (z^2 bei k = 0; xz, yz bei k = π/a), nicht bindende (xy) und antibindende (xz, yz bei k = 0; z^2 bei k = π/a) Wechselwirkungen erkennbar, aus denen die Bandverläufe in Abb. 3.28 konstruiert werden können.

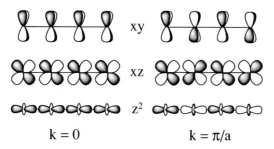

$$k = 0 \qquad\qquad k = \pi/a$$

Die xy-Orbitalkombinationen sind wegen ihrer ungünstigen Orientierung relativ zueinander nicht bindend (möglich wäre eine Überlappung vom δ-Typ), weshalb das korrespondierende Energieband horizontal verläuft. Der von $k = 0$ nach $k = \pi/a$ abfallende Verlauf der Energiebänder der entarteten xz- und yz-Orbitalkombinationen beschreibt den Übergang von schwach antibindend nach schwach bindend (Überlappung vom π-Typ). Wie im Fall des 1s-Bandes der linearen Wasserstoffkette steigt das z^2-Band stetig von $k = 0$ bis $k = \pi/a$, von bindend nach antibindend, an (Überlappung vom σ-Typ).

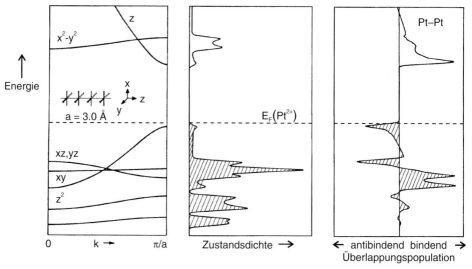

Abb. 3.28 Berechnete eindimensionale Bandstruktur (links), Zustandsdichte (Mitte) und Pt–Pt-Überlappungspopulation (rechts) einer linearen $[Pt(CN)_4]^{2-}$-Kette (Pt–Pt-Abstände in Berechnung 300 pm). Schraffierte Bereiche markieren besetzte Energiezustände, E_F den höchsten besetzten Energiezustand. Durch die Besetzung Pt–Pt-antibindender Zustände in $K_2[Pt(CN)_4]\cdot3H_2O$ wird die Oxidation zu $K_2[Pt(CN)_4]Cl_{0,3}\cdot3H_2O$ möglich. Dabei wird das zuvor gefüllte Energieband (entsprechend Pt^{2+}) teilweise entleert ($Pt^{2,3+}$) und das Fermi-Niveau abgesenkt. Es resultiert ein eindimensionales Metall.

Durch die Besetzung antibindender Energiezustände in $K_2[Pt(CN)_4]\cdot3H_2O$ wird eine Oxidation zu $K_2[Pt(CN)_4]Cl_{0,3}\cdot3H_2O$ möglich, wodurch ein Übergang in den metallischen Zustand erfolgt.

Durch Oxidation werden Elektronen aus antibindenden Pt–Pt-Zuständen entfernt, das gefüllte Valenzband (z^2) wird teilweise geleert und das Fermi-Niveau abgesenkt. Bei Entzug von 0,3 Elektronen pro Pt^{2+} ist das höchste besetzte Energieband nur noch zu $\frac{1,7}{2}$ gefüllt. $K_2[Pt(CN)_4]Cl_{0,3}\cdot3H_2O$ ist ein eindimensionaler metallischer Leiter. Die sukzessive Erniedrigung der Elektronenzahl in antibindenden Zuständen verursacht eine Verringerung der Pt–Pt-Abstände (von 330 pm auf 290 pm). Unterhalb 150 K erfolgt jedoch eine Paarbildung entlang der eindimensionalen Kette nach Peierls (vgl. H_2-Kette und 3.5.6).

3.5.4.2 Die Bandstruktur von ReO_3 – ein dreidimensionales d^1-Metall

Die lokale Koordination des Rheniums in ReO_3 (Raumgruppe $Pm\bar{3}m$, Abb. 3.16) entspricht der einfacher Übergangsmetalloxide mit NaCl-Struktur. Die Sauerstoff-2p-Orbitale (2s-Orbitale sind nicht in Abb. 3.29 gezeigt) bilden zusammen mit kleineren Mischungen von (d, s, p)-Orbitalen des Rheniums das Valenzband, oder anders betrachtet, die Re–O-bindenden-Zustände. Für die Zuordnung der hieraus resultierenden Energiebänder sollte das Zählen von Bändern in einer Bandstruktur stets an einem allgemeinen Punkt erfolgen (z.B. in Abb. 3.29 zwischen X und M), da entlang spezieller Richtungen oder an speziellen Punkten symmetriebedingte Bandentartungen vorliegen können. *Für eine Formeleinheit ReO_3 in der Elementarzelle resultieren für das Valenzband erwartungsgemäß 3 O·3(p-Orbitale) = 9 Energiebänder und für das Leitungsband 1 Re·5(d-Orbitale) = 5 Energiebänder.* Großbuchstaben kennzeichnen Symmetriepunkte im reziproken Raum. Im Ursprung

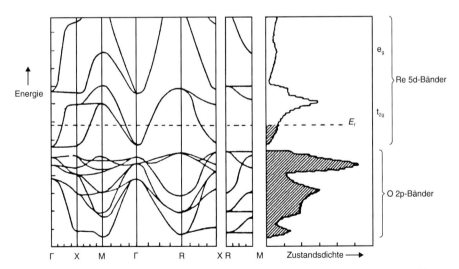

Abb. 3.29 Ausschnitt aus der berechneten Bandstruktur und Zustandsdichte von ReO_3.[22] Die Unterteilung der Re-5d-Bänder in „e_g" und „t_{2g}" soll den Bezug zu einem isolierten $[ReO_6]$-Fragment herstellen. Schraffuren kennzeichnen besetzte Energiezustände, und die Fermi-Energie (E_F) markiert den höchsten besetzten Energiezustand. Die d-Bänder enthalten ein Elektron pro ReO_3-Formeleinheit.

des reziproken Gitters (Γ-Punkt, k = 0, 0, 0) liegt in der kubischen ReO_3-Struktur O_h-Symmetrie vor. Für die oktaedrische Koordination der Rheniumatome in ReO_3 resultiert eine Aufspaltung der 5d-Energiezustände in drei t_{2g}- und zwei darüberliegende e_g-Orbitale. Diese Anordnung ist am Γ-Punkt der Bandstruktur zu erkennen (Abb. 3.29).

Ein wichtiges Beispiel für Bandentartungen an Punkten bestimmter Symmetrie sind die t_{2g}- und e_g-analogen Energiezustände der O_h-Symmetrie am Γ-Punkt.

Bei räumlicher Entfernung vom Γ-Punkt können die p- und d-Orbitale auf unterschiedliche Weise miteinander mischen, soweit die lokale Symmetrie des jeweiligen k-Punktes dies erlaubt. Die Bandbreite der d-Bänder (ΔE) resultiert nicht nur aus direkten Re–Re-Wechselwirkungen, sondern auch aus Wechselwirkungen zwischen Rhenium-d- und Sauerstoff-p-Orbitalen.

Die Breite der mit einem Elektron pro ReO_3 besetzten Leitungsbänder ist für die metallischen Eigenschaften von ReO_3 von entscheidender Bedeutung. Die E(k)-Kurven der Bandstruktur beschreiben die Beweglichkeiten von Elektronen im Festkörper entlang bestimmter Raumrichtungen in der Struktur. ReO_3 ist ein sehr guter metallischer Leiter (Leitfähigkeit sinkt mit steigender Temperatur) mit einer spezifischen Leitfähigkeit von $\sigma \approx 10^7$ S/cm bei tiefen Temperaturen. Die elektronische Struktur ähnelt den strukturell eng verwandten kubischen Wolframbronzen, Na_xWO_3 mit $0,3 \leq x \leq 0,9$.

3.5.4.3 Die Bandstruktur von MoS_2 – ein d^2-Halbleiter

In der Serie ZrS_2, NbS_2 und MoS_2 ist (d^0-)Zirconiumdisulfid ein Isolator und (d^1-)Niobdisulfid ein Metall. Anders als man vielleicht erwarten könnte, ist Molybdändisulfid mit der d^2-Konfiguration ein Halbleiter. Die Kristallstruktur von MoS_2 kann als eine Schichtstruktur aus S-Mo-S-Schichtpaketen angesehen werden (der 2H-Polytyp ist in Abb. 3.81 gezeigt). Darin besitzt Molybdän eine trigonal-prismatische Koordination. Aus der Ligandenfeldaufspaltung eines molybdänzentrierten MoS_6^{8-}-Prismas der MoS_2-Struktur resultiert eine Aufspaltung der 4d-Energiezustände von z^2 unter x^2-y^2, xy und diese unter xz, yz.* Dieses Aufspaltungsmuster findet sich am Γ-Punkt der Bandstruktur von MoS_2 wieder. Pro Formeleinheit MoS_2 liegen sechs besetzte S-3p-Bänder unter fünf Mo-4d-Bändern (Abb. 3.30). Letztere sind mit insgesamt zwei Elektronen besetzt. Tatsächlich enthalten die 3p-Bänder kleinere Anteile von (d, s, p-)Orbitalen von Mo, denn diese Energiebänder besitzen Mo–S-bindenden Charakter. Das höchste besetzte Energieband enthält zwei Elektronen pro Formeleinheit und besitzt hauptsächlich Orbitalanteile von z^2 und zusätzlich Anteile von x^2-y^2- und xy-Orbitalen. An der Oberkante dieses Energiebandes liegt das Fermi-Niveau (E_F). Oberhalb des Fermi-Niveaus erstreckt sich

---

* Die Abfolge der Energiezustände im trigonal-prismatischen Ligandenfeld kann sich in Abhängigkeit von den Kantenlängen eines Prismas (mit zunehmendem c/a-Verhältnis) von a, e, e (wie in MoS_2) nach e, a, e ändern (nach steigender Energie geordnet). Die Buchstaben a und e stehen für nicht und zweifach entartete Energiezustände.

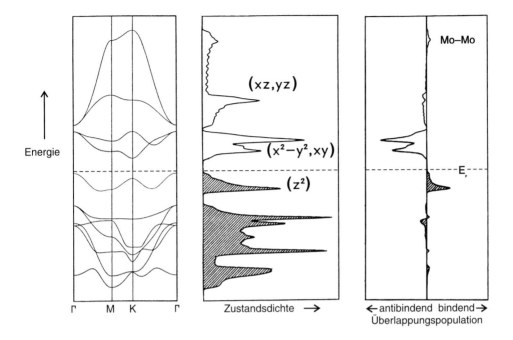

Abb. 3.30 Bandstruktur, Zustandsdichte und Mo–Mo-Überlappungspopulation von MoS_2.[23] Dominante d-Orbitalanteile der Zustandsdichten sind eingezeichnet. Mit Elektronen besetzte Zustände sind schraffiert gezeichnet. Von Interesse ist ein einzelnes gefülltes d-Band, welches energetisch abgespalten, unterhalb des d-Blocks liegt. Zwischen beiden erstreckt sich eine Bandlücke (Halbleiter).

eine Bandlücke, deren Größe auch für die Farbe der Verbindung verantwortlich ist. Halbleiter wie MoS_2 mit kleinen Bandlücken (z.B. 0,1 eV) sehen schwarz aus, da ihre Leitungselektronen thermisch angeregt werden können.

Das Fermi-Niveau schneidet die Mo–Mo-Überlappungspopulationen am Wendepunkt zwischen bindenden und antibindenden Zuständen. Daraus wird deutlich, dass die Stabilität der trigonal-prismatischen Koordination besonders für d^2-Systeme ausgeprägt ist. Jeweils zwei Elektronen besetzen Dreizentrenbindungen (in nicht schwefelüberdachten Metalldreiecken) in den Schichten der Metallatome.

Die Bandstruktur von ZrS (WC-Typ) sieht ganz ähnlich aus, wobei die Bandlücke zwischen Valenz- und Leitungsband merklich kleiner ist. Wie nicht anders zu erwarten ist, sind korrespondierende d^1-Systeme mit einem Elektron pro Formeleinheit im Leitungsband, wie NbS_2 und TaS_2, metallisch und oft reduzierbar (H_xTaS_2 mit $0 < x < 0,9$). Im Gegensatz hierzu sollte MoS_2 nicht reduzierbar sein, da antibindende Zustände besetzt werden müssten. Aus diesem Grund ist die Existenz von Molybdänbronzen (Li_xMoS_2, H_xMoS_2) oder anderen kationischen Interkalationsverbindungen ($KMoS_2$) auf Basis der Struktur von $2H$-MoS_2 nicht zu erwarten. Jedoch besitzen diese Verbindungen Strukturen mit oktaedrischen Koordinationen der Molybdänatome, wie das aus einer Deinterkalationsreaktion von $KMoS_2$ erhaltene $1T\text{-}MoS_2$.

$$1T\text{-}MoS_2 \xrightarrow{\;95\,°C\;} 2H\text{-}MoS_2$$

metastabil	stabil
Mo: oktaedrische Koordination	Mo: trigonal-prismatische Koordination
Metall	Halbleiter

$1T\text{-}MoS_2$ und viele andere d^1-Systeme mit Metallatomen in oktaedrischer Koordination besitzen metallische Eigenschaften (z.B. ReO_3, YSe).

3.5.4.4 Die Bandstruktur von LaI_2 – ein d^1-Metall

LaI_2 kristallisiert im $MoSi_2$-Strukturtyp und enthält dreiwertiges Lanthan (vgl. Konfigurationsübergang, Abschnitt 3.1.7.3). Jedes La^{3+} in der Struktur ist von acht I^- in würfelförmiger Formation umgeben, die entlang der vierzähligen Drehachse gestaucht ist. Die vierzählige Drehachse entspricht der kristallographischen z-Richtung (Abb. 3.31). Aus dem leicht gestauchten, würfelförmigen Ligandenfeld um die Lanthanatome resultiert eine Aufspaltung der 5d-Zustände von „zwei unter drei" (z^2, $x^2\text{-}y^2$ unter xz, yz, xy). Von den fünf d-Orbitalen pro Formeleinheit LaI_2 sind zwei durch die Wirkung der vierzähligen Drehachse symmetrisch äquivalent (xz, yz). Analoges gilt für die p_x- und p_y-Orbitale der Iodatome. Zwischen den speziellen Punkten Γ und Z resultiert daher eine zweifache Entartung dieser Energiebänder. Im Bereich der fünf 5d-Bänder befindet sich zusätzlich das 6s-Band. Der direkte Abstand zwischen dem mit einem Elektron pro Formeleinheit LaI_2 besetzten Leitungsband und dem darunter befindlichen Valenzband beträgt für LaI_2 3 – 3,5 eV (Abb. 3.32).

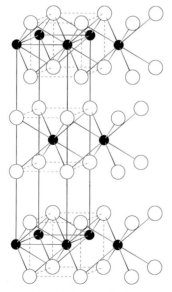

Abb. 3.31 Kristallstruktur von LaI_2 (Raumgruppe *I4/mmm*).

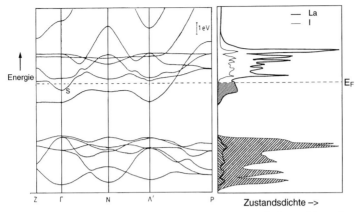

Abb. 3.32 Ausschnitt aus der berechneten Bandstruktur von LaI_2 und berechnete Zustands-dichte von LaI_2. Die Zustandsdichte ist für La- und I-Anteile getrennt dargestellt.[24] Schraf-fierte Bereiche kennzeichnen besetzte Energiezustände. E_F markiert den höchsten besetzten Energiezustand. Formal ist nur ein d-Band mit einem Elektron pro Formeleinheit LaI_2 be-setzt. LaI_2 ist ein metallischer Leiter. Das 6s-Band wurde mit „s" markiert.

Die Breite des Leitungsbandes für ein d^1-System wie LaI_2 hängt nicht nur von direkten Metall–Metall-Überlappungen ab (die kürzesten La–La-Abstände be-tragen 392 pm), sondern auch vom Mischen der p-Ligandenorbitale mit d-Orbi-talen des Metalls (vgl. ReO_3). Von besonderem Interesse ist das halbbesetzte z^2-Band, dessen Bandbreite ohne Berechnung oder Messung nur schwer vorherzu-sagen wäre. Die auftretenden Bandkreuzungen unterstützen zusammen mit der Steigung des Leitungsbandes die Beweglichkeit der Elektronen und damit die metallische Leitfähigkeit ($\sigma \approx 10^5$ S/cm bei RT). In LaI_2 und ReO_3 sind die Elektronen in Leitungsbändern delokalisiert. Dem erfahrenen Betrachter verrät häufig schon die Kristallstruktur, ob eine Lokalisierung von Elektronen an ir-gendeinem Ort in einer Struktur möglich ist (MoS_2) oder nicht (LaI_2, ReO_3, Me-talle).

3.5.5 Metall–Metall-Bindungen

Übergangsmetallverbindungen mit metallischen Eigenschaften besitzen Leitungs-bänder, die oft einige Elektronenvolt breit sind. Dennoch sind die Metallatome in den Strukturen oft zu weit voneinander entfernt, um direkte Metall–Metall-Bindun-gen ausbilden zu können. Wie in ReO_3 liegt keine direkte Überlappung der d-Orbi-tale vor. Zur Beobachtung metallischer Eigenschaften ist das Auftreten von Metall-bindungen daher keine Voraussetzung. Direkte Überlappungen von d-Orbitalen werden als Ursache für die metallischen Eigenschaften der Oxide TiO und VO (de-fekte NaCl-Struktur) angesehen, in denen Leerstellen im Anionen- und Kationen-teilgitter vorliegen, wie auch in der Struktur von NbO, in der die Defekte jedoch geordnet sind.

Am deutlichsten werden M–M-Bindungen in so genannten metallreichen Verbindungen der Übergangs- oder Seltenerdmetalle, die mehr Elektronen besitzen,
als dies zur Absättigung der anionischen Valenzen notwendig ist. Beispiele für das
Auftreten von M–M-Bindungen, die sich in einer oder in zwei Richtungen durch
Strukturen ziehen, sind Verbindungen wie $NaMo_4O_6$, Y_2Cl_3 oder ZrCl. Das Auftreten von M–M-Bindungen erzeugt aber nicht gleichzeitig metallische Eigenschaften, da die mit Elektronen gefüllten M–M-bindenden Zustände oftmals durch eine
Bandlücke von den leeren d-Zuständen (Leitungsband) getrennt sind, wie in den
Bandstrukturen von Y_2Cl_3 oder MoS_2.

Da M–M-Bindungen wesentlich schwächer sind als heteroatomare M–O- oder
M–Cl-Bindungen, können starke Gitterschwingungen bei höheren Temperaturen
das Aufbrechen von M–M-Bindungen bewirken (vgl. VO_2, Abschnitt 3.8.5.2.2).

Am Beispiel der Verbindung $Na_2Ti_3Cl_8$ (Abb. 3.33) kann die reversible Bildung von Ti–Ti-Bindungen verfolgt werden.[25] Die Struktur kann vereinfacht als interkalierte Variante der Nb_3Cl_8-Struktur aufgefasst werden (vgl. Abb. 3.105). In
der Raumtemperaturmodifikation besetzen Titanatome drei Viertel der oktaedrischen Lücken in einer dichtest gepackten Chlordoppelschicht ($A\gamma_{\frac{3}{4}}B$). Die Ti–Ti-
Abstände innerhalb der Schichten betragen einheitlich 372 pm. Die Verbindung
kann salzartig als $(Na^+)_2(Ti^{2+})_3(Cl^-)_8$ mit (isolierten) Ti^{2+}-Ionen beschrieben werden.

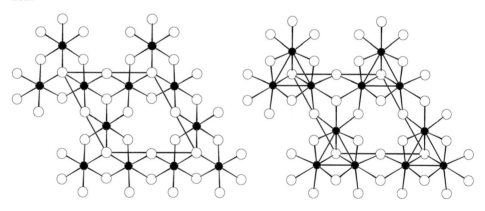

Abb. 3.33 Projektionen eines $[Ti_3Cl_8]^{2-}$-Ausschnitts aus der Struktur von $Na_2Ti_3Cl_8$ auf die
hexagonale ab-Ebene. Beim Übergang von der Hochtemperaturmodifikation (Raumgruppe
$R\bar{3}m$, links) in die Tieftemperaturmodifikation (Raumgruppe $R3m$, rechts) entstehen Ti–Ti-
Bindungen bzw. $[Ti_3]^{6+}$-Cluster.

In der Tieftemperaturmodifikation (< 200 K) rücken die Titanatome zu gleichseitigen Dreiecken zusammen, und es entstehen Ti–Ti-Bindungen (Abstand Ti–
Ti = 300 pm) mit $[(Ti^{4+}\cdot2e^-)_3]^{6+}$-Clustern. Für die drei Ti–Ti-Bindungen eines
$[Ti_3]^{6+}$-Clusters stehen sechs Elektronen zur Verfügung ($2\cdot1(Na^+) + 3\cdot4(Ti^{4+}) -
8\cdot1(Cl^-) = 6$ Elektronen). Ähnliche Phasenumwandlungen zeigen Titandihaloge-
nide.

3.5.6 Peierls-Verzerrung und Ladungsdichtewelle (CDW)

Das Theorem von Peierls postuliert, dass ein eindimensionales Metall gegenüber einer periodischen Gitterdeformation labil ist. Es resultiert eine Änderung der Periodizität des Gitters. Ein Beispiel ist die lineare Kette von Wasserstoffatomen, deren Periodizität zu Dimeren zusammenbricht (Abschnitt 3.5.2). Daher zerstört eine Peierls-Verzerrung den metallischen Grundzustand eines eindimensionalen Systems. Die resultierende Stabilisierung des elektronischen Grundzustandes führt zu einer Ladungsdichtewelle (charge-density wave, CDW) mit einer periodischen Akkumulation von Elektronendichte, die mit dem strukturellen Verzerrungsmuster konsistent ist. Die Verzerrung gilt allerdings nicht nur für ein eindimensionales Metall mit einem halbbesetzten Energieband, sondern auch bei zu einem Drittel, Viertel usw. besetzten Energiebändern, die gleich mehrere Faltungen von Energiebändern erfordern. Ein zu $\frac{1}{100}$ besetztes Energieband (Dotierung) wird jedoch kaum noch aufspalten, da die Stabilisierungsenergie zu gering sein wird.

Tab. 3.4 Peierls-Verzerrung eindimensionaler Systeme.

Verbindung/Struktur unter Normalbedingung	Bedingung für Strukturänderung
H_2-Moleküle[a]	unter Druck eindimensionale H-Kette (hypothetisch)
$K_2[Pt(CN)_4]Cl_{0,3} \cdot 3H_2O$	< 150 K gepaarte $Pt(CN)_4$-Einheiten[a]
NbI_4 (Paarung der Metallatome)[a]	unter Druck einheitliche Nb–Nb-Abstände
α-VO_2 (verzerrter Rutil-Typ, Paarung der Metallatome)[a]	β-VO_2, > 340 K einheitliche V–V-Abstände entlang der Oktaederstränge[b]

[a] Phase mit Verzerrung nach Peierls.
[b] Die Betrachtung von VO_2 als eindimensionales System ist eine Vereinfachung.

Beispiele für eine Verzerrung nach Peierls sind Strukturen mit eindimensional flächenverknüpften $[MX_6]$-Oktaedersträngen bei Metalltrihalogeniden ($ZrI_{\frac{6}{2}}$) oder kantenverknüpften Oktaedersträngen bei Metalltetrahalogeniden ($NbI_2I_{\frac{4}{2}}$). Die Tieftemperaturmodifikation beinhaltet die Verzerrung, die durch zunehmende Gitterschwingungen bei Temperaturerhöhung aufgehoben werden kann. Außer durch Temperaturerhöhung kann die Peierls-Verzerrung durch hohen Druck (NbI_4) aufgehoben werden, und es resultiert ein Übergang in die metallische Phase.

3.6 Magnetische Eigenschaften von Feststoffen

Die magnetischen Eigenschaften von Feststoffen werden durch die elektronischen Gegebenheiten (Oxidationszustand, Bindungsverhältnisse) der beteiligten Atome bestimmt. Von entscheidender Bedeutung ist die elektronische Konfiguration. Besitzen Verbindungen ausschließlich gepaarte Elektronen, wie die meisten organischen Verbindungen oder typische Salze wie z.B. NaCl oder CaF_2, sind sie durch diamagnetisches Verhalten gekennzeichnet. Durch ungepaarte Spins, die hauptsächlich in Verbindungen der Übergangs- und Seltenerdmetalle vorkommen, wird paramagnetisches Verhalten (Curie-Paramagnetismus) hervorgerufen. Metalle, die durch leicht bewegliche, nicht lokalisierte Elektronen gekennzeichnet sind, zeigen einen temperaturunabhängigen Paramagnetismus (TUP, Pauli-Paramagnetismus). Eine große und interessante Gruppe von magnetischen Materialien ist durch spezifische kollektive Ordnungszustände ihrer Spins gekennzeichnet, die durch interatomare magnetische Wechselwirkungen hervorgerufen werden. Eine für die Praxis besonders wichtige Gruppe sind permanent magnetische Materialien, die aus ferri- oder ferromagnetischen Ordnungszuständen resultieren.

Diamagnetismus und Paramagnetismus sind magnetische Eigenschaften, die nur durch ein von außen einwirkendes magnetisches Feld beobachtet werden. Deshalb werden Verbindungen zur Messung ihres magnetischen Verhaltens in das Magnetfeld eines Magnetometers eingebracht. Dabei wird durch das äußere Magnetfeld H eine zusätzliche Magnetisierung M in der Probe induziert. In einem Magnetometer wird diese zusätzliche Magnetisierung über das gesamte Probenvolumen gemessen (Volumenmagnetisierung M_V). Da diamagnetische Stoffe aus einem (inhomogenen) Magnetfeld abgestoßen werden, ist M_V negativ. Paramagnetische Stoffe werden in ein (inhomogenes) Magnetfeld hineingezogen, weshalb M_V positiv ist. Die Kenngröße für dieses Verhalten ist die magnetische Suszeptibilität χ. Sie ist definiert als das Verhältnis der zusätzlichen Magnetisierung M in der Probe zum äußeren angelegten Magnetfeld. Für die Volumensuszeptibilität gilt

$$\chi_v = \frac{M_v}{H}$$

Die Volumensuszeptibilität ist dimensionslos. In der Praxis verwendet man häufig die Molsuszeptibilität χ_{mol} (in cm^3/mol) und gelegentlich die Massensuszeptibilität χ_g (in cm^3/g, früher als „Grammsuszeptibilität" bezeichnet).

$$\chi_v \cdot V = \chi_g \cdot m = \chi_{mol} \cdot \frac{m}{M_{mol}}$$

V ist das Volumen (in cm^3), m die Masse (in g) und M_{mol} die Molmasse (in g/mol) der Probe.

Die verschiedenen Arten des Magnetismus werden nach dem Vorzeichen und der Stärke der magnetischen Suszeptibilität sowie nach ihrer Temperaturabhängigkeit unterschieden (Abb. 3.34, Tab. 3.5).

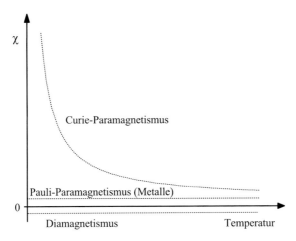

Abb. 3.34 Temperaturabhängigkeit der magnetischen Suszeptibilität diamagnetischer, Curie-paramagnetischer und Pauli-paramagnetischer Substanzen.

Tab. 3.5 Typische Bereiche der Molsuszeptibilitäten magnetischer Stoffe.

Magnetismus	χ_{mol}	Änderung mit steigender Temperatur
Diamagnetismus	ca. -10^{-5}	keine
Pauli-Paramagnetismus	ca. 10^{-5}	keine
Paramagnetismus	10^{-6} bis 10^{-1}	abnehmend
Ferromagnetismus	10^{-2} bis 10^{6}	abnehmend

Im Allgemeinen sind in Feststoffen verschiedene Arten des Magnetismus nebeneinander vorhanden und machen zusammen die Gesamtsuszeptibilität aus:

$$\chi_{ges} = \chi_{dia} + \chi_{para} + \chi_{TUP}$$

Die Einordnung einer Substanz als Dia- oder Paramagnet oder auch als temperaturunabhängiger Paramagnet wird durch die Dominanz des jeweiligen Suszeptibilitäts-Beitrages zur Gesamtsuszeptibilität vorgenommen.

3.6.1 Diamagnetismus

Diamagnetisches Verhalten von Verbindungen wird beobachtet, wenn die Atome und Ionen abgeschlossene Elektronenschalen oder ausschließlich gepaarte Elektronen besitzen. Durch die Wechselwirkung mit einem äußeren Magnetfeld wird beim Diamagnetismus die Bahnbewegung der Elektronen gestört. Dabei erzeugt das äußere Magnetfeld durch Induktion eines Stromes ein zusätzliches Magnetfeld, das dem Erregerfeld (H) entgegen gerichtet ist. Durch die Schwächung des Magnetfeldes resultiert für reinen Diamagnetismus $\chi < 0$. Die magnetische Suszeptibilität ist im diamagnetischen Fall von der Magnetfeldstärke und von der Temperatur unabhängig. Insgesamt sind die diamagnetischen Effekte schwach (mit Molsuszeptibilitäten in der Größenordnung von 10^{-5} cm^3/mol).

Ein diamagnetischer Anteil zur Gesamtsuszeptibilität tritt bei allen Verbindungen auf. Paramagnetische Stoffe sind durch die Beiträge innerer Elektronenschalen und durch diamagnetische Bausteine von diamagnetischen Eigenschaften begleitet. Die praktische Bedeutung der diamagnetischen Suszeptibilität liegt vor allem darin, durch ihre Kenntnis und durch eine gemessene Gesamtsuszeptibilität die paramagnetische Suszeptibilität einer Substanz genau quantifizieren zu können. Für die meisten anorganischen Strukturfragmente (z.B. Alkali- und Erdalkalimetallionen sowie einfache und komplexe Anionen wie Cl^-, SO_4^{2-}, CO_3^{2-}, CN^-, BF_4^-) liegen die diamagnetischen Suszeptibilitätswerte tabelliert vor. Ebenso sind diamagnetische Korrekturwerte für die inneren Schalen paramagnetischer Übergangs- und Seltenerdmetalle bekannt.

3.6.2 Paramagnetismus

Paramagnetismus zeigen Stoffe, deren Gesamtspin ungleich null ist. Die daraus resultierenden magnetischen Momente sind in einem Festkörper zunächst regellos angeordnet, weshalb ohne äußeres Magnetfeld auch keine messbare Magnetisierung resultiert. Durch das Anlegen eines externen Magnetfeldes entsteht eine energetisch günstigere Situation, wenn sich die einzelnen magnetischen Momente parallel zum externen Feld anordnen. Dieser Ordnung wirkt die thermische Bewegung der Atome und ihrer Spins entgegen. Für paramagnetische Substanzen resultiert daraus ein stark temperaturabhängiger Verlauf der magnetischen Suszeptibilität, der durch das Gesetz von Curie beschrieben werden kann:

$$\chi_{mol} = \frac{C}{T} \quad \text{mit} \quad C = \frac{N_A \cdot \mu^2}{3\,k}$$

Darin steht C für die Curie-Konstante, μ ist das magnetische Moment eines Teilchens, N_A ist die Avogadro-Konstante und k die Boltzmann-Konstante. Das Curie-Gesetz gilt für freie Atome und Ionen bei nicht zu starken Magnetfeldern und nicht zu tiefen Temperaturen. Sobald die Atome zu Molekülen oder Kristallverbänden zusammengeschlossen werden, treten Abweichungen auf, deren Erklärung differenzierte Modelle erfordert. Eine Erweiterung des Curie-Gesetzes ist das Curie-Weiss-Gesetz:

$$\chi_{mol} = \frac{C}{T - \Theta} \quad \text{mit} \quad C = \frac{N_A \cdot \mu^2}{3\,k}$$

Das Curie-Weiss-Gesetz berücksichtigt Wechselwirkungen zwischen den magnetischen Momenten im Kristallverband. Nach dem Curie-Weiss-Gesetz werden parallele bzw. antiparallele Wechselwirkungen zwischen den Spins benachbarter Atome durch eine positive bzw. negative Weiss-Konstante Θ berücksichtigt. Eine Auftragung der reziproken Suszeptibilität gegen die Temperatur ergibt eine Gerade, die im Curie-Fall durch den Ursprung verläuft und im Curie-Weiss-Fall die Temperaturachse bei Θ schneidet (Abb. 3.35).

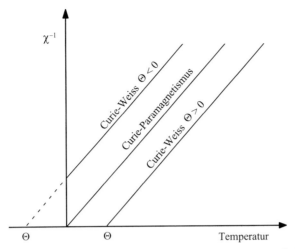

Abb. 3.35 Graphische Darstellung von paramagnetischem Verhalten nach Curie und Curie-Weiss.

Von einer paramagnetischen Substanz ist im Allgemeinen die Ermittlung der Curie-Konstante C und des magnetischen Moments μ (bezogen auf ein magnetisches Teilchen) von Interesse. Die kleinste Einheit, in der magnetische Momente angegeben werden, ist das Bohr-Magneton (BM = μ_B). Das magnetische Moment erlaubt Aussagen über den Oxidationszustand und die Symmetrie des Ligandenfeldes um ein magnetisches Zentralteilchen.

Den theoretischen Zusammenhang zwischen ungepaarten Elektronen und den daraus resultierenden magnetischen Momenten liefern die Elektrodynamik und die Quantenmechanik. Danach werden durch kreisförmig bewegte Ladungen magnetische Momente induziert. Im Falle von Elektronen sind hierfür Bahn- und Eigendrehimpuls (Spin) verantwortlich.

Mit dem Bahndrehimpuls eines Elektrons $\quad \vec{l} = \sqrt{l(l+1)}\,\hbar$

resultiert sein magnetisches Bahnmoment $\quad \vec{\mu}_l = \sqrt{l(l+1)}\,\mu_B$

und mit dem Spin eines Elektrons $\quad \vec{s} = \sqrt{s(s+1)}\,\hbar$

dessen magnetisches Spinmoment $\quad \vec{\mu}_s = g\sqrt{s(s+1)}\,\mu_B,$

wobei durch g die gyromagnetische Anomalie des magnetischen Spinmoments zum Ausdruck kommt. Der Wert für g beträgt ≈ 2, d. h. das induzierte magnetische Spinmoment ist etwa doppelt so stark wie für das magnetische Bahnmoment.

Die elektronische Konfiguration von freien Atomen oder Ionen mit mehreren Elektronen gehorcht den Regeln von Hund und dem Pauli-Prinzip. Daraus resultiert für jedes Atom (Ion) ein elektronischer Grundzustand, der ein bestimmtes Bahn- und Spinmoment besitzt. Die einzelnen Spin- und Bahnmomente in einem magnetischen Atom koppeln miteinander zu einem Gesamtmoment. Diese Kopplung wird für 3d- und 4f-Metalle in guter Näherung durch die Russel-Saunders-Kopplung

(LS-Kopplung) beschrieben. Sie geht davon aus, dass die einzelnen Bahnmomente $\vec{l}$ zu einem Gesamtbahnmoment $\vec{L} = \sum \vec{l}$ und die einzelnen Spinmomente $\vec{s}$ zum Gesamtspinmoment $\vec{S} = \sum \vec{s}$ koppeln. In einer sekundären Wechselwirkung koppeln dann das Gesamtbahn- und das Gesamtspinmoment zum magnetischen Gesamtmoment $\vec{J}$. Für die stabilste Konfiguration gilt $\vec{J} = \vec{L} - \vec{S}$, wenn der Orbitalsatz (z.B. 3 d) weniger als halbbesetzt und $\vec{J} = \vec{L} + \vec{S}$ wenn der Orbitalsatz mehr als halbbesetzt ist. Daraus ergeben sich die Russel-Saunders Grundterme der freien Atome und Ionen in der generellen Form $^{2S+1}L_J$, wobei für das Bahnmoment eine spezielle Symbolik gilt. Für die Bahnmomente 0, 1, 2, 3, 4, 5, 6 werden die Termsymbole S, P, D, F, G, H, I gesetzt. Für die Beispiele Fe^{3+} (3 d^5-Konfiguration, fünf parallele Spins ergeben S = 5/2, L = 0) und Co^{2+} (3 d^7-Konfiguration, mit $5 \cdot (1/2) + 2 \cdot (-1/2)$ folgt S = 3/2, L = 3) resultieren die Grundterme $^6S_{5/2}$ und $^4F_{9/2}$.

Die magnetischen Eigenschaften freier Ionen lassen sich aus den Grundtermen ableiten.

$$\mu_J = g\sqrt{J(J+1)}\,\mu_B \quad \text{mit} \quad g = 1 + \frac{J(J+J) + S(S+1) - L(L+1)}{2J(J+1)}$$

Der Landé-Faktor g berücksichtigt wiederum die gyromagnetische Anomalie des Spinanteils und damit die Konfiguration des Atoms, die durch die Spin-Bahn-Kopplung verursacht wird. Für reinen Spinmagnetismus wäre g ≈ 2.

Tab. 3.6 Berechnete und gemessene magnetische Momente dreiwertiger Ionen der Lanthanoidmetalle[a].[26]

Ion	Konfiguration	Grundterm	μ_J/μ_B[b]	μ_{exp}/μ_B[d]
Ce^{3+}	$4f^1 5s^2 p^6$	$^2F_{\frac{5}{2}}$	2,54	2,4
Pr^{3+}	$4f^2 5s^2 p^6$	$^3H_4$	3,58	3,5
Nd^{3+}	$4f^3 5s^2 p^6$	$^4I_{\frac{9}{2}}$	3,62	3,5
Pm^{3+}	$4f^4 5s^2 p^6$	$^5I_4$	2,68	–
Sm^{3+c}	$4f^5 5s^2 p^6$	$^6H_{\frac{5}{2}}$	0,84	1,5
Eu^{3+c}	$4f^6 5s^2 p^6$	$^7F_0$	0	3,4
Gd^{3+}	$4f^7 5s^2 p^6$	$^8S_{\frac{7}{2}}$	7,94	8,0
Tb^{3+}	$4f^8 5s^2 p^6$	$^7F_6$	9,72	9,5
Dy^{3+}	$4f^9 5s^2 p^6$	$^6H_{\frac{15}{2}}$	10,63	10,6
Ho^{3+}	$4f^{10} 5s^2 p^6$	$^5I_8$	10,60	10,4
Er^{3+}	$4f^{11} 5s^2 p^6$	$^4I_{\frac{15}{2}}$	9,59	9,5
Tm^{3+}	$4f^{12} 5s^2 p^6$	$^3H_6$	7,57	7,3
Yb^{3+}	$4f^{13} 5s^2 p^6$	$^2F_{\frac{7}{2}}$	4,54	4,5

[a] Nahe Raumtemperatur.

[b] Der Gesamtdrehimpuls J ist gleich |L–S|, wenn die Schale weniger als halbbesetzt ist und gleich L + S, wenn sie mehr als halbbesetzt ist. Ist die Schale genau halbbesetzt, folgt L = 0 und J = S. Der Grundzustand ist durch die Maximalwerte von S und L charakterisiert.

[c] Für die Ionen Eu^{3+} und Ce^{3+} ist es notwendig, außer dem Grundzustand auch höhere Energiezustände des L-S-Multipletts zu berücksichtigen, da die benachbarten Energiezustände im Vergleich zu kT bei Raumtemperatur nicht groß sind.

[d] Repräsentative Werte.

Beispiele zur Berechnung von μ_J:

- Ce^{3+} besitzt ein f-Elektron. Für ein f-Elektron gilt L = 3 (m_L kann Werte 3, 2, 1, 0, –1, –2, –3 annehmen) und $S = \frac{1}{2}$. Nach $|L - S| = 3 - \frac{1}{2} = \frac{5}{2}$ hat J den Wert $\frac{5}{2}$ und μ_J errechnet sich zu 2,54 BM.

- Pr^{3+} besitzt zwei f-Elektronen. Hierfür gilt S = 1 und L = 5. Zwei Elektronen mit parallelen Spins (S = 1) können nach dem Pauli-Verbot nicht das gleiche Orbital besetzen, weshalb nur eines m_L = 3 annehmen kann und das andere m_L = 2. Damit resultiert für J der Wert $|L - S|$ = 4 und μ_J errechnet sich zu 3,58 BM.

Die magnetischen Eigenschaften der dreiwertigen Lanthanoidionen werden durch die für μ_J angegebene Formel gut beschrieben. Tab. 3.6 enthält die Grundterme sowie die berechneten (μ_J) und experimentell bestimmten (μ_{exp}) magnetischen Momente der Reihe der dreiwertigen 4f-Ionen. In den meisten Fällen wird hier eine gute Übereinstimmung gefunden, obwohl die betrachteten Ionen in Verbindungen nicht „frei" vorkommen, sondern durch Ligandenfeldeffekte von umgebenden Anionen beeinflusst werden. Diese wirken sich jedoch auf die abgeschirmten, innen liegenden f-Schalen nur schwach aus und können in den meisten Fällen vernachlässigt werden.

Im Gegensatz dazu sind Ligandenfeldeffekte auf d-Schalen in Verbindungen der Übergangsmetalle nicht vernachlässigbar. Sie wirken sich in der Regel so aus, dass die Bahnmomente für diese Ionen nahezu ganz (Konfigurationen: $d^1 - d^5$) oder teilweise (Konfigurationen: $d^6 - d^9$) unterdrückt werden. Zur näherungsweisen Berechnung von magnetischen Momenten von Übergangsmetallionen kann die so genannte spin-only-Formel verwendet werden:

$$\mu_s = g\sqrt{S(S+1)}\mu_B$$

Die nach der spin-only-Formel berechneten magnetischen Momente (μ_s) einiger Übergangsmetallionen und repräsentative experimentell bestimmte Momente (μ_{exp}) sind in Tab. 3.7 zusammengestellt.

Tab. 3.7 Berechnete und gemessene magnetische Momente von Übergangsmetallionen.

Ion	Konfiguration	Grundterm	μ_S/μ_B	μ_{exp}/μ_B [a]
Sc^{3+}	$3d^0$	$^1S_0$	0	0
Ti^{3+}	$3d^1$	$^2D_{\frac{3}{2}}$	1,73	1,8
V^{3+}	$3d^2$	$^3F_2$	2,83	2,8
Cr^{3+}, V^{2+}	$3d^3$	$^4F_{\frac{3}{2}}$	3,87	3,8
Mn^{3+}, Cr^{2+}	$3d^4$	$^5D_0$	4,90	4,9
Fe^{3+}, Mn^{2+}	$3d^5$	$^6S_{\frac{5}{2}}$	5,92	5,9
Fe^{2+}	$3d^6$	$^5D_4$	4,90	5,4
Co^{2+}	$3d^7$	$^4F_{\frac{9}{2}}$	3,87	4,8
Ni^{2+}	$3d^8$	$^3F_4$	2,83	3,2
Cu^{2+}	$3d^9$	$^2D_{\frac{5}{2}}$	1,73	1,9

[a] Repräsentative Werte.

Der Vergleich von berechneten magnetischen Momenten mit Ergebnissen einer Messung wird wie folgt vorgenommen: aus den um die diamagnetischen Anteile korrigierten Messdaten werden die molaren Suszeptibilitäten ermittelt. Aus einer Auftragung der inversen molaren Suszeptibilitäten gegen die Temperatur kann entschieden werden, ob ein ideal-paramagnetisches Verhalten nach Curie oder ob ein Verhalten nach Curie-Weiss (Ermittlung der Weiss-Konstante Θ durch Interpolation von χ^{-1} auf die T-Achse) vorliegt. Die experimentellen magnetischen Momente μ_{exp} folgen dann aus der Beziehung:

$$\mu_{exp} = \sqrt{\chi_{mol} \frac{3k}{N_A}(T - \Theta)} \text{ mit } \Theta = 0 \text{ für Curie-Verhalten}$$

Die so ermittelten experimentellen magnetischen Momente werden anschließend mit den berechneten Werten verglichen.

Das Curie- und das Curie-Weiss-Gesetz besitzen Gültigkeit für nicht zu tiefe Temperaturen und nicht zu hohe externe Felder. Bei tiefen Temperaturen und hohen Feldern tritt Sättigungsmagnetisierung auf, d. h. alle magnetischen Momente sind maximal in Feldrichtung ausgerichtet. Für die Sättigungsmagnetisierung gilt $\mu = g \cdot J \cdot \mu_B$ für Stoffe mit magnetischen Ionen, die der Russel-Saunders-Kopplung gehorchen bzw. $\mu = g \cdot S \cdot \mu_B$ für Stoffe, die mit der spin-only-Formel beschrieben werden. Die in der Praxis wichtige Größe der Sättigungsmagnetisierung wird für permanentmagnetische (z.B. ferro- oder ferrimagnetische) Materialien experimentell durch Hysteresemessungen ermittelt (vgl. Abb. 3.65).

3.6.3 Kooperative Eigenschaften

Außer Diamagnetismus und Paramagnetismus können in Feststoffen Wechselwirkungen zwischen den magnetischen Zentren auftreten und so magnetische Ordnungszustände erzeugen. Feststoffe zeigen, sofern sie nicht diamagnetisch sind, bei hohen Temperaturen Paramagnetismus. Erst beim Übergang zu niedrigeren Temperaturen können magnetische Ordnungszustände auftreten. Dabei formieren sich die magnetischen Momente zu einer ein- bis dreidimensional geordneten Spinstruktur, die nicht mit der Elementarzelle und der Symmetrie der Kristallstruktur konsistent sein muss, sondern oftmals eine Überstruktur zur Kristallstruktur darstellt. Demnach geht von jedem magnetischen Teilchen ein magnetisches Moment aus, dessen Richtung aber selbst für kristallographisch äquivalente Atome unterschiedlich sein kann.

Je nach Einstellung der Spins relativ zueinander wird zwischen Ferromagnetismus (parallele Anordnung der magnetischen Momente), Antiferromagnetismus (antiparallele Anordnung der magnetischen Momente) und Ferrimagnetismus (ungleiche Größe oder Zahl antiparalleler magnetischer Momente) unterschieden (Abb. 3.36).

Ferro- oder ferrimagnetische Materialien können ein spontanes magnetisches Moment besitzen und werden aufgrund ihres Hystereseverhaltens für viele Zwecke verwendet.

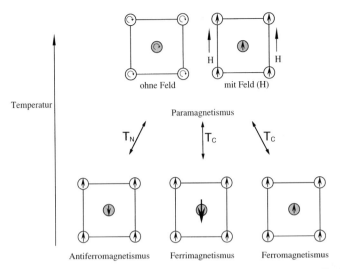

Abb. 3.36 Projektion von Elementarzellen und ihrer Spinstrukturen (Kreise stehen für Atome und Pfeile für ihre Spins). Oben: Innenzentrierte Elementarzellen mit (rechts) und ohne (links) Magnetfeld (H). Bei tieferen Temperaturen kommt unterhalb der Curie-Temperatur (T_C) oder der Néel-Temperatur (T_N) ein ferromagnetischer, ferrimagnetischer oder antiferromagnetischer Ordnungszustand in Betracht. Im antiferromagnetischen Zustand sind gleichgroße magnetische Momente antiparallel gekoppelt (das gezeigte Beispiel entspricht der Anordnung der Metallatome im Rutil-Typ, z.B. FeF_2). Im ferromagnetischen Zustand sind alle magnetischen Momente parallel zueinander ausgerichtet (das gezeigte Beispiel entspricht α-Fe). Ferrimagnetismus tritt auf, wenn ungleich große magnetische Momente antiparallel gekoppelt sind.

Tatsächlich sind die Möglichkeiten der Anordnung magnetischer Momente (Spins) größer als die hier aufgeführten Beispiele:
• ungeordneter paramagnetischer Zustand
• parallele Spins, Ferromagnetismus
• antiparallele Spins, Antiferromagnetismus
• nicht kompensierte antiparallele Spins, Ferrimagnetismus
• helixartige Spinanordnungen (parallele oder antiparallele Spins)
• verkantete Spins (parallele oder antiparallele Spins)
• magnetische Frustration (zu Dreiecken angeordnete parallele und antiparallele Spins)

3.6.4 Ferromagnetische Ordnung

In ferromagnetischen Stoffen sind die magnetischen Momente durch kooperative Wechselwirkungen parallel zueinander ausgerichtet. Tatsächlich zeigen ferromagnetische Stoffe aber nicht unbedingt ein nach außen wirksames spontanes magnetisches Moment. Ursache hierfür sind ferromagnetische Bereiche (Weiss-Domänen) mit unterschiedlichen Orientierungen im Kristall. Zwar sind die magnetischen Momente innerhalb einer Domäne geordnet und besitzen ein spontanes magnetisches Moment aber wegen gegenläufiger Orientierungen von Domänen kann Schwächung und sogar Auslöschung magnetischer Momente im Kristall resultieren.

Durch Wirkung eines externen Magnetfeldes werden die Domänen und damit alle magnetischen Momente parallel zum Feld ausgerichtet. Dieser Vorgang entspricht einer Magnetisierung, die durch das Auftreten eines spontanen magnetischen Momentes gekennzeichnet ist. Die magnetische Suszeptibilität erreicht bei tiefen Temperaturen und hohen externen Feldern ihr Maximum (Abb. 3.37, Mitte). Zu höheren Temperaturen nehmen thermische Bewegungen zu, und die parallele Spinordnung wird gestört. Oberhalb der ferromagnetischen Curie-Temperatur T_C erfolgt ein Übergang in den magnetisch ungeordneten, paramagnetischen Zustand.

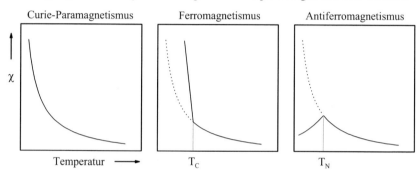

Abb. 3.37 Temperaturabhängigkeit der magnetischen Suszeptibilität für Paramagnetismus (links) und das Auftreten ferromagnetischer (Mitte) und antiferromagnetischer (rechts) Ordnungszustände in Feststoffen.
Ferrimagnetische Stoffe verhalten sich wie ferromagnetische Stoffe, jedoch mit abgeschwächtem Verhalten, da nicht kompensierte antiferromagnetische magnetische Momente vorliegen.

Zu den ferromagnetischen Materialien zählen Fe, Co, Ni, Gd, Dy, CrTe, CrO_2 und EuO. Aus der Möglichkeit, die Magnetisierungsrichtung von ferro- oder ferrimagnetischen Materialien im externen magnetischen Feld umzukehren, resultieren Anwendungen als magnetische Informationsspeicher (vgl. Abschnitt 3.8.5.2.3).

3.6.5 Magnetische Kopplungsmechanismen

Im ferro- und antiferromagnetischen Zustand erfolgt eine spontane Ausrichtung der magnetischen Momente. Obwohl die genauen Ursachen dieser Ordnungszustände nicht vollständig aufgeklärt sind, kann zwischen direkten und indirekten Kopplungsmechanismen magnetischer Momente unterschieden werden. Direkte Wechselwirkungen kennzeichnen die ferromagnetischen Metalle Fe, Co, Ni, Gd und Dy, aber auch einige Verbindungen wie z.B. Europiumchalkogenide EuX (X = Chalkogen). Zu den indirekten Wechselwirkungen zählt der Superaustausch. Superaustausch beschreibt die antiferromagnetische Kopplung magnetischer Momente von Metallatomen vermittels verbrückender diamagnetischer Teilchen.

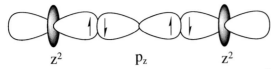

z^2 p_z z^2

Abb. 3.38 Antiferromagnetische Kopplung der Spins zweier z^2-Orbitale benachbarter Mn^{2+}-Ionen über ein Sauerstoff-p_z-Orbital (Superaustausch).

In MnO sind die Mn^{2+}-Ionen linear über O^{2-}-Ionen verbrückt (NaCl-Typ). Die Sauerstoff p-Orbitale enthalten jeweils zwei Elektronen, die antiparallel gekoppelt sind, da sie wegen des Pauli-Verbots antiparallele Spins haben müssen. Durch p–d-Wechselwirkungen werden die magnetischen Momente von benachbarten Mn^{2+}-Ionen antiparallel gekoppelt (Abb. 3.38). Der Superaustausch ist nur bei annähernd linearen Konfigurationen effektiv, da bei kleineren Winkeln, z.B. Mn–O–Mn 90°, zwei magnetisch unabhängige p-Orbitale (z.B. p_z und p_x) mit den d-Orbitalen der Metallatome überlappen. Beispiele für das Auftreten von Superaustausch sind MnO, CoO, NiO, α-Fe_2O_3 (Korund-Typ), FeF_2 (Rutil-Typ) und Ferrite (Spinell-Typ).

Die antiferromagnetischen Manganchalkogenide und die ferromagnetischen Europiumchalkogenide kristallisieren im NaCl-Typ. Diese zwei Verbindungsgruppen repräsentieren zwei Arten von magnetischen Wechselwirkungen in demselben Strukturtyp. In der Reihe der Manganchalkogenide MnO, MnS, MnSe nimmt T_N kontinuierlich zu. Die antiferromagnetische Ordnung bleibt bis zu immer höheren Temperaturen erhalten, da die Ausdehnung der p-Orbitale in dieser Reihe zunimmt und größere M–X-Überlappungen den Superaustausch verstärken.

Bei den ferromagnetischen Europiumchalkogeniden EuX nimmt die Curie-Temperatur in der Reihe EuO, EuS, EuSe ab, da mit steigendem Anionenradius auch die M–M-Abstände zunehmen, wodurch direkte magnetische M–M-Wechselwirkungen schwächer werden.

3.6.6 Antiferromagnetische Ordnung

Im antiferromagnetischen Zustand heben sich die magnetischen Momente bedingt durch ihre antiparallele Orientierung gegenseitig auf. Daher sind unterhalb der Néel-Temperatur niedrige Suszeptibilitäten zu erwarten. Mit steigender Temperatur unterstützt die Temperaturbewegung das Bestreben eines äußeren Magnetfeldes, die magnetischen Momente parallel zum Feld auszurichten. Hierdurch wird bei der Néel-Temperatur T_N zunächst ein Maximum der magnetischen Suszeptibilität erreicht, bevor der Übergang in den magnetisch ungeordneten, paramagnetischen Zustand erfolgt (Abb. 3.37).

3.6.7 Paramagnetismus der Leitungselektronen (Pauli-Paramagnetismus)

Da jedes Elektron ein magnetisches Moment besitzt, könnte für Metalle ein Curie-ähnliches, paramagnetisches Verhalten erwartet werden. In einem externen Magnetfeld zeigen Metalle aber einen (nahezu) temperaturunabhängigen Paramagnetismus, der auch als Pauli-Paramagnetismus bezeichnet wird (Abb. 3.34). Dieses Verhalten lässt sich ausgehend vom einfachen Modell des freien Elektronengases (alle Valenzelektronen sind von den Atomrümpfen gelöst und können sich als „Gas" im Potential der positiven Atomrümpfe bewegen) beschreiben. Danach resultieren für die Elektronen diskrete Energieniveaus, die jedoch so dicht beieinander liegen, dass sie als quasi-Kontinuum betrachtet werden können. Abb. 3.39 zeigt die Dichte dieser Energieniveaus aufgetragen gegen die Energie. Nach der Fermi-Statistik besetzen die Elektronen bei 0 K alle Energieniveaus bis zum Fermi-Niveau, wobei jeder Energiezustand mit zwei antiparallel angeordneten Elektronen besetzt wird, so dass kein magnetisches Moment resultiert. Durch Anlegen eines äußeren Magnetfelds werden alle Spins, die parallel zum angelegten Feld liegen, energetisch gegenüber den Spins antiparallel zum Feld abgesenkt. Das daraus resultierende Ungleichgewicht am Fermi-Niveau wird durch ein „Umklappen" einiger antiparalleler Spins kompensiert. Hierdurch wird die Zahl der parallel zum Feld stehenden Elektronen erhöht und es resultiert ein paramagnetischer Effekt. Die geringe temperaturunabhängige Suszeptibilität (in der Größenordnung von 10^{-5} cm^3/mol) macht deutlich, dass beim Pauli-Paramagnetismus nur eine relativ geringe Zahl von Spins der ausrichtenden Wirkung des äußeren Magnetfelds folgen kann.

3.7 Der metallische Zustand

3.7.1 Metalle

Die Metalle machen vier Fünftel aller Elemente aus. Bei den Metallen führen ungerichtete Bindungskräfte zu geometrisch einfachen Strukturen mit hohen Koordinationszahlen (vgl. Tab. 3.2). Die relative Stabilität der drei Metallgitter kdP, hdP und krz kann für die Übergangsmetalle mit d^2- bis d^8-Konfiguration aus den Bandenergien berechnet werden. Mit Ausnahme der Metalle Mn, Fe, Co stimmen die Ergebnisse der Berechnungen mit den beobachteten Strukturen überein.

Metallelektronen sind delokalisiert und können sich „frei" durch den Feststoff hindurch bewegen. Daher rührt auch die Bezeichnung Elektronengas. Allerdings ist ein Vergleich mit einem molekularen Gas nicht ganz zutreffend. Ein Grund hierfür ist die Gültigkeit der Auswahlregeln, wonach ein einzelnes Orbital maximal zwei Elektronen mit entgegengesetztem Spin aufnehmen kann. Die meisten Elektronen besetzen Energiezustände weit unterhalb der Fermi-Energie. Da diese Elektronen keine Mobilitäten aufweisen sind die elektrischen Leitfähigkeitseigenschaften der Metalle nicht von der gesamten Elektronendichte, sondern von der Elektronendichte in einem kleinen (thermisch anregbaren) Energieintervall ($\Delta E = kT$) am Ferminiveau abhängig (Abb. 3.39).

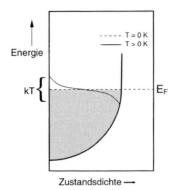

Abb. 3.39 Zustandsdichte eines Metalls bei T = 0 K (gestrichelte Linie, E_F = Fermi-Energie) und bei höherer Temperatur (S-förmige Linie) zur Verdeutlichung thermisch anregbarer Elektronen.

Nur diese Elektronen können Energie aufnehmen und Energieniveaus oberhalb der Fermi-Energie besetzen. Zu den daraus resultierenden Eigenschaften der Metalle zählen:

1. Lineare Temperaturabhängigkeit der spezifischen Wärme

2. Pauli-Paramagnetismus (temperaturunabhängig)

3. Metallischer Glanz (Reflektivität)

4. Elektrische Leitfähigkeit ($> 10^4$ S/cm, mit steigender Temperatur abnehmend)

Der ausrichtenden Wirkung eines äußeren magnetischen Feldes auf ein Metall (magnetische Polarisation) kann nur ein kleiner Bruchteil der Elektronen (Elektronenspins) an der Fermikante folgen. Dabei tritt der für Metalle typische Pauli-Paramagnetismus der Leitungselektronen auf, der weitgehend temperaturunabhängig mit stets positivem, aber kleinem Wert der magnetischen Suszeptibilität χ ist.

Da man für Metalle Pauli-Paramagnetismus erwarten kann, ist der ferromagnetische Zustand der Eisenmetalle Fe, Co und Ni eine Besonderheit. Ferromagnetische Materialien zeigen auch ohne ein äußeres Magnetfeld ein permanentes magnetisches Moment, für das ungepaarte Elektronenspins verantwortlich sind. Eine vereinfachte Erklärung für den ferromagnetischen Zustand liefert eine Betrachtung der elektronischen Struktur der Metalle. Die d-Valenzorbitale der Übergangsmetalle sind viel stärker kontrahiert als die s- und p-Valenzorbitale. Daher gehen von den d-Orbitalen kompakte Zustandsdichten (Abb. 3.40) und horizontal verlaufende Energiebänder aus.

Da eine Zustandsdichte im unteren Teil stets bindend und im oberen Teil antibindend ist, erwartet man für eine Halbbesetzung mit Elektronen allgemein maximale Bindungsstärken. Allerdings werden nicht nur die d-Bänder, sondern zusätzlich noch Anteile der s- und p-Valenzbänder mit Elektronen besetzt, so dass maximale Bindungsstärken mit etwas mehr als fünf Valenzelektronen erwartet werden (z.B. Metalle der Gruppe 6). Diese Tatsache steht mit dem Verlauf der Sub-

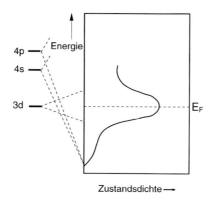

Abb. 3.40 Zustandsdichte aus 3d-, 4s- und 4p-Orbitalen für Metalle der ersten Übergangs-metallreihe. Die Fermi-Energie (E_F) markiert die Halbbesetzung dieser Zustände, bei der normalerweise alle Metall–Metall-bindenden Orbitale gefüllt sind.

limationsenthalpien der Übergangsmetalle im Einklang (Abb. 3.41): Höhere Bindungsstärken bedeuten höhere Sublimationsenthalpien.

Bemerkenswert ist allerdings der Energieeinbruch für die Metalle um Fe, die offenbar schwächere Bindungen zeigen als der Trend der Sublimationsenthalpien erwarten lässt. Die Metalle Cr und Mn besitzen komplizierte antiferromagnetische Eigenschaften. Die Metalle Fe, Co und Ni besitzen unter Normalbedingungen (unterhalb der Curie-Temperatur) ferromagnetische Eigenschaften. Im ferromagnetischen Zustand sind die magnetischen Momente parallel zueinander gekoppelt.

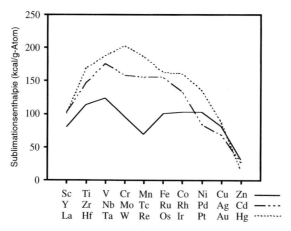

Abb. 3.41 Sublimationsenthalpien der d-Metalle.

Normalerweise treten bei Elementen gepaarte Elektronen und damit diamagnetische Eigenschaften auf. Die destabilisierende Wirkung der Elektron–Elektron-Abstoßung muss dabei in Kauf genommen werden. Beim Auftreten eng benachbarter

Energiezustände gewinnt die Elektron–Elektron-Abstoßung an Bedeutung, und es können auch höher liegende Energiezustände mit einzelnen Elektronen besetzt werden. Diese Konfiguration ist stabil, wenn der Energiegewinn durch die Verminderung der Elektron–Elektron-Abstoßung größer ist als die aufzuwendende Energie zur Besetzung höher liegender Energiezustände. Die erhöhte Zahl paralleler Spinmomente wird für die Abnahme der Bindungsstärke und die ferromagnetischen Eigenschaften der Metalle Fe, Co und Ni verantwortlich gemacht. Das Auftreten von magnetischen (oder high-spin-)Konfigurationen bei den Eisenmetallen und von nicht magnetischen (oder low-spin-)Konfigurationen bei anderen Metallen zeigt Analogien zum Auftreten von high-spin- und low-spin-Konfigurationen bei Komplexverbindungen der 3d-Metalle.

3.7.2 Intermetallische Systeme

Intermetallische Verbindungen oder Phasen bestehen aus Kombinationen von Metallen. Sind Metalle im schmelzflüssigen Zustand miteinander mischbar, so kann diese Mischbarkeit beim Abkühlen erhalten bleiben oder es kann Entmischung auftreten (Abb. 3.15). In den Systemen Cu-Au und Ag-Au treten unbegrenzte Mischbarkeiten und damit vollständige Mischkristallreihen auf (Abschnitt 3.35). Begrenzte Mischbarkeit gilt für das System Cu-Ag mit einer maximalen Löslichkeit von 4,9% Ag in Cu. Nichtmischbarkeit im festen Zustand, als Folge vollständiger Entmischung beim Abkühlen einer Schmelze, führt zur Bildung von Verbindungen, wie z.B. Mg_2Ge im System Mg-Ge.

Außer bei polaren intermetallischen Verbindungen (Zintl-Phasen) existieren keine allgemeingültigen Modelle zur Erklärung von Zusammensetzungen und Strukturen. So ist selbst das Auftreten stöchiometrischer Verbindungen nicht immer mit der chemischen „Wertigkeit" der Bindungspartner erklärbar. Elektronenabzählregeln sind nur manchmal hilfreich, um strukturelle Klassifizierungen vorzunehmen und möglicherweise auch um eine neue Verbindung vorherzusagen. Jedoch kann eine formale Methodik nicht immer als verlässliches Konzept dienen, da die Individualität der Elemente nicht berücksichtigt wird. Mangels universell gültiger elektronischer Konzepte sind manchmal geometrische Kriterien zur Vorhersage der Anordnung von Gitterbausteinen hilfreich (Laves-Phasen).

3.7.3 Legierungen

Homogene Legierungen sind intermetallische Phasen, die wie die reinen Metalle geometrisch einfache Strukturen bilden. Besitzen zwei Metalle gleiche Atomradien, ähnliche Elektronegativitäten und kristallisieren im gleichen Gittertyp, dann ist die Bildung einer ungeordneten Legierung mit unbegrenzter Mischbarkeit im flüssigen und im festen Zustand zu erwarten. Sind diese Bedingungen erfüllt, so besetzen die Atome beim Abkühlen aus der Schmelze in ungeordneter Verteilung

Positionen des Stammgitters. Im festen Zustand kann eine lückenlose Mischkristallreihe (ungeordnete Legierung) erhalten werden, die am besten durch die Bezeichnung *feste Lösung* beschrieben wird (Abb. 3.15). Beispiele hierfür sind z.B. die Systeme K-Rb, Ca-Sr, Mg-Cd, Si-Ge, Nb-Ta, Cr-Mo, Mo-W, Cu-Au, Ag-Au, Cu-Ni.

In einer Mischkristallreihe ändern sich die Gitterkonstanten linear mit der Zusammensetzung (Vegardsche Regel).

Sehr langsames Abkühlen oder Tempern einer ungeordneten Legierung kann jedoch zu einer geordneten Struktur führen, sofern Unterschiede zwischen den Metallen hinreichend ausgeprägt sind. Das Beispiel Cu-Au (lückenlose Mischkristallreihe, plus geordnete Phasen) wurde in Abschnitt 3.3.5 diskutiert. Häufiger als lückenlose Mischkristallreihen sind bregrenzte Mischbarkeiten.

Sind Metalle nur in der Schmelze, nicht aber im festen Zustand löslich, dann kristallisiert ein eutektisches Gemisch (eutektische Legierung) aus, in dem beide Metalle mikrokristallin nebeneinander vorliegen (Abb. 3.15).

3.7.4 Hume-Rothery-Phasen

Hume-Rothery-Phasen sind Legierungen, deren Strukturen von der Anzahl der Valenzelektronen der beteiligten Metallatome abhängig sind. Es werden fünf Phasen unterschieden, die nicht stöchiometrisch zusammengesetzt sind und bestimmte Phasenbreiten besitzen. Diese Phasen werden als α-, β-, γ-, ε- und η-Phasen bezeichnet und kristallisieren nach Motiven dicht gepackter Strukuren (kdP, krz, kdP, hdP und der verzerrten hdP). Die Endglieder dieser Strukturen, die kdP und die (verzerrte) hdP, sind mit einer Anzahl von 1 und 2 Valenzelektronen stabil. Diese Situation trifft auf die Metalle Cu und Zn zu.

Für das Auftreten gleicher Strukturen ist bei Hume-Rothery-Phasen nicht die Zusammensetzung A_xB_y sondern die Anzahl der Valenzelektronen pro Atom verantwortlich (Valenzelektronenkonzentration oder VEK).

Ein bekanntes Beispiel ist das System Kupfer-Zink (Messing). Wird reines Kupfer (ein Valenzelektron) mit Zink (zwei Valenzelektronen) legiert, dann erfolgt ein Einbau von Zinkatomen auf Gitterplätze der kubisch dichtesten Packung von Kupferatomen, und die VEK nimmt zu. Es entsteht eine feste Lösung von Zink in Kupfer (Messing). Da die so genannte α-Phase maximal 38% Zink enthalten kann, nimmt die VEK Werte zwischen 1 und 1,38 an. Mit steigendem Anteil von Zink entsteht die β-Phase. In der β-Phase sind die Atome (Cu und Zn) statistisch auf den Lagen eines innenzentrierten Kristallgitters (krz) verteilt. Zusätzlich existiert für CuZn eine Struktur mit einer geordneten Verteilung der Atome (Abschnitt 3.3.5). In der ε-Phase auf den Lagen einer hexagonal dichtesten Packung (hdP). Jede dieser Phasen ist über einen bestimmten Bereich ihrer Zusammensetzung stabil. Das Kriterium dieses Stabilitätsbereiches ist die Valenzelektronenkonzentration (vgl. Tab. 3.8).

Tab. 3.8 Strukturen und Valenzelektronenkonzentrationen (VEK) für das System $Cu_{1-x}Zn_x$.

Phase	Beispiel	Zusammensetzung x	VEK	Struktur
	Cu	0	1	kdP
α	Cu(Zn)	0 – 0,38	1 – 1,38	kdP
β	CuZn	0,45 – 0,49	1,45 – 1,49	krz
γ	Cu_5Zn_8	0,58 – 0,66	1,58 – 1,66	kubisch
ε	$CuZn_3$	0,78 – 0,86	1,78 – 1,86	hdP
η	(Cu)Zn	0,98 – 1	1,98 – 2	verzerrt hdP
	Zn	1	2	hdP

Obwohl den charakteristischen β-, γ- und ε-Phasen in der Regel Summenformeln zugeordnet werden, ist zu beachten, dass diese Phasen über einen Bereich ihrer Zusammensetzung existieren (Phasenbreite).

Typische Verteter für Hume-Rothery-Phasen sind binäre Legierungen, deren eine Komponente ein Edelmetall (z.B. Cu, Ag, Au) ist. Diese Legierungen kristallisieren in einer, mehreren oder der gesamten Abfolge von Phasen ($\alpha - \eta$). Tabelle 3.9 zeigt eine Auswahl von Vetretern der β-, γ- und ε-Phasen.

Tab. 3.9 Beispiele für Hume-Rothery-Phasen und ihrer Valenzelektronenkonzentrationen (VEK = Σ Valenzelektronen/Anzahl der Atome).[27]

β-Phase[a] $\quad$ VEK = $\frac{3}{2}$ oder $\frac{21}{14}$	γ-Phase $\quad$ VEK = $\frac{21}{13}$	ε-Phase $\quad$ VEK = $\frac{7}{4}$ oder $\frac{21}{12}$
CuZn	Cu_5Zn_8	$CuZn_3$
Cu_3Al	Cu_9Al_4	$CuCd_3$
Cu_5Si[a]	$Cu_{31}Si_8$	Cu_3Si
Cu_5Sn	$Cu_{31}Sn_8$	Cu_3Sn
AgZn	Ag_5Zn_8	$AgZn_3$
AgCd	Ag_5Cd_8	$AgCd_3$
AuZn	Au_5Zn_8	$AuZn_3$
AuMg	Au_5Cd_8	Au_5Al_3
FeAl[b]	Fe_5Zn_{21}[b]	Ag_3Sn
CoAl[b]	Co_5Zn_{21}[b]	Au_5Al_3
NiAl[b]	Pt_5Be_{21}[b]	

[a] Außer in der β-Phase kristallisieren einige Verbindungen dieser VEK im β-Mn-Typ (z.B. Ag_3Al, Au_3Al, Cu_5Si, $CoZn_3$).
[b] Bei Metallen der Gruppen 8–10 ist die Zahl der Valenzelektronen als null anzusetzen, damit entsprechende Verbindungen die Regel erfüllen.

Wie Tabelle 3.9 zeigt, ist das Auftreten eines bestimmten Strukturtyps von der Anzahl der Valenzelektronen pro Atom abhängig (β-Phase 21:14, γ-Phase 21:13, ε-Phase 21:12). Überraschend mag erscheinen, dass auch die komplizierten Zusammensetzungen der γ-Phasen alle dieselbe Kristallstruktur bilden. Da die kubische

Struktur der γ-Phase 52 Atome in der Einheitszelle enthält, summiert sich die An-zahl der Atome in einer Summenformel häufig auf 13 oder 26 (für Z = 4 oder 2 For-meleinheiten in der Elementarzelle). Die Formulierung ganzzahliger Zusammenset-zungen täuscht über die existierenden Phasenbreiten, wie z.B. $CuZn_{0,45-0,49}$, hin-weg. So gilt für die β-Phase des Systems Cu-Zn neben der Summenformel Cu_5Zn_8 (VEK = (5+2·8)/13 = $\frac{21}{13}$ = 1,62) auch Cu_9Zn_{17} (VEK = (9+2·17)/26 = $\frac{43}{26}$ = 1,65).

3.7.5 Laves-Phasen

Laves-Phasen nennt man bestimmte intermetallische Verbindungen der allgemei-nen Zusammensetzung AB_2. Diese topologisch dicht gepackten Strukturen sind durch drei eng miteinander verwandte Strukturen repräsentiert ($MgCu_2$, $MgZn_2$ und $MgNi_2$). Die Strukturen werden durch eine Packung von A-Atomen verwirk-licht, in denen die kleineren B-Atome als Tetraeder angeordnet sind. Dies und die Koordination von A durch 12 B + 4 A dokumentiert die Bedeutung des Atomra-dienverhältnisses zur Realisierung der drei Strukturtypen.

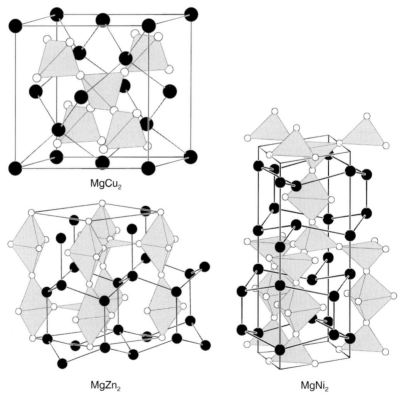

Abb. 3.42 Kristallstrukturen von $MgCu_2$ (Raumgruppe $Fd\bar{3}m$), $MgZn_2$ und $MgNi_2$ (beide $P6_3/mmc$). Die B-Teilchen dieser AB_2-Strukturen bilden annähernd tetraedrische oder trigo-nal-bipyramidale Anordnungen. Verbindungslinien zwischen A-Atomen sind nur zur Ver-deutlichung ihrer Anordnung gezeigt.

Das ideale Atomradienverhältnis zur Erzeugung der korrespondierenden dichtesten Packung liegt bei $\frac{r_A}{r_B} = \sqrt{\frac{3}{2}} \approx 1{,}225$. Das Atomradienverhältnis bekannter Strukturen dieses Typs variiert aber von 1,1 bis 1,7.

Die größeren A-Atome sind häufig elektropositive Metalle wie Alkali-, Erdalkali-, Übergangsmetalle der Gruppen 4–6 oder Seltenerdmetalle. Die B-Atome sind weniger elektropositive Metalle wie Übergangsmetalle der Gruppen 7–8 oder Edelmetalle (Tab. 3.10). Obwohl der Einfluss elektronischer Faktoren für viele Laves-Phasen dokumentiert ist, existiert kein allgemein gültiges Konzept zur Vorhersage einer der drei Strukturen.

Im $MgCu_2$-Typ dieser AB_2-Strukturfamilie bildet das A-Untergitter eine Diamantstruktur. In den Tetraederlücken liegen B_4-Tetraeder, die über alle gemeinsamen Ecken verknüpft sind. Im $MgZn_2$-Typ bildet das A-Untergitter eine hexagonale Diamantstruktur, und das B-Untergitter besteht aus ecken- und flächenverknüpften Tetraedern. Der $MgNi_2$-Typ kann als eine Kombination dieser beiden Strukturen angesehen werden (Abb. 3.42).

Außer binären Phasen treten auch ternäre Laves-Phasen mit der Zusammensetzung A_2B_3X auf, z.B. in Mg_2B_3Si (B = Cu, Ni) oder RE_2Rh_3X (RE = Pr, Er, Y; X = Si, Ge).

Tab. 3.10 Beispiele für binäre Laves-Phasen.

$MgCu_2$-Typ	$MgZn_2$-Typ	$MgNi_2$-Typ
AAl_2 (A = Ca, SE)[a]	$HfAl_2$, $CaLi_2$	$CdCu_2$
CaB_2 (B = Rh, Ir, Ni, Pd, Pt)	CsB_2 (B = K, Na)	$TaCo_2$
AFe_2 (A = SE, Zr, U)	AFe_2 (A = Sc, Ti, Nb, Ta, Mo, W)	AFe_2 (A = Sc, Zr, Hf)
ACr_2 (A = Hf, Nb)	ACr_2 (A = Ti, Zr, Hf, Nb, Ta)	ACr_2 (A = Ti, Zr, Hf)
ACo_2 (A = SE, Ti, Zr, Ta, Nb)	AMn_2 (A = SE, Ti, Zr, Hf)	HfB_2 (B = Mo, Mn, Zn)
ZrB_2 (B = V, Mo)	AZn_2 (A = Ti, Ta)	AZn_2 (A = Nb, Ta)
$ErSi_2$	ARe_2 (A = SE, Zr, Hf)	

[a] SE = Seltenerdmetall

3.7.6 Zintl-Phasen

Zintl-Phasen sind Verbindungen von Metallen mit Halbmetallen, deren elektropositives Metallatom formal Elektronen auf den elektronegativen Partner überträgt (nach Zintl und Klemm). Dabei wird ein Anionenteilgitter aufgebaut, dessen Atomanordnung einer Elementstruktur gleicher Valenzelektronenkonfiguration entspricht (nach Busmann und Klemm).

Durch diese strukturelle Äquivalenz entsprechen z.B. die zu erwartenden Anionenanordnungen von Si^{2-} oder P^{1-} topologisch der Struktur einer Kette aus Schwefelatomen (S^0). Die Zintl-Anionen erhalten damit die Oktettkonfiguration.

Diese beiden Konzepte gelten auch für polare intermetallische Verbindungen, wie z.B. NaTl, in der Natrium der elektropositivere Partner ist. Tl^- besitzt dieselbe

Valenzelektronenkonfiguration wie Kohlenstoff und baut wie Kohlenstoff ein Diamantgitter auf, Natriumionen besetzen tetraedrische Lücken. Die Struktur enthält kovalente Tl–Tl-Bindungen, die kürzer als im reinen Thallium-Metall sind (Abb. 3.43).

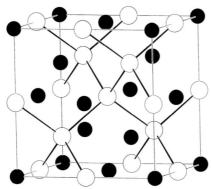

Abb. 3.43 Elementarzelle von NaTl. Obwohl beide Atomsorten kommutative Teilgitter aufbauen, wurden nur die Tl⁻ durch Bindungslinien verbunden.

Die Zahl der Nachbaratome, die ein Atom in einem Zintl-Ion oder in einer Nichtmetallelementstruktur besitzt, folgt aus der $8-N$-Regel (nach Hume-Rothery). Danach bildet ein Atom mit N Valenzelektronen $8-N$ kovalente Bindungen zu seinen Nachbarn aus. Dabei entspricht N der Anzahl der Valenzelektronen des Atoms plus der aufgenommenen Elektronen. In der Struktur von NaTl resultieren deshalb für jedes Tl⁻: $8 - 4 = 4$ Bindungen.

3.7.6.1 Die Synthese von Zintl-Phasen

1. Reduktion in Lösung: Zintl untersuchte Reaktionen von Natrium (als Reduktionsmittel) in flüssigem Ammoniak mit Metallen der Gruppe 14 oder 15. Da Reaktionen mit einem Metall relativ langsam verliefen, wurden auch Metallsalze verwendet. Dabei werden die Kationen des Metallsalzes *in situ* zum Metall reduziert, bevor sie reduktiv gelöst werden:

$$22\,Na + 9\,PbI_2 \xrightarrow{NH_3} Na_4Pb_9 \cdot n\,NH_3 + 18\,NaI$$

Viele der auf diese Weise hergestellten Verbindungen sind jedoch nur als Ammoniakate stabil und wurden früher nur als röntgenamorphe Produkte erhalten. Inzwischen konnten einige dieser Ammoniakate strukturell charakterisiert werden ($Rb_4Ge_9 \cdot 5\,NH_3$, $K_4Sn_4 \cdot 2\,NH_3$).
Die Verbindungen zersetzen sich beim Versuch, das Lösemittel abzuziehen. Die Zintl-Anionen verleihen ihren Lösungen intensive Farben. Beispiele sind die Anionen Sn_9^{4-}, Pb_9^{4-}, As_7^{3-}, Sb_7^{3-}, Sb_3^{3-} oder Bi_5^{3-}.

Der Befund, dass sich auf diese Weise Elemente der vierten (Gruppe 14), nicht aber die der dritten Hauptgruppe (Gruppe 13) lösen lassen, bildete die Basis für die Grenzziehung zwischen Anionen- und Kationenbildnern (Zintl-Linie).[28] Zum Auflösen nicht nur von Elementen, sondern auch von vorpräparierten intermetallischen Verbindungen erwies sich Ethylendiamin („en") oder auch Polyamin erfolgreich (z.B. $Na_4(en)_5Ge_9$, $Na_4(en)_7Sn_9$ oder $Na_3(en)_4Sb_7$).

Zur Komplexierung von Kationen kann beim Auflösen einer intermetallischen Verbindung zusätzlich ein Kryptand (makrobicyclischer Aminopolyether, vgl. Abschn. 2.4) für Reaktionen in „en" verwendet werden:[29]

$$2\ KTlTe + 2\ (2,2,2)Cryptand \xrightarrow{\ en\ } [(2,2,2)Cryptand\text{-}K]_2Tl_2Te_2$$

Weitere Beispiele sind die Produkte $[(2,2,2)Cryptand\text{-}Na]_4Sn_9$ und $[(2,2,2)Cryptand\text{-}K]_2Pb_5$. Die Produkte enthalten anionische Cluster (vgl. Tab. 3.12), die in den Ausgangsverbindungen so nicht vorliegen.

2. Direkte Reaktion der Elemente miteinander: Der Hauptweg der präparativen Erschließung führt über die Umsetzung von Gemengen der Elemente in Festkörper- oder Schmelzreaktionen. Für Reaktionen der Alkali- und Erdalkalimetalle mit den Metallen, Nichtmetallen und Halbmetallen der Gruppen 13 bis 16 eignen sich geschlossene Metallbehälter.

$$Ca + Si \longrightarrow CaSi$$

Da die Systeme manchmal phasenreich sind, wirft die Darstellung reiner Produkte, wie hier durch die Bildung der Nebenprodukte $CaSi_2$ und Ca_2Si, oft Schwierigkeiten auf.

3. Kathodische Auflösung einer Verbindung:[30] Bereits Zintl gelang die kathodische Auflösung von Zink. Eine einfache Erweiterung dieser Idee ist die Verwendung einer binären Verbindung als Kathode bei der Elektrolyse. Bei Verwendung von Sb_2Te_3 als Kathode gehen Anionen in Lösung. Als Gegenionen werden für den Kristallisationsprozess Tetraalkylammoniumionen in „en" angeboten. Im Kathodenraum entstehen bei der Elektrolyse zwei Verbindungen mit den Ionen $[Sb_4Te_4]^{4-}$ und $[Sb_9Te_6]^{3-}$.
Wie bei Reaktionen in „en" zeigen die Anionen keinerlei strukturelle Bezüge zu ihren Ausgangsverbindung.

3.7.6.2 Beispiele für Zintl-Phasen

Zintl-Phasen sind Verbindungen zwischen Metallen und Halbmetallen. Allerdings ist die Zuordnung als Halbmetall nicht in allen Fällen eindeutig (z.B. für P, Se, Te). Die Linie, die die Metalle von den Halbmetallen voneinander trennt (Zintl-Linie), verläuft durch die dritte und vierte Hauptgruppe (Gruppe 13 und 14). Eine Zusammenstellung ausgewählter Zintl-Phasen zeigt Tab. 3.11.

Tab. 3.11 Beispiele für Zintl-Phasen mit Polyanionen.

Verbindung	N[a)]	Formalladung[b)]	Bindigkeit[b)]	Anionenteilstruktur
NaTl	4	1–	4	Diamant-Typ
CaIn$_2$	4	1–	4	verzerrter Diamant-Typ
CaGa$_2$	4	1–	4	graphitähnlich
CaSi$_2$	5	1–	3	Arsen-Typ
KSi	5	1–	3	Tetraeder (Si$_4$)$^{4-}$
LiAs	6	1–	2	Spiralketten (Se-Typ)
CaAs$_2$	6	1–	2	Vierringe (As$_4$)$^{4-}$
CaSi	6	2–	2	planare zick-zack-Ketten
CaAs	7	2–	1	(As$_2$)$^{4-}$-Dimere
CaC$_2$	5	1–	3	(C$_2$)$^{2-}$-Dimere
Na$_3$As	8	3–	0	isolierte Atome

[a)] N ist die Anzahl der Valenzelektronen des elektronegativeren Atoms in der ionischen Grenzstruktur. 8–N ist die Bindigkeit des Anions.
[b)] pro (elektronegativeres) Atom der Verbindung.

Das Zintl-Konzept lässt sich problemlos auf Verbindungen ausdehnen, die formal nicht zu den Zintl-Phasen gehören.

3.7.6.3 Salzartige Zintl-Phasen mit isolierten Anionen

Alkali- und Erdalkalimetalle bilden mit Elementen der Gruppen 14 und 15 stöchiometrisch zusammengesetzte Salze, in denen die Anionen Edelgaskonfiguration haben. Zu diesen salzähnlichen Phasen zählen Verbindungen der Zusammensetzung A$_3$X (Na$_3$As-Strukturtyp), die für nahezu alle Kombinationen der Alkalimetalle mit Elementen der Gruppe 15 (ausgenommen Stickstoff) bekannt sind. Im Gegensatz hierzu ist die naheliegende Zusammensetzung A$_4$X, für Kombinationen von Alkalimetallen mit einem Element der Gruppe 14 in keinem Fall belegt.

Die Erdalkalimetalle bilden mit den Elementen der Gruppen 14 und 15 Verbindungen der Zusammensetzung A$_2$X und A$_3$X$_2$. Der Formeltyp A$_3$X$_2$ ist für Kombinationen von A = Mg mit Elementen der Gruppe 15 sowie der Erdalkalimetalle mit X = P bekannt. Der Formeltyp A$_2$X ist für alle möglichen Kombinationen der Metalle A = Mg, Ca, Sr, Ba mit den Anionenbildnern X = Si, Ge, Sn, Pb durch Verbindungen belegt.

3.7.6.4 Zintl-Phasen mit polyatomaren Anionen

Zusätzlich zu den salzartigen Verbindungen mit isolierten Anionen existiert eine Vielfalt von Verbindungen mit polyatomaren Anionen[31,32] (Abb. 3.44). Solche Verbindungen treten für Kombinationen der Alkali- und Erdalkalimetalle mit Elementen der Gruppen 13–16 auf. Die Verbindung NaTl wurde bereits erwähnt. Die Diamantstruktur tritt per se nur für die Elemente C, Si, Ge oder Sn auf. Die Elemente Al, Ga, In oder Tl besitzen nur drei Valenzelektronen und damit ein Elektron zu

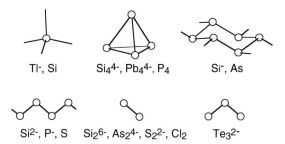

Tl⁻, Si   Si₄⁴⁻, Pb₄⁴⁻, P₄   Si⁻, As

Si²⁻, P⁻, S   Si₂⁶⁻, As₂⁴⁻, S₂²⁻, Cl₂   Te₃²⁻

Abb. 3.44 Strukturen und Strukturausschnitte von polyatomaren Anionen- und Elementstrukturen: Tetraedrische Koordination (Tl⁻), Tetraeder (Si₄⁴⁻), gewellte hexagonale Schicht (Si⁻), zick-zack-Kette (Si²⁻), Dimer (Si₂⁶⁻), gewinkeltes Trimer (Te₃²⁻). Bindungsstriche können formal als Elektronenpaare angesehen werden. Freie Elektronenpaare sind nicht gezeigt.

wenig, um die Diamantstruktur ausbilden zu können. Durch Aufnahme eines zusätzlichen Elektrons von einem elektropositiveren Atom (Alkalimetall) wird für die Verbindungen LiAl, LiGa, LiIn, NaIn oder NaTl eine Diamantstruktur des Anionenteilgitters realisiert. Alkalimetallionen besetzen Hohlräume in der Struktur und bilden hinsichtlich ihrer Anordnung ebenfalls eine Diamantstruktur aus. Wird das Atomverhältnis jedoch wie in $CaIn_2$ oder $CaGa_2$ verändert, dann resultieren, vermutlich in Folge der ungleichmäßigen Lückenbesetzungen durch die Kationen, verzerrte Strukturvarianten (vgl. Tab. 3.11). Tetraedrische Netzwerke treten auch in den ternären Verbindungen LiAlGe, LiAlSi und LiGaGe auf. Für den Aufbau des Netzwerks sind ein Metall der Gruppe 13 zusammen mit einem Konstituenten der Gruppe 14 verantwortlich.

Einfach negativ geladene Anionen der Gruppe 14 sind zur Ausbildung von drei Bindungen befähigt. Hexagonale $(Si^-)_n$-Netze mit drei kovalenten Bindungen findet man in struktureller Analogie zum metallischen Arsen, in der Struktur von $CaSi_2$. In Alkalimetallverbindungen der Zusammensetzung AB sind die Anionen analog zum weißen Phosphor aufgebaut. AB-Verbindungen zwischen A = Na, K, Rb, Cs und B = Si, Ge, Sn, Pb enthalten mehr oder weniger verzerrte B_4^{4-}-Tetraeder.

Planare zick-zack-Ketten mit kovalenten Bindungen resultieren für Elemente der Gruppe 14, wenn sie zwei negative Ladungen aufnehmen. Dies gilt für AB-Kombinationen von Ca, Sr, Ba mit Si, Ge, Sn (vgl. CrB-Typ). Dieselbe Bindigkeit $(8-N)$ resultiert für Elemente der Gruppe 15, wenn sie ein Elektron aufnehmen. Allerdings bilden diese Strukturen Spiralketten vom Selen-Typ aus. Beispiele hierfür sind LiAs und Kombinationen von Na, K, Rb, Cs mit Sb. Bei gleicher Bindigkeit in $CaAs_2$ resultieren As_4^{4-}-Ionen mit rechteckiger Gestalt. Durch die Erhöhung der Ladung auf formal As^{2-} in CaAs wird die Bindigkeit auf eins herabgesetzt und es resultieren dimere As_2^{4-}-Ionen (isovalenzelektronisch mit S_2^{2-}). Weitere Beispiele für dimere Anionen sind neben SrAs, (Ca,Sr)P auch CaC_2, BaS_2, Na_2S_2 oder FeS_2. Wie man sieht, lässt sich die Systematik zur Konstruktion von möglichen Anionenstrukturen auch auf nicht-Zintl-Phasen erweitern. Für C_2^{2-}-Ionen ist die

Bindigkeit/Atom gleich drei (hier Dreifachbindung) und für S_2^{2-}-Ionen eins. Dimere Einheiten treten auch in den ternären Verbindungen $BaMg_2Si_2$ oder $BaMg_2Ge_2$ ($ThCr_2Si_2$-Typ) als Si_2^{6-}- oder Ge_2^{6-}-Ionen mit der Bindigkeit/Atom von eins auf ($ThCr_2Si_2$-Typ siehe Abb. 3.57).

Verteilen sich negative Ladungen ungleichmäßig auf das elektronegativere Element einer Verbindung, dann können in einer Struktur verschiedenartige Anionen vorliegen. In der Struktur von Ca_5Si_3 (Cr_5B_3-Typ) liegen dimere Si_2^{6-}-Einheiten und isolierte Si^{4-}-Ionen im Verhältnis 1:1 vor. Ketten aus drei- bis sechsatomigen Anionen enthalten K_2Te_3, Sr_3As_4, Rb_2Se_5 und Sr_2Sb_3. Die Struktur von Sr_2Sb_3 enthält einen sechsgliedrigen Strang („zick-zack-Kette") aus Antimonatomen. Von den insgesamt acht Elektronen der Strontiumatome in der verdoppelten Formeleinheit Sr_4Sb_6 werden vier auf die vier Antimonatome der Kettenglieder (4 Sb^-: Bindigkeit 2) und zweimal zwei Elektronen auf die Antimonatome der Endglieder der Kette (2 Sb^{2-}: Bindigkeit 1) übertragen.

3.7.6.5 Zintl-Ionen die Käfigstrukturen bilden

Käfigstrukturen, die frei von Liganden sind, bezeichnet man auch als nackte Cluster.[33] Nackte Cluster können in Lösungen, Feststoffen und in Schmelzen auftreten. Eine Gruppe von Verbindungen, für die Na_4Si_4 mit dem tetraedrischen Si_4^{4-}-Ion ein Beispiel ist, wurde bereits im vorhergehenden Abschnitt erwähnt.

In der Struktur von Ba_3Si_4 bilden die Siliciumatome ein verzerrtes Si_4^{6-}-Tetraeder, in dem anstatt von sechs (Na_4Si_4) nur fünf kovalente Bindungen vorliegen. Entlang einer Kante des Tetraeders fehlt eine Bindung (Schmetterlings-Motiv), und es liegen zwei Si^{2-} (der Bindigkeit 2) an der geöffneten Kante und zwei Si^- (der Bindigkeit 3) vor. Zwei zusätzliche Elektronen in Si_4^{6-} bewirken hier im Vergleich zu P_4 oder Si_4^{4-} die Öffnung der Tetraederstruktur (Abb. 3.45).

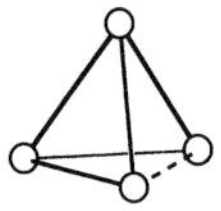

Abb. 3.45 Struktur des Si_4^{6-}-Ions, dem formal eine Bindung fehlt (gestrichelte Linie). Je zwei Elektronenpaare der Si^{2-} an der geöffneten Kante und je ein Elektronenpaar der Si^- sind nicht dargestellt.

Alternativ kann die Si_4^{6-}-Einheit (22 Valenzelektronen) auch als verzerrte trigonale Bipyramide mit einem fehlenden Eckpunkt betrachtet werden. Die formale Ergänzung dieses Eckpunktes führt zu fünfkernigen Clustern. Strukturen mit Sn_5^{2-}- oder Pb_5^{2-}-Ionen bilden trigonale Bipyramiden mit D_{3h}-Symmetrie (Abb. 3.46).

Darin sind zwei Atome dreibindig und tragen ein freies Elektronenpaar (2 Pb^-), und drei sind vierbindig (3 Pb^o). Insgesamt resultieren damit für Pb_5^{2-} 22 Valenzelektronen (vgl. Tab. 3.12). In den As_7^{3-}-Käfigen der Strukturen von Na_3As_7 oder Ba_3As_{14} bilden vier As drei kovalente Bindungen (As^o) und drei As zwei kovalente

Abb. 3.46 Strukturen der Clusteranionen Pb_5^{2-}, Tl_6^{8-}, As_7^{3-}, Sn_9^{4-}, Ge_9^{2-} (von links nach rechts).

Bindungen (As^-). Dieses auch für Sb_7^{3-} bekannte Strukturmotiv entspricht dem des isosteren P_4S_3 Moleküls.

Die bisher erwähnten Cluster werden als elektronenpräzise Cluster bezeichnet, weil die Anzahl ihrer bindenden Elektronenpaare (Gerüstelektronen) der Anzahl der Kanten der Cluster entspricht. Diese Gerüstelektronen plus die freien Elektronenpaare ergeben zusammen die Anzahl der Valenzelektronen pro Cluster. Für viele der nackten Cluster können die Bindungsverhältnisse aber nicht mit lokalisierten Zweizentren-Zweielektronen-Bindungen über den Polyederkanten beschrieben werden. In diesen Fällen sind Mehrzentrenbindungen zu berücksichtigen, wodurch das Bild der lokalisierten Bindungsbeschreibung zugunsten einer delokalisierten Beschreibung verschwimmt.

Die Strukturen der isoelektronischen Clusteranionen Si_9^{4-}, Ge_9^{4-}, Sn_9^{4-}, Pb_9^{4-} können als einfach μ_4-überdachte quadratische Antiprismen mit C_{4v}-Symmetrie beschrieben werden. Quantenchemische Rechnungen ergaben, dass die C_{4v}-Symmetrie zwar dem absoluten Energieminimum des freien Si_9^{4-}-Anions entspricht, die Konfiguration mit D_{3h}-Symmetrie aber nur geringfügig (um 2,5 kJ/mol) ungünstiger ist. Ein Übergang zum dreifach μ_4-überdachten trigonalen Prisma mit D_{3h}-Symmetrie erfordert eine Änderung der Clusterkonfiguration, wobei eine zusätzliche Bindung geknüpft wird. Die elektronischen Situationen beider Clusterkonfigurationen können über die Bindungseigenschaften von nido- und closo-Clustern erklärt werden (Tab. 3.12). Ein Beleg für die Existenz eines dreifach μ_4-überdachten trigonal-prismatischen Clusters, wie z.B. Ge_9^{2-}, konnte bisher nicht eindeutig erbracht werden.

Die Zuordnung der Bindungselektronen auf die Kanten oder Flächen des Sn_9^{4-}-Polyeders kann formal nicht eindeutig vorgenommen werden. Auf der Basis von Atomabständen und -winkeln kann die Elektronenverteilung durch Mehrzentrenbindungen beschrieben und interpretiert werden.[34] Eine andere Möglichkeit zur Beschreibung der Bindungsverhältnisse dieser Element-Cluster lehnt sich an die Beschreibung der Bindungsverhältnisse von Boranen durch die Wade-Regeln an.

Demnach ist ein nido-Cluster, der aus n Atomen aufgebaut ist, durch 2n+4 Gerüstelektronen gebunden. Hinzu kommen 2n Elektronen als Elektronenpaare. Damit stimmt der Erwartungswert (4n + 4) für die Stabilität eines nido [Sn_9]-Clusters mit 36 + 4 = 40 Valenzelektronen, nach Wade, mit der tatsächlichen Valenzelektronenzahl für Sn_9^{4-} (9 · 4 + 4 = 40) überein.

Tab. 3.12 „Nackte" Metallcluster der Hauptgruppenmetalle mit der klassischen Anzahl von Valenzelektronen.

Cluster	idealisierte Symmetrie	Gestalt	Cluster Typ[a]	Valenzelektronen- zahl nach Wade[b]
Si_4^{4-}, Ge_4^{4-}, Sn_4^{4-}, Pb_4^{4-}	T_d	tetraedrisch	nido[c]	4n+4 (20)
Sb_4^{2-}, Bi_4^{2-}, Se_4^{2+}, Te_4^{2+}	D_{4h}	quadratisch planar	arachno	4n+6 (22)
Sn_5^{2-}, Pb_5^{2-}, Bi_5^{3+}	D_{3h}	trigonale Bipyramide	closo	4n+2 (22)
Ga_6^{8-}, Tl_6^{8-}	O_h	oktaedrisch	closo	4n+2 (26)
$Ge_9^{2-\,[d]}$	D_{3h}	dreifach überdachtes trigonales Prisma	closo	4n+2 (38)
Si_9^{4-}, Ge_9^{4-}, Sn_9^{4-}, Pb_9^{4-}	C_{4v}	überdachtes quadrat. Antiprisma	nido	4n+4 (40)

[a] closo: ein Käfig, im Sinne eines deltaedrischen Systems; nido: deltaedrische Struktur mit einer fehlenden Ecke; arachno: deltaedrische Struktur mit zwei fehlenden Ecken. Eine deltaedrische Struktur (vom griechischen Δ abgeleitet) ist ausschließlich von dreieckigen Flächen begrenzt.

[b] n ist die Anzahl der Atome im Cluster.

[c] Homologe von Si_4^{4-} werden am einfachsten durch Zweizentren-Zweielektronen-Bindungen über den Kanten des Si_4^{4-}-Tetraeders beschrieben (siehe Text). Bei der Betrachtung als Wade-Cluster, ist das Tetraeder als trigonale Bipyramide mit einer fehlenden Ecke anzusehen (nido-Cluster).

[d] Die Existenz von Ge_9^{2-} ist unbelegt.

3.7.6.6 Eigenschaften von Zintl-Phasen

Die Eigenschaften von Zintl-Phasen heben sich von denen der intermetallischen Systeme ab. Die homöopolaren Bindungen im Anionenteilgitter gleichen denen kovalent gebundener Elemente, während die Kation–Anion-Wechselwirkungen ionischen Charakter besitzen. Wie bei salzartigen Verbindungen resultiert eine Bandlücke zwischen dem gefüllten Valenzband und dem unbesetzten Leitungsband, die für Zintl-Phasen jedoch eher klein ist. Daher sind viele Zintl-Phasen diamagnetische Halbleiter. Im Gegensatz zu Metallen steigt die elektrische Leitfähigkeit mit der Temperatur an. Da die Bandlücken oft nicht sehr groß sind (< 1 eV), erscheinen Kristalle meistens undurchsichtig, schwarz. Trotz ihres metallischen Aussehens sind Kristalle in dünnen Schichten von intensiver Farbe und durchsichtig.

3.8 Verbindungen der Metalle

3.8.1 Metallhydride

In Verbindungen mit den Elementen der zweiten Periode des Periodensystems zeigt Wasserstoff (Elektronegativität 2,2) sowohl negative (LiH, BeH_2, B_2H_6) als auch positive (CH_4, NH_3, H_2O, HF) Polaritäten. Daher kann Wasserstoff in seinen Verbindungen entweder als Hydrid oder als Proton aufgefasst werden, wobei ein fließender Übergang besteht. Metallhydride können überwiegend ionische oder überwiegend kovalente Bindungsverhältnisse aufweisen. Entsprechend ist eine Unterteilung in salzartige, kovalente, aber auch in metallische Metallhydride üblich. Die Erweiterung dieser Systematik auf Kombinationen von Metallen, die befähigt sind salzartige (A) und metallische (M) Hydride zu bilden, führt zu ternären Hydriden $A_xM_yH_z$, die als Hydridokomplexe oder Hydridometallate aufgefasst werden können.

Zur strukturellen Charakterisierung von Metallhydriden oder Metalldeuteriden wird die Neutronenbeugung angewandt (die Struktur von LiH wurde mittels Röntgenbeugung aufgeklärt), da die relative Streukraft von H-Atomen gegenüber schweren Metallatomen bei der Röntgenbeugung gering ist.

3.8.1.1 Salzartige Metallhydride

Zu den salzartigen Metallhydriden zählen stöchiometrisch zusammengesetzte Hydride der Alkalimetalle und der Erdalkalimetalle (ausgenommen Be). Die farblosen Feststoffe bilden typische salzartige Strukturen mit hydridischem Wasserstoff (H^-). Die Alkalimetallhydride LiH, NaH, KH, RbH und CsH kristallisieren im Natriumchlorid-Typ und die Erdalkalimetallhydride CaH_2, SrH_2 und BaH_2 (α-Form) im Bleidichlorid-Typ. In der $PbCl_2$-Struktur bilden die Kationen eine annähernd hexagonal dichteste Packung, in der die Anionen verzerrt tetraedrisch oder verzerrt quadratisch-pyramidal von ihren nächsten Nachbarn umgeben sind (Abb. 3.47). Bei

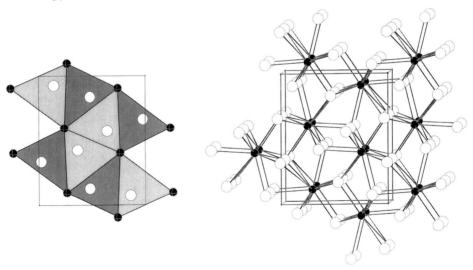

Abb. 3.47 Kristallstruktur der Erdalkalimetalldihydride ($PbCl_2$-Typ) als Projektion aus verzerrten [M_4H]-Tetraedern (hellgrau) und [M_5H]-Pyramiden (dunkelgrau) und als Kugelmodell. Schwarze Kugeln kennzeichnen Metallatome (Anzahl der Formeleinheiten/Elementarzelle: $Z = 4$).

hohen Temperaturen (oberhalb 600 °C) gehen CaH_2, SrH_2 und BaH_2 in die Hochtemperaturmodifikation (β-Form) mit Fluorit-Strukturtyp über. Das weniger ionische Magnesiumdihydrid kristallisiert im Rutil-Typ, und Berylliumdihydrid zählt zu den kovalenten Verbindungen.

Die Darstellung der meisten salzartigen Metallhydride erfolgt durch Erhitzen der Metalle unter Wasserstoff (400–800 °C und 1 bar H_2-Druck).

Der Anionenradius des Hydridions wird (nach Pauling) mit 208 pm angesetzt. Der experimentelle Wert liegt jedoch in Alkalimetallhydriden (Koordinationszahl = 6) als Folge der starken Polarisierbarkeit von H^- („weiches Ion") bei 130 bis 150 pm. In der Reihe der Alkalimetallhydride nehmen die Radien der Hydridionen gemäß steigender Elektronegativitätsdifferenz zwischen Metall und Wasserstoff von LiH nach CsH zu (135–150 pm).[35] Analog begründet sich diese Zunahme in der Reihe der Erdalkalimetallhydride von MgH_2 nach BaH_2 sowie in den größeren Radien der Hydridionen in Alkalimetallhydriden gegenüber Erdalkalimetallhydriden.

Festes LiH ist ein ionischer Leiter, und bei der Elektrolyse von geschmolzenem LiH (Smp. 692 °C) wird an der Anode Wasserstoff gebildet, wodurch der hydridische Charakter von Wasserstoff in LiH belegt wird. Mit Wasser treten heftige Reaktionen unter Wasserstoffentwicklung und Bildung von OH^- auf, während sich schwere Alkalimetallhydride bereits an feuchter Luft entzünden.

3.8.1.2 Kovalente Metallhydride

Hierzu zählen die Hydride der Gruppen 11 und 12 (CuH, AuH, ZnH_2, CdH_2, HgH_2), mit Ausnahme von Silberhydrid, sowie AlH_3, GaH_3 und BeH_2. Da diese kovalenten Metallhydride nur bei tiefen Temperaturen stabil sind (AuH zersetzt sich bei Raumtemperatur), erfolgen ihre Darstellungen durch Hydrolyse. Dazu werden Metallhalogenide (z.B. ZnI_2, $AuCl_3$) mit hydridischem Wasserstoff in organischen Lösemitteln umgesetzt (hierzu dienen LiH, $NaBH_4$ oder $LiAlH_4$).

3.8.1.3 Metallartige Metallhydride

Übergangsmetalle der Gruppen 3–6 sowie 10 und Metalle der Lanthanoide und Actinoide bilden mit Wasserstoff binäre Hydride. Die meisten besitzen metallisches Aussehen und metallische oder halbleitende Leitfähigkeitseigenschaften. Die Anzahl von zuverlässigen Kristallstrukturbestimmungen ist, auch in Hinsicht auf die genaue Kenntnis der Zusammensetzungen binärer Übergangsmetallhydride, begrenzt. Darstellungen erfolgen durch direkte Reaktionen hochreiner Metalle mit Wasserstoff bei hohen Temperaturen und häufig unter Druck. Dabei entstehen nicht stöchiometrische Metallhydride mit großer Phasenbreite, deren obere Grenzzusammensetzungen MH_2 oder MH_3 nur schwer realisierbar ist.

Das Strukturprinzip metallartiger Metallhydride basiert auf dichtesten Kugelpackungen von Metallatomen, deren Lücken durch Wasserstoffatome aufgefüllt werden. Daher resultiert die Betrachtung dieser Metallhydride als Einlagerungsverbindungen. Theoretisch können bei der Einlagerung in eine dichteste Packung aus n

Metallatomen n Oktaederlücken und 2n Tetraederlücken besetzt werden (Abb. 3.48). Beim sukzessiven Einbau von Wasserstoff in Metall entsteht zunächst eine feste Lösung (α-Phase) mit relativ geringem Wasserstoffgehalt MH_x ($x < 1$), in der die Metallstruktur unverändert erhalten bleibt (z.B. α-$ScH_{0,33}$, α-$YH_{0,176}$ oder α-$Nb_{0,1}$). Unter Erhöhung von Temperatur oder H_2-Druck findet ein fortschreitender Einbau von Wasserstoff bevorzugt in tetraedrische Lücken statt (β-Phase). Während in einer hexagonal dichtesten Packung nur die Besetzung von maximal der Hälfte aller tetraedrischen Lücken sterisch günstig ist (vgl. Tab. 3.3), können in einer kubisch dichtesten Packung alle tetraedrischen Lücken der Metallstruktur besetzt werden. Daher resultiert für hexagonal dichtest gepackte Metallstrukturen mit zunehmendem Wasserstoffeinbau ein Übergang in eine kubisch dichtest gepackte Metallstruktur.

Durch die Lückenbesetzung in einer kdP können die Grenzzusammensetzungen MH (Oktaederlücken), MH_2 (Tetraederlücken) und MH_3 (Tetraeder- und Oktaederlücken) realisiert werden:

MH: NaCl-Typ (Monohydride und defekte Monohydride, z.B. $CeH_{0,7}$, NiH_{1-x}, PdH_{1-x})

MH_2: CaF_2-Typ (Grenzzusammensetzung für Metallhydride der Gruppen 3–6)

MH_3: Li_3Bi-Typ (Grenzzusammensetzung der Lanthanoidmetallhydride)

Durch die Existenz individuell verzerrter Strukturen sind die strukturellen Verhältnisse einzelner Verbindungen komplizierter. Während der kubische Fluorit-Typ bei Titanhydrid über den gesamten Bereich von TiH bis TiH_2 auftritt, findet bei Zirconiumhydrid und Hafniumhydrid mit steigendem Wasserstoffgehalt ein Übergang vom defekten Fluorit-Typ MH_{2-x} in den ThH_2-Typ statt. Sollen bei Hydrierungen die oberen Grenzzusammensetzungen der Mono-, Di- oder Trihydride erreicht werden (vgl. Tab. 3.13), so müssen in vielen Fällen Druckhydrierungen in Autoklaven durchgeführt werden.

Tab. 3.13 Maximal möglicher Wasserstoffgehalt von strukturell belegten Metallhydriden von Übergangsmetallen und 4f-Elementen.[36]

ScH_2	TiH, TiH_2	VH, VH_2	$CrH^{a)}$, CrH_2	–[b)]	NiH
YH_2, $YH_3^{d)}$	$ZrH_2^{c)}$	NbH, NbH_2			PdH
LaH_2, LaH_3	$HfH_2^{c)}$	TaH			
4f-Elemente:					
Dihydride und Trihydride$^{d)}$ (ausgenommen Eu, Yb)$^{e)}$					

[a)] elektrolytisch aus CrO_3 darstellbar, CrH kristallisiert im anti-NiAs-Typ, mit einer hdP von Cr.
[b)] Mo, W und Metalle der Gruppen 7 und 8 bilden keine thermodynamisch stabilen Hydride.
[c)] $MH_{\approx 1,5} \equiv$ Defekter CaF_2-Typ, bei höherem Wasserstoffgehalt $MH_2 \equiv ThH_2$-Typ.
[d)] Für die Trihydride gilt La – Nd: Li_3Bi-Typ und Y, Sm, Gd – Tm, Lu: LaF_3-Typ.
[e)] Für Eu und Yb existieren nur die Dihydride EuH_2 und YbH_2 ($PbCl_2$-Typ).

Dihydride der 4f-Metalle treten wie die Übergangsmetalldihydride im Fluorit-Typ auf. Wie bei Übergangsmetalldihydriden existieren grundsätzlich Phasenbreiten entsprechend MH_{2-x}. Bei Überschreitung der Grenzzusammensetzung MH_2 in Richtung Trihydrid werden zusätzlich zu den tetraedrischen Lücken (Fluorit-Typ) noch oktaedrische Lücken besetzt (Li_3Bi-Typ). Während die Trihydride der leichten Lanthanoidmetalle (La – Nd) im Li_3Bi-Typ kristallisieren, tritt beginnend mit Samarium eine hexagonale Struktur auf (LaF_3-Typ). Auch Trihydride zählen zu den nicht stöchiometrischen Verbindungen (MH_{3-x}). Dihydride der Seltenerdmetalle sind (mit Ausnahme von EuH_2 und YbH_2) Halbleiter oder Metalle, da sie im dreiwertigen Zustand vorliegen ($M^{3+}H_2(e^-)$). Trihydride (MH_3) sind Isolatoren.

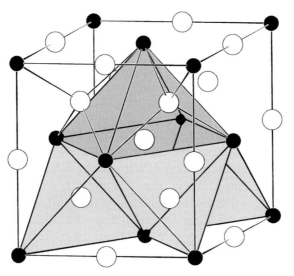

Abb. 3.48 Besetzung von Oktaederlücken und von Tetraederlücken in einer kubisch dichtesten Kugelpackung (Li_3Bi-Typ).

3.8.1.3.1 Bindungssituation in metallischen Metallhydriden

In Einlagerungshydriden sind Metall–Metall-Bindungen dominant, und Wasserstoffatome besetzen die Lücken dichtester Metallpackungen. Die Beweglichkeiten von Wasserstoffatomen in der Metallmatrix sind mit denen von Molekülen in Flüssigkeiten vergleichbar. In Niob-Metall führt Wasserstoff bei Raumtemperatur 10^{11} bis 10^{12} Platzwechsel pro Sekunde aus.

In Metallhydriden wird Wasserstoff protonisch (gibt ein Elektron an das Leitungsband des Metalles ab), hydridisch (nimmt ein Elektron aus dem Leitungsband auf) oder im legierungsartigen System (feste Lösung im Metallgitter) diskutiert. Die Bindungsverhältnisse sind nicht ausreichend verstanden. Da selbst die Festlegung von Partialladungen, $H^{\delta+}$ oder $H^{\delta-}$, in den einzelnen Verbindungen oft nicht möglich ist, erscheint eine Diskussion als kovalentes Modell naheliegend. Bei der MO-Wechselwirkung eines Wasserstoff 1s-Orbitals mit einem (gefüllten) Metallorbital geeigneter Symmetrie resultiert eine Metall–H-bindende (mit Elektronen gefüllte) und eine Metall–H-antibindende (unbesetzte) Kombination. Die Bildung eines Dihydrids mit einem d^3-Metall, $M^{3+}(H^-)_2(e^-)$, kann als Wechselwirkung von d-Orbitalen mit zwei s-Orbitalen der Wasserstoffatome aufgefasst werden. Bei dieser Wechselwirkung entstehen zwei bindende Kombinationen, die mit vier Elektronen besetzt werden, plus zwei unbesetzte antibindende Kombinationen bei hoher Energie. Ein Elektron pro MH_2 besetzt das aus Metall-d-Orbitalen bestehende Leitungsband (vgl. H-zentrierte Metallcluster, Abschnitt 3.8.8.5.2).

Außer der erhofften Synthese von (festem) metallischem Wasserstoff mit H–H-Bindungen wird die Möglichkeit von Wechselwirkungen zwischen H-Atomen in Metallhydriden in Betracht gezogen. Eine paarweise Kopplung zwischen benachbarten Wasserstoffatomen wird angenommen, wenn der H–H-Abstand im Festkörper 210 pm unterschreitet (Switendick-Kriterium). Derartige Wechselwirkungen werden in festen Lösungen von Metallhydriden mit geringem Wasserstoffgehalt (α-Phasen) diskutiert.

3.8.1.4 Ternäre Metallhydride

Die Klassifizierung ternärer Metallhydride lässt sich aus der Systematik binärer Metallhydride entwickeln. Die Kombination zweier Metalle, die salzartige (oder metallartige) Hydride bilden, ergibt wieder ein salzartiges (oder metallartiges) Hydrid. Viele salzartige Hydride aus Alkali- und Erdalkalimetallen AEH_3 kristallisieren in perowskitverwandten Strukturen (z.B. $KMgH_3$, $LiBaH_3$, $LiEuH_3$) oder im K_2NiF_4-Typ (Cs_2CaH_4).

Bei der Kombination eines salzartigen (A) und eines metallartigen Hydridbildners (M) entsteht ein ternäres Metallhydrid $A_xM_yH_z$, welches als Hydridokomplex oder -metallat aufgefasst werden kann. Komplexe Metallhydride sind (aus Metallgemengen oder Legierungen) oft nur bei hohen Temperaturen und Wasserstoffdrücken zugänglich (einige hundert bar und °C). Die meisten Verbindungen sind extrem luft- und feuchtigkeitsempfindlich.

Sind in ternären Metallhydriden kovalente Bindungen beteiligt, so fallen strukturelle Verwandtschaften zu bekannten Komplexverbindungen auf. Die Strukturen der Verbindungen $AAlH_4$, A_3AlH_6 (A = Li, Na) und $A(AlH_4)_2$ (A = Mg, Ca) enthalten oktaedrische $[AlH_6]^{3-}$-Einheiten (Kryolith-Typ) oder tetraedrische $[AlH_4]^-$-Einheiten ($NaAlH_4$ kristallisiert im Scheelit-Typ). Noch deutlicher wird diese Beobachtung bei Hydridokomplexen vom Typ $A_xM_yH_z$ (A = Alkali- oder Erdalkalimetall, M = Übergangsmetall), die in Tab. 3.14 zusammengestellt sind.[37]

Das einzige bisher bekannte Eisenhydrid ist das dunkelgrüne Mg_2FeH_6, das wie andere Metallhydride dieser Summenformel im K_2PtCl_6-Typ kristallisiert. Dieser Strukturtyp tritt auch in den Hochtemperaturmodifikationen von Verbindungen der Zusammensetzung A_2MH_4 auf, in denen die korrespondierenden Wasserstofflagen

Tab. 3.14 Ternäre Metallhydride $A_xM_yH_z$ mit A = Alkali- oder Erdalkalimetall und M = Metall der Gruppen 7–10.

A_3MnH_5 (A = K – Cs)	Mg_2FeH_6	Mg_2CoH_5	Mg_2NiH_4
			$CaMgNiH_4$
K_2TcH_8	Mg_2RuH_4	Li_3RhH_4	$LiPdH$
K_2TcH_9	A_2RuH_6	A_2RhH_5 (A = Ca, Sr)	$CaPdH_2$
	(A = Mg – Ba, Yb, Eu)	A_3RhH_6 (A = Li, Na)	A_2PdH_2 (A = Li, Na)
	Mg_3RuH_6	$A_8Rh_5H_{23}$ (A = Ca, Sr)	$NaPdH_3$
	Na_3RuH_7		A_3PdH_3 (A = K – Cs)
			A_2PdH_4 (A = Na – Cs)
			A_3PdH_5 (A = K – Cs)
K_3ReH_6	A_2OsH_6	A_2IrH_5 (A= Ca, Sr)	$LiPtH$
K_2ReH_8	(A = Mg – Ba)	A_3IrH_6 (A = Li, Na)	Li_2PtH_2
K_2ReH_9	Na_3OsH_7		A_2PtH_4 (A = Na – Cs)
$BaReH_9$			A_3PtH_5 (A = K – Cs)
			A_2PtH_6 (A = Na – Cs)

nur zu $\frac{4}{6}$ besetzt sind. Vermutlich handelt es sich um dynamisches Verhalten der Wasserstoffatome, so dass in Tieftemperaturmodifikationen von A_2PtH_4 geordnete („eingefrorene") Strukturen resultieren, die eng mit dem K_2PtCl_4-Typ verwandt sind (planare $[PtH_4]^{2-}$-Ionen) (Abb. 3.49).

Außer quadratisch-planaren $[PtH_4]$-Gruppen und tetraedrischen $[NiH_4]$-Gruppen (Mg_2NiH_4 mit Ni(0)) treten lineare $[MH_2]$-Gruppen auf (Na_2PdH_2). Durch Kombinationen von oktaedrischen und quadratischen Baugruppen (K_3PtD_5) oder quadratischen und linearen Baugruppen (K_3PdD_3) in einer Struktur können verschiedenste Zusammensetzungen realisiert werden (Tab. 3.14).

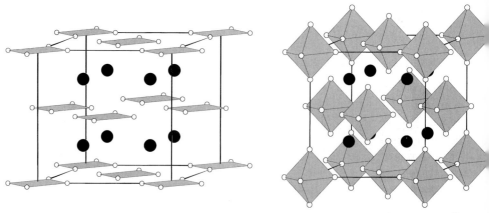

Abb. 3.49 Phasenübergang in Na_2PtD_4: Tieftemperaturmodifikation mit planaren $[PtD_4]^{2-}$-Einheiten (links) und Hochtemperaturmodifikation mit statistischer Besetzung von nur 4/6 der D-Positionen in den $[PtD_6]^{2-}$-Oktaedern (rechts).

Die wasserstoffreichen Verbindungen K_2ReH_9 und K_2TcH_9 enthalten komplexe Anionen, deren Metallatome sich in dreifach überdachten trigonalen Prismen aus Wasserstoffatomen befinden (alle Re–H-Abstände sind gleich lang) (Abb. 3.50).

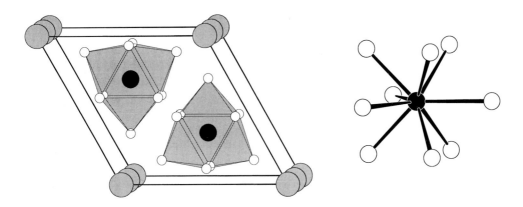

Abb. 3.50 Die Elementarzelle von $BaReH_9$ mit zwei Formeleinheiten und ein einzelnes $[ReH_9]^{2-}$-Ion. Rheniumatome sind schwarz gezeichnet, Bariumatome grau und Wasserstoffatome weiß.

Das ^{1}H-NMR-Spektrum von K_2ReH_9 zeigt nur ein einziges Signal, was mit der durch Austauschvorgänge bedingten Äquivalenz der Wasserstoffatome erklärt wird.

Aus Hydrierungsversuchen an unpolaren intermetallischen Verbindungen wurden zahlreiche Verbindungen bekannt, die als potentielle Hydridspeichermaterialien in Betracht kommen. Spektakulär ist die Einlagerung von Wasserstoff in $LaNi_5$ bei Raumtemperatur bis zur Grenzzusammensetzung $LaNi_5H_6$ (vgl. Abschnitt 3.1.7.1).

3.8.1.5 Eigenschaften der Metallhydride

$LiAlH_4$ wird als selektives Hydrierungsreagenz eingesetzt. Die Insertion von Wasserstoff in Palladium und Nickel wird im Rahmen der Katalyse genutzt.

Der Vorgang der Bildung und der anschließenden Zerlegung von Metallhydriden dient im Bereich der Synthese zur Erzeugung von Metallpulvern aus Spänen oder kompakten Metallbrocken. Fein verteiltes Metallpulver verhält sich in Festkörperreaktionen extrem reaktiv.*

---

* Enthalten Metalle bei Festkörperreaktionen noch Restwasserstoff dann entstehen oft unerwartete Produkte, in denen Wasserstoffatome röntgenographisch nicht oder nicht genau lokalisiert werden können, z.B. CaClH, $LaBr_2H$ oder YSeH.

Bei hoher oder niedriger thermischer Stabilität eines Metallhydrids kommen Anwendungen als Neutronenfänger (Moderator), wie z.B. ZrH_2, oder als Wasserstoffspeicher („Energiespeicher") in Betracht.

Wasserstoff kann als effektive und umweltfreundliche Energiequelle fungieren. Viele Metalle oder Legierungen sind zur reversiblen Hydridbildung befähigt und damit zur relativ sicheren Speicherung von Wasserstoff. Solche Metallhydride können bei einer bestimmten Temperatur (H_2-Druck) gebildet und bei einer höheren Temperatur wieder in die Edukte zerlegt werden. Die Energiebilanz bei der Einlagerung von Wasserstoff (Dissoziation von H_2, Einbau des Protons und seines Elektrons) kann dazu führen, dass Energie frei oder verbraucht wird. Exotherme Hydrierungsreaktionen erfolgen mit den Metallen Ti, Zr, V, Nb, Ta, Pd und endotherme Reaktionen mit Mg, Cr, Mo, Fe, Co, Ni, Pt, Cu, Ag und Au. Bei der Hydrierung von Metallen findet bei der Bildung salzartiger Metallhydride (einschließlich EuH_2 und YbH_2) eine Volumenkontraktion statt, während bei der Bildung metallischer Hydride eine Volumenexpansion resultiert.

In vielen Metallhydriden ist die Anzahl der H-Atome pro Volumeneinheit größer als in flüssigem H_2. Als Hydridspeicher kommen Verbindungen in Betracht, die Wasserstoff geregelt und bei mäßigen Temperaturen abgeben. MgH_2 verliert bei etwa 280 °C Wasserstoff (Druck bis zu 2 bar). Auch Mg_2NiH_4 zeigt bei höheren Temperaturen reversible Wasserstoffabspaltung.* Etwas ungünstiger ist das Gewichtsverhältnis Wasserstoff/Metall in $CuTiH_{0,9}$, welches reversibel aus γ-CuTi gebildet wird. Die gegenwärtig interessantesten Hydridspeichersysteme sind die Verbindungen $FeTi(H_2)$ und $LaNi_5(H_6)$.

3.8.2 Metallboride

Zu den Metallboriden gehören Strukturen, in denen isolierte Boratome oder Dimere, Ketten und Netzwerke aus Boratomen mit stabilen B−B-Bindungen vorliegen. Die erstaunliche Vielfalt von Zusammensetzungen der Metallboride reicht von metallreichen Boriden mit Metall−Metall-Bindungen und isolierten B-Anionen bis zu borreichen Metallboriden mit kondensierten Borgerüsten ohne Metall−Metall-Bindungen. Ein typisches Koordinationspolyeder in vielen Strukturen ist die trigonal-prismatische Koordination einzelner Boratome durch Metallatome (M_6B).

3.8.2.1 Synthese

1. Der häufigste Syntheseweg für Metallboride ist die direkte Reaktion zwischen Metall und Bor bei hinreichend hohen Temperaturen:

$$Ca + 6\,B \xrightarrow{\ 900\,°C\ } CaB_6$$

---

* Mg_2NiH_4 und $FeTiH_2$ wurden von der Firma Daimler-Benz für wasserstoffbetriebene Automobile erprobt.

Besitzt das Metall bei der Reaktionstemperatur einen hohen Dampfdruck (Alkali-, Erdalkalimetall, Sm, Eu, Tm, Yb), so ist in einem geschlossenen Reaktionsbehälter zu arbeiten. Bei hochschmelzenden Metallen geht man am besten von einem Pressling der innig vermengten Edukte aus. Reaktionen werden dann durch Aufschmelzen im elektrischen Lichtbogen oder durch Hochfrequenzheizung eingeleitet, wobei Reaktionen mit dem Reaktionsbehälter auftreten können.

2. Reduktion von Borat/Metalloxid-Gemischen (oder Metallboraten).
   a) Metallothermisch, durch Al, Mg oder andere Metalle.

   $$3\,CaO + 9\,B_2O_3 + 20\,Al \longrightarrow 3\,CaB_6 + 10\,Al_2O_3$$

   b) Borothermisch, oberhalb 1500 °C unter Vakuum (B_2O_2 verdampft bei diesen Bedingungen vollständig).

   $$2\,Cr_2O_3 + 10\,B \longrightarrow 4\,CrB + 3\,B_2O_2$$

   c) Carbothermisch, durch Kohlenstoff und/oder Borcarbid, im Vakuum oberhalb 1500 °C. Dabei besteht die Gefahr der Kohlenstoffkontamination ($MB_{6-x}C_x$).

   $$2\,TiO_2 + B_4C + 3\,C \longrightarrow 2\,TiB_2 + 4\,CO$$

   $$V_2O_5 + B_2O_3 + 8\,C \longrightarrow 2\,VB + 8\,CO$$

3. Elektrolytische Reduktion von Borat/Metalloxid-Gemischen oder Metallboraten in geeigneten Salzschmelzen (Alkali- oder Erdalkalimetallhalogenid). Die Reduktion findet an der Anode statt. Metallborid bildet sich an der Kathode.

3.8.2.2 Strukturen der Metallboride

Die Kristallstrukturen von Metallboriden können anhand ihrer Bor-Teilstrukturen klassifiziert werden. In den metallreichsten Verbindungen, den Einlagerungsboriden (Verhältnis Metall : Bor > 8 : 1), besetzen isolierte Boratome die oktaedrischen Lücken intermetallischer Wirtsstrukturen. Es resultieren stöchiometrische Verbindungen oder feste Lösungen. Die trigonal-prismatische [M_6B]-Koordination ist für Strukturen mit dem Verhältnis Metall zu Bor im Bereich 8 : 1 > Metall : Bor > 1 : 4 typisch.

Die fünf häufigsten Formeltypen von Übergangsmetallboriden sind in Tab. 3.15 hervorgehoben (M_2B, MB, MB_2, MB_4 und MB_6). Isolierte Boratome befinden sich in Strukturen der metallreichen Verbindungen wie Fe_2B (anti-$CuAl_2$-Typ) oder Ni_3B (Fe_3C-Typ). In Strukturen M_3B_2 und Cr_5B_3 treten dimere B_2-Einheiten mit B–B-Abständen von rund 180 pm auf. Mit steigendem Borgehalt von Metallboriden entstehen zwischen Boratomen weitere Bindungen, wobei für die Boratome zick-zack-Ketten (CrB), Bänder (Ta_3B_4) oder graphitähnliche Schichten (AlB_2) resultieren (Abb. 3.51).

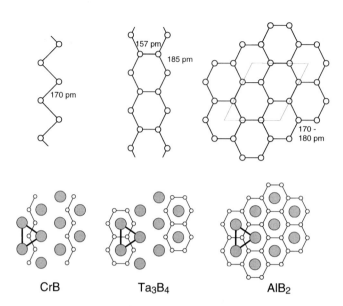

CrB   Ta₃B₄   AlB₂

Abb. 3.51 Bor-Strukturelemente in Boriden (B–B-Abstände in pm) des Typs MB, M₃B₄ und
MB₂ mit und ohne Metallatome (unten und oben). In den Strukturen der Metallboride ist die
Projektion jeweils eines trigonalen borzentrierten [M₆B]-Prismas auf die pseudo-dreizählige
Achse hervorgehoben.

Metallboride, die reicher an Bor sind (Metall : Bor < 1 : 4), bilden Strukturen
mit verbrückten Borpolyedern. Diese Borpolyeder können oktaedrisch (CaB_6), ku-
boktaedrisch (YB_{12}) oder ikosaedrisch (YB_{66}) aufgebaut sein.

Tab. 3.15 Einordnung wichtiger Metallboride nach steigendem Borgehalt und zunehmender
Vernetzung der Bor-Teilstruktur.

Formeltyp	Beispiele für M	Bor-Teilstruktur
M_3B	Re, Co, Ni, Pd	isolierte B-Atome
M_2B	Ta, Mo, W, Mn, Fe, Co, Ni, Pd	isolierte B-Atome
M_3B_2 (Cr_5B_3)	V, Nb, Ta	isolierte Paare, B_2
MB	Ti, Hf, V, Nb, Ta, Cr, Mo, W, Mn, Fe, Co, Ni	zick-zack-Ketten
M_3B_4	Ti, V, Nb, Ta, Cr, Mn	Bänder
MB_2	Mg, Al, Sc, Y, Ti, Zr, Hf, V, Nb, Ta, Cr, Mo, W, Mn, (Re, Tc, Ru)	planare (oder gewellte) hexagonale Netze
MB_4	Cr, Y, Mo, W, La, U, Th	B_2-verbrückte B_6-Oktaeder oder verbrückte B_4-Netze
MB_6	Ca, Sr, Ba, Y, La, U, Th	verbrückte B_6-Oktaeder
MB_{12}	Y, Zr, U, Th	verbrückte B_{12}-Kuboktaeder
MB_{66}	Y, Th	verbrückte B_{12}-Ikosaeder

Binäre und ternäre Boride kristallisieren in mehr als 80 Strukturtypen. Strukturen
von borreichen Verbindungen können anhand der Verbrückungsmuster ihrer Bor-

atome diskutiert werden. In Monoboriden bilden die Boratome unendliche zick-
zack-Ketten und in Diboriden zweidimensionale planare oder gewellte Bor-Netze.
Bor-zick-zack-Ketten in den Boriden **MB** entsprechen den Si^{2-}-Ketten der Zintl-
Phase CaSi.

Die meisten Boride der Zusammensetzung **MB$_2$** kristallisieren im AlB$_2$-Typ
(Abb. 3.52). Der prominenteste Vertreter dieses Strukturtyps ist MgB$_2$. Für die seit
langem bekannte Verbindung MgB$_2$ wurde im Jahre 2001 Supraleitfähigkeit (T_C =
39 K) nachgewiesen. In der Kristallstruktur bilden die Boratome hexagonale Netze,
die topologisch denen in der Struktur von Graphit entsprechen. Allerdings sind
diese Netze primitiv gestapelt (wie im hexagonalen BN). Die Struktur kann als
vollständig interkalierte, primitive Graphitstruktur angesehen werden, in der alle
hexagonal-prismatischen Hohlräume mit Metallatomen besetzt sind.

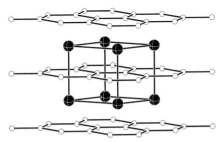

Abb. 3.52 Struktur von MgB$_2$ (AlB$_2$-Typ). Perspektivische Projektion auf die hexagonale
Ebene. Die Elementarzelle enthält eine Formeleinheit MgB$_2$.

Von den Tetraboriden **MB$_4$** sind CrB$_4$ und UB$_4$ Vertreter zweier verschiedener
Strukturtypen. In der Struktur von CrB$_4$ bilden die Boratome vierfach verbrückte
rechteckige B$_4$-Netze. In der Struktur von UB$_4$ (alle Lanthanoide, außer Eu und einige Actinoide) bilden die Boratome ein Netzwerk aus B$_2$-Atomen und oktaedrischen B$_6$-Clustern. Parallel zur tetragonalen Achse sind B$_6$-Oktaeder über Bindungen zwischen ihren Spitzen zu Strängen verknüpft, während sie in der Ebene senkrecht hierzu über B$_2$-Einheiten verbunden sind. Eine B$_2$-Einheit verknüpft in der
ab-Ebene vier B$_6$-Cluster (Abb. 3.53).

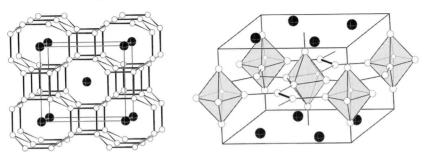

Abb. 3.53 Strukturen von CrB$_4$ (links) und UB$_4$ (rechts). Die B–B-Abstände in den B$_4$-
Rechtecken von CrB$_4$ betragen 166–169 pm und die Abstände zwischen Rechtecken
191 pm.

Strukturen der Boride **MB$_6$** bestehen aus B$_6$-Oktaedern und Metallatomen, die analog zu Atomen der CsCl-Struktur angeordnet sind (B$_6$-Oktaeder ersetzen Cl-Atome). Durch B–B-Verbrückungen benachbarter B$_6$-Oktaeder über alle sechs Ekken entsteht ein dreidimensionales B$_6$-Netzwerk (Abb. 3.54). Die elektronische Situation der B$_6$-Cluster kann von vergleichbaren Boranen abgeleitet werden. Für einen deltaedrischen closo-Cluster vom Typ [B$_6$H$_6$] sind 4n + 2 = 26 Valenzelektronen erforderlich (vgl. Tab. 3.12). Da [B$_6$H$_6$] aber nur 24 Valenzelektronen besitzt, werden zwei weitere Elektronen benötigt, um, gemäß B$_6$H$_6^{2-}$ alle bindenden Energiezustände mit Elektronen zu füllen. Da für die verbrückten B$_6$-Cluster in MB$_6$ die gleiche elektronische Situation zutrifft, sind Verbindungen des Typs M^{2+}B$_6$ Halbleiter und M^{3+}B$_6$ oder M^{4+}B$_6$ metallische Leiter. Für M^{3+} (Seltenerdmetall) befindet sich ein formal überschüssiges Elektron pro Metallatom im Leitungsband (M^{3+}(B$_6$)$^{2-}$(e$^-$)), und es resultieren elektrische Leitfähigkeiten ($\sigma = 10^4$–10^5 S/cm bei RT), die die der reinen Metalle übertreffen.

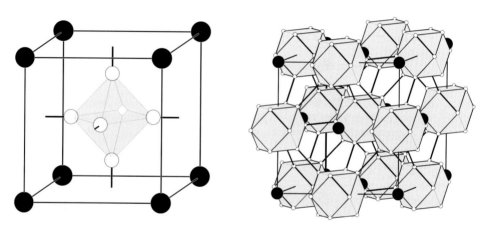

Abb. 3.54 Struktur von CaB$_6$ (links) und UB$_{12}$ (rechts) mit B$_6$-Oktaedern und B$_{12}$-Kubok-taedern. Die Metallatome sind in MB$_{12}$ von sechs quadratischen Flächen der B$_{12}$-Kuboktaeder umgeben und besitzen die Koordinationszahl 24.

Die Struktur des Borids MB$_{12}$ zeichnet sich durch große, elektropositive Metallatome und Bor-Kuboktaeder aus. Metallatome und B$_{12}$-Kuboktaeder bilden eine Packung analog zu Atomen der NaCl-Struktur (B$_{12}$-Kuboktaeder ersetzen Cl-Atome). Darin sind die Kuboktaeder über B–B-Bindungen miteinander zu einem dreidimensionalen Netzwerk verbrückt, und jedes M-Atom befindet sich in einer 24fachen Koordination (vgl. Abb. 3.54). Derart verbrückte Kuboktaeder benötigen 26 Elektronen für interne Bindungen und 12 Elektronen für externe Bindungen. Da 12 B-Atome aber nur 36 Elektronen besitzen, muss jedes Metallatom in MB$_{12}$ zwei Elektronen liefern. Entsprechend sind Dodekaboride dieses Typs mit dreiwertigen Kationen (YB$_{12}$) elektrische Leiter mit einem Elektron pro Metallatom im Leitungsband.

Im Metallborid MB_{66} umgeben 12 B_{12}-Ikosaeder ein zentrales B_{12}-Ikosaeder, die über B–B-Bindungen zu einem $B_{12}(B_{12})_{12}$-Superikosaeder aus 156 Boratomen verbunden sind.

3.8.2.3 Bor–Bor-Bindungen in Metallboriden

Bisher ist noch fragwürdig, ob Bor in einem Metallborid die Oxidationszahl −5 zur Erlangung seines Elektronenoktetts annehmen kann. Typisch ist die Ausbildung kovalenter B–B-Bindungen. Die topologische Zuordnung von dimeren Einheiten, Ketten, Bändern, Netzen (Abb. 3.51) und Netzwerken folgt aus den B–B-Abständen. Zwischen den Boratomen liegen Einfachbindungen vor. Typische B–B-Einfachbindungslängen liegen bei 170–174 pm. Obwohl in manchen Festkörperstrukturen auch kürzere B–B-Bindungen auftreten (z.B. 147 pm in Mn_3B_4), sind B–B-Doppelbindungen in Metallboriden nicht belegt.

Auf der Basis von Einfachbindungen könnten Bor-Teilstrukturen formal als B_2^{8-}-Ionen isolierter Dimere (M_3B_2), B^{3-}-Ionen in zick-zack-Ketten (MB) oder B^--Ionen graphitähnlicher Schichten (MB_2) geschrieben werden. Diese einfache Beschreibung der meisten polyanionischen Bor-Teilstrukturen steht mit der Beschreibung der analog aufgebauten Zintl-Ionen im Einklang (Tab. 3.11). Die Bindungsverhältnisse in den hexagonalen Schichten aus Boratomen der Diboride (z.B. MgB_2 oder AlB_2) sind demnach gut mit denen der Kohlenstoffatome der Graphitstruktur, bzw. mit einer vollständig interkalierten Graphitstruktur vergleichbar. Für viele Verbindungen stellt diese Betrachtung jedoch eine zu grobe Vereinfachung dar, auch weil zusätzliche Bindungen der Art M–B und M–M mit kovalenten Anteilen zu berücksichtigen sind.

3.8.2.4 Eigenschaften von Metallboriden

Zu den Eigenschaften der Übergangsmetallboride zählen hohe thermische und mechanische Stabilitäten sowie hohe elektrische und thermische Leitfähigkeiten. Allgemein besitzen metallreiche Metallboride ähnliche Schmelzpunkte wie ihre Metalle, während borreiche Metallboride höhere Schmelzpunkte aufweisen. Die meisten Übergangsmetallboride sind metallische Leiter ($\sigma \approx 10^5$ S/cm bei RT für TiB_2, ZrB_2), einige wenige Supraleiter (MgB_2, NbB, YB_6, ZrB_{12}). Boride der elektropositiven Metalle (Alkali-, Erdalkalimetall) sind überwiegend Halbleiter. Hexaboride der Lanthanoide gehören zu den besten Elektronenemittern (LaB_6 wird als Hochleistungselektrode in Elektronenmikroskopen eingesetzt). Das ternäre Borid $Nd_2Fe_{14}B$ zählt aufgrund seiner hartmagnetischen Eigenschaften zu den wichtigsten Dauermagnetwerkstoffen.

Zwar sind Metallboride chemisch resistent gegen den Angriff von Säuren und Basen, neigen aber bei hohen Temperaturen zu Reaktionen mit anderen Metallen, was sie zum Einsatz als Schneidwerkstoff für Stahl gegenüber anderen Materialien benachteiligt. Eines der anwendungstechnisch bedeutensten Boride ist das hartmetallische TiB_2. Es besitzt unter allen bekannten Boriden die größte Härte und ist eine elektrisch leitende Verbindung, die bei etwa 3225 °C schmilzt.* Keramiken aus Übergangsmetallboriden werden, wie TiB_2, zur Herstellung von Formteilen (Elektroden, Verschleißteile im Motorenbau) eingesetzt. Hartstoffe aus ternären Boriden lassen sich wie Hartmetalle sintern und besitzen ein großes Potential als Werkstoff. Aus Sinterwerkstoffen auf Basis von Mo_2FeB_2 werden Dichtungen, Ventilsätze, Ziehringe und Verschleißteile für Spritzgießmaschinen gefertigt. Metallreiche Boride werden als verschleißfeste Schichten durch Plasmaspritzen auf Stahlteile aufgebracht.

3.8.3 Metallcarbide

Metallcarbide sind Verbindungen der Metalle mit Kohlenstoff, in denen Kohlenstoffatome als C_n-Einheiten mit n = 1, 2, 3 vorliegen. Eine Unterteilung binärer Metallcarbide kann wie folgt vorgenommen werden:

1. Salzartige Metallcarbide der Alkali- und Erdalkalimetalle sowie Aluminium mit C_n-Einheiten (n = 1–3). Sie sind meist farblose (Be_2C ist rot, Al_4C_3 ist gelb) kristalline Stoffe, die elektrische Isolatoren sind.
2. Metallcarbide der Übergangsmetalle mit isolierten Kohlenstoffatomen. Hierzu zählen die so genannten Einlagerungscarbide (interstitielle Carbide), in denen Kohlenstoffatome oktaedrische Lücken dichtester Packungen von Metallatomen bis zur Grenzzusammensetzung „MC" besetzen, aber auch eine Anzahl individueller Strukturen.
3. Metallcarbide der Seltenerdmetalle und der Actinoide mit C_n-Einheiten (n = 1–3) zeigen sowohl Ähnlichkeiten zu ionischen Metallcarbiden als auch zu den kovalenten oder interstitiellen Carbiden der Übergangsmetalle.
   Zusätzlich sind im System Metall-Kohlenstoff Intercalationsverbindungen des Graphits und Fulleride der schweren Alkalimetalle (z.B. A_xC_{60} mit x = 1–6) und der Erdalkalimetalle bekannt.

3.8.3.1 Synthese von Metallcarbiden

1. Direkte Reaktion von Metall und Kohlenstoff (Carborierung) bei hohen Temperaturen:
   Aufschmelzen des Gemenges (Pulver) bei 1000–2000 °C.

$$Ca + 2\,C \xrightarrow{\ 1000\,°C\ } CaC_2$$

Besitzen die reinen Metalle Schmelzpunkte oberhalb von 2000 °C, so wird das Gemenge (Pressling) im elektrischen Lichtbogen unter Argon-Atmosphäre aufgeschmolzen.

2. Reduktion von Metalloxid mit Kohlenstoff (häufig in Gegenwart von Wasserstoff):

$$TiO_2 + 3\,C \xrightarrow{\ >2000\,°C\ } TiC + 2\,CO$$

---

* Für TiB_2 wie auch andere hochschmelzende Materialien, werden in der Literatur stark voneinander abweichende Schmelzpunkte angegeben.

3. Reaktion von Kohlenwasserstoffen mit elektropositiven Metallen als Feststoff-Gas-Reaktion:

$$Mg \xrightarrow{n-Pentan, 700\,°C} Mg_2C_3$$

oder in flüssigem Ammoniak, insbesondere zur Darstellung der thermisch instabilen (explosiven) Acetylide CuC_2, AgC_2 und AuC_2.

$$4\,K + 3\,C_2H_2 \xrightarrow{NH_3,\,-80\,°C} 2\,K_2C_2 + C_2H_4 + H_2$$

Je nach Reaktionsführung kann bei dieser Reaktion K_2C_2 oder KHC_2 anfallen.

$$2\,CuI + KHC_2 + NH_3 \xrightarrow{-70\,°C} Cu_2C_2 + KI + NH_4I$$

3.8.3.2 Salzartige Metallcarbide

Zu den salzartigen Metallcarbiden zählen Metallcarbide mit Metallen der Gruppen 1 bis 3. Von diesen bilden lediglich Be_2C und Al_4C_3 Carbide mit isolierten C^{4-}-Ionen, die in Anlehnung an das Hauptprodukt ihrer Hydrolyse Methanide genannt werden. Die Alkalimetalle (Li – Cs) bilden Metallcarbide der Zusammensetzung M_2C_2 mit C_2^{2-}-Ionen (Acetylide). Erdalkalimetallacetylide MC_2 sind für die Metalle Magnesium, Calcium, Strontium und Barium belegt.

Als einziges Erdalkalimetall bildet Magnesium zusätzlich ein Carbid mit der Zusammensetzung Mg_2C_3 mit einem linearen C_3^{4-}-Ion (Abb. 3.55). Auch die Verbindung $Ca_3Cl_2C_3$ enthält ein C_3^{4-}-Ion. Die roten Kristalle wurden früher fälschlich für „Calciummonochlorid" gehalten, welches im festen Zustand unbekannt ist. Bei der Synthese wurde durch Kohlenstoff verunreinigtes Calcium-Metall mit $CaCl_2$ bei 900 °C zur Reaktion gebracht wird (Abschnitt 3.1.3). Die verwandte Verbindung $Ca_3Cl_2(CBN)$ enthält ein linear gebautes $[CBN]^{4-}$-Ion.

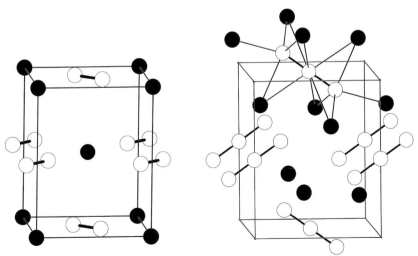

Abb. 3.55 Strukturen von MgC_2 (links) und Mg_2C_3 (rechts). Die Umgebung von einem C_3^{4-}-Ion mit Mg^{2+}-Ionen ist gezeigt.

Bei der stark exothermen Hydrolyse von Mg_2C_3 entstehen Propadien (Allen) und Propin (Allylen), deren Bildungsverhältnis von der Reaktionstemperatur abhängig ist (bei Temperaturerniedrigung nimmt die Allenbildung zu):

$$Mg_2C_3 + 4\,H_2O \longrightarrow 2\,Mg(OH)_2 + C_3H_4$$

Die Struktur von Li_4C_3 ist unbekannt. Jedoch belegen Reaktionen in organischen Lösemitteln und Massenspektren des Hydolyseproduktes das Vorliegen von C_3^{4-}-Ionen. In Analogie zum linearen $[\bar{C} = C = \bar{C}]^{4-}$-Ion sind noch andere lineare dreiatomige Anionen [X=Y=Z] mit 16 Valenzelektronen bekannt (Tab. 3.16).

Tab. 3.16 Dreiatomige lineare Anionen mit 16 Valenzelektronen.

X=Y=Z-Ion	Name	ideale Symmetrie[a]	Atomabstand X–Y (Y–Z) in pm	Beispiel
$[C=C=C]^{4-}$	Allenid	$D_{\infty h}$	133	Mg_2C_3
$[N=C=N]^{2-}$	Dinitridocarbonat[b]	$D_{\infty h}$	122	$CaCN_2$
$[C=B=C]^{5-}$	Dicarbidoborat	$D_{\infty h}$	148	Sc_2BC_2
$[N=B=N]^{3-}$	Dinitridoborat	$D_{\infty h}$	134	Li_3BN_2
$[C=B=N]^{4-}$	Carbidonitridoborat	$C_{\infty v}$	144 (138)	Ca_3Cl_2CBN

[a] Häufig sind die Ionen in ihren Verbindungen nicht exakt linear.
[b] Oder Carbodiimid.

3.8.3.2.1 Die Strukturen salzartiger Metallcarbide

Zur Realisierung der Strukturen von Methaniden könnten je nach Ionengröße kubisch dichteste Packungen von Kohlenstoff- oder Metallatomen dienen. Da der Radius von C^{4-} nach Pauling 260 pm beträgt, kommt eine dichteste Packung von Kohlenstoffatomen in Betracht. Allerdings vermindern kovalente Bindungsanteile den Anionenradius beträchtlich (vgl. Abschnitt 3.8.3.3). Die Anwendung der Radienquotientenregel ist daher problematisch. In der Struktur von Be_2C besetzen die Be^{2+}-Ionen tetraedrische Lücken einer dichtesten Packung von C^{4-}-Ionen. Die ziegelroten Kristalle von Be_2C kristallisieren im anti-Fluorit-Typ. Die gelben Kristalle von Al_4C_3 kristallisieren in einer eigenen Struktur und enthalten ebenfalls isolierte C^{4-}-Ionen.

Alle Erdalkalimetallacetylide lassen sich als Defektstrukturen des NaCl-Typs beschreiben, in denen individuelle Ausrichtungen der C_2-Einheiten unterschiedliche Verzerrungen erzeugen. Von Calciumcarbid sind vier Modifikationen (I–IV) bekannt. Von SrC_2 und BaC_2 kennt man bisher nur die Modifikationen I, II und IV. In der tetragonalen Form I (Raumgruppe *I4/mmm*) sind die C–C-Kernverbindungsachsen parallel zur vierzähligen Achse ausgerichtet (Abb. 3.57). In der Struktur der monoklinen Modifikation II (α-ThC_2-Typ) sind die C–C-Achsen, ähnlich wie in der Struktur von MgC_2, alternierend angeordnet (Abb. 3.55). Die Struktur der kubischen Hochtemperaturform IV enthält orientierungsfehlgeordnete, bzw. rotierende C_2-Einheiten. Die monokline Form III wurde bisher nur bei CaC_2 beobachtet. Sie entsteht durch langsames Erhitzen der Phase II auf > 150 °C. Die Strukturen der Phasen II und III sind eng miteinander verwandt. Anstatt einer Sorte von C-Atomen enthält die Struktur von CaC_2 III zwei kristallographisch unterschiedliche C_2-Einheiten und zeigt deshalb zwei Resonanzlinien im Festkörper-NMR-Spektrum. Die Rückreaktion der Phase III in die Phase II wird durch Zerreiben des Kristallpulvers erzeugt.

$$CaC_2 \text{ II} \xrightleftharpoons[\text{Zerreiben}]{> 150\,°C} CaC_2 \text{ III} \xrightleftharpoons[< 460\,°C]{> 460\,°C} CaC_2 \text{ IV}$$

$$\text{monoklin } (C2/c) \qquad \text{monoklin } (C2/m) \qquad \text{kubisch } (Fm\overline{3}m)$$

Bei Raumtemperatur können bis zu drei CaC_2-Phasen (I, II, III) miteinander koexistieren.*

Tetragonales CaC_2 (I) verhält sich ähnlich wie die unter Normalbedingungen stabilen Modifikationen I von SrC_2 und BaC_2. Bei hohen Temperaturen finden Phasenübergänge erster Ordnung in die kubischen Hochtemperaturformen (IV) statt. Aber Umwandlungen in die Tieftemperaturmodifikationen (II) vollziehen sich nur langsam und unvollständig.

$$SrC_2 \text{ II} \xleftarrow{-30\,°C} SrC_2 \text{ I} \xrightarrow{> 370\,°C} SrC_2 \text{ IV}$$

$$\text{monoklin } (C2/c) \qquad \text{tetragonal } (I4/mmm) \quad \text{kubisch } (Fm\overline{3}m)$$

3.8.3.3 Metallcarbide der Übergangsmetalle

Einige Carbide der Übergangsmetalle werden, analog zu Metallhydriden, -boriden und -nitriden, als metallartige Carbide oder Einlagerungsverbindungen klassifiziert. Im Gegensatz zu den salzartigen Metallcarbiden enthalten diese eher kovalenten Metallcarbide einzelne Kohlenstoffatome und sind hydrolysebeständig. Für die Kohlenstoffatome resultiert in diesen Verbindungen ein Radius von nur etwa 77 pm (vergleichsweise würden die Ionenradien von C^{4-} 260 pm und von C^{4+} 15 pm betragen). Erfahrungsgemäß muss der Radius der Metallatome über 130 pm liegen, damit diese eine dichteste oder dichte Packung bilden können (kdP, hdP oder hexagonal primitiv), in der die Kohlenstoffatome oktaedrische oder trigonal-prismatische Lücken besetzen können.

Beispiele für die Besetzung oktaedrischer Lücken mit Strukturen vom NaCl-Typ, sind die Verbindungen TiC, ZrC, HfC, VC, NbC, TaC, (ScC), die auch als

---

* Die Stabilisierung von tetragonalem CaC_2 (I) könnte durch Defekte begünstigt werden. Das Verhältnis der koexistieren Phasen I und II kann durch unterschiedliche Einwaagen Ca zu C zu Gunsten hoher Anteile von I oder II gesteuert werden.

nicht stöchiometrische Phasen (MC_{1-x}) oder als geordnete Defektvarianten dieses Typs, wie Ti_2C, Zr_2C, V_6C_5, Nb_6C_5, V_8C_7, (Sc_2C) auftreten können. In der hexagonal dichtesten Metallpackungen der Strukturen von W_2C, Mo_2C und Ta_2C ist, gemäß $A\gamma_{\frac{1}{2}}B\gamma_{\frac{1}{2}}$, A..., nur die Hälfte der oktaedrischen Lücken mit Kohlenstoffatomen besetzt. In hexagonal primitiv gepackten Metallstrukturen sind trigonal-prismatische Lücken durch Kohlenstoff besetzt. Ein wichtiges Beispiel ist das superharte Carbid WC (Abb. 3.56).

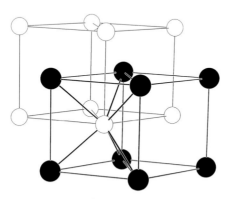

Abb. 3.56 Kristallstruktur der WC-Typs. Darin bilden Kationen und Anionen hexagonal primitive Untergitter.

Die Strukturen anderer Übergangsmetallcarbide sind oft komplex und nicht mit denen der Einlagerungscarbide zu vergleichen. Strukturen metallreicher Carbide zeigen manchmal Analogien zu entsprechenden Boriden, in denen die Nichtmetallatome trigonal-prismatische Hohlräume besetzen. Beispiele hierfür sind Fe_3C und Cr_3C_2.

Auch die Strukturen ternärer Metallcarbide zeigen Bezüge zu bekannten Strukturen. Ein Beispiel ist der vielfach belegte Formeltyp AMC_2, der anhand von $UCoC_2$ als Insertion von Kobaltatomen in die CaC_2-Struktur betrachtet werden kann und zugleich den Übergang zur $ThCr_2Si_2$-Struktur verdeutlicht (Abb. 3.57).[38]

Die C–C-Abstände in den Strukturen CaC_2 I (119 pm), $Er_2Fe(C_2)_2$ (133 pm) und $UCoC_2$ (148 pm) beschreiben drei verschiedene Bindungssituationen von C_2-Ionen, die in der Nähe der Erwartungswerte für eine Dreifachbindung (120 pm), Zweifachbindung (133 pm) und Einfachbinding (154 pm) liegen. Die $ThCr_2Si_2$-Struktur ist durch mehr als 600 Vertreter belegt, von denen Carbide aber ausgenommen bleiben. Beispiele sind die Verbindungen des Formeltyps SEM_2X_2 mit SE = Seltenerdmetall, M = d-Metall und X = Si, Ge, Pb, P, As, Sb. Hierzu lassen sich auch supraleitende Verbindungen $SENi_2(B_2C)$ (fast alle SE) zählen, die anstatt von Si_2-Einheiten, wie in der $ThCr_2Si_2$-Struktur, linear gebaute [BCB]-Einheiten enthalten. Analog zu $UCoC_2$ kristallisieren Verbindungen mit [BN]-Einheiten wie z.B. CaNi(BN), SENi(BN) (SE = La, Ce, Pr) und mit [BC]-Einheiten, wie z.B. LuNi(BC).

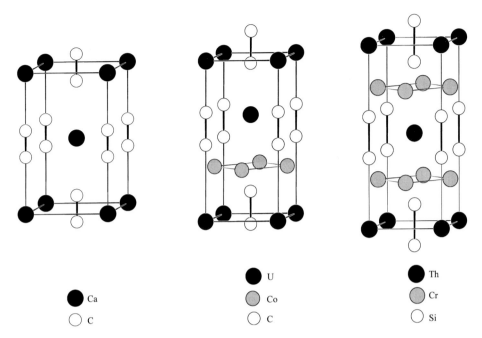

Abb. 3.57 Kristallstrukturen von CaC$_2$ I (links), UCoC$_2$ (mitte) und ThCr$_2$Si$_2$ (rechts).

In ternären Carbiden des Formeltyps AM$_3$C (A = Ca, Mg, Al, Ga, Pb, Sn; M = Ti, Mn, Fe, Co, Ni, Cr, Pd) liegen C-Atome in oktaedrischen Lücken (anti-Perowskit-Typ). Zu der bisher kleinen Gruppe von Carbidometallaten mit C$_2$-Einheiten gehören die Verbindungen Na$_2$MC$_2$ mit M = Pd und Pt. Hergestellt werden diese Verbindungen durch Auflösen des Edelmetalls in einer Na$_2$C$_2$-Schmelze. Die Verbindungen enthalten neutrale M-Atome mit d^{10}-Konfiguration, die mit den C$_2^{2-}$-Ionen lineare Stränge bilden $_{\infty}^{1}$[-M-C≡C-].

3.8.3.4 Metallcarbide der Seltenerdmetalle und der 5f-Elemente

Einige Metallcarbide der Seltenerdmetalle (Sc, Y, Lanthanoide) zeigen strukturelle Verwandtschaften zu den Übergangsmetallcarbiden. In einer Defektstruktur des NaCl-Typs mit statistischer Verteilung der C-Atome auf einem Drittel der vorhandenen Gitterplätze kristallisieren die Carbide des Formeltyps M$_3$C (M = Y, Gd – Lu). In der geordneten Struktur der Zusammensetzung MC (M = Sc, Th, U, Pu) sind die Gitterplätze vollständig besetzt.

Analog zu den Dicarbiden der Erdalkalimetalle bilden alle Lanthanoidmetalle sowie Yttrium, Thorium, Uran und Plutonium Metallcarbide des Formeltyps MC$_2$ mit C$_2$-Anionen. Die Dicarbide der Lanthanoide (und von YC$_2$) kristallisieren alle im tetragonalen CaC$_2$-Typ. Zwei weitere häufige Formeltypen sind M$_2$C$_3$ für M = Y, La – Ho (außer Eu, Pm), U und M$_4$C$_5$ für M = Y, Gd, Tb, Dy, Ho. Die meisten Sesquicarbide M$_2$C$_3$ kristallisieren in der Pu$_2$C$_3$-Struktur und enthalten gemäß der

Schreibweise $M_4(C_2)_3$ C_2-Ionen, die aber für die unterschiedlichen Verbindungen stark voneinander abweichende C–C-Abstände aufweisen (124 – 154 pm). Im Unterschied hierzu enthalten die Carbide M_4C_5 gemäß der Schreibweise $M_4(C_2)_2C$ sowohl C^{4-}- als auch C_2^{4-}- Ionen.

Seltenerdmetall-Subcarbide M_2C (M = Y, Tb, Ho)[39] kristallisieren wie Ba_2N im anti-$CdCl_2$-Typ.

3.8.3.4.1 Bindungssituation in Carbiden mit C_2-Anionen

In binären und ternären Metallcarbiden mit C_2-Anionen variiert die C–C-Bindungslänge über einen weiten Bereich, z.B. 119 pm in CaC_2, 128 – 129 pm in Lanthanoiddicarbiden, 134 pm in UC_2. Eine Erklärung hierfür liefert das MO-Schema einer C_2-Einheit (Abb. 3.58, links). Werden nur die Valenzorbitale betrachtet, dann resultiert für das C_2^{2-}-Ion (10 Valenzelektronen) die Konfiguration $(2\sigma_g)^2(2\sigma_u)^2(\pi_u)^4(3\sigma_g)^2$. Das Mischen von zwei 2s und zwei $2p_z$-Orbitalen ergibt vier Orbitale vom σ-Typ: eine stark bindende Kombination ($2\sigma_g$), zwei nahezu nicht bindende Kombinationen ($2\sigma_u$ und $3\sigma_g$, oder lone-pairs) und eine antibindende Kombination ($3\sigma_u$). Durch das Mischen von je zwei $2p_x$- und zwei $2p_y$-Orbitalen entstehen zweifach entartete bindende (π_u) und zweifach entartete antibindende (π_g^*) Kombinationen. Im Falle des C_2^{2-}-Ions ist das $3\sigma_g$-Orbital das höchste besetzte Molekülorbital (HOMO). Erst die Besetzung der antibindenden π_g^*-Orbitale wird kritisch. Die Besetzung dieser antibindenden π_g^*-Orbitale führt zur Vergrößerung des C–C-Abstandes, wobei die Bindungsordnung von drei für C_2^{2-} auf zwei für C_2^{4-} herabgesetzt wird. Mit steigender Elektronenzahl lassen sich daher C_2^{4-} und C_2^{6-} formulieren, die mit O_2 und F_2 isoelektronisch sind.

In Metallcarbiden mischen Orbitale der Metallatome mit geeigneten Orbitalen der C_2-Einheiten. Die Zustandsdichten für die isotypen Verbindungen CaC_2 und UC_2 sind in Abb. 3.58 dargestellt. Das mit dem MO-Schema einer C_2-Einheit verwandte Muster der Zustandsdichten bleibt erkennbar. Dies trifft insbesondere für die Zustandsdichte von CaC_2 zu, da die Ca–C_2-Wechselwirkungen ionischen Charakter haben und die Metallorbitale nur wenig mit C_2-Orbitalen mischen. Andere Metalle wie z.B. Uran sind zur Ausbildung kovalenter Metall–C_2-Bindungen befähigt.

Der Energieblock von UC_2 am Fermi-Niveau ist Metall–C_2-bindenden Kombinationen zuzuordnen, von denen eine in Abb. 3.59 gezeigt ist. Durch die Halbbesetzung dieses Energieblocks (mit zwei Elektronen pro Formeleinheit UC_2) werden gleichzeitig d-Orbitale und π_g^*-Orbitale besetzt. Eine Halbbesetzung der π_g^*-Orbitale (C_2^{4-}) entspräche der salzartigen Formel $U^{(4+)}C_2^{(4-)}$. Der C–C-Abstand (134 pm) stimmt mit dem für eine C–C-Doppelbindung zu erwartenden Wert überein.

Die metallischen Eigenschaften von UC_2 und die isolierenden Eigenschaften von CaC_2 sind experimentell belegt und stehen mit ihren berechneten Zustandsdichten im Einklang (Abb. 3.58). Für UC_2 verläuft das Fermi-Niveau durch einen halbbesetzten Energieblock, und für CaC_2 liegt eine Bandlücke von mehr als 2 eV zwischen dem gefüllten Valenzband und dem leeren Leitungsband. Eine vergleichbare elektronische Struktur wie UC_2 besitzen Lanthanoidmetalldicarbide mit Metallen im dreiwertigen Oxidationszustand.

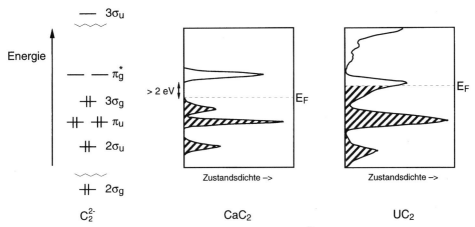

Abb. 3.58 Ausschnitt aus dem MO-Schema (links) von C_2^{2-} (Bindungslänge 119 pm) und berechnete Zustandsdichten für CaC_2 und UC_2.[40] Das MO-Aufspaltungsmuster der C_2-Einheit ist in der projizierten Zustandsdichte von CaC_2 gut zu erkennen (die mit $3\sigma_g$ korrespondierende Zustandsdichte ist durch bindende Ca–C-Wechselwirkungen geringfügig abgesenkt). Die Verbreiterung der Zustände für UC_2 resultiert aus kovalenten Wechselwirkungen zwischen Metall und C_2-Anion. Besetzte Energiezustände sind schraffiert gezeichnet. Die Lage des Fermi-Niveaus entspricht für CaC_2 einem C_2^{2-}-Ion. Für UC_2 sind die π_g^*-analogen Zustände etwa zur Hälfte besetzt, was einem C_2^{4-}-Ion entspräche.

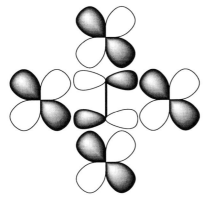

Abb. 3.59 Lokalisiertes Bild einer Metall-C_2-bindenden Kombination der UC_2-Struktur, aus einem der zwei C–C-antibindenden π_g^*-Orbitale und d-Orbitalen der Metallatome. Es liegt eine Kombination aus M–M- und M–C-bindenden und C–C-antibindenden Orbitalen vor.

3.8.3.4.2 Sc_3C_4

In Metallcarbiden können verschiedene C_n-Einheiten (n = 1–3) nebeneinander vorliegen. Eine Besonderheit ist die Struktur von Sc_3C_4, weil sie C-, C_2- und C_3-Anionen enthält (wie auch M_3C_4 mit M = Ho, Er, Tm, Yb, Lu)[41]. Der Inhalt einer Elementarzelle besteht aus 10 Formeleinheiten Sc_3C_4. $Sc_{30}C_{40}$ lässt sich formal als $(Sc^{3+})_{30}(C^{4-})_{12}(C_2^{2-})_2(C_3^{4-})_8(e^-)_6$ schreiben. Die C_2-Einheit ist wie in der Struktur von CaC_2 oktaedrisch von Metallatomen umgeben. Die mittels Röntgenstrukturanalyse bestimmte C–C-Bindungslänge der C_2-Einheit liegt jedoch mit 125 pm zwischen dem Erwartungswert für eine Doppelbindung (133 pm für C_3^{4-}) und für eine Dreifachbindung (120 pm in Acetylen). Die verbleibenden sechs Elektronen pro $Sc_{30}C_{40}$ besetzen Leitungsbänder und sind für die metallische Leitfähigkeit von Sc_3C_4 verantwortlich. Wie bei UC_2 bestehen die Leitungsbänder aus M–C-bindenden, M–M-bindenden und aus C–C-antibindenden Zuständen der π_g^*-Orbitale der C_2-Einheit und d-Orbitalen (Abb. 3.59). Daher wird auch hier die Bindungsordnung der C_2-Einheit von drei (C_2^{2-}) in Richtung zwei (C_2^{4-}) herabgesetzt.

3.8.3.5 Eigenschaften von Metallcarbiden

Bei der kontrollierten Hydrolysereaktion salzartiger Metallcarbide mit C^{4-}, C_2^{2-} oder C_3^{4-} entstehen korrespondierende Kohlenwasserstoffe (CH_4, C_2H_2 oder C_3H_4) als Hauptprodukte. Calciumcarbid wurde in der Technik als Ausgangsstoff zur Acetylengewinnung eingesetzt, Mg_2C_3 zur Darstellung von Allylen oder Allen. Hydrolyse tritt ebenfalls bei Metallcarbiden der Gruppen 4f und 5f, wie z.B. bei UC und MC_2, auf.

Die meisten Einlagerungscarbide sind chemisch inert, zeigen metallische Eigenschaften und außergewöhnliche Härte. Wie bei Einlagerungsnitriden wird die Härte aus Lückenbesetzungen durch Nichtmetallatome und den Bindungen zwischen Metall und Nichtmetall erklärt, die das Gleiten dicht(est) gepackter Metallschichten verhindern.

Wolframmonocarbid ist etwa so hart wie Diamant („Widia") und ist das wichtigste Carbid der Hartmetalltechnik als Härteträger in allen technischen Hartmetallen (Smp. $\approx$ 2800 °C). Titanmonocarbid besitzt ebenfalls eine hohe Härte, ist chemisch sehr widerstandsfähig und wird von Salz- und Schwefelsäure kaum angegriffen.

Zu den höchstschmelzenden Stoffen zählen die Carbide HfC und TaC (beide $\approx$ 3900 °C), NbC ($\approx$ 3600 °C), ZrC ($\approx$ 3420 °C) und TiC ($\approx$ 3070 °C).

3.8.4 Metallnitride

In Strukturen von Metallnitriden liegen isolierte Nitridionen (N^{3-}), Dinitridionen (N_2^{2-}) oder Azidionen (N_3^-) vor. Metallnitride der Alkali- und Erdalkalimetalle sind farbige, hydrolysempfindliche Feststoffe.

Von den Alkalimetallen sind die binären Nitride Li_3N und Na_3N bekannt. Die Erdalkalimetalle bilden salzartige Nitride, Pernitride und Subnitride. Die Metallnitride AlN, GaN und InN werden den kovalenten Metallnitriden zugeordnet.

Übergangsmetalle und Seltenerdmetalle bilden Metallnitride mit bekannten Strukturtypen und solche, die analog zu den Metallcarbiden als Einlagerungsverbindungen betrachtet werden können.

Ternäre Metallnitride aus Alkali- oder Erdalkalimetallen (A) und Übergangsmetallen (M) bilden Nitridometallate ($A_xM_yN_z$).

Die Kristallchemie von Metallnitriden, -aziden, -amiden und -imiden, ihre Strukturdaten und die technologische Bedeutung von Metallnitriden wurden in mehreren Beiträgen zusammengefasst.[42]

3.8.4.1 Synthese von Metallnitriden

Bedingt durch die hohe Bindungsenergie im Stickstoffmolekül (941 kJ/mol) sind direkte Reaktionen von N_2 mit Metallen energetisch ungünstig. Die Reaktionen mit Stickstoff erfordern hohe Temperaturen, bei denen die Metall–N-Bindungen bereits destabilisiert werden. Aus diesem Grund sind Metallnitride thermodynamisch weniger stabil und weniger häufig belegt als Metalloxide.

1. Direkte Nitridierung:
   Reaktion von Metall oder Metallhydrid im Stickstoffstrom. Dabei ist unter striktem Sauerstoffausschluss zu arbeiten (zum Abfangen von Sauerstoff lässt man Stickstoff vor der Reaktion durch Oxysorb hindurchströmen).

$$3\,Li + \tfrac{1}{2}\,N_2 \xrightarrow{400\,°C} Li_3N$$

$$3\,Ca + N_2 \xrightarrow{750\,°C} Ca_3N_2$$

   Zur Darstellung von Nitriden der Übergangs- oder Seltenerdmetalle werden die reinen Metalle zunächst hydriert und nach anschließendem Verreiben des Metallhydrides nitridiert:*

$$Y + H_2 \xrightarrow{H_2,\,500\,°C} YH_2 \xrightarrow{N_2,\,900\,°C} YN$$

2. Nitridierung in Schmelzen:
   Ternäre Metallnitride und Nitride mit hohen Oxidationsstufen der Metallatome können in Schmelzen aus Li_3N (Smp. 814 °C) hergestellt werden.

$$14\,Li_3N + 6\,Ta + 5\,N_2 \xrightarrow{Schmelze} 6\,Li_7TaN_4$$

3. Ammonolyse:
   Reaktion von Metallverbindungen mit gasförmigem Ammoniak.

$$NH_4VO_3 + NH_3 \xrightarrow{1000\,°C} VN + 3\,H_2O + \tfrac{1}{2}\,N_2 + \tfrac{1}{2}\,H_2$$

---

* Metallpulver besonders der Seltenerdmetalle sind oft mit nicht unwesentlichem Hydridgehalt im Handel!

4. Metathesereaktion:

Doppelte Umsetzung z.B. eines Metallhalogenids mit einem Alkalimetallamid, gefolgt von einer Pyrolyse:

$$InI_3 + 3\ KNH_2 \xrightarrow{\text{fl. } NH_3} In(NH_2)_3 + 3\ KI$$

$$In(NH_2)_3 \xrightarrow{300-400\ °C} InN$$

Bei der strukturellen Charakterisierung von Metallnitriden mittels Röntgenstruktur-analyse kann auf spektroskopische Untersuchungen oft nicht verzichtet werden, um die mögliche Gegenwart von Imiden (NH^{2-}) oder Amiden (NH_2^-) zu erkennen. Ein anderes generelles Problem bei der Synthese von Metallnitriden sind mögliche Sauerstoffkontaminationen. In Strukturen von Oxidnitriden ist eine Zuweisung von Atomsorten nur dann möglich, wenn O^{2-} und N^{3-} nicht gleichmäßig über äquivalente Positionen verteilt sind. Ein Beispiel für eine Kohlenstoffkontamination repräsentiert das Carbodiimid-Nitrid $Ca_{11}(CN_2)_2N_6$, das früher als ein reines Nitrid mit der Zusammensetzung „$Ca_{11}N_8$" beschrieben wurde.

3.8.4.2 Salzartige und metallische Metallnitride der Alkali- und Erdalkalimetalle

Salzartige Metallnitride der Alkali- und Erdalkalimetalle sind farbige, hydrolysempfindliche Feststoffe. Das metastabile Na_3N (anti-ReO_3-Typ) und Li_3N sind die einzigen bisher bekannten Alkalimetallnitride. In der ungewöhnlichen Struktur von Li_3N bilden die Nitridionen eine hexagonal primitive Anordnung. Jedes Nitridion ist von einer hexagonalen Bipyramide aus Lithium-Ionen umgeben (Abb. 3.60). Li_3N zählt zu den besten Ionenleitern. Für die nicht gut definierten Defektvarian-ten $Li_{3-x}H_xN$ wurden bei Raumtemperatur spezifischen Leitfähigkeiten von $\sigma = 10^{-3}$ S/cm (in Schichten) und $\sigma = 10^{-5}$ S/cm (senkrecht zu den Schichten) ge-

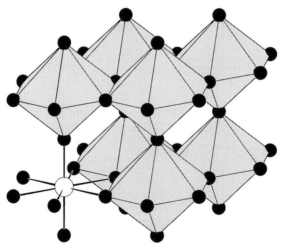

Abb. 3.60 Kristallstruktur von Li_3N (Raumgruppe *P6/mmm*). Lithiumionen bilden hexagonale Bipyramiden, in deren Zentren sich N^{3-}-Ionen befinden. Die hexagonalen Schichten der Lithiumionen einer Sorte gleichen primitiv gestapelten Graphit- oder BN-Schichten.

messen. Einer praktischen Anwendung als Elektrolyt in Batterien steht jedoch das niedrige Zersetzungspotential von Li_3N entgegen (0,45 V).

Die salzartigen Erdalkalimetallnitride M_3N_2 (M = Be, Mg, Ca) kristallisieren im anti-Bixbyit-Typ, in dem die Kationen tetraedrisch von N^{3-}-Ionen umgeben sind. Die für Ca_3N_2 zusätzlich beschriebenen Hoch- und Tieftemperaturmodifikationen existieren vermutlich nicht. An ihre Stelle rücken vermutlich ternäre Verbindungen, wie das gelbe Carbodiimid-Nitrid $Ca_4(CN_2)N_2$. Die Dinitridoborat(-Nitrid)e $Ca_3(BN_2)N$ und $Ca_3(BN_2)_2$ entstehen durch Reaktionen von Ca_3N_2 mit hexagonalem Bornitrid.

Die Diazenide (oder Pernitride) SrN_2 (CaC_2 I-Typ) und BaN_2 (CaC_2 II-Typ) enthalten N_2^{2-}-Ionen mit N–N-Abständen von 122 pm. Sie entstehen als dunkle luftempfindliche Pulver aus M_2N (M = Sr, Ba) unter hohen Stickstoff-Drücken.

Metallreiche Nitride (oder Subnitride) M_2N (M = Ca, Sr, Ba) mit anti-$CdCl_2$-Struktur können weder ionischen noch metallischen Nitriden zugeordnet werden. Die unausgeglichene Elektronenbilanz, ausgedrückt durch die Schreibweise $Ca_2N(e^-)$, verdeutlicht, dass es sich hierbei um elektrische Leiter (hier Halbleiter) handelt. Die Hydrolyseempfindlichkeit aller Alkali- und Erdalkalimetallnitride (Ca_2N bildet außer $Ca(OH)_2$ + NH_3 zusätzlich noch H_2) unterstreicht aber ihre ionischen Eigenschaften. Bei der Einlagerung von Wasserstoff in die Struktur von Sr_2N entsteht Sr_2HN. Dabei werden alle noch unbesetzten Oktaederlückenschichten (des anti-$CdCl_2$-Typs) durch H^- aufgefüllt (α-$NaFeO_2$-Typ). Geordnetes Sr_2HN ist gelb, Sr_2N ist schwarz.

Paradox mögen die Subnitride Na_5Ba_3N, $NaBa_3N$ und Ba_3N (anti-TiI_3-Typ) erscheinen, deren gemeinsames Strukturelement stickstoffzentrierte $[Ba_6N]$-Oktaeder sind, die über gemeinsame Dreiecksflächen zu linearen Strängen verknüpft sind.[43] Ba_3N ist wie andere Subnitride metallisch ($\sigma = 10^4$ S/cm bei RT). Es entsteht aus $NaBa_3N$ beim Abdestillieren von Natrium im Vakuum. Bei höherer Temperatur zerfällt Ba_3N in Ba_2N.

$$NaBa_3N \xrightarrow{300-400\,°C} Ba_3N\ (+\ Na) \xrightarrow{560\,°C} Ba_2N\ (+\ Ba)$$

$NaBa_3N$ und Ba_3N sind Beispiele für thermisch metastabile Verbindungen, die bei Anwendung (zu) hoher Temperaturen nicht entstehen. $NaBa_3N$ kristallisiert im hexagonalen anti-Perowskit-Typ (vgl. $CsNiCl_3$-Typ, Abb. 3.88). Die Ladungsverteilung kann als $Na^+(Ba^{2+})_3N^{3-}(e^-)_4$ beschrieben werden.

Das Calciumauridsubnitrid Ca_3AuN kristallisiert im kubischen anti-Perowskit-Typ und enthält gemäß $(Ca^{2+})_3Au^-N^{3-}(e^-)_2$ anionisches Gold. In beiden anti-Perowskit-Strukturen bilden Metallatome beider Sorten die dichtesten Packungen.

3.8.4.3 Kovalente Metallnitride

Aluminium, Gallium und Indium bilden graue bis dunkelbraune Nitride, AlN, GaN und InN, die im Wurtzit-Typ kristallisieren. Sie zeigen elektrische Halbleitung und sind mit III–V-Halbleitern (13–15) verwandt, die in der Zinkblende-Struktur kristallisieren.

3.8.4.4 Metallnitride der Übergangsmetalle

Die Übergangsmetallnitride zeigen weitreichende Analogien zu den Übergangsmetall-carbiden auf. In vielen metallartigen Nitriden besetzen die Stickstoffatome okta-edrische Hohlräume der dichtest gepackten Anordnungen der Metallatome. Die Ei-genschaften dieser Metallnitride (Aussehen, Härte, elektrische Leitfähigkeit) gleichen denen von Metallen. Die Strukturen und Zusammensetzungen von Übergangsmetall-nitriden sind vielfältig, viele bilden Antitypen zu bekannten Strukturen (Tab. 3.17).

Tab. 3.17 Strukturen einiger Übergangsmetallnitride.

Verbindung	Strukturtyp
TiN, VN, CrN	NaCl
δ-WN, δ-TaN	WC
δ-NbN	anti-NiAs
Cu_3N	anti-ReO_3
Ti_2N	anti-Rutil (ε-Form) oder geordnete Überstruktur des NaCl-Typs (δ-Form)
Co_2N	anti-$CdCl_2$
ε-Mn_4N, Fe_4N, Co_4N, Ni_4N	anti-Perowskit
Zr_3N_4, Hf_3N_4	Th_3P_4

3.8.4.5 Metallnitride der Seltenerdmetalle und 5f-Elemente

Die Metalle Sc, Y sowie die meisten Lanthanoide und Actinoide bilden mit Stick-stoff binäre Nitride, die wie YN, ScN und LaN im NaCl-Typ kristallisieren. Oft zei-gen die harten Einlagerungsnitride geringes Stickstoffdefizit (z.B. YN_{1-x}). In Analo-gie zu Carbiden bilden einige ternäre Metallnitride der Zusammensetzung M_3AlN (M = Ce, La, Nd, Pr, Sm) Strukturen vom anti-Perowskit-Typ. Im Gegensatz hierzu treten Perowskit-Strukturen bei Oxidnitriden auf ($LaWO_{0,6}N_{2,4}$). In der Struktur von Th_3N_4 bilden die Thoriumatome die dichteste hhc-Packung (vgl. Abschnitt 3.2.1), in der die Stickstoffatome zur Hälfte oktaedrische und tetraedrische Lücken besetzen. Unter Druck können Dinitride wie UN_2 (Fluorit-Typ) und MN_2 für M = Ce, Nd, Pr sowie Sesquinitride wie U_2N_3 (C-M_2O_3-Typ) dargestellt werden.

3.8.4.6 Ternäre Metallnitride und Nitridometallate

Eine große Gruppe von ternären Metallnitriden enthält gerichtete M–N-Bindun-gen aus (M =) Übergangsmetall und Stickstoff sowie Alkali- oder Erdalkali-metall als Gegenionen. Solche Verbindungen können als Nitridokomplexe auf-gefasst werden, in denen überwiegend ionische und überwiegend kovalente Bin-dungen herrschen. Unter diesen treten Strukturen mit diskreten [MN_x]-Anionen auf, die lineare [MN_2]-, trigonal-planare [MN_3]- oder tetraedrische [MN_4]-An-ordnungen bilden können (Abb. 3.61). Der strukturelle Bezug dieser Anionen zu bekannten Ionen der Hauptgruppenelemente ist unverkennbar, z.B. zwischen

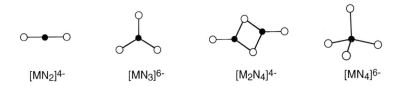

$[MN_2]^{4-}$ $[MN_3]^{6-}$ $[M_2N_4]^{4-}$ $[MN_4]^{6-}$

Abb. 3.61 Strukturen einiger Nitridometallatanionen.

dem Trinitridoferrat(III)-Ion $[FeN_3]^{6-}$ und dem $CO_3{}^{2-}$-Ion. Außerdem existieren höher vernetzte Strukturen, in denen die $[MN_x]$-Anionen Stränge, Schichten oder Netzwerke bilden. Einen Hinweis auf das Vorliegen komplexer Anionen selbst in Schmelzen liefert die Reaktion von $[MoN_4]^{6-}$ in einer Lithiumchloridschmelze zu $[Mo_2N_7]^{9-}$.

Für die Übergangsmetallatome resultieren in diesen Verbindungen oft niedrige Koordinationszahlen (z.B. KZ = 2) und kurze M–N-Bindungslängen (etwa 180–195 pm in quasi-isolierten Anionen), die wie bei klassischen Übergangsmetallkomplexen auf eine Überlagerung zwischen einer σ und zweier d(π)–p(π)-Wechselwirkungen hindeuten. Einige Verbindungen und ihre Anionenstrukturen sind in Tab. 3.18 zusammengestellt.

Einige der in Tab. 3.18 aufgeführten Metallnitride mit quasi-polymeren Anionenstrukturen sind metallische Leiter. Die Besetzung der Metallzustände (Leitungsbänder) mit Elektronen ist eine Voraussetzung für metallische Leitfähigkeit. $LiMoN_2$ besitzt z.B. 17 Valenzelektronen (1 + 6 + 2·5). Von diesen besetzen 16 Elektronen die acht anionischen s- und p-Zustände (2 N^{3-}) und ein weiteres Elektron die d-Zustände des Molybdäns. Über eine höhere Anzahl von Leitungselektronen verfügt CaNiN (metallischer Leiter, $\sigma = 2,5 \cdot 10^4$ S/cm bei RT).

In einzelnen Verbindungen werden auch N–N-Wechselwirkungen diskutiert. Hierzu zählen Wechselwirkungen zwischen benachbarten ${}^1_\infty[-Ni-N-]$-Ketten in ANiN (A = Sr, Ba) und paarweise Wechselwirkungen zwischen N-Atomen (N–N-Abstand = 256 pm) innerhalb der trigonalen $[MoN_6]$-Prismen von $LiMoN_2$ (parallel zur dreizähligen Richtung eines Prismas). Die Bindungen zwischen Übergangsmetallatom und Stickstoff sind kovalent und die zwischen Alkali- oder Erdalkalimetall und N überwiegend ionisch.

3.8.4.7 Eigenschaften von Metallnitriden

Metallnitride sind im allgemeinen weniger stabil als Metalloxide. Die thermische Zersetzung eines Metallnitrids unter Abgabe von N_2 wird durch die vergleichsweise hohe Bindungsenergie von N_2 (941 kJ/mol) gegenüber O_2 (499 kJ/mol) begünstigt, weshalb auch umgekehrt die Oxidbildung gegenüber der Nitridbildung begünstigt ist.

Tab. 3.18 Ternäre Metallnitride $A_xM_yN_z$ mit A = Alkali- oder Erdalkalimetall und M = Metall der Gruppen 5–10.

Verbindung(en)	Anion	Gestalt des $[MN_x]$-Polyeders
quasi-isolierte Anionen		
Li_4FeN_2, Li_3BN_2	$[N–Fe–N]^{4-}$	linear (isostrukturell mit CO_2)
Sr_3MN_3 (M = V, Cr, Mn, Fe, Co)	$[FeN_3]^{6-}$	trigonal-planar (isostrukturell mit CO_3^{2-})
A_2FeN_2 (A = Ca, Sr)	$[NFe–N_2–FeN]^{4-}$	zwei kantenverknüpfte Dreiecke
Ba_3MN_4 (M = Mo, W)	$[MoN_4]^{6-}$	tetraedrisch (isostrukturell mit SO_4^{2-})
$LiBa_4M_2N_7$ (M = Mo, W)	$[N_3Mo–N–MoN_3]^{9-}$	eckenverknüpfte Tetraeder (isostrukturell mit $S_2O_7^{2-}$)
quasi-polymere Anionen		
CaNiN	$^1_\infty[NiN_{\frac{2}{2}}]^{2-}$	lineare Ketten
ANiN (A = Sr, Ba)	$^1_\infty[NiN_{\frac{2}{2}}]^{2-}$	zick-zack-Ketten
Li_3FeN_2	$^1_\infty[FeN_{\frac{4}{2}}]^{3-a)}$	Stränge kantenverknüpfter Tetraeder
Ba_2NbN_3	$^1_\infty[NbN_2N_{\frac{2}{2}}]^{4-}$	Stränge eckenverknüpfter Tetraeder
AMN₂ (M = Nb, Ta; A = Na, K, Rb, Cs)	$^3_\infty[TaN_{\frac{4}{2}}]^-$	Raumnetzstruktur eckenverknüpfter Tetraeder (aufgefüllter β-Cristobalit-Typ)
$BaZrN_2$	$^2_\infty[ZrNN_{\frac{4}{4}}]^{2-}$	kantenverknüpfte quadratische Pyramiden (Kanten der quadr. Fläche)
$NaMN_2$ (M = Nb, Ta)	$^2_\infty[NbN_{\frac{6}{3}}]^-$	zu Schichten flächenverknüpfte Oktaeder[b)]
$LiMoN_2$	$^2_\infty[MoN_{\frac{6}{3}}]^-$	zu Schichten flächenverknüpfte trigonale Prismen[c)]

[a)] Die Niggli-Schreibweise $[FeN_{\frac{4}{2}}]$ verdeutlicht die Koordination des Eisens durch vier Stickstoffatome, die aber ihrerseits an zwei Eisenatome gebunden und deshalb jedem Eisenatom nur zur Hälfte zuzurechnen sind.
[b)] Die genauere Beschreibung wäre hier eine kdP von N^{3-} mit alternierender Besetzung von Oktaederlückenschichten durch Na und Nb.
[c)] Aufgefüllte Variante des $3R$-MoS_2-Typs.

Ionische Metallnitride sind farbig Li_3N (rot), Ca_3N_2 (dunkel-violett), und hydrolyseempfindlich.

Einlagerungsmetallnitride zeichnen sich wie Metallcarbide durch mechanische Härte, chemische Resistenz und hohe Schmelzpunkte aus. Titannitrid ist ein metallischer Leiter ($\sigma = 4 \cdot 10^4$ S/cm). Wegen der goldenen Farbe wird TiN zur dekorativen Oberflächenbeschichtung verwendet. Als Carbidnitrid kann die Farbe von gold ($TiC_{0,1}N_{0,9}$) bis dunkelviolett ($TiC_{0,4}N_{0,6}$) variieren.

Ternäre Übergangsmetallnitride mit Lithium sind oft Ionenleiter und zeigen reversible Interkalationseigenschaften für Lithium. Für eine Anwendung in Batterien (vgl. $LiTiS_2$) wurde $Li_{3-x}FeN_2$ (mit $x \leq 1$) in Betracht gezogen.

3.8.5 Metalloxide

Metalloxide sind von allen Metallen des Periodensystems bekannt. Die meisten Metalloxide sind unter Normalbedingungen nicht flüchtig, obwohl einige wenige von ihnen niedrige Schmelzpunkte besitzen, wie z.B. OsO_4 (Smp. 40 °C). Analog zu Metallnitriden, -halogeniden usw. kann auch bei Metalloxiden die grobe Unterscheidung zwischen ionischen, kovalenten und metallischen Verbindungen getroffen werden. Schon das Gebiet der binären Metalloxide ist komplex, weshalb hier systematisch nur Oxide der Alkalimetalle und die Oxide der ersten Übergangsmetallreihe betrachtet werden. Hinsichtlich der Eigenschaften von Metalloxiden sind aber auch viele polynäre Metalloxide von Interesse, von denen einige wichtige Vertreter vorgestellt werden. Eine Übersicht über einige Eigenschaften gibt Tab. 3.19.

Tab. 3.19 Beispiele für Eigenschaften von Metalloxiden.

Verbindung	Eigenschaft/Anwendung
CrO_2	Ferromagnetikum (magnetischer Ionformationsspeicher)
$PbZr_{1-x}Ti_xO_3$ (PZT)	Ferroelektrikum
$YBa_2Cu_3O_{7-x}$	Supraleiter
Granate (YIG: $Y_3Fe_5O_{12}$)	Lasermaterialien, Magnetika
β-$NaAl_{11}O_{17}$	schneller Ionenleiter
ZrO_2(CaO)	Sauerstoff-Sensor
Y_2O_2S:Eu	Leuchtstoff

3.8.5.1 Sauerstoffverbindungen der Alkalimetalle

Durch Erhitzen von Alkalimetallen (A) an Luft oder Sauerstoff entstehen die Oxide Li_2O, Na_2O_2, KO_2, RbO_2 und CsO_2, die in Tab. 3.20 durch Fettdruck hervorgehoben sind.[44] Alle anderen Alkalimetalloxide sind nur durch Umsetzung der Metalle mit abgemessenen Mengen Sauerstoff zugänglich.

Alkalimetallozonide enthalten wie Hyperoxide Radikalanionen und zeigen deshalb wie diese Paramagnetismus. Sie kristallisieren in Strukturen, die sich vom CsCl-Typ ableiten.

Alkalimetallhyperoxide enthalten O_2^--Ionen. Ihre Strukturen sind eng mit der Struktur von Calciumcarbid bzw. NaCl verwandt.

Von den *Alkalimetallperoxiden* entsteht nur Na_2O_2 durch direkte Reaktion an Luft. Wegen ihrer Reaktionen mit CO_2 gemäß $A_2O_2 + CO_2 \rightarrow A_2CO_3 + \frac{1}{2} O_2$ werden leichte Alkalimetallperoxide als Atemluftregulatoren in der Raumfahrt eingesetzt.

Von den *Dialkalimetallmonoxiden* ist nur Li_2O unter Normalbedingungen stabil. Die höheren Metallmonoxide reagieren bereits an Luft durch Spuren von Wasser oder CO_2 zu Hydroxiden oder Carbonaten. Dialkalimetallmonoxide von Li−Rb kristallisieren im anti-CaF_2-Typ, Cs_2O im anti-$CdCl_2$-Typ.

Tab. 3.20 Bekannte Sauerstoffverbindungen der Alkalimetalle.

| | Ozonide | Hyper-oxide | Sesqui-oxide | Peroxide | Monoxide | | | Suboxide | | |
	AO_3	AO_2	A_4O_6	A_2O_2	A_2O	$A_{11}O_3$	A_4O	A_9O_2	A_6O	A_7O
Li				Li_2O_2	**Li_2O**					
Na	NaO_3	NaO_2		**Na_2O_2**	Na_2O					
K	KO_3	**KO_2**		K_2O_2	K_2O					
Rb	RbO_3	**RbO_2**	Rb_4O_6	Rb_2O_2	Rb_2O			Rb_9O_2	Rb_6O	
Cs	CsO_3	**CsO_2**	Cs_4O_6	Cs_2O_2	Cs_2O	$Cs_{11}O_3$	Cs_4O			Cs_7O

Alkalimetallsuboxide sind von den schweren Alkalimetallen Rubidium und Caesium bekannt. Rb_6O zersetzt sich bereits bei $-7,3\ °C$ in das kupferfarbene Rb_9O_2, welches bei $40,2\ °C$ in Rb_2O und Rb zerfällt. Cs_7O ist bronzefarben und schmilzt bei $4,3\ °C$. Das rotviolette Cs_4O zerfällt oberhalb $10,5\ °C$ in das ebenfalls rotviolette $Cs_{11}O_3$.[45]

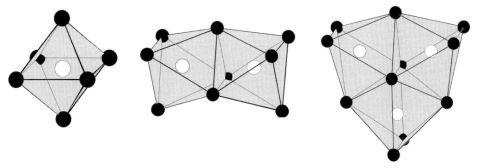

Abb. 3.62 Ein sauerstoffzentrierter $[A_6O]$-Cluster und Ausschnitte aus den Strukturen von Rb_9O_2 und $Cs_{11}O_3$ (von links nach rechts).

Die Kristallstrukturen der Alkalimetallsuboxide bestehen aus zwei oder drei sauerstoffzentrierten Metalloktaedern $[A_6O]$, die über gemeinsame Flächen zu Clustern verknüpft sind. Eine Verknüpfung über eine gemeinsame Fläche ergibt den Cluster Rb_9O_2. Teilen drei A_6O-Oktaeder jeweils eine Fläche miteinander, so resultiert der Cluster $Cs_{11}O_3$ (Abb. 3.62). In diesen Verbindungen herrschen starke Metall–Sauerstoff-Bindungen und schwache Metall–Metall-Bindungen. Die gemäß der salzartigen Formel $(Rb^+)_9(O^{2-})_2(e^-)_5$ und $(Cs^+)_{11}(O^{2-})_3(e^-)_5$ vorhandenen Elektronen bewirken Bindungen zwischen den Metallatomen, die aber über den ganzen Kristall delokalisiert sind und die metallische Leitfähigkeit der Verbindungen verursachen. Die Metall–Metall-Abstände innerhalb der Cluster sind kürzer als die Abstände im reinen Metall. Letztere sind eher mit den Abständen zwischen benachbarten Clustern vergleichbar (z.B. Rb_9O_2: Rb–Rb_{intra} = 354 – 403 pm, Rb–Rb_{inter} ≈ 530 pm, Rb–Rb_{Metall} = 448–563 pm). Die Strukturen anderer Alkalimetallsuboxide enthalten die gleichen Metallclusterkonfigurationen mit zusätzlichen Alkalimetallionen. So können die Strukturen von Rb_6O und Cs_7O als $(Rb_9O_2)Rb_3$ und $(Cs_{11}O_3)Cs_{10}$ beschrieben werden.

Die ternären Verbindungen A_3AuO mit A = K, Rb, Cs enthalten gemäß der salzartigen Formulierung $(A^+)_3Au^-O^{2-}$ anionisches Gold. Diese Ladungsverteilung ist durch die Elektronegativitäten der Elemente vorgezeichnet und entspricht den Verhältnissen in salzartigen Auriden, wie z.B. Cs^+Au^-. Cs_3AuO kristallisiert im hexagonalen anti-Perowskit-Typ, K_3AuO und Rb_3AuO im kubischen anti-Perowskit-Typ.[46]

Erdalkalimetalloxide des Formeltyps MO kristallisieren für die Metalle M = Mg – Ba im NaCl-Typ und für M = Be im Wurtzit-Typ. *Erdalkalimetallperoxide* MO_2 sind für M = Ca, Sr, Ba bekannt.

3.8.5.2 Binäre Metalloxide der Übergangsmetalle

Bei den binären Oxiden kann eine Einteilung nach Eigenschaften oder Strukturen vorgenommen werden. Metalloxide können Isolatoren (TiO_2), Halbleiter (VO_2), metallische Leiter (CrO_2, ReO_3, RuO_2) oder Supraleiter (NbO) sein. Manche Metalloxide zeigen Übergänge vom metallischen in den halbleitenden Zustand, die durch Änderungen der Temperatur (VO_2), des Druckes (V_2O_3) oder der Zusammensetzung (Na_xWO_3) induziert werden. Andere Verbindungen zeigen interessantes magnetisches (CrO_2) oder optisches (TiO_2) Verhalten.[47,48]

Tab. 3.21 Kristallstrukturen einiger binärer Metalloxide.

Formeltyp	Strukturtyp	Beispiele
M_2O	Cuprit	Cu_2O, Ag_2O
MO	Natriumchlorid	TiO, VO, MnO, FeO, CoO, NiO, CdO, EuO
M_2O_3	Korund	Al_2O_3, Ti_2O_3, V_2O_3, Cr_2O_3, Fe_2O_3, Rh_2O_3
MO_2	Rutil	TiO_2, VO_2, NbO_2, TaO_2, CrO_2, MoO_2, WO_2, MnO_2, TcO_2, ReO_2, RuO_2, OsO_2, RhO_2, IrO_2, PtO_2
MO_2	Fluorit	ZrO_2, HfO_2
MO_3	ReO_3	WO_3

Tab. 3.21 fasst einige wichtige Strukturtypen und einige ihrer strukturellen Vertreter zusammen. Monoxide kristallisieren im NaCl-Typ. Sesquioxide treten im Korund-Typ auf. Metalldioxide mit größeren Metallionen bevorzugen den Fluorit-Typ mit der Koordinationszahl acht und kleinere Metallionen den Rutil-Typ mit der Koordinationszahl sechs.

3.8.5.2.1 Titanoxide

Zu den bekannten Titanoxiden gehören Ti_3O, Ti_2O, TiO, Ti_2O_3, TiO_2 und die Mitglieder von Scherstrukturen der homologen Serie Ti_nO_{2n-1} ($4 \leq n \leq 9$) (vgl. Abschnitt 3.3.9). Bei der Oxidation von Titanmetall (hdP) entstehen die Suboxide

$TiO_{0,33}$ und $TiO_{0,5}$. Die Schichtstruktur von Ti_3O ist eng mit der anti-BiI_3-Struktur verwandt. Ti_2O kristallisiert im anti-CdI_2-Typ. Die Ti–Ti-Bindungslängen betragen in Ti_2O 286 pm und entsprechen denen im reinen Titan-Metall (286 pm). TiO bildet wie VO eine Defektstruktur vom NaCl-Typ. Dabei treten Kationen- und Anionenleerstellen auf, wodurch in den Strukturen von TiO und VO etwa 16 % der Gitterpositionen unbesetzt bleiben. Zudem existieren für TiO_x und VO_x Phasenbreiten, bei deren oberen Grenzzusammensetzungen (x = 1,3) die Zahl der Sauerstoffleerstellen in der Struktur gegen Null geht. Bei der Zusammensetzung TiO kommt es unterhalb von 900 °C zu einer Ordnung beider Fehlstellensorten. Dabei treten eckenverknüpfte $[Ti_6]$-Oktaeder auf, die nach Art von $[M_6X_{12}]$-Clustern von Sauerstoffatomen umgeben sind (vgl. Abb. 3.68 a).

Ti_2O_3 entsteht bei der Reaktion von TiO_2 mit Titan-Metall bei 1600 °C oder bei der Reaktion von TiO_2 mit CO bei 800 °C und kristallisiert als violetter Feststoff im Korund-Typ.

Das höchste Oxid des Titans, TiO_2, kommt unter Normaldruck in der Natur in drei polymorphen Formen als Rutil, Anatas und Brookit vor. Von allen ist Rutil die bei Normalbedingungen thermodymamisch stabilste Form. Alle drei Strukturen sind aus oktaedrischen $[TiO_6]$-Einheiten aufgebaut. Im Rutil sind diese über jeweils zwei gemeinsame Oktaederkanten zu linearen Strängen verknüpft und teilen zusätzlich noch ihre Ecken mit benachbarten $[TiO_6]$-Oktaedern. Das Resultat ist eine dreidimensionale Verknüpfung mit den Koordinationszahlen sechs für Ti^{4+} und drei für O^{2-} (Abb. 3.8 b).

Die optischen Eigenschaften von Rutil
Die Bandlücke von Rutil beträgt etwa 3 eV und liegt damit gerade außerhalb des sichtbaren Spektrums des Lichtes. Da Stoffe mit kleineren Bandlücken farbig bis schwarz sind, ist Rutil ähnlich wie Anatas und Brookit ein farbloser Feststoff mit einer hohen Lichtdurchlässigkeit. Zwischen der Größe der Bandlücke und der Reflektivität einer Verbindung existiert eine reziproke Beziehung. Die hohe Reflektivität und die Abwesenheit von Absorptionseffekten für sichtbares Licht sind die Grundlage für die Anwendung von TiO_2 als am häufigsten verwendetes Weißpigment.

3.8.5.2.2 Vanadiumoxide

Vanadium bildet die Oxide V_2O, VO, V_2O_3, VO_2, V_2O_5 und die homologe Serie von Scherstrukturen V_nO_{2n-1} ($3 \leq n \leq 8$). Allgemein zeigen die Vanadiumoxide weitgehende strukturelle Ähnlichkeiten zu analogen Titanoxiden, wobei V_2O_3, VO_2 und V_nO_{2n-1} im Vergleich zu ihren Titanhomologen stärkere Verzerrungen der oktaedrischen $[VO_6]$-Koordinationen aufweisen. V_2O_3 kristallisiert im Korund-Typ und zeigt beim Abkühlen auf etwa $T_N = 150$ K einen Metall–Halbleiter-Übergang, der auch als Mott-Übergang bezeichnet wird. Bei diesem Übergang erfolgen in der Struktur nur leichte Atomverschiebungen, die mit der Lokalisierung der Elektronen im Zusammenhang stehen.

$$V_2O_3 \text{ (Korund-Typ)} \xrightarrow{\ <\,150\,K\ } V_2O_3 \text{ (verzerrter Korund-Typ)}$$

rhomboedrisch	monoklin
Pauli-paramagnetisch	antiferromagnetisch
Metall (bei RT: $\sigma \approx 10^4$ S/cm)	Halbleiter (bei 130 K: $\sigma \approx 10^{-4}$ S/cm)

Durch die Anwendung von hydrostatischem Druck wird die Übergangstemperatur T_N erniedrigt, bis (bei etwa 26 kbar) die Tieftemperaturmodifikation nicht mehr existiert. Analoge Metall–Nichtmetall-Übergänge, jedoch mit höheren Übergangstemperaturen, zeigen auch andere Sesquimetalloxide der ersten Übergangsmetallreihe vom Korund-Typ (Ti_2O_3, Cr_2O_3, α-Fe_2O_3).

VO_2 kommt nur in seiner Hochtemperaturmodifikation (> 340 K) im unverzerrten Rutil-Typ vor. In der Tieftemperaturmodifikation tritt eine monoklin verzerrte Strukturvariante auf, in der die Metallatome paarweise angeordnet sind. Scherstrukturen vom Typ V_nO_{2n-1} ($3 \leq n \leq 8$) und VO_{2+x} ($x = 0$; $0,17$; $0,25$; $0,33$) bestehen aus verzerrten ecken- und kantenverknüpften [VO_6]-Oktaedern, deren Strukturen zwischen dem Rutil- und ReO_3-Typ einzuordnen sind.

Eigenschaften verzerrter Rutil-Strukturen am Beispiel von VO$_2$

In ihren Tieftemperaturmodifikationen bilden die Übergangsmetalldioxide VO_2, NbO_2, MoO_2, WO_2, TcO_2 und ReO_2 verzerrte Rutil-Strukturen aus. Das gemeinsame Merkmal sind alternierend lange und kurze Metall–Metall-Abstände nach Art einer elektronisch induzierten Peierls-Verzerrung (Abb. 3.63). Die magnetischen und elektrischen Eigenschaften dieser Verbindungen lassen sich mit dem Auftreten von Wechselwirkungen zwischen Metallatomen in der Struktur verstehen. Für ein d^1-System, wie VO_2, ist nach der spin-only-Formel ein paramagnetisches Verhalten mit einem magnetischen Moment von 1,73 Bohr-Magnetonen zu erwarten. Beim Übergang in die Tieftemperaturphase wird das magnetische Moment jedoch durch antiferromagnetische Kopplungen der paarweise assoziierten Metallatome vermindert. Der magnetische sowie strukturelle Phasenübergang lässt sich mit einer temperaturabhängigen magnetischen Messung verfolgen (Abb. 3.64).

3.8.5.2.3 Chromoxide

Zu den bekannten Chromoxiden gehören Cr_2O_3, CrO_2 und CrO_3. Die Oxide Cr_2O_5 und Cr_5O_{12} ((Cr^{3+})$_2$($Cr^{6+}O_4$)$_3$) entstehen bei der thermischen Zersetzung von CrO_3 unter Sauerstoffdruck. CrO_3 kristallisiert in einer Struktur aus [CrO_4]-Tetraedern, die über zwei gemeinsame Ecken zu $^1_\infty$[$CrO_2O_{\frac{2}{2}}$]-Strängen verknüpft sind. Die Korund-Struktur von Cr_2O_3 wurde schon im Zusammenhang mit V_2O_3 erwähnt. CrO_2 kristallisiert im Rutil-Typ und ist wegen seiner ferromagnetischen Eigenschaften bekannt.

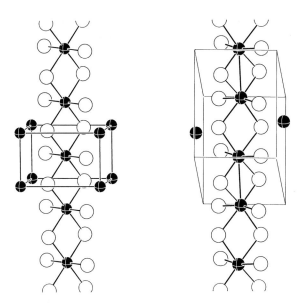

Abb. 3.63 Ausschnitt aus der tetragonalen (*P4₂/mnm*) Rutil-Struktur von VO₂ mit gleichlangen V–V-Abständen (285 pm) und der monoklinen (*P2₁/c*) Tieftemperaturmodifikation von VO₂ mit alternierend langen (317 pm) und kurzen (262 pm) V–V-Abständen entlang der [VO₆]-Oktaederstränge.

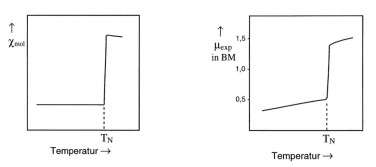

Abb. 3.64 Temperaturabhängigkeit der magnetischen Suszeptibilität χ und des magnetischen Momentes μ_{exp} beim Übergang der unter Normalbedingungen stabilen Tieftemperaturmodifikation von VO₂ (verzerrter Rutil-Typ) in die Hochtemperaturmodifikation ($T_N > 340$ K). VO₂ geht mit steigender Temperatur vom antiferromagnetischen Zustand (Tieftemperaturmodifikation) in den paramagnetischen Zustand der Hochtemperaturmodifikation über. In der Hochtemperaturmodifikation strebt das magnetische Moment μ_{exp} gegen den Erwartungswert für ein ungepaartes Elektron pro Vanadium-Atom.

Ferromagnetismus am Beispiel von CrO₂

Die Frage, ob eine Substanz ferromagnetisch (parallele Spins) oder antiferromagnetisch (antiparallele Spins) ist, kann näherungsweise mit dem energetischen Abstand der Energieniveaus am Fermi-Niveau erklärt werden. Ist der Abstand zwischen

Energiebändern am Fermi-Niveau klein, so kann durch Parallelstellung der Spins Abstoßungsenergie zwischen den Elektronen eingespart werden und es resultiert Ferromagnetismus. Ist der Abstand bzw. Energieunterschied zwischen dem höchsten besetzten und dem tiefsten unbesetzten Energieband aber größer als die Elektronenabstoßungsenergie, so resultiert Antiferromagnetismus.

CrO_2 besitzt unterhalb der Umwandlungstemperatur (T_C = 392 K) ein spontanes magnetisches Moment, welches aber im Falle gegenläufiger Orientierungen unterschiedlicher Domänen im Kristall nicht zur Wirkung kommt.

Entscheidend für die Anwendung als magnetischer Informationsspeicher ist aber, dass die unterschiedlichen Domänen in den CrO_2-Kristallen entlang einer Richtung orientiert (magnetisiert) werden können. Das spontane magnetische Moment von CrO_2-Kristallen bleibt auch nach dem Abschalten des orientierenden, externen magnetischen Feldes als sog. Remanenz erhalten. Weiterhin ist auch eine Umpolung der Magnetisierung möglich, die die Verwendung von CrO_2 als ferromagnetischen Informationsspeicher ermöglicht (Abb. 3.65).

3.8.5.2.4 Manganoxide

Mangan bildet die stabilen Oxide MnO, Mn_3O_4, Mn_2O_3, Mn_5O_8 und MnO_2. Die Oxide MnO, Mn_3O_4 und Mn_2O_3 zeigen enge Analogien zu den Strukturen korrespondierender Eisenoxide. So kristallisiert MnO in der NaCl-Struktur. Mn_3O_4 entsteht durch Erhitzen eines beliebigen Manganoxides an Luft auf 1000 °C und besitzt eine tetragonal verzerrte Spinell-Struktur. Mn_2O_3 kristallisiert dimorph als α-Mn_2O_3 im C-Typ der Seltenerdmetallsesquioxide M_2O_3 (gelegentlich auch nach dem Mineral $(Fe,Mn)_2O_3$ als Bixbyit-Struktur bezeichnet) und als γ-Mn_2O_3 in einer defekten Spinell-Struktur. Das Oxid Mn_5O_8 bildet eine CdI_2-ähnliche Schichtstruktur, deren Oktaederlückenschichten alternierend zu $\frac{3}{4}$ mit Mn^{4+} und zu $\frac{1}{2}$ mit Mn^{2+} besetzt sind (($(Mn^{2+})_2(Mn^{4+})_3O_8$)).

MnO_2 kommt neben der Rutil-Struktur auch in Schicht- oder Netzwerkstrukturen vor. In diesen Strukturen sind einfache oder mehrfache Mangandioxid-Oktaederstränge mit benachbarten Oktaedersträngen über gemeinsame Ecken verknüpft. Allerdings weichen viele in der Literatur beschriebene polymorphe MnO_2-Formen leicht von der Zusammensetzung MnO_2 ab oder enthalten Kationen wie das so genannte α-MnO_2, das nur in Gegenwart von großen Kationen (z.B. K^+) dargestellt werden kann. Diese Formen von MnO_2 sind als Kationenaustauscher ebenso wie für präparative Zwecke von Interesse (Abb. 3.66).[49]

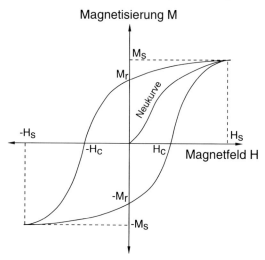

Abb. 3.65 Hystereseschleife zur Magnetisierung von ferromagnetischen (oder ferrimagnetischen) Materialien. Durch Wirkung eines Magnetfeldes (H) werden die Elektronenspins parallel zum Feld ausgerichtet (z.B. Neukurve). Die Sättigungsmagnetisierung (M_S) wird bei der Sättigungsfeldstärke (H_S) unter Ausrichtung (fast) aller Spins erreicht. Wird das Magnetfeld umgepolt, so resultiert eine umgekehrte Magnetisierung. Auch die Größe und Anzahl der Kristallite bestimmen die Magneteigenschaften im Speichermedium, die als Koerzitivfeldstärke (H_c = Widerstand gegen Entmagnetisierung) und Remanenz (M_r = verbleibende Restmagnetisierung nach Abschalten des magnetischen Feldes) angegeben werden.

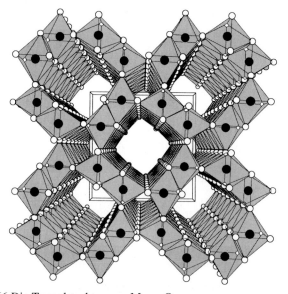

Abb. 3.66 Die Tunnelstruktur von $Mn_{0,98}O_2$.

Antiferromagnetismus und magnetische Struktur von MnO

MnO sowie die Oxide FeO, CoO und NiO zeigen unterhalb der Néel-Temperatur (T_N) Antiferromagnetismus. Hierbei kommt es unterhalb T_N zu gegenläufigen Orientierungen gleichgroßer Spinmomente, so dass nach außen hin kein magnetisches Moment auftritt. Mit steigender Temperatur stört die thermische Bewegung die antiferromagnetische Spinordnung. Oberhalb T_N resultiert für die meisten Oxide der magnetisch ungeordnete, paramagnetische Zustand (Tab. 3.22).

Tab 3.22 Ordnungstemperaturen von Metalloxiden mit NaCl-Struktur.

Verbindung	T_N in K
MnO	122
FeO	198
CoO	293
NiO	523

Das Zustandekommen antiferromagnetischer Eigenschaften kann über den *Superaustausch* erklärt werden. Manganionen sind in der Struktur vom NaCl-Typ linear über Sauerstoffionen verbrückt. Durch die linearen Anordnungen –Kation–Anion–Kation– in einem MnO-Kristall überlappen die Mn-d-Orbitale mit den O-p-Orbitalen. Die antiparallele Einstellung der Elektronen eines p-Orbitals (Pauli-Verbot) erzwingt eine antiparallele Kopplung mit den Elektronen in benachbarten d-Orbitalen von Mn^{2+}. Dadurch werden die magnetischen Momente benachbarter Kationen antiparallel zueinander gekoppelt (vgl. Abschnitt 3.6.4). Für die magnetische Elementarzelle folgt, im Unterschied zur röntgenographischen Elementarzelle, eine Verdoppelung der kubischen Gitterkonstanten, die der Spinordnung der Metallatome Rechnung trägt (Abb. 3.67).

Während die mittels Röntgenbeugung bestimmte Kristallstruktur nur von den Lagen der Atome abhängig ist, ermöglicht die Neutronenbeugung aufgrund der magnetischen Streuung auch die Ermittlung der Spinstruktur (Kristallstruktur plus Größe und Richtung der magnetischen Momente). Abhängig von der Anordnung der Spins kann somit, wie bei MnO, eine Überstruktur zur röntgenographisch bestimmten Struktur auftreten.

Obwohl die Oxide MnO, FeO, CoO und NiO d-Elektronen besitzen, sind diese Verbindungen keine metallischen Leiter. Da die Energiebänder in der Nähe des Fermi-Niveaus flach verlaufen, existieren Bandlücken und deshalb elektrische Halbleitung.* Verbindungen mit elektrisch halbleitenden oder isolierenden Eigen-

---

* Die Zuordnung von halbleitenden oder isolierenden Eigenschaften wird nur durch die Breite der Bandlücke bestimmt und ist deshalb fließend.

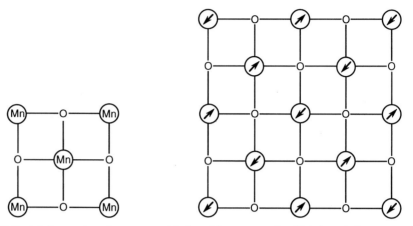

Abb. 3.67 Projektionen der röntgenographischen Elementarzelle (links) und der magnetischen Elementarzelle von MnO (rechts) unterhalb $T_N = 122$ K. In der magnetischen Elementarzelle ist die antiparallele Kopplung der magnetischen Momente von benachbarten Mn^{2+} durch Pfeile hervorgehoben. Wegen der antiferromagnetischen Kopplung dieser Momente ist die Gitterkonstante der magnetischen Struktur (rechts) etwa doppelt so groß wie die der Röntgenstruktur (links). Tatsächlich erzeugt die antiferromagnetische Ordnung geringe Strukturverzerrungen. MnO wird unterhalb T_N rhomboedrisch. Die Winkel der Elementarzelle weichen nur um 0,62° von 90° ab. Dies ist eine Folge attraktiver und repulsiver Kräfte zwischen benachbarten Ionen mit antiparallelen (Abstand Mn–Mn = 331,1 pm) und parallelen (331,4 pm) Spins (Magnetostriktion).

Tab. 3.23 Zusammenfassung wichtiger Eigenschaften einiger binärer Metalloxide.

Verbindungen	Eigenschaften
TiO_2, ZrO_2, HfO_2, V_2O_5, Nb_2O_5, Ta_2O_5, CrO_3, MoO_3, WO_3	diamagnetisch, halbleitend
TiO, VO, NbO	Pauli-paramagnetisch, metallisch
MnO, FeO, CoO, NiO	unterhalb T_N antiferromagnetisch, halbleitend
VO_2, NbO_2, MoO_2, WO_2, TcO_2, ReO_2	unterhalb T_N antiferromagnetisch, halbleitend
CrO_2	ferromagnetisch, metallisch[a]

[a] Das gleichzeitige Auftreten von ferromagnetischer Ordnung und metallischen Eigenschaften für CrO_2 gilt als anomal.

schaften, die aus partiell gefüllten Energiebändern resultieren, werden als Mott-Isolatoren bezeichnet. Mott-Isolatoren sind Verbindungen mit lokalisierten d-Elektronenzuständen.[50]

3.8.5.2.5 Oxide von Eisen, Cobalt und Nickel

Zu den Oxiden dieser Metalle zählen FeO, Fe_3O_4, Fe_2O_3 sowie CoO, Co_3O_4 und NiO. Stöchiometrisches FeO ist unter Normalbedingungen nicht stabil. Die defekte NaCl-Struktur von $Fe_{1-\delta}O$ oder Wüstit enthält Leerstellen im Eisenteilgitter. Die

Ladungsneutralität wird durch die Gegenwart von Fe^{3+}-Ionen hergestellt, von denen zumindest einige die Tetraederlücken in der Struktur besetzen, so dass eine Verwandtschaft zur Struktur des Magnetits Fe_3O_4 gegeben ist. Die Oxide Fe_3O_4 und Co_3O_4 gehören zu den Spinellen (Abschnitt 3.8.5.7).

Fe_2O_3 und Al_2O_3

Die α-Formen von Fe_2O_3 und Al_2O_3 kristallisieren im Korund-Typ. β-Fe_2O_3 kristallisiert im C-Typ der Seltenerdmetallsesquioxide. Ein β-Al_2O_3 existiert nicht (aber Na-β-Al_2O_3).

γ-Fe_2O_3 und γ-Al_2O_3 bilden defekte Spinellstrukturen, in denen $21\frac{1}{3}$ Kationen in statistischer Verteilung auf den sechzehn oktaedrischen und acht tetraedrischen Lücken der Spinell-Struktur $(A_8)_{Tet.}[B_{16}]_{Okt.}O_{32}$ verteilt sind. Entsprechend einfach sind γ-Fe_2O_3 und Fe_3O_4 ineinander überführbar.

Zwischen γ-Al_2O_3 und der Struktur des Minerals Spinell $Mg_8Al_{16}O_{32}$ besteht ein offensichtlicher Zusammenhang. γ-Al_2O_3 und $Mg_8Al_{16}O_{32}$ bilden über den kompletten Mischbereich feste Lösungen miteinander, wobei die höher geladenen Al^{3+}-Ionen stets die höher koordinierten Oktaederplätze der Spinellstruktur einnehmen.

Die Kombination von Na und γ-Al_2O_3 ergibt den schnellen Ionenleiter „Na-β-Al_2O_3" oder genauer $Na_{1+x}Al_{11}O_{17+x/2}$ (Abschnitt 3.1.6.2). Die Struktur besteht aus Spinellblöcken. Vier kubisch dichtest gepackte Sauerstoffschichten bilden einen Spinellblock, der durch Schichten mit mobilen Natriumionen von anderen Spinellblöcken separiert ist („Parkhausstruktur").

3.8.5.3 Ternäre Metalloxide und Oxometallate

Die Strukturen einiger ternärer Oxide $A^+M^{3+}O_2$ sind eng mit denen binärer Oxide $M^{2+}O$ verwandt. Manchmal treten Defektvarianten der NaCl-Struktur (β-$LiFeO_2$, vgl. Abb. 3.13) mit tetragonal (α-$LiFeO_2$, $LiScO_2$) oder rhomboedrisch ($LiVO_2$, $NaFeO_2$, $LiNiO_2$) verzerrten Strukturen und Überstrukturen auf. Besetzen die Metallatome in den Strukturen gleichberechtigte Lagen, so werden die Verbindungen als Doppeloxide bezeichnet.

Eine andere Gruppe von Oxiden des Formeltyps AMO_2 kristallisiert im Cu-FeO_2-Typ (Delafossit) mit A = Ag, Cu und M = Al, Cr, Co Fe, Ga, Rh. In diesen Strukturen treten lineare [O–A–O]-Einheiten und oktaedrisch koordinierte M-Atome auf. Hier zeigt sich ähnlich wie bei Nitridometallaten, dass zahlreiche ternäre und polynäre Metalloxide befähigt sind, Oxometallate mit spezifischen Anionenstrukturen auszubilden. Allerdings ist eine Abgrenzung zwischen Oxometallat und Doppeloxid oft nicht eindeutig. In Oxometallaten besetzen Alkalimetalle und Übergangsmetalle ungleich koordinierte Plätze. Sie können anhand der überwiegend kovalenten Wechselwirkungen in ihren Oxometallat-Anionen und überwiegend ionischen Wechselwirkungen mit den elektropositiveren (Alkali-)Metallionen klassifiziert werden.

Tab. 3.24 Ternäre Metalloxide $A_xM_yO_z$ mit A = Alkalimetall und M = Metall der Gruppen 5 – 12.

Verbindung	Anion (Beispiel)	Gestalt des $[MO_x]$-Polyeders
quasi-isolierte Anionen[51]		
K_3MO_2 (M = Fe, Co, Ni), Na_3AgO_2, K_2HgO_2	$[O–Fe–O]^{3-}$	linear (isostrukturell mit CO_2)
A_2NiO_2 (A = K, Rb, Cs)	$[O–Ni–O]^{2-}$	linear (isostrukturell mit CO_2)
Na_4MO_3 (M = Co, Fe),	$[CoO_3]^{4-}$	trigonal-planar (isostrukturell mit CO_3^{2-})
$A_6Fe_2O_5$ (A = K, Rb, Cs), $A_6Co_2O_5$, $A_6Be_2O_5$	$[O_2Fe–O–FeO_2]^{6-}$	zwei eckenverknüpfte Dreiecke (Butter-fly-Motiv)
K_2CoO_2, K_2BeO_2	$[OCo–O_2–CoO]^{4-}$	zwei kantenverknüpfte Dreiecke
Na_6MO_4 (M = Fe, Co, Ni, Mn)	$[CoO_4]^{6-}$	tetraedrisch (isostrukturell mit SO_4^{2-})
$K_2Cr_2O_7$, $K_6Co_2O_7$	$[O_3Cr–O–CrO_3]^{2-}$	zwei eckenverknüpfte Tetraeder
$Na_6Au_2O_6$	$[O_2Au–O_2–AuO_2]^{6-}$	zwei kantenverknüpfte Tetraeder
AMO (A = Li – Cs, M = Cu, Ag), CsAuO	$[Cu_4O_4]^{4-}$	quadratische Ringe (O an den Ecken)
quasi-polymere Anionen		
PbM_2O_2 (M = Cu, Ag)	$_\infty^1[CuO_{2/2}]^{2-}$	zick-zack-Ketten aus linearen $[O_{1/2}–Cu–O_{1/2}]$-Einheiten
Li_2MO_2 (M = Pd, Cu)	$_\infty^1[PdO_{4/2}]^{2-}$	zu Bändern kantenverknüpfte Rechtecke
$NaCuO_2$	$_\infty^1[CuO_{4/2}]^{-}$	zu Bändern kantenverknüpfte Rechtecke
$Rb_2Na_4Fe_2O_6$	$_\infty^1[FeO_2O_{2/2}]^{6-\,a)}$	Stränge eckenverknüpfter Tetraeder
K_2ZnO_2	$_\infty^1[ZnO_{4/2}]^{2-}$	Stränge kantenverknüpfter Tetraeder
$LiNiO_2$	$_\infty^2[NiO_{6/3}]^{-}$	zu Schichten verknüpfte Oktaeder[b)]
$LiNbO_2$	$_\infty^2[NbO_{6/3}]^{-}$	zu Schichten verknüpfte trigonale Prismen (aufgefüllter 2H-MoS_2-Typ)

a) Die Schreibweise $[FeO_2O_{2/2}]^{6-}$ verdeutlicht die Koordination des Eisens durch vier Sauerstoffatome, von denen aber zwei durch ihre verbrückende Funktion (Stränge eckenverknüpfter Tetraeder) dem Eisenatom nur zur Hälfte zuzurechnen sind.
b) Die genauere Beschreibung wäre in diesem Fall eine kdP von O^{2-} mit alternierender Besetzung von Oktaederlückenschichten durch Li und Ni. Der Sauerstoffgehalt in $LiNiO_2$ gilt als unsicher. Außerdem zeigt $LiNiO_2$ interessantes magnetisches Verhalten (Spinglas).

In Oxometallaten mit quasi-isolierten Anionenstrukturen fällt die strukturelle Analogie zu Molekülen (CO_2) oder einfachen Anionen (CO_3^{2-}, SO_4^{2-}) auf. Das dunkelrote Oxoniccolat(II) K_2NiO_2 enthält ein lineares $[O–Ni–O]^{2-}$-Ion mit kurzen Ni–O-Abständen (168 pm) und zeigt paramagnetisches Verhalten nach dem Curie-Weiß-Gesetz ($\mu = 3{,}0$ BM, $\Theta = -30$ K). K_3CoO_2 enthält $[O–Co–O]^{3-}$-Ionen mit einwertigem Cobalt (Abstand Co–O: 175 pm). Das in dieser Verbindung für Co^+ experimentell bestimmte magnetische Moment liegt in der Nähe des spin-only-Wertes von $\mu = 2{,}83$ BM.

Die Herstellung der granatroten Einkristalle von Na_4FeO_3 erfolgt durch Reaktion eines Gemenges von $2\,Na_2O$ und FeO in einer Metallampulle. Die Struktur des $[FeO_3]^{4-}$-Ions entspricht der des $CO_3{}^{2-}$-Ions.

Im Übergang zu vernetzten Anionenstrukturen treten in der Struktur des Blei(II)-oxocuprats(I) $PbCu_2O_2$ eindimensional unendliche [–Cu–O–]-zick-zack-Ketten auf und in $NaCuO_2$ planare Bänder aus $[CuO_4]$-Rechtecken, die zwei gemeinsame Kanten besitzen. Verbindungen mit hochvernetzten Anionenstrukturen sind oft besser auf der Basis dichtester Kugelpackungen beschreibbar. Das gilt insbesondere für die Strukturen von $LiNiO_2$ und $LiNbO_2$.

3.8.5.4 Metallreiche Oxometallate – Metallcluster

Metallreiche Metalloxide sind befähigt Metall–Metall-Bindungen und dadurch Strukturen mit isolierten oder verbrückten Metallclustern auszubilden. Unter diesen sind zahlreiche Oxoniobate und Oxomolybdate bekannt.[52] Als vermutlich das häufigste Strukturelement tritt der oktaedrische Metallcluster mit der $[M_6O_{12}]$-Einheit auf. Dasselbe Motiv, aber verknüpft über alle sechs Ecken eines $[Nb_6]$-Oktaeders, enthält die Struktur von NbO. Da NbO in einem geordneten NaCl-Defekttyp kristallisiert, in dem $\frac{1}{4}$ der Positionen unbesetzt sind (Kationen und Anionen), wird die daraus resultierende Verminderung der Gitterenergie vermutlich durch die Ausbildung von Metall–Metall-Bindungen kompensiert. Die Metall–Metall-Abstände in Metallclustern sind oft mit denen reiner Metalle vergleichbar. In Nioboxidclustern beträgt der Nb–Nb-Abstand etwa 285 pm, in Niob-Metall 286 pm. Die Strukturen dieser Verbindungen können durch verschiedenartige Verknüpfungen von $[M_6O_{12}]$-Einheiten nach einem Baukastenprinzip konstruiert werden (Tab. 3.25).

Tab. 3.25 Beispiele für metallreiche Oxide mit isolierten und kondensierten Metallclustern

Verbindung	Art der Verbrückung der Cluster	Verknüpfung der Metallcluster
$Mg_3Nb_6O_{11}$	$[Nb_6]$	isolierte (bzw. sauerstoffverbrückte) Metalloktaeder
$K_4Al_2Nb_{11}O_{21}$	$[Nb_{11}]$	eckenverknüpfte Doppeloktaeder
$BaNb_4O_6$	$[Nb_{\frac{4}{2}}Nb_2]$	zu Schichten eckenverknüpfte Metalloktaeder
$NaMo_4O_6$	$[Mo_2Mo_{\frac{4}{2}}]$	zu Strängen kantenverknüpfte Metalloktaeder

Das strukturelle Konzept dieser Oxometallate mit Metallclustern beinhaltet Verbrückungen von Metallclustern durch Sauerstoffatome („isolierte Metallcluster") oder durch Ecken- oder Kantenverknüpfungen der Metallcluster selbst (dimere, trimere,... oligomere Cluster oder „kondensierte Metallcluster") (Abb. 3.68).

Isolierte (sauerstoffverbrückte) Metallcluster liegen in der Struktur von $Mg_3Nb_6O_{11}$ vor. Jede $[Nb_6O_{12}]$-Einheit teilt zwei verbrückende Sauerstoffatome mit benachbarten Clustern ($[Nb_6O_{10}O_{2/2}]^{6-}$). Damit stehen jedem $[Nb_6]$-Cluster 14

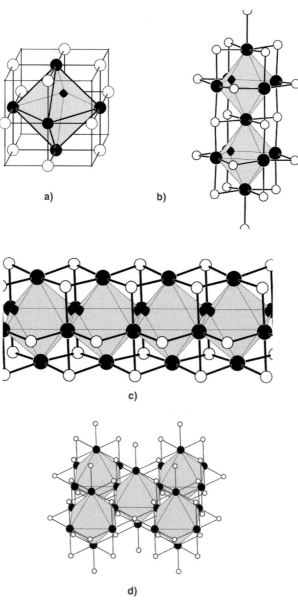

a)   b)

c)

d)

Abb. 3.68 a) Die Elementarzelle der Struktur von NbO enthält die für viele Oxoniobate typische $[M_6O_{12}]$-Einheit. b) Eckenverknüpfte Doppeloktaeder aus zwei $[Nb_6]$-Clustern in der Struktur von $K_4Al_2Nb_{11}O_{21}$. c) Kantenverknüpfte $[Mo_6]$-Oktaeder der Struktur von $NaMo_4O_6$. d) Ausschnitt aus der Struktur von $BaNb_4O_6$ mit zweidimensional eckenverknüpften $[Nb_6]$-Clustern.

Elektronen zur Ausbildung von Metall–Metall-Bindungen zur Verfügung (zur elektronischen Struktur vgl. Abschnitt 3.8.8.5). Doppeloktaeder aus zwei ecken-verknüpften $[Nb_6O_{12}]$-Einheiten enthält die Struktur von $K_4Al_2Nb_{11}O_{21}$. Zwei Sauerstoffatome verbrücken die Ecken benachbarter Doppeloktaeder von $[Nb_{11}O_{20}O_2]^{10-}$. Teilen sich oktaedrische Metallcluster gemeinsame Ecken, so können auch Strukturen mit zwei- oder dreidimensional verbrückten Metallclustern realisiert werden, wofür die Strukturen von $BaNb_4O_6$ oder NbO Beispiele sind.

Analog zur Eckenverknüpfung existieren kantenverknüpfte Oktaeder, die Dime-re, Trimere usw. bilden können. In der Struktur von $NaMo_4O_6$ sind $[Mo_6O_{12}]$-Ein-heiten über gemeinsame Kanten der Metalloktaeder zu eindimensionalen Strängen verknüpft. Dabei entfallen die über diesen Kanten liegenden Sauerstoffatome und acht weitere erhalten verbrückende Funktion zwischen benachbarten Metallclustern eines Stranges in $[Mo_2Mo_{\frac{4}{2}}O_2O_{\frac{8}{2}}]^-$.

Alternativ zu dieser Betrachtung könnten diese Strukturen anhand von Lücken-besetzungen dichtester Kugelpackungen der Sauerstoffatome beschrieben werden.

3.8.5.5 Perowskite

Mehrere Hunderte ternäre Metalloxide und viele ternäre Metallhalogenide bilden die Perowskit-Struktur ABX_3 oder geringfügig verzerrte Strukturvarianten davon aus. Im Falle ternärer Oxide resultiert die ABO_3-Struktur formal durch Auffüllen der relativ offenen ReO_3-Struktur mit einem weiteren Kation A (Abb. 3.69). Dabei ist das größere Kation A (Koordinationszahl 12) etwa so groß wie ein Sauerstoffion und bildet gemeinsam mit diesem die kubisch dichteste Kugelpackung (AO_3).

Im Gegensatz hierzu resultiert die Ilmenit-Struktur, wenn Kationen beider Sor-ten, A und B in ABO_3, etwa gleich groß sind (Beispiele sind $MTiO_3$ mit M = Fe, Co, Ni). Die Struktur des Ilmenits ist eng mit der von Korund (vgl. Tab. 3.3) ver-wandt. In der Ilmenit-Struktur bilden Sauerstoffionen die hexagonal dichteste Ku-gelpackung. Kationen zweier Sorten besetzen jeweils ein Drittel der Oktaederlük-kenschichten, so dass die Schichten alternierend jeweils ein Kation einer Sorte ent-halten.

Genauer betrachtet erfordert die Geometrie der kubischen Perowskit-Struktur, dass die Ionenradien im richtigen Verhältnis zueinander stehen $(\tau = 1)$, um allseiti-gen Ionenkontakt zu gewährleisten:

$$\tau = \frac{r_A + r_O}{\sqrt{2}(r_B + r_O)}$$

Die meisten Perowskite, deren Toleranzfaktoren τ Werte zwischen 0,9 und 1,0 ein-nehmen, kristallisieren in einer kubischen Struktur. Die Abweichung des Toleranz-faktors von seinem Idealwert $(\tau = 1)$ wird von den Radien der Teilchen A und B beeinflusst und bewirkt verschiedenartig verzerrte Perowskit-Strukturen oder den Übergang in eine andere Struktur.

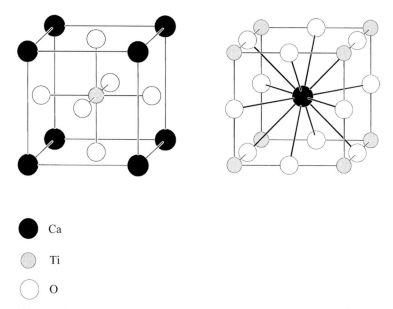

Ca

Ti

O

Abb. 3.69 Die Struktur des Minerals Perowskit $CaTiO_3$ (Raumgruppe $Pm\bar{3}m$) in zwei Ansichten.

Links: Die Sauerstoffionen bilden zusammen mit Calciumionen (A-Teilchen von ABO_3) die kubisch dichteste Kugelpackung (flächenzentrierte Anordnung), in der ein Viertel der Oktaederlücken durch Titanionen (B-Teilchen) besetzt ist.

Rechts: Die Titanionen bilden zusammen mit den Sauerstoffionen eine ReO_3-gemäße Anordnung. Calciumionen befinden sich in kuboktaedrischer Koordination von Sauerstoffionen.

Tab. 3.26 Verbindungen mit Strukturen vom Perowskit-Typ.

(Ideal) Kubisch
$SrTiO_3$, $SrZrO_3$, $SrHfO_3$, $SrFeO_3$, $SrSnO_3$, $BaCeO_3$, $EuTiO_3$, $LaMnO_3$

Strukturen mit mindestens einer verzerrten Perowskit-Variante[a]
$BaTiO_3$ (kubisch, tetragonal, orthorhombisch, rhomboedrisch)
$KNbO_3$ (kubisch, tetragonal, orthorhombisch, rhomboedrisch)
$RbTaO_3$ (kubisch, tetragonal)
$PbTaO_3$ (kubisch, tetragonal)

[a] Mit steigender Temperatur treten Phasenübergänge in Richtung höherer Kristallsymmetrie auf (z.B. von tetragonal nach kubisch).

Bariumtitanat bildet fünf kristalline Modifikationen, von denen drei ferroelektrische Eigenschaften haben. Da die Ti^{4+}-Ionen ($r(Ti^{4+}) = 61$ pm) im $[TiO_6]$-Oktaeder Bewegungsspielraum besitzen, resultieren in Abhängigkeit von der Temperatur verschiedene Strukturverzerrungen, die mit Phasenübergängen verknüpft sind

(Abb. 3.70). Die verschiedenen Strukturen sind dadurch gekennzeichnet, dass die Ti^{4+}-Ionen um rund 10 bis 15 pm aus den Oktaedermittelpunkten verschoben sind (Ti–O-Abstand rund 195 pm). Unterhalb der Curie-Temperatur ($T_C = 120\,°C$) treten drei strukturelle Verzerrungsvarianten der kubischen Perowskit-Struktur von $BaTiO_3$ auf, die in nicht zentrosymmetrischen Raumgruppen kristallisieren:

$$\xrightarrow{\text{rhomboedrisch}} -80\,°C \xleftrightarrow{\text{orthorhombisch}} 5\,°C \xleftrightarrow{\text{tetragonal}} 120\,°C \xleftrightarrow{\text{kubisch}} 1460\,°C \xleftrightarrow{\text{hexagonal}} 1620\,°C$$

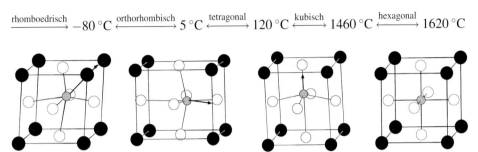

Abb. 3.70 Die Strukturen der rhomboedrischen ($R3m$), orthorhombischen (hier: Subzelle von $Amm2$), tetragonalen ($P4mm$) und kubischen ($Pm\overline{3}m$) Modifikationen von $BaTiO_3$ (von links nach rechts). Die Verschiebungen der Titanionen sind übersteigert dargestellt und durch Pfeile markiert. In der rhomboedrischen Struktur sind die Titanionen entlang einer Raumdiagonale [111], in der orthorhombischen Struktur entlang einer Flächendiagonale [110] der Subzelle und in der tetragonalen Struktur parallel zur vierzähligen Drehachse verschoben.

Ferroelektrische Eigenschaften von BaTiO₃

Die ferroelektrischen Eigenschaften von Feststoffen lassen sich mit ferromagnetischen Eigenschaften der Materie vergleichen. Ferroelektrische Substanzen sind im ferroelektrischen Zustand elektrisch polarisierbar, und es entsteht ein spontanes Dipolmoment. Beim Phasenübergang in eine Hochtemperaturphase verschwindet die spontane elektrische Polarisation. Analog zu den Ferromagnetika wird die Übergangstemperatur Curie-Temperatur genannt und die Hochtemperaturphase paraelektrische Phase.

Wird eine elektrisch nicht leitende kristalline Substanz, die in diesem Zusammenhang als Dielektrikum bezeichnet wird, durch ein elektrisches Feld polarisiert, dann verschieben sich die in der Substanz vorhandenen elektrischen Ladungen. Da positive und negative elektrische Ladungen in entgegengesetzte Richtungen verschoben werden, entstehen im Kristall elektrische Dipole.

In der tetragonalen Struktur von $BaTiO_3$ sind vor allem die Ti^{4+}-Ionen parallel zur vierzähligen Drehachse verschoben, und es resultieren elektrische Dipole. Unter dem Einfluss eines elektrischen Feldes können die Dipole unterschiedlicher Domänen im Kristall parallel zueinander zu einem Eindomänen-Zustand ausgerichtet werden (ferroelektrischer Effekt). Die Orientierung dieser Momente bleibt auch nach dem Abschalten des elektrischen Feldes erhalten, so dass ein nach außen wirksames Dipolmoment resultiert.

Ferroelektrische Materialien verhalten sich unter dem Einfluss eines elektrischen Feldes analog zur Hysteresekurve von ferromagnetischen Materialien im magnetischen Feld. Durch elektrische Polarisation im externen elektrischen Feld können alle Domänen im Kristall parallel zur Feldrichtung orientiert werden. Wenn alle Dipole parallel zueinander ausgerichtet sind, ist die Sättigungspolarisation erreicht. Nach dem Abschalten des elektrischen Feldes bleibt die remanente Polarisation erhalten. Zur Entpolarisation muss die Koerzitivkraft aufgewendet werden. Das Hysteresisverhalten entspricht vollständig dem der ferromagnetischen Materialien (vgl. Abb. 3.65, unter Vertauschung von „H" gegen die elektrische Feldstärke und „M" gegen die elektrische Polarisation).

Bariumtitanat ist ein wichtiges ferroelektrisches Material mit piezoelektrischen Eigenschaften und einer hohen Dielektrizitätskonstante für Anwendungen in Kondensatoren, Ultraschallgebern und elektrooptischen Modulatoren und Schaltern. Ebenfalls von kommerziellem Interesse sind PZT-Keramiken aus Bleizirconiumtitanoxid $PbZr_{1-x}Ti_xO_3$ ($0 < x < 1$), die optische, ferro- und piezoelektrische Eigenschaften besitzen.

3.8.5.6 Wolframoxide und Oxidbronzen

Nichtstöchiometrie, bedingt durch unvollständig besetzte A-Plätze, tritt in Wolframbronzen A_xWO_3 (A = H, Alkalimetall, Cu, Ag, Tl, Pb) auf. Allgemein wird der Name „Bronzen" auf eine Reihe ternärer Metalloxide $A_xM_yO_z$ angewandt, in denen A = H, NH_4, Alkali-, Erdalkali-, Seltenerdmetalle, Metalle der Gruppen 11 oder 12 und M = Ti, V, Mn, Nb, Ta, Mo, W oder Re vorhanden sind.

Wolfram- und Molybdänbronzen entstehen durch Reduktion ihrer Trioxide mit A-Metall. Die resultierenden Verbindungen A_xWO_3 sind in Abhängigkeit von x farbig (orange, rot, blauschwarz) und zeigen metallischen Glanz. Im Bereich von $0,3 \leq x \leq 0,9$ tritt die aufgefüllte WO_3-Struktur auf. Darin besetzen A-Atome wie in der Perowskit-Struktur die Hohlräume einer ReO_3-Gerüststruktur. Für A_xWO_3 (A = einwertiges Ion) befinden sich x Elektronen im Leitungsband (vgl. Bandstruktur von ReO_3).

Besondere Eigenschaften von Oxidbronzen sind topotaktische Redoxreaktionen, die je nach Zusammensetzung zu Verbindungen mit veränderten Eigenschaften führen (Farbe, elektrische Leitfähigkeit, Reflektivität usw.). Bei den Wasserstoff-Molybdänbronzen H_xMoO_3 ($0 < x \leq 2$) können durch Interkalation in die MoO_3-Struktur vier Phasen unterschieden werden: blaues orthorhombisches $H_{0,23-0,40}MoO_3$, blaues monoklines $H_{0,85-1,04}MoO_3$, rotes monoklines $H_{1,55-1,72}MoO_3$ und grünes monoklines H_2MoO_3.[53]

3.8.5.7 Spinelle

Von dem Mineral Spinell $MgAl_2O_4$ leitet sich die gleichnamige Verbindungsklasse der Spinelle der allgemeinen Formel AB_2X_4 ab. X ist meistens ein Chalkogenatom, am häufigsten Sauerstoff oder Schwefel. Die notwendige Ladungssumme der Kationen von acht wird in Chalkogenid-Spinellen durch die Kationenkombinationen $A^{2+} + 2B^{3+}$ oder $A^{4+} + 2B^{2+}$ oder $A^{6+} + 2B^+$ der so genannten (2,3)-, (4,2)- oder (6,1)-Spinelle erreicht.

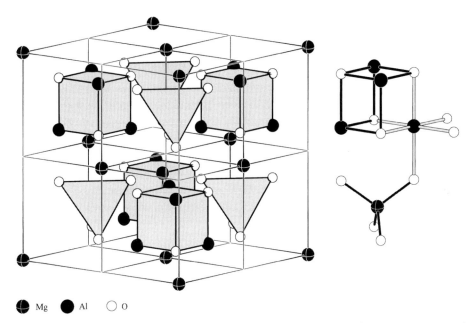

● Mg   ● Al   ○ O

Abb. 3.71 Struktur des Minerals Spinell $MgAl_2O_4$ (AB_2O_4). Der Anionenparameter wurde auf den Idealwert (x = 0,375) gesetzt, um unverzerrte Würfel (Oktaeder) zu erhalten und somit einen besseren Einblick in die Struktur geben zu können (Raumgruppe $Fd\bar{3}m$).

Die Elementarzelle der Spinellstruktur (Abb. 3.71) enthält acht Formeleinheiten AB_2O_4. Die Sauerstoffionen bilden die kubisch dichteste Packung, deren tetraedrische Lücken bei normalen Spinellen zu einem Achtel von A-Ionen und deren oktaedrische Lücken zur Hälfte von B-Ionen besetzt sind. In Spinellen mit inverser Struktur $B_{Tet.}[AB]_{Okt.}O_4$ besetzen Ionen vom Typ B tetraedrische Lücken und Ionen vom Typ A und B oktaedrische Lücken. Von den insgesamt acht Tetraederlücken und vier Oktaederlücken sind aber nur $\frac{1}{8}$ und $\frac{1}{2}$ mit Kationen besetzt:

Normale Spinellstruktur: $(A)_{Tet.}[B_2]_{Okt.}O_4$

Inverse Spinellstruktur: $(B)_{Tet.}[AB]_{Okt.}O_4$

Für das Auftreten von normalen oder inversen Spinellstrukturen sind verschiedene Faktoren verantwortlich. Einige hiervon sind:

1. Anionenparameter und die relativen Größen der Kationen A und B

   Im kubisch-flächenzentrierten Oxidgitter besetzen die Anionen die spezielle Lage x, x, x, die den so genannten Anionenparameter repräsentiert, dessen Idealwert x = 0,375 beträgt. Weicht der Anionenparameter von seinem Idealwert ab, so treten Verzerrungen der oktaedrischen Koordination auf. Außerdem werden bei Zunahme des Anionenparameters die Oktaederlücken kleiner, die Tetraederlücken größer, und umgekehrt. Für den Anionenparameter sind auch die relativen Größen von Anionen und Kationen von Bedeutung. Der Radienquotient r(K)/r(A) sollte bei der Besetzung tetraedrischer Lücken nicht kleiner als 0,22 und bei oktaedrischen Lücken nicht kleiner als 0,41 sein, sofern nicht Polarisationseffekte wirksam sind.

2. Madelung-Konstante

In einer Spinellstruktur ist die Ionenkonfiguration mit der größeren Madelung-Konstante die stabilere, da sie die höhere Gitterenergie repräsentiert.

3. Ligandenfeldstabilisierungsenergie (siehe auch Kapitel 2)

Die Differenz der Ligandenfeldstabilisierungsenergien eines Übergangsmetallions im tetraedrischen oder oktaedrischen Ligandenfeld beeinflusst die Kationenanordnung in einer Verbindung. In Oxiden besitzen Übergangsmetalle in der Regel eine high-spin-Konfiguration. Die Energieaufspaltung ist im oktaedrischen Ligandenfeld unter vergleichbaren Bedingungen größer als im tetraedrischen Feld ($\Delta_{\text{Tet.}} \approx \frac{4}{9} \Delta_{\text{Okt.}}$). Somit resultiert für fast jede mögliche Elektronenkonfiguration eine höhere Ligandenfeldstabilisierungsenergie (LFSE) für die oktaedrische Koordination als für die tetraedrische Koordination (Tab. 3.27).

Für die d^5- (high-spin) und d^{10}-Konfiguration sind Koordinationen durch das oktaedrische und das tetraedrische Ligandenfeld energetisch gleichwertig. Die hinsichtlich der Ligandenfeldeffekte präferenzlosen Ionen mit d^5 oder d^{10}-Konfiguration (Mn^{2+}, Fe^{3+}, Zn^{2+}, Ga^{3+}, In^{3+}) werden auch als kugelsymmetrische Ionen bezeichnet und können oktaedrische oder tetraedrische Lücken besetzen. In Kombinationen mit anderen Übergangsmetallen entstehen normale Spinellstrukturen, wenn die kugelsymmetrischen Ionen zweiwertig sind (z.B. $ZnCr_2O_4 = Zn^{2+}[(Cr^{3+})_2]O_4$) und inverse Spinellstrukturen, wenn die kugelsymmetrischen Ionen dreiwertig sind (z.B. $NiFe_2O_4 = Fe^{3+}[Ni^{2+}Fe^{3+}]O_4$). Bei der Kombination von nicht kugelsymmetrischen zwei- und dreiwertigen Kationen entscheidet die höhere LFSE, ob eine normale oder inverse Spinellstruktur gebildet wird. Wegen ihrer hohen LFSE bilden Chrom(III)-Spinelle wie $FeCr_2O_4$ stets die normale Spinellstruktur aus, Ni(II)-Spinelle meist die inverse Spinellstruktur (zur LFSE vgl. Tab. 3.27).

Tab. 3.27 Ligandenfeldstabilisierungsenergien (LFSE) für die oktaedrische und die tetraedrische Koordination.

Anzahl der Elektronen	Oktaederplatz		Tetraederplatz	
	Konfiguration	LFSE in Dq	Konfiguration	LFSE in $Dq_{\text{Okt.}}$[a]
1	t_{2g}^1	-4	e^1	$-2{,}7$
2	t_{2g}^2	-8	e^2	$-5{,}3$
3	t_{2g}^3	-12	$e^2t_2^1$	$-3{,}6$
4	$t_{2g}^3e_g^1$	-6	$e^2t_2^2$	$-1{,}8$
5	$t_{2g}^3e_g^2$	0	$e^2t_2^3$	0
6	$t_{2g}^4e_g^2$	-4	$e^3t_2^3$	$-2{,}7$
7	$t_{2g}^5e_g^2$	-8	$e^4t_2^3$	$-5{,}3$
8	$t_{2g}^6e_g^2$	-12	$e^4t_2^4$	$-3{,}6$
9	$t_{2g}^6e_g^3$	-6	$e^4t_2^5$	$-1{,}8$

[a] Für die Berechnung wird angenommen, dass die tetraedrische Ligandenfeldaufspaltung $\frac{4}{9}$ der oktaedrischen beträgt.

Die Kationenanordnung in einer Spinellstruktur kann nicht immer genau vorhergesagt werden, da sie vom Zusammenspiel der erwähnten Einflussgrößen abhängt. Letztlich entscheidet die Energiedifferenz zwischen den möglichen Anordungen, welche die günstigere ist.

Tab. 3.28 Beispiele für Spinellstrukturen.

Typ	Verbindung	
Normale Spinelle		
2,3	MgB_2O_4	B = Al, Ti, V, Cr, Mn[a], Rh
	ZnB_2O_4	B = Al, Ga, V, Cr, Mn [a], Fe, Co, Rh
	CdB_2O_4	B = Ga, Cr, Mn [a], Fe, Rh
	CoB_2O_4	B = Al, V, Cr, Mn [a], Co[b]
	$FeCr_2O_4$	
Inverse Spinelle		
2,3	FeB_2O_4	B = Ga, Fe
	AFe_2O_4	A = Co, Ni, Cu[c]
4,2	AMg_2O_4	A = Ti, V[d], Sn
	ACo_2O_4	A = Ti, V[d], Sn
	AZn_2O_4	A = Ti, V[d], Sn
Partiell inverse Spinelle		
2,3	$MgFe_2O_4$	$\lambda = 0,45$
	$CuAl_2O_4$	$\lambda = 0,2$

[a] Für die d^4-Konfiguration (high-spin) von Mn^{3+} tritt im oktaedrischen Ligandenfeld eine Jahn-Teller-Verzerrung auf, die eine tetragonale Strukturverzerrung bewirkt (analoges gilt für Ionen mit d^7 low-spin- und d^9-Konfigurationen).
[b] In $Co^{2+}[(Co^{3+})_2]O_4$ besetzen die magnetisch anormalen <u>low-spin</u> Co^{3+}-Ionen wegen ihrer günstigeren LFSE im oktaedrischen Ligandenfeld oktaedrische Lücken.
[c] Kubisch bei hohen Temperaturen (und nach Abschrecken von 760 °C). Aber tetragonale Struktur durch Jahn-Teller-Verzerrung der oktaedrischen $[CuO_6]$-Koordination durch (d^9-)Cu^{2+}.
[d] Die V^{4+}-Spinelle sind nur in Gegenwart einiger V^{3+}-Ionen beständig.

Am häufigsten treten (2,3)-Spinelle auf, deren dreiwertige Ionen oktaedrische Lücken besetzen. (4,2)-Spinelle sind meistens invers $(B^{2+})_{Tet.}[A^{4+}B^{2+}]_{Okt.}O_4$, da das Kation mit der höheren Ladung den höher koordinierten Platz bevorzugt. Dieser Trend wird zusätzlich durch große A^{4+}-Ionen unterstrichen, wenn die Radienquotientenregel $(r(A^{4+})/r(O^{2-}) > 0,41)$ die Koordinationszahl sechs vorhersagt.

Außer normalen oder inversen Spinellstrukturen gibt es Defektvarianten, in denen der Fehlordnungsgrad λ den Anteil der B-Kationen auf Tetraederplätzen angibt. Daher kann der Fehlordnungsgrad für Spinelle zwischen $\lambda = 0$ und $\lambda = 0,5$ liegen. Für normale Spinelle gilt $\lambda = 0$: $(A)_{Tet.}[B_2]_{Okt.}O_4$ und für inverse Spinelle $\lambda = 0,5$: $(B)_{Tet.}[AB]_{Okt.}O_4$. Der Fehlordnungsgrad λ nimmt für eine bestimmte Verbindung nicht unbedingt einen festen Wert an, da λ von den Reaktionsbedingungen abhängt (z.B. Abkühlungsgeschwindigkeit).

3.8.5.7.1 Magnetit und Ferrite

Viele Verbindungen der allgemeinen Zusammensetzung MFe_2O_4 kristallisieren wie die gemischtvalente Verbindung Fe_3O_4 (Magnetit) in der inversen Spinellstruktur. In $Fe^{3+}_{Tet.}[Fe^{2+}Fe^{3+}]_{Okt.}O_4$ besetzen Fe^{2+}- und Fe^{3+}-Ionen in ungeordneter Weise die Hälfte aller B-Oktaederplätze in der Spinellstruktur. Aus dem Ladungsaustausch zwischen diesen Eisenionen auf Oktaederlücken resultiert die hohe elektrische Leitfähigkeit des Magnetits ($\sigma \approx 200$ S/cm bei RT). Unterhalb 119 K nimmt die Leitfähigkeit sprunghaft ab, da eine Struktur mit geordneter Anordnung der Fe^{3+} und Fe^{2+}-Ionen entsteht.

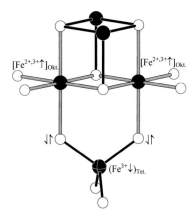

Abb. 3.72 Schematische Darstellung der magnetischen Struktur ferrimagnetischer Spinelle am Beispiel von Fe_3O_4 zwischen $T_c \approx 850$ K und $T_t = 119$ K (Phasenübergang). In der Struktur von $(Fe^{3+})_{Tet.}[Fe^{2+}Fe^{3+}]_{Okt.}O_4$ sind Spins der tetraedrisch koordinierten Fe^{3+}-Ionen antiparallel zu allen oktaedrisch koordinierten Ionen orientiert (Superaustausch über Sauerstoff-p-Orbitale). Daher heben sich die Momente der Fe^{3+}-Ionen gegenseitig auf, und übrig bleiben die magnetischen Momente der Fe^{2+}-Ionen. Zum Vergleich siehe Spinell-Struktur in Abb. 3.71.

Zu den besonderen Eigenschaften von Magnetit und der Ferrite MFe_2O_4 zählt ihr Magnetismus.* Ursache der magnetischen Ordnung im Magnetit sind antiferromagnetische Kopplungen zwischen allen Kationen auf A-Plätzen (Fe^{3+}) mit Kationen auf B-Plätzen durch Superaustausch (Winkel A–O–B etwa 135°). Deshalb sind alle Kationen auf B-Plätzen (Fe^{2+} und Fe^{3+}) ferromagnetisch miteinander gekoppelt. Durch die Kompensation der Spins zwischen den Fe^{3+}-Ionen auf tetraedrischen und oktaedrischen Plätzen ist das Spinmoment der Fe^{2+}-Ionen für die ferrimagnetischen Eigenschaften des Magnetits ausschlaggebend (Abb. 3.72). Analoges gilt für die M^{2+}-Ionen mit ungepaarten Spins von MFe_2O_4-Ferriten mit inversen Spinellstrukturen.

---

* Die magnetischen Eigenschaften von Magnetit wurden seit Jahrzehnten, wenn nicht seit Jahrhunderten, in Kompassnadeln angewendet. Aber auch in Bakterien wurde Magnetit nachgewiesen, welches den Bakterien offenbar bei der Orientierung relativ zum magnetischen Feld der Erde dient.

Magnesiumferrit sollte als vollständig inverser Spinell antiferromagnetisch sein, $(Fe^{3+}\downarrow)_{Tet.}[Mg^{2+}Fe^{3+}\uparrow]_{Okt.}O_4$, da sich die Momente der Fe^{3+}-Ionen gegenseitig aufheben. Tatsächlich verursacht die ungleiche Zahl von Fe^{3+}-Ionen auf A- und B-Plätzen des unvollständig inversen Spinells $(Fe_{2\lambda}\downarrow Mg_{1-2\lambda})_{Tet.}[Mg_{2\lambda}Fe_{2(1-\lambda)}\uparrow]_{Okt.}O_4$ Ferrimagnetismus.

3.8.5.8 Magnetoplumbit

Ferrite wie das Mineral Magnetoplumbit $PbFe_{12}O_{19}$ und die analoge Bariumverbindung $BaFe_{12}O_{19}$ (kurz: BaM) gehören zu den hartmagnetischen Ferriten. Hartmagnetische Materialien sind durch hohe Werte ihrer Remanenz gekennzeichnet und werden als Dauermagnete verwendet. Die Darstellung erfolgt aus α-Fe_2O_3 und Metallcarbonat oder Metall.

$$6\,Fe_2O_3 + BaCO_3 \xrightarrow{\Delta,\,-CO_2} BaFe_{12}O_{19}$$

Die Struktur von $PbFe_{12}O_{19}$ besteht aus alternierenden Schichten von Magnetit (Fe_3O_4) und Pb^{2+}-Ionen. Wie in der Struktur von Na-β-Al_2O_3 liegen Spinellschichten vor, von denen jede fünfte Schicht Sauerstoffleerstellen sowie zweiwertige Kationen (Pb^{2+} oder Ba^{2+}) enthält. Die Fe^{3+}-Ionen besetzen fünf kristallographisch unterscheidbare Positionen. In der Struktur von $PbFe_{12}O_{19}$ sind die Spins von acht Fe^{3+}-Ionen parallel zueinander angeordnet und die von vier Fe^{3+}-Ionen antiparallel zu diesen. Das magnetische Moment für ein Fe^{3+} beträgt nach $\mu = g \cdot S = 2 \cdot 5/2 =$ 5 BM (vgl. Abschnitt 3.6.2). Für $PbFe_{12}O_{19}$ folgt $\mu = 8 \cdot 5$ BM $- 4 \cdot 5$ BM $=$ 20 BM.

Verwendung finden hartmagnetische Ferrite in Relais, Lautsprechern, Gleichstrommotoren und -generatoren sowie in Haftmagneten für Schließsysteme.

3.8.5.9 Granate

Die Struktur des Minerals Granat $Ca_3Al_2Si_3O_{12}$ (Abb. 3.73) lässt verschiedene Kationensubstitutionen zu. In dem siliciumfreien Granat $Y_3Al_5O_{12}$ besetzen die Aluminiumatome zusätzlich Siliciumpositionen. Yttrium-Aluminium-Granate (YAG) können, wenn sie z.B. mit Seltenerdmetallen dotiert sind, für Fluoreszenzlampen, Festkörperlaser und Fernsehbildschirme verwendet werden. Mit Neodym dotierter Yttrium-Aluminium-Granat, $Y_3Al_5O_{12}$:Nd (kurz YAG:Nd), ist der z.Z. leistungsstärkste Laser.

Die Aluminiumionen können in $Y_3Al_5O_{12}$ durch andere dreiwertige Ionen oder durch Kombinationen dieser ersetzt werden (Fe^{3+}, Co^{3+}, Cr^{3+}, In^{3+}, Ga^{3+}, Sc^{3+}). Ebenso kann Yttrium durch andere Seltenerdmetallionen substituiert werden.

Granate wie Ferrite mit magnetisch inäquivalenten Metalluntergittern zählen zu den magnetischen Metalloxiden. Ein wichtiges Beispiel ist der Yttrium-Eisen-Granat (kurz YIG) mit Anwendungen in Funktelefonen und in magnetischen Datenspeichern.

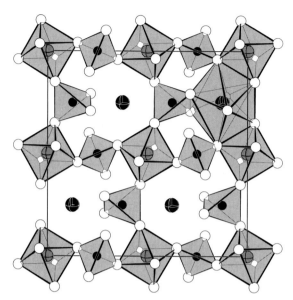

Abb. 3.73 Ausschnitt aus der Granat-Struktur $Ca_3Al_2Si_3O_{12}$ (Raumgruppe $Ia\bar{3}d$) mit hervorgehobenen Sauerstoff-Koordinationspolyedern um die Kationen. Die Granat-Struktur besteht aus einem Netzwerk von $[AlO_6]$-Oktaedern und $[SiO_4]$-Tetraedern, die grau hervorgehoben sind. Calcium (große schwarze Kugeln) besitzt die Koordinationszahl acht. Ein verzerrtes $[CaO_8]$-Dodekaeder ist ebenfalls herausgezeichnet.

Yttrium-Eisen-Granat $Y_3Fe_5O_{12}$ kristallisiert kubisch mit 8 Formeleinheiten in der Elementarzelle. Fe^{3+}-Ionen besetzen, entsprechend $Y_3(Fe_2)_{Okt.}[Fe_3]_{Tet.}O_{12}$, oktaedrische und tetraedrische Gitterplätze, und Y^{3+}-Ionen sind dodekaedrisch koordiniert. Das magnetische Untergitter der Eisenionen auf Tetraederplätzen steht antiparallel zu dem der Eisenionen auf Oktaederplätzen:

$$Y_3(Fe_2\uparrow)_{Okt.}[Fe_3\downarrow]_{Tet.}O_{12} \text{ (unterhalb } T_C = 545 \text{ K für } Y_3Fe_5O_{12})$$

Die resultierende Magnetisierung entspricht 15 BM$[Fe_3\downarrow]$ – 10 BM$(Fe_2\uparrow)$ = 5 BM (nach $\mu = g \cdot S$; $S(Fe^{3+}) = \frac{5}{2}$).

Die magnetischen Eigenschaften können durch (partielle) Atomsubstitutionen auf den Eisen-Plätzen verändert werden. Erwartungsgemäß führt der Austausch unmagnetischer Ionen gegen einige Fe^{3+}-Ionen auf oktaedrischen oder gegen einige Fe^{3+}-Ionen auf tetraedrischen Plätzen zur Erhöhung oder zur Erniedrigung der Magnetisierung:

$$Y_3(Fe_{1,75}\uparrow Sc_{0,25})_{Okt.}[Fe_3\downarrow]_{Tet.}O_{12} \text{ oder } Y_3(Fe_2\uparrow)_{Okt.}[Fe_{2,75}\downarrow Ga_{0,25}]_{Tet.}O_{12}$$

Durch Austausch des nicht magnetischen Yttriums durch ein magnetisches Lanthanoidion resultiert eine parallele Kopplung der magnetischen Momente mit den Momenten der oktaedrisch koordinierten Ionen. Beispiele sind Gadolinium-Eisen-Granat (GIG) $Gd_3\uparrow(Fe_2\uparrow)_{Okt.}[Fe_3\downarrow]_{Tet.}O_{12}$ oder Dysprosium-Eisen-Granat (DIG) $Dy_3\uparrow(Fe_2\uparrow)_{Okt.}[Fe_3\downarrow]_{Tet.}O_{12}$.

3.8.5.10 Supraleitfähigkeit

Das Phänomen Supraleitfähigkeit wurde erstmals im Jahre 1911 an metallischem Quecksilber beobachtet, nachdem die Verflüssigung von Helium gelang.* Da das Auftreten von Supraleitfähigkeit bei höheren Temperaturen zunächst unerwartet war, wurden Materialien, die bei höheren Temperaturen Supraleitfähigkeit zeigten, als Hochtemperatur-Supraleiter bezeichnet. Seit drei Jahrzehnten sind intermetallische Supraleiter der so genannten A15-Phasen wie z.B. **Nb$_3$Ge** (Abb. 3.74) bekannt und seit vielen Jahren in der Technik im Einsatz. Auch wenn die Herstellung von Drähten aus intermetallischen Verbindungen kaum Probleme bereitet, ist die Kühlung von Supraleitern mit flüssigem He technisch aufwendig und kostenintensiv.

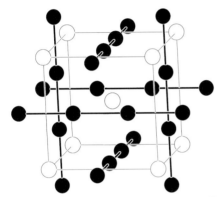

Abb. 3.74 Struktur von Nb$_3$Ge (Raumgruppe $Pm\bar{3}n$). Niobatome bilden lineare Ketten mit Nb–Nb-Abständen von 258 pm (der Abstand Nb–Nb in Niob-Metall beträgt 286 pm).

Das außergewöhnliche Interesse für eine neuere Klasse von Supraleitern geht auf die Entdeckung von Hochtemperatur-Supraleitfähigkeit in der perowskitverwandten Phase La$_{2-x}$Ba$_x$CuO$_4$ im Jahre 1986 zurück.[*1] Die hierdurch ausgelöste Forschungswelle erreichte mit einer Sprungtemperatur von über 90 K für **YBa$_2$Cu$_3$O$_{7-x}$** einen vorläufigen Höhepunkt. Diese auch als „1 2 3 oder YBCO" bezeichnete Verbindung war der erste bekannte Feststoff, der unter Kühlung mit flüssigem Stickstoff supraleitend wurde (Abb. 3.75).

Der zweite für Anwendungen wichtige Oxocuprat-Supraleiter gehört der Stofffamilie Bi$_2$Sr$_2$Ca$_{n-1}$Cu$_n$O$_{4+2n+\delta}$ mit n = 1, 2, 3 an. Die Strukturen dieser Verbindungen sind aus n benachbarten [CuO$_{4/2}$]-Schichten aufgebaut. Die höchste Sprungtemperatur von 110 K wurde für die mit Blei stabilisierte Verbindung **(Bi,Pb)$_2$Sr$_2$Ca$_2$Cu$_3$O$_{10+\delta}$** (kurz: (Bi,Pb)-2223) gefunden. Supraleitfähige Verbindungen mit Thallium oder Quecksilber kommen wegen ihrer schlechten Umweltverträglichkeiten nicht für Anwendungen in Betracht. Nach der Entdeckung der supraleitfähigen Eigenschaften von **MgB$_2$** im Jahre 2001 rückt diese Verbindung

---

* Beide Entdeckungen gehen auf H. Kamerlingh-Onnes zurück, dem im Jahre 1913 der Nobelpreis für Physik verliehen wurde.

[*1] K.A. Müller und J.G. Bednorz erhielten hierfür im Jahre 1987 den Nobelpreis für Physik.

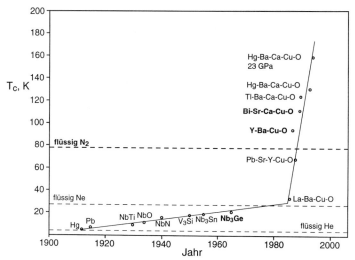

Abb. 3.75 Die höchsten Sprungtemperaturen von Supraleitern, aufgetragen über dem Jahr ihrer Entdeckung.

Tab. 3.29 Übergangstemperaturen von einigen supraleitfähigen Materialien. Die angegebenen Übergangstemperaturen hängen z.T. stark von der Reinheit, Kristallgröße und vom Gefüge des Materials ab.

Supraleiter	T_C in K	Supraleiter	T_C in K
TiO	1	$Ba_{0,6}K_{0,4}BiO_3$	30
Hg	4	Cs_2RbC_{60}	33
Nb	9	**MgB_2**	39
$PbMo_6S_8$	14	**$YBa_2Cu_3O_{7-x}$**	93
$La_3Ni_2(BN)_2N$	14	**$(Bi,Pb)_2Sr_2Ca_2Cu_3O_{10+\delta}$**	110
NbN	15	$Tl_2Ba_2Ca_2Cu_3O_{10+\delta}$	125
$LuNi_2(B_2C)$	17	$HgBa_2Ca_2Cu_3O_{8+\delta}$	133 (unter Druck)
Nb_3Ge	23		

trotz ihrer relativ niedrigen Sprungtemperatur von 39 K in das Interesse von Anwendungstechnikern. Eine Zusammenstellung von ausgewählten supraleitfähigen Verbindungen, zu denen auch Chevrel-Phasen ($PbMo_6S_8$), defekte Perowskit-Strukturvarianten ($Ba_{0,6}K_{0,4}BiO_3$) und Fulleride (Cs_2RbC_{60}) gehören, zeigt die Tab. 3.29.

Bisher lässt sich die Frage, ob es Supraleiter mit sehr viel höheren Sprungtemperaturen als bisher, vielleicht sogar bei Raumtemperatur, geben kann, nicht beantworten.

3.8.5.10.1 Eigenschaften von Supraleitern

Ein Supraleiter setzt dem elektrischen Strom im supraleitenden Zustand keinen messbaren Widerstand entgegen (R = 0). Wichtige Parameter von Supraleitern sind:

Die *Kritische Temperatur (oder Sprungtemperatur), T_C*: Die Temperatur, bei der der Übergang in den supraleitenden Zustand erfolgt. Die elektrische Leitfähigkeit und der Magnetismus ändern sich beim Übergang zwischen dem normalleitenden Zustand und dem supraleitenden Zustand sprunghaft (Abb. 3.76). Unterhalb der Sprungtemperatur liegen hohe negative Suszeptibilitätswerte vor. In diesem Zustand werden magnetische Felder aus dem Inneren des Supraleiters verdrängt, weshalb eine Abstoßung zwischen Magnet und Supraleiter erfolgt (Meissner-Ochsenfeld-Effekt). Ein eindrucksvoller Versuch hierzu ist das bekannte Schweben eines Magneten über einem Supraleiter im supraleitenden Zustand.

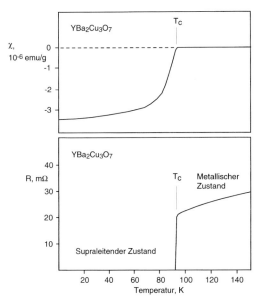

Abb. 3.76 Elektrischer Widerstand R (unten) und magnetische Suszeptibilität χ (oben) von $YBa_2Cu_3O_7$ als Funktion der Temperatur. Beim Übergang in den supraleitenden Zustand ($T_C \approx 93$ K) verschwindet der elektrische Widerstand. Gleichzeitig wird ein externes magnetisches Feld aus der supraleitenden Substanz verdrängt (Meissner-Ochsenfeld-Effekt). Im supraleitenden Zustand resultiert eine hohe negative Suszeptibilität. Tatsächlich ist der Übergang bei der Leitfähigkeitsmessung weniger scharf als hier gezeigt.

Die *Kritische Magnetfeldstärke, H_C (T)*: Die Feldstärke, oberhalb derer Feldlinien in den Supraleiter eindringen können und den Übergang in den normalleitenden Zustand erzwingen. Der kritische Wert des Magnetfeldes ist temperaturabhängig und verschiebt sich mit zunehmender Feldstärke zu niedrigeren Übergangstemperaturen (T_C). Man unterscheidet zwischen Supraleitern vom Typ I und dem für Anwendungszwecke interessanten Typ II (Abb. 3.77).[54]

Die *Kritische Stromstärke, I_C*: Die Stromstärke, oberhalb derer die Supraleitung zusammenbricht.

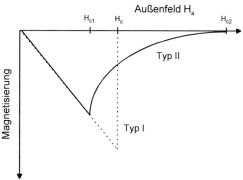

Abb. 3.77 Magnetisierungen (M) von Supraleitern des Typs I und II im Magnetfeld (H).
Mit zunehmender Magnetfeldstärke wird der Supraleiter immer stärker aus dem Magnetfeld
herausgedrückt. Dabei steigt die Magnetisierung negativ an. Beim Überschreiten des kritischen Magnetfeldes (H_C) durchdringen die Feldlinien den Supraleiter vom Typ I (gepunkte-
te Linie) und die Supraleitung bricht zusammen. Beim technisch relevanten Typ II treten
zwei kritische Feldstärken, H_{C1} und H_{C2}, auf. Beim Überschreiten von H_{C1} dringt magnetischer Fluss in den Supraleiter ein und es entsteht ein Mischzustand (Shubnikov-Phase) aus
supraleitenden und normalleitenden Bereichen. Die Supraleitung bleibt bis zu hohen kritischen Feldstärken (H_{C2}) erhalten.

Für Anwendungen werden supraleitfähige Materialien aus Drähten oder dünnen
Schichten benötigt. Neben einer möglichst hohen Sprungtemperatur müssen die
kritische Stromstärke und die kritische Feldstärke hinreichend groß sein. Eine besonders hohe kritische Feldstärke von bis zu 60 T(esla) zeigt die Chevrel-Phase
$Pb_xMo_6S_8$.

Außerdem werden hohe Stromtragfähigkeiten gefordert. Mit Silber umman-
telte Drähte aus $(Bi,Pb)_2Sr_2Ca_2Cu_3O_{10+\delta}$ haben Stromtragfähigkeiten von rund
$100\,000$ A/cm². Für Cu beträgt die maximale Stromtragfähigkeit nur 100 A/cm².
Anwendungen für Hochtemperatursupraleiter sind:
- Energietransport (Hochspannungskabel)
- Energiespeicherung (SMES = superconducting magnetic energy storage)
- Kurzschlussstrombegrenzer
- Magnetschwebebahnen (maglev = magnetic levitation)
- Hoch-Energie-Physik
- Sensorik: NMR, SQUIDS (superconducting quantum interference devices).
  SQUIDS können als hochempfindliche Sonden eingesetzt werden, da sie selbst
  auf kleinste Änderungen von Magnetfeldern ansprechen. Sie kommen in der
  Forschung zur Untersuchung magnetischer Eigenschaften oder in der Medizin
  zur Messung von Bioströmen zum Einsatz.

3.8.5.10.2 BCS-Theorie der Supraleitfähigkeit

In einem Metall und in einem metallischen Supraleiter im normalleitenden Zustand
sind einzelne Elektronen die Ladungsträger. Diese stoßen sich aufgrund Coulomb-

scher Kräfte zwischen gleichen Ladungen gegenseitig ab. Durch Streuung der Elektronen an Störstellen des Kristallgitters und durch Kollisionen mit Gitterschwingungen (Elektronen-Phononen-Streuung) steigt der elektrische Widerstand von Metallen mit steigender Temperatur an.

Die Grundlage zur Theorie der Supraleitung wurde 1957 von Bardeen, Cooper und Schrieffer entwickelt.* Demnach sind Elektronen als Paare assoziiert (Cooper-Paare), die jedoch im Kristallgitter recht weit voneinander entfernt sind. Die mittlere Ausdehnung eines Cooper-Paares, die so genannte Kohärenzlänge, liegt bei 100 – 1000 nm. Der Bewegung von Elektronenpaaren durch den supraleitenden Festkörper liegen kooperative Wechselwirkungen mit den Schwingungen des Kristallgitters (Phononen) zugrunde, die Kollisionen zwischen Elektronen und Phononen vermeiden (Elektronen-Phononen-Kopplung).

Die BCS-Theorie wurde für die bis dahin bekannten isotropen (kubischen) Strukturen entwickelt und sagte eine theoretisch nicht überschreitbare Grenze von 30 K für das Auftreten von Supraleitung voraus. Sie kann auf nicht isotrope Kristallstrukturen, z.B. die oxidischen Hochtemperatur-Supraleiter, nicht streng angewendet werden.

Beispiele neuerer Hochtemperatursupraleiter deuten darauf hin, dass ein schichtartiger Aufbau der Strukturen wichtig ist. Die Frage, ob Supraleitung mit einer spezifischen Bindungssituation verknüpft werden kann, ist bisher nicht geklärt.[55]

3.8.5.10.3 Der 1 2 3-Supraleiter, $YBa_2Cu_3O_7$

Supraleiter vom 1 2 3-Typ besitzen einen variablen Sauerstoffgehalt. Zunächst wird die nicht supraleitende, tetragonale Hochtemperaturphase erzeugt. Dazu werden Y_2O_3, BaO_2 und CuO innig vermengt und bei 900 °C in die sauerstoffarme Phase $YBa_2Cu_3O_{7-x}$ ($x \approx 1$) überführt. Durch anschließendes Tempern findet bei 500 °C eine Oxidation ($x \approx 0$) statt. Die Sauerstoffaufnahme bewirkt eine Verzerrung der tetragonalen Hochtemperaturphase in die orthorhombische, supraleitfähige Tieftemperaturphase mit geordneter Besetzung der Sauerstoffpositionen (Abb. 3.78). Im Allgemeinen erfordert die Erzeugung homogener Präparate langes Tempern an Luft oder Sauerstoff unterhalb der Bildungstemperatur. Dennoch ist die genaue Kontrolle der Zusammensetzung von Cuprat-Supraleitern kritisch, weshalb oft die Fraktion der supraleitenden Phase in einem Präparat angegeben wird.

Die Struktur von $YBa_2Cu_3O_7$ kann als eine Defektvariante der Perowskit-Struktur (ABX_3) aufgefasst werden, in der 2/9 der Sauerstoffpositionen unbesetzt sind. Eine verdreifachte Perowskit-Elementarzelle verdeutlicht den strukturellen Bezug zu Cuprat-Supraleitern:

$$3\ ABX_3 = (A_3)(B_3)(X_9) \approx (YBa_2)(Cu_3)\ (O_7\ \square_2)$$

---

* J. Bardeen, L.N. Cooper und J.R. Schrieffer erhielten 1972 den Nobelpreis für Physik.

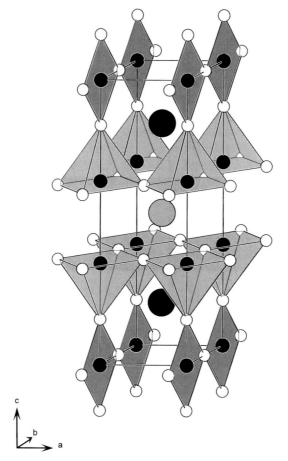

Abb. 3.78 Idealisierte Elementarzelle von $YBa_2Cu_3O_7$ (Raumgruppe: *Pmmm*). Die Struktur kann aus drei übereinander gestellten Perowskit-Elementarzellen (z.B. $BaTiO_3$) abgeleitet werden, in der 2/9 der Sauerstoffpositionen unbesetzt bleiben. Darin besitzen zwei kristallographisch unterscheidbare Kupferionen (kleine schwarze Kugeln) die Koordinationszahlen 4 (eines pro Elementarzelle, quadratisch-planar von Sauerstoff koordiniert) und 5 (zwei pro Elementarzelle, quadratisch-pyramidal von Sauerstoff koordiniert). Für die Zusammensetzung $YBa_2Cu_3O_{7-x}$ sind x Sauerstoffpositionen der nahezu quadratisch koordinierten Kupferionen unbesetzt, weshalb für einige Kupferionen nur noch lineare Sauerstoffkoordinationen resultieren. Bariumionen (große schwarze Kugeln) besitzen die KZ = 10 und Yttriumionen (große graue Kugel) die KZ = 8.

In Abhängigkeit vom Sauerstoffpartialdruck entsteht beim Tempern $YBa_2Cu_3O_{7-x}$ mit $0 \leq x \leq 0,9$, wobei die genaue Zusammensetzung (x) der nicht stöchiometrischen Phase die Sprungtemperatur bestimmt. Durch eine reversible topotaktische Reaktion werden in Abhängigkeit vom Sauerstoffpartialdruck selektiv Sauerstoffionen in den a,b-Grundflächen der Elementarzelle entfernt oder eingebaut:

$$YBa_2Cu_3O_7 \rightleftharpoons YBa_2Cu_3O_{7-x} + x/2\ O_2$$

Die zwei Sorten von Kupferionen sind in der Struktur von $YBa_2Cu_3O_7$ quadratisch-pyramidal und quadratisch-planar von Sauerstoffionen koordiniert. Eine einfache ionische Formulierung entspricht $Y^{3+}(Ba^{2+})_2(Cu^{2+})_2(Cu^{3+})O_7$. Damit haben einige Kupferionen die ungewöhnliche Oxidationszahl +3.

Leitungsschichten sind ein gemeinsames Merkmal von Cuprat-Supraleitern. Die planaren Kupferoxidschichten der pyramidal koordinierten Kupferionen gelten als die Leitungsschichten (Cu^{2+}) und die quadratisch-planar koordinierten Kupferionen als Ladungsreservoirs (Cu^{3+}). Die höchste Sprungtemperatur wird bei der Zusammensetzung $YBa_2Cu_3O_7$ beobachtet. Sinkt der mittlere Oxidationszustand für Kupfer auf unter zwei (nahe $YBa_2Cu_3O_{6,4}$), so bricht die Supraleitung zusammen.

Wie bei anderen strukturell verwandten Cuprat-Supraleitern tritt bei Raumtemperatur metallische Leitung auf, die parallel zu den pyramidalen Kupferoxidschichten höhere Werte annimmt als senkrecht zu ihnen.

3.8.5.11 Oxide der Seltenerdmetalle

Die Seltenerdmetalle (Sc, Y und die Lanthanoide) und die Actinoide bilden Monoxide MO, Sesquioxide M_2O_3 und Dioxide MO_2. Monoxide kristallisieren im NaCl- und Dioxide im CaF_2-Typ. Von den Monoxiden sind unter Normalbedingungen nur EuO und YbO bekannt. Sie sind farblose, salzartige Oxide mit zweiwertigen Metallen und entstehen durch Reduktion der Sesquioxide mit Metall, Kohlenstoff oder Wasserstoff. Die gold-metallisch aussehenden Hochdruckmodifikationen der dreiwertigen Seltenerdmetallmonoxide werden durch Reduktionen von Sesquioxiden mit ihren Metallen unter Hochtemperatur- und Hochdruckbedingungen (500 – 1200 °C, 15–18 kbar) hergestellt. Für die Verbindungen $M^{(3+)}O^{(2-)}$ gilt die $4f^n5d^1$-Konfiguration. Die Dioxide von Cer, Praseodym und Terbium sind gut bekannt. Außer diesen am höchsten oxidierten Metalloxiden vom Typ MO_2 existiert eine Reihe geordneter fluoritverwandter Phasen mit Sauerstoffdefizit, die oft durch die allgemeine Formel M_nO_{2n-2} beschrieben werden (z.B. $Ce_{11}O_{20}$, Tb_7O_{12}).[56]

Sesquioxide entstehen durch Zerlegungsreaktionen ihrer Salze (Nitrate, Carbonate, Hydroxide, Oxalate, usw.) zwischen 600 und 900 °C. Sie existieren von allen Seltenerdmetallen und können in einer oder sogar mehreren der fünf beschriebenen Strukturen A, B, C, X und H auftreten. Allerdings sind die Phasen X und H nur bei hohen Temperaturen stabil (> 2000 °C). Der A-Typ tritt bei den leichten Sesquioxiden von Lanthan bis Neodym (Pm_2O_3 ist unbekannt) auf, der B-Typ für Vertreter der mittleren Serie von Samarium bis Dysprosium. Alle übrigen Seltenerdmetallsesquioxide von Nd_2O_3 an kristallisieren im C-Typ. Tritt wie für Nd_2O_3 und einige folgende Sesquioxide Polymorphie auf, so stehen die A-, B-, C-Strukturen für Hoch-, Mittel- und Tieftemperaturmodifikationen.

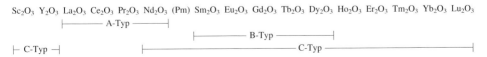

Sc₂O₃ Y₂O₃ La₂O₃ Ce₂O₃ Pr₂O₃ Nd₂O₃ (Pm) Sm₂O₃ Eu₂O₃ Gd₂O₃ Tb₂O₃ Dy₂O₃ Ho₂O₃ Er₂O₃ Tm₂O₃ Yb₂O₃ Lu₂O₃

Im A-Typ der Sesquioxide besitzen die Metallatome die ungewöhnliche Koordinationszahl sieben (Abb. 3.79). In der wenig symmetrischen, monoklinen Struktur des B-Typs haben die Metallatome verzerrt trigonal-prismatische und verzerrt oktaedrische Sauerstoffkoordinationen.

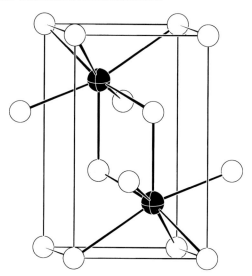

Abb. 3.79 Struktur des A-Typs der Sesquioxide (M_2O_3) der Seltenerdmetalle am Beispiel von A-La_2O_3 (Raumgruppe $P\bar{3}m$). Die Koordinationszahl des Metallatoms beträgt sieben.

Die kubische C-M_2O_3-Struktur (auch α-Mn_2O_3-Typ oder Bixbyit-Typ (Fe,Mn)$_2O_3$) kann als eine geordnete Defektvariante des CaF_2-Typs angesehen werden. Hier bilden die Metallatome die kubisch dichteste Kugelpackung, und $\frac{3}{4}$ der Anionen besetzen in geordneter Weise Tetraederlücken gemäß der Zusammensetzung $MO_{1,5}\square_{0,5} \equiv CaF_2$. Tatsächlich sind alle Atomlagen geringfügig gegenüber den Ideallagen im CaF_2-Typ verschoben. Dadurch resultieren für die Metallatome in der Struktur von M_2O_3 keine würfelförmigen Koordinationen wie im CaF_2, sondern verzerrt oktaedrische Sauerstoffkoordinationen.

Eigenschaften von Seltenerdmetalloxiden
Mit Yttriumsesquioxid stabilisiertes Zirconiumdioxid $ZrO_2(Y_2O_3)$ bildet ebenfalls eine geordnete Defektvariante der CaF_2-Struktur aus: $Zr_{1-x}Y_xO_{2-\frac{x}{2}}\square_{\frac{x}{2}}$. Bedingt durch zusätzliche Sauerstoffleerstellen in der Struktur werden Anwendungen wie Sauerstoffpartialdruckmessungen möglich (z.B. λ-Sonde, vgl. Abschnitt 3.4.1).

Seltenerdmetallsesquioxide eignen sich als Hochtemperaturwerkstoffe, da bis 2000 °C keine Strukturumwandlungen auftreten.

Y_2O_2S kristallisiert im A-Typ der Sesquioxide. Durch Dotierung mit Europium entsteht ein Leuchtstoff (Y_2O_2S : Eu), der rotes Licht aussendet.

3.8.6 Metallsulfide

Die Strukturen und Eigenschaften der meisten Metallsulfide unterscheiden sich wesentlich von denen der korrespondierenden Oxide. Diese Unterschiede sind zumindest teilweise auf die stärkere Kovalenz von Metall–Schwefel-Bindungen zurückzuführen. Auffallend sind Strukturen mit Metallatomen in trigonal-prismatischer Koordination und die Ausbildung von S–S-Bindungen. Die höhere Polarisierbarkeit der Anionen ermöglicht die Ausbildung von Schichtstrukturen und van der Waals-Bindungen zwischen diesen Schichten.[57]

Einige Ähnlichkeiten zu Metalloxiden finden sich dennoch bei Verbindungen der elektropositivsten Metalle. Die Dialkalimetallmonosulfide M_2S (M = Li–Cs) kristallisieren analog zu den Dialkalimetallmonoxiden M_2O (M = Li–Rb) im anti-Fluorit-Typ und die Erdalkalimonosulfide MS und -oxide MO (Mg–Ba) im NaCl-Typ.

Zur Darstellung von Metallsulfiden dienen häufig zwei Methoden:

1. Die direkte Reaktion der Elemente in einer Quarzglasampulle.

$$\text{Ti} + \text{S} \xrightarrow{400\,°C} \text{TiS}$$

$$3\,\text{Nb} + 4\,\text{S} \xrightarrow{1100\,°C} \text{Nb}_3\text{S}_4$$

Für metallreiche Sulfide werden oft höhere Reaktionstemperaturen benötigt:

$$\text{TiS} + \text{Ti} \xrightarrow{1375\,°C} \text{Ti}_2\text{S} \text{ (im Wolframtiegel unter Vakuum)}$$

Die Verwendung von Transportmitteln (z.B. I_2) oder Flussmitteln (z.B. NaCl oder KCl) begünstigt die Ausbildung von Einkristallen.

2. Die Reaktion von Metalloxiden (oder -carbonaten) mit H_2S oder CS_2.

$$\text{BaTiO}_3 + 3\,\text{H}_2\text{S} \xrightarrow{800\,°C} \text{BaTiS}_3 + 3\,\text{H}_2\text{O}$$

Reaktionen von Metalloxid-Precursoren mit H_2S oder CS_2 verlaufen oftmals schneller und bei niedrigeren Temperaturen als die direkte Kombination der Elemente.

Bei binären und ternären Verbindungen der Metallsulfide sind außerdem noch Interkalations- und Ionenaustauschreaktionen wichtig.

3.8.6.1 Chalkogenreiche Metallchalkogenide

Polychalkogenide mit S_n^{2-}-Ionen sind von den elektropositiveren Alkali- und Erdalkalimetallen bekannt. Typische Beispiele sind M_2S_n (n = 2 für Na, 2 – 6 für K, 6 für Cs) sowie BaS_n (n = 2, 3, 4). Die Reaktion von Natrium mit S_8 wird in der Natrium-Schwefel-Batterie genutzt (Abschnitt 3.4.3). Polysulfide besitzen niedrige Schmelzpunkte und eignen sich daher als Flussmittel zur Synthese von Übergangsmetall(poly)sulfiden. Hinsichtlich ihrer Strukturen können Polysulfidionen formal als Zintl-Anionen betrachtet werden, zu denen eigentlich nur die Polyselenide und Polytelluride gezählt werden.

Das Tetrasulfid VS_4 (Patronit) entsteht beim Erhitzen der Elemente auf 400 °C. Die Struktur von $V(S_2)_2$ enthält S_2^{2-}-Ionen mit S–S-Bindungslängen von etwa 204 pm. Wie in anderen eindimensionalen d^1-Systemen bilden die Metallatome in VS_4 lineare Stränge mit alternierend kurzen und langen V–V-Abständen (283 und 322 pm).

Amorphes Re_2S_7 wird aus einer sauren Perrhenatlösung durch Fällung mit H_2S erhalten. Beim Erhitzen entsteht ReS_2.

3.8.6.2 Trisulfide

Die Chalkogenide TiS_3, ZrS_3, $ZrSe_3$, HfS_3 werden durch Reaktionen aus den Elementen dargestellt. Sie enthalten gemäß $M^{4+}S^{2-}(S_2)^{2-}$ Disulfidionen und Sulfidionen. Ihre Strukturen enthalten Stränge aus metallzentrierten dreieckig-prismatischen $[MS_2(S_2)_2]$-Einheiten, die über gemeinsame Dreiecksflächen zu einer Kolumnarstruktur verbrückt sind.

Analog hierzu lässt sich die Struktur von NbS_3 beschreiben. Allerdings tritt in der Struktur von NbS_3 infolge der Ausbildung von Nb–Nb-Paaren eine Deformation in der Struktur auf (Abb. 3.80). Diese Deformation wird als Resultat einer Peierls-Verzerrung angesehen. Im Einklang mit dieser Vorstellung ist NbS_3 (wie auch TaS_3) diamagnetisch.

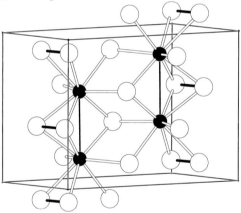

Abb. 3.80 Ausschnitt aus der Kristallstruktur von NbS_3. Die Niobatome bilden linear angeordnete Dimere (Nb–Nb-Abstand 304 pm). Jedes Niobatom ist von acht Schwefelatomen in Form eines zweifach überdachten dreieckigen Prismas umgeben. Der S–S-Abstand der $(S_2)^{2-}$-Ionen beträgt 205 pm.

3.8.6.3 Disulfide

Metalldisulfide sind von allen Metallen der Gruppen 4 bis 10 (ausgenommen Cr) bekannt. Die meisten kristallisieren in einer der folgenden drei Strukturen:

1. CdI_2-Typ TiS_2, ZrS_2, HfS_2, VS_2, (1T-)TaS_2, PtS_2
2. MoS_2-Typ MoS_2, NbS_2, (2H-)TaS_2, WS_2, OsS_2, IrS_2
3. Pyrit-Typ FeS_2, MnS_2, CoS_2, NiS_2, RuS_2, RhS_2, OsS_2, CuS_2, ZnS_2

Übergangsmetalldisulfide mit Metallen der Gruppen 4, 5 und 6 bilden Schicht-strukturen aus, in denen die Metallatome trigonal-antiprismatische oder trigonal-prismatische Lücken besetzen. Die Strukturen bestehen aus Schichtpaketen S–M–S. Im CdI_2-Typ besetzen die Metallatome jede zweite Oktaederlückenschicht der hexagonal dichtesten Anionenpackung. Im MoS_2-Typ besetzen die Metall-atome trigonal-prismatische Lücken zwischen paarweise primitiv gestapelten Anio-nenschichten (AA, BB oder CC) (Abb. 3.81).

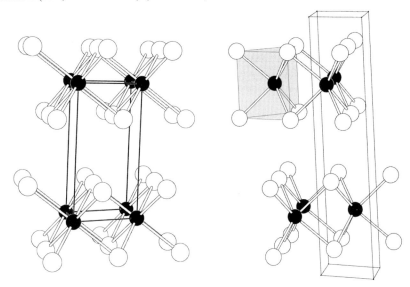

Abb. 3.81 Strukturen von (1T-)TiS_2 (CdI_2-Typ) und (2H-)MoS_2. Im 1T-Typ liegt ein Schichtpaket, im 2H-Typ liegen zwei Schichtpakete S–M–S entlang einer Translationsperi-ode in z-Richtung vor. Die Abfolge einzelner Schichten kann im 1T-Typ als AbC und im 2H-Typ als BcB CbC geschrieben werden.

Disulfide der Gruppen 5 und 6 vom CdI_2- und MoS_2-Typ sind für ihre Stapelva-rianten (Polytypie) bekannt. Polytypen werden gemäß der geläufigen Notation durch die Projektion der (11$\bar{2}$0)-Fläche der hexagonalen Aufstellung der Elemen-tarzelle repräsentiert, aus der die Abfolge der Schichten entlang der hexagonalen z-Richtung deutlich wird (vgl. Abb. 3.9). Gemäß dieser Notation werden besetzte tri-gonal-antiprismatische Lücken durch Abfolgen wie „AbC" und besetzte trigonal-prismatische Lücken durch Abfolgen wie „AbA" beschrieben, wobei Kleinbuchsta-ben die Lagen der Metallatomschichten repräsentieren.*

Ein 2 H-Typ mit besetzten trigonal-prismatischen Lücken kann durch Abfolgen mit deckungsgleich übereinander angeordneten Metallatomen (BaB CaC, …) oder durch Abfolgen mit nicht deckungsgleich übereinander angeordneten Metallato-

---

* An dieser Stelle sei auf den Unterschied zum Konzept dichtester Kugelpackungen verwie-sen, nach dem Tetraederlücken mit a, b, c und Oktaederlücken mit α, β, γ bezeichnet wer-den.

men (BaB CbC, …) repräsentiert sein. Allgemein kann zwischen drei 2H-Typen unterschieden werden (Tab. 3.30).

Tab. 3.30 Polytypen von Dichalkogeniden der Gruppen 4 bis 6.

Polytyp	Schichtfolge	Raumgruppe	MX_2-Beispiele	M-Koordination[a]
1T	AbC	$P\overline{3}m1$	(Ti, Zr, Hf, V)(S, Se, Te)$_2$	TAP
2H(a)	BaB CaC	$P6_3/mmc$	(Nb, Ta)(S, Se)$_2$	TP
2H(b)	BaB CbC	$P\overline{6}m2$	TaSe$_2$, NbSe$_2$	TP
2H(c)	BcB CbC	$P6_3/mmc$	(Mo, W)(S, Se)$_2$, MoTe$_2$	TP
3R	BcB CaC AbA	$R\overline{3}m$	(Nb, Ta, Mo)(S, Se)$_2$, WS$_2$	TP
4H	BaB CaB CaC BaC	$P6_3/mmc$	TaS$_2$, TaSe$_2$	TP + TAP

[a] TP = trigonal-prismatisch, TAP = trigonal-antiprismatisch.

Die drei Schichtpakete des 3R-Typs können durch die Periode AbA BcB CaC, … beschrieben werden (vgl. Abb. 3.9).

2H(a)-NbS$_2$ ist oberhalb von 850 °C stabil und 3R-NbS$_2$ wird unterhalb von 800 °C hergestellt. 1T-TaS$_2$ entsteht aus den Elementen bei 1000 °C und kristallisiert im CdI$_2$-Typ (AbC, …). Durch längeres Tempern bei 500 °C entsteht 2H-TaS$_2$, das zu 2H-NbS$_2$ isotyp ist. Außerdem existieren noch 3R-TaS$_2$, 6R-TaS$_2$ und 4H-TaS$_2$. Letzteres ist eine Mischung aus 1T- und 2H-TaS$_2$ mit trigonal-antiprismatischer und trigonal-prismatischer Umgebung der Metallatome. Die Thermodynamik solcher Phasenübergänge zwischen Polytypen wurde noch nicht ausgiebig untersucht.

Da in MS$_2$-Strukturen nur jede zweite Lückenschicht mit Metallatomen besetzt ist, liegen Schichtabfolgen der Art ·SMS···SMS· vor. Der mechanisch merkliche Schichtcharakter dieser Sulfide lässt sich durch schwache S···S van der Waals-Bindungen zwischen benachbarten SMS-Schichten erklären. Die Aufnahme von Gastatomen zwischen diese Schichten ermöglicht eine reiche Interkalationschemie. Festkörperchemisch können Verbindungen der Zusammensetzung A$_x$MX$_2$ (A = Alkalimetall; M = V, Nb, Ta; X = S, Se) durch direkte Reaktionen der Elemente oder durch Reaktionen der Dichalkogenide mit Alkalimetallen dargestellt werden. Die Einlagerung von Lithiumionen in die Struktur von TiS$_2$ wurde im Abschnitt 3.1.6.1 und einige elektronische Kriterien für Einlagerungen wurden am Beispiel von MoS$_2$ (Abschnitt 3.5.4.3) diskutiert.

ReS$_2$ kristallisiert in einer verzerrten Variante des CdI$_2$-Typs (Abb. 3.82), in der alle Metallelektronen innerhalb der besetzten Oktaederlückenschichten Re–Re-Bindungen ausbilden. Wie in der Struktur von CsNb$_4$Cl$_{11}$ bilden die Metallatome ein Motiv aus paarweise kantenverknüpften Dreiecken. Entlang dieser Kanten liegen fünf Zweizentren-Zweielektronen-Bindungen. Im Fall von ReS$_2$ sind diese rautenförmigen Anordnungen der Rheniumatome durch zwei zusätzliche Bindungen verbunden. In Übereinstimmung mit der Anzahl der Re–Re-Bindungen resultieren sechs Elektronenpaare (4·[ReS$_2$(e$^-$)$_3$] = 12 Elektronen). ReS$_2$ ist ein diamagnetischer Halbleiter.

Die zwei polymorphen Formen von Eisendisulfid, Pyrit und Markasit enthalten Fe^{2+} und S_2^{2-}-Ionen. Es besteht ein interessanter Zusammenhang zur Struktur von CaC_2.

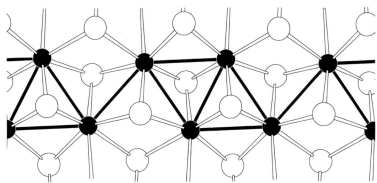

Abb. 3.82 Ausschnitt aus einem S–Re–S-Schichtpaket der Struktur von ReS_2. Die Struktur kann als Defektvariante der CdI_2-Struktur aufgefasst werden. Bindungen zwischen den Rheniumatomen sind schwarz gezeichnet.

Die tetragonale Form von CaC_2 kann von der NaCl-Struktur abgeleitet werden, indem Na gegen Ca und Cl gegen C_2 substituiert werden. In der Struktur von CaC_2I sind die C_2-Einheiten parallel zur tetragonalen Achse ausgerichtet. Im Vergleich hierzu sind die entsprechenden S_2-Einheiten in der Pyrit-Struktur mit ihrer Kernverbindungsachse parallel zu den Raumdiagonalen der kubischen Elementarzelle angeordnet. Eine andere Verdrehungsvariante der S_2-Einheiten ergibt die Markasit-Struktur.

Für das 10 Elektronen-Anion $[C \equiv C]^{2-}$ in CaC_2 ist das $3\sigma_g$-Orbital das HOMO und das $\pi_g{}^*$-Orbital das LUMO (vgl. Abb. 3.58). Für 14 Valenzelektronen des $[S-S]^{2-}$-Ions ist das $\pi_g{}^*$-Orbital das HOMO. Beim Übergang von der tetragonalen CaC_2-Struktur zur FeS_2-Struktur werden die $\pi_g{}^*$-Orbitale energetisch abgesenkt, und das $3\sigma_g$-Orbital bleibt nahezu unverändert. Daher resultiert für die Verdrehung der 10-Elektronen-Anionen (C_2-Einheiten) in der tetragonalen CaC_2-Struktur keine signifikante energetische Stabilisierung, die aber für 14-Elektronen-Anionen (S_2-Einheiten) berechnet wurde. Gemäß dieser Situation sind die geometrischen Anordnungen der 14-Elektronen-Dimere in der Pyrit- oder Markasit-Struktur gegenüber der Anordnung in der CaC_2-Struktur stabiler.

Erhält das $[S-S]^{2-}$-Ion formal zwei weitere Elektronen, so erfolgt ein Bindungsbruch über den sich ein struktureller Bezug zwischen den Strukturen von Pyrit und Fluorit sowie Markasit und Rutil herstellen lässt (vgl. Abb. 3.83).

Die Strukturen von PdS_2 und $PdSe_2$ können als verzerrte Varianten des Pyrit-Typs aufgefasst werden.

3.8.6.4 Monosulfide

Die Erdalkalimetalle bilden Monosulfide vom NaCl-Typ. In diesem Strukturtyp kristallisieren auch MnS und Monosulfide der Seltenerdmetalle, obwohl in all die-

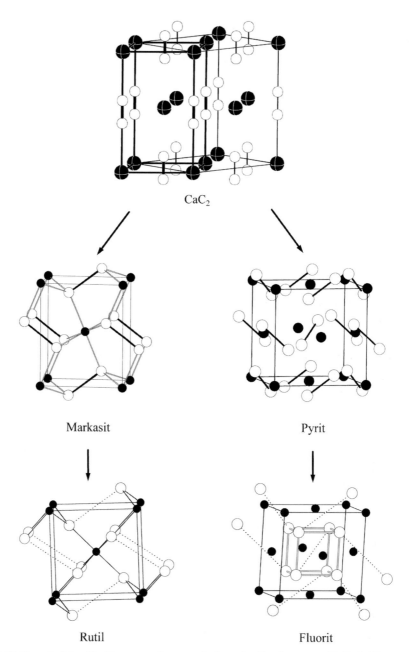

CaC$_2$

Markasit

Pyrit

Rutil

Fluorit

Abb. 3.83 Der strukturelle Zusammenhang zwischen der Struktur von CaC$_2$ I (die pseudo-kubische Elementarzelle ist angedeutet) mit den Strukturen von Pyrit und Markasit. Zum weiteren Vergleich sind die Strukturen von Fluorit und Rutil gezeigt, um strukturelle Bezüge zu den Pyrit- und Markasit-Strukturen aufzuzeigen.

sen Verbindungen keine einheitlichen Bindungsverhältnisse vorliegen. Die Erdal-kalimetallsulfide sind ionisch aufgebaut. MnS besitzt kovalente Mn–S-Bindungs-anteile und ist antiferromagnetisch (T_N = 152 K). Von den meisten Übergangsme-tallen existieren Monosulfide, von denen jedoch viele mehr oder weniger große Abweichungen von der Idealzusammensetzung aufweisen ($V_{1-x}S$, $Nb_{1-x}S$).

Tab. 3.31 Kristallstrukturen einiger Metallmonosulfide

Strukturtyp	Beispiele
NaCl	MgS, CaS, SrS, BaS, MnS, PbS
NiAs	TiS, VS, FeS, CoS, NiS
Zinkblende	BeS, ZnS, CdS, HgS, MnS
Wurtzit	BeS, ZnS, CdS, HgS, MnS
WC	ZrS, HfS
Cooperit	PtS
Covellit	CuS

Mangansulfid kristallisiert in drei Modifikationen: Die grüne Form, das α-MnS, kristallisiert im NaCl-Typ und das metastabile, pinkfarbene β-MnS wird durch Fällung mit Sulfidionen in Lösung als Wurtzit- oder Zinkblende-Typ erhalten.

Monosulfide mit NiAs-Struktur besitzen Eigenschaften, die mit denen interme-tallischer Phasen vergleichbar sind. Sie zeigen metallischen Glanz und elektrische Leitfähigkeit. Verbindungen vom Typ $M_{1-x}S$ bilden eine im Metallteilgitter ausge-dünnte NiAs-Struktur, wodurch formal ein Übergang zur CdI_2-Struktur möglich wird (Abb. 3.84).

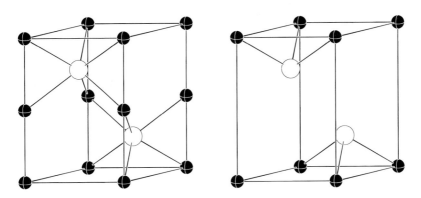

Abb. 3.84 Strukturzusammenhang zwischen NiAs-Typ (links) und CdI_2-Typ (rechts).

Zwischen diesen beiden Zusammensetzungen existieren zahlreiche Strukturen von Metallsulfiden mit individuellen Ordnungsvarianten für die Kationen sowie auch unterschiedlichen Abfolgen der dichtest gepackten Sulfidschichten. Somit entstehen Strukturen unterschiedlich modulierter Abfolgen aus kubisch und hexa-gonal dichtesten Anionenpackungen mit teilweise besetzten oktaedrischen (trigonal-antiprismatischen) und trigonal-prismatischen Lücken, die Motive der NiAs und der NaCl-Struktur aufweisen. Beispiele sind Zwischenglieder der Titansulfide TiS_2 und TiS, wie Ti_5S_8, Ti_2S_3, Ti_3S_4, Ti_5S_9 und Ti_8S_9.

Der WC-Typ und der eng verwandte MoS_2-Typ sind für viele Verbindungen mit d^2-Konfiguration stabil.

In der PtS-Struktur (Cooperit) sind die Platinatome rechteckig von vier Schwefelatomen umgeben. CuS (Covellit) ist eine gemischtvalente Verbindung, die gemäß $(Cu^+)_2Cu^{2+}(S_2)^{2-}S^{2-}$ sowohl S^{2-} als auch S_2^{2-}-Ionen enthält.

3.8.6.5 Metallreiche Metallsulfide

Wechselwirkungen zwischen Metallatomen sind in metallreichen Verbindungen selbst bei einfachen Strukturtypen, wie NaCl oder WC, zu berücksichtigen. Solche Verbindungen sind schwarz oder zeigen metallischen Glanz. Sie können wie alle metallreichen Verbindungen als modifizierte Metalle betrachtet werden.

Die Kovalenz der Metall–Schwefel-Bindung in Übergangsmetallsulfiden bewirkt niedrige Ladungen der Metallatome. Diese „weicheren" Metallzentren erlauben die Ausbildung von Metall–Metall-Bindungen und beeinflussen in entscheidender Weise die Eigenschaften der Metallsulfide.

Hf_2S kristallisiert im anti-NbS_2-Typ. Die Zuordnung von Strukturtyp und Antityp mag – wie hier – irreführend sein, da im NbS_2-Typ nur schwache van der Waals-Bindungen zwischen benachbarten Schwefelatomen herrschen, während zwischen den Metallatomen des Antityps substantielle Hf–Hf-Wechselwirkungen auftreten. Die kürzesten Hf–Hf-Abstände (306 pm) unterscheiden sich nur wenig von denen im Hafnium-Metall (312 pm). Außerdem zeigt Hf_2S metallische Leitfähigkeit.

In den Strukturen vieler metallreicher Chalkogenide sind unterschiedlich verbrückte oktaedrische Metallcluster zu erkennen. Im Unterschied zu den $[M_6X_{12}]$-Einheiten der Metalloxide und vieler Metallhalogenide bewirken die größeren Chalkogenatome (S, Se und Te) die Ausbildung von $[M_6X_8]$-Einheiten mit acht Chalkogenatomen über den Flächen des Metalloktaeders. Dieser Kategorie sind auch die Verbindungen Ti_2S und Zr_2S zuzuordnen, deren Strukturen Stränge aus kanten- und eckenverknüpften Metalloktaedern erkennen lassen (Abb. 3.85).

Ein bemerkenswertes und zugleich übersichtlicheres Beispiel ist die Struktur von Ti_5Te_4. Die Struktur enthält zu Säulen gestapelte Würfel, an deren Ecken Tellur-Atome und auf deren Flächenmitten sich Ti-Atome befinden. Anders betrachtet enthält die Struktur gestauchte $^1_\infty[Ti_4Ti_{\frac{2}{2}}]$-Oktaeder, die über gemeinsame Spitzen zu Strängen verknüpft sind (Abb. 3.86). Zwischen den Metallatomen herrschen bindende Wechselwirkungen. Dieser Strukturtyp ist für 12 – 18 Elektronen in den Metall–Metall-Zuständen bekannt: Ti_5Te_4 besitzt 12, Ta_5As_4 13, Nb_5Te_4 17 und Mo_5As_4 18 Elektronen in diesen Zuständen.

Die Palette eindimensionaler Verknüpfungen aus $[M_6X_8]$-Einheiten umfasst neben der Spitzenverknüpfung in Ti_5Te_4, die Kantenverküpfung in Gd_2Cl_3

(Abb. 3.111) und die Flächenverknüpfung von Metalloktaedern in $A_2Mo_6X_6$ (A = Alkalimetall, In, Tl; X = S, Se, Te). Durch Flächenverknüpfungen von $[M_6X_8]$-Einheiten zu linearen Strängen entfallen zwei über diesen Flächen liegende X-Atome.

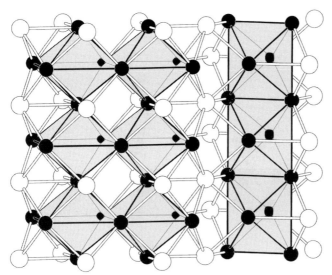

Abb. 3.85 Ausschnitt aus der Struktur von Ti_2S.

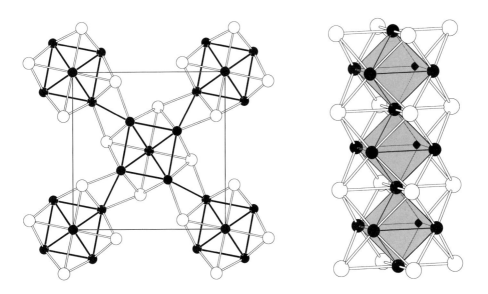

Abb. 3.86 Projektion und Einzelstrang der Struktur von Ti_5Te_4.

Außer der polymeren Struktur $A_2Mo_6X_6$ mit $_\infty^1[Mo_3S_3]$-Strängen existieren oligomere Einheiten mit unterschiedlichen Kettenlängen. In der allgemeinen Summenformel zur Beschreibung all dieser Oligomere, $A_xMo_{3n+3}X_{3n+5}$ (X = S, Se, Te), steht n für die Anzahl der trigonal-antiprismatischen $[M_6]$-Cluster (Abb. 3.87, Tab. 3.32). Mit steigendem n werden die Verbindungen zunehmend metallreicher (elektronenreicher).

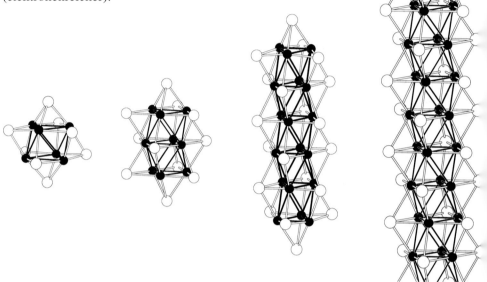

Abb. 3.87 Die kleinste Einheit der Chevrel-Phase Mo_6X_8 im Vergleich zu oligomeren Clustern $_\infty^1[Mo_{3n+3}X_{3n+5}]$ mit n = 2, 5 und ∞. Die Struktur von $Tl_2Mo_6S_6$ kann als hexagonal dichteste Stabpackung von $_\infty^1[Mo_3X_3]^-$-Strängen aufgefasst werden, deren A^+-Ionen sich in Kanälen dieser Anordnung befinden. In der gestreckten trigonal-antiprismatischen Anordnung der $[Mo_6]$-Fragmente betragen die Mo–Mo-Abstände 266 und 272 pm.

Tab. 3.32 Beispiele für Molybdänchalkogenide des Formeltyps $A_xMo_{3n+3}X_{3n+5}$.

Verbindung	n	Mo/X
$A_xMo_6S_8$	1	0,75
$Ag_{3,6}Mo_9Se_{11}$	2	0,82
$Cs_2Mo_{12}Se_{14}$	3	0,86
$Rb_4Mo_{18}Se_{20}$	5	0,9
$Cs_6Mo_{24}Se_{26}$	7	0,92
$Tl_2Mo_6S_6$	∞	1,0

Das kleinste und vielleicht wichtigste Glied dieser Reihe ist Mo_6X_8 (n = 1). Durch Interkalation von Kationen in diese Struktur entstehen hieraus die Chevrel-Phasen $A_xMo_6X_8$ (Abschnitt 3.8.8.5.3). Die Strukturen der Chevrel-Phasen enthalten isolierte oktaedrische $[M_6]$-Cluster. Die Mo–Mo-Abstände zwischen benachbarten Clustern betragen 310 – 360 pm, die innerhalb eines Clusters 265 – 280 pm (272 pm in Molybdän-Metall).

Weitere Clusterverbindungen mit $[M_6S_8]$-Einheiten sind für Rhenium und Technetium bekannt. Hier sind die $[M_6S_8]$-Einheiten durch S^{2-} oder S_2^{2-}-Ionen verbrückt. So gilt für die Zusammensetzung $A_xM_6S_{11}$ die Verbrückung $[M_6S_8]S_{\frac{6}{2}}$, für $A_xRe_6S_{12}$ die Verbrückung $[M_6S_8]S_{\frac{4}{2}}(S_2)_{\frac{2}{2}}$ und für $A_xRe_6S_{13}$ die Verbrückung $[M_6S_8]S_{\frac{2}{2}}(S_2)_{\frac{4}{2}}$. Beispiele sind $A_4Re_6S_{11}$, $A_4Re_6S_{12}$, $A_4Re_6S_{13}$, mit A für Alkalimetall, und isotype Technetiumverbindungen.

3.8.6.6 Ternäre Metallsulfide der Übergangsmetalle

Von den zahlreichen Strukturen ternärer Metallsulfide kristallisiert nur eine kleine Anzahl von Verbindungen in Strukturen, die auch für Oxide oder Halogenide belegt sind (Tab. 3.33). Es existiert eine große Zahl individueller Strukturen.[58]

Tab. 3.33 Die Strukturen einiger ternärer Metallsulfide der Übergangsmetalle.

Strukturtyp	Beispiele
A_xMS_2	$Na_{0,8}TiS_2$, $LiTiS_2$, $NaCrS_2$, $CuCrS_2$, Cr_xNbS_2, $InTaS_2$
$GdFeO_3$	AMS_3 (A = Sr, Ba; M = Zr, Hf)
$CsNiCl_3$	$BaMX_3$ (M = Ti, V; X = S, Se), $LaMS_3$ (M = Mn, Fe, Co)
$ThCr_2Si_2$	TlM_2X_2 (M = Fe, Co, Ni; X = S, Se)
Spinell	CuM_2S_4 (M = Ti, Zr, V, Cr, Rh), MCr_2S_4 (M = Mn, Fe, Co, Ni, Zn, Cd)
K_2NiF_4	Ba_2MS_4 (M = Zr, Hf)

Der Formeltyp AMS_3

Eine gängige Methode zur Darstellung ternärer Metallsulfide ist die Reaktion von ternären Metalloxiden mit H_2S oder CS_2. Die Umsetzung von $BaTiO_3$ (Perowskit-Typ) ergibt $BaTiS_3$, welches im $CsNiCl_3$-Typ kristallisiert. Dieser Strukturtyp ist unter allen bekannten ternären Sulfiden dieses Formeltyps am häufigsten. Die Struktur besteht aus eindimensionalen Strängen flächenverknüpfter $_\infty^1[MS_{\frac{6}{2}}]$-Oktaeder. In Kanälen der hexagonalen Anordnung dieser Stränge befinden sich die A-Kationen (Abb. 3.88).

Entsprechende Vanadiumverbindungen, wie z.B. $BaVS_3$ sind gemäß der d^1-Konfiguration von V^{4+} Pauli-paramagnetisch und zeigen bei tiefen Temperaturen die für solche eindimensionalen Systeme bereits diskutierten Metall–Halbleiter-Übergänge.

Als Vertreter von Perowskit-Sulfiden AMS_3 sind M = Zr und Hf in Verbindungen mit zweiwertigen Anionen bekannt. Sie kristallisieren in der verzerrten Perowskit-Struktur vom $GdFeO_3$-Typ. Die Ursache der Verzerrung ist vermutlich die zu geringe Größe des A-Kations. Eine analoge Verzerrung tritt in der Struktur der „leeren Perowskit-Variante" von VF_3 auf (Abb. 3.93).

Der Formeltyp AM_2S_4

Die binären Verbindungen Fe_3S_4, Co_3S_4, Ni_3S_4 und Zr_3S_4 bilden Thiospinelle. Fe_3S_4 und Ni_3S_4 werden unter hydrothermalen Bedingungen bei etwa 200 °C her-

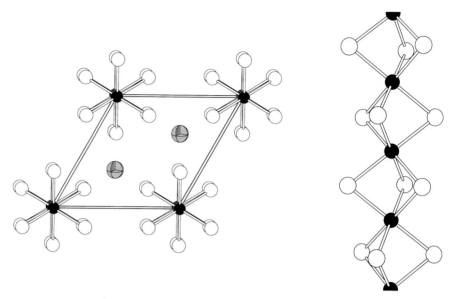

Abb. 3.88 Projektion der Elementarzelle und eines $\frac{1}{\infty}[TiS_{6/2}]$-Einzelstranges der Struktur von $BaTiS_3$ ($CsNiCl_3$-Typ).

gestellt. Oberhalb von 280 °C (400 °C) findet bereits Zersetzung in FeS und FeS_2 (NiS und NiS_2) statt. Von den zahlreichen ternären Thiospinellen sind insbesondere solche bekannt, in denen A und M Übergangsmetalle sind (Tab. 3.33). In den Cu-Thiospinellen hat Cu die Oxidationszahl +1.

3.8.6.7 Sulfide der Seltenerdmetalle

Bei den Seltenerdmetallen sind Monosulfide und Sesquisulfide bekannt. Letztere bilden fünf Strukturtypen.[59]

3.8.6.7.1 Monosulfide

Monosulfide sind von allen Seltenerdmetallen bekannt. Sie kristallisieren alle im NaCl-Typ. Insbesondere vier Lanthanoidmetalle zeigen die Tendenz, die Oxidationszahl zwei auszubilden. Ihre Stabilität folgt der Reihenfolge:

$Eu^{2+} > Sm^{2+} > Yb^{2+} > Tm^{2+}$ (vgl. Difluoride)

Aber nur drei Monosulfide, nämlich EuS, SmS und YbS, enthalten zweiwertige Metalle mit der $4f^n5d^0$-Konfiguration und werden deshalb als salzartige Sulfide bezeichnet. Alle übrigen sind metallisch und besitzen die $4f^{n-1}5d^1$-Konfiguration. Bei ersteren besteht die Möglichkeit, sie in ihre „metallische" Konfiguration zu überführen.

Der f–d-Konfigurationsübergang (ICF = Interconfiguration Fluctiation)[60]
Monosulfide der Lanthanoide können „ionisch" als $M^{2+}S^{2-}$ mit der $4f^n5d^0$-Konfiguration oder aber „metallisch" gemäß $M^{3+}S^{2-}(e^-)$ in der $4f^{n-1}5d^1$-Konfiguration

auftreten. Als Kennzeichen für den jeweils vorliegenden Zustand kann der ermittelte Ionenradius herangezogen werden. Die signifikante Verringerung der Ionenradien von M^{2+} nach M^{3+} (oder M^{3+} nach M^{4+}) ist für die Lanthanoide stärker ausgeprägt als für die Übergangsmetalle (z.B. 21% für EuF_2/EuF_3). Daher ist es möglich, durch mechanischen Druck ein f-Elektron in den energetisch höherliegenden d-Zustand zu überführen, sofern der Energieunterschied zwischen beiden Zuständen nicht zu groß ist. Druckexperimente zeigen, dass der f–d-Konfigurationsübergang für SmSe und SmTe in der $4f^5 5d^1$-Konfiguration eingefroren werden kann, für SmS aber Reversibilität und damit die Rückkehr in die $4f^6 5d^0$-Konfiguration resultiert.

3.8.6.7.2 Sesquisulfide

Bei den Sesquisulfiden werden fünf Strukturen gemäß A, B, C, D und E unterschieden (zuvor: α, β, γ, δ, ε). Von diesen tritt hauptsächlich der A-, D- und der E-Typ auf.

Der A- oder Gd_2S_3-Typ kristallisiert orthorhombisch und ist für die Metalle La – Dy belegt (außer Eu, Pm).

Der D- oder Ho_2S_3-Typ kristallisiert monoklin und wird durch die kleineren Metallatome Dy – Tm und Y_2S_3 repräsentiert.

Den E-Typ mit der rhomboedrischen Korund-Struktur bilden die kleinsten Lanthanoide Yb und Lu.

Zusätzlich existiert für die Sesquisulfide von La – Sm eine Hochtemperaturmodifikation. Dieser C-Typ oder Ce_2S_3-Typ kristallisiert kubisch in einer Defektvariante der Th_3P_4-Struktur, in der nur $\frac{8}{9}$ der Metallpositionen besetzt sind. Der B-Typ wurde bisher nicht bestätigt.*

La_2S_3 Ce_2S_3 Pr_2S_3 Nd_2S_3 (Pm) Sm_2S_3 (Eu) Gd_2S_3 Tb_2S_3 Dy_2S_3 Ho_2S_3 Er_2S_3 Tm_2S_3 Yb_2S_3 Lu_2S_3

| $\longmapsto$ | A- oder Gd_2S_3-Typ | $\dashv$ |
| $\longmapsto$ | C- oder Ce_2S_3-Typ $\dashv$ | $\longmapsto$ D- oder Ho_2S-Typ $\dashv$ | $\longmapsto$ E-Typ $\dashv$ |

Sesquisulfide vom C-Typ besitzen in der Th_3P_4-Struktur variable Zusammensetzungen zwischen $M_{2,67}S_4$ (M_2S_3) und M_3S_4. Während das Zellvolumen für den Übergang von M_2S_3 nach M_3S_4 für die Metalle La und Ce nahezu konstant bleibt, nimmt dieses für Sm zu. Für die Volumenvergrößerung ist der Übergang von M^{3+} nach M^{2+} verantwortlich. Demnach tritt für Metallsulfide der Grenzzusammensetzung M_3S_4 neben dem metallischen Fall $(M^{3+})_3(S^{2-})_4(e^-)$ auch der gemischtvalente Fall $(M^{2+})(M^{3+})_2(S^{2-})_4$ auf. Im Einklang mit dieser Betrachtung ist $Ce_3S_4(e^-)$ ein metallischer Leiter und die gemischtvalente Verbindung Sm_3S_4 ein Halbleiter.

---

* Beim B-Typ handelt es sich vermutlich um eine durch Sauerstoff stabilisierte Form, wie z.B. $M_{10}S_{14+x}O_{1-x}$.

3.8.7 Metallfluoride

Fluor bildet mit fast allen Elementen des Periodensystems Verbindungen. Die Dissoziationsenergie von elementarem Fluor ist kleiner als die der anderen Halogene. Wegen der hohen Elektronegativität und des kleinen Ionenradius können Metallfluoride mit hohen Oxidationsstufen der Metallatome erzeugt werden. Die fluorreichsten Metallfluoride zeigen oft niedrige Schmelzpunkte oder sind unter Normalbedingungen gasförmig. Viele Metallfluoride reagieren an der Luft mit deren Feuchtigkeit, wobei Hydrolyse oder Hydratbildung erfolgen kann. Besonders aktive Metallfluoride greifen sogar in der Kälte Gefäße aus Glas oder Metall an. Ein generelles Problem bei der Synthese der meisten Metallfluoride sind Sauerstoffkontaminationen bedingt durch Reste von Feuchtigkeit oder Sauerstoff und die daraus resultierende Bildung von Metalloxidfluoriden
(Beispiel: $K_2NiF_4 \rightarrow K_2[(Ni^{2+})_{1-\delta}(Ni^{3+})_\delta F_{4-\delta} O_\delta])$.

Zur Darstellung von Fluoriden eignen sich verschiedene Methoden:

1. Direkte Reaktion von Metall mit Fluor:

$$Mo + 3\,F_2 \xrightarrow{\;400\,°C\;} MoF_6$$

Zur Darstellung von Metallfluoriden mit höchsten Oxidationszahlen werden Fluorierungen unter erhöhtem Druck durchgeführt.

$$Cr + 3\,F_2 \xrightarrow{\;400\,°C,\;300\,bar\;} CrF_6$$

$$Re + 7/2\,F_2 \xrightarrow{\;400\,°C,\;F_2\text{-Druck}\;} ReF_7$$

2. Reaktionen mit oder in HF:

$$Y_2O_3 \xrightarrow{\;HF/H_2,\;300\,°C\;} YF_3$$

$$Hf \xrightarrow{\;HF\text{-Lösung}\;} HfF_4 \cdot H_2O \xrightarrow{\;F_2/N_2,\;350\,°C\;} HfF_4$$

Mit der Kristallstrukturanalyse kann zwischen den isoelektronischen Ionen O^{2-} und F^- auch wegen ihrer vergleichbaren Ionenradien nicht unterschieden werden. Aus diesem Grund sind magnetische Messungen zur Identifikation von Fluoriden von großer Bedeutung. Leider existieren selbst von einigen binären Metallfluoriden keine phasenreinen Proben zur Durchführung magnetischer Messungen. Daher kann die Abwesenheit von Sauerstoffkontaminationen bei den hier aufgeführten binären Metallfluoriden nicht in allen Fällen als gesichert angesehen werden.

3.8.7.1 Heptafluoride

Das einzige thermisch stabile Heptafluorid (neben IF_7) ist ReF_7. Die Existenz von OsF_7 bei tiefen Temperaturen ($<-100\,°C$) ist möglich. ReF_7 ist eine gelbe, flüchtige Substanz (Smp. 48 °C). In Lösung und in der Gasphase zeigen IR- und ^{19}F-NMR-Untersuchungen für die ReF_7-Moleküle pentagonal-bipyramidale Symmetrie (D_{5h}). Die Anhäufung von fünf Liganden in der pentagonalen Ebene bewirkt eine sterische Enge, der diese Anordnung vermutlich durch Wellung der pentagonalen Ebene bzw. Fluktuation und Pseudorotation der Fluoratome ausweicht. Unterhalb –90 °C erfährt ReF_7 einen Phasenübergang. In der Tieftemperaturmodifikation sind die ReF_7-Einheiten hexagonal dicht gepackt. Die Fluoridionen sind nicht äquivalent, da die axial angeordneten Fluoridionen nicht linear zueinander stehen und die Fluoridionen der pentagonalen Ebene gewellte Ringe bilden (Abb. 3.89).

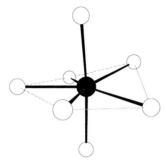

Abb. 3.89 Ausschnitt aus der Struktur der Tieftemperaturmodifikation von ReF_7.

3.8.7.2 Hexafluoride

Hexafluoride der Übergangsmetalle MF_6 sind niedrig schmelzende, flüchtige Verbindungen. Ihre Flüchtigkeit steht vermutlich mit der Gegenwart von $[MF_6]$-Einheiten im Festkörper im Zusammenhang.

MoF_6	TcF_6	RuF_6	RhF_6	
WF_6	ReF_6	OsF_6	IrF_6	PtF_6

Unter Normalbedingungen sind MoF_6 (Smp. 17 °C) und WF_6 (Smp. 2 °C) farblose Flüssigkeiten. Alle Hexafluoride bilden in der Gasphase Moleküle mit oktaedrischer Gestalt, von denen nur die d^0-Systeme MoF_6 und WF_6 unverzerrt und farblos sind. In festen Hexafluoriden bilden Fluoratome dichteste Kugelpackungen, deren Oktaederlücken zu $\frac{1}{6}$ mit Metallatomen besetzt sind, so dass auch im Festkörper $[MF_6]$-Oktaeder vorhanden sind. Die Existenz von CrF_6 ist selbst bei tiefen Temperaturen (<-100 °C) fraglich.

Die für Pt (und Ir) ungewöhnliche Oxidationszahl +6 macht PtF_6 zu einem der stärksten Oxidationsmittel. Gasförmiges PtF_6 reagiert mit Sauerstoff zu $O_2^+[PtF_6]^-$, mit reinem Xenon entsteht $XeF^+[PtF_6]^-$.

3.8.7.3 Pentafluoride

Strukturen der Pentafluoride bestehen aus Motiven eckenverknüpfter Oktaeder $[MF_4F_{\frac{2}{2}}]$.

VF_5	CrF_5					
NbF_5	MoF_5	TcF_5	RuF_5	RhF_5		
TaF_5	WF_5	ReF_5	OsF_5	IrF_5	PtF_5	AuF_5

Die Strukturen von VF_5, CrF_5, ReF_5 und AuF_5 bestehen aus unendlichen Strängen. NbF_5, TaF_5, MoF_5 und WF_5 bilden tetramere Einheiten $(MF_4F_{\frac{2}{2}})_4$ auf Basis kubisch dichtester Kugelpackungen der Fluoratome. Analoge Strukturen bilden die Pentafluoride RuF_5, RhF_5, OsF_5, IrF_5 und PtF_5 auf Basis hexagonal dichtester Kugelpackungen der Fluoratome (Abb. 3.90). WF_5 ist unter Normalbedingungen instabil und disproportioniert in WF_6 und WF_4.

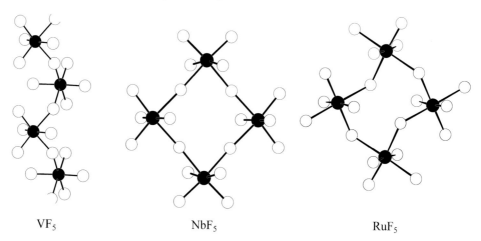

VF$_5$ NbF$_5$ RuF$_5$

Abb. 3.90 Strukturen mit eckenverknüpften $[MF_6]$-Oktaedern: cis-eckenverknüpfte Stränge der Struktur von VF_5 und tetramere $[MF_6]$-Oktaeder der Strukturen von NbF_5 sowie RuF_5.

3.8.7.4 Tetrafluoride

Tetrafluoride sind durch viele Beispiele und durch ihre Strukturvielfalt belegt.

TiF_4	VF_4	CrF_4	MnF_4			
ZrF_4	NbF_4	MoF_4		RuF_4	RhF_4	PdF_4
HfF_4		WF_4		OsF_4	IrF_4	PtF_4

CrF_4 wird im Monelautoklaven aus einem Gemisch von HF, F_2 und Chrompulver bei 300 °C dargestellt. Die Struktur besteht aus $[Cr_2F_{10}]$-Oktaederdimeren, die über Spitzen zu $[Cr_2F_6F_{\frac{4}{2}}]$-Säulen verknüpft sind. In der Struktur von TiF_4 bildet ein $[Ti_3F_{15}]$-Ring eine analoge $[Ti_3F_9F_{\frac{6}{2}}]$-Kolumnarstruktur aus (Abb. 3.91). Die von den Platinmetallen bekannten Tetrafluoride bilden Strukturen aus eckenverknüpften $[MF_2F_{\frac{4}{2}}]$-Oktaedern.

In den Strukturen von HfF_4 und β-ZrF_4 liegen eckenverknüpfte quadratische $[MF_8]$-Antiprismen vor und in α-ZrF_4 $[ZrF_8]$-Dodekaeder. VF_4 und NbF_4 kristallisieren in einer Schichtstruktur aus zweidimensional-eckenverknüpften $[MF_2F_{\frac{4}{2}}]$-Oktaedern. Durch Einlagerung von Kationen zwischen diesen Schichten entsteht der K_2NiF_4-Typ (Abb. 3.92).

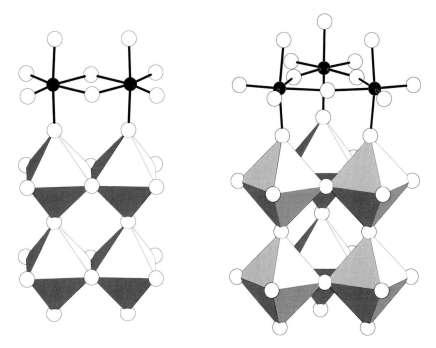

Abb. 3.91 Ausschnitte aus den Kolumnarstrukturen von CrF_4 (links) und TiF_4 (rechts).

3.8.7.5 Trifluoride

Die Strukturen von Metalltrifluoriden kristallisieren oft in Verzerrungsvarianten des kubischen ReO_3-Typs.

TiF_3	VF_3	CrF_3	MnF_3	FeF_3	CoF_3		
		MoF_3		RuF_3	RhF_3	PdF_3	
				IrF_3			AuF_3

VF_3 und CrF_3 können durch direkte Fluorierung ihrer Metalle oder durch Einwirkung von HF auf ihre Trichloride als grüne Substanzen erhalten werden. Ihre Strukturen leiten sich von der ReO_3-Struktur ab und bestehen aus dreidimensionalen Netzwerken eckenverknüpfter Oktaeder $[VF_{6/2}^-]$ (Abb. 3.93). Rhomboedrisch verzerrte Strukturen des ReO_3-Typs bilden die Fluoride FeF_3, CoF_3, RuF_3, RhF_3, PdF_3, IrF_3 und CoF_3 (AlF_3).

Bei Trifluoriden des (unverzerrten) kubischen ReO_3-Typs handelt es sich vermutlich um Oxidfluoride der Art $M(O,F)_3$. In der Struktur von MnF_3 sind die Mn^{3+}-Ionen wegen des Jahn-Teller-Effekts verzerrt oktaedrisch koordiniert. PdF_3 ist eine gemischtvalente Verbindung $Pd^{2+}Pd^{4+}(F^-)_6$, die als Palladium(II)hexafluoropalladat(IV) aufzufassen ist. Das dazugehörige magnetische Moment liegt in der Nähe des spin-only-Wertes von 2,83 BM für Pd^{2+} (d^8), da das diamagnetische low-

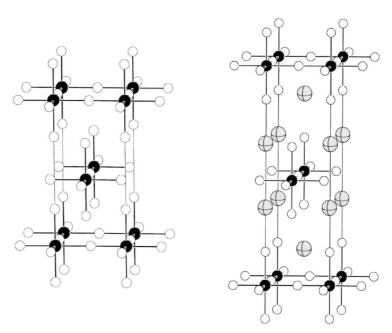

Abb. 3.92 Strukturen von NbF_4 und K_2NiF_4 (Kaliumatome sind grau dargestellt). Die Struktur von K_2NiF_4 ist mit der Perowskitstruktur verwandt und gilt als struktureller Prototyp von Cuprat-Supraleitern ($La_{2-x}Sr_xCuO_4$).

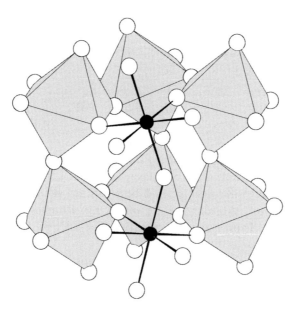

Abb. 3.93 Ausschnitt aus der Struktur von VF_3 mit einer verzerrt würfelförmigen Anordnung aus acht eckenverknüpften $[VF_{6/2}]$-Oktaedern.

spin Pd^{4+} (d^6) keinen Beitrag liefert. In weiteren Defektvarianten des ReO_3-Typs kristallisieren auch ternäre Verbindungen AMF_6 (mit A = Alkali- oder Erdalkalimetall und M = Übergangsmetall).

In AuF_3 hat Au^{3+} die Elektronenkonfiguration d^8 und bildet quadratisch-planare $[AuF_4]$-Einheiten. Die Struktur besteht aus Bändern mit cis-eckenverknüpften Quadraten, die sich räumlich zu einer hexagonalen Helix anordnen (Abb. 3.94).

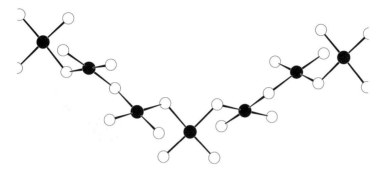

Abb. 3.94 Ausschnitt aus der Struktur von AuF_3.

Eine große Klasse ternärer Verbindungen, die sich von den Trihalogeniden $[MF_{\frac{6}{2}}]$ mit ReO_3-verwandter Struktur ableitet, kristallisiert im Perowskit-Typ AMF_3 (z.B. A = Alkalimetall und M = Übergangsmetall).

3.8.7.6 Metalldifluoride und Subfluoride

Difluoride der ersten Übergangsmetallreihe von Vanadium bis Zink kristallisieren im Rutil-Typ oder in einer verzerrten Variante hiervon.

TiF_2	VF_2	CrF_2	MnF_2	FeF_2	CoF_2	NiF_2	CuF_2	ZnF_2
						PdF_2	AgF_2	CdF_2
								HgF_2

Allerdings wurde nicht jede dieser Substanzen in reiner Form hergestellt. Das violette, hydrolyseempfindliche PdF_2 (Rutil-Typ) ist das einzige bekannte Difluorid der zweiten und dritten Serie der Gruppen 4 bis 10. Durch die Spitzenverknüpfung der $[MF_6]$-Oktaeder in der Rutil-Struktur resultieren für viele Difluoride (z.B. MnF_2, FeF_2, CoF_2, NiF_2) unterhalb ihrer Néeltemperatur (50 – 100 °C) antiferromagnetische Kopplungen der magnetischen Spinmomente. Dadurch treten aber keine Überstrukturen auf, da der Spin des magnetischen Kations im Zentrum der Elementarzelle antiparallel zu den Spins der Kationen an den Ecken gekoppelt ist (Rutil-Typ, vgl. Abb. 3.8 und 3.36).

AgF_2 ist die bisher einzige binäre Silberverbindung mit Ag^{2+}-Ionen, denn AgO ist gemäß $Ag^+[Ag^{3+}O_2]$ ein Silber(I)-Argentat(III). Die Ag^{2+}-Ionen sind in der Struktur verzerrt quadratisch-planar koordiniert. Es liegt eine Schichtstruktur aus gewellten $_\infty^2[AgF_{\frac{4}{2}}]$-Schichten vor. Bedingt durch die d^9-Konfiguration des Silbers kann aufgrund der Jahn-Teller-Verzerrung auch eine gestreckte oktaedrische Koordination um Ag^{2+} angenommen werden (4x Ag–F 209 pm, 2x 259 pm) (Abb. 3.95). Weniger deutlich ist die Oktaederverzerrung für Cu^{2+} in CuF_2 ausgeprägt.

Bei der Elektrolyse einer konzentrierten AgF-Lösung entstehen an der Kathode Kristalle des Silbersubfluorides Ag_2F. Ag_2F kristallisiert im anti-CdI_2-Typ.

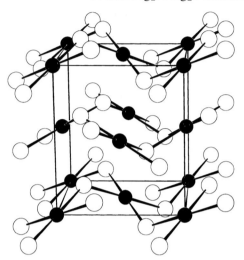

Abb. 3.95 Struktur von AgF_2.

3.8.7.7 Fluorometallate

In komplexen Fluoriden oder Fluorometallaten dominiert die oktaedrische $[MF_6]^{n-}$-Einheit. Bekannte Vertreter mit dieser Einheit sind die Verbindungen $KNbF_6$, K_2PtF_6, Na_3AlF_6 (Kryolith) oder K_2NaAlF_6 (Elpasolith).[61] Hexafluorocobaltate(III) A_3CoF_6 mit A = Li – Cs zählen zu den wenigen bekannten high-spin-Komplexen von Co^{3+} (paramagnetisch, μ = 5,4 BM). Die Verbindungen A_2CoF_6 mit A = K – Cs (K_2PtCl_6-Typ) enthalten sogar Co^{4+}. Analoge Hexafluoroniccolate(IV) sind für denselben Formeltyp durch A_2NiF_6 belegt. Auch vierwertiges Kupfer wurde erstmals in den orangefarbenen Verbindungen A_2CuF_6 (A = K – Cs) durch Hochdruckfluorierung erhalten. K_3CuF_6 bildet grüne Kristalle mit quadratisch-planaren $[CuF_4]^-$-Einheiten und enthält paramagnetisches Cu^{3+} (μ = 2,83 BM).

Die Summenformel eines Metallfluorids gibt nicht ohne weiteres Auskunft über das Anionenpolyeder, da in den Strukturen auch isolierte Fluoridionen enthalten sein können. Ein Beispiel hierfür ist Cs_3MF_7 (M = Ti, Cr, Mn, Ni), das auch als $Cs_3F[MF_6]$ geschrieben werden kann.

In Strukturen, in denen Verknüpfungen der Oktaeder über Ecken zu linearen Anordnungen –M–F–M– führen, sind Bedingungen für den Superaustausch und damit für antiferromagnetische Kopplungen gegeben. In Trifluoriden (z.B. CrF_3,

FeF_3, CoF_3) und in kubischen und orthorhombischen Fluoroperowskiten (AMF_3 mit M = Mn, Fe, Co, Ni) ist dreidimensionaler Antiferromagnetismus möglich. Im Fluoroperowskit $KCoF_3$ liegt Co^{2+} in einer high-spin d^7-Konfiguration vor. Das magnetische Moment für Co^{2+} liegt wenig unterhalb des Erwartungswertes nach der spin-only-Formel (4,8 BM). Die antiferromagnetische Kopplung setzt unterhalb $T_N \approx 130$ K ein. In der tetragonalen Struktur von K_2NiF_4 ist der Superaustausch nur noch entlang zweier Richtungen im Kristall möglich (Abb. 3.92). Unterhalb T_N resultiert eine magnetische Überstruktur entsprechend $a_{magnetisch} = a_{kristallographisch} \cdot \sqrt{2}$.

Die Einordnung eines Metallfluorides als Fluorometallat und die damit verbundene Zuordnung von überwiegend ionischen (z.B. Na–F) und überwiegend kovalenten Bindungen (z.B. Al–F) in einer Verbindung (z.B. Na_3AlF_6) ist nicht immer eindeutig. Besetzen verschiedene Kationen äquivalente Positionen, so liegt strukturchemisch ein Doppelfluorid vor. Zu den Doppelfluoriden zählen $MgMnF_6$ (ReO_3-Typ) oder Verbindungen mit der allgemeinen Formel AMF_6 mit A = Erdalkalimetall, Cd, Hg und M = Ti, Cr, Mn, Pd, Pt oder solche mit A = (Mn, Co,) Ni, Zn und M = Ti, Mn, Cr.

3.8.8 Metallchloride, -bromide und -iodide

Die Metallchloride, -bromide und -iodide der Übergangsmetalle unterscheiden sich von den Fluoriden in vieler Hinsicht, z.B. durch ihre Fähigkeit, Verbindungen mit niedrigen Oxidationsstufen der Metallatome und Metall–Metall-Bindungen (Metallcluster) auszubilden.

Darstellung von Metallhalogeniden:
1. Direkte Reaktion von Metall und Halogen:

$$Nb + 5/2\ Br_2\ (5/2\ I_2) \xrightarrow{\text{im Einschlußrohr, Temperaturgradient } 300\,°C/\,30\,°C} NbBr_5\ (NbI_5)$$

Zur Beseitigung von Sauerstoffresten wird verunreinigtes Metall zuvor im H_2-Strom reduziert.

2. Reaktion von Metall und Halogenwasserstoff:

$$Cr + 2\ HCl \xrightarrow{900\,°C} CrCl_2 + H_2$$

(Bei der Reaktion von Cr mit Cl_2 entsteht $CrCl_3$)

3. Halogenierung von Metalloxiden:
   Reaktion mit flüssigem Thionylchlorid durch Erhitzen im Einschlussrohr.

$$Nb_2O_5 + 5\ SOCl_2 \xrightarrow{200\,°C} 2\ NbCl_5 + 5\ SO_2$$

4. Darstellung metallreicher Metallhalogenide:
   a) Reduktion mit demselben Metall (Synproportionierung):

$$8\ NbCl_5 + 7\ Nb \xrightarrow{450\,°C} 5\ Nb_3Cl_8$$

b) Reduktion mit Aluminium-Metall:

$$3\ WCl_6 + 2\ Al \xrightarrow{370\,°C} 3\ WCl_4 + 2\ AlCl_3$$

c) Reduktion mit Wasserstoff:

$$CrCl_3 + \tfrac{1}{2}\ H_2 \xrightarrow{500\,°C} CrCl_2 + HCl$$

d) Disproportionierung:

$$3\ WCl_4 \xrightarrow{470\,°C} WCl_2 + 2\ WCl_5$$

$$5\ Nb_3Cl_8 \xrightarrow{800\,°C} 2\ Nb_6Cl_{14} + 3\ NbCl_4$$

3.8.8.1 Hexahalogenide und Pentahalogenide

Hexahalogenide sind nur von wenigen Metallen bekannt. Gegenüber den Fluoriden zeigt sich bei den übrigen Metallhalogeniden die geringere Tendenz zur Ausbildung hoher Oxidationsstufen. Besonders flüchtig sind die Hexahalogenide $MoCl_6$ (Smp. 17 °C) und $ReCl_6$ (Smp. 29 °C).

$MoCl_6$
WCl_6, WBr_6 $ReCl_6$

Strukturen der Pentachloride sowie der Pentabromide von Niob und Tantal bestehen aus paarweise kantenverknüpften $[MX_4X_{\frac{2}{2}}]$-Oktaedern, $[M_2X_{10}]$. Dabei treten selbst für die d^1-Systeme $MoCl_5$ und WCl_5 unter Normalbedingungen keine Bindungen zwischen den Metallatomen auf.

NbX_5 $MoCl_5$
TaX_5 WCl_5, WBr_5 $ReCl_5$, $ReBr_5$ $OsCl_5$
$X = Cl, Br, I$

3.8.8.2 Tetrahalogenide

Die Tetrahalogenide $TiCl_4$ und VCl_4 sind unter Normalbedingungen flüssig, und Chromtetrahalogenide sind nur bei tiefen Temperaturen in der Gasphase stabil.

TiX_4 VCl_4
ZrX_4 NbX_4 MoX_4 $TcCl_4$
HfX_4 TaX_4 WX_4 $ReCl_4$ $OsCl_4$, $OsBr_4$ PtI_4, $PtCl_4$
$X = Cl,\ Br,\ I$

Auch wenn für viele Tetrahalogenide keine genauen Strukturbestimmungen vorliegen, sind die meisten Strukturen zumindest ungefähr bekannt. Im gasförmigen Zustand sind die tetraedrischen Moleküle $TiCl_4$, $TiBr_4$, TiI_4, $ZrBr_4$ und ZrI_4 monomer. Im Festkörper resultiert eine kubisch dichteste Packung der Halogenatome mit zu $\tfrac{1}{8}$ besetzten Tetraederlücken.

Typisch für Tetrahalogenide sind kantenverknüpfte [$MX_2X_{\frac{4}{2}}$]-Oktaeder. Lineare Stränge bilden Niob- und Tantaltetrahalogenide, α-$MoCl_4$, WCl_4, $OsCl_4$ und $ReCl_4$.

In den Strukturen der (d¹-)Tetrahalogenide des Niobs und des Tantals sind die Metallatome aus den Oktaederschwerpunkten paarweise aufeinander zugerückt (Abb. 3.96).

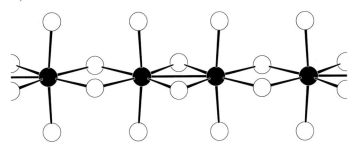

Abb. 3.96 Ausschnitt aus der Struktur von $NbCl_4$. Die Abstände Nb–Nb entlang der Oktaederstränge betragen abwechselnd 286 pm und 306 pm. Die Struktur kann angenähert durch eine hdP der Halogenatome beschrieben werden, in der Niobatome 1/4 der oktaedrischen Lücken besetzen.

Die Bildung von Metall–Metall-Bindungen kann als Resultat einer Peierls-Verzerrung aufgefasst werden. Da beim Erhitzen Disproportionierungsreaktionen auftreten, lässt sich das Aufbrechen der Metallbindungen in α-NbI_4 nur unter Druck nachweisen. Als Resultat entsteht metallisches β-NbI_4 mit äquidistant angeordneten Metallatomen entlang der Strangrichtung.

3.8.8.3 Trihalogenide

Ausgehend von kantenverknüpften [$MX_2X_{\frac{4}{2}}$]-Oktaedern in Tetrahalogeniden ist die Flächenverknüpfung solcher Oktaeder [$MX_{\frac{6}{2}}$] eine naheliegende strukturelle Organisationsform für Trihalogenide. Im ZrI_3-Typ teilen [$ZrX_{\frac{6}{2}}$]-Oktaeder zwei gegenüberliegende Dreiecksflächen miteinander und bilden eindimensionale Stränge aus.

TiX_3	VCl_3	CrX_3	FeX_3			
ZrX_3	NbI_3	MoX_3	RuX_3	RhX_3		
HfI_3		W_6Cl_{18}, W_6Br_{18} Re_3X_9	OsX_3	IrX_3	$PtCl_3$, $PtBr_3$	AuX_3
X = Cl, Br, I						

Die meisten Trihalogenide kristallisieren in einer der folgenden drei Strukturen:

1. ZrI_3-Typ, hdP der Halogenatome: $A\gamma_{\frac{1}{3}}B\gamma_{\frac{1}{3}}$, A...
   ZrX_3, β-$TiCl_3$, $MoBr_3$, MoI_3, $RuCl_3$, RuX_3, TiI_3, HfI_3

2. BiI_3-Typ, hdP der Halogenatome: $A\gamma_{\frac{2}{3}}B\square$, A...
   α-$TiCl_3$, α-$TiBr_3$, VX_3, Tief-$CrCl_3$, $CrBr_3$, CrI_3, $FeCl_3$, $FeBr_3$

3. Hoch-$CrCl_3$-Typ, kdP der Halogenatome: $A\gamma_{\frac{2}{3}}B\square C\beta_{\frac{2}{3}}A\square B\alpha_{\frac{2}{3}}C\square$, A...
   RhX_3, IrX_3, α-$MoCl_3$, YCl_3, α-$RuCl_3$

In zwei dieser Strukturtypen sind Beispiele für Bindungen zwischen den Metallatomen bekannt. In der Struktur von $MoCl_3$ sind die Molybdänatome paarweise aus ihren Oktaederzentren verschoben. In der Struktur treten $[Mo_2Cl_{10}]$-Einheiten mit Mo–Mo-Bindungen auf, die aus den Strukturen der Pentahalogenide (ohne Mo–Mo-Wechselwirkungen) bekannt sind. Die kürzesten Mo–Mo-Abstände in $MoCl_3$ (276 pm) gleichen den Abständen in Molybdän-Metall (272 pm).

In den quasi-eindimensionalen Trihalogenidstrukturen vom ZrI_3-Typ ist für die d^1-Konfiguration eine paarweise Anordnung der Metallatome nach Peierls möglich. In der Struktur von ZrI_3 sind die Metallatome nach dem gleichen Prinzip wie bei Niobtetrahalogeniden aus den Oktaederschwerpunkten (oder genauer: trigonal-antiprismatischen Lücken) paarweise aufeinander zugerückt (Abb. 3.97). Die Zr–Zr-Abstände entlang der Oktaederstränge betragen 317 und 351 pm.

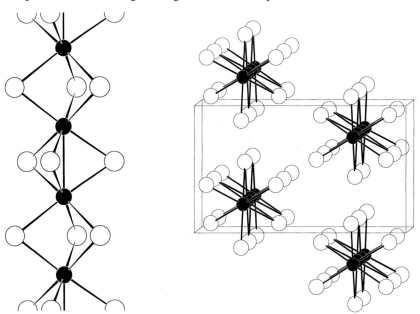

Abb. 3.97 Struktur von ZrI_3 (Raumgruppe *Pmmn*). Einzelstrang aus flächenverknüpften $^1_\infty[ZrI_{6/2}]$-Einheiten und perspektivische Projektion entlang der Richtung der Stränge. Die kurzen Zr–Zr-Abstände (317 pm) sind durch Bindungslinien markiert.

Trihalogenide des Wolframs und Rheniums bilden Strukturen mit Metallclustern. Tantal bildet Halogenide mit der Zusammensetzung $TaX_{2,8}$ (X = Cl, Br) mit $[Ta_6X_{12}]$-Einheiten.

3.8.8.4 Dihalogenide und Monohalogenide

Bei den meisten Dihalogeniden der Gruppen 4 und 6 zeigt sich ein Trend zur Ausbildung von Metall–Metall-Bindungen. Titandihalogenide kristallisieren bei hohen Temperaturen im CdI_2-Typ (β-TiX_2). Bei tiefen Temperaturen ordnen sich die Ti-

tanatome jedoch innerhalb der Schichten zu dreieckigen Metallclustern (α-TiX_2).
Niob bildet kein binäres Halogenid NbX_2, sondern niederwertige Metallhalogenide,
z.B. Nb_3X_8. Die Strukturen von Nb_3X_8 enthalten ebenfalls dreieckige Metallcluster
und leiten sich vom CdI_2-Typ durch ein unvollständig besetztes Metallteilgitter ab.

Die Dihalogenide von Molybdän und Wolfram, Mo_6X_{12} und W_6X_{12}, enthalten
oktaedrische Metallcluster. Das Motiv oktaedrisch angeordneter Metallatome zeigen auch die Strukturen von M_6Cl_{12} mit M = Pd, Pt, wobei jedoch keine M–M-Bindungen auftreten. Die Metallatome besitzen d^{10}- bzw. d^9s^1-Konfiguration, weshalb
für Pt_6Cl_{12} $6 \cdot 10 - 12 \cdot 1 = 48$ Elektronen für Bindungen zwischen Metallatomen
zur Verfügung stehen. Da Cluster vom [M_6X_{12}]-Typ aber maximal nur 8 bindende
Molekülorbitale für Metallbindungen besitzen, müssten zusätzlich noch alle antibindenden d-Zustände besetzt werden (vgl. Abb. 3.102). Die zweite Modifikation
von $PdCl_2$ besteht aus rechteckigen $\frac{1}{\infty}$[$PdCl_{\frac{4}{2}}$]-Einheiten, die über zwei gegenüberliegende Kanten zu Bändern verknüpft sind.

$$TiX_2 \quad VX_2 \quad\quad CrX_2 \quad MnX_2 \quad FeCl_2 \quad CoX_2 \quad NiX_2$$
$$\quad\quad\quad\quad\quad\quad\quad Mo_6X_{12} \quad\quad\quad\quad\quad\quad\quad\quad\quad\quad PdX_2$$
$$HfX_2 \quad\quad\quad W_6X_{12} \quad\quad\quad\quad\quad\quad\quad\quad\quad\quad\quad PtX_2$$
$$X = Cl, \ Br, \ I$$

Die meisten anderen Dihalogenide kristallisieren in einer der folgenden drei Strukturen:

1. CdI_2-Typ β-TiX_2, $CrBr_2$, CrI_2, $MnBr_2$, MnI_2, $FeBr_2$, FeI_2, $CoBr_2$, $NiBr_2$
2. $CdCl_2$-Typ $MnCl_2$, $FeCl_2$, $CoCl_2$, $NiCl_2$
3. Rutil-Typ $CrCl_2$

Die einzigen bekannten Monohalogenide der Übergangsmetalle sind ZrCl und
ZrBr. Diese Strukturen bestehen aus drei -X-Zr-Zr-X- Schichtpaketen. Die Metallatome bilden innerhalb dieser Schichtpakete trigonale Antiprismen aus. Zwischen
den Zirconiumatomen bestehen Metall–Metall-Bindungen, deren kürzeste Zr–Zr-
Abstände in ZrCl etwa 309 pm innerhalb einer Metallschicht und 342 pm zwischen
den Metallschichten betragen (Abb. 3.98). Diese Verbindungen bilden Kristalle
von graphitähnlichem Aussehen, die elektrische Leitfähigkeit aufweisen.

Die Verbindungen ZrCl und ZrBr nehmen bei 200 – 300 °C Wasserstoff auf. Die
Wasserstoffatome besetzen in den isostrukturellen Verbindungen ZrClH und ZrBrH
Positionen in der Nähe der Metallschichten a, b und c. Die Koordination der Wasserstoffatome ist nahezu trigonal planar, wobei sie geringfügig innerhalb der Metalldoppelschichten liegen. Der nicht bindende D–D-Abstand beträgt in ZrBrD etwa 220 pm.
Er entspricht dem Erwartungswert für die Radiensumme zweier Hydridionen.

3.8.8.5 Metallhalogenide mit Metallclustern

Metallreiche Verbindungen enthalten eine höhere Anzahl von Metallatomen, als
zur Absättigung der Valenzen der Nichtmetallatome notwendig ist. Der Überschuss

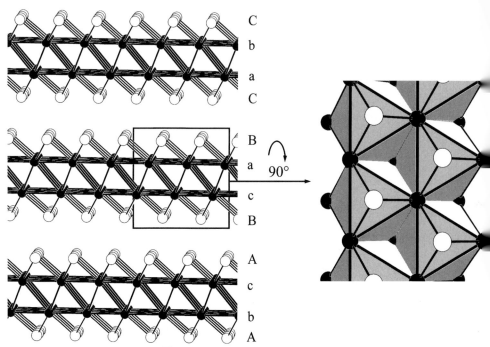

Abb. 3.98 Struktur von ZrCl ($R\bar{3}m$). Die Struktur enthält zu Schichten verbrückte oktaedrische Metallcluster bzw. Metalldoppelschichten. Die Lagen der Atome in den Schichten einer Identitätsperiode lautet für den 3R-Typ von ZrCl AbcABcaBCabC und für 3R-ZrBr AcbA-BacBCbaC. Die Anordnung der Metallatome innerhalb eines Schichtpaketes zu „kondensierten Oktaedern" ist in einem Ausschnitt (rechts) gezeigt.

an Metallelektronen kann bindende, nicht bindende oder antibindende Wechselwirkungen zwischen Metallatomen hervorrufen.

Eine Anzahl von Metallen ist besonders befähigt, in Verbindungen stabile Metall–Metall-Bindungen oder Metallcluster auszubilden.* Zu diesen gehören die Metalle Nb, Ta, Mo, W, (Tc,) Re, die durch hohe Schmelzpunkte und hohe Sublimationsenthalpien gekennzeichnet sind (Abb. 3.41). In den Verbindungen sind die Metall–Metall-Bindungen jedoch schwächer als die Metall–Halogen-Bindungen. Dieses unterstreichen Phasenübergänge in ein- (NbX_4) oder zweidimensionalen ($Na_2Ti_3Cl_8$) Strukturen, die lediglich durch das Aufbrechen von Metall–Metall-Bindungen gekennzeichnet sind.

Das häufigste Motiv bei den metallreichen Metallhalogeniden (und -chalkogeniden) ist der oktaedrische Metallcluster [M_6]. Hinsichtlich der Koordination mit Halogenatomen können zwei Typen unterschieden werden (Abb. 3.99). In Metallhalogeniden vom [M_6X_{12}]-Typ liegen zwölf Halogenatome über den Kanten, und in

---

* Der Begriff „Cluster" steht für die Anhäufung gleichartiger Atome. Bei Verwendung des Wortes „Metallcluster" wird oft das nicht zwingend notwendige Auftreten von Metall–Metall-Bindungen angenommen.

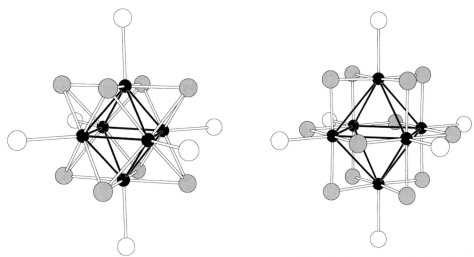

Abb. 3.99 Metallhalogenide vom [M_6X_8]-Typ (links) und [M_6X_{12}]-Typ (rechts) mit okta-edrischen Metallclustern. In vielen Strukturen sind diese Einheiten durch äußere X-Atome verbrückt (weiße Kugeln).

Metallhalogeniden vom [M_6X_8]-Typ liegen acht Halogenatome über den Flächen des oktaedrischen Metallclusters. Das Auftreten von Verbindungen in der einen oder der anderen Struktur unterliegt folgenden allgemeinen Kriterien, die allerdings nicht streng gelten:

- [M_6X_8]
- kleine M, große X
- elektronenreicher mit max. 24 Elektronen in den M–M-Bindungen
- z.B. Mo_6Cl_{12} mit $6 \cdot 6 \, e^- - 12 \cdot 1 \, e^- = 24 \, e^-$

- [M_6X_{12}]
- große M, kleine X
- elektronenärmer mit max. 16 Elektronen in den M–M-Bindungen
- z.B. Nb_6Cl_{14} mit $6 \cdot 5 \, e^- - 14 \cdot 1 \, e^- = 16 \, e^-$

Je nach Art der Verbrückung dieser Einheiten im Festkörper können zusätzlich Halogenatome über den Ecken der [M_6X_{12}]-Einheiten hinzukommen. Diese Positionen der Halogenatome werden aus Sicht des Metallclusters als außen–außen ($^{a-a}$) bezeichnet, wenn eine einfache Verbrückung zweier Einheiten vorliegt, oder als außen–innen ($^{a-i}$), wenn das verbrückende Halogenatom zum inneren (^{i}) Koordinationsbereich der benachbarten [$M_6X_{12}{}^i$]-Einheit gehört (Abb. 3.100).

Nb_6F_{15} ist das einzige bekannte Metallfluorid mit einem oktaedrischen Metallcluster. Die [Nb_6F_{12}]-Einheiten sind dreidimensional über lineare Nb–F^{a-a}–Nb-Brücken entsprechend $(Nb_6F_{12}{}^i)F_{\frac{6}{2}}^{a-a}$ verknüpft (Abb. 3.101). Diese Brücken sind in den Strukturen Ta_6X_{15} gewinkelt. Ebenfalls gewinkelte Brücken zwischen benachbarten [Nb_6I_8]-Einheiten enthält die Struktur von $(Nb_6I_8)I_{\frac{6}{2}}^{a-a}$. Aber nur vier verbrückende Halogenatome (X^{a-a}) plus zwei endständige Halogenatome (X^a) kennzeichnen den schichtartigen Aufbau der Struktur von Mo_6Cl_{12} (Tab. 3.34).

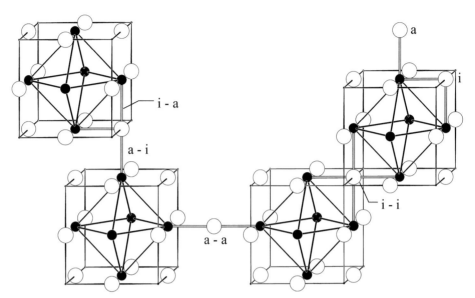

Abb. 3.100 Art und Nomenklatur (i = innen, a = außen) möglicher Verbrückungen von $[M_6X_{12}]$-Einheiten durch Halogenatome. Bindungen, die die Koordinationen der X-Atome aus der Sicht eines Metallclusters bezüglich der Bezeichnungen i–i, a–a, i–a usw. betreffen, sind grau dargestellt. Zur besseren Übersicht ist die Anordnung der Halogenatome der $[M_6X_{12}]$-Einheiten mit Hilfe von Würfeln hervorgehoben.

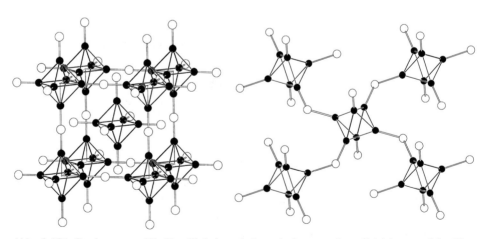

Abb. 3.101 Struktur von Nb_6F_{15} (links) und Ausschnitt aus einer Schicht von Mo_6Cl_{12} (rechts). Zur besseren Übersicht sind die Halogenatome der inneren Koordination nicht gezeigt. Die Struktur von $(Nb_6F_{12}{}^i)F_{6/2}{}^{a-a}$ enthält sechs verbrückende Fluoratome und die von $(Mo_6Cl_8{}^i)Cl_2{}^aCl_{4/2}{}^{a-a}$ enthält vier innerhalb einer Schicht verbrückende und zwei terminale Chloratome.

Tab. 3.34 Binäre Metallhalogenide mit $[M_6X_8^i]$- und $[M_6X_{12}^i]$-Einheiten, ihre Verbrückung und Anzahl der Elektronen/Cluster in Metall-Metall-Zuständen.

Verbindung(en)	Verbrückung	Elektronen/Cluster[a]
Nb_6F_{15}	$(Nb_6F_{12}^i)F_{6/2}^{a-a}$	15
Nb_6Cl_{14}	$(Nb_6Cl_{12}^i)Cl_4^{a}Cl_{2/2}^{a-a}$	16
Nb_6I_{11}	$(Nb_6I_8^i)I_{6/2}^{a-a}$	19
Ta_6X_{14} (X = Br, I)	$(Ta_6Br_{12}^i)Br_{4/2}^{a-a}$	16
Ta_6X_{15} (X = Cl, Br)	$(Ta_6Cl_{12}^i)Cl_{6/2}^{a-a}$	15
Mo_6X_{12} (X = Cl, Br, I)	$(Mo_6Cl_8^i)Cl_2^{a}Cl_{4/2}^{a-a}$	24
W_6X_{12} (X = Cl, Br, I)	$(W_6Cl_8^i)Cl_2^{a}Cl_{4/2}^{a-a}$	24
W_6Br_{16}[b]	$(W_6Br_8^i)Br_4^{a}(Br_4)_{2/2}^{a-a}$	22
W_6X_{18} (X = Cl, Br)	$(W_6Cl_{12}^i)Cl_6^{a}$	18

[a] Die Anzahl der Elektronen in den Metall-Metall-Zuständen ergibt sich aus der Anzahl der Valenzelektronen des Metalls, vermindert um die Anzahl der Elektronen, die formal auf die Halogenatome (X) übertragen werden (z.B. Ta_6Cl_{15}: $6 \cdot 5\ e^- - 15 \cdot 1\ e^- = 15\ e^-$).
[b] enthält lineare $(Br_4)^{2-}$-Ionen ($Br^- \cdots Br_2 \cdots Br^-$).

W_6Br_{16} besitzt polyanionische $(Br_4)^{2-}$-Brücken. Ungewöhnlich ist die elektronische Situation der Struktur von W_6Cl_{18} mit isolierten $(W_6Cl_{12}^i)Cl_6^{a}$-Einheiten und 18 (anstatt von 16) Elektronen in den Metall-Metall-Zuständen.

3.8.8.5.1 Die elektronischen Strukturen von Metallhalogeniden mit $[M_6X_{12}]$- und $[M_6X_8]$-Einheiten

Elektronen können in metallreichen Verbindungen lokalisiert oder delokalisiert sein. In Strukturen aus isolierten (halogenverbrückten) Metallclustern sind die Elektronen meistens in Metall-Metall-bindenden Orbitalen lokalisiert. Ebenso wie die Anzahl der Elektronen die Gestalt und Anzahl der Metallatome eines Metallclusters dirigiert, gelten unter der Vorgabe eines oktaedrischen Metallclusters bestimmte elektronische Erfordernisse:

In einer $[M_6X_8]$-Einheit mit acht X-Atomen über den Dreiecksflächen des Metalloktaeders liegen die Metallbindungen über den zwölf Oktaederkanten, die als zwölf Zweizentren-Zweielektronen-Bindungen beschrieben werden können. In einer $[M_6X_{12}]$-Einheit mit zwölf X-Atomen über den Oktaederkanten resultieren Metallbindungen über den acht Dreiecksflächen des Oktaeders, die als acht Dreizentren-Zweielektronen-Bindungen beschrieben werden können.

Diese vereinfachten Betrachtungen stehen mit den Resultaten von MO-Rechnungen im Einklang. Werden nur die Wechselwirkungen der $6 \cdot 5$ d-Orbitale eines $[M_6]$-Clusters berücksichtigt, so ist ein Orbital eines jeden Metallatoms (z.B. x^2-y^2) für Bindungen mit den vier X-Atomen zuständig, die nahezu quadratisch um das Metallatom angeordnet sind (vgl. Abb. 3.99). Ein weiteres Orbital (z.B. z^2) ist zu Wechselwirkungen mit äußeren X-Atomen befähigt. Dieses (z^2-)Orbital und die drei „t_{2g}"-Orbitale des MX_5-Fragmentes bilden zusammen vier d-Orbitale, die zu Metall–Metall-Wechselwirkungen befähigt sind (Abb. 3.102). Aus den $6 \cdot 4$ d-Orbitalen eines $[M_6]$-Clusters entstehen für die $[M_6X_8]$-Einheit zwölf bindende Orbitalkombinationen, die entlang der Oktaederkanten und in das Oktaederzentrum gerichtet sind. Für die $[M_6X_{12}]$-Einheit entstehen acht bindende Orbitalkombinationen, die entlang der Dreiecksflächen des Metalloktaeders und in das Oktaederzentrum gerichtet sind. Bindungen zwischen Metallatomen werden stets entlang derjenigen Richtungen ausgebildet, entlang derer keine Metall–Halogen-Bindungen vorliegen, um so der elektronischen Abstoßung auszuweichen.

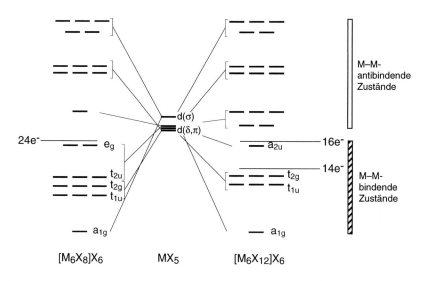

Abb. 3.102 Orbitaldiagramme der Metall–Metall-Zustände oktaedrischer Metallcluster in $[M_6X_8]X_6$- und $[M_6X_{12}]X_6$-Einheiten (O_h-Symmetrie).

Die bindenden Zustände für einen $[M_6X_8]$-Cluster ordnen sich mit steigender Energie gemäß a_{1g}, t_{1u}, t_{2g}, t_{2u} und e_g, die für einen $[M_6X_{12}]$-Cluster gemäß a_{1g}, t_{1u}, t_{2g} und a_{2u}. Stimmt die Anzahl der verfügbaren Elektronenpaare mit der Anzahl der Flächen oder der Kanten des Clusters überein, so spricht man von elektronenpräzisen Clustern. Dieses trifft für Einheiten $[M_6X_8]^{4+}$, wie z.B. Mo_6Cl_{12} mit $6 \cdot 6$ e⁻ $- 12 \cdot 1$ e⁻ $= 24$ e⁻ und $[M_6X_{12}]^{2+}$, wie z.B. Nb_6Cl_{14} mit $6 \cdot 5$ e⁻ $- 14 \cdot 1$ e⁻ $= 16$ e⁻ zu, in denen alle M–M-bindenden Zustände vollständig mit Elektronen besetzt sind. Stehen mehr oder weniger Elektronen zur Verfügung, so werden die Metall–Metall-Bindungen geschwächt und eine Verzerrung des Metalloktaeders wird möglich. Während die Besetzung mit weniger als 16 oder 24 Elektronen keine Seltenheit ist, tritt eine Besetzung mit mehr als diesen idealen Elektronenzahlen nur selten auf (vgl. W_6Cl_{18}).

Oft ist der Abstand zwischen den Metallatomen im Cluster ein Maßstab für dessen Oxidationszustand. Bei der Oxidation von Nb_6Cl_{14} werden Elektronen aus bin-

denden Metall–Metall-Zuständen entfernt, und die Abstände zwischen den Metallatomen nehmen zu:

$$[Nb_6Cl_{12}]^{2+}(16\ e^-) \rightarrow [Nb_6Cl_{12}]^{3+}(15\ e^-) \rightarrow [Nb_6Cl_{12}]^{4+}(14\ e^-)$$

Nb–Nb-Abstände: 292 pm   297 pm   302 pm

In interstitiell zentrierten Zirconiumclustern $[Zr_6(Z)X_{12}]$ und in Metallclustern der
Oxide $[Nb_6O_{12}]$ liegt der a_{2u}-Zustand im Bereich antibindender Nb–O-Zustände,
weshalb die Metallzustände dieser Verbindungen oft nur 14 Elektronen enthalten.
Halogenverbrückte Metallcluster sind elektrische Halbleiter, da ihre Elektronen in
Metall–Metall-Bindungen (semi-)lokalisiert sind. Werden zwischen benachbarten
Metallclustern Metall–Metall-Bindungen wirksam, so gelten veränderte elektronische Kriterien. Dabei werden aus diskreten MO-Zuständen der isolierten $[M_6X_8]$-
oder $[M_6X_{12}]$-Fragmente Energiebänder, und metallische Eigenschaften kommen
in Betracht. Unter den $[M_6X_8]$-Clustern sind für X = S oder S und Halogen metallische Leiter (Supraleiter) bekannt, sofern weniger als 24 Elektronen für Metallbindungen zur Verfügung stehen.

3.8.8.5.2 Zentrierte oktaedrische Metallcluster

Die elektronenärmeren Metalle der Gruppe 4, insbesondere aber Zirconium, bilden
metallreiche Metallhalogenide, deren oktaedrische Cluster stets durch (interstitielle) Atome zentriert sind. Da die Strukturen von Verbindungen mit zentrierten
Metallclustern manchmal zu Strukturen mit leeren Metallclustern isotyp sind, kann
angenommen werden, dass die zentrierenden Atome den Elektronenmangel der
Metallcluster kompensieren. Ein Beispiel hierfür sind die isotypen Strukturen von
Nb_6Cl_{14} und Ti_6CCl_{14}. Aus MO-Rechnungen an einem $[M_6ZX_{12}]$-Cluster mit einen
interstitiellen Hauptgruppenelement (Z) wurde abgeleitet, dass die Wechselwirkungen zwischen den Orbitalen der $[M_6X_{12}]$-Einheit mit den 2 s- und 2 p-Orbitalen des
Hauptgruppenelements keine zusätzlichen bindenden Energiezustände erbringen.
Die Valenzelektronen des Hauptgruppenelements werden zu den Clusterelektronen
hinzugerechnet. Für Ti_6CCl_{14} resultiert daraus die formale Zählweise: $6 \cdot 4 + 4 - 14$
= 14. Oft sind zentrierte Metallcluster des $[M_6X_{12}]$-Typs nur mit 14 (vgl. Zr_6CCl_{14})
anstatt mit 16 (vgl. Zr_6CCl_{12}) Clusterelektronen stabil, da der bindende Charakter
der a_{2u}-Kombination dem Einfluss verschiedener Faktoren unterliegt, wie z.B. den
Metall–Metall-Abständen im Cluster und dem Grad der Kontraktion der d-Orbitale.

Wenn ein Metallhalogenid vom $[M_6X_{12}]$-Typ durch ein 3 d-Metallatom (Z) zentriert ist, spalten die 3d-Orbitale im oktaedrischen Ligandenfeld des Clusters in Orbitalsätze mit t_{2g}- und e_g-Symmetrie auf. Bedingt durch die Wechselwirkungen mit
Orbitalen gleicher Symmetrie des Clusters resultiert nur eine bindende t_{2g}-Kombi-
nation (und eine unbesetzte antibindende t_{2g}-Kombination bei hoher Energie), weshalb die t_{2g}-Orbitale des 3d-Metalls keine neuen Energiezustände hinzu bringen.
Lediglich durch die e_g-Zustände des 3d-Metalls kommen zwei Energieniveaus hinzu. Da die a_{2u}-Energieniveaus wie im Fall der Metalloxidcluster eher antibindend

sind, benötigen $[M_6ZX_{12}]$-Cluster 18 Elektronen, um alle bindenden Energiezustände des Clusters zu besetzen. Beispiele sind Zr_6CoCl_{15} mit $6 \cdot 4 + 9 - 15 = 18$, Zr_6FeCl_{14} mit $6 \cdot 4 + 8 - 14 = 18$ (Tab. 3.35) und Y_6NiI_{10} mit $6 \cdot 3 + 10 - 10 = 18$ Elektronen (Tab. 3.38).

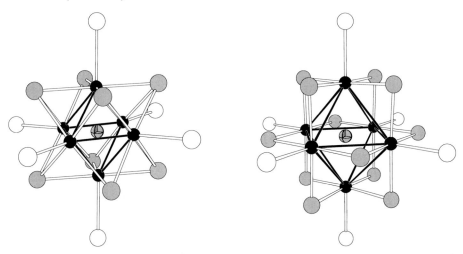

Abb. 3.103 Ausschnitte aus den Strukturen von Nb_6HI_{11} (links) und Zr_6CoCl_{15} (rechts). Die den Cluster zentrierenden Co- und H-Atome und innere Halogenatome sind grau gezeichnet. Verbrückende Halogenatome der äußeren Koordination sind als leere Kugeln dargestellt.

Tab. 3.35 Beispiele für zentrierte oktaedrische Metallcluster und ihre Verknüpfung.

Verbindung(en)	Verbrückung	Strukturtyp
Nb_6HI_{11}	$(Nb_6HI_8{}^i)I_{\frac{6}{2}}{}^{a-a}$	gefüllter Nb_6I_{11}-Typ
Nb_6HI_9S	$(Nb_6HI_6{}^iS_{\frac{2}{2}}{}^{i-i})I_{\frac{6}{2}}{}^{a-a}$	gefüllter Nb_6I_9S-Typ[a]
Ti_6CCl_{14}	$(Ti_6CCl_{12}{}^i)Cl_{\frac{4}{2}}{}^{a-a}$	gefüllter Nb_6Cl_{14}-Typ
Zr_6ZCl_{14} (Z = H, Be, B, C, Fe)	$(Zr_6ZCl_{12}{}^i)Cl_{\frac{4}{2}}{}^{a-a}$	gefüllter Nb_6Cl_{14}-Typ
Zr_6ZX_{12} (Z = H, Be, B, C)	$(Zr_6ZX_6{}^iX_{\frac{6}{2}}{}^{i-a})X_{\frac{6}{2}}{}^{a-i}$	–
Zr_6ZCl_{15}(Z = Co, Ni)	$(Zr_6ZCl_{12}{}^i)Cl_{\frac{6}{2}}{}^{a-a}$	gefüllter Nb_6F_{15}-Typ
$[Hf_6ZCl_{14}]^-$ (Z = B, C)	$(Hf_6ZCl_{12}{}^i)Cl_{\frac{4}{2}}{}^{a-a}$	gefüllter Nb_6Cl_{14}-Typ

[a] über innere Schwefelatome und äußere Iodatome zu eindimensionalen Strängen verknüpft.

Die Hydridhalogenide Nb_6HI_{11} und Nb_6HI_9S werden durch Erhitzen der wasserstofffreien Verbindungen in Gegenwart von H_2 dargestellt. Die Wechselwirkung eines interstitiell eingebauten Wasserstoffatoms mit dem Metallcluster verhält sich wie folgt: Durch die Wechselwirkung des H 1s-Orbitals mit dem gefüllten a_{1g}-Zustand wird die bindende 1s–a_{1g}-Kombination abgesenkt und die antibindende

1s–a_{1g}-Kombination über das Fermi-Niveau angehoben. Damit bleibt die Anzahl bindender Energiezustände unverändert, nur die Anzahl der Elektronen wird um ein Elektron (auf 20 e$^-$/Cluster für Nb_6HI_{11} und Nb_6HI_9S) erhöht.

Typische Vertreter für zentrierte Metallcluster sind Zirconiumhalogenide mit über 100 bekannten Strukturbeispielen.[62]

Halogenokomplexe mit oktaedrischen Metallclustern lassen sich von den binären Verbindungen mit $[M_6X_{12}]$- oder $[M_6X_8]$-Einheiten ableiten. Strukturen des Formeltyps $A_4M_6Cl_{18}$ (A = Alkalimetall, In, Tl; M = Nb, Ta) enthalten isolierte $[M_6Cl_{12}{}^iCl_6{}^a]^{4-}$-Ionen. Entsprechende Verbindungen werden durch Reaktionen wie $Nb_6Cl_{14} + 4\ ACl \rightarrow A_4Nb_6Cl_{18}$ bei 800 °C dargestellt. Diese luftstabilen Niob- und Tantalhalogenide lösen sich wie auch Nb_6Cl_{14} in polaren Lösemitteln, wobei durch die $[Nb_6Cl_{12}]^{2+}$-Ionen oliv-grüne Lösungen entstehen. Die Rekristallisation aus Wasser liefert das Hydrat $Nb_6Cl_{14} \cdot 8H_2O$.

Die feuchtigkeitsempfindlichen Zirconiumhalogenide bilden eine breite Palette von Verbindungen mit leicht variierender Anzahl von Clusterelektronen der allgemeinen Zusammensetzung $A_xZr_6(Z)Cl_{12}{}^iCl_n$ mit $0 \leq n \leq 6$ und $0 \leq x \leq 6$, für die $LiZr_6(Fe)Cl_{12}{}^iCl_{\frac{6}{2}}{}^a$ und $Li_6Zr_6(H)Cl_{12}{}^iCl_6{}^a$ Beispiele sind.

3.8.8.5.3 Strukturen mit $[M_6X_8]$-Einheiten und Chevrel-Phasen

Im Fall der elektronenärmeren Metalle der Gruppe 5 stellt die Ausbildung von $[M_6X_8]$-Einheiten mit Nb_6I_{11} eine Ausnahme dar, nicht aber für die Chalkogenid-Halogenide von Molybdän und Rhenium. Ausgehend von binären Molybdänhalogeniden, wie z.B. Mo_6Br_{12} existiert eine Reihe von Verbindungen in denen Halogenatome sukzessive durch Chalkogenatome ersetzt sind. Allerdings werden diese Verbindungen nicht durch Ionenaustauschreaktionen, sondern durch gezielte Einzelreaktionen erzeugt. Die binäre Verbindung Mo_6X_8 (X = S, Se) entsteht durch Deintercalation des Metallatoms A aus $A_xMo_6X_8$.

Bei der formalen Substitution von zwei einwertigen Anionen gegen ein zweiwertiges Anion wird die Anzahl der Anionen am Metallcluster vermindert. Dabei gehen Brücken der Verknüpfung a–a zugunsten von Verbrückungen durch innere Nichtmetallatome i–a und a–i verloren. Durch die engere Verknüpfung werden direkte Wechselwirkungen zwischen benachbarten $[M_6]$-Clustern möglich.

$Mo_6Br_{10}S \rightarrow \quad Mo_6Br_8S_2 \rightarrow Mo_6Br_6S_3 \rightarrow Mo_6Br_2S_6 \rightarrow \quad\quad Mo_6S_8$

$(Mo_6Br_7{}^iS^iBr_{\frac{6}{2}}{}^{a-a}) \quad\quad\quad\quad\quad\quad\quad\quad\quad\quad\quad (Mo_6S_2{}^iS_{\frac{6}{2}}{}^{i-a}S_{\frac{6}{2}}{}^{a-i})$

Halbleiter	Halbleiter	Halbleiter	Metall, Supraleiter	Metall, Supraleiter
24 e$^-$	24 e$^-$	24 e$^-$	22 e$^-$	20 e$^-$

Bedingt durch direkte Metall–Metall-Wechselwirkungen zwischen benachbarten Clustern verlieren die für die isolierten Cluster berechneten MO-Schemata ihre Gültigkeit. Die auf Basis der dreidimensionalen Verknüpfung vorliegende elektronische Struktur kann anhand einer Bandstruktur beschrieben werden. Mit weniger als 24 Elektronen in den M–M-Bindungen in einer $[M_6X_8]$-Einheit treten für Molybdän(halogenid)chalkogenide metallische und bei tiefen Temperaturen supraleitende Eigenschaften auf. Mit 24 Elektronen in diesen Zuständen liegt eine Bandlücke zwischen den bindenden und antibindenden Zuständen, und die Verbindungen sind Halbleiter.

Die ternären Molybdänchalkogenide $A_xMo_6Y_8$ (Y = S, Se, Te; A = Pb, Sn, Ba, Au, Cu, Li, Lanthanoid usw.) werden als Chevrel-Phasen bezeichnet.[63] Unter diesen ist die Verbindung $Pb_xMo_6S_8$ (0,9 < x < 1) wegen ihrer supraleitenden Eigenschaften und wegen ihres hohen Wertes der kritischen Feldstärke die bekannteste (Abb. 104).

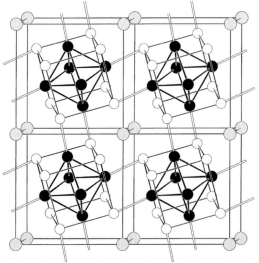

Abb. 3.104 Vier Elementarzellen der Chevrel-Phase $PbMo_6S_8$. Die Mo–Mo-Abstände zwischen benachbarten Clustern betragen 327 pm, die innerhalb eines Clusters 267 – 274 pm (272 pm in Molybdän-Metall).

Da Rhenium noch elektronenreicher ist, sind zweiwertige Anionen zur Ausbildung von Strukturen mit $[M_6X_8]$-Einheiten erforderlich, um die Besetzung antibindender Zustände zu vermeiden. Ähnlich wie bei den Molybdänverbindungen werden diskrete Cluster ($Re_6S_4Cl_{10} = M_6X_8^iX_6^a$-Typ) mit steigendem Chalkogengehalt zunehmend enger verknüpft.

3.8.8.5.4 Trigonale Metallcluster

Zu den metallreichen Metallhalogeniden mit dreieckigen Metallclustern gehören die Verbindungen Nb_3X_8 und $(ReCl_3)_3$. Nb_3Br_8 und Nb_3I_8 kommen je nach Herstellungstemperatur als stabile Modifikationen ihrer Tieftemperaturphase (α) oder ihrer Hochtemperaturphase (β) vor. Bedingt durch Fehlstellen im Metallteilgitter zeigen die Verbindungen α-Nb_3X_8 Phasenbreiten ($Nb_{3-\delta}X_8$) in Richtung Trihalogenid. Die Strukturen (Abb. 3.105) zeigen Analogien zu den Strukturen der Cadmiumhalogenide, wobei die Niobatome in Nb_3X_8 nur $\frac{3}{4}$ der vorhandenen Oktaederlücken in jeder zweiten Oktaederlückenschicht besetzen:

α-Nb_3X_8 (X = Cl, Br, I)   hdP der Anionen: $A\gamma_{\frac{3}{4}}B\square$, A... (defekter CdI_2-Typ)

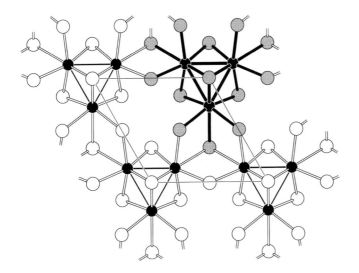

Abb. 3.105 Ausschnitt aus einem Br-Nb-Br-Schichtpaket der Nb_3Br_8-Struktur, als Projektion auf die hexagonale ab-Ebene (Raumgruppe $R\overline{3}$). Die Nb–Nb-Abstände innerhalb der trigonalen Cluster betragen 288 pm und die zwischen benachbarten Metallclustern 420 pm. Die hervorgehobene $[Nb_3Br_{13}]$-Einheit entspricht dem Motiv dreier $[NbBr_6]$-Oktaeder, die gemeinsame Kanten miteinander teilen.

Die β-Nb_3X_8 (X = Br, I) Phasen bilden prinzipiell die gleichen Strukturen aus, jedoch mit einer komplizierteren Abfolge der X–Nb–X-Schichtpakete.

Für elektronenpräzise dreikernige Cluster kommen sechs Elektronen für die Besetzung von drei Metall–Metall-Bindungen in Betracht (vgl. α-$Na_2Ti_3Cl_8$). Für die Strukturen von Nb_3X_8 kommt pro Formeleinheit noch ein weiterer, schwach bindender Energiezustand hinzu, der mit einem Elektron besetzt ist. Daher ist die Nb_3X_8-Struktur mit sechs bis acht Elektronen pro Formeleinheit stabil (Nb_3SBr_7, Nb_3Cl_8, $NaNb_3Cl_8$). Die Verbindungen Nb_3X_8 sind paramagnetische Halbleiter.

Die Strukturen der Rheniumtrihalogenide $(ReX_3)_3$ enthalten dreieckige Rheniumcluster, die in Re_3Cl_9 und Re_3Br_9 zu Schichten und in Re_3I_9 zu Bändern verknüpft sind (Abb. 3.106). Re_3Cl_9 löst sich in HCl als $Re_3Cl_{12}^{3-}$. In $Re_3Cl_{12}^{3-}$ wie auch in Re_3Cl_9 und Re_3Br_9 sind die Rheniumatome verzerrt quadratisch-pyramidal von Halogenatomen umgeben.

Werden nur Wechselwirkungen der 3·5 d-Orbitale berücksichtigt, so sind drei d-Orbitale einer $[Re_3Cl_9]$-Einheit an Re–Cl-Bindungen beteiligt und die übrigen zwölf bilden sechs bindende und sechs antibindende Kombinationen. Da alle bindenden Kombinationen für Re_3Cl_9 ($3·7 - 9·1 = 12$ Elektronen) besetzt sind, enthält jede Re–Re-Bindung vier Elektronen und damit die Bindungsordnung zwei (Re_3Cl_9 ist diamagnetisch). Im Vergleich zu Rhenium-Metall (274 pm) liegen daher in Re_3Cl_9 kürzere (249 pm) Re–Re-Abstände vor.

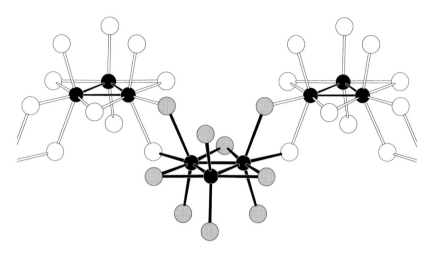

Abb. 3.106 Ausschnitt aus der Struktur von Re_3I_9 mit einer hervorgehobenen $[Re_3I_9]$-Einheit.

3.8.8.5.5 Trigonal-prismatische Metallcluster

Gemäß dem Symmetrieprinzip der Kristallchemie zeigen kristalline Festkörper das Bestreben, Anordnungen mit der höchstmöglichen Symmetrie zu bilden. Vielleicht sind aus diesem Grund trigonal-prismatische Cluster seltener. Es können zwei Gruppen unterschieden werden:

$[Nb_6SBr_{17}]^{3-}$	$[(Nb_6SBr_{12}{}^i)Br_4{}^aBr_{\frac{2}{2}}{}^{a-a}]^{3-}$
W_6CCl_{18}	$(W_6CCl_{12}{}^i)Cl_6{}^a$
$[W_6CCl_{18}]^-$	$[(W_6CCl_{12}{}^i)Cl_6{}^a]^-$
W_6CCl_{16}	$(W_6CCl_{12}{}^i)Cl_2{}^aCl_{\frac{4}{2}}{}^{a-a}$
Re_6Br_{12}	$(Re_6Br_6{}^i)Br_6{}^a$
$[Tc_6Cl_{14}]^{3-}$	$[(Tc_6Cl_6{}^iCl_2{}^i)Cl_6{}^a]^{3-b)}$

[b)] In der Struktur von $[Tc_6Cl_{14}]^{3-}$ (und $[Re_6Cl_{14}]^-$) sind zusätzlich noch die dreieckigen Flächen der Metallcluster durch Halogenatome (μ_3-)überdacht. Es resultieren 31 (29) Elektronen für M–M-Bindungen.

Die Verbindungen $A_3[Nb_6SBr_{17}]$ (A = Alkalimetall) enthalten schwefelzentrierte trigonal-prismatische $[Nb_6S]$-Einheiten, die entlang ihrer pseudo-dreizähligen Achse gestreckt sind (Abb. 3.107). Die Bindungsverhältnisse können aus der Nb_3X_8-Struktur abgeleitet werden, in der sieben Elektronen (pro $[Nb_3]$-Cluster) bindende Metallzustände besetzen. Mit insgesamt $3 + 6\cdot5 - 2(S) - 17 = 14$ Elektronen bestehen demnach für eine Clustereinheit in $A_3[Nb_6SBr_{17}]$ nur schwache Nb–Nb-Bindungen zwischen den Metalldreiecken. Bei dieser Zählweise wurde Schwefel als S^{2-} berücksichtigt (wie bei Nb_3SBr_7). Die kohlenstoffzentrierten trigonal-prismatischen Wolframcluster vom Typ $[W_6CCl_{18}]^{n-}$ mit n = 0, 1, 2, 3 haben gemäß der

Zählweise $6 \cdot 6 - 4(C) - 18 + n = 14$ bis 17 Elektronen. Beim Erhitzen zersetzen sich sie sich in W_2C.

Die leeren trigonal-prismatischen Cluster mit der $[M_6X_{12}]$-Einheit sind entlang der pseudodreizähligen Achse gestaucht. Für die Metallbindungen sind in Re_6Cl_{12} 30 Elektronen verfügbar. Diese verteilen sich formal auf sechs Einfachbindungen in den Metalldreiecken und auf drei Dreifachbindungen zwischen den Metalldreiecken. Zwei zusätzliche Elektronen besetzen in $[Tc_6Cl_{12}]^{2-}$ partiell antibindende Orbitale.

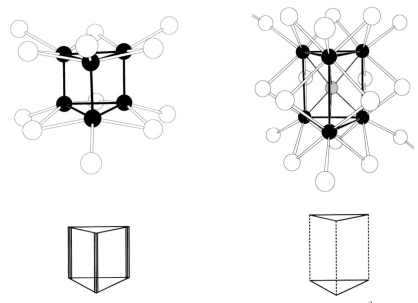

Abb. 3.107 Trigonal-prismatische Metallcluster Re_6Br_{12} (links) und $[Nb_6SBr_{17}]^{3-}$ (rechts). Die Metall–Metall-Abstände in und zwischen Metalldreiecken betragen für Re_6Br_{12} 265 pm und 226 pm und für $[Nb_6SBr_{17}]^{3-}$ 297 pm und 328 pm. Unter den Strukturen sind die M–M-Bindungsverhältnisse schematisch dargestellt. Für Re_6Br_{12} resultieren 30 Elektronen für Re–Re-Bindungen. In $[Nb_6SBr_{17}]^{3-}$ verteilen sich zweimal sechs Elektronen auf Bindungen innerhalb der Metalldreiecke und zwei weitere sind an Bindungen in und zwischen Metalldreiecken beteiligt.

In der Struktur von Tc_8Br_{12} teilen sich zwei trigonal-prismatische Technetium-Cluster eine gemeinsame Rechtecksfläche. Die Metallteilstruktur benötigt 44 Elektronen für zehn Einfach- und vier Dreifachbindungen.

3.8.9 Halogenide der Seltenerdmetalle

Die Ammoniumhalogenid-Route dient zur Darstellung von Seltenerdmetalltrihalogeniden (Chloride und Bromide) in einer zweistufigen Reaktion:

a. Fest-fest-Reaktion in einem Reaktionsrohr mit Kapillare:

$$Y_2O_3 + 12\ NH_4Cl \xrightarrow{230\,°C} 2\ (NH_4)_3YCl_6 + 6\ NH_3{\uparrow} + 3\ H_2O{\uparrow}$$

b. gefolgt von einer thermischen Zerlegung im Vakuum:

$$(NH_4)_3YCl_6 \xrightarrow{360\,°C} YCl_3 + 3\ NH_4Cl\uparrow$$

Bei dieser Methode wird die bei hohen Temperaturen (z.B. durch direkte Haloge-nierung mit Cl_2) kaum zu vermeidende Bildung von Oxidhalogenid (YOCl) unter-drückt.

3.8.9.1 Trihalogenide

Im Gegensatz zu den schweren Halogeniden mit X = Cl, Br oder I sind Trifluoride der Seltenerdmetalle gegen Feuchtigkeit und thermische Zersetzung stabil. Bei den Seltenerdmetalltrifluoriden von La–Ho tritt die nach dem Mineral Tysonit $(La_xCe_{1-x})F_3$ benannte LaF_3-Struktur auf. Die kleineren Seltenerdmetallfluoride $SmF_3 - LuF_3$ kristallisieren im YF_3-Typ.

$(ScF_3\quad YF_3)\ LaF_3\quad CeF_3\quad PrF_3\quad NdF_3\quad (Pm)\quad SmF_3\quad EuF_3\quad GdF_3\quad TbF_3\quad DyF_3\quad HoF_3\quad ErF_3\quad TmF_3\quad YbF_3\quad LuF_3$

├──────────── LaF_3-Typ ────────────┤

├──────────── YF_3-Typ ────────────┤

Die Existenzbereiche dieser beiden Formen überlappen für die Trifluoride von Sm, Eu, Gd, Tb, Dy und Ho, für die der LaF_3-Typ die Hoch- und der YF_3-Typ die Tief-temperaturmodifikation darstellen. Als Koordinationspolyeder um die Metallatome liegen in beiden Strukturen dreifach überdachte trigonale Prismen vor. Dasselbe Motiv enthält der UCl_3-Typ, in dem die Trichloride von La bis Gd unter Normalbe-dingungen kristallisieren (Abb. 3.108). Die auf diese Elemente folgenden Trichlori-de von Dy bis Lu kristallisieren im YCl_3-Typ ($\equiv$ Hoch-$CrCl_3$-Typ, vgl. 3. in Ab-schnitt 3.8.8.3).

Tab. 3.36 Strukturen von Trihalogeniden der Seltenerdmetalle.

Strukturtyp	Beispiele
LaF_3	MF_3 mit M = La–Ho[a] (Hochtemperaturmodifikation)
YF_3	MF_3 mit M = Sm–Lu (Tieftemperaturmodifikation)
UCl_3	MCl_3 mit M = La–Gd[a]; $LaBr_3$, $CeBr_3$, $PrBr_3$
YCl_3	MCl_3 mit M = Dy–Lu
$PuBr_3$	MI_3 mit M = La–Nd; $NdBr_3$, $SmBr_3$ und $TbCl_3$
BiI_3	MI_3 mit M = Sm–Lu

[a] Halogenide von Pm wurden nicht untersucht.

Die für die leichten Triiodide (LaI_3, CeI_3, PrI_3 und NdI_3) und auch einige Tribromi-de bekannte $PuBr_3$-Struktur (Abb. 3.108) enthält zweifach überdachte trigonal-pris-matische Koordinationen der Metallatome und zeigt Ähnlichkeiten zu Strukturen vom Typ Pr_2Br_5 (Abb. 3.110).

Nur wenige Fluoride sind mit zwei- oder vierwertigen Lanthanoidionen bekannt. Die Tetrafluoride CeF_4, PrF_4 und TbF_4 entstehen durch direkte Fluorierung der Trifluoride. Bei der Reduktion von Trifluoriden mit ihren Metallen entstehen die Difluoride SmF_2, EuF_2, TmF_2 und YbF_2 oder aber feste Lösungen aus MF_3/MF_2.

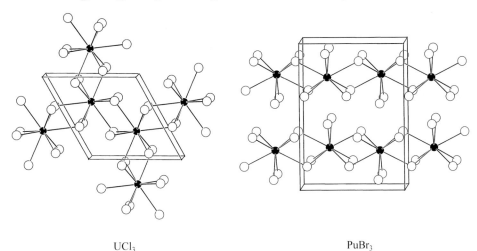

UCl_3 $PuBr_3$

Abb. 3.108 Strukturen von UCl_3 und $PuBr_3$.

3.8.9.2 Dihalogenide

Von den meisten Lanthanoidmetallen sind Dihalogenide MX_2 mit X = Cl, Br und I bekannt. Die meisten sind salzartige Verbindungen $M^{2+}(X^-)_2$ mit der $[Xe]4f^n5d^06s^0$-Konfiguration der Metallatome. Die Diiodide LaI_2, CeI_2, PrI_2, GdI_2 und ScI_2 werden als „metallische" Dihalogenide bezeichnet, weil ihre Metallatome im dreiwertigen Valenzzustand vorliegen und die Verbindungen oft metallische Eigenschaften besitzen. Im dreiwertigen Valenzzustand besitzen die Lanthanoidmetalle die $[Xe]4f^{n-1}5d^16s^0$-Konfiguration (Tab. 3.37). Durch ein d-Elektron pro Formeleinheit im (5d-)Leitungsband, ausgedrückt durch die Schreibweise $MI_2(e^-)$, tritt halbleitendes oder metallisches Verhalten auf (vgl. Bandstruktur von LaI_2, Abschnitt 3.5.4.4). Der $4f^n5d^06s^0 \rightarrow 4f^{n-1}5d^16s^0$-Konfigurationsübergang liegt für LaI_2, CeI_2 und PrI_2 vor. NdI_2 ist ein salzartiger d^0-Halbleiter.

Tab 3.37 Die „metallischen" Diiodide der Seltenerdmetalle.

Verbindung	Konfiguration	Strukturtyp
ScI_2	$[Ar]3d^1$	CdI_2
LaI_2	$[Xe]5d^1$	Ti_2Cu $(MoSi_2)$
CeI_2	$[Xe]4f^15d^1$	Ti_2Cu $(MoSi_2)$
PrI_2	$[Xe]4f^25d^1$	(I) Ti_2Cu $(MoSi_2)$, (II) 2H-MoS_2, (III) 3R-MoS_2, (IV) $CdCl_2$, (V) Pr_4I_8-Einheit
GdI_2	$[Xe]4f^75d^1$	2H-MoS_2

NdI_2 zeigt jedoch unter Druck einen f → d-Konfigurationsübergang vom zweiwertigen in den dreiwertigen Valenzzustand. Dieser Übergang ist mit einer strukturellen Veränderung und mit einem Halbleiter–Metall-Übergang gekoppelt (Abschnitt 3.1.7.3). Dabei entsteht der für intermetallische Verbindungen typische Ti_2Cu-Typ oder $MoSi_2$-Typ. Beide unterscheiden sich durch ihr c/a-Verhältnis. In diesem Strukturtyp kristallisiert $LaI_2(e^-)$ bereits unter Normalbedingungen (Abb. 3.31).

Von PrI_2 sind fünf Modifikationen bekannt. Die Modifikation V kann von der Spinell-Struktur abgeleitet werden: $MgAl_2O_4 \approx \square Pr_2I_4$. Dabei rücken die Pr-Atome jedoch aufeinander zu, so dass $[Pr_4]$-Cluster gebildet werden.

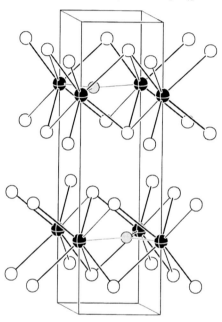

Abb. 3.109 Struktur von $LaBr_2H$. Wasserstoffatome sind grau gezeichnet.

GdI_2 kristallisiert im $2H$-MoS_2-Typ. Die magnetischen Momente der Gd^{3+}-Ionen sind innerhalb der Schichten ferromagnetisch geordnet (unterhalb T_C = 313 K). Magnetische Kopplungen zwischen benachbarten Schichten sind schwach antiferromagnetisch. In Dihalogeniden vom MoS_2-Typ (PrI_2, GdI_2) sind die Elektronen in Dreizentrenbindungen derjenigen Metallatome (semi)lokalisiert, deren Dreiecksflächen nicht durch Halogenatome überdacht sind, und es resultieren halbleitende Eigenschaften. Allerdings sind zahlreiche Hydridhalogenide der allgemeinen Formel MX_2H_n (n = 1) bekannt, die im aufgefüllten MoS_2- oder NbS_2-Typ kristallisieren. In den Verbindungen CeI_2H, $LaBr_2H$ und GdI_2H besetzen die Wasserstoffatome Positionen in den Metalldreiecken (Abb. 3.109). In diesen Hydridhalogeniden sind die Seltenerdmetalle dreiwertig und die Wasserstoffatome hydridisch, entsprechend $Ce^{3+}(Cl^-)_2H^-$. Mit dem Wasserstoffgehalt n = 1 ist für MX_2H_n die obere Grenzzusammensetzung erreicht, und es liegen farblose Verbindungen vor. Mit niedrigerem Wasserstoffgehalt (n < 1) sind die Verbindungen schwarz und halbleitend.[64]

Die Verbindungen $M_2X_5(e^-)$ (M = La, Ce, Pr; X = Br, I) enthalten dreiwertige Metallatome. Pro Formeleinheit M_2X_5 ist ein Elektron in einer Dreizentrenbindung der nicht halogenüberdachten Metalldreiecke semilokalisiert. Die bronzefarbenen Verbindungen sind Halbleiter und zeigen bei tiefen Temperaturen antiferromagnetische Ordnungszustände. Dabei sind die magnetischen Momente der Metallatome in Pr_2Br_5 längs einer Richtung parallel zueinander (Blickrichtung in Abb. 3.110) und längs der anderen Richtung paarweise antiparallel ($\uparrow\uparrow + \downarrow\downarrow$) zueinander angeordnet.

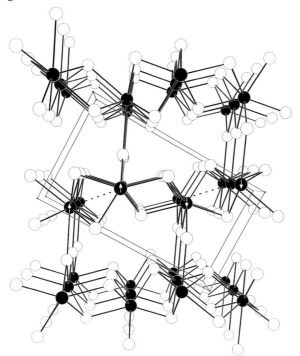

Abb. 3.110 Röntgenstruktur ($\equiv$ Neutronenstruktur) von Pr_2Br_5 (Z = 2). Pfeile deuten die Richtungen der magnetischen Momente unterhalb des antiferromagnetischen Ordnungspunktes bei T_N = 49 K an. Praseodymatome bilden lineare Bänder (gestrichelte Linien) aus eckenverknüpften Metalldreiecken entlang der Blickrichtung aus. Die Elektronen sind vermutlich in Einelektron-Dreizentren-Bindungen dieser Metalldreiecke semilokalisiert.

Die einzigen binären Halogenide der Seltenerdmetalle mit Metallclustern sind Y_2Cl_3, Gd_2Cl_3 (Abb. 3.111), Tb_2Cl_3, einige analoge Bromide und Sc_7Cl_{10}.*

Sesquihalogenide wie $Gd_2Cl_3(e^-)_3$ enthalten Elektronen, die Metall–Metall-Bindungen ausbilden. Wie Bandstrukturrechnungen, Photoelektronenspektren und

---

* Eine Wasserstoffkontamination von Sc_7Cl_{10} kann nicht ausgeschlossen werden.

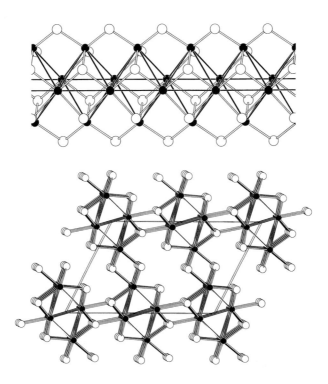

Abb. 3.111 Ausschnitte aus der Struktur von Gd_2Cl_3. Die Struktur enthält $[M_{4/2}M_2]$-Metall-oktaeder, die über zwei gegenüberliegende Kanten zu Strängen verknüpft sind. Halogen-atome überdachen alle freien Metalldreiecke nach Art eines $[M_6X_8]$-Clusters. Die Verbrückung der Einzelstränge miteinander zeigt das untere Bild.

Leitfähigkeitsmessungen zeigen, sind die Elektronen in Metall–Metall-Bindungen semilokalisiert. Mit Bandlücken um 1 eV sind die schwarzen Verbindungen Halbleiter.

Die Struktur von Sc_7Cl_{10} enthält oktaedrische Metallcluster, wie eine Vielzahl metallreicher Seltenerdmetallhalogenide, deren $[M_6(Z)X_{12}]$-Einheiten aber stets ein interstitielles Atom Z im Clusterzentrum enthalten. Als interstitielle Atome kommen Nichtmetallatome (H, B, C, N, Si) sowie Metallatome (Gruppen 7 bis 10) in Betracht. Für ternäre Seltenermetallhalogenide des $[M_6(Z)X_{12}]$-Typs mit interstitiellen Z-Atomen (Abb. 3.103, rechts) dominieren drei Formeltypen, für die in der Tab. 3.38 einige Beispiele aufgeführt sind. Ihre Bindungseigenschaften werden im Abschnitt 3.8.8.5.2 behandelt.

Außer einzelnen Atomen (Z) können die großen Hohlräume oktaedrischer Metallcluster auch C_2-Gruppen aufnehmen wie in $Sc_6(C_2)I_{11}$ und einer Reihe von Verbindungen mit kondensierten Metallclustern. Aus den ermittelten C–C-Abständen lassen sich Bindungsordnungen zwischen eins und zwei abschätzen. In der C_2-zentrierten trigonal-bipyramidalen [Pr$_5$]-Einheit in RbPr$_5$(C$_2$)Cl$_{10}$ bleiben mit C$_2^{6-}$ (C–C-Abstand 149 pm) keine Elektronen für die Pr–Pr-Bindungen übrig.

Tab. 3.38 Metallreiche Seltenerdmetallhalogenide mit halogenverbrückten [M$_6$(Z)X$_{12}$]-Einheiten.

Formeltyp	Beispiele
M$_7$(Z)X$_{12}$[a]	Sc$_7$(C)Cl$_{12}$, Sc$_7$(B)Cl$_{12}$, Sc$_7$(Co)I$_{12}$, Gd$_7$(C)Cl$_{12}$, Y$_7$(Z)I$_{12}$ mit Z = Mn, Fe, Co, Ru
M$_6$(Z)X$_{10}$	Y$_6$(Z)I$_{10}$ mit Z = Co, Ni, Ru, Rh, Os, Ir, Pt; Pr$_6$(Z)Br$_{10}$ mit Z = Ru, Rh, Co
M$_{12}$(Z)$_2$I$_{17}$[b]	Pr$_{12}$(Fe)$_2$I$_{17}$, Pr$_{12}$(Re)$_2$I$_{17}$, La$_{12}$(Fe)$_2$I$_{17}$

[a] M$_6$(Z)X$_{12}$ plus ein isoliert vom Metallcluster vorliegendes M^{3+} in oktaedrischer Umgebung von X.
[b] Zwei oktaedrische Cluster pro Formeleinheit.

3.8.9.3 Monohalogenide

Das einzige bisher bekannte Monohalogenid der Seltenerdmetalle ist LaI mit einer Struktur vom NiAs-Typ. Die Verbindung enthält La^{3+} mit der [Xe]5d^{2}6s^0-Konfiguration. Zwei Elektronen pro Formeleinheit besetzen das (5d-)Leitungsband, woraus Pauli-Paramagnetismus und vermutlich metallische Leitfähigkeit resultieren. LaI entsteht durch Reduktion von LaI$_3$ mit Lanthan-Metall bei 750 °C. Bei höheren Reaktionstemperaturen bildet sich LaI$_2$.

Andere in der Vergangenheit als Monohalogenide bekannt gewordene Verbindungen der Seltenerdmetalle enthalten Wasserstoff. Diese Halogenidhydride MXH existieren für alle Seltenerdmetalle. Bei den Halogenidhydriden MXH sind farblose salzartige und dunkle metallische Verbindungen zu unterscheiden. Halogenidhydride MXH der zweiwertigen Ionen M = Eu, Yb und Sm kristallisieren im salzartigen PbFCl-Typ, der auch von den Halogenidhydriden der Erdalkalimetallverbindungen MXH mit M = Ca, Sr, Ba eingenommen wird. Die Halogenidhydride mit dreiwertigen Seltenerdmetallionen MXH$_x$ mit der oberen Grenzzusammensetzung x = 1 kristallisieren in aufgefüllten Stapelvarianten der ZrCl- oder ZrBr-Struktur, in denen Wasserstoffatome tetraedrische Lücken innerhalb der Metalldoppelschichten besetzen. Durch Erhitzen von MXH$_x$ (mit x $\leq$ 1) unter Wasserstoff entstehen in topochemischen Reaktionen die Verbindungen MXH$_2$ (YClH$_2$, CeClH$_2$, PrClH$_2$, usw.). Alle Elektronen befinden sich entsprechend der salzartigen Formulierung M^{3+}X$^-$(H$^-$)$_2$ in heteropolaren Bindungen, und die Verbindungen haben isolierende Eigenschaften. Die zusätzlichen Wasserstoffatome besetzen oktaedrische Lücken innerhalb der Metalldoppelschichten.

Ebenfalls eng verwandt mit den Strukturen von ZrX (X = Cl, Br) sind die Strukturen von Verbindungen M$_2$X$_2$C, M$_2$X$_2$C$_2$ und M$_2$XC, die Abfolgen ihrer Schichtpakete gemäß ...XM(C)MX..., ...XM(C$_2$)MX... und ...XM(C)M... zeigen.

Wie in den Strukturen der Zirconiummonohalogenide können die Metalldoppelschichten als zu Schichten verknüpfte Oktaeder betrachtet werden. Die Zentren der Metalloktaeder sind in $Gd_2Br_2C_2$ (Abb. 3.112) und Gd_2Br_2C mit C_2-Einheiten und C-Atomen besetzt. Die ionischen Formulierungen lauten $(Gd^{3+})_2(Br^-)_2(C_2)^{4-}$ (C–C-Abstand 127 pm) und $(Gd^{3+})_2(Br^-)_2C^{4-}$. Die aus Raman-Spektren für die C–C-Streckschwingung (1578 cm^{-1}) berechnete Kraftkonstante ergibt die Bindungsordnung 1,9. Obwohl in der ionischen Formulierung keine überschüssigen Elektronen vorhanden sind, zeigen die goldfarbenen Plättchen von $Gd_2Br_2C_2$ metallische Leitfähigkeit. Für ein C_2^{4-}-Ion sind die antibindenden π_g*-Zustände mit zwei Elektronen besetzt. Da für $Gd_2Br_2C_2$ die π_g*-Zustände mit den leeren Gadolinium d-Zuständen mischen (π_g*→d-Rückbindung) resultiert eine Delokalisierung von Elektronen (vgl. UC_2, Abschnitt 3.8.3.4.1), die für Gd_2Br_2C mit dem C^{4-}-Ion nicht auftreten kann.

Für die graphitartig aussehenden Plättchen von Gd_2ClC lautet die ionische Formulierung $(Gd^{3+})_2Cl^-C^{4-}(e^-)$. In der Struktur wechseln sich Metalldoppelschichten und Einfachschichten von Halogenatomen ab. Aus der Delokalisierung eines Elektrons pro Formeleinheit resultiert metallische Leitfähigkeit, die wie bei $Gd_2Br_2C_2$ innerhalb der Schichten deutlich stärker ausgeprägt ist als senkrecht zu den Schichten. Zudem wird für Verbindungen $M_2X_2C_2$ bei niedrigen Temperaturen Supraleitung beobachtet.

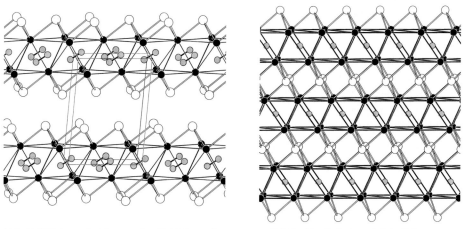

Abb. 3.112 Ausschnitte aus den Schichtstrukturen von $Gd_2Br_2C_2$ (links) und Gd_2ClC (rechts).

3.9 Keramische Materialien

Zu den keramischen Materialien zählen feste Stoffe, die weder metallische, intermetallische noch organische Verbindungen sind. Neben traditionellen Vertretern wie Ton und Porzellan bilden die Hochleistungskeramiken eine eigenständige

Gruppe von Materialien, der ein hohes Potential für technische Verwendungen zu-geschrieben wird. Hochleistungskeramiken enthalten bestimmte Oxide, Nitride, Carbide oder Boride vorzugsweise des Aluminiums, des Siliciums und der Me-talle.[65, 66]

3.9.1 Herstellung von Hochleistungskeramiken

Die Darstellung von Keramiken erfolgt durch fest-fest-Reaktionen (vgl. Abschnitt 3.1.2), die in diesem Zusammenhang auch als „keramische Methode" bezeichnet werden. Hiernach werden Hochleistungskeramiken aus Pulvern hoher Reinheit her-gestellt, die zu einem so genannten Grünkörper gepresst und anschließend durch Sintern verdichtet werden. Die Präparation des Ausgangsmaterials ist für die Quali-tät des Produktes von entscheidender Bedeutung. Zur Herstellung eines gleichmä-ßigen Grünkörpers müssen die Teilchengrößen der Pulver im Submikrometerbe-reich (0,1 bis 0,005 μm) liegen. Die Bildung von Agglomeraten im Grünkörper er-zeugt Probeninhomogenitäten, die nach dem Sintern als festigkeitsmindernde Feh-ler im Werkstück erhalten bleiben.

Die wichtigsten Verfahrensschritte zur Darstellung von Keramiken sind: Pulver-herstellung, Pulveraufbereitung, Formgebung, Ausheizen von Dispersionsmitteln und Sintern des Grünkörpers zum so genannten Weißkörper.

3.9.2 Cermets und Composites

Eine nachteilige Eigenschaft von Keramiken ist ihre Sprödigkeit. Ein eingetretener Bruch oder Haarriss führt zu einer drastischen Verringerung der Festigkeit des Ma-terials. Bei den aus mehreren Komponenten aufgebauten Keramiken können be-stimmte Eigenschaften in Abhängigkeit von der Zusammensetzung optimiert wer-den (vgl. stabilisiertes ZrO_2).

Cermets sind aus zwei getrennten Phasen zusammengesetzte Verbundwerkstof-fe. Die Abkürzung *Cermet* steht für die Kombination von *cer*amics und *met*als. Ihre Herstellung erfolgt gemäß der keramischen Methode von Hochleistungskeramiken aus homogenen Gemengen keramischer Pulver und Metallpulver. In WC/Co-Cer-mets ist die Härte von WC mit der Zähigkeit des Metalls zu einem bedeutenden Hartstoff kombiniert.

Analog hergestellte Kombinationen keramischer Materialien werden Komposite (Composites) genannt (z.B. Si_3N_4/SiC-Komposite).

3.9.3 Einteilung keramischer Materialien

Die Einteilung keramischer Materialien (Tab. 3.39) gemäß ihrer chemischen Zu-sammensetzung führt in einfachsten Fällen zu binären oder ternären Silicaten, Oxi-den, Boriden, Carbiden, Nitriden und Siliciden (vgl. Abb. 3.113). Von diesen zäh-len Silicate zu den traditionellen Keramiken, soweit sie aus Naturstoffen wie To-nen, Sanden und Kaolinen dargestellt werden.

Tab. 3.39 Klassifizierung keramischer Materialien gemäß ihrer chemischen Zusammensetzung mit wichtigen Beispielen für die einzelnen Stoffgruppen.

Silicate	Oxide	Boride	Carbide	Nitride	Silcide
$3Al_2O_3 \cdot 2SiO_2$	Al_2O_3	TiB_2	SiC	Si_3N_4	$MoSi_2$
Al_2SiO_5	ZrO_2	ZrB_2	B_4C	BN	WSi_2
$Al_2(OH)_2Si_4O_{10}$	TiO_2	LaB_6	WC	AlN	
	Ferrite ($MO \cdot Fe_2O_3$)		TiC	TiN	
Glaskeramiken	Titanate ($BaTiO_3$)		TaC	ZrN	
	Cuprat-Supraleiter		NbC		

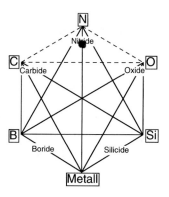

Abb. 3.113 Die Nichtmetalle Kohlenstoff, Stickstoff und Sauerstoff, die Halbmetalle Bor und Silicium bilden zusammen mit einem geeigneten Metall ein Sechsstoffsystem, deren Konzentrationssimplex in die Bildebene projiziert ist. Aus den möglichen Kombinationen ergeben sich insgesamt 15 binäre, 20 ternäre, 15 quaternäre und 6 quinternäre Mischungssysteme für keramische Materialien.

Hochleistungskeramiken können grob in Struktur- und Funktionskeramik unterteilt werden. Zur Strukturkeramik zählen Werkstoffe, die vorwiegend mechanischen Belastungen standhalten können. Funktionskeramiken sind Werkstoffe, die elektrische, magnetische oder optische Eigenschaften besitzen.

3.9.3.1 Silicatkeramik

Silicatkeramik ist durch ihren SiO_2-Gehalt gekennzeichnet. Entsprechende Werkstoffe werden als Grob- und Feinkeramik eingeteilt. Zur Grobkeramik gehören Baustoffe wie Ziegel, Klinker und feuerfeste Steine, zur Feinkeramik Porzellan (Geschirr, Dentalporzellan), Steingut (Fliesen, Sanitärwaren) usw.
Zur Darstellung von Porzellan dient eine Mischung aus Kaolin-Mineralien *Kaolinit* ($Al_2(OH)_4Si_2O_5$), Quarzsand (SiO_2) und Feldspat (z.B. Natronfeldspat: $NaAlSi_3O_8$). Vom Mischungsverhältnis dieser drei Komponenten hängen die Eigenschaften eines Porzellans ab. Der Anteil Kaolinit beeinflusst die Hitzebeständigkeit von Porzellan.

Weitere wichtige keramische Rohmaterialien auf Alumosilicatbasis sind:

- *Mullit* ($2Al_2O_3 \cdot SiO_2$ bis $3Al_2O_3 \cdot 2SiO_2$) entsteht bei der thermischen Zersetzung von Kaolinit, Sillimanit oder Montmorillonit unter Abscheidung von SiO_2. Es ist Bestandteil in feuerfesten Werkstoffen und dient als Trägersubstanz von Abgaskatalysatoren.
- *Sillimanit* ($Al_2O_3 \cdot SiO_2$ bzw. $Al[AlSiO_5]$) ist ein Rohstoff für feuerfeste Materialien.
- *Montmorillonit* ($Al_2(OH)_2Si_4O_{10} \cdot x\ H_2O$) ist ein Rohstoff für keramische Materialien.

3.9.3.2 Oxidkeramik

Aluminiumoxid ist als Sinterkorund der verbreitetste oxidkeramische Werkstoff. Gesintertes α-Al_2O_3 ist chemisch und mechanisch resistent, thermisch belastbar (Smp. 2045 °C) und zeichnet sich durch elektrische Isolation sowie hohe thermische Leitfähigkeit aus.

Zirconiumdioxid bildet mehrere Modifikationen. Die stabilste Form ist das Mineral Baddeleyit. Es wandelt sich bei etwa 1100 °C reversibel in eine tetragonale Modifikation um, die bei etwa 2350 °C in den kubischen Fluorit-Typ übergeht.

$$ZrO_2 \text{ (monoklin)} \xrightleftharpoons{1100\,°C} ZrO_2 \text{ (tetragonal)} \xrightleftharpoons{2350\,°C} ZrO_2 \text{ (kubisch, Fluorit-Typ)}$$

$$\rho = 5{,}6 \text{ g/cm}^3 \qquad\qquad \rho = 6{,}1 \text{ g/cm}^3 \qquad\qquad \rho = 6{,}3 \text{ g/cm}^3$$

In der monoklinen Struktur besitzen die Zirconiumatome die Koordinationszahl sieben. Die tetragonale Struktur entspricht einem verzerrten Fluorit-Typ. Anstatt von acht Sauerstoffnachbarn im Abstand Zr–O von 220 pm, wie in der kubischen Struktur von ZrO_2, besitzt jedes Zr der tetragonalen Form vier kürzere (207 pm) und vier längere (246 pm) Zr–O-Abstände. Die Anwendung von reiner ZrO_2-Keramik ist durch die Phasenumwandlung bei 1100 °C eingeschränkt. Beim Abkühlen erfolgt stets ein Übergang in die monokline Form, wobei die mit dem Phasenübergang verbundene Volumenzunahme Risse im Material erzeugt. Die kubische ZrO_2-Struktur kann aber durch Zusätze von MgO, CaO oder Y_2O_3 zu einem temperaturwechselbeständigen Material stabilisiert werden. Feste Lösungen von stabilisiertem ZrO_2 (z.B. $ZrO_2(Y_2O_3)$) mit kubischer Fluorit-Struktur sind beim Abkühlen bis herab zu RT stabil. Allgemein wird zwischen teil- und vollstabilisiertem tetragonalen oder kubischen ZrO_2 unterschieden. Tritt in teilstabilisiertem tetragonalen ZrO_2 ein Riss auf, so erfolgt an dieser Stelle beim Abkühlen ein druckinduzierter Phasenübergang in die monokline Form. Die dabei freiwerdende Energie und die Volumenzunahme heilen den Riss aus.

Neben binären Oxidkeramiken kommen zahlreiche ternäre Verbindungen für technische Anwendungen in Betracht (Tab. 3.39), von denen einige Beispiele im Abschnitt 3.8.5 vorgestellt sind.

3.9.3.3 Boridkeramik (siehe Abschnitt 3.8.2.5)

3.9.3.4 Carbidkeramik

Siliciumcarbid entsteht bei der carbothermischen Reduktion von SiO_2 oder durch thermische Zersetzung von CH_3SiCl_3. Reines SiC ist ein farbloser Feststoff von hoher Härte und zählt zu den diamantartigen Carbiden. In Anlehnung an das ebenfalls sehr harte Korund wird technisches SiC auch als Carbokorund bezeichnet. Die kubische Tieftemperaturmodifikation β-SiC kristallisiert im Zinkblende-Typ. Diese wandelt sich bei etwa 2100 °C in α-SiC um. α-SiC repräsentiert im Allgemeinen verschiedene Strukturen mit komplizierten Schichtabfolgen (Polytypen), die alle mit dem Zinkblende- und Wurzit-Typ verwandt sind.

$$\beta\text{-SiC} \xrightarrow{2100\,°C} \alpha\text{-SiC}$$

Für α-SiC sind die Schichtsequenzen von mehr als 70 Polytypen bestimmt worden.

Borcarbid wird technisch durch carbothermische Reduktion von Bor(III)oxid dargestellt:

$$2\,B_2O_3 + 7\,C \xrightarrow{1500-2500\,°C} B_4C + 6\,CO$$

B_4C bildet schwarzglänzende Kristalle mit einer Phasenbreite von B_4C bis $B_{10,4}C$. Die Struktur von Borcarbid der Zusammensetzung $B_{13}C_2$ kann vom α-rhomboedrischen Bor abgeleitet werden, in dem B_{12}-Ikosaeder in der Struktur von $B_{12}(CBC)$ durch lineare CBC-Einheiten verbrückt sind. Die Struktur der borarmen Phase B_4C kann durch die Formel $(B_{11}C)CBC$ beschrieben werden. Im B_{12}-Ikosaeder wird ein B-Atom durch ein C-Atom ersetzt.

Unter den superharten Materialien wie Diamant und kubisches Bornitrid (β-BN) stellt Borcarbid (B_4C) das dritthärteste aller gegenwärtig bekannten Materialien dar (Abb. 3.114).

3.9.3.5 Nitridkeramik

Bornitrid wird in der Technik durch Ammonolyse von Bor(III)oxid dargestellt:

$$B_2O_3 + 2\,NH_3 \xrightarrow{800-1200\,°C} 2\,BN + 3\,H_2O$$

Im Gegensatz zum Graphit besitzt hexagonales Bornitrid (α-BN) keine frei beweglichen Elektronen und ist ein (weißer) Isolator. In der Struktur von α-BN liegen die hexagonalen BN-Schichten deckungsgleich übereinander, wobei jeweils B-Atome über N-Atomen liegen. Jedoch sind die Schichten gegeneinander verschiebbar, worauf die Eigenschaft als Schmierstoff basiert. Im Gegensatz zu anderen Festschmierstoffen (Graphit, MoS_2) ist α-BN selbst bei hohen Temperaturen einsetzbar (bis zu etwa 1000 °C in Gegenwart von O_2).

Hexagonales Bornitrid geht unter hohem Druck und bei hoher Temperatur in seine kubische Modifikation über. Dabei wird die katalytische Wirkung von

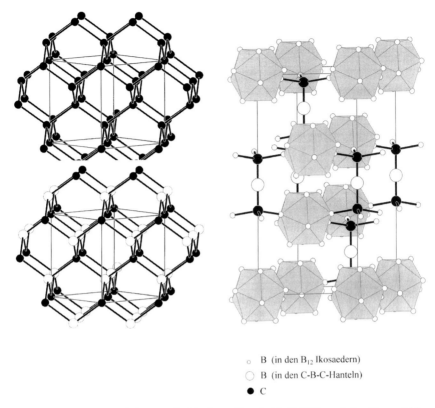

     ○ B (in den B_{12} Ikosaedern)

     ◯ B (in den C-B-C-Hanteln)

     ● C

Abb. 3.114 Die Strukturen von Diamant, kubischem Bornitrid (β-BN) und des Borcarbids B_{12}(CBC).

Lithium- oder Calciumdinitridoboraten (Li_3BN_2 oder $Ca_3(BN_2)_2$) genutzt, die lineare $[N=B=N]^{3-}$-Ionen enthalten.

$$\alpha\text{-BN (hexagonal)} \xrightarrow{1400-1800\,°C,\,60\,kbar} \beta\text{-BN (kubisch)}$$

Die kubische Hochtemperaturmodifikation (β-BN) kristallisiert im diamantartigen Zinkblende-Typ (Abb. 3.114). Diese als anorganischer Diamant (unter dem Warenzeichen Borazon) bekannte Modifikation ist nach Diamant das zweithärteste Material. Im Vergleich zu Diamant ist β-BN wesentlich oxidationsbeständiger. Während Diamant an Luft bereits bei 800 °C verbrennt, ist β-BN an Luft bis zu 1400 °C stabil.

Siliciumnitrid. Zur Darstellung von Keramiken mit Nichtmetallen eignen sich Synthesen, die von molekularen Vorläufern ausgehen. Bei der Ammonolysereaktion von Siliciumtetrachlorid entsteht bei Raumtemperatur Siliciumdiimid, das sich bei der Hochtemperaturpyrolyse bei 900 – 1200 °C in amorphes Si_3N_4 zerlegt:

$$SiCl_4 + 6\,NH_3 \xrightarrow{RT,\,-4\,NH_4Cl} HN=Si=NH \xrightarrow{\Delta T,\,-\frac{2}{3}NH_3} Si_3N_4 \text{ (amorph)}$$

Hier wie auch bei anderen Reaktionen über Precursorstufen entstehen zunächst röntgenamorphe Produkte, die bei höheren Temperaturen kristallisieren können. Die Tieftemperaturform α-Si$_3$N$_4$ wandelt sich oberhalb von 1700 °C irreversibel in die Hochtemperaturform β-Si$_3$N$_4$ um.

$$\text{Si}_3\text{N}_4 \text{ (amorph)} \xrightarrow{1300-1500\,°C} \alpha\text{-Si}_3\text{N}_4 \xrightarrow{>1700\,°C} \beta\text{-Si}_3\text{N}_4 \xrightarrow{>1700\,°C,\ 15\ \text{GPa}} \gamma\text{-Si}_3\text{N}_4$$

In der Struktur von α- und β-Siliciumnitrid (Abb. 3.115) bilden die [SiN$_4$]-Tetraeder ein dreidimensionales Netzwerk. Die Stickstoffatome sind trigonal-planar koordiniert und bilden die Eckpunkte dreier [SiN$_4$]-Tetraeder.

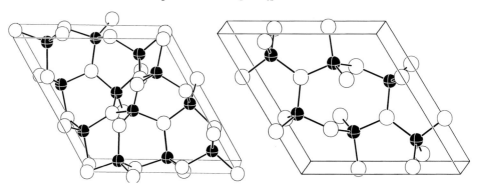

Abb. 3.115 Die Strukturen von α- (links) und β-Si$_3$N$_4$ (rechts).

Beim Übergang in die Hochdruckmodifikation nimmt die Dichte von 3,2 g/cm^3 (für α- und β-Si$_3$N$_4$) auf 3,9 g/cm^3 zu. γ-Si$_3$N$_4$ kristallisiert im kubischen Spinell-Typ, in dem gemäß Si$_{\text{Tet.}}$[Si$_2$]$_{\text{Okt.}}$N$_4$ vierfach und sechsfach koordinierte Siliciumatome vorliegen. Für γ-Si$_3$N$_4$ wird eine hohe Härte, ähnlich der des Stishovits (Hochdruckmodifikation von Quarz mit oktaedrisch koordinierten Si-Atomen), erwartet.

Da β-Si$_3$N$_4$ bei höheren Temperaturen schmilzt (Smp. $\approx$ 1900 °C) als viele Legierungen kommt es als Hochtemperaturwerkstoff in Betracht. Die interessantesten Anwendungen besitzt Si$_3$N$_4$ im Apparatebau für Motoren und Turbinen.

Polykrisitalline Si$_3$N$_4$/SiC-Komposite verfügen gegenüber ihren Einzelkonstituenten Si$_3$N$_4$ und SiC über kombinierte Eigenschaften.

Über die Existenz von Kohlenstoffnitrid C$_3$N$_4$ mit β-Si$_3$N$_4$-Struktur wird spekuliert. Die im ternären System Si-C-N bekannten Verbindungen SiC$_2$N$_4$ und Si$_2$CN$_4$ sind formal Substitutionsvarianten der vorgenannten binären Verbindungen. Die Struktur von Si(CN$_2$)$_2$ gleicht topologisch dem anti-Cuprit-Typ. Die Siliciumatome sind tetraedrisch durch verbrückende lineare [N=C=N]-Einheiten koordiniert. Oberhalb von 900 °C findet Zersetzung in Si$_2$CN$_4$ (= Si$_2$N$_2$(CN$_2$)) statt:

$$4\ \text{SiC}_2\text{N}_4 \xrightarrow{920-1000\,°C} 2\ \text{Si}_2\text{CN}_4 + 3\ (\text{CN})_2 + \text{N}_2$$

Sialone können als Substitutionsvarianten der Si$_3$N$_4$-Struktur angesehen werden. Sie entstehen durch Sintern von Si$_3$N$_4$ bei etwa 1900 °C unter Zusatz von Al$_2$O$_3$.

In den festen Lösungen der Sialone ist Si^{4+} partiell gegen Al^{3+} und N^{3-} partiell durch O^{2-} substituiert. In den resultierenden Verbindungen vom Typ $(Si_{3-x}Al_x)(N_{4-x}O_x)$ bleibt eine ausgeglichene Ladungsbilanz erhalten. Der Name „SiAlON" leitet sich aus den vier konstituierenden Elementen ab, die diese Gruppe keramischer Materialien enthält.

3.9.3.6 Silicidkeramik

Molybdändisilicid wird bei hohen Temperaturen direkt aus den Elementen dargestellt. Die Strukturen der isostrukturellen Verbindungen $MoSi_2$, WSi_2 und $ReSi_2$ sind mit der Struktur vom tetragonalen CaC_2 verwandt, wobei die Siliciumatome nicht wie C_2^{2-} in CaC_2 zu Paaren assoziiert sind. Molybdänsilicidkeramiken werden als Hochtemperaturheizleiter bis 1700 °C und zur Auskleidung von Verbrennungskammern und Gasturbinen eingesetzt.

3.9.3.7 Glaskeramik

Glaskeramiken werden aus glasbildenden Materialien und Zusätzen erzeugt. In ihnen sind die Eigenschaften von Gläsern und Keramiken kombiniert. Zur Herstellung werden in einer Glasschmelze (z.B. SiO_2) Zusätze wie TiO_2, ZrO_2, P_2O_5, Sulfide oder auch Edelmetalle gelöst oder dispergiert. Danach wird der Glasgegenstand bei einer niedrigeren Temperatur, der so genannten Keimbildungstemperatur (z.B. 500 °C), kontrolliert getempert, bis genügend Kristallkeime in der Glasphase entstanden sind („gesteuerte Entglasung"). Wenn die gebildeten Kristallite deutlich kleiner sind als die Wellenlänge des Lichtes (etwa 50 nm), entstehen klar durchsichtige Glaskeramiken.

Glaskeramiken zeichnen sich gegenüber Gläsern durch ihre hohe Temperaturwechselbeständigkeit und mechanische Härte aus. Gegenüber anderen Keramiken sind sie leichter formbar und besitzen hervorragende Resistenz gegen Korrosion. Als Werkstoffe werden Glaskeramiken für Herdplatten, in der Luft- und Raumfahrttechnik (Flugzeugteile, Radarantennen) und für ferroelektrische oder photosensitive Anwendungen genutzt.

3.10 Literaturverzeichnis

[1] F. J. DiSalvo, *Nature* 1990, *247*, 649.
[2] J. D. Corbett, *Inorg. Synthesis* 1983, *22*, 15.
[3] Hk. Müller-Buschbaum, *Angew. Chem.* 1981, *93*, 1.
[4] H. Schmalzried, *Solid State Reactions*, Verlag Chemie, 1981.
[5] Y. Laurent, *Rev. de Chim. minerale* 1969, *6*, 1145.
[6] W. Sundermeyer, *Angew. Chem.* 1965, *77*, 241.
[7] H. Schäfer, *Chemische Transportreaktionen*, Verlag Chemie, Weinheim, 1962; Academic Press, New York 1964.

[8] H. Dislich, *Angew. Chem.* 1971, *83*, 428.

[9] G. Meyer, *Inorg. Synthesis* 1989, *25*, 146.

[10] *Progress in Intercalation Research*, Ed. W. Müller-Warmuth and R. Schöllhorn, Kluver Academic Publ. 1994; R. Schöllhorn, *Angew. Chem.* 1988, *100*, 1446.

[11] A. Clearfield, *Chem. Rev.* 1988, *88*, 125.

[12] W. Bronger, *Angew. Chem.* 1991, *103*, 776.

[13] R. Hoppe, *Angew. Chem.* 1981, *93*, 64.

[14] A. Rabenau, *Angew. Chem.* 1985, *97*, 1017.

[15] K.-J. Range, *Chemie in unserer Zeit*, 1976, *10*, 180

[16] *International Tables For Crystallography*, Kluwer Academic Publishers, 1996.

[17] Ionenradien nach R.D. Shannon, C.T. Previtt, *Acta Cryst.* 1976, *A32*, 751.

[18] B. W. Brown, D. J. Beernstein, *Acta Cryst.* 1965, *18*, 31.

[19] R. Hoffmann, *Solids and Surfaces, A Chemist's View of Bonding in Extended Structures*, VCH, 1988.

[20] Zur Konstruktion des reziproken Gitters, siehe: W. Massa, *Kristallstrukturbestimmung*, Teubner, 2002, S.36.

[21] C. J. Bradley, A. P. Crackwell, *The Theory of Symmetry in Solids*, Clarendon Press, Oxford, 1972, S. 82 ff.

[22] L. F. Mattheiss, *Phys. Rev.* 1969, *181*, 987.

[23] K. A. Yee, T. Hughbanks, *Inorg. Chem.* 1991, *30*, 2321.

[24] J. H. Burrow, C.H. Maule, P. Strange, J. N. Tothill, J. A. Wilson, *J. Phys. C: Solid State Phys.* 1987, *20*, 4115.

[25] D. J. Hinz. G. Meyer, T. Dedeke, W. Urland, *Angew. Chem.* 1995, *107*, 117.

[26] Ch. Kittel, *Einführung in die Festkörperphysik*, 10. Auflage, Oldenbourg-Verlag, 1993, S. 465.

[27] W. Hume-Rothery, G.V. Raymore, *The Structure of Metals and Alloys*, 3. Aufl., The Institute of Metals, London, 1954.

[28] B. Eisenmann, *Angew. Chem.* 1993, *105*, 1764.

[29] J. D. Corbett, *Chem. Rev.* 1985, *85*, 383.

[30] C. J. Warren, D. M. Ho, R. C. Haushalter, A. B. Bocarsly, *Angew. Chem.* 1993, *105*, 1684.

[31] H. G. von Schnering, *Angew. Chem.* 1981, *93*, 44.

[32] H. Schäfer, B. Eisenmann, *Rev. Inorg. Chem.* 1981, *3*, 29.

[33] J. D. Corbett, *Struc. Bonding* 1997, *87*, 157.

[34] R. J. Gillespie, *Molecular Geometrie*, Van Nostrand-Reinhold, London 1972.

[35] W. Bronger, *Z. Anorg. Allg. Chem.* 1996, *622*, 9.

[36] Landolt-Börnstein, *Zahlenwerte und Funktionen aus Naturwissenschaften und Technik*. Neue Serie, Band 6, Springer Verlag, Berlin, Heidelberg, New York, 1971.

[37] W. Bronger, *Angew. Chem.* 1991, *103*, 776 und *J. Alloys Comp.* 1995, *229*, 1.

[38] M. H. Gerss, W. Jeitschko, L. Boonk, J. Nientiedt, J. Grobe, E. Mörsen, A. Leson, *J. Solid State Chem.* 1987, *70*, 19.

[39] M. Atoji, *J. Chem. Phys.* 1981, *74*, 1898.

[40] J. Li, R. Hoffmann, *J. Am. Chem. Soc.* 1989, *1*, 83.

[41] W. Jeitschko, R. Pöttgen, *Inorg. Chem.* 1991, *30*, 427.

[42] N. E. Brese, M. O'Keefe, *Structure and Bonding* 1992, *79*, 307 und Beiträge verschiedener Autoren in: *The Chemistry of Transition Metal Carbides and Nitrides*, Ed. T. Oyama, Blackie Academic & Professional, 1996.

[43] G. J. Snyder, A. Simon, *J. Am. Chem. Soc.* 1995, *117*, 1996.

[44] N. Korber, W. Assenmacher, M. Jansen, *Praxis der Naturwissenschaften/Chemie* 1991, *6/40*, 18.

[45] A. Simon, *Struct. Bonding* 1979, *36*, 81; A. Simon in *Solid State Chemistry Compounds*, Ed. A. K. Cheetham, P. Day, Clarendon Press, 1992.

[46] C. Feldmann, M. Jansen, *Z. Anorg. Allg. Chem.* 1995, *621*, 201.

[47] J. B. Goodenough, *Prog. Solid State Chem.* 1971, *5*, 149.

[48] P. A. Cox, *Transition Metal Oxides*, Clarendon Press, 1995.

[49] A. Clearfield, *Chem. Rev.* 1988, *88*, 125.

[50] N. F. Mott, *Metall–Insulator Transitions*, New York, 1977.

[51] R. Hoppe, *Angew. Chem.* 1981, *93*, 64.

[52] R. E. McCarley, K.-H. Lii, A. Edwards, L. F. Brough, *J. Solid State Chem.* 1985, *57*, 17; J. Köhler, G. Svensson, A. Simon, *Angew. Chem.* 1992, *104*, 1463; A. Simon in *Clusters and Colloids* Ed. G. Schmid, VCH, 1994.

[53] M. Greenblatt, *Chem. Rev.* 1988, *88*, 31.

[54] W. Buckel, *Supraleitung, Grundlagen und Anwendungen*, 5. Auflage, VCH 1994.

[55] A. Simon, *Angew. Chem.* 1997, *109*, 1872.

[56] L. Eyring in *Synthesis of Lanthanoide and Actinoide Compounds*, Ed. G. Meyer, L. R. Morss, Kluver Academic Publishers 1991.

[57] C. N. R. Rao, K.P.R. Pisharody, *Prog. Solid State Chem.* 1976, *10*, 207.

[58] B. W. Eichhorn, *Prog. Inorg. Chem.* 1994, *42*, 139.

[59] K.-J. Range, K. G. Lange, H. Drexler, *Comments in Inorg. Chem.* 1984, *3*, 171.

[60] J. A. Wilson, *Structure and Bonding* 1977, *32*, 57.

[61] *Inorganic Solid Fluorides, Chemistry and Physics*, Ed. P. Hagenmuller, Academic Press 1985; R. Hoppe, *Angew. Chem.* 1981, *93*, 64.

[62] J. D. Corbett, *J. Alloys Comp.* 1995, *229*, 10.

[63] O. Peña, M. Sergent, *Prog. Solid State Chem.* 1989, *19*, 165.

[64] A. Simon, Hj. Mattausch, G. J. Miller, W. Bauhofer, R. K. Kremer, in K. A. Gschneider, Jr. and L. Eyring (Editors), *Handbook on the Physics and Chemistry of Rare Earth*, Elsevier Science Publishers B.V., 1991, Vol. 15, S. 191.

[65] G. Petzow, F. Aldinger, *Chemische Forschung, Zwischen Grundlagen und Anwendung*, Spektrum Akademischer Verlag 1996.

[66] H. Briehl, *Chemie der Werkstoffe*, Teubner 1995.

3.11 Übungsaufgaben

3.11.1 Fragen

1. Welche Arten von Reaktionsbehältern würden Sie für die folgenden Reaktionen verwenden?

a) $2\,Ta + 5\,Br_2 \xrightarrow{400\,°C} 2\,TaBr_5$

b) $Ba + 2\,C\ (Graphit) \xrightarrow{1000\,°C} BaC_2$

c) $Mn + P \xrightarrow{1000\,°C} MnP$

d) $2\,CrF_3 + Cr \xrightarrow{1000\,°C} 3\,CrF_2$

2. Die Verbindung $BaTiO_3$ soll durch eine fest-fest-Reaktion dargestellt werden. Wählen Sie geeignete Ausgangsverbindungen. Beschreiben Sie die Vorbereitung der Edukte und die Durchführung der Reaktion.

3. Erklären Sie, warum die folgende Reaktion nicht als chemische Transportreaktion angesehen werden kann:

$$MoCl_5 + 5/2\,Na_2S \longrightarrow MoS_2 + 5\,NaCl + 1/2\,S,\ \Delta H° = -213\ kcal/mol$$

4. Einkristalle von Silicium können durch chemische Transportreaktionen im

Temperaturgradienten in einer Quarzglasampulle dargestellt werden. Dabei läuft folgende Reaktion reversibel ab:

$$Si_{fest} + SiCl_{4gas} \rightleftharpoons 2\ SiCl_{2gas}$$

Die Reaktion ist endotherm. Werden die Kristalle auf der kälteren oder auf der heißeren Seite wachsen?

5. Caesium-Metall kristallisiert in einer kubisch innenzentrierten Struktur. Mit steigendem Druck erfolgt zunächst ein struktureller, dann ein elektronischer Phasenübergang. Versuchen Sie, eine Deutung vorzunehmen!

6. Wieviel Oktaeder- und Tetraederlücken existieren in einer kubisch dichtesten Kugelpackung aus N Atomen? Beschreiben Sie die Anordnung dieser Lücken zwischen den dichtest gepackten Schichten ABC!

7. Warum ist eine hdP mit vollständig besetzten Tetraederlücken unbekannt?

8. Diskutieren Sie, in welchem Strukturtyp MgF_2 kristallisiert, wenn der Ionenradius von F^- 133 pm und der von Mg^{2+} 72 pm beträgt.

9. Welcher strukturelle Zusammenhang besteht zwischen den Strukturen von Antifluorit und Zinkblende?

10. Welcher strukturelle Unterschied besteht zwischen den Strukturen von NiAs und CdI_2?

11. Warum kristallisieren ionische Verbindungen nicht im NiAs-Typ?

12. Erklären Sie den Befund, dass die Konzentration von Punktdefekten in Ionenkristallen mit zunehmender Temperatur steigt. Welche Konsequenzen resultieren daraus für fest-fest-Reaktionen?

13. Welche Art von Punktdefekten sind ist der Struktur von CaF_2 zu erwarten (mit Begründung)?

14. Erklären Sie, welche Kriterien für das Auftreten von geordneten und ungeordneten Legierungen gelten. Wie könnte man versuchen, für eine ungeordnete Legierung einen Ordnungszustand zu erzeugen?

15. Welche Arten von Kristalldefekten sind für die folgenden Beispiele zu erwarten?

a) Dotierung von NaCl mit $CaCl_2$

b) Dotierung von CaF_2 mit YF_3

c) Dotierung von ZrO_2 mit Y_2O_3

16. Die Struktur von ZrI_3 enthält lineare Stränge aus verbrückten, trigonal-antiprismatischen $[ZrI_6]$-Einheiten entlang der z-Richtung (Abb. 3.88). Entwickeln Sie eine Bandstruktur unter Verwendung von z^2-Orbitalen, und erklären Sie die auftretende Paarbildung der Zirconiumatome.

17. Erklären Sie die elektronische Situation, Farbe und Eigenschaften von WO_3 und von Wolframbronzen A_xWO_3 unter der Annahme einer engen strukturellen Analogie zur ReO_3-Gerüststruktur.

18. Erklären Sie, weshalb für Verbindungen mit besetzten d-Bändern nicht unbedingt metallische Leitfähigkeit zu erwarten ist. Welche Bedingungen müssen für gute elektrische Leitfähigkeit erfüllt sein?

19. Welche magnetischen Eigenschaften erwarten Sie für K_3MoCl_6? Berechnen Sie das zu erwartende magnetische Moment!

20. Europium(II)oxid und Mangan(II)oxid kristallisieren im NaCl-Typ und sind bei 130 K paramagnetisch. Bei 60 K werden magnetische Ordnungszustände beobachtet. Neutronenbeugungsuntersuchungen zeigen bei 60 K nur für MnO eine Überstruktur. Welche magnetischen Zustände liegen für EuO und MnO bei 60 K vor?

21. Welche magnetischen Eigenschaften erwarten Sie für die Hoch- und die Tieftemperaturphase bei einem Metall–Halbleiter-Übergang für ein eindimensionales d^1-System?

22. Versuchen Sie die Verbindungen a) CuNi, b) AgCd, c) KNa_2, d) NaTl und e) $TiZn_2$ einer bestimmten Gruppe intermetallischer Verbindungen zuzuordnen, wenn die Atomradien folgende Werte einnehmen: r(Cu) = 128 pm, r(Ni) = 125 pm, r(Ag) = 144 pm, r(Cd) = 152 pm, r(K) = 235 pm, r(Na) = 191 pm, r(Tl) = 171 pm, r(Ti) = 147 pm und r(Zn) = 137 pm.

23. Entwickeln Sie auf Basis des Busmann-Klemm-Konzeptes und der $8-N$-Regel mögliche Strukturen für die Zintl-Ionen Si^-, Si^{2-}, Si^{3-}.

24. Diskutieren Sie die Bindungssituation der nackten Cluster Sn_4^{4-} und Tl_6^{8-}!

25. Erklärten Sie die Bedeutung, die Struktur und die Bindungsverhältnisse von TiB_2!

26. MgC_2 ist thermisch labil, es geht oberhalb von 500 °C in Mg_2C_3 über, welches oberhalb von 700 °C in die Elemente zerfällt. Welche Syntheseroute eignet sich zur Darstellung von MgC_2 oder Mg_2C_3?

27. Erklären Sie das Auftreten von C–C-Abständen von rund 130 pm in Lanthanoiddicarbiden im Gegensatz zu rund 120 pm in CaC_2.

28. Welche kleinsten Strukturmotive liegen in den Strukturen von Subnitriden und Suboxiden vor? Wie sind diese in den einzelnen Strukturen miteinander verknüpft?

29. Vergleichen Sie die isotypen Verbindungen Na_2PdH_2 und Na_2HgO_2. Aus welchen Einheiten oder Ionen könnten die Strukturen aufgebaut sein? Versuchen Sie, eine Klassifizierung der Bindungsverhältnisse vorzunehmen!

30. Erklären Sie, welche strukturellen Konsequenzen aus einer geringfügigen Abweichung des Sauerstoffgehaltes von VO_2 resultieren!

31. Welche elektronischen und strukturellen Gemeinsamkeiten zeigen die Phasenübergänge binärer Metalloxide? Erörtern Sie ihre Hypothese anhand eines Beispiels!

32. Welche magnetischen Eigenschaften erwarten Sie für $MgFe_2O_4$, wenn eine vollständig inverse Spinellstruktur vorliegt?

33. Erklären Sie, weshalb $NiFe_2O_4$ in einer inversen Spinellstruktur kristallisiert!

34. Welche Strukturen erwarten Sie für die Fluoride PdF_2 und $KPdF_3$?

35. Welcher „wesentliche" Unterschied besteht zwischen den Verbindungen AgF_2 und AgO?

36. Welche magnetischen Eigenschaften und Bindungsverhältnisse erwarten Sie für die Verbindungen Ta_6Cl_{15} und $K_2Mo_6Cl_{14}$?

37. Beschreiben Sie die Struktur von Chevrel-Phasen! Welche magnetischen und elektrischen Eigenschaften erwarten Sie für $Pb_xMo_6S_8$ bei Normalbedingungen und bei 10 K?

38. Sie erhalten eine Mitteilung über die neuen Verbindungen „PrCl, Zr_6Cl_{14}, CaCl und NbF_3". Um welche Verbindung könnte es sich in Wirklichkeit handeln?

39. Erläutern Sie die Rolle des f–d-Interkonfigurationsüberganges bei den Dihalogeniden der Lanthanoide!

40. Erläutern Sie die Bedeutung von ZrO_2 und dessen „Stabilisierung"!

3.11.2 Antworten

1. Folgende Behälter eignen sich für die gegebenen Reaktionen:

a) Zugeschmolzene Glasampulle.

b) Metallampulle (Nb, Ta) oder Graphittiegel unter Schutzgas. Geschmolzene Alkali- und Erdalkalimetalle bilden mit Quarzglas Silicate.

c) Zugeschmolzene Glasampulle.

d) Verschlossene Ampulle aus Monel, Nickel, Gold oder Platin. Fluoride greifen Glas und zahlreiche Metalle an.

2. Darstellung aus $BaCO_3$ und TiO_2 im Molverhältnis 1:1. Die Edukte werden im Mörser innig zerrieben, vermischt und anschließend in einem Korundtiegel an Luft erhitzt.

3. Die stark exotherme Reaktion läuft schlagartig ab. Für eine chemische Transportreaktion müsste ein reversibles Gleichgewicht vorliegen (kleines $|\Delta H°|$).

4. Da die Reaktion endotherm ist, verschiebt sich das Gleichgewicht durch steigende Temperatur zum $SiCl_2$ hin. Die Kristalle wachsen deshalb in der kälteren Zone der Ampulle.

5. Caesium geht unter Druck von der kubisch innenzentrierten Struktur in eine kubisch dichtest gepackte Struktur (KZ = 12) über:

$$Cs \xrightarrow{20\ kbar} \qquad Cs \xrightarrow{40\ kbar} \qquad Cs$$

krz	kdP	kdP
KZ = 8 + 6	KZ = 12	KZ = 12
	$6s^1 5d^0$	$6s^0 5d^1$

In der zweiten Stufe der Druckerhöhung erfolgt ein s→d-Konfigationsübergang ($s^1 d^0 → s^0 d^1$).

6. In einer kdP aus n Atomen existieren 2n Tetraederlücken gemäß AbaBcbCac, ... und n Oktaederlücken gemäß AγBαCβ, ...

7. In der Schichtfolge AbaBab, ... kommen die Tetraederlückenteilchen a-a und b-b einander räumlich zu nahe.

8. Da der Radienquotient der Ionen in MgF_2 $r(F^-)/r(Mg^{2+}) = 0{,}54$ beträgt, ist für Mg^{2+} eine oktaedrische Koordination zu erwarten. Die Koordination der Ionen in MgF_2 muss demnach 6 : 3 betragen. Anders als BeF_2 (β-SiO_2, 4 : 2 Koordination) und CaF_2 (Fluorit, 8 : 4 Koordination) kristallisiert MgF_2 im Rutil-Typ.

9. Beide Strukturen bestehen aus einer kdP, in der einmal alle (Fluorit) und einmal die Hälfte (Zinkblende) der tetraedrischen Lücken besetzt sind.

10. Beide Strukturen bestehen aus einer hexagonal dichtesten Anionenpackung. Im Gegensatz zur NiAs-Struktur ist in der CdI_2-Struktur nur jede zweite Oktaederlückenschicht besetzt (AγB☐, ...).

11. In der NiAs-Struktur bilden die Arsenatome eine hdP, in der die Nickelatome gemäß AγBγ, ... deckungsgleich zueinander angeordnet sind und Ni–Ni-Bindungen ausbilden. Eine ionische Struktur vom NiAs-Typ wäre aufgrund von Abstoßungskräften zwischen Teilchen gleicher Ladung instabil.

12. Die freie Enthalpie wird durch hohe Temperaturen und Entropien gemäß $\Delta G = \Delta H - T\Delta S$ minimiert. Durch Gitterdefekte wie Leerstellen und Besetzungen von Zwischengitterplätzen werden Teilchendiffusionen im Kristall begünstigt, die für fest-fest-Reaktionen notwendig sind.

13. In der Fluorit-Struktur bilden die Kationen eine kdP (8 : 4 Koordination). Der kleinere Ionenradius und die kleinere Koordinationszahl von F^- gegenüber Ca^{2+} begünstigt anti-Frenkel-Defekte. Anionen besetzen Zwischengitterplätze.

14. Ungeordnete intermetallische Verbindungen treten auf, wenn die Metallatome in demselben Strukturtyp kristallisieren und ihre Atomgrößen und Elektronegativitäten sehr ähnlich sind.

Geordnete intermetallische Verbindungen treten auf, wenn sich die beteiligten Metallatome gemäß der ebengenannten Kriterien hinreichend unterscheiden. Durch sehr langsames Abkühlen einer geeigneten Zusammensetzung oder durch Tempern unterhalb der Umwandlungstemperatur kann eine geordnete Struktur erzeugt werden (vgl. β-CuZn oder CuAu, Cu_3Au).

15. Es sind die folgenden Defekte zu erwarten:

a) Die Ionenradien von Na^+ und Ca^{2+} sind nahezu gleich. Der Einbau von Ca^{2+} erfolgt auf Na^+-Plätze des NaCl-Kristalls. Für jedes eingebaute Ca^{2+} muss zur Erhaltung der Ladungsneutralität eine Leerstelle (V) im Natriumteilgitter erzeugt werden: $(Na_{1-2x}Ca_xV_x)Cl$.

b) Der Einbau von Y^{3+} erfolgt auf Ca^{2+}-Positionen der Fluorit-Struktur. Für jedes eingebaute Y^{3+} besetzt ein F^- einen Zwischengitterplatz: $(Ca_{1-x}Y_x)F_{2+x}$.

c) Y^{3+} wird auf Zr^{4+}-Positionen der ZrO_2-Struktur eingebaut. Für zwei eingebaute Y^{3+} entsteht eine Sauerstoffleerstelle (☐): $Zr_{1-x}Y_x(O_{2-\frac{x}{2}}☐_{\frac{x}{2}})$.

16. Für das d^1-System ZrI_3 ist das z^2-Orbital mit einem Elektron besetzt. Analog zu der eindimensionalen Anordnung von Wasserstoffatomen ist die Kombination $\Psi^b_{(k=0)} \approx z^2 + z^2 + z^2 + z^2$ ... bindend und die Kombination $\Psi^a_{(k=\frac{\pi}{a})} \approx z^2 - z^2 + z^2 - z^2$ ... antibindend. Der Verlauf der Bandstruktur und die Fermi-Energie entsprechen damit qualitativ den 1s-Orbitalen der $\frac{1}{\infty}$[H]-Kette in Abb. 3.21. Nach Peierls sind eindimensionale Strukturen mit d^1-Konfiguration hinsichtlich einer Paarungsverzerrung labil. Aus der Faltung der Bandstruktur (Abb. 3.24) und der anschließenden Verzerrung unter Aufhebung der Bandentartung wird der Energiegewinn deutlich (Abb. 3.25).

17. Das d^0-System WO_3 ist ein transparenter Halbleiter bzw. Isolator mit einem gefüllten Valenzband und einem leeren Leitungsband. Durch reduktive Interkalation mit Alkalimetall werden Elektronen in das Leitungsband der Wirtsstruktur übertragen. Mit steigendem x resultiert eine Farbvertiefung und metallische Leitfähigkeit (vgl. Bandstruktur von ReO_3).

18. Die häufig für elektrische Leitfähigkeitseigenschaften verantwortlichen d-Bänder ordnen sich gemäß ihrer zugehörigen Orbitalkombinationen mit steigender Energie von bindend über nicht bindend nach antibindend. Sind bindende d-Bänder mit Elektronen besetzt, so liegen diese energetisch unter den antibindenden Energiebändern und es kann eine Bandlücke auftreten, wie in MoS_2. Das Auftreten einer Bandlücke ist nur für den Fall von „flach" verlaufenden Energiebändern möglich, d. h. für Energiebänder, die jedes für sich eine kleine Bandbreite aufweisen.

Für gute elektrische Leitfähigkeit müssen am Fermi-Niveau viele flach verlaufende Energiebänder (viele Ladungsträger) und zusätzlich noch steil verlaufende Energiebänder (hohe Beweglichkeit der Ladungsträger) vorhanden sein, die einander kreuzen.

19. Die Struktur von K_3MoCl_6 enthält isolierte $[MoCl_6]^{3-}$-Oktaeder. Mo^{3+} besitzt drei ungepaarte Elektronen und ist demnach paramagnetisch. Gemäß der spin-only-Formel ($\mu_S/\mu_B = g\sqrt{S\,(S+1)}$, mit S = 3/2) ist für ein Mo^{3+}-Ion ein magnetisches Moment von μ_S = 3,87 BM zu erwarten.

20. MnO ist bei tiefen Temperaturen antiferromagnetisch, EuO ist ferromagnetisch. In den linearen Anordnungen Mn–O–Mn sind die magnetischen Momente der Manganatome antiferromagnetisch gekoppelt (Superaustausch) und es resultiert eine magnetische Überstruktur mit $a_{mag.}$ = 2a. In EuO liegen direkte Wechselwirkungen der Metallatome vor, die eine parallele Kopplung der magnetischen Momente erzeugen (Ferromagnetismus).

21. Im metallischen Zustand der Hochtemperaturphase herrscht Pauli-Paramagnetismus (χ ist positiv und nahezu temperaturunabhängig). Im halbleitenden Zustand der Tieftemperaturphase resultiert Antiferromagnetismus mit Paarbildung der magnetischen Zentren. Allerdings hängen die magnetischen Verhältnisse im halbleitenden Zustand von der Größe der Bandlücke ab. Manche Systeme werden weiterhin als Pauli-paramagnetisch andere sogar als diamagnetisch beschrieben.

22. Das System Cu-Ni bildet eine ungeordnete Legierung (vollständige Mischkristallbildung), da beide Metalle im gleichen Gittertyp kristallisieren (kdP) und ihre Elektronegativitäten und Atomradien annähernd übereinstimmen.

AgCd ist eine Legierung vom Hume-Rothery-Typ. Da die Valenzelektronenkonzentration für die Zusammensetzung AgCd 3/2 beträgt, sollte eine β-Phase (= krz) vorliegen, in der die Atome in ungeordneter Verteilung die Positionen einer kubisch raumzentrierten Struktur einnehmen.

KNa_2 und $TiZn_2$ gehören zu den Laves-Phasen, deren Atomradienverhältnis für AB_2 den idealen Wert $\frac{r_A}{r_B}$ = 1,23 einnimmt (r(K)/r(Na) = 1,23 und r(Ti)/r(Zn) = 1,07).

NaTl ist eine polare intermetallische Verbindung, die den Zintl-Phasen zuzuordnen ist.

23. Die Strukturen von Zintl-Ionen gleichen den Strukturen von Elementen gleicher Valenzelektronenkonfiguration. Die Struktur von Si^- (Bindigkeit $8 - 5 = 3$) entspricht der Struktur des weißen Phosphors (P_4), die Struktur von Si^{2-} (Bindigkeit $8 - 6 = 2$) entspricht einer Kette aus Schwefelatomen, und Si^{3-} (Bindigkeit $8 - 7 = 1$) ist in Analogie zu den Halogenen dimer aufgebaut.

24. Das Zintl-Ion Sn_4^{4-} besitzt tetraedrische Gestalt. Von den $4 \cdot 4 + 4 = 20$ Valenzelektronen verteilen sich zwölf Elektronen im Sinne eines elektronenpräzisen Clusters auf die sechs Kanten des Tetraeders (Gerüstelektronen), acht weitere sind als vier freie Elektronenpaare an den vier Siliciumatomen lokalisiert. Die Behandlung als Wade-Cluster ist für diesen Fall nur zutreffend, wenn das Tetraeder als trigonale Bipyramide mit einer fehlenden Ecke angesehen wird und somit einem nido-Cluster entspricht.

Für das oktaedrisch aufgebaute Zintl-Ion Tl_6^{8-} ist wie für die meisten nackten Cluster die delokalisierte Beschreibung nach Wade zutreffend. Danach ist ein oktaedrischer closo-Cluster mit $4 \cdot 6 + 2 = 26$ Valenzelektronen stabil, was für Tl_6^{8-} ($6 \cdot 3 + 8 = 26$) erfüllt ist. Eine lokalisierte Beschreibung der Bindungselektronen gemäß dem Konzept elektronenpräziser Cluster ist hier nicht möglich.

25. TiB_2 zählt zu den wichtigsten boridkeramischen Werkstoffen. Es zeichnet sich wie andere Boride durch einen hohen Schmelzpunkt, Korrosionsbeständigkeit und besonders durch seine hohe Härte aus. Aufgrund der elektrischen Leitfähigkeit liegt auch keine Elektronenlokalisierung vor, die für eine anschauliche Bindungsbeschreibung hilfreich wäre. Die Struktur enthält primitiv gestapelte, hexagonale Bor-Netze, deren hexagonal-prismatische Lücken von Metallatomen eingenommen werden (AlB_2-Typ). Die graphitähnlichen Schichten lassen B–B-Einfachbindungen sowie zusätzlich delokalisierte Elektronen in den Schichten und kovalente Wechselwirkungen mit den Titanatomen erwarten.

26. Fest-fest-Reaktionen aus den Elementen sind zur Synthese von MgC_2 und Mg_2C_3 ungeeignet, da sie zu hohe Temperaturen erfordern (Smp.(Mg) = 650 °C). Magnesiumcarbide können durch Reaktionen von Magnesium mit gasförmigen Kohlenwasserstoffen (z. B. Pentan) bei entsprechend niedrigen Reaktionstemperaturen dargestellt werden. Eine Alternative sind Reaktionen (Mg + Graphit) in Salzschmelzen.

27. Bei den dreiwertigen Lanthanoiddicarbiden $M^{3+}(C_2)^{2-}(e^-)$ ist gegenüber CaC_2 ein zusätzliches Valenzelektron vorhanden. Dieses Elektron besetzt antibindende π_g^*-Orbitale der C_2-Einheit, wodurch die Bindungsordnung herabgesetzt und der C–C-Abstand (gegenüber dem CaC_2) vergrößert ist. Das Elektron geht aber nicht vollständig auf die π_g^*-Orbitale über, da gleichzeitig d-Orbitale des Metalls mitbesetzt werden, die mit zuerst genannten Orbitalen mischen (vgl. Abb. 3.59).

28. Die kleinsten Motive sind durch Z = N oder O zentrierte $[M_6Z]$-Metalloktaeder. In Suboxiden teilen zwei verzerrte Oktaeder eine gemeinsame Fläche (Rb_9O_2) oder drei verzerrte Oktaeder drei gemeinsame Flächen miteinander ($Cs_{11}O_3$). In den Subnitriden mit $Na_x[Ba_3N]$ mit x = 0, 1, 5 sind trigonal-antiprismatische $[Ba_6N]$-Einheiten über gemeinsame Dreiecksflächen zu linearen Strängen verbun-

den $^1_\infty[Ba_{6/2}N]$. Die Erdalkalimetallsubnitride M_2N mit M = Ca, Sr, Ba kristallisieren im anti-$CdCl_2$-Typ. Anders betrachtet liegen auch hier verzerrt oktaedrische $[M_6N]$-Einheiten vor, die gemäß $^2_\infty[Ca_{6/3}N]$ zu Schichten verknüpft sind.

29. Na_2PdH_2 enthält Pd der Oxidationzahl 0. In beiden Verbindungen bilden die Metalle der d^{10}-Konfiguration linear aufgebaute, komplexe $[H\text{-}Pd\text{-}H]^{2-}$- bzw. $[O\text{-}Hg\text{-}O]^{2-}$-Ionen. Die Verbindungen können als Hydridometallate bzw. Oxometallate bezeichnet werden, in denen überwiegend kovalente Bindungen in den komplexen Anionen und überwiegend ionische Bindungen zwischen den komplexen Anionen und Na^+ vorliegen.

30. VO_2 kristallisiert in einer verzerrten Variante des Rutil-Typs. In der Struktur sind die vanadiumzentrierten $[VO_6]$-Oktaeder über gemeinsame Kanten und Spitzen verbrückt. Bei der Reduktion und der Oxidation entstehen jeweils stöchiometrische Verbindungen, in deren Strukturen einmal die Kantenverknüpfung (in der Scherebene der Scherstruktur) und einmal die Eckenverknüpfung (in Richtung ReO_3-Typ) zunimmt.

31. Die von binären Metalloxiden bekannten Phasenübergange zeigen zu tiefen Temperaturen hin zunehmende Lokalisierungen der Elektronen, ein damit konsistentes strukturelles Verzerrungsmuster der Atome sowie magnetische Ordnungszustände. Beispiele sind die Dioxide wie VO_2 (bei tiefen Temperaturen verzerrter Rutil-Typ mit V–V-Bindungen), V_2O_3 (bei tiefen Temperaturen verzerrter Korund-Typ, antiferromagnetisch), Monoxide wie MnO (bei tiefen Temperaturen antiferromagnetisch mit kaum merklichen Atomverschiebungen) usw.

32. Die inverse Struktur kann als $Fe^{3+}[Mg^{2+}Fe^{3+}]O_4$ geschrieben werden. Da Mg^{2+} kein magnetisches Moment besitzt, sind die magnetischen Momente aller Fe^{3+}-Ionen auf Tetraederplätzen antiferromagnetisch zu den Fe^{3+}-Ionen auf Oktaederplätzen gekoppelt.

33. Die LSFE von Ni^{2+} (–12 Dq) im oktaedrischen Ligandenfeld ist größer als die von Fe^{3+} (0 Dq). Es resultiert $Fe[NiFe]O_4$.

34. PdF_2 kristallisiert im Rutil-Typ und $KPdF_3$ im kubischen Perowskit-Typ.

35. $Ag^{2+}F_2$ enthält zweiwertiges Silber. AgO ist ein gemischtvalentes Silber(I)-Argentat(III), $Ag^+Ag^{3+}O_2$.

36. Die Struktur von Ta_6Cl_{15} enthält $[M_6X_{12}]$-Einheiten mit nur 15 anstatt 16 Elektronen in bindenden Metall–Metall-Zuständen. Es besitzt deshalb ein ungepaartes Elektron und ist paramagnetisch. $K_2Mo_6Cl_{14}$ bildet eine Struktur mit $[M_6X_8]$-Clustern. Es handelt sich um einen elektronenpräzisen diamagnetischen Cluster (24 Elektronen).

37. Die Strukturen der Chevrel-Phasen $A_xMo_6X_8$ enthalten $[Mo_6X_8]$-Einheiten aus verzerrten Metalloktaedern, deren Dreiecksflächen von acht X-Atomen (X = S, Se, Te) überdacht sind. Zwischen den Molybdänatomen bestehen innerhalb der Metallcluster Mo–Mo-Bindungen. Die Metallcluster sind über X-Atome vom Typ innen–außen und außen–innen mit benachbarten Metallclustern zu einem dreidimensionalen Netzwerk verbrückt.

$Pb_xMo_6S_8$ ist unter Normalbedingungen metallisch und Pauli-paramagnetisch. Bei 10 K ist die Verbindung supraleitend und diamagnetisch.

38. Die genannten Verbindungen sind unbekannt. Tatsächlich handelt es sich um die Verbindungen PrClH, Zr_6HCl_{14}, CaHCl und $Nb(O,F)_3$.

39. Dihalogenide der Lanthanoide können salzartig als $M^{2+}(X^-)_2$ mit der $[Xe]4f^n5d^0$-Konfiguration der Metallatome oder metallisch als $M^{3+}(X^-)_2(e^-)$ mit der $[Xe]4f^{n-1}5d^1$-Konfiguration auftreten. Die Diiodide LaI_2, CeI_2, PrI_2 und GdI_2 treten im dreiwertigen, metallischen Zustand auf, und sie kristallisieren in Strukturen, die für metallische Verbindungen bekannt sind (z. B. Ti_2Cu-Typ).

Der $4f^n5d^0 \rightarrow 4f^{n-1}5d^1$-Konfigurationsübergang liegt für CeI_2 und PrI_2 vor und kann für NdI_2 unter Druck erzeugt werden. Gadolinium-Metall liegt bedingt durch die halbgefüllte f-Schale schon im Grundzustand ($[Xe]4f^75d^16s^2$) in der $5d^1$-Konfiguration vor und ist deshalb in Verbindungen stets dreiwertig.

40. ZrO_2 ist ein wichtiger keramischer Werkstoff. Bedingt durch einen Phasenübergang bei etwa 1100 °C kommt es beim Durchschreiten dieses Temperaturbereiches zur irreversiblen Rissbildung im Material. Die kubische Hochtemperaturmodifikation von ZrO_2 (Fluorit-Typ) kann durch Zusätze bestimmter Metalloxide stabilisiert werden. Durch Stabilisierung mit Y_2O_3 entsteht eine Leerstellenvariante der CaF_2-Struktur, $Zr_{1-x}Y_x(O_{2-\frac{x}{2}}\square_{\frac{x}{2}})$.

Außer der Verwendung als Keramik ist die Sauerstoffionenleitung von stabilisiertem ZrO_2 von Interesse. Durch die Stabilisierung oder Dotierung werden in der Struktur Sauerstoffleerstellen erzeugt, wodurch Sauerstoffionenleitung möglich wird (Anwendungen als Festelektrolyt, Sauerstoffsensor oder HT-Brennstoffzelle).

Kapitel 4: Organometallchemie

4.1 Einleitung und Allgemeines

Als organometallische Verbindungen sollen hier definitionsgemäß nur solche Spezies besprochen werden, die eine direkte Metall-Kohlenstoff-Bindung aufweisen, wobei das Kohlenstoffatom Bestandteil einer organischen Gruppe ist. Metallcyanid-Verbindungen zählen also nicht zur metallorganischen Chemie, wohl aber werden Metallcarbonyl-Komplexe dazu gerechnet. Es sei angemerkt, dass in der Literatur manchmal auch Koordinationsverbindungen mit organischen Liganden, die nur über Heteroatome, wie Sauerstoff, Stickstoff, Schwefel oder Phosphor, an das Metall binden, als metallorganische Verbindungen bezeichnet werden. Solche Verbindungen wurden im Rahmen der Koordinationschemie in Kapitel 2 vorgestellt und sollen hier nicht betrachtet werden. Andererseits wird unter dem Begriff Organometallchemie oft nur einengend eine Übergangsmetall-organische Chemie verstanden und der Bereich der Hauptgruppenverbindungen ausgeklammert. Problematisch ist stets die Einordnung der organischen Chemie der Halbmetalle Bor, Silicium und Arsen und auch des Phosphors. Diese Gebiete zählen eher am Rande zur Organometallchemie und werden besser unter dem Begriff elementorganische Chemie zusammengefasst. Letzterer Begriff meint aber gelegentlich auch die gesamte Hauptgruppen-metallorganische Chemie.

Die häufig vollzogene Trennung in der Organometallchemie zwischen Übergangs- und Hauptgruppenmetallen hat natürlich eine Berechtigung, die ihren Grund in der Chemie und dem Metall- oder Element-Kohlenstoff-Bindungstyp hat. Bei den Übergangsmetallen und auch den Actinoiden findet man sowohl kovalente σ- als auch π-M-C-Komplexe, wohingegen letztere bei den Hauptgruppenelementen nur selten anzutreffen sind. Bei den Hauptgruppenmetallen liegen entweder ionogene Komplexe (Na-Cs, Ca-Ba), kovalente Elektronenmangel-/Mehrzentren-Komplexe (Li, Be, Mg, B, Al) oder kovalente σ-M-C-Komplexe (übrige Hauptgruppenelemente) vor. Von ihrer organischen Chemie her, bilden auch die d^{10}-Metalle Zn, Cd und Hg fast ausschließlich kovalente σ-Komplexe und rechnen daher zu den Hauptgruppenmetall-organischen Verbindungen. Entsprechend sind die Organolanthanoide überwiegend ionogen gebaut und in ihrer Chemie den Organoverbindungen der Erdalkalimetalle ähnlich.

Bereits seit Mitte des 19. Jahrhunderts wurden metallorganische Verbindungen intensiv untersucht und konnten trotz ihres oft luftempfindlichen Charakters gehandhabt werden. Grundlegende Arbeiten zu vielen Metallalkylen wurden seit 1849 durch Frankland geleistet. Diese Studien waren jedoch hauptsächlich auf σ-gebundene Organometallderivate der Hauptgruppenelemente und der d^{10}-Übergangsmetalle beschränkt. Die Synthese der Organoverbindungen von Mg, Zn, Cd, Hg, Al, Sn, Pb, Sb und anderer Hauptgruppenmetalle diente vielfach dem Studium von Radikalen, und die Verbindungen fanden als Alkylüberträger Anwendungen in organischen Reaktionen (Stichwort: Grignard). Die Entwicklung der Organometallchemie vollzog sich am Rande der klassischen organischen Chemie. Ab 1928 entwickelte Hieber dann die Chemie der Metallcarbonyle, die zunächst wie Koordinationsverbindungen behandelt wurden. Mit der Synthese des Ferrocens im Jahre 1951 und dem Verständnis für einen neuartigen Bindungstyp zwischen Metallen und ungesättigten organischen Gruppen (π-Bindungen) begann die moderne Ära der Organometallchemie, die durch die Übergangsmetallkomplexe dominiert wurde. Die Verfügbarkeit neuer physikalischer Analysemethoden, wie der Einkristall-Röntgenstrukturanalyse und der NMR-Spektroskopie war dabei von enormer Bedeutung für die Entwicklung des Forschungsgebietes. Mittlerweile sind katalytisch und stöchiometrisch eingesetzte metallorganische Reagenzien aus der organischen Synthese nicht mehr wegzudenken, und die Darstellung von anorganischen Materialien aus metallorganischen Vorstufen über Gasphasenabscheidungen ist noch hinzugekommen.

Neuere Teilbereiche der Organometallchemie sind die Bio- und Umwelt-organometallische Chemie. Ein Coenzym des Vitamin B_{12} (siehe **2.6.19**) ist das bekannteste Beispiel für das Auftreten direkter Metall-Kohlenstoff-Bindungen in lebenden Organismen. In Abhängigkeit von der Art der Co-C-Bindungsspaltung kann es als natürliches Grignard-Reagenz (CR_3^--Überträger), als $CR_3^{\bullet}$-Radikalquelle oder auch als CR_3^+-Überträger fungieren. Dieses Coenzym hat deshalb Bedeutung für Bioalkylierungen und insbesondere -methylierungen, womit die Überführung von Metallen aus anorganischen Verbindungen in Metall-CR_3/CH_3-Komplexe bezeichnet wird. Vor allem mit der Methylierung werden Metalle aus ihren Verbindungen mobilisiert und in sehr viel toxischere Metallmethyl-Spezies überführt. Prinzipiell handelt es sich bei Biomethylierungen um natürlich ablaufende Prozesse. Im Zusammenwirken mit der Verwendung von Metallen in Konsumgütern oder einer unsachgemäßen Beseitigung von Metallabfällen und einer zunächst noch vorliegenden Unkenntnis des Phänomens der Biomethylierung kam es aber zu unrühmlichen Vergiftungserscheinungen, bei denen auch Todesfälle nicht ausblieben. Die bekanntesten Beispiele dafür sind das Schweinfurter Grün und die Minamata-Krankheit. Schweinfurter Grün, eine anorganische Kupfer-Arsen-Verbindung der Formel [3 $Cu(AsO_2)_2 \cdot Cu(OOCCH_3)_2$] wurde im 19. Jahrhundert vielfach als grüner Farbstoff für Tapeten eingesetzt. Durch den Schimmelpilz Penicillium brevi caule wurde aus der anorganischen Komplexverbindung das gasförmige, sehr giftige Trimethylarsan, Me_3As, entwickelt. Die Minamata-Krankheit bezeichnet eine Massenerkrankung in Japan mit über 14000 irreparabel Geschädigten und 55 Todesfällen, die auf die Einleitung anorganischer Quecksilberabfälle in die Minamata-Bucht von 1930 bis zu den späten 60er Jahren zurückzuführen ist. In den Meeressedimenten kam es durch biologische Methylierung zur Bildung des stabilen Methylquecksilberkations, $MeHg^+$, das über die Nahrungskette durch kontaminierten Fisch sich dann im Körper der küstennahen Bewohner der Bucht anreicherte.

Weiterhin wurde eine reaktives Ni-CH$_3$-Fragment im Enzym Kohlenmonoxid Dehydrogenase/Acetyl-Coenzym A Synthase (CODH/ACS) aus Moorella thermoacetica (früher Clostridium thermoaceticum) nachgewiesen. Die Methylierung des Nickels erfolgt durch Heterolyse einer CH$_3$-Cobalt(III)-Bindung eines corrinoiden-FeS-Proteins. In der ACS-Untereinheit reagiert die Nickel-CH$_3$-Gruppe mit CO zu einer Acetylfunktion, die dann auf Coenzym A (CoA) übertragen wird (Gl. 4.1.1). Die Bildung von Acetyl in CODH/ACS ist das biologische Äquivalent zum Monsanto-Essigsäure-Prozess (s. Abschnitt 4.4.1.2). Das CO stammt aus einer CO$_2$-Reduktion in der CODH-Untereinheit.

$$CFeSP = corrinoides\text{-}FeS\text{-}Protein \qquad Cys = Cystein$$
$$CoA = Coenzym\ A \qquad M = Cu\ oder\ Ni\ (noch\ Gegenstand\ von\ Diskussionen)$$

(4.1.1)

4.1.1 Die Metall-Kohlenstoff-Bindung

Die Reaktivitäten von Organometallverbindungen hängen eng mit der Natur und Stabilität der M-C-Bindung zusammen. Allgemein gilt, dass Metall-Kohlenstoff-Bindungen im Vergleich mit Metall-Stickstoff-, -Sauerstoff- und -Halogen-Bindungen als schwach anzusehen sind, so dass eine höhere Reaktivität resultiert, was für Anwendungen, z.B. bei der Katalyse auch wünschenswert ist. Es ist aber immer grundsätzlich zwischen der thermodynamischen und kinetischen Stabilität zu unterscheiden. Organometallverbindungen sind oft thermodynamisch instabil, d.h. die freie Standardbildungsenthalpie, ΔG^0_f, als Maß für die thermodynamische Stabilität ist klein oder sogar positiv, und es existieren im System der beteiligten Elemente stabilere Zustände. Da der Entropiebeitrag ΔS^0 meistens nicht bekannt ist, wird näherungsweise als Maß für die thermodynamische Stabilität die Bildungsenthalpie, ΔH^0_f, verwendet. Auf jeden Fall sind metallorganische Verbindungen im System mit Sauerstoff bei Normalbedingungen thermodynamisch instabil, da unter diesen Bedingungen nur CO$_2$, H$_2$O und Metalloxid den stabilen Zustand darstellen. Sobald sich eine metallorganische Verbindung also isolieren und für einen gewissen Zeitraum handhaben lässt, ist sie als kinetisch stabil (inert) anzusehen. In diesem Fall steht kein geeigneter Reaktionspfad mit genügend niedriger Aktivierungsenergie hin zu thermodynamisch stabileren Produkten zur Verfügung (vergleiche auch Abschnitt 2.10). Zwei Beispiele sollen diesen Sachverhalt erläutern: Für Me_4Sn ist $\Delta H^0_f = -19$ kJ/mol und bei der Oxidation wird eine Enthalpie von 3590 kJ/mol frei, die Verbindung ist im System mit O_2 also thermodynamisch sehr instabil. Trotzdem ist Tetramethylzinn luftstabil, also kinetisch stabil oder inert. Der Grund liegt in der guten Abschirmung des Zinnzentrums durch die tetraedrische Koordination der Liganden und in der kleinen Bindungspolarität der Sn-C-Bindung. Unter Normalbedingungen steht dem Angriff des Sauerstoffmoleküls kein niederenergetischer Reaktionsweg offen. Anders sieht es bei der Verbindung Me_3In aus. Die Standardbildungsenthalpie ΔH^0_f von +173 kJ/mol zeigt eine endotherme Verbindung an, die an Luft selbstentzündlich (pyrophor) ist und in Wasser hydrolisiert. Trimethylindium ist also nicht nur thermodynamisch sondern auch kinetisch instabil (labil). Der Grund für das gegenüber Me_4Sn andersartige Verhalten liegt in der höheren Bindungspolarität der In-C-Bindung und dem koordinativ und elektronisch nicht abgesättigten Charakters des Metallzentrums. Die trigonal-planare Koordination verbunden mit der Elektronenlücke am Indium erlaubt einen leichten Angriff des Sauerstoff- und Wassermoleküls. Im chemischen Sprachgebrauch ist mit der Beschreibung einer metallorganischen Verbindung als stabil in den allermeisten Fällen die kinetische Stabilität gemeint.

Im Folgenden sind einige allgemeine Tendenzen zur kinetischen Stabilität oder Reaktivität von Verbindungen aufgezeigt:

– Die thermische Stabilität aber auch die Reaktivität einer Verbindung steigt mit der Polarität der Metall-Kohlenstoff-Bindung. Die Polarität hängt wiederum von der Elektronegativitätsdifferenz der Bindungspartner ab.

– Ionische Bindungen, wie man sie z.B. bei den Alkali-, Erdalkalimetallen und den Lanthanoiden findet, mit Metallkationen und den organischen Gruppen als Carbanionen, sind sehr reaktiv gegenüber Wasser oder Sauerstoff. Das Carbanion ist eine starke Base.

– Übergangsmetallkomplexe mit ausschließlich kovalenten σ-Bindungen sind selten, da sie wegen unvollständig gefüllter d-Orbitale und der Tendenz des Alkylrestes zur Abspaltung über eine β-Wasserstoffeliminierung (Gleichung 4.1.2) kinetisch instabil sind. Generell sind Alkylkomplexe kinetisch stabiler, wenn keine β-Wasserstoffatome vorhanden sind, wie z.B. in $M\text{-}CH_2\text{-}SiMe_3$, $M\text{-}CH_2\text{-}Ph$; auch Methyl- weisen gegenüber Ethylverbindungen eine höhere Stabilität auf.

– Elektronenziehende Substituenten, z.B. $M\text{-}CF_3$ oder $M\text{-}C_6F_5$ gegenüber $M\text{-}CH_3$ oder $M\text{-}C_6H_5$, wirken im Allgemeinen stabilisierend.

$$
\begin{array}{c}
\overset{\alpha}{}\ \overset{\beta}{} \\
CH_2\!-\!CH\!-\!R \\
| | \\
M H
\end{array}
\quad
\underset{\text{Hydrometallierung}}{\overset{\beta\text{-H Eliminierung}}{\rightleftharpoons}}
\quad M\text{-}H \ + \ H_2C\!=\!CH\text{-}R
\qquad (4.1.2)
$$

4.2 Hauptgruppenmetall- und -elementorganyle

Während sich bei der Behandlung von Übergangsmetallorganylen weitgehend bereits eine von der Gruppeneinteilung des Periodensystems losgelöste Darstellungsart durchgesetzt hat, findet man bei den Hauptgruppenmetallorganylen noch sehr viel stärker die Gruppeneinteilung und Einzeldarstellung der Metalle ausgeprägt. Der Wunsch, das Buch kompakt zu halten, erforderte es, mit dem Mut zur Lücke, eine bewusste Stoffauswahl zu treffen. Es wird deshalb nur die Chemie einiger Hauptgruppenelemente exemplarisch in Einzeldarstellungen beschrieben. Ansonsten werden das Aufzeigen von elementübergreifenden Phänomenen und eine Behandlung der Hauptgruppenverbindungen unter einzelnen Themenkomplexen und nicht entlang der Gruppen versucht. Damit ergibt sich für einige Gebiete (z.B. π-Komplexe) eine bessere Vergleichsmöglichkeit zu den Übergangsmetallorganylen, die entsprechend behandelt werden.

Innerhalb der Hauptgruppenorganyle wird aufgrund der Metall-Ligand-Bindungssituation häufig eine stärkere Differenzierung in mehr ionische und stärker kovalente Verbindungen getroffen. Eine ionogene Bindung ist bei Alkali- und Erdalkalimetallorganylen zusammen mit den Organoverbindungen des Thalliums (und der Zinktriade) ausgeprägt, die auch als polare metallorganische Reagenzien bezeichnet werden. (Die organischen Verbindungen der d^{10}-Metalle Zink, Cadmium und Quecksilber werden oft zu den Hauptgruppenorganylen gerechnet.) Der kovalente Bindungscharakter überwiegt bei den übrigen Metallen der 13. Gruppe und denen der 14. Gruppe, sowie natürlich bei den Elementen der 15. Gruppe. Die polaren organischen Verbindungen von Lithium, Magnesium und Zink, sowie teilweise von Natrium und Kalium haben sich inzwischen zu Schlüsselreagenzien für die moderne organische Synthese entwickelt. Gemeinsam ist den polaren Reagenzien, dass das Metall-gebundene Kohlenstoffatom eine negative Ladung trägt und entsprechend das Metallatom kationischer Natur ist. Obwohl der ionische gegenüber dem kovalenten Bindungscharakter in allen Fällen stärker ausgeprägt ist, greift allerdings eine verallgemeinernde Sicht als rein ionische Spezies, die aus Carbanionen und Metallkationen aufgebaut sind, zu kurz. Um die Unterschiede im Reaktionsverhalten von polaren metallorganischen Reagenzien zu verstehen, muss man die wichtigen Wechselwirkungen des Metalls mit dem organischen Rest, den umgebenden Lösungsmittelmolekülen und schließlich auch dem Substrat berücksichtigen.

4.2.1 Alkalimetallorganyle

Die wichtigen Darstellungsreaktionen für Alkalimetallorganyle sind in den Gleichungen 4.2.1 und 4.2.2 beschrieben. Ausgehend vom Alkalimetall wird in der organischen Verbindung z.B. eine C-Halogen- oder eine C-H-Bindung gebrochen.

$$R\text{-}X + 2\,M \rightarrow R^-M^+ + M\text{-}X \quad (X = \text{Halogen}) \tag{4.2.1}$$

$$R\text{-}H + M \rightarrow R^-M^+ + \tfrac{1}{2}\,H_2 \tag{4.2.2}$$

Einige Lithiumorganyle, wie Methyllithium oder n-Butyllithium sind kommerziell erhältlich (siehe Tabelle 4.2.1) und können wiederum zur Darstellung anderer Lithiumorganyle verwendet werden, wie Gleichung 4.2.3 beispielhaft zeigt.

$$C_5Me_5H + {}^nBuLi \rightarrow C_5Me_5{}^-Li^+ + {}^nBuH \qquad (4.2.3)$$

Die ionischen Alkalimetallorganyle sind alle sehr luft- und feuchtigkeitsempfindlich, in reiner Form zum Teil pyrophor (selbstentzündlich) und müssen in inerter Atmosphäre (Schutzgas) gehandhabt werden. Die Reaktion mit Sauerstoff führt zur Bildung von Alkoxiden (Gleichung 4.2.4). Mit Wasser und anderen protischen Reagenzien reagieren die stark basischen Carbanionen unter Rückbildung des zugrunde liegenden Kohlenwasserstoffs (Gleichung 4.2.5).

$$2\,R^-M^+ + O_2 \rightarrow 2\,R\text{-}O^-M^+ \qquad (4.2.4)$$

$$R^-M^+ + H_2O \rightarrow RH + MOH \qquad (4.2.5)$$

Im Vergleich mit Organolithiumverbindungen kommt den Organylen der höheren Alkalimetalle nur eine sehr geringe Bedeutung zu. Eine Ausnahme bildet lediglich Cyclopentadienylnatrium (C_5H_5Na, CpNa) als Cyclopentadienyl-Transferreagenz.

Lithiumorganyle sind löslich in Ethern oder Kohlenwasserstoffen. Sie sind empfindlich gegen Sauerstoff, Kohlendioxid und protische Reagenzien (Feuchtigkeit), mit denen die Organyle jeweils unter Bildung von Lithiumalkoxiden, -carboxylaten und unter Rückbildung der zugrunde liegenden Kohlenwasserstoffe reagieren. In reinem Zustand sind Organolithiumverbindungen pyrophor. Lithiumorganyle werden als Grignard-analoge Reagenzien für die Übertragung von organischen Gruppen, als Metallierungsreagenz oder als Reduktionsmittel in organischen und metallorganischen Synthesen eingesetzt. Die Produktionsmenge an Organolithiumverbindungen liegt bei etwa 600 Jahrestonnen.

Die Darstellung erfolgt in einer Direktsynthese aus dem Lithiummetall und Alkyl- und Arylhalogeniden (Gleichung 4.2.6). Die Verbindungen werden als Lösung in Kohlenwasserstoffen bei 25–70 °C unter Stickstoff als Schutzgas synthetisiert. Die Gegenwart von 0.5–2% Natrium im Lithiummetall beschleunigt die Reaktion. Durch Zentrifugieren und Filtrieren werden das überschüssige Lithiummetall und das gebildete Lithiumhalogenid abgetrennt. Als Nebenreaktion bei der Darstellung ist die Wurtz-Fittig-Reaktion von Bedeutung (Gleichung 4.2.7). Tabelle 4.2.1 gibt einen Überblick zu den wichtigen Einzelverbindungen, ihren Eigenschaften und Anwendungen.

$$RX + Li \longrightarrow RLi + LiX \qquad R = {}^{n/sec/t}Bu, Me, Ph \qquad (4.2.6)$$
$$X = Cl, Br, I$$

$$RX + RLi \longrightarrow R\text{-}R + LiX \qquad (4.2.7)$$

Tabelle 4.2.1. Eigenschaften und Anwendungen wichtiger Organolithiumverbindungen

Verbindung	Eigenschaften	Anwendungen
n-Butyllithium, ^{n}BuLi	farblose, brennbare Flüssigkeit, Schmp. $-76\,°C$, destilliert bei 1 mbar und 80–$90\,°C$; kommerziell als 15%-ige (und höher) Lösung in Kohlenwasserstoffen (Hexan) erhältlich	Metallierungsreagenz für organische Verbindungen durch Deprotonierung von C-H aciden Verbindungen oder durch Metall-Halogenaustausch $RH + {}^n BuLi \rightarrow RLi + {}^n BuH$ $RX + {}^n BuLi \rightarrow RLi + {}^n BuX$ Katalysator zur Darstellung von Synthesekautschuk des Styrol-Butadien-Typs, Polybutadien und Polyisopren durch anionische Polymerisation
sec-Butyllithium, ^{sec}BuLi	farblose Flüssigkeit, nucleophiler und instabiler als ^{n}BuLi	Katalysator für Styrol-Butadien Block-Copolymere
tert-Butyllithium, ^{t}BuLi	feste, kristalline Substanz, sublimiert bei 10^{-3} bar und 70–$80\,°C$, kommerziell als 15–20%-ige Lösung in Kohlenwasserstoffen erhältlich; reaktivste der Butyllithiumverbindungen, größte Basizität bei reduzierter Nucleophilie bedingt durch sterische Effekte	zur Einführung von tert-Butylgruppen in organische oder metallorganische Verbindungen; durch sterische Hinderung selektives Deprotonierungsmittel
Methyllithium, MeLi	praktisch unlöslich in Kohlenwasserstoffen; stabiler als ^{n}BuLi; kommerziell als 5%-ige Lösung in Diethylether erhältlich	Addition von Me-Gruppen an C=C-, C=O- oder C≡N-Mehrfachbindungen. Die 1,4-Addition an C=C-C=O erfolgt in Gegenwart von CuI
Phenyllithium, PhLi	in reiner Form farblose Kristalle; kommerziell als 20–25%-ige Lösung in Cyclohexan/Diethylether (70/30) erhältlich	

In der organischen Synthese wird Butyllithium häufig für die Darstellung lithiierter Zwischenstufen über einen Lithium-Wasserstoff- oder Lithium-Halogen-Austausch verwendet. Die derart erhaltenen Carbanionen werden dann weiter mit Elektrophilen umgesetzt. Methyllithium wird vielfach für die direkte Addition der Methylgruppe an Mehrfachbindungen, z.B. Carbonylgruppen eingesetzt.

Lösungen von Butyllithiumverbindungen zersetzen sich selbst in Kohlenwasserstoffen durch β-Wasserstoffeliminierung langsam zum Olefin und Lithiumhydrid (vergleiche hierzu die Beschreibung der Struktur von ^{n}BuLi). Im Falle von n-Butyllithium beträgt die Zersetzung 0.06% pro Monat bei 20 °C. Für Methyllithium steht dieser Reaktionsweg nicht zur Verfügung und die Verbindung ist entsprechend stabiler als Butyllithium (vergleiche auch die Einleitung, Abschnitt 4.1). In etherischen Lösungsmitteln, insbesondere Tetrahydrofuran, erfolgt zusätzlich Zersetzung durch Spaltung der Etherbindung. Weitere Schwankungen im Gehalt von Organolithiumlösungen können durch das Verdunsten des Lösungsmittels und die Reaktion der aktiven Spezies mit Sauerstoff zu Lithiumalkoxiden auftreten. Vor der stöchiometrischen Verwendung von Alkyllithiumreagenzien ist deshalb öfter eine Gehaltsbestimmung empfehlenswert: Bei der maßanalytischen Doppelbestimmung nach Gilman wird eine definierte Menge (z.B. 1 ml) der Organolithiumlösung mit Wasser hydrolisiert und nach Zusatz eines Indikators (z.B. Phenolphthalein) mit verdünnter Salzsäure (Konzentration z.B. 0.1 mol/l) titriert. Aus dieser Titration erhält man den Gesamtanteil an basischen Bestandteilen, der durch die Gegenwart von Lithiumalkoxiden höher ist, als der Organolithiumgehalt. Um nun den Gehalt an Alkoxiden zu ermitteln, wird eine zweite definierte Menge der Organolithiumlösung zu einem flüssigen Alkylhalogenid (typischerweise 1,2-Dibromethan) gegeben. An der Reaktion (Gleichung 4.2.8) nimmt nur die aktive Organolithiumkomponente teil, die dadurch in „neutrale" Verbindungen überführt wird, während das Alkoxid noch unzersetzt vorliegt. Eine jetzt durchgeführte Hydrolyse und volumetrische Hydroxidbestimmung, wie vorstehend, ergibt den Gehalt an Lithiumalkoxid. Aus der Differenz der beiden Analysen lässt sich dann der gesuchte Gehalt an Organolithium berechnen. Diese Rechnung gestaltet sich am einfachsten, wenn jeweils 1 ml Lösung hydrolisiert werden und mit Salzsäure der Konzentration 0.1 mol/l titriert wird. Der Organolithiumgehalt (in mol/l) ist dann die dimensionslose Differenz der verbrauchten HCl-Volumina multipliziert mit 0.1 mol/l (und eventuell dem Faktor der Salzsäure).

$$RLi + ROLi + BrCH_2CH_2Br \rightarrow RBr + LiBr + C_2H_4 + ROLi \qquad (4.2.8)$$

Eine andere Möglichkeit der Gehaltsbestimmung verwendet die Bildung intensiv gefärbter organischer Dianionen zur Endpunktsanzeige in einer umgekehrten Titration einer geeigneten Maßlösung, die zugleich Indikator ist, wie z.B. Diphenylessigsäure, *N*-Pivaloyl-*o*-toluidin, *N*-Pivaloyl-*o*-benzylanilin oder 1,3-Diphenyl-2-propanon-p-toluolsulphonylhydrazon. Ein abgemessenes Äquivalent des Indikators (etwa zwischen 0.9 und 2.0 mmol) wird unter Schutzgas in einem Schlenkkolben als Lösung in trockenem Tetrahydrofuran (THF) vorgelegt. Die zu bestimmende Organolithiumlösung wird dann über ein Septum aus einer graduierten Spritze zu der gerührten THF-Lösung getropft. Das Auftreten einer Farbänderung zeigt den Endpunkt, d.h. die Zugabe eines Äquivalents Alkyllithium an. Eine dritte titrimetrische Gehaltsbestimmung verwendet die Zersetzung einer definierten Menge der Alkyllösung mit einer sec-Butanol-Maßlösung. Zur Endpunktsanzeige wird der Alkyllösung ein chelatisierender Stickstoffheterozyklus (wie 2,2'-Bipyridin, 1,10-Phenanthrolin) als Indikator zugesetzt. Dieser bildet mit den Metallionen einen gefärbten Komplex, dessen Farbe dann am Äquivalenzpunkt durch Zersetzung verschwindet.

Lithium als Element der ersten Achterperiode unterscheidet sich wie erwartet stärker von seinen schwereren Homologen. Die Besonderheit von Lithiumorganylen ist ihre ausgeprägte Tendenz, oligomere Einheiten $[RLi]_n$ auszubilden. Röntgenstrukturuntersuchungen an Festkörpern, Molmassenbestimmungen an Lösungen und massenspektroskopische Messungen belegen das Vorliegen der Oligomere, wenn auch eventuell mit unterschiedlichem Assoziationsgrad, in allen drei Phasen. In Lösung ist allerdings zu beachten, dass stärker koordinierende und auch mehrzähnige Donorsolventien (Tetrahydrofuran, Tetramethylethylendiamin) die Assoziate zu Monomeren abbauen können. Das chemische Verhalten von polaren metallorganischen Spezies wird nicht nur durch die Stellung des Metallatoms zum organischen Rest, sondern sehr wesentlich auch durch die Aggregation und Solvatation beeinflusst, so dass Kenntnisse dieser Details für ein Verständnis der Reaktivität wichtig sind. Im Allgemeinen ist bei den lithiumorganischen Verbindungen (und anderer assoziierter metallorganischer Reagenzien) die reagierende Spezies das Monomer und nur gelegentlich ein Dimer oder höheres Aggregat. Vollständige oder teilweise Dissoziation muss also zunächst erfolgen. Die relativ fest gebundene tetramere MeLi-Struktur führt dazu, dass Methyllithium ab einer Konzentration von 0.5 mol/l in THF sogar weniger reaktiv ist als Phenyllithium. Abbildung 4.2.1 zeigt die Festkörperstrukturen der klassischen Synthesereagenzien MeLi, $^{n-}$ und ^{t}BuLi.

Die tetramere Anordnung von MeLi und ^{t}BuLi kann als ein Li_4-Tetraeder beschrieben werden, bei dem jede Fläche von einer Methyl- oder tert-Butylgruppe

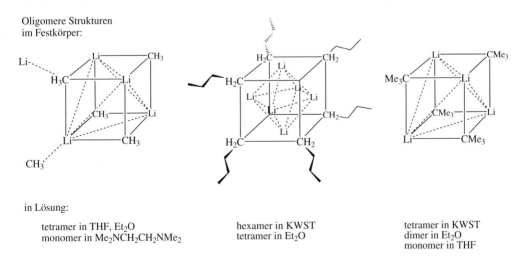

Oligomere Strukturen
im Festkörper:

in Lösung:

tetramer in THF, Et_2O
monomer in $Me_2NCH_2CH_2NMe_2$

hexamer in KWST
tetramer in Et_2O

tetramer in KWST
dimer in Et_2O
monomer in THF

Abbildung 4.2.1. Schematische Darstellung der Strukturen von $(MeLi)_4$, $(^nBuLi)_6$ und $(^tBuLi)_4$ im Festkörper mit Angabe des Aggregationsgrades in Lösung. Bei $(MeLi)_4$ ist die Wechselwirkung zwischen benachbarten Würfeln, die sich über alle acht Ecken erstreckt, für zwei Ecken angedeutet. (KWST = Kohlenwasserstoffe)

überdacht ist. Das gesamte $(RLi)_4$-Oligomer stellt sich dann in bezug auf die Lithium- und die direkt angebundenen Kohlenstoffatome als Würfel dar, dessen Ecken alternierend von Li und C besetzt sind. Im MeLi-Festkörper kommt es darüber hinaus zu Wechselwirkungen zwischen benachbarten Würfeln, die sich über alle acht Ecken erstrecken. Die Koordinationssphäre der Lithiumatome wird von einer Methylgruppe aus dem Nachbarwürfel vervollständigt, und entsprechend ist jede Methylgruppe noch an ein Lithiumatom eines benachbarten Li_4-Tetraeders koordiniert. Die starken intermolekularen Wechselwirkungen bedingen und erklären die Unlöslichkeit in nichtkoordinierenden Lösungsmitteln. In der Festkörperstruktur von ^nBuLi liegt ein Grundgerüst aus sechs Lithiumatomen in verzerrt oktaedrischer Anordnung als trigonales Antiprisma vor. Sechs der acht Dreiecksflächen des Li_6-Gerüsts sind jeweils durch eine n-Butyl-Einheit überdacht, zwei Dreiecke bleiben frei. In der Festkörperstruktur beobachtet man zusätzlich noch relativ kurze Kontakte von Lithiumatomen zu den β-C-Atomen der Butylkette. Ein Vergleich des Aggregationsgrades in Lösung zeigt, dass dieser in unpolaren Lösungsmitteln (Kohlenwasserstoffen) meistens höher ist als in etherischen Lösungsmitteln. Der Vergleich der Aggregation zwischen ^nBuLi und ^tBuLi illustriert wie der sterische Anspruch der organischen Gruppen die Tendenz zur Assoziation verringert.

Die Ausbildung oligomerer Einheiten bei den Lithiumorganylen muss auf die höheren kovalenten Anteile der Metall-C-Bindung beim Lithium im Vergleich zu den schwereren Homologen zurückgeführt werden. Betrachtet man den Grenzfall eines kovalenten RLi Moleküls, so wird deutlich, dass am Lithium ein Elektronenmangel herrscht. Eine Orbitalbeschreibung macht sowohl die tetramere Li_4-Anordnung und Flächenüberdachung als auch die Wechselwirkung mit benachbarten Einheiten verständlich. Aus 12 von den 16 (sp^3-Hybrid-)Orbitalen der vier Lithiumatome lassen sich in der tetraedrischen Anordnung wie in Abbildung 4.2.2 gezeigt, vier energiegleiche (entartete) Molekülorbitale bilden, die jeweils über eine Dreiecksfläche Li_3-bindend sind. Die $4 \times 2 = 8$ weiteren Orbitalkombinationen, die über die Dreiecksflächen möglich sind, sind Li-Li nichtbindende Orbitale. Die vier Li_3-bindenden Orbitale können nun mit den Orbitalen der vier CH_3-Gruppe überlappen und erzeugen auf diese Weise vier Li-C-bindende und -antibindende Molekülorbitale. Die vier Li-C- und gleichzeitig auch Li_3-bindenden Molekülorbitale sind dann mit insgesamt acht Elektronen (je eins von jedem Lithiumatom und jeder Methylgruppe) vollständig besetzt, so dass für die Struktur die optimale Elektronenzahl zur Verfügung steht. Jedes bindende Li_3C-Molekülorbital entspricht dann einer 2-Elektronen/4-Zentren-(2e/4z) Bindung. An den Lithiumatomen verblieb aber jeweils noch ein Orbital, was für die bisherigen Wechselwirkungen nicht in Betracht gezogen wurde. Diese Orbitale sind entlang der C_3-Achsen des Tetraeders nach außen gerichtet und können mit „rückwärtigen" Orbitallappen der CH_3-Gruppe einer benachbarten tetrameren Einheit überlappen. Unter Berücksichtigung der Verknüpfung von vier Lithiumatomen durch eine Methylgruppe hat man es dann sogar mit einer 2-Elektronen/5-Zentren-Bindung zu tun.

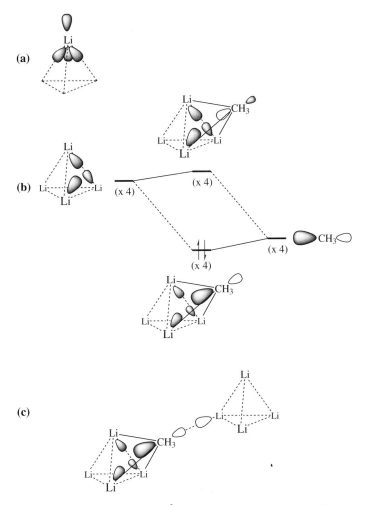

Abbildung 4.2.2. Darstellung der vier sp³-Hybridorbitale am Lithium (a) von denen im Li₄-Tetraeder je drei für die Ausbildung der 2-Elektronen/4-Zentren-Molekülorbitale genutzt werden. (b) zeigt das MO-Schema für die Überlappung der bindenden Li₃-Kombination mit dem Orbital der CH₃-Gruppe. Aufgrund der Elektronegativitätsdifferenz zwischen Lithium und Kohlenstoff ist das bindende Li₃C-Orbital mehr am C-Atom lokalisiert, die antibindende Kombination entsprechend an den Lithiumatomen. Die relative unterschiedliche Größe der Orbitallappen und die energetische Lage der Molekülorbitale an den jeweiligen Ausgangsorbitalen soll dies verdeutlichen. (c) Das vierte Orbital am Lithium steht für die intermolekulare Wechselwirkung zur Verfügung.

Die ionischen π-Komplexe der Alkalimetalle werden in Abschnitt 4.2.6.2 erwähnt.

4.2.2 Erdalkalimetallorganyle: Mg

In dieser Gruppe kommt den Verbindungen des Magnesiums, die wegen ihres Carbanionen-Charakters als vielseitige Reagenzien in der organischen Synthese eingesetzt werden, die Hauptbedeutung zu. Wichtig sind hier vor allem die Organomagnesiumhalogenid- oder so genannten **Grignard-Verbindungen**. Diese RMgX-Verbindungen entstehen in einer radikalischen Reaktion an der Oberfläche des Metalls bei der Umsetzung von Alkyl- oder Arylhalogeniden mit Magnesium-Spänen in wasserfreien polaren Lösungsmitteln wie Diethylether oder Tetrahydrofuran (Gleichung 4.2.9).

$$R\text{-}X + Mg \xrightarrow{\text{Ether}} R\text{-}Mg\text{-}X$$

$$X = Cl, Br, I$$

(4.2.9)

Die Formulierung von Grignard-Verbindungen als R-Mg-X ist jedoch eine starke Vereinfachung, tatsächlich besteht in Lösung, abhängig vom verwendeten Lösungsmittel, der Konzentration und der organischen Gruppe, ein kompliziertes Gleichgewicht zwischen monomeren solvatisierten und oligomeren Magnesium-Spezies, unter denen sich auch Diorganylmagnesium und Magnesiumhalogenid befindet (Abbildung 4.2.3). Dieses komplexe System wird als Schlenk-Gleichgewicht bezeichnet.

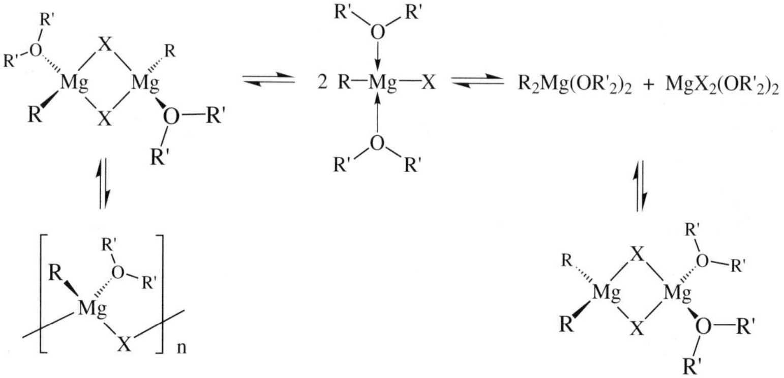

Abbildung 4.2.3. Schematische Darstellung des Schlenk-Gleichgewichts zwischen verschiedenen Magnesium-Spezies bei Grignard-Verbindungen. In Tetrahydrofuran (THF) als Lösungsmittel liegt das Gleichgewicht über einen weiten Konzentrationsbereich auf der Seite der monomeren solvatisierten RMgX(THF)$_2$-Spezies, in Diethylether überwiegen halogenverbrückte Oligomere, die in Form von Ringen oder Ketten vorliegen können.

Anders als die Alkalimetallorganyle weist die Magnesium-Kohlenstoffbindung bereits vorwiegend kovalente Anteile auf. Die leichte Darstellung von RMgX-Verbindungen und der Carbanion-Charakter der Organylgruppe begründet die vielfältige Verwendung der Grignard-Reagenzien in der organischen Synthese für nucleophile Additionsreaktionen. Die eigentliche Grignard-Reaktion ist dabei die Addition von RMgX an die Carbonyl-Funktion in Aldehyden oder Ketonen, die nach Hydrolyse des intermediären Magnesiumalkoxids dann zu primären ($R^{1,2}$ = H), sekundären (R^1 = H) oder tertiären Alkoholen führt (Gleichung 4.2.10).

$$R\text{-Mg-X} \ + \ \underset{R^1}{\overset{O}{\underset{\|}{C}}}\!\!R^2 \quad \xrightarrow{\text{Ether}} \quad \underset{R^1}{\overset{O-Mg-X}{\underset{R}{C}}}\!\!R^2 \quad \xrightarrow{H_2O} \quad \underset{R^1}{\overset{OH}{\underset{R}{C}}}\!\!R^2 \ + \ MgX(OH)$$

$$(4.2.10)$$

In ähnlicher Weise kann auch eine Reaktion mit Carbonsäureestern, Kohlendioxid, Nitrilen oder Epoxiden erfolgen (siehe dazu die Lehrbücher der Organischen Chemie).

Auf π-Komplexe der Erdalkalimetalle Beryllium und Magnesium wird in Abschnitt 4.2.6.2 eingegangen.

4.2.3 Organyle der 13. Gruppe: Al

Größeres anwendungsbezogenes Interesse finden bei den Erdmetallen hauptsächlich die Organoaluminiumverbindungen. Sie sind industriell seit etwa 1950 von Bedeutung durch die Arbeiten von Ziegler zur Aufbaureaktion für Ethenoligomere und die Entdeckung der Niederdruck-Olefin-Polymerisation (Ziegler-Natta-Katalyse). In diesen industriellen Verfahren werden Aluminiumorganyle als stöchiometrische Reagenzien oder Cokatalysatoren eingesetzt. Entsprechend ihrer Bedeutung haben in der Literatur vielfach auch Abkürzungen für aluminiumorganische Verbindungen Eingang gefunden; gebräuchlich sind TMA für Trimethylaluminium, TEA für Triethyl-, TIBA für Triisobutylaluminium, DEAC für Diethylaluminiumchlorid, DIBAH für Diisobutylaluminiumhydrid, MAO für Methylalumoxan. Vom Produktionsvolumen her ist TEA das wichtigste Aluminiumorganyl. Pro Jahr werden etwa 50 000 Tonnen Organoaluminiumverbindungen hergestellt.

Die binären Aluminiumorganyle sind farblos und bei Raumtemperatur Flüssigkeiten, die fast alle Schmelzpunkte unter 0 °C aufweisen; Ausnahmen sind TMA (15.3 °C) und TIBA (1.0 °C). Mit Luftsauerstoff und Wasser (allgemein protischen Reagenzien) erfolgen sehr heftige, z.T. explosionsartige, und stark exotherme Reaktionen. Die kurzkettigen Alkyle sind an Luft selbstentzündlich (pyrophor). Die Handhabung von Aluminiumalkylen verlangt also ein sorgfältiges Arbeiten (Transport usw.) unter Inertgas, beim Umfüllen größerer Menge sind entsprechende Sicherheitsbestimmungen zu beachten. Die Reaktivität der Verbindungen gegenüber Luft wird durch Verdünnen mit organischen Lösungsmitteln verringert, so dass man im Laborbereich die Aluminiumalkyle häufig als Lösung verwendet. Gegenüber den binären Organylen sind die Organoaluminiumhalogenide bereits deutlich weniger aktiv. Aus Gründen der Einfachheit sind in den weiter unten folgenden Formeln die Organoaluminiumderivate nur monomer angegeben, tatsächlich findet man in nichtkoordinierenden Lösungsmitteln bei nicht zu großen organischen Resten eine Alkylverbrückung binärer Aluminiumorganyle über Mehrzentrenbindun-

gen und das Vorliegen dimerer Spezies (vergleiche dazu die oligomeren Lithiumorganyle in Abschnitt 4.2.1). Zwischen Monomer und Dimer besteht bei Aluminiumalkylen in Abhängigkeit von Temperatur, Konzentration, Lösungsmittel und
dem organischen Rest ein Gleichgewicht (Gleichung 4.2.11).

$$2 \quad R_3C \underset{R_3C}{\overset{}{\diagdown}} Al\!-\!CR_3 \;\rightleftharpoons\; R_3C \cdots \underset{R_3C}{\overset{R_3C}{\diagup}} Al \underset{}{\overset{C}{\diagup\diagdown}} Al \underset{CR_3}{\overset{CR_3}{\diagup}} \tag{4.2.11}$$

Der Grad der Dimerisierung nimmt in der Reihe $CR_3 = Me > Et > {}^iPr > {}^tBu$ ab,
wobei das Gleichgewicht für das tert-Butylderivat vollständig auf der linken Seite
liegt, d.h. die Verbindung Al^tBu_3 ist monomer. Das stabilste Dimer, Al_2Me_6, weist
eine Dissoziationsenthalpie von 84 kJ/mol auf und liegt auch in der Gasphase als
solches vor. Für die Ethylverbindung sinkt die Enthalpie auf 71 kJ/mol und für
$Al_2{}^iPr_6$ beträgt sie nur noch etwa 34 kJ/mol. Die Abnahme der Dissoziationsenthalpie spiegelt die schnelle Zunahme der sterischen Hinderung für eine verbrückende

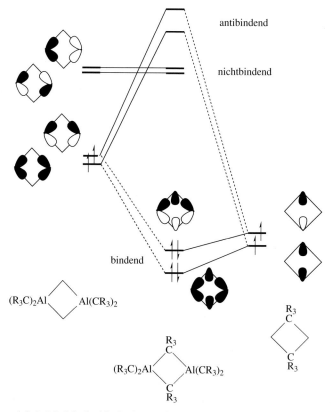

Abbildung 4.2.4. Molekülorbitalschema für die beiden 2-Elektronen/3-Zentren-Bindungen
der Al_2C_2-Einheit in einem dimeren Aluminiumtrialkyl.

Dimerisierung wieder. Die Alkylverbrückung ermöglicht dem Aluminium seinen Elektronenmangel in der monomeren Form (mit einem formalen Elektronensextet) etwas zu beheben. Die beiden Aluminiumatome und die verbrückenden Alkylgruppen sind dabei jeweils Teil einer 2-Elektronen/3-Zentren-Bindung. Das Molekülorbitalschema der Al_2C_2-Einheit ist in Abbildung 4.2.4 skizziert. Die Linearkombinationen der Fragmentorbitale führen zu zwei bindenden, zwei nichtbindenden und zwei antibindenden Molekülorbitalen, für deren Besetzung vier Elektronen zur Verfügung stehen. Die dimere Spezies ist deshalb im eigentlichen Sinne keine Elektronenmangelverbindung mehr (obwohl oft als solche bezeichnet), da sie die korrekte Elektronenzahl zur Besetzung aller bindenden MO's aufweist.

Die Organoaluminiumhalogenide sind ebenfalls dimer, die Halogenatome bilden über ihre freien Elektronenpaare aber normale 4-Elektronen/3-Zentren-Brücken zwischen den Aluminiumatomen aus.

Für die **Synthese der Trialkylaluminiumverbindungen** bietet sich in vielen Fällen das Ziegler-Direktverfahren („three-for-two process") an, bei dem in der Bruttoreaktion aus Aluminiummetall, Wasserstoff und Olefin das Trialkylaluminiumprodukt erhalten wird (Gleichung 4.2.14). Die Reaktion gliedert sich in zwei Schritte: Zunächst werden aus dem Metall, Wasserstoff und 2 Äquivalenten Trialkylaluminium drei Äquivalente Dialkylaluminiumhydrid erhalten („Vermehrung", Gleichung 4.2.12). Das Hydrid addiert sich dann in einer Hydroaluminierungsreaktion an das Olefin („Anlagerung", Gleichung 4.2.13). Dieser Schritt der Hydroaluminierung ist reversibel, die Umkehrung ist die Olefinabspaltung oder Dehydroaluminierung durch β-Wasserstoffeliminierung (Gleichung 4.2.14; siehe auch Gleichung 4.1.1).

$$Al + 3/2\ H_2 + 2\ (RCH_2CH_2)_3Al \xrightarrow[\text{100-200 bar}]{\text{80-160 °C}} 3\ (RCH_2CH_2)_2AlH \qquad (4.2.12)$$

$$3\ (RCH_2CH_2)_2AlH + 3\ RCH=CH_2 \xrightleftharpoons[\text{1-10 bar}]{\text{80-110 °C}} 3(RCH_2CH_2)_3Al \qquad (4.2.13)$$

$$Al + 3/2\ H_2 + 3\ RCH=CH_2 \longrightarrow (RCH_2CH_2)_3Al \qquad (4.2.14)$$

Die Stabilität von Aluminium-Alkylbindungen nimmt in der Reihe $-CH_2CHR_2 <$ $-CH_2CH_2R < -CH_2CH_3$ zu, d.h. je weniger Verzweigungen in β-Stellung desto stabiler ist das Aluminiumalkyl. Entsprechend steigt umgekehrt die Bereitschaft zur Dehydroaluminierung, und über die Gleichgewichtsreaktion können so Alkylreste gegeneinander ausgetauscht werden. Gleichungen 4.2.15 und 4.2.16 zeigen, wie auf diese Weise Triisobutylaluminium als Edukt für andere Aluminiumalkyle eingesetzt werden kann. Höhere Aluminiumalkyle, wie Tri-n-hexyl- und -octylaluminium werden so dargestellt. Die Konkurrenzreaktion der Carboaluminierung, d.h. des Einschubs von einem Olefin in die Al-C-Bindung (siehe unten) wird durch Temperaturkontrolle und Entfernung des Isobutens minimiert.

$$(Me_2CHCH_2)_3Al \underset{\text{20 mbar}}{\overset{140\,°C}{\rightleftharpoons}} (Me_2CHCH_2)_2AlH + CH_2=CMe_2 \qquad (4.2.15)$$

$$(= {}^iBu_3Al)$$

$$(Me_2CHCH_2)_3Al + 3\,CH_2=CHR \xrightarrow{100-110\,°C} (RCH_2CH_2)_3Al + 3\,CH_2=CMe_2 \quad (4.2.16)$$

Das Ziegler-Direktverfahren erlaubt natürlich aus nahe liegenden Gründen nicht die Darstellung von Trimethylaluminium. Hierfür und auch zur Synthese von einigen Organoaluminiumhalogeniden wird die Umsetzung von Aluminiummetall mit Alkylhalogeniden zum Aluminiumsesquichlorid, $Me_3Al_2Cl_3$, verwendet (Gleichung 4.2.17). Bedeutung hat diese Route für Alkyl = Methyl und Ethyl. In Verknüpfung mit einer Reduktion durch Natrium gelangt man dann vom Sesquichlorid zum Trimethylaluminium (Gleichung 4.2.18). Zwar ist die Sesquichlorid-Reduktion zurzeit die ökonomischste Synthese für die Produktion von TMA, aber dieses ist dennoch das teuerste Aluminiumalkyl, was wiederum Bedeutung für das daraus erhaltene Methylalumoxan (MAO) hat (siehe unten). Organoaluminiumhalogenide, die unter anderem wegen der Problematik von Eliminierungsreaktionen nicht aus Aluminiummetall und dem Alkylhalogenid erhalten werden können, z.B. ${}^iBu_2AlCl$ und ${}^iBuAlCl_2$, können in einer Komproportionierungsreaktion aus Aluminiumhalogeniden, einschließlich $AlCl_3$ und Trialkylaluminium erhalten werden (Gleichung 4.2.19 und 4.2.20).

$$4\,Al + 6\,MeCl \longrightarrow 2\,Me_3Al_2Cl_3 \qquad (4.2.17)$$

$$6\,Me_3Al_2Cl_3 + 6\,NaCl \longrightarrow 3\,(Me_2AlCl)_{2\ \text{(löslich)}} + 6\,Na[MeAlCl_3]_{\text{(fest)}}$$
$$\downarrow 6\,Na \qquad\qquad\qquad (4.2.18)$$
$$4\,Me_3Al + 2\,Al + 6\,NaCl$$

$$2\,R_3Al + AlCl_3 \longrightarrow 3\,R_2AlCl \qquad (4.2.19)$$

$$R_3Al + 2\,AlCl_3 \longrightarrow 3\,RAlCl_2 \qquad (4.2.20)$$

Der Begriff **Alumoxane** (oder auch Aluminoxane) bezeichnet über Sauerstoffatome verbrückte RAl-Einheiten (vergleiche Siloxane, Abschnitt 4.2.4). Wenn R eine organische Gruppe ist, liegt ein Organoalumoxan vor. Diese werden durch kontrollierte partielle Hydrolyse von Aluminiumalkylen in einem organischen Lösungsmittel erhalten (Gleichung 4.2.21). Der Wasserzusatz erfolgt im Labor am besten in Form von Eis oder als Kristallwasser anorganischer Salze, z.B. $CuSO_4 \cdot 5\,H_2O$ oder $Al_2(SO_4)_3 \cdot {\sim}15\,H_2O$. Auf diese Weise hat man eine relativ langsame heterogene Reaktion, und die vollständige Hydrolyse zum Aluminiumoxid wird verhindert. Je nach Größe des Alkylrestes variiert der Oligomerisationsgrad der Organoalumoxane. Die Textskizze **4.2.1** veranschaulicht die hexamere Struktur des tert-Butylalumoxans.

$$n\ R_3Al \xrightarrow[-\ 2n\ RH]{H_2O} \left[\begin{array}{c} Al-O \\ | \\ R \end{array}\right]_n \Big/ R_2AlO\left[\begin{array}{c} Al-O \\ | \\ R \end{array}\right]_{n-2}AlR_2 \qquad (4.2.21)$$

zyklische / lineare Oligomere

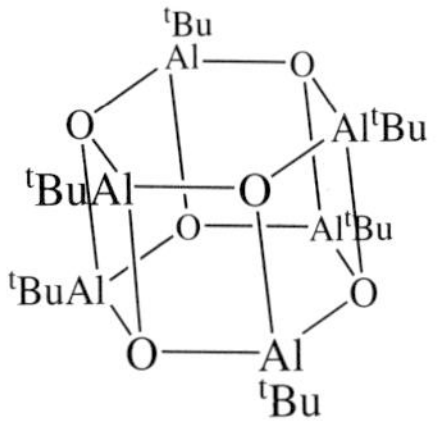

4.2.1

Ein besonderes Interesse gilt dem **Methylalumoxan** (R = Me), da es als Cokatalysator für die neue Generation der Ziegler-Natta-Katalysatoren, die Metallocenkatalysatoren (siehe Abschnitt 4.4.1.9), inzwischen eine größere Bedeutung erlangt hat. Leider kann man dem Methylalumoxan keine genaue Struktur zuordnen; vielfältige Versuche, es näher zu charakterisieren, führten zu keinen befriedigenden Ergebnissen. Herstellungsbedingt liegen noch größere Mengen Trimethylaluminium im Gemisch mit Methylalumoxan vor, und dieses wird wohl am besten als dynamisches System aus linearen und zyklischen Oligomeren beschrieben. Aber auch käfigförmige Gebilde, wie in Abb. 4.2.5 skizziert, liegen sicher vor. Kommerziell erhältliches Methylalumoxan hat eine mittlere Molmasse von 1100 g/mol.

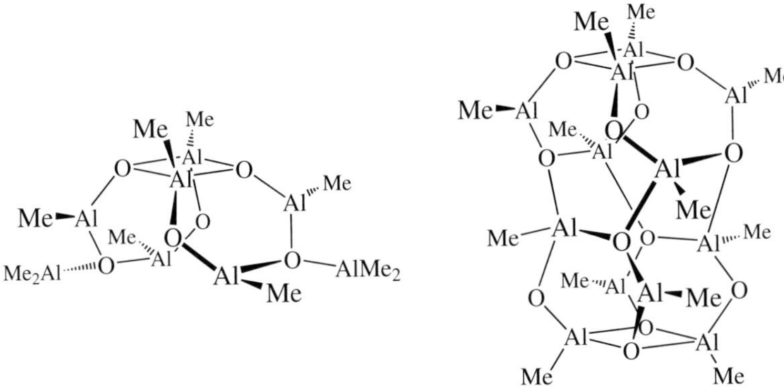

Abbildung 4.2.5. Strukturvorschlag für Methylalumoxan als offenes oder geschlossenes käfigförmiges Oligomer. Genaue Methylalumoxanstrukturen sind nicht bekannt; die Größe der Oligomere ist nicht einheitlich und auch nicht zeitlich konstant.

Organoaluminiumhalogenide und binäre Aluminiumorganyle werden technisch als **Cokatalysatoren in der Ziegler-Natta-Katalyse** zur Olefin-Polymerisation eingesetzt. Als eigentliche Katalysatoren dienen Titanhalogenide (TiCl$_3$, TiCl$_4$). Für die Katalysatoren der 1. Generation (bis etwa 1970) und 2. Generation (1970-

80) fanden vor allem Et_2AlCl oder $Et_3Al_2Cl_3$ als Cokatalysatoren Verwendung. Für die 3. Generation der $MgCl_2$-geträgerten $TiCl_4$-Katalysatoren werden jetzt chlorfreie Aluminiumalkylverbindungen zugesetzt, insbesondere Et_3Al (vergleiche Abschnitt 4.4.2.3). Bei den Zirconocenkatalysatoren der neuesten Generation schließlich kommt das Methylalumoxan zum Einsatz (vergleiche Abschnitt 4.4.1.9). Der genaue Mechanismus der Cokatalysatorwirkung ist noch nicht vollständig geklärt, was bei den klassischen Ziegler-Natta-Katalysatoren mit deren heterogenem Charakter (Festkörperkatalysatoren) und bei den löslichen Metallocensystemen mit der Undefiniertheit des Methylalumoxans zusammenhängt. Folgende Cokatalysatorwirkungen seitens der Aluminiumorganyle gelten aber als gesichert: (i) Eine Alkylierung der Übergangsmetall-Chlorid-Spezies, d.h. ein Chlorid-Alkyl-Austausch, und damit Ausbildung einer Übergangsmetall-Kohlenstoff-Bindung für die Insertion des Olefins; (ii) die Schaffung einer freien Koordinationsstelle für das Olefin durch Chlorid- oder Alkyl-Abstraktion vom Übergangsmetall und Übertragung auf das Aluminium. (iii) Den Aluminiumorganylen kommt eine Putzmittel- (Scavenger-)wirkung gegenüber Verunreinigungen im Monomer zu, so dass eine zu schnelle Katalysatorvergiftung oder -desaktivierung verhindert wird.

Trialkylaluminiumverbindungen finden weiterhin technische Anwendungen zur **Herstellung linearer, primärer Alkohole** im Rahmen stöchiometrischer Umsetzungen durch Oxidation. Das Verfahren wird nach seinem Entdecker auch als **Ziegler-Prozess** bezeichnet. Zunächst erfolgt der Aufbau höherer Aluminiumalkyle aus Triethylaluminium durch Insertion von Ethen in die Al-C-Bindungen (Carboaluminierung, „Aufbaureaktion", Gleichung 4.2.22). Die Formulierung der Aluminiumspezies in den Gleichungen 4.2.22 – 24 mit jeweils gleich langen Alkylketten ist dabei als Vereinfachung zu sehen. Richtiger sind diese natürlich mit drei verschieden langen Alkylresten zu schreiben, so etwa das Produkt in Gleichung 4.2.22 als $[Et(CH_2CH_2)_x][Et(CH_2CH_2)_y][Et(CH_2CH_2)_z]Al$ usw. Die Kettenlänge kann bei der Aufbaureaktion aber nicht beliebig lang werden, da die Insertionsreaktion in Konkurrenz zur Verdrängungsreaktion (Kettenübertragung) durch das Monomer (siehe unten) und zur β-Wasserstoffeliminierung steht. Bevor die Kettenabspaltung an Bedeutung gewinnt, wird das Produkt der Carboaluminierung in Gleichung 4.2.22 mit Luft zu Aluminiumalkoxiden oxidiert und diese dann zu Alkoholen hydrolisiert (Gleichung 4.2.23 und 4.2.24). Man erhält so ein Alkoholgemisch mit Kettenlängen- (Poisson-) Verteilung zwischen etwa C_6 und C_{20}, mit einem Maximum von 20–35 Masse-% für C_{12}. Die zu über 95% linearen Alkohole werden dann z.B. zu biologisch abbaubaren Tensiden und PVC-Weichmacherestern weiterverarbeitet.

$$Et_3Al + 3\,n\,H_2C{=}CH_2 \xrightarrow[\text{100 bar}]{\text{100 °C}} [Et(CH_2CH_2)_n]_3Al \qquad (4.2.22)$$

$$[Et(CH_2CH_2)_n]_3Al + 3/2\,O_2 \longrightarrow [Et(CH_2CH_2)_nO]_3Al \qquad (4.2.23)$$

$$[Et(CH_2CH_2)_nO]_3Al + 3\,H_2O \longrightarrow 3\,Et(CH_2CH_2)_nOH + Al(OH)_3 \qquad (4.2.24)$$

Daneben gibt es noch eine **katalytische** Variante der **Ethenoligomerisierung**, die die Aufbaureaktion (Gleichung 4.2.22) mit der Verdrängungsreaktion oder Kettenübertragung durch das Monomer kombiniert (Gleichung 4.2.25). (Auch hier ist die Schreibweise der Aluminiumalkyle in Gleichung 4.2.25 mit drei gleich langen Alkylketten und deren gleichzeitige Abspaltung als Vereinfachung zu sehen.) Das Ergebnis der Kettenübertragung durch das Monomer, das α-Olefin, ist identisch mit dem Produkt der β-Wasserstoffeliminierung. Die Kinetik beider Reaktionen ist allerdings eine andere: Während die Reaktionsgeschwindigkeit der β-Wasserstoffeliminierung nur von der Aluminiumalkyl-Konzentration abhängt, wird die Verdrängungsreaktion zusätzlich durch die Monomerkonzentration beeinflusst. Durch Re-Insertion der gebildeten α-Olefine in die Aluminium-Kohlenstoff-Bindung kommt es bei der katalytischen Ethenoligomerisierung mit zunehmender Kohlenstoffzahl auch zur Bildung eines höheren Anteils β-verzweigter Olefine (Vinyliden-Doppelbindungen, Gleichung 4.2.26).

$$[Et(CH_2CH_2)_n]_3Al + 3\ H_2C{=}CH_2 \longrightarrow Et_3Al + 3\ Et(CH_2CH_2)_{n\text{-}1}CH{=}CH_2$$

$$(4.2.25)$$

Übergangszustand

$$R_2Al(CH_2CH_2R^1) + H_2C{=}CHR^2 \longrightarrow R_2Al(CH_2\overset{R^2}{\underset{}{CH}}\text{-}CH_2CH_2R^1)$$

$$(4.2.26)$$

$$+ H_2C{=}CH_2$$

$$R_2Al(CH_2CH_3) + CH_2{=}CH\text{-}CH_2CH_2R^1$$

Die subvalenten Organyle der 13. Gruppe (mit Metallen in den Oxidationsstufen +1 und +2) werden in Abschnitt 4.2.6.2 behandelt.

4.2.4 Organyle der 14. Gruppe: Si, Sn und Pb

Organosiliciumverbindungen

Das Gebiet der Organosiliciumchemie ist sehr forschungsintensiv, mit über 1000 Veröffentlichungen pro Jahr. Zahlreiche grundlegende Arbeiten wurden von Kipping in England in der ersten Hälfte des 20. Jahrhunderts geleistet, aber erst das Auffinden einer ökonomischen Darstellung der **Organohalosilane, R_nSiCl_{4-n}**, brachte den entscheidenden Durchbruch und führte zur heutigen wirtschaftlichen Bedeutung der Polyorganosiloxane (Silicone) als Werkstoffe. Rochow (USA) und Müller (Deutschland) entwickelten Anfang der 40er Jahre die Direktsynthese von Organohalosilanen, die seitdem die ökonomische Basis der Siliconherstellung bildet. Man spricht auch von der Rochow- oder Müller-Rochow-Synthese. Die Direktsynthese geht aus von relativ reinem Silicium (Reinheit > 99%), welches fein vermahlen mit einem Kupferkatalysator mit organischen Halogenverbindungen bei höheren Temperaturen zu einem Organohalosilangemisch umgesetzt wird. Kommerziell werden als organische Halogenverbindungen fast nur Methyl- und Phenylchlorid eingesetzt, da längerkettige oder auch ungesättigte organische Halogenverbindungen nur niedrige Ausbeuten und schwer trennbare Mischungen ergeben. Gleichung 4.2.27 fasst die Reaktion mit einer typischen Produktverteilung für die Umsetzung von Silicium mit Methylchlorid zusammen. Das wichtigste Produkt der Direktsynthese ist Dimethyldichlorsilan, Me_2SiCl_2. Die Auftrennung des Rohsilangemisches erfolgt durch Destillation in langen, bis zu 85 m hohen Kolonnen. Die eng beieinander liegenden Siedepunkte der Silane (Tabelle 4.2.2) machen die Auftrennung zu einem nicht trivialen Problem.

$$Si + MeCl \xrightarrow[\substack{250\text{-}320\,°C \\ 2\text{-}5\ bar}]{Cu\text{-}Katalysator} \underset{2\text{-}4}{Me_3SiCl} + \underset{70\text{-}90}{Me_2SiCl_2} + \underset{5\text{-}15\ Gew.\text{-}\%}{MeSiCl_3}$$

$$+ \underset{1\text{-}4}{MeSiHCl_2} + \underset{0.1\text{-}0.5}{Me_2SiHCl} + \underset{3\text{-}8\ Gew.\text{-}\%}{Me_nSi_2Cl_{6\text{-}n}} \tag{4.2.27}$$

Tabelle 4.2.2. Siedepunkte (in °C) der bei der Direktsynthese anfallenden Methylchlorsilane

Me_2SiCl_2	70
$MeSiCl_3$	66
Me_3SiCl	57
$MeSiHCl_2$	41
Me_2SiHCl	35

Die Produktverteilung kann über Zusätze etwas gesteuert werden: Zink, Magnesium und Aluminium haben einen stark methylierenden Effekt und wirken unter Bildung der Metallchloride als Chlorfänger, so dass der Anteil von Me_3SiCl auf 5–20% gesteigert werden kann. Mit H_2 oder HCl wird der Anteil der H-Silane $MeSiHCl_2$ und Me_2SiHCl erhöht. Außerdem sind Promotoren zur Aktivitätssteigerung des Cu-Katalysators notwendig, der allein nur eine langsame Reaktion mit niedrigen Umsätzen und ungenügender Selektivität für Me_2SiCl_2 erlaubt. Als Promotoren werden z.B. eingesetzt Antimon, Cadmium, Aluminium, Zink, Zinn oder Kombinationen dieser Elemente. Eine Katalysatormischung aus den Massenanteilen 94.49% Si, 5% Cu, 0.5% Zn und 0.01% Sn gibt Me_2SiCl_2 in 80% Selektivität. Der Mechanismus der Silanbildung bei der Rochow-Synthese ist noch nicht vollständig verstanden, u.a. weil es sich um eine schwierig zu verfolgende Gas-Feststoff-Reaktion mit einer relativ großen Zahl an beteiligten Komponenten handelt. Die räumliche Nähe von Kupfer und Silicium ist wichtig, und man nimmt an, dass Kupferzentren an der Oberfläche mit MeCl zunächst zu Me-Cu-Cl-Fragmenten reagieren, die dann sukzessive die Liganden auf benachbarte Si-Atome übertragen, so dass Silanmoleküle aus der Oberfläche „herausgeschält" werden.

Probleme beim industriellen Prozess, der als kontinuierliche Wirbelschicht gefahren wird, liegen in der Korrosionswirkung des Methylchlorids, so dass eine halogenfreie Direktsynthese, d.h. die Darstellung halogenfreier Verbindungen, eine gesuchte Alternative darstellt. Die unten ausgeführte Weiterverarbeitung des Hauptteils der Organohalosilan-Zwischenprodukte zu Siliconen wird zeigen, dass das Vorhandensein der Si-Cl-Bindung nicht unbedingt notwendig ist. Mögliche Ersatzstoffe sind Methoxymethylsilane, die sich prinzipiell aus der Reaktion von Silicium mit Dimethylether erhalten lassen. Diese Reaktion erfordert aber bisher zu drastische Bedingungen und liefert zu niedrige Ausbeuten.

Die Produktionsmenge an Organohalosilanen betrug 1991 eine Million Jahrestonnen, wovon 95% für die Siliconherstellung verwendet wurden. Ein kleiner Teil an hochwertigen Spezialsilanen dient als Vernetzungsmittel und zur Oberflächenbehandlung, als Silylierungsmittel in der pharmazeutischen Industrie und als Katalysatorzusatz bei der Polypropensynthese.

Polyorganosiloxane (Silicone). Der Begriff Silicone oder nach IUPAC Polyorganosiloxane bezeichnet über Sauerstoffatome verbrückte R_nSi-Einheiten (vergleiche Alumoxane, Abschnitt 4.2.3). Bei den industriell bedeutenden Siloxanen ist der Rest R im wesentlichen Methyl und Phenyl. Je nach den Materialeigenschaften liegen die in **4.2.2** gezeigten Struktureinheiten in verschiedenen Verhältnissen in den Siliconen vor. Silicon-Flüssigkeiten, -Kautschuke und -Elastomere sind lineare Polymere; bei Siliconharzen für Farben, Imprägniermittel und Gebäudeschutz handelt es sich um verzweigte (T) und vernetzte (Q) Polysiloxane.

4.2.2

Die Darstellung der Silicone erfolgt durch die Hydrolyse (Gleichung 4.2.28) oder Methanolyse (Gleichung 4.2.29) von Organohalosilanen, in der Praxis also von Methylchlorsilanen. Die Methanolyse bietet als Vorteil die direkte Zurückgewinnung von MeCl für die Rochow-Synthese. Die Salzsäure wird mit Methanol zu MeCl umgesetzt und auf diese Weise in den Prozess zurückgeführt. Neben Polymeren entstehen dabei lineare und cyclische oligomere Produkte. Die niedriger siedenden, cyclischen Oligomere können destillativ aus der Gleichgewichtsmischung entfernt werden. Die hochmolekularen Polyorganosiloxane werden aus den cyclischen Oligomeren durch eine Ring-öffnende Gleichgewichtspolymerisation und aus den Hydroxyl-terminierten linearen Oligomeren durch eine Polykondensationsreaktion erhalten.

$$Me_2SiCl_2 + H_2O \longrightarrow \quad [Me_2SiO]_n + HO[Me_2SiO]_mH + HCl \qquad (4.2.28)$$

$$Me_2SiCl_2 + MeOH \longrightarrow \quad [Me_2SiO]_n + HO[Me_2SiO]_mH + MeCl$$

$$\text{zyklisch} \qquad \qquad \text{linear} \qquad \qquad (4.2.29)$$
$$n = 3,4,5,.. \quad m = 4 \text{ bis über } 100$$

Bei den als Fugendichtmasse im Sanitärbereich eingesetzten Siliconen handelt es sich um einen kaltvulkanisierenden Siliconkautschuk aus Polymeren und Oligomeren mit Si-OOCMe-Endgruppen, im Gemisch mit einem R-Si(OOCMe)$_3$-Vernetzer. Mit Wasser (Luftfeuchtigkeit) erfolgt Hydrolyse zu Essigsäure (Geruch bei der Verarbeitung!) und Si-OH-Einheiten, die dann eine Kondensationsreaktion eingehen.

Allgemeine Eigenschaften von Polymethylsiloxanen sind eine höhere Temperatur-, UV- und Wetterbeständigkeit und damit langsamere Alterung als organische Polymere, eine niedrige Oberflächenspannung (Antihaftmittel), gute elektrische Isolationseigenschaften und eine geringe Temperaturabhängigkeit der physikalischen Eigenschaften. Polymethylsiloxane sind außerdem schwer entflammbar, physiologisch relativ inert und wasserabweisend, dabei aber Gas- und Wasserdampfdurchlässig. Die Materialeigenschaften sind auf die Si-O-Si-Bindung zurückzuführen, die eine hohe konformative Beweglichkeit aufweist. Zwischen 140° und 220° ist das Potential für die Si-O-Si-Biegeschwingung sehr flach. Die lineare Si-O-Si-Anordnung liegt nur 1 kJ/mol über dem gewinkelten Grundzustand. Gleichzeitig ist die Si-C-Rotationsbarriere mit 7 kJ/mol geringer als die C-C-Rotationsbarriere mit 18 kJ/mol. Eine Feinabstimmung der Eigenschaften wird durch die Art der Endgruppen, den Copolymeranteil, die organischen Gruppen (Me oder Ph), den Vernetzungsgrad und die Kettenlänge erreicht.

Silicon-Öle finden Anwendung als Heiz- und Kühlmittel, Antihaftmittel, Zusätze bei wasserabweisenden Polituren, Imprägniermittel für Textilien und als Schutzschichten für Baumaterialien (dabei vorteilhafte Wasserdampfdurchlässigkeit), als Antischaummittel in wässrigen Systemen, als Zusätze für Salben und Kosmetika, als Getriebe- und Hydraulikflüssigkeiten. Silicon-Elastomere dienen als vielfältige Dichtungsmaterialien im Haushalts- und Sanitärbereich, im Automobil- und Flugzeugbau, bis hin zu Kunststoffteilen für Implantate, Katheter, Membranen und Kontaktlinsen im medizinischen Sektor. Silicon-Harze werden als Schutzschichten und Beschichtungsmaterialien (Antihaftmittel), kratzfeste Beschichtungen für Gläser, Kunststoffe usw. verwendet. Im Jahre 1992 lagen die Verkäufe von Silicon-Produkten (einschließlich Füllmaterial, Lösungsmittel und Hilfsmittel) bei mehr als 600 000 Tonnen, im Wert von etwa 10 Mrd. DM.

Polysilane. Als Nebenprodukte bei der Direktsynthese finden sich im Rohsilangemisch auch Massenanteile von 3–8% Disilanen, der Formel Me$_n$Si$_2$Cl$_{6-n}$ (n = 1–6) (Gleichung 4.2.27). Hexamethyldisilan ist außerdem in größerer Menge durch die Wurtz-Reaktion zugänglich (Gleichung 4.2.30).

$$2\ Me_3SiCl + 2\ Na \rightarrow Me_6Si_2 + 2\ NaCl \qquad (4.2.30)$$

Polysilane finden industriell zunehmendes Interesse zum Aufbau von Si-C-Bindungen durch eine mögliche katalytische Spaltung der Si-Si-Bindung. Außerdem werden Polysilane als Ausgangsmaterial für Siliciumcarbid-Keramiken und -Fasern genutzt. Das Polysilan, $-(Me_2Si)_n-$, wird dabei unter Schutzgas in einem Autoklaven bei erhöhter Temperatur zunächst in ein Polycarbosilan, $-[Si(H)(Me)CH_2]_n-$, umgewandelt. Nach einer fraktionierten Destillation zur Entfernung von niedermolekularen Anteilen erhält man aus dem Polycarbosilan mit einer Molmasse von etwa 1500 g/mol durch Schmelzspinnen bei 350 °C Fasern, die an Luft bei 190 °C vernetzt werden und durch Tempern bei 1200 °C unter Stickstoff in Fasern aus β-SiC/Graphit/Si überführt werden.

Hydrosilylierung. Unter der Hydrosilylierung versteht man die Addition einer Si-H-Bindung an C-C-Mehrfachbindungen, wie es in den Gleichungen 4.2.31 und 4.2.32 skizziert ist. An das Produkt in Gleichung 4.2.32 ist dabei noch eine Zweitaddition möglich.

$$X_3SiH + R_2C=CR_2 \rightarrow X_3SiCR_2-CR_2H \qquad (4.2.31)$$

$$X_3SiH + RC\equiv CR \rightarrow X_3SiCR=CRH \qquad (4.2.32)$$

Die Hydrosilylierung ist eine stark exotherme Reaktion, mit einer Enthalpie von etwa 160 kJ/mol. Die Si-H-Bindung lässt sich leicht aktivieren, entweder durch Spaltung in Si- und H-Radikale (thermisch, durch Radikalstarter oder UV-Bestrahlung) oder mit Hilfe von Übergangsmetallkatalysatoren. Die radikalische Addition führt aber zu einer größeren Menge von Nebenprodukten und wird nur in Ausnahmefällen genutzt. Für die industrielle Anwendung der Hydrosilylierung hat fast ausschließlich die übergangsmetallkatalysierte Addition Bedeutung. Als Katalysatoren werden Pt/Holzkohle, Pt/Silicagel, $H_2PtCl_6 \cdot 6\ H_2O$/Vinylsiloxan (Karstedt-Lösung), $H_2PtCl_6 \cdot 6\ H_2O$ (Speier-Katalysator), Pt-Olefin-Komplexe, Palladium- und Rhodium-Verbindungen eingesetzt. Mechanistisch nimmt man eine reversible oxidative Addition der Silan-Spezies an ein vierfach koordiniertes Platin(II)-Fragment und die gleichzeitige Bildung eines Olefinkomplexes an. In einem zweiten Schritt wandert das Silanwasserstoffatom auf das Olefin bzw. das Olefin insertiert in die Pt-H-Bindung. Das Wasserstoffatom addiert normalerweise an das Kohlenstoffatom des Olefins mit der geringsten sterischen Hinderung. Die reduktive Eliminierung des Organosilans beschließt dann den katalytischen Zyklus (siehe Abbildung 4.2.6). Terminale Olefine reagieren schneller als interne Olefine und letztere geben über eine Isomerisierung ebenfalls terminale Additionsprodukte. Die Reaktivität der Silane nimmt in der Reihe Chlorsilane > Alkoxysilane >> (reine) Organosilane, Siloxane ab.

Die Hydrosilylierung findet industrielle Anwendung zur Darstellung von Alkylsilanen, funktionellen Silanen, für die Anbindung von Siliconen an organische Polymere und für Vernetzungsreaktionen. Eine derartige Vernetzungsreaktion ausgehend von Vinyl-funktionalisiertem Silicon mit etwa 300 Me_2SiO-Monomereinheiten (**4.2.3**) wurde auch bei der Herstellung der elastomeren Hülle der Silicon-Brust-

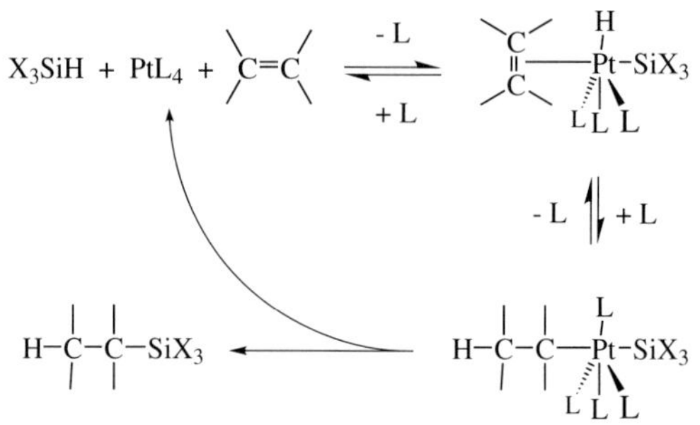

Abbildung 4.2.6. Mechanismus der übergangsmetallkatalysierten Hydrosilylierung.

implantate der Firma Dow Corning angewandt. Anfang der 90er Jahre häuften sich dann die Klagen von Frauen über Krankheitsbeschwerden, die auf diese Implantate zurückgeführt wurden und in den USA zu millionenschweren Schadensersatzzahlungen des Herstellers führten, mit dem Ergebnis, dass die Firma Dow Corning sich Bankrott erklären musste. Wissenschaftlich konnte die Ursache der Krankheitsbeschwerden lange nicht eindeutig geklärt werden. Inzwischen zeigen Untersuchungen, dass niedermolekulare Silicone und der im Elastomer verbliebene Platin-Hydrosilylierungskatalysator der Grund sein könnten, da eine Laborstudie ergab, dass sie aus dem Implantat heraus diffundieren. Von niedermolekularen Siliconen, insbesondere wenn sie funktionalisiert sind, wird angenommen, dass sie anders als die hochmolekularen Polymere nicht biologisch inert sein müssen, und die Cytotoxizität von einigen Platinverbindungen wurde in Abschnitt 2.12.6 besprochen.

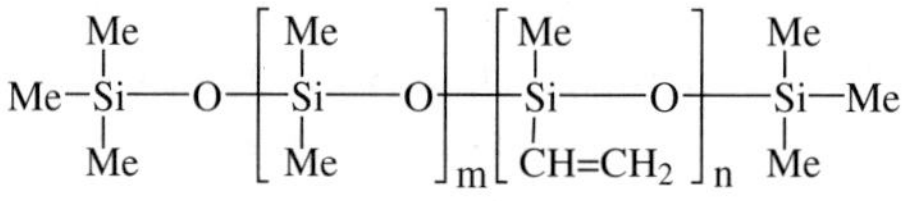

4.2.3

Eine subvalente Organosilicium(II)-Verbindung wird in Abschnitt 4.2.6.2 erwähnt.

Organozinnverbindungen

Wegen der vielfältigen Anwendungsmöglichkeiten von Organozinnverbindungen in der Technik und organischen Synthese ist dieses Gebiet Gegenstand intensiver Forschungen. Ab etwa 1940/50 begann die Anwendung von Organozinnverbindungen als PVC-Stabilisatoren, Fungiziden u.a. Damit wurde eine steile Entwicklung eingeleitet, die sich in mittlerweile über 50 000 Veröffentlichungen und 24 Gmelin-Bänden dokumentiert. Industriell sind ausschließlich die organischen Verbindungen des vierwertigen Zinns von Interesse; Organozinn(II)-Verbindungen (siehe Abschnitt 4.2.6.2) sind ohne technische Bedeutung. Das Produktionsvolumen lag 1996 bei 40 000 Jahrestonnen. Entsprechend der Anzahl der Sn-C-Bindungen unterscheidet man fünf Klassen von Organozinnverbindungen: Tetraorganozinn

(R_4Sn), Triorganozinn (R_3SnX), Diorganozinn (R_2SnX_2), Monoorganozinn ($RSnX_3$) und Hexaorganodizinn (R_6Sn_2); X kann dabei für Halogen, OH, OR, SR, Säure-Rest, Hydrid usw. stehen. Von kommerziellem Interesse sind die Verbindungen mit R = Methyl, Butyl, Octyl, Cyclohexyl und Phenyl.

Die Sn-C-Bindung (Dissoziationsenergie etwa 209 kJ/mol) ist gegenüber einer Sn-O-Bindung (Dissoziationsenergie etwa 318 kJ/mol) instabil, für praktische Anwendungen aber ausreichend inert. Die symmetrischen Tetraorganozinnverbindungen sind gegen Luft und Wasser beständig (siehe auch Abschnitt 4.1). Durch Licht, Sauerstoff und bestimmte Mikroorganismen erfolgt nach Spaltung der Zinn-Kohlenstoff-Bindung der Abbau zu anorganischen Verbindungen wie $SnO_2 \cdot$ aq. Die Diorganozinndihalogenide, R_2SnHal_2, und die aromatischen Organozinnhalogenide, Ar_nSnHal_{4-n}, sind bei Zimmertemperatur fest, aliphatische Organozinnmono- und -trihalogenide, R_3SnHal und $RSnHal_3$, sind flüssig. Viele Organozinnverbindungen können fast unzersetzt destilliert werden. Triorganozinnverbindungen besitzen eine breite biozide Wirksamkeit gegen Mikroorganismen (Pilze, Bakterien) sowie „schädliche" tierische und pflanzliche Wasserbewohner (Algen, Rohrwürmer, Muscheln). Das Wirkungsoptimum liegt bei Tributyl-, Tricyclohexyl- und Triphenylzinnderivaten. Diorganozinnverbindungen mit R = Methyl, Butyl oder Octyl und speziellen organischen Resten, die über Sauerstoff oder Schwefel an das Zinnatom gebunden sind, können licht- und temperaturempfindliche Polymere, z.B. PVC stabilisieren, außerdem werden sie als Polyurethanschaum-Katalysatoren eingesetzt. Monoorganozinnverbindungen werden im Gemisch mit Diorganozinnderivaten als PVC-Stabilisatoren verwendet.

Tetraorganozinnverbindungen selbst sind kommerziell nur insofern bedeutend, als dass sie die Startverbindungen für die wichtigen Mono- bis Triorganozinnderivate sind; sie werden z.B. aus $SnCl_4$ durch Alkylierung oder Arylierung mit Grignard- oder Organoaluminiumverbindungen erhalten (Gleichung 4.2.33 und 4.2.34).

$$SnCl_4 + 4\,RMgX \longrightarrow R_4Sn + 4\,MgXCl \qquad (4.2.33)$$

$$3\,SnCl_4 + 4\,R_3Al \longrightarrow 3\,R_4Sn + 4\,AlCl_3 \qquad (4.2.34)$$

In der Praxis wird auch die Wurtz-Reaktion von Natrium oder Magnesium mit Organylchloriden und $SnCl_4$ unter in-situ Bildung von RNa oder RMgCl angewendet (Gleichung 4.2.35 und 4.2.36).

$$SnCl_4 + 8\,Na + 4\,RCl \longrightarrow R_4Sn + 8\,NaCl \qquad (4.2.35)$$

$$SnCl_4 + 4\,Mg + 4\,BuCl \longrightarrow R_4Sn + 4\,MgCl_2 \qquad (4.2.36)$$

Die Organozinnhalogenide werden dann durch Komproportionierung (Kocheshkov-Redistribution) der entsprechenden Tetraorganozinnverbindung mit Zinntetrachlorid im geeigneten stöchiometrischen Verhältnis erhalten (Gleichung 4.2.37 bis 4.2.39).

$$R_4Sn + 1/3\,SnCl_4 \longrightarrow 4/3\,R_3SnCl \qquad (4.2.37)$$

$$R_4Sn \ + \ SnCl_4 \ \longrightarrow \ 2 \, R_2SnCl_2 \qquad\qquad (4.2.38)$$

$$R_4Sn \ + \ 3 \, SnCl_4 \ \longrightarrow \ 4 \, RSnCl_3 \qquad\qquad (4.2.39)$$

Mit metallischem Zinn und organischen Halogeniden ist in Gegenwart von Tetra-alkylammonium- oder -phosphoniumhalogeniden bei höheren Temperaturen auch ein katalytisches Direktverfahren möglich (Gleichung 4.2.40). Ungesättigte organische Ester reagieren mit metallischem Zinn oder auch Zinn(II)chlorid und Salzsäure in polaren Medien unter Bildung von so genannten Zinn-Carbonsäure-Derivaten (Ester-Zinn-Verfahren, Gleichung 4.2.41 und 4.2.42).

$$Sn \ + \ n \, RHal \ \xrightarrow{\text{Kat.}} \ R_nSnHal_{4-n} \qquad\qquad (4.2.40)$$

$$2 \, MeOC(O)\text{-}CH=CH_2 \ + \ Sn \ + \ 2 \, HCl \ \longrightarrow \ [MeOC(O)CH_2CH_2]_2SnCl_2 \qquad (4.2.41)$$

$$MeOC(O)\text{-}CH=CH_2 \ + \ SnCl_2 \ + \ HCl \ \longrightarrow \ [MeOC(O)CH_2CH_2]SnCl_3 \qquad (4.2.42)$$

Zur Darstellung von Organozinnverbindungen mit anderen Resten als Chlor werden die Organozinnchloride im alkalischen Medium vollständig in Organozinnoxide oder Stannoxane umgewandelt (Gleichung 4.2.43). Die Bildung der Stannoxane bei Hydrolyse der Organozinnhalogenide beruht auf der Instabilität der meisten Alkylzinnhydroxide (vgl. die Siliconherstellung). Erst die Aryl- und Cycloalkylzinnhydroxide sind isolierbar, auch $Me_3Sn(OH)$ ist gegenüber Wasserabspaltung bemerkenswert stabil. Aus den Organozinnoxiden lassen sich dann im sauren Medium andere Halogenide, Pseudohalogenide, Alkoholate, Carboxylate, Thiolate (=X) usw. erhalten (Gleichung 4.2.44). Diese Umwandlungsreaktionen sind wichtig für die praktische Handhabung; die Organozinnoxide dienen als wasserunlösliche, luftbeständige, leicht zu transportierende und unbegrenzt lagerfähige Zwischenspeicher, aus denen zu gegebener Zeit eine Überführung in die gewünschten Verbindungen erfolgen kann.

$$n \, R_2SnCl_2 \ \xrightarrow[\text{- 2n Cl}^-]{\text{H}_2\text{O/OH}^-} \ (R_2SnO)_n \qquad\qquad (4.2.43)$$

$$(R_2SnO)_n \ \xrightarrow[\text{- n H}_2\text{O}]{\text{H}_3\text{O}^+/\text{X}^-} \ n \, R_2SnX_2 \qquad\qquad (4.2.44)$$

Tabelle 4.2.3 stellt einige technische, wichtige Einzelverbindungen vor und illustriert gleichzeitig das Anwendungsspektrum von Zinnorganylen.

Ein Vergleich der Verbindungen in Tabelle 4.2.3 zeigt, dass für die Anwendung hauptsächlich Carboxylat- und Thioessigsäurereste mit Organozinnfragmenten kombiniert werden. Die Wirkung von Organozinnderivaten als Katalysatoren der Reaktion von Diisocyanaten mit Diolen zur Bildung von Polyurethanen beruht auf der Aktivierung der Isocyanatgruppe. Diese wird elektrophiler und die Reaktion wird so um den Faktor 1000 beschleunigt. Der Kunststoff PVC ist durch Defekte in

Tabelle 4.2.3. Beispiele für technisch wichtige Organozinnverbindungen mit Anwendungsbereich.

Verbindung	Anwendung
Methylverbindungen	
$Me_2Sn(SCH_2COOC_5H_{10}CHMe_2)_2$ und $MeSn(SCH_2COOC_5H_{10}CHMe_2)_3$, Dimethyl- und Methylzinn-bis- und tris-(thioessigsäureisooctylester)	PVC-Stabilisatoren, auch im Lebensmittelbereich
Butylverbindungen	
($^nBu_3Sn)_2O$, Bis(tributylzinn)oxid	vielseitiges Biozid für Antifouling-Anstriche bei Schiffen, zur Entschleimung von Industrie-Kreislaufwässern, Bekämpfung der Bilharziose verursachenden Süßwasserschnecken, als Holzschutzmittel, zur Desinfektion
$^nBu_2Sn(OCOMe)_2$ und $^nBu_2Sn(OCOC_{11}H_{23})_2$, Dibutylzinndiacetat und -dilaurat	Polyurethan-Schaumstoffkatalysatoren
$^nBu_2Sn(OCOCH=CHCOOC_5H_{10}CHMe_2)_2$ und $^nBu_2(SCH_2COOC_5H_{10}CHMe_2)_2$, Dibutylzinn-bis(isooctylmaleat) und bis-(thioessigsäureisooctylester)	PVC-Stabilisatoren
Octylverbindungen	
$(n\text{-}C_8H_{17})_2Sn(SCH_2COOC_5H_{10}CHMe_2)_2$ und $n\text{-}C_8H_{17}Sn(SCH_2COOC_5H_{10}CHMe_2)_3$, Dioctyl- und Octylzinn-bis- und tris(thioessigsäureisooctylester)	Stabilisatoren für PVC-Folien zur Lebensmittelverpackung
Cyclohexylverbindungen	
$(c\text{-}C_6H_{11})_3SnOH$	starkes Acaricid zur Bekämpfung von pflanzenschädigenden Milbenarten im Obst- und Weinbau unter Schonung von Pflanzen und Nutzinsekten
Phenylverbindungen	
Ph_3SnOH und $Ph_3SnOCOMe$	breit wirksame Fungizide, besonders zur Bekämpfung der Blattfleckenkrankheit bei Rüben und der Knollenfäule bei Kartoffeln

der Polymerkette inhärent instabil. Chloratome, die in Nachbarstellung zu Doppelbindungsdefekten stehen, können leicht, z.B. beim Erhitzen ab 100 °C, als Radikale abgespalten werden und führen dann unter HCl-Entwicklung und der Bildung von Polyen-Sequenzen im Polymer zu einer autokatalytischen Zersetzung. Die Stabilisatoren reagieren mit diesen labilen Chloratomen unter Ligandenaustausch in einer nucleophilen Substitution und neutralisieren so die Defektstellen (Gleichung

4.2.45). Je nach Anwendung bedarf es einer Mischung verschiedener Stabilisatoren, so sind etwa Organozinnthioverbindungen exzellente Hitze-, aber nur schlechte Lichtstabilisatoren. Umgekehrt sind Organozinncarboxylate hervorragende Lichtstabilisatoren, bei nur mittlerer Hitzestabilisierung.

$$\underset{\underset{\text{Cl}}{|}}{\text{-CH=CH-CH-}} + R_2Sn(SR')_2 \longrightarrow \underset{\underset{\text{SR'}}{|}}{\text{-CH=CH-CH-}} + R_2SnCl(SR') \qquad (4.2.45)$$

Zinn ist ein essentielles Spurenelement. Während Zinn-Metall und anorganische Zinnverbindungen als relativ ungiftig gelten, finden sich unter den Zinnorganylen zahlreiche toxische Stoffe, allerdings mit unterschiedlicher Wirkung. Monoalkyl- und Dialkylzinnderivate zeigen bei Ratten noch LD_{50}-Werte* von mehr als 1000 mg/kg, aber Trialkylzinnkomplexe sind starke Nervengifte. Für Triethylzinnverbindungen wurde bei der Ratte ein LD_{50}-Wert von 4 mg/kg gefunden. Im Jahr 1954 kam es in Frankreich bei der Einnahme eines Medikaments, das Et_2SnI_2 zur Behandlung von Staphylokokken-Hautinfektionen enthielt, zu einer größeren Zahl von Todesfällen und Gehirndauerschäden. Diese Wirkung war vermutlich auf eine 10%-ige Verunreinigung von Et_3Sn-Verbindungen zurückzuführen. Kurzkettige Alkylzinnverbindungen werden im Magen-Darm-Kanal gut resorbiert und auch gut über die Haut aufgenommen. Triarylzinnkomplexe sind bei einem LD_{50}-Wert von 150 mg/kg für die Ratte als mäßig toxisch einzuordnen; auf bepflanzten Feldern haben die Moleküle eine Halbwertszeit von 3-14 Tagen. Unter den Tetraorganozinnderivaten ist Et_4Sn ein starkes Nervengift mit guter Hautresorption; R_4Sn-Derivate sind sonst nicht akut toxisch, im Stoffwechsel erfolgt jedoch eine langsame Umwandlung zu giftigen Triorganozinnverbindungen.

Die subvalenten Organozinn(II)-Derivate werden in Abschnitt 4.2.6.2 behandelt.

Organobleiverbindungen

Im Unterschied zu rein anorganischen Bleiverbindungen, in denen die zweiwertige Oxidationsstufe die stabilere ist, enthalten die anwendungsrelevanten Organobleiverbindungen das Metall nur in der vierwertigen Stufe. Die zweiwertigen Bleiorganyle werden in Abschnitt 4.2.6.2 erwähnt.

Die Blei-Kohlenstoff-Bindung ist bei den vierwertigen Organylen hydrolysestabil, weist aber innerhalb der Gruppe-14-Organometallverbindungen die geringste thermische Stabilität auf. Die schwache Pb-C-Bindung neigt zu radikalischem Zerfall; die Zersetzung erfolgt bereits bei 100 bis 200 °C, die Verbindungen sind dabei aber nicht explosiv. Bleiorganyle sind etwas lichtempfindlich. Von industriellem Interesse sind vor allem Tetramethyl- und Tetraethylblei, die seit 1922 als Antiklopfmittel dem Benzin zugesetzt werden (Entdeckung durch Midgley und Boyd).

---

* LD = letale Dosis; LD_{50} = diejenige Substanzmenge, bei der 50% der Individuen sterben.

Die Verwendung als Antiklopfmittelzusatz (zur Wirkungsweise siehe unten) stellte den Durchbruch für die Anwendung von Organobleiverbindungen dar. Da die Verbindungen aber gleichzeitig hochtoxisch sind und starke Umweltgifte darstellen, blieben die Anwendungen begrenzt. Organobleiverbindungen sind bei Aufnahme in den Körper giftiger als anorganische Bleisalze; als lipophile Verbindungen erlauben sie außerdem eine leichte Hautresorption. Sie wirken auf das Zentralnervensystem; Erregungszustände, epileptische Krämpfe und Delirien, als Spätfolgen Lähmungen und die Parkinsonsche Krankheit können die Folge sein. Bei chronischer Einwirkung treten Bleivergiftungen auf. Die Toxizität der Tetraalkylbleiverbindungen wird auf Alkylradikale und das R_3Pb-Radikal zurückgeführt; über Alkylierungen ist eine carcinogene Wirkung möglich. Daneben ist die Toxizität von Organobleikationen zu beachten: R_3Pb^+ hemmt die oxidative Phosphorylierung, R_2Pb^{2+} hemmt Enzyme mit benachbarten Thiolgruppen. Die Ionen können durch Biomethylierung anorganischer Verbindungen gebildet werden oder über eine Metabolisierung von R_4Pb. Bereits frühzeitig wurden deshalb Grenzwerte für den Bleigehalt im Benzin eingeführt. In vielen Ländern wird zusammen mit der Einführung des Abgaskatalysators, für den die Bleizusätze ein Katalysatorgift darstellen, mittlerweile das bleihaltige Benzin durch bleifreie Kraftstoffe ersetzt. Langfristig ist mit einer vollständigen Eliminierung der Bleialkyle zu rechnen. Ersatzadditive sind Methyl-tert-butylether (MTBE), tert-Butylalkohol und Methylcyclopentadienyl(tricarbonyl)mangan. Die Produktion von Tetramethyl- und Tetraethylblei beträgt noch mehrere 100 000 Jahrestonnen, allerdings mit rückläufiger Tendenz.

Weitere Organobleiverbindungen, die Anwendung finden, sind z.B. Ph_3PbSMe (Antipilzmittel, Baumwollkonservierungsmittel, Schmiermitteladditiv), Bu_3PbOAc (Holzschutzmittel, Baumwollkonservierungsmittel), Ph_3PbOAc (Zusatz für Schiffsrumpfanstriche). Daneben dienen diese Bleikomplexe auch als Stabilisatoren und biozide Komponente für organische Polymere.

Tetramethyl- und Tetraethylblei. Beide Verbindungen sind farblose, stark lichtbrechende, giftige Flüssigkeiten mit Siedepunkten von 110 °C/1 mbar für Me_4Pb und 78 °C/10 mbar für Et_4Pb. Der MAK-Wert beträgt für beide Alkyle 0.075 mg/m^3 oder 0.01 ml/m^3 (0.01 ppm). Unter Normalbedingungen sind sie licht-, wasser- und luftstabil, zersetzen sich aber thermisch leicht in Blei, Alkan, Alken und Wasserstoff. Die Darstellung kann in Form einer Direktsynthese aus einer Blei-Natrium-Legierung und Methyl- oder Ethylchlorid erfolgen (Gleichung 4.2.46).

$$4\,PbNa \;+\; 4\,EtCl \;\xrightarrow[\text{Autoklav}]{110\,°C}\; Et_4Pb \;+\; 3\,Pb \;+\; 4\,NaCl \tag{4.2.46}$$

Ein Nachteil dieses Verfahrens ist die unvollständige Umsetzung; drei Bleiäquivalente müssen in den Prozess zurückgeführt werden. Eine weitere Synthesemöglichkeit bietet der elektrolytische Grignard-(NALCO-)Prozess. Hier wird die Lösung eines Alkylmagnesium-Grignards in Tetrahydrofuran mit einer Blei-Anode und einer Magnesium-Kathode elektrolysiert (Gleichung 4.2.47 bis 4.2.49). Die bei der Anodenreaktion gebildeten Alkylradikale reagieren mit dem Elektrodenmaterial zu Tetraalkylblei (Gleichung 4.2.47).

$$\text{Anode:} \quad 4 \text{ EtMgCl}_2^- \xrightarrow[-4 \text{ MgCl}_2]{-4 e^-} 4 \text{ Et}^{\bullet} \xrightarrow{\text{Pb}} \text{Et}_4\text{Pb} \tag{4.2.47}$$

$$\text{Kathode:} \quad 4 \text{ MgCl}^+ \xrightarrow[-2 \text{ MgCl}_2]{+4 e^-} 2 \text{ Mg} \xrightarrow{2 \text{ EtCl}} 2 \text{ EtMgCl} \tag{4.2.48}$$

$$\text{Gesamtreaktion:} 2 \text{ EtMgCl} + 2 \text{ EtCl} + \text{Pb} \longrightarrow \text{Et}_4\text{Pb} + 2 \text{ MgCl}_2 \tag{4.2.49}$$

Antiklopfmittel sind Zusätze im Motorenbenzin zur Erhöhung der Oktanzahl zwecks Verhinderung der vorzeitigen Zündung während der Kompressionsphase in Verbrennungsmaschinen. Tetraethylblei wird z.B. in Konzentrationen von 0.1% zugesetzt. Die Wirkungsweise der Bleialkyle besteht in einer Desaktivierung von Hydroperoxiden durch Bildung von Bleioxid (PbO) und dem Abbruch radikalischer Kettenreaktionen des Verbrennungsvorganges durch Abfangen der Radikale mittels der homolytischen (radikalischen) Zersetzungsprodukte von R_4Pb (Gleichung 4.2.50) oder in einer direkten Reaktion mit den Radikalen (Gleichung 4.2.51). In älteren Motoren dient das Blei außerdem als Schmiermittel für Ventildichtungen. Zur Entfernung des im Motor gebildeten Bleioxids wird dem Benzin außerdem 1,2-Dibromethan, $BrCH_2CH_2Br$, zugesetzt, womit sich wiederum flüchtige Bleiverbindungen bilden.

$$\text{Et}_4\text{Pb} \xrightarrow{100\text{-}200 \text{ °C}} \text{Et}_3\text{Pb}^{\bullet} + \text{Et}^{\bullet} \xrightarrow{2 R^{\bullet}} \text{Et}_3\text{Pb-R} + \text{Et-R} \tag{4.2.50}$$

$$\text{Et}_4\text{Pb} + R^{\bullet} \longrightarrow \text{R-H} + \text{Et}_3\text{PbCH}_2\text{CH}_2^{\bullet} \tag{4.2.51}$$

4.2.5 Elementorganyle der 15. Gruppe: P

Mit den Organophosphorverbindungen liegt nun ganz klar ein Gebiet der Elementorganischen Chemie vor. Innerhalb dieses Abschnitts sollen einige wichtige Verbindungen mit einer Phosphor-Kohlenstoff-Bindung vorgestellt werden. In der Literatur und Technik werden allerdings im weiteren Sinne auch die Ester der diversen Phosphorsäuren als Organophosphorverbindungen bezeichnet. Insgesamt kommt all diesen Organophosphorverbindungen (mit und ohne P-C-Einheit) eine enorme Bedeutung als Schädlingsbekämpfungsmittel, Flotationshilfsmittel, Antioxidantien, Flammschutzmittel, Stabilisatoren, Schmieröladditive, Weichmacher usw. zu.

Phosphane (Phosphine). Nach IUPAC wird für die organischen Derivate des PH_3 die Bezeichnung Phosphan vorgeschlagen, Chemical Abstract verwendet den Begriff Phosphine. Nach Anzahl der organischen Reste unterscheidet man primäre, sekundäre und tertiäre Phosphane. Die niederen Alkylderivate sind Flüssigkeiten mit einem unangenehmen, knoblauchartigen Geruch, der noch im ppb-Bereich wahrgenommen wird. Sie sind teilweise recht reaktionsfähig, bis zur Selbstentzündlichkeit. Triarylverbindungen sind fest. Phosphane verhalten sich wie schwache Basen und bilden mit Säuren Phosphoniumsalze. Das freie Elektronenpaar am Phosphor determiniert die drei grundlegenden Eigenschaften von Phosphanen: die Oxidierbarkeit, die Nucleophilie und die Eignung als Donorligand für Metallkomplexe.

Für die Darstellung von primären und sekundären Phosphanen eignet sich mit guter Selektivität, sofern keine linearen α-Olefine verwendet werden, die radikalische Addition von PH_3 an Alkene (Gleichung 4.2.52). Azo-isobutyronitril, AIBN, dient dabei als Radikalstarter. Bei entsprechender Substitution des Olefins wird der Phosphor an das am wenigsten gehinderte Kohlenstoffzentrum gebunden (Anti-Markownikoff-Produkt). Primäre und sekundäre Phosphane sind meistens nicht isolierte Zwischenprodukte für die Herstellung von tertiären Phosphanen mit verschiedenen Substituenten (Gleichung 4.2.53). Die Verwendung von linearen α-Olefinen (ohne sterische Hinderung) bei der radikalischen Addition führt zu tertiären Phosphanen. Das tertiäre Phosphan-Produkt aus Gleichung 4.2.53 wird in der Hydroformylierung und Hydrierung von langkettigen α-Olefinen eingesetzt (vergleiche Abschnitte 4.4.1.3 und 4.4.1.7).

$$(4.2.52)$$

$$(4.2.53)$$

In guter Selektivität für primäre Phosphane eignet sich die säurekatalysierte Addition von PH_3 an Alkene. Entsprechend der Stabilität des intermediär gebildeten Carbeniumions wird das Phosphoratom an das Kohlenstoffzentrum mit der größeren sterischen Hinderung addiert (Markownikoff-Produkt, Gleichung 4.2.54). Tertiär-Butylphosphan wird als Ersatz für PH_3 bei der Abscheidung von III-V-Halbleitern (z.B. InP, GaP) aus der Gasphase (Gasphasenepitaxie) verwendet.

$$(4.2.54)$$

Trimethylphosphan und Triarylphosphane sind natürlich durch Additionsreaktionen nicht zu erhalten und auch Phosphane mit sterisch gehinderten Gruppen sind auf diese Weise nicht zugänglich. Hierfür und auch als weiterer Zugang zu Phosphanen steht die Reaktion von Phosphortrichlorid mit Grignard-Verbindungen oder anderen Organylüberträgern zur Verfügung (Gleichung 4.2.55). Insbesondere wird für die Synthese von Triphenylphosphan eine Variante der Wurtz-Reaktion mit Natriummetall und der in-situ Erzeugung von Phenylnatrium verwendet (Gleichung

4.2.56, vgl. die Darstellung von R_4Sn, Gleichung 4.2.35). Die Problematik der letzten beiden Reaktionsvarianten liegt in den Coprodukten $MgCl_2$ oder NaCl, die durch notwendige Deponierung zusätzliche Kosten verursachen.

$$PCl_3 + 3\,RMgCl \longrightarrow PR_3 + 3\,MgCl_2 \tag{4.2.55}$$

$$PCl_3 + 3\,PhCl + 6\,Na \longrightarrow PPh_3 + 6\,NaCl \tag{4.2.56}$$

Die größte wirtschaftliche Bedeutung aller tertiären Phosphane hat Triphenylphosphan (TPP) als Ligand in der homogenen Katalyse (Hydroformylierung, Oligomerisierung, Hydrierung, siehe Abschnitte 4.4.1.3, 4.4.1.6 und 4.4.1.7) und als Ausgangsmaterial für Wittig-Reaktionen (industriell in der Vitamin A- und β-Carotin-Synthese verwendet). Über die Sulfonierung von TPP wird die Wasserlöslichkeit und damit leichte Abtrennbarkeit der Metallkomplexe in zweiphasigen Homogenkatalysen erreicht. Die Synthese von Tripenylphosphan-trisulfonat (TPPTS) gelingt mit Oleum (Gleichung 4.2.57). Auf die Anwendungen als Verbesserung oder Ersatz für homogene Triphenylphosphan-Metall-katalysierte Verfahren wird in Abschnitt 4.4.1.3 eingegangen. Das Gebiet der chiralen Phosphane, als Liganden für enantioselektive Katalysatoren, wird in den Abschnitten 4.4.1.7 und 4.4.1.8 näher behandelt.

$$\tag{4.2.57}$$

Halophosphane. Nur als Zwischenprodukte bei der Synthese von Pflanzenschutzmitteln, Kunststoffstabilisatoren usw. von Bedeutung sind die Halophosphane, RPX_2 und R_2PX. Diese stellen allgemein farblose Flüssigkeiten von hoher Dichte und hoher Reaktivität dar; sie sind wasser- und luftempfindlich. Die Herstellung kann als freie Radikalreaktion aus Kohlenwasserstoffen und PCl_3 in der Gasphase bei höheren Temperaturen mit RCl als Katalysator erfolgen (Gleichung 4.2.58). Mit aromatischen Kohlenwasserstoffen ist unter milderen Bedingungen eine Friedel-Crafts-Reaktion möglich. Die dabei anfallenden Aluminiumtrichlorid-Addukte müssen mit $POCl_3$ zersetzt werden (Gleichung 4.2.59). Für die Darstellung von Perfluoriodalkanen wird industriell die Synthese aus den Alkyliodiden und rotem Phosphor verwendet (Gleichung 4.2.60). Die Weiterreaktion der im Rahmen der Beispiele vorgestellten Halophosphane wird bei den entsprechenden Anwendungsprodukten dargelegt.

$$CH_4 + PCl_3 \xrightarrow[550\text{-}650\ °C]{CCl_4\text{-Kat.}} MePCl_2 \tag{4.2.58}$$

$$\tag{4.2.59}$$

$$3\,C_nF_{2n+1}I + 2\,P \longrightarrow C_nF_{2n+1}PI_2 + (C_nF_{2n+1})_2PI \tag{4.2.60}$$

Phosphoniumsalze, [R$_n$PH$_{4-n}$]$^+$X$^-$, sind allgemein feste, kristalline Substanzen, die gut bis sehr gut wasserlöslich sind. Liegen kurze (C$_1$-C$_4$) und lange (>C$_8$) Alkylketten im gleichen Molekül vor, so handelt es sich um oberflächenaktive Stoffe. Phosphoniumsalze entfalten wie die entsprechenden Ammoniumverbindungen, nur schwächer, eine biozide Wirkung; sie sind nur sehr langsam biologisch abbaubar. Phosphoniumsalze zeichnen sich durch mengenmäßig kleinere, aber sehr vielfältige Einsatzmöglichkeiten bei technischen Anwendungen aus. Sie dienen als Phasentransfer-Katalysatoren oder -Promotoren; man nutzt die bioziden Eigenschaften in Kühlwasserzusätzen, für Antifoulingfarben, als Additive in Bohrölen, als Wachstumsregulator in Pflanzen und zur Mottenbekämpfung. Des Weiteren sind Phosphoniumsalze Intermediate zu Flammschutzmitteln für Baumwolltextilien. Die Nucleophilie des Phosphoratoms ermöglicht die Darstellung über die Quarternierung von Phosphanen (Gleichungen 4.2.61 und 4.2.62). Mit Hilfe von Anionenaustauschern können die leicht zugänglichen Halogenide in andere Phosphoniumsalze überführt werden. In Gegenwart eines Äquivalents Säure reagieren Phosphane mit Carbonylverbindungen unter Bildung von α-Hydroxyalkylphosphonium-Salzen. Die C=O-Bindung insertiert dabei in die P-H-Bindung des aus dem Phosphan und der Säure gebildeten Phosphoniumsalz-Zwischenproduktes (Gleichung 4.2.63). Weiterhin ist eine Addition von 1,3-Dienen an Halophosphane möglich (McCormack-Reaktion, Gleichung 4.2.64), sie kann in Analogie zur Diels-Alder-Reaktion gesehen werden.

$$R_nPH_{3-n} + HX \longrightarrow [R_nPH_{4-n}]^+X^- \tag{4.2.61}$$

$$R_3P + R'X \longrightarrow [R_3R'P]^+X^- \tag{4.2.62}$$

$$R_3P + R'CHO \xrightarrow{HX} [R_3(R'CH)P]^+X^- \tag{4.2.63}$$

$$\tag{4.2.64}$$

Phosphinoxide und -sulfide. Während die primären Phosphinoxide und -sulfide, RH$_2$P=E (E = O, S) unter Normalbedingungen nur stabil sind, wenn sie durch sterisch anspruchsvolle Gruppen, wie z.B. den Supermesitylliganden (-C$_6$H$_2$-2,4,6-^{t}Bu) kinetisch stabilisiert werden, sind die sekundären und tertiären Phosphinoxide und -sulfide kristallin, geruchlos und bei Zimmertemperatur stabil. Phosphinoxide werden fast ausschließlich als Extraktionsmittel verwendet. Von besonderer Bedeutung ist Trioctylphosphinoxid (TOPO) zur Extraktion von Metallionen, Carbonsäure, Alkoholen oder Phenolen aus wässrigen Lösungen. Triisobutylphosphinoxid wird zur Extraktion von Edelmetallen (Ag, Pd, Pt, Hg) aus stark sauren Lösungen eingesetzt. Bifunktionelle Phosphinoxide, wie ^{sec}Bu(HOCH$_2$CH$_2$CH$_2$)$_2$-

P=O, dienen als Flammschutzmittel. Mono- und Bisacylphosphinoxide kommen als Initiatoren für die Aushärtung von photopolymerisierbaren Materialien durch UV-Strahlung zum Einsatz.

Die wichtigste Darstellungsreaktion ist die Oxidation von sekundären und tertiären Phosphanen mit Wasserstoffperoxid oder Schwefel (Gleichung 4.2.65). Grignard-Verbindungen reagieren mit P=O-Chloriden, wie $POCl_3$, $RPOCl_2$ und R_2POCl zu tertiären Phosphinoxiden (Gleichung 4.2.66). Industriell wird diese Route für die Synthese von Trioctylphosphinoxid verwendet. In glatter Reaktion und hohen Ausbeuten werden Phosphinoxide auch durch die Umsetzung von Estern der phosphinigen Säure mit Alkylhalogeniden erhalten (Gleichung 4.2.67). Es handelt sich bei dieser Darstellung um eine Anwendung der Michaelis-Arbusov-Reaktion.

$$R_nPH_{3-n} \xrightarrow{H_2O_2 \, / \, S_8} R_nH_{3-n}P{=}E \qquad (E = O, S; n = 2,3) \tag{4.2.65}$$

$$POCl_3 + 3\,RMgX \longrightarrow R_3P{=}O + 3\,MgCl_2 \tag{4.2.66}$$

$$R^1R^2POR^3 + R^4Cl \longrightarrow R^1R^2R^4P{=}O + R^3Cl \tag{4.2.67}$$

Allgemein beinhaltet die **Michaelis-Arbusov-Reaktion** die Umsetzung einer dreifach koordinierten Phosphorverbindung, die wenigstens eine Alkoxy- oder Alkylthiogruppe enthält, mit einem Alkylhalogenid. Es erfolgt zunächst Alkylierung des Phosphors und die Bildung eines intermediären Phosphoniumsalzes, welches in Ausnahmefällen auch isoliert werden kann. Aus dem Phosphoniumsalz wird dann bei der Weiterreaktion wieder Alkylhalogenid abgespalten, wobei die Alkylgruppe jetzt aus der Alkoxy- oder Alkylthiogruppe stammt. Das Produkt enthält vierfach koordinierten Phosphor mit einer neuen P-C-Bindung und einem doppelt gebundenen Sauerstoffatom (Gleichung 4.2.68). Für den Fall, dass die Reste R und R' gleich sind hat man es mit einer Isomerisierung zu tun, in diesem Fall genügen katalytische Mengen Alkylhalogenid. Die Reste R und R' können in weiten Grenzen variiert werden.

$$\diagdown\!\!\!/P{-}OR + R'X \longrightarrow \left[\overset{R'}{\underset{|}{{-}P{-}OR}}\right]^{+} X^{-} \longrightarrow \overset{R'}{\underset{|}{{-}P{=}O}} + R{-}X \tag{4.2.68}$$

Derivate von Phosphorsäuren. Organophosphorverbindungen leiten sich von den in Tabelle 4.2.4 aufgelisteten Phosphorsäuren durch formalen Ersatz der am Phosphor gebundenen Wasserstoffatome mit organischen Resten ab. Ihnen kann in Form der Säure oder als deren Ester eine Anwendung zukommen.

Tabelle 4.2.4. Phosphorsäuren, von denen sich organische Derivate ableiten

phosphinige Säure H_2POH	phosphonige Säure $HP(OH)_2$
Phosphinsäure $H_2P(O)OH$	Phosphonsäure $HP(O)(OH)_2$

Ein Beispiel für ein Derivat der phosphonigen Säure ist der Tetraester in Gleichung 4.2.69, der sich von dem in Gleichung 4.2.59 erhaltenen Tetrachlorid ableitet. Dieser Tetraester wird für die thermische Stabilisierung von Kunststoffen verwendet.

$$ \text{Cl}_2\text{P}\!-\!\bigcirc\!-\!\bigcirc\!-\!\text{PCl}_2 \; + \; \text{HO}\!-\!\bigcirc\!-\!{}^t\text{Bu} $$

(4.2.69)

Die industriell wichtigste Methode für die Darstellung von Phosphinsäurederivaten ist die Oxidation von sekundären Phosphanen (Gleichungen 4.2.70 und 4.2.71). Aber auch die Hydrolyse von Halophosphanen unter nichtoxidierenden Bedingungen ist eine mögliche Syntheseroute (Gleichung 4.2.72). Über letzteren Weg wird aus MePCl$_2$ (vergleiche Gleichung 4.2.58) die Methylphosphinsäure, MeHP(O)OH erhalten, die zur Herstellung des Kontaktherbizids Glufosinat-ammonium (**4.2.4**) (Basta$^{®}$) verwendet wird. Tabelle 4.2.5 gibt Beispiele für weitere Phosphinsäurederivate und deren Anwendungen.

$$ \text{R}_2\text{PH} \xrightarrow{\text{O}_2,\ \text{H}_2\text{O}_2} \text{R}_2\text{P(O)OH} \qquad (4.2.70) $$

$$ \text{R}_2\text{PH} \xrightarrow{\text{S}_8} \text{R}_2\text{P(S)SH} \qquad (4.2.71) $$

$$ \text{MePCl}_2 + 2\,\text{H}_2\text{O} \longrightarrow \text{MeHP(O)OH} + 2\,\text{HCl} \qquad (4.2.72) $$

$$ \left[\text{CH}_3\!-\!\overset{\overset{\text{O}}{\|}}{\underset{\underset{\text{O}^-}{|}}{\text{P}}}\!-\!\text{CH}_2\!-\!\text{CH}_2\!-\!\underset{\underset{\text{NH}_2}{|}}{\text{CH}}\!-\!\overset{\overset{\text{O}}{\|}}{\text{C}}\!-\!\text{OH} \right] \text{NH}_4^+ $$

4.2.4

Phosphonsäurederivate werden allgemein als Herbizide, zur Wasserbehandlung und Metallverarbeitung und als Flammschutzmittel verwendet. Die Phosphor-Kohlenstoff-Bindung in den Phosphonsäurederivaten ist allgemein sehr stabil gegenüber Oxidation oder Hydrolyse. Der reine biologische Abbau erfolgt oft nur langsam, wird aber in Verknüpfung mit der Photolyse schnell. Die Synthese der Alkylphosphonsäuredichloride gelingt durch Oxidation von MePCl$_2$ (wichtig für Thiophosphonsäurederivate, Gleichung 4.2.73) oder durch die Alkylierung von PSCl$_3$ mit Organoaluminiumverbindungen (Gleichung 4.2.74). Phosphonsäurehalogenide dienen zur Synthese von Ernteschutzmitteln und Insektiziden. Mit Hilfe der Michaelis-Arbusov-Reaktion werden industriell Trialkylphosphite in Dialkylester der Alkylphosphonsäure umgewandelt (Gleichung 4.2.75). In einer quasi-Mannich-Reaktion werden aus Ethylendiamin und Oligo(ethylen)aminen zusammen mit Form-

Tabelle 4.2.5. Beispiele für anwendungsrelevante Phosphinsäurederivate.

Phenylphosphinsäure und Natriumsalz $PhPH(=O)OH/Na$	Verbesserung der Stabilität von Polyamiden gegen Licht und Hitze; Antioxidationsmittel; Promotoren in der Emulsionspolymerisation
Bis(hydroxymethyl)phosphinsäure $(HOCH_2)_2P(=O)OH$	Zwischenprodukt für Ernteschutzmittel; Calcium- und Magnesiumsalz dienen als Bindemittel für feuerhemmende Materialien
Bis(2,4,4-trimethylpentyl)phosphinsäure $(^tBuCH_2CHMeCH_2)_2P(=O)OH$	bildet stabile Komplexe mit zweiwertigen Metallkationen; Flotations- und Extraktionsmittel; Verwendung für die hydrometallurgische Trennung von Co und Ni
Bis(2-methylpropyl)dithiophosphinsäure-natriumsalz $(^iPrCH_2)_2P(=S)SNa$	Flotationsmittel für sulfidische Erze
Bis(2,4,4-trimethylpentyl)-dithiophosphinsäure $(^tBuCH_2CHMeCH_2)_2P(=S)SH$	Extraktion von Zink und anderen Schwermetallen

aldehyd und phosphoriger Säure die wichtigen Poly(methylenphosphonsäuren) erhalten (Gleichung 4.2.76), die als Wasch- und Reinigungsmittel sowie als Peroxidstabilisatoren dienen. Tabelle 4.2.6 gibt eine Übersicht zu Phosphonsäurederivaten und deren Anwendungen.

$$MePCl_2 \xrightarrow{\text{S}_8,\text{ Katalysator}} MeP(=S)Cl_2 \tag{4.2.73}$$

$$3\,PSCl_3 + Et_3Al \longrightarrow 3\,EtP(=S)Cl_2 + AlCl_3 \tag{4.2.74}$$

$$P(OR)_3 \xrightarrow{\text{RX-Katalysator}} RP(=O)(OR)_2 \tag{4.2.75}$$

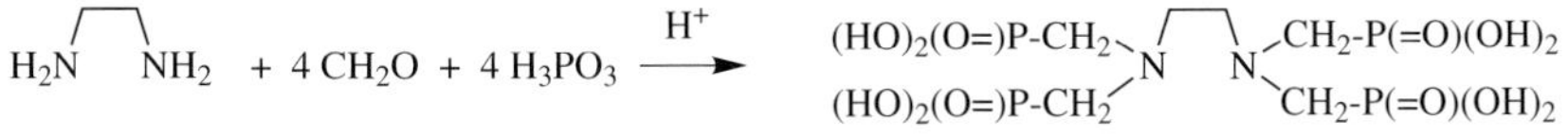

$$H_2N{-}NH_2 + 4\,CH_2O + 4\,H_3PO_3 \xrightarrow{H^+} \begin{array}{c}(HO)_2(O=)P{-}CH_2 \\ (HO)_2(O=)P{-}CH_2\end{array}\!\!N{-}N\!\!\begin{array}{c}CH_2{-}P(=O)(OH)_2 \\ CH_2{-}P(=O)(OH)_2\end{array} \tag{4.2.76}$$

Poly(organophosphazene). Polyphosphazene sind anorganische Polymere, deren Rückgrat alternierend aus P- und N-Atomen aufgebaut ist; die Wiederholungseinheit ist $-N=PX_2-$. Bei den Poly(organophosphazenen) sind die Substituenten X am Phosphoratom organische Gruppen, die über ein Kohlenstoffatom an den Phosphor gebunden sind. Die vorliegende Gruppierung $-N=PR_2-$ ist isoelektronisch mit der Siloxangruppe $-O-SiR_2-$. Entsprechend zeigen auch die Polyphosphazene mit die niedrigsten Rotationsbarrieren für die Rückgratbindungen, bis herunter zu 0.4 kJ/mol. Damit stehen direkt die sehr niedrigen Glastemperaturen der Polymere in Zusammenhang. Die elastomeren Eigenschaften von Polyphosphazenen bleiben von

Tabelle 4.2.6. Anwendungsbeispiele zu Phosphonsäurederivaten.

Methylphosphonsäure, $MeP(=O)(OH)_2$	Verwendung in der Produktion von Schmiermitteladditiven und zur Textilbehandlung
Octylphosphonsäure, $C_8H_{17}P(=O)(OH)_2$	selektives Flotationsmittel für Zinnerze
Vinylphosphonsäure, $H_2C=CHP(=O)(OH)_2$	zur Oberflächenbehandlung von Aluminium für die Druckplattenherstellung
Phenylphosphonsäure, $PhP(=O)(OH)_2$	Katalysator bei der Herstellung von Harzen und Stabilisatoren für Kunststoffe
N-Carboxymethylaminomethanphosphonsäure (Glyphosat), $HOOCCH_2NHCH_2P(=O)(OH)_2$	in Form des Isopropylammoniumsalzes Verwendung als effektives und leicht biologisch abbaubares Totalherbizid
2-Chlorethylphosphonsäure-Natriumsalz, $ClCH_2CH_2P(=O)(ONa)_2$	Verwendung zur schnelleren Fruchtreifung durch Freisetzen des Reifungshormons Ethylen in der Pflanze
$RP(=O)(OR)_2$, R = Alkyl	allgemein als Flammschutzmittel, Extraktionsmittel für Metalle, Weichmacher, Schmiermitteladditive usw.

–60 bis 200 °C über einen noch größeren Temperaturbereich bestehen als bei den Siliconen (vergleiche Abschnitt 4.2.4). Ein großer Nachteil für Polyphosphazene sind ihre hohen Herstellungskosten, sie müssen in der Anwendung also anderen Materialien deutlich überlegen sein. Ein Zielbereich für Polyphosphazene sind medizinische Materialien (Organersatzteile, biologisch abbaubare Materialien). Poly(organophosphazene) sind auf direktem Wege aus molekularen Organophosphorverbindungen zugänglich. Die folgenden Reaktionen stehen dafür zur Verfügung (Gleichungen 4.2.77 bis 4.2.80):

$$n\,R_2PX_3 + n\,NH_4X \longrightarrow (R_2PN)_n + 4n\,HX \tag{4.2.77}$$
$$R = \text{Alkyl, Aryl; } X = \text{Cl, Br}$$

$$Ph_2PCl + Me_3SiN_3 \longrightarrow Ph_2PN_3 + Me_3SiCl$$
$$n\,Ph_2PN_3 \xrightarrow{\Delta} (Ph_2PN)_n + n\,N_2 \tag{4.2.78}$$

$$(CF_3)_2PCl + LiN_3 \longrightarrow (CF_3)_2PN_3 + LiCl$$
$$n\,(CF_3)_2PN_3 \xrightarrow{\Delta} [(CF_3)_2PN]_n + n\,N_2 \tag{4.2.79}$$

$$n\,[Me_2P(NH_2)_2]^+Cl^- \xrightarrow{\Delta} (Me_2PN)_n + n\,NH_4Cl \tag{4.2.80}$$

Substitutionsreaktionen an cyclischen Dichlorphosphazenen sind noch bedingt für die Einführung von Organoresten und die Bildung der kettenförmigen Polyphosphazene geeignet. Nur die teilweise mit organischen Gruppen substituierten Phosphazene geben beim Erhitzen oder in Gegenwart von Katalysatoren eine Ringöffnungspolymerisation (Gleichung 4.2.81). Für vollständig organo-substituierte cyclische Phosphazene, bei denen also keine Chloratome mehr am Phosphor vorliegen, erfolgt unter entsprechenden Bedingungen nur eine Vergrößerung der Ringe im Gleichgewicht. Organogruppen lassen sich anders als Alkoxy- oder Amingruppen auch nicht durch Umsetzung von vorgebildetem Poly(dichlorphosphazen) mit Grignard- oder Organolithium-Reagenzien einführen. Stattdessen führt eine Koordination der metallorganischen Alkylüberträger an die Ketten-Stickstoffatome zur Kettenspaltung (Gleichung 4.2.82). Die Poly(organophosphazene) sind im Gegensatz zu den Poly(dichlorphosphazenen) nicht mehr hydrolyseempfindlich.

$$\text{Cl}_3\text{P}_3\text{N}_3\text{Cl}_3 \xrightarrow[-\ 2\ \text{MgCl}_2]{2\ \text{MeMgX}} \text{Me}_2\text{P}_3\text{N}_3\text{Cl}_4 \xrightarrow{\Delta\ \text{oder Kat.}} \frac{1}{n}\left[\begin{matrix}\text{Me}\\ \text{P=N}\\ \text{Me}\end{matrix}\left(\begin{matrix}\text{Cl}\\ \text{P=N}\\ \text{Cl}\end{matrix}\right)_{\!2}\right]_n \quad (4.2.81)$$

$$\left[\begin{matrix}\text{Cl}\\ \text{P=N}\\ \text{Cl}\end{matrix}\right]_n \xrightarrow{\text{RMgX oder RLi}} \text{Kettenabbau} \qquad\qquad (4.2.82)$$

4.2.6 Gruppenübergreifende Themenbereiche

4.2.6.1 Fluktuierende Hauptgruppenmetallorganyle

Die am intensivsten untersuchte Klasse von fluktuierenden Organometallverbindungen ist die der σ- (oder η^1-) gebundenen Cyclopentadienylkomplexe. Ein dynamisches oder fluktuierendes Verhalten solcher η^1-Cp-Verbindungen ist sowohl bei Übergangsmetallen als auch bei Hauptgruppenelementen anzutreffen, bei beiden im qualitativ gleichen Sinne; für erstere wird der Effekt in Abschnitt 4.3.4.4 erwähnt. Die Fluktuation mit σ-gebundenen Cyclopentadienylringen wird durch konzertierte sigmatrope Umlagerungen verursacht, also durch die Wanderung einer an das π-System gebundenen σ-Bindung in eine andere Position. Für das Verständnis der Fluktuation erwies sich die Verwendung von NMR-Techniken wie variable Temperaturmessungen und Linienformanalysen als sehr wichtig. Allerdings bestimmen diese Techniken auch das Energiefenster der zu untersuchenden Systeme, was zwischen etwa 20 und 150 kJ/mol für die Aktivierungsenergie des dynamischen Prozesses liegen muss. In Abhängigkeit von der Art des Hauptgruppenelements, den weiteren vorliegenden Liganden und den Substituenten am Cyclopentadienylring können starke Unterschiede im fluktuierenden Verhalten von Cp-Komplexen der Hauptgruppenelemente beobachtet werden. Die genannten Faktoren beeinflussen erheblich die Geschwindigkeiten der sigmatropen Verschiebungen und die Gleichgewichtsanteile der verschiedenen Isomere.

In Cyclopentadienylverbindungen der allgemeinen Form $C_5H_5EX_n$ sind zwei verschiedene sigmatrope Umlagerungsprozesse möglich, wie sie Abbildung 4.2.7 zeigt. Zunächst eine nicht-entartete 1,2-H-Wanderung, die einer 1,5-sigmatropen

H
E
v
a
E
H
v'
E
a
H-Wanderung
H
a
E
E-Wanderung
v'
E
a
H
E
v
E
a
H
E

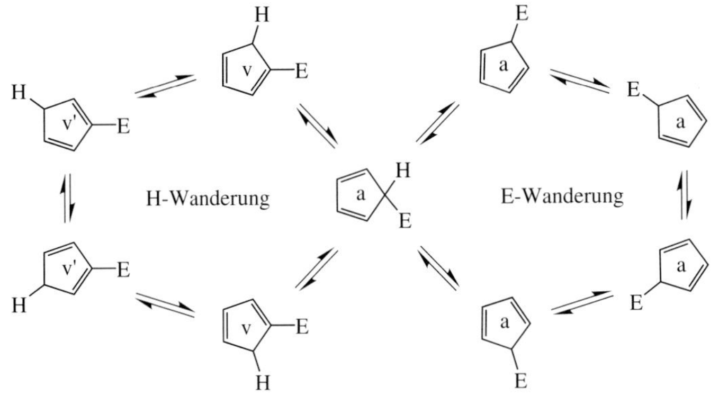

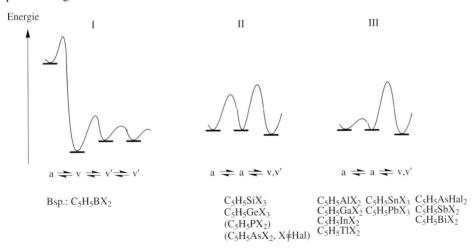

Abbildung 4.2.7. Sigmatrope Umlagerungsprozesse in $C_5H_5EX_n$-Verbindungen Das EX_n-Fragment ist der Einfachheit halber nur als E gekennzeichnet. Die kleinen Buchstaben a, v und v′ kennzeichnen die allylische (a) oder vinylische (v,v′) Position des EX_n-Fragments. Vergleiche dazu auch die Energieprofile der Umlagerungen in Abbildung 4.2.8

Umlagerung entspricht. Die dabei auftretenden Isomere sind in Bezug auf das EX_n-Fragment allylischer (a) oder vinylischer (v,v′) Natur. Der zweite Umlagerungsprozess ist eine entartete 1,2-Wanderung des EX_n-Fragments, die zu identischen Verbindungen führt, bei denen sich die EX_n-Gruppe stets in allylischer Position befindet. Es entscheiden nun die relativen energetischen Lagen der Allyl- und Vinylisomere und die Aktivierungsenergien für die 1,2-H- und 1,2-EX_n-Wanderungen darüber, welcher oder ob beide sigmatropen Umlagerungsprozesse möglich sind. Hierbei können drei Fälle unterschieden werden, wie sie in Abbildung 4.2.8 auch graphisch dargestellt sind.

Energie
I
II
III
a ⇌ v ⇌ v' ⇌ v'
a ⇌ a ⇌ v,v'
a ⇌ a ⇌ v,v'
Bsp.: C5H5BX2
C5H5SiX3
C5H5GeX3
(C5H5PX2)
(C5H5AsX2, X≠Hal)
C5H5AlX2 C5H5SnX3 C5H5AsHal2
C5H5GaX2 C5H5PbX3 C5H5SbX2
C5H5InX2 C5H5BiX2
C5H5TlX2
X = Halogenid (Hal), Alkyl, Alkoxid

Abbildung 4.2.8. Energieprofile für drei mögliche Umlagerungsprozesse in $C_5H_5EX_n$-Verbindungen. a = allylische, v,v′ = vinylische Position des EX_n-Fragments, vergleiche dazu Abbildung 4.2.7.

Im Fall I sind die Vinylisomere von sehr viel niedrigerer Energie als die Allyl-isomere. Eine solche Situation wird insbesondere bei den Cyclopentadienylborver-bindungen beobachtet. Die Stabilitäten der Vinylisomere dort können mit der Elektronenlücke im dreifach koordinierten Bor und einer starken Rückbindung vom Vinyl-π-System in das leere Orbital begründet werden.

Im Fall II sind die Allyl- und Vinylisomere der C_5H_5-Verbindung von ähnlicher Energie und auch die Aktivierungsenergien für die 1,2-H- und EX_n-Wanderung liegen in der gleichen Größenordnung. Entsprechend findet man ein Isomerengemisch und beide Umwandlungsprozesse werden über einen größeren Temperaturbereich gleichzeitig beobachtet. Die Situation ist typisch für Cyclopentadienylsilane und wahrscheinlich auch -germane sowie für die meisten -phosphane und -arsane. Wobei für die letzten beiden Elemente aber auch einige Verbindungen im Grenzbereich zwischen Situation I und II gefunden werden.

Im Fall III sind die Energien von allylischem und vinylischem Isomer wieder ähnlich, so wie im Fall II, aber im Unterschied dazu ist die Aktivierungsenergie für die 1,2-EX_n-Wanderung gegenüber der 1,2-H-Wanderung sehr viel niedriger. Entsprechend wird unter Normalbedingungen nur das dynamische Allylisomer beobachtet, und die H-Wanderungen werden, wenn überhaupt, erst bei höherer Temperatur bedeutsam. Diese Situation findet man bei den angeführten Cyclopentadienyl-verbindungen der schwereren Elemente der 13., 14. und 15. Gruppe (Al, Ga, In, Tl, Sn, Pb, Sb) und bei den Cyclopentadienylarsendihalogeniden. Die drei Fälle illustrieren, dass das Hauptgruppenelement einen starken Einfluss auf den dynamischen Prozess hat. In vergleichbaren Verbindungen weisen die schwereren Hauptgruppenelemente jeweils niedrigere Energiebarrieren für die sigmatropen Element-Umlagerungen auf.

4.2.6.2 Hauptgruppenmetall-π-Komplexe

Der Begriff π-Komplex wird in der Organometallchemie meistens mit Übergangsmetallen in Verbindung gebracht, was von der Entwicklungsgeschichte des Gebietes her auch gerechtfertigt ist (Abschnitt 4.3.4.4). Aber bei den Hauptgruppenmetallen kennt man mittlerweile ebenfalls zahlreiche ionische und kovalente π-Komplexe, deren Zahl und Bedeutung gerade auch im Bereich der niedervalenten Hauptgruppenmetallorganyle in den letzten Jahren stark gewachsen ist.

Ionische Carbanion-π-Komplexe, Kontaktionenpaare der Alkali- und Erd-alkalimetalle und von Indium und Thallium: Die Strukturen von ionischen Organoalkalimetall-π-Komplexen sind nicht grundsätzlich unterschiedlich von den Strukturen der ionischen Hauptgruppenmetall-σ-organyle (vergleiche etwa die Organolithium-Oligomere in Abbildung 4.2.1). Auch bei den π-Komplexen der Alkalimetalle (M) kann man die Verbindungen allgemein mit der Formel $[RM_m \cdot L_n]_k$ beschreiben (R = Carbanion mit delokalisiertem Elektronensystem, L = zusätzlicher Donorligand, k = Aggregationsgrad). Im Festkörper zeigen die unsolvatisierten Cy-

clopentadienylalkalimetall-Verbindungen mit dem C_5H_5-Grundkörper eine polymere Kettenstruktur. Die gewinkelte Kettenstruktur des Kaliums ähnelt dabei der
des Indiums und Thalliums (Abbildung 4.2.9).

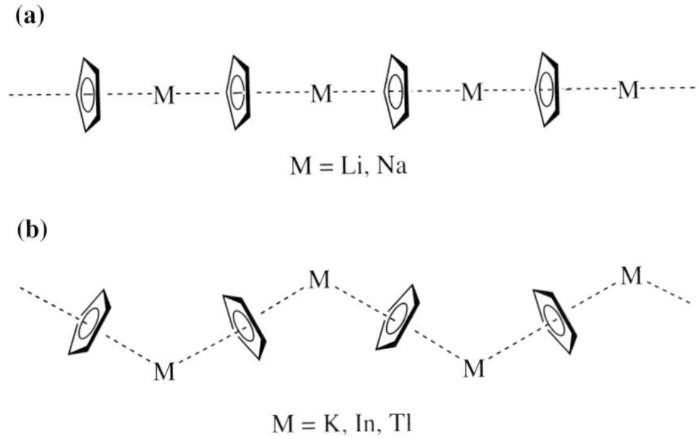

(a)

(b)

Abbildung 4.2.9. Fast lineare polymere Kettenstruktur von C_5H_5Li und C_5H_5Na (a) und gewinkelte zick-zack Kette in C_5H_5K, C_5H_5In und C_5H_5Tl (b). Die Metallabstände zum Mit-
telpunkt des Fünfrings betragen für Li 1.969 Å, für Na 2.357 Å, für K 2.816 Å, für In und Tl
3.19 Å. Vergleiche dazu auch Abbildung 4.2.10.

Solvatmoleküle können die Koordinationssphäre der Alkalimetalle im Rahmen
einer Kettenstruktur ergänzen oder zu einer Monomerisierung des Kontaktionen-
paares führen. Für Indium- und Thalliumverbindungen findet man eine entsprechende Monomerisierung beim Übergang in die Gasphase oder bei Vorliegen geeigneter voluminöser organischer Reste am Cyclopentadienylring (siehe dazu Abbildung 4.2.10). Die Strukturänderung von einer polymeren Kette zu einem monomeren Komplex ist bei Indium und Thallium mit einer starken Verkürzung des Cy-
clopentadienyl-Metall-Abstandes verbunden, was mit einem gleichzeitigen Übergang zu einer deutlich kovalenteren Bindung interpretiert wird (siehe auch den
Text auf S. 602).

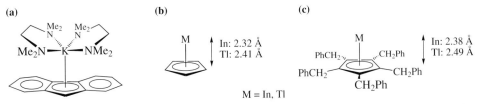

Abbildung 4.2.10. Beispiele für monomere Cyclopentadienylstrukturen von Kalium durch
Solvatisierung des Kations (a), von Indium und Thallium in der Gasphase (b) und durch
Verwendung eines sterisch anspruchsvollen Cyclopentadienylliganden. Beim Vergleich der
Cyclopentadienylring-Metall-Abstände zwischen polymerer Kettenstruktur (siehe Abbil-
dung 4.2.9) und Monomer zeigt sich für Indium und Thallium eine deutliche Bindungsver-
kürzung fast hin zu Abständen, die für eine kovalente Bindung erwartet werden.

Von den Alkalimetallen kennt man mittlerweile Metallocenkomplexe, die dann natürlich anionischer Natur sind (vergleiche hierzu auch die Cp-Element-Anionen des Thalliums und Bleis, Tabelle 4.2.7). Der Sandwichkomplex des Lithiums, das Lithocen-Anion **4.2.5** wird nach Gleichung 4.2.83 erhalten.

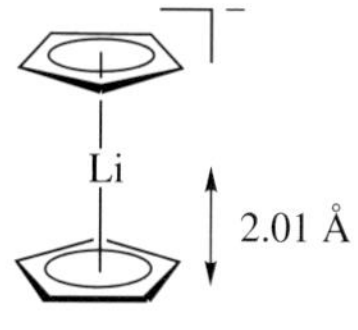

4.2.5

$$Ph_4PCl + 2 C_5H_5Li \longrightarrow [Ph_4P]^+[(C_5H_5)_2Li]^- + LiCl \qquad (4.2.83)$$

In den Komplexen des Lithiums kommen zur hauptsächlich ionischen Wechselwirkung oft noch relevante kovalente Beiträge. Diese kovalenten Beiträge können zu beträchtlichen Verzerrungen der Carbanionen-Struktur gegenüber der des weitgehend freien Anions führen. Zum Cäsium nimmt der ionogene Charakter der Bindung dann stetig zu, und die Strukturen der Carbanionen mit Kalium entsprechen fast schon denen der freien Anionen. Bei den Organoalkali-π-Komplexen lassen sich bezüglich der Darstellung zwei Gruppen von Verbindungen unterscheiden: Solche, die durch Spaltung einer Bindung (z.B. C-Halogen oder C-H) und Elektronenübertragung vom Alkalimetall ein diamagnetisches Kation-Anion-Paar bilden (Gleichungen 4.2.84 und 4.2.85) und Verbindungen, die ohne Bindungsbruch allein durch Elektronenübertragung vom Alkalimetall auf das organische Molekül entstehen (Gleichungen 4.2.86 und 4.2.87). Die Gleichungen beinhalten konkrete Beispiele.

$$(4.2.84)$$

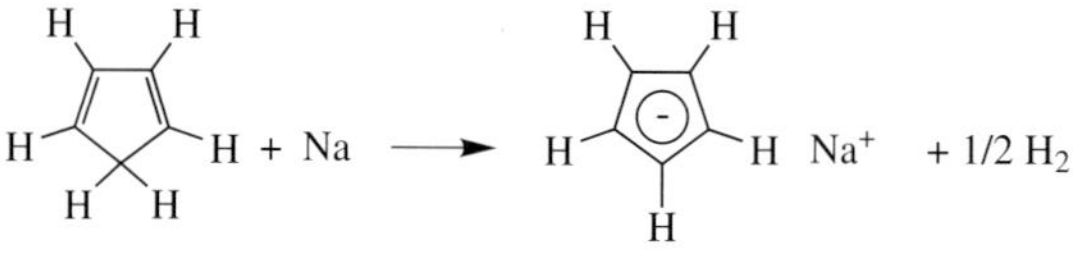

$$(4.2.85)$$

$$(4.2.86)$$

$$(4.2.87)$$

π-Komplexe der Erdalkalimetalle: Von einigem theoretischen Interesse sind die Verbindungen Beryllocen, $(C_5H_5)_2Be$, und Magnesocen, $(C_5H_5)_2Mg$. Die Strukturen der beiden Bis(cyclopentadienyl)metall-Komplexe sind in Abbildung 4.2.11

dargestellt. Obwohl Magnesocen in seiner Struktur bereits stark den kovalenten Sandwichverbindungen der Übergangsmetalle ähnelt, ist die Magnesium-Cyclopentadienyl-Wechselwirkung noch weitgehend ionischer Natur.

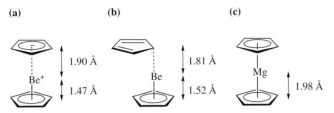

Abbildung 4.2.11. Struktur von Beryllocen, $(C_5H_5)_2Be$, in der Gasphase (a) und im festen Zustand (b). Die ionische Struktur besteht aus Be^{2+}-Kationen, die zwischen zwei $C_5H_5^-$-Anionen mit unterschiedlichen Abständen zu diesen eingebettet sind. Während in der Gasphase zu beiden Ringen eine pentahapto- (η^5-) Koordination zu bestehen scheint, ist einer der Liganden im Kristall monohapto (η^1) gebunden. In Lösung ist die Struktur fluktuierend, denn beide Ringe erscheinen in NMR-spektroskopischen Untersuchungen als äquivalent. In Magnesocen (c) sind beide Ringe im festen Zustand äquivalent in pentahapto-Koordination gebunden. Anhand seiner Eigenschaften, wie schnelle Hydrolysen mit protischen Reagenzien oder elektrischer Leitfähigkeit in THF, wird aber eine ionische Formulierung als $Mg^{2+}(C_5H_5)_2^{2-}$ nahegelegt.

π-Komplexe der Elemente aus Gruppe 13–15: Die π-Komplexe der p-Block-Elemente zeichnen sich durch stärker kovalente Metall-Ligand-Wechselwirkungen aus. Der wichtigste π-Ligand ist das Cyclopentadienyl-Anion. Für die π-Koordination dieses Liganden ist das Vorliegen des Elements in einer niedrigeren als der Gruppenwertigkeit wesentlich, da sonst eine σ-Anbindung in einem fluktuierenden System (siehe Abschnitt 4.2.6.1) erfolgt. Zu den sub- oder niedervalenten Komplexen zählen Verbindungen des Aluminiums, Galliums, Indiums und Thalliums in der Oxidationsstufe +1, des Siliciums, Germaniums, Zinn und Bleis in der Oxidationsstufe +2 und des Arsens, Antimons und Bismuts in der Oxidationsstufe +3. Die Stabilität der niedrigen Wertigkeitsstufe nimmt in der Gruppe von oben nach unten zu. Umgekehrt kann man auch sagen, dass π-Liganden und darunter insbesondere das Cyclopentadienylsystem eine besondere Rolle bei der Stabilisierung und Ausbildung von Organokomplexen mit den Metallen in der genannten niedrigen Wertigkeitsstufe spielen. Zur Stabilisierung solcher Oxidationsstufen mittels σ-Liganden siehe Abschnitt 4.2.6.3. Tabelle 4.2.7 gibt Beispiele für subvalente Cyclopentadienyl-Hauptgruppenmetallverbindungen, die in Abbildung 4.2.12 dann zum Teil noch schematisch illustriert werden.

Bei der 13. Gruppe sind für die einwertigen Aluminium und Gallium-Cyclopentadienylverbindungen die bisher bekannten Vertreter auf den Pentamethyl-Cp-Liganden beschränkt. Für Indium kann das Substitutionsmuster am Cyclopentadienylring etwas stärker variiert werden, und beim Thallium(I) sind von fast allen denkbaren, auch funktionell substituierten Cyclopentadienen die CpTl-Verbindungen beschrieben worden. Während die Cp-Verbindungen der leichteren Homologen

Tabelle 4.2.7. Beispiele für subvalente π-Cyclopentadienyl-Hauptgruppenmetallverbindungen der Elemente Al-Tl, Si-Pb, As-Bi mit kurzer Beschreibung der Struktur. [a]

Gruppe 13	Gruppe 14	Gruppe 15
C_5Me_5Al tetramer im Festkörper und in Lösung, monomer in der Gasphase $[(C_5Me_5)_2Al]^+[(C_5Me_5)AlCl_3]^-$ linearer Sandwich	$(C_5Me_5)_2Si$ gewinkelter und linearer Sandwich	
C_5Me_5Ga hexamer im Festkörper	$(C_5H_5)_2Ge$ gewinkelter Sandwich	$[(C_5Me_5)_2As]^+BF_4^-$ gewinkelter Sandwich, mit η^2- und η^3-verzerrter As-Ring-Bindung
C_5H_5In polymere zick-zack Kette im Festkörper, monomer in der Gasphase C_5Me_5In hexamer im Festkörper, monomer in Lösung und in der Gasphase $C_5(CH_2Ph)_5In$ dimer im Festkörper, monomer in Lösung	Cp_2Sn [b] gewinkelter Sandwich, linearer Sandwich für $Cp = C_5Ph_5$ (siehe Abbildung 4.2.13)	$[(C_5Me_5)_2Sb]^+BF_4^-$ gewinkelter Sandwich, mit η^2- und η^3-verzerrter Sb-Ring-Bindung
$CpTl$ [b] polymere zick-zack Kette oder Monomere (Oligomere) im Festkörper, Kontaktionenpaare oder Monomere in Lösung, monomer in der Gasphase $[(C_5H_5)_{n+1}Tl_n]^-$ Ausschnitt aus der Kettenstruktur von C_5H_5Tl (siehe **4.2.6** und **4.2.7**)	Cp_2Pb [b] Kettenstruktur für $Cp = C_5H_5$, monomerer gewinkelter Sandwich für substituierte Cp-Liganden $[(C_5H_5)_{2n+1}Pb_n]^-$ Ausschnitt aus der Kettenstruktur von $(C_5H_5)_2Pb$ (siehe **4.2.8** und **4.2.9**)	$(C_5H_2{}^tBu_3)_2BiCl$ und $[(C_5H_2{}^tBu_3)_2Bi]^+AlCl_4^-$ gewinkelter Sandwich

[a] Wenn nicht anders angegeben, liegt eine pentahapto- (η^5-) Koordination des Cyclopentadienyl-Liganden an das Metall oder Metalloid vor, siehe dazu auch Abbildung 4.2.12.
[b] Cp = Cyclopentadienyl-Ligand mit relativ vielfältigem Substitutionsmuster, z.B. C_5H_4Me, C_5Me_5, C_5HMe_4, $C_5H_2(SiMe_3)_3$, $C_5{}^iPr_5$, $C_5(CH_2Ph)_5$, C_5Ph_5, vergleiche auch Abschnitt 4.3.4.4

gegenüber Sauerstoff und Wasser sehr empfindlich sind, sind CpTl-Komplexe hier oft stabil oder können zumindest kurzzeitig an Luft gehandhabt werden. Aber die Cyclopentadienylthallium-Komplexe zeigen auch eine starke Änderung in ihren Eigenschaften mit dem Substitutionsmuster am Cp-Ring: Während C_5H_5Tl schwer-

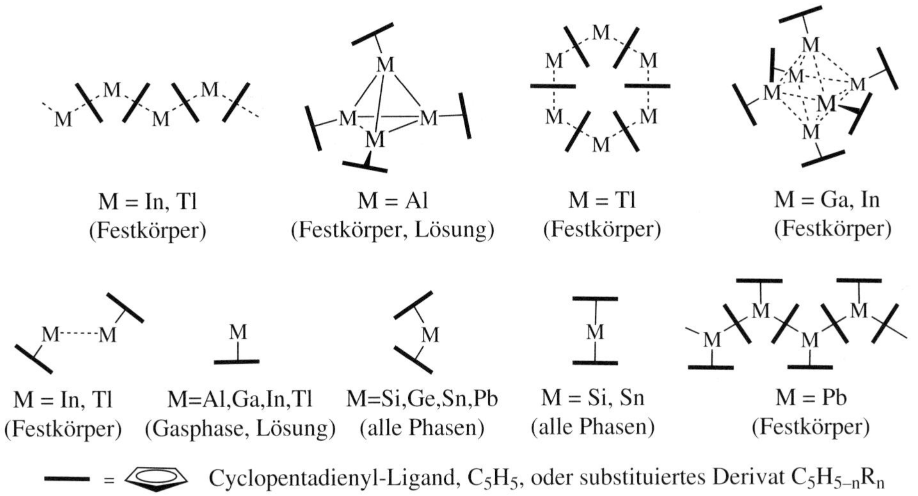

M = In, Tl
(Festkörper)

M = Al
(Festkörper, Lösung)

M = Tl
(Festkörper)

M = Ga, In
(Festkörper)

M = In, Tl
(Festkörper)

M=Al,Ga,In,Tl
(Gasphase, Lösung)

M=Si,Ge,Sn,Pb
(alle Phasen)

M = Si, Sn
(alle Phasen)

M = Pb
(Festkörper)

— = ⬠ Cyclopentadienyl-Ligand, C_5H_5, oder substituiertes Derivat $C_5H_{5-n}R_n$

Abbildung 4.2.12. Schematische Darstellung von Strukturtypen bei neutralen binären Cyclopentadienyl-Metall-Verbindungen der Hauptgruppenelemente aus Gruppe 13 und 14. Bei Cyclopentadienyl kann es sich um C_5H_5 oder um ein substituiertes Derivat handeln. Die Ausbildung des Strukturtyps hängt vor allem bei In und Tl sehr stark von den Substituenten am Cp-Ring ab (siehe auch Text). Aus Gründen der Übersichtlichkeit wird dieses hier nicht näher ausgeführt; siehe deshalb auch Tabelle 4.2.7 und die in Abschnitt 4.5 angegebene Literatur; zur Winkelung bei Sn siehe Abbildung 4.2.13. Gestrichelte M–Cp-Kontakte sollen stärker ionische und durchgezogene M–Cp-Bindungen eher kovalente Wechselwirkungen andeuten. Die gestrichelten Linien zwischen den Metallzentren sind nicht als Bindungen, sondern mehr als geometrische Hilfslinien zu sehen, da die M⋯M-Abstände größtenteils über 3.6 Å betragen und so allenfalls schwache Wechselwirkungen zwischen den Zentren existieren.

löslich und luftstabil ist, ist C_5H_4MeTl pyrophor, C_5Me_5Tl löslich und sehr luftempfindlich, $C_5(CH_2Ph)_5Tl$ löslich und luftstabil. Die Cp-Verbindungen von Thallium(I) sind leicht zugänglich und haben eine gewisse Bedeutung als milde und häufig stabile Cp-Transferreagenzien anstelle der Cyclopentadienylalkalimetallsalze (siehe unten) erlangt. Die drei grundlegenden Darstellungsreaktionen für CpTl sind in den Gleichungen 4.2.88 bis 4.2.91 gegeben. CpTl-Komplexe sind, sofern wasserstabil, aus der Umsetzung des Cyclopentadiens mit einer basischen Thallium(I)sulfat-Lösung zugänglich, aus der sie als Niederschlag ausfallen (Gleichung 4.2.88). Kaliumhydroxid reagiert dabei mit dem Thalliumsalz unter Bildung von Thalliumhydroxid, das dann mit dem Dien in einer Säure-Base-Reaktion das Cyclopentadienylthalliumsalz ergibt (Gleichung 4.2.89). In einer Variante der Säure-Base-Reaktion ist die Umsetzung des kommerziell verfügbaren flüssigen Thallium(I)ethoxids, TlOEt, eine elegante alkalifreie Route, die auch für empfindliche Verbindungen geeignet ist (Gleichung 4.2.90). Einen dritten Zugang stellt dann noch die Salzeliminierungsreaktion zwischen einem Alkalimetallcyclopentadienid und einem Thalliumsalz dar (Gleichung 4.2.91).

$$2\,CpH + 2\,KOH + Tl_2SO_4 \xrightarrow{\;H_2O\;} 2\,CpTl\!\downarrow + K_2SO_4 + 2\,H_2O \qquad (4.2.88)$$

$$CpH + TlOH \xrightarrow{\;H_2O\;} CpTl\!\downarrow + H_2O \qquad (4.2.89)$$

$$CpH + TlOEt \longrightarrow CpTl + EtOH \qquad (4.2.90)$$

$$CpM + TlX \longrightarrow CpTl + MX \qquad (4.2.91)$$

Die Verbindungen der 13. Gruppe zeichnen sich dadurch aus, dass sie im Festkörper oft oligomer vorliegen. Den Strukturen von Cyclopentadienylthallium-Komplexen galt wegen der starken Änderung ihrer Eigenschaften mit den Cp-Substituenten (siehe oben) lange Zeit ein großes Interesse. Die gefundenen Strukturtypen sind schematisch in Abbildung 4.2.12 zusammengestellt. Am häufigsten finden sich Strukturen, die alternierend aus Cp- und Tl-Einheiten als eine polymere zick-zack Kette, mit etwa gleichlangen Abständen zwischen den Einheiten, aufgebaut sind. Die Thallium-Kohlenstoffabstände in diesen Strukturen sind deutlich länger als kovalente Tl-C-Bindungslängen, so dass ihnen ein großer ionischer Beitrag zugeordnet wird. In einem Fall wurde mit dem Liganden $C_5H_3(-1,3\text{-}SiMe_3)_2$ auch eine oligomere Anordnung der CpTl-Baueinheiten, etwa in Form eines Sechsringes mit Tl an den Ecken und Cp als Seitenhalbierende, gefunden. Demgegenüber stehen Strukturen mit molekularen, isolierten CpTl-Einheiten, die kurze, und eher kovalente Thallium-Kohlenstoffabstände zeigen. Solche molekularen CpTl-Spezies werden außerdem als ausschließliche Gasphasenstrukturen beobachtet, auch von Verbindungen, die im Festkörper eine polymere Kettenanordnung haben. Damit wird deutlich, dass der Cp-Tl-Bindungscharakter keine statische Größe ist, sondern mit dem Aggregatzustand (Festkörper oder Gas) und der Anordnung der Moleküle im Festkörper (Kette oder Monomer) variiert. Letzteres hängt wiederum mit den Ringsubstituenten zusammen; große, sterisch anspruchsvolle Liganden bedingen eher isolierte CpTl-Einheiten, die dann kurze, kovalente Metall-Ring-Abstände aufweisen (siehe dazu auch Abbildung 4.2.10).

Als molekulare Ausschnitte aus der Struktur von polymerem C_5H_5Tl können die Anionen $[(C_5H_5)_2Tl]^-$ und $[(C_5H_5)_3Tl_2]^-$ (**4.2.6** und **4.2.7**) angesehen werden, die sich bei der Reaktion von C_5H_5Tl mit $(C_5H_5)_2Mg$ und C_5H_5Li bilden. Inwieweit diese Cyclopentadienylthallat(I)-Anionen auch in Lösung Bestand haben, ist noch unklar. Die gewinkelt gebaute, metallocenartige Spezies $[(C_5H_5)_2Tl]^-$ (**4.2.6**) ist dabei isoelektronisch mit den neutralen Metallocenen $(C_5H_5)_2E$ der 14. Gruppe (E = Si, Ge, Sn, Pb, siehe Abbildung 4.2.12). Entsprechende Ionen findet man dann auch für die Elemente Zinn und Blei bei der 14. Gruppe. Die Einwirkung von C_5H_5Li auf $(C_5H_5)_2Pb$ in Gegenwart eines Kronenethers (12-Krone-4) führt in Analogie zur Thalliumverbindung zu molekularen Anionen unterschiedlicher Größe. Die beiden Anionen $[(C_5H_5)_5Pb_2]^-$ und $[(C_5H_5)_9Pb_4]^-$ (**4.2.8** und **4.2.9**) konnten im Festkörper isoliert werden.

4.2.6   **4.2.7**   **4.2.8**   **4.2.9**

$$ \text{———} = \langle\!\!\!\!\bigcirc\!\!\!\!\rangle \, , C_5H_5 $$

Cyclopentadienylthallium(I)-Komplexe sind geschätzte Ligandentransferreagenzien für die Laborsynthese von Cyclopentadienylmetall-Verbindungen, da sie im Allgemeinen milde Reagenzien für einen schonenden Ligandentransfer sind. Das betrifft insbesondere Übergangsmetallkomplexe, die empfindlich gegenüber Reduktion sind, Cyclopentadiensysteme, die in Gegenwart von Alkalimetallbasen instabil sind, und auch funktionalisierte Cyclopentadienylliganden. Cyclopentadienylthallium(I)-Komplexe sind außerdem leicht herzustellen (siehe oben) und zu handhaben. Die zum Teil gegebene Luftstabilität, insbesondere auch von C_5H_5Tl, erlaubt eine genaue Mengeneinwaage für eine stöchiometrische Reaktion. Meistens wird das CpTl-Reagenz in einer Salzeliminierungsreaktion mit einer Übergangsmetallspezies umgesetzt, die noch wenigstens ein Halogenid (X) enthält (Gleichung 4.2.92). Auch zur Cp-Übertragung auf organische Reste wird ein Thalliumderivat in einigen Fällen verwendet. Triebkraft der Reaktion ist die Bildung des unlöslichen Thalliumhalogenids. Es besteht auch die Möglichkeit, den Cyclopentadienylrest vom Thallium in einer Redoxreaktion auf aktivierte Metalle zu übertragen (Gleichung 4.2.93), was vor allem bei Lanthanoiden genutzt werden kann.

$$ CpTl + MX_mL_n \rightarrow CpMX_{m-1}L_o + TlX + (n-o)L \qquad (4.2.92) $$

$$ 3\,CpTl^{+1} + M^0 \rightarrow Cp_3M^{+3} + 3\,Tl^0 \qquad (4.2.93) $$

In der 14. Gruppe sind die monomeren Metallocene von zweiwertigem Silicium, Germanium, Zinn und Blei in den allermeisten Fällen gewinkelte Moleküle (siehe Abbildung 4.2.12). Die Stabilität nimmt vom Silicocen zum Plumbocen und mit steigender Substitution am Cyclopentadienylring zu. Die Darstellung gelingt leicht aus dem Metallchlorid und Cyclopentadienylnatrium. Die gewinkelte Struktur der Sandwichverbindungen wird im Allgemeinen nach dem VSEPR-Modell auf die stereochemische Aktivität des freien Elektronenpaars zurückgeführt. Das freie Elektronenpaar in den carbenanalogen Metallocenen ist nach theoretischen Berechnungen bei den schweren Homologen des Kohlenstoffs aber nicht mehr das höchste besetzte Orbital (HOMO), sondern findet sich z.B. beim Stannocen etwa fünf Orbitale oder 2 eV unter diesem. Es steht deshalb für die Bildung von Lewis-Säure-Base-Addukten nicht zur Verfügung, sondern man findet bei der Umsetzung mit Lewis-Säuren einen Angriff am Cp-lokalisierten HOMO, der zur Abspaltung eines Cyclopentadienylrings führt (Gleichung 4.2.94).

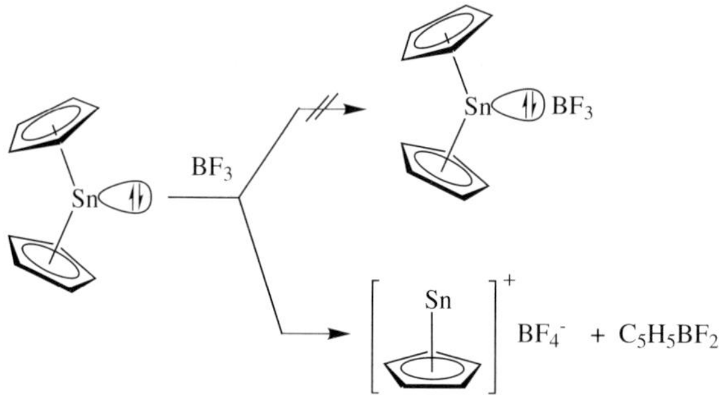

$$(4.2.94)$$

Der Grad der Winkelung kann durch die Substituenten am Cyclopentadienylring in weiten Bereichen beeinflusst werden, wie ein Vergleich von vier Stannocenen in Abbildung 4.2.13 illustriert.

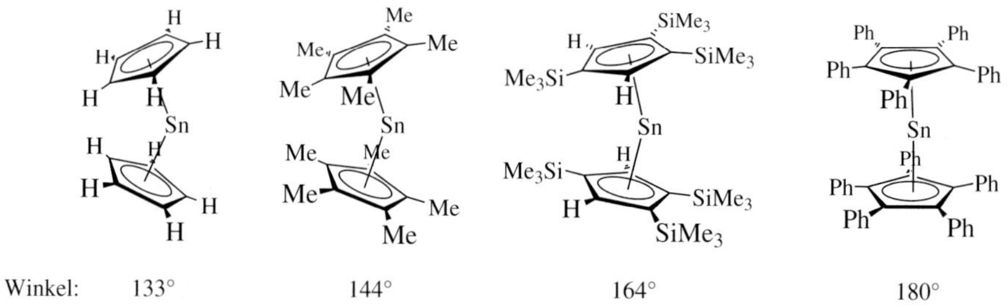

| Winkel: | 133° | 144° | 164° | 180° |

Abbildung 4.2.13. Änderung des Bindungswinkels am Zinn, gemessen zwischen den Normalen vom Metallzentrum auf die Ringebenen in vier unterschiedlich substituierten Stannocenen. Der Winkel, der von den Ringebenen aufgespannt wird, errechnet sich daraus als Differenz zu 180°.

4.2.6.3 Subvalente Hauptgruppen-σ-Organyle
und Element-Element-Bindungen

Das Prinzip der kinetischen Stabilisierung durch sterische Überfrachtung ist sehr wesentlich, um in vielen Fällen Isolierungen von monomeren und oligomeren sub- oder niedervalenten Hauptgruppenorganylen mit σ-gebundenen Alkyl- oder Arylliganden zu ermöglichen. Insbesondere müssen sterisch anspruchsvolle Liganden auch verwendet werden, um Systeme mit reaktiven Element-Element-Mehrfachbindungen zu stabilisieren.

Neutrale molekulare Verbindungen der Formel $(R_2M)_2$ mit einer Metall-Metall-Bindung und M = Al, Ga und In sind durch die Arbeiten von Uhl seit über 10 Jahren bekannt. In diesen Verbindungen weisen die Metalle der 13. Gruppe die formale Oxidationszahl +2 auf, so dass die Komplexe eine Tendenz zur Disproportionierung in die ein- und dreiwertige Stufe haben, die durch voluminöse Substituenten, wie Bis(trimethylsilyl)methyl, $(Me_3Si)_2CH-$, abgeblockt werden muss. Die Aluminiumverbindung ist durch Reduktion aus der dreiwertigen Vorstufe des Dialkylaluminiumhalogenids zugänglich (Gleichung 4.2.95). Zur Synthese des Digallium- und Diindium-Komplexes eignen sich aber besser anorganische Halogenide der zweiwertigen Elemente, mit bereits bestehender Metall-Metall-Bindung (Gleichung 4.2.96).

$$(Me_3Si)_2CH \diagdown Al{-}Cl + 2\,K \longrightarrow \begin{matrix}(Me_3Si)_2CH & CH(SiMe_3)_2\\ \diagdown Al{-}Al \diagup\\ (Me_3Si)_2CH & CH(SiMe_3)_2\end{matrix} + 2\,KCl \quad (4.2.95)$$

$$\begin{matrix}L & Br\,Br\\ \diagdown M{-}M\\ Br & L\\ Br\end{matrix} + 4\,(Me_3Si)_2CHLi \xrightarrow{-\,2\,L} \begin{matrix}(Me_3Si)_2CH & CH(SiMe_3)_2\\ \diagdown M{-}M \diagup\\ (Me_3Si)_2CH & CH(SiMe_3)_2\end{matrix} + 4\,LiCl$$

M = Ga, L = Dioxan
M = In, L = Tetramethylethylendiamin   (4.2.96)

Für die Monoalkylelement(I)-Spezies der 13. Gruppe mit entsprechenden voluminösen Alkylliganden ist die Bildung von tetrameren $(RM)_4$-Clustern im festen Zustand das Hauptstrukturmerkmal. Zur Stabilisierung dieser Wertigkeitsstufe hat sich hierbei vor allem der sterisch anspruchsvolle Tris(trimethylsilyl)methyl-Ligand, $(Me_3Si)_3C-$, bewährt, beim Aluminium der Neopentylrest, $^tBuCH_2-$. Der Zugang zu diesen Verbindungen gelingt beim Aluminium durch Reduktion der dreiwertigen Dialkylchlorid-Spezies, eine Charakterisierung von $Alkyl_4Al_4$-Komplexen mit Beugungsmethoden steht jedoch noch aus (Gleichung 4.2.97).

$$2\,(^tBuCH_2)_2AlCl + 2\,K \longrightarrow 1/4\,[^tBuCH_2Al]_4 + (^tBuCH_2)_3Al + 2\,KCl \quad (4.2.97)$$

Das Gallium(I)- und Indium(I)derivat werden ausgehend von den dimeren Dihalogeniden der zweiwertigen Metalle in einer Disproportionierungsreaktion erhalten (Gleichung 4.2.98). Ursache dieses Reaktionsverlaufs ist vermutlich der sterische Anspruch der Liganden, der verhindert, dass in Analogie zu den R_2M-MR_2-Produkten in Gleichung 4.2.96 vier Liganden um eine M-M-Einheit angeordnet werden können.

$$\begin{matrix}L & Br\,Br\\ \diagdown M{-}M\\ Br & L\\ Br\end{matrix} + 3\,(Me_3Si)_3CLi \xrightarrow{-\,2\,L} 1/4 \begin{matrix}C(SiMe_3)_3\\ M\\ (Me_3Si)_3C{-}M{-}M{-}C(SiMe_3)_3\\ M\\ (Me_3Si)_3C\end{matrix} + \text{"}[(Me_3Si)_3C]_2MBr\text{"} + 3\,LiBr$$

M = Ga, L = Dioxan
M = In, L = Tetramethylethylendiamin   (4.2.98)

Die Thalliumverbindung schließlich wird in direkter Ligandenaustauschreaktion aus Cylopentadienylthallium und dem Lithiumalkyl dargestellt (Gleichung 4.2.99).

Während innerhalb der Ga_4- und In_4-Tetraeder die Metall-Metall-Abstände fast gleich lang sind und die Alkylgruppen radial vom Zentrum wegzeigen, findet man

$$4\ C_5H_5Tl\ +\ 4\ (Me_3Si)_3CLi\ \longrightarrow$$

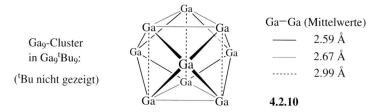

$$+\ 4\ C_5H_5Li$$

$$(4.2.99)$$

in der Festkörperstruktur des Thalliumtetraeders stark unterschiedliche Abstände (3.33 bis 3.64 Å) und außerdem eine Abwinkelung der Liganden von etwa 35° von der Tetraedermittelpunkt-Tl-Achse. In benzolischer Lösung konnte die Existenz des Tetramers auch für die Aluminium- und Indiumverbindung gezeigt werden, während eine kryoskopische Molmassenbestimmung für den Galliumkomplex je nach Konzentration trimere bis monomere Spezies ergab. Das Thallium(I)alkyl liegt in Lösung nur monomer vor. In der Gasphase konnten für alle vierkernigen Cluster nur Monomere beobachtet werden.

Die Reaktion von ^tBuLi mit $GaCl_3$ liefert als Nebenprodukt zu Ga^tBu_3 den Cluster $Ga_9{}^tBu_9$ als schwarzgrüne Kristalle und mit der Struktur eines dreifach überdachten Prismas (**4.2.10**).

Ga_9-Cluster
in $Ga_9{}^tBu_9$:

(^tBu nicht gezeigt)

Ga—Ga (Mittelwerte)

——   2.59 Å

——   2.67 Å

·······   2.99 Å

4.2.10

Bei der Enthalogenierung von Dichlor-[2,6-(mes$_2$)phenyl]gallan mit Natrium bildet sich das Cyclotrigallan-Dianion (Gleichung 4.2.100). Dieses erste Cyclooligogallan sollte aufgrund seiner zwei π-Elektronen aromatischen Charakter aufweisen.

Variation des Liganden führt zu einem Digallin. Für die tiefrote, fast schwarze Verbindung $Na_2[R^2Ga\equiv GaR^2]$ (**4.2.11**) wurde die ursprünglich vorgeschlagene Ga-Ga-Dreifachbindung kontrovers diskutiert und muss mittlerweile wohl eher Richtung Doppelbindung eingeordnet werden. Ein metastabiles Gallylen-Dimer, $(R^2Ga)_2$, (Digallen, **4.2.12**) ist inzwischen ebenfalls bekannt.

Bei den niedervalenten Elementen der 14. Gruppe (Ge, Sn und Pb) setzt die Synthese und Isolierung von Dialkyl- oder Diarylmetallverbindungen, den Germylenen (Germenen), Stannylenen (Stannenen) und Plumbylenen (Plumbenen) ebenfalls die Verwendung kinetisch stabilisierender sterisch anspruchsvoller Gruppen voraus. Die ersten Beispiele wurden von Lappert mit dem Bis(trimethylsilyl)methyl-Liganden ausgehend vom Metalldihalogenid und dem Lithiumorganyl synthetisiert (Gleichung 4.2.101).

$$3\ R^1GaCl_2 + 8\ Na \xrightarrow[-6\ NaCl]{} 2\ Na^+ + \left[\begin{array}{c} R^1 \\ Ga \\ R^1Ga\text{—}\overset{O}{\triangle}\text{—}GaR^1 \end{array} \right]^{2-} \qquad (4.2.100)$$

$$2.44\ \text{Å}$$

$$2\ R^2GaCl_2 + 6\ Na \xrightarrow[-4\ NaCl]{} 2\ Na^+ + \left[\begin{array}{c} R^2 \quad 2.32\ \text{Å} \\ Ga\text{≡}Ga \\ {\sim}131° \quad R^2 \end{array} \right]^{2-}$$

4.2.11   Ga-Ga-Bindungsordnung?

$$R = \quad \text{(Ga)}$$

$$R^1: \bullet = Me$$

$$R^2: \bullet = {}^iPr$$

$$\begin{array}{c} R^2 \quad 2.63\ \text{Å} \\ Ga\text{=}Ga \\ 123° \quad R^2 \end{array}$$

4.2.12

$$2\ MCl_2 + 4\ (Me_3Si)_2CHLi \longrightarrow 2 \quad \begin{array}{c} (Me_3Si)_2CH \\ \diagdown \\ M\text{|} \\ \diagup \\ (Me_3Si)_2CH \end{array} \rightleftharpoons \begin{array}{c} (Me_3Si)_2CH \quad\quad CH(SiMe_3)_2 \\ \diagdown \quad\quad \diagup \\ M\text{=}M \\ \diagup \quad\quad \diagdown \\ (Me_3Si)_2CH \quad\quad CH(SiMe_3)_2 \end{array}$$

$$M = Ge,\ Sn,\ Pb \qquad (4.2.101)$$

Die carbenanalogen Verbindungen sind in Lösung monomer, aber für Germanium und Zinn konnte im Festkörper eine Dimerisierung zu einem olefinanalogen Digermen (Digermylen) und Distannen (Distannylen) belegt werden. Der Element-Element-Abstand beträgt beim dimeren Germylen 2.35 Å und für das Distannylen 2.77 Å und wird meistens als Doppelbindung formuliert. Inzwischen konnten weitere Germylene, Stannylene und Plumbylene mit substituierten Arylliganden, wie z.B. C_6H_3-2,6-$^iPr_2$ oder C_6H_2-2,4,6-$(CF_3)_3$ synthetisiert werden. Mit letzterem Liganden wird im Festkörper ein monomeres Stannylen (Sn$\cdots$Sn > 3.6 Å) und Plumbylen gefunden. Die voluminösen Liganden verhindern die Polymerisation oder zumindestens hochgradige Oligomerisation zu $(R_2M)_n$, wie sie ansonsten für Germylene und Stannylene mit kleineren organischen Resten beobachtet wird.

Anders als bei den Kohlenstoffolefinen und größtenteils auch noch den Systemen mit Si=Si-Doppelbindung liegen bei den Digermenen und Distannenen die Liganden nicht mehr mit den beiden Metallatomen in einer Ebene, sondern zeigen eine trans-Faltung oder -Abwinkelung, wie in **4.2.13** skizziert.

$$M = Ge: 2.35\ \text{Å}$$
$$M = Sn: 2.77\ \text{Å}$$
$$M = Ge: 32°$$
$$M = Sn: 41°$$

4.2.13   **4.2.14**

Der Faltungswinkel beträgt beim Liganden R = (Me$_3$Si)$_2$CH für das dimere Germylen 32° und für das Distannylen 41°. Wenngleich die theoretische Beschreibung der Metall-Metall-Bindung in diesen Dimeren etwas komplizierter ist, so kann man die trans-Faltung doch anschaulich über die schematische Wechselwirkung zweier Singulett-Carbenanaloga als ein doppeltes Donor-Akzeptor-Addukt, wie in **4.2.14** dargestellt, nachvollziehen.

Heterodimetallene der 14. Gruppe sind weitaus seltener. Ein Beispiel illustriert **4.2.15**.

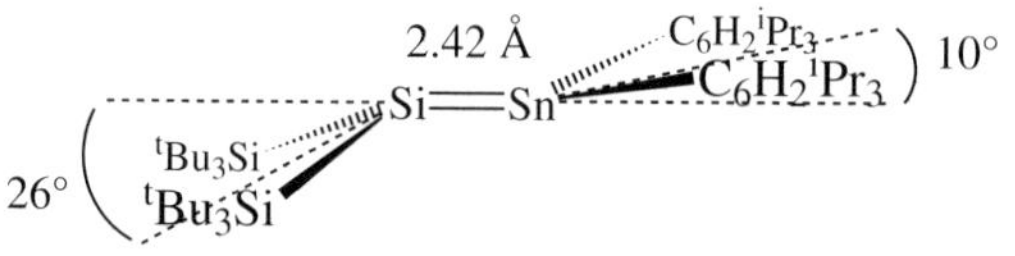

4.2.15

Ungewöhnlich ist die Bindungssituation im Distannen **4.2.16**, das in Form schwarzer Kristalle erhalten wird. Seine Struktur weist wegen der großen Sn-Sn-Bindungslänge und der unterschiedlichen Winkelung an den beiden Zinnatomen darauf hin, dass nicht ein Molekül der Form R$_2$Sn=SnR$_2$, also ein doppeltes Donor-Akzeptor-Dimer, sondern eher eine polare Verbindung R$_2$Sn$^+$-$^-$SnR$_2$ vorliegt.

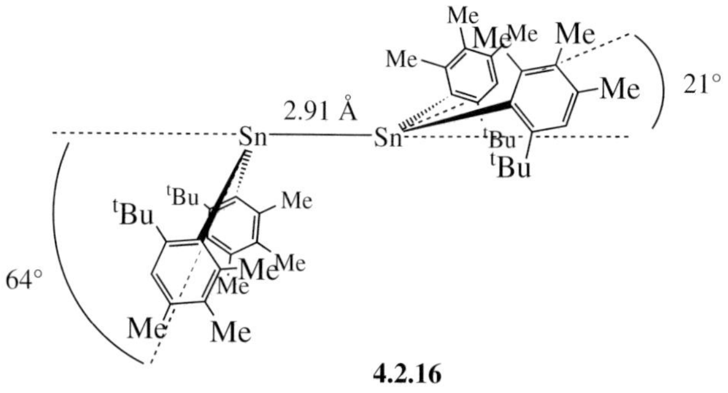

4.2.16

Als formales Alkin-Homologe kennt man bei der 14. Gruppe das Plumbylin-Dimer (R^{2}Pb)$_2$ (**4.2.17**), dessen Bindungsordnung allerdings wie die des analogen Digallins sicher geringer als drei ist.

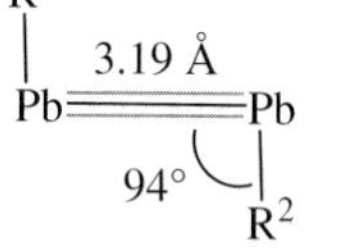

(R^2 s. oben bei **4.2.11**)

Pb-Pb-
Bindungsordnung?

4.2.17

Wenn die Reste R Heteroatome mit freien Elektronenpaaren enthalten, findet man statt der Dimerisierung (oder Oligomerisierung) über Metall-Metall-Bindungen eine Doppelverbrückung über die freien Elektronenpaare der Liganden, wie es das Produkt der Umsetzung aus Bleidichlorid und dem sterisch anspruchsvollen

Lithiumalkyl in Gleichung 4.2.102 als Beispiel zeigt. Das im Festkörper dimere Produkt ist bisher zugleich die einzige Mono-σ-organoblei(II)-Verbindung.

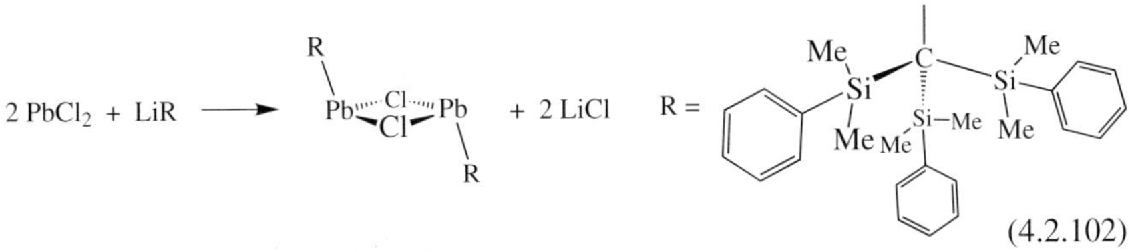

$$2\,PbCl_2 + LiR \longrightarrow \underset{R}{\overset{R}{Pb}}\overset{Cl}{\underset{Cl}{\cdots}}Pb + 2\,LiCl \qquad R =$$

$$(4.2.102)$$

Anstelle der vorstehend beschriebenen Dimerisierung der schwereren Carbenanaloge des Kohlenstoffs finden bei kleineren Resten R weitergehende Oligomerisierungen unter Metall-Metall-Verknüpfung statt. Die Gleichungen 4.2.103 bis 4.2.106 beschreiben Reaktionen, die zu Ketten oder Ringen führen.

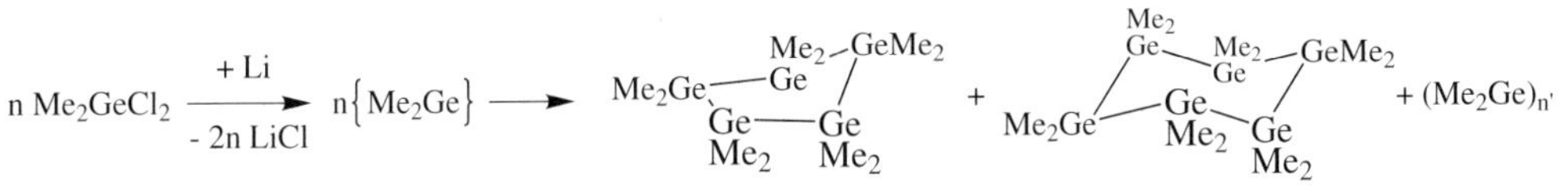

$$n\,Me_2GeCl_2 \xrightarrow[-2n\,LiCl]{+\,Li} n\{Me_2Ge\} \longrightarrow$$

$$(4.2.103)$$

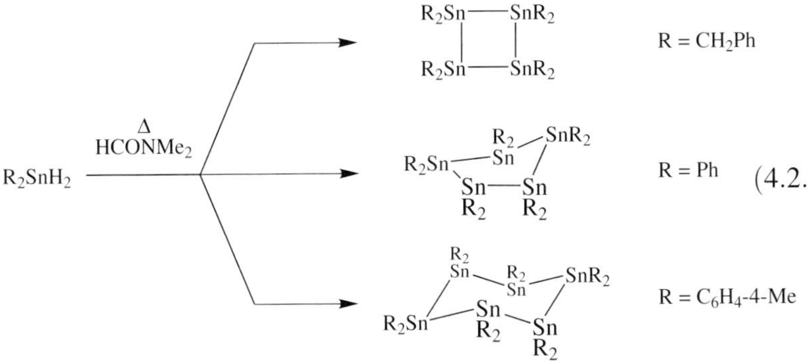

$$R_2SnH_2 \xrightarrow[HCONMe_2]{\Delta}$$

$$\begin{array}{l} R = CH_2Ph \\ R = Ph \\ R = C_6H_4\text{-}4\text{-}Me \end{array} \qquad (4.2.104)$$

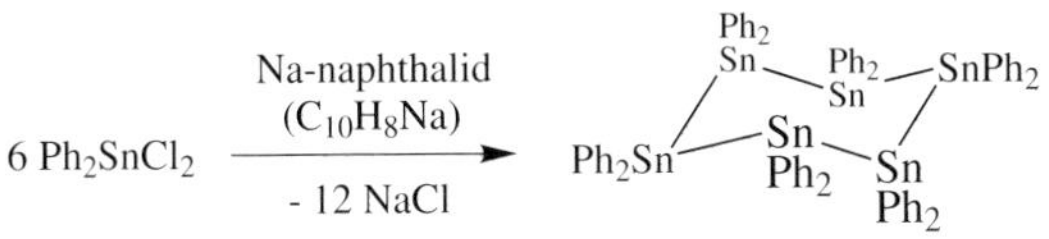

$$6\,Ph_2SnCl_2 \xrightarrow[-12\,NaCl]{Na\text{-naphthalid} \ (C_{10}H_8Na)} \qquad (4.2.105)$$

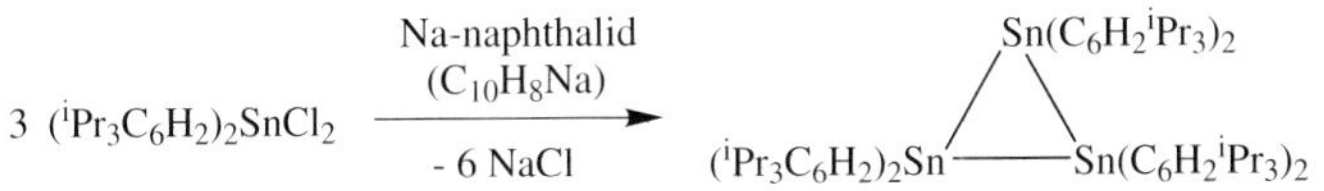

$$3\,({}^iPr_3C_6H_2)_2SnCl_2 \xrightarrow[-6\,NaCl]{Na\text{-naphthalid} \ (C_{10}H_8Na)} \qquad (4.2.106)$$

Auch ungesättigte Cyclopropen-analoge Dreiringe sind möglich, wobei man von den schwereren Elementen der 14. Gruppe bis jetzt nur die Cyclotrigermene als Vertreter kennt. Sie werden nach Gleichung 4.2.107 aus den sterisch überladenen

Silyl- und Germyl-Alkalimetallverbindungen und dem Germaniumdichlorid-Di-oxan-Addukt erhalten.

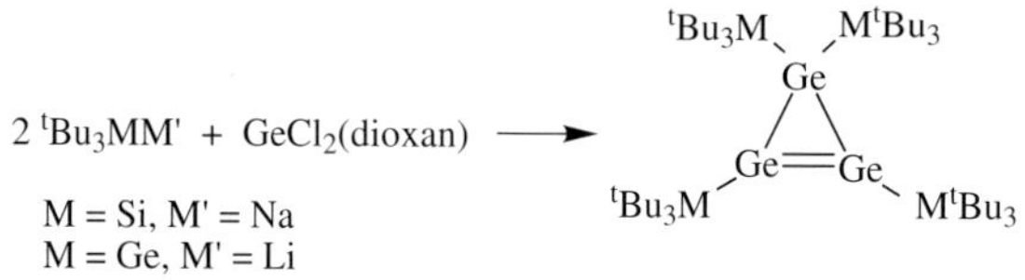

$$2\ ^{t}Bu_3MM'\ +\ GeCl_2(dioxan) \longrightarrow \quad \begin{array}{c} ^{t}Bu_3M \diagdown \quad \diagup M'^{t}Bu_3 \\ Ge \\ \diagup \quad \diagdown \\ Ge{=}Ge \\ ^{t}Bu_3M \diagup \quad \diagdown M'^{t}Bu_3 \end{array} \tag{4.2.107}$$

M = Si, M' = Na
M = Ge, M' = Li

Für die schweren Elemente der 15. Gruppe existiert ein stabiles Distiben und Dibis-muthen mit Element-Element-Doppelbindung (**4.2.18**).

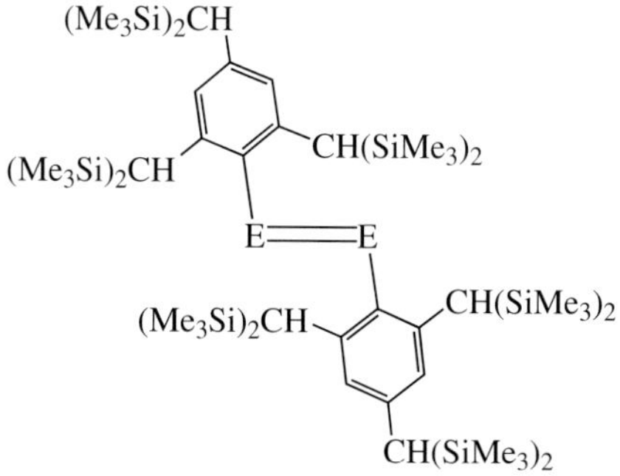

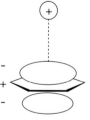

Sb-Sb = 2.64 Å
Sb-Sb-C = 101°

Bi-Bi = 2.82 Å
Bi-Bi-C = 100°

4.2.18

4.2.6.4 Kation-Aren-Wechselwirkungen

Kationen können an die π-Oberfläche von neutralen aromatischen Strukturen durch überraschend starke, nicht kovalente Kräfte gebunden werden, die man allgemein als Kation-π-Wechselwirkungen bezeichnet. In erster Näherung kann die Wechsel-wirkung als eine elektrostatische Anziehung zwischen einer positiven Ladung und dem Quadrupolmoment des aromatischen Systems angesehen werden (Abbildung 4.2.14). Ein besonderes Merkmal aromatischer Systeme ist die Kombination zwei-er, sich eigentlich ausschließender Eigenschaften, nämlich die Möglichkeit zur An-bindung von Ionen und der hydrophobe Charakter.

Abbildung 4.2.14. Schematische Darstellung einer Kationen-π-Wechselwirkung mit dem Quadrupolmoment eines aromatischen Sechsrings.

Beispiele für derartige Kation-π-Wechselwirkungen finden sich bei den Alkali-metallen, bei den Metallen Gallium, Indium und Thallium in ihrer einwertigen Stu-fe, beim Zinn und Blei in deren zweiwertiger Stufe und beim Bismut in der dreiwertigen Stufe. Für diese isoelektronischen Elemente der 13.–15. Gruppe gibt Abbildung 4.2.15 jeweils ein Beispiel. Zahlenmäßig die meisten derartiger Komplexe kennt man allerdings von Ga, In und Tl. Die Arenkomplexe werden relativ einfach durch Aufnahme der zugrunde liegenden M^{n+} $n(M'X_4)^-$-Salze in den aromatischen Lösungsmitteln, in denen zum Teil eine erstaunliche Löslichkeit besteht, und Kühlung der Lösung in kristalliner Form erhalten. Wie die Beispiele zeigen, liegen dimere und häufiger polymere Strukturen vor, bei denen die Aren-koordinierten Metallzentren über Halogen- oder Halogenmetallatgruppen verbrückt sind. Die Koordinationssphäre um die niedervalenten Metallionen wird durch eine größere Zahl von Halogenatomen ergänzt, die entweder direkt als Gegenion vorliegen oder aus Tetrahalogenmetallat-Gegenionen stammen. Der Verbindungstyp ist für Ga, In, Tl, Sn und Pb durch eine zentrische (hexahapto-, η^6-) Koordination gekennzeichnet, wobei sowohl Mono- als auch Bis(aren)komplexe ausgebildet werden.

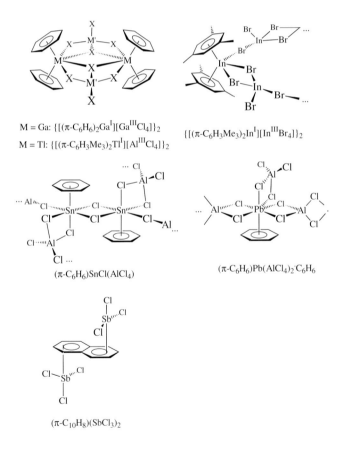

M = Ga: $\{[(\pi\text{-}C_6H_6)_2Ga^I][Ga^{III}Cl_4]\}_2$

M = Tl: $\{[(\pi\text{-}C_6H_3Me_3)_2Tl^I][Al^{III}Cl_4]\}_2$

$\{[(\pi\text{-}C_6H_3Me_3)_2In^I][In^{III}Br_4]\}_2$

$(\pi\text{-}C_6H_6)SnCl(AlCl_4)$

$(\pi\text{-}C_6H_6)Pb(AlCl_4)_2\cdot C_6H_6$

$(\pi\text{-}C_{10}H_8)(SbCl_3)_2$

Abbildung 4.2.15. Beispiele für Kationen-π-Wechselwirkungen in Aren-Hauptgruppenelement Verbindungen. Die Metall-Koordinationssphäre ist schematisch dargestellt. Die gezeigten Verbindungen sind röntgenstrukturell charakterisiert worden. Pünktchen deuten die Fortführung der koordinationspolymeren Strukturen an.

Es gibt inzwischen zahlreiche Hinweise, dass Kationen-π-Wechselwirkungen, darunter auch der Alkalimetalle, in einer Vielzahl von Proteinen von biologischer Relevanz sind. Die π-Systeme finden sich dabei in den aromatischen Seitenketten der Aminosäuren Phenylalanin, Tyrosin und Tryptophan. Das Vorliegen von Kationen-π-Wechselwirkungen in Proteinstrukturen schließt dabei konventionelle Ionenpaar-Wechselwirkungen nicht aus, sondern beide Bindungsarten existieren nebeneinander. Kation-π-Wechselwirkungen sind eine von vielen nicht-kovalenten Kräften, die zu biologischen Strukturen beitragen. In Wasser findet man für die Affinität von Alkalimetallen für eine π-Wechselwirkung die Ordnung $K^+ > Rb^+ >> Na^+$, Li^+. Die Abfolge ist ein Kompromiss aus den gegenläufigen Trends der eigentlich besseren Anbindung der kleineren Ionen an Arene, wie man es für Gasphasenkomplexe findet, und ihrer besseren Solvatisierung durch Wasser. Die absoluten Bindungsenergien von Ionen wie Kalium an π-Systeme in Wasser dürften nicht sehr groß sein, für die Selektivität und den Transport in Ionenkanälen, wo man solche Kalium-π-Wechselwirkungen annimmt, ist aber deren Schwäche gerade erwünscht. Dort ist ein hoher Ionendurchfluss gefordert und die Selektivität muss von inhärent schwachen Wechselwirkungen herrühren. Solche Kalium-Ionenkanäle zeigen eine Selektivität von Kalium über andere Ionen wie Natrium von bis zu 1000:1. Aus der Sequenzierung von zahlreichen Ionenkanälen zeigt sich, dass die kaliumselektiven Kanäle in dem Porenbereich, der für die Selektivität primär verantwortlich ist, immer vier Glycin-Tyrosin-Glycin-Sequenzen enthalten. Bei Kanälen, wo diese Sequenz fehlt, wird dementsprechend keine hohe Selektivität beobachtet.

4.3 Übergangsmetallorganyle

4.3.1 Carbonylkomplexe

Das Kohlenmonoxidmolekül ist einer der wichtigsten σ-Donor/π-Akzeptor-Liganden. Metallverbindungen mit dem CO-Molekül werden Metallcarbonyle oder auch nur kurz Carbonylkomplexe genannt. In fast allen bekannten Metallcarbonylen kann die Stöchiometrie durch die 18-Valenzelektronen-Regel erklärt und vorhergesagt werden. Das Kohlenmonoxid ist ein 2-Elektronendonor-Ligand. Die CO-Gruppe bindet über das Kohlenstoffatom an das Metallzentrum. Metallcarbonyle sind strukturell interessant, von bindungstheoretischem Interesse und vor allem wegen ihrer katalytischen Wirkung technisch wichtig. Carbonylverbindungen sind aktive homogene oder heterogene Katalysatoren bei vielen großtechnischen Verfahren wie dem Monsanto-Essigsäureverfahren (Abschnitt 4.4.1.2), der Hydroformylierung (Abschnitt 4.4.1.3) oder der Fischer-Tropsch-Synthese (Abschnitt 4.4.2.1). Carbonylkomplexe und ihre Chemie sind im Prinzip auf die Übergangsmetalle oder d-Elemente als Zentralatome beschränkt. Kohlenmonoxid vermag die Übergangsmetalle in niedrigen, sogar negativen Oxidationszuständen zu stabilisieren. Für die Hauptgruppenmetalle, die Lanthanoide und Actinoide gibt es nur vereinzelte Beispiele für Metall-CO Bindungsbeziehungen.

Geschichtliches: Als erstes Metallcarbonyl wurde 1888 durch Mond und Langer das Nickeltetracarbonyl, $Ni(CO)_4$, entdeckt. Langer versuchte Wasserstoff von Kohlenmonoxid zu reinigen und beobachtete, dass CO mit grüner Flamme brannte, wenn es vorher über Nickel geleitet worden war. Es zeigte sich dann, dass dieses Gas Nickeltetracarbonyl enthielt, welches sich beim Überleiten von CO über fein verteiltes Nickel bildet. Aus dieser Zufallsentdeckung wurde dann das Mond-Verfahren zur Reinigung von Nickel entwickelt. Nickeltetracarbonyl zerfällt bei thermischer Belastung unter Umkehrung seiner Bildung (Gleichung 4.3.1)

Kurze Zeit später, 1891, wurde das Eisenpentacarbonyl, $Fe(CO)_5$, synthetisiert, welches gleichfalls aus dem Metall und Kohlenmonoxid gebildet werden kann. Ab 1928 setzte dann eine intensive Erforschung dieser Verbindungsklasse der Metallcarbonyle durch W. Hieber in Würzburg, später in München ein. Diese Untersuchungen erschlossen eine neue Chemie mit Metallen in der Oxidationsstufe Null.

4.3.1.1 Binäre Metallcarbonyle

Synthesen, Strukturen und Eigenschaften

Die meisten Übergangsmetalle vermögen mit Kohlenmonoxid in Substanz isolierbare Verbindungen zu bilden, die nur aus dem Metall und CO-Liganden aufgebaut sind, daher die Bezeichnung binär. Ausnahmen sind die Metalle der 4. Gruppe (Ti, Zr, Hf), die schwereren Metalle der 5. und 10. Gruppe (Nb, Ta und Pd, Pt) und die Münzmetalle (Cu, Ag, Au). Auf die Gründe, weshalb von den genannten Metallen unter Standardbedingungen keine binären Carbonyle existieren, werden wir weiter unten zu sprechen kommen. Bei den Carbonylkomplexen unterscheidet man oft zwischen einkernigen und mehrkernigen Verbindungen. Binäre einkernige Verbindungen können gemäß der 18-Elektronenregel, da CO ein Elektronenpaar liefert, eigentlich nur von Metallen mit gerader (Valenz-)Elektronzahl gebildet werden, also von den Elementen der Chrom- und Eisentriade sowie von Nickel (6., 8. und 10. Gruppe). Eine Ausnahme stellt das Vanadium dar, von dem es eine 17-Valenzelektronenspezies, das Vanadiumhexacarbonyl gibt. Dieses $V(CO)_6$-Radikal nimmt jedoch bereitwillig ein Elektron auf, lässt sich also leicht zum stabileren Hexacarbonylvanadat(−1) Anion reduzieren. Die zunächst merkwürdig anmutende Oxidationsstufe −1 für ein Metallzentrum wird uns später bei den Carbonylmetallaten (Abschnitt 4.3.1.3) wieder begegnen. Die anderen Metalle mit einer ungeraden Elektronenzahl aus der Mangan- und Cobalttriade (7. und 9. Gruppe) bilden zwei- und mehrkernige Carbonylcluster, d.h. es treten Metall-Metall-Bindungen auf, womit die Metallzentren dann jeweils auch die 18-Elektronenkonfiguration erreichen. Die oktaedrische Ligandenumgebung verhindert beim $V(CO)_6$ eine entsprechende Dimerisierung. Die Tabellen 4.3.1 und 4.3.2 geben eine vergleichende Übersicht zu den binären ein- und mehrkernigen Metallcarbonylen. Man erkennt, dass die Ausbildung mehrkerniger Carbonyle auf die Gruppen 7 bis 9 beschränkt ist. Die Eisentriade ist die einzige Gruppe, in der sowohl ein- als auch mehrkernige Carbonyle ausgebildet werden. Die einkernigen Carbonyle der Formel $M(CO)_5$ dieser achten

Tabelle 4.3.1. Binäre einkernige Metallcarbonyle.

Gruppe 4 Ti, Zr, Hf	5 V, Nb, Ta	6 Cr, Mo, W	7 Mn, Tc, Re	8 Fe, Ru, Os	9 Co, Rh, Ir	10 Ni, Pd, Pt	11 Cu, Ag, Au
unter Normalbedingungen werden keine binären Carbonyle gebildet	$V(CO)_6$ von Niob und Tantal kennt man keine binären Carbonyle unter Normalbedingungen	$Cr(CO)_6$ $Mo(CO)_6$ $W(CO)_6$		$Fe(CO)_5$ $Ru(CO)_5$ $Os(CO)_5$		$Ni(CO)_4$ von Palladium und Platin kennt man keine binären Carbonyle unter Normalbedingungen	unter Normalbedingungen werden keine binären Carbonyle gebildet
allgemeine Eigenschaften:	$V(CO)_6$ bildet schwarze Kristalle, Zersetzung bei –70 °C, sublimiert im Vakuum	farblose Kristalle, sublimieren im Vakuum		gelbe bis farblose Flüssigkeiten, mit Schmelzpunkten um –20 °C		farblose Flüssigkeit, Schmelzpunkt –25 °C	
Struktur	oktaedrisch	oktaedrisch		trigonal-bipyramidal		tetraedrisch	

In der Matrix hat man ein $Ti(CO)_6$ und bei den Münzmetallen in der Argonmatrix die folgenden einkernigen Carbonyle nachgewiesen: $Cu(CO)_3$ (17 VE-Komplex), $Ag(CO)_n$ (n zwischen 1 und 3), $Au(CO)_n$ (n = 1, 2).

Tabelle 4.3.2. Binäre mehrkernige Metallcarbonyle.

Gruppe 4 Ti, Zr, Hf	5 V, Nb, Ta	6 Cr, Mo, W	7 Mn, Tc, Re	8 Fe, Ru, Os	9 Co, Rh, Ir	10 Ni, Pd, Pt	11 Cu, Ag, Au
unter Normalbedingungen werden keine binären Carbonyle gebildet	keine binären mehrkernigen Carbonyle bekannt	keine binären mehrkernigen Carbonyle bekannt	$Mn_2(CO)_{10}$ $Tc_2(CO)_{10}$ $Re_2(CO)_{10}$	$Fe_2(CO)_9$, $Fe_3(CO)_{12}$ $Ru_2(CO)_9$, $Ru_3(CO)_{12}$ $Os_2(CO)_9$ $Os_3(CO)_{12}$	$Co_2(CO)_8$, $Co_4(CO)_{12}$ $Rh_4(CO)_{12}$, $Rh_6(CO)_{16}$ $Ir_4(CO)_{12}$	keine binären mehrkernigen Carbonyle bekannt	unter Normalbedingungen werden keine binären Carbonyle gebildet
allgemeine Eigenschaften:			gelbe bis weiße Feststoffe, mit Schmelzpunkten zwischen 154 und 177 °C	$Fe_2(CO)_9$: glänzende, goldene Plättchen; $Ru_2(CO)_9$ und $Os_2(CO)_9$ sind orange und leicht zersetzlich			

Anmerkung zu Tabelle 4.3.1 und 4.3.2: Bei Metallen ohne neutrale binäre Metallcarbonyle kennt man allerdings reduzierte homoleptische Carbonylmetallate:

$[Ti(CO)_6]^{2-}$

$[Zr(CO)_6]^{2-}$ $[Nb(CO)_6]^-$

$[Hf(CO)_6]^{2-}$ $[Ta(CO)_6]^-$

$[Nb(CO)_5]^{3-}$

$[Ta(CO)_5]^{3-}$

oder homoleptische Carbonylkomplex-Kationen (vergleiche hierzu Abschnitt 4.2.1.3):

$[Pd(CO)_4]^{2+}$ $[Cu(CO)_{1-4}]^+$

$[Pt(CO)_4]^{2+}$ $[Ag(CO)_{1-3}]^+$

$[Au(CO)_2]^+$

Gruppe genügen der 18-Valenzelektronenregel, besitzen jedoch die ungünstige Koordinationszahl 5. Mit der Bildung mehrkerniger Carbonyle erreichen das Eisen und seine Homologen dann die Koordinationszahl 6.

Für die Darstellungen der binären Metallcarbonyle sind folgende Methoden möglich:

(a) Die direkte Reaktion zwischen Metall und CO: Dieses ist die älteste und einfachste Darstellungsmethode. Wie bereits erwähnt wurde der erste Carbonylkomplex, das Nickeltetracarbonyl, auf diese Weise erhalten. Die Umsetzung von aktiviertem Metall, d.h. in einer genügend feinen Verteilung mit Kohlenmonoxid bei erhöhter Temperatur ohne oder mit gleichzeitiger Anwendung von Druck, ergibt aber nur im Fall des Nickels, Cobalts und Eisens die entsprechenden Carbonyle $Ni(CO)_4$, $Co_2(CO)_8$ und $Fe(CO)_5$ (Gleichungen 4.3.1 bis 4.3.3).

$$Ni + 4\,CO \xrightarrow[\text{(drucklos)}]{80\,°C} Ni(CO)_4 \quad \text{(Mond-Verfahren)} \tag{4.3.1}$$

$$2\,Co + 8\,CO \xrightarrow[\text{CO-Überdruck}]{150\text{-}200\,°C} Co_2(CO)_8 \tag{4.3.2}$$

$$Fe + 5\,CO \xrightarrow[\text{CO-Überdruck}]{150\text{-}200\,°C} Fe(CO)_5 \tag{4.3.3}$$

(b) Die Reduktion von Metallsalzen in Gegenwart von CO (reduktive Carbonylierung): Dieser Reaktionstyp ist für jede Carbonylverbindung unter jeweils speziellen Bedingungen möglich. Kohlenmonoxid kann dabei selbst als Reduktionsmittel wirken, wie die Darstellungen von $Re_2(CO)_{10}$ und $Ru(CO)_5$ gemäß Gleichungen 4.3.4 und 4.3.5 zeigen. Eine Reduktion von Hexaamminnickel mit CO zu $Ni(CO)_4$ ist in wässriger Lösung möglich (Gleichung 4.3.6). Für Reduktionen in wässrigen Systemen eignet sich auch Dithionit (Gleichung 4.3.7)

$$Re_2O_7 + 17\,CO \longrightarrow Re_2(CO)_{10} + 7\,CO_2 \tag{4.3.4}$$

$$2\,RuI_3 + 13\,CO \longrightarrow 2\,Ru(CO)_5 + 3\,COI_2 \atop \big\downarrow \tag{4.3.5}$$
$$CO + I_2$$

$$[Ni(NH_3)_6]^{2+} + 5\,CO + 2\,H_2O \longrightarrow Ni(CO)_4 + (NH_4)_2CO_3 + 2\,NH_4^+ + 2\,NH_3 \tag{4.3.6}$$

$$Ni^{2+} + S_2O_4^{2-} + 4\,OH^- + 4\,CO \longrightarrow Ni(CO)_4 + 2\,SO_3^{2-} + 2\,H_2O \tag{4.3.7}$$

Für die Synthese der Hexacarbonyle der 6. Gruppe bietet sich als spezielle Methode die Reduktion der Metalltrichloride mit Aluminiumpulver in Gegenwart von Kohlenmonoxid an (Gleichung 4.3.8). Weitere Reduktionsmittel sind z.B. Zinkorganyle (Gleichung 4.3.9) und Wasserstoff (Gleichung 4.3.10).

$$CrCl_3 + Al + 6\,CO \xrightarrow[\substack{300\ \text{bar CO} \\ \text{Benzol}}]{140\,°C} Cr(CO)_6 + AlCl_3 \tag{4.3.8}$$

$$2\,MnI_2 + 2\,ZnR_2 + 10\,CO \longrightarrow Mn_2(CO)_{10} + 2\,ZnI_2 + 2\,R_2 \tag{4.3.9}$$

$$RhCl_3(H_2O)_3 + CO + H_2 \longrightarrow Rh_4(CO)_{12} + Rh_6(CO)_{16} \tag{4.3.10}$$

(c) Die Oxidation von Carbonylmetallaten und Carbonylhydriden: Auf die Darstellung dieser beiden Substanzklassen wird in Abschnitt 4.3.1.3 eingegangen. Beispiele für diesen Syntheseweg finden sich in der elektrochemischen Oxidation von $[Co(CO)_4]^-$ zu Dicobaltoctacarbonyl (Gleichung 4.3.11) und in der thermisch induzierten oxidativen Eliminierung von Wasserstoff aus $HV(CO)_6$ (Gleichung 4.3.12).

$$2\,Co(CO)_4^- \xrightarrow{\text{Elektrolyse}} Co_2(CO)_8 + 2\,e^- \tag{4.3.11}$$

$$HV(CO)_6 \xrightarrow{25\,°C} V(CO)_6 + 1/2\,H_2 \tag{4.3.12}$$

(d) Die Umwandlung einkerniger in mehrkernige Carbonyle durch Einwirkung von Energie: Die einkernigen Metallcarbonyle von Eisen, Ruthenium und Osmium reagieren bei Einwirkung von Licht- oder thermischer Energie unter Bildung der höhernuklearen Cluster. Gleichung 4.3.13 illustriert die Bildung von Trieisendodecacarbonyl. Die Photo- oder Thermolyse einfacher Carbonyle kann auch für die Bildung gemischter mehrkerniger Metallcarbonyle genutzt werden, wie in Gleichung 4.3.14 gezeigt.

$$6\,Fe(CO)_5 \xrightarrow[-3\,CO]{h\nu\,(UV)} 3\,Fe_2(CO)_9 \longrightarrow Fe_3(CO)_{12} + 3\,Fe(CO)_5 \tag{4.3.13}$$

$$Mn_2(CO)_{10} + Re_2(CO)_{10} \xrightarrow[220\,°C]{h\nu\,\text{oder}} (OC)_5MnRe(CO)_5$$
$$\xrightarrow[h\nu]{\big\downarrow Fe(CO)_5}$$
$$(OC)_5MnFe(CO)_4Re(CO)_5 \tag{4.3.14}$$

(e) Die Kopplungsreaktion zwischen Metallcarbonylhalogeniden und Salzen von Carbonylmetallaten: Durch diese Reaktion sind ebenfalls gemischte mehrkernige Metallcarbonyle zugänglich (Gleichung 4.3.15)

$$Re(CO)_5Cl + NaMn(CO)_5 \longrightarrow (OC)_5ReMn(CO)_5 + NaCl \tag{4.3.15}$$

Abbildung 4.3.1 illustriert die Molekülstrukturen der verschiedenen binären Carbonylkomplexe. Die einkernigen Carbonyle weisen nur eine Art der Ligandenanordnung auf, wenn man einmal von der Möglichkeit des quadratisch-pyramidalen Koordinationspolyeders als höher energetischer Form zur trigonalen Bipyramide absieht.

Bei den mehrkernigen Metallcarbonylen stellt sich dagegen die Ligandenanordnung sehr viel differenzierter dar. Beim Dimangandecacarbonyl und seinen Homologen, $M_2(CO)_{10}$, ist die Situation noch einfach: Es liegen unverbrückte Metallhanteln vor, jedes Metallzentrum ist von fünf Carbonylliganden und dem anderen Metallatom

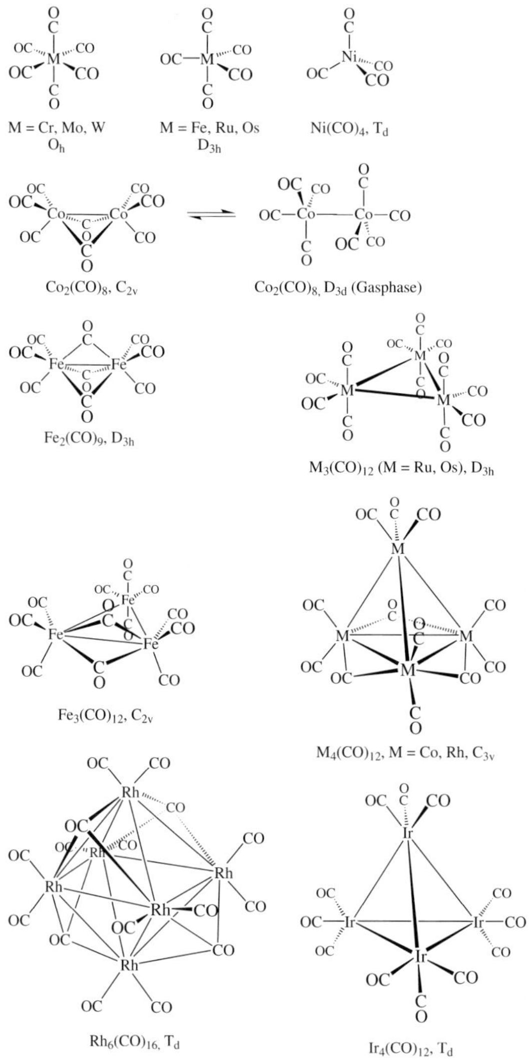

M = Cr, Mo, W
O_h

M = Fe, Ru, Os
D_{3h}

$Ni(CO)_4$, T_d

$Co_2(CO)_8$, C_{2v} ⇌ $Co_2(CO)_8$, D_{3d} (Gasphase)

$Fe_2(CO)_9$, D_{3h}

$M_3(CO)_{12}$ (M = Ru, Os), D_{3h}

$Fe_3(CO)_{12}$, C_{2v}

$M_4(CO)_{12}$, M = Co, Rh, C_{3v}

$Rh_6(CO)_{16}$, T_d

$Ir_4(CO)_{12}$, T_d

Abbildung 4.3.1. Molekülstrukturen von binären Metallcarbonylen mit Angabe der Punktgruppe.

koordiniert. Im Festkörper findet man eine gestaffelte Anordnung der jeweils vier equatorialen CO-Liganden zueinander. In der Eisentriade findet man für die einfachen mehrkernigen Cluster sowohl zwei- als auch dreikernige Strukturen. Von den zweikernigen ist nur das Dieisennonacarbonyl, $Fe_2(CO)_9$, genauer strukturell charakterisiert. Drei CO-Brücken verknüpfen hier die beiden Eisenzentren, von denen jedes noch drei terminale CO-Liganden trägt. Das Vorliegen der Fe-Fe-Bindung war lange Zeit Gegenstand von Diskussionen. Die $Fe_2(CO)_9$-Struktur kann als flächenverknüpftes Di-Oktaeder betrachtet werden. Den dreikernigen Carbonylen der Eisentriade, $M_3(CO)_{12}$, ist ein Dreieck aus den drei Metallatomen als Metallfragment gemeinsam. Bei Ruthenium und Osmium liegen nur unverbrückte Metall-Metall-Bindungen vor, und dementsprechend trägt jedes Metallzentrum vier terminale CO-Liganden. Im Trieisendodecacarbonyl, $Fe_3(CO)_{12}$, ist allerdings eine der drei Fe-Fe-Bindungen durch zwei CO-Liganden überbrückt, und die betreffenden Eisenatome haben nur noch drei terminale Carbonylgruppen. Man kann sich diese Struktur auch vom $Fe_2(CO)_9$ durch Ersatz einer der CO-Brücken mit einer >$Fe(CO)_4$-Gruppe ableiten. Es existieren somit zwei verschiedenartige Eisenzentren im Verhältnis 2:1. Ein erster Hinweis auf eine derartige komplexere Struktur wurde durch die ^{57}Fe-Mößbauer-spektroskopie gegeben, mit der die unterschiedlichen Eisenzentren detektiert werden konnten. Das Dicobaltoctacarbonyl, $Co_2(CO)_8$, ist der einzige zweikernige Komplex aus seiner Gruppe und weist gleich zwei Strukturmöglichkeiten auf, die miteinander im Gleichgewicht stehen. Eine verbrückte Form, die man sich von der Struktur des $Fe_2(CO)_9$ durch Entfernen einer Carbonylbrücke abgeleitet denken kann, und eine unverbrückte Struktur mit trigonal-bipyramidaler Fünffachkoordination an jedem Cobaltzentrum. Diese Art der Strukturisomerie setzt sich bei den vierkernigen Tetra-metalldodecacarbonyl-Clustern fort. Man findet im Festkörper für $Co_4(CO)_{12}$ und $Rh_4(CO)_{12}$ C_{3v}-symmetrische Strukturen mit zwei verschiedenen Metallzentren im Verhältnis 3:1 bei denen drei Kanten einer Tetraederfläche von insgesamt drei CO-Liganden überbrückt sind. Beim Tetrairidiumdodecacarbonyl, $Ir_4(CO)_{12}$, liegt dann die hochsymmetrische tetraedrische Struktur mit ausschließlich terminalen Carbonyl-liganden vor. Von den höher nuklearen Carbonylclustern soll nur das $Rh_6(CO)_{16}$ noch näher vorgestellt werden. Die sechs Rhodiumatome bilden einen oktaedrischen Grundkörper und tragen jedes zwei terminale CO-Liganden. Die verbleibenden vier CO-Gruppen überdachen vier Oktaederflächen, wobei sie die Ecken eines Tetraeders besetzen. Im nächsten Abschnitt wollen wir uns mit einem tiefergehenden Verständnis der Carbonylstrukturen befassen und im Folgenden insbesondere der Frage nach dem Warum für das Auftreten der Strukturisomere und der Verschiedenartigkeit innerhalb einer Triade nachgehen.

Elektronische Struktur der binären Metallcarbonyle –
Bindungsverhältnisse in Clustern:

Metallcarbonyle sind klassische Beispiele, um die Struktur und Bindungsverhält-nisse in Clustern einführend zu behandeln. Der bereits häufig gebrauchte Begriff Cluster-Verbindungen oder kurz Cluster (engl. Haufen) bezeichnet allgemein eine Gruppe von drei oder mehr (Metall-)Atomen, von denen jedes mit mindestens zwei anderen Atomen der gleichen Einheit über eine Bindung verknüpft ist. Solche Me-tallgruppen werden nach außen hin von einer Ligandenhülle umgeben, die umge-kehrt das Metallfragment stabilisiert. Einer der wichtigsten Liganden für Metallclu-ster ist das CO-Molekül. Clusterverbindungen dienen als Studienobjekte für den Übergang von der kovalenten zur metallischen Bindung und sind damit ein Binde-glied zwischen der Molekülchemie und der Festkörperchemie. Die Reaktionen an Clustern gelten u.a. auch als Modellsysteme für katalytische Umsetzungen auf he-terogenen Metalloberflächen.

Die polyedrischen Strukturen von Clustern und Metall-Metall-Bindungssystemen können nach verschiedenen Konzepten gedeutet werden, die in Abhängigkeit der Clustergröße unterschiedlich erfolgreich sind. Im Folgenden sollen nur die Metallcarbonyl-Cluster betrachtet werden.

Die 18-(Valenz-)Elektronenregel geht auf Arbeiten von Sidgwick aus dem Jahre 1927 zurück und entspricht der Oktettregel in der Hauptgruppenchemie. Die 18-Elektronenregel kann auch als Edelgasregel für die Übergangsmetalle bezeichnet werden. Folgende Annahmen bilden die Grundlage der 18-Elektronenregel:

- die Metall-Gerüstatome werden durch 2-Elektronen/2-Zentren (2e/2z) Metall-Metall-Bindungen zusammengehalten
- die Liganden sind eine Quelle von Elektronenpaaren
- jedes Clusteratom benutzt seine neun Atom-(Valenz-)orbitale

Die 18-Elektronenregel entspricht damit der Valenzbindungs-(VB-)Betrachtung lokalisierter Metall-Ligand-Bindungen. Das Konzept ist relativ einfach und für viele Organometallkomplexe inklusive der Metallcarbonyle gut anwendbar. Wir haben in Kapitel 2 bereits darauf hingewiesen, dass sich die 18-Elektronenregel auch mit der Molekülorbitaltheorie deuten lässt (siehe Abbildung 2.9.13 und auch Abbildung 4.3.8). So ergeben sich etwa nach der Valenzbindungstheorie aus der Hybridisierung am Metall die räumlichen Anordnungen der Carbonylliganden, wie in Abbildung 4.3.2 gezeigt wird. In Abschnitt 2.9 wurde dargelegt, dass die lange Zeit unter Chemikern beliebte VB-Theorie wegen ihrer Unzulänglichkeiten inzwischen für den komplexchemischen Bereich von der modernen Ligandenfeld- oder MO-Theorie abgelöst wurde. Da bei den binären Carbonylen die 18-Valenzelektronenregel relativ streng gilt und ausschließlich low-spin Komplexe vorliegen, hat das Valenzbindungskonzept wegen seiner Einfachheit für die Ableitung der Strukturen und der Metall-Metall-Bindungen immer noch seinen pädagogischen Wert. Es muss nicht gleich die ansonsten sicherlich umfassendere MO-Theorie verwendet werden.

In Abbildung 4.3.2 nicht mehr gezeigt, aber ebenfalls noch mit dem VB-Konzept zu beschreiben, sind die vierkernigen Metallcluster der Cobaltgruppe. Der Leser möge eine solche Beschreibung einmal selber versuchen. Vielleicht wird man an dieser Stelle einwenden, dass für die in Abbildung 4.3.2 skizzierte Anwendung der 18-Elektronenregel die zugrunde liegende Metallfragmentstruktur ja bereits bekannt sein musste. Dem ist jedoch nicht so, wie folgende Rechnung für die vierkernigen Cluster zeigen soll: In den Metallcarbonylen $M_4(CO)_{12}$ (M = Co, Rh, Ir) tragen die zwölf CO Liganden 24 Elektronen zur Gesamtbilanz bei. Die vier d^9-Metallzentren liefern 36 Elektronen. Von der Summe von 60 Elektronen fehlen aber noch 12 Elektronen zu den für vier Metallatome benötigten ($4 \times 18 =$) 72 Elektronen. Die fehlenden 12 Elektronen müssen sich aus der Teilung zwischen den Metallen in Form von Metall-Metall-Bindungen ergeben. Wenn jede Metall-Metall-Bindung zwei Elektronen aufnehmen kann, entspricht dies 6 Metall-Metall-Bindungen, wie sie zum Beispiel im Tetraeder vorliegen. Also:

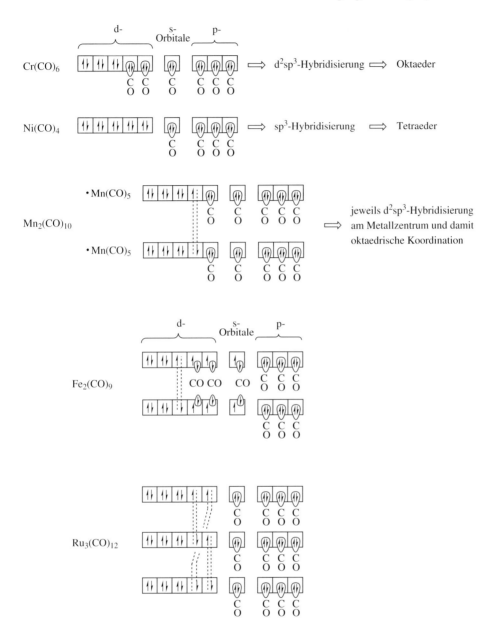

Abbildung 4.3.2. Deutung der Metallcarbonylstrukturen mit der Valenzbindungstheorie anhand von ausgewählten Beispielen. Die neun Valenzorbitale an jedem Metallzentrum werden vollständig durch Metall oder Ligandenelektronen aufgefüllt. Das CO-Molekül ist ein 2-Elektronen-Ligand. Orbitale, die an Metall-Metall-Bindungen beteiligt sind oder die Ligandenelektronen aufnehmen, werden für die Hybridisierung berücksichtigt.

$M_4(CO)_{12}$ (M = Co, Rh, Ir)

$$12\ CO \times 2\ e^- = \qquad\qquad 24\ e^-$$
$$4\ M \times 9\ e^- = \qquad\qquad \underline{36\ e^-}$$
$$60\ e^-$$

benötigt werden 4 M × 18 e^- = $\underline{72\ e^-}$

$$-12\ e^- : 2 = 6\ \text{M-M-Bindungen}$$

Die Valenzbondmethode scheitert aber bei der Charakterisierung noch höherkerniger Metallcarbonyle, etwa des $Rh_6(CO)_{16}$-Clusters. Eine analoge Rechnung ergibt nämlich 11 M-M-Bindungen. Ein Oktaeder hat aber 12 M-M-Bindungen. Ursache ist das Vorliegen delokalisierter Bindungen über mehrere Metallzentren. Diese Clusterstruktur ist also mit der 18-Valenzelektronenregel oder dem VB-Konzept nicht mehr zu beschreiben. Allgemein ist die 18-Elektronenregel für Carbonylcluster mit mehr als fünf Metallatomen ungeeignet. Die 18-Elektronenregel erlaubt auch keine Voraussage hinsichtlich der Anordnung der Carbonylliganden um das Metallgerüst. Die Strukturen mit verbrückenden und mit ausschließlich terminalen CO-Gruppen werden gleich gut beschrieben.

Die Isolobalanalogie. Ein zweiter Ansatzpunkt zur Deutung der Carbonylcluster ergibt sich aus der MO-Theorie im Rahmen der Isolobalanalogie, die an dieser Stelle vorgestellt werden soll. Der Begriff „isolobal" geht auf R. Hoffmann zurück und bezeichnet eine Ähnlichkeit in den Grenzorbitalen zweier Fragmente. Da die Grenzorbitale eines Fragmentes seine Chemie sehr wesentlich prägen, kann sich aus dieser isolobalen Beziehung eine Verwandtschaft im chemischen Verhalten und in den gebildeten Strukturen ergeben. Bei den Fragmenten, die zueinander isolobal sind, kann es sich um offenschalige Systeme handeln, die in Substanz nicht existent sind oder auch um stabile Moleküle. Eine genaue Definition des Begriffes „isolobal" lautet:

Zwei Fragmente sind isolobal, wenn *Anzahl, Symmetrieeigenschaften, ungefähre Energie* und *Gestalt* ihrer Grenzorbitale, sowie die Anzahl der Elektronen in diesen, ähnlich sind – nicht gleich aber ähnlich.

Eine Isolobalbeziehung wird durch einen zweiköpfigen Pfeil mit einem in der Mitte hängenden halben Orbital symbolisiert. Die drei wichtigsten Isolobalbeziehungen sind in Tabelle 4.3.3 zusammengestellt.

Komplizierte anorganische oder metallorganische Fragmente und Moleküle werden so auf relativ einfache organische Teilchen zurückgeführt. Die Isolobalanalogie bildet Brücken zwischen der anorganischen, organischen und metallorganischen Chemie und erlaubt partiell eine einheitliche Betrachtungsweise dieser drei Gebiete.

Die Abbildung 4.3.3 zeigt Anwendungsbeispiele der Isolobalanalogie im Rahmen der Deutung der Carbonylstrukturen. So kann etwa die zweikernige $Mn_2(CO)_{10}$-Struktur auf das Ethanmolekül zurückgeführt werden, auch die Verbindung Pentacarbonyl(methyl)mangan ist bekannt. Die dreikernigen Cluster der Eisentriade sind mit dem Cyclopropan verwandt, und die Metallstruktur der vierker-

Tabelle 4.3.3. Wichtige Isolobalbeziehungen zwischen dem organischen Methyl-, Methylen- und Methinfragment und den Übergangsmetallfragmenten. Beim Übergangsmetallfragment korrelieren Elektronen- und Ligandenzahl miteinander. Die Elektronenzahl bezeichnet die Zahl der am Metall verbliebenen d-Elektronen. Wichtig ist, dass es sich bei den Liganden um 2-Elektronen-Donorliganden handelt. Über die Substitution zwischen Ligand und Elektronenpaar ergeben sich dann erweiterte Isolobalbeziehungen. So ist z.B. CH_2: auch zu d^{10}-ML_3 oder d^6-ML_5 isolobal. Die Isolobalbeziehung zwischen CH und BH^- stellt dann einen Zusammenhang zu Boranstrukturen und den Wade'schen Regeln her.

nigen Cluster der Cobaltgruppe kann durch den Vergleich mit dem Tetrahedranmolekül verstanden werden. Anhand dieser Beispiele wird allerdings auch deutlich, dass die Isolobalanalogie zwar das Metallgerüst plausibel machen, für das Auftreten oder Nichtauftreten von Brücken-CO's aber keine Erklärung bieten kann und hier an Grenzen stößt. Weiterhin ist zu beachten, dass die Isolobalanalogie bezüglich der Stabilität von Metallkomplexen, die sich natürlich auch umgekehrt aus der Vorgabe von organischen Molekülen ableiten lassen, keine Voraussage erlaubt. Ein Beispiel hierfür ist der zweikernige Komplex $(OC)_4Fe=Fe(CO)_4$, der sich aus dem Ethylen ableiten lässt, aber lediglich im Rahmen einer Tieftemperaturmatrixisolation erhalten werden konnte. Als CO- oder als $Fe(CO)_4$-Addukt ergeben sich aus diesem Komplex die bekannten zwei- und dreikernigen Eisencarbonylkomplexe $Fe_2(CO)_9$ und $Fe_3(CO)_{12}$, die dann wiederum zum Cyclopropanon und zum

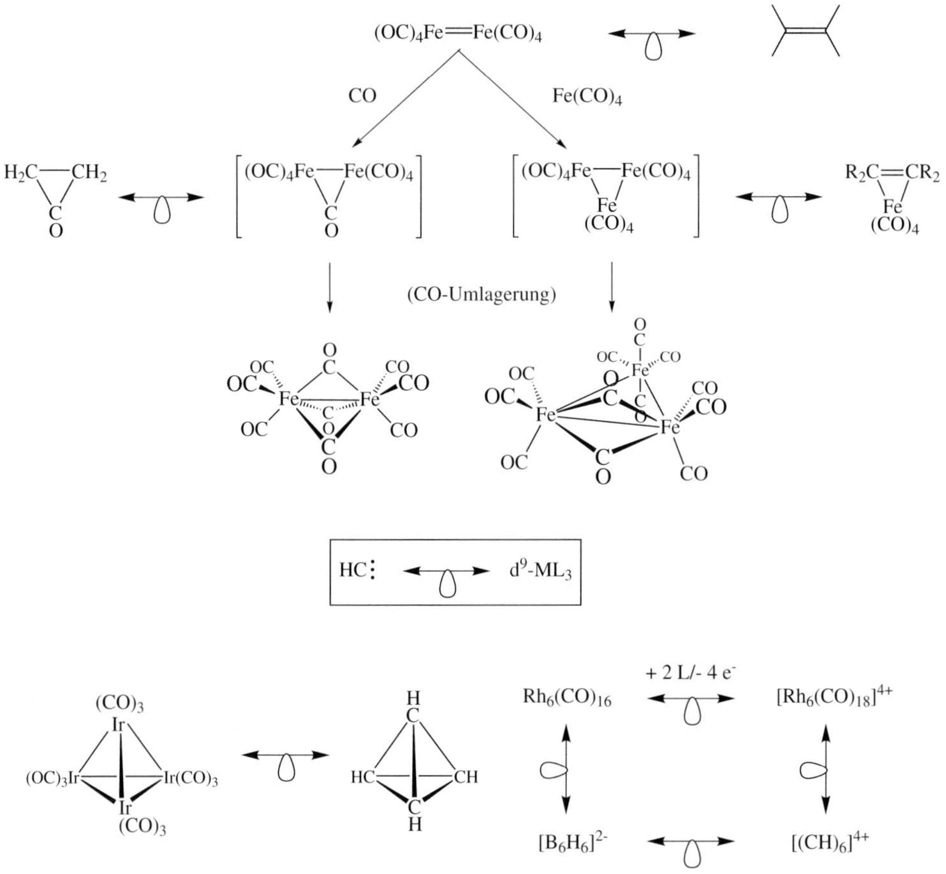

$(OC)_4Fe=Fe(CO)_4$

CO $Fe(CO)_4$

H_2C-CH_2 $\left[(OC)_4Fe-Fe(CO)_4\right]$ $\left[(OC)_4Fe-Fe(CO)_4\right]$ $R_2C=CR_2$

(CO-Umlagerung)

$HC\!\!:\quad\longleftrightarrow\quad d^9\text{-}ML_3$

$(CO)_3$ $Rh_6(CO)_{16}$ $+\,2\,L/-\,4\,e^-$ $[Rh_6(CO)_{18}]^{4+}$

$[B_6H_6]^{2-}$ $[(CH)_6]^{4+}$

Abbildung 4.3.3. Anwendungsbeispiele der Isolobalanalogie für die Deutung binärer mehrkerniger Carbonylstrukturen. Die Isolobalanalogie erlaubt eine Zurückführung des Metallgerüsts auf kleine organische Moleküle, wie Ethan, Cyclopropan, Tetrahedran oder auch Borane, wie closo-$B_6H_6^{2-}$. Die umgekehrte Ableitung der Carbonylstrukturen aus organischen Molekülen heraus gestattet aber keine Vorhersage ihrer Stabilität, wie der $(OC)_4Fe=Fe(CO)_4$-Komplex illustrieren soll, der erst als CO oder $Fe(CO)_4$-Addukt stabil ist. Eine Erklärung der Bildung von CO-Brücken ist mit der Isolobalanalogie ebenfalls nicht möglich.

Tetracarbonyl(ethylen)eisen isolobal sind. Mit der Isolobalanalogie lässt sich nun auch die oktaedrische Struktur des $Rh_6(CO)_{16}$-Clusters verstehen: Über den gegenseitigen Ersatz von 2-Elektronen-Donorliganden (L) und Metallelektronenpaaren ($2e^-$) wird zunächst die Zahl der Carbonylliganden auf 18 gebracht, so dass der Cluster gedanklich in sechs $Rh(CO)_3$-Fragmente aufgespalten werden kann, die der CH-Gruppe isolobal sind. Mittels der Isolobalbeziehung zwischen CH-Gruppe und BH^--Fragment kann dann der $Rh_6(CO)_{16}$-Cluster auf das Boranation $B_6H_6^{2-}$ zurückgeführt werden, für das sich nach den Wade'schen Regeln eine closo-Struktur mit einem Oktaeder als Gerüst ergibt.

Das Konzept der Liganden-Polyeder. Wir hatten gesehen, dass auch das Isolobalkonzept keine Erklärung für eine verbrückende oder ausschließlich terminale Anordnung der CO-Liganden zu bieten vermochte, wie sie z.B. bei den verschiedenen Strukturtypen der elektronisch eng verwandten Verbindungen $M_3(CO)_{12}$ (M = Fe, Ru, Os) und $M_4(CO)_{12}$ (M = Co, Rh, Ir) auftritt. Ein Ansatz zur Erklärung könnte in den Größenunterschieden der Metalle liegen. Die einfache Annahme, dass Ruthenium-, Osmium und Iridiumatome zu groß seien, so dass die Metall-Metall-Bindung zu lang wird, um überbrückt werden zu können, greift aber zu kurz. Denn in dem Carbonylderivat $Ir_4(CO)_{10}(PPh_3)_2$ findet man drei CO-Brücken bei einer dem $Co_4(CO)_{12}$ ähnlichen Struktur. Den bisherigen Erklärungsansätzen innerhalb der 18-(Valenz-)Elektronenregel oder der Isolobalanalogie war gemeinsam, dass die Struktur ausgehend von den Metall-Polyedern betrachtet wurde. Eine alternative Sicht zum Aufbau mehrkerniger Metallcarbonyle geht hingegen über die Liganden-Polyeder und beruht auf folgenden Annahmen:

— Die Geometrie der Ligandenhülle und damit die Verteilung der verbrückenden und terminalen Carbonylliganden wird bestimmt durch vergleichsweise schwache, nichtbindende Ligand-Ligand-Wechselwirkungen (inter-Carbonyl-Abstoßungen; der effektive CO-Radius beträgt 3.0 Å).
— Bei der Anordnung der Ligandenhülle wird der Raumbedarf des zentralen M_n-Gerüsts berücksichtigt.
— Die Grundzustandsstruktur wird <u>nicht</u> durch starke gerichtete Metall-Ligand-Bindungen bestimmt.

Die CO-Liganden in den binären Carbonylclustern besetzen nun Positionen, die in guter Näherung, also bei nur geringer Verzerrung den Ecken von regulären oder halbregulären Polyedern entsprechen. Einige Polyederdarstellungen sind in Abbildung 4.3.4 den konventionellen Kugel-Stab-Darstellungen gegenübergestellt. Bei $Mn_2(CO)_{10}$ bilden die CO-Liganden ein zweifach überdachtes quadratisches Antiprisma, bei $Fe_2(CO)_9$ ein dreifach überbrücktes trigonales Prisma. Die optimale Anordnung von 12 Liganden auf einer Kugeloberfläche (unter Minimierung der Ligandenwechselwirkungen) ist das Ikosaeder. Etwas weniger günstig sind das Anti-Cuboktaeder oder das Cuboktaeder. Bei den kleineren Clustern $Fe_3(CO)_{12}$ und $M_4(CO)_{12}$ (M = Co, Rh) sind die sterischen Wechselwirkungen der CO-Liganden stärker bestimmend, so dass hier das Ikosaeder ausgebildet wird. Bei den größeren Clustern $M_3(CO)_{12}$ (M = Rh, Os) und $Ir_4(CO)_{12}$ mit mehr Platz auf der Kugeloberfläche des Metallclusters sind die sterischen CO-Wechselwirkungen weniger wichtig, und die Ligandenhüllen können den weniger günstigen cuboktaedrischen Typ einnehmen. Allgemein zeigt sich, dass mit zunehmender Größe der zentralen M_n-Metallclustereinheit sterisch weniger günstige, d.h. weniger dicht gepackte Carbonyl-Polyeder ausgebildet werden. In das Carbonyl-Polyeder wird dann die Metallclustereinheit entsprechend ihrem Raumbedarf eingebettet. Hierbei muss noch angemerkt werden, dass zwischen verbrückter und unverbrückter Form nur geringe Energieunterschiede bestehen, was durch den beobachteten stereochemisch fluktuierenden Charakter von Carbonylclustern in Lösung gestützt wird. Aus NMR-spektroskopischen Untersuchungen an mit ^{13}CO markierten Carbonylclustern wurde eine Aktivierungsenergie von etwa 50 kJ/mol für CO-Wanderungen über Teile oder den ganzen Cluster abgeleitet. Zusätzliche Strukturen sind also bei angeregten Zuständen zugänglich.

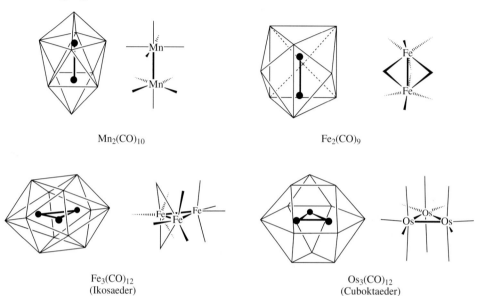

$Mn_2(CO)_{10}$

$Fe_2(CO)_9$

$Fe_3(CO)_{12}$
(Ikosaeder)

$Os_3(CO)_{12}$
(Cuboktaeder)

Abbildung 4.3.4. Vergleich der Liganden-Polyeder und Kugel-Stab-Darstellungen von Metall-Carbonyl-Clustern zur Deutung von verbrückenden und terminalen CO Ligandenanordnungen. In den Polyedern sind die Metallzentren als schwarze Kugeln angedeutet. Bei beiden Darstellungen wurden die CO-Moleküle aus Gründen der Übersichtlichkeit weggelassen, sie befinden sich an den Ecken der Polyeder bzw. an den Spitzen, der vom Metall ausgehenden (Bindungs-) Striche. Zu den Kugel-Stab-Darstellungen vergleiche auch die Zeichnungen der Carbonylstrukturen in Abbildung 4.3.1 (adaptiert aus B. F. G. Johnson, R. E. Benfield, *Topics in Stereochemistry* **1981**, *12*, 253–335).

Metall-Carbonylcluster mit mehr als 6 Metallatomen. Die vorstehenden drei Konzepte zur Deutung der Strukturen von Metallcarbonylen sind gut zur Behandlung von Clustern mit etwa bis zu sechs Metallatomen geeignet. Bei noch größeren Metallclustern, wie z.B. $[Rh_{14}(\mu\text{-}CO)_{16}(CO)_9]^{4-}$ (Abbildung 4.3.5) und $[Rh_{15}(\mu\text{-}CO)_{14}(CO)_{13}]^{3-}$, finden sich die Metallatome in parallelen Ebenen nach Art der dichtesten Packung im Metallgitter angeordnet. Auf diese Weise lassen sich bei sehr großen Metallclustern die Struktur- und Bindungsverhältnisse dann auch am besten erklären. Solche Cluster oder Clusterionen werden oft als kleine Metallkristalle mit an der Oberfläche chemisorbierten Liganden (hier CO) angesehen. Diese Cluster werden als Modellsysteme mit Bezug zur heterogenen Katalyse und für den Übergang vom molekularen zum submikrokristallinen, metallischen Zustand unter-

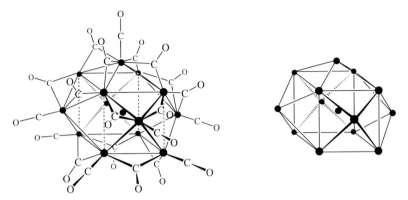

Abbildung 4.3.5. $[Rh_{14}(\mu\text{-}CO)_{16}(CO)_9]^{4-}$ als Beispiel für einen vielatomigen Metallcluster; mit getrennt gezeigter Metall-Substruktur (rechts), um deren Bezug zu Metallpackungen besser zu verdeutlichen. Aus Gründen der Übersichtlichkeit wurden jeweils zwei der rückwärtigen verbrückenden und terminalen CO-Liganden nicht eingezeichnet.

sucht. Die Metallcarbonylcluster enthalten teilweise noch zusätzliche Wasserstoffatome im Gerüst, deren genaue Zahl nicht immer leicht oder nur mit Hilfe der Neutronenbeugung zu bestimmen ist; ein Beispiel ist die Verbindung $[Rh_{13}(CO)_{24}H_{5-n}]^{n-}$.

Die Metall-Carbonyl-Bindung. Die für die Anbindung des Kohlenmonoxids an das Metall wichtigen Orbitale sind bezüglich ihrer Gestalt und energetischen Reihenfolge in Abbildung 4.3.6 gezeigt. Das π^*- und das σ-Orbital sind vorwiegend am Kohlenstoffzentrum lokalisiert. Das C-Ende des CO-Moleküls kann demnach als σ-Donor und als π-Akzeptor fungieren. Das höchste besetzte CO-Molekülorbital (HOMO) ist C-O-bindend und kann als das freie Elektronenpaar am Kohlenstoffatom angesehen werden. Die Lokalisierung der σ-Elektronendichte im Grenzorbitalbereich am C-Atom lässt den CO-Liganden mit diesem Ende an das Metall binden. (Anmerkung: In der Literatur wird das HOMO des CO's manchmal als leicht antibindend beschrieben. Theoretische Berechnungen zeigen jedoch eindeutig, dass dieses Orbital C-O bindend ist! Die auf dem antibindenden Charakter

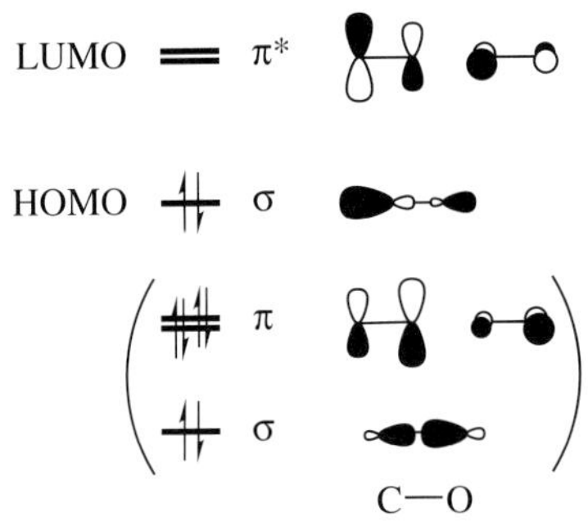

Abbildung 4.3.6. Gestalt und qualitative energetische Reihenfolge der CO-Orbitale, die bei der Bindung an ein Metallzentrum eine Rolle spielen. (LUMO = lowest unoccupied MO, tiefstes unbesetztes MO; HOMO = highest occupied MO; höchstes besetztes MO).

des HOMO's aufbauende Begründung der C-O-Bindungsverstärkung/Erhöhung der Schwingungsfrequenz durch Entfernung von Elektronendichte aus diesem Niveau bei einer σ-Anbindung eines Metallions ist demnach nicht richtig [siehe dazu den nächsten Absatz].)

Bei Anbindung des CO-Liganden an ein Metallzentrum wird nun Elektrondichte aus dem σ-HOMO des CO-Liganden in ein leeres Orbital am Metall gegeben. Es liegt eine rotationssymmetrische Bindung um die Metall-Ligand-Achse vor, die auch als σ-Donor- oder „Hinbindung" bezeichnet wird. Diese σ-Donor-Wechselwirkung allein ist aber zur Ausbildung einer stabilen Metall-CO-Bindung in den „klassischen" Metallcarbonylen zu schwach. Zur Bindungsverstärkung bedarf es gleichzeitig der Wechselwirkung und des Transfers von Elektronendichte aus besetzten d-Orbitalen am Metall in die leeren π^*-Akzeptororbitale des CO-Liganden. Diese π-symmetrische Bindung mit einer Knotenebene nennt man auch „Rückbindung". Quantitative theoretische Betrachtungen führen zu dem Schluss, dass der Beitrag der π-Rückbindung für die gesamte Metall-Kohlenstoff-Bindungsstärke wichtiger ist als der der σ-Hinbindung. Besonders ausgeprägt ist der Beitrag der π-Rückbindung bei den reduzierten Carbonylmetallaten (negative Oxidationsstufe am Metall, siehe Abschnitt 4.3.1.3). Abbildung 4.3.7 veranschaulicht diese Metall-Ligand-Wechselwirkungen noch einmal. Mit der σ-Hinbindung vom CO zum Metall wird Elektronendichte aus dem bindenden CO-HOMO entfernt, und trotzdem resultiert eine C-O-Bindungsstärkung, erkennbar an einer Verkürzung der C-O-Bindungslänge und Erhöhung der Schwingungsfrequenz (siehe dazu auch Abschnitt 4.2.1.3). Ursache ist, dass der vorstehende kovalente Bindungseffekt durch einen elektrostatischen Effekt, den die positive Ladung eines Metallzentrums am Kohlenstoffatom auf den CO-Liganden ausübt, überkompensiert wird: Ein positi-

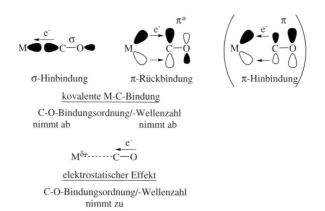

Abbildung 4.3.7. Beiträge zur Metall-CO-Bindung und Konsequenzen für die CO-Bindungsordnung und Schwingungsfrequenz/Wellenzahl. Vergleiche dazu die analogen σ-Hin- und π-Rückbindungswechselwirkungen bei der Metallanbindung der isoelektronischen N_2, NO^+ und CN^--Liganden (Abschnitte 2.12.2 bis 2.12.4 in Kapitel 2). Die π-Hinbindung ist aus den im Text angeführten Gründen vernachlässigbar.

ves Metallion bewirkt eine Anziehung der Elektronendichte vom Sauerstoff- zum Kohlenstoffatom. Dadurch wird die Polarisierung der C-O-σ- und π-Bindungen, deren Schwerpunkt beim elektronegativeren Sauerstoff-Ende liegt (siehe Abbildung 4.3.6), verringert. Damit wird die Kovalenz der C-O-Bindung vergrößert, die Bindung gestärkt und verkürzt sowie die Schwingungsfrequenz erhöht. Mit der Rückbindung und partiellen Auffüllung der C-O-antibindenden π^*-Orbitale ist eine Abnahme der C-O-Bindungsstärke (und Schwingungsfrequenz) verknüpft. Aufgrund von Symmetrieüberlegungen sollte auch das gefüllte π-CO-Orbital mit leeren d-Orbitalen am Metallzentrum wechselwirken und eine π-Hinbindung ausbilden können. Der Beitrag dieses Orbitals zur Metall-CO-Bindung ist aber vernachlässigbar, denn es liegt energetisch tiefer, also in größerer Entfernung der Metall-d-Orbitale, und der Orbitalkoeffizient am Kohlenstoff ist bedeutend kleiner als in den π^*-Orbitalen, da die π-Orbitale am Sauerstoffatom lokalisiert sind. Beide Effekte führen zu einer schlechten Überlappung und damit geringen Wechselwirkung des CO-π-Niveaus mit den Metallorbitalen.

Ein Orbitaldiagramm für die Anbindung eines CO-Liganden an ein Metallfragment wurde bereits in Kapitel 2, Abbildung 2.9.17 als Beispiel für π-Wechselwirkungen in Komplexen vorgestellt. Der Übergang von einem zu mehreren CO-Liganden um ein Metallzentrum bringt keine grundsätzlich neuen Merkmale zur Natur der Metall-CO-Bindung, sondern die energetische Veränderung der Metallorbitale wird lediglich stärker (bei einem weiteren trans-ständigen Liganden), und es werden weitere Metallorbitale betätigt (für cis-ständige Liganden). Das MO-Schema für einen oktaedrischen $M(CO)_6$-Komplex, zugleich als Beispiel für einen Komplex mit sechs π-Akzeptorliganden bei jeweils zwei π-Akzeptorfunktionen pro Liganden, wird in Abbildung 4.3.8 gegeben (vergleiche dazu das MO-Schema eines analogen ML_6-Komplexes mit sechs π-Donorliganden in Abbildung 2.9.18).

Für die Untersuchungen an Metallcarbonylen und Derivaten sind vor allem die Infrarot- und Raman-Spektroskopie hervorragend geeignet. Sowohl die Struktur der Komplexe als auch die elektronische Situation der Metall-CO- und anderen Metall-Ligand-Bindungen können mit schwingungsspektroskopischen Methoden sehr gut analysiert werden. Grundlage für diese Analysen ist die Tatsache, dass sich die C-O-Streckschwingung in erster Näherung gut isoliert von anderen Schwingungen des Moleküls betrachten lässt; es treten nur geringe Kopplungen zu anderen Schwingungen auf. Was die Analyse zu elektronischen Einflüssen auf die CO-Bindung betrifft, so ist die Schwingungsspektroskopie weitaus besser als etwa die Röntgenstrukturanalyse geeignet, da die CO-Schwingungsfrequenz viel empfindlicher auf elektronische Veränderungen reagiert als die Länge der CO-Bindung, jedenfalls im Rahmen der Genauigkeit, wie sie in der Strukturbestimmung erfasst werden kann. Da das CO-Molekül ein sehr schmales Potentialminimum aufweist, sind beträchtliche Änderungen in der Streckfrequenz nur mit geringen Änderungen im Bindungsabstand verknüpft. Die CO-Bindungslänge im freien Molekül beträgt 1.1282 Å und verändert sich bei Anbindung an ein Metallzentrum nur um maximal

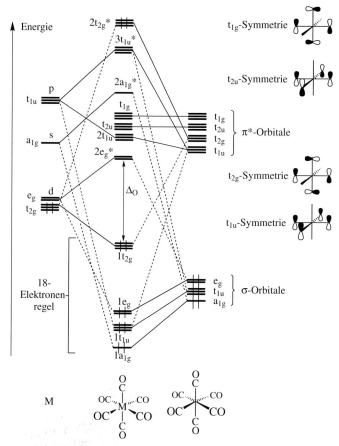

Abbildung 4.3.8. Wechselwirkungsdiagramm für einen oktaedrischen $M(CO)_6$-Komplex oder allgemein für einen ML_6-Komplex mit einer σ-Funktion und zwei π-Akzeptororbitalen an jedem Liganden. Die π-Wechselwirkung zwischen Metall und den besetzten π-Orbitalen der CO-Liganden, die „π-Hinbindung" (siehe Abbildung 4.3.7) wurde hier vernachlässigt (siehe Text). Die beiden senkrechten Striche bei den σ-Sätzen sollen eine vollständige Elektronenbesetzung der Orbitale andeuten. Im Rahmen der für Metallcarbonyle gültigen 18-Elektronenregel werden die $1t_{2g}$-Niveaus dann mit weiteren sechs Elektronen vom Metall vollständig besetzt sein. Zum besseren Verständnis der vier verschiedenen Sätze von t-symmetrischen π*-Kombinationen ist jeweils ein Beispiel für eine solche Kombination angegeben.

Für das komplementäre Wechselwirkungsdiagramm von π-Liganden mit zwei π-Donorfunktionen, siehe Abbildung 2.9.18.

ein Zehntel Ångström zu längeren Werten (Ausnahmen, siehe die „nichtklassischen" Metallcarbonyle, Abschnitt 4.3.1.2).

Die Lage der CO-Valenzschwingung wird durch die Metall-C-Bindung beeinflusst, umgekehrt können dann aus der CO-Valenzschwingung Rückschlüsse auf die M-C-Bindungsordnung gezogen werden. Generell gilt, dass eine Zunahme der

M-C-Bindungsordnung im Rahmen der synergistischen σ-Donor/π-Akzeptorbindung eine Abnahme der C-O-Bindungsordnung nach sich zieht, da über die wichtigere π-Rückbindung Elektronen in antibindende CO-Orbitale gelangen. Der CO-bindungsverstärkende Beitrag der σ-Hinbindung, genauer des elektrostatischen Effekts eines Metallzentrums wird dabei überkompensiert. Je schwächer die CO-Bindung, desto weniger Energie ist zur Anregung der entsprechenden Schwingung notwendig. Aus einer schwächeren Bindung resultiert also als Observable eine Erniedrigung der Schwingungsfrequenz oder der direkt proportionalen Wellenzahl.

Tabelle 4.3.4 verdeutlicht, dass die Streckschwingung charakteristisch für die Bindungsart der Carbonylgruppe ist.

Tabelle 4.3.4. Charakteristische Bereiche der CO-Valenzschwingung und Bindungsart der Carbonylgruppe.

	$\tilde{v}_{CO}$ / cm^{-1}
freies CO	2143
terminales M-CO	1850 - 2120
μ_2-CO, $M^{\diagdown}\overset{\overset{\displaystyle O}{\|}}{C}{\diagup}M$	1750 - 1850
μ_3-CO, $M^{\diagdown}\overset{\overset{\displaystyle O}{\|}}{\underset{\underset{\displaystyle M}{\|}}{C}}{\diagup}M$	1620 - 1730

Tabelle 4.3.5 zeigt, wie in einer isoelektronischen Reihe von d^{10}-Komplexen die höhere negative Ladung vom Metallatom durch Rückbindung auf die Liganden verteilt wird, wodurch die M-C-Bindungsordnung steigt, gleichzeitig aber die C-O-Bindungsordnung und damit die Frequenz und Wellenzahl der CO-Valenzschwingung abnimmt.

Tabelle 4.3.5. Korrelation zwischen Ladung am Metallatom und CO-Valenzschwingung

Komplex	$\tilde{v}_{CO}$ / cm^{-1}
NiCO$_4$	2060
Co(CO)$_4^-$	1890
Fe(CO)$_4^{2-}$	1790

Insbesondere die Schwingungsspektroskopie erlaubt über die unterschiedliche Anzahl der IR- und Raman-aktiven Normalschwingungen für die M(CO)$_x$L$_y$-Spezies eine Aussage zur Position und Anzahl der L-Liganden. Die Zusammenstellung in Tabelle 4.3.6 zeigt, wie schon allein mittels der Infrarotspektroskopie bei M(CO)$_n$L$_{6-n}$-Species (n = 3–6) die cis- und trans- oder fac- und mer-Isomere unterschieden werden können.

Die Akzeptor- und Donoreigenschaften anderer Liganden lassen sich mit Hilfe der CO-Valenzschwingung in einer Reihe analoger Komplexe, z.B. der Formel LM(CO)$_5$, studieren. Das Ausmaß der M-CO-Rückbindung hängt von der Art des Donoratoms und von der Elektronegativität der daran gebundenen Gruppen im Liganden L ab. Tabelle 4.3.7 gibt einen Vergleich der A$_1$-symmetrischen Streckschwingung in unterschiedlich substituierten Pentacarbonylchrom-Komplexen.

Tabelle 4.3.6. Zahl und Charaktere der IR-aktiven CO-Normalschwingungen für $[M(CO)_nL_{6-n}]$-Komplexe (n = 3-6)[a]

Komplex	Punktgruppe	Zahl der CO-Banden	Charakter
$M(CO)_6$	O_h	1	T_{1u}
$M(CO)_5L$	C_{4v}	3	$2A_1 + E$
cis-$M(CO)_4L_2$	C_{2v}	4	$2A_1 + B_1 + B_2$
trans-$M(CO)_4L_2$	D_{4h}	1	E_u
fac-$M(CO)_3L_3$	C_{3v}	2	$A_1 + E$
mer-$M(CO)_3L_3$	C_{2v}	3	$2A_1 + B_2$

[a] zur Zuordnung der Charaktere und der Bedeutung der Symmetriesymbole siehe den Anhang (Abschnitt 2.16.1) zu Kapitel 2.

Tabelle 4.3.7. Korrelation zwischen Donor- und Akzeptoreigenschaften anderer Liganden und der CO-Valenzschwingung

L in $LCr(CO)_5$	$\tilde{\nu}_{CO}(A_1) / cm^{-1}$
PF_3	2110
PCl_3	2088
$P(OMe)_3$	2073
PPh_3	2066
$AsPh_3$	2066
$SbPh_3$	2065
$AsMe_3$	2065
PMe_3	2063
$NHMe_2$	1987

Anhand zahlreicher Untersuchungen lassen sich die in der kurzen Tabelle 4.3.7 aufgezeigten Trends verallgemeinern. PF_3 ist in dieser Reihe der beste π-Akzeptorligand. Er entspricht in seiner Donor- und π-Akzeptorstärke etwa dem CO. Im Vergleich zu den anderen Phosphanliganden in der Tabelle helfen die elektronegativen Fluorgruppen die Elektronendichte vom Metall abzuziehen. Durch die stärkere Metall-Phosphor-Rückbindung gelangt weniger Elektronendichte in die antibindenden CO-Orbitale, die CO-Bindung wird am wenigsten geschwächt, so dass die CO-Valenzschwingung energetisch am höchsten liegt. Analoge Phosphan-, Arsan- und Stibankomplexe unterscheiden sich nur wenig, während die Liganden mit einem Stickstoff-Donoratom merklich weniger Elektronen vom Übergangsmetall übernehmen können. Aus der relativen Lage der CO-Banden in gemischten Komplexen können so die Liganden in einer Reihe nach abnehmender π-Akzeptorfähigkeit oder π-Acidität geordnet werden:

$$NO > CO \cong PF_3 > PCl_3 > P(OR)_3 > PR_3 \cong AsR_3 \cong SbR_3 > NCR > NR_3 \cong OR_2$$

Mit den Kenntnissen über die Bindung zwischen Metall und CO können wir nun die Frage beantworten, weshalb zu beiden Seiten des d-Blocks keine binären neutralen Carbonyle und zum Teil auch nur wenige Carbonylderivate bekannt sind. Von den frühen Übergangsmetallen der 3. und 4. Gruppe (Sc, Y, La und Ti, Zr, Hf), aber auch von den späten Metallen Palladium und Platin sowie den Metallen der 11. und 12. Gruppe (Cu, Ag, Au und Zn, Cd, Hg), kennt man keine stabilen binären Carbonyle. Entsprechend dem Bild der synergistischen σ-Donor/π-Akzeptorbindung kann man für die frühen Übergangsmetalle annehmen, dass ihr Mangel an d-Elektronen keine genügend starke π-Rückbindung ermöglicht. Die binären, neutralen Metallcarbonyle hätten bei den Elementen Titan, Zirconium und Hafnium die hypothetische Formel $M(CO)_7$ für den Erhalt der 18-Elektronenkonfiguration am Metallzentrum. Die Metalle verfügen aber nur über vier Valenzelektronen für die notwendige Rückbindung zum CO-Liganden, was für die Ausbildung von sieben stabilen Bindungen nicht ausreicht. Reduzierte homoleptische Carbonylmetallate der Formel $[M(CO)_6]^{2-}$ (M = Ti, Zr, Hf) sind allerdings bekannt (s. Tab. 4.3.2). Demgegenüber verfügen Palladium und Platin über zehn Valenzelektronen, und das leichtere Gruppenhomologe, das Nickel vermag ein Carbonyl zu bilden. Die Valenzelektronen sind beim Palladium und Platin aber bedeutend fester gebunden als beim Nickel, so dass sie bei ersteren ebenfalls nicht für eine Rückbindung zur Verfügung stehen. Ausdruck einer festeren Bindung der Valenzelektronen sind die deutlich höheren ersten Ionisierungsenergien beim Palladium und Platin gegenüber dem Nickel (Tabelle 4.3.8).

Tabelle 4.3.8. Erste Ionisierungsenergien von Metallen der Platingruppe.

Metall	1. Ionisierungsenergie [eV]
Ni	5.81
Pd	8.33
Pt	8.20

Entsprechend sind auch die effektiven Kernladungen bei den Münz- und Gruppe-12 Metallen zu hoch, um eine ausreichend starke Metall-Kohlenstoff-, d-π^*-Rückbindung zu erlauben. Während Carbonylkomplexe beim Palladium und Platin im Rahmen von Carbonylderivaten (Abschnitt 4.3.1.3) schon lange bekannt sind, kennt man z.B. isolierbare Carbonylderivate der Münzmetalle und Quecksilber erst seit Anfang der 90er Jahre genauer. Diese so genannten „nichtklassischen" Metallcarbonyle sollen im nächsten Abschnitt kurz vorgestellt werden.

4.3.1.2 „Nichtklassische" Metallcarbonyle

Lewis-Supersäuren wie SbF_5 können als Reaktionsmedien für die Herstellung von „nackten" Metallionen genutzt werden, die sich unter sehr milden Bedingungen carbonylieren, d.h. mit CO umsetzen lassen und dann als thermisch stabile Salze von Metallcarbonyl-Kationen mit $[Sb_2F_{11}]^-$ als Gegenion isolierbar sind. Gleichung 4.3.16a zeigt als Beispiel die reduktive Carbonylierung zum Tetracarbonyl-platin-Kation, $[Pt(CO)_4]^{2+}$. Auf ähnlichem Weg sind die Carbonylkomplex-Kationen $[Pd_2(\mu\text{-}CO)_2]^{2+}$, $[Pd(CO)_4]^{2+}$, $[Pt_2(CO)_6]^{2+}$, $[Au(CO)_2]^+$, $[Hg_2(CO)_2]^{2+}$ und $[Hg(CO)_2]^{2+}$ als $[Sb_2F_{11}]^-$-Salze zugänglich.

$$[Pt(SO_3F)_4] + 5\,CO + 8\,SbF_5 \longrightarrow [Pt(CO_4)][Sb_2F_{11}]_2 + CO_2 + S_2O_5F_2 + 2\,Sb_2F_9(SO_3F)]$$

$$(4.3.16a)$$

Die Silbercarbonylkomplexe bilden sich, wenn Silber(I)-Salze mit „nicht"- d.h. nur schwach-koordinierenden und dabei gleichzeitig sterisch anspruchsvollen Anionen einer CO-Atmosphäre ausgesetzt werden (CO-Druck 1 bar oder niedriger). Als Anionen fungieren Pentafluorooxotellurat- („Teflat-") Komplexe, $E(OTeF_5)_n^-$ mit E = B, Zn (n = 4) oder Nb, Ti (n = 6). Diese großen schwach-koordinierenden Anionen verhindern, dass sich das Silberkation ausschließlich durch energetisch günstigere Kation-Anion-Wechselwirkungen zu stabilisieren vermag. In einer Gleichgewichtsreaktion kann daher das Ag^+ im festen Zustand oder in Lösung ein oder zwei CO-Liganden reversibel koordinieren (Gleichung 4.3.16b). Die Bildung des Mono- oder Dicarbonylsilber-Kations hängt dabei vom Gegenion, dem Medium und dem CO-Druck ab. Silbersalze mit entsprechend stärker koordinierenden Anionen, wie AgCl und $AgClO_4$, oder kleineren schwach-koordinierenden Anionen, wie $AgSbF_6$, zeigen keine messbare CO-Aufnahme unter vergleichbaren Bedingungen. Trotz der reversiblen CO-Bindung an Ag^+ sind die Verbindungen als kristalline Festkörper unter einer CO-Atmosphäre stabil und konnten auch röntgenographisch charakterisiert werden. Die schematische Darstellung in **4.3.1** illustriert die Silberkoordination in der Verbindung $[Ag(CO)][B(OTeF_5)_4]$.

$$Ag^+ \underset{-\,CO}{\overset{+\,CO}{\rightleftharpoons}} [Ag(CO)]^+ \underset{-\,CO}{\overset{+\,CO}{\rightleftharpoons}} [Ag(CO)_2]^+ \qquad (4.3.16b)$$

(Ag--F > 3.0 A)

$[Ag(CO)][B(OTeF_5)_4]$

4.3.1

Tabelle 4.3.9 gibt einen Vergleich über Schwingungsfrequenzen und strukturelle Daten der „nichtklassischen" Metallcarbonyle.

Tabelle 4.3.9. CO-Streckschwingungen und Bindungsabstände in „nichtklassischen" Metallcarbonylen.

Komplex	$\tilde{\nu}_{CO}$ / cm^{-1}	C-O-Abstand / Å
freies CO	2143	1.1282
Cu(CO)(C$_2$H$_5$SO$_3$)	2117	1.116
Cu(CO)Cl	2127	1.11
[Ag(CO)][B(OTeF$_5$)$_4$]	2204 IR	1.08
	2206 Raman	
[Ag(CO)$_2$][B(OTeF$_5$)$_4$]	2196 IR	1.08
	2220 Raman	
Au(CO)Cl	2162	1.11
[Hg(CO)$_2$][Sb$_2$F$_{11}$]$_2$	2279	1.10
cis-Pd(CO)$_2$(SO$_3$F)$_2$	2218	1.102, 1.114

Beim Vergleich der Streckschwingungen fällt auf, dass die Werte fast alle höher liegen als im freien CO, vergleichbar dem Anstieg der Wellenzahl beim Übergang von CO zu CO$^+$. Während bei den „klassischen" Metallcarbonylen die Besetzung der CO-π^*-Niveaus durch die Metall-Kohlenstoff-Rückbindung zu einer Abnahme der CO-Schwingungsfrequenz führt, bedingt die fast alleinige Metall-C-σ-Donorbindung hier eine Erhöhung. Ursache der Erhöhung der CO-Schwingungsfrequenz/ Wellenzahl als Folge der Bindungsstärkung ist ein elektrostatischer Effekt des Metallkations auf den CO-Liganden: Durch Anziehung der Elektronendichte vom Sauerstoff- zum Kohlenstoffatom wird die Polarisierung der C-O-σ- und π-Bindungen, deren Schwerpunkt sonst zum elektronegativeren Sauerstoff-Ende hin liegt, verringert. Damit wird die Kovalenz der C-O-Bindung vergrößert, die Bindung gestärkt und die Schwingungsfrequenz erhöht. Diese Beobachtung und weitere spektroskopische Untersuchungen an obigen Metallcarbonylkomplexen lassen die Annahme einer nur geringen M-CO-π-Rückbindung plausibel erscheinen. Mit dem Vorliegen von weitgehend nur σ-gebundenen Metallcarbonylen und dem Fehlen der ansonsten wichtigen π-Rückbindung wurde dann auch der Begriff „nichtklassische" Metallcarbonyle begründet.

4.3.1.3 Metallcarbonylderivate

Metallcarbonyle zeichnen sich durch eine hohe Reaktionsfähigkeit aus. Einen breiten Raum nehmen Substitutionsreaktionen ein, in denen ein oder mehrere CO-Liganden durch andere Donormoleküle ersetzt werden. Daneben sind aber weitere Reaktionstypen und entsprechende Carbonylderivate möglich, die im Folgenden behandelt werden.

Carbonylmetallate. Metallcarbonyle weisen eine ausgeprägte Tendenz zur Bildung anionischer Komplexe auf, die als Carbonylmetallate bezeichnet werden. In Tabelle 4.3.10 sind Beispiele für Carbonylmetallat-Anionen gegeben. Gleichzeitig ist die in einigen Fällen mögliche formale Beziehung zwischen dem Carbonylmetallat und dem zugrunde liegenden ungeladenen Metallcarbonyl aufgezeigt, nämlich über den isolobalen Ersatz eines Ein- oder Zweielektronen-Donorliganden durch die gleiche Zahl an Elektronen. Entsprechend kennt man Carbonylmetallate zu fast allen Metallcarbonylen. Gleichzeitig existieren mehrkernige Anionen, die sich von unbekannten neutralen Carbonylen ableiten. Wie bei den Metallcarbonylen kann man wieder zwischen ein- und mehrkernigen Carbonylmetallaten unterscheiden. Relativ allgemein lässt sich formulieren, dass Übergangsmetalle mit ungerader Elektronenzahl nur einkernige, einfach negativ geladene Anionen bilden, während von Metallen mit gerader Elektronenzahl ein- und mehrkernige Carbonylmetallate existieren, die stets zweifach negativ geladen sind. Ein interessanter Aspekt der Carbonylmetallat-Anionen ist die negative Oxidationszahl des Zentralmetalls.

Tabelle 4.3.10. Beispiele von Carbonylmetallaten und ihre Beziehung zu den neutralen Metallcarbonylen.

Carbonylmetallat		Metallcarbonyl
$[Mn^{-I}(CO)_5]^-$	$(CO)_5Mn \cdot \;\; e^-$ $\longleftarrow$	$Mn_2(CO)_{10}$
$[Fe^{-II}(CO)_4]^{2-}$	$CO \;\; 2\,e^-$ $\longleftarrow$	$Fe(CO)_5$
$[Fe^{-II/3}_3(CO)_{11}]^{2-}$	"	$Fe_3(CO)_{12}$
$[Cr^{-II}(CO)_5]^{2-}$	"	$Cr(CO)_6$
$[Cr^{-I}_2(CO)_{10}]^{2-}$		unbekannt
$[Ni^{-I/2}_4(CO)_9]^{2-}$		unbekannt

Für die Überführung der Metallcarbonyle in ihre isoelektronischen Anionen gibt es keine für alle Metalle anwendbare Vorschrift. Eine elegante Methode ist die Reduktion der neutralen Metallcarbonyle mit elektropositiven Metallen, im Allgemeinen den Alkali- und Erdalkalimetallen. Die Gleichungen 4.3.17 und 4.3.18 geben Beispiele. Als Lösungsmittel eignen sich besonders gut flüssiger Ammoniak oder Ether. Die Alkalimetalle werden auch als Amalgame, z.B. Na/Hg, in diesen Reduktionsreaktionen eingesetzt.

$$M_2(CO)_{10} + 2\,Na \rightarrow 2\,Na^+[M(CO)_5]^- \quad M = Mn,\,Re \qquad (4.3.17)$$

$$2\,M(CO)_6 + 2\,Na \rightarrow Na_2^{2+}[M_2(CO)_{10}]^{2-} + 2\,CO \quad M = Cr,\,Mo,\,W \quad (4.3.18)$$

Eine weitere Synthesemöglichkeit ist der nucleophile Angriff starker Hydroxidbasen mit reduktiver Decarbonylierung. So reagieren das einkernige und die mehrkernigen Eisencarbonyle unter Beibehaltung der Clustergröße. Als Reduktionsmittel fungiert das Kohlenmonoxid, das dabei zu Carbonat oxidiert wird (Gleichungen 4.3.19 bis 4.3.22).

$$CO + 4\,OH^- \rightarrow CO_3^{2-} + 2\,H_2O + 2\,e^- \qquad (4.3.19)$$

$$Fe(CO)_5 + 4\,OH^- \rightarrow [Fe(CO)_4]^{2-} + 2\,H_2O + CO_3^{2-} \qquad (4.3.20)$$

$$Fe_2(CO)_9 + 4\,OH^- \rightarrow [Fe_2(CO)_8]^{2-} + 2\,H_2O + CO_3^{2-} \qquad (4.3.21)$$

$$Fe_3(CO)_{12} + 4\,OH^- \rightarrow [Fe_3(CO)_{11}]^{2-} + 2\,H_2O + CO_3^{2-} \qquad (4.3.22)$$

Durch eine gleichzeitige Disproportionierung wird bei Metallcarbonylen, in denen das Metallzentrum eine ungerade Elektronenzahl aufweist, die Reaktion mit starken Basen komplizierter. Eine solche Disproportionierung und Basenreaktion findet man z.B. beim $Co_2(CO)_8$ und $Mn_2(CO)_{10}$. Die Reaktion für $Mn_2(CO)_{10}$ ist in den Gleichungen 4.3.23 bis 4.3.26 erläutert. Ein Teil der Carbonylmetallat-Moleküle, die im Rahmen der Gesamtreaktion entstehen, bildet sich durch die Disproportionierungsreaktion. Gleichzeitig werden durch die Disproportionierung CO-Moleküle bereitgestellt, die reduzierend wirken können, denn ansonsten bleibt die Zahl der CO-Gruppen pro Metallzentrum im Carbonylmetallat gegenüber dem neutralen Metallcarbonyl ja unverändert.

Disproportionierung: $3\,Mn_2(CO)_{10} \rightarrow 2\,Mn^{2+} + 4\,[Mn(CO)_5]^- + 10\,CO \qquad (4.3.23)$

Basenreaktion: $10\,CO + 40\,OH^- \rightarrow 10\,CO_3^{2-} + 20\,H_2O + 20\,e^- \qquad (4.3.24)$

$$10\,Mn_2(CO)_{10} + 20\,e^- \rightarrow 20\,[Mn(CO)_5]^- \qquad (4.3.25)$$

Gesamtreaktion: $13\,Mn_2(CO)_{10} + 40\,OH^- \rightarrow$

$$2\,Mn^{2+} + 24\,[Mn(CO)_5]^- + 20\,H_2O + 10\,CO_3^{2-} \qquad (4.3.26)$$

Die eben vorgestellte Disproportionierungsreaktion ist von alleiniger Bedeutung, wenn für den nucleophilen Angriff schwache Basen, wie Amine oder Ether, anstelle der starken Hydroxidbasen eingesetzt werden. Bei einem solchen nucleophilen Angriff schwacher Basen wirkt das CO nicht mehr als Reduktionsmittel, reagiert also nicht zu Carbonat weiter. Durch die Donoreigenschaften der schwachen Base wird die Disproportionierungsreaktion aber durch eine Komplexbildung des Metallkations ergänzt, wie es die Gleichungen 4.3.27–29 für die Reaktion von Dicobaltoctacarbonyl mit Pyridin (py) darlegen.

Disproportionierung: $3\,Co_2(CO)_8 \rightarrow 2\,Co^{2+} + 4\,[Co(CO)_4]^- + 8\,CO \qquad (4.3.27)$

Komplexbildung: $2\,Co^{2+} + 12\,py \rightarrow 2\,[Co(py)_6]^{2+} \qquad (4.3.28)$

Gesamtreaktion: $3\,Co_2(CO)_8 + 12\,py \rightarrow 2\,[Co(py)_6][Co(CO)_4]_2 + 8\,CO \qquad (4.3.29)$

Anders als beim nucleophilen Angriff starker Basen findet man die Disproportionierungsreaktion auch beim Angriff der schwachen Basen auf Metallcarbonyle mit gerader Elektronenzahl am Metallzentrum. Im Unterschied zu den Carbonylen mit ungerader Elektronenzahl am Metall entstehen statt der einkernigen nun aber mehrkernige Carbonylmetallate. Gleichung 4.3.30 beschreibt eine mögliche Gesamtreaktion von Eisenpentacarbonyl mit Pyridin.

$$5\,Fe(CO)_5 + 6\,py \rightarrow [Fe(py)_6][Fe_4(CO)_{13}] + 12\,CO \qquad (4.3.30)$$

Für einige Carbonylmetallate kennt man auch eine direkte Carbonylierung von Metallsalzen. Gleichung 4.3.31 zeigt ein Beispiel.

$$[Co(NH_3)_6]Cl_2 \xrightarrow[\text{H}_2\text{O, 120 °C}]{\text{CO, 95 bar}} [Co(CO)_4]^- + NH_4^+ + Cl^- + CO_3^{2-} \qquad (4.3.31)$$

Carbonylmetallat-Komplexe sind stets sauerstoffempfindlich.

Carbonylhydride. Carbonylhydride weisen eine direkte Metall-Wasserstoff-Bindung auf. In vielen Fällen führt die Protonierung der Carbonylmetallate zu Carbonylhydriden. Die Protonierung kann durch einfaches Ansäuern im wässrigen System erfolgen (Gleichung 4.3.32). Sehr stark basische Carbonylmetallate, wie $[Fe(CO)_4]^{2-}$, bilden aufgrund des Protolysegleichgewichtes bereits in alkalischen Lösungen Carbonylhydride, in diesem Fall $[HFe(CO)_4]^-$.

$$[Co(CO)_4]^- + H_3O^+ \rightarrow HCo(CO)_4 + H_2O \qquad (4.3.32)$$

Weiterhin ist aus aktiven Metallen oder Metallsalzen mit CO in Gegenwart von Wasser auch eine direkte Synthese möglich, wie sie die Gleichungen 4.3.33 und 4.3.34 für die Bildung von Cobaltcarbonylwasserstoff zeigen. Nach diesen Reaktionen wird bei der Cobalt-katalysierten Hydroformylierung (Oxo-Synthese) die Vorstufe $HCo(CO)_4$ erhalten, aus der dann unter CO-Abspaltung das aktive $HCo(CO)_3$ für den Katalysezyklus gebildet wird (siehe Abschnitt 4.4.1.3). Die substituierten Rhodiumcarbonylhydride $RhH(CO)(PPh_3)_2(CHR=CH_2)$ und $Rh(H)_2(CO)(PPh_3)_2$-$[C(O)CH_2CH_2R]$ sind Zwischenstufen bei der Rhodium-katalysierten Hydroformylierung (ebenfalls Abschnitt 4.4.1.3).

$$Co + 4 CO + 1/2 H_2O \xrightarrow{\text{250 bar, 180 °C}} HCo(CO)_4 \qquad (4.3.33)$$

$$Co_2(CO)_8 + H_2 \xrightarrow{\text{30 bar, 25 °C}} 2 HCo(CO)_4 \qquad (4.3.34)$$

Neben den einkernigen Hydriden kennt man auch mehrkernige Carbonylhydride, Beispiele sind $H_2[Fe_2(CO)_8]$, $H_2[Fe_3(CO)_{11}]$, $H_2[Ni_2(CO)_6]$. Die Bezeichnung „Hydride" für die Metallcarbonylwasserstoffverbindungen ist allerdings irreführend und gründet sich allein auf den Oxidationszahl-Formalismus, nach dem das Wasserstoffatom eine höhere Elektronegativität hat als die meisten Übergangsmetalle. Aus dem Namen „Hydrid" darf nicht auf das chemische Verhalten geschlossen werden, denn tatsächlich überstreichen die chemischen Eigenschaften der Übergangsmetallhydride den ganzen Bereich von hydridischem über inertes bis zu protischem Verhalten. Für die Strukturaufklärung von Hydridkomplexen wird sinnvollerweise die Neutronenbeugung verwendet, da in der Röntgenstrukturanalyse eine genaue Lokalisierung des Wasserstoffatoms in der Nachbarschaft eines Schweratoms nur schlecht möglich ist. Nach Neutronenbeugungsuntersuchungen liegen die M-H-Abstände in Carbonylhydriden zwischen 1.5 und 1.7 Å. Abbildung 4.3.9 zeigt die Strukturen einiger Carbonylhydride und listet einige Eigenschaften auf.

Im Proton-NMR-Spektrum beobachtet man für das Hydridatom eine starke Hochfeldverschiebung, das Resonanzsignal liegt zwischen 0 und –50 ppm. Außerdem treten bei entsprechenden Metallkernen M-H-Kopplungen auf.

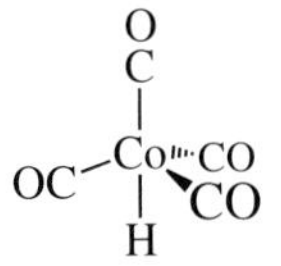

- gelbe Flüssigkeit, Schmp. -26 °C
- oberhalb -26 °C langsame Zersetzung in H_2 und $Co_2(CO)_8$
- starke Säure, $pK_S = 1$ (entspricht H_2SO_4)
- ^1H NMR: -10 ppm

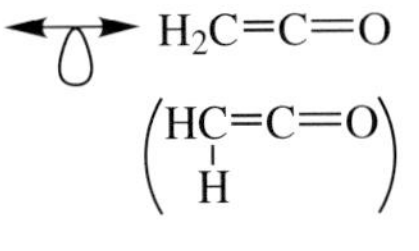

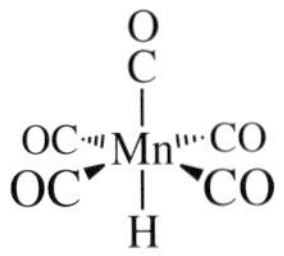

$H_2C=C=O$

$\left(\begin{array}{c} HC=C=O \\ | \\ H \end{array}\right)$

- farblose Flüssigkeit, Schmp. -25 °C
- stabil bei Zimmertemperatur
- schwache Säure, $pK_S = 7$ (entspricht H_2S)
- ^1H NMR: -7.5 ppm

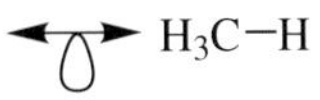

H_3C-H

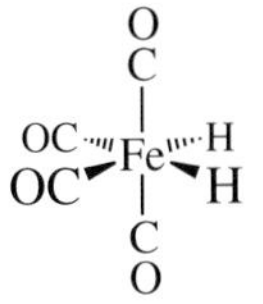

- farblose Flüssigkeit, Schmp. -70 °C, gasförmig bei Zimmertemperatur
- Zersetzung oberhalb -10 °C
- schwache Säure, $pK_{S1} = 4.7$ (entspricht CH_3COOH), $pK_{S2} = 14$
- ^1H NMR: -11.1 ppm

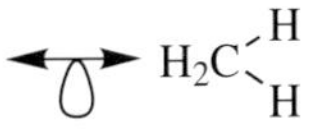

$H_2C\begin{array}{c} H \\ \\ H \end{array}$

Abbildung 4.3.9. Strukturen und Eigenschaften von Carbonylhydriden.

Carbonylhalogenide. Verbindungen der allgemeinen Form $\{MX_m(CO)_n\}_k$ mit X = Halogen werden durch einen elektrophilen Angriff von Halogenatomen auf Metallcarbonyle oder auch umgekehrt durch Einwirkung von Kohlenmonoxid auf Metallhalogenide erhalten. Die Gleichungen 4.3.35 bis 4.3.38 geben Beispiele für Darstellungsreaktionen. Das bei tiefen Temperaturen erhaltene Tetracarbonyl-dihalogenoeisen zersetzt sich bei höherer Temperatur (für X = Cl ab 10 °C) unter Abgabe von CO und der Bildung dimerer und polymerer Eisencarbonylhalogenide.

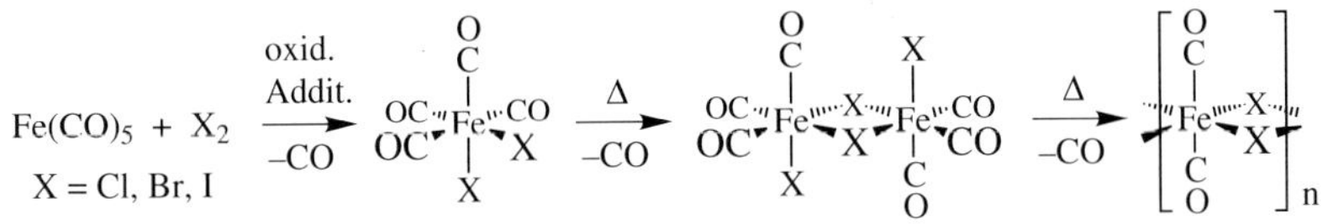

$$Fe(CO)_5 + X_2 \quad \xrightarrow[-CO]{\text{oxid. Addit.}} \quad \cdots \quad \xrightarrow[-CO]{\Delta} \quad \cdots \quad \xrightarrow[-CO]{\Delta} \quad \cdots$$

X = Cl, Br, I

(4.3.35)
(4.3.35)

$$RuI_3 + 2\,CO \quad \xrightarrow{200\,°C} \quad 1/n\,[\cdots] + 1/2\,I_2$$

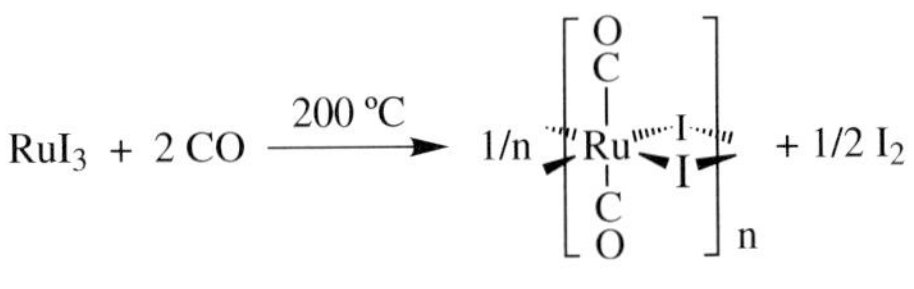

(4.3.36)

$$2\ PtCl_2\ +\ 2\ CO\ \longrightarrow \qquad \underset{OC}{\overset{Cl}{\diagdown}}Pt\underset{Cl}{\overset{Cl}{\diagup}}Pt\overset{CO}{\underset{Cl}{\diagdown}} \tag{4.3.37}$$

$$RhCl_3(H_2O)_4\ +\ CO\ \xrightarrow{\ MeOH\ }\ [RhCl(CO)_2]_2 \tag{4.3.38}$$

Die Metallcarbonylhalogenide sind kovalente Verbindungen, die als Monomere in der Regel leicht flüchtig sind. Die Verbrückung der Metallzentren in dimeren und polymeren Carbonylhalogeniden erfolgt stets über Halogenbrücken, da diese über ihre freien Elektronenpaare zu beiden Metallatomen 2-Elektronen/2-Zentren-Bindungen ausbilden können. Während es von den Metallen Palladium, Platin, Kupfer und Gold keine bei Raumtemperatur stabilen binären neutralen Carbonyle gibt (vergleiche Abschnitt 4.3.1.1) sind Carbonylhalogenide gut bekannt und wichtige Edukte für Folgereaktionen.

Auf die Möglichkeit der Kopplung von Carbonylhalogenid und Carbonylmetallat zur Darstellung heteronuklearer Metall-Metall-Bindungen in Metallcarbonylen, z.B. $(OC)_5Mn-Re(CO)_5$, wurde in Gleichung 4.3.15 hingewiesen.

Carbonylderivate mit Donorliganden der 15. und 16. Gruppe. Die CO-Gruppen in Metallcarbonylen und den bereits besprochenen Carbonylderivaten können thermisch oder photochemisch gegen zahlreiche andere Liganden ausgetauscht werden. Für eine derartige nucleophile Substitution kommen als Donormoleküle allgemein alle Lewis-Basen in Betracht: Amine, Phosphane, Arsane, Stibane, Ether, Thioether, Seleno- und Telluroether. Des Weiteren können Olefine und Arene auf diese Weise elegant als Ligand eingeführt werden. Diese Komplexe mit π-Liganden werden aber in Abschnitt 4.3.4 separat besprochen. Der Austausch der CO-Gruppen gegen andere Liganden ist heute ein Standardverfahren für die Darstellung von Metallkomplexen in niederen Oxidationsstufen. Die Gleichungen 4.3.39 bis 4.3.42 geben nur einige wenige Beispiele für die mittlerweile unzähligen Reaktionen dieser Art in der Literatur. Es ist aber selten, dass wie im Fall von Gleichung 4.3.39 alle CO-Gruppen ersetzt werden.

$$Ni(CO)_4\ \xrightarrow[-CO]{+PF_3}\ Ni(CO)_3PF_3 + Ni(CO)_2(PF_3)_2 + Ni(CO)(PF_3)_3 + Ni(PF_3)_4 \tag{4.3.39}$$

$$[RhCl(CO)_2]_2\ +\ 4\ PPh_3\ \longrightarrow\ 2\ \underset{Cl}{\overset{Ph_3P}{\diagdown}}Rh\overset{CO}{\underset{PPh_3}{\diagup}}\ +\ 2\ CO \tag{4.3.40}$$

$$Cr(CO)_6\ +\ 3\ CH_3CN\ \xrightarrow{\ \Delta\ }\ Cr(CO)_3(NCCH_3)_3\ +\ 3\ CO \tag{4.3.41}$$

$$Cr(CO)_6\ +\ THF\ \xrightarrow[-CO]{h\nu}\ Cr(CO)_5(THF)\ \xrightarrow[-THF]{+L}\ Cr(CO)_5L \tag{4.3.42}$$

$$L = \text{beliebiger 2e-Ligand}$$

Die Carbonylsubstitution an 18-Valenzelektronenkomplexen erfolgt nach einem dissoziativen Mechanismus, wie in Gleichung 4.3.43 gezeigt wird. Der geschwindigkeitsbestimmende Schritt ist die Abspaltung des Carbonylliganden. Es treten Zwischenstufen mit niedrigerer Koordinationszahl auf, an die sich dann rasch ein Ligand anlagert, so dass wieder ein 18-Elektronenkomplex entsteht. Bei dem Ligand L muss es sich dabei nicht gleich um den eigentlichen Substratliganden des Zielmoleküls handeln. Es kann L auch ein Solvensmolekül sein, wie in Gleichung 4.3.41 und 42 illustriert. Die intermediäre Einführung solcher labil gebundener Solvensliganden ist eine elegante Möglichkeit, nachfolgend unter milden Bedingungen dann thermisch oder photochemisch labile Liganden einzuführen.

$$Cr(CO)_6 \xrightarrow[\text{- CO}]{\text{langsam}} \{Cr(CO)_5\} \xrightarrow{\text{rasch, +L}} Cr(CO)_5L \qquad (4.3.43)$$
$$\text{18 VE} \qquad\qquad\qquad \text{16 VE} \qquad\qquad\qquad \text{18 VE}$$

Unter den Carbonylderivaten mit Donorliganden der 15. und 16. Gruppe sind besonders die Komplexe mit Phosphanliganden interessant und als Katalysatoren wichtig. Ein Beispiel ist der modifizierte Wilkinson-Katalysator, $RhH(CO)(PPh_3)_3$, in der Hydroformylierung (siehe Abschnitt 4.4.1.3)

4.3.1.4 Isoelektronische Liganden zu CO

Die folgenden Teilchen – Ionen oder Neutralmoleküle – sind zum Kohlenmonoxid isoelektronisch und in Analogie zum CO sind es auch Komplexliganden:

$|C\equiv C|^{2-}$	$|C\equiv O|$	$|C\equiv N|^{-}$	$|N\equiv N|$	$|N\equiv O|^{+}$
$R\text{-}C\equiv C\text{-}R$		$|C\equiv N\text{-}R$		(Nitrosyl)
(Alkine)		$\leftrightarrow |C=\underline{N}\text{-}R$		
		(Isonitrile, Isocyanide)		

Komplexe mit Distickstoff, Nitrosyl und Cyanid als Ligand wurden im Rahmen der Komplexchemie in Kapitel 2 bereits behandelt (Abschnitte 2.12.2 bis 4) und sollen hier nur partiell unter dem Aspekt der isoelektronischen Beziehung zu CO-Liganden nochmal aufgegriffen werden.

Nitrosyl-Komplexe: Ein interessanter Ligand für den Ersatz von CO ist die Nitrosyl-Gruppe (NO). In Abschnitt 2.12.3 war gezeigt worden, dass die Nitrosylgruppe koordinationschemisch vielseitig fungieren kann, als linearer 3-Elektronenligand mit Koordination von $|N\equiv O|^{+}$ oder als 1-Elektronenligand $|\underline{N}=O|^{-}$ in einer gewinkelten M-NO-Struktur. In den meisten Nitrosylkomplexen liegt, nach der Übertragung des ungepaarten π^*-Elektrons auf das Metall, das zu $|C\equiv O|$ isoelektronische $|N\equiv O|^{+}$ als Ligand vor. Bei Substitutionsreaktionen ersetzt jedes NO-Molekül das Äquivalent eines 3-Elektronen-Liganden. Man kann nun in Metallcarbonylen die 2-Elektronen-CO-Liganden isoelektronisch gegen die 3-Elektronen-NO-Liganden, nach folgendem Muster austauschen:

$$\text{3 CO-Liganden} \stackrel{\wedge}{=} \text{2 NO-Liganden}$$

oder

2 CO-Liganden $\triangleq$ 1 NO-Ligand und 1 gebildete M-M-Bindung

oder bei mehrkernigen Carbonylen:

2 CO-Liganden $\triangleq$ 2 NO-Liganden und 1 gelöste M-M-Bindung.

Die Gleichungen 4.3.44 bis 4.3.48 geben Beispiele und sind zugleich konkrete Darstellungsmöglichkeiten. Die erhaltenen ternären Carbonyl-Nitrosyl-Metallkomplexe bilden zusammen mit Nickeltetracarbonyl eine isostere Reihe (Kasten). Der Begriff **Isosterie** oder **isoster** bezeichnet den besonderen isoelektronischen Zustand, dass Teilchen bei gleicher Atom- und Gesamtzahl an Elektronen und gleicher Elektronenkonfiguration auch die gleiche Gesamtladung besitzen. Im direkten Vergleich mit CO ist NO elektronegativer und ein schwächerer σ-Donor, aber ein besserer π-Akzeptor (s. **2.12.14b**).

$$\text{Co}_2(\text{CO})_8 + 2\,\text{NO} \longrightarrow 2\;\boxed{\begin{array}{c}\text{Ni(CO)}_4 \\ \hline \text{Co(CO)}_3\text{NO}\end{array}} + 2\,\text{CO} \tag{4.3.44}$$

$$\text{Fe(CO)}_5 + 2\,\text{NO} \longrightarrow \text{Fe(CO)}_2(\text{NO}_2) + 3\,\text{CO} \tag{4.3.45}$$

$$\text{Mn}_2(\text{CO})_{10} + 6\,\text{NO} \longrightarrow 2\,\text{Mn(CO)(NO)}_3 + 8\,\text{CO} \tag{4.3.46}$$

$$\text{Cr(CO)}_6 + 4\,\text{NO} \longrightarrow \text{Cr(NO)}_4 + 6\,\text{CO} \tag{4.3.47}$$

$$(\text{C}_5\text{H}_5)\text{Co(CO)}_2 + \text{NO} \longrightarrow 1/2\,[(\text{C}_5\text{H}_5)\text{Co(NO)}]_2 + 2\,\text{CO} \tag{4.3.48}$$

Geht man von dem formal 2-Elektronen Nitrosoniumkation (NO^+) als Edukt aus, so hat man es natürlich mit einer 1:1 Substitutionsreaktion von CO und eventuell anderen labilen 2-Elektronenliganden zu tun (Gleichungen 4.3.49 und 50).

$$(\text{C}_5\text{H}_5)\text{Mn(CO)}_3 + \text{NO}^+ \longrightarrow [(\text{C}_5\text{H}_5)\text{Mn(CO)}_2(\text{NO})]^+ + \text{CO} \tag{4.3.49}$$

$$(\text{C}_5\text{H}_5)\text{Rh(CO)PPh}_3 + \text{NO}^+ \longrightarrow [(\text{C}_5\text{H}_5)\text{Rh(NO)PPh}_3]^+ + \text{CO} \tag{4.3.50}$$

Auch von der Reaktivität her bestehen Ähnlichkeiten zwischen NO- und CO-Liganden. Beide zeigen eine intramolekulare Insertion in eine Metall-Alkyl-Bindung (vergleiche dazu auch Abschnitt 2.12.3 und Abschnitt 4.3.2). Die Gleichungen 4.3.51 und 4.3.52 geben zwei Beispiele für derartige Alkylgruppenwanderungen in Nitrosylkomplexen. Kinetische Untersuchungen zeigen, dass die Reaktionsgeschwindigkeit einem Prozess erster Ordnung folgt, ohne Abhängigkeit von der

$$\tag{4.3.51}$$

R = Me, Et, ^{i}Pr, -CH$_2$C$_6$H$_4$Me-4

Phosphankonzentration. Die Einschubreaktion ist also der geschwindigkeitsbestimmende Schritt, gefolgt von einem schnellen Abfangen des intermediären Nitrosoalkankomplexes durch Phosphanaddition.

$$\tag{4.3.52}$$

Isocyanid/Isonitril-Komplexe: Die Begriffe Isocyanid und Isonitril bezeichnen dieselbe Gruppe CNR. Isonitril ist der ältere Name, Isocyanid die IUPAC-konforme Benennung. Zu der Blausäure HCN gibt es als zweite tautomere Form die Isoblausäure CNH. Dieses tautomere Gleichgewicht liegt bei HCN ganz auf der Cyanid-Seite, stabile organische Derivate sind aber von beiden Formen bekannt (Cyanide/Nitrile, $R-C\equiv N|$ und Isocyanide/Isonitrile, $|C\equiv N-R$). Durch den Ersatz des Sauerstoffatoms im CO mit der NR-Gruppierung gelangt man formal zum Isocyanid. Die Metallisocyanid-Komplexe entsprechen dann in ihrem Aufbau in erster Näherung den jeweiligen Metallcarbonylen. Natürlich führt eine isoelektronische, wie auch die oben schon besprochene isolobale Substitution nicht zu völliger Gleichheit, sondern es bestehen Unterschiede. Diese sind im Vergleich Isocyanid - Carbonyl zum Beispiel das hohe Dipolmoment von 3.44 Debye, welches der Isocyanid- im Gegensatz zum CO-Liganden mit 0.1 Debye aufweist. In beiden Fällen liegt das negative Ende beim C-Atom ($^{\ominus}|C\equiv N^{\oplus}-R$). Ein Isocyanid kann die CO-Gruppe aus Komplexen verdrängen, die Gleichungen 4.3.53 und 4.3.54 geben Beispiele. (Zur Disproportionierung und Ausbildung eines Carbonylmetallates in Gleichung 4.3.54 vergleiche den Angriff schwacher Basen auf Metallcarbonyle, Abschnitt 4.3.1.3). Der Isocyanid-Ligand tritt weniger als Brückenligand auf als die CO-Gruppe.

$$Ni(CO)_4 + 4\,CNPh \rightarrow Ni(CNPh)_4 + 4\,CO \tag{4.3.53}$$

$$Co_2(CO)_8 + 5\,CNPh \rightarrow [Co(CNPh)_5]^+[Co(CO)_4]^- + 4\,CO \tag{4.3.54}$$

Wie die Carbonylkomplexe können Isocyanidkomplexe aber auch direkt aus der Umsetzung von Metallsalzen mit dem Liganden erhalten werden (Gleichung 4.3.55 und 4.3.56).

$$3\,Cr^{2+} + 18\,CNR \rightarrow Cr(CNR)_6 + 2\,[Cr(CNR)_6]^{3+} \tag{4.3.55}$$

$$WCl_6 + 3\,Mg + 6\,CNR \rightarrow W(CNR)_6 + 3\,MgCl_2 \tag{4.3.56}$$

Von den elektronischen Eigenschaften her ist der Isocyanid-Ligand ein stärkerer σ-Donor und schwächerer π-Akzeptor als der CO-Ligand, wobei aber natürlich auch der Substituent am Stickstoffatom einen Einfluss ausübt. Die Möglichkeit, den Stickstoffsubstituenten sehr variabel zu gestalten, hat zu einer umfangreichen Chemie von Isocyanidmetall-Komplexen geführt, die aber in ihrer Bedeutung noch lange nicht an die Metallcarbonylchemie heranreicht. Ein interessantes Anwendungsbeispiel für Isocyanidmetall-Verbindungen ist ein Hexaisocyanid-Komplex des γ-Strahlers ^{99m}Tc (**4.3.2**), der in der nuklearmedizinischen Diagnostik, insbesondere bei der visuellen Darstellung der Herzdurchblutung, eingesetzt wird.

$$TcO_4^- \xrightarrow[\text{EtOH/H}_2\text{O}]{\substack{S_2O_4^{2-} \\ RN\equiv C}}$$

R = –CH$_2$C(Me$_2$)OMe für Abbildung des Herzmuskels

sonst auch R = Me, ^{t}Bu, Cy, Ph

4.3.2

4.3.1.5 Anwendungen von Metallcarbonylen und Derivaten

Katalyse: Auf die großtechnische Anwendung von Metallcarbonylen wird in Abschnitt 4.4 noch einmal gesondert eingegangen. An dieser Stelle mag deshalb eine Aufzählung und ein kurzer Verweis genügen: $[RhI_2(CO)_2]^-$ ist die Startspezies für den katalytischen Zyklus im Monsanto-Verfahren zur Essigsäureherstellung; $HCo(CO)_4$ ist die Vorstufe zur katalytisch aktiven Form $HCo(CO)_3$ bei der Cobalt-katalysierten Hydroformylierung; aus dem modifizierten Wilkinson-Katalysator $RhH(CO)(PPh_3)_3$ wird bei der Rhodium-katalysierten Hydroformylierung durch Phosphanabspaltung der aktive quadratisch-planare Komplex $RhH(CO)$-$(PPh_3)_2$ gebildet.

Stöchiometrische Synthese: Als Reagenz in der stöchiometrischen organischen Synthese hat Natrium-tetracarbonylferrat Eingang gefunden. **Collman's Reagenz**, wie **Na$_2$Fe(CO)$_4$** auch genannt wird, kann aus Fe(CO)$_5$ durch Reduktion mit Na/Hg in THF hergestellt werden (siehe Abschnitt 4.3.1.3) und dient zur Funktionalisierung von primären organischen Halogen- oder Halogenacylverbindungen. Auch primäre und sekundäre Tosylate können eingesetzt werden. Abbildung 4.3.10 zeigt, wie nach einer Salzeliminierungsreaktion die organischen Reste über die gebildeten Organyl- oder Acyl-tetracarbonyleisen Komplexe vielfältig modifiziert werden können. Ausgehend von RX kann je nach Aufarbeitung der um ein Kohlenstoffatom verlängerte Aldehyd, die Carbonsäure oder das Säureamid erhalten werden; geht man von RCOX aus, lassen sich ohne Veränderung der Kettenlänge ebenfalls die genannten Produkte erhalten. Ansonsten sind mit einer zweiten Halogen- oder Tosylatverbindung auf mehreren Wegen vor allem auch (gemischte) Ketone zugänglich. Die Vorteile des Einsatzes von Collman's Reagenz liegen in den erzielten hohen Ausbeuten und der Toleranz gegenüber funktionellen Gruppen wie Ester und Ketogruppen im organischen Rest R, die nicht angegriffen werden. Tertiäre Halogenverbindungen können nicht verwendet werden, da sie mit der starken Base $[Fe(CO)_4]^{2-}$ unter HX-Eliminierung reagieren.

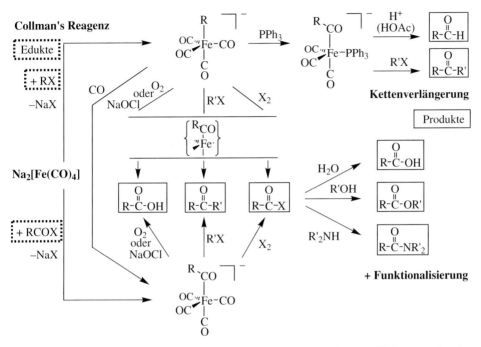

Abbildung 4.3.10. Funktionalisierung primärer organischer Halogen-, Halogenacyl- oder primärer und sekundärer Tosylatverbindungen (R-X, mit X = Br, I, O_3S-$C_6H_4CH_3$) mit Collman's Reagenz, $Na_2[Fe(CO)_4]$. Gute Ausbeuten werden mit primären Alkylbromiden erhalten. Sekundäre Bromide geben niedrigere Ausbeuten. Die Spezies $[RFe(CO)_4]^-$ und $[RCO$-$Fe(CO)_4]^-$ können isoliert werden. In Gegenwart von PPh_3 oder CO aber auch R'X oder X_2 wird in $[RFe(CO)_4]^-$ eine Alkylgruppenwanderung initiiert, so dass stets die um ein C-Atom verlängerte R-CO Gruppierung gebildet wird. Die im zweiten Schritt zur Darstellung von Ketonen eingesetzten Kupplungssubstrate R'-X müssen etwas aktiver sein, wie primäre Iodide oder Tosylate oder benzylische Halogenide. Die oxidative Aufarbeitung von $[RFe(CO)_4]^-$ und $[RCOFe(CO)_4]^-$ führt zur Carbonsäure, ebenso die Umsetzung mit einem Halogen in wässriger Lösung. Werden $[RFe(CO)_4]^-$ und $[RCOFe(CO)_4]^-$ mit Halogenen in Alkohol oder einem sekundären Amin zur Reaktion gebracht, so wird der Carbonsäureester bzw. das Säureamid erhalten.

Eine weitere stöchiometrische und katalytische Anwendung von Carbonylderivaten ist eine Synthesemöglichkeit für die in Naturstoffen und in der Riechstoffindustrie wichtige Stoffklasse der Cyclopent-2-en-1-one (**4.3.3**). In der so genannten **Pauson-Khand-Reaktion** (manchmal auch nur Khand-Reaktion genannt) wird in einer Dreikomponentensynthese aus einem Alkin, einem Alken und CO in der Koordinationssphäre eines zweikernigen Cobaltcarbonylkomplexes das substituierte **Cyclopentenon** aufgebaut (Gleichung 4.3.57). Im Laufe der Cyclisierung werden drei C-C-Bindungen geknüpft, was in Gleichung 4.3.57 durch Schlangenlinien angedeutet ist. Als Metallverbindung kann Dicobaltoctacarbonyl zur Reaktionsmischung zugegeben werden, und es bildet sich dann als erstes der Alkin-dicobalthexacarbonyl-Komplex (**4.3.4**), der deshalb in der Regel zunächst separat aus dem

Alkin und **Co₂(CO)₈** isoliert und dann in einer stöchiometrischen Reaktion mit dem Alken und CO umgesetzt wird. Die Cyclisierung verläuft in bezug auf das Alkin regio- und in bezug auf das Olefin stereoselektiv (**4.3.5**). Beim Alkin tritt der größere Substituent bevorzugt in Nachbarstellung zur Ketofunktion, wie die Beispiele **4.3.6** und **4.3.7** zeigen, die aus dem jeweiligen Alkin(-Cobaltkomplex) und Ethen erhalten wurden. Mit Norbornen-Derivaten werden bei den C-C-Verknüpfungen ausschließlich die exo-Produkte (**4.3.8**) erhalten, d.h. die Cyclisierung erfolgt auf der sterisch weniger gehinderten Seite des Olefins. Die Pauson-Khand-Reaktion war ursprünglich auf den stöchiometrischen Einsatz des Alkin-Cobaltcarbonyl-Komplexes angewiesen, über eine katalytische Verfahrensweise wurde berichtet und eine industrielle Nutzung erscheint realistisch.

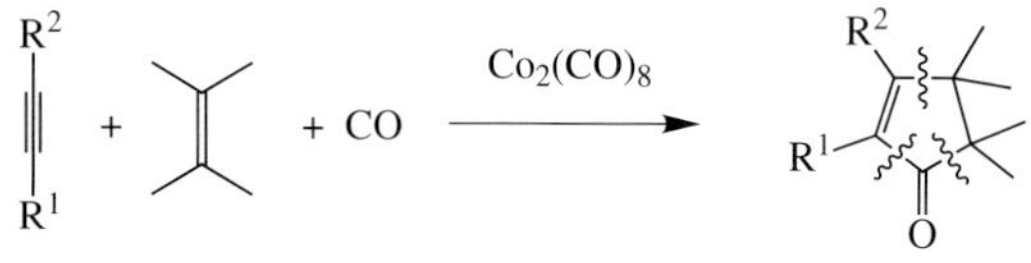

$$ (4.3.57) $$

$$ R^1 > R^2 $$

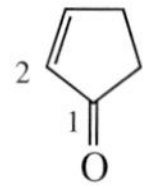

4.3.3 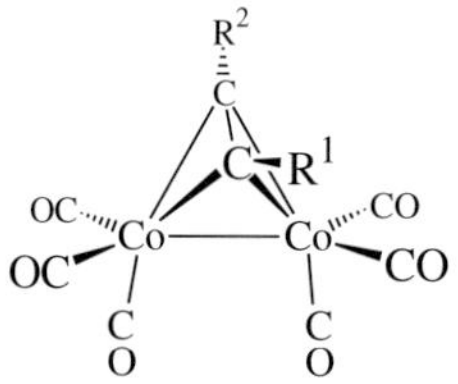   **4.3.4**   Stereoselektivität   Regioselektivität   **4.3.5**

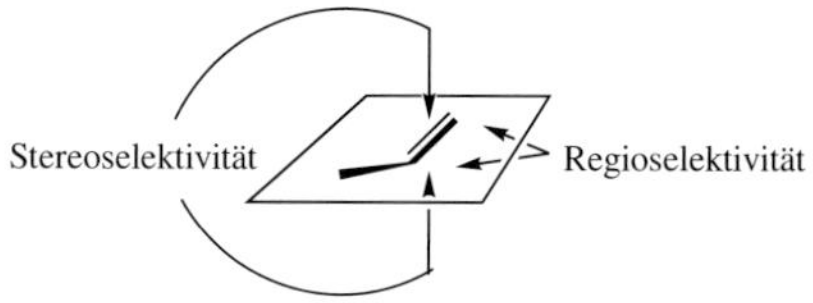

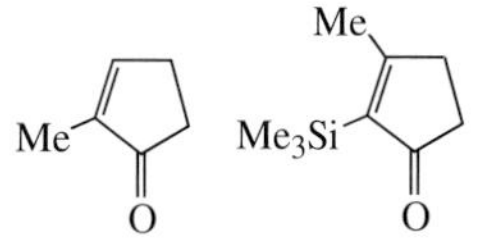

4.3.6 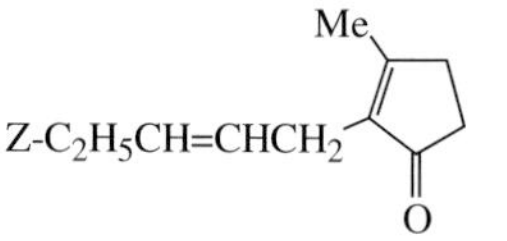   (Jasmon)   **4.3.7**   **4.3.8**

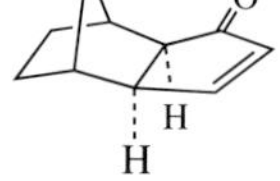

Z-C₂H₅CH=CHCH₂

4.3.2 Carben-(Alkyliden-)Komplexe

Verbindungen in denen eine Metall-Kohlenstoff-Doppelbindung vorliegt, werden generell als Metall-Carben-Komplexe bezeichnet. Der erste Carbenkomplex wurde von E. O. Fischer 1964 beschrieben und aus der Umsetzung von Wolframhexacarbonyl und Phenyllithium erhalten (Gleichung 4.3.58). Der nucleophile Angriff der Phenylgruppe am Komplex-gebundenen CO kann mit der Reaktion von Ketonen und Organolithiumverbindungen zu tertiären Alkoholaten verglichen werden (Gleichung 4.3.59).

$$(OC)_5W\text{-}\overset{\delta+}{C}O + PhLi \longrightarrow (OC)_5W{=}C\overset{OLi}{\underset{Ph}{}} \overset{H^+}{\longrightarrow} (OC)_5W{=}C\overset{OH}{\underset{Ph}{}}$$

$$\downarrow CH_2N_2$$

$$\xrightarrow{[Me_3O]BF_4} (OC)_5W{=}C\overset{OMe}{\underset{Ph}{}}$$

$$(4.3.58)$$

$$\overset{R}{\underset{R}{}}C{=}O + R'Li \longrightarrow R{-}\overset{R}{\underset{R'}{C}}{-}O^-Li^+$$

$$(4.3.59)$$

Eine große Vielfalt an Metallcarbonylen und Komplexen mit isoelektronischen Thiocarbonyl- (CS) und Isonitrilliganden (CNR) kann in ähnlicher Weise mit Nucleophilen zu Carbenen umgesetzt werden. In den Gleichungen 4.3.60 bis 4.3.62 sind einige Beispiele zusammengestellt. Der Angriff auf Thiocarbonyl- oder Isonitrilgruppen ist dabei sehr viel leichter als auf den CO-Liganden. Die Beispiele in 4.3.58, 4.3.60 und 4.3.61 beinhalten Metallkomplexe, die niedrige Oxidationsstufen gemeinsam haben und bei denen weiterhin noch starke π-Akzeptorliganden wie CO am Metallzentrum gebunden sind.

$$(OC)_5Cr\text{-}CO + {}^iPr_2NLi \longrightarrow (OC)_5Cr{=}C\overset{OLi}{\underset{N^iPr_2}{}} \xrightarrow{[Et_3O]BF_4} (OC)_5Cr{=}C\overset{OEt}{\underset{N^iPr_2}{}}$$

$$(4.3.60)$$

$$(OC)_5W\text{-}CS + R_2NH \longrightarrow (OC)_5W{=}C\overset{SH}{\underset{NR_2}{}}$$

$$(4.3.61)$$

$$Cl_2(Et_3P)Pt{=}C{=}NPh + EtOH \longrightarrow Cl_2(Et_3P)Pt{=}C\overset{OEt}{\underset{NHPh}{}}$$

$$(4.3.62)$$

Eine gänzlich andere Darstellungsweise geht von Metallalkyl-Komplexen aus, die durch eine intra- oder intermolekulare Deprotonierung am α-C-Atom der Alkylgruppe in Carbenkomplexe überführt werden können. Die Gleichungen 4.3.63 bis 4.3.65 geben einige relevante Beispiele für diesen Syntheseweg. Die α-Wasserstoffeliminierung zusammen mit dem Verlust eines Alkylliganden wird durch sterisch anspruchsvolle Alkylgruppen begünstigt. Die Tantalzentren in den Gleichungen 4.3.63 und 4.3.64 haben im Alkyl- und im Carbenkomplex eine höhere Oxidationsstufe gegenüber den obigen Beispielen. Die beschriebene Eliminierung erfolgt sehr leicht bei Metallen in hohen Oxidationsstufen, wie Nb(V), Ta(V), W(VI) und anderen, und wird durch eine Wechselwirkung des elektronenarmen Metallzentrums mit dem α-Wasserstoffatom eingeleitet (vergleiche dazu Abschnitt 4.3.5, agostische Wechselwirkungen). Zu beachten ist, dass der günstigere Weg einer β-

H-Eliminierung durch die geschickte Wahl des Neopentylliganden nicht möglich ist. Des Weiteren sind am Metallatom keine starken π-Akzeptorliganden gebunden. Auf diese Punkte soll gleich noch näher eingegangen werden.

$$(C_5H_5)Cl_2Ta\begin{array}{c}CH_2CMe_3\\CH_2CMe_3\end{array} \xrightarrow{-30\,°C} (C_5H_5)Cl_2Ta{=}C\begin{array}{c}H\\CMe_3\end{array} + CMe_4 \qquad (4.3.63)$$

$$(C_5H_5)_2Ta\begin{array}{c}CH_3\\CH_3\end{array} + NaOCH_3 \longrightarrow (C_5H_5)_2Ta{=}\begin{array}{c}CH_2\\CH_3\end{array} + MeOH \qquad (4.3.64)$$

$$(C_5H_5)NO(PPh_3)Re\text{-}CH_3 + Ph_3C^+PF_6^- \longrightarrow [(C_5H_5)NO(PPh_3)Re{=}CH_2]^+PF_6^- + Ph_3CH$$

$$(4.3.65)$$

Die meisten Carbenkomplexe werden, wie die vorstehenden Gleichungen dargelegt haben, durch Reaktionen von Liganden innerhalb der Koordinationssphäre des Metalls aufgebaut. Als weitere Darstellungsmöglichkeit für Metallcarbene lässt sich in speziellen Fällen auch die Spaltung elektronenreicher Olefine oder Iminiumsalze als Carbenquellen nutzen (Gleichungen 4.3.66 und 67). Abfangreaktionen von freien Carbenen, z.B. aus Diazomethan, waren lange Zeit nur auf wenige Beispiele beschränkt (Gleichung 4.3.68), da meistens Alkyliden-Brücken (μ-CR$_2$) ausgebildet wurden (Gleichung 4.3.69). Erst die Entdeckung der stabilen freien Carbene **4.3.9** erlaubte die direkte Synthese (Gleichung 4.3.70) zahlreicher, darunter auch neuartiger Carbenkomplexe **4.3.10**.

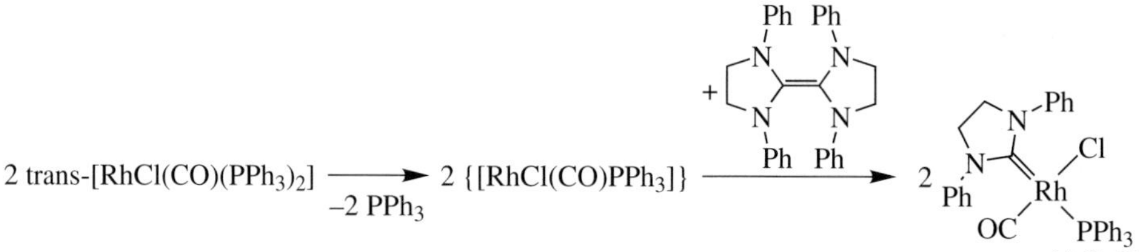

$$2\ trans\text{-}[RhCl(CO)(PPh_3)_2] \xrightarrow{-2\ PPh_3} 2\ \{[RhCl(CO)PPh_3]\} \longrightarrow \qquad (4.3.66)$$

$$[Mo(CO)_5]^{2-} + [Me_2N{=}CPh_2]^+ \longrightarrow [(OC)_5Mo\text{-}CPh_2\text{-}NMe_2]^- \xrightarrow[-NHMe_2]{H^+} (OC)_5Mo{=}CPh_2 \qquad (4.3.67)$$

$$Cr(C_5H_5)(CO)(NO)(THF) + CH_2N_2 \xrightarrow{-THF} (C_5H_5)(CO)(NO)Cr{=}CH_2 + N_2 \qquad (4.3.68)$$

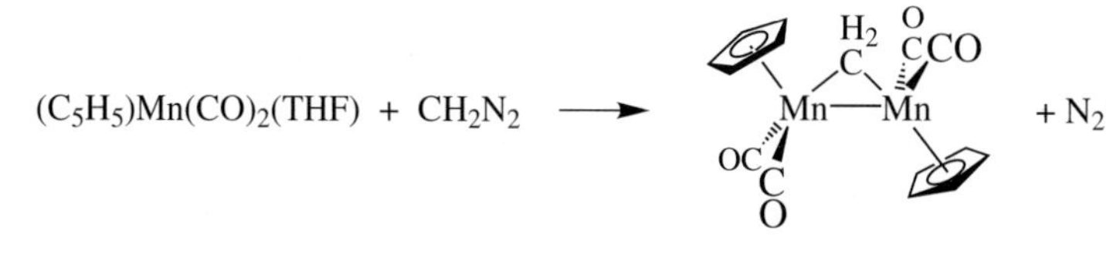

$$(C_5H_5)Mn(CO)_2(THF) + CH_2N_2 \longrightarrow \qquad + N_2 \qquad (4.3.69)$$

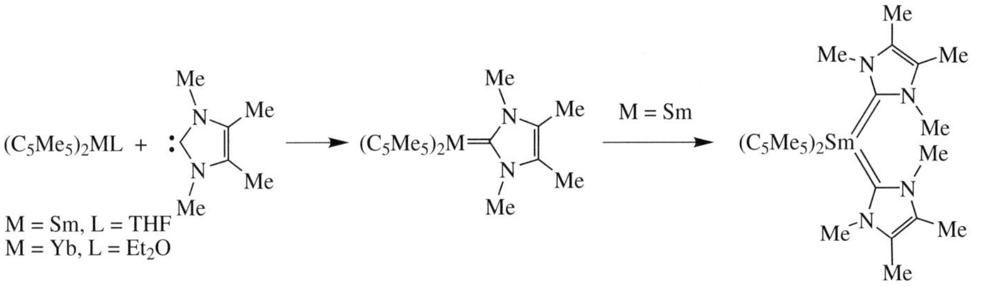

$$(C_5Me_5)_2ML + \quad \text{(Imidazol-Carben)} \longrightarrow (C_5Me_5)_2M= \text{(Carben)} \xrightarrow{M = Sm} (C_5Me_5)_2Sm \text{(Bis-Carben)}$$

M = Sm, L = THF
M = Yb, L = Et$_2$O

$$(4.3.70)$$

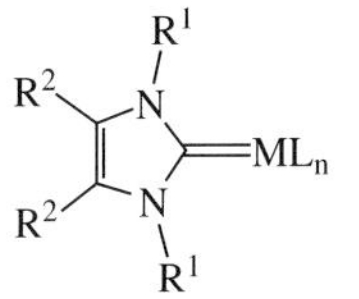

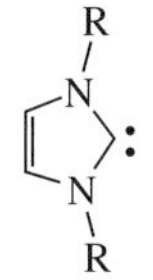

R = Me, Ph, adamantyl

4.3.9

R^1 = Me	R^1 = Me	R^1 = Et	R^1 = Mesityl
R^2 = H	R^2 = Me	R^2 = Me	R^2 = H
ML$_n$ = Fe(CO)$_4$	Cr(CO)$_5$	TiCl$_4$	ZnEt$_2$
Ni(CO)$_3$			
RhCl(cod)			
IrCl(cod)			
(cod = Cyclooctadien)			

4.3.10

In der Literatur findet man häufig die Bezeichnungen **Fischer- und Schrock-Carbene**, worunter dann gleichzeitig eine Klassifizierung hinsichtlich der Reaktivität des Carbens, seiner Substituenten, der Oxidationsstufe des Metalls und der übrigen Metall-Liganden zu verstehen ist. Von den am Carben-Fragment :CR^{1}R^2 befindlichen Resten R^1 und R^2 können einer oder beide über Heteroatome, wie Sauerstoff oder Stickstoff an den Carben-Kohlenstoff angebunden sein oder es können in beiden Fällen C- oder H-Substituenten sein. Die unterschiedliche Art der Carben-Substituenten aber auch der Metall-Liganden beeinflusst sehr wesentlich den Charakter des Carben-Kohlenstoffatoms. Liegt ein Heteroatom- oder eine Arylgruppe und damit ein π-Donorsubstituent vor und/oder wird die Koordinationssphäre des niedervalenten Metalls von starken π-Akzeptorliganden (CO) vervollständigt, so weisen die Carben-Kohlenstoffatome eine elektrophile Reaktivität auf. Derartige Carbenkomplexe werden als Fischer-Carbene bezeichnet. Ist dagegen das Carben-Kohlenstoffatom nur C-Alkyl oder H-substituiert, liegen also nur Organylsubstituenten ohne π-Donorcharakter vor, und befindet sich gleichzeitig das Metall in einer hohen Oxidationsstufe, dann hat man es mit einem Carben nucleophiler Reaktivität zu tun. Solche Carbene werden Schrock-Carbene genannt. Tabelle 4.3.11 stellt die Unterschiede noch einmal gegenüber. Wichtig ist, diese Zweiteilung aber nicht als allzu starr anzusehen, sondern zu erkennen, dass es sich um Grenzfälle handelt und dass mehrere Faktoren die Polarität und den Grenzorbitalcharakter und damit die Reaktivität der Carbenkomplexe bedingen. So sind Carbenkomplexe bekannt, z.B. $(PPh_3)_2(NO)(Cl)Os=CH_2$, deren Reaktivität zwischen den rein elektrophilen und nucleophilen Grenzfällen liegt.

Tabelle 4.3.11. Vergleichende Übersicht zu Fischer- und Schrock-Carbenen

	Fischer-Carbene	Schrock-Carbene (Alkyliden-Komplexe)
Substituenten am Carben-C	meistens ein Heteroatom (O, N, S), aber auch Aryl möglich π-Donor-Substituent	C-Alkyl, H-Atom kein π-Donorcharakter
Oxidationsstufe des Metalls	niedrig	hoch
weitere Metall-Liganden	π-Akzeptorliganden, CO	
Metall-Carben-Rückbindung	schwach	stark
Reaktivität des Carben-C's	elektrophil	nucleophil
Beispiele	$(OC)_5Cr=C(N^iPr_2)(OEt)$ $(OC)_5W=C(OMe)Ph$ $(OC)_4Fe=C(OEt)Ph$ aber auch: $(OC)_5W=CPh_2$	$(Me_3CCH_2)_3Ta=CHCMe_3$ $(C_5H_5)_2MeTa=CH_2$

Der elektrophile Charakter des Carben-Kohlenstoffatoms in Fischer-Carbenen ermöglicht einen leichten Angriff durch Nucleophile. Über die Substitution von Alkoxid-Carbensubstituenten, wie in Gleichungen 4.3.71 und 4.3.72 gezeigt, ist damit zugleich die Darstellung anderer Carben-Derivate möglich. Das in Gleichung 4.3.72 gebildete Fischer-Carben ist aber nur bei tiefer Temperatur stabil.

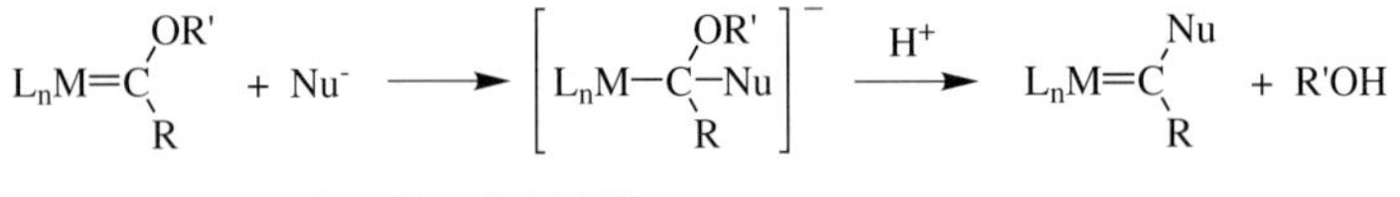

$$L_nM=C\overset{OR'}{\underset{R}{<}} + Nu^- \longrightarrow \left[L_nM-\overset{OR'}{\underset{R}{C}}-Nu\right]^- \overset{H^+}{\longrightarrow} L_nM=C\overset{Nu}{\underset{R}{<}} + R'OH \tag{4.3.71}$$

$$Nu = H, R, R_2N, RS$$

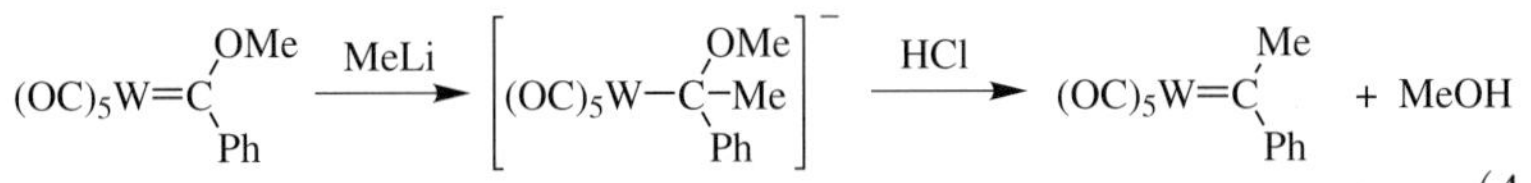

$$(OC)_5W=C\overset{OMe}{\underset{Ph}{<}} \overset{MeLi}{\longrightarrow} \left[(OC)_5W-\overset{OMe}{\underset{Ph}{C}}-Me\right]^- \overset{HCl}{\longrightarrow} (OC)_5W=C\overset{Me}{\underset{Ph}{<}} + MeOH \tag{4.3.72}$$

Aus Röntgenstrukturuntersuchungen weiß man, dass der Carben-Kohlenstoff trigonal-planar konfiguriert ist, wie es einer sp^2-Hybridisierung entspricht; das Metall- und Carben-Kohlenstoffatom sowie die α-Atome der Reste am Carben-C-Atom liegen also alle in einer Ebene. Die M-C(Carben)-Bindungslänge ist kürzer als eine Metall-Kohlenstoff-Einfachbindung, aber länger als eine M-C(Carbonyl)-Bindung. Weiterhin ist der Carben-C-Heteroatom-Abstand in Fischer-Carbenen kürzer als eine C-X-Einfachbindung. In **4.3.11** und **4.3.12** sind die relevanten Bindungslängen für zwei Carbenkomplexe und Vergleichsabstände gegeben. Die M-C-R-Winkel bei Fischer-Carbenen sind etwas größer als 120°. Bei Alkyliden-Komplexen oder Schrock-Carbenen findet man allerdings typischerweise M=C(H)-C Winkel die mit 160–170° deutlich über den Werten liegen, die man für ein sp^2-hybridisiertes C-Atom erwarten würde. Die Verzerrung wird auf eine α-agostische Wechselwirkung zurückgeführt (siehe Abschnitt 4.3.5).

Zur Gesamtelektronenzahl für das Zentralmetall im Komplex trägt der Carbenligand zwei Elektronen bei. Für die Berechnung der formalen Oxidationszahl des Metalls kann er entweder als Neutralligand (Fischer-Carbene) oder als zweifach negativer Ligand (Schrock-Carbene) angesehen werden. Die folgende Darstellung der elektronischen Struktur und der Bindungsverhältnisse von Carbenkomplexen soll den Trend in den Bindungslängen verständlich machen und außerdem Unterschiede zwischen Fischer- und Schrock-Carbenen noch weiter verdeutlichen. Für das konzeptionelle Verständnis ist es dabei besser, die Betrachtung der elektronischen Situation mit den Schrock-Carbenen zu beginnen.

Bei den Schrock-Carbenen oder Metall-Alk**ylid**enen lässt sich in der Valenzbindungsbeschreibung zusätzlich zur lokalisierten M=C-Doppelbindung (oder Ylen-Struktur) noch eine Metall-**Ylid**-Resonanzstruktur formulieren, mit der negativen Ladung auf dem elektronegativeren Bindungsende, dem Carben-C-Atom (Abbildung 4.3.11 – links). Im Molekülorbitaldiagramm kann die M=C-Doppelbindung aus einer σ- und einer π-Bindung aufgebaut werden. Jede Bindung wird durch Überlagerung von Orbitalen am Metall- und am C-Atom mit geeigneter Symmetrie gebildet. Entsprechend der Elektronegativität der Bindungspartner liegen die Orbitale des Kohlenstoffatoms energetisch tiefer als die Metallorbitale, so dass auch die resultierenden gefüllten, bindenden Molekülorbitale eher am Kohlenstoffatom lokalisiert sind, die leeren, antibindenden Orbitale haben dagegen mehr Metallcharakter. Gemäß der hohen Oxidationsstufe der Metalle bei den Schrock-Carbenen liegen in den Metallorbitalen keine Elektronen vor. Ist dagegen, wie bei den Fischer-Carbenen, ein elektronegatives Heteroatom mit freiem π-Elektronenpaar an das Carben-C-Atom angebunden, so können in der VB-Beschreibung drei Resonanzstrukturen formuliert werden (Abbildung 4.3.11 – rechts), von denen eine durch die positive Ladung am Carben-Kohlenstoff dessen elektrophilen Charakter

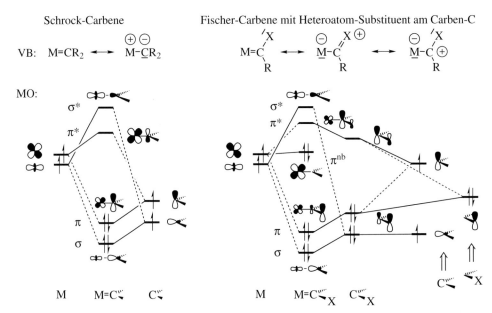

Abbildung 4.3.11. Darstellung der elektronischen Struktur von Schrock- und Fischer-Carbenen im Vergleich, jeweils als Valenzbindungs- und Molekülorbitalbeschreibung. Schrock-Carbene weisen zwei Elektronen im π-System auf, gegenüber vier Elektronen bei Fischer-Carbenen. Bei Schrock-Carbenen ist das LUMO am Metall und das HOMO am Carben-Kohlenstoffatom zentriert, das Carben-C damit nucleophil; bei Fischer-Carbenen ist die Orbital- und Elektronenlokalisierung umgekehrt, so dass sich ein elektrophiles Kohlenstoffatom ergibt.

zum Ausdruck bringt. Im MO-Diagramm treten jetzt für das Carben-Fragment zwei π-Orbitale auf, die man sich aus einer separaten Wechselwirkung der p-Orbitale am Kohlenstoff- und am Heteroatom entwickeln kann. Das bindende π-Orbital ist am elektronegativeren Heteroatom lokalisiert. Das Heteroatom steuert außerdem noch zwei Elektronen bei, so dass sich auf der Carben-Seite in den drei relevanten Orbitalen vier Elektronen befinden. Die σ-Wechselwirkung zwischen Metall- und Carben-Fragment ist bei Fischer-Carbenen ähnlich der von Schrock-Carbenen, wenngleich der Heteroatomrest natürlich auch die Lage des σ-Carben-Fragmentorbitals beeinflusst. Aus der Überlappung der beiden Carben-π-Orbitale mit einem d-Orbital am Metall geeigneter Symmetrie resultieren drei Molekülorbitale mit π-Symmetrie. Von denen besitzt das energetisch niedrigste bindenden, das mittlere nichtbindenden und das höchste Orbital Metall-Ligand-antibindenden Charakter. Gleichzeitig ist das bindende π-Orbital am Heteroatom, das nichtbindende am Metall und das antibindende π-MO am Carben-Kohlenstoffatom lokalisiert. Die vorhandenen Elektronen füllen die Metall- und Heteroatom-zentrierten π-Orbitale, das Carben-lokalisierte π-Orbital bleibt dagegen leer und dem Carben-Kohlenstoffatom kommt damit ein elektrophiler Charakter zu. Die Metallorbitale sind mit Elektronen besetzt, wie es von der niedrigen Oxidationsstufe der Metalle in Fischer-Carbenen zu erwarten ist.

Für Fischer- und Schrock-Carbene ergibt sich aus den VB- und MO-Darstellungen ein partieller Doppelbindungscharakter der M-C(Carben)-Bindung, bei Fischer-Carbenen außerdem ein partieller Doppelbindungscharakter der C-X Bindung durch eine $(C_p \leftarrow X_p)\pi$-Wechselwirkung, womit sich die oben erwähnten Atomabstände zwischen Einfach- und Doppelbindungslänge verstehen lassen.

Für die Untersuchung an Carbenkomplexen eignet sich neben der Röntgenstrukturanalyse auch die NMR-Spektroskopie. Die ^{13}C-NMR-Signale der Carben-Kohlenstoffatome werden bei tiefem Feld typischerweise etwa zwischen 220 und 400 ppm beobachtet. Eine Zuordnung elektro- und nucleophiler Carbene ist hierüber allerdings nicht möglich. Für die Alkyliden-Verbindungen findet man das Alkyliden-Proton gewöhnlich im Bereich zwischen 5 und 15 ppm im ^{1}H-NMR, das Kohlenstoffatom typischerweise zwischen 220 und 260 ppm im ^{13}C-NMR. Die temperaturvariable NMR-Spektroskopie erlaubt Rückschlüsse auf die Rotationsbarriere und damit den Doppelbindungscharakter der M=C-Bindung bei Vorliegen unsymmetrisch substituierter M-Fragmente, wo die =CRR′-Substituenten bei einer Rotation sich dann in unterschiedlicher Umgebung befinden.

Metallcarbenkomplexe sind katalytisch aktive Spezies in der Olefinmetathese, einschließlich der Ringöffnungs-Metathesepolymerisation (siehe Abschnitt 4.4.2.2) und werden auch im Rahmen des Katalysezyklus der Fischer-Tropsch-Synthese diskutiert (siehe Abschnitt 4.4.2.1). Im Folgenden sollen aus der Vielzahl der Reaktionen von Metallcarben-Komplexen einige anwendungsbezogene Beispiele vorgestellt werden. Zunächst werden die elektrophilen (Fischer-)Carbenkomplexe behandelt.

Der nucleophile Angriff auf elektrophile Carben-Kohlenstoffatome wurde bereits oben erwähnt. Ein solcher nucleophiler Angriff von Phosphonium-yliden führt in Analogie zur Wittig-Reaktion aus der organischen Chemie zu Olefinen. Die elektrophilen Carbenkomplexe verhalten sich dabei wie Carbonylverbindungen (Gleichungen 4.3.73 und 4.3.74).

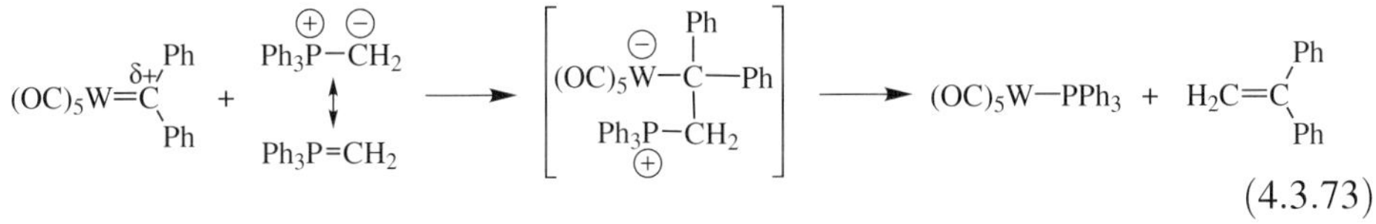

$$(4.3.73)$$

$$(4.3.74)$$

Die Reaktion von Carbenkomplexen mit Olefinen kann in zwei Richtungen laufen: Carbenübertragung und dadurch Bildung von Cyclopropan-Derivaten oder Metathese durch [2+2]-Cycloaddition des Olefins und Ringöffnung des Metallacyclobutan-Intermediates zu einem neuen Carbenkomplex und einem neuen Olefin. Gleichungen 4.3.75 und 4.3.76 geben dazu je ein Beispiel. Die Metathese-Reaktion ist reversibel und kann katalytisch genutzt werden. Über industrielle Anwendungen der Olefin- oder Alken-Metathese wird in Abschnitt 4.4.2.2 berichtet.

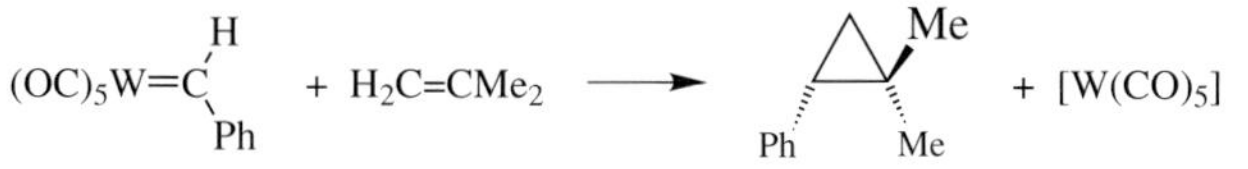

$$(OC)_5W{=}C\overset{H}{\underset{Ph}{}} \; + \; H_2C{=}CMe_2 \quad \longrightarrow \quad \underset{Ph \quad Me}{\triangle}{Me} \; + \; [W(CO)_5] \qquad (4.3.75)$$

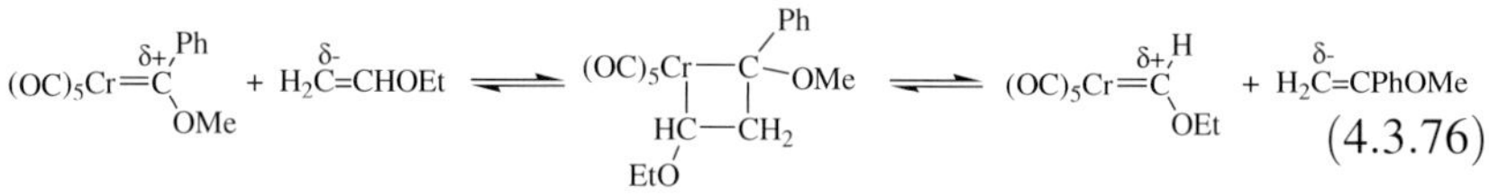

$$(OC)_5Cr{=}\overset{\delta+}{C}\overset{Ph}{\underset{OMe}{}} + \; H_2\overset{\delta-}{C}{=}CHOEt \; \rightleftharpoons \; (OC)_5Cr{-}\underset{\underset{EtO}{HC{-}CH_2}}{\overset{Ph}{\underset{}{C}}}{-}OMe \; \rightleftharpoons \; (OC)_5Cr{=}\overset{\delta+}{C}\overset{H}{\underset{OEt}{}} + \; H_2\overset{\delta-}{C}{=}CPhOMe$$
$$(4.3.76)$$

Bei den industriell angewandten Metathesekatalysatoren handelt es sich in der Regel um heterogene Systeme, und über die genaue Natur der katalytisch aktiven Spezies ist wenig bekannt. Die Darstellungen in **4.3.13** und **4.3.14** zeigen moderne Metathese-Katalysatoren, bei denen sich zum Teil bereits eine industrielle Nutzung abzeichnet und die ein viel versprechendes Potential aufweisen. Alle Systeme sind sehr aktiv und besitzen eine hohe Toleranz gegenüber funktionellen polaren Gruppen im Olefin. Einige Katalysatoren sind chiral für den Einsatz in enantioselektiven Synthesen. Während die Imidokomplexe noch luft- und wasserempfindlich sind, sind die Phosphankomplexe sogar gegenüber einem protischen Reaktionsmedium wie Wasser stabil. Die Entwicklung neuer Metathesekatalysatoren geht in Richtung von Systemen, die gegenüber protischen Reaktionsmedien stabil sind und dabei noch eine lebende Polymerisation von Monomeren mit polaren funktionellen Gruppen erlauben.

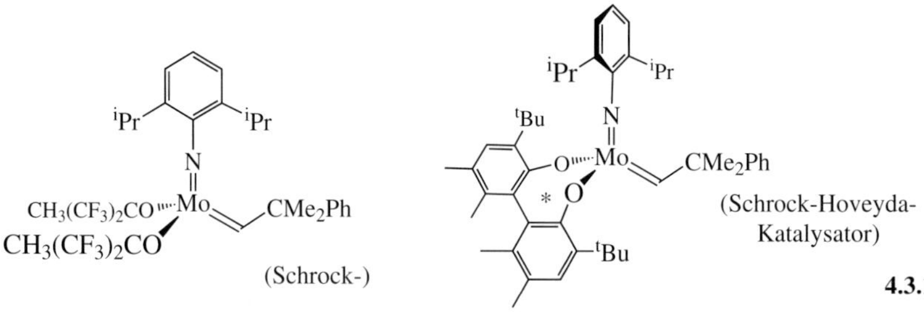

(Schrock-)

(Schrock-Hoveyda-Katalysator)

4.3.13

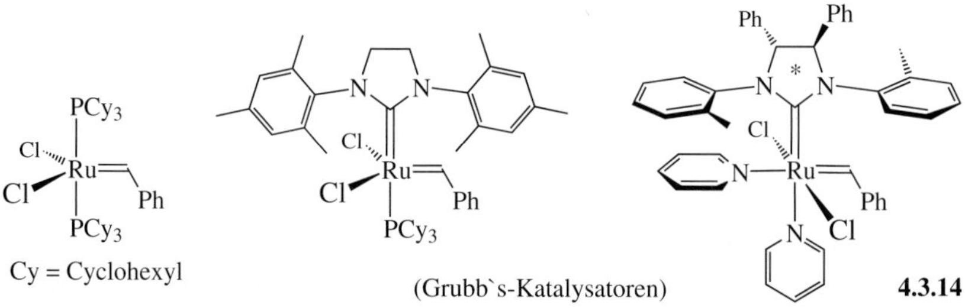

Cy = Cyclohexyl

(Grubb`s-Katalysatoren)

4.3.14

Carbenkomplexe reagieren auch mit Alkinen. Über die [2+2]-Cycloaddition wird aus dem Carben und dem Alkin ein Metallacyclobutenring erhalten, der bei entsprechender Öffnung dann zur Bildung von konjugierten Polymeren führt (Gleichung 4.3.77). Die Reaktion funktioniert gut für 2-Butin und terminale Alkine.

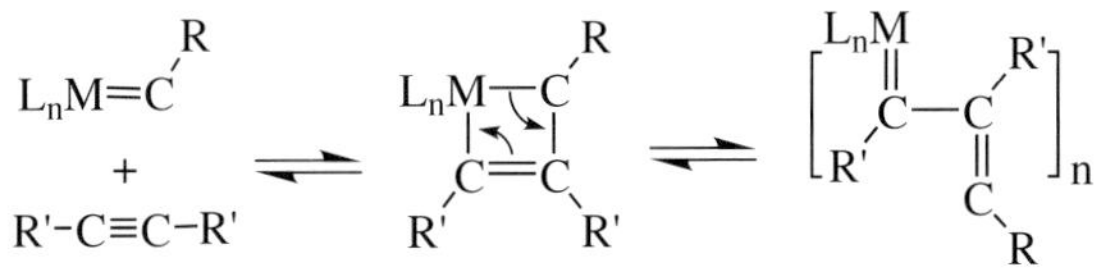

$$
L_nM{=}C\overset{R}{\diagup} \; + \; R'{-}C{\equiv}C{-}R' \;\rightleftharpoons\; \begin{array}{c} L_nM{-}C\overset{R}{\diagup} \\ \vert\;\;\;\vert \\ C{=}C \\ \diagup\;\;\;\diagdown \\ R'\;\;\;\;R' \end{array} \;\rightleftharpoons\; \left[\begin{array}{c} L_nM \\ \Vert \\ C{-}C\overset{R'}{\diagup} \\ \vert\;\;\;\Vert \\ R'\;\;\;C \\ \diagdown R \end{array}\right]_n \tag{4.3.77}
$$

Wenn das Carben-C-Atom einen Vinyl- oder aromatischen Substituenten trägt, kann die Reaktion von Carben und Alkin zu interessanten Ringschlussreaktionen eingesetzt werden. Die Reaktionssequenz beinhaltet als erstes einen Metathese-Schritt und dann eine CO-Insertion in eine M=C-Bindung. Der essentielle Reaktionsablauf ist in Abbildung 4.3.12 skizziert. Der gebildete aromatische Sechsring setzt sich aus dem Alkin, dem Carben-Kohlenstoffatom, dem Vinyl- oder aromatischen Rest als Teil des Carbenfragments und dem Carbonylliganden zusammen. Letzterer wird dabei mit einem β-Wasserstoffatom des Vinylrestes zu einer funktionellen C-OH-Gruppe. Der Sechsring ist zunächst noch hexahapto an das Metalltricarbonylfragment gebunden, kann aber durch entsprechende Aufarbeitung abgespalten werden.

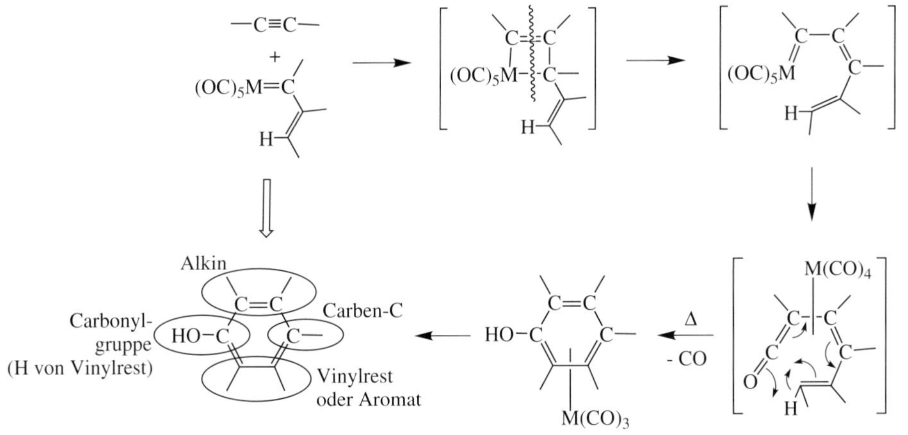

Abbildung 4.3.12. Metall-katalyierte Ringschlussreaktion (Dötz-Reaktion) ausgehend von einem Metallcarben mit einer Metathese-Stufe als erstem Schritt, gefolgt von einer CO-Insertion in die neu gebildete M=C-Bindung.

Mit einer aromatischen anstelle der vinylischen Gruppe am Carben-Kohlenstoffatom werden durch die Metall-katalysierte Ringschlussreaktion (**Dötz-Reaktion**) Naphthalin-Derivate erhalten, die für Naturstoffsynthesen eingesetzt werden können (Vitamin K Synthese, s. Abb. 4.3.21).

Die nucleophilen Schrock-Carbene oder Alkyliden-Komplexe sind grundsätzlich reaktiver als Fischer-Carbene. An das nucleophile Carben-Kohlenstoffatom können Elektrophile, z.B. die Lewis-Säure $AlMe_3$, addiert werden (Gleichung 4.3.78).

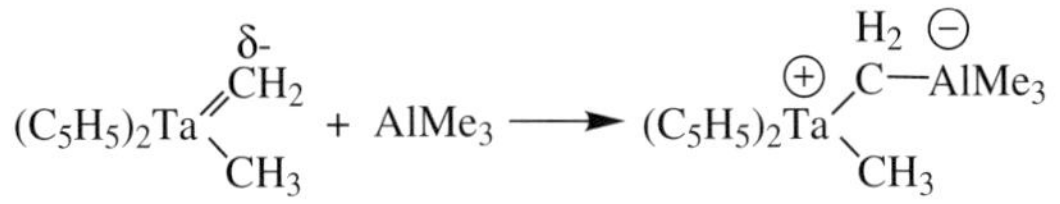

$$(C_5H_5)_2Ta\overset{\delta-}{\underset{CH_3}{\overset{CH_2}{\diagup}}} + AlMe_3 \longrightarrow (C_5H_5)_2Ta\overset{\overset{\oplus}{C}-AlMe_3}{\underset{CH_3}{\diagup}} \quad (4.3.78)$$

Eine elektrophile Addition von Ketofunktionen führt in Analogie zur Wittig-Reaktion aus der organischen Chemie zu Olefinen (Gleichung 4.3.79). Die nucleophilen Carbenkomplexe verhalten sich dabei wie Phosphonium-Ylide (Gleichung 4.3.80, vergleiche dazu das (umgekehrte) Verhalten von elektrophilen Fischer-Carbenen als Ketone anhand der Gleichungen 4.3.73 und 4.3.74).

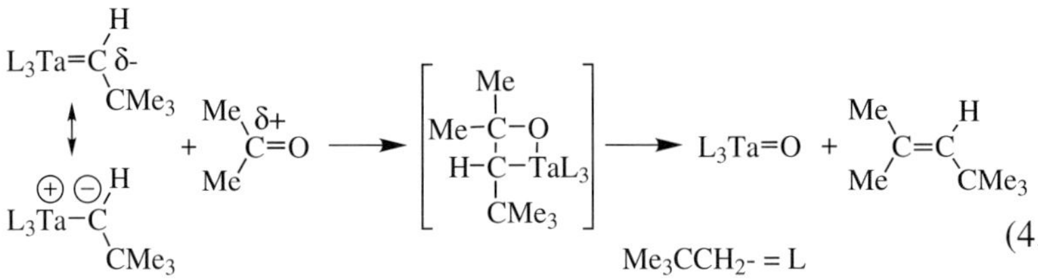

$$(4.3.79)$$

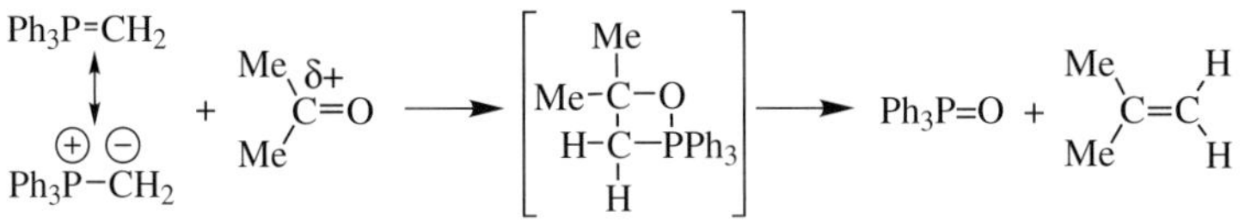

$$Me_3CCH_2- = L$$

$$(4.3.80)$$

Für die Anwendung von nucleophilen Metallcarbenen als Wittig-Reagenzien anstelle der Phosphonium-Ylide wird präparativ **Tebbe's Reagenz** eingesetzt. Aus dem luftstabilen Titanocendichlorid und einer toluolischen Aluminiumtrimethyllösung wird in-situ über den intermediären, verbrückten Titan-Aluminium-Komplex die Titan-Alkyliden-Verbindung gebildet, die als eigentlicher Methylen-Überträger fungiert. Der Titankomplex reagiert mit Ketonen, Aldehyden und anderen Carbonylverbindungen in einer stöchiometrischen, Wittig-artigen Reaktion unter Bildung der jeweiligen Methylenderivate. Der Mechanismus entspricht mit der Bildung und Öffnung eines Metallaoxacyclobutans dem der Olefin-Metathese, nur dass die Reaktion nicht reversibel ist. Im Gegensatz zu den klassischen Phosphor-Wittig-Reagenzien gelingt mit Tebbe's Reagenz auch die Methylenierung von Estern (Gleichung 4.3.81).

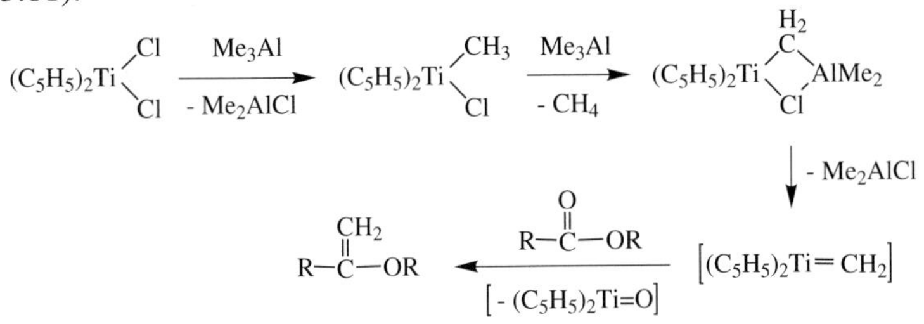

$$(C_5H_5)_2Ti\begin{smallmatrix}Cl\\Cl\end{smallmatrix} \xrightarrow[- Me_2AlCl]{Me_3Al} (C_5H_5)_2Ti\begin{smallmatrix}CH_3\\Cl\end{smallmatrix} \xrightarrow[- CH_4]{Me_3Al} (C_5H_5)_2Ti\begin{smallmatrix}H_2\\C\\AlMe_2\\Cl\end{smallmatrix}$$

$$\Big\downarrow - Me_2AlCl \qquad (4.3.81)$$

$$\underset{R-\overset{\overset{CH_2}{\|}}{C}-OR}{} \xleftarrow[{[- (C_5H_5)_2Ti=O]}]{R-\overset{\overset{O}{\|}}{C}-OR} \Big[(C_5H_5)_2Ti=CH_2\Big]$$

4.3.3 Carbin-(Alkylidin-)Komplexe

Das erste Beispiel für Verbindungen in denen eine Metall-Kohlenstoff-Dreifachbindung vorlag, wurde von E. O. Fischer durch den Angriff eines Elektrophils auf das Heteroatom eines Metall-(Fischer-)Carbens erhalten. Die in Gleichung 4.3.82 skizzierte Umsetzung ist gleichzeitig einer der Hauptdarstellungswege für Carbin-Komplexe.

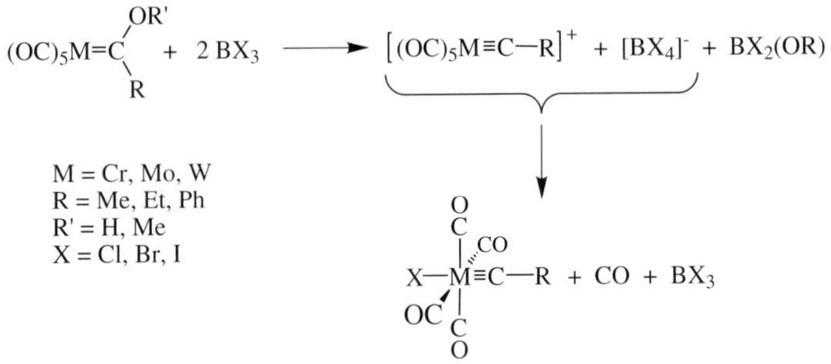

$$(OC)_5M=C\begin{smallmatrix}OR'\\R\end{smallmatrix} + 2\,BX_3 \longrightarrow \Big[(OC)_5M\equiv C-R\Big]^+ + [BX_4]^- + BX_2(OR)$$

$$\begin{aligned}&M = Cr, Mo, W\\&R = Me, Et, Ph\\&R' = H, Me\\&X = Cl, Br, I\end{aligned} \qquad\qquad (4.3.82)$$

$$X-\underset{OC}{\overset{CO}{M}}\equiv C-R + CO + BX_3$$

So wie die Schrock-Carbene durch eine Deprotonierung am α-C-Atom von Metall-Alkyl-Komplexen erhalten wurden, bietet eine erneute Deprotonierung am Carben-Kohlenstoffatom in diesen Schrock-Carbenen einen weiteren Zugang zu Carbin-Komplexen. Eine hohe sterische Hinderung in der Ausgangsverbindung oder der Zusatz von Phosphanliganden begünstigen die Deprotonierung, für die Gleichung 4.3.83 ein Beispiel gibt.

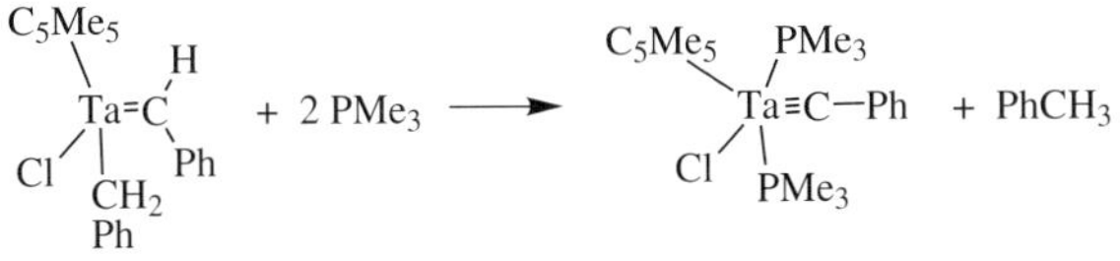

$$\underset{\underset{Ph}{Cl'}}{\overset{C_5Me_5}{Ta}}=C\begin{smallmatrix}H\\Ph\\CH_2\end{smallmatrix} + 2\,PMe_3 \longrightarrow \underset{Cl'}{\overset{C_5Me_5\ \ PMe_3}{Ta}}\equiv C-Ph + PhCH_3 \qquad (4.3.83)$$

Die Carbin-Gruppe rechnet als Drei-Elektronenligand und die Metall-Kohlenstoff-Dreifachbindung wird entsprechend der sp-Hybridisierung am Kohlenstoffatom aus einer σ- und zwei π-Bindungen aufgebaut. Wie bei den Carben-Komplexen kann man aber auch hier **Fischer- und Schrock-Carbine** als Grenzfälle unterscheiden. In ersterem Fall hat man es wieder mit einem Metall in einer niedrigen Oxidationsstufe zu tun, im zweiten Fall liegt das Metall in einer hohen Oxidationsstufe vor. Des Weiteren ist wieder die Elektronenverteilung und der Aufbau der Dreifachbindung etwas anders, wie es die schematische Darstellung der M-C-Dreifachbindung in den beiden Grenzfällen in Abbildung 4.3.13 zeigt. Die Dreifachbindung der Fischer-Carbine lässt sich als Überlagerung einer (C→M)σ-Donor-Hinbindung und einer (M→C)π-Rückbindung auffassen, bei denen die beiden Elektronen jeweils ganz vom Carbin- oder vom Metallfragment stammen. Eine polare π-Bindung, zu denen jeder Partner ein Elektron beiträgt, bildet dann die zweite π-Bindung. Entsprechend kann zur Berechnung der formalen Oxidationsstufe das Carbin-Fragment dann als einfach negativer Ligand gezählt werden.

Bei den Schrock-Carbin- oder Alkylidin-Komplexen werden sowohl die σ- als auch die beiden π-Bindungen durch den Beitrag je eines Elektrons von den beiden Bindungspartnern gebildet. Die Polarität der M≡C-Bindung mit dem negativen Ende am elektronegativeren Kohlenstoffatom führt dann dazu, dass die Alkylidin-Gruppe als dreifach negativer Ligand in die Berechnung der Oxidationszahl einfließt. Auf den Punkt, dass es sich hier um eine Grenzfallbetrachtung handelt, sei aber nochmals hingewiesen.

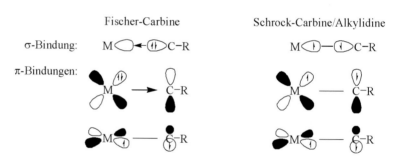

Abbildung 4.3.13. Schematische Darstellung der unterschiedlichen Ausbildungen der M-C-Dreifachbindung in Fischer- und Schrock-Carbinen: Bei Fischer-Carbinen als Überlagerung je einer 2-Elektronen (C→M)σ-Donor-Hinbindung und einer (M→C)π-Rückbindung sowie einer polaren π-Bindung, zu denen jeder Partner ein Elektron beiträgt. Bei Schrock-Alkylidinen werden eine polare σ- und zwei π-Bindungen durch jeweils drei ungepaarte Elektronen am Carbin- und am Metallfragment gebildet.

Die Übergangsmetall-Carbin-Bindungslänge sollte gegenüber der Carben-Doppelbindung nochmals verkürzt sein, was auch der Fall ist. Natürlich wird eine Metall-Ligand-Bindungslänge in einem Komplex immer auch von den anderen Bindungspartnern, insbesondere den jeweils trans-ständigen Liganden beeinflusst, so dass es für eine sinnvolle Diskussion der relativen Bindungslängenänderung wichtig ist, nur Bindungslängen in möglichst ähnlicher Umgebung zu vergleichen. Unter diesem Gesichtspunkt ist die Verbindung **4.3.15** ein hervorragendes Beispiel, da sie den Vergleich einer Metall-Alkyl-, -Carben- und -Carbin-Bindungslänge in identischer chemischer Umgebung erlaubt. Es sei noch erwähnt, dass die M≡C-R-Achse linear, mit einem Bindungswinkel von 175° fast linear oder bis zu 160° auch leicht gewinkelt sein kann. Im ^{13}C-NMR-Spektrum wird das Carbin-Kohlenstoff-fatom zwischen 200 und 350 ppm beobachtet.

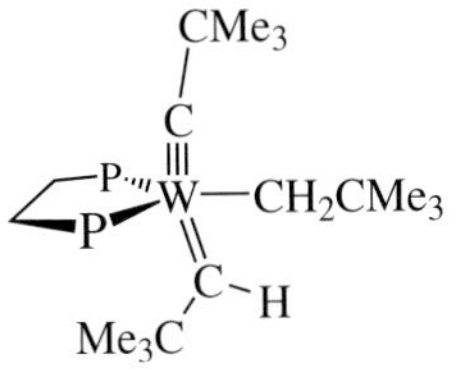

$$W≡C = 1.78 \text{ Å}$$
$$W=C = 1.94 \text{ Å}$$
$$W–C = 2.26 \text{ Å}$$

4.3.15

Eine interessante chemische Eigenschaft von Carbin-Komplexen ist ihre Fähigkeit, eine **Alkin-** oder **Acetylen-Metathese** zu katalysieren. Die Alkin-Metathese ist eng verwandt mit der Olefin-Metathese (Abschnitt 4.3.2 und Abschnitt 4.4.2.2) und ist entsprechend eine Umstellung der Alkylidin-Gruppen zwischen zwei Alkinen, wie es Gleichung 4.3.84 allgemein illustriert (vergleiche dazu Gleichung 4.4.32 der Olefin-Metathese). Gleichung 4.3.85 a verdeutlicht an einem Beispiel den angenommenen Mechanismus der [2+2]-Cycloaddition, der dem Chauvin-Mechanismus der Alken-Metathese analog ist. Als Zwischenstufe wird ein Metallacyclobutadien aus der Reaktion des Alkyliden-Komplexes mit dem Acetylen gebildet, der sich dann in anderer Richtung wieder öffnet.

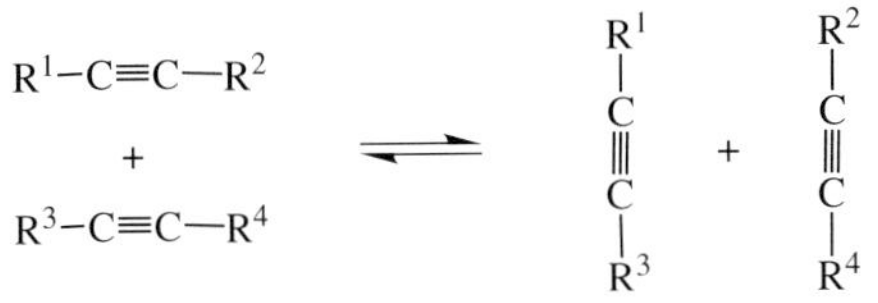

$$R^1–C≡C–R^2 + R^3–C≡C–R^4 \rightleftharpoons \quad \quad \quad \quad \tag{4.3.84}$$

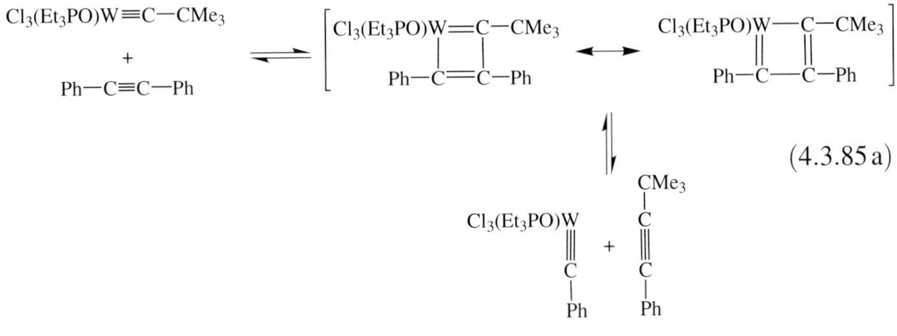

$$\text{(4.3.85 a)}$$

Der Alkin-Metathese kam bisher keine große Bedeutung zu, und sie wird auch nicht industriell angewendet. Alkine sind oft leichter und billiger auf anderen Wegen zugänglich, außerdem treten bei der Alkin-Metathese in stärkerem Maße Nebenreaktionen auf. Erst Entwicklungen in jüngerer Zeit, auch aufgrund neuer

Katalysatoren scheinen das Interesse an der Kreuz-Alkin-Metathese (Gl. 4.3.85 b), der Ringschluss-Alkin-Metathese (Gl. 4.3.85 c) aber auch der ringöffnenden Alkin-Metathese-Polymerisation und der acyclischen Diin-Metathese-Polymerisation (Gl. 4.3.85 d) (vgl. auch Abb. 4.4.29 a) als Synthesemethode zu verstärken.

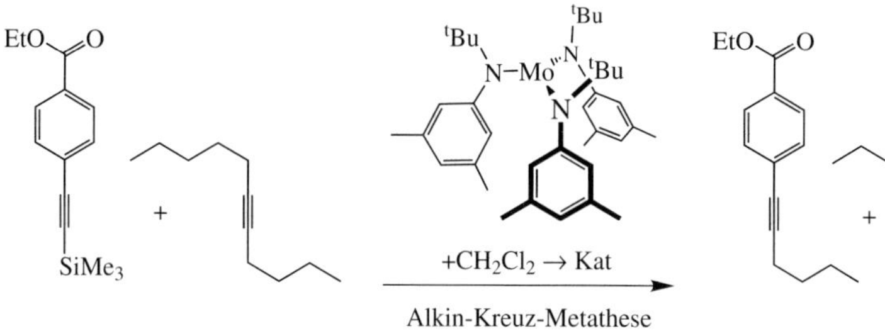

$$\text{Alkin-Kreuz-Metathese} \qquad (4.3.85\,\text{b})$$

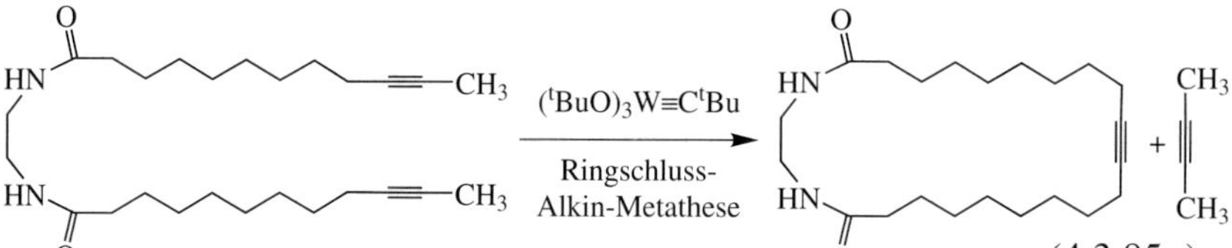

$$\text{Ringschluss-Alkin-Metathese} \qquad (4.3.85\,\text{c})$$

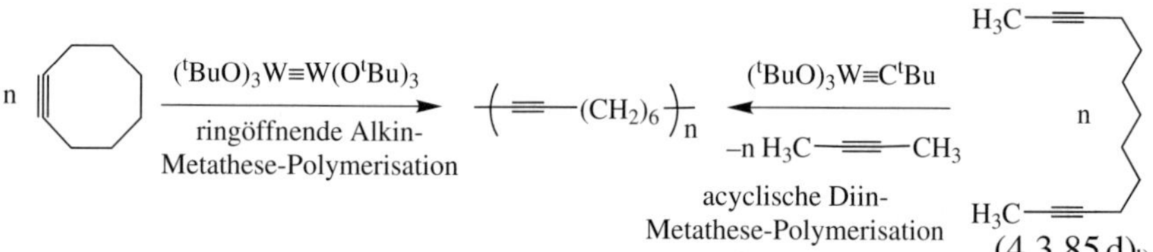

$$\text{ringöffnende Alkin-Metathese-Polymerisation} \qquad \text{acyclische Diin-Metathese-Polymerisation} \qquad (4.3.85\,\text{d})$$

4.3.4 Übergangsmetall-π-Komplexe

Das gemeinsame Merkmal und Namensgeber der modernen und umfangreichen Klasse der π-Komplexe ist das Vorhandensein von Liganden mit π-Orbitalen. Diese sind wiederum dadurch ausgezeichnet, dass ihre Metallanbindung ausschließlich über Orbitale erfolgt, die innerhalb des Liganden π-Symmetrie besitzen. Die Metallanbindung betrifft dabei sowohl die L→M-Donor- als auch die L←M-Akzeptorwechselwirkung. Zu den π-Liganden zählen z.B. Olefine, Diene, Allylsysteme, Alkine, cyclische aromatische Verbindungen wie $C_5H_5^-$, C_6H_6, $C_7H_7^+$, $C_8H_8^{2-}$ und analoge heterocyclische Ringe. Verbindungen, die diese genannten Liganden π-gebunden enthalten, gehören dann zu den π-Komplexen.

4.3.4.1 Olefin-/Alken-Komplexe

Olefine bilden mit Übergangsmetallen zahlreiche Komplexe. Olefin-Komplexe sind als Zwischenstufen in katalytischen Prozessen mindestens überall dort von Bedeutung, wo Olefine als Edukte eingesetzt werden. Beispiele sind der Wacker-Prozess, die Hydroformylierung, Olefin-Oligomerisierung, -Cyclisierung, -Polymerisation und -Metathese, über die als großindustrielle Anwendungen von Übergangsmetallorganylen gesondert berichtet wird (siehe Abschnitt 4.4). In diesem Abschnitt sollen die grundlegenden Aspekte von isolierbaren Olefin-Komplexen der Übergangsmetalle behandelt werden.

(Monoolefin)komplexe: Der erste Metall-Olefin-Komplex, $K[PtCl_3(C_2H_4)]$ – das Zeise'sche Salz, wurde bereits 1827 dargestellt, in seiner Bedeutung aber natürlich erst über 100 Jahre später erkannt. Ein befriedigendes Verständnis der Metall-Olefin-Bindung wurde 1951/53 mit dem Dewar-Chatt-Duncanson-Modell erreicht (siehe unten). Anders als bei dem oben besprochenen Kohlenmonoxid und auch anders als bei dem noch folgenden $C_5H_5^-$-π-Liganden, sind binäre Monoolefin-Komplexe, d.h. nur mit Monoolefin-Liganden, selten. Einige wenige binäre Ethen-Komplexe der späten Übergangsmetalle konnten mit Metalldampf-Ligand-Cokondensationstechniken synthetisiert und bei niedriger Temperatur in Matrices nachgewiesen werden. Gewöhnlich liegen in Olefin-Komplexen noch weitere Liganden vor, besonders häufig vertreten sind Carbonyl-, Halogenid-, Phosphan- und cyclische aromatische π-Liganden. In den nachstehenden Synthesemöglichkeiten finden sich zugleich typische Beispiele für Alkenkomplexe.

Olefin-Komplexe können nach folgenden Methoden dargestellt werden:
- Substitutionsreaktionen an Metallkomplexen unter Ersatz neutraler Carbonyl-, Phosphan-, bereits vorhandener Alken-Liganden oder unter Ersatz ionischer, meistens Halogenidliganden. Der Ligandenaustausch kann thermisch oder photochemisch induziert ablaufen (Gleichungen 4.3.86 bis 4.3.90). (Umgekehrt sind aber auch gerade Phosphane in der Lage, Olefine aus ihren Komplexen zu verdrängen, siehe Gl. 4.3.99.)

$$Cr(CO)_6 + \quad \begin{array}{c} NC \\ \\ NC \end{array}\!\!\!\!\! \bigg\rangle\!\!=\!\!\bigg\langle \begin{array}{c} CN \\ \\ CN \end{array} \quad \xrightarrow{h\nu} \quad (OC)_5Cr\!\!-\!\!\bigg\| \begin{array}{c} CN \\ CN \\ \\ CN \\ CN \end{array} \quad + \; CO \qquad (4.3.86)$$

$$(Ph_3P)_3RhCl + H_2C=CH_2 \quad \xrightarrow{\Delta} \quad \begin{array}{c} Cl\cdots Rh\cdots PPh_3 \\ Ph_3P \diagdown \begin{array}{c} CH_2 \\ \| \\ CH_2 \end{array} \end{array} \quad + \; PPh_3 \qquad (4.3.87)$$
$$\text{(trans Komplex!)}$$

$$\begin{array}{c} \bigcirc \\ | \\ OC\cdots Mn \\ OC \diagdown CO \end{array} \quad + \quad \diagdown\!\!=\!\!\diagup \quad \xrightarrow{h\nu} \quad \begin{array}{c} \bigcirc \\ | \\ OC\cdots Mn \\ OC \diagup \diagdown\!\!\diagup\!\!=\!\!\diagdown \end{array} \quad + \; CO \qquad (4.3.88)$$

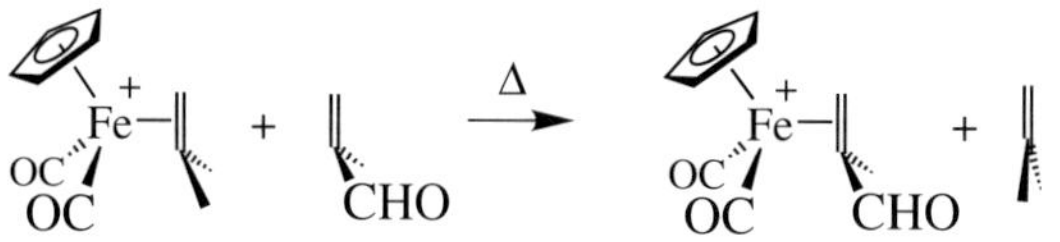

$$(4.3.89)$$

$$K_2[PtCl_4] + C_2H_4 \xrightarrow{\Delta} K[PtCl_3(C_2H_4)] + KCl \qquad (4.3.90)$$

– Addition an einen Metallkomplex: Hierfür muss eine freie Koordinationsstelle vorliegen. Präparativ ist diese Synthesemöglichkeit selten direkt nutzbar, eher findet sich dieser Darstellungsweg im Rahmen von katalytischen Prozessen (Gleichung 4.3.91; vergleiche dazu auch den Zyklus der Hydroformylierung in Abbildung 4.4.5).

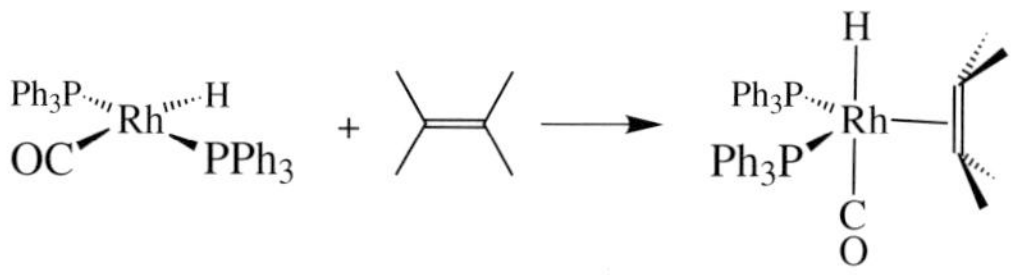

$$(4.3.91)$$

– Addition an einen Metallkomplex bei gleichzeitiger Reduktion in Gegenwart eines Olefins: Besser und häufiger als die vorstehende reine Olefinanlagerung wird die Additionsroute in der Synthese eingesetzt, wenn die Metallverbindung in Gegenwart des Alkens reduziert wird. Die Gleichungen 4.3.92 und 4.3.93 geben Beispiele.

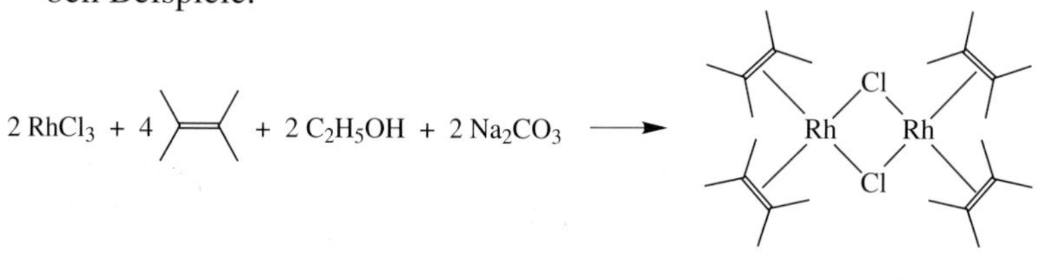

$$2\,RhCl_3 + 4 \rangle\!=\!\langle + 2\,C_2H_5OH + 2\,Na_2CO_3 \longrightarrow$$

$$+ 2\,CH_3CHO + 4\,NaCl + 2\,CO_2 + 2\,H_2O$$

$$(4.3.92)$$

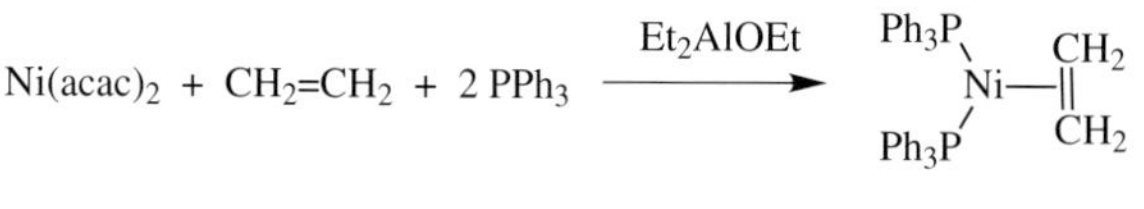

$$Ni(acac)_2 + CH_2{=}CH_2 + 2\,PPh_3 \xrightarrow{Et_2AlOEt} \qquad (4.3.93)$$

– Aus Alkyl- oder Allyl-Komplexen durch H-Übertragungen: Eine Hydridabstraktion aus σ-Alkyl-Verbindungen kann zur Bildung von Olefin-Komplexen führen (Gleichung 4.3.94).

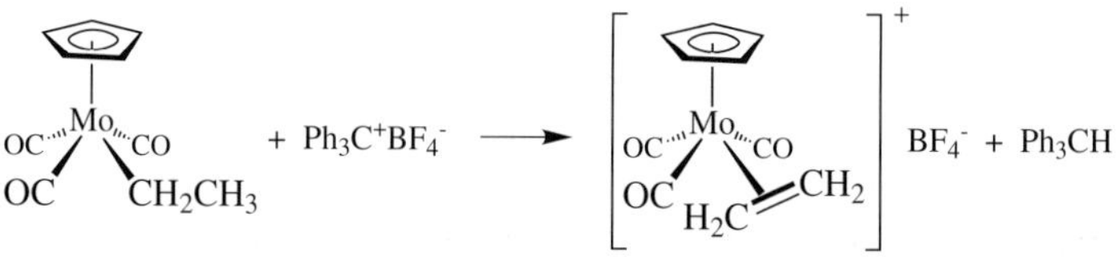

$$+ Ph_3C^+BF_4^- \longrightarrow \qquad BF_4^- + Ph_3CH \qquad (4.3.94)$$

Die Protonierung von σ-Allyl-Systemen ergibt ein Carbonium-Ion in β-Position zum Metallzentrum. Die Koordination des Carbonium-Ions als elektrophilem Null-Elektronen-Liganden an das Metallzentrum führt dann zum Alken-Komplex (Gleichung 4.3.95). Auf diesem Wege sind Alken-Komplexe auch indirekt über die Ringöffnung von Epoxiden mit Carbonylmetallaten, gefolgt von einer wässrigen Aufarbeitung und Protonierung des Alkohols, zugänglich (Gleichung 4.3.96). Für ein Verständnis des bei den Reaktionen von Alken-Komplexen beschriebenen, häufigen nucleophilen Angriffs auf koordinierte Olefine (siehe Gleichung 4.3.97) ist die Betrachtung des Olefins als σ-koordiniertem Carbonium-Ion hilfreich.

$$(4.3.95)$$

$$(4.3.96)$$

Struktur und Bindung in Metall-Alken-Komplexen: Die Metall-Ligand-Bindung in Olefin-Komplexen kann in zwei Grenzfällen beschrieben werden. Für das Verständnis dieser beiden Grenzfälle sei eine kurze Beschreibung der beobachteten Metall-Alken-Strukturen vorangestellt. Man findet bei strukturellen Untersuchungen von Olefin-Komplexen einen Verlust der Planarität des Olefins bei Koordination an ein Übergangsmetall. Diese Deformation ist im Ethen am geringsten und wird in substituierten Olefinen mit zunehmender Elektronegativität der Substituenten immer stärker (Abbildung 4.3.14). Außerdem findet man eine Verlängerung des C-C-Abstandes im koordinierten gegenüber dem freien Olefin. Der Vergleich zwischen dem Anion des Zeise'schen Salzes und dem Komplex $(Ph_3P)_2Pt(C_2H_4)$ illustriert hierzu den Einfluss des Metall-Ligand-Fragments, welches an das Olefin koordiniert. Eine Deutung des langen C-C-Abstandes in $(Ph_3P)_2Pt(C_2H_4)$ wird im Anschluss an die folgende theoretische Bindungsdiskussion gegeben.

Entsprechend der Bandbreite an beobachteten Metall-Alken-Strukturen ist es sinnvoll, die theoretische Bindungssituation ausgehend oder anhand von zwei Grenzfällen zu beschreiben und die realen Bindungsverhältnisse dann als dazwischenliegend anzusehen. Der Olefin-Komplex kann dann entweder als Grenzfall eines Olefin-Adduktes, bei nur geringer Deformation, oder als Metallacyclopropan, bei starker Deformation, betrachtet werden (**4.3.16**). Ein Rückblick auf Abbildung 4.3.14 zeigt, dass diesen Grenzfällen dort bereits in der Schreibweise der Strukturformeln Rechnung getragen wurde. (Anmerkung: Der Deutlichkeit halber werden allerdings Strukturformeln von Olefin-Komplexen meistens in der Addukt-Form

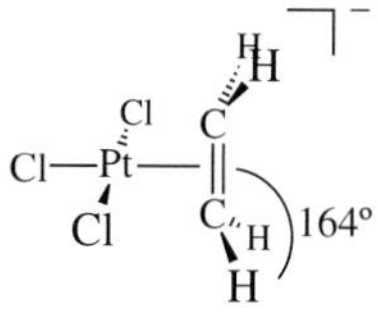

C=C 1.37 Å 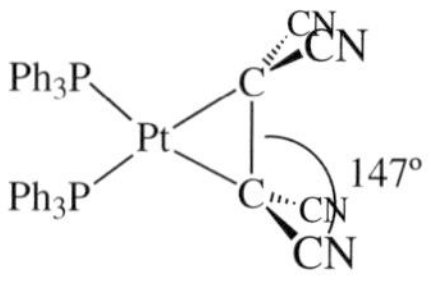   C-C 1.49 Å 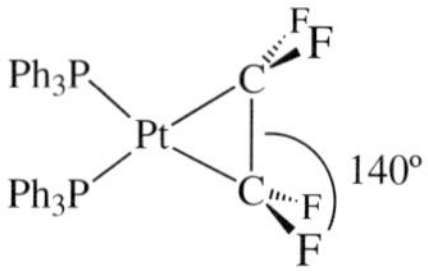   C-C 1.44 Å

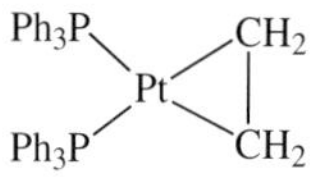

C-C 1.43 Å

Abbildung 4.3.14. Schematisierte Strukturdarstellungen von Metall-Alken-Komplexen. Die angegebenen Winkel sind die größten Öffnungswinkel zwischen der C-C-Achse und der durch die Atome der Alkyliden-Gruppe CR$_2$ aufgespannten Fläche. Der Winkel beim Zeise-Anion entstammt einer Neutronenbeugungsuntersuchung. Die angegebene C-C-Bindungslänge bei den Ethenkomplexen kann mit dem C-C-Abstand von 1.35 Å in freien Olefinen verglichen werden; die C=C-Bindungslänge im freien (NC)$_2$C=C(CN)$_2$ beträgt 1.31 Å. Die Bindungslänge einer C-C-Einfachbindung in Alkanen beträgt 1.54 Å.

gezeichnet, ohne dass damit immer eine Aussage über die Bindungssituation impliziert werden soll. Dies gilt auch für die Alken-Komplexe, die außerhalb von Abbildung 4.3.14 gezeichnet sind.)

Der Grenzfall des (fast) planaren Olefin-Adduktes wird mit dem Dewar-Chatt-Duncanson-Modell beschrieben. Dieses Modell formuliert eine σ-Donorbindung vom gefüllten π-Orbital des Liganden in leere Metallorbitale und parallel dazu eine π-Rückbindung aus besetzten Metallorbitalen in das leere π*-Orbital des Alkens. Die Hybridisierung an den Alken-Kohlenstoffatomen bleibt sp^2. Abbildung 4.3.15 veranschaulicht diese Orbitalwechselwirkungen. Das qualitative Bild der σ-Hin- und π-Rückbindung ist dabei ähnlich der Bindungssituation der Metall-Carbonyl-Bindung (Abschnitt 4.3.1.1, Abb. 4.3.7). Bei der Metall-Olefin-Wechselwirkung schwächen ebenfalls beide kovalenten Bindungskomponenten die C-C-Doppelbindung im Alkenliganden.

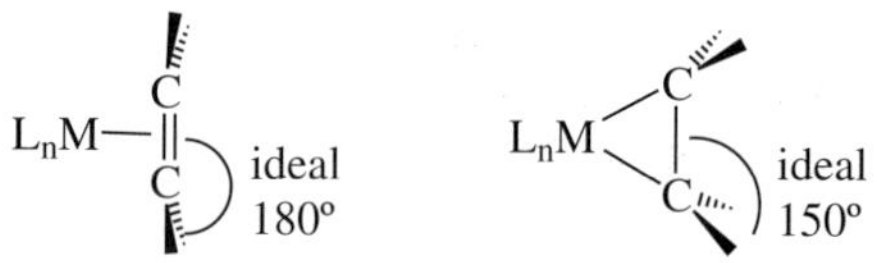

Metall-Alken-Addukt   Metallacyclopropan

4.3.16

Im Grenzfall des Metallacyclopropan-Ringes wird die Anbindung des Olefins an das Metall mit zwei ganz normalen M-C-Einfachbindungen beschrieben. Die Hybridisierung der Alken-Kohlenstoffatome ist sp^3. Damit hat man zugleich eine andere Möglichkeit, den Übergang vom planaren Olefin-Addukt (Dewar-Chatt-Duncanson-

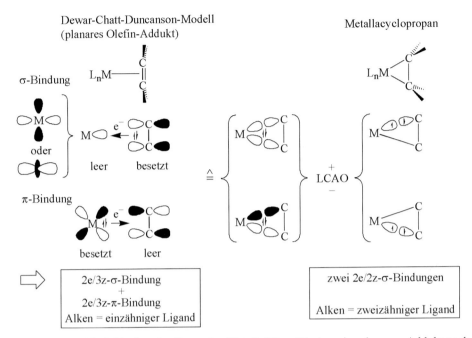

Abbildung 4.3.15. Orbitalbeschreibung der Metall-Alken-Bindung im planaren Addukt nach dem Dewar-Chatt-Duncanson-Modell (links) und als Metallacyclopropan (rechts). Nach dem Dewar-Chatt-Duncanson-Modell setzt sich die Bindung aus einer σ-Donorkomponente M(d, leer) $\leftarrow$ C$_2(\pi$, besetzt) und einer π-Akzeptorkomponente M(d, besetzt) $\rightarrow$ C$_2(\pi$, leer) in Bezug auf den Liganden zusammen (vergleiche dazu die Orbitalbeschreibung der M-CO-Bindung in Abbildung 4.3.7). Relevante d-Orbitale geeigneter Symmetrie für die Überlappung mit dem C$_2$-π-Orbital sind angezeigt. Zu den Metall-d-Orbitalen kommen je nach Symmetrie dann noch kleine Beimischungen der Metall s- oder p-Orbitale. Im Metallacyclopropan sind die M-C-Bindungen normale Einfachbindungen. Eine positive und negative Linearkombination der beiden Einfachbindungs-Orbitale (LCAO) führt zur Orbitaldarstellung, die ihre Entsprechung beim Dewar-Chatt-Duncanson-Modell haben. Die Kästen im unteren Teil der Abbildung fassen noch einmal die Unterschiede in der Bindungsbeschreibung zusammen.

Modell) zum Metallacyclopropan stufenlos zu beschreiben und zu verstehen, nämlich über eine Zunahme des p-Anteils in den Hybridorbitalen an den Kohlenstoffatomen oder über einen Übergang von der sp^2- zur sp^3-Hybridisierung. Aus dem Modell des Metallacyclopropan-Ringes ergibt sich zwangsläufig eine Aufhebung der C=C-Doppelbindung. Ausgehend vom planaren Olefin-Addukt gelangt man nach dem Dewar-Chatt-Duncanson-Modell ebenso zu einer starken Schwächung bis Aufhebung des Doppelbindungsanteils, wenn die M-C-Rückbindung sehr stark wird. Stark elektronegative (elektronenziehende) Substituenten an den Alken-Kohlenstoffatomen begünstigen nun sowohl einen höheren p-Anteil in den Kohlenstoff-Hybridorbitalen als auch eine stärkere Rückbindung. Bezüglich der Rückbindung spielt natürlich auch der Charakter des L$_n$M-Fragments im Olefin-Komplex eine Rolle. Je stärker π-basisch dieses Fragment bei gleichem Olefin ist, desto stärker die Rückbindung und desto länger der C-C-Abstand. Hierauf ist der Verlängerung der C-C-Bindungslänge im Komplex $(Ph_3P)_2Pt(C_2H_4)$ im Vergleich zum Zeise-Salz zurückzuführen (siehe Abbildung 4.3.14); das $(Ph_3P)_2Pt$-Fragment ist stark Lewis-basisch.

Ein experimenteller Beleg für die Schwächung der C-C-Doppelbindung ergibt sich aus der Verlängerung des C-C-Abstandes in der Röntgenstruktur (siehe Abbildung 4.3.14) und aus der Abnahme der C=C-Streckfrequenzen von gebundenen gegenüber freien Olefinen. Für freies Ethen findet man $\tilde{\nu}_{C=C} = 1623$ cm^{-1}; bei Anbindung an Metalle kommt dieser Wert zwischen 1490 und 1580 cm^{-1} zu liegen. Anders als die CO-Streckschwingungen sind die C=C-Banden im IR aber normalerweise schwach und korrelieren nicht gleichermaßen mit der C-C-Bindungslänge.

Die Lage oder Konformation des Olefins bezüglich des ML_n-Fragments hängt von der elektronischen und sterischen Situation am Metallzentrum ab. Bei den $(Ph_3P)_2Pt(olefin)$-Komplexen in Abbildung 4.3.14 und allgemein bei 16-VE-$L_2M(olefin)$-Verbindungen liegt das Alken in der Ebene, die vom Metall und den direkt daran gebundenen Atomen der L-Liganden aufgespannt wird. Im Zeise-Anion als Beispiel für einen 16-VE-$L_3M(olefin)$-Komplex steht das Olefin senkrecht zur L_3M-Ebene. In zahlreichen anderen Metall-Alken-Komplexen findet man eine gehinderte Rotation der Olefine um die Metall-Olefin-Bindungsachse. Im geeigneten Temperaturbereich für die Anregung der Rotation kann die Barriere mit temperaturvariabler NMR-Spektroskopie ermittelt werden.

Gemeinsam ist beiden Grenzfällen und ihren theoretischen Beschreibungen, dass das Alken als 2-Elektronenligand gerechnet wird. Zugleich muss das Metall Elektronen entweder für die π-Rückbindung oder die beiden Einfachbindungen bereitstellen. Damit ergibt sich, dass ähnlich wie beim CO-Liganden, Olefine gegenüber elektronenarmen Metallen schlechte, d.h. nur schwach bindende Liganden sind. Dieser Effekt wird für die Olefin-Polymerisation mit frühen Übergangsmetallen genutzt. Als aktive Metallfragmente werden dort d^0- bis d^3-Systeme (Ti^{IV}, Ti^{III}, Zr^{IV}-Ziegler-Natta-, Cr^{III}-Phillips-Katalysatoren) eingesetzt, die nur eine schwache Metall-Olefin-Wechselwirkung eingehen und damit zu einer schnellen Olefin-Insertion in die M-C-Bindungen führen (näheres siehe Abschnitt 4.4.1.9 und 4.4.2.3).

Die Stabilität der Alken-Komplexe hängt außerdem von sterischen Faktoren am Alken ab. Empirisch findet man eine Zunahme der Stabilität in der Richtung abnehmenden Substitutionsgrads, also $R_2C=CR_2 < R_2C=CHR <$ trans-$RCH=CHR <$ cis-$RCH=CHR < RCH=CH_2 < CH_2=CH_2$.

Reaktionen von Olefin-Komplexen: Die Anbindung eines Alkens an ein Übergangsmetall kommt einer Aktivierung des Olefin-Liganden gleich. Je nach der elektronischen Situation am Metallzentrum kann entweder ein elektrophiler oder nucleophiler Angriff am Olefin leichter erfolgen. Elektronenreiche Metalle begünstigen dabei den elektrophilen Angriff, elektronenarme Metalle den nucleophilen Angriff auf das Olefin. Umgekehrt wird das Olefin für den jeweils anderen Angriff deaktiviert. Olefine, die z.B. an die Cyclopentadienyleisendicarbonyl-Gruppe, $(C_5H_5)Fe(CO)_2{}^+$, mit ihrer positiven Ladung gebunden sind, werden für einen nucleophilen Angriff aktiviert (Gleichung 4.3.97). Gleichzeitig bewirkt die Anbindung dieser Gruppe eine Deaktivierung und damit einen Schutz der C=C-Doppelbindung gegenüber Elektrophilen. Andere Stellen des Moleküls können so selektiv durch einen elektrophilen Angriff verändert werden. Die $(C_5H_5)Fe(CO)_2^+$-Schutzgruppe lässt sich nach der Reaktion mit Natriumiodid in Aceton leicht abspalten (Gleichung 4.3.98). Für ein Verständnis des nucleophilen Angriffs mag die Betrachtung des Olefins als Metall-stabilisiertes Carbonium-Ion hilfreich sein.

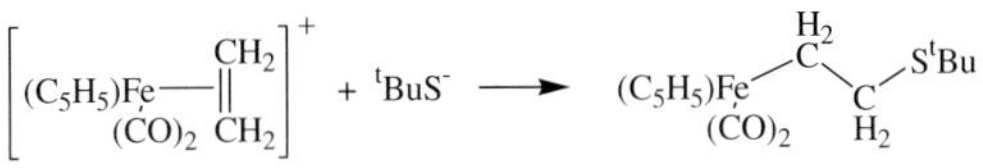

$$(4.3.97)$$

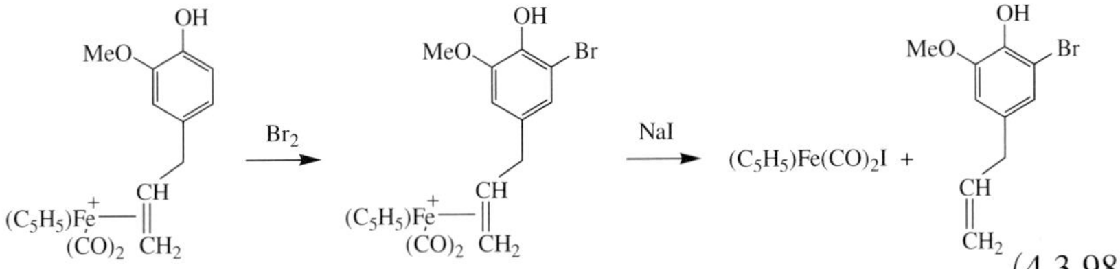

$$(4.3.98)$$

Die wahrscheinlich wichtigste Reaktion ist die Insertion von Olefinen in Metall-H- oder Metall-C-Bindungen unter Bildung von Metall-Alkylen. Die Hydro- oder Carbometallierung des Alkens kann dabei auch als elektrophiler oder nucleophiler Angriff des Hydrid- oder Alkylliganden auf das Olefin gesehen werden. Die Anwendungen dieser vielfältigen Reaktionsmöglichkeiten von Olefin-Komplexen werden vor allem in Abschnitt 4.4 (Metallorganische Verbindungen in der industriellen Katalyse) näher beschrieben. So spielen Metall-Alken-Komplexe eine Rolle als Zwischenstufen beim Wacker-Prozess (nucleophiler Angriff des Pd-Ethen-Komplexes durch ein H_2O-Molekül, Abschnitt 4.4.1.1), bei der Hydroformylierung (H-Übertragung von Rh auf das koordinierte Olefin bzw. Insertion in die Rh-H-Bindung, Abschnitt 4.4.1.3), bei der Olefin-Polymerisation (Insertion in M-C-Bindung, Abschnitte 4.4.1.9 und 4.4.2.3), bei der Olefin-Metathese ([2+2]-Cycloadditon an M=C-Bindung, Abschnitt 4.3.2 und 4.4.2.2).

Aus Olefin-Komplexen kann das Alken auch durch andere Liganden ersetzt werden, Gleichungen 4.3.99 und 4.3.100 geben Beispiele.

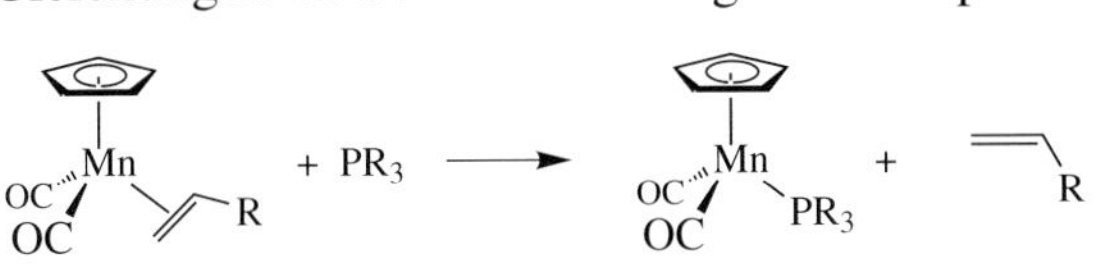

$$(4.3.99)$$

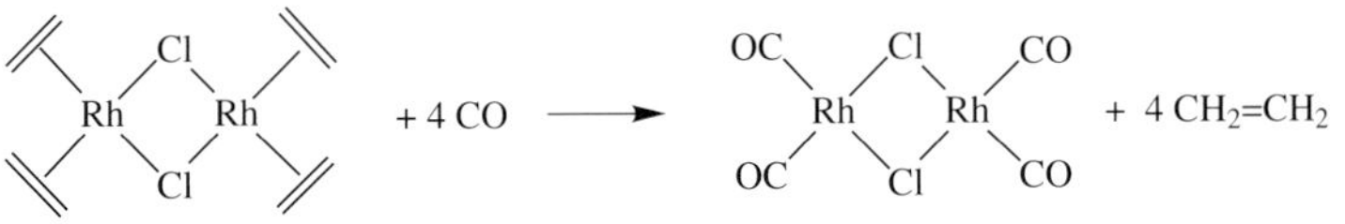

$$(4.3.100)$$

Diolefin- und Oligoolefin-Komplexe: Wichtiges Merkmal der Anbindung von mehrzähnigen Olefinen, also Dienen, Trienen usw. mit mehreren konjugierten oder nichtkonjugierten Doppelbindungen, an Übergangsmetalle ist im allgemeinen eine höhere Stabilität gegenüber vergleichbaren Monoolefin-Komplexen, die mit dem Begriff Chelateffekt (siehe Abschnitt 2.6) beschrieben werden kann. So können Oligoolefin-Komplexe bei günstiger sterischer Anordnung der Doppelbindungen leicht durch Substitution aus den analogen Monoolefin-Derivaten synthetisiert werden. Gleichung 4.3.101 gibt ein Beispiel.

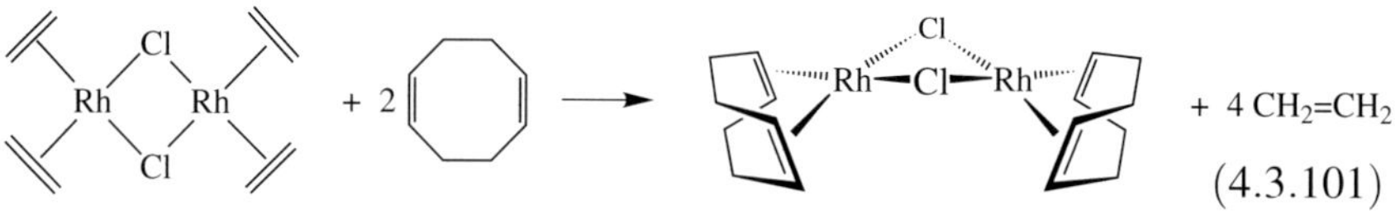

$$\text{(Struktur)} + 2 \; \text{(Cyclooctadien)} \longrightarrow \text{(Struktur)} + 4 \, CH_2=CH_2$$

$$(4.3.101)$$

Die oben für Monoolefin-Komplexe gegebene Bindungsbeschreibung gilt genauso auch für Oligoolefine mit nichtkonjugierten Doppelbindungen. Bei konjugierten Doppelbindungen, z.B. im Butadien, beeinflusst die Delokalisation der π-Orbitale auch die Wechselwirkung mit dem Metall. Eine bindungstheoretische Behandlung soll an dieser Stelle nicht mehr gegeben werden, sondern es soll nur punktuell auf einige Besonderheiten bei konjugierten Diolefinen hingewiesen werden: Der Beschreibung als π-Komplex steht bei 1,3-Dienen die Formulierung als Metallacyclopenten gegenüber (**4.3.17**). Die späten Übergangsmetalle neigen eher der Ausbildung des π-Komplex-Grenzfalls zu, während frühe Übergangsmetalle mehr den Metallazyklus ausbilden.

Metall-Diolefin-Addukt   Metallacyclopenten

4.3.17

Ein Anwendungsbeispiel für Dien- und Trien-Komplexe des Nickels findet sich bei der Butadien-Trimerisierung und -Dimerisierung in Abbildung 4.4.9 (Abschnitt 4.4.1.5).

4.3.4.2 Alkin-(Acetylen-)Komplexe

Die Bindung eines Alkins an ein Metallfragment ist ähnlich der eines Alkens. Alkine sind allerdings elektropositiver, so dass sie fester als Alkene an Übergangsmetalle binden. Alkine können Olefine als Ligand verdrängen. Im Unterschied zu Alkenen können Alkine als 2- oder 4-Elektronendonor-Ligand fungieren. Ein Alkin hat zwei Sätze von orthogonalen π/π^*-Orbitalen. Mit dem einen Satz bindet es wie ein Alken an das Metallfragment (**4.3.18a**, vgl. dazu Abb. 4.3.15). Der orthogonale

Satz kann dann eine weitere π-Hinbindung und eine δ-Rückbindung (sehr schwach – geringe Überlappung) ausbilden (**4.3.18 b**).

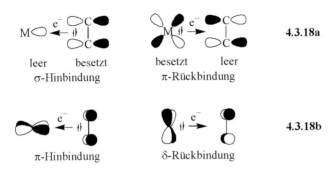

leer	besetzt	besetzt	leer

σ-Hinbindung   π-Rückbindung   **4.3.18a**

π-Hinbindung   δ-Rückbindung   **4.3.18b**

In Analogie zur Metall-Anbindung eines Olefins (vgl. **4.3.16**) lassen sich für ein Alkin die Grenz- oder Resonanzformen des Alkin-Adduktes und des Metallacyclopropens formulieren (**4.3.19**).

$$L_nM—\overset{\overset{R}{|}{C}}{\underset{\underset{R}{|}{C}}{|||}} \qquad L_nM\overset{\overset{R}{\diagdown}{C}}{\underset{\underset{R}{\diagup}{C}}{\|}}$$

Metall-Alkin-Addukt   Metallacyclopropen

4.3.19

Als Konsequenz der zusätzlichen π-Hinbindung sind Alkine häufig nicht linear an Metallatome koordiniert. Für 4-Elektronendonor-Alkin-Liganden sind die R-C-C-Bindungswinkel gewöhnlich im Bereich von 130–146°, mit M-C-Bindungslängen zwischen 1.99 bis 2.09 Å. Die C-C-Abstände in koordinierten Alkinen betragen typischerweise 1.25–1.35 Å gegenüber 1.10–1.15 Å im freien Alkin.

Bei Verbrückung zwischen zwei Metallatomen ist das Alkin ein 2-Elektronendonor-Ligand gegenüber jedem der beiden Metallatome. Statt der Addukt-Form ist ein solcher Dimetall-Komplex manchmal besser als Dimetallatetrahedran zu beschreiben (**4.3.20**) (als konkretes Beispiel, siehe **4.3.4**).

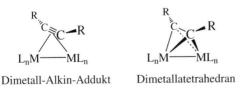

Dimetall-Alkin-Addukt   Dimetallatetrahedran

4.3.20

Reaktive Alkine, z.B. Dehydrobenzol (Benz-in) können in der Koordinationssphäre eines Metallatoms stabilisiert werden (**4.3.21**) und stellen eine Quelle für Folgereaktionen zur stöchiometrischen organischen Synthese dar.

4.3.21

Metallkomplexe mit terminalen Alkinen können sich in das Vinyliden-Tautomer umlagern (**4.3.22**).

Metall-Alkin-Komplex   Metall-Vinyliden-Komplex   **4.3.22**

Übergangsmetall-Alkin-Komplexe sind Intermediate in der katalytischen Cyclotrimerisierung von Alkinen zu substituierten Benzolen.

4.3.4.3 Allyl-Komplexe

Allyl-Komplexe besitzen entweder die Allyl-Gruppe C_3H_5 (**4.3.23**) selbst oder ein substituiertes Derivat als Liganden. Das Allyl-System kann Teil einer Kette oder auch eines Ringes sein. Die Allyl-Gruppierung ist ein ambidenter Ligand, der zwei Möglichkeiten besitzt an ein Metallzentrum zu binden. In der monohapto-Form (**4.3.24**) liegt sie als σ-gebundener 1-Elektronenligand, sehr ähnlich einem Alkylliganden vor. In der trihapto-Form (**4.3.25**) fungiert die Allyl-Gruppe als 3-Elektronen π-Ligand. Entsprechend der folgenden Ausführungen kann es hilfreich sein, sich die trihapto-Form als Summe aus Alkyl- und Olefin-Koordination anhand von mesomeren Grenzformen vorzustellen. Hier und in der Literatur werden die Atome der trihapto-Form oft vereinfacht mit dem Metallatom in eine Ebene gezeichnet. Tatsächlich liegt aber das Metallfragment ober- (oder unter-) halb der Allyl-Ebene, denn die Bindung erfolgt ja über die π-Orbitale des Allyls, die senkrecht zur durch die drei Kohlenstoffatome aufgespannten Ebene stehen. Das Metallatom muss dabei aber nicht zu allen drei Kohlenstoffatomen einen gleichen Abstand haben (siehe unten). Abbildung 4.3.16 illustriert die Wechselwirkung der drei Allyl-Grenzorbitale mit den geeigneten Metallorbitalen.

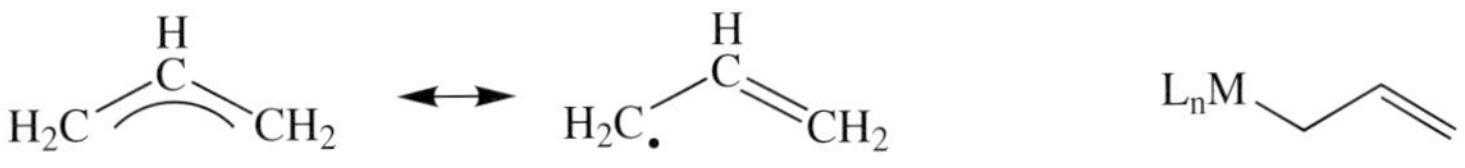

Allyl-Gruppe
4.3.23

Metall-σ-Allyl-Komplex
4.3.24

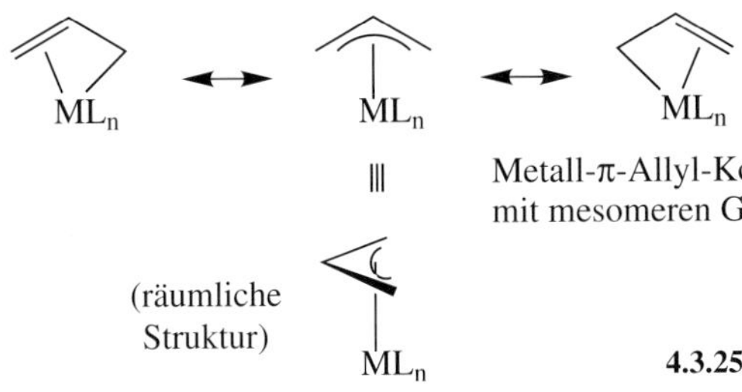

Metall-π-Allyl-Komplex
mit mesomeren Grenzformen

(räumliche
Struktur)

4.3.25

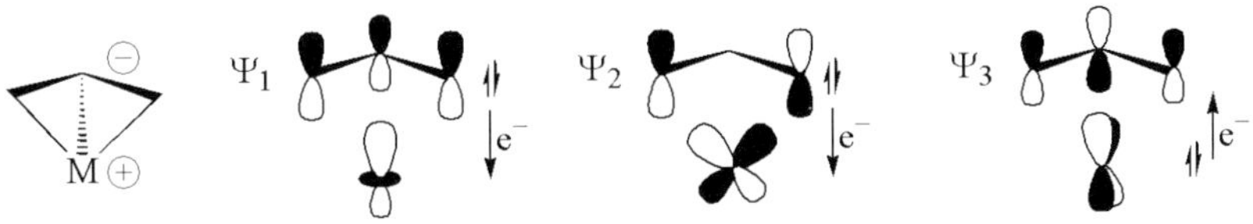

σ-Hin-   π-Hin-   π-Rückbindung

Abbildung 4.3.16. Elektronische Struktur einer trihapto-(η^3-)Allyl-Übergangsmetallbindung. Am Metall erfolgt teilweise eine Beimischung von p-Orbitalen in die d-Niveaus (Hybridisierung). Die wichtige π-Wechselwirkung läuft über das Ψ_2-Orbital des Allyl-Systems. Im formal anionischen Allyl-System $C_3H_5^-$ sind die beiden Niveaus Ψ_1 und Ψ_2 vollständig besetzt. Die Überlappungen von Ψ_1 und Ψ_2 mit den d-Orbitalen entsprechen Hinbindungen vom Liganden zum Metall. Die Metall-Ψ_3-Wechselwirkung ist die π-Rückbindung vom Metall zum Liganden.

In der trihapto-Form sind die beiden C-C-Abstände des Allyl-Systems gewöhnlich äquidistant zwischen 1.35 und 1.40 Å, und der C-C-C-Winkel liegt bei 120°. Die Ebene des Allyl-Liganden ist gegenüber der Senkrechten zum Metall etwas gekippt (um 5–10°), so dass das mittlere Allyl-C-Atom einen etwas größeren Abstand zum Metallzentrum aufweist, was mit einer Maximierung der Orbitalüberlappung im Rahmen der Ψ_2-Metall-π-Bindung erklärt wird.

Folgende Synthesewege zu Allyl-Komplexen sind häufiger anzutreffen:

– Umsetzung eines Allyl-Grignards oder eines anderen Allyl-Überträgers, wie (allyl)SnMe$_3$, mit Metallsalzen in einer Gegenion-Allyl-Austauschreaktion; die Reaktion entspricht einem nucleophilen Angriff des Allyl-Fragments auf das Metall; die Gleichungen 4.3.102 bis 4.3.104 geben Beispiele. Auf diesem Weg sind die thermolabilen binären Allyl-Verbindungen gut zugänglich.

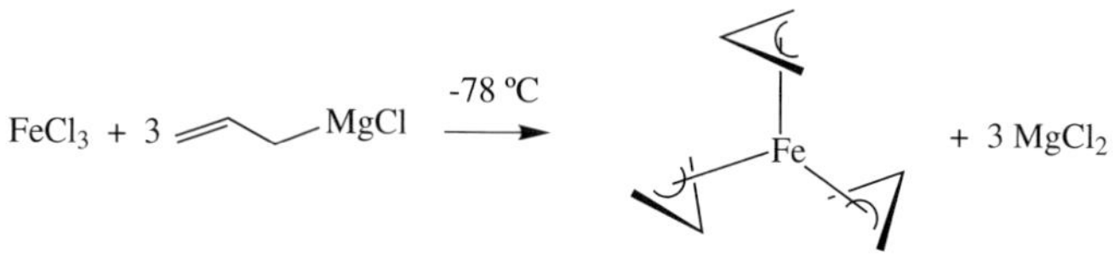

$$FeCl_3 + 3 \; \diagup\!\!\!\diagdown MgCl \xrightarrow{-78\,^{\circ}C} \quad \text{[Fe complex]} \quad + \; 3\,MgCl_2 \qquad (4.3.102)$$

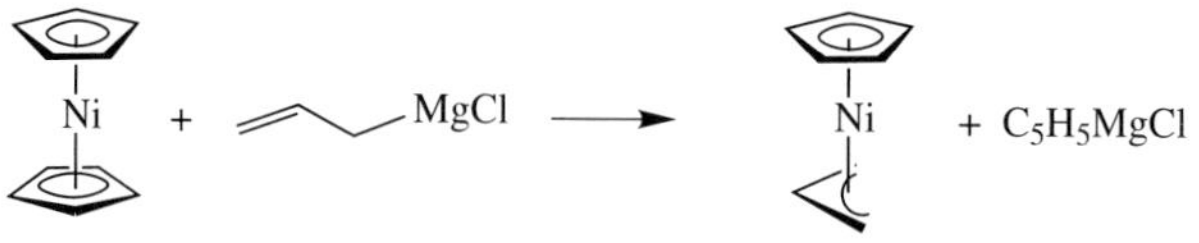

$$\text{[Ni complex]} + \diagup\!\!\!\diagdown MgCl \longrightarrow \text{[Ni complex]} + C_5H_5MgCl \qquad (4.3.103)$$

$$\diagup\!\!\!\diagdown SnMe_3 + MnBr(CO)_5 \longrightarrow \text{[Mn(CO)}_4 \text{ complex]} + Me_3SnBr + CO \qquad (4.3.104)$$

— Substitutionsreaktion eines Carbonylmetallats mit einem Allyl-Halogenid durch elektrophilen Angriff der Allyl-Gruppe auf das Metallzentrum; es entstehen zunächst σ-Allyl-Komplexe, deren Umlagerung in ein π-Allyl-System durch thermische oder photochemische CO-Abspaltung induziert werden kann (Gleichung 4.3.105).

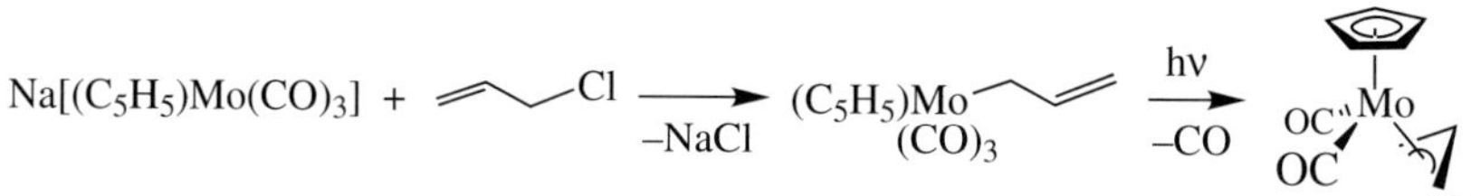

$$Na[(C_5H_5)Mo(CO)_3] + \diagup\!\!\!\diagdown Cl \xrightarrow[-NaCl]{} (C_5H_5)Mo\underset{(CO)_3}{} \diagup\!\!\!\diagdown \xrightarrow[-CO]{h\nu} \underset{OC}{\overset{OC}{}}Mo \qquad (4.3.105)$$

— Aus Dienen durch einen elektrophilen Angriff auf einen Metall-gebundenen Dien-Liganden (Gleichung 4.3.106) oder Insertion eines Diens in eine M-H-Bindung (Hydrometallierung). Im letzteren Fall entsteht je nach freien Koordinationsstellen am Metall ein σ- oder π-Allyl-Komplex (Gleichung 4.3.107 und 4.3.108).

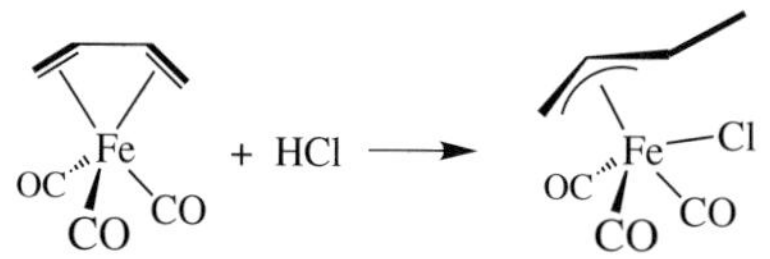

$$\text{[Fe(CO) complex]} + HCl \longrightarrow \text{[Fe-Cl complex]} \qquad (4.3.106)$$

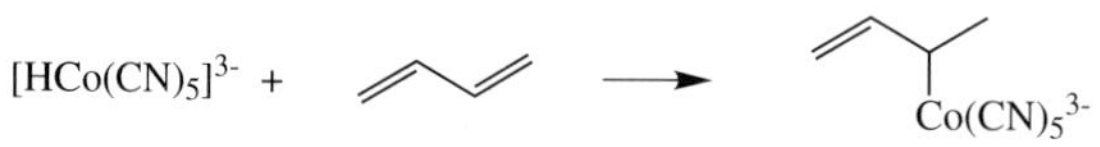

$$[HCo(CN)_5]^{3-} + \diagup\!\!\!\diagdown\!\!\!\diagup \longrightarrow \underset{Co(CN)_5{}^{3-}}{} \qquad (4.3.107)$$

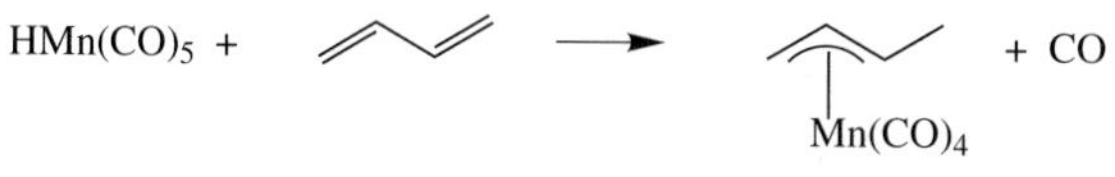

$$HMn(CO)_5 + \diagup\!\!\!\diagdown\!\!\!\diagup \longrightarrow \underset{Mn(CO)_4}{} + CO \qquad (4.3.108)$$

Allyl-Komplexe besitzen eine vielfältige und nützliche Chemie. Wichtige Reaktionen sind eine nucleophile Addition, die durch den Angriff von der dem Metall gegenüberliegenden Seite stereoselektiv (vergleiche **4.3.5**) verlaufen kann (Gleichung 4.3.109), die Addition von Elektrophilen (Gleichung 4.3.110), Insertionsreaktionen (Gleichung 4.3.111) und reduktive Eliminierungen (Gleichung 4.3.112). Ein weiteres Beispiel für einen elektrophilen Angriff auf Allyl-Komplexe wurde bereits in Gleichung 4.3.95 gegeben.

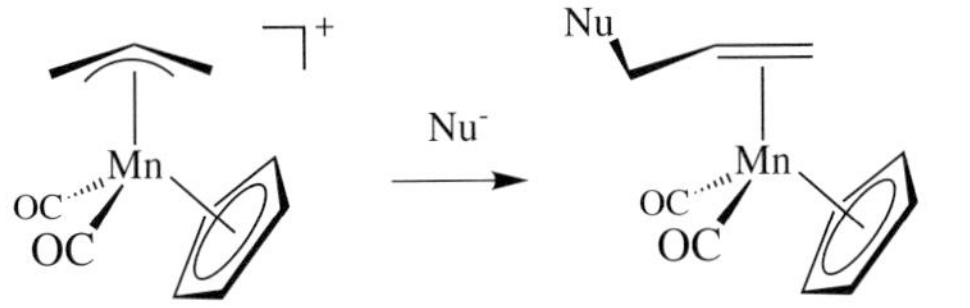

$$(4.3.109)$$

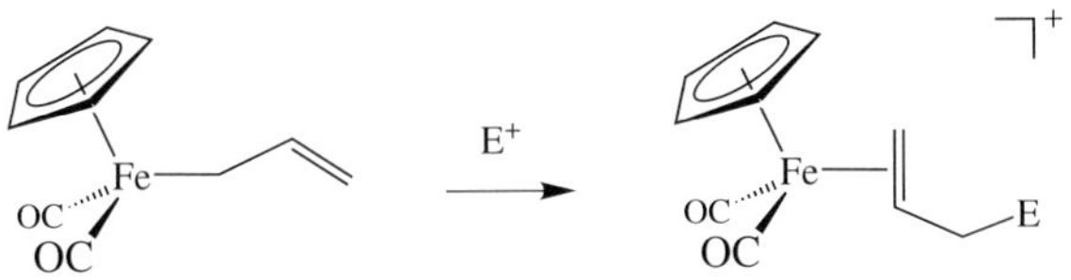

$$(4.3.110)$$

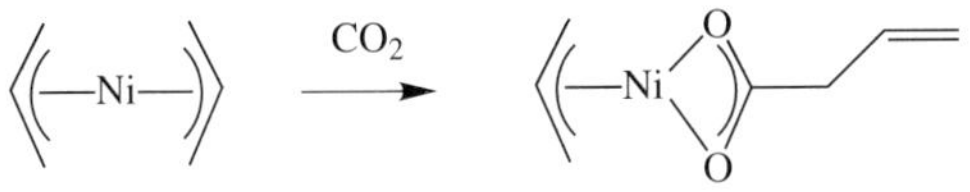

$$(4.3.111)$$

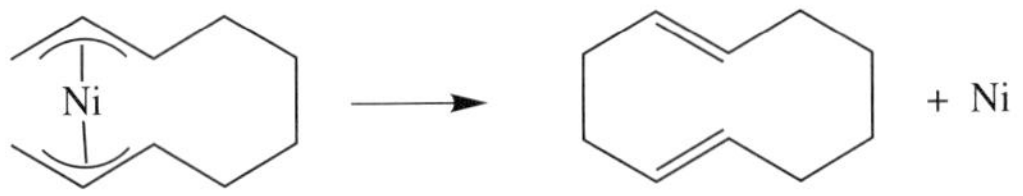

$$(4.3.112)$$

Beispiele für das Auftreten von Allyl-Komplexen als Zwischenstufen in Katalysezyklen oder die Verwendung als Präkatalysator [Bsp. $(\eta^3\text{-C}_3\text{H}_5)_2\text{Ni}$] finden sich in der Butadien-Hydrocyanierung, -Dimerisierung und -Trimerisierung (siehe die Abbildungen 4.4.8 und 4.4.9 in den Abschnitten 4.4.1.4 bzw. 4.4.1.5).

4.3.4.4 Komplexe mit cyclischen π-Liganden

Abbildung 4.3.17 veranschaulicht die Mehrdimensionalität bei der Behandlung der Verbindungen mit cyclischen π-Liganden. Neben der Reihe der Hückel-Aromaten von C_3H_3^+ bis $\text{C}_8\text{H}_8^{2-}$ und dem antiaromatischen C_4H_4-System, die mit den Übergangsmetallen kombiniert werden können, sind ausgehend von den Ringen Variationen möglich, die zu sterisch und/oder elektronisch modifizierten und dabei eng verwandten Liganden führen. Die Wasserstoffatome können durch eine große Zahl organischer Reste ersetzt werden. Hauptsächlich werden Alkyl- und Arylgruppen verwendet, beliebt sind Methyl, iso-Propyl, Trimethylsilyl, tertiär-Butyl, Phenyl, aber auch funktionalisierte Reste, die Ether-, Amin-, Ester- usw. Funktionen enthalten, sind wichtig. Zum Teil können die Wasserstoffatome direkt in einer Substitutionsreaktion chemisch ersetzt werden, häufig müssen die modifizierten Ringsysteme aber neu aufgebaut werden. Die Vielfalt dieser H-Substitutionen gestattet nur ein punktuelles Aufzeigen. Bei den Hauptgruppenorganylen (in Abschnitt 4.2.6.2) und bei der Behandlung der Olefin-Polymerisation mit Metallocenkatalysatoren (Abschnitt 4.4.1.9) wird auf die Bedeutung dieser Art von Ringsubstitution für den Cyclopentadienylliganden besonders eingegangen. Eine zweite Möglichkeit der Substitution betrifft den Austausch von C-H (oder allgemein C-R) gegen Heteroatome der 15. Gruppe (N, P, As, Sb, Bi). Aufgrund des isolobalen Charakters einer C-R-Gruppe und eines solchen Heteroatoms ändert sich die Valenzelektronenzahl im Liganden nicht, und der Hückel-aromatische Charakter bleibt erhalten. Die Entartung der e-Orbitale im carbocyclischen System (siehe Abbildung 4.3.18) wird beim Übergang zum Heterozyklus natürlich aufgehoben, die Energien der Orbitale und ihr Charakter verschieben sich leicht. Eine Auswahl der Variationsmöglichkeiten wird anhand des wichtigen Cyclopentadienylringes aufgezeigt.

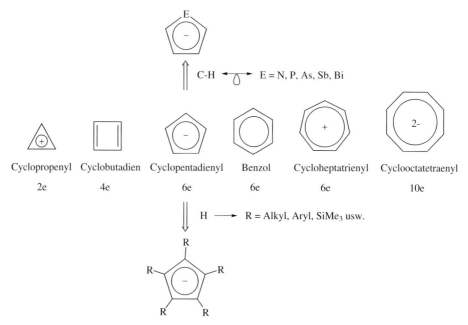

Abbildung 4.3.17. Cyclische π-Liganden C_nH_n und Möglichkeiten der Ringvariation am Beispiel des Cyclopentadienylsystems $C_5H_5^-$. Die Zahl der π-Elektronen ist für das geladene System angegeben. Es sei darauf hingewiesen, dass es für ein Elektronenzählen im Komplex auch genauso gut möglich ist, die Elektronzahl in den neutralen Ringen anzusetzen, also z.B. 5 Elektronen für das Cyclopentadienylsystem und entsprechend dem Metall eine niedrigere Oxidationsstufe zuzuordnen. Am Beispiel des Cyclopentadienylringes werden Variationsmöglichkeiten aufgezeigt, die zu elektronisch und sterisch modifizierten π-Liganden führen. Dieselben Variationen sind prinzipiell auch bei den anderen Ringen möglich. Für den Ersatz der H-Atome durch organische Reste R wurde exemplarisch ein fünffach substituierter Ring $C_5R_5^-$ gezeichnet. Natürlich sind auch partielle Substitutionen zu Ringen der Art $C_5H_{5-n}R_n^-$ sowie Ringe mit verschiedenen Resten R möglich. Für Beispiele zur Auswirkung der Substituenteneffekte siehe etwa die Abbildungen 4.2.10 und 4.2.13 sowie den zugehörigen Text in Abschnitt 4.2.6.2.

Mit allen in Abbildung 4.3.17 gezeigten Ringliganden können Metallkomplexe synthetisiert werden. Der mit Abstand bedeutendste cyclische π-Ligand ist dabei das Cyclopentadienylsystem C_5H_5, für das sich auch die gängige Abkürzung Cp eingebürgert hat. Es gibt Schätzungen, nach denen deutlich über 50% aller metallorganischen Verbindungen wenigstens einen Cp-Liganden oder ein substituiertes Derivat der Form $C_5H_{5-n}R_n$ beinhalten. Eine wichtige sterische und gleichzeitig auch elektronische Modifikation des C_5H_5-Ringes ist dabei der Pentamethylcyclopentadienyl-Ligand, C_5Me_5, für den die Abkürzung Cp* gebräuchlich ist. In zahlreichen Beispielen der vorangegangenen und noch kommenden Abschnitte taucht immer wieder der Cp-Rest als ein Ligand im Metallkomplex auf. Von der Bedeutung her mit deutlichem Abstand folgen dann die Aren-Liganden, d.h. Benzol und seine substituierten Derivate. Im Folgenden sollen einige wichtige Beispiele für Komplexe mit den cyclischen π-Perimetern vorgestellt werden, bei denen die Metall-C_nH_n-Wechselwirkung im Vordergrund steht.

Cyclobutadien-Metall-Komplexe (4.3.26) sind klassische Beispiele für die Stabilisierung hochreaktiver organischer Teilchen in der Koordinationssphäre von Übergangsmetallen. Freies Cyclobutadien (C_4H_4) ist sonst nur in Tieftemperaturmatrizes unterhalb 20 K beständig. Die Synthese der Komplexe gelingt z.B. durch Dehalogenierung von 1,2-Dichlorcyclobuten (Gleichung 4.3.113), aber auch Ringschlussreaktionen ausgehend von Acetylenderivaten sind in der Koordinationssphäre eines Metalls möglich (Gleichung 4.3.114)

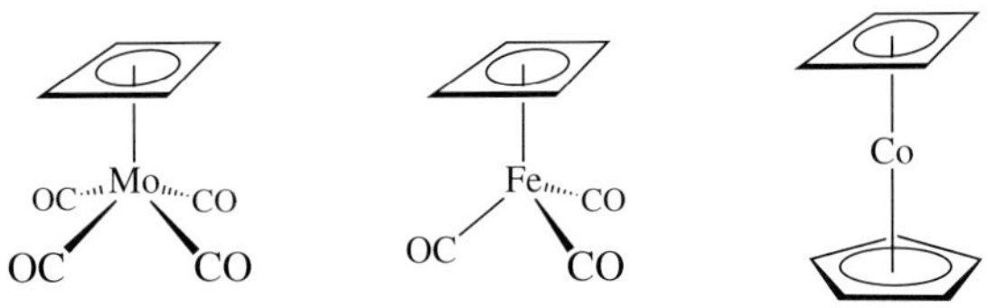

4.3.26

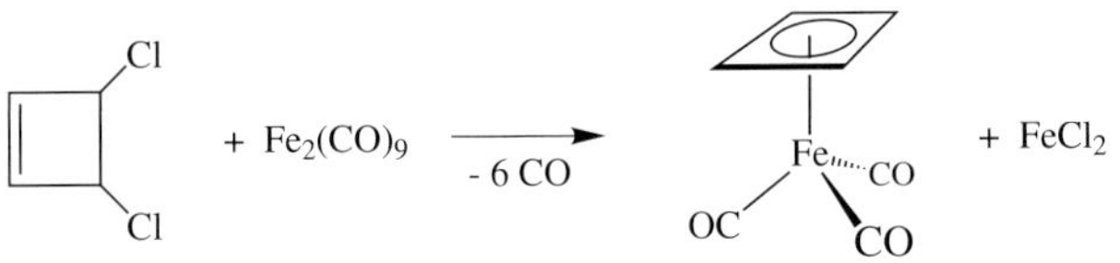

$$+ \text{FeCl}_2 \qquad (4.3.113)$$

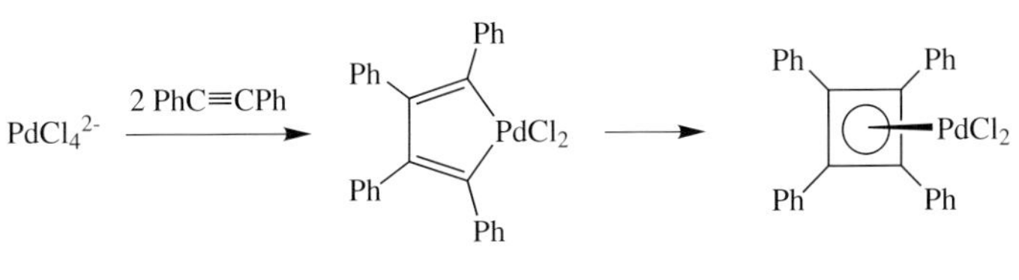

$$(4.3.114)$$

Es sei noch darauf hingewiesen, dass freies Cyclobutadien ein Jahn-Teller-verzerrtes Rechteck ist, während die C-C-Bindungslängen im tetrahapto-koordinierten Cyclobutadien gleich lang sind.

Cyclopentadienyl-Metall-Komplexe, Metallocene. Der Prototyp für die Verbindungsklasse der Metallocene ist das Ferrocen, das thermisch bis über 400 °C und auch an feuchter Luft stabile orangefarbene Bis(cyclopendienyl)eisen(II) (**4.3.27**). Die Metallocene gehören auch zur Klasse der „Sandwich-Komplexe", ein Name, der anschaulich den Aufbau der Moleküle beschreibt, bei denen das Metallatom zwischen den flachen cyclischen π-Systemen zu liegen kommt. In die Verbindungsklasse der „Sandwich-Komplexe" (aber nicht der Metallocene) gehören z.B. auch das Dibenzolchrom, das bei den Arenkomplexen behandelt werden wird, und das Bis(cyclooctatetraenyl)uran (siehe unten). Für die Metallocene und Cyclopentadienyl-Metall-Komplexe der Hauptgruppenelemente wird auf Abschnitt 4.2.6.2 verwiesen. Ferrocen wird auch oft als Geburtsverbindung für die Verselbständigung der Organometallchemie angesehen, da mit seiner Darstellung und den Untersuchungen zum Verständnis der Metall-Ring-Bindung die eigenständige Entwicklung dieses Gebietes begann. Der Nobelpreis für Chemie wurde 1973 an E.O. Fischer und G. Wilkinson für ihre fundamentalen Beiträge zur Synthese und Strukturaufklärung der Aromaten-Übergangsmetall-π-Komplexe verliehen. Der Name Ferrocen, nachdem die gesamte Klasse von Bis(cyclopentadienyl)metall-Verbindungen auch Metallocene genannt wird, leitet sich vom lateinischen ‚ferrum' für Eisen und dem englischen ‚benzene' für Benzol her, wobei letzteres ein Hinweis auf den aromatischen Charakter der Cyclopentadienylringe in der Verbindung ist (siehe auch unten die Reaktivität von Ferrocen).

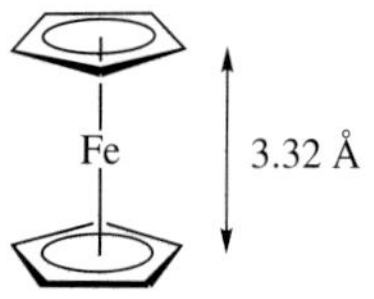

Fe   3.32 Å

4.3.27

Cyclopentadienylliganden lassen sich leicht im Austausch gegen Halogenidliganden bei der Umsetzung von Metallhalogeniden mit Alkalimetall- oder Thalliumcyclopentadienid in Übergangsmetallkomplexe einführen (Gleichungen 4.3.115 und 4.3.116).

$$MX_2 + 2\,C_5H_5M' \xrightarrow{\text{THF oder Et}_2O} (C_5H_5)_2M + 2\,M'X_2$$

M z.B. V, Cr, Mn, Fe, Co
M' = Li, Na, K, Tl
X = Halogenid

$$MXL_n + C_5H_5M' \longrightarrow (C_5H_5)ML_n + M'X$$

$$(4.3.115)$$
$$(4.3.116)$$

Ausgewählte Vertreter der Metallocene sollen im Folgenden kurz vorgestellt werden:

Ferrocen (**4.3.27**) zeichnet sich durch eine hohe thermische, Luft- und Hydrolysestabilität aus. Sein Schmelzpunkt liegt bei 173 °C, oberhalb von 100 °C sublimiert es und bildet im Festkörper gelborange Kristalle aus. Die Ebenen der Cyclo-

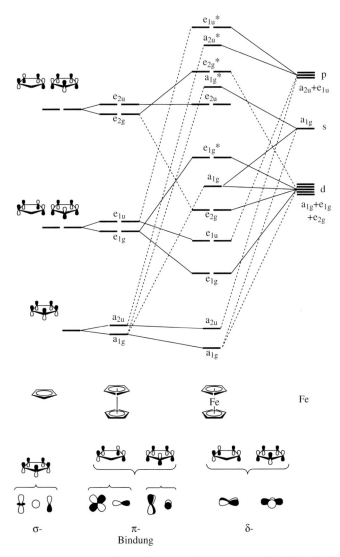

Abbildung 4.3.18. Molekülorbital-Diagramm für Ferrocen, $(C_5H_5)_2Fe$, in der gestaffelten D_{5d}-symmetrischen Konformation, aufgebaut aus der Wechselwirkung des Liganden- mit dem Metallfragment. Aus den fünf π-Molekülorbitalen eines einzelnen Ringliganden wird dabei auf der Ligandenfragmentseite zunächst eine gerade und ungerade (bindende bzw. antibindende) Linearkombination gebildet, deren energetische Aufspaltung wegen der Entfernung der beiden Ringe aber minimal ist. Aus Gründen der Übersichtlichkeit wurden diese Linearkombinationen nicht mehr gezeichnet. Wichtig ist ihre unterschiedliche Symmetrie, so dass nur Wechselwirkungen mit bestimmten Metallorbitalen möglich sind. Die wichtigen Wechselwirkungen eines Cp-Liganden mit den Metallorbitalen sind am Fuß der Abbildung zusammengestellt. Mit Eisen als Zentralmetall sind in diesem 18-Valenzelektronenkomplex gerade die Metall-Ligand bindenden und nichtbindenden Orbitale bis einschließlich a_{1g} vollständig besetzt, alle antibindenden Orbitale sind leer. Die Symmetriebezeichnungen gelten für die Punktgruppe D_{5d}.

pentadienylringe sind exakt parallel, mit einem Ringebenen-Abstand von 3.32 Å, was dem van-der-Waals-Kontakt zweier π-Systeme entspricht (vergleiche den Abstand der Kohlenstoffschichten im Graphit mit 3.30 Å). Die Rotationsbarriere für die Drehung der Ringe um die Metall-Ringmittelpunktsachse beträgt für die unsubstituierten Cp-Ringe nur wenige kJ/mol. Für $(C_5H_5)_2Fe$ findet man im Kristall eine ekliptische Anordnung der Ringe; mit Substituenten, z.B. in $(C_5Me_5)_2Fe$, wird dann aber die gestaffelte Konformation im Festkörper eingenommen. Innerhalb einer Übergangsmetallperiode erfüllen die Elemente der 8. Gruppe in ihren binären ungeladenen Bis(cyclopentadienyl)-Verbindungen als einzige die 18-Valenzelektronenregel, was mit ein Grund für die hohe Stabilität dieser Komplexe ist. Wesentlich für die Stabilität ist aber auch der hohe Kovalenzcharakter der Cyclopentadienyl-Eisen-Bindung, die nur wenig polar ist. Das MO-Diagramm für Ferrocen ist in Abbildung 4.3.18 gezeichnet.

Trotz seiner Stabilität ist Ferrocen dabei durchaus nicht unreaktiv. Ferrocen und seine Ring-substituierten Derivate lassen sich durch konzentrierte Schwefelsäure und andere Oxidationsmittel wie $NOBF_4$, $AgPF_6$ oder auch elektrochemisch zu stabilen, paramagnetischen, 17-Valenzelektronen Ferrocenium-(Ferricinium-)Kationen $[(C_5R_5)_2Fe]^+$ oxidieren. Die tiefblauen Ferroceniumsalze lassen sich dann präparativ wiederum als vielseitige Oxidationsmittel einsetzen.

Wegen des aromatischen Charakters der Cyclopentadienylliganden im Ferrocen lassen sich diese ähnlich wie Benzolringe und unter Erhalt der Metall-Ligand-Bindung alkylieren, acylieren, metallieren und sulfonieren. Das Gleichungssystem 4.3.117 zeigt einige der aromatischen Substitutionsreaktionen an Ferrocen.

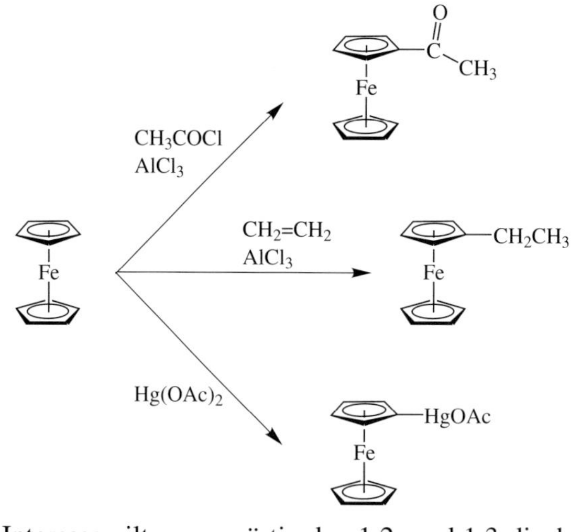

$$(4.3.117)$$

Großes Interesse gilt gegenwärtig den 1,2- und 1,3-disubstituierten Ferrocenen und ihrer mit dem Substitutionsmuster zusammenhängenden planaren Chiralität (**4.3.28**). In vielen Fällen dienen diese planar-chiralen Ferrocene über die Donoratome der Ringsubstituenten als Chelat-Liganden für Übergangsmetall-katalysierte Reaktionen in der asymmetrischen organischen Synthese. Einen direkten, hoch enantioselektiven Zugang zu solchen Ferrocenderivaten zeigt Gleichung 4.3.118 mit der durch ein chirales Alkaloid (Spartein) vermittelten dirigierten ortho-Metallierung.

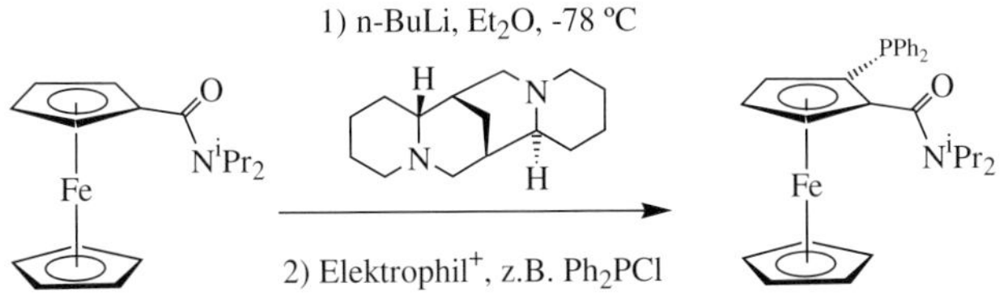

$$(4.3.118)$$

4.3.28

Die neutralen Metallocene von Elementen der übrigen d-Gruppen können keine 18-Valenzelektronenkonfiguration aufweisen und sind entsprechend stärker luftempfindlich. So wird das 19-VE-Cobaltocen, $(C_5H_5)_2Co$, leicht zum Cobaltocenium-Kation $[(C_5H_5)_2Co]^+$ oxidiert, das mit jetzt 18-Valenzelektronen isoelektronisch zum Ferrocen und entsprechend stabiler ist. Nickelocen, $(C_5H_5)_2Ni$ (20 VE), wird an Luft zum weiterhin labilen $[(C_5H_5)_2Ni]^+$ oxidiert. Die Metallocene der frühen Übergangsmetalle weisen demgegenüber eigentlich einen ausgeprägten Elektronenmangel auf. So ist die Verbindung Titanocen „$(C_5H_5)_2Ti$" eine 14-Valenzelektronen-Spezies. Zur Behebung dieses Elektronenmangels entsteht bei der Synthese durch Umsetzung von $TiCl_2$ mit C_5H_5Na oder durch Reduktion von $(C_5H_5)_2TiCl_2$ eine dimere Verbindung, in der aus zwei Cyclopentadienylringen ein Fulvalendiyl-Brückenligand gebildet wurde und in der die beiden dadurch freigewordenen H-Atome 2-Elektronen/3-Zentren-Brücken zwischen den Titanatomen bilden (**4.3.29**). Jedes Titanzentrum trägt dann noch einen Cp-Liganden. Wenn man noch eine Titan-Titan-Bindung annimmt, erreichen auf diese Weise beide Titanatome eine 16-Valenzelektronenkonfiguration. Neben der in **4.3.29** gezeigten Struktur kennt man weitere mehr oder weniger gut charakterisierte Formen für „Titanocen".

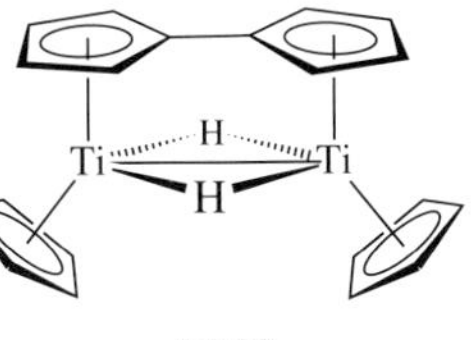

4.3.29

Wird anstelle des C_5H_5- der C_5Me_5-Ligand verwendet, so besteht für das 14-VE-Decamethyltitanocen, $(C_5Me_5)_2Ti$, keine Möglichkeit mehr, dem Elektronenmangel über eine Ringkondensation und Dimerisierung auszuweichen. Tatsächlich kann der paramagnetische 14-VE-Komplex (**4.3.30a**) auch isoliert werden. Er steht jedoch im Gleichgewicht mit einer diamagnetischen Verbindung, in der das Titan-

atom sich in eine C-H-Bindung einer Methylgruppe des Cp*-Liganden eingescho-
ben hat (C-H-Aktivierung). In dem Cyclopentadienyl-Fulven-Hydrido-Komplex
(**4.3.30 b**) erreicht das Titan dann eine 16-Valenzelektronenschale.

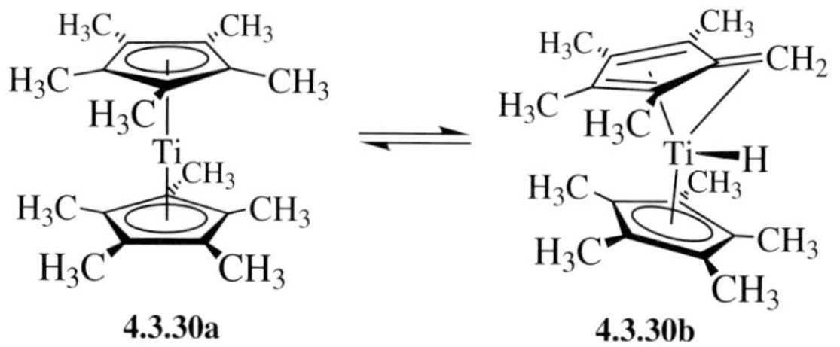

4.3.30a   **4.3.30b**

Mit dem durch die Silylgruppe besseren Elektronendonor-Liganden C_5Me_4-
(SiMe$_2^t$Bu) wird ein formal 14-VE-Titanocen mit parallelen Cp-Ringen erhalten
(**4.3.31**).

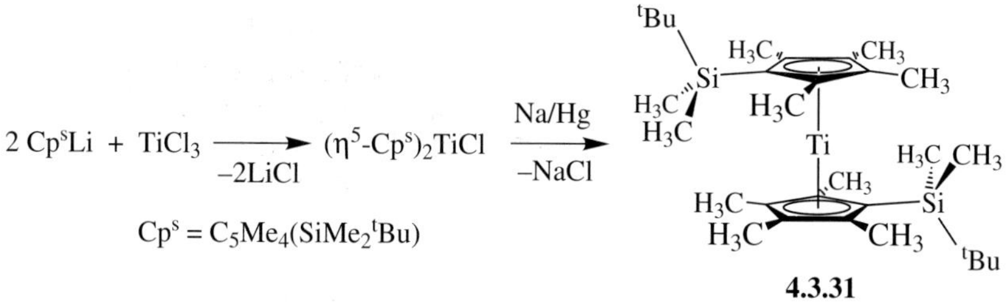

$$2\ Cp^sLi\ +\ TiCl_3 \xrightarrow[-2LiCl]{} (\eta^5\text{-}Cp^s)_2TiCl \xrightarrow[-NaCl]{Na/Hg}$$

$$Cp^s = C_5Me_4(SiMe_2{}^tBu)$$

4.3.31

Die Verbindung Niobocen, „$(C_5H_5)_2$Nb", hilft dem Elektronenmangel durch intermolekulare C-H-Aktivierung und Einschub des Metalls in eine C-H-Bindung des
Liganden vom jeweiligen Nachbarmolekül ab, so dass ein Dimeres mit zwei η^1:η^5-
Cyclopentadienylbrücken entsteht (**4.3.32**). Der terminale Cyclopentadienyl- und
der Hydridligand an jedem Metallatom sowie eine Metall-Metall-Bindung ergeben
dann Niobzentren mit jeweils 18 Valenzelektronen.

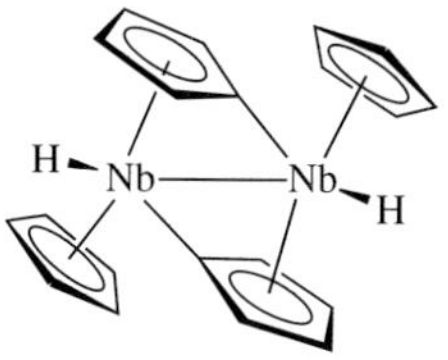

4.3.32

Die Verbindung Manganocen, „$(C_5H_5)_2$Mn", liegt im Festkörper nicht als Sand-
wich- sondern in einer Kettenstruktur mit unsymmetrisch verbrückenden Cyclopentadienyl-Liganden vor (**4.3.33**). Die Kettenanordnung erinnert etwas an die Struktur
von Plumbocen (siehe Abbildung 4.2.12), allerdings befindet sich der Brückenligand im Manganocen nicht symmetrisch zwischen den Metallzentren sondern ist
zur Verbindungsachse stark gekippt, so dass sich die Mn-C-Abstände über den Bereich von 2.4–3.3 Å erstrecken.

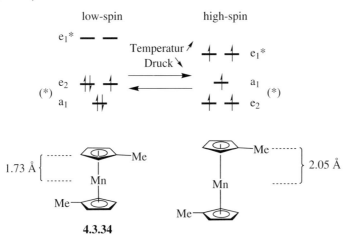

4.3.33

Substituierte Manganocene zeigen dann aber die normale Sandwichstruktur (siehe **4.3.34**). Allerdings kann in Abhängigkeit vom Substitutionsmuster ein Spin-crossover-Verhalten beobachtet werden (vergleiche dazu Abschnitt 2.9, S. 207). Eine Temperaturerhöhung oder auch eine Druckerniedrigung verschiebt beim 1,1′-Dimethylmanganocen (**4.3.34**) das Spingleichgewicht von der low-spin Form zum high-spin Komplex. Mit der Änderung des Spinzustandes ist auch eine Änderung in der Metall-Ligand-Bindungslänge verbunden. Die Besetzung der Metall-Ligand-antibindenden Niveaus im high-spin Zustand führt zu einer Aufweitung des Metall-Ring-Abstandes (Abbildung 4.319; vergleiche Abschnitt 2.9, Abbildung 2.9.6).

4.3.34

Abbildung 4.3.19. Schematische Darstellung des Spincrossover-Phänomens beim 1,1′-Dimethylmanganocen. Eine Temperaturerhöhung oder eine Druckerniedrigung verschiebt das Gleichgewicht in Richtung auf den high-spin Zustand mit seinen fünf ungepaarten Elektronen (und umgekehrt). Die Änderung im Spinzustand geht einher mit einer Änderung der Metall-Ligand-Bindungslänge und der Orbitalreihenfolge. (*) Die energetische Orbitalreihenfolge für Manganocene im low-spin Zustand ist wahrscheinlich $a_1 < e_2$, mit der Elektronenkonfiguration $(a_1)^2(e_2)^3$. Im high-spin Zustand liegt die für die meisten Metallocene übliche Reihung $e_2 < a_1 < e_1^*$ vor.

Es sei noch erwähnt, dass auch in Übergangsorganylen der Cyclopentadienyl-ring monohapto (η^1 oder σ) an das Metall koordiniert sein kann. Ein Beispiel ist die Verbindung Tetrakis(cyclopentadienyl)zirconium (**4.3.35**), in der aus sterischen

Gründen nur drei der vier Ringe pentahapto an das Metall koordiniert sein können, während der vierte über eine Einfachbindung angebunden ist. In Lösung zeigt die Verbindung allerdings eine fluktuierende Struktur mit Äquilibrierung aller Ringe, was sich in nur einem einzigen Signal im ^{1}H-NMR-Spektrum für alle Protonen äußert. Der Bis(cyclopentadienyl)eisendicarbonyl-Komplex **4.3.36** hingegen zeigt ein fluktuierendes Verhalten bei Zimmertemperatur nur für den sigma-gebundenen Cp-Liganden. Der unterschiedliche Charakter der beiden Cp-Ringe bleibt erhalten und es werden zwei Signale im Protonen-NMR beobachtet. Die Dynamik der haptotropen Verschiebungen des η^1-Cp-Ringes lassen sich unterhalb von –40 °C langsam einfrieren (vergleiche dazu das analoge fluktuierende Verhalten bei Cp-Hauptgruppenorganylen in Abschnitt 4.2.6.1).

4.3.35   **4.3.36**

Für eine Anwendung von Metallocenverbindungen des Zirconiums in der Olefin-Polymerisation siehe Abschnitt 4.4.1.9. Chromocen, $(C_5H_5)_2Cr$, wird als Vorstufe in der Katalysatorherstellung beim Union Carbide Verfahren zur Ethenpolymerisation eingesetzt (Abschnitt 4.4.2.3).

Aren-Metall-Komplexe: Die Koordination von Benzol und seinen substituierten Derivaten an Übergangsmetallfragmente erfolgt über kovalente Orbitalwechselwirkungen und ist damit von anderer Natur als die bereits in Abschnitt 4.2.6.4 vorgestellte, schwache elektrostatische Kation-Aren-Wechselwirkung der Hauptgruppenmetalle. Für ein Verständnis der Wechselwirkung der cyclischen π-Liganden mit Übergangsmetallen und deren Wertung zugunsten der kovalenten π-Wechselwirkung gegenüber einer elektrostatischen Anziehung war die Isolierung von Aren-Metall-Komplexen von großer Bedeutung. Denn bei der Anbindung des anionischen Cyclopentadienyl-Liganden an Metallkationen war die untergeordnete Rolle der elektrostatischen Wechselwirkung nicht von vornherein klar. Erst die Synthese der Sandwichverbindung Dibenzolchrom **4.3.37** durch Fischer und Hafner belegte die vorherrschende Bedeutung der kovalenten Bindung in diesen π-Komplexen. Im 18-Valenzelektronenkomplex Dibenzolchrom wird eine stabile Metall-Ligand-Bindung aus der π-Wechselwirkung zwischen Neutralfragmenten erhalten. Die erste Synthese des braunen und luftempfindlichen Dibenzolchrom gelang durch reduktive Friedel-Crafts-Reaktion mit Chrom(III)chlorid und Benzol in Gegenwart von Aluminiumchlorid und Aluminiumpulver. Dabei wird zunächst das luftstabile Dibenzolchrom-Kation erhalten, welches mit Dithionit zur Neutralverbindung reduziert wird (Gleichung 4.3.119).

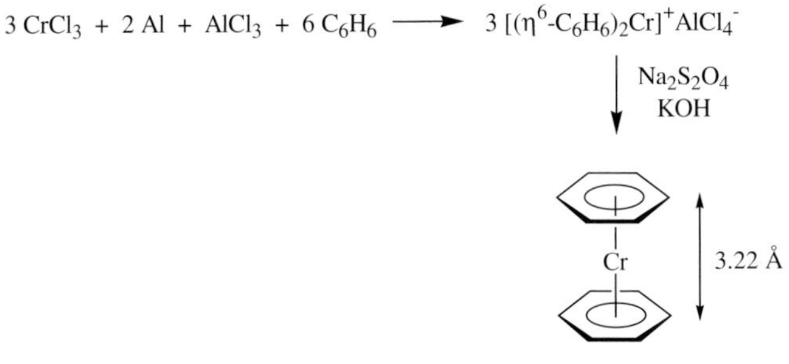

$$3\ CrCl_3\ +\ 2\ Al\ +\ AlCl_3\ +\ 6\ C_6H_6\ \longrightarrow\ 3\ [(\eta^6\text{-}C_6H_6)_2Cr]^+AlCl_4^-$$

$$\downarrow \quad \begin{matrix} Na_2S_2O_4 \\ KOH \end{matrix}$$

(4.3.119)

3.22 Å

4.3.37

Dieser Syntheseweg ist auch für zahlreiche andere Metalle wie V, Mo, W, Tc, Re, Fe, Ru, Os, Co, Rh, Ir und Ni anwendbar sowie für Arene, die gegenüber den Reaktionsbedingungen (AlCl$_3$) inert sind. Gleichung 4.3.120 zeigt die Darstellung des gemischten Cyclopentadienyl-Benzol-Eisen-Kations.

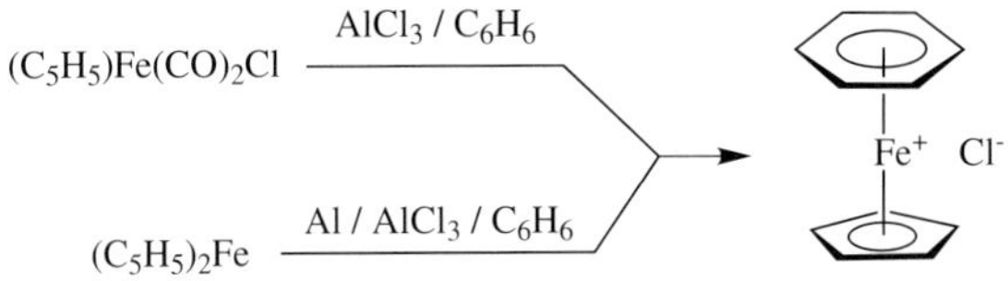

(4.3.120)

Eine elegante Möglichkeit für die Darstellung binärer Aromatenkomplexe bietet die Metallatom-Ligand-Cokondensationstechnik, also die Verdampfung des Metalls und seine gemeinsame Kondensation mit dem Aromaten in großem Überschuss in einer Tieftemperaturmatrix gefolgt von einer langsamen Erwärmung. Die Bis-(aren)-Komplexe des Titans wurden z.B. auf diese Weise erhalten (Gleichung 4.3.121).

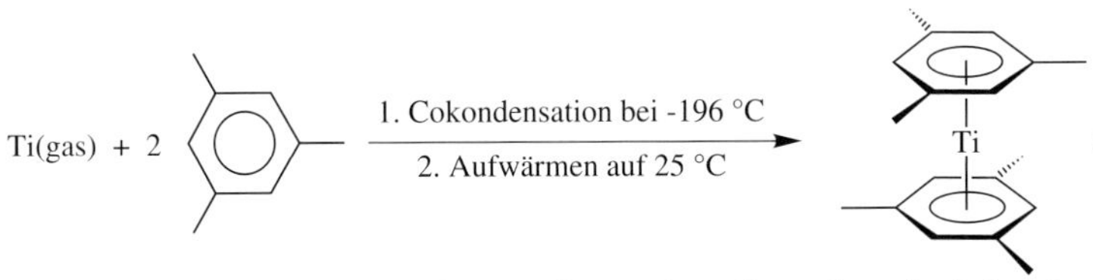

(4.3.121)

Aren-Metall-Carbonylkomplexe mit nur einem Arenliganden sind durch vielfältige Ligandensubstitutionsreaktionen zugänglich, wie Beispiele in den Gleichungen 4.3.122 bis 124 zeigen.

$$Mo(CO)_6\ +\ C_6H_6\ \xrightarrow{\ \Delta\ }\ (\eta^6\text{-}C_6H_6)Mo(CO)_3\ +\ 3\ CO \tag{4.3.122}$$

$$2\ V(CO)_6\ +\ C_6H_6\ \longrightarrow\ [(\eta^6\text{-}C_6H_6)V(CO)_4]^+[V(CO)_6]^-\ +\ 2\ CO \tag{4.3.123}$$

$$MnX(CO)_5\ +\ C_6H_6\ +\ AlCl_3\ \xrightarrow{\ \Delta\ }\ [(\eta^6\text{-}C_6H_6)Mn(CO)_3]^+[AlCl_3X]^-\ +\ 2\ CO \tag{4.3.124}$$
$$X = Cl,\ Br$$

Ähnlich dem einkernigen Benzol können auch mehrkernige Polyphenyle und kondensierte Polyarene mit einem oder mehreren Ringen an Metall binden (**4.3.38** und **4.3.39**).

4.3.38   **4.3.39**

Die Molekülorbital-Beschreibung der Metall-Aren-Bindung ähnelt der einer Cyclopentadienyl-Metall-Wechselwirkung (vergleiche dazu Abbildung 4.3.18 und Aufgabe 11).

Das koordinierte Aren behält im Metallkomplex seine Aromatizität bei, wie die identischen C-C-Bindungslängen und die weiterhin möglichen, aromatischen Substitutionsreaktionen zeigen. Die Reaktivität wird allerdings durch die Metallkoordination modifiziert. Substitutionsreaktionen verlaufen schwerer und sind wegen einer Oxidation des Metallzentrums zum Teil auch nicht durchführbar, eine Metallierung des Ringes und daran anschließende Folgereaktionen sind aber leichter möglich (Gleichung 4.3.125).

(4.3.125)

Für Metallverbindungen mit nur einem cyclischen π-Liganden (**4.3.40**) hat sich auch die Bezeichnung Halbsandwich-Komplex eingebürgert, und wenn die π-Ringe nicht mehr parallel zueinander stehen, spricht man von gewinkelten Sandwichkomplexen (**4.3.41**). Auch Mehrfachdecker-Sandwichkomplexe (**4.3.42**) sind mittlerweile in größerer Zahl bekannt.

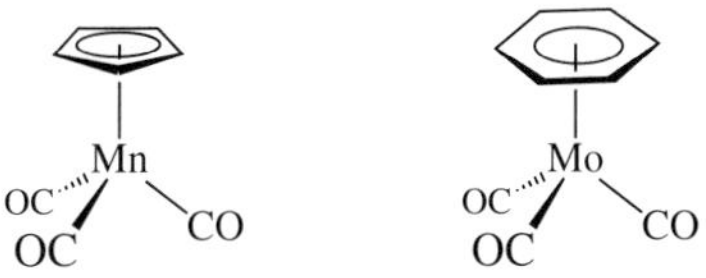

(Cymantren)

4.3.40

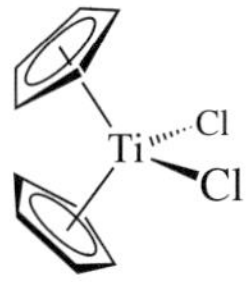

4.3.41

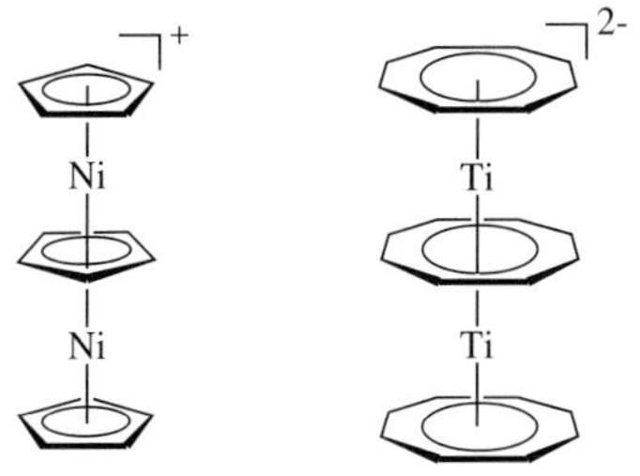

4.3.42

Komplexe mit dem Cycloheptatrienyl-Liganden η^7-C$_7$H$_7$ sind direkt durch Reduktion von Metallhalogeniden in Gegenwart von Cycloheptatrien, C$_7$H$_8$, zugänglich. Die Gleichungen 4.3.126a–c geben je ein Beispiel aus den Gruppen 4–6. Den η^7-C$_7$H$_7$-Liganden in Komplexen als kationisches, 6-Elektronen-aromatisches Tropylium-Ion, C$_7$H$_7^+$ (vgl. Abb. 4.3.17) zu betrachten, ist jedoch nicht richtig. Die alternative Grenzbeschreibung als Hückel-aromatisches 10-Elektronen C$_7$H$_7^{3-}$-Ion gibt eine etwas bessere aber immer noch keine optimale Deutung der Metall-Ligand-Bindungssituation. Am besten wird der η^7-Cycloheptatrienyl-Ligand wohl als 7-Elektronendonor und dreiwertiger Ligand angesehen, der drei Elektronen vom Metall für die Ausbildung der kovalenten M-(η^7-C$_7$H$_7$)-Bindungen benötigt. Der C$_7$H$_8$-Ring bindet vielfach auch gut als neutrales η^6-Trien an Metallfragmente. Aus einer H-Wanderung zwischen zwei (Komplex-gebundenen) C$_7$H$_8$-Gruppen kann die stabilere Kombination des 5-Elektronen-η^5-Cycloheptadienyl-Liganden, C$_7$H$_9$, mit η^7-C$_7$H$_7$ resultieren (Gl. 4.3.126c).

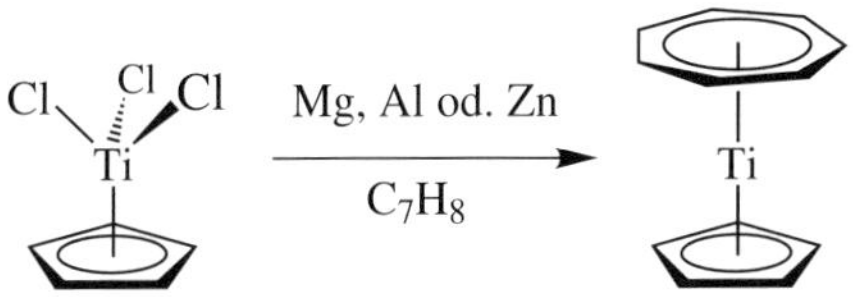

(4.3.126a)

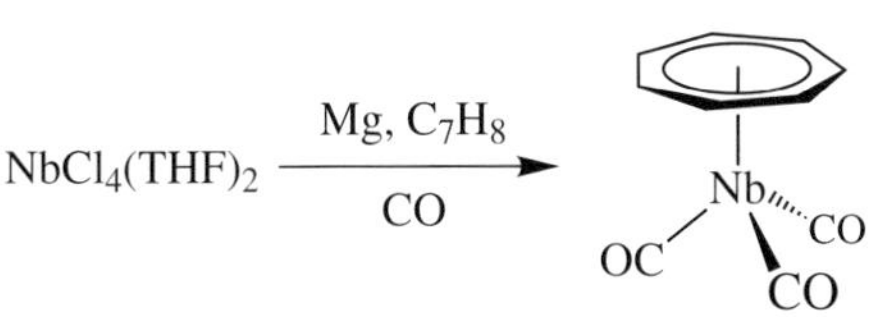

(4.3.126b)

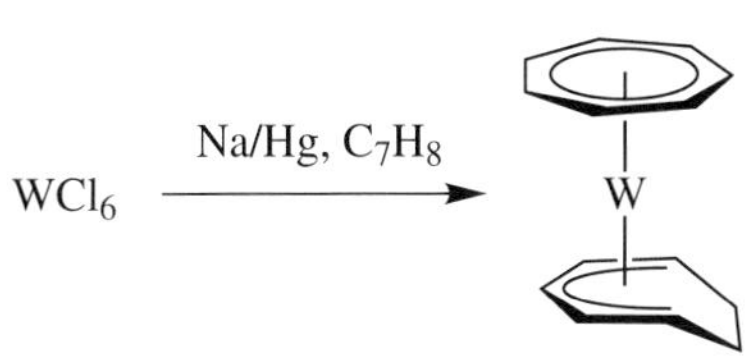

(4.3.126c)

Der **Cyclooctatetraenyl-Ligand C$_8$H$_8^{2-}$** bzw. das Cyclooctatetraen C$_8$H$_8$ bildet nur mit den frühen Übergangsmetallen octahapto-(η^8-)koordinierte Komplexe, da diese eine große Zahl von Elektronen zum Erreichen der 18 Valenzelektronen benötigen. Mit Metallen jenseits der 6. Gruppe sind keine η^8-Komplexe mit diesem Liganden bekannt. Mit Cer und einigen Actinoiden existieren Sandwich-Komplexe des Cyclooctatetraenyls. Als Beispiel sei das luftempfindliche, aber hydrolysebeständige Bis(cyclooctatetraenyl)uran(IV), „Uranocen", (**4.3.43**) erwähnt. Für die Anbindung des C_8H_8-Liganden an die Actinoide ist zusätzlich zum Bindungsbeitrag der 6d-Orbitale eine Überlappung mit den 5f-Orbitalen anzunehmen, da der Achtringligand über Orbitale der geeigneten Symmetrie verfügt.

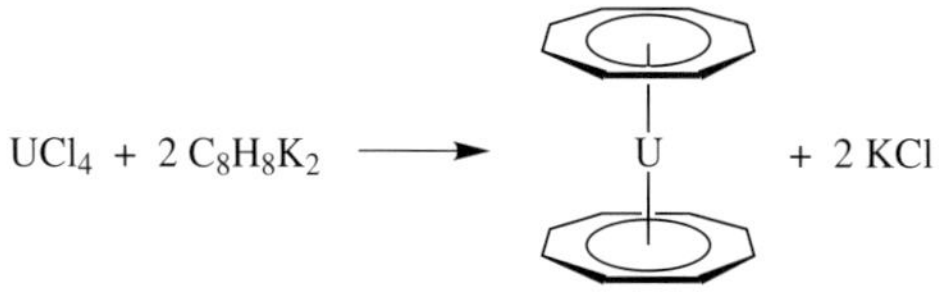

$$UCl_4 + 2\,C_8H_8K_2 \longrightarrow \quad U \quad + 2\,KCl$$

4.3.43

4.3.5 Agostische Wechselwirkungen

Das Wort „agostisch" stammt aus dem griechischen und bedeutet „sich selbst festhalten". Es bezeichnet im Allgemeinen kovalente Wechselwirkungen zwischen einer C-H-Bindung eines Liganden und einem Metallatom, an den dieser Ligand gebunden ist. Dabei ist der Wasserstoff gleichzeitig mit dem Metall- als auch mit dem Kohlenstoffatom in einer 2-Elektronen/3-Zentren-Bindung verbunden. Bei metallorganischen Verbindungen sind zahlreiche Beispiele bekannt, jedoch sind agostische Wechselwirkungen nicht nur auf diesen Verbindungstyp beschränkt (siehe Beispiel **4.3.45**). Drei Beispiele für agostische Wechselwirkungen sind in **4.3.44**–**4.3.46** gezeigt. Eine agostische Wechselwirkung wird mit einem Halbpfeil angedeutet.

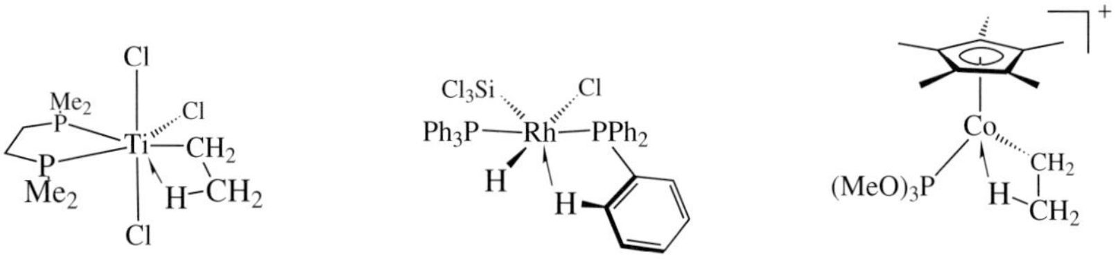

4.3.44   **4.3.45**   **4.3.46**

Agostische Wechselwirkungen können durch die Hochfeldverschiebung des ^{1}H-NMR-Signals von der normalen Position für ein Aryl- oder Alkylproton zu der eines Hydridliganden (typischerweise zwischen –5 und –15 ppm) erkannt werden. Außerdem ist die C-H-Kopplungskonstante bei einer agostischen Wechselwirkung einer CH_3-Gruppe mit 70–100 Hz niedriger als die normalen 125 Hz. Eine CH_2-Gruppe weist eine Kopplungskonstante von 160 Hz auf, die bei agostischer Wechselwirkung auf 120 Hz sinkt. Ein vielfach existierender fluktuierender Charakter der agostischen Verbindungen, etwa wenn mehrere Wasserstoffatome an dem Kohlenstoffatom für eine solche Wechselwirkung zur Verfügung stehen, kann die Auswertung komplizieren. Eine Erniedrigung der C-H-Valenzschwingungen im IR auf

Werte um 2800 cm^{-1} und darunter, bedingt durch die Schwächung der C-H-Bindung, kann manchmal auch als Kriterium herangezogen werden. Strukturinformationen werden angesichts der Schwierigkeit, Wasserstoffatome neben Schwermetallen in einer Röntgenstruktur zu lokalisieren, am besten aus Neutronenbeugungsdaten entnommen. Typische agostische M-H-Abstände liegen zwischen 1.85 und 2.4 Å.

Agostische Wechselwirkungen sind nicht nur auf Moleküle im Grundzustand beschränkt, sondern sie spielen sicher sehr viel häufiger eine wichtige Rolle im Rahmen von Übergangszuständen oder Zwischenstufen, z.B. bei der Hydrometallierung eines Olefins oder der Umkehrung, der β-Wasserstoffeliminierung (Gleichung 4.3.127, siehe dazu auch Abschnitt 4.3.6). Generell kann man sich die agostische Wechselwirkung als eine Elektronenspende der C-H-Bindung in ein leeres d-Orbital des Metalls vorstellen. Sie wird vielfach bei elektronenarmen Metallzentren beobachtet, die auf diese Weise versuchen, den Elektronenmangel teilweise zu vermindern.

$$\tag{4.3.127}$$

In Alkyliden-Komplexen (Schrock-Carbenen, siehe Abschnitt 4.3.2) werden statt des erwarteten M=C(H)-C-Bindungswinkels von 120° Werte um 160–170° gefunden. Diese Verzerrung wird mit einer α-agostischen Wechselwirkung gedeutet (**4.3.47**). Für die Schrock-Alkyliden-Komplexe ist ja gerade das Vorliegen der Metalle in hohen Oxidationsstufen (z.B. +5 bei Tantal) und damit eine Elektronenarmut charakteristisch.

4.3.47   trans-Produkt

Auch für die Olefin-Polymerisation mit Ziegler-Natta- oder Metallocenkatalysatoren wird im Rahmen des „modifizierten Green-Rooney-Mechanismus" eine Unterstützung der Olefin-Insertion durch eine α-agostische Wechselwirkung diskutiert. Es liegen hier elektronenarme d^0- oder d^1-Systeme vor (siehe Abbildung 4.4.36). Für den Nachweis von agostischen Wechselwirkungen im Rahmen von Reaktionsabläufen ist vor allem das Studium von Isotopeneffekten über den Austausch von H gegen D geeignet. Gleichung 4.3.128 zeigt als Beispiel die Cyclisierung von trans,trans-1,6-d$_2$-1,5-hexadien mit einem Scandocenhydrid und die Abspaltung des Fünfrings mit Wasserstoff. Im Produkt findet man für das trans:cis-Verhältnis von Deuteriumatom zu CH$_2$D-Gruppe einen von eins verschiedenen Wert. Als Erklärung für diese Abweichung bietet es sich an, eine α-agostische

Wechselwirkung im Übergangszustand der Olefin-Insertion in die Sc-C-Bindung anzunehmen. Der Isotopeneffekt begünstigt dabei einen Sc-H- gegenüber einem Sc-D-Kontakt. In **4.3.48** ist der Übergangszustand mit der günstigeren Sc-H-α-agostischen Wechselwirkung skizziert; er führt bei Ringschluss zum trans-Produkt, welches demzufolge in leichtem Überschuss erwartet werden würde.

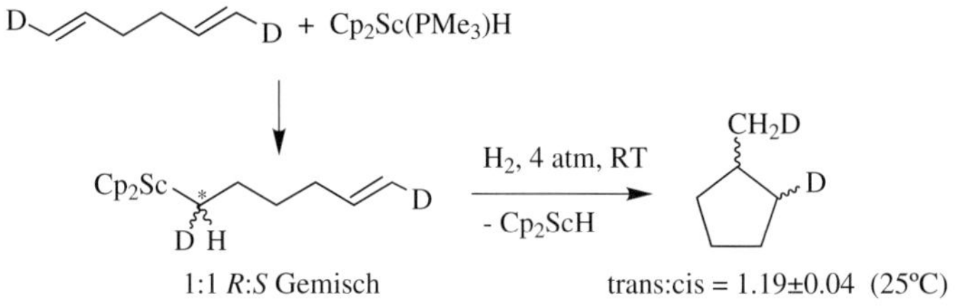

$$(4.3.128)$$

4.3.6 Zusammenstellung von Elementarreaktionen mit Metallorganylen

Oxidative Addition/Reduktive Eliminierung: Unter der oxidativen Addition versteht man den Einschub eines Metallzentrums in eine Substratbindung, so dass sich die Koordinations- und die Oxidationszahl des Metalls im Produktkomplex um zwei Einheiten erhöht. Die reduktive Eliminierung ist die Umkehrung der oxidativen Addition, also die Abspaltung zweier Liganden aus einem Komplex, verbunden mit der Erniedrigung der Oxidationszahl um zwei Einheiten. In den meisten Fällen bilden diese beiden Liganden dann miteinander eine Verbindung (Gleichung 4.3.129). Im übernächsten Absatz wird mit der α-Wasserstoffeliminierung auch ein Beispiel für eine intramolekulare, oxidative Addition gegeben (siehe Gleichung 4.3.132). Oxidative Addition und reduktive Eliminierung sind dabei keine neuen Reaktionen, sondern im Prinzip bereits alt bekannt: So ist die Bildung einer Grignard-Verbindung RMgX eine oxidative Addition von RX an Mg; ebenso die Chlorierung von $SnCl_2$ zu $SnCl_4$. Wichtig bei katalytischen Prozessen ist das Auftreten beider Teilschritte in einem Zyklus und der damit einhergehende, reversible Oxidationsstufen- und Koordinationszahlwechsel: Eine Eduktspezies wird oxidativ addiert, in der Koordinationssphäre des Metalls erfolgt eine Bindungsknüpfung oder Umlagerung und das Produkt oder ein Intermediat wird reduktiv eliminiert. Dabei wird meistens die aktive Katalysatorspezies zurückgebildet, die dann erneut für den Beginn des Zyklus zur Verfügung steht. Eine oxidative Addition ist natürlich nicht bei Komplexen möglich, in denen sich das Metall bereits in der höchsten möglichen Oxidationsstufe befindet.

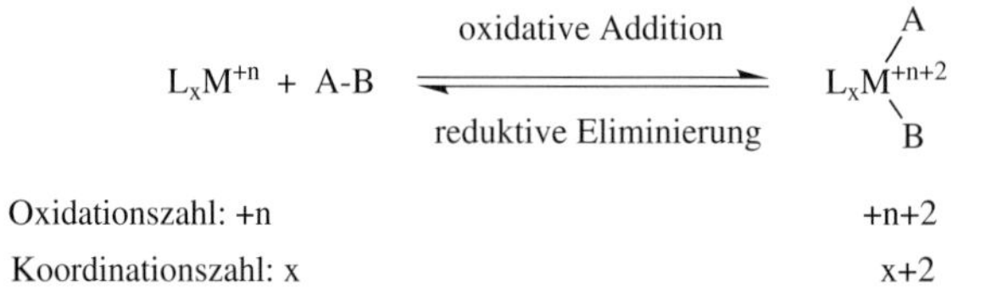

$$(4.3.129)$$

Oxidationszahl: +n   +n+2

Koordinationszahl: x   x+2

Die oxidative Addition freier und bekanntermaßen wenig reaktiver Alkane (insbesondere des als Erdgas in großen Mengen verfügbaren Methans) an niedervalente Metallzentren nach Gleichung 4.3.130 oder 4.3.131 (von links nach rechts gelesen) ist ein aktuelles Gebiet der metallorganischen Forschung, da die Alkylgruppe in Folgereaktionen als Derivat abgespalten werden kann und so, insbesondere bei katalytischer Reaktionsführung, eine leichte Funktionalisierung dieser Substrate möglich wäre. Von H_2 kennt man eine relativ leichte oxidative Addition nach Gleichung 4.3.132, z.B. an quadratisch-planare Komplexe der späten Übergangsmetalle des Rhodiums oder Iridiums oder allgemein an Hydrierkatalysatoren (vergleiche dazu die katalytischen Zyklen in Abbildung 4.4.5 und 4.4.10). Alkane geben die entsprechende Reaktion mit den gleichen Metallverbindungen nicht.

$$L_nM + R\text{-}H \rightleftharpoons L_nM \begin{smallmatrix} R \\ \\ H \end{smallmatrix} \qquad (4.3.130)$$

$$L_nM + R\text{-}R \rightleftharpoons L_nM \begin{smallmatrix} R \\ \\ R \end{smallmatrix} \qquad (4.3.131)$$

$$L_nM + H\text{-}H \rightleftharpoons L_nM \begin{smallmatrix} H \\ \\ H \end{smallmatrix} \qquad (4.3.132)$$

Der Unterschied in der Reaktivität und das grundsätzliche Problem der so genannten C-H- oder auch C-C-Aktivierung in Alkanen ist thermodynamischer Natur. In Tabelle 4.3.12 sind die Dissoziationsenergien der hierfür relevanten Bindungen aufgelistet. Zwar ist eine C-H-Bindung etwas schwächer als eine H-H-Bindung, aber in der Summe können die beiden erhaltenen M-H-Bindungen die H-H-Dissoziationsenergie fast aufwiegen oder sogar übertreffen. Die Summe an M-C- und M-H-Bindungsenergie entspricht wegen der deutlich schwächeren M-C-Bindung nicht in jedem Fall mehr der notwendigen C-H-Bindungsenergie für die Vorwärtsreaktion in Gleichung 4.3.130. Stattdessen besteht eine thermodynamische Triebkraft, aus einem Hydrido-Alkyl-Komplex das Alkan abzuspalten, die Reaktion in Gleichung 4.3.130 wird also eher von rechts nach links ablaufen. Noch stärker ist der Unterschied beim Vergleich der C-C-Bindungsenergie mit dem zweifachen Wert der M-C-Dissoziationsenergie im Falle einer C-C-Aktivierung. Die thermodynami-

Tabelle 4.3.12. Relevante Bindungsenergien für die C-H- und H-H-Aktivierung.

Bindung	Dissoziationsenergie [kJ/mol]
H-H	435
C-H	ca. 410
C-C	ca. 375
M-H	210–250

sche Triebkraft für den umgekehrten Verlauf von Gleichung 4.3.131, also die Abspaltung oder reduktive Eliminierung eines Alkans aus einem Dialkylkomplex, ist sehr groß, und C-C-Bindungsaktivierungen sind außerordentlich selten.

Wasserstoff- oder Hydrideliminierung/H-Übertragung auf das Metallzentrum/Hydridabstraktion/Hydrometallierung: Unter einer Wasserstoff- oder Hydrideliminierung wird hier die Übertragung eines Wasserstoffatoms vom Liganden auf das Metallzentrum verstanden. Je nach der Position des Kohlenstoffatoms im Liganden, von dem der Wasserstoff entfernt wird, unterscheidet man α-, β-, γ- oder δ-H-Eliminierungen.

Bei der kinetisch sehr schnellen α-Hydrideliminierung erfolgt die Hydridübertragung auf eine freie Koordinationsstelle des Metalls von der α-Position am Liganden. Die Bindungsordnung des Liganden zum Metall vergrößert sich dabei gleichzeitig um eine Einheit (Gleichung 4.3.133). Das Produkt ist also ein Alkyliden- oder Alkylidin-Hydrid-Komplex. Bei dieser Reaktion wird die formale Oxidationsstufe des Metalls um zwei erhöht, so dass die α-Wasserstoffeliminierung auch als eine intramolekulare oxidative Additionsreaktion angesehen werden kann.

$$L_xM^{+n} \overset{\alpha}{-}\!\!\!\overset{CR_3}{\underset{H}{\Big\langle}}\,H \quad \rightleftharpoons \quad L_xM^{+n+2}=\!\!\!\overset{CR_3}{\underset{H}{\Big\langle}}\,H \tag{4.3.133}$$

Die Produkte einer α-H-Eliminierung sind sicher häufig Zwischenstufen in Reaktionsabläufen, gerade auch bei Methylkomplexen, aber sie werden nur selten als isolierbare Spezies erhalten. Gleichung 4.3.134 zeigt das Beispiel eines Methylen-Hydrid-Komplexes, der über einen nucleophilen Angriff am Carben-Kohlenstoffatom abgefangen werden konnte.

$$\left[(C_5H_5)_2\overset{+4}{Mo}\!\overset{CH_3}{\underset{PR_3}{\Big\langle}}\right]^+ \xrightarrow{-\,PR_3} \left[(C_5H_5)_2\overset{+4}{Mo}\!-\!CH_3\right]^+ \rightleftharpoons \left[(C_5H_5)_2\overset{+6}{Mo}\!\overset{CH_2}{\underset{H}{\Big\langle}}\right]^+ \xrightarrow{+\,PR_3} (C_5H_5)_2\overset{+4}{Mo}\!\overset{CH_2-PR_3^+}{\underset{H}{\Big\langle}} \tag{4.3.134}$$

Die formale Oxidation des Metallzentrums um zwei Einheiten schließt aus, dass eine α-H-Eliminierung bei d^0- oder d^1-Komplexen auftreten kann. In diesen Fällen kann die verwandte Reaktion der α-Hydrid-Abstraktion oder Deprotonierung erfolgen. Hierbei wird das α-Wasserstoffatom auf einen benachbarten Liganden übertragen, der abgespalten wird, wobei keine Änderung in der Oxidationsstufe des Metalls eintritt (Gleichung 4.3.135). Anders als bei der H-Eliminierung muss bei der Hydrid-Abstraktion keine freie Koordinationsstelle am Metall vorliegen.

$$(C_5Me_5)Cl(PhCH_2)\overset{+5}{Ta}\!\!\overset{\overset{Ph}{\underset{}{C}}\cdots H}{\underset{CH_2-Ph}{\Big\langle}}H \longrightarrow (C_5Me_5)Cl(PhCH_2)\overset{+5}{Ta}\!=\!\!\overset{Ph}{\underset{}{C}}\!-\!H \;+\; H_3C\text{-}Ph \tag{4.3.135}$$

α-H-Eliminierungen und -Deprotonierungen treten vor allem auf, wenn eine β-Wasserstoffeliminierung als Reaktionsweg nicht zur Verfügung steht (siehe die vorstehenden Beispiele).

Die β-Hydrideliminierung ist eine sehr häufige Reaktion in der metallorganischen Chemie (siehe auch Abschnitt 4.1) und die bedeutendste Reaktion zur Wasserstoffübertragung. Der β-H-Eliminierung kommt große Bedeutung als Kettenabbruchreaktion bei der Olefin-Polymerisation und -Oligomerisation im Rahmen der Aufbaureaktion, des SHOP und der Ziegler-Natta-Katalyse zu (siehe die Abschnitte 4.2.3, 4.4.1.6, 4.4.1.9, 4.4.2.3). Aus der β-Position des Liganden wird über einen Vier-Zentren-Übergangszustand eine Metall-H-Bindung ausgebildet und gleichzeitig die Metall-Ligand-Bindung gelöst. Das dabei gebildete Olefin oder Alkin kann eventuell am Metall koordiniert bleiben (Gleichung 4.3.136).

$$(4.3.136)$$

Voraussetzung für eine β-Wasserstoffeliminierung ist wieder eine freie Koordinationsstelle am Metall, eventuell muss eine Ligandenabspaltung der Hydridübertragung vorangehen, wie es das Beispiel in Gleichung 4.3.137 zeigt.

$$(4.3.137)$$

Die β-H-Eliminierung ist eine häufige Ursache für die Instabilität vieler koordinativ ungesättigter Komplexe mit Alkylliganden. Um eine β-Hydrideliminierung auszuschließen, kann man Alkylliganden verwenden, die keine β-Wasserstoffatome enthalten, wie z.B. Methylgruppen, Neopentyl- oder Silyl-neopentylreste (-CH$_2$CMe$_3$ bzw. -CH$_2$SiMe$_3$), Benzylliganden (-CH$_2$Ph) und Alkinylgruppen (-C≡C-R). Des Weiteren können Alkylreste eingesetzt werden, bei denen keine Orientierung der β-Wasserstoffposition zum Metall hin möglich ist, wie es z.B. bei der linearen -C≡C-H-Gruppe der Fall ist. Im Zusammenwirken mit anderen Liganden lässt sich auch bei sterisch anspruchsvollen Alkylgruppen, wie etwa dem tert-Butyl- oder iso-Propylrest, trotz vorhandener β-Wasserstoffatome die räumliche Nähe und damit die Aufnahme einer Bindungsbeziehung zwischen dem Metall und einem β-H-Atom verhindern. Ebenfalls einen stabilisierenden Effekt haben Alkylliganden, bei denen eine β-Wasserstoffübertragung zu keinen stabilen Olefinen führt. Das klassische Beispiel hierfür ist der 1-Norbornylrest (**4.3.49**), bei dem sich zum Brückenkopfatom aufgrund der fehlenden Planarität der Substituenten keine Doppelbindung ausbilden kann.

4.3.49

Schließlich kann durch koordinative Absättigung des Metallzentrums mit stark gebundenen Liganden, wie z.B. π-C_5H_5 oder CO, die Schaffung einer freien Koordinationsstelle und damit der Reaktionsweg für die Hydrideliminierung blockiert werden.

    Die Umkehrung der β-Wasserstoffeliminierung ist die Hydrometallierung, der Einschub eines Alkens oder Alkins in die M-H-Bindung oder anders ausgedrückt, die Addition der M-H-Bindung an eine C-C-Mehrfachbindung (siehe Gleichung 4.3.136). Je nach verwendetem Metallzentrum wird diese Reaktion dann auch als Hydroaluminierung (siehe Abschnitt 4.2.3), Hydrosilylierung (siehe Abschnitt 4.2.4), Hydrostannierung oder Hydrozirconierung bezeichnet. Die Hydroaluminierung war von Bedeutung für die Synthese von Trialkylaluminiumverbindungen und bildet außerdem, wie auch die Hydrozirconierung und Hydronickelierung, die erneute Startreaktion bei der Olefin-Oligomerisation (Aufbaureaktion und SHOP) und -Polymerisation (Ziegler-Natta) nach erfolgtem Kettenabbruch durch eine β-H-Eliminierung. Speziell unter der **Hydrozirconierungsreaktion** versteht man allerdings die Umsetzung eines Olefins mit der Verbindung $(C_5H_5)_2ZrCl(H)$ (Schwartz' Reagens). In einer Folge von schnellen Zr-H-Insertions- und β-H-Eliminierungsreaktionen isomerisieren interne Olefine dabei zu einer terminalen Alkylgruppe, da das Zirconiumfragment die am wenigsten sterisch gehinderte Position am Kettenende aus thermodynamischen Gründen (geringste Wechselwirkungen mit den Cyclopentadienylringen) bevorzugt (Abbildung 4.3.20). Über eine elektrophile Spaltung der Zr-Alkyl-Bindung, eventuell mit zusätzlicher Insertion von CO, können so aus Olefinen terminal substituierte Alkyl- oder Acylderivate erhalten werden (siehe dazu Abschnitt 4.3.8, Abbildung 4.3.22). Tetrasubstituierte Olefine und trisubstituierte Olefine mit größeren Resten reagieren aufgrund von zu starken sterischen Wechselwirkungen mit den übrigen Liganden nicht mit $(C_5H_5)_2ZrCl(H)$ in einer Hydrozirconierungsreaktion.

    Weitere Hydrometallierungsreaktionen finden sich als Teilschritte in der Hydroformylierung (siehe Abschnitt 4.4.1.3), der Butadien-Hydrocyanierung (Abschnitt 4.4.1.4) und Hydrierungsreaktionen (z.B. bei der Synthese von L-Dopa in Abschnitt 4.4.1.7). Eine Sequenz aus β-H-Eliminierung und Wasserstoffübertragung vom Metall auf ein Olefin bildet auch die Grundlage der enantioselektiven OlefinIsomerisierung bei der L-Menthol-Synthese (Abschnitt 4.4.1.8).

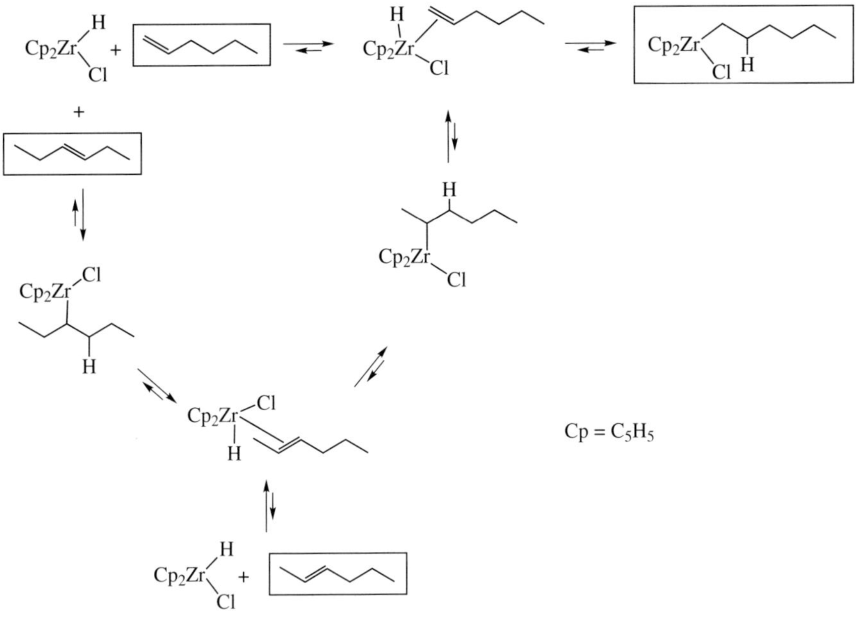

Abbildung 4.3.20. Hydrozirconierungsreaktion von Hexenisomeren mit Schwartz' Reagenz, $(C_5H_5)_2ZrCl(H)$. Die internen Hexene isomerisieren dabei durch eine Folge von β-H-Eliminierungs- und erneuten Zr-H-Insertionsreaktionen zu einer terminalen Alkylgruppe, d.h. das Zirconiumfragment wandert entlang der Kohlenstoffkette bis zur thermodynamisch stabilsten Position. Auf diese Weise wird aus 1-Hexen, cis- und trans-2-Hexen sowie cis- und trans-3-Hexen dasselbe primäre Hexylprodukt erhalten (der Einfachheit halber wurde jeweils nur die trans-Form gezeichnet). In zwei Fällen ist außerdem die Koordination des Olefins an das Metall vor dem Einschub in die Zr-H-Bindung oder nach der β-Wasserstoff-Eliminierung angedeutet.

Neben der α- und β-Wasserstoffeliminierung sind auch noch Hydridübertragungen von der γ-, δ- oder auch ε-Position des angebundenen Liganden möglich. Die Gleichungen 4.3.138 und 4.3.139 zeigen zwei Beispiele.

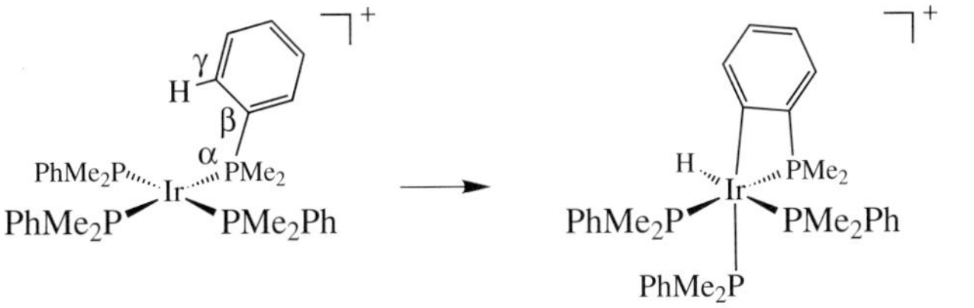

(4.3.138)

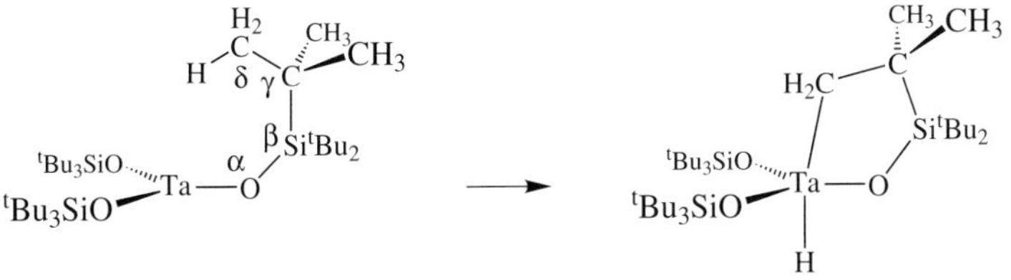

(4.3.139)

Die Produkte derartiger C-H-Aktivierungen sind Metallazyklen, so dass man diese oxidativen Additionsreaktionen von γ- oder δ-C-H-Bindungen an das Metall auch als Cyclometallierungen bezeichnet. Die aus sterischen Gründen leichte Metallinsertion in die ortho-C-H-Bindung der Arylgruppe des Phosphanliganden wird speziell auch Orthometallierung genannt.

Alkyl-Wanderung/Substratinsertion in Metall-C-Bindung/C-C-Bindungs-knüpfung/Carbometallierung: Bei einer Reihe der in Abschnitt 4.4 vorgestellten katalytischen Prozesse ist eine Alkylgruppen-Wanderung auf das Kohlenstoffatom eines Substratliganden bzw. die Insertion eines Substratliganden in eine Metall-Alkyl-Bindung ein wichtiger Aufbauschritt zur C-C-Bindungsknüpfung (Gleichung 4.3.140). Bei den Substratliganden kann es sich z.B. um ein CO-Molekül oder um ein π-koordiniertes Olefin handeln.

$$\begin{array}{ccc} R_3C \searrow & & L \quad CR_3 \\ | & & | \diagup \\ M \text{---} CX & + \ L \quad \rightleftharpoons \quad M \text{---} C \\ & & | \\ & & X \end{array} \qquad (4.3.140)$$

Thermodynamische Triebkraft der Reaktion (siehe Tabelle 4.3.12) ist die Bildung einer neuen C-C-Bindung und damit Verlängerung der C-Kette um die Zahl der Substrat-Kohlenstoffatome. Außerdem wird wieder eine freie Koordinationsstelle geschaffen, die von einem neuen (Substrat-) Liganden besetzt werden kann. Beispiele für derartige Alkyl-Wanderungen sind die CO-Insertion beim Monsanto-Verfahren (Abschnitt 4.4.1.2) und der Hydroformylierung (Abschnitt 4.4.1.3) oder der Einschub eines Alkens bei der Olefin-Oligomerisation der Aufbaureaktion (Abschnitt 4.3.2) und beim SHOP (Abschnitt 4.4.1.6) sowie der Olefin-Polymerisation (Abschnitte 4.4.1.9 und 4.4.2.3). Die Addition einer M-C-Gruppierung an eine C-C-Mehrfachbindung wird in Analogie zur Hydrometallierung auch als Carbometallierung bezeichnet.

Die CO-Insertion führt zu einer Kettenverlängerung um eine C-Einheit und der Bildung einer Acylfunktion (Gleichung 4.3.141), die dann bei Monsanto-Verfahren und Hydroformylierung unter reduktiver Eliminierung abgespalten wird. Die in Gleichung 4.3.141 schematisch skizzierte, intramolekulare Alkyl-Wanderung auf eine cis-ständige koordinierte CO-Gruppe wurde durch Isotopenmarkierungs- und Kinetikexperimente bewiesen. Es wurde so ausgeschlossen, dass etwa ein CO-Molekül aus der Gasphase direkt in die M-C-Bindung insertiert wird, dass eine inter-molekulare Wanderung zwischen zwei Komplexmolekülen vorliegt oder dass eine Alkyl-Wanderung auf andere als cis-ständige CO-Liganden erfolgen kann. Bei den mechanistischen Untersuchungen wurde auch die Umkehrbarkeit der CO-Insertion durch Temperaturerhöhung ausgenutzt. Am Modellsystem der reversiblen Umwandlung des Pentacarbonyl(methyl)mangan-Komplexes in den Acetyl-Komplex unter Verwendung von ^{13}CO und $CH_3{}^{13}CO$ konnte IR-spektroskopisch kein Einbau von ^{13}CO aus der Gasphase in den Acetylrest nachgewiesen werden (Gleichung 4.3.142), und der ^{13}CO-Ligand wurde bei der Rückreaktion nur in cis- und nicht in trans-Stellung zur Methylgruppe gefunden (Gleichung 4.3.143).

$$\text{M–CO} + \text{L} \;\rightleftharpoons\; \text{M–C(R)O} \quad\text{mit L}\tag{4.3.141}$$

$$\text{(CH}_3\text{)Mn(CO)}_5 + {}^{13}\text{CO} \xrightarrow{\text{Et}_2\text{O, 25 °C}} \text{({}^{13}CO)Mn(CO)}_4\text{C(O)CH}_3\tag{4.3.142}$$

$$\text{(H}_3\text{C}{}^{13}\text{C(O))Mn(CO)}_4 \xrightarrow[\text{Heptan, 100 °C}]{-\,\text{CO}} \text{({}^{13}CO)Mn(CO)}_3\text{CH}_3\tag{4.3.143}$$

4.3.7 Metallorganische Verbindungen der Lanthanoide

Unter den Organometallverbindungen nehmen die Vertreter der Lanthanoide (Ln), also der Elemente der 3. Gruppe Scandium, Yttrium und Lanthan sowie die auf das Lanthan folgenden inneren Übergangselemente Cer bis Lutetium, eine Sonderstellung ein. Diese Sonderstellung ist aber keine Folge ihrer vermeintlichen Seltenheit, wie sie in dem Namen „Seltene Erden" immer noch suggeriert wird (selbst das seltenste Lanthanoid Thulium kommt in der Erdrinde noch häufiger vor als Gold und Platin), sondern eine Konsequenz ihres sehr ähnlichen chemischen Verhaltens. Die chemische Ähnlichkeit kann mit der einheitlichen d^0-Valenzelektronenkonfiguration erklärt werden, die diese meist dreiwertigen Metallzentren in ihren Verbindungen aufweisen. Die weiter innen liegenden f-Orbitale haben mit ihrer unterschiedlichen Elektronenzahl nur einen geringen Einfluss auf das chemische Verhalten, eher dominiert die Änderung der Atom- oder Ionenradien die Unterschiede in der Chemie dieser Metalle. Mit ihren stärker polaren bis hin zu ionischen Metall-Ligand-Bindungen ähneln die Organolanthanoide zum Teil mehr den Erdalkalimetall- als den d-Block-Übergangsmetallorganylen.

Die Synthese und Handhabung von organischen Derivaten der Lanthanoide ist generell problematischer als die der d-Elemente. Erschwerend wirkt der stark elektropositive Charakter, verbunden mit dem großen Radius der dreifach positiv geladenen Kationen, woraus eine sehr hohe Reaktivität der Organolanthanoidverbindungen gegenüber vielen anderen Substanzen resultiert. Organolanthanoide sind allgemein sehr luft- und feuchtigkeitsempfindliche Verbindungen, die für eine erfolgreiche Isolierung und Verwendung gute Schutzgastechniken erfordern.

Die Lanthanoide besitzen aufgrund ihrer Größe die Tendenz, sich mit möglichst vielen Liganden zu umgeben, die dann aber oft nur locker gebunden sind. Einfache Tris(alkyl)lanthanoid-Verbindungen mit kleinen Alkylgruppen, wie z.B. Ln(CH$_3$)$_3$, können nicht erhalten werden, sondern die Umsetzung von Lanthanoidtrichloriden mit Methyllithium führt zu anionischen Komplexen der Form $[Ln(CH_3)_6]^{3-}$, die mit chelatisierenden Liganden zur Stabilisierung der Lithiumkationen isoliert werden können. Das Lanthanoidmetall ist dabei oktaedrisch von sechs Methylgruppen umgeben, von denen je zwei benachbarte immer zu einem der Lithiumkationen verbrücken (Gleichung 4.3.144).

$$LnCl_3 + 6\,CH_3Li + 3\,Me_2NCH_2CH_2NMe_2 \xrightarrow[\text{- 3 LiCl}]{} $$

(tmeda)

$$(4.3.144)$$

Demgegenüber sind die ursprünglich als erste Organolanthanoide synthetisierten Tris(cyclopentadienyl)lanthanoid-Verbindungen relativ geradlinig zu erhalten, z.B. aus der Umsetzung von wasserfreien Lanthanoidtrichloriden mit Cyclopentadienyl-natrium (Gleichung 4.3.145). In den Festkörperstrukturen liegen allerdings nur für Ln = Y, Er, Tm und Yb monomere Einheiten mit drei pentahapto-koordinierten C_5H_5-Liganden um das Metallion vor. Die übrigen Lanthanoide bilden polymere zick-zack Ketten aus $(\eta^5\text{-}C_5H_5)_2Ln(\mu\text{-}\eta^1:\eta^1\text{-}C_5H_5)\text{-}$ (Ln = Sc, Lu) oder $(\eta^5\text{-}C_5H_5)_2Ln(\mu\text{-}\eta^5:\eta^{1\text{-}2}\text{-}C_5H_5)$-Einheiten (Ln = La, Pr, Nd). Die Verbrückung durch Cyclopentadienylliganden erhöht für die großen Metallzentren Lanthan, Praseodym und Neodym die Koordinationszahl von 9 im hypothetischen Monomer auf entweder 10 oder 11 ($\eta^5\text{-}C_5H_5$ zählt als dreizähniger Ligand).

$$LnCl_3 + 3\,C_5H_5Na \longrightarrow (C_5H_5)_3Ln + 3\,NaCl \qquad (4.3.145)$$

In Kombination mit Cyclopentadienyl- und/oder Lösungsmitteldonor-Liganden lassen sich dann auch σ-gebundene Alkyl- oder Arylliganden in neutralen Komplexen stabilisieren, Beispiele sind $[(C_5H_5)_2Ln(\mu\text{-Me})]_2$ und $LnPh_3(thf)_3$ (thf = Tetrahydrofuran).

4.3.8 Anwendungen von Übergangsmetallorganylen in der organischen Synthese

In diesem Abschnitt soll kurz eine zusammenfassende Übersicht zu organischen Verbindungen der Übergangsmetalle gegeben werden, die eine stöchiometrische Anwendung in der organischen (Labor-)Synthese finden und die bereits bei der jeweiligen Verbindungsklasse ausführlicher beschrieben worden waren. Die großindustriellen katalytischen Anwendungen werden im nachfolgenden Abschnitt 4.4 gesondert behandelt.

Für die Überführung von Alkylhalogeniden, R-X, in Ketoverbindungen, R-CO-Y, mit Kettenverlängerung um eine C-Einheit eignet sich **Collmans Reagenz, Na₂[Fe(CO)₄]**, ein Carbonylmetallat. Anstelle der Alkyl- können auch Acylhalogenide, R-CO-X, als organische Edukte eingesetzt werden, bei denen die Kettenlänge dann allerdings unverändert bleibt. Als organische Carbonylverbindungen können für beide Edukte Aldehyde, Ketone, Carbonsäuren, Säurehalogenide, Säureamide und Ester gebildet werden (weiteres siehe Abschnitt 4.3.1.5, Abbildung 4.3.10).

Olefin-Komplexe mit der elektrophilen **(C₅H₅)Fe(CO)₂⁺-(Fp⁺-)Gruppe** (Gl. 4.3.89, 96–98) sind wegen der Aktivierung des Alken-Liganden gute **Substrate für die Addition von Nucleophilen** zur C-C- und C-Heteroatom-Bindungsknüpfung (Gl. 4.3.97).

In der **Pauson-Khand-Reaktion** verknüpfen **Co₂(CO)₈** oder der in einem separaten Schritt darzustellende Alkin-Komplex, **(μ₂-Alkin)Co₂(CO)₆**, in einer Dreikomponentenreaktion regio- und gegebenenfalls stereoselektiv ein Alkin, ein Alken und CO zu substituierten **Cyclopentenonen**, die wichtige Struktureinheiten in Natur- und Riechstoffen darstellen. Bei der Cyclisierung werden drei neue C-C-Bindungen gebildet (weiteres siehe ebenfalls Abschnitt 4.3.1.5, Gleichung 4.3.57).

Als metallorganisches Wittig-Reagenz zur Methylenierung (=CH₂-Einführung) von Carbonylfunktionen und damit Bildung von endständige Olefinen wird **Tebbes-Reagenz, Cp₂Ti=CH₂**, ein Carben vom Schrock-Typ verwendet. Damit gelingt anders als bei Phosphonium-Yliden auch die Umwandlung von Ester-Carbonylgruppen in Olefine [R-C(=O)-OR → R-C(=CH₂)-OR] (weiteres siehe Abschnitt 4.3.2, Gleichung 4.3.81).

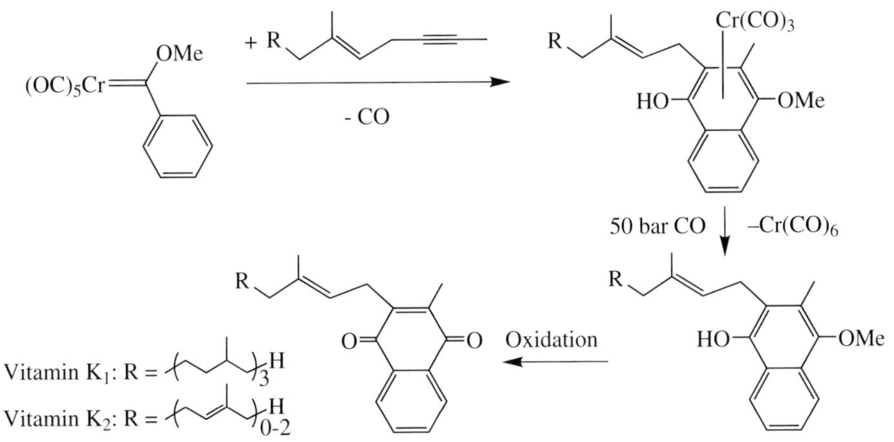

Abbildung 4.3.21. Cycloadditionsreaktion am Chrom-Carbenkomplex (Dötz-Reaktion) als Route zu den Vitaminen K₁ und K₂.

An einem **Pentacarbonylchrom-Carben-Komplex** mit einem ungesättigten Carbenliganden (Vinyl- oder Arylcarben) führt die Reaktion mit einem Alkin zu einer Cycloaddition von Alkin-, Carben- und Carbonylligand am Chromzentrum (Gleichung 4.3.146, vergleiche dazu auch Abbildung 4.3.12 in Abschnitt 4.3.2). Abbildung 4.3.21 illustriert die Anwendung dieser **Dötz-Reaktion** zur Synthese von Vitaminen der K-Reihe.

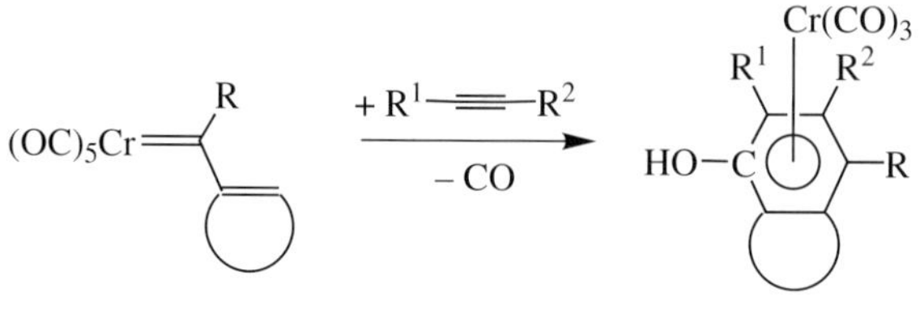

$$(OC)_5Cr = \overset{R}{\underset{\bigcirc}{\diagup}} \quad \xrightarrow[- \, CO]{+ \, R^1 -\!\!\!\equiv\!\!\!- R^2} \quad \overset{Cr(CO)_3}{\underset{HO-C}{R^1 \diagdown \diagup R^2}} \!\!\!\! - R \tag{4.3.146}$$

Mit Hilfe von **Schwartz' Reagenz, (C₅H₅)₂ZrCl(H)**, werden aus terminalen und internen Olefinen (mit Ausnahme von tetrasubstituierten Olefinen) terminale Zirconium-Alkylkomplexe erhalten (siehe dazu Abschnitt 4.3.6, Abbildung 4.3.20). Die resultierende Zr-C-Bindung wird leicht durch Elektrophile gespalten, so dass substituierte Alkane erhalten werden. Auch eine Insertion von CO in die Zr-C-Bindung und ein nachfolgender elektrophiler Angriff auf das Acyl-Kohlenstoffatom unter Bildung von Carbonsäurederivaten sind möglich. Die Derivatisierungsreaktionen sind in Abbildung 4.3.22 zusammengestellt. Die Synthese von Schwartz' Reagenz erfolgt durch Reaktion von Zirconocendichlorid mit Lithiumaluminiumhydrid bei nachfolgender Umsetzung des gleichzeitig auch erhaltenen Dihydrids mit Methylenchlorid nach Gleichung 4.3.147.

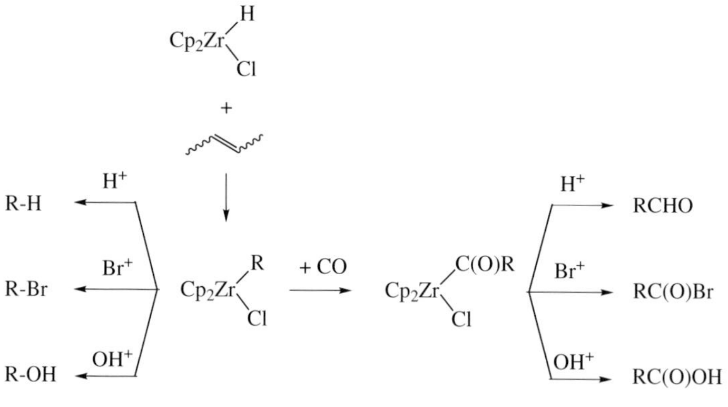

Abbildung 4.3.22. Derivatisierung von Zirconium-Alkyl-Komplexen, die mit Schwartz' Reagenz, (C₅H₅)₂ZrCl(H), aus Olefinen in einer Hydrozirconierungsreaktion erhalten werden (dazu und zur Isomerisierung interner Olefine siehe Abschnitt 4.3.6, Abbildung 4.3.20). Vor dem elektrophilen Angriff kann noch eine Carbonylierung der Zr-C-Bindung zu einem Acylkomplex erfolgen. Es sind die häufigsten Elektrophile für die Spaltung der Zr-C-Bindung und die dabei erhaltenen substituierten Alkane oder Acylverbindungen angegeben. Zur Erzeugung der angegebenen Elektrophile wird auf organisch-chemische Lehrbücher verwiesen.

$$(C_5H_5)_2ZrCl_2 \xrightarrow{\quad LiAlH_4 \quad} (C_5H_5)_2ZrCl(H) + (C_5H_5)_2ZrH_2 \qquad\qquad (4.3.147)$$

$$\underset{\llcorner\!\!-\!\!-\!\!-\!\!-\!\!-\!\!-\!\!-\!\!-\!\!\lrcorner\; CH_2Cl_2}{\uparrow}$$

4.4 Metallorganische Verbindungen in der industriellen Katalyse

Eine wesentliche Triebkraft für die Erforschung metallorganischer Verbindungen der Übergangsmetalle liegt in der Anwendung dieser Komplexe als Katalysatoren in der Synthese, sowohl im Labor als auch in der Industrie. Zu Beginn der Verselbständigung der metallorganischen Chemie als Forschungsgebiet stand natürlich im universitären Bereich mehr die Synthese der neuen Verbindungen sowie das Analysieren ihrer neuartigen Strukturen und Bindungsverhältnisse im Vordergrund. Mittlerweile hat sich hier das Anforderungsprofil in der Ausbildung und Forschung der Organometallchemie geändert. Die Katalyse mit ihren mechanistischen Untersuchungen, der Prozessoptimierung und Entwicklung neuer Verfahren ist in den Vordergrund gerückt. Um dieser Entwicklung in der Lehre verstärkt Rechnung zu tragen, werden im Folgenden katalytische Anwendungen von metallorganischen Übergangsmetallverbindungen ausführlicher beschrieben.

4.4.1 Homogenkatalytische Verfahren

Homogenkatalysatoren weisen als Vorteile auf, dass bei den Reaktionen nur eine Phase vorliegt und die Bildung der Produkte mit hoher Selektivität und in der Regel auch mit hoher Ausbeute erfolgt. Die hohe Selektivität wiederum lässt sich auf die Einheitlichkeit, die Homogenität der aktiven Zentren zurückführen, so dass dem Begriff homogene Katalysatoren damit eine doppelte Bedeutung zukommt. Die aktiven Zentren sind außerdem gut definiert, und in vielen Fällen sind die Katalysezyklen in weiten Teilen verstanden.

4.4.1.1 Acetaldehyd durch Ethenoxidation und Aceton durch Propenoxidation (Wacker-Hoechst-Verfahren)

Ethen und Propen sind die Basischemikalien, die durch partielle Oxidation an einem Palladiumkatalysator in die Produkte Acetaldehyd und Aceton überführt werden. Das Verfahren wurde 1957–1959 bei den Firmen Wacker und Hoechst entwickelt. Es war die erste metallorganische Oxidationskatalyse. Die Herstellung von Acetaldehyd nach diesem Direktoxidationsverfahren hatte seine Blütezeit in den 70er Jahren mit einer Weltkapazität von etwa 2.6 Mio. Jahrestonnen. Seitdem hat die Bedeutung von Acetaldehyd als organischem Zwischenprodukt jedoch ständig abgenommen. Für einige Acetaldehydderivate wurden neue Verfahren entwickelt, insbesondere ist hier der Monsanto-Prozess zur Essigsäuredarstellung, dem wesentlichen Acetaldehyd-Folgeprodukt, zu nennen (siehe Abschnitt 4.4.1.2). Im Jahre 1991 wurden weltweit nur noch 23% der Essigsäure über Acetaldehyd synthetisiert. In Zukunft werden neue Prozesse für die noch verbliebenen Derivate Essigsäureanhydrid, Vinylacetat und die Alkylamine die Bedeutung von Acetaldehyd als Ausgangsmaterial sicher weiter vermindern.

Das Direktoxidationsverfahren von $H_2C=CH_2$ ist eine homogen-katalysierte, sehr selektive Oxidation zu CH_3CHO, die über π- und σ-Komplexe des Palladium(2+)-Katalysators verläuft (siehe dazu den Katalysezyklus in Abbildung 4.4.1). Kennzeichen des Oxdiationsmechanismus ist ein nucleophiler Angriff eines Lösungsmittelmoleküls (hier H_2O) an das π-koordinierte Ethenfragment, d.h. der künftige Aldehydsauerstoff entstammt dem wässrigen Medium, in dem die Reaktion abläuft. Der Palladiumkatalysator wird dabei zum Metall reduziert. Diese Reaktion war in ihrer stöchiometrischen Ausprägung schon seit 1894 bekannt (Gleichung 4.4.1), konnte aber aus ökonomischen Gründen nicht kommerzialisiert werden. Entscheidend für eine katalytische Verfahrensweise war die Entdeckung, dass Cu^{2+} das kostbare Palladiummetall zur zweiwertigen Stufe zurückoxidieren kann (Gleichung 4.4.2 oder Schritt 7 in Abbildung 4.4.1). Das dabei gebildete Cu^+ (als Chlorid) wird durch Luftsauerstoff wieder zur Oxidationsstufe +II regeneriert (Gleichung 4.4.3). In der Summe ergibt sich damit die Oxidation des Ethens, scheinbar durch den Luftsauerstoff (Gleichung 4.4.4). Abbildung 4.4.1 veranschaulicht den Katalysezyklus.

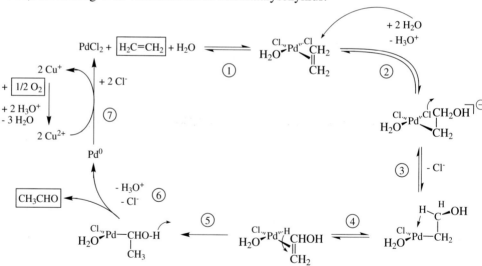

Abbildung 4.4.1. Katalysezyklus für die Herstellung von Acetaldehyd durch Ethenoxidation nach dem Wacker-Hoechst-Verfahren.
Schritt 1: Bildung des Palladium-H_2O-σ-Komplexes / Ethen-π-Komplexes. Schritt 2: Nucleophiler Angriff von H_2O an Ethen. Schritt 3: Chloridabspaltung als geschwindigkeitsbestimmender Schritt. Schritt 4: β-Wasserstoff-Eliminierung mit Verbleib des gebildeten Olefins als Ligand. Schritt 5: Re-Insertion des Olefins in Pd-H-Bindung, Hydrometallierung; Schritt 4 und 5 führen zu einer Isomerisierung des β- in den α-Hydroxyethyl-Liganden. Schritt 6: Reduktive Eliminierung des α-Hydroxyethyl-Liganden und von HCl. Schritt 7: Oxidative Regenerierung des Palladiumkatalysators durch das Redoxsystem Cu^+/Cu^{2+}.

$$H_2C=CH_2 + PdCl_2 + 3\,H_2O \rightarrow CH_3CHO + Pd^0 + 2\,H_3O^+ + 2\,Cl^- \quad (4.4.1)$$

$$Pd^0 + 2\,Cu^{2+} + 2\,Cl^- \rightarrow PdCl_2 + 2\,Cu^+ \quad\quad\quad\quad (4.4.2)$$

$$2\,Cu^+ + 2\,H_3O^+ + \tfrac{1}{2}\,O_2 \rightarrow 2\,Cu^{2+} + 3\,H_2O \quad\quad\quad (4.4.3)$$

$$H_2C=CH_2 + \tfrac{1}{2}\,O_2 \rightarrow CH_3CHO \quad\quad\quad\quad\quad\quad (4.4.4)$$

Die mechanistische Aufklärung des Katalysezyklus gelang durch stereochemische Experimente und durch Isotopenmarkierung. Durch Verwendung prochiraler Alkene konnte gezeigt werden, dass der nucleophile Angriff des Wassermoleküls nicht intramolekular vom cis-ständigen, komplexgebundenen Aqualiganden erfolgt (Gleichung 4.4.6), sondern dass ein Wassermolekül aus der umgebenden Lösung trans zum Palladium angreift (Gleichung 4.4.5). Aus (E)-1,2-Dideuteroethan wird nach nucleophilem Angriff mit H_2O und Spaltung der Palladium-Kohlenstoff-σ-Bindung mit $CuCl_2/LiCl$ (letzteres in einer S_N^2-Reaktion unter Inversion am C-Zentrum) selektiv threo-Chlorhydrin gebildet.

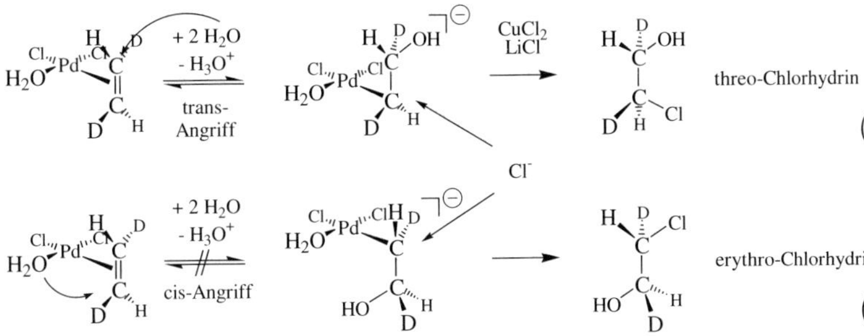

$$(4.4.5)$$

$$(4.4.6)$$

Weiterhin belegte die Verwendung von D_2O als Medium, dass das Acetaldehyd-produkt nicht bereits aus dem Vinylalkohol-π-Komplex, sondern erst in Schritt 6 aus dem α-Hydroxyethyl-σ-Komplex gebildet wird. Gleichung 4.4.7 veranschaulicht, dass sonst Deuterium im Produkt zu finden sein müsste.

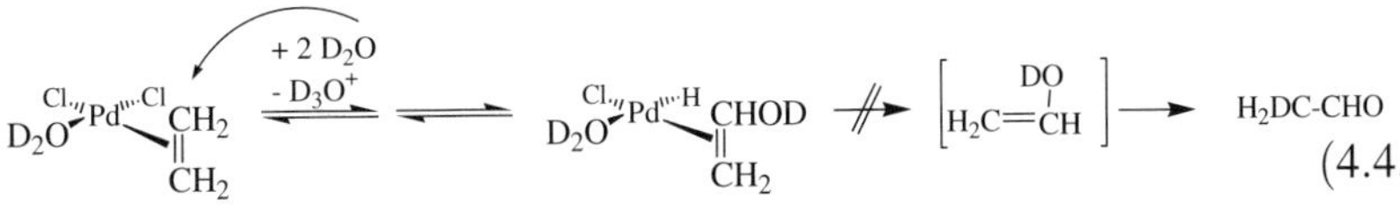

$$(4.4.7)$$

Werden anstelle von Wasser andere nucleophile Reagenzien als Reaktionsmedium verwendet, kann die Produktpalette erweitert werden: Mit Essigsäure erhält man Vinylacetat, mit Alkoholen Vinylether (Gleichung 4.4.8).

$$\overset{\cdots}{\underset{}{Pd}}\diagdown\overset{CH_2}{\underset{CH_2}{\|}}\quad\xrightarrow[-\ H^+]{+\ NuH}\quad\overset{\cdots}{\underset{}{Pd}}\diagdown\overset{H}{\underset{CH_2}{\overset{CHNu}{\|}}}\quad\longrightarrow\quad H_2C=C\diagup^{H}_{Nu}$$

$$NuH = CH_3COOH\quad\longrightarrow\quad H_2C=C\diagup^{H}_{OOCCH_3}\qquad\text{Vinylacetat}$$

$$CH_3OH\quad\longrightarrow\quad H_2C=C\diagup^{H}_{OCH_3}\qquad\text{Vinylether}$$

$$(4.4.8)$$

Mit Propen als Olefin wird in einem ganz analogen Katalysezyklus durch die Direktoxidation an einem Palladiumchlorid/Kupferchlorid-Katalysator Aceton erhalten (Gleichung 4.4.9). Die Direktoxidation ist allerdings für die Acetonherstellung gegenüber der Coproduktion beim Phenol-Verfahren und der Isopropanol-Dehydrierung von weit nachgeordneter Bedeutung. Zahlreiche Quellen bei denen Aceton als Co- und Nebenprodukt gewonnen wird, vermindern das Interesse an einer direkten Herstellung. Gegenwärtig wird in Japan noch eine Acetonproduktion nach dem Wakker-Hoechst-Verfahren betrieben, mit einer Kapazität von etwa 40 000 Jahrestonnen. Weitere Umsetzungen von Olefinen zu Ketonen mittels Direktoxidation sind möglich, z.B. 1-Buten zu Methylethylketon, werden jedoch technisch nicht genutzt.

$$H_2C=CH-CH_3\ +\ 1/2\ O_2\quad\xrightarrow[\substack{110\text{-}120\ ^\circ C \\ 10\text{-}14\ bar}]{PdCl_2/CuCl_2\text{-Kat.}}\quad CH_3COCH_3\qquad\qquad(4.4.9)$$

4.4.1.2 Essigsäureherstellung durch Carbonylierung von Methanol (BASF- und Monsanto-Verfahren)

Nur der Tafelessig wird heute noch gelegentlich durch Fermentation/Essigsäuregärung erhalten. Die technisch in vielfältigster Form – als Essigsäureester (Vinylacetat, Butylacetat, Celluloseacetat) Essigsäureanhydrid, Acetylchlorid, Chloressigsäure usw. – genutzte Essigsäure wird hauptsächlich durch Methanolcarbonylierung dargestellt (Gleichung 4.4.10).

$$CH_3OH\ +\ CO\quad\xrightarrow{[Rh(CO)_2I_2]^-\text{-Kat.}}\quad CH_3COOH\qquad\qquad(4.4.10)$$

Die Oxidation von Acetaldehyd (siehe oben) oder die Flüssigphasenoxidation von gesättigten linearen Kohlenwasserstoffen, insbesondere n-Butan, sind weitere Möglichkeiten der Essigsäureherstellung. Weltweit wurden 1991 allerdings nur etwa 10% der Essigsäure über die Flüssigphasenoxidation erhalten. Die Gesamtkapazität für Essigsäure liegt bei etwa 5 Mio. Jahrestonnen, wobei aber schon 1991 etwa 55% mit dem Monsanto-Verfahren hergestellt wurden. Im Wettbewerb der Essigsäure-Herstellverfahren hat der Erfolg des Monsanto-Prozesses gegenüber dem Wacker-Hoechst-Verfahren auch tiefer liegende ökonomische Gründe. Das im

Wacker-Prozess eingesetzte Ethylen wird überwiegend aus der thermischen Spaltung (Cracken) gesättigter Kohlenwasserstoffe und damit aus Flüssiggas oder Naphtha gewonnen, hat also eine petrochemische Basis. Demgegenüber können die C_1-Bausteine Methanol und Kohlenmonoxid für das Monsanto-Verfahren aus Kohle erhalten werden (Abbildung 4.4.2). Methanol wird aus Synthesegas durch Heterogenkatalyse dargestellt. Wegen des Preisanstiegs für Ethen nach den Erdölkrisen war so die Methanol-Carbonylierung nach Monsanto, die seit 1970 kommerzialisiert wurde, auch aus wirtschaftlichen Gründen erfolgreicher.

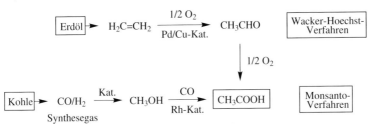

Abbildung 4.4.2. Rohstoffbasis des Wacker- und Monsanto-Verfahrens zur Essigsäureherstellung.

Die Anfänge der Direktcarbonylierung von Methanol gehen auf Arbeiten der BASF um 1913 mit Cobaltkatalysatoren zurück. Unter den Reaktionsbedingungen von 700 bar und 250 °C wird aus Cobalt(II)iodid, CO/H_2 und wenig H_2O in-situ der Cobaltcarbonyl-Katalysator gebildet. Im Rahmen des Katalysezyklus, der dem nachfolgend ausführlicher diskutierten Monsanto-Prozess sehr ähnlich ist, liegen die Spezies $Co^{-1}(CO)_4{}^-$, $CH_3Co^{+1}(CO)_4$, $CH_3COCo(CO)_3$ und $CH_3COCo(CO)_4$ vor.

Beim Monsanto-Verfahren wird ein Rhodium(I)- oder -(III)-Komplex eingesetzt, der mit einem Iodid-Promoter und CO in alkoholischem Medium zu $[RhI_2(CO)_2]^-$ reagiert. Das Dicarbonyldiiodorhodat(I) ist isolierbar und wurde unter den Reaktionsbedingungen der Direktcarbonylierung auch spektroskopisch nachgewiesen. Abbildung 4.4.3 illustriert den sich anschließenden, vollständig aufgeklärten Katalysezyklus. Im ersten und gleichzeitig geschwindigkeitsbestimmenden Schritt (1) wird an $[RhI_2(CO)_2]^-$ oxidativ Methyliodid addiert. Die Reaktionsgeschwindigkeit ist 1. Ordnung in Rhodium- und CH_3I-Konzentration; eine Abhängigkeit von der CO- und CH_3OH-Konzentration besteht nicht. Aus dem quadratisch-planar koordinierten Rh(I)-Komplex entsteht so ein sechsfach oktaedrisch-koordiniertes Rhodium(III)-Intermediat. Es schließt sich eine Methylgruppenwanderung auf einen CO-Liganden (alternativ CO-Insertion in die Rh-CH_3-Bindung) an (Schritt 2). An die freie Koordinationsstelle des fünffach koordinierten Rhodium(III)-Acetyl-Intermediates kann sich wieder ein CO-Molekül anlagern und die reduktive Eliminierung (Schritt 3) von Acetyliodid unter Regeneration der aktiven $[RhI_2(CO)_2]^-$-Spezies einleiten. Acetyliodid reagiert mit Wasser zu Essigsäure, so dass auch der Iodwasserstoff zurückerhalten wird, der mit Methanol dann wiederum Methyliodid bildet. Wichtig für den Katalysezyklus ist der reversible Oxidationsstufenwechsel zwischen Rh^I und Rh^{III}.

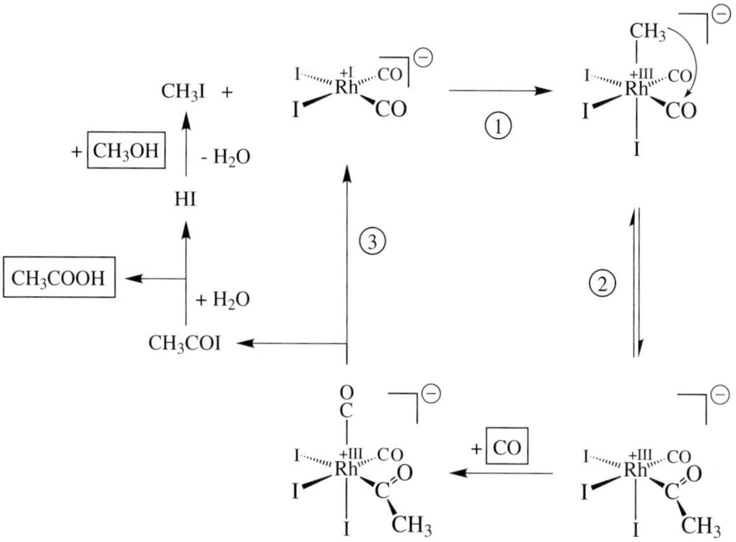

CH₃I +

+ CH₃OH   – H₂O

HI

CH₃COOH

+ H₂O

CH₃COI

$[I\text{---}Rh^{+I}(CO)_2I]^{\ominus}$

①

$[CH_3\text{---}Rh^{+III}(CO)_2I_2I]^{\ominus}$

②

③

$[I_2Rh^{+III}(CO)(COCH_3)I]^{\ominus}$ + CO $[I_2Rh^{+III}(CO)(COCH_3)I]^{\ominus}$

Abbildung 4.4.3. Katalysezyklus für das Monsanto-Verfahren zur Essigsäureherstellung. Schritt 1: Oxidative Addition, Schritt 2: Methylgruppenwanderung/CO-Insertion, Schritt 3: Reduktive Eliminierung.

Im Vergleich benötigt der BASF-Prozess eine höhere Metallkonzentration und weitaus drastischere Bedingungen (höherer Druck und höhere Temperatur) als das Monsanto-Verfahren und liefert dabei niedrigere Selektivitäten (90% bezogen auf CH₃OH, 70% auf CO) als das Monsanto-Verfahren (>99% bezogen auf CH₃OH, >90% auf CO). Beim BASF-Prozess fallen etwa 4% Nebenprodukte wie CH₄, CH₃CHO, C₂H₅OH, CO₂, C₂H₅COOH an. Für das Monsanto-Verfahren sind die maßgeblichen Nebenprodukte nur CO₂ und H₂, die über eine katalysierte Einstellung des Wassergas-Gleichgewichtes erhalten werden (Gleichungen 4.4.11 bis 4.4.13). Eine Produktion nach dem BASF-Verfahren begann erst 1960. Heute sind wohl nur noch Direktcarbonylierungsanlagen in Betrieb, die nach dem Monsanto-Verfahren arbeiten. Da ein verlustarmer Rhodium-Kreislauf heute beherrscht wird, hat sich das 1970 eingeführte wirtschaftlichere Monsanto-Verfahren durchgesetzt. Wegen des hohen Preises im Zusammenhang mit der vielseitigen Verwendung und begrenzten Verfügbarkeit von Rhodium (Weltproduktion 8 t/a), sind Untersuchungen zu anderen, alternativen Katalysatorsystemen weiterhin interessant. Verfolgt wird auch die Entwicklung von festbettfixierten Rhodiumkatalysatoren. Materialtechnisch ist die Korrosionswirkung der Halogene noch problematisch.

$$CO + H_2O \rightleftharpoons CO_2 + H_2 \qquad (4.4.11)$$

$$[RhI_2(CO)_2]^- + 2\,HI \rightleftharpoons [RhI_4(CO)]^- + H_2 + CO \qquad (4.4.12)$$

$$[RhI_4(CO)]^- + 2\,CO + H_2O \rightleftharpoons [RhI_2(CO)_2]^- + CO_2 + 2\,HI \qquad (4.4.13)$$

4.4.1.3 Aldehyde aus Olefinen durch Hydroformylierung („Oxo-Synthese")

Das Prinzip der Hydroformylierung ist die katalytische Addition von CO und H_2 (aus Synthesegas) an Olefine unter Kettenverlängerung um ein C-Atom zum Aldehyd (Gleichung 4.4.14).

$$R\text{-}CH=CH_2 + CO + H_2 \xrightarrow{\text{[Rh(CO)H(PPh}_3)_2\text{]-Kat.}} R\text{-}CH_2\text{-}CH_2\text{-}CHO \left\{ + \begin{matrix} R\text{-}CH\text{-}CH_3 \\ | \\ CHO \end{matrix} \right\}$$

$$(4.4.14)$$

Die Namensgebung rührt von der formalen Addition eines H-Atoms (Hydro) und einer CH=O-Gruppe (Formyl) an die Doppelbindung. Die wichtigsten Produkte und Folgereaktionen aus diesem Prozess sind heutzutage n-Butanol und 2-Ethylhexanol (aus Propen über Butyraldehyd durch Hydrierung der primär anfallenden Aldehyde; siehe Abbildung 4.4.4) sowie Propionsäure (aus Ethen über Propionaldehyd gefolgt von dessen Oxidation). Allgemein werden die Aldehyde weiter in primäre Alkohole, Carbonsäuren und Amine überführt. Die Hydroformylierung ist mengen- und wertmäßig das größte homogenkatalytische Verfahren. Die Weltkapazität für Hydroformylierungsprodukte liegt bei ca. 7–8 Mio. Jahrestonnen. Die Hydroformylierung wurde 1938 durch O. Roelen bei der Ruhrchemie entdeckt. Die erste technische Herstellung umfasste C_{12}-C_{14}-Waschmittelalkohole durch Hydrierung der primär anfallenden Aldehyde. Entsprechend der eingesetzten Edukte und Katalysatoren existiert eine Vielzahl technischer Varianten der Hydroformylierung. Als Katalysatoren wurden zunächst Cobaltmetall oder Cobaltsalze verwendet, aus denen unter Reaktionsbedingungen dann der Cobaltcarbonylwasserstoff als direkte Katalysatorvorstufe gebildet wurde. Später kamen bei den Cobaltsystemen noch Phosphanliganden zur Reaktionssteuerung hinzu. Seit 1970 wurden von Union Carbide dann Rhodium/Phosphan-Systeme kommerzialisiert. Im Jahre 1990 basierten die Hydroformylierungskapazitäten zu gleichen Teilen auf Cobalt- und Rhodium-Katalyse; die Ausstattung von Neuanlagen erfolgt aber größtenteils mit Rhodiumkatalysatoren. Wie bei dem Essigsäure-Monsanto-Verfahren (siehe Abschnitt 4.4.1.2), so liegen auch hier die Vorteile der Rhodium/Phosphan-Katalysatoren in den milderen Bedingungen - niedrigerem Druck und niedrigerer Temperatur - und einer höheren Selektivität sowie einem besseren n/iso-Verhältnis des Aldehydprodukts (siehe unten). Während bei den bereits verbesserten Cobalt/Phosphan-Systemen der Druck bei 50–100 bar und die Temperatur bei 180–200 °C liegt, können die Werte für die Rhodium-Katalysatoren in einen Bereich von 7–25 bar und 90–125 °C gesenkt werden. Gleichzeitig verbessert sich die Selektivität von >85 auf über 90% und das n/iso-Verhältnis von 90/10 auf bis zu 95/5. Die höheren Kosten für Rhodium werden also durch die größere Selektivität ausgeglichen. Ein verlustarmer Rhodiumkreislauf bestimmt natürlich sehr stark die Wirtschaftlichkeit des Verfahrens.

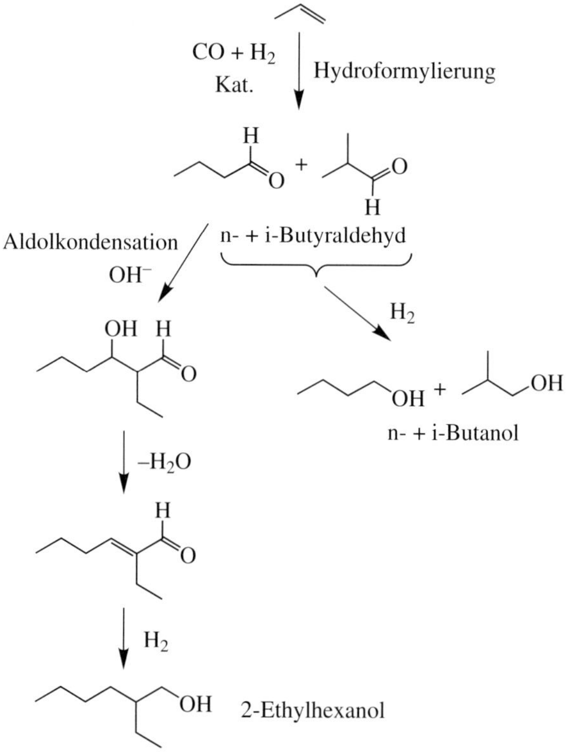

Abbildung 4.4.4. Folgereaktionen des aus Propen durch Hydroformylierung erhaltenen Butyraldehyds.

Die Mechanismen der älteren Cobalt- und der neueren Rhodium-katalysierten Hydroformylierung sind wieder sehr ähnlich (vergleiche hierzu auch die Essigsäuredarstellung nach BASF- und Monsanto-Verfahren). Allerdings ist der Cobalt-Zyklus mechanistisch schwieriger zu studieren und Einzelheiten wurden zum Teil in Analogie zum besser untersuchten Rhodium-Prozess (siehe unten) formuliert. So wird mit Cobalt als Katalysator eine Abfolge folgender Intermediate angenommen: $HCo(CO)_3 - HCo(CO)_3(CH_2=CHR) - RCH_2CH_2Co(CO)_3 - RCH_2CH_2Co(CO)_4 - RCH_2CH_2COCo(CO)_3 - RCH_2CH_2COCo(H_2)(CO)_3$. Der Leser sollte zur Übung anhand des nachstehenden Rhodium-Zyklus in Abbildung 4.4.5 den Cobalt-Kreislauf mit diesen Spezies ausformulieren. Für die Rhodium-katalysierte Hydroformylierung ist ein modifizierter Wilkinson-Katalysator $H(CO)Rh(PPh_3)_3$ (**4.4.1**) die unmittelbare Katalysatorvorstufe. Die Verbindung wird im Gemisch mit einem höheren Triphenylphosphanüberschuss (bis 500:1) eingesetzt. Unter reversibler Phosphanabspaltung bildet sich die hydroformylierungsaktive, quadratisch-planare Rhodium(I)-Spezies, aus der zunächst der Olefinkomplex entsteht (Schritt 1). Die sich anschließende intramolekulare Hydridwanderung auf das koordinierte Olefin (Schritt 2) ergibt dann eine metallständige Alkylgruppe und entscheidet über das gebildete Isomer im späteren Aldehyd. Wird das Wasserstoffatom auf das terminale Kohlenstoffatom des α-Olefins übertragen, so entsteht der verzweigte iso-Aldehyd (Reaktionsweg dargestellt in geschweiften Klammern), sonst der lineare n-Aldehyd, der in der Regel das Wunschprodukt ist. Über den sterischen Anspruch des Phosphanliganden kann das n/iso-Verhältnis in weiten Grenzen gesteuert werden (siehe unten). Mit der Hydridwanderung oder Hydrometallierung des Olefins wird wieder ein quadratisch-planarer Rhodiumkomplex erhalten, und an die freigewordene Koordinationsstelle kann sich nun ein CO-Ligand anlagern. Mit der intramolekularen cis-Alkylgruppenwanderung zum CO-Liganden wird die neue C-C-Bindung geknüpft (Schritt 3). An den quadratisch-planaren Rhodium(I)-Komplex folgt nun als geschwindigkeitsbestimmender Schritt eine oxidative Addition von H_2 zur oktaedrischen Rhodium(III)-Spezies (Schritt 4), aus der dann unter reduktiver Eliminierung das Aldehyd-Produkt freigesetzt und die aktive Startspezies des Katalysators regeneriert wird (Schritt 5). Ein Vergleich des katalytischen Zyklus für die Hydroformylierung mit der Essigsäureherstellung nach dem Monsanto-Verfahren (siehe Abbildung 4.4.3) zeigt die mechanistische Verwandtschaft der beiden Verfahren, mit Alkylgruppenwanderung/CO-Insertion, oxidativer Addition und reduktiver Eliminierung als identischen Schlüsselschritten.

Wilkinson-Katalysator   modifizierter
                            Wilkinson-Katalysator

4.4.1

Ein gewisses Problem bei der Rhodium-katalysierten Hydroformylierung stellt der Bruch der Phosphor-Kohlenstoff-Bindung dar, was dann zur Bildung inaktiver phosphido-verbrückter Rhodiumkomplexe führt. Ethen und unverzweigte α-Olefine sind am leichtesten hydroformylierbar, sterisch gehinderte, interne Olefine kaum, entsprechend der Reaktivitätsfolge $H_2C=CH_2 > R^1CH=CH_2 > R^1CH=CHR^2 > R^1R^2C=CH_2 > R^1R^2C=CR^3R^4$. Bei internen Olefinen ist durch eine vorher ablaufende Doppelbindungsisomerisierung als Nebenreaktionen trotzdem eine Hydroformylierung möglich. Eine interne Doppelbindung verschiebt sich bevorzugt in eine endständige Position. Abbildung 4.4.6 zeigt, wie auf diese Weise aus 2,3-Dimethyl-2-buten der endständige 3,4-Dimethylvaleraldehyd entsteht. Je nach Unterschiedlichkeit der Reste R bilden sich aber auch Aldehydgemische.

Für die Steuerung des n/iso-Aldehydverhältnisses bei der Hydroformylierung können in gewissen Grenzen die Reaktionsbedingungen Temperatur und CO-Partialdruck dienen, entscheidend aber ist eine Katalysatormodifizierung. Die Erhöhung des n/iso-Verhältnisses beim Übergang von Cobalt zu Rhodium als Zentralmetall war oben bereits aufgezeigt worden. In der Praxis wird außerdem die Modi-

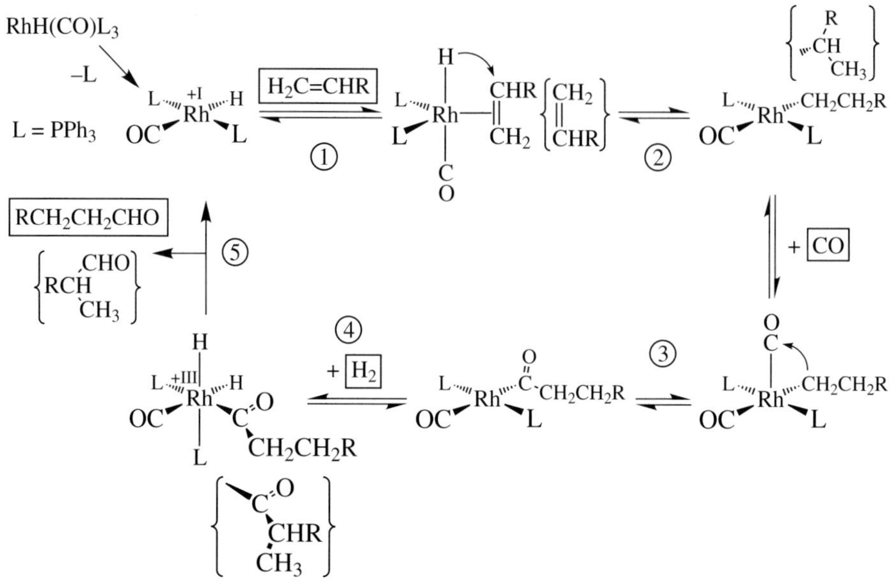

RhH(CO)L$_3$

–L

L = PPh$_3$

$\boxed{H_2C=CHR}$

①

②

$\boxed{+ CO}$

③

$+ \boxed{H_2}$

④

$\boxed{RCH_2CH_2CHO}$

$\left\{ RCH \begin{array}{c} CHO \\ CH_3 \end{array} \right\}$

⑤

Abbildung 4.4.5. Zyklus der Rhodium/Phosphan-katalysierten Hydroformylierung zum Aufbau von Aldehyden aus Olefinen durch Addition von CO/H$_2$.
Schritt 1: Bildung des Olefinkomplexes. Schritt 2: Hydridübertragung auf das Olefin/Hydrometallierung. Schritt 3: Alkylgruppenwanderung/CO-Insertion. Schritt 4: Oxidative Addition von H$_2$. Schritt 5: Reduktive Eliminierung. Der Zyklus zeigt den Weg zum linearen n-Aldehyd als Hauptprodukt. Die in geschweiften Klammern gezeigten Liganden verdeutlichen den Weg zum verzweigten iso-Aldehyd.

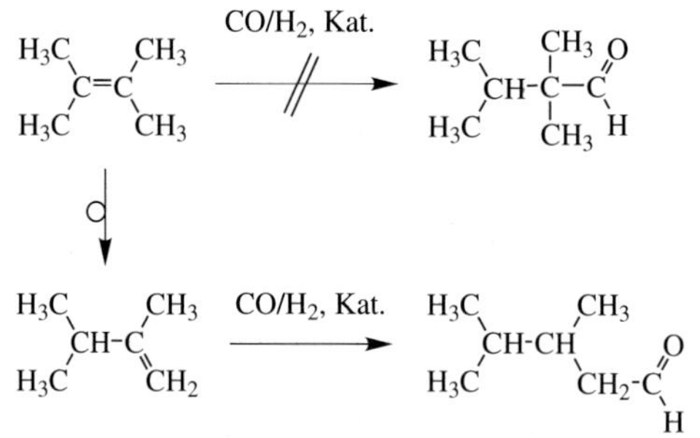

CO/H$_2$, Kat.

CO/H$_2$, Kat.

Abbildung 4.4.6. Doppelbindungsisomerisierung und Hydroformylierung tetrasubstituierter Olefine am Beispiel des 2,3-Dimethyl-2-butens.

fizierung der Phosphanliganden genutzt. Generell führen sterisch anspruchsvolle Liganden zu einem erhöhten n-Aldehydanteil, verringern dabei aber den Olefin-Umsatz und erhöhen die Hydrieraktivität des Katalysators, die zur Hydrierung des eingesetzten Alkens zum Alkan und des gebildeten Aldehyds zum Alkohol als weitere Nebenreaktionen führt. Durch eine Verringerung des Phosphan-Überschusses können diese Nachteile aber mehr als ausgeglichen werden (vergleiche hierzu auch Abbildung 4.4.7).

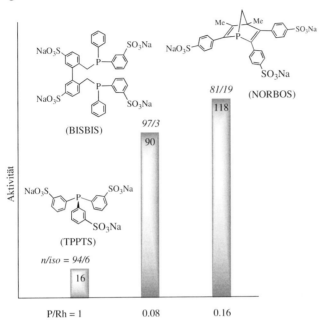

Abbildung 4.4.7. Schematische Darstellung der Aktivität (und Selektivität) von Phosphanliganden und des normierten P/Rh-Verhältnisses (=1 für TPPTS) in der Hydroformylierung durch Zweiphasenkatalyse.

Eine verfahrenstechnische Weiterentwicklung der Hydroformylierung stellt die Entwicklung von zweiphasigen Homogenkatalysatoren dar. Die Sulfonierung von Triphenylphosphan oder anderer Aryl-Phosphanderivate (siehe Gleichung 4.2.57) führt zu wasserlöslichen und damit leicht abtrennbaren Rhodium-Komplexen. Im Ruhrchemie/Rhône-Poulenc-Verfahren werden diese Zweiphasenkatalysatoren für die Synthese von Butyraldehyden eingesetzt. Die Produktselektivität konnte auf diese Weise nochmals verbessert werden, Abtrennung und Rückführung des Rhodiumkatalysators wurden damit unproblematisch. Abbildung 4.4.7 deutet anhand der sulfonierten wasserlöslichen Rhodium-Phosphan-Komplexe die Steuerung der Aktivität und des n/iso-Verhältnisses durch den sterischen Ligandenanspruch und durch das Phosphan/Rhodium-Verhältnis an.

4.4.1.4 Butadien-Hydrocyanierung, Adiponitril-Synthese

Adipinsäurenitril [Adiponitril, $NC(CH_2)_4CN$, ADN] ist die Vorstufe für 1,6-Diaminohexan, $H_2N(CH_2)_6NH_2$, in das es durch Hochdruckhydrierung an Metallkatalysatoren überführt wird. Das Diamin findet als Polyamid-Baustein Verwendung für die Synthese von Nylon 6.6. Die Herstellung von Adiponitril ist auf verschiedenen Wegen möglich, die Gesamtkapazität liegt bei 1 Mio. Jahrestonnen. Seit 1971 wird die Direkthydrocyanierung von Butadien nach dem DuPont-Verfahren mit Ni^0-Phosphan- oder -Phosphit-Katalysatoren betrieben. Die Gesamtreaktion wird zweistufig als druckloses Verfahren in Tetrahydrofuran bei 30–150 °C durchgeführt (Gleichung 4.4.15).

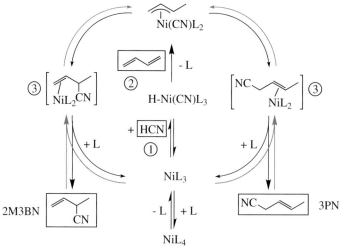

$$(4.4.15)$$

Abbildung 4.4.8 veranschaulicht den Katalysemechanismus für den ersten Zyklus, d.h. die Einführung der ersten Nitrilgruppe. Der zweite Zyklus zum ADN verläuft nach einer Doppelbindungsisomerisierung vom 3-Penten- zum 4-Pentennitril entsprechend analog. Die Katalysatorvorstufe ist ein 18-Elektronen-Tetraphosphan- oder -phosphit-Komplex des Nickel(0), NiL_4. In einer Gleichgewichtsreaktion wird zunächst ein Ligand abgespalten, unter Bildung des 16-Elektronen-Spezies NiL_3,

Abbildung 4.4.8. Mechanismus der direkten Butadien-Hydrocyanierung an NiL_3-Katalysatoren [L = PR_3, $P(OR)_3$]. Schritt 1: Oxidative Addition. Schritt 2: Hydrometallierung. Schritt 3: Intramolekulare C-C-Verknüpfung und gleichzeitig reduktive Eliminierung, respektive in der Umkehrung (graue Pfeile) C-C-Bindungsspaltung und oxidative Addition als Basis für die Isomerisierung von 2M3BN zu 3PN.

welches dann in einer oxidativen Addition (Schritt 1) ein Molekül Cyanwasserstoff anlagert. Die Gleichgewichtskonstante für die Ligandabspaltung variiert sehr stark (bis zu 10 Zehnerpotenzen) mit dem sterischen Anspruch des Phosphan- oder Phosphit-Liganden. Der Raumbedarf wurde von Tolman durch den Kegelwinkel (cone angle, **4.4.2**) quantifiziert, und das anhand dieses Beispiels erstmals eingeführte Kegelwinkel-Konzept hat sich seitdem in vielen Bereichen der Chemie bewährt.

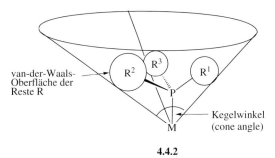

4.4.2

In Tabelle 4.4.1 ist eine kleine Liste von Kegelwinkeln einiger gängiger Phosphan-Liganden gegeben. Ein Kegelwinkel von 180° wie etwa bei P^tBu_3 bedeutet, dass der Ligand die halbe Koordinationssphäre des Zentralmetalls abdeckt.

Tabelle 4.4.1. Kegelwinkel von Phosphan-Liganden.

Phosphan-Ligand	Kegelwinkel [°]
PH_3	87
PF_3	104
$P(OMe)_3$	107
PMe_3	118
PMe_2Ph	122
PEt_3	132
PPh_3	145
$P(cyclohexyl)_3$	170
P^tBu_3	182
$P(mesityl)_3$ [a]	212

[a] mesityl = $-C_6H_2-2,4,6-Me_3$

In die gebildete Nickel-Wasserstoff-Bindung des auch spektroskopisch nachgewiesenen Additionsproduktes $H-Ni(CN)L_3$ kann dann ein Butadienmolekül insertiert werden (Hydrometallierungsreaktion, Schritt 2). Es entsteht nachweisbar ein π-Allylkomplex, der sich unter intramolekularer C-C-Verknüpfung mit dem CN-Liganden umlagert (Schritt 3). Diese C-C-Verknüpfung entspricht mechanistisch einer intramolekularen reduktiven Eliminierung und kann an zwei Stellen der C_4-Kette erfolgen, unter Bildung des gewünschten linearen 3-Pentennitrils (3PN) oder des unerwünschten 2-Methyl-3-butennitrils (2M3BN). Die reduktive Eliminierung der Produkte ist reversibel und bildet die Basis für die Isomerisierung von 2M3BN zu 3PN über eine relative seltene C-C-Bindungsspaltung.

4.4.1.5 Butadien-Trimerisierung und -Dimerisierung

Die Trimerisierung von Butadien liefert Cyclododecatrien (CDT) sowie als Nebenprodukt das Butadien-Dimer Cyclooctadien (COD) (Gleichung 4.4.16). Der Zusatz von Phosphan als kleine Modifikation im Katalysezyklus führt aber auch zu COD als Hauptprodukt. Die Weiterverarbeitung von CDT durch Hydrierung und Ringöffnungsoxidation liefert 1,12-Dodecandisäure (Gleichung 4.4.17), die als C_{12}-Baustein für die Polyamid- und Polyesterfertigung verwendet wird.

bzw.   (4.4.16)

t,t,t-CDT   COD

1,12-Dodecandisäure

(4.4.17)

Basierend auf Arbeiten von Wilke hat man ab 1955 mit Ziegler-Mischkatalysatoren ($TiCl_4/Et_2AlCl/EtAlCl_2$) das cis,trans,trans-CDT synthetisiert und gelangte dann ab 1960 mit einem neuen Bis(allyl)nickel-Präkatalysator, (η^3-C_3H_5)$_2$Ni, zum trans, trans, trans-CDT. Abbildung 4.4.9 illustriert den Mechanismus der Butadien-Oligomerisierung zum COD und CDT. Aus dem Bis(allyl)nickel-Präkatalysator werden die Liganden als Diallyl reduktiv eliminiert, und es entsteht zunächst der Bis(butadien)-Komplex. Unter intramolekularer C-C-Verknüpfung der beiden Butadienliganden bildet sich ein neues Bis(allyl)-System, an dessen freie Koordinationsstelle sich ein weiterer Ligand anlagern kann. Setzt man der Reaktion Phosphane als Donorliganden zu, so werden diese die Koordinationsstelle besetzen, und COD wird als Hauptprodukt erhalten. In Abwesenheit anderer Donoren wird jedoch ein weiteres Butadienmolekül die Koordinationslücke am Nickel ausfüllen, und unter C-C-Verknüpfung erhält man das Trimer, zunächst als noch offenen, isolierbaren Nickel-Diallyl-Komplex, dann nach reduktivem Ringschluss als Nickel-Trien-Verbindung. Aus letzterem 16-Elektronen-Komplex wird im Austausch gegen zwei Butadien-Liganden das CDT-Produkt abgespalten und die 18-Elektronen-Bis(butadien)-Startverbindung regeneriert. Der Mechanismus beinhaltet nicht nur einen Oxidationsstufenwechsel zwischen Ni^0 und Ni^{2+}, sondern auch eine Änderung der Elektronenbilanz zwischen 16- und 18-Elektronen-Spezies.

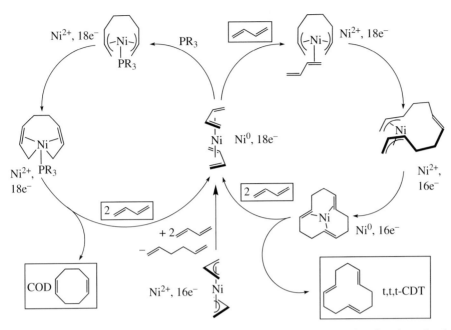

Abbildung 4.4.9. Cyclooctadien- und trans,trans,trans-Cyclododecatrien-Synthese durch Oligomerisierung von Butadien an Nickelkatalysatoren.

4.4.1.6 Der Shell Higher-Olefins Process (SHOP), Ethen-Oligomerisierung

Von der Firma Shell wird die Nickel-katalysierte Oligomerisierung von Ethen für die Herstellung von linearen α-Olefinen eingesetzt. Ähnlich der Aluminium-katalysierten Ethen-Oligomerisierung (Aufbau-Reaktion, vergleiche Abschnitt 4.2.3) insertiert Ethen hier in Ni-H- und Ni-C-Bindungen unter Bildung von Metallalkylen mit statistischer Verteilung der Kettenlängen. Die β-Wasserstoff-Eliminierung als Kettenabbruchreaktion führt dann zur Bildung des α-Olefins unter Rückbildung des Ni-H-Spezies. Die Nickelhydrid-Katalysatoren **4.4.3** werden durch Reduktion von Nickelsalzen in Gegenwart von Sauerstoff/Phosphor-Chelatliganden erhalten.

4.4.3

Der Katalysator reagiert bei etwa 100 °C in Glycol oder ähnlichen Lösungsmitteln mit Ethen. Ein Druck von 80 bar bedingt eine hohe Monomerkonzentration, so dass die Ausbildung von Verzweigungen durch Re-Insertion von Olefinen unterdrückt und so die gewünschte hohe Linearität erhalten wird. Die in schneller Reaktion gebildeten linearen α-Olefine sind mit der Glycolphase nicht mischbar und können einfach separiert werden. In einer destillativen Aufarbeitung wird der gewünschte C_{10}–C_{18} Bereich abgetrennt. Niedrigere und höhere α-Olefine werden zunächst zu internen Olefinen isomerisiert und diese dann in einer Metathesereaktion wieder zu Olefinen aus dem C_{10}–C_{18} Bereich umgesetzt (siehe hierzu Abschnitt 4.4.2.2 und Abbildung 4.4.31).

4.4.1.7 Asymmetrische Hydrierungen – Synthese von L-Dopa und L-Phenylalanin

Die Synthese von optisch aktiven organischen Verbindungen aus achiralen Substraten ist vielleicht die eleganteste Anwendung für die homogene Katalyse. Für die enantioselektive Synthese, d.h. zur Darstellung von nur einem Enantiomer, wird ein chiraler Katalysator benötigt, der z.B. ein prochirales Olefin bevorzugt von einer Seite koordiniert. Die Erkennung und Einstellung der Vorzugskonformation geschieht meistens durch chirale Liganden, die über repulsive van-der-Waals-Kontakte zwischen Ligand und Substrat ein „chirales Loch" in der Koordinationssphäre des Metalls schaffen (s. Abb. 4.4.10 a). Dazu werden häufig chelatisierende Diphosphane eingesetzt. Die Chiralität kann dabei von den Phosphor-Donoratomen ausgehen (Bsp. Dipamp **4.4.4**) oder den organischen Gruppen, die am Phosphor gebunden sind (Bsp. Diop **4.4.5**, Chiraphos **4.4.6**, Norphos **4.4.7**), oder durch Einfrieren einer Konformation des ganzen Moleküls (Bsp. Binap **4.4.8**).

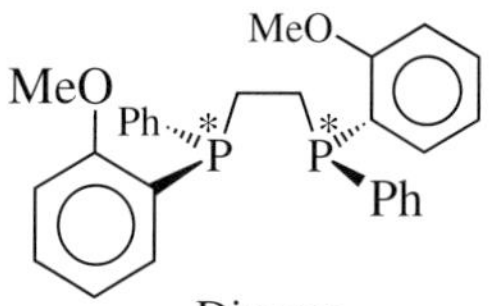

Dipamp
4.4.4

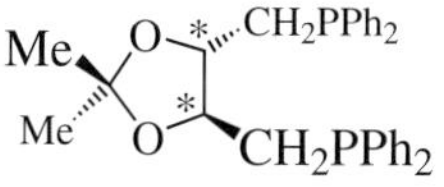

Diop
4.4.5

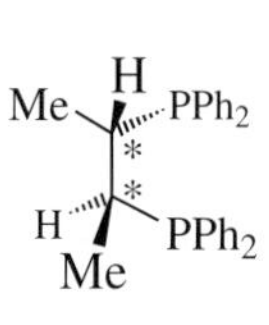

Chiraphos
4.4.6

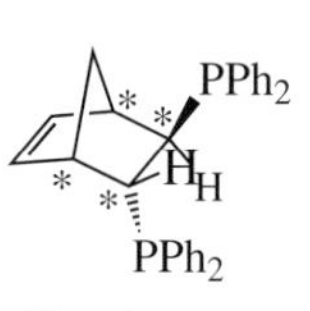

Norphos
4.4.7

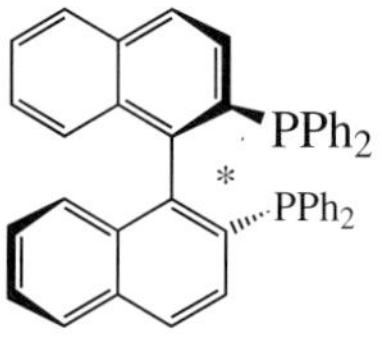

Binap
4.4.8

Arbeiten zu asymmetrischen Katalysen wurden 2001 mit dem Nobelpreis für Chemie geehrt und waren zum Teil eng mit chiralen Phosphanliganden verbunden: W. S. Knowles (Dipamp-Ligand für chirale Rh-Katalysatoren zur L-Dopa Synthese), R. Noyori (Binap-Ligand für chirale Metall-Hydrierkatalysatoren), K. B. Sharpless (enantioselektive Epoxidierungen).

Bei der Betrachtung der chiralen Phosphanliganden **4.4.4-8** fällt auf, dass diese nicht asymmetrisch, sondern mit einer C_2-Achse ausnahmslos dissymmetrisch sind (vgl. hierzu Abschnitt 2.7, optische Isomerie). Diese C_2-Symmetrie ist kein Zufall, sondern wird absichtlich eingesetzt, um die Zahl der möglichen konkurrierenden diastereomeren Zwischenprodukte im Übergangszustand zu verringern und damit die gewünschte Reaktionslenkung einfacher zu erreichen (vgl. dazu auch die C_2-Symmetrie bei chiralen Metallocenkatalysatoren, Abschnitt 4.4.1.9, Abb. 4.4.19). Abb. 4.4.10a kontrastiert die möglichen Zwischenprodukte bei einem Katalysator mit dissymmetrischem und asymmetrischem Phosphanliganden.

C_2-(dis-)symmetrisches Phosphan:

⟹ (nur) 2 Zwischenprodukte / Übergangszustände / Diastereomere

asymmetrisches Phosphan:

⟹ 4 Zwischenprodukte / Übergangszustände / Diastereomere

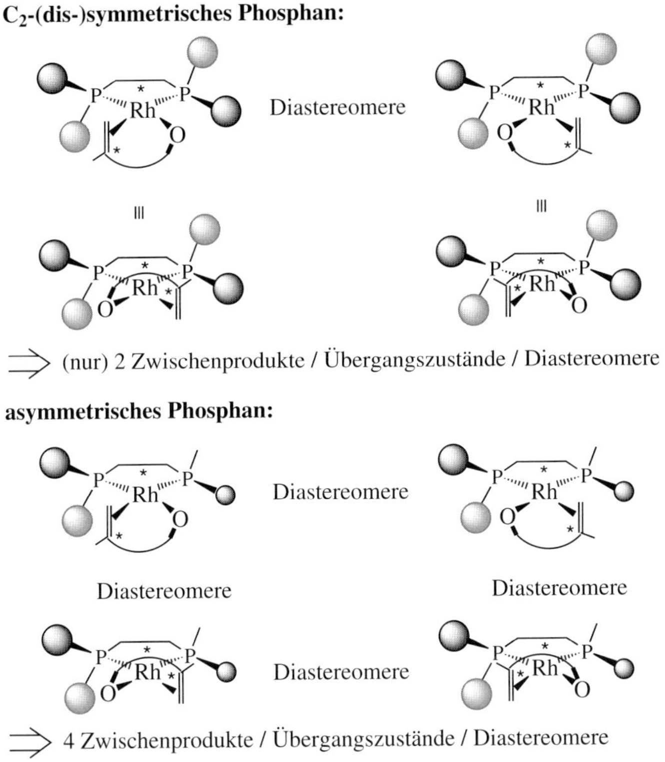

Abb. 4.4.10a. Mögliche konkurrierende Zwischenprodukte bei einem Metallkatalysator mit dissymmetrischem und asymmetrischem Phosphanliganden am Bsp. der Koordination eines prochiralen (α,ω-Carbonyl-)Olefins wie es bei der enantioselektiven Hydrierung zur L-Dopa Synthese auftritt (s. Abb. 4.4.10b). Die Darstellung soll auch die Ausbildung einer chiralen Tasche durch den Phosphanliganden am Metallzentrum illustrieren.

Die erste kommerzielle Anwendung einer asymmetrischen Hydrierung erfolgte im Rahmen der Synthese von L-Dopa (Levodopa, L-3,4-Dihydroxyphenylalanin), welches als Medikament zur Behandlung der Parkinsonschen Krankheit eingesetzt wird. Der Schlüsselschritt ist dabei die enantioselektive Hydrierung des prochiralen Acetamidozimtsäuremethylesters (Gleichung 4.4.18) in 90% Ausbeute und mit mehr als 94% Enantiomerenüberschuss (ee). Das Verhältnis der beiden Enantiomeren zueinander beträgt etwa 97:3.

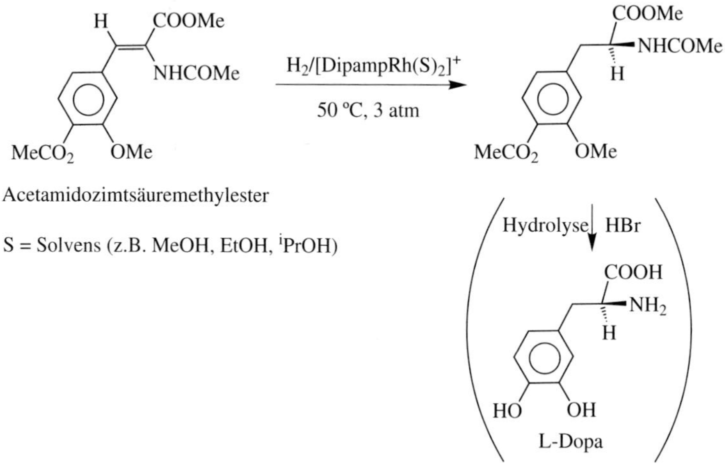

Acetamidozimtsäuremethylester

S = Solvens (z.B. MeOH, EtOH, ^{i}PrOH)

$$(4.4.18)$$

Der Enantiomerenüberschuss (ee = enantiomeric excess) ist definiert als Absolutbetrag der Differenz der prozentualen Mengen beider Enantiomere im Produktgemisch (Gleichung 4.4.19).

$$ee = \frac{|R-S|}{|R+S|} \cdot 100\% \qquad\qquad (4.4.19)$$

(R, S = Menge der R- und der S-Form)

Als Katalysator wird ein mit Dipamp (**4.4.4**) chelatisierter, solvensstabilisierter Rhodiumkomplex eingesetzt, der ausgehend von [Rh(COD)$_2$]$^+$ mit dem Phosphan- und den Lösungsmittelliganden gebildet wird (vergleiche Abbildung 4.4.10b). Aus intensiven Untersuchungen wurde für die enzymartige Spezifität des Schlüsselschritts bei der L-Dopa Synthese folgender Mechanismus vorgeschlagen, der in Abbildung 4.4.10b skizziert ist: In einer Gleichgewichtsreaktion verdrängt der Acetamidozimtsäureester die Lösungsmittelliganden am Rhodiumzentrum und koordiniert chelatartig über das Amidosauerstoffatom und die Doppelbindung an das Metall. Dabei kommt es zur Ausbildung zweier Diastereomere, von denen eines aufgrund geringerer repulsiver Ligand-Ligand-Wechselwirkungen stabiler und auch detektierbar ist. Der geschwindigkeitsbestimmende Schritt, d.h. der mit der höchsten Aktivierungsenergie, ist die oxidative Addition des Wasserstoffmoleküls an das Rhodiumzentrum unter Bildung des oktaedrisch-koordinierten Komplexes (Schritt 1). Entsprechend der energetischen Betrachtung in Abbildung 4.4.11 hat nun das weniger stabile Diastereomer eine niedrigere Aktivierungsenergie, so dass die Additionsgeschwindigkeit für H$_2$ höher ist und es schneller weiter reagiert. An die oxidative Addition schließt sich eine Wasserstoffübertragung auf das Olefin an, die aufgrund der Koordination stereospezifisch erfolgt (Schritt 2). Aus dem derart gebildeten Hydrido-Alkylkomplex erfolgt dann die reduktive Eliminierung des Produkts unter Regenerierung des Katalysators (Schritt 3). Obwohl das weniger stabile Diastereomer aufgrund seiner Instabilität also zunächst in geringerer Konzentration im Gleichgewicht vorliegt, läuft die Reaktion über diese Form, und es bestimmt somit den Enantiomerenüberschuss.

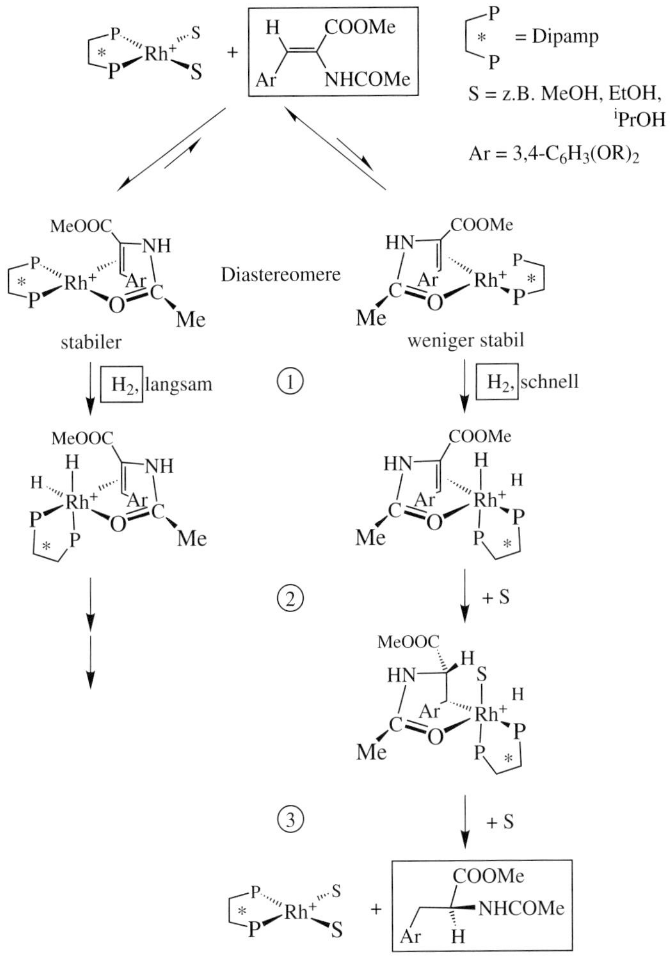

Abbildung 4.4.10b. Enantioselektive Hydrierung mit einem chiralen Rhodiumkatalysator am Beispiel der L-Dopa Synthese. Schritt 1: Oxidative Addition. Schritt 2: Stereospezifische Wasserstoffübertragung auf das Olefin (Hydrometallierung). Schritt 3: Reduktive Eliminierung.

Ein weiteres Beispiel für eine industriell genutzte, asymmetrische Hydrierung ist die Synthese von L-Phenylalanin als Baustein für den künstlichen Süßstoff Aspartame. Acetamidozimtsäure wird dazu an kationischen Rhodiumkatalysatoren in Ethanol enantioselektiv zum N-Acetyl-L-Phenylalanin hydriert (Gleichung 4.4.20). Herausforderungen für diese kommerzielle rhodiumkatalysierte Hydrierung sind allerdings neu entwickelte Fermentierungstechnologien.

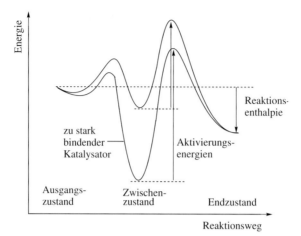

Abbildung 4.4.11. Schematisches Energiediagramm für unterschiedliche Katalysatoren oder unterschiedliche Zwischenzustände beim gleichen Katalysator, wobei der eine Katalysator im Zwischenzustand zu stark bindet bzw. der eine Zwischenzustand zu stark stabilisiert ist, so dass im Vergleich die Weiterreaktion wegen zu hoher Aktivierungsenergie erschwert und damit verlangsamt wird.

(4.4.20)

4.4.1.8 Enantioselektive Olefin-Isomerisierung, L-Menthol-Synthese

Im Duft- und Aromastoff L-Menthol entscheiden drei Stereozentren über den charakteristischen Geruch und die lokale anästhetische Wirkung. Mit der Hydrierung von Thymol als traditioneller Route zur ±Mentholgewinnung aus natürlichen Quellen konkurriert ein katalytischer Prozess, der eine enantioselektive Olefin-Isomerisierung an einem chiralen Rhodiumkomplex als Schlüsselschritt zur Einführung des ersten Stereozentrums im späteren Mentholprodukt beinhaltet. Die aus dem Ausgangsmaterial β-Pinen erhaltenen E-/Z-isomeren Allylamine Diethylgeranylamin und Diethylnerylamin (Gleichung 4.4.21) können beide an einem Rhodiumkatalysator zum R(−)-diethyl-E-citronellalenamin isomerisiert werden. Die Ausbeute liegt bei 94–100%, mit einem Enantiomerenüberschuss von >99%. Je nach Ausgangsprodukt muss allerdings das jeweils andere Enantiomer des chiralen Rhodiumkomplexes eingesetzt werden. Für das E-Isomer wird der Komplex mit dem (–)-Binap-Liganden eingesetzt und für das Z-Isomer Diethylnerylamin muss das Rhodium-(+)-Binap-Derivat verwendet werden (Gleichung 4.4.22).

β-Pinen   Myrcen   Diethylgeranylamin   Diethylnerylamin   (4.4.21)

E-Isomer   Z-Isomer

[Rh{(-)-Binap}(COD)]$^+$ClO$_4^-$

Δ, THF, 0-80 °C, 21 h

[Rh{(+)-Binap}(COD)]$^+$ClO$_4^-$

R(-)-diethyl-E-citronellalenamin   (4.4.22)

Der vorgeschlagene Mechanismus der enantioselektiven Isomerisierung des Allylamins beinhaltet Rhodium-π-Komplexe und ist in Abbildung 4.4.12 skizziert. Aus einem Binap-Rh(I)-disolvat-Komplex wird durch einfachen Austausch eines Solvatliganden zunächst ein Stickstoff-koordinierter Allylamin-Komplex erhalten. Der Verlust des zweiten Lösungsmittelliganden führt zu einer 14-Elektronen-Spezies, die sich durch β-Wasserstoff-Eliminierung vom C1-Kohlenstoffatom zu einem intermediären Iminium-Rhodium-H-Komplex stabilisiert, in dem der Iminiumligand über die C=N-Bindung an das Metall π-koordiniert ist (Schritt 1). Dieser Komplex lagert sich in Schritt 2 durch die Wasserstoffübertragung vom Metall auf das C3-Atom in eine Verbindung um, in der das Enamin η^3-gebunden ist. Die Anlagerung eines neuen Allylamin-Liganden führt zu einem gemischten Enamin-Allylamin-Komplex. Der Verlust des Enamin-Produktmoleküls aus diesem gemischten Komplex führt dann analog dem eingangs erwähnten Verlust des zweiten Lösungsmittelliganden wieder zu einer 14-Elektronen-Spezies, welche sich durch β-Wasserstoff-Eliminierung stabilisiert, und der katalytische Zyklus beginnt von neuem.

Das durch die enantioselektive Olefin-Isomerisierung eingeführte erste Stereozentrum determiniert die Stereochemie an den beiden weiteren chiralen Zentren, die im Laufe der Folgereaktionen (Gleichung 4.4.23) entstehen. Bei der japanischen Firma Takasago werden über diesen Weg pro Jahr 1500 Tonnen L-Menthol hergestellt.

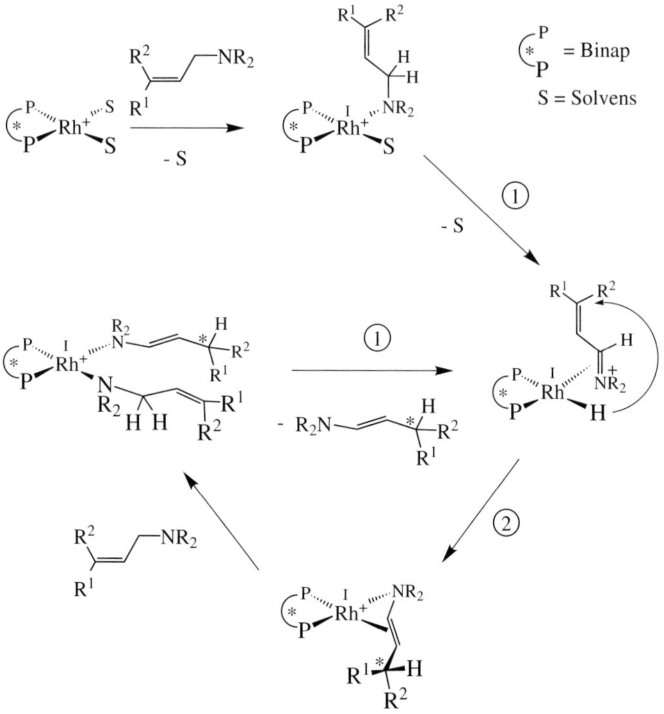

Abbildung 4.4.12. Mechanismus der enantioselektiven Isomerisierung eines Allylamins wie er im Rahmen der Mentholsynthese auftritt. Schritt 1: Der Verlust eines Lösungsmittelmoleküls oder des Enamin-Produkts führt zu einer 14-Elektronen-Spezies und initiiert eine β-Wasserstoff-Eliminierung aus dem Stickstoff-koordinierten Allylamin. Als Zwischenstufe wird ein Iminium-Rhodium-Wasserstoff-π-Komplex erhalten. Schritt 2: Wasserstoffübertragung vom Rhodium auf das Olefin, Hydrometallierung.

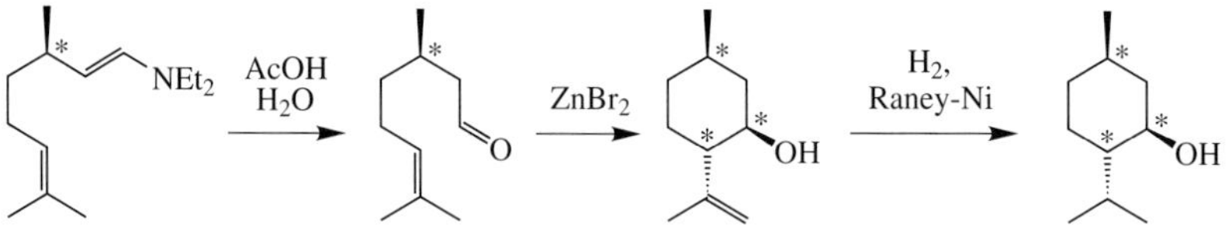

$$(4.4.23)$$

4.4.1.9 Metallocenkatalysatoren für die Olefin-Polymerisation

Seit Beginn der 90er Jahre werden Bis(cyclopentadienyl)metall-Komplexen der 4. Gruppe (Ti, Zr, Hf) in der Industrie als eine neue Generation von Ziegler-Natta-Katalysatoren für die Olefin-Polymerisation eingeführt (zur Ziegler-Natta-Katalyse siehe Abschnitt 4.4.2.3). Innerhalb der Gruppe-4-Metallocene kommt den Zirconocensystemen die größte Bedeutung zu, da die Kombination ihrer Eigenschaften sie für die Anwendung prädestiniert. Die Titanocenkatalysatoren sind bei den üblichen Polymerisationstemperaturen zu instabil, die Hafniumsysteme sind zu teuer. Die Entwicklung von Verbindungen, die sich vom Zirconocendichlorid (**4.4.9**) ableiten, zu praktisch anwendbaren Polymerisationskatalysatoren ist gleichzeitig die erste großindustrielle Anwendung für die bereits lange bekannten und gut untersuchten Metallocenkomplexe (siehe Abschnitt 4.3.4.4).

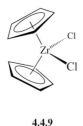

4.4.9

Für das industrielle Interesse an den Zirconocenkatalysatoren ist es von grundlegender Bedeutung, dass mit diesen Katalysatoren Polyolefine zugänglich wurden und werden, die mit konventionellen Ziegler-Natta-Katalysatoren nicht erhalten werden können. Die industrielle Bedeutung dieser Systeme spiegelte sich auch in der akademischen metallorganischen Forschung seit Mitte der 80er Jahre wider. Die Polymerparameter wie Molmasse, Molmassenverteilung (Abb. 4.4.13 a), Comonomerinsertion und -verteilung (s. Abb. 4.4.22) und insbesondere die Taktizität (s. Abb. 4.4.18) können mit den Metallocenkatalysatoren über das Cyclopentadienyl-Ligandendesign gesteuert werden. Abbildung 4.4.13 b gibt einen schematischen Überblick über die in diesem Zusammenhang bedeutsamen Ligandenmodifikationen.

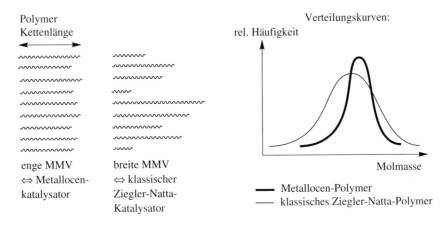

Abb. 4.413 a. Schematische Darstellung einer engen und breiten Molmassenverteilung (MMV). Für Polyolefine bedeutet eine enge MMV eine erhöhte Stärke, Reiß-, Stich-, Zieh- und Stoßfestigkeit.

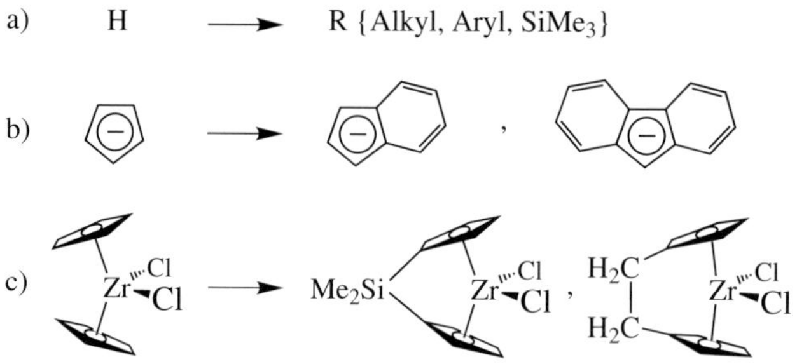

Abbildung 4.4.13 b. Schematische Darstellung von prinzipiellen Ligandenmodifikationen des Cyclopentadienylrings zur Steuerung der katalytischen Aktivität und Polymerparameter im Rahmen der Metallocenkatalyse: a) Substitution der Ringwasserstoffatome gegen Alkyl- und Arylgruppen. b) Austausch des Cyclopentadienylrings gegen benzanellierte Derivate, wie Indenyl, Fluorenyl u.a. c) Verbindung der beiden Ringe über eine Brücke oder einen „Henkel". Das griechische Wort für Henkel ist „ansa", so dass die resultierenden Verbindungen ansa-Metallocene genannt werden. Die Modifikationen in a)–c) werden oft in Kombination eingesetzt, z.B. über eine ansa-Brücke verbundene Indenylliganden bei denen die verbliebenen Wasserstoffatome am Fünf- oder Sechsring noch weiter durch Alkyl- oder Arylreste substituiert sind (für diesbezügliche Beispiele, siehe Abbildung 4.4.18 und 4.4.22). Das Einfrieren der Rotation von substituierten Cyclopentadienylringen durch Einführen der Brücke führt zur Ausbildung von chiralen Metallocenen.

Die für die Olefin-Polymerisation eingesetzten Zirconocenkomplexe sind in der Regel nicht von selbst katalytisch aktiv, sondern bedürfen der Aktivierung durch einen Cokatalysator, das Methylalumoxan MAO (siehe Abschnitt 4.2.3), das in besonderer Weise mit ihrer anwendungsorientierten Entwicklung verknüpft ist. Aufgrund des bereits erwähnten, relativ schlecht definierten Charakters des Methylalumoxans ist die Cokatalysatorwirkung von MAO gegenüber den Metallocenen nicht vollständig geklärt. Zum einen bewirkt das Methylalumoxan eine Methylierung des eingesetzten Metallocendichlorids und eine Chlorid- oder Methylidabstraktion zur Bildung eines Zirconoceniumkations, $[Cp_2ZrMe]^+$ (Gleichung 4.4.24). Zum Erreichen einer guten Polymerisationsaktivität bedarf es eines hohen MAO-Überschusses gegenüber dem Metallocen, der mit dem Vorliegen eines ungünstigen Aktivierungsgleichgewichtes gedeutet wird (stark vereinfacht in Gleichung 4.4.24). Darüber hinaus ist MAO ein Putzmittel („scavenger") für Verunreinigungen (Katalysatorgifte). Noch wenig geklärt ist die Ausbildung einer stabilisierenden Umgebung für das hochaktive Metallocenkation, eventuell in der Art eines Wirt-Gast- oder Kronen-Alumoxan-Komplexes. Ein Vergleich mit Enzymen, in denen das kleine aktive Zentrum durch die große organische Hülle geschützt wird, bietet sich ebenfalls an. Es sei in diesem Zusammenhang darauf hingewiesen, dass Trialkylaluminium- und Dialkylaluminiumchloridverbindungen sowie Alumoxane mit längeren Alkylresten in Kombination mit den Metallocenen nur zu wenig aktiven Katalysatorsystemen führen.

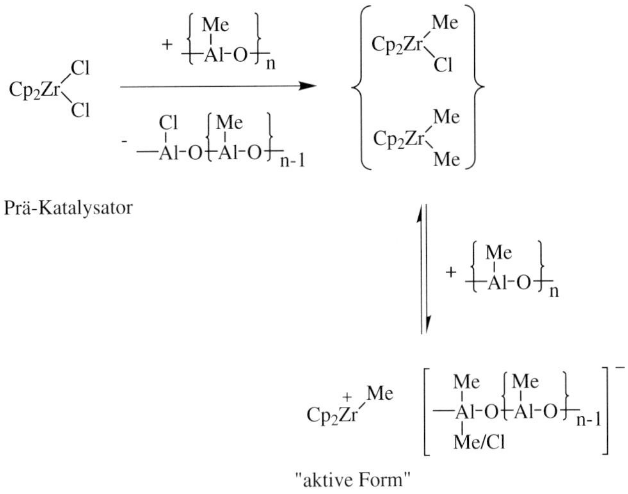

Prä-Katalysator

$$(4.4.24)$$

"aktive Form"

Das Vorliegen der in Gleichung 4.4.24 formulierten Metalloceniumkationen als aktiver Form in der Olefin-Polymerisation mit Metallocenen gilt als gesichert, da derartige Kationen mit nicht- (oder nur sehr wenig) koordinierenden Anionen auch gezielt hergestellt werden können und sich dann als außerordentlich polymerisationsaktiv erweisen. Die Darstellung der Kationen gelingt z.B. durch Methylidabstraktion mittels Tris(pentafluorphenyl)boran oder über das Triphenylcarbenium-(Trityl-)salz des perfluorierten Tetraphenylborats (Gleichungen 4.4.25 und 4.4.26). Die mit diesen Cokatalysator-freien Ionenpaaren erhaltenen Polymerprodukte unterscheiden sich nicht von den mit MAO als Cokatalysator erhaltenen Polymeren. In der Abwesenheit von Putzmitteln sind die Boran-aktivierten oder kationischen Katalysatoren aber auch extrem empfindlich gegenüber Verunreinigungen.

$$Cp_2ZrMe_2 + B(C_6F_5)_3 \rightarrow [Cp_2ZrMe]^+[\mu\text{-}MeB(C_6F_5)_3]^- \qquad (Gl.\ 4.4.25)$$

$$Cp_2ZrMe_2 + [Ph_3C]^+[B(C_6F_5)_4]^- \rightarrow [Cp_2ZrMe]^+[B(C_6F_5)_4]^- + Ph_3CMe$$
$$(Gl.\ 4.4.26)$$

Die Formulierung und Betonung eines d^0-Systems als polymerisationsaktive Spezies wird weiterhin gestützt durch die Beobachtung, dass auch neutrale, iso-d-elektronische Metallocenkomplexe der dritten Gruppe (Sc, Y, La) und der Lanthanoide mit der allgemeinen Form Cp_2MR gegenüber Ethen ohne Cokatalysator polymerisationsaktiv sind.

Die oben erwähnte Ligandenabstraktion in den Metallocenderivaten Cp_2ZrR_2 erzeugt den notwendigen Platz und das freie Metallorbital für die σ-Wechselwirkung mit dem ankommenden Olefin. Wegen der fehlenden d-Elektronen erfolgt keine π-Rückbindung in die leeren π^*-Orbitale des Olefins, die Metall-Olefin-Wechselwirkung wird also nicht stabilisiert und bleibt schwach (siehe dazu Abbildung 4.4.14; vergleiche Abschnitt 4.3.4.1). Der cis-ständige Alkylligand, das Kettenende, kann dann auf das Olefin übertragen werden, bzw. das Olefin insertiert in die Metall-Alkyl-Bindung. Theoretische Rechnungen legen einen konzertierten Mechanismus nahe, bei dem mit der Aufnahme der neuen C-C-Bindungsbeziehung, die alte M-C-Bindung zum Alkylrest langsam gelöst wird und sich eine neue M-C-Bindung mit dem randständigen Kohlenstoffatom des Olefins aufbaut. In Abbildung 4.4.15 ist die Bindungslängenveränderung als Ergebnis von Rechnungen in Form von drei Momentaufnahmen skizziert.

Abbildung 4.4.14. Schematische Darstellung der σ-Wechselwirkung (Hinbindung) (a) eines koordinierten Olefins mit dem $[Cp_2MR]^+$-d^0-Fragment (von oben gesehen). Die stabilisierende π-Rückbindung (b) in die leeren π^*-Orbitale des Olefins ist wegen der fehlenden d-Elektronen nicht möglich (siehe Abschnitt 4.3.4.1).

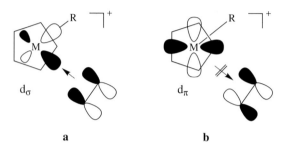

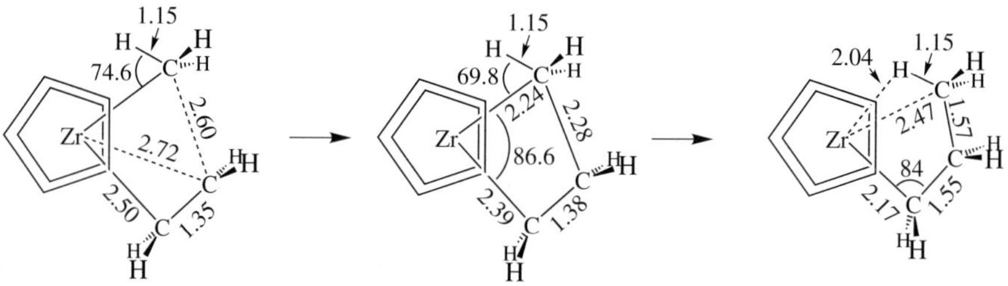

Abbildung 4.4.15. Ausgewählte Momentaufnahmen der Ethen-Insertion in die Zr-Me-Bindung eines $[Cp_2ZrMe]^+$-Modellkomplexes nach Molekülorbital-Rechnungen. Bindungslängen sind in Å, -winkel in ° gegeben. Beachten Sie das berechnete Abknicken der Methylgruppe und die Ausbildung einer zunächst α-agostischen Zr-H-Wechselwirkung (vergleiche dazu Abschnitt 4.3.5).

Die Vorteile der Zirconocen-Katalysatoren gegenüber den klassischen Ziegler-Natta-Katalysatoren werden am besten in dem Wort „single-site" Katalysator zusammengefasst. Die aktiven Zentren sind in den molekularen Zirconocenspezies sehr einheitlich, während die klassischen Ziegler-Natta-Katalysatoren nicht nur von der Phase her, als Festkörper, Heterogenkatalysatoren sind, sondern auch vom Aufbau. Die aktiven Zentren, die auf einer Fläche, an Kanten oder Ecken der Festkörperoberfläche sitzen können, haben deutlich unterschiedlichere Umgebungen und damit auch stärker variierende Aktivitäten. Diese Unterschiede haben natürlich

Auswirkungen auf die Einheitlichkeit der damit erhaltenen Polymere (siehe unten). Für die industrielle Anwendung in Suspension oder Gasphasenverfahren werden die Metallocensysteme aber auch auf Trägermaterialien heterogenisiert.

Für die Ethen-Polymerisation werden an die Ligandensphäre des Katalysators im Allgemeinen keine speziellen Anforderungen gestellt, und alle Zirconocenkatalysatoren sind je nach der sterischen Hinderung ihrer Ringsubstituenten im Prinzip mehr oder weniger aktiv gegenüber Ethen. Bei der Polymerisation von α-Olefinen ist es nun nicht mehr beliebig, mit welcher Seite das Olefin an das Metall koordiniert und welches Kohlenstoffatom der Doppelbindung die neue C-C-Bindung bildet. Die mechanischen Eigenschaften von verschiedenen Polypropenen und anderen α-Olefinen hängen sehr stark von der Polymermikrostruktur ab, die wiederum durch die Regio- und Stereoselektivität bei der Insertion bestimmt wird (**4.4.10**). Regioselektivität beschreibt, welches Ende der α-olefinischen Doppelbindung an das Metall und welches Ende jeweils an die wachsende Kette gebunden wird.

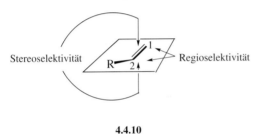

4.4.10

Im Normalfall wird bei den klassischen Ziegler-Natta- und den Metallocenkatalysatoren beim jeweiligen Insertionsschritt das CH_2-Ende des Olefins (Position 1) an das Metallzentrum gebunden und die CHR-Einheit (Position 2) an das Kettenende, was eine so genannte 1-2-Insertion ergibt und zu regioregulären Kopf-Schwanz-Verknüpfungen führt (Abbildung 4.4.16). Bei der isolierten, umgekehrten An- und Einbindung des Olefins in Form einer regioirregulären 2-1-Insertion kommt es dann zu Kopf-Kopf- und Schwanz-Schwanz-Struktureinheiten oder es ergibt sich zusammen mit einer Isomerisierung des Kettenendes eine 1-3-Insertion (siehe Abbildung 4.4.16). Solche Einbau„fehler" haben schon in geringen Prozentanteilen große Effekte auf die mechanischen Eigenschaften und können deshalb auch gewünscht sein, um in einem Olefin-Homo- oder -Copolymer die Eigenschaften gezielt in eine Richtung steuern zu können.

Während die Einhaltung einer normalen Regioselektivität in der Regel unproblematisch ist und keine besonderen Anforderungen an das Ligandendesign stellt, verlangt die stereoselektive Polymerisation von prochiralen α-Olefinen die Verwendung chiraler Katalysatoren. Eine Möglichkeit zur Einführung von Chiralität in Metallocenen ist das Einfrieren der Ringrotation durch Verknüpfung der Ringe über eine Brücke. Von besonderer Bedeutung für die Olefin-Polymerisation sind die C_2-symmetrischen ansa-Metallocene. Die Bis(indenyl)- und die Bis(tetrahydroindenyl)zirconocenverbindungen (**4.4.11** und **4.4.12**) sind vielfach eingesetzte

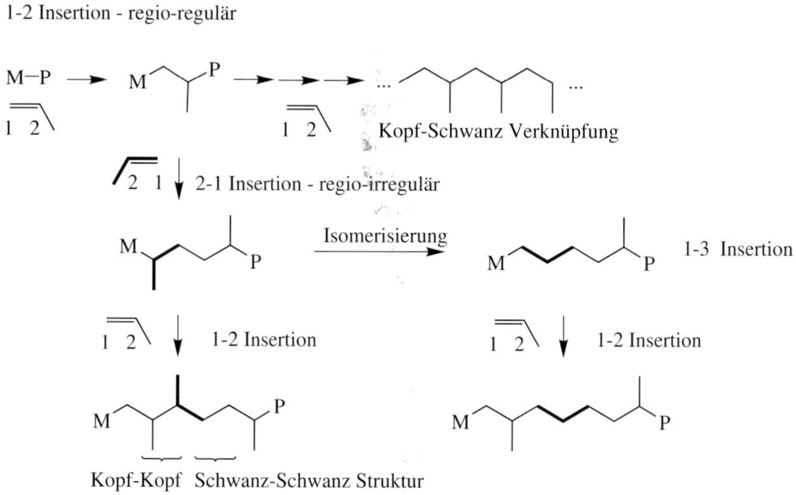

1-2 Insertion - regio-regulär

Kopf-Schwanz Verknüpfung

2-1 Insertion - regio-irregulär

Isomerisierung

1-3 Insertion

1-2 Insertion

1-2 Insertion

Kopf-Kopf Schwanz-Schwanz Struktur

Abbildung 4.4.16. Schematische Darstellungen der Regioselektivität bei der α-Olefin-Polymerisation in der Ziegler-Natta-Katalyse. M kann für ein aktives Metallocen- oder klassisches Titanzentrum stehen; P = wachsende Polymerkette. Regioreguläre 1-2- und regioirreguläre 2-1-Insertion werden aus Gründen der Einfachheit am Beispiel des Propens illustriert. Nach einer 2-1-„Fehl"insertion kann die Polymerisation direkt mit einer 1-2-Insertion oder nach einer vorherigen Isomerisierung des sekundären zum primären Alkylrest fortgesetzt werden. Letztere Isomerisierung verläuft über eine β-H-Eliminierung und Olefin-Re-Insertion in die Zr-H-Bindung (Hydrozirconierung) und führt dann zu einer so genannten 1-3-Insertion.

Präkatalysatoren. Für die Polymerisationskatalyse ist die Verwendung enantiomerenreiner Metallocene nicht notwendig, sondern diese können als Racemat eingebracht werden. Es sei darauf hingewiesen, dass die in den enantiomeren Formen von **4.4.11** und **4.4.12** noch vorhandene C$_2$-Drehachse kein Widerspruch gegen das Vorliegen enantiomerer Formen und damit chiraler Verbindungen ist. Zwar sind die Verbindungen nur dissymmetrisch (keine Spiegelsymmetrie) und nicht asymmetrisch (vollständiges Fehlen jeder Symmetrie), aber die hinreichende Bedingung für Chiralität (keine Drehspiegelachsen S$_i$), ist damit erfüllt (vgl. Abschnitt 2.7, optische Isomerie). Zu den chiralen C$_2$-symmetrischen Stereoisomeren in **4.4.11** und **4.4.12** gibt es dann jeweils noch eine achirale meso-Form, die in **4.4.13** für die Bis(indenyl)zirconocenverbindung beispielhaft skizziert ist. Wir werden unten noch sehen, dass die C$_2$-Symmetrie in den Metallocenen ein wichtiger Aspekt für eine hohe Stereoselektivität bei der Polymerisation von Propen und anderen α-Olefinen ist. Eine höhere Stereoselektivität in Übergangsmetall-katalysierten Reaktionen mit C$_2$-symmetrischen Systemen gegenüber vergleichbaren chiralen Katalysatoren ohne jede Symmetrie ist ein allgemeines Phänomen und wird mit einer geringeren Zahl von möglichen konkurrierenden diastereomeren Übergangszuständen erklärt (vgl. Abb. 4.4.10 a).

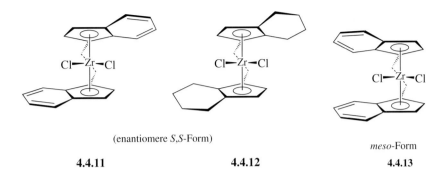

(enantiomere *S,S*-Form)   *meso*-Form

4.4.11   **4.4.12**   **4.4.13**

Die drei stereoselektiven Hauptvariationen bei Vinylpolymeren, nämlich isotaktisch, syndiotaktisch und ataktisch, sind in Abbildung 4.4.17 am Beispiel des Polypropens (PP) illustriert, und gleichzeitig wird die normale Kamm-Darstellung erläutert. Achirale Metallocenkatalysatoren ergeben meistens ataktische Polypropene, die fast immer eine niedrige Molmasse aufweisen und ölig oder wachsartig sind.

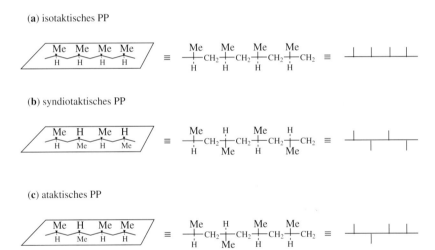

Abbildung 4.4.17. Schematische Darstellung von (a) isotaktischem Polypropen (PP) mit allen Methylgruppen auf der gleichen Seite des Kohlenstoffrückgrates, (b) syndiotaktischem PP mit alternierenden Methylgruppen und (c) ataktischem PP mit einer irregulären, statistischen Methylverteilung. Auf der rechten Seite ist die allgemein verwendete Kamm-Kurznotation gegeben. Zur besseren Darstellung wurde das Polymer als gestreckte Kette gezeichnet, tatsächlich liegen aber Helices vor.

Die chiralen C_2-symmetrischen Zirconocen/MAO-Katalysatoren geben weitgehend isotaktisches Polypropen. Änderungen an der sterischen Ligandenumgebung erlauben nun eine bisher nicht dagewesene Kontrolle der Polymermikrostruktur. Zwischen der iso- und ataktischen Form können isotaktisches PP mit unterschiedlicher Anzahl von Stereofehlern (iso-block), isotaktisch-ataktisches-Block-, isotak-

tisch-syndiotaktisches-Block-, hemi-isotaktisches und insbesondere syndiotakti-
sches Polypropen durch Ligandenmodifikation erhalten werden. Abb. 4.4.18 korreliert die Präkatalysatoren und damit erhaltenen PP-Mikrostrukturen zur Verdeutli-

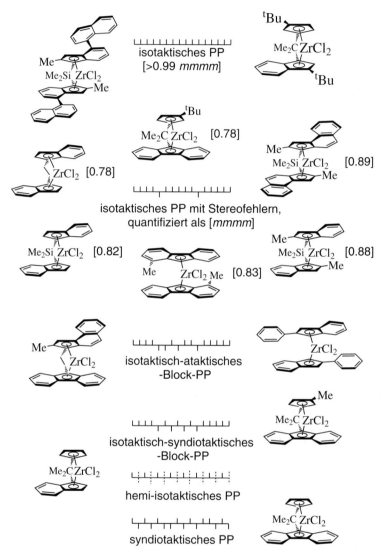

Abbildung 4.4.18. Verschiedene Zirconocen-Präkatalysatoren und damit erhaltene Polypro-
pen-(PP-)Mikrostrukturen. Der Begriff hemi-isotaktisch beschreibt, dass die Insertion jeder
zweiten (geraden) Propeneinheit sterisch kontrolliert ist, während die dazwischenliegenden
(ungeraden) Insertionen statistisch erfolgen. Die Liganden in (Ph-Indenyl)$_2$ZrCl$_2$ sind nicht
verbrückt. Die Mikrostrukturanalyse von Vinylpolymeren erfolgt durch ^{13}C-NMR-Spektro-
skopie. In eckigen Klammern ist der Anteil der *mmmm*-Pentade im Methyl-Bereich des ^{13}C-
NMR als Isotaktizitätsindex gegeben (*m* = meso-Diade, d. h. gleiche Konfiguration der pseu-
do-asymmetrischen tertiären C-Atome [im Kettenrückgrat] von zwei aufeinander folgenden
Monomereinheiten).

chung der unterschiedlichen stereochemischen Kontrolle. Aber auch die Temperatur übt einen starken Einfluss auf die Stereoselektivität aus, je höher die Temperatur, desto mehr werden ataktische Strukturen begünstigt.

Die Stereoregulierung bei der Polymerisation von α-Olefinen kann entweder durch eine Wechselwirkung des eintretenden Monomers mit der wachsenden Kette oder durch eine Wechselwirkung zwischen Monomer und dem Metallzentrum und seinen Liganden oder durch beides erreicht werden. Im ersten Fall spricht man auch von einer Kettenend-Kontrolle, im zweiten Fall von einer „enantiomorphic-site" Kontrolle. Die Ausübung der Stereokontrolle durch ein Metallzentrum soll im Folgenden mit Hilfe von Abbildung 4.4.19 noch näher erläutert werden. Eine normale regioselektive 1-2-Insertion vorausgesetzt kann das prochirale Propen- oder allgemein α-Olefin-Monomer immer noch von zwei unterschiedlichen Seiten an das Metallzentrum koordiniert werden (siehe **4.4.10**). Wenn eine der beiden Koordinationen energetisch begünstigt ist, dann wird die Polymerisation stereoselektiv ablaufen. Die räumliche Anordnung der Liganden bei einem racemischen verbrückten Bis(indenyl)zirconocen führt nun dazu, dass Position **a** im Vergleich zu **b** in Abbildung 4.4.19 energetisch günstiger ist, da sowohl den sterischen Wechsel-

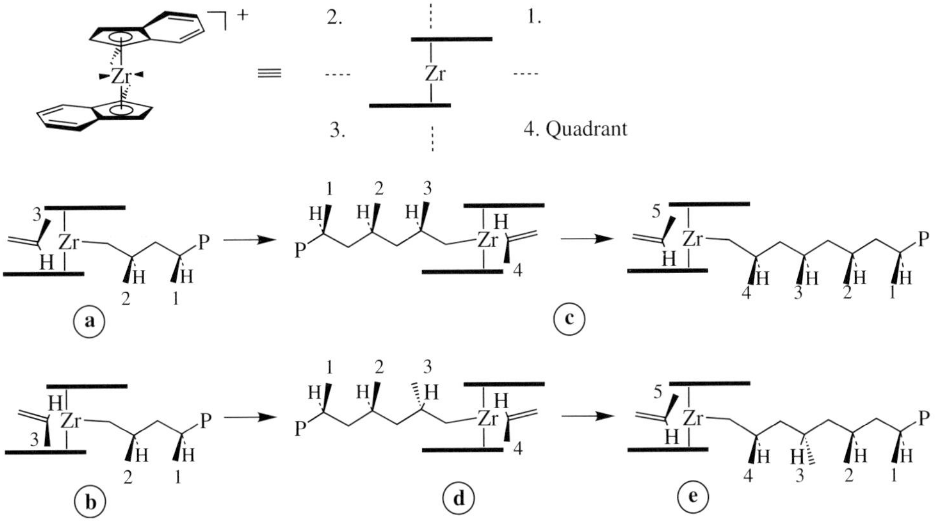

Abbildung 4.4.19. Modell für die Propeninsertion bei einem C_2-symmetrischen Metallocenkatalysator. Bei dem hier gezeigten Enantiomer „zwingt" der sterische Anspruch der Indenylliganden das Kettenende und die Alkylgruppe des α-Olefins in eine Orientierung im vierten und zweiten Quadranten. Von den beiden prochiralen Positionen **a** und **b** des Monomers ist also **a** energetisch begünstigt. Für die andere enantiomere Form des Metallocens, welches ja als Racemat in der Katalyse eingesetzt wird, ist die Insertion ganz analog, da die Propenpolymerisation ein stereoselektiver und kein enantioselektiver Prozess ist. Aufgrund der Platzwechselvorgänge (**a** → **c**) ist für eine von beiden Seiten identische Stereoselektion die C_2-Symmetrie des Katalysators wichtig. Ein Stereofehler (**b**) wird durch die „enantiomorphic-site" Kontrolle des Katalysators zu einem isotaktischen PP mit Stereofehlern korrigiert (**d** → **e**).

wirkungen mit dem Sechsring des Indenylsystems als auch mit dem Kettenende ausgewichen wird. Nach erfolgter Insertion finden sich für den nächsten Einbau-schritt (**c**) die Kette und das Monomer in vertauschter Position wieder. Solch eine Wanderung des Kettenendes ist für eine isotaktische Polymerisation keine Grund-bedingung, auch ohne sie würde sich die gleiche Stellung der Alkylgruppen zuein-ander ergeben. Der Positionswechsel ergibt sich aber aus dem Insertionsmodell, wie es in Abbildung 4.4.15 aus Rechnungen skizziert wurde und wird insbesondere durch das syndiotaktische Polymerisationsverhalten von C_s-symmetrischen Metal-locenkatalysatoren gestützt (siehe unten). Molekülmodellierungen zeigen, dass der Platzwechsel der wachsenden Kette nur eine relativ kleine Bewegung zwischen Kettenende und Metalloceneinheit bedingt. Umgekehrt ist aber nun wegen der Platzwechselvorgänge die C_2-Symmetrie des Katalysators wichtig, denn nur so wird eine von beiden Seiten identische Stereoselektion und damit die gleichförmige Orientierung der Methylgruppen zueinander gewährleistet. Ein Vergleich des Inser-tionsmechanismus beim C_2- und beim C_s-symmetrischen Katalysator (in Abbil-dung 4.4.20) verdeutlicht diesen Punkt. Wenn nun eine Insertion gelegentlich über die andere prochirale Position des Monomers erfolgt (**b** in Abbildung 4.4.19), so ergibt sich ein Stereofehler mit umgekehrter Stellung der Alkylgruppen zueinander, der aber bei einem isoselektiven Katalysator mit „enantiomorphic-site" Kontrolle gleich wieder korrigiert wird, so dass sich das in Abbildung 4.4.18 gezeigte isotak-tische PP mit Stereofehlern ergibt.

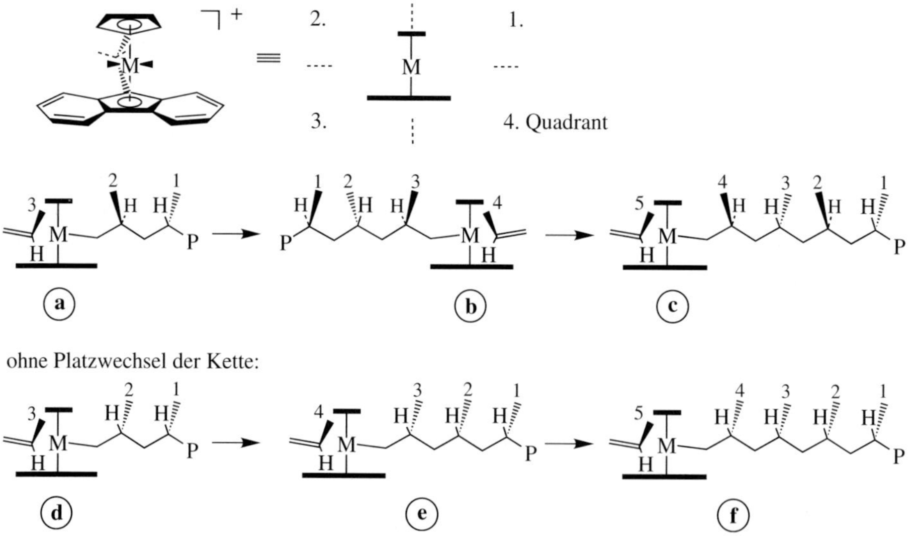

Abbildung 4.4.20. Prinzip des syndiotaktischen Kettenwachstums mit einem C_s-symmetri-schen Metallocenkatalysator. Der sterische Anspruch des Fluorenylliganden zwingt die wachsende Kette und die Alkylgruppe des Olefins in eine Orientierung im ersten und zwei-ten Quadranten. Wichtig sind die Platzwechselvorgänge zwischen Kette und Monomer (**a** → **b** → **c**), so dass sich durch die alternierende Annäherung des Olefins von den beiden Seiten eine syndiotaktische Stellung der Alkylgruppen ergibt. Ohne den Platzwechsel würde man ein isotaktisches Polymer erhalten (**d** → **e** → **f**).

Zirconocenverbindungen, in denen das Metall einen verbrückten Cyclopentadienyl- und Fluorenylliganden trägt und die eine Spiegelebene oder C_s-Symmetrie (Abbildung 4.4.20) besitzen, ergeben syndotaktisches Polypropen mit kleinen Anteilen isotaktischer Triaden (vergleiche Abbildung 4.4.18). Abbildung 4.4.20 veranschaulicht die syndiotaktische Kettenfortpflanzung bei einem derartigen C_s-Katalysator. Wie bereits erwähnt, liefert die syndiotaktische Polymerisation starke Hinweise auf eine Kettenwanderung bei jedem Insertionsschritt, denn für diese Taktizität ist ein Wechsel von Ketten- und Monomerposition eine Voraussetzung; ohne den Platzwechsel würde man ein isotaktisches Polymer erhalten.

Über längere Zeit war es bei der Entwicklung der Metallocenkatalysatoren ein schwerwiegender Nachteil, dass selbst chirale Zirconocen/MAO-Systeme bei konventionellen Polymerisationstemperaturen oberhalb 60 °C, wo erst die Katalysatoraktivität genügend hoch ist, mit α-Olefinen nur Oligomere ergaben. Der Erhalt von Polymerisationsprodukten mit niedriger Molmasse ist auf eine stärkere Erhöhung der Geschwindigkeit für die Kettenübertragung gegenüber der Kettenfortpflanzung mit steigender Temperatur zurückzuführen. Ein Schlüssel zur Lösung des Problems lag in der Blockade des Reaktionsweges und damit der Erniedrigung der Reaktionsgeschwindigkeit für die hauptsächliche Kettenabbruchreaktion, die β-Wasserstoff-Eliminierung. Zusätzliche Methylgruppen am fünfgliedrigen Ring der Indenylringe in Nachbarstellung zum Brückenansatz (vergleiche Abbildung 4.4.21 b) erwiesen sich als sehr wichtig für eine Optimierung der Taktizität und der Polymermolmasse bei erhöhter Temperatur. Der bemerkenswerte Effekt der α-Methylsubstituenten dürfte zum einen auf einen sterischen Effekt zur Unterdrückung von 2-1-Fehlinsertionen zurückzuführen sein, zum anderen wurde ein Elektronendonoreffekt vorgeschlagen, der die Lewis-Acidität des kationischen Zentrums und damit die Tendenz zur β-H-Eliminierung verringert. Außerdem zeigen die α-Methyl-substituierten C_2-Metallocene eine geringere Neigung zu thermisch induzierten Abweichungen von der axialen C_2-Symmetrie. Abbildung 4.4.21 a illustriert die Deformierbarkeit, die ansa-Metallocene je nach Substitutionsmuster mehr oder weniger stark noch aufweisen. Das verbrückte Ligandengerüst kann bis zu ±20° um die Metall-C_5-Ringmittelpunktsachse drehen, wobei die Drehungen der beiden Ringliganden nicht gleichförmig zwischen der Π- und Y-Konformation verlaufen müssen. Temperaturvariable NMR-Untersuchungen deuten auf eine kleine Energiedifferenz von nur 4 kJ/mol und damit auf eine relativ ungestörte Fluktuation in Lösung zwischen diesen beiden Konformeren, was natürlich Auswirkungen auf die Struktur-Selektivitäts-Beziehung hat. Zur Lösung des Problems der Abnahme der Molmasse mit steigender Temperatur wurden dann noch zusätzlich aromatische Substituenten an den Sechsring des Indenylliganden angebaut. Die auf diese Weise konstruierten fortgeschrittenen („advanced") Metallocene (siehe Abbildung 4.4.21 b) zeigen Aktivitäten und Stereoselektivitäten und liefern Polypropenmolmassen, die sehr viel höher sind als mit bis dato bekannten Metallocenkatalysatoren.

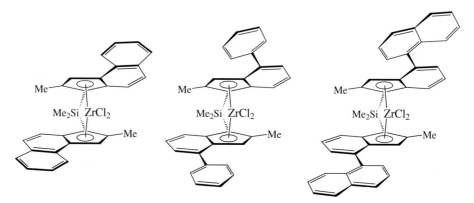

Π (Indenyl-vorwärts)   Y (Indenyl-rückwärts)

Abbildung 4.4.21 a. Indenyl-Torsionskonformationen im $C_2H_4(Ind)_2ZrCl_2$ Komplex. Das $ZrCl_2$-Fragment wurde der Übersichtlichkeit halber weggelassen.

Abbildung 4.4.21 b. Beispiele für fortgeschrittene („advanced") Zirconocen(prä)katalysatoren. Von links nach rechts: $Me_2Si(2\text{-Me-benz[e]indenyl})_2ZrCl_2$, $Me_2Si(2\text{-Me-4-phenylindenyl})_2ZrCl_2$, $Me_2Si\{2\text{-Me-4-(1-naphthyl)indenyl}\}_2ZrCl_2$.

Bedeutung für das anwendungstechnische Interesse von Metallocenen hat vor allem auch eine neue Dimension der Copolymerisation, auf die bei den bisherigen grundlegenden Betrachtungen noch nicht eingegangen wurde. Wichtig ist, dass die Comonomerinsertion in die Polymerkette mit Metallocenkatalysatoren weitgehend statistisch erfolgt, im Gegensatz zu klassischen Ziegler-Natta-Katalysatoren, bei denen das Monomer hauptsächlich in die niedere Molmassenfraktion eingebaut wird (Abb. 4.4.22).

Weiterhin ermöglichen die Metallocen/MAO-Katalysatorsysteme die Polymerisation von cyclischen Olefinen, ohne dass eine Ringöffnung erfolgt (vergleiche hierzu die ringöffnende Metathesepolymerisation, Abschnitt 4.4.2.2). Beispiele sind Cyclobuten, Cyclopenten, Norbornen und Derivate; eine Polymerisation von Cyclohexen gelang allerdings nicht. Während beim Cyclobuten die Doppelbindung wie erwartet zum Poly(1,2-cyclobuten) geöffnet wird, hat man für Cyclopenten zeigen können, dass die C-C-Verknüpfung hier als 1,3-Insertion abläuft. Sterische Gründe werden dafür verantwortlich gemacht, dass nach einer 1,2-Insertion zunächst eine Isomerisierung über β-H-Eliminierung, gefolgt von der Re-Insertion des Olefins in die Zr-H-Bindung, zu einem 1,3-Insertionsprodukt abläuft, bevor das nächste Monomer insertiert wird (in Analogie zur 1,3-Insertionen beim Propen nach einer 2,1-Fehlinsertion, vergleiche Abbildung 4.4.16). Auf diese Weise wird

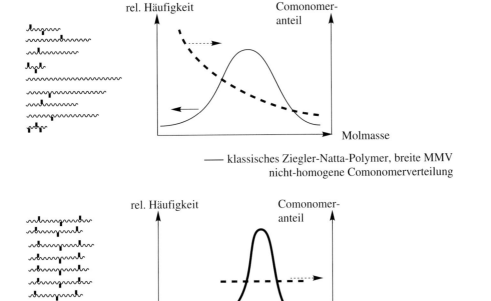

—— klassisches Ziegler-Natta-Polymer, breite MMV
nicht-homogene Comonomerverteilung

—— Metallocenpolymer, enge MMV
homogene Comonomerverteilung

Abb. 4.4.22. Schematische Darstellung einer mehr oder weniger einheitlichen (homogenen) Comonomerverteilung über die unterschiedlichen Molmassenfraktionen. Eine homogene Comonomerverteilung führt u. a. zu besserer optischer Transparenz des Polymers.

Poly(1,3-cyclopenten) erhalten und zusätzlich zur Taktizität kann noch eine cis/trans-Isomerie bei den Mikrostrukturen unterschieden werden. Abbildung 4.4.23 fasst den Inhalt der letzten Sätze graphisch zusammen.

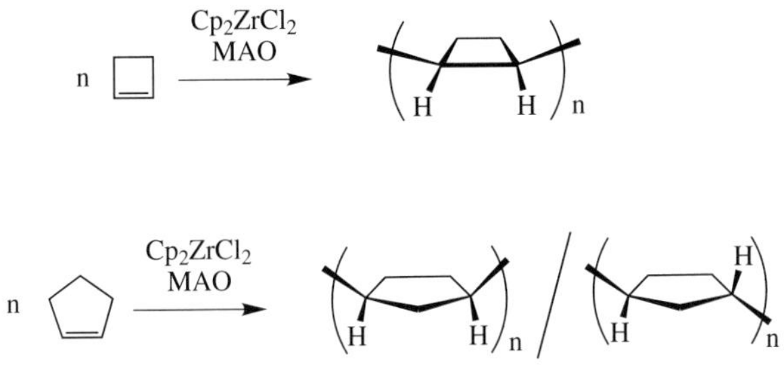

Abbildung 4.4.23. Polymerisation von Cycloolefinen über die Doppelbindung ohne Ringöffnung am Beispiel des Poly(1,2-cyclobutens) und des Poly(1,3-cyclopentens). Die bei letzterem zusätzlich zur Taktizität mögliche cis/trans-Stereoisomerie ist vereinfacht angedeutet (vergleiche auch Abbildung 4.4.30 und zugehörigen Text).

Die reinen Polycycloolefine zeigen extrem hohe Schmelzpunkte, die oberhalb ihrer Zersetzungstemperaturen an Luft liegen (z.B. 395 °C für Polycyclopenten, über 600 °C für Polynorbornen). Derartig hohe Schmelzpunkte machen die Homopolymere für eine Weiterverarbeitung ungeeignet. Zur Erniedrigung der Schmelzpunkte können die Cycloolefine aber mit Ethen oder Propen copolymerisiert werden, und über die neuen Metallocenkatalysatoren konnte so erstmals eine technische Synthese von Cycloolefin-Copolymeren verwirklicht werden. Cycloolefin/Ethen-Copolymere zeichnen sich durch eine hohe Glastemperatur, exzellente Transparenz, thermische Stabilität und chemische Widerstandsfähigkeit aus. Auf der Basis eines Norbornen/Ethen-Copolymers wurde bereits ein hochtransparenter technischer Kunststoff entwickelt (TOPAS), dessen Eigenschaften Anwendungen im Markt für Compact Disks (CD's) und magneto-optische Speicherplatten eröffnen sollten.

4.4.2 Heterogenkatalytische Verfahren

Obwohl bei der Darstellung der katalytischen Verfahren mit metallorganischen Verbindungen die Homogenkatalyse zuerst behandelt wurde und auch von der Seitenzahl her einen breiteren Raum einnimmt, soll hier noch einmal ganz klar zum Ausdruck gebracht werden, dass in der Technik die Heterogenkatalyse wert- und mengenmäßig dominiert. Für die Darstellung von katalytischen Prozessen in einem Lehrbuch bietet sich die Homogenkatalyse allerdings eher an, da bei ihr die Katalysezyklen sehr viel besser aufgeklärt sind. Die Präkatalysatoren sind wohldefinierte, molekulare Spezies, und die Zwischenstufen können oft spektroskopisch erfasst werden. Eine Untersuchung von heterogenkatalytischen Zyklen ist spektroskopisch sehr viel schwieriger; die Methoden der Oberflächenanalyse sind vielfach noch nicht so weit entwickelt, als dass sie eindeutige Aussagen erlauben. Kompliziert werden die mechanistischen Studien außerdem durch die prinzipiell uneinheitlichere, „heterogene" Natur der aktiven Zentren an den Festkörperoberflächen. Häufig wird versucht, durch molekulare Modellsysteme Heterogenkatalysatoren nachzustellen und so wieder die besser entwickelte, molekulare Analytik in Lösung nutzen zu können sowie relativ einheitliche, aktive Zentren vorliegen zu haben. Ein Beispiel dafür waren die durch Et_2AlCl aktivierten $(C_5H_5)_2TiCl_2$-Metallocenkatalysatoren als Modelle für die klassischen, heterogenen Ziegler-Natta-Katalysatoren. Die homogenen Modellsysteme können aber oft nicht die Aktivität der Heterogenkatalysatoren erreichen, so dass die Relevanz des Modells und der damit gewonnenen Erkenntnisse entsprechend kontrovers ist.

Innerhalb der Heterogenkatalysatoren unterscheidet man noch so genannte Vollkontakte, bei denen der gesamte Formkörper aus dem katalytischen Material besteht, und Trägerkatalysatoren, bei denen die katalytisch wirkende Substanz auf dem Trägermaterial aufgebracht ist. Der Vorteil von Trägerkatalysatoren ist eine Aktivitätserhöhung durch Oberflächenvergößerung und damit eine bessere Nutzung der oft teuren Katalysatorkomponenten. Außerdem wird durch den Träger eine mechanische und thermische Stabilisierung der Katalysatoren erreicht.

Zwischen den homogenen und heterogenen Katalysatoren gibt es Übergangsformen, die als heterogenisierte Homogenkatalysatoren bezeichnet werden. Eine Immobilisierung von homogenen Katalysatoren auf festen Trägern vereint die Vorzüge der heterogenen Katalyse, wie beispielsweise einfache Abtrennbarkeit des Katalysators vom Produkt, mit den Vorteilen der homogenen Katalyse, wie z.B. hohe Ausbeute und Selektivität. Ein Beispiel für heterogenisierte Homogenkatalysatoren sind geträgerte Metallocen/MAO-Systeme (siehe Abschnitt 4.4.1.9) für die Olefinpolymerisation in Suspensions- oder Gasphasenverfahren. Die Trägerung dieser Homogenkatalysatoren dient vor allem der Einstellung der Polymermorphologie durch Replikation (vergleiche Abbildung 4.4.34).

Die bedeutendsten heterogenkatalytischen Verfahren mit metallorganischen Zwischenstufen werden im Folgenden vorgestellt.

4.4.2.1 Fischer-Tropsch-Synthese

Dieses bereits seit Anfang des 20. Jahrhunderts bekannte Verfahren beinhaltet die Herstellung von Kohlenwasserstoffen durch die Hydrierung von Kohlenmonoxid und wird auch als „Benzin-Synthese" bezeichnet. In Deutschland wurde die Fischer-Tropsch-Synthese ab 1934, auch bedingt durch die damals betriebene Autarkiepolitik, bei der Ruhrchemie in Oberhausen in den technischen Maßstab übertragen. Während des 2. Weltkriegs wurden auf diese Weise etwa 600 000 Jahrestonnen Synthesebenzin hergestellt. Nach dem Krieg erfolgte eine Demontage der Fischer-Tropsch-Anlagen, und das Verfahren wurde außerdem durch die Verfügbarkeit von Erdöl in Europa insgesamt unbedeutend. Wirtschaftlich kann es nur an Standorten mit billiger Kohle betrieben werden. So wurden in Südafrika in den Anlagen Sasol I-III durch den ökonomischen Standortvorteil des Kohlebergbaus und den politischen Zwang während der Apartheidpolitik aus 22 Mio Jahrestonnen Kohle 4.5 Mio Jahrestonnen Benzin erhalten, womit 40–50% des Benzinbedarfs des Landes gedeckt werden konnte. Das eingesetzte Synthesegas wird durch Kohlevergasung erhalten (Gleichung 4.4.27) und der benötigte höhere H_2-Anteil nachträglich durch CO-Konvertierung und CO_2-Entfernung eingestellt (Gleichung 4.4.28). Seit kurzem kann erneut ein ernstes Interesse an der Fischer-Tropsch-Technologie beobachtet werden. So wurde im Jahre 1993 der Betrieb einer „mittleren Destillat-Synthese"-Anlage von der Firma Shell in Malaysia aufgenommen. Die anfallenden Wachs-Primärprodukte werden anschließend mit Wasserstoff zu Kerosin, Gasöl, Naphtha, Paraffinwachsen und Spezialprodukten gespalten. Das Synthesegas für diesen neuen Prozess wird durch partielle Oxidation von Erdgas (Methan) mit Sauerstoff gewonnen (Gleichung 4.4.29). Die Attraktivität der Fischer-Tropsch-Technologie liegt in der Herstellung von Kohlenwasserstoffen, die nicht durch Schwefel- oder Stickstoffverbindungen kontaminiert sind.

$$C + H_2O \;\rightleftharpoons\; CO + H_2 \tag{4.4.27}$$

$$CO + H_2O \;\rightleftharpoons\; CO_2 + H_2 \tag{4.4.28}$$

$$CH_4 + 1/2\,O_2 \;\rightleftharpoons\; CO + 2\,H_2 \qquad \Delta H = -35 \text{ kJ/mol} \tag{4.4.29}$$

Die idealisierte Bruttoreaktion des Fischer-Tropsch-Verfahrens kann wie in Gleichung 4.4.30 formuliert werden. Als Katalysator wird hauptsächlich Eisen, manchmal auch Cobalt verwendet. Mit Eisen als Katalysator reagiert das gebildete Wasser mit dem eingesetzten Kohlenmonoxid nach der bekannten Wassergas-Verschiebungsreaktion (Gleichung 4.4.28), so dass dann die Fischer-Tropsch-Reaktion gemäß Gleichung 4.4.31 aufgestellt wird.

$$\underbrace{n\,CO + (2n+1)\,H_2}_{\text{Synthesegas}} \xrightarrow{\text{Katalysator}} C_nH_{2n+2} + n\,H_2O + 164.8 \text{ kJ/mol} \tag{4.4.30}$$

$$2n\,CO + (n+1)\,H_2 \xrightarrow{\text{Fe-Kat.}} C_nH_{2n+2} + n\,CO_2 \tag{4.4.31}$$

Neben Alkanen enthalten die einzelnen C_n-Schnitte immer auch mehr als 15% Olefinanteile, für C_3 können letztere bis zu 80% betragen. Weiterhin werden noch bis maximal 10% „CHO"-Produkte, Alkohole, Aldehyde und Ketone, gebildet. Zum Eisenkatalysator kommen je nach Verfahrensausprägung noch verschiedene Zusätze. Die Temperatur für die „Benzin"-Synthese liegt bei 210–340 °C, der Druck um die 25 bar. Generell nachteilig ist die geringe Produktselektivität der Fischer-Tropsch-Synthese. Zwar dominieren Aliphaten und α-Olefine im Produkt, aber es ist bis jetzt keine Einengung in eine bestimmte Richtung möglich gewesen, auch nicht bezüglich des C_n-Teils. Die Benzinsynthese gehorcht dem Mechanismus einer Polymerisationskinetik mit Schulz-Flory-Verteilung der Molmassen. Die Herausforderung der Forschung zum Fischer-Tropsch-Verfahren ist eine stark verbesserte Selektivität zu erreichen, um das Synthesegas besser und direkter in höherwertige Chemikalien konvertieren zu können. Dieses Ziel setzt natürlich ein gutes Verständnis des Mechanismus voraus. Wie bereits in der Einleitung zu den heterogenkatalytischen Verfahren erwähnt, sind reaktionsmechanistische Studien der Fischer-Tropsch-Synthese aufgrund der heterogenen Reaktionsführung und auch bedingt durch das Vorliegen einer Druckreaktion problematisch. Insbesondere der Katalysator ist kompliziert zusammengesetzt und strukturell nicht definierbar. Die im Folgenden skizzierten Mechanismen stammen aus Markierungsexperimenten unter Prozessbedingungen und aus metallorganischen Modellkomplexen. Im Wesentlichen werden heute drei Mechanismen diskutiert. Die bei der Fischer-Tropsch-Reaktion gefundene Produktvielfalt lässt durchaus auch den Schluss zu, dass mit verschiedenen Geschwindigkeitskonstanten/ Wahrscheinlichkeiten mehrere Mechanismen nebeneinander ablaufen.

(a) Methylenpolymerisation oder in modifizierter Form der Alkenyl-Mechanismus. Hier wird zunächst eine chemisorptive Dissoziation von CO und H_2 angenommen, die zu einer Oberflächenbelegung mit Carbidkohlenstoff- und Sauerstoffatomen und monoatomarem Wasserstoff führt (Abbildung 4.4.24). Hydrierung der Kohlenstoff- und Sauerstoffatome ergibt Wasser und oberflächengebundene Methylen-, neben Methyl- und Methin-Gruppen. Insbesondere die Methylengruppen können, mit einer Methylgruppe als Kettenanfang, eine Oligomerisationsreaktion eingehen, die dann durch Wasserstoff zum Alkan oder durch eine β-Wasserstoff-Eliminierung zum Alken abgebrochen wird (Abbildung 4.4.25).

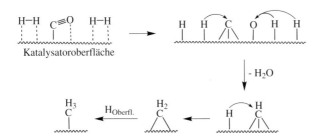

Abbildung 4.4.24. Vorgeschlagener Weg für die Bildung von CH_2, nebst CH_3 und CH an der Katalysatoroberfläche über die Hydrierung von Carbidatomen.

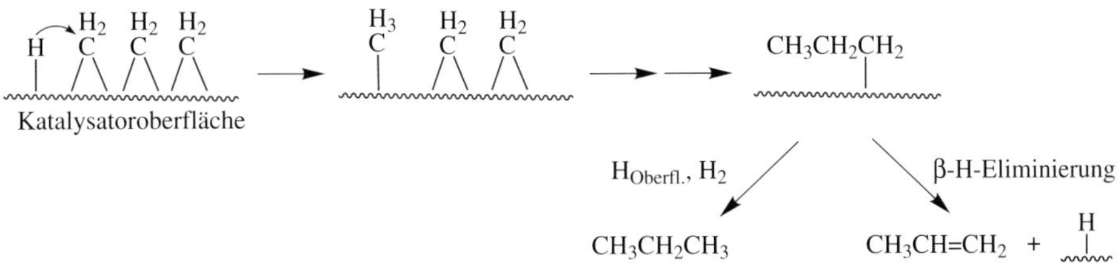

Abbildung 4.4.25. Schematische Darstellung der Methylenpolymerisation mit Kettenabbruch auf der Katalysatoroberfläche. Die Kette wird durch ein Wasserstoffatom oder durch eine Methylgruppe gestartet.

Als Variation dieser Methylenpolymerisation wurde der in Abbildung 4.4.26 skizzierte Alkenylmechanismus vorgeschlagen, da Experimente mit isotopenmarkierten $^{13}C_2$-Proben zeigten, dass Vinyl- und Alkenyl-Spezies an der Oberfläche des Katalysators bei den C-C-Verknüpfungsreaktionen beteiligt sind. Der Zyklus beginnt dort mit der Bildung einer Vinylgruppe aus einem chemisorbierten Methin- und Methylen-Rest an der Oberfläche des Katalysators. Mit der Insertion eines weiteren Oberflächen-Methylens unter Bildung der Allylgruppe fängt das Kettenwachstum an. Das Oberflächen-gebundene Allyl isomerisiert zum Vinyl und in einer Folge aus Methylen-Einschubreaktionen und Allyl-zu-Vinyl-Isomerisierungen setzt sich das Kettenwachstum fort, bis es durch Hydridübertragung von der Oberfläche beendet wird.

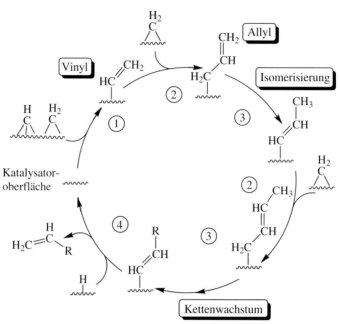

Abbildung 4.4.26. Darstellung des Alkenyl-Mechanismus der Fischer-Tropsch-Reaktion. Schritt 1: Bildung der Vinylgruppe aus Methin- und Methylen-Rest. Schritt 2: Kettenwachstum, Bildung der Allylgruppe. Schritt 3: Allyl→Vinyl-Isomerisierung. Schritt 4: Kettenabbruch durch Hydridübertragung von der Oberfläche.

(b) Hydroxycarben-Kupplungsmechanismus. Bei diesem Mechanismus wird keine dissoziative Chemisorption, kein Bindungsbruch von CO gefordert, sondern durch Übertragung von Wasserstoffatomen auf chemisorbiertes Kohlenmonoxid werden Hydroxycarben-Spezies erhalten, die dann über intramolekulare Kondensationsschritte und weitere Hydrierung den Kettenaufbau ergeben (Abbildung 4.4.27). Das Auftreten von Oberflächen-gebundenen enolischen Komplexen wird unterstützt durch die nachgewiesene Bildung von Alkoholen und Aldehyden.

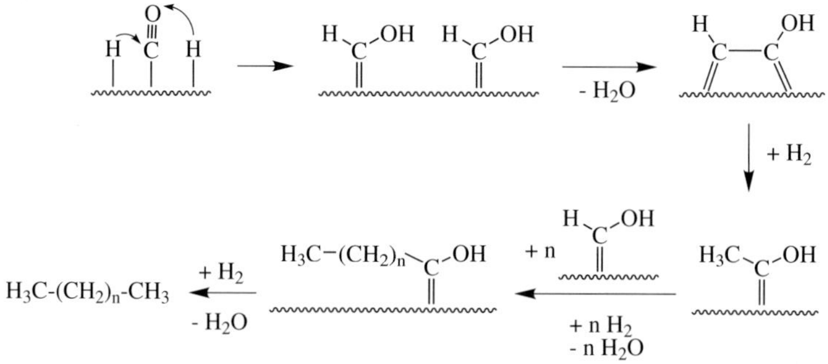

Abbildung 4.4.27. Schematische Darstellung des Hydroxycarben-Kupplungsmechanismus.

(c) Alkylgruppenwanderung (CO-Insertion). Der aus der metallorganischen Chemie entlehnte Primärschritt ist eine Methylgruppenwanderung zu einem Oberflächen-gebundenen Carbonylliganden (vergleiche das Monsanto-Verfahren und die Hydroformylierung, Abschnitte 4.4.1.2 und 4.4.1.3 sowie Abschnitt 4.3.6). Die Methylgruppe wird, wie bereits in Abbildung 4.4.24 skizziert, durch Hydrierung von Carbidkohlenstoffatomen auf der Katalysatoroberfläche erhalten. Eine Hydrierung der Acyl-Intermediate, gefolgt von einer erneuten Alkylgruppenwanderung zu einem Carbonylliganden und Hydrierung, setzt dann den Kettenaufbau fort. Abbildung 4.4.28 veranschaulicht den Mechanismus.

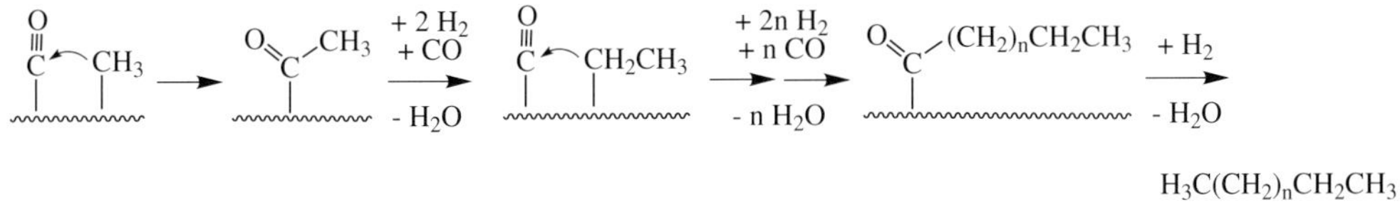

$$H_3C(CH_2)_nCH_2CH_3$$

Abbildung 4.4.28. Darstellung der Alkylgruppenwanderung als möglicher Mechanismus des Kettenaufbaus bei der Fischer-Tropsch-Reaktion.

4.4.2.2. Olefin-/Alken-Metathese

Der Begriff „Metathesis" stammt aus dem griechischen und bezeichnet eine „Umstellung"; im Falle der Olefin- oder Alken-Metathese handelt es sich um eine Umstellung von Alkyliden-Einheiten, $=CR_2$. Das Prinzip der Olefin-Metathese ist ein reversibler, katalytischer Austausch von Alkyliden-Gruppen zwischen zwei Olefinen. Gleichung 4.4.32 illustriert die Umstellung. Sowohl terminale ($R^i = H$) als auch interne Olefine können eine Metathese-Reaktion eingehen. Da die Metathese von acyclischen Olefinen jedoch eine fast energieneutrale Reaktion darstellt, erhält man in diesem Fall statistische Gemische. Bei der Metathese von zwei Olefinen mit vier verschiedenen Resten R^i kommt es durch die Beteiligung der beiden in Gleichung 4.4.32 gezeigten Produkte an der Umstellung im Endeffekt zur Bildung aller Kombinationen R^i-CH=CH-R^j, so dass dann zehn verschiedene Olefine im Gleichgewicht vorliegen. Trotz der Produktvielfalt findet eine solche Metathesereaktion als Teilschritt im SHOP Anwendung (siehe unten). Bei monomeren Edukten und Produkten ist eine Alkyliden-Einheit sonst immer die $=CH_2$-Gruppe, so dass entweder zwei α-Olefine oder ein internes Olefin und Ethen miteinander reagieren (Phillips-Triolefin- und Neohexen-Prozess, siehe unten). Bei Einsatz von α-Olefinen lässt sich durch die Entfernung des flüchtigen Coprodukts Ethen die Reaktion

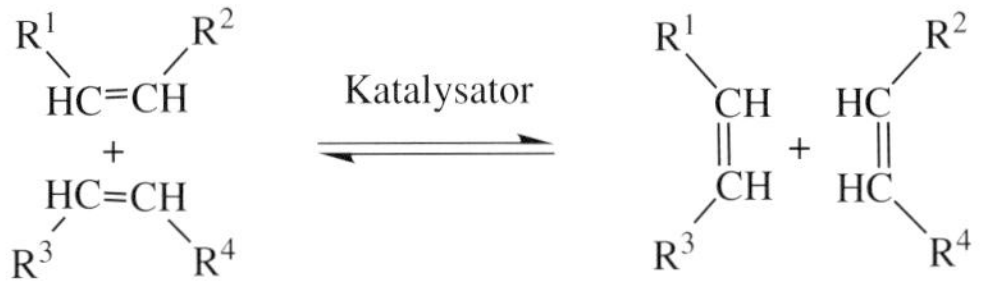

$$(4.4.32)$$

vollständig auf die Produktseite verschieben. Die Umsetzung oder Spaltung eines internen Olefins mit Ethen zu α-Olefinen, auch als Ethenolyse bezeichnet, wird mit einem hohen Ethendruck ebenfalls zu einer weitgehenden Umsetzung geführt. Prinzipielle, relevante Metathese-Prozesse sind in Abb. 4.4.29 a zusammengestellt.

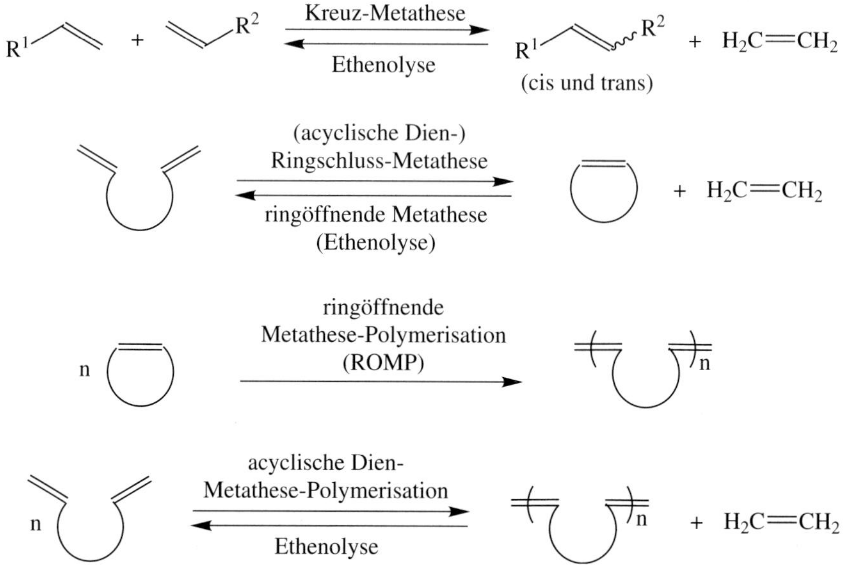

Abbildung 4.4.29 a. Prinzipielle anwendungsrelevante Metathese-Reaktionen. Die Reaktionen sind mit Ausnahme der Ringöffnungs-Metathese-Polymerisation reversibel. Eine Gleichgewichtsverschiebung wird durch Entfernung von Ethen oder Einsatz von Ethen-Überschuss erreicht. Für konkrete Beispiele siehe Abb. 4.4.31 bis 33 und Gl. 4.4.35.

Als katalytisch aktive Spezies bei der Alken-Metathese werden Metallcarben-Komplexe angenommen, die in einer [2+2]-Cycloaddition ein Olefin unter Bildung eines Metallacyclobutanrings addieren (Abbildung 4.4.29 b, Chauvin-Mechanismus). Das für die [2+2]-Cycloaddition zweier Alkene zu Cyclobutan bestehende Symmetrieverbot für eine thermische Reaktion wird durch Beteiligung eines Metalls mit seinen d-Orbitalen aufgehoben. Für die Öffnung des Metallavierrings bestehen dann 2 Möglichkeiten, entweder entlang der gestrichelten Linie unter Rückbildung der Edukte oder entlang der durchgezogenen Linie unter Freisetzung des einen Produkts.

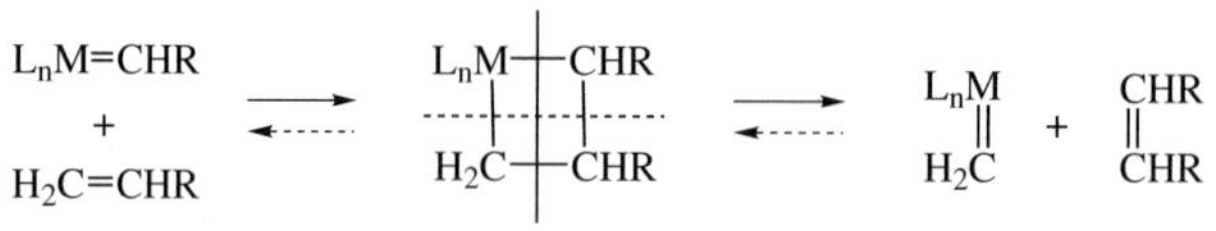

Abbildung 4.4.29 b. Mechanismus der Olefin-Metathese (Metallacyclobutan-Vierring- oder Chauvin-Mechanismus).

Die Olefin-Metathese kann homogen oder heterogen durchgeführt werden, industriell überwiegt die heterogene Reaktionsführung. Gängige Katalysatorsysteme bestehen aus Metallhalogeniden (z.B. $MoCl_5$, WCl_6, $RuCl_3/HCl$), Metalloxiden (Re_2O_7, WO_3) oder Metallkomplexen [$MoCl_2(NO)_2(PPh_3)_2$, $M(=O)$(acetylacetonat)$_2$], die mit einem Alkylierungsmittel oder allgemein einem Cokatalysator aktiviert werden. Für diesen Zweck werden $EtAlCl_2$, R_4Sn oder $N_2=CR_2$ (Diazoalkane) verwendet. Weiterhin sind Promotoren wichtig, die aus den Substanzklassen der Ether, Nitrile oder Alkohole stammen. Als Trägermaterialien dienen Al_2O_3 und SiO_2. Klassische Beispiele für industriell angewandte Metathesekatalysatoren sind $WCl_6/SnMe_4$ oder Re_2O_7/Al_2O_3. Die Funktion der Cokatalysatoren besteht zum einen in der Bildung einer Metallcarben-Spezies als Startgruppe, wie es in den Gleichungen 4.4.33 und 4.4.34 für Zinntetramethyl und Diazoalkane gezeigt ist. Zum anderen stabilisieren sie die katalyseaktiven Spezies und unterdrücken Olefin-Dimerisierungs- und -Polymerisationsprozesse an den katalytischen Zentren. Bei den technischen Katalysatoren, für die vorwiegend Metalloxide verwendet werden, findet man in etwa die Aktivitätsreihenfolge Re > Mo >> W. Der niedrigeren Aktivität von Wolframkatalysatoren steht aber eine größere Resistenz gegen Katalysatorgifte gegenüber. Protonen- und Elektronendonor-Reagenzien sowie Sauerstoff wirken in höherer Konzentration als Katalysatorgift, so dass gereinigte Olefinschnitte verwendet werden müssen und unter Feuchtigkeits- und Luftausschluss gearbeitet werden muss. Für die Reaktivität der Olefine findet man folgende Reihung bezüglich der Alkylidengruppen: $=CH_2$ > $=CHR$ > $=CH-CHR_2$ > $=CR_2$. Konjugierte Olefine und Diolefine sind allgemein weniger reaktiv. Noch nicht befriedigend gelöst ist die industrielle Metathese funktionalisierter Olefine, da durch Hydroxyl-, Aldehyd-, Carboxyl- u.a. Donorsubstituenten eine Desaktivierung erfolgt. Eine aktuelle Forschungsrichtung ist aber gerade die Metathese funktionalisierter Olefine und gleichzeitig die Entwicklung von Metallkomplexen, die gegenüber protischen Reaktionsmedien wie Wasser stabil sind (siehe Abschnitt 4.3.2). Nebenreaktionen bei der Olefin-Metathese sind die Doppelbindungsisomerisierung, die Polymerisation und Hydrierung/Dehydrierung.

$$WCl_6 + 2\,Sn(CH_3)_4 \xrightarrow[-\,2\,ClSn(CH_3)_3]{} Cl_4W{\overset{CH_3}{\underset{CH_3}{\big\langle}}} \xrightarrow[-\,CH_4]{} Cl_4W{=}CH_2 \qquad (4.3.33)$$

$$L_xM + N_2{=}CR_2 \longrightarrow L_xM{=}CR_2 + N_2 \qquad\qquad (4.3.34)$$

Eine Besonderheit ist die Metathese cyclischer Olefine, die unter Ringöffnung verläuft und so in eine Polymerisationsreaktion einmündet, die zu ungesättigten Polymeren, den so genannten Polyalkenameren [Poly(1-alkenylenen)], führt. Man spricht hierbei auch von einer ringöffnenden Metathese-Polymerisation oder kurz Ringöffnungspolymerisation (engl. **r**ing **o**pening **m**etathesis **p**olymerization), abgekürzt ROMP. Polyalkenamere sind vulkanisierbare, ungesättigte Elastomere mit

Kautschuk-Charakter. [Hinweis: Vulkanisation ist die Überführung von plastischen, Kautschuk-artigen doppelbindungshaltigen oder -freien Polymeren in den gummi-elastischen Zustand durch Vernetzung mit energiereicher Strahlung, Peroxiden oder Schwefel.] Da die Ringöffnungspolymerisation kontrolliert in der Koordinations-sphäre eines Metalls abläuft, wird sie auch zur Ziegler-Natta-Polymerisation gerech-net. Bei der Ziegler-Natta-Polymerisation von Cycloolefinen sind also abhängig vom Katalysator zwei Reaktionsrouten möglich: Eine Polymerisation über die Dop-pelbindung, wie sie z.B. die Metallocenkatalysatoren geben (Abbildung 4.4.23, Ab-schnitt 4.4.1.9) oder durch Ringöffnung (was der Öffnung einer Doppelbindung äquivalent ist). Im letzten Fall der Metathese-Polymerisation bleibt die Zahl der ei-gentlichen Doppelbindungen der Eduktmoleküle im Produktpolymer erhalten (Ab-bildung 4.4.30).

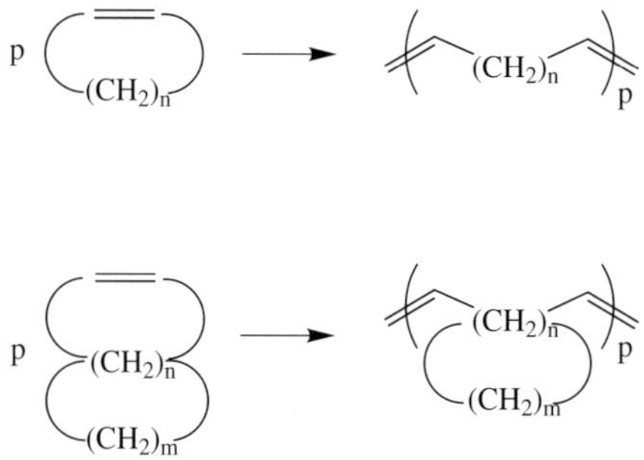

Abbildung 4.4.30. Schematische Darstellung einer Ringöffnungspolymerisation bei einem mono- und einem bicyclischen Olefin. Die Doppelbindungen als Teil der Hauptkette weisen cis/trans-Isomerie auf. Bei prochiralen Monomeren, wie sie die Bicyclen darstellen, liegt noch die Taktizität als Stereoisomerie vor.

Die Triebkraft von ROMP ist der Verlust an Ringspannung im Monomer, wes-halb nur entsprechend gespannte Cycloolefine, z.B. Norbornen, Cyclopenten, Cy-cloocten, als Monomere für die ringöffnende Metathese-Polymerisation eingesetzt werden können. Das nicht gespannte System Cyclohexen ist nicht für ROMP ge-eignet und kann im Übrigen auch nicht über die Doppelbindung polymerisiert wer-den. Im Unterschied zur Gleichgewichts-Metathesereaktion acyclischer Olefine ist ROMP bei hochgespannten Monomeren eine irreversible Reaktion.

Die technisch relevanten Methathesereaktionen mit acyclischen Olefinen finden sich in Abbildung 4.4.31. Der Phillips-Triolefin-Prozess stellte die erste technische Anwendung der Olefin-Metathese dar. Das Verfahren diente ursprünglich der Dis-mutation von Propen in Ethen und 2-Buten, was eine bessere Raffinerieflexibilität und eine Erhöhung des Ethenanteils in Naphtha-Crackgemischen auf Kosten von Propen erlaubte. Er wurde von 1966–1972 mit einer Kapazität von 30 000 Jahres-tonnen betrieben und dann aus wirtschaftlichen Gründen wegen einer veränderten

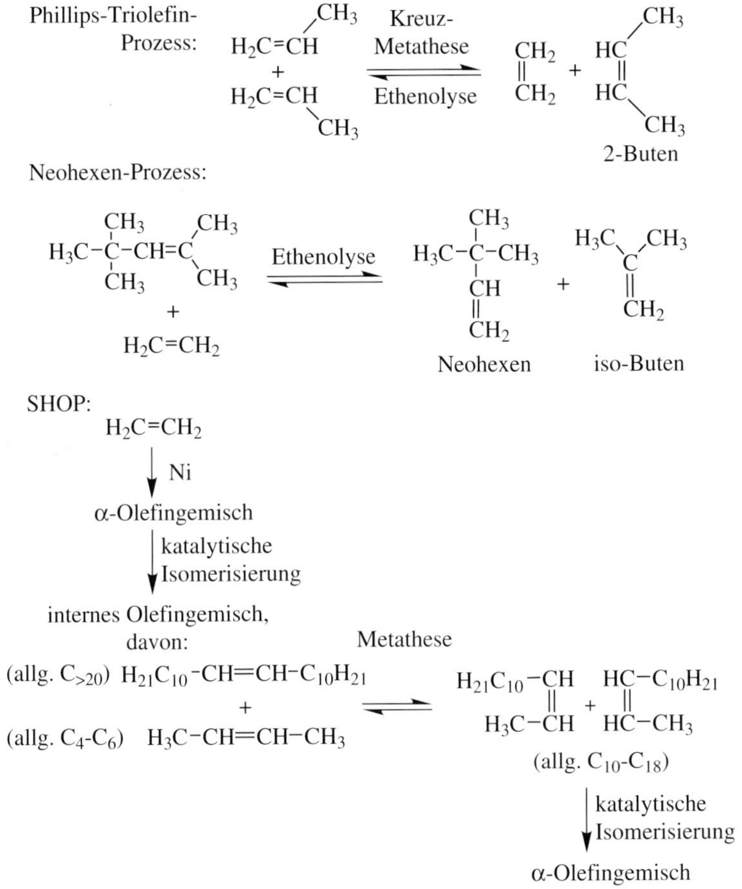

Phillips-Triolefin-Prozess:

$$H_2C=CH{-}CH_3 + H_2C=CH{-}CH_3 \;\underset{\text{Ethenolyse}}{\overset{\text{Kreuz-Metathese}}{\rightleftharpoons}}\; \begin{matrix}CH_2\\ \|\\ CH_2\end{matrix} + \begin{matrix}HC{-}CH_3\\ \|\\ HC{-}CH_3\end{matrix}$$

2-Buten

Neohexen-Prozess:

$$\begin{matrix}CH_3\\ |\\ H_3C-C-CH=C\\ |\quad\quad\backslash\\ CH_3\quad\quad\end{matrix}\!\!\begin{matrix}CH_3\\ \\ \\ CH_3\end{matrix} + H_2C=CH_2 \;\underset{}{\overset{\text{Ethenolyse}}{\rightleftharpoons}}\; \begin{matrix}CH_3\\ |\\ H_3C-C-CH_3\\ |\\ CH\\ \|\\ CH_2\end{matrix} + \begin{matrix}H_3C\quad CH_3\\ \backslash\;/\\ C\\ \|\\ CH_2\end{matrix}$$

Neohexen   iso-Buten

SHOP:

$$H_2C=CH_2$$

$\downarrow$ Ni

α-Olefingemisch

$\downarrow$ katalytische Isomerisierung

internes Olefingemisch, davon:

(allg. $C_{>20}$) $H_{21}C_{10}{-}CH=CH{-}C_{10}H_{21}$

$+$ $\;\underset{}{\overset{\text{Metathese}}{\rightleftharpoons}}\;$ $\begin{matrix}H_{21}C_{10}{-}CH\\ \|\\ H_3C{-}CH\end{matrix} + \begin{matrix}HC{-}C_{10}H_{21}\\ \|\\ HC{-}CH_3\end{matrix}$

(allg. C_4-C_6) $H_3C{-}CH=CH{-}CH_3$

(allg. C_{10}-C_{18})

$\downarrow$ katalytische Isomerisierung

α-Olefingemisch

Abbildung 4.4.31. Technische Anwendungen der Olefin-Metathese.

Rohstoffsituation stillgelegt. In neuerer Zeit wurde es in den USA in umgekehrter Richtung zur Propenherstellung aus Ethen wegen des mittlerweile zusätzlichen Propenbedarfs in Form einer 136 000 Jahrestonnen-Anlage der Firma Arco wieder aufgenommen. Das eingesetzte 2-Buten wird dabei durch Ethendimerisierung erhalten, und in Bezug auf dieses Edukt ist der Phillips-Triolefin-Prozess auch ein Beispiel für eine Ethenolyse. Ein weiteres Beispiel für die Spaltung eines höheren, innenständigen Olefins in endständige Olefine mit Ethen ist die Herstellung von Neohexen aus technischem Di-iso-buten und Ethen. Neohexen wird vorzugsweise für weitere Umsetzungen zu Duftstoffen verwendet. Mit Abstand die größte Anwendung findet die Olefinmetathese in einem Teilschritt des Shell higher-olefins process (SHOP, siehe Abschnitt 4.4.1.6). In einer Größenordnung von mehreren hunderttausend Jahrestonnen werden Olefingemische im C_4–C_6 und oberhalb des C_{20}-Bereichs zu Mischungen mit beträchtlichen Anteilen im gewünschten C_{10}–

C_{18}-Bereich umgesetzt. Nach dem Metatheseschritt enthält die Gleichgewichtsmischung etwa 10–15% an den gesuchten Olefinen, die durch Destillation abgetrennt und als Edukte dann in der Hydroformylierung eingesetzt werden. Die höheren und niederen Olefine werden in den Metatheseprozess zurückgefahren. Bei der Metathesereaktion fallen die gewünschten C_{10}–C_{18}-Olefine allerdings wieder als interne Olefine an. Für die Weiterreaktion im Rahmen der Hydroformylierung zu n-Aldehyden und Alkoholen für die Tensidherstellung (siehe Abschnitt 4.4.1.3) muss eine Rückisomerisierung zu terminalen Olefinen erfolgen.

Eine weitere Anwendung der Metathese stellt der Shell FEAST-(**f**urther **e**xploitation of **a**dvanced **S**hell **t**echnology) Prozess dar, in dem α,ω-Diolefine durch Ethenolyse von Cycloolefinen erhalten werden. Als Cycloolefine werden Cyclooncten, Cyclooctadien und Cyclododecen in hohen Ausbeuten zu 1,5-Hexadien, 1,9-Decadien und 1,13-Tetradecadien umgesetzt. Den α,ω-Dienen gilt ein technisches Interesse als Vernetzer bei der Olefin-Polymerisation oder zur Herstellung bifunktioneller Verbindungen (Abbildung 4.4.32).

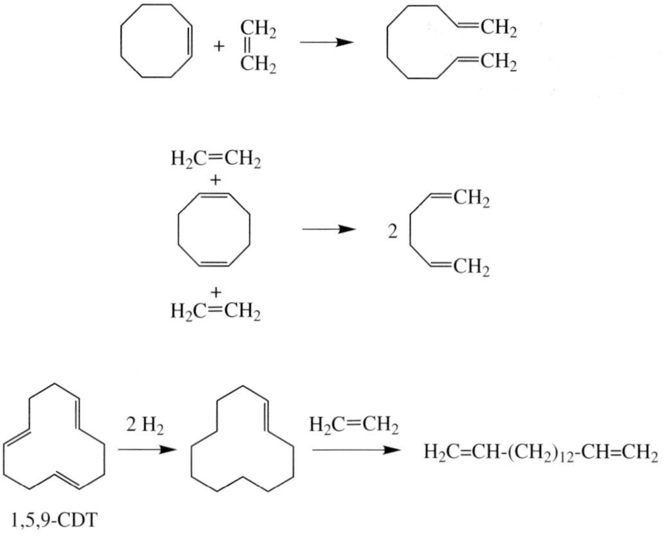

Abbildung 4.4.32. Anwendungen der Olefin-Metathese zur Ringöffnung cyclischer Olefine zu den α,ω-Dienen 1,9-Decadien, 1,5-Hexadien und 1,13-Tetradecadien (von oben nach unten).

Acyclische α,ω-Diene können ebenfalls in Metathesereaktionen als Edukte eingesetzt werden. Neben intramolekularen Ringschluss-Metathesereaktionen als Umkehrung der in Abbildung 4.4.32 gezeigten Umsetzungen sind auch intermolekulare Metathese-Polymerisationsreaktionen zu ungesättigten Polymeren möglich. Gleichung 4.4.35 gibt ein Beispiel für eine acyclische **D**ien-**Met**athese-(ADMET-)

Polymerisation. Eine Triebkraft für den vollständigen Ablauf beider Arten von Metathesereaktionen acyclischer α,ω-Diene wird durch die Entfernung des gleichzeitig freigesetzten Ethens erreicht.

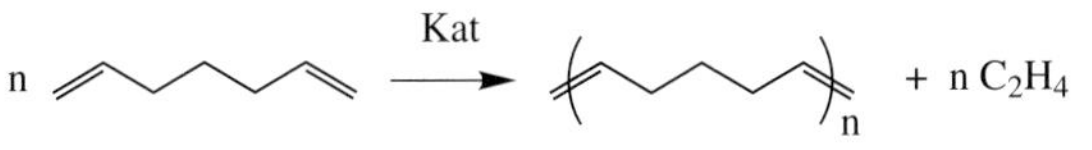

$$n \;\diagup\!\!\!\!\!\diagdown\!\!\!\!\!\diagup\!\!\!\!\!\diagdown \;\xrightarrow{\text{Kat}}\; \left(\!\!\diagdown\!\!\!\!\!\diagup\!\!\!\!\!\diagdown\!\!\right)_n \;+\; n\,C_2H_4 \tag{4.4.35}$$

Die Umkehrung der Reaktion aus Gleichung 4.4.35, also die Ethenolyse ungesättigter Polymere mit Metathesekatalysatoren, wurde als Möglichkeit eines Recyclings von Autoreifen untersucht. Die Herausforderung besteht jedoch im Auffinden eines genügend aktiven Katalysators, der die gleichzeitig im Reifen-Polymer vorhandenen funktionellen Gruppen und Beimengungen (Schwefel, Ruß) toleriert.

Technische Anwendungen der Ringöffnungspolymerisation sind in Abbildung 4.4.33 zusammengestellt. Das im Norsorex-Prozess hergestellte Polynorbornen ist gleichzeitig das älteste produzierte Polyalkenamer. Das Produkt dient als gummiartiges Vulkanisat für Schwingungs- und Geräuschdämpfungsmassen und zum Aufsaugen von ausgelaufenem Öl. Ebenfalls als vulkanisierbares Elastomer für den

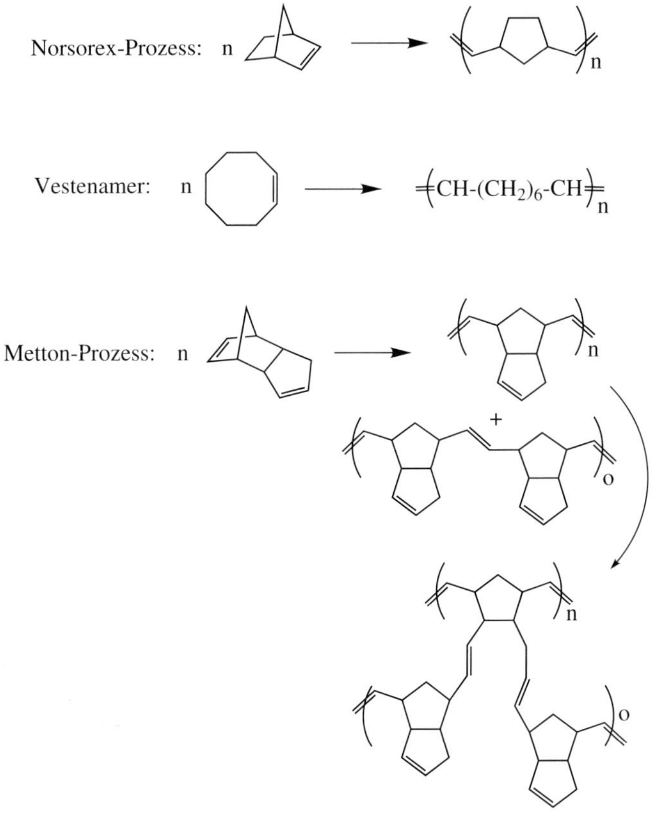

Abbildung 4.4.33. Technische Anwendungen der Ringöffnungs(metathese)polymerisation (ROMP).

Einsatz im Kautschuksektor wird das von der Firma Hüls produzierte Polyoctena-
mer (Vestenamer) verwendet. Die Ringöffnungspolymerisation von Dicyclopenta-
dien im Metton-Prozess ergibt durch Beteiligung der zweiten Doppelbindung ein
stark quervernetztes Polymerisat, das für versteifungsfeste Formkörper und Gehäu-
seteile verwendet wird. In allen drei Verfahren kommen Wolfram-Katalysatoren
zum Einsatz.

4.4.2.3 Olefin-Polymerisation mit heterogenen Katalysatoren, klassische Ziegler-Natta-Katalyse

Seit 1935 kennt man die kommerzielle Hochdruckpolymerisation von Ethen, die zu
einem radikalisch verzweigten Polyethen niederer Dichte führt. Ethen galt lange
Zeit im Vergleich mit anderen Vinylmonomeren als besonders schwer polymeri-
sierbar, und die Notwendigkeit des Arbeitens bei sehr hohem Druck war gleichsam
ein Dogma. Deshalb war die Entdeckung einer Niederdruckpolymerisation von
Ethen durch Karl Ziegler Anfang der 50er Jahre Aufsehen erregend und wurde
1963 mit dem Nobelpreis für Chemie (zusammen mit Giulio Natta) gewürdigt. Das
durch Ziegler-Katalyse erhaltene Polyethen zeichnet sich durch eine weitgehende
Linearität und nur geringe Verzweigungen aus, letztere können zur Modifizierung
der Materialeigenschaften über die Copolymerisation von 1-Buten oder 1-Hexen
gezielt in die Kette eingebaut werden.

Der Begriff Ziegler-Natta-Katalyse meint die schnelle Polymerisation von Olefinen mit Hilfe eines Metallkatalysators, der bei niedrigen Drücken (bis 30 bar)
und niedrigen Temperaturen (unter 120 °C) arbeitet. Der Name Ziegler-Natta-Polymerisation wird oft als Synonym für Koordinations- oder Insertionspolymerisation
gebraucht, also für eine Polymerisation, bei der das neu eintretende Monomer
zwischen die wachsende Polymerkette und das Übergangsmetall des Katalysators
unter koordinativer Bindung insertiert wird. Nach dieser Definition fallen unter diesen Begriff z.B. auch die Ethen-Polymerisation mit Chrom-Katalysatoren nach
dem Phillips-Verfahren (siehe unten), die Ringöffnungs-Metathese-Polymerisation
und die Nickel-katalysierte Ethen- und Butadien-Oligo- und Polymerisation (siehe
Abschnitte 4.4.2.2 und 4.4.1.6). Im engeren Sinne bezeichnet der Begriff Ziegler-
Natta-Katalyse und -Katalysator aber Systeme aus Übergangsmetallverbindungen,
vor allem der 4. Gruppe, und Aluminium-organischen Verbindungen für die Polymerisation von Olefinen.

Auf moderne Aspekte der Ziegler-Natta-Katalyse im Zusammenhang mit der
Einführung der Metallocenkatalysatoren als neuer Katalysatorgeneration für die
Olefin-Polymerisation wurde bereits in Abschnitt 4.4.1.9 eingegangen. Hier soll
nun kurz die klassische Ziegler-Natta-Katalyse vorgestellt werden. Die technischen
heterogenen Ziegler-Natta-Katalysatoren für die Polymerisation von Olefinen setzen sich aus einer Übergangsmetallverbindung (meistens Titan, selten Vanadium)
als eigentlichem Katalysator und einer Hauptgruppenverbindung (im wesentlichen

Aluminium) als Cokatalysator zusammen. Titan wird in Form von Halogenid-, Alkoxid-, Alkyl-, Aryl- und anderen Verbindungen eingesetzt, das Aluminium wird als Alkyl oder Alkylhalogenid eingebracht. Man unterscheidet entsprechend ihrer Zusammensetzung und Aktivität mehrere Generationen von Ziegler-Natta-Katalysatoren. Das Katalysatorsystem der 1. Generation wurde durch Reduktion von $TiCl_4$ mit $AlEt_3$ erhalten. Das ausgefällte aluminiumhaltige β-$TiCl_3$ lieferte jedoch ein Polypropen von nur geringer Isotaktizität und wurde durch thermische Behandlung in α-, γ- und δ-$TiCl_3$ überführt, was sich zusammen mit Et_2AlCl für die Herstellung von isotaktischem Polypropen eignete. Die Herstellung von kristallinem isotaktischem Polypropen mit derartigen Titankatalysatoren war der Beitrag von Giulio Natta. Die Katalysatoren mussten wegen noch relativ geringer Aktivität im Anschluss an die Polymerisation aus dem Produkt entfernt werden. Das Entwicklungsziel in der Anfangszeit der Ziegler-Natta-Katalyse war eine Aktivitätserhöhung, so dass die im Polymer verbleibende Katalysatormenge so gering würde, dass keine Beeinflussung der physikalischen Eigenschaften des Polymers (Verfärbung, Geruch) mehr gegeben wäre. Damit entfiele die Notwendigkeit für spezielle, aufwendige Abtrennverfahren. Bei der 2. Generation erfolgte eine gezielte Darstellung von δ-$TiCl_3$ durch die katalytische Umwandlung von β-$TiCl_3$-$AlCl_3$-Addukten mit $TiCl_4$. Mit der 3. Generation seit etwa 1980 wurden dann stark verbesserte Aktivitäten durch eine chemische Bindung der Titankomponenten an die Oberfläche von $MgCl_2$ bzw. durch Einbetten von Titanzentren in das $MgCl_2$-Wirtsgitter erzielt. Zusätzlich befindet sich das Magnesiumchlorid auf einem Silicagel-Trägermaterial als morphologiebestimmender Komponente (Abbildung 4.4.34). Zur Schaffung von selektiven isotaktischen Zentren werden weiterhin Benzoe- oder Phthalsäurediester als interne „Stereomodifizierer" eingebracht. Die Aktivierung erfolgt durch Alkylierung mit Aluminiumalkylen. Aufgrund der mit den Hochleistungskatalysatoren erreichten hohen Aktivitäten von über 20 kg Polypropen pro Gramm Katalysator (Summe aller Komponenten, einschließlich Trägermaterial) verbleibt dieser heute im Polymer („leave-in" Katalysatoren).

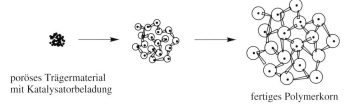

poröses Trägermaterial
mit Katalysatorbeladung

fertiges Polymerkorn

Abbildung 4.4.34. Schematische Darstellung des Wachstums eines makroskopischen kompakten Polymerkorns durch Replikation der porösen Katalysatorpartikel. Bei der Polymerisation werden die Katalysatorkörnchen durch das aufwachsende Polymer in kleinere Mikropartikel (einzelne schwarze Punkte) aufgespalten, die sich dann vom Polymer umhüllt im fertigen Polymerkorn befinden und so die Ausbildungen eines kompakten Polymergrießes statt pulvrigen oder fasrigen Polymermaterials garantieren. Das Aufbrechen der Katalysatorpartikel führt außerdem zur Freisetzung neuer Katalysatorzentren an der Oberfläche der Mikropartikel.

Die Ziegler-Natta-Katalyse ist eine Insertionspolymerisation, die kontrolliert durch ein Übergangsmetallzentrum abläuft. Die generellen Merkmale einer solchen Polymerisation bezüglich Kettenstart, -fortpflanzung und -abbruch/-übertragung sind in Abbildung 4.4.35 zusammengestellt. Triebkraft der Olefin-Polymerisation ist die stark exotherme Bildung einer neuen C-C-Bindung.

Für die zentralen Schritte der Monomerkoordination, Aktivierung der Doppelbindung und der Insertion in die Metall-Alkylbindung wurden, gestützt auf experimentelle Ergebnisse, drei grundlegende Mechanismen vorgeschlagen: (i) der direkte Insertionsmechanismus nach Cossee und Arlman, (ii) der Metathese-Mecha-

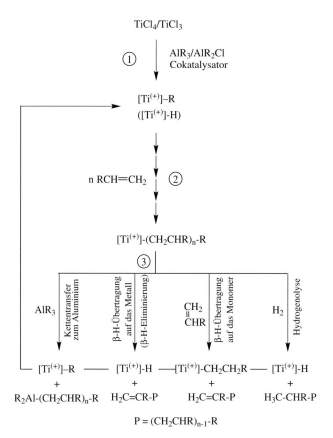

Abbildung 4.4.35. Allgemeiner Mechanismus der Ziegler-Natta-Polymerisation. Schritt 1: Aus einem inaktiven Präkatalysator erzeugt der Cokatalysator eine aktive Metall-Alkyl-Spezies durch Alkylierung und Ligandenabstraktion zur Schaffung einer freien Koordinationsstelle. Schritt 2: Wiederholte Monomerkoordination und Insertion führt dann zum Kettenwachstum (Fortpflanzung) in Konkurrenz mit den in Schritt 3 aufgeführten Kettenübertragungen (-abbruch) zum Aluminium(-Cokatalysator) zum Metall oder auf das Monomer oder durch Hydrogenolyse, wenn Wasserstoff zur Molmassensteuerung zugesetzt wird. Die Kettenübertragung regeneriert die aktiven Metall-Alkyl- oder -Hydrid-Spezies.

(i) Cossee-Arlman:

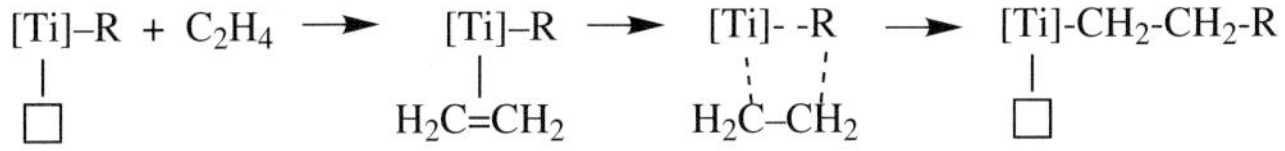

$$[Ti]\text{–}R + C_2H_4 \longrightarrow [Ti]\text{–}R \longrightarrow [Ti]\text{-}\text{-}R \longrightarrow [Ti]\text{-}CH_2\text{-}CH_2\text{-}R$$

(ii) Green-Rooney:

$$[Ti]\text{–}C\text{–}P \rightleftharpoons [Ti]{=}C \underset{-\,\text{Olefin}}{\overset{+\,\text{Olefin}}{\rightleftharpoons}} [Ti]{=}C \rightleftharpoons [Ti]\text{–}C\text{–}R \longrightarrow [Ti]\text{-}CH_2\text{-}CH_2\text{-}CH(P)R$$

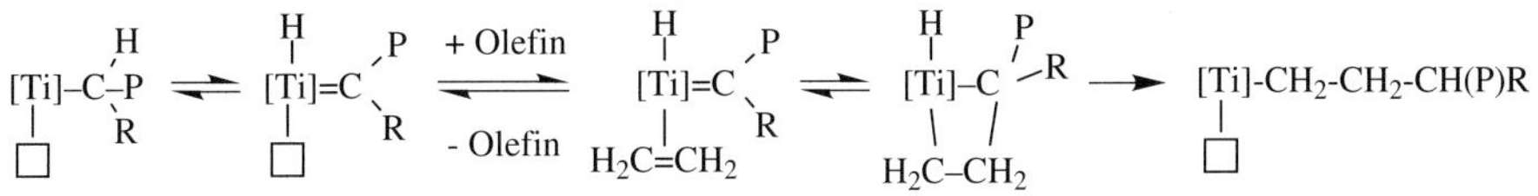

(iii) Green-Rooney, modifiziert:

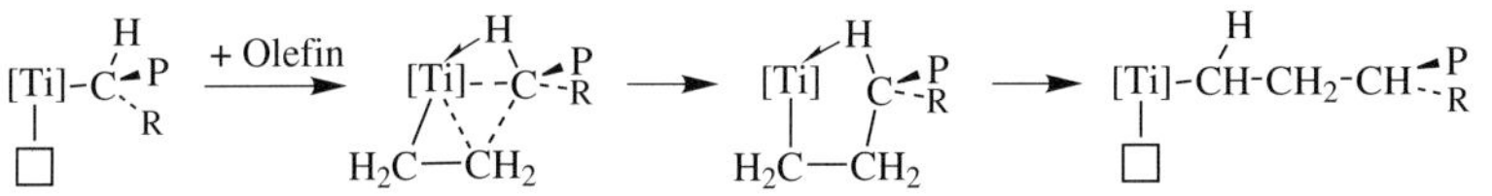

$$[Ti]\text{–}C\text{–}P \overset{+\,\text{Olefin}}{\longrightarrow} [Ti]\text{-}\text{-}C\text{-}R \longrightarrow [Ti]\,C\text{-}R \longrightarrow [Ti]\text{-}CH\text{-}CH_2\text{-}CH\text{-}R$$

Abbildung 4.4.36. Vorgeschlagene Mechanismen für die Monomerkoordination und -insertion bei der Ziegler-Natta-Katalyse. (i) Direkt-Insertionsmechanismus nach Cossee und Arlman über einen Vierzentren-Übergangszustand ($\square$ = freie Koordinationsstelle). (ii) Metathese-Mechanismus nach Green und Rooney, bei dem eine α-Wasserstoffübertragung vom Kettenende und Bildung eines Metallcarbens/alkylidens dem Metallacyclobutan-Komplex vorangeht. (iii) Modifizierter Green-Rooney-Mechanismus mit α-agostischer Unterstützung der Olefin-Insertion im Übergangszustand. Der letzte Mechanismus ist zwischen dem Cossee-Arlman und dem Green-Rooney-Mechanismus angesiedelt. Aus Gründen der Einfachheit wurde für das Olefinmonomer jeweils nur Ethen gezeichnet.

nismus nach Green und Rooney und (iii) der modifizierte Green-Rooney-Mechanismus. In Abbildung 4.4.36 sind diese drei Typen schematisch skizziert.

Als weitere Systeme für die Darstellung von unverzweigtem Polyethen hoher Dichte werden vor allem in den USA Chromkatalysatoren nach dem Phillips- oder Union Carbide-Verfahren eingesetzt. Die Natur der aktiven Komponenten ist bei diesen Heterogenkatalysatoren allerdings noch weniger verstanden als bei den Ziegler-Systemen. Die Union Carbide-Katalysatoren werden durch Aufbringen von niedervalenten Chromverbindungen auf Kieselgel als Trägermaterial, die Phillips-Katalysatoren durch Reduktion von Chrom(VI)-Derivaten (Chromaten) auf dem Trägermaterial mit CO oder H_2 hergestellt. Als niedervalente Vorstufen werden die Organochrom-Verbindungen Chromocen, $(C_5H_5)_2Cr$, und Tris(allyl)chrom, $(\eta^3\text{-}C_3H_3)_3Cr$, eingesetzt. Nach ihrem Aufbringen auf Silicagel bedürfen die derart erhaltenen Union Carbide-Katalysatoren (Abb. 4.4.37) dann keines Cokatalysators oder keiner weiteren Aktivierung mehr. Einer der Cyclopentadienylringe des Chromocens liegt weiterhin als Ligand im aktiven Katalysator vor, da durch Substitution der Ringwasserstoffatome die katalytische Aktivität verringert werden kann.

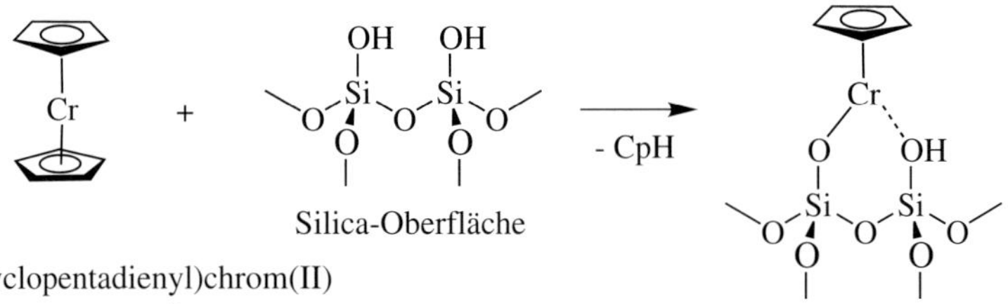

Bis(cyclopentadienyl)chrom(II)
= Chromocen = $(\eta^5\text{-}C_5H_5)_2Cr$

Silica-Oberfläche

Union Carbide-Katalysator

Abbildung 4.4.37. Oberflächenreaktion von Chromocen mit Silicagel zur Erzeugung des Union Carbide-Katalysators (Vorschlag einer aktiven Spezies).

Chrom-Wasserstoff-Fragmente werden als Startgruppen formuliert. Aus Festkörper-NMR-spektroskopischen Untersuchungen und Polymerisationsreaktionen mit molekularen Modellsystemen nimmt man Chrom(III)-Spezies als aktive Komponenten an. In geringer Menge werden auch bei den Chromkatalysatoren noch Aluminiumalkyle zugesetzt.

4.5 Aufgaben

Aufgabe 1. Was ist die (Valenz-)Elektronenzahl in den folgenden Komplexen? Bei welchen Beispielen liegen 18-Elektronen-Komplexe vor?
(a) $W(CO)_6$
(b) $(\eta^5\text{-}C_5H_5)_2Ni$
(c) $(\eta^4\text{-}C_4H_4)Mo(CO)_4$
(d) $(\eta^5\text{-}C_5H_5)_2TiCl_2$
(e) $(\eta^4\text{-}C_4H_4)Co(C_5H_5)$
(f) $(\eta^5\text{-}C_5H_5)_3Sc$
(g) $[RhCl(PPh_3)_3]$
(h) $(\eta^6\text{-}C_6H_6)Mo(CO)_3$
(i) $(\eta^5\text{-}C_5H_5)NiNO$
(j) $(\eta^5\text{-}C_5H_5)Cr(\eta^7\text{-}C_7H_7)$
(k) $(\eta^5\text{-}C_5Me_5)ReO_3$

Aufgabe 2. Ergänzen Sie die folgenden Reaktionsgleichungen:
(a) $VCl_3 + A + B \rightarrow V(CO)_6 + C$
(b) $Ni(CO)_4 + PMe_3 \rightarrow D + E$
(c) $Cr(CO)_6 + C_6H_6 \rightarrow F + G$
(d) $H + I \rightarrow 2\,Na^+[Co(CO)_4]^-$
(e) $Fe(CO)_5 + 4\,OH^- \rightarrow J + K + L$
(f) $MnBr(CO)_5 + Re(CO)_5^- \rightarrow M + N$

(g) $Re(CO)_5^- + H_2O \rightarrow O + P$

(h) $RuI_3 + 2\,CO \rightarrow Q + R$

(i) $2\,PtCl_2 + 2\,CO \rightarrow S$

Aufgabe 3. Stellen Sie Isolobalbeziehungen für die Moleküle $[Re_5(\mu\text{-H})_4 (CO)_{20}]^-$, $[\{Re(\mu\text{-H})(CO)_4\}_n]$ und $[\{Re(\mu\text{-H})(CO)_4\}_6]$ her.

Aufgabe 4a. Diskutieren Sie die relative Lage der CO-Valenzschwingungen in

$Mn(CO)_6^+$ $Cr(CO)_6$ $V(CO)_6^-$

~ 2090 2000 $1860\ cm^{-1}$

Aufgabe 4b. Im IR-Spektrum eines Komplexes der Zusammensetzung $(C_5H_5)_2Fe_2(CO)_4$ findet man Carbonylbanden bei 1950 und bei 1770 cm^{-1}. Wie sieht die Struktur der Verbindung aus?

Aufgabe 5. Skizzieren Sie die Wechselwirkung des Cyclobutadien-Liganden mit einem Metallfragment (M). Die wichtigen Grenzorbitale des Vierrings und ihre energetische Reihenfolge ist nachfolgend gegeben.

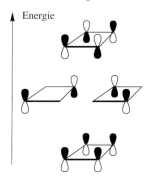

Aufgabe 6. In den Metallocenen $(\eta^5\text{-}C_5H_5)_2M$ findet man in der Reihe M = Fe, Co, Ni, also von Ferrocen über Cobaltocen zu Nickelocen einen Anstieg des Abstandes der Ringebenen von 3.32 Å über 3.40 Å zu 3.60 Å. Entspricht die damit einhergehende Verlängerung der M-Ring-Bindung der Erwartung? Erklären Sie diese Beobachtung!

Aufgabe 7. Die Verbindungen $(C_5H_5)_2Fe$ und $(C_5H_5)_3Sc$ sind beides 18-Valenzelektronen-Komplexe. Während die Eisenverbindung aber luft- und hydrolysestabil ist, ist die Scandiumverbindung gegenüber Sauerstoff und Wasser sehr empfindlich. Begründen Sie den Unterschied!

Aufgabe 8. Die binären Metallocene der frühen Übergangsmetalle Titan und Niob stellen in der Form $(C_5H_5)_2M$ nur einen 14- bzw. 15-Valenzelektronen-Komplex dar. Wie behelfen sich die Metalle, um den Elektronenmangel zu vermindern?

Aufgabe 9. Skizzieren Sie die Wechselwirkungen der Metall-p-Orbitale mit den Ligandenorbitalen in Ferrocen (siehe dazu Abbildung 4.3.18).

Aufgabe 10. Worin lag oder liegt die Bedeutung der Verbindung Dibenzolchrom?

Aufgabe 11. Skizzieren Sie in Anlehnung an das Wechselwirkungsdiagramm für Ferrocen das analoge MO-Diagramm für Dibenzolchrom. Als Hilfe sind die Symmetriebezeichnungen der Ligandenkombinationen und der Metallorbitale in der Molekülpunktgruppe D_{6h} gegeben.

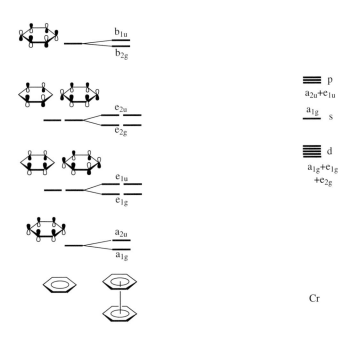

Aufgabe 12. Zeichnen Sie die Wechselwirkungen eines Arenliganden mit den Orbitalen eines π-koordinierten Metalls (vergleiche dazu auch Abbildung 4.3.18 unterer Teil). Die π-Molekülorbitale des Benzols sind in Aufgabe 11 gegeben.

Aufgabe 13: Finden Sie aus den in Abschnitt 4.4 gegebenen Katalysezyklen jeweils drei Beispiele für (a) oxidative Additionsreaktionen, (b) für reduktive Eliminierungen und (c) für Substratinsertionen in Metall-C-Bindungen.

Aufgabe 14: Klassifizieren Sie die folgenden Reaktionen nach ihrem Reaktionstyp:

(a) $(C_5H_5)TaCl_2(CH_2CMe_3)_2 \rightarrow (C_5H_5)TaCl_2(=CHCMe_3) + CMe_4$

(b)

$$Ph_3P,\ \underset{Br}{\overset{CO_2Me}{\underset{\quad}{\overset{CH}{\underset{PPh_3}{Pt}}\underset{CH_2}{\diagdown}}}} C_6H_4\text{-}p\text{-}CO_2Me \longrightarrow \{(Ph_3P)_2PtBrH\} + \underset{C_6H_4\text{-}p\text{-}CO_2Me}{\overset{MeO_2C}{\underset{\quad}{CH=CH}}}$$

(c) $TaCl(CH_2CMe_3)_4 + Ph_3P=CH_2 \rightarrow (Me_3CCH_2)_3Ta=CHCMe_3 + [Ph_3P\text{-}CH_3]^+Cl^-$

(d) $Cp'_2U(\mu\text{-}OH)_2UCp'_2 \rightarrow Cp'_2U(\mu\text{-}O)_2UCp'_2 + H_2$

4.6 Lösungen

Lösung 1.
(a) $W + 6\,CO = 6e + (6 \times 2)e = 18e$
(b) $2\,C_5H_5 + Ni^0 = (2 \times 5)e + 10e = 20e$
alternativ: $2\,C_5H_5^- + Ni^{2+} = (2 \times 6)e + 8e = 20e$
(c) $C_4H_4 + Mo^0 + 4\,CO = 4e + 6e + (4 \times 2)e = 18e$
(d) $2\,C_5H_5 + Ti^0 + 2\,Cl = (2 \times 5)e + 4e + (2 \times 1)e = 16e$
alternativ: $2\,C_5H_5^- + Ti^{4+} + 2\,Cl^- = (2 \times 6)e + 0e + (2 \times 2)e = 16e$
(e) $C_4H_4 + Co^0 + C_5H_5 = 4e + 9e + 5e = 18e$
alternativ: $C_4H_4 + Co^{1+} + C_5H_5^- = 4e + 8e + 6e = 18e$
(f) $3\,C_5H_5 + Sc^0 = (3 \times 5)e + 3e = 18e$
alternativ: $3\,C_5H_5^- + Sc^{3+} = (3 \times 6)e + 0e = 18e$
(g) $Rh^0 + Cl + 3\,PPh_3 = 9e + 1e + (3 \times 2)e = 16e$
(h) $C_6H_6 + Mo^0 + 3\,CO = 6e + 6e + (3 \times 2)e = 18e$
(i) $C_5H_5 + Ni^0 + NO = 5e + 10e + 3e = 18e$
(j) $C_5H_5 + Cr^0 + C_7H_7 = 5e + 6e + 7e = 18e$
(k) $C_5Me_5 + Re^0 + 3$ doppelt gebundene O-Atome $= 5e + 7e + [3 \times (1\sigma + 1\pi)]e = 18e$

Lösung 2.
(a) $VCl_3 + 3\,Na + 6\,CO \rightarrow V(CO)_6 + 3\,NaCl$
(b) $Ni(CO)_4 + PMe_3 \rightarrow Ni(CO)_3PMe_3 + CO$
(c) $Cr(CO)_6 + C_6H_6 \rightarrow (C_6H_6)Cr(CO)_3 + 3\,CO$
(d) $Co_2(CO)_8 + 2\,Na/Hg \rightarrow 2\,Na^+[Co(CO)_4]^-$
(e) $Fe(CO)_5 + 4\,OH^- \rightarrow [Fe(CO)_4]^{2-} + CO_3^{2-} + 2\,H_2O$
(f) $MnBr(CO)_5 + Re(CO)_5^- \rightarrow (OC)_5MnRe(CO)_5 + Br^-$
(g) $Re(CO)_5^- + H_2O \rightarrow ReH(CO)_5 + OH^-$
(h) $RuI_3 + 2\,CO \rightarrow [Ru(CO)_2(\mu\text{-}I)_2]_n + \frac{1}{2}I_2$
(i) $2\,PtCl_2 + 2\,CO \rightarrow [PtCl(\mu\text{-}Cl)(CO)]_2$

Lösung 3. In allen drei Molekülen findet sich ein Vielfaches des Fragments $Re^{+1}H^{-1}(CO)_4$. (Die negative Ladung in $[Re_5(\mu\text{-}H)_4(CO)_{20}]^-$ kann gegen ein weiteres H-Atom ausgetauscht werden.) Das Fragment $Re^{+1}H^{-1}(CO)_4$ entspricht d^6-ML_5 oder (über den Austausch L gegen $2e^-$) d^8-ML_4 und ist isolobal zur CH_2-Gruppe. Damit ergeben sich die isolobalen organischen Moleküle $(CH_2)_5$ (Cyclopentan), $(CH_2)_n$ (Polyethen) und $(CH_2)_6$ (Cyclohexan).

Lösung 4a. Es liegt eine isoelektronische Reihe von d^6-Komplexen vor. Vom Mangan(+1) über Chrom(0) zu Vanadium(-1) wird eine zunehmende negative Ladung vom Metallatom durch Rückbindung auf die Liganden verteilt, wodurch die M-C-Bindungsordnung steigt, gleichzeitig aber die C-O-Bindungsordnung und damit die Frequenz und Wellenzahl der CO-Valenzschwingung abnimmt.

Lösung 4b. Eine CO-Valenzschwingung bei 1950 cm^{-1} zeigt terminale CO-Liganden an, während 1770 cm^{-1} im Bereich für zweifach verbrückende CO-Liganden liegt. Es kann angenommen werden, dass die beiden Metallzentren bei diesem Cyclopentadienyl-Carbonyl-Komplex jeweils eine 18-Valenzelektronen-Konfiguration aufweisen. Bei einer symmetrischen Molekülstruktur hätte jedes Eisenzentrum (8e als Fe^0) einen C_5H_5-Liganden (5e), einen terminalen CO-Liganden (2e) und zwei Brücken-CO (2x1e), womit sich allerdings erst 17 Valenzelektronen ergeben. Eine zusätzliche Metall-Metall-Bindung ergänzt dann die Elektronenzahl zu 18. Somit ergibt sich folgende Struktur:

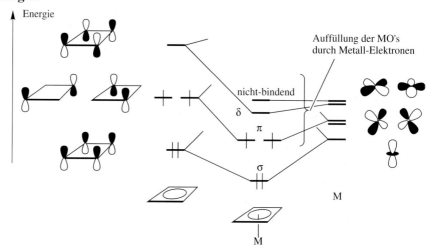

Lösung 5.

Aus Gründen der Einfachheit wurden nur die bindenden Wechselwirkungen eingezeichnet, die antibindenden Kombinationen nur angedeutet. Die Auffüllung der bindenden und nichtbindenden Molekülorbitale mit Metallelektronen führt dann zu einer vollständigen Besetzung der entarteten Cyclobutadien-π-Orbitale, so dass die Grundlage für die Jahn-Teller-Verzerrung entfällt.

Lösung 6. Eigentlich nimmt innerhalb einer Periode der Atom- oder Ionenradius von links nach rechts relativ stetig ab. Aber bei der Deutung stereochemischer Effekte mit Hilfe der Kristallfeldtheorie (Abschnitt 2.9) wurde bereits gezeigt, dass durch die Besetzung von (antibindenden) Orbitalen, die auf die Liganden gerichtet sind, eine Zunahme des Radius und damit der Metall-Ligand-Bindungslänge eintritt (siehe Abbildung 2.9.6 und zugehörigen Text). In der folgenden Abbildung ist der Grenzorbitalbereich für die Metallocene skizziert (vergleiche dazu Abbildung 4.3.18).

e_{1g}* $\underline{\quad}$ $\underline{\quad}$ (xz, yz) π-antibindend

a_{1g} (z^2) $+\!\!\!+$ σ-nichtbindend

e_{2g} $+\!\!\!+$ $+\!\!\!+$ δ-bindend
(x^2-y^2, xy)

Elektronenbesetzung für Cp_2Fe

Mit Eisen als Zentralmetall sind gerade die bindenden (e_{2g}) und nichtbindenden (a_{1g}) Orbitale vollständig besetzt. Für Cp_2Co und Cp_2Ni gelangen dann sukzessive ein bzw. zwei Elektronen in die π-antibindenden e_{1g}*-Orbitale, was zur Bindungsschwächung und damit zur beobachteten Bindungsverlängerung führt.

Lösung 7. Die Metall-Ring-Bindung im Eisenkomplex ist nur wenig polar und weitgehend kovalent gebaut, während die Scandium-Ligand-Wechselwirkungen eher elektrostatischer Natur sind, d.h. die Verbindung ist ähnlich den Alkali- oder Erdalkalimetallorganylen stärker ionisch gebaut. Der Cyclopentadienyl-Ligand hat demzufolge mehr carbanionischen, stark basischen Charakter.

Lösung 8. Es findet die Aktivierung einer Ring-C-H-Bindung statt, und das Wasserstoffatom wird hydridisch an das Metall gebunden. Beim Titan dimerisieren in der Folge die C_5H_4-Ringe zweier Moleküle, und es bildet sich ein Dimer mit zwei H-Brücken und einer Metall-Metall-Bindung (siehe **4.3.29**), so dass jedes Titanzentrum eine 16-VE-Konfiguration erreicht. Beim Niob findet die C-H-Aktivierung wechselseitig zwischen zwei Nachbarmolekülen statt, und der Einschub des Metalls in die Ring-C-H-Bindung ist zugleich der Endzustand. Im Dimer erreicht jedes Niobzentrum durch die Verbrückung zweier $\eta^5{:}\eta^1$-gebundener Cp-Ringe, durch das hydridische H-Atom und durch die Ausbildung einer Metall-Metall-Bindung die 18-VE-Schale (siehe **4.3.32**).

Lösung 9. Im folgenden sind die bindenden Wechselwirkungen der Metall-p-Orbitale mit den Liganden-π-MO's gezeichnet. Dazu kommen dann noch die antibindenden Kombinationen, die leicht durch Umkehrung der Phase/des Vorzeichens der Metall-p-Orbitale erhalten werden können.

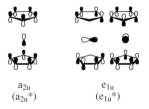

a_{2u}
$(a_{2u}$*$)$

e_{1u}
$(e_{1u}$*$)$

Lösung 10. Die Synthese der Verbindung Dibenzolchrom war wichtig für ein Verständnis der π-Cyclopentadienyl-Metall-Bindung, um eine Aussage hinsichtlich der Bedeutung der kovalenten Metall-Ligand-π-Wechselwirkung und der elektrostatischen Anziehung zwischen negativem $C_5H_5^-$-Liganden und positivem M^{n+}-Fragment treffen zu können. Fischers Überlegung und Folgerung zum Beweis einer übergeordneten Rolle der kovalenten π-Wechselwirkung/untergeordneten Bedeutung der elektrostatischen Anziehung war, dass auch π-Wechselwirkungen zwischen Neutralfragmenten, z.B. zwei C_6H_6-Ringen und Cr^0, eine stabile Bindung ergeben sollten, was mit der Synthese der 18-Valenzelektronen-Spezies $(C_6H_6)_2Cr$ gezeigt wurde.

Lösung 11. In der folgenden Abbildung ist das Wechselwirkungsdiagramm skizziert. Eine genaue Kenntnis der Ligandenorbitale ist bei Angabe der Symmetrie zunächst gar nicht erforderlich, da es nur darauf ankommt, Metall- und Ligandenorbitale der gleichen Symmetrie miteinander zu verknüpfen. Ein Vergleich mit dem Wechselwirkungsdiagramm für Ferrocen zeigt die große Ähnlichkeit in der MO-Darstellung. Leichte Unterschiede sind auf die relative Verschiebung der Energien der π-Orbitale zurückzuführen, die im anionischen Cp-Liganden höher liegen als im neutralen Benzolmolekül.

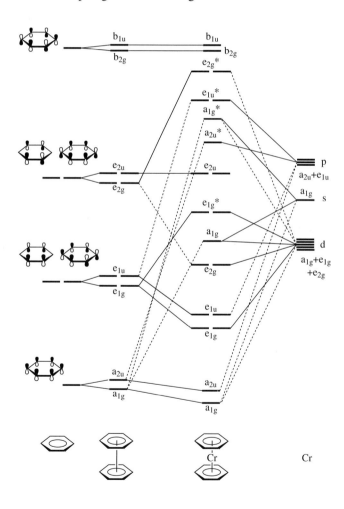

Lösung 12.

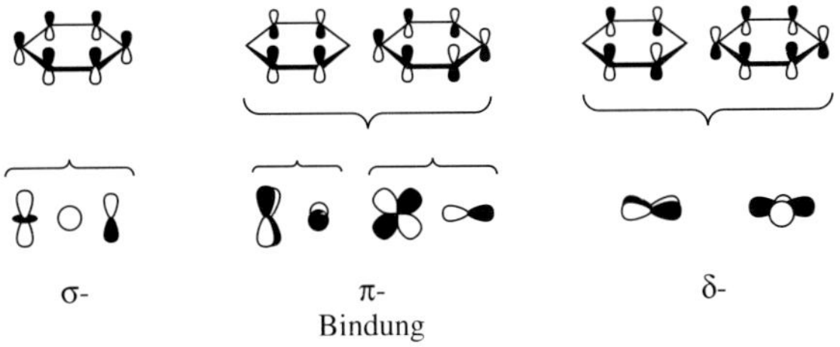

σ-   π-   δ-
Bindung

Lösung 13.

(a) Oxidative Addition:

- Schritt 1 beim Monsanto-Verfahren:

$$CH_3I +$$

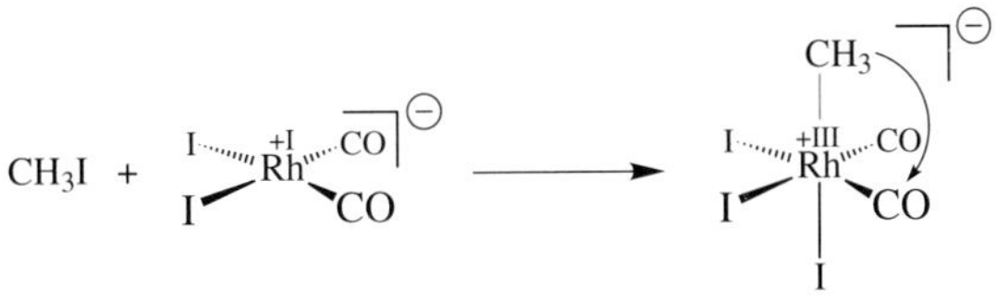

- Schritt 4 bei der Hydroformylierung:

$$+ H_2$$

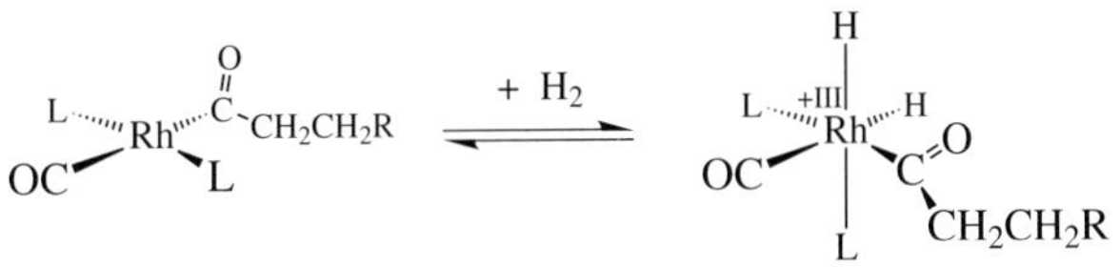

- Schritt 1 bei der Butadien-Hydrocyanierung:

$$NiL_3 + HCN \rightleftharpoons H\text{-}Ni(CN)L_3$$

(b) Reduktive Eliminierung:

- Schritt 3 beim Monsanto-Verfahren:

$$+ CH_3COI$$

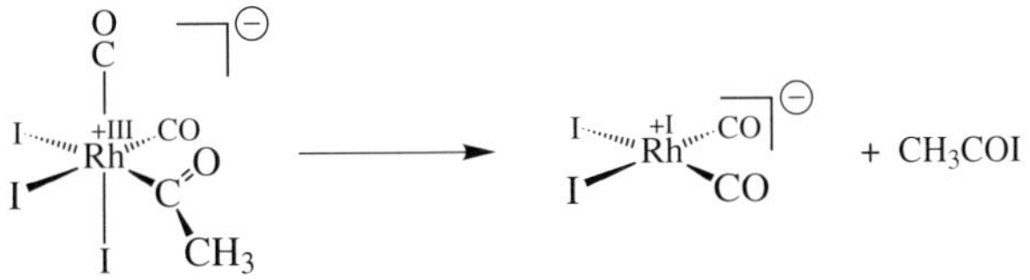

- Schritt 5 bei der Hydroformylierung:

$$+ RCH_2CH_2CHO$$

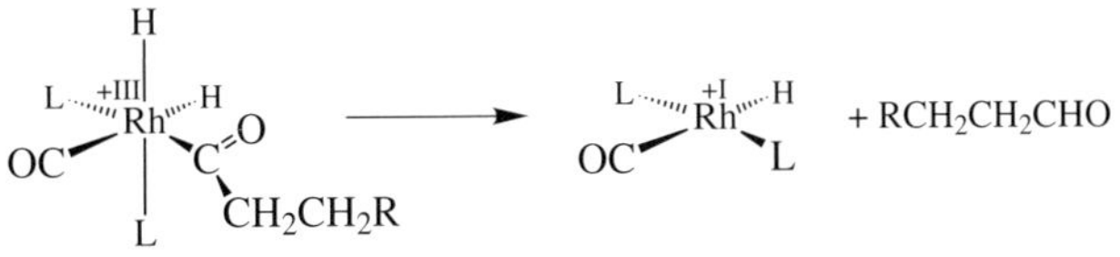

- Schritt 3 bei enantioselektiven Hydrierung:

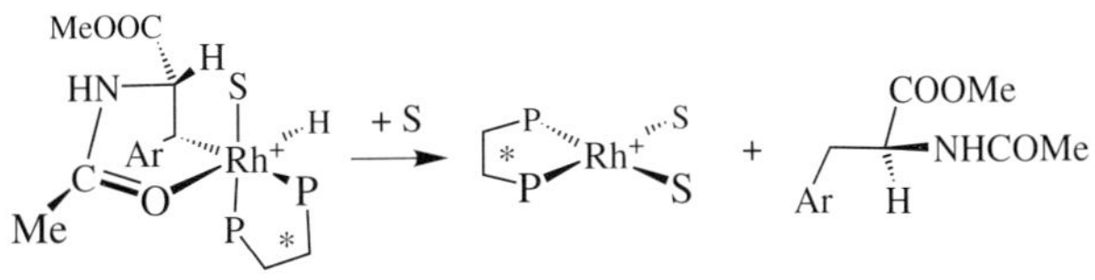

$$+ S$$

(c) Substratinsertion in M-C-Bindung:

- Schritt 2 beim Monsanto-Verfahren:

- Schritt 3 bei der Hydroformylierung:

- Olefin-Insertion bei der Ziegler-Natta-Polymerisation:

Lösung 14.

(a) α-Hydridabstraktion oder α-Deprotonierung durch den CH_2CMe_3-Liganden, Bildung eines Alkyliden-Komplexes.

(b) β-H-Eliminierung

(c) α-Hydridabstraktion oder α-Deprotonierung durch den Cl-Liganden, induziert durch das Phosphorylid; kann daher auch als Transylidierung bezeichnet werden, Bildung eines Alkyliden-Komplexes.

(d) oxidative Eliminierung (!). Die Eliminierung von Wasserstoff aus dem μ-Hydroxokomplex unter Bildung der dimeren µ-Oxo-Spezies beinhaltet die Oxidation der Uranzentren von U(III) nach U(IV). (Siehe dazu W. W. Lukens, S. M. Beshouri, L. L. Blosch, R. A. Andersen, *J. Am. Chem. Soc.* **1996**, *118*, 901.)

4.7 Weiterführende Literatur zu Kapitel 4

Allgemeine Literatur:

Allgemeine Lehrbücher:

F. A. Cotton, G. Wilkinson, *Advanced Inorganic Chemistry*, 5. Auflage, Wiley, New York, 1988.

N. N. Greenwood, A. Earnshaw, *Chemie der Elemente*, 2. Auflage, VCH, Weinheim 1990.

A. F. Hollemann, E. Wiberg, N. Wiberg, *Lehrbuch der Anorganischen Chemie*, 101. Auflage, de Gruyter, Berlin 1995.

J. Huheey, E. Keiter, R. Keiter, *Anorganische Chemie*, 2. Auflage, de Gruyter, Berlin 1995.

D. F. Shriver, P. W. Atkins, C. H. Langford, *Anorganische Chemie*, 2. Auflage, Wiley-VCH 1997.

Speziellere Lehrbücher und Nachschlagewerke:

R. H. Crabtree, *The Organometallic Chemistry of the Transition Metals*, Wiley, New York, 1988.
C. Elschenbroich, A. Salzer, *Organometallchemie*, Teubner Studienbücher, Stuttgart, 4. Aufl., 2003.
I. Haiduc, J. J. Zuckerman, *Basic Organometallic Chemistry*, de Gruyter, Berlin, 1985.
F. Mathey, A. Sevin, *Molecular Chemistry of the Transition Elements*, Wiley, Chichester, 1996
Comprehensive Organometallic Chemistry (Hrsg. G. Wilkinson, F. G. A. Stone, E. W. Abel), Pergamon Press, Oxford, Part I, Vol. 1–9, 1982; Part II, Vol. 1–14, 1995.
Römpp-Chemie Lexikon, Thieme, Stuttgart, Bd. 1–6, 9. Aufl. 1989–1992; 10. Aufl. 1996–1999.
Encyclopedia of Inorganic Chemistry, Wiley, Chichester, Vol. 1–8, 1994.
Gmelin Handbook of Inorganic Chemistry, Springer Verlag. Einzelbände zu vielen Metallen und deren organischer Verbindungen bis maximal 1997.
Organometallics in Synthesis (M. Schlosser, Hrsg.), Wiley, Chichester, 1996.
Ullmann – Encyclopedia of Industrial Chemistry, VCH, Weinheim, Vol. A1–A27, 1985–1996.
Eine nützliche Übersicht zu Bindungslängen (mit statistischer Auswertung) von Organometall- und Koordinationsverbindungen der Metalle des d- und f-Blocks findet sich in: A. G. Orpen, L. Brammer, F. H. Allen, O. Kennard, D. G. Watson, R. Taylor, *J. Chem. Soc. Dalton Trans.* **1989**, S1-S83.
Eine gute Beschreibung der Arbeitstechniken zur Handhabung empfindlicher metallorganischer Verbindungen findet sich in R. J. Errington, *Advanced Practical Inorganic and Metalorganic Chemistry*, Chapman&Hall, London 1997.

4.1 Einleitung und Allgemeines

Die Bindung in Organo-Übergangsmetallverbindungen: G. Frenking, N. Fröhlich, *Chem. Rev.* **2000**, *100*, 717.
Bio-/Umwelt-Organometallchemie: R. Dagani, *Chem.&Eng. News* **2002**, Sept. 16, 23. N. Metzler-Nolte, *Angew. Chem.* **2001**, *113*, 1072. M-C-Bindungen in der Natur: J. A. Kovacs et al., *Science* **1995**, *270*, 587. Schweinfurter Grün: H. Andreas, *Chemie in unserer Zeit* **1996**, *30*, 23. Minamata-Krankheit: *Chem.&Eng. News* **1996**, March 25, 21. MeHg$^+$: *Chem.&Eng. News* **2001**, Sept. 24, 35. Ni-Me: M. Kumar et al., *Science* **1995**, *270*, 628. W. Beck, K. Severin, *Chemie in unserer Zeit* **2002**, 36, 357. T. I. Doukov et al., *Science* **2002**, *298*, 567. *Chem.&Eng. News* **2003**, March 17, 8.

4.2 Hauptgruppenmetall- und -elementorganyle

4.2.1 Alkalimetallorganyle

Anwendungen von Organolithiumverbindungen: R. J. Bauer, *Ullmann* **1990**, *A15*, 410–413.
Strukturen alkalimetallorganischer Verbindungen: E. Weiss, *Angew. Chem.* **1993**, *105*, 1565–1587. C. Schade, P. v. Ragué-Schleyer, *Adv. Organomet. Chem.* **1987**, *27*, 169–275.
Strukturen von ^{n}BuLi und ^{t}BuLi: T. Kottke, D. Stalke, *Angew. Chem.* **1993**, *105*, 619–621.
Gehaltsbestimmung von Organolithium- und Metallalkylreagenzien: J. Suffert, *J. Org. Chem.* **1989**, *54*, 509–510. S. C. Watson, J. F. Eastman, *J. Organomet. Chem.* **1967**, *9*, 165–168.

4.2.2 Erdalkalimetallorganyle

Wie entsteht eine Grignard-Verbindung: H. M. Walborsky, *Chemie in unserer Zeit* **1991**, *25*, 108–116.

4.2.3 Organyle der 13. Gruppe: Al

Anwendungen von Organoaluminiumverbindungen: J. R. Zietz, *Ullmann*, **1985**, *A1*, 284, 543–556.

Alumoxane: *Macromolecular Symposia* **1995**, *97*, 1–246, mit den Vorträgen vom Hamburger Makromolekularen Kolloquium über Alumoxane im Jahre 1994.

4.2.4 Organyle der 14. Gruppe: Si, Sn, Pb

Anwendungen von Organosiliciumverbindungen: L. Rösch, P. John, R. Reitmeier, *Ullmann* **1993**, *A24*, 21–56.

Silicone: H.-H. Moretto, M. Schulze, G. Wagner *Ullmann* **1993**, *A24*, 57–93.

Silicon-Brustimplantate: R. L. Rawls, *Chem. Eng. News* **1995**, December 11, S. 15–17. M. Reisch, *Chem. Eng. News* **1996**, December 9, S. 10. M. S. Reisch, *Chem. Eng. News* **1997**, February 3, S. 21–22. E. D. Lykissa, S. V. Kala, J. B. Hurley, R. M. Lebovitz, *Anal. Chem.* **1997**, *69*, 4912.

Organozinnverbindungen: A. G. Davies, *Organotin Chemistry*, VCH Weinheim, **1997**.

Anwendungen von Organozinnverbindungen: G. G. Graf, *Ullmann*, **1996**, *A27*, 76–79. *Kirk-Othmer*, 3rd ed. Wiley, **1983**, *23*, 52–72.

Anwendungen von Organobleiverbindungen: D. S. Carr, *Ullmann*, **1990**, *A15*, 254–257.

4.2.6.1 Fluktuierende Hauptgruppenorganyle

P. Jutzi, *Chem. Rev.* **1986**, *86*, 983–996.

4.2.6.2 Hauptgruppenmetall-π-Komplexe und niedervalente Hauptgruppenorganyle

Cyclopentadienyl-Hauptgruppenelement-Verbindungen: P. Jutzi, *Chemie in unserer Zeit* **1999**, *33*, 342. P. Jutzi, *Chem. Rev.* **1999**, *99*, 969. Theoretische Analyse von Cp$_2$E und ECp: V. M. Rayón, G. Frenking, *Chem. Eur. J.* **2002**, *8*, 4693.

Strukturen von C$_5$H$_5$Li, -Na und -K: R. E. Dinnebier, U. Behrens, F. Olbrich, *Organometallics* **1997**, *16*, 3855–3858.

Struktur von Fluorenyl-K(tmeda)$_2$: C. Janiak, *Chem. Ber.* **1993**, *126*, 1603–1607.

Cyclopentadienylthallium(I)-Chemie: C. Janiak, *Coord. Chem. Rev.* **1997**, *163*, 107–216.

Lithocen: S. Harder, M.-H. Prosenc, *Angew. Chem.* **1994**, *106*, 1830–1832.

Plumbocen: J. S. Overby, T. P. Hanusa, V. G. Young, Jr., *Inorg. Chem.* **1998**, *37*, 163–165.

Aluminium(I)- und Gallium(I)-Verbindungen: C. Dohmeier, D. Loos, H. Schnöckel, *Angew. Chem.* **1996**, *108*, 141–161.

C$_5$Me$_5$Ga(I): D. Loos, E. Baum, A. Ecker, H. Schnöckel, A. J. Downs, *Angew. Chem.* **1997**, *109*, 894–896.

[(C$_5$H$_2^t$Bu$_3$)$_2$Bi]$^+$AlCl$_4^-$: H. Sitzmann, G. Wolmershäuser, *Z. Naturforsch.* **1997**, *52b*, 398–400.

Anionen von p-Block-Metallen (mit C$_5$H$_5$): M. A. Paver, C. A. Russell, D. S. Wright, *Angew. Chem.* **1995**, *107*, 1679–1688.

Sterisch anspruchsvolle Cyclopentadienylliganden: C. Janiak, H. Schumann, *Adv. Organomet. Chem.* **1991**, *33*, 291–393. J. Okuda, *Topics Current Chemistry* **1991**, *160*, 99–145.

4.2.6.3 Subvalente Hauptgruppen-σ-Organyle und Element-Element-Bindungen

E-E-Bindungen: W. Uhl, *Angew. Chem.* **1993**, *105*, 1449. Tl$_4$-Tetraeder: W. Uhl, et al, *Angew. Chem.* **1997**, *109*, 64. Ga$_9$-Cluster: W. Uhl, *Angew. Chem.* **2001**, *113*, 589. Cyclo-Ga$_3$: X.-W. Li, et al., *J. Am. Chem. Soc.* **1995**, *107*, 1122.

„Ga≡Ga-Dreifachbindung": J. Su et al., *J. Am. Chem. Soc.* **1997**, *119*, 5471. R. Dagani, *Chem.&Eng. News* **1998**, March 16, 31. Y. Xie et al., *J. Am. Chem. Soc.* **1998**, *120*, 3773. „Ga=Ga": N. J. Hardman, *Angew. Chem.* **2002**, *114*, 2966.

Hauptgruppenelementanaloga von Carbenen, Olefinen und kleinen Ringen: M. Driess, H. Grützmacher, *Angew. Chem.* **1996**, *108*, 900. Si=Sn: A. Sekiguchi et al., *J. Am. Chem. Soc.* **2002**, *124*, 14822. R$_2$Sn$^+$-$^-$SnR$_2$-Stannen: M. Weidenbruch et al., *Chem. Ber.* **1995**, *128*, 983.

„Pb≡Pb": L. Lu et al. *J. Am. Chem. Soc.* **2000**, *122*, 3524.

(RPbCl)$_2$: C. Eaborn et al., *Chem. Commun.* **1995**, 1829.

Cyclo-Ge$_3$: D. Enders et al., *Angew. Chem.* **1995**, *107*, 1119.

Sb=Sb: N. Tokitoh et al., *J. Am. Chem. Soc.* **1998**, *120*, 433.

Bi=Bi: N. Tokitoh et al., *Science* **1997**, *277*, 78.

4.2.6.4 Kation-Aren-Wechselwirkungen

Arenkomplexen von Ga^I, In^I, Tl^I mit Literatur zu Aren-Sn^{II}: H. Schmidtbaur, *Angew. Chem.* **1985**, *97*, 893–904.

Kationen-π-Wechselwirkungen in Chemie und Biologie: D. A. Dougherty, *Science* **1996**, *271*, 163–168. J. C. Ma, D. A. Dougherty, *Chem. Rev.* **1997**, *97*, 1303-1324.

4.3.1 Carbonylkomplexe

Metallcluster: G. Schmid, *Chemie in unserer Zeit* **1988**, *22*, 85–92.

Reaktionen in der Ligandensphäre von Clustern: H. Vahrenkamp, *Pure Appl. Chem.* **1991**, *63*, 643–649; **1989**, *61*, 1777–1782.

Stereochemie und fluktuierendes Verhalten von Übergangsmetallcarbonyl-Clustern: B. F. G. Johnson, R. E. Benfield, *Topics in Stereochemistry* **1981**, *12*, 253–335. R. E. Benfield, B. F. G. Johnson, *J. Chem. Soc. Dalton Trans.* **1980**, 1743–1767. B. E. Mann, *J. Chem. Soc. Dalton Trans.* **1997**, 1457–1471. B. F. G. Johnson, *J. Chem. Soc. Dalton Trans.* **1997**, 1473–1479.

Isolobalanalogie: R. Hoffmann, *Angew. Chem.* **1982**, *94*, 725–739. T. A. Albright, J. K. Burdett, M. H. Whangbo, *Orbital Interactions in Chemistry*, Wiley, New York, 1985.

Zur elektronischen Struktur und Bindung von Carbonylgruppen und Metallcarbonylen: A. J. Lupinetti, S. Fau, G. Frenking, S. H. Strauss, *J. Phys. Chem. A* **1997**, *101*, 9551–9559. A. S. Goldman, K. Krogh-Jespersen, *J. Am. Chem. Soc.* **1996**, *118*, 12159–12166. V. Jonas, W. Thiel, *Organometallics* **1998**, *17*, 353–360. R. K. Szilagyi, G. Frenking, *Organometallics* **1997**, *16*, 4807–4815.

Nichtklassische Metallcarbonyle: H. Willner, F. Aubke, *Angew. Chem.* **1997**, *109*, 2506–2530. P. K. Hurlburt, J. J. Rack, J. S. Luck, S. F. Dec, J. D. Webb, O. P. Anderson, S. H. Strauss, *J. Am. Chem. Soc.* **1994**, *116*, 10003–10014.

Carbonyl-Nitrosyl-Komplexe: G. B. Richter-Addo, P. Legzdins, *Metal Nitrosyls*, Oxford University Press, New York 1992.

Isocyanid-Metall-Komplexe: F. E. Hahn, *Angew. Chem.* **1993**, *105*, 681; und dort zit. Lit. [Tc(CNR)$_6$]$^+$: Z. Guo, P. J. Sadler, *Angew. Chem.* **1999**, *111*, 1611.

Pauson-Khand-Reaktion: P. L. Pauson, *Tetrahedron* **1985**, *41*, 5855–5860. O. Geis, H.-G. Schmalz, *Angew. Chem.* **1998**, *110*, 955–958.

4.3.2 Carben-(Alkyliden-)Komplexe

Struktur und Bindungstheorie: S. F. Vyboishchikov, G. Frenking, *Chem. Eur. J.* **1998**, *4*, 1428.

Stabile nucleophile Carbene: A. J. Arduengo, H. V. R. Dias, R. L. Harlow, M. Kline, *J. Am. Chem. Soc.* **1992**, *114*, 5530. M. Regitz, *Angew. Chem.* **1996**, *108*, 791–794. A. J. Arduengo, R. Krafcyk, *Chemie in unserer Zeit* **1998**, *32*, 6–14.

Metallkomplexe mit nucleophilen Carbenen: A. J. Arduengo, III, M. Tamm, S. J. McLain, J. C. Calabrese, F. Davidson, W. J. Marshall, *J. Am. Chem. Soc.* **1994**, *116*, 7927. H. Schumann, M. Glanz, J. Winterfeld, H. Hemling, N. Kuhn, T. Kratz, *Angew. Chem.* **1994**, *106*, 1829–1830.

Dötz-Reaktion: K. H. Dötz, *Angew. Chem.* **1984**, *96*, 573–594.

4.3.3 Carbin-(Alkylidin-)Komplexe

Struktur und Bindungstheorie: S. F. Vyboishchikov, G. Frenking, *Chem. Eur. J.* **1998**, *4*, 1439.

Alkin-Metathese: A. Fürstner, C. Mathes, *Org. Lett.* **2001**, *3*, 221. U. H. F. Bunz, L. Kloppenburg, *Angew. Chem.* **1999**, *111*, 503.

4.3.4.2 Alkin-(Acetylen-)Komplexe

J. L. Templeton, *Adv. Organomet. Chem.* **1989**, *29*, 1. W. M. Jones, J. Klosin, *Adv. Organomet. Chem.* **1998**, *42*, 147.

4.3.4.4 Komplexe mit cyclischen π-Liganden

Elektronisch modifizierte Cyclopentadienylliganden:
Aza-Cp: C. Janiak, N. Kuhn, *Advances in Nitrogen Heterocycles* (JAI Press) **1996**, Vol. 2, p. 179–210.

Hetero-Cp- und Hetero-Aren-Metallkomplexe: A. J. Ashe, S. Al-Ahmad, S. Pilotek, D. B. Puranik, C. Elschenbroich, A. Behrendt, *Organometallics* **1995**, *14*, 2689–2698. C. Elschenbroich, F. Bär, E. Bilger, D. Mahrwald, M. Nowotny, B. Metz, *Organometallics* **1993**, *12*, 3373–3378.

Sterisch anspruchsvolle Cyclopentadienylliganden: C. Janiak, H. Schumann, *Adv. Organomet. Chem.* **1991**, *33*, 291-393. J. Okuda, *Topics Current Chemistry* **1991**, *160*, 99–145.

Chirale Cp-Metallkomplexe: R. L. Halterman, *Chem. Rev.* **1992**, *92*, 965. Planar-chirale Ferrocene: M. Tsukazaki et al., *J. Am. Chem. Soc.* **1996**, *118*, 685.

Titanocen: P. B. Hitchcock et al., *J. Am. Chem. Soc.* **1998**, *120*, 10264.

Spin-Crossover in Manganocenen: N. Hebendanz, F. H. Köhler, G. Müller, J. Riede, *J. Am. Chem. Soc.* **1986**, *108*, 3281–3289.

Valenz-Elektronenkonfiguration in Metallocenen: H. Mutoh, S. Masuda, *J. Chem. Soc., Dalton Trans.* **2002**, 1875.

Cycloheptatrienylkomplexe: M. L. H. Green, D. K. P. Ng, *Chem. Rev.* **1995**, *95*, 439.

4.3.5 Agostische Wechselwirkungen

M. Brookhart, M. L. H. Green, L.-L. Wong, *Prog. Inorg. Chem.* **1988**, *36*, 1–124.

Belege für die Bedeutung in Reaktionsabläufen durch Isotopeneffekte: W. E. Piers, J. E. Bercaw, *J. Am. Chem. Soc.* **1990**, *29*, 1412. H. Krauledat, H. H. Brintzinger, *Angew. Chem.* **1990**, *102*, 1459–1460. M. K. Leclerc, H. H. Brintzinger, *J. Am. Chem. Soc.* **1996**, *118*, 9024.

4.3.7 Metallorganische Verbindungen der Lanthanoide

Synthese, Struktur und Reaktivität von Lanthanoid-π-Komplexen: H. Schumann, J. A. Meese-Marktscheffel, L. Esser, *Chem. Rev.* **1995**, *95*, 865–986.
Lanthanoid-σ-Komplexe: S. A. Cotton, *Coord. Chem. Rev.* **1997**, *160*, 93–127.

4.3.8 Anwendungen von Übergangsorganylen in der organischen Synthese

$CpFe(CO)_2^+$-Olefin-Komplexe: K. Rück-Braun et al., *Synthesis* **1999**, 727.
Schwartz' Reagenz: S. L. Buchwald et al., *Tetrah. Lett.* **1987**, *28*, 3895.

4.4 Metallorganische Verbindungen in der Katalyse

Zusammenfassende Darstellungen:
B. Cornils, W. A. Herrmann (Hrsg.), *Applied Homogeneous Catalysis with Organometallic Compounds*, VCH, Weinheim, 1996.
K. Weissermel, H.-J. Arpe, *Industrielle Organische Chemie* (Bedeutende Vor- und Zwischenprodukte), 4. Aufl., VCH, Weinheim, 1994.
Metallorganische Chemie in der industriellen Katalyse: Reaktionen, Prozesse, Produkte
– Homogene Katalyse: W. A. Herrmann, *Kontakte* (Darmstadt) **1991** (1), S. 22–42.
– Heterogene Katalyse: W. A. Herrmann, *Kontakte* (Darmstadt) **1991** (3), S. 29–52.
G. W. Parshall, S. D. Ittel, *Homogeneous Catalysis* (The Applications and Chemistry of Catalysis by Soluble Transition Metal Complexes), 2nd ed, Wiley-Interscience, 1992.
Katalyse und Katalysatoren (allgemein, homogen und heterogen): *Chemische Industrie* **1990**, *10*, 43–46. J. Haggin, *Chem. Eng. News* **1993**, *May 31*, 23–27. A. Farkas, *Ullmann* **1986**, *A5*, 313ff.

Spezielle Verfahren:
Wacker-Verfahren: R. Jira, R. J. Laib, H. M. Bolt, *Ullmann* **1985**, *A1*, 31ff.
Mechanistische Untersuchungen zur Pd(II)-katalysierten Ethenoxidation: J. E. Bäckvall, B. Åkermark, S. O. Ljunggren, *J. Am. Chem. Soc.* **1979**, *101*, 2411–2417. J. E. Bäckvall, *Acc. Chem. Res.* **1983**, *16*, 335–342.
Methanol-Carbonylierung, Monsanto-Essigsäureverfahren: P. M. Maitlis, A. Haynes, G. J. Sunley, M. J. Howard, *J. Chem. Soc. Dalton Trans.* **1996**, 2187–2196.
Essigsäureherstellung: A. Aguiló, C. C. Hobbs, E. G. Zey, *Ullmann* **1985**, *A1*, 45ff.
Hydroformylierung, Oxo-Synthese: H. Bahrmann, H. Bach, *Ullmann* **1991**, *A18*, 321ff.
Zweiphasenkatalyse: B. Auch-Schwelk, C. Kohlpaintner, *Chemie in unserer Zeit* **2001**, *35*, 306.
SHOP: W. Keim, *Chem.-Ing. Tech.* **1984**, *56*, 850–853.
Enantioselektive Hydrierung: U. Nagel, J. Albrecht, *Topics Catal.* **1998**, *5*, 23. Nobelpreise 2001: L. J. Goossen, K. Baumann, *Chemie in unserer Zeit* **2001**, *35*, 402. S. Borman, *Chem.&Eng. News* **2001**, November 5, 37.
Mechanismus der asymmetrischen Isomerisierung von Allylaminen zu Enaminen (L-Menthol-Synthese): S. Inoue, H. Takaya, K. Tani, S. Otsuka, T. Sato, R. Noyori, *J. Am. Chem. Soc.* **1990**, *112*, 4897–4905.
Metallocenkatalysatoren für die Olefin-Polymerisation: Siehe die Beiträge von H. G. Alt, G. W. Coates, L. Resconi, G. G. Hlatky, G. Fink, T. J. Marks et al. in *Chem. Rev.* **2000**, *100* (Heft 4), 1205ff. W. Kaminsky, M. Arndt, *Adv. Polym. Sci.* **1997**, *127*, 144. C. Janiak in *Metallocenes* (Hrsg. R. L. Halterman, A. Togni), Wiley-VCH, Weinheim, **1998**, Kapitel 9, S. 551. M. Bochmann, *J. Chem. Soc. Dalton Trans.* **1996**, 255. H. H. Brintzinger et al., *Angew. Chem.* **1995**, *107*, 1255. M. Aulbach, F. Küber, *Chemie in unserer Zeit* **1994**, *28*, 197.

764   Kapitel 4: Organometallchemie

Fischer-Tropsch-Synthese: P. M. Maitlis et al., *Chem. Commun.* **1996**, 1-8. Z.-P. Liu, P. Hu, *J. Am. Chem. Soc.* **2002**, *124*, 11568.

Polyolefine: K. S. Whiteley, T. G. Heggs, H. Koch, R. L. Mayer, W. Immel, *Ullmann* **1992**, *A21*, 487ff.

Olefinmetathese: K. J. Ivin, J. C. Mol, *Olefin Metathesis and Metathesis Polymerization*, Academic Press, San Diego, 1997.

Die Olefinmetathese in der organischen Synthese: M. Schuster, S. Blechert, *Angew. Chem.* **1997**, *109*, 2125–2143.

ADMET: P. O. Nubel, C. A. Lutman, H. B. Yokelson, *Macromolecules* **1994**, *27*, 7000–7002.

Generelle Mechanismen bei der Ziegler-Natta-Katalyse: L. Cavallo et al., *J. Am. Chem. Soc.* **1998**, *120*, 2428. F. Bernardi et al., *Organometallics* **1998**, *17*, 16. P. Margl et al. *J. Am. Chem. Soc.* **1998**, *120*, 5517. M. Boero et al., *J. Am. Chem. Soc.* **1998**, *120*, 2746.

Sachregister

Hinweis: π ist unter Pi eingeordnet, σ unter Sigma, die anderen griechischen Buchstaben stellen kein Sortierungskriterium dar.

Periodensystem

Gruppe

Ia

Legend:
- Protonenzahl (Ordnungszahl): 25
- Elektronegativität (nach Allred u. Rochow): 1,6
- Siedetemperatur in °C: 2032
- Schmelztemperatur in °C: 1244
- Relative Atommasse[1]: 54,94
- Symbol[2]: Mn
- Name: Mangan
- Elektronenkonfiguration: [Ar]3d^{5}4s^2

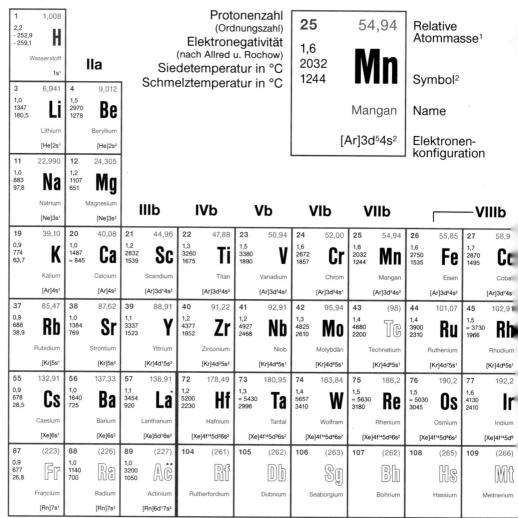

Gruppe	Protonenzahl	Rel. Atommasse	Elektronegativität	Siedetemp. °C	Schmelztemp. °C	Symbol	Name	Elektronenkonfiguration
Ia	1	1,008	2,2	−252,9	−259,1	H	Wasserstoff	1s^1
Ia	3	6,941	1,0	1347	180,5	Li	Lithium	[He]2s^1
IIa	4	9,012	1,5	2970	1278	Be	Beryllium	[He]2s^2
Ia	11	22,990	1,0	883	97,8	Na	Natrium	[Ne]3s^1
IIa	12	24,305	1,2	1107	651	Mg	Magnesium	[Ne]3s^2
Ia	19	39,10	0,9	774	63,7	K	Kalium	[Ar]4s^1
IIa	20	40,08	1,2	1487	≈845	Ca	Calcium	[Ar]4s^2
IIIb	21	44,96	1,3	2832	1539	Sc	Scandium	[Ar]3d^{1}4s^2
IVb	22	47,88	1,3	3260	1675	Ti	Titan	[Ar]3d^{2}4s^2
Vb	23	50,94	1,5	3380	1890	V	Vanadium	[Ar]3d^{3}4s^2
VIb	24	52,00	1,6	2672	1857	Cr	Chrom	[Ar]3d^{5}4s^1
VIIb	25	54,94	1,6	2032	1244	Mn	Mangan	[Ar]3d^{5}4s^2
VIIIb	26	55,85	1,6	2750	1535	Fe	Eisen	[Ar]3d^{6}4s^2
VIIIb	27	58,9	1,7	2870	1495	Co	Cobalt	[Ar]3d^{7}4s^2
Ia	37	85,47	0,9	688	38,9	Rb	Rubidium	[Kr]5s^1
IIa	38	87,62	1,0	1384	769	Sr	Strontium	[Kr]5s^2
IIIb	39	88,91	1,1	3337	1523	Y	Yttrium	[Kr]4d^{1}5s^2
IVb	40	91,22	1,2	4377	1852	Zr	Zirconium	[Kr]4d^{2}5s^2
Vb	41	92,91	1,2	4927	2468	Nb	Niob	[Kr]4d^{4}5s^1
VIb	42	95,94	1,3	4825	2610	Mo	Molybdän	[Kr]4d^{5}5s^1
VIIb	43	(98)	1,4	4880	2200	Tc	Technetium	[Kr]4d^{5}5s^2
VIIIb	44	101,07	1,4	3900	2310	Ru	Ruthenium	[Kr]4d^{7}5s^1
VIIIb	45	102,91	1,5	≈3730	1966	Rh	Rhodium	[Kr]4d^{8}5s^1
Ia	55	132,91	0,9	678	28,5	Cs	Caesium	[Xe]6s^1
IIa	56	137,33	1,0	1640	725	Ba	Barium	[Xe]6s^2
IIIb	57	138,91	1,1	3454	920	La*	Lanthanum	[Xe]5d^{1}6s^2
IVb	72	178,49	1,2	5200	2230	Hf	Hafnium	[Xe]4f^{14}5d^{2}6s^2
Vb	73	180,95	1,3	≈5430	2996	Ta	Tantal	[Xe]4f^{14}5d^{3}6s^2
VIb	74	183,84	1,4	5657	3410	W	Wolfram	[Xe]4f^{14}5d^{4}6s^2
VIIb	75	186,2	1,5	≈5630	3180	Re	Rhenium	[Xe]4f^{14}5d^{5}6s^2
VIIIb	76	190,2	1,5	≈5030	3045	Os	Osmium	[Xe]4f^{14}5d^{6}6s^2
VIIIb	77	192,2	1,6	4130	2410	Ir	Iridium	[Xe]4f^{14}5d^9
Ia	87	(223)	0,9	677	26,8	Fr	Francium	[Rn]7s^1
IIa	88	(226)	1,0	1140	700	Ra	Radium	[Rn]7s^2
IIIb	89	(227)	1,0	3200	1050	Ac**	Actinium	[Rn]6d^{1}7s^2
IVb	104	(261)				Rf	Rutherfordium	
Vb	105	(262)				Db	Dubnium	
VIb	106	(263)				Sg	Seaborgium	
VIIb	107	(262)				Bh	Bohrium	
VIIIb	108	(265)				Hs	Hassium	
VIIIb	109	(266)				Mt	Meitnerium	

* Lanthanoide

Protonenzahl	Rel. Atommasse	Elektronegativität	Siedetemp. °C	Schmelztemp. °C	Symbol	Name	Elektronenkonfiguration
58	140,12	1,1	3257	798	Ce	Cer	[Xe]4f^{2}6s^2
59	140,91	1,1	3512	931	Pr	Praseodym	[Xe]4f^{3}6s^2
60	144,24	1,1	2700	1010	Nd	Neodym	[Xe]4f^{4}6s^2
61	(145)	1,1	2700	1170	Pm	Promethium	[Xe]4f^{5}6s^2
62	150,4	1,1	1778	1072	Sm	Samarium	[Xe]4f^{6}6s^2

** Actinoide

Protonenzahl	Rel. Atommasse	Elektronegativität	Siedetemp. °C	Schmelztemp. °C	Symbol	Name	Elektronenkonfiguration
90	232,038	1,1	4790	1750	Th	Thorium	[Rn]6d^{2}7s^2
91	231,036	1,1	4030	1840	Pa	Protactinium	[Rn]5f^{2}6d^{1}7s^2
92	238,029	1,2	3818	1132	U	Uran	[Rn]5f^{3}6d^{1}7s^2
93	(237)	1,2	3902	640	Np	Neptunium	[Rn]5f^{4}6d^{1}7s^2
94	(244)	1,2	3200	641	Pu	Plutonium	[Rn]5f^{6}7s^2

Walter de Gruyter GmbH & Co. KG
Genthiner Straße 13
D-10785 Berlin
Tel.: 030 / 2 60 05 - 161
Fax: 030 / 2 60 05 - 222
email: orders@deGruyter.de